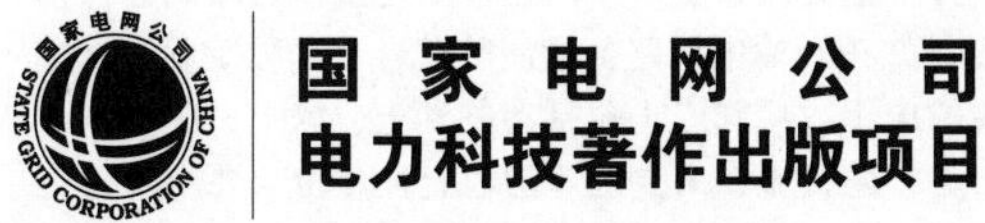


# 输电线路岩土工程勘测手册

Handbook for Investigation of Geotechnical Engineering of Transmission Line

本书编委会　编

中国电力出版社
CHINA ELECTRIC POWER PRESS

## 内 容 提 要

《输电线路岩土工程勘测手册》适用于输电线路工程勘测设计、施工、运行维护各阶段所涉及的岩土工程勘测工作。本手册共有7篇36章，内容包括输电线路与岩土工程勘测的基础知识，输电线路各勘测阶段岩土工程专业的工作流程和过程控制，常用勘察测试手段的应用与要求，原体试验的应用，特殊岩土包括湿陷性土、软土、膨胀岩土、红黏土等的评价及要求，特殊地质条件包括岩溶、滑坡、崩塌、泥石流、采空区等的稳定性评价与要求及处理方法的应用，国外岩土工程勘测管理和勘测标准及要求，并提供了岩土工程勘测工程的实例。

本手册既可作为输电线路工程勘测设计、施工、运行维护等各阶段岩土工程勘测工作的指导手册，也可作为职业技术院校和大专院校学习培训的教材。

**图书在版编目（CIP）数据**

输电线路岩土工程勘测手册/《输电线路岩土工程勘测手册》编委会编．—北京：中国电力出版社，2019.7

ISBN 978-7-5198-3395-4

Ⅰ.①输… Ⅱ.①输… Ⅲ.①输电线路—岩土工程—工程勘测 Ⅳ.①TU4

中国版本图书馆CIP数据核字（2019）第141719号

审图号：GS（2019）5008号

---

出版发行：中国电力出版社
地　　址：北京市东城区北京站西街19号（邮政编码100005）
网　　址：http：//www.cepp.sgcc.com.cn
责任编辑：王　南（010-63412876）　王春娟
责任校对：黄　蓓　太兴华　常燕昆　王海南
装帧设计：张俊霞
责任印制：石　雷

---

印　　刷：北京盛通印刷股份有限公司
版　　次：2019年11月第一版
印　　次：2019年11月北京第一次印刷
开　　本：889毫米×1194毫米　16开本
印　　张：43　　插　页　2
字　　数：1331千字
印　　数：0001—2000册
定　　价：300.00元

---

# 编　写　单　位

**主编单位**　山西省电力勘测设计院有限公司

**参编单位**　中南电力设计院有限公司

华东电力设计院有限公司

西南电力设计院有限公司

华北电力设计院有限公司

东北电力设计院有限公司

西北电力设计院有限公司

浙江省电力设计院有限公司

四川电力设计咨询有限责任公司

江苏省电力设计院有限公司

云南省电力设计院有限公司

广东省电力设计研究院有限公司

福建省电力勘测设计院有限公司

湖南省电力设计院有限公司

安徽省电力设计院有限公司

河北省电力勘测设计研究院有限公司

河南省电力勘测设计院有限公司

陕西省电力设计院有限公司

青海省电力设计院有限公司

# 编 委 会

# 前言

近年来，随着国民经济的快速发展以及对环境保护的严格要求，电网工程建设规模迅猛发展，输电线路的高电压、长距离、城市电力管廊的快速发展对岩土工程勘测提出了新的要求。在这一过程中，通过我国输电线路岩土勘测人员的不懈努力，新的勘测手段的不断引入，对大区域电网勘测的岩土问题经验教训的不断总结，我国输电线路岩土工程勘测技术取得了长足的进步，形成了专业的特色。

《输电线路岩土工程勘测手册》根据中国电力规划设计协会《关于印发〈2015 年电力勘测设计行业标准设计制（修）订项目〉的通知》（电规协标〔2015〕19 号）的要求进行编制。由主编单位中国能源建设集团山西省电力勘测设计院有限公司会同中国 18 家电力设计院岩土工程勘测专家组成编委会，总结了近年来国内外输电线路岩土工程勘测的实践经验，吸收了近年来岩土工程勘测的最新研究成果和勘测技术，以多种形式广泛征求意见，编委会多次讨论，反复修改，最后审查定稿。本手册具有广泛的代表性，也具有很强的操作性和实用性，吸收了国内输电线路岩土工程勘测的最新技术、特殊岩土及特殊地质条件的经验总结，并提供了国内外岩土工程勘测的一些工程实例，具有较高的技术水平。《输电线路岩土工程勘测手册》的编写，为今后的输电线路岩土工程勘测工作提供了规范性和操作性指导。

本手册共有 7 篇 36 章，内容包括输电线路与岩土工程勘测的基础知识，输电线路各勘测阶段岩土工程专业的工作流程和过程控制，常用勘察测试手段的应用与要求，原体试验的应用，特殊岩土包括湿陷性黄土、软土、膨胀岩土、红黏土等的评价及要求，特殊地质条件包括岩溶、滑坡、崩塌、泥石流、采空区等的稳定性评价与要求及处理方法的应用，国外岩土工程勘测管理和勘测标准及要求等。本手册内容丰富全面，总结并吸收了近年来国内外输电线路岩土工程勘测的最新成果，以及输电线路勘测的新技术、新手段，为岩土工程勘测人员提供了很好的参考。

由于编者水平有限，涉及的内容又相当广泛，疏漏和错误之处在所难免，恳请读者批评指正，以便修编时更正。

编者

2019 年 6 月

# 目录

# 第一篇

## 基础知识篇

# 第一章　架空输电线路基础知识

## 第一节　概　　述

### 一、输电线路的作用

输电线路是电力系统的重要组成部分，担负着输送和分配电能的任务。电力系统中的电厂大部分建在动力资源所在地，如水力发电厂建在水力资源点，即集中在江河流域水位落差大的地方；火力发电厂大都集中在煤炭、石油和其他能源的产地；而大电力负荷中心则多集中在工业区和大城市，因而发电厂和负荷中心往往相距很远，就需要用输电线路进行电能的输送。

### 二、输电线路的分类

1. 按电能性质分类

按电能性质分类有交流输电线路和直流输电线路。

交流输电线路是以交流电流传输电能的线路。交流电流的大小和方向都随时间做周期性变化。交流输电系统包括升压站、交流输电线路、变电站及控制调节保护系统四部分。其最大的优势在于组网和升压便捷，因此在世界范围内得到长足发展。

直流输电线路是以直流电流传输电能的线路。直流输电系统包括整流站、直流输电线路、逆变站及控制调节保护系统四部分，其中整流站和逆变站可统称为换流站。

2. 按电压等级分类

按电压等级有输电线路和配电线路之分。

输电线路电压等级一般在35kV及以上，目前我国输电线路的电压等级有35、66、110、154、220、330、500、750、1000kV交流和±400、±500、±660、±800、±1100kV直流。一般来说，线路输送容量越大，输送距离越远，要求输电电压就越高。在我国，通常称35～110kV的线路为高压输电线路，220～750kV的线路为超高压输电线路，高于800kV的线路为特高压输电线路。户外分辨输电线路等级一般看绝缘子的数量，见表1-1。

表1-1　输电电路电压等级与绝缘子片数关系参考表

| 电压等级（kV） | 35 | 110 | 220 | 330 | 500 | 750 | 1000 | ±500 | ±800 |
|---|---|---|---|---|---|---|---|---|---|
| 绝缘子（片） | 3～4 | 7～8 | 14 | 17～18 | 25～27 | 32～35 | 54 | 37 | 58 |
| 电能性质 | 交流 | | | | | | | 直流 | |

担负分配电能任务的线路，称为配电线路。我国配电线路的电压等级有380/220V、6kV、10kV。其中1～10kV的线路称为高压配电线路，作用是将电能从变电站送至配电变压器；1kV以下的线路称为低压配电线路，作用是将电能从配电变压器送至各个用电点。

3. 按结构形式分类

按结构形式分为架空线路和电缆线路两种。

架空线路是指架空明线，也是本章介绍的内容。由于架设在地面之上，架设及维修比较方便，成本较低，但容易受到气象和环境（如大风、雷击、污秽、冰雪等）的影响而引起故障，同时整个输电走廊占用土地面积较多，易对周边环境造成电磁干扰。

电缆线路分为地下电缆线路与架空电缆线路。电缆线路不易受雷击、自然灾害及外力破坏，供电可靠性高，但电缆的制造、施工、事故检查和处理较困难，工程造价也较高。

## 三、架空输电线路的组成

架空输电线路主要由导线、避雷线（架空地线）、绝缘子、金具、杆塔、基础、接地装置等组成，如图 1-1 所示。

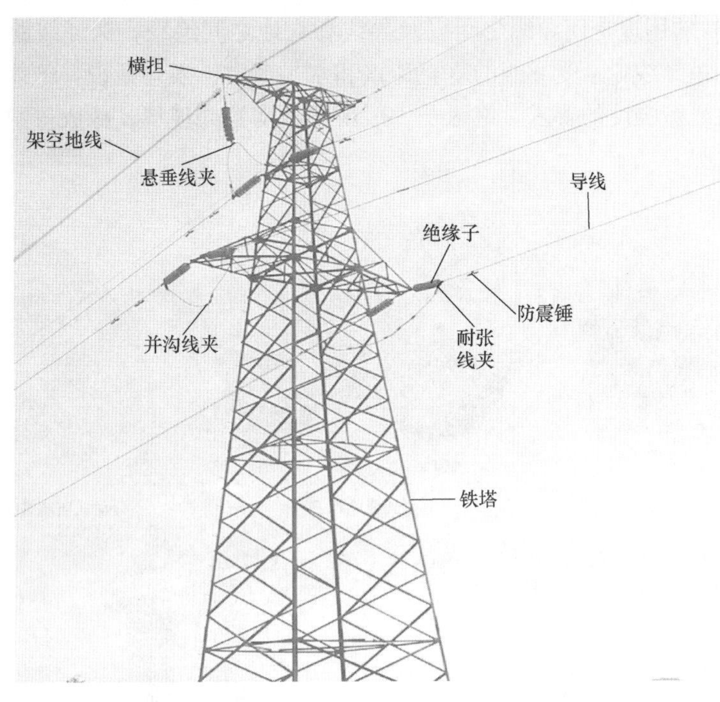


图 1-1　架空输电线路的构成

### 1. 导线

导线用于传导电流、输送电能，是传送电能的重要元件。由于导线常年在大气中运行，经常承受拉力，并受风、冰、雨、雪和温度变化的影响，以及空气中所含化学杂质的侵蚀，因此导线的材料除了应有良好的导电率外，还须具有足够的机械强度和防腐性能。目前在输电线路设计中，架空导线通常用铝、铝合金、铜和钢材料做成，它们具有导电率高，耐热性能好，机械强度高，耐振、耐腐蚀性能强，重量轻等特点。由于我国铝的资源比铜丰富，加之铝和铜的价格差别较大，故几乎都采用铝作为导体材料。

国内输电线路中最常用的是钢芯铝绞线，如图 1-2 所示，其中心为机械强度高的钢线，周围是电导率较高的硬铝绞线，具有机械强度高、重量轻、价格便宜等特点，适用于绝大多数高压输电线路。

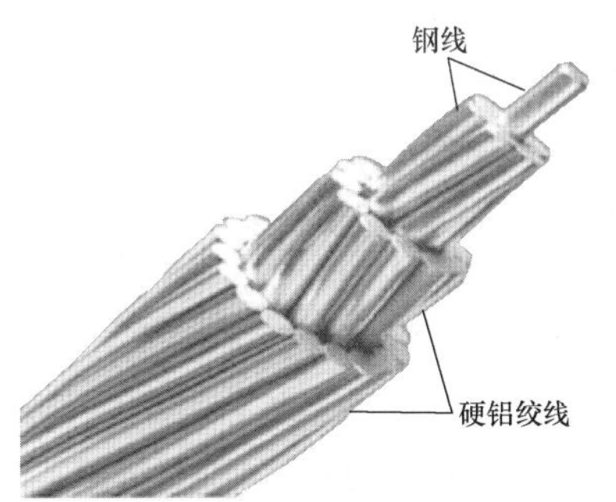


图 1-2　钢芯铝绞线

根据导线材料和结构型式的不同，常用的导线材料还有铝包钢芯铝绞线、铝合金绞线、铝合金芯铝绞线等。用于大跨越线路上的导线有（特强）钢芯（高强度）铝合金绞线、钢芯（高强度）耐热铝（铝合金）绞线、铝包钢绞线、钢芯铝包钢绞线等。近年来，线路中还用到扩径导线、间隙导线、碳纤维导线等特殊用途的导线。

随着电压等级和输送容量的提高，常采用相分裂导线，即每相导线采用 2 根及以上的子导线。国内 110kV 及以上电压等级的线路即采用分裂导线，通常有双分裂、四分裂、六分裂和八分裂。

2. 避雷线

避雷线又称架空地线，其作用是把雷电流引入大地，以保护线路绝缘免遭大气过电压（或称雷电压）的破坏。避雷线悬挂于杆塔顶部，并在每基杆塔上均通过接地线与接地体相连接，当雷云放电雷击线路时，因避雷线位于导线的上方，雷首先击中避雷线，由避雷线将雷电流通过接地体泄入大地，从而减少雷击导线的概率，起到防雷保护作用。35kV 线路一般只在进、出发电厂或变电站两端架设避雷线，110kV 及以上线路一般沿全线架设双避雷线。避雷线材料通常用镀锌钢绞线或铝包钢绞线。

3. 绝缘子

绝缘子（见图 1-3）的用途是使导线之间以及导线和大地之间绝缘，保证线路具有可靠的电气绝缘强度，并用来支撑或悬吊导线，承受导线的垂直荷重和水平荷重。换句话说，绝缘子既要能满足电气性能的要求，又要能满足机械强度的要求。绝缘子一般由硬质陶瓷或玻璃、橡胶等材料制成。按绝缘子结构和用途可分为以下几类。

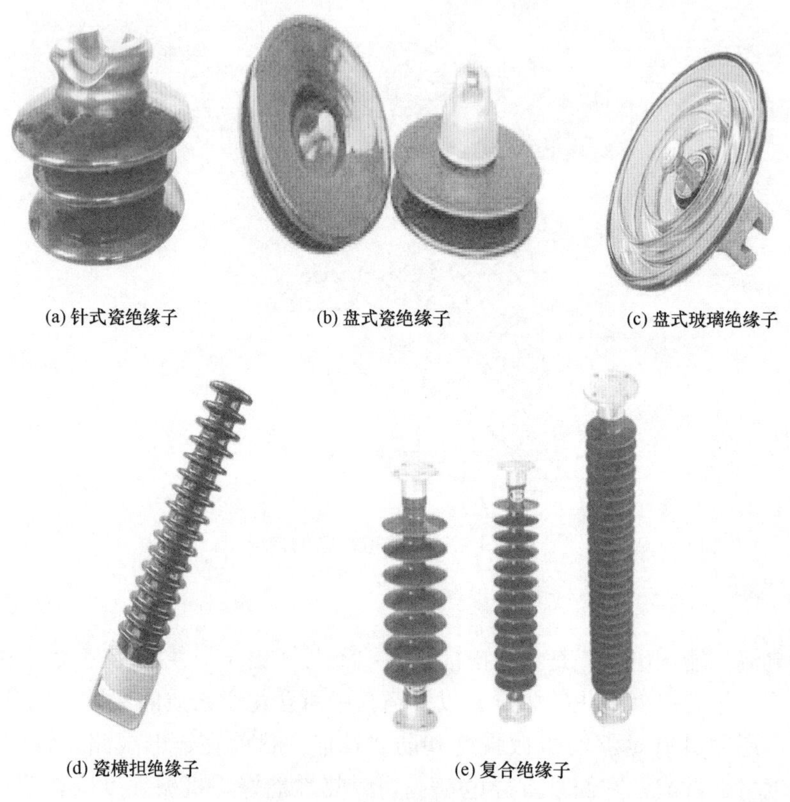

(a) 针式瓷绝缘子　(b) 盘式瓷绝缘子　(c) 盘式玻璃绝缘子

(d) 瓷横担绝缘子　(e) 复合绝缘子

图 1-3　不同类型绝缘子

（1）针式绝缘子。主要用于线路电压不超过 35kV，导线张力不大的直线杆或小转角杆塔。优点是制造简易、价廉；缺点是耐雷水平不高，容易闪络。

（2）瓷横担绝缘子。这种绝缘子已广泛用于 110kV 及以下线路，优点是绝缘水平高、自洁能力强、可减少人工清扫；能代替钢横担，节约钢材；结构简单、安装方便、价格较低。

（3）盘式绝缘子。在 35kV 及以上架空线路采用，通常把它们组装成绝缘子串使用，每串绝缘子的数量与电压等级和污秽程度有关，按其制造材料可分为瓷绝缘子和钢化玻璃绝缘子。盘式绝缘子主要优点是机械强度高、长串“柔性”好、单元件轻、易于运输与施工；造型多样、易于选择使用；缺点是属于可击穿型绝缘子，同时绝缘件要求电气强度高。瓷绝缘子出现劣化元件后检测工作量大，一旦未及时检出可能在雷击或污闪时断串；玻璃绝缘子存在“自爆”现象，重污秽导致的表面泄漏电流可能加重“自爆率”，但自爆有利于线路维护和防止掉线事故的发生。

（4）棒式绝缘子。分为棒式瓷绝缘子和棒式复合绝缘子。棒式绝缘子主要优点是其不可击穿型结构、较好的自清洗性能及爬距系数大，在相同环境中积污较盘式绝缘子低，可获得较高的污闪电压。棒式瓷绝缘子是名副其实的不可击穿绝缘子，其缺点是单元件重搬运与安装难度大，伞裙受损会危及其机械强度。棒形复合绝缘子的拉伸强度与重量之比高，具有优良的耐污闪特性，价格便宜、重量轻，但存在界面内击穿和芯棒“脆断”的可能，而且有机复合材料的使用寿命和端部连接区的长期可靠性尚未取得共识。

4. 线路金具

输电线路导线的自身连接及绝缘子连接成串，导线、绝缘子自身保护等所用附件称为线路金具。线路金具在气候复杂、污秽程度不一的环境条件下运行，故要求金具应有足够的机械强度、耐磨和耐腐蚀性。金具的分类和主要性能、用途见表 1-2。

表 1-2　　线路金具分类和用途表

| 名称 | 分　类 | 用　途 |
|---|---|---|
| 线夹 | 分为耐张线夹、悬垂线夹两类 | 线夹是用来握住导、地线的金具。悬垂线夹用于直线杆塔上悬吊导、地线，并对导、地线应有一定的握力。耐张线夹用于耐张、转角或终端杆塔，承受导、地线的拉力。作用是紧固导线的终端，使其固定在耐张绝缘子串上，也用于避雷线终端的固定及拉线的锚固 |
| 联结金具 | 球头挂环、碗头挂板、直角挂板（一种转向金具，可按要求改变绝缘子串的连接方向）、U 形挂环（直接将绝缘子串固定在横担上）、延长环（用于组装双联耐张绝缘子串等）、二联板（用于将两串绝缘子组装成双联绝缘子串）等 | 联结金具主要用于将悬式绝缘子组装成串，并将绝缘子串连接、悬挂在杆塔横担上。线夹与绝缘子串的连接，拉线金具与杆塔的连接，均要使用联结金具 |
| 接续金具 | 钳压、液压、爆压、螺栓连接等 | 接续金具用于接续各种导线、避雷线的端头。接续金具承担与导线相同的电气负荷，大部分接续金具承担导线或避雷线的全部张力 |
| 防护金具 | 分为机械和电气两类。机械类有防振锤、预绞丝护线条、重锤等；电气类有均压环、屏蔽环等 | 机械类防护金具是为防止导、地线因振动而造成断股，电气类防护金具是为防止绝缘子因电压分布严重不均匀而过早损坏 |
| 拉线金具 | 分为紧线、调节及连接三类 | 拉线金具主要用于拉线杆塔拉线的紧固、调整和连接 |

5. 杆塔

杆塔是电杆和铁塔的总称。杆塔的用途是支持导线和避雷线，使导线之间、导线与避雷线之间、导线与地面及交叉跨越物之间保持一定的安全距离。

6. 基础

架空电力线路杆塔的地下装置统称为基础。基础用于稳定杆塔，使杆塔不致因承受垂直荷载、水平荷载、事故断线张力和外力作用而上拔、下沉或倾倒。送电线路的基础大体可分为现浇基础、装配式基础、灌注桩基础、岩石基础等。

7. 接地装置

埋设在基础土壤中的圆钢、扁钢、角钢、钢管或其组合式结构均称为接地装置。其与避雷线或杆塔直接相连，当雷击杆塔或避雷线时，可防止雷电击穿绝缘子串的事故发生。接地装置主要根据土壤电阻率的大小进行设计。

架空地线在导线的上方，它将通过每基杆塔的接地线或接地体与大地相连，当雷击地线时可迅速地将雷电流向大地中扩散，因此，输电线路的接地装置主要作用是泄导雷电流、降低杆塔顶电位、保护线路绝缘不致击穿闪络。它与地线密切配合对导线起到了屏蔽作用。接地体和接地线总称为接地装置。

## 四、架空输电线路设计专业术语（见图 1-4）

（1）档距：相邻两基杆塔之间的水平直线距离，一般用 $L$ 表示。

（2）弛度（弧垂）：线路相邻两基杆塔导线悬挂点连线与导线任一点（或最低点）之间的垂直距离，也称弧垂，用 $f$ 表示。

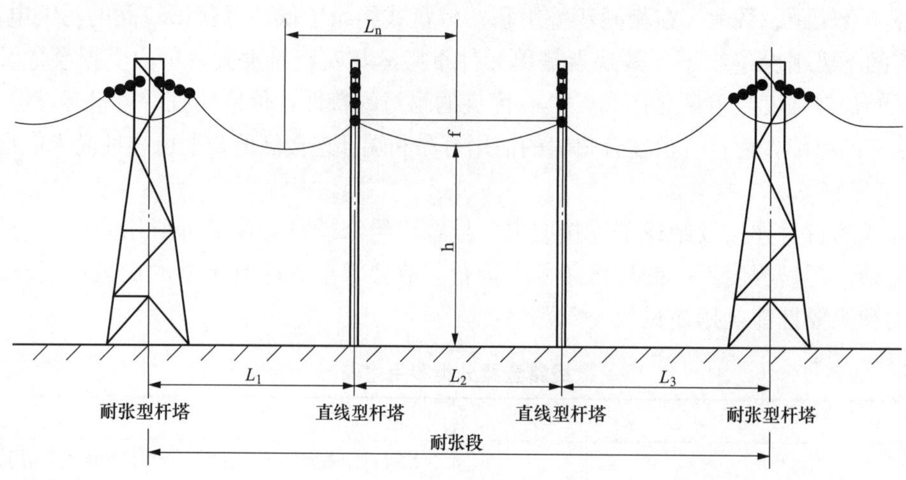


图 1-4 档距、限距、驰度示意图

(3) 限距：导线对地面或对被跨越设施的最小距离，一般是指导线最低点到地面的最小允许距离，常用 $h$ 表示。

(4) 水平档距：相邻两档距之和的一半，$L_h=(L_1+L_2)/2$。

(5) 垂直档距：相邻两档距间导线最低点之间的水平距离，用 $L_n$ 表示。

(6) 杆塔高度：杆塔最高点至地面的垂直距离。

(7) 杆塔呼称高度：杆塔最下层横担的下弦至地面的垂直距离。

(8) 导线悬挂点高度：导线中轴线至地面的垂直距离。

(9) 线间距离：两相导线之间的水平距离。

(10) 根开：电杆根部或塔脚之间的水平距离。根开包括铁塔根开、基础根开，通常情况下基础根开大于铁塔根开。

(11) 避雷线保护角：避雷线和边相导线的外侧连线与避雷线铅垂线之间的夹角称为避雷线保护角。

(12) 杆塔（基础）埋深：杆塔（基础）埋入地层中的深度称为杆塔埋深。

(13) 跳线：连接承力杆塔（耐张、转角和终端杆塔）两侧导线的引线称为跳线。

(14) 导线初伸长：当导线初次受到外加拉力而引起的永久性变形（沿着导线轴线伸长）称为导线初伸长。

(15) 大跨越：线路跨越通航江河、湖泊或海峡等，因档距较大（在 1000m 以上）或杆塔较高（在 100m 以上），导线选型或杆塔设计需特殊考虑，且发生故障时严重影响航运或修复特别困难的耐张段。

(16) 耐张塔：用耐张绝缘子组悬挂导线或分裂导线的杆塔。

(17) 终端塔：用于线路一端承受导线张力的杆塔。

(18) 不等高基础：在一基塔的基础中某一个腿的基础，其立柱露出设计基面线的高度与其他腿基础不同时，就称该铁塔的基础为不等高基础。

## 第二节 电气相关知识

### 一、线路路径选择

1. 路径选择的原则

输电线路的路径方案对工程造价有比较明显的影响，同时路径方案选择也是输电线路其他专业设计方案的基础。

选线总的指导思想是“线中有位，以位正线”及“线位结合，以线为主”。路径方案并不具有唯一性，不同的选线人员会有不一样的结果。路径方案的确定是一个不断优化、不断趋向最优的反复过程。路径方案的选择原则如下：

（1）路径选择应综合考虑线路长度、地形地貌、地质、冰区、交通、施工、运行及地方规划等因素，进行多方案技术经济比较，做到安全可靠、环境友好、经济合理。

（2）路径选择应避开军事设施、大型工矿企业及重要设施等，符合城镇规划。

（3）路径选择宜避开不良地质地带和采动影响区，当无法避让时，应采取必要的措施；宜避开重冰区、导线易舞动区及影响安全运行的其他地区；宜避开原始森林、自然保护区和风景名胜区。

（4）路径选择应考虑与电台、机场、弱电线路等邻近设施的相互影响。

（5）路径选择宜靠近现有国道、省道、县道及乡镇公路，充分利用现有的交通条件，方便施工和运行。

（6）大型发电厂和枢纽变电站的进出线、两回或多回路相邻线路应统一规划，在走廊拥挤地段宜采用同杆塔架设。

（7）充分征求沿线政府、企业、军事等协议单位的意见和要求，统筹考虑路径方案。

（8）综合考虑线路与沿线已建、在建、拟建的电力线路、公路、铁路、河流等设施之间的关系，尽可能平行已建线路走线。

（9）充分体现以人为本、保护环境的意识，尽量避免大面积拆迁民房。

（10）对沿线的重要交叉跨（穿）越物（如铁路、公路、河流、电力线等）选择合理的跨越点，满足相关的交叉跨越技术要求。当输电线路与铁路、高速公路、一般公路交叉时，应特别注意交叉角度及杆塔位置必须满足铁路或公路部门的相关技术规定，保证后续建设过程中能顺利实施。

2. 路径选择的过程

输电线路路径选择的方案和步骤与过去基本相同，只是在手段上应用了不少新技术，从而使得路径选择（包括塔位选择）的质量和水平大大提高。大致过程简述如下：

（1）初勘选线：进行现场踏勘，收集沿线资料，并办理路径协议，确定路径大方案，此项工作一般在可行性研究和初设阶段均需进行。

（2）施工图预选线：在前期选线的基础上，利用卫片或航测影像资料进行室内优化选线，避开明显的障碍物，合理选择交叉跨越位置。相比初勘选线要深入，路径选择更细，方案更合理可行。

（3）终勘选线定位：勘测和设计人员同时到现场，将室内选线成果具体落实到实地上。一般分选线、平断面测量和定位几个步骤。只有完成现场定位后，整个线路走向才算真正确定。

## 二、气象条件

为使输电线路的结构强度和电气性能很好地适应自然界的气象变化，以保证线路的安全运行，因此，必须对沿线的气象情况进行全面的了解，以确定设计气象条件。

设计气象条件，应根据沿线的气象资料和附近已有线路的运行经验，按照电压等级，一般采用100、50、30年三种重现期，见表1-3，提出适当的风、冰与气温相结合的气象条件。最大基本风速和覆冰厚度是设计气象条件中的两个最关键数据，直接影响工程的本体造价。

**表1-3　　线路设计规定的气象重现期**

| 线路类别 | 重现期 $T$（年） |
|---|---|
| ±1100、1000、±800kV特高压线路及其大跨越工程 | 100 |
| 750、±660、500kV输电线路及其大跨越工程 | 50 |
| 110～330kV、66kV以下输电线路及其大跨越工程 | 30 |

**注**　线路工程为±400kV直流输电线路，尚没有相应技术标准，可参照±500kV直流线路标准。

确定线路最大设计风速时，首先应计算最大风速的统计值，即以当地气象台、站统一观测高度下的历年连续自记10min时距平均最大风速作样本，采用极值Ⅰ型分布函数作为概率统计模型，求出相应重现期和基准高度下的风速值，即为线路最大风速统计值。目前设计规范规定，各级电压线路一般均取离地面10m作为风速基准高度，各级电压大跨越工程取离历年大风季节平均最低水位10m作为风速基准高度。

由于目前电线覆冰方面的气象观测资料积累不多，因此，要特别注意对线路通过地区附近的已有电力线、通信线和自然物上的覆冰情况进行调查走访，根据线路地形的特点，确定设计覆冰厚度。对于覆冰严重的微地形地段，可自成耐张段单独考虑不同的冰厚。

## 三、导、地线选择

根据系统专业论证的导线截面，结合工程地形和气象条件，选择导线型式。一般500kV及以下线路，直接根据工程经验，选择满足截面要求的钢芯铝绞线；对±800、1000kV等特高压线路及大跨越线路，导线选择则考虑电气特性、机械性能、经济性能、生产制造、施工等方面进行综合比较，确定最终的导线型号及分裂型式。地线选择主要从机械性能、电气性能、防腐性能等方面考虑。当地线选用镀锌钢绞线时，其截面应不小于规范要求值；当架设OPGW复合光缆时，除OPGW复合光缆需满足地线有关性能要求外，另一根地线还需满足分流的要求。

导、地线型式确定后，选取安全系数（地线的设计安全系数宜大于导线的设计安全系数）、最大使用应力和平均运行应力，并提出导、地线的防振、防舞措施。

## 四、绝缘配合

绝缘配合包括塔头绝缘配合及档距中央绝缘配合两部分。

1. 塔头绝缘配合

塔头绝缘配合包括绝缘子型式及片数选择、各种空气间隙的确定。进行绝缘子型式选择时，应结合制造及运行情况，对盘式瓷绝缘子、玻璃绝缘子、复合绝缘子等各类绝缘子的性能进行分析比较，并结合导线方案对绝缘子强度要求进行计算，以选择合适的绝缘子型式。

绝缘子片数选择一般由绝缘子串的工频污闪电压确定。首先应正确掌握沿线污区分布，然后在此基础上，采用污耐压法或爬电比距法选择绝缘子片数，必要时进行海拔的修正，以满足工程需要。

塔头空气间隙包括工频电压间隙、操作过电压间隙、雷电过电压间隙及带电作业间隙四种，具体间隙数值可按有关规程或相应试验曲线选定。鉴于带电作业方式较为灵活，一般情况下，带电作业间隙不作为塔头尺寸的控制条件。

2. 档距中央绝缘配合

档距中央绝缘配合是档距中央导、地线间的绝缘配合距离要求及档距中央相极导线间的距离要求。档距中央相极导线间的距离一般由塔头间隙控制，真正由档距中央相导线间绝缘距离控制的仅有紧凑型线路及常规线路的特大档距。

## 五、防雷和接地

线路防雷保护主要分反击（即雷直击塔顶）和绕击（即雷绕过地线直击导线）两部分。超高压及特高压线路的雷击跳闸故障，大部分由于绕击所引起的。

线路雷电绕击计算方法有规程法、电气几何模型法、先导发展模型法等，线路雷电反击计算方法有规程法、相交法、定义法、先导法等，不同的计算方法得出的耐雷水平及跳闸率会有不同，甚至有较大差别。至于哪种计算方法符合实际，目前尚难有定论。

## 六、绝缘子串和金具

输电线路上用的绝缘子串，由于杆塔结构、绝缘子型式、导线型号、每相电线根数及电压等级不同，将会有很多不同的组装形式。但归纳起来可分为悬垂组装及耐张组装两大类型。

金具与绝缘子组装时，需要考虑的主要问题是绝缘子型式和联数的确定，绝缘子本身的组装形式，绝缘子串与杆塔的连接形式，绝缘子串与导线的连接等。此外，金具零件的机械强度，金具零件间的尺寸配合、方向等都要选装正确，检查无误。

### 七、导、地线换位及换相

1. 导、地线换位

线路换位的作用是为了减少交流电力系统正常运行时电流和电压的不对称，降低绝缘地线的静电感应电压和纵向感应电压，降低电能损失，并限制送点线路对通信线路的影响。因为不换位的交流线路的每相阻抗和导纳是不相等的，这引起了负序电流和零序电流，对电力系统稳定运行是不利的。

规程规定，长度超过 100km 的线路均应换位，换位循环长度不宜大于 200km。换位是通过变换线路每个回路中相序排列的位置进行的。

2. 导线换相

针对两端和中间变电站（发电厂）的相序排列情况，确保两端相序衔接一致，在线路上进行的相导线排列调整即为导线换相。

换位及换相的区别在于：换相是确保两端相序衔接一致，必须核实后进行；换位是为降低线路电气参数不平衡度要求，提高系统稳定运行，按照线路长短确定是否换位。

## 第三节　土建结构相关知识

### 一、杆塔

（一）杆塔的分类

1. 杆塔按材料分类

按原材料一般可以分为水泥杆和铁塔两种。

（1）水泥杆（钢筋混凝土杆）。

水泥杆是由环形断面的钢筋混凝土杆组成，其特点是结构简单、加工方便，使用的砂、石、水泥等材料便于供应，并且价格便宜。混凝土有一定的耐腐蚀性，故电杆寿命较长，维护量少。与铁塔相比，钢材消耗少，线路造价低，但重量大，运输比较困难。

水泥杆有非预应力钢筋混凝土杆和浇制前对钢筋预加一定张力拉伸的预应力钢筋混凝土杆两种。目前，输电线路使用较多的是非预应力杆。

（2）铁塔。

铁塔是用型钢组装成的立体桁架，可根据工程需要做成各种高度和不同形式的铁塔。铁塔有钢管塔和型钢塔。铁塔机械强度大，使用年限长，维修工作量少，但耗钢材量大、价格较贵。

2. 按杆塔受力特点分类

按杆塔受力特点可分为直线杆塔、耐张杆塔、终端杆塔和特种杆塔等。

（1）直线杆塔。

直线杆塔用于线路的直线段，线路正常运行时有垂直荷载及水平荷载，能支撑断线或其他顺线路方向的张力，在顺线路方向的张力作用下，直线杆塔的悬垂绝缘子允许偏斜。直线杆塔有直线塔、直线转角塔、直线换位塔等类型。

（2）耐张杆塔。

耐张杆塔除承受垂直荷载及水平荷载外，还能承受更大的顺线路方向的张力，如支持杆塔断线的张力或施工紧线的张力。耐张杆塔使用耐张绝缘子串，在断线时能耐受断线张力，限制断线事故的范围，起隔离事故的作用。按转角度数可分为直线耐张和转角耐张杆塔。

（3）终端杆塔。

终端杆塔用于线路的首末端，受力特点与耐张转角杆塔相同，但在正常运行情况下需承受单侧顺线路张力。

（4）特种杆塔。

特种杆塔用于特种场合，有分支杆塔、换位杆塔及大跨越杆塔等。

3. 按线路回路数分类

杆塔按其回路数，分为单回路、双回路和多回路杆塔。单回路导线既可水平排列，也可三角排列或垂直排列；双回路和多回路杆塔导线可按垂直排列，必要时可考虑水平和垂直组合方式排列。

（二）杆塔的特点

1. 从原材料角度

（1）钢筋混凝土电杆的特点：电杆结构型式简单，设计、施工、制造都比较简单；节约钢材和投资，特别是预应力电杆；运行维护工作量少，除横担等部分铁附件外，一般不需要采取防腐措施；可大量按定型设计大规模地工厂化生产，生产工艺也比较简单。

（2）钢管塔的特点：钢管塔用在交通便利的地方（便于起重设备的吊装），结构、设计、施工、制造都比较简单，并兼有铁塔的优点，现广泛用于城市电网。

2. 从有无拉线角度

（1）有拉线塔的特点：有拉线塔承受的弯矩较小，所以节约钢材、水泥等材料和投资，在超高压线路中更为显著，因此国内外多采用之；一般情况下杆塔基础无倾覆力，拉线基础只承受拉力，杆塔基础只承受下压力，基础受力简单。

（2）无拉线塔的特点：无拉线塔占地面积小，不影响农业机械化耕种；不需要对拉线进行维护、更换和调整，减轻了运行检修人员的工作量。

3. 从导线排列角度

单回路杆塔导线水平排列塔的特点：在杆塔两侧的导线垂直荷载平衡，因此塔身的弯曲变形不明显；在导线不均匀覆冰或脱冰时，不易发生碰线闪络事故，适用于重冰区线路；导线水平排列一般采用双避雷线，因此有较好的防雷性能，适用于多雷地区；带电检修方便，运行维护工作量少。

（三）杆塔型式的选择

1. 选择杆塔的原则

（1）依据线路路径特点，按照安全可靠、经济合理、维护方便、和有利于环境保护的原则进行。

（2）按照全线地形，交通情况，线路在电力系统中的重要性，国家材料供应及施工、运行条件等因素选择杆塔型式，明确设计计算原则，对材料、构件、连接及防腐等提出要求。

（3）一般应尽量选用典型设计或经过施工、运行考验的成熟杆塔型式，并说明杆塔的使用条件。

（4）对于新型杆塔的设计，需要充分研究设计的理由，并经科学试验后再选用。

2. 杆塔型式的选择方法

（1）针对采用各种直线型和耐张型杆塔的的特点、使用地区、使用钢材、混凝土量等技术经济指标，考虑基础和线路占用走廊等因素后，进行综合的技术经济比较，优选杆塔型式。

（2）依据杆塔设计主要内容选择杆塔型式，杆塔设计的主要内容包括：全线使用的直线型杆塔和耐张型杆塔的使用条件，包括设计最大风速、覆冰厚度、水平档距、垂直档距、最大使用档距、塔头间隙尺寸等。确定标准杆塔高度和分段高度，杆塔的允许转角度数，每种杆塔重量及使用材料等情况。

（四）杆塔荷载组合

1. 荷载分类

（1）永久荷载：导线及地线、绝缘子及其附件、杆塔结构、各种固定设备、基础，以及土石方等的重力荷载；拉线或纤绳的初始张力、土压力及预应力等荷载。

（2）可变荷载：风和冰（雪）荷载；导线、地线及拉线的张力；安装检修的各种附加荷载；结构变形引起的次生荷载以及各种振动动力荷载。

2. 荷载作用方向

杆塔的作用荷载一般分为：横向荷载、纵向荷载和垂直荷载。横向荷载为平行杆塔平面即沿横担方向的荷载（如风力等），纵向荷载为垂直杆塔平面即垂直横担方向的荷载（如导线间拉力等），垂直荷载为垂直于地面方向的荷载（如杆塔自重力等）。

3. 杆塔荷载类型

各类杆塔均应计算线路正常运行情况、断线（含分裂导线时纵向不平衡张力）、不均匀覆冰情况和安装情况下的荷载组合，必要时尚应验算地震等特殊情况。

（1）各类杆塔的正常运行情况，应计算下列荷载组合：

1）基本风速、无冰、未断线（包括最小垂直荷载和最大水平荷载组合）；

2）设计覆冰、相应风速及气温、未断线；

3）最低气温、无冰、无风、未断线（适用于终端和转角杆塔）。

（2）各类杆塔的断线（含分裂导线的纵向不平衡张力）情况。

（3）不均匀覆冰情况。

（4）各类杆塔的验算覆冰荷载情况。

（5）各类杆塔的安装荷载情况。

## 二、基础

### （一）塔基础类型及特性

1. 杆塔基础类型

杆塔基础主要有混凝土电杆基础和铁塔基础。基础的型式应根据线路路径的地形、地貌、杆塔结构型式和施工条件等特点，本着确保杆塔安全可靠、节约材料、降低工程造价的原则经综合比较后确定。常见杆塔基础型式见图 1-5。杆塔基础型式示意图见图 1-6～图 1-12。

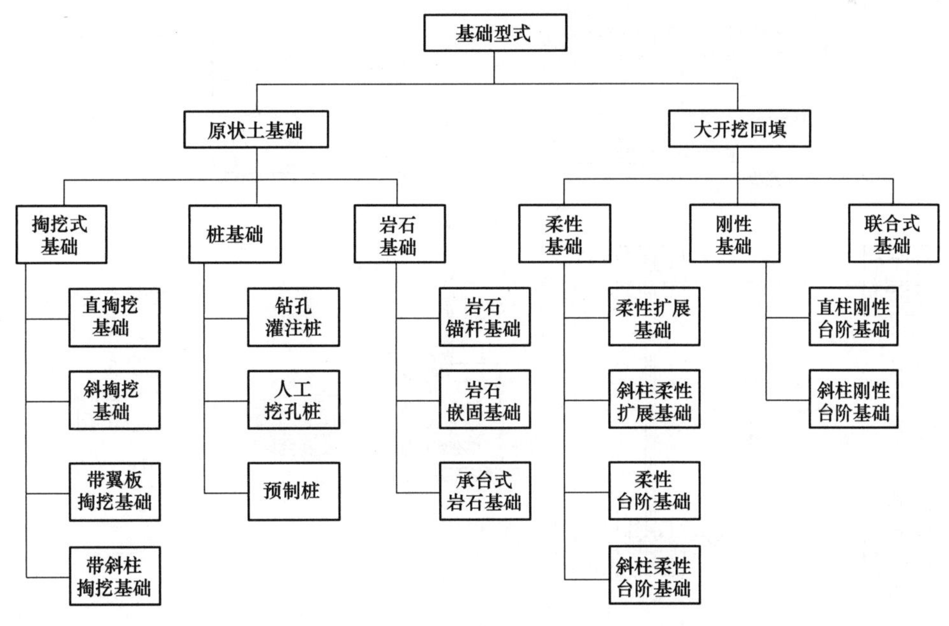


图 1-5 常见杆塔基础型式

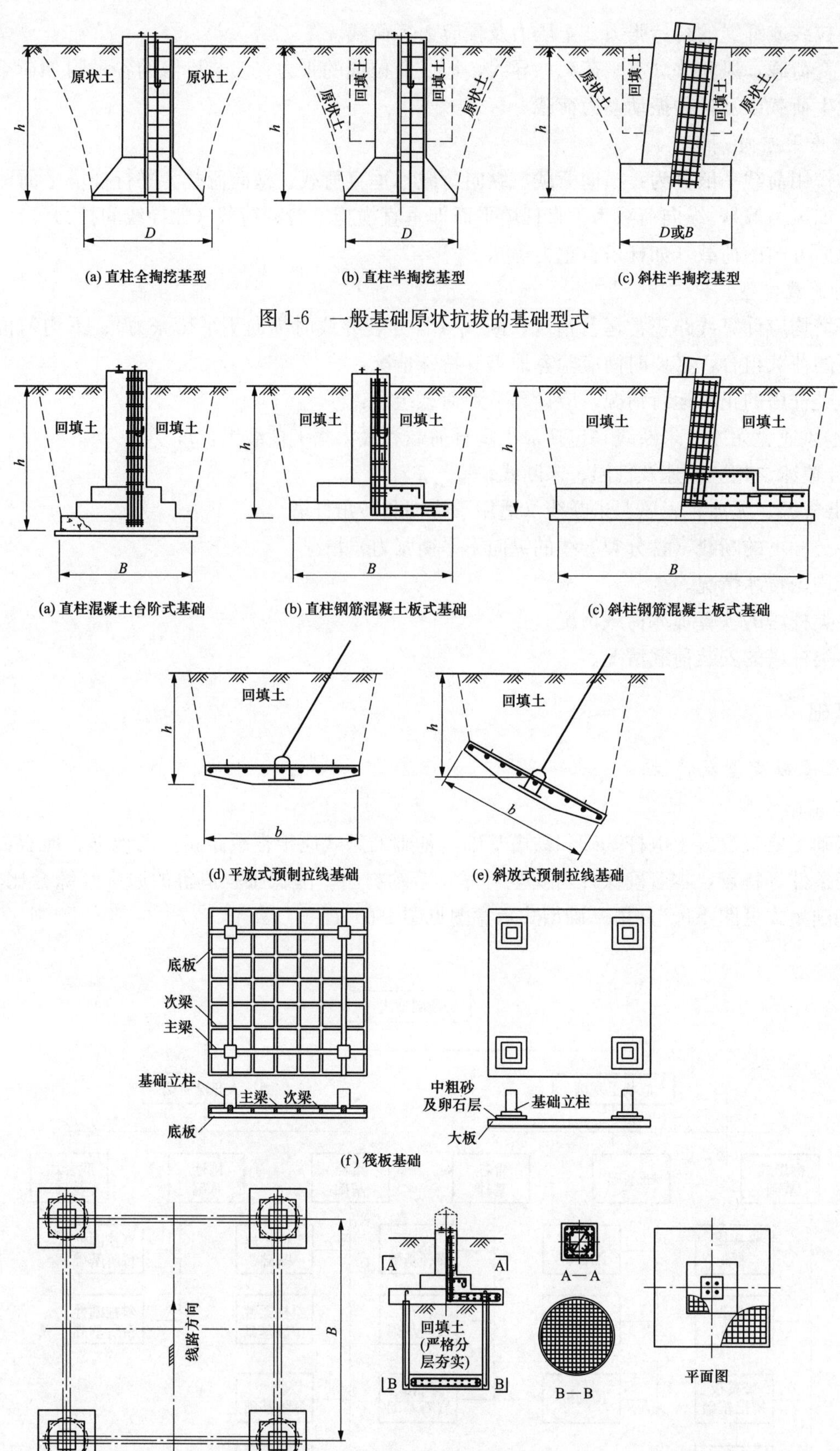


图 1-6　一般基础原状抗拔的基础型式



图 1-7　一般基础回填抗拔土体的基础型式

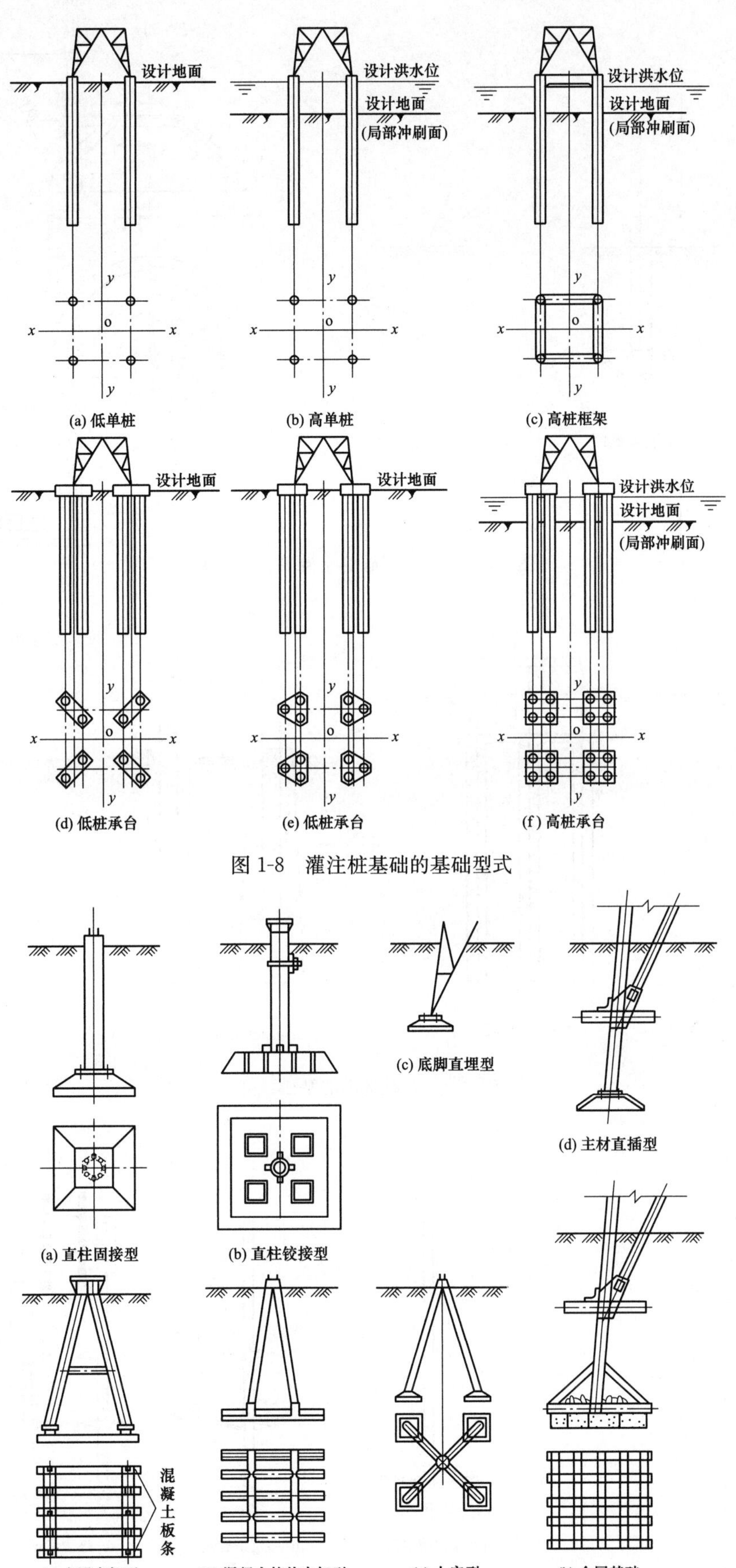


图 1-8　灌注桩基础的基础型式

图 1-9　装配式基础的基础型式（一）

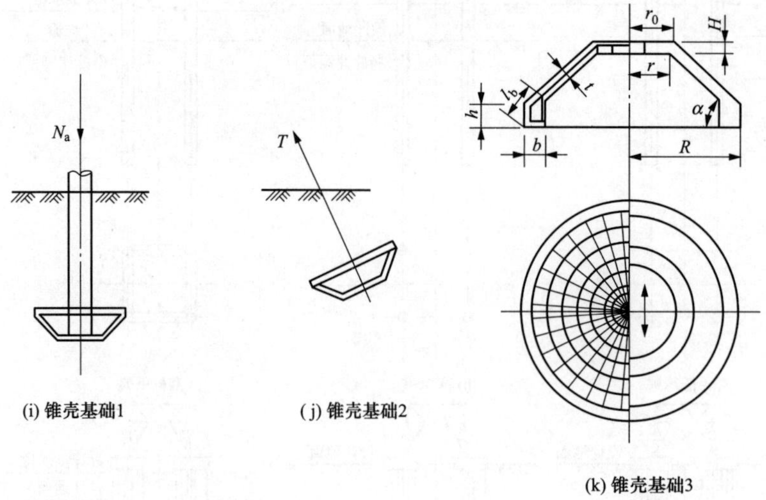


图 1-9 装配式基础的基础型式（二）

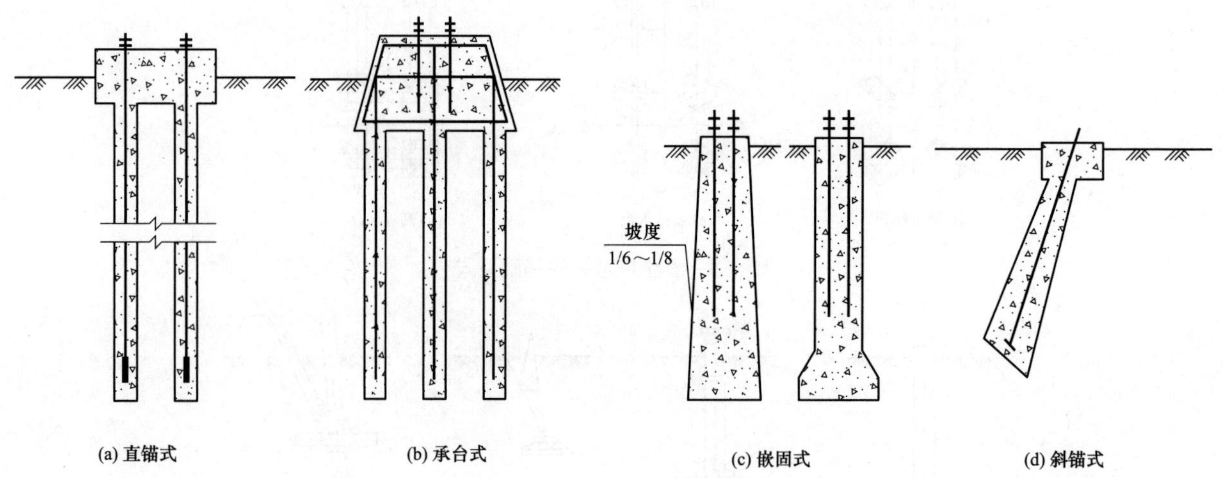


图 1-10 岩石基础的基础型式

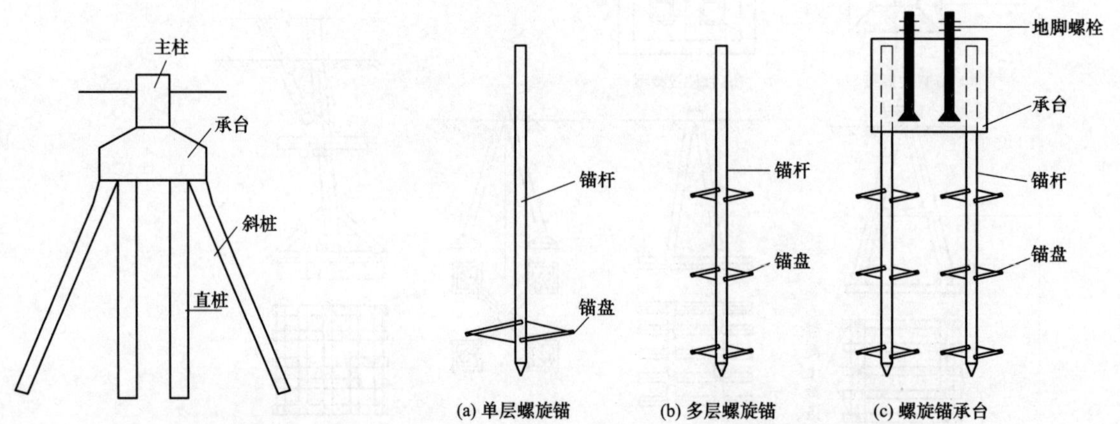


图 1-11 微型桩基础的基础型式

图 1-12 螺旋锚基础的基础型式

2. 常规杆塔基础特性及优缺点（见表 1-4）

**表 1-4　　常规杆塔基础特性及优缺点**

| 序号 | 基础型式 | | 工程特性及优点 | 存在的问题及缺点 |
|---|---|---|---|---|
| 1 | 大开挖基础 | 一般回填类土体基础 | 适应地质条件广，施工方法简便，是目前工程设计中为常用的基础型式 | （1）土体扰动较大，回填土虽经夯实亦难恢复到原状土结构强度，就抗拔性能而言不是理想的基础型式；<br>（2）开挖量大、弃土易造成滑坡，影响基础稳定；<br>（3）植被破坏和水土流失严重，塔位环境易破坏，从而影响基础稳定；<br>（4）在山区斜坡地面处的塔基位置往往形成人工高边坡，容易导致滑坡问题 |
| 2 | 掏挖式基础 | 直掏挖基础 | （1）充分利用了原状土承载力高、变形小的特性；<br>（2）“以土代模”，土石方开挖量小、弃土少，施工方便，节约材料；<br>（3）消除了回填土质量不可靠带来的安全隐患 | （1）主要适用于地质条件较好、无地下水、开挖时不易坍塌的地层；<br>（2）为了适应山区地形条件的需要，有时需要抬高基础主柱高度，此时基础的抗倾覆稳定性往往难以满足，为此需增加基础埋深，扩大基础主柱直径及底板掏挖尺寸 |
| | | 斜掏挖基础 | （1）具有斜立柱主角钢插入式基础主柱坡度与塔腿主材坡度一致的结构特点，水平力和弯矩大大减小；<br>（2）充分利用了原状土承载力高、变形小的特性；<br>（3）“以土代模”，土石方开挖量小、弃土少，施工方便，节约材料；<br>（4）消除了回填土质量不可靠带来的安全隐患 | 对斜掏挖基础施工工艺要求高 |
| 3 | 桩基础 | 钻孔灌注桩基础 | （1）适用于地下水位高的黏性土和砂土地基等，也广泛用于跨河塔位；<br>（2）在结构布置上可分为单桩和群桩基础，在埋置方式上可分为低桩和高桩基础，因此可供设计选择的型式较多 | （1）施工需要大型机具，施工工艺要求高、施工难度大；<br>（2）施工费用较高 |
| | | 人工挖孔桩 | （1）适用于基础作用力较大情况；<br>（2）高山地区用，地形陡以致铁塔长短腿不能满足地形要求需要基础主柱加高 | （1）只能用于地质条件较好、无地下水、开挖时不易坍塌的地层；<br>（2）人工开挖需要采取有效的安全措施；<br>（3）基坑土石方量最小，钢筋量、混凝土方量大，造价高；<br>（4）桩径受限制小，最大可达 2.6m |
| | | 预制桩（主要是 PHC 管桩） | （1）适用于地下水位高的黏性土和砂土地基等，也广泛用于跨河塔位；<br>（2）施工速度快、工效高、工期短；机械化施工程度高，现场整洁，施工环境好；<br>（3）PHC 管桩是工厂化、专业化、标准化生产，桩身质量可靠 | （1）施工需要大型机具，对进出场道路、场地要求较高；<br>（2）抗拔性能较差，对接头的强度有较高的要求 |
| 4 | 岩石基础 | 锚杆基础 | （1）适用于覆盖层薄或裸露的中等风化、微风化等完整、较完整的岩体；<br>（2）常用钻机成孔 | 采用岩石基础需逐基鉴定岩体的稳定性、覆盖层的厚度、岩石的坚固性、破碎程度及风化程度等特性，岩石基础的勘测工作量大、要求更高 |
| | | 嵌固基础 | （1）可用于风化岩石；<br>（2）采用人工开挖或有控制的小爆破加人工修凿 | |
| | | 承台基础 | （1）适用于覆盖层较厚的中等风化岩石；<br>（2）可采用小直径锚筋的群锚型 | |

（二）杆塔基础计算

1. 杆塔基础的设计原则及内容

（1）杆塔基础的计算内容。

杆塔基础必须保证杆塔在各种受力情况下倾覆、下沉和上拔的稳定性，使线路安全可靠、耐久地运行。为了保证杆塔以及基础本身的承载力的正常使用，基础设计计算时应考虑以下方面：

1）基础的稳定计算。

2）基础的强度计算。

（2）基础极限状态表达式。

基础设计应采用以概率理论为基础的极限状态设计法，用可靠指标度量基础与地基的可靠度，具体采用荷载分项系数和地基承载力调整系数的设计表达式。

1）基础上拔和倾覆稳定采用下述极限状态表达式（1-1）。

$$\gamma_f T_E \leqslant A(\gamma_K、\gamma_S、\gamma_C\cdots) \tag{1-1}$$

式中 $A(\gamma_K、\gamma_S、\gamma_C\cdots)$——基础上拔或倾覆承载力函数；

$\gamma_f$——基础附加分项系数，按表1-5取值；

$T_E$——基础上拔或倾覆外力设计值；

$\gamma_K$——几何参数的标准值；

$\gamma_S$、$\gamma_C$——土及混凝土有效重度设计值（取土及混凝土的实际重度），当位于地下水以下时，取有效重度。

2）地基承载力与基础底面压力采用下述极限状态表达式。

①当轴心荷载作用时，采用式（1-2）。

$$P \leqslant f_a/\gamma_{rf} \tag{1-2}$$

式中 $P$——基础底面处的平均应力设计值，kPa；

$f_a$——修正后的地基承载力特征值，kPa；

$\gamma_{rf}$——地基承载力调整系数，宜取 $\gamma_{rf}=0.75$。

表1-5　基础附加分项系数 $\gamma_f$

| 设计条件 / 基础型式 / 杆塔类型 | 上拔稳定 | | 倾覆稳定 |
|---|---|---|---|
| | 重力式基础 | 其他各类型基础 | 各类型基础 |
| 直线杆塔 | 0.90 | 1.10 | 1.10 |
| 耐张（0°）转角及悬垂转角杆塔 | 0.95 | 1.30 | 1.30 |
| 转角、终端、大跨越塔 | 1.10 | 1.60 | 1.60 |

②当偏心荷载作用时，不但应满足式（1-2），还要满足式（1-3）：

$$P_{max} \leqslant 1.2 f_a/\gamma_{rf} \tag{1-3}$$

式中 $P_{max}$——基础底面边缘的最大压应力设计值。

2. 地基土（岩）的力学性质

地基土（岩）的力学参数据以下参数：

（1）土的重度 $\gamma_S$。

土的计算重度指土在天然状态下单位体积的重力，一般在 12～20kN/m$^3$之间。

（2）土的内摩擦角 $\varphi$ 和 $\beta$。

土在力的作用下，土颗粒间有发生相对滑移的趋势，从而引起内部土颗粒间相互摩擦的阻力，称为内摩擦阻力 $T$，内摩擦阻力与土所受的正压力 $N$ 有关。对于黏性土而言，土的抗剪力 $V$ 除了土的内摩擦力外，还有土的黏聚力 $C$，即 $V=T+C$，土的黏聚力 $C$ 与土的压力无关。

以上四个参数的关系为式（1-4）和式（1-5）：

$$\varphi=\arctan\frac{T}{N} \tag{1-4}$$

$$\beta=\arctan\left(\frac{C}{N}+\tan\varphi\right) \tag{1-5}$$

式中 $\varphi$——土的内摩擦角，(°)；

$\beta$——土的计算内摩擦角，(°)。

（3）土的上拔角 $\alpha$。

基础受上拔力作用时，抵抗上拔力的锥形土体的倾斜角为上拔角。由于坑壁开挖的不规则和回填土的不太紧密，土的天然结构被破坏，所以使埋设在地层中的基础抗拔承载力有所减小。在计算基础上拔承载力时，将计算内摩擦角 $\beta$ 乘以一个降低系数后，即为上拔角。

上拔角，一般黏性土取 $\alpha=\frac{2}{3}\beta$；对砂土类，一般取 $\alpha=\frac{4}{5}\beta$。土的计算内摩擦角 $\beta$、上拔角 $\alpha$ 查表 1-6。

**表 1-6　土的重度 $\gamma_S$、上拔角 $\alpha$、计算内摩擦角 $\beta$**

| 参数 | 黏性土 | | | 粉土 | | | 砂土 | | | |
|---|---|---|---|---|---|---|---|---|---|---|
| | 坚硬、硬塑 | 可塑 | 软塑 | 密实 | 中密 | 稍密 | 砾砂 | 粗、中砂 | 细砂 | 粉砂 |
| $\gamma_S$(kN/m³) | 17 | 16 | 15 | 17 | 16 | 15 | 19 | 17 | 16 | 15 |
| $\alpha$(°) | 25 | 20 | 10 | 25 | 20 | 10～15 | 30 | 28 | 26 | 22 |
| $\beta$(°) | 35 | 30 | 15 | | | | | 35 | 30 | 30 |

注 1. 位于地下水以下的土重度应按浮重度取用，上拔角仍按本表值；
2. 对于稍密状粉土的上拔角，当有工程经验时，可适当提高。

（4）地基承载力的计算。

1）承载力特征值应由荷载试验或其他原位测试、计算、并结合工程实践经验等方法综合确定。在无资料时，地基承载力特征值 $f_{ak}$ 可参考各地经验值。

2）当基础宽度大于 3m 或埋置深度大于 0.5m 时，地基承载力特征值尚应按式（1-6）修正：

$$f_a=f_{ak}+\eta_b\gamma(b-3)+\eta_d\gamma_s(h-0.5) \tag{1-6}$$

式中 $f_{ak}$——地基承载力特征值，kPa；

$\eta_b$、$\eta_d$——基础宽度和埋深的地基承载力修正系数，按基底下土的类别查表 1-7 确定；

$\gamma$——基础底面以下土的重度，地下水位以下取浮重度，kN/m³；

$b$——基础底面宽度，m，当基宽小于 3m 时按 3m 取值，大于 6m 时按 6m 取值；对长方形底面取短边、圆形底面取 $\sqrt{A}$（$A$ 为底面面积）；

$\gamma_s$——基础底面以上土的加权平均重度，地下水位以下取浮重度，kN/m³；

$h$——基础埋深，m。

**表 1-7　承载力修正系数**

| 土的类别 | | 宽度修正系数 $\eta_b$ | 深度修正系数 $\eta_d$ |
|---|---|---|---|
| 淤泥和淤泥质土 | | 0 | 1.0 |
| 人工填土 | | 0 | 1.0 |
| $e$ 或 $I_L$ 不小于 0.85 的黏性土 | | | |
| 红黏土 | 含水比 $\alpha_w$>0.8 | 0 | 1.2 |
| | 含水比 $\alpha_w$≤0.8 | 0.15 | 1.4 |

续表

| 土的类别 | | 宽度修正系数 $\eta_b$ | 深度修正系数 $\eta_d$ |
|---|---|---|---|
| 大面积压实填土 | 压实系数大于 0.95、黏粒含量 $\rho_c \geqslant 10\%$ 的粉土 | 0 | 1.5 |
| | 最大干密度大于 2.1t/m3 的级配砂石 | 0 | 2.0 |
| 粉土 | 黏粒含量 $p_c \geqslant 10\%$ 的粉土 | 0.3 | 1.5 |
| | 黏粒含量 $p_c < 10\%$ 的粉土 | 0.5 | 2.0 |
| $e$ 及 $I_L$ 均小于 0.85 的黏性土 | | 0.3 | 1.6 |
| 粉砂、细砂（不包括很湿与饱和时的稍密状态） | | 2.0 | 3.0 |
| 中砂、粗砂、砾砂和碎石土 | | 3.0 | 4.4 |

**注** 强风化和全风化的岩石，可参照所风化成的相应土类取值，其他状态下的岩石不修正。

地基承载力特征值也可根据土的抗剪强度指标按式（1-7）计算，并应满足变形要求：

$$f_a = M_b \gamma b + M_d \gamma_s h + M_c c \tag{1-7}$$

式中 $M_b$、$M_d$、$M_c$ ——承载力系数，按表 1-8 确定；

$b$ ——基础底面宽度，m，大于 6m 时按 6m 取值；当砂土小于 3m 时按 3m 取值；

$c$ ——基底下一倍短边宽深度内土的黏聚力，kPa。

**表 1-8　　承载力系数**

| 基底下一倍短边宽深度内土的内摩阻角 $\phi$(°) | $M_b$ | $M_d$ | $M_c$ |
|---|---|---|---|
| 0 | 0 | 1.00 | 3.14 |
| 2 | 0.03 | 1.12 | 3.32 |
| 4 | 0.06 | 1.25 | 3.51 |
| 6 | 0.10 | 1.39 | 3.71 |
| 8 | 0.14 | 1.55 | 3.93 |
| 10 | 0.18 | 1.73 | 4.17 |
| 12 | 0.23 | 1.94 | 4.42 |
| 14 | 0.29 | 2.17 | 4.69 |
| 16 | 0.36 | 2.43 | 5.00 |
| 18 | 0.43 | 2.72 | 5.31 |
| 20 | 0.51 | 3.06 | 5.66 |
| 22 | 0.61 | 3.44 | 6.04 |
| 24 | 0.80 | 3.87 | 6.45 |
| 26 | 1.10 | 4.37 | 6.90 |
| 28 | 1.40 | 4.93 | 7.40 |
| 30 | 1.90 | 5.59 | 7.95 |
| 32 | 2.60 | 6.35 | 8.55 |
| 34 | 3.40 | 7.21 | 9.22 |
| 36 | 4.20 | 8.25 | 9.97 |
| 38 | 5.00 | 9.44 | 10.80 |
| 40 | 5.80 | 10.84 | 11.73 |

3. 大开挖类及掏挖类基础

（1）上拔稳定计算。

基础上拔稳定计算，应根据抗拔土体的状态分别采用剪切法或土重法。剪切法适用于原状抗拔土体；土重法适用于回填抗拔土体。

其中剪切法适用于：基础埋深与圆形底板直径之比（$h_t/D$）不大于 4 的非松散砂类土及基础埋深与圆形底板直径之比（$h_t/D$）不大于 3.5 的黏性土。

土重法适用于：基础埋深与圆形底板直径之比（$h_t/D$）不大于 4、与方形底板边长之比（$h_t/D$）不大于 5 的非松散砂类土；基础埋深与圆形底板直径之比（$h_t/D$）不大于 3.5、与方形底板边长之比（$h_t/D$）不大于 4.5 的黏性土。

1）大开挖类基础。

计算简图见图 1-13、图 1-14，基础上拔稳定按式（1-8）计算。

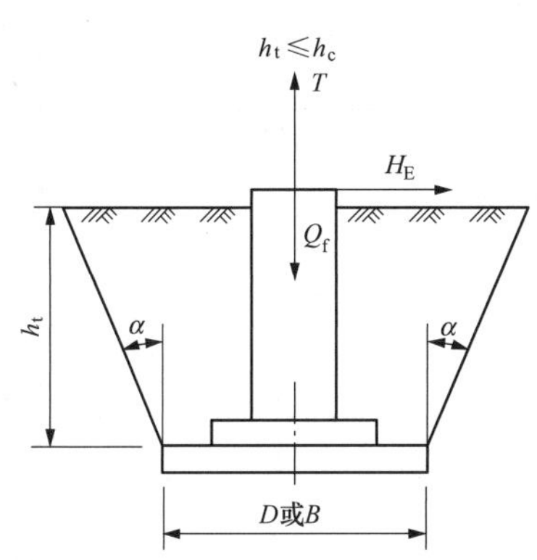


图 1-13 土重法计算上拔稳定（1）

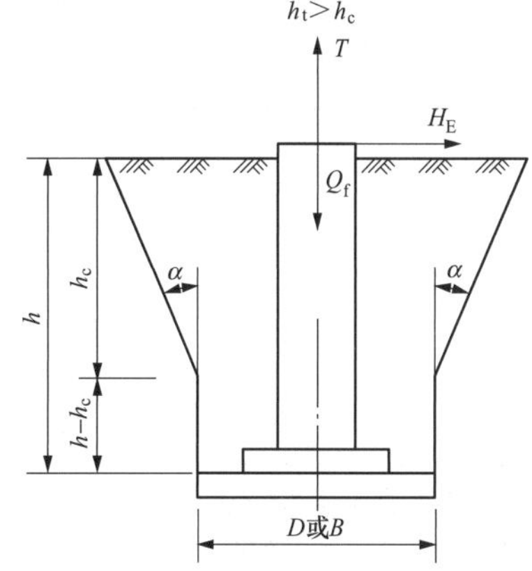


图 1-14 土重法计算上拔稳定（2）

$$\gamma_f T \leqslant \gamma_E \gamma_s \gamma_{\theta 1}(V_t - \Delta V_t - V_0) + Q_f \tag{1-8}$$

式中 $\gamma_f$——基础附加分项系数；

$T$——基础上拔力设计值，kN；

$\gamma_{\theta 1}$——基础底板上平面坡角影响系数，当坡角 $\theta_0 < 45°$时取 $\gamma_{\theta 1} = 0.8$；当坡角 $\theta_0 \geqslant 45°$时取 $\gamma_{\theta 1} = 1.0$；

$V_t$——$h_t$ 深度内土和基础的体积，$m^3$；

$\gamma_E$——水平力影响系数，根据水平力 $H_E$ 与上拔力 $T$ 的比值按表 1-9 确定；

$Q_f$——基础自重力，kN；

$\Delta V_t$——相邻基础影响的微体积；

$V_0$——$h_t$ 深度内的基础体积，$m^3$。

$\gamma_s$——基础底面以上土的加权平均重度见表 1-6，$kN/m^3$；

$h_t$——基础的上拔埋置深度，m。

**表 1-9　　水平力影响系数 $\gamma_E$**

| 水平力 $H_E$ 与上拔力 $T$ 的比值 | 水平力影响系数 $\gamma_E$ |
|---|---|
| 0.15～0.40 | 1.0～0.9 |
| 0.40～0.70 | 0.9～0.8 |
| 0.70～1.00 | 0.8～0.75 |

①当 $h_t \leqslant h_c$ 时（见图 1-13）。

方形底板按式（1-9）计算：

$$V_t = h_t(B^2 + 2Bh_t\tan\alpha + 4/3h_t^2\tan^2\alpha) \tag{1-9}$$

圆形底板按式（1-10）计算：

$$V_t = \pi h_t/4(D^2 + 2Dh_t\tan\alpha + 4/3h_t^2\tan^2\alpha) \tag{1-10}$$

②当 $h_t > h_c$ 时（见图 1-14）。

方形底板按式（1-11）计算：

$$V_t = h_c(B^2 + 2Bh_c\tan\alpha + 4/3h_c^2\tan^2\alpha) + B^2(h_t - h_c) \tag{1-11}$$

圆形底板按式（1-12）计算：

$$V_t = \pi/4[h_c(D^2 + 2Dh_c\tan\alpha + 4/3h_c^2\tan^2\alpha) + D^2(h_t - h_c)] \tag{1-12}$$

式中　$h_c$——按表1-10确定；

$\alpha$——上拔角，按表1-6取用。

位于地下水位以下的基础重度和土体重度应按浮重度计算：混凝土基础的浮重度取12kN/m³；钢筋混凝土基础的浮重度取14kN/m³；土的浮重度应根据土的密实度取8～11kN/m³。

**表1-10　　土重法临界深度 $h_c$**

| 土的名称 | 土的天然状态 | 基础上拔临界深度 $h_c$ | |
|---|---|---|---|
| | | 圆形底 | 方形底 |
| 砂类土、粉土 | 密实—稍密 | 2.5$D$ | 3.0$B$ |
| 黏性土 | 坚硬—硬塑 | 2.0$D$ | 2.5$B$ |
| | 可塑 | 1.5$D$ | 2.0$B$ |
| | 软塑 | 1.2$D$ | 1.5$B$ |

注　1. 长方形底板当长边 $l$ 与短边 $b$ 之比不大于3时，取 $D=0.6(b+l)$；
2. 土的状态按天然状态确定。

2）掏挖类基础。

计算简图见图1-15、图1-16，基础上拔稳定按式（1-13）和式（1-14）计算：

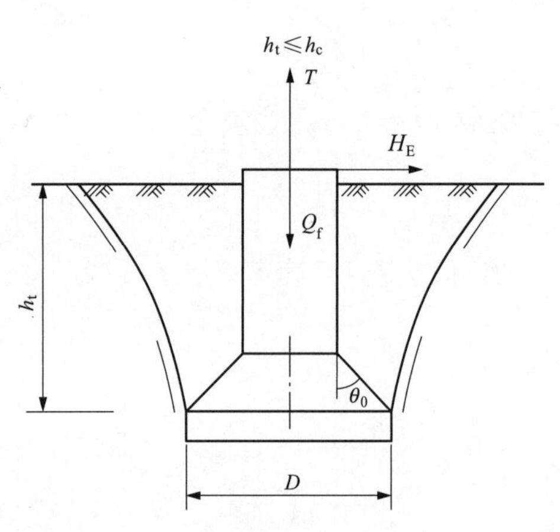


图1-15　剪切法计算上拔稳定（1）

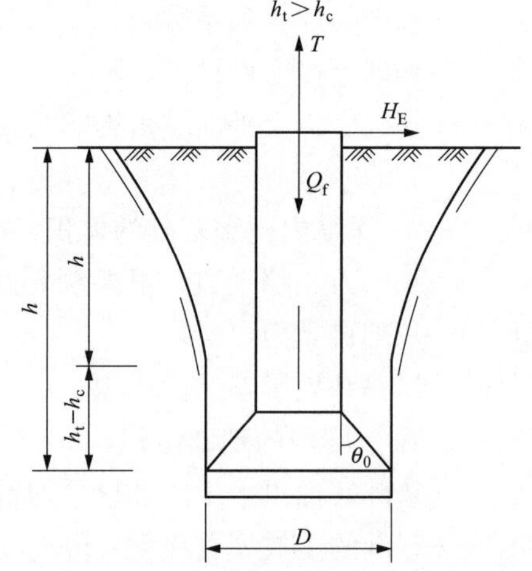


图1-16　剪切法计算上拔稳定（2）

①当 $h_t \leqslant h_c$ 时按式（1-13）计算：

$$\gamma_f T \leqslant \gamma_E \gamma_\theta \left(\frac{A_1 c_w h_t^2 + A_2 \gamma_s h_t^3}{1.65}\right) + Q_f \tag{1-13}$$

②当 $h_t > h_c$ 时按式（1-14）计算：

$$\gamma_f T \leqslant \gamma_E \gamma_\theta \left\{\frac{A_1 c_w h_c^2 + \gamma_s[A_2 h_c^3 + \pi D^2(h_t - h_c)/4 - \Delta V]}{1.65}\right\} + Q_f \tag{1-14}$$

式中　$\gamma_f$——基础附加分项系数；

$T$——基础上拔力设计值，kN；

$\gamma_E$——水平力影响系数，根据水平力 $H_E$ 与上拔力 $T$ 的比值查表1-9确定；

$A_1$——无因次系数；

$h_t$——基础的上拔埋置深度，m；

$A_2$——无因次系数；

$\gamma_s$——基础底面以上土的加权平均重度，$kN/m^3$；

$D$——圆形底板直径，m；

$\Delta V$——（$h_t-h_c$）范围内的基础体积，$m^3$；

$Q_f$——基础自重力，kN；

$\gamma_\theta$——基底展开角影响系数，当 $\theta_0>45°$时取 $\gamma_\theta=1.2$；当 $\theta_0\leqslant45°$时取 $\gamma_\theta=0.8$；

$c_w$——计算黏聚力，kPa；当 $S_r$ 小于 90%时，取 $c_w=c+2\dfrac{90\%-S_r}{10\%}$；当 $S_r$ 大于 90%时，取 $c_w=c-2\dfrac{90\%-S_r}{10\%}$；其中 $c$ 为按饱和不排水剪或相当于饱和不排水剪方法确定的凝聚力，kPa；$S_r$ 为地基土的实际饱和度，%。

剪切法临界深度 $h_c$ 按表 1-11 取值。

**表 1-11　剪切法临界深度 $h_c$**

| 土的名称 | 土的状态 | 基础上拔临界深度 $h_c$ |
|---|---|---|
| 碎石、粗、中砂 | 密实—稍密 | 4.0～3.0$D$ |
| 细、粉砂、粉土 | 密实—稍密 | 3.0～2.5$D$ |
| 黏性土 | 坚硬—可塑 | 3.5～2.5$D$ |
|  | 可塑—软塑 | 2.5～1.5$D$ |

**注**　计算上拔时的临界深度 $h_c$，即为土体整体破坏的计算深度。

当基础埋入软塑黏性原状土中且上拔深度（$h_t$）大于临界深度（$h_c$）时，上拔稳定尚应符合式（1-8）的要求。

$$\gamma_f T_E \leqslant 8D^2 c_w + Q_f \tag{1-15}$$

（2）下压稳定计算。

基础底面的压力，应符合下列要求：

1）当轴心荷载作用时，应符合式（1-16）要求：

$$\gamma_{rf} P \leqslant f_a \tag{1-16}$$

式中　$P$——基础底面处的平均压力设计值，kPa；

$f_a$——按深宽修正后的地基承载力特征值，应符合式（1-7）要求；

$\gamma_{rf}$——地基承载力调整系数，取 0.75。

2）当偏心荷载作用时，应满足式（1-17）的要求：

$$\gamma_{rf} P_{max} \leqslant 1.2 f_a \tag{1-17}$$

式中　$P_{max}$——基础底面边缘最大压力设计值，kPa。

基础底面的压力，可按下列公式确定：

1）当轴心荷载作用时按式（1-18）确定。

$$P = \frac{F + \gamma_G G}{A} \tag{1-18}$$

式中　$F$——上部结构传至基础底面的竖向压力设计值，kN；

$G$——基础自重和基础上的土重，kN；

$A$——基础底面面积，$m^2$；

$\gamma_G$——永久荷载分项系数，对基础有利时，宜取 $\gamma_G=1.0$；不利时，应取 $\gamma_G=1.2$。

2）当偏心荷载作用时按式（1-19）确定。

$$P_{max}=\frac{F+\gamma_G G}{A}+\frac{M_x}{W_y}+\frac{M_y}{W_x} \tag{1-19}$$

$$P_{min}=\frac{F+\gamma_G G}{A}-\frac{M_x}{W_y}-\frac{M_y}{W_x} \tag{1-20}$$

式中 $M_x$、$M_y$——作用于基础底面的 $X$ 和 $Y$ 方向的力矩设计值，kN·m；

$W_x$、$W_y$——基础底面绕 $X$ 和 $Y$ 轴的抵抗矩，$m^3$；

$P_{min}$——基础底面边缘的最小压力设计值，kPa。

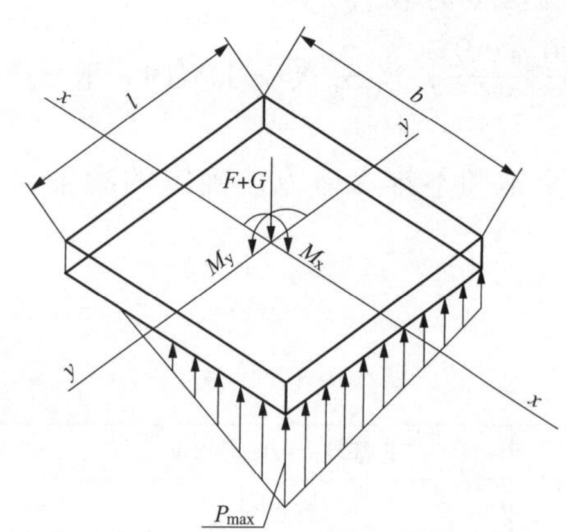


图 1-17 双向偏心荷载作用示意图

3）当 $P_{min}\leqslant 0$ 时，$P_{max}$ 可按式（1-21）和式（1-22）计算（见图 1-17）：

$$P_{max}=0.35\frac{F+\gamma_G G}{C_x C_y} \tag{1-21}$$

$$C_x=\frac{b}{2}-\frac{M_x}{F+\gamma_G G}；\ C_y=\frac{l}{2}-\frac{M_y}{F+\gamma_G G} \tag{1-22}$$

当地基受力层范围内有软弱下卧层时，应按式（1-23）计算：

$$p_z+p_{cz}\leqslant\frac{f_a}{\gamma_{rf}} \tag{1-23}$$

1）矩形底面按式（1-24）计算：

$$p_z=\frac{lb(P-P_c)}{(b+2Z\tan\theta)(l+2Z\tan\theta)} \tag{1-24}$$

2）方形底面按式（1-25）计算：

$$p_z=\frac{B^2(P-P_c)}{(B+2Z\tan\theta)^2} \tag{1-25}$$

3）圆形底面按式（1-26）计算：

$$p_z=\frac{D^2(P-P_c)}{(D+2Z\tan\theta)^2} \tag{1-26}$$

式中 $p_z$——软弱下卧层顶面处的附加压力值，kPa；

$p_{cz}$——软弱下卧层顶面处土的自重压力，kPa；

$P_c$——基础底面处土的自重压力值，kPa；

$Z$——基础底面至软弱下卧层顶面的距离，m；

$\theta$——地基压力扩散线与垂直线的夹角（地基压力扩散角）；可按表 1-12 采用。

**表 1-12　　地基压力扩散角 $\theta$**

| $E_{s1}/E_{s2}$ | $Z/b$ | |
|---|---|---|
| | 0.25 | 0.50 |
| 3 | 6° | 23° |
| 5 | 10° | 25° |
| 10 | 20° | 30° |

注　1. $E_{s1}$ 为上层土压缩模量；$E_{s2}$ 为下层土压缩模量；

2. 当 $Z/b(Z/B、Z/D)<0.25$ 时取 $\theta=0°$，必要时，宜由试验确定；

3. $Z/b(Z/B、Z/D)>0.5$ 时 $\theta$ 值不变。

（3）倾覆稳定计算。

基础的抗倾覆计算，应符合式（1-27）及式（1-28）的要求：

$$S_j\geqslant\gamma_f S_0 \tag{1-27}$$

$$M_j\geqslant\gamma_f H_0 S_0 \tag{1-28}$$

式中　$S_j$——极限倾覆力；

$M_j$——极限倾覆力矩；

$\gamma_f$——基础附加分项系数；

$S_0$——上部结构水平作用力设计值，kN；

$H_0$——$S_0$ 作用点至设计地面处的距离，m；

4. 岩石基础

（1）上拔稳定计算。

1）单根锚筋承载力计算，应符合式（1-29）的要求：

$$T \leqslant f_y A_n \tag{1-29}$$

式中　$T$——单根锚筋上拔力设计值，kN；

$A_n$——单根锚筋的净截面积，$m^2$；

$f_y$——锚筋的抗拉强度设计值，kPa；当锚筋为地脚螺栓时，强度设计值应为 $f_g$。

2）单根锚筋或地脚螺栓与砂浆黏结承载力计算，应符合式（1-30）的要求：

$$\gamma_f T \leqslant \pi d l_0 \tau_a \tag{1-30}$$

式中　$d$——锚筋或地脚螺栓直径，m；

$l_0$——锚筋或地脚螺栓的有效锚固长度（m）；

$\tau_a$——钢筋与砂浆或细石混凝土间的黏结强度，C20 级砂浆或细石混凝土取 2000kPa，C30 级砂浆或细石混凝土取 3000kPa。

3）单根锚桩与岩石间黏结承载力的计算，应符合式（1-31）的要求：

$$\gamma_f T \leqslant \pi D h_0 \tau_b \tag{1-31}$$

式中　$D$——锚桩直径，m；

$h_0$——锚桩的有效锚固深度，m；

$\tau_b$——砂浆或细石混凝土与岩石间的黏结强度，kPa。$\tau_b$ 值见表 1-13。

**表 1-13**　　$\tau_b$ **值**　　（kPa）

| | 未风化和微风化 | 中等风化 | 强风化 |
|---|---|---|---|
| 硬质岩石 | 700～1500 | 500～700 | 300～500 |
| 软质岩石 | 400～600 | 200～400 | 80～200 |

**注**　表中系 C20～C30 级砂浆或细石混凝土与岩石的黏结强度。

（2）岩石抗剪承载力计算。

岩石抗剪力（见图 1-17），设虚线所示倒锥体作为假想破裂面，以均匀分布于倒截圆锥体表面的等代极限剪切应力 $\tau_s$ 的垂直分量之和来抵抗上拔力。

1）单根锚桩［见图 1-17（a）］和拉线基础［见图 1-17（e）］应符合式（1-32）的要求：

$$\gamma_f T \leqslant \pi h_0 \tau_s (D + h_0) \tag{1-32}$$

2）嵌固式锚桩［见图 1-17（d）］应符合式（1-33）的要求：

$$\gamma_f T \leqslant \pi h_0 \tau_s (D + h_0) + Q_f \tag{1-33}$$

3）由多根桩组成的群锚桩，在微风化岩石中，桩间距 $b$ 大于 4 倍桩径 $D$ 时和在中等风化至强风化岩石中，间距 $b$ 大于 6～8 倍桩径 $D$ 时，或者当桩间距 $b$ 大于三分之一锚桩有效锚固深度 $h_0$ 时，应符合式（1-32）的要求，当桩间距不符合上述条件时，除应符合式（1-31）的要求外，尚应符合式（1-34）的要求：

$$\gamma_f T \leqslant \pi h_0 \tau_s (a + h_0) + Q_f \tag{1-34}$$

式中　$\tau_s$——岩石等代极限剪切强度，kPa。可参照表 1-14 采用；

$h_0$——与式（1-31）意义相同，直锚式取 $h_0 = h$［图 1-18（b）］；承台式取承台底至锚桩底长度（m）［见图 1-18（c）］；拉线基础取 $h_0 = h$［见图 1-18（e）］；

$D$ ——单根锚桩［见图 1-18（a）］，嵌固式锚桩［见图 1-18（d）］和拉线基础［见图 1-18（e）］的底径，m；

$a$ ——群锚桩［见图 1-17（b）和图 1-17（c）］外切直径，m。当群锚为正方形布置时取 $a=\sqrt{2}b+D$，当群锚桩为圆形布置时，取 $a$ 等于圆环轴线直径加桩径，m。

**表 1-14** $\tau_s$ **值** （kPa）

| 岩石类别＼风化程度 | 未风化和微风化 | 中等风化 | 强风化 |
|---|---|---|---|
| 硬质岩石 | 80～150 | 30～80 | 17～30 |
| 软质岩石 | 40～80 | 20～40 | 10～20 |

4）直锚式群锚桩和嵌固式锚桩可忽略水平力的作用，承台式群锚桩的单根桩上拔力按式（1-35）确定。此外，必要时应对承台混凝土及岩石进行强度计算。

$$T_i=\frac{T-Q_f}{n}+\frac{M_X Y_i}{\sum_{i=1}^{n} Y_i^2}+\frac{M_Y X_i}{\sum_{i=1}^{n} X_i^2} \tag{1-35}$$

式中 $M_X$ 和 $M_Y$ ——作用于承台顶面上水平力对通过群锚重心的 $X$ 轴和 $Y$ 轴的力矩，kN·m；

$X_i$ 和 $Y_i$ ——锚桩 $i$ 至通过群锚重心 $Y$ 轴和 $X$ 轴的距离，m；

$T_i$ ——群锚桩的单桩上拔力设计值，kN；

$n$ ——锚桩数。

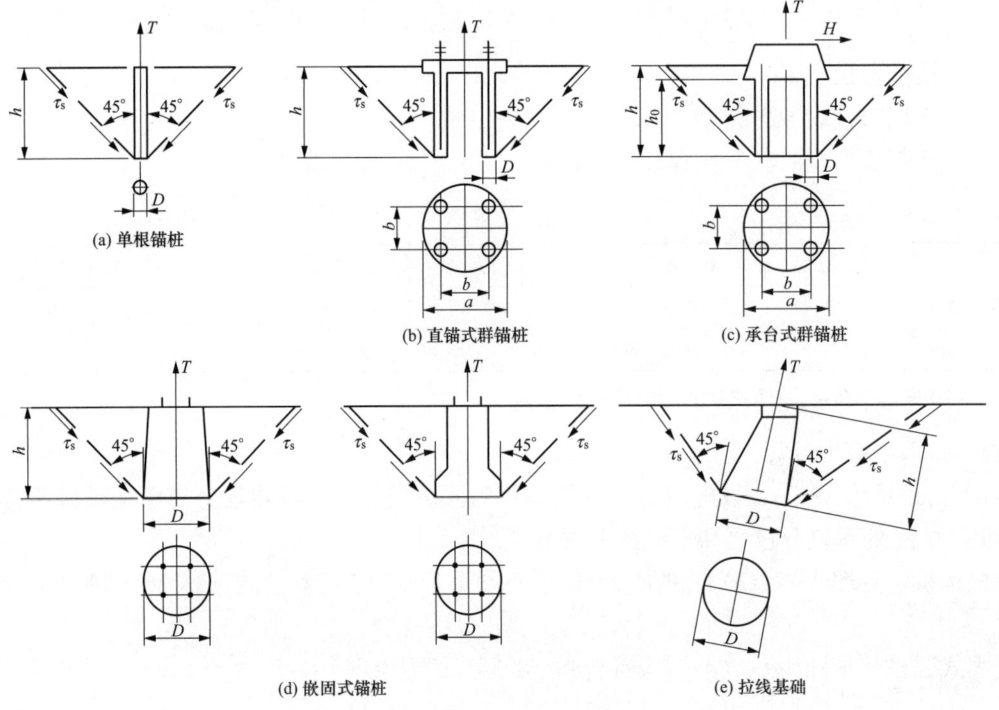


图 1-18 岩石剪切计算简图

5. 桩基础

（1）下压稳定计算。

桩基在竖向力作用下，应满足下列要求：

轴心竖向力作用下可按式（1-36）计算。

$$N_k \leqslant R \tag{1-36}$$

偏心竖向力作用下可按式（1-37）计算。

$$N_{kmax} \leqslant 1.2R \tag{1-37}$$

式中　$N_k$——荷载效应标准组合轴心竖向力作用下，基桩或复合基桩的平均竖向力；

$N_{kmax}$——荷载效应标准组合偏心竖向力作用下，桩顶最大竖向力；

$R$——基桩或复合基桩竖向承载力特征值。

（2）上拔稳定计算。

单桩可按式（1-38）计算：

$$T_k \leqslant T_{uk}/2 + G_p \tag{1-38}$$

桩基中的基桩应同时满足式（1-39）和式（1-40）：

$$T_k \leqslant T_{uk}/2 + G_p \tag{1-39}$$

$$T_k \leqslant T_{gk}/2 + G_{gp} \tag{1-40}$$

式中　$T_k$——按荷载效应标准组合计算的单桩或基桩上拔力；

$T_{gk}$——群桩呈整体破坏时基桩的抗拔极限承载力标准值；

$T_{uk}$——单桩或基桩的抗拔极限承载力标准值；

$G_{gp}$——群桩基础所包围体积的桩土总自重除以总桩数，地下水位以下取浮重度；

$G_p$——单桩（土）或基桩（土）自重，地下水位以下取浮重度。

（3）水平承载力计算。

受水平荷载的杆塔单桩基础和群桩中基桩应满足式（1-41）的要求：

$$H_{ik} \leqslant R_h \tag{1-41}$$

式中　$H_{ik}$——在荷载效应标准组合下，作用于基桩 $i$ 桩顶处的水平力；

$R_h$——单桩基础或群桩中基桩的水平承载力特征值，对于单桩基础，可取单桩的水平承载力特征值 $R_{ha}$。

### （三）典型地质条件下基础选型

输电线路根据地形地貌、地质及受力条件等可按表 1-15 选用基础型式。

**表 1-15　　典型地质条件下基础选型**

| 地形地貌 | 地质及受力条件 | 基础型式 | 基础型式特点 | 优选基础型式 |
|---|---|---|---|---|
| 平原地区 | 地质条件普遍较好，基础主要受上拔控制 | 刚性台阶基础 | 刚性基础是指用砖、石、混凝土等抗压强度大而抗弯、抗剪强度小的材料做成的基础，其基础底部扩展部分不超过基础材料刚性角。一般用于承载力好、压缩性较小的地基。根据外形特征，刚性基础通常可以分为直柱刚性台阶基础和斜柱刚性台阶基础，在输电线路工程中，通常采用现浇的直柱刚性台阶基础。直柱刚性台阶基础是过去输电线路铁塔采用主要基础型式之一，它主要是以自身重量和扰动的回填土保持上拔稳定。直柱刚性基础的主要优点是基础主柱垂直地面，地面无钢筋，施工难度较小，施工工艺非常成熟。但是为了保证上拔稳定的要求，满足冲切强度，必须加大基础尺寸，增加底板厚度，混凝土用量较大，工程造价高，目前在一般地基土中已很少应用，仅用在特殊地质条件的塔基，例如地下水位较高的塔位等 | 在该类土质地区，对于 220kV 及以下等级线路，优先选择采用直柱板式基础，无水地区可部分采用直柱刚性台阶基础；对于 220kV 以上等级线路，直线塔优先选择采用斜插板式扩展基础，部分荷载较大直线塔和耐张塔可选择采用直柱板式扩展基础 |
| | | 柔性板式基础 | 板式基础包括地脚螺栓直柱型、地脚螺栓斜柱型和插入角钢型，其中地脚螺栓斜柱型和插入角钢型计算原理基本相同，区别在于塔腿的连接方式。板式基础施工方式是采用大开挖的方式，上拔计算采用土重法。对这种基础型式目前的施工方法都是采用大开挖的方式，在基础底板尺寸上，再加上基础开挖的放坡，单基基础的开挖范围较大。对于荷载较大的杆塔，可以采用板式扩展基础 | |

续表

| 地形地貌 | 地质及受力条件 | 基础型式 | 基础型式特点 | 优选基础型式 |
|---|---|---|---|---|
| 河网、泥沼地区 | 地下水位比较浅，地基承载力不高，地表有一层较厚的淤泥质粉质黏土，呈软塑—流塑状态，有的地方还会出现流沙坑、泥水坑，在基础开挖时易塌方，难成形 | 板式基础 | 在以往220kV和500kV输电线路工程中，为了降低工程造价，常采用浅埋式的板式基础，但仅限于基础作用力较小的塔位，平板底板尺寸一般在3～10m，基础深度在1.8～3.5m。在基础开挖时，施工单位一般从经济利益出发，不采取任何边坡保护措施，这样常会造成四只基础连成一片，形成很大的开挖面积，对农田和周边环境造成较大的影响。这样开挖有三个问题：①由于基础的四周都被破坏，在基础回填时如不严格四周均匀回填，很容易造成基础偏移；②由于大量的人在承载力很低的软土上开挖，很容易对持力层产生扰动，造成基础不均匀沉降（这两种情况，在不同工程中常有发生，如果要避免上述情况发生，在开挖时采取护坡、加厚垫层等措施，施工单位就要增加成本，这是施工单位所不愿意的）；③这样的开挖方式，土方量与混凝土之比很大，往往要超过常规的6∶1达到10∶1以上，这样大的土方量堆放的地方很难找，往往只能就地堆放在农田上，对农田造成极大的影响，回填后多余的土方还要外运到可以堆放的地方。<br>对于500kV及以下等级线路，一般直线塔可以满足计算要求，但转角塔及部分基础作用力较大直线塔较难满足，因此在泥沼、河网地区杆塔只能部分采用板式基础型式 | 在该类土质地区，对于220kV及以下等级线路，一般直线塔在地基承载力≥80kPa时，可选择采用直柱板式基础，部分荷载较大直线塔及部分转角塔在地基承载力＜100kPa时可采用钻孔灌注桩基础；对于220kV以上等级线路，一般直线塔在地基承载力≥100kPa时优先选择采用直柱板式扩展基础，部分荷载较大直线塔及部分转角塔在地基承载力＜120kPa时可采用钻孔灌注桩基础 |
| | | 钻孔灌注桩 | 钻孔灌注桩是一种深基础型式，随着我国建设行业的快速发展，作为一种基础型式，钻孔灌注桩以其适应性强、成本适中、后期质量稳定、承载力大等优点广泛地应用于公路桥梁及其他工程领域，近年来在电网建设行业也得到广泛应用。对于淤泥层比较厚，地基承载力低的地质情况钻孔灌注桩是最好的选择，灌注桩基础不需要大开挖，土方量与混凝土之可以控制在1.25∶1。<br>灌注桩基础施工时处理好泥浆就不会对环境和农田造成影响。钻孔灌注桩有单桩、双桩承台、多桩承台和四桩连梁等多种形式，在实际设计上要根据地质情况和基础作用力做方案比较，以取得经济性和安全合理性的最佳结合。对于桩基础大部分都是受下压力和水平力控制的，设计中可以采取承台柱偏心的方式。<br>在建筑行业灌注桩是很普遍的一种基础型式，施工技术成熟，施工费用也很低。但我国延用的电力行业的施工定额较高（而事实上施工单位通过施工招标施工费用较低），因而导致灌注桩基础在输电线路工程上得不到推广 | |
| 丘陵岗地地区 | 基础的抗拔、抗倾覆承载能力较好 | 掏挖基础 | 从设计上可以利用原状岩土自身的力学性能提高基础的抗拔、抗倾覆承载能力，减少由于大开挖对边坡的破坏，提高地基的稳定性；主柱配置钢筋，可以进一步减小基础断面尺寸，节省材料量。从施工上基坑开挖量小，不用支模、无须回填，减少了施工器具的运输和施工难度，从经济上节省投资，从环境上减少了开方和弃渣对地表植被的破坏和污染 | 在该类土质地区，地下水埋藏较深地段，地基土为可塑偏硬及以上且上部仅存在1m以内可塑及以下覆盖层时优先采用掏挖基础，上部存在1～2m可塑及以下覆盖层的塔位可以采用半掏挖基础，上部存在2m以上可塑及以下覆盖层和基坑无法掏挖成型的塔位可以采用直柱板式基础；基础埋深范围内存在地下水的塔位宜采用直柱板式或斜柱板式基础 |
| | | 半掏挖斜柱基础型式 | 这种基础利用了掏挖基础和斜柱基础的优点，上部土体采用大开挖，下部采用掏挖形成展开的扩大头基底，由于基底土体未受到破坏，因此上拔力可以利用原状土抵抗，水平力则通过斜柱直接传到底板，是一种较好的山区基础型式，但由于基础施工技术要求较高的原因尚没得到全面推广 | |

续表

| 地形地貌 | 地质及受力条件 | 基础型式 | 基础型式特点 | 优选基础型式 |
|---|---|---|---|---|
| 山地地区 | 一般为岩石地基，根据地区差异，表层覆土厚度有所不同 | 岩石锚杆基础 | 当塔位基础表面覆盖土层厚度不超过2m，且基岩硬度为较软岩以上、风化程度为强—中等风化以上、基岩完整度为较破碎以上时，可选择采用岩石锚杆基础 | 在该类土质地区，地下水埋藏一般较深，一般可采用掏挖基础或岩石嵌固基础；当地形起伏较大时，可采用人工挖孔桩基础；当塔位基础表面覆盖土层厚度不超过2m，且基岩硬度为较软岩以上、风化程度为强—中等风化以上、基岩完整度为较破碎以上时，可选择采用岩石锚杆基础 |
| | | 岩石嵌固基础 | 当塔位基础表面覆盖土层厚度不超过2m，且基岩硬度为软质岩及以上、风化程度为强风化及以上、基岩完整度为较破碎及以上时，可选择采用岩石嵌固基础 | |
| | | 人工挖孔桩基础 | 当塔位基础表面覆盖土层厚度超过2m，且为可塑及以下状态时，可以采用人工挖孔桩基础 | |
| | | 掏挖基础 | 当塔位基础表面覆盖土层厚度超过2m，且为可塑偏硬及以上状态时，可以采用掏挖基础 | |
| | | 直柱板式基础 | 当塔位基坑无法掏挖成型或基础埋深范围内存在地下水时，宜选择采用直柱板式基础或斜柱板式基础 | |

# 第二章　地理电缆基础知识

随着我国城市化的高速发展，电力需求逐年攀升，由于电力线路通道资源的日益紧缺和环境要求的逐渐提高，城市电力工程“入地”成为一种趋势，传统的电力电缆敷设方式主要有直埋、排管和电缆沟等。近年来，为了满足电力供应的需要，高电压等级的变电站进入城市中心区，城市中部分输电网将向地下空间发展，这就对电缆数量和输送容量提出了更高的要求，电力电缆隧道作为高电压、大截面电缆的主要敷设方式，得到广泛应用。

另外，近年来上海、北京、江苏等地区的地下电力电缆工程得到快速发展，建设了大量的城市电力电缆工程，积累了丰富的工程实践经验。同时，设计和施工中所遇到的岩土工程问题也越来越复杂，如电力电缆隧道经常需要穿越山体、下穿河流、重要的交通设施等。另外电缆的规模和结构形式，也从以往开沟敷设的小规模，逐渐向大断面、埋藏加深、施工形式复杂多变的方向发展，如采用顶管、盾构、沉井、沉管、定向钻等。地埋电缆工程与常规的架空电力线路相比，其勘测工作的内容及深度要求显然要高得多，其勘测成果可能会对工程的方案及造价等产生决定性影响。

地下综合管廊，即地下城市管道综合走廊，在城市地下建造一个隧道空间，将电力、通信，燃气、供热、给排水等各种工程管线集于一体，设有专门的检修口、吊装口和监测系统，实施统一规划、统一设计、统一建设和管理，是保障城市运行的重要基础设施和“生命线”。地下综合管廊系统可有效杜绝“拉链马路”现象，不仅解决城市交通拥堵问题，还极大方便了电力、通信、燃气、供排水等市政设施的维护和检修。随着国务院办公厅《关于推进城市地下综合管廊建设的指导意见》（国办发〔2015〕61号）的发布，越来越多的地埋电缆会纳入城市地下综合管廊。

## 第一节　概　　述

### 一、主要施工工法

地下结构埋设于岩土介质中，其施工在岩土介质中进行，施工工法的选取由岩土条件、施工条件等因素所决定，不能一概采用通常模式的施工工法。对于同一地下工程，有多种施工工法；每一种施工工法，又由多个工序组成；每一道工序的施工，可由不同的施工技术、不同的机械设备来完成。因此，应根据工程地质与水文地质条件，综合考虑地下工程的类型、规模、结构形式、开挖深度、降水与排水条件、施工季节、周边环境、工程经验、工程造价、规划意见等因素，做到因地制宜、因时制宜，选用合适的地下工程施工方法与施工技术，以期取得“安全可靠、质量保证、施工方便、技术先进、经济合理”的效果。

地下电缆结构一般由“区间结构”与“井体结构”（工作井、检修井、通风井等）两部分组成。

目前，地下电缆工程电压等级以220kV及以下为主，且与公路隧道、地铁隧道等地下结构相比，其区间结构断面与井体结构平面尺寸一般较小，且埋藏深度相对较浅。根据地下电缆工程的规模、埋深、周边环境等因素，区间结构的施工工法有明挖法、暗挖法、沉管法等，井体结构常用的施工工法主要有明挖法、沉井法等，如表2-1、图2-1～图2-5所示。

明挖法首先从地面向下开挖基坑，再在基坑内进行结构施工，然后回填恢复地面。明挖法简单易行，施工作业面宽敞，施工速度较快，在地下结构埋深较浅、周边建筑物稀少、地面交通车辆不多、地下各种管线少、周边环境要求不高的地区，采用这种方法是最经济的。在盾构、顶管等暗挖法问世前，明挖法在地下工程施工中占主导地位。然而，随着城市的快速发展，地面交通、周边建筑物、地下管线等越来越多，城市内采用明挖法的缺点：①易导致周围地层沉降，威胁周边建筑物及地下管线的安全；②破坏地面，长期阻碍交通，给交通带来不便，并导致周边商业设施巨大的经济损失；③长时间中断给排水、煤气管道、通信电缆等地下管线，给周边居民生活带来诸多不便；④施工产生的扬尘、噪声等污染生活环境；⑤施工进度易受天气影响。因此，城市内采用明挖法受到越来越多限制。

表 2-1　　地下电缆主要施工工法

<table>
<tr><th>井体结构</th><th colspan="7">区　间　结　构</th></tr>
<tr><td rowspan="2">沉井</td><td colspan="2">明挖</td><td colspan="4">暗挖</td><td rowspan="2">沉管</td></tr>
<tr><td>放坡</td><td>支护</td><td>定向钻</td><td>盾构</td><td>顶管</td><td>矿山</td></tr>
</table>

图 2-1　明挖电缆隧道

图 2-2　顶管电缆隧道

暗挖法则有效避免了明挖法的上述缺点，正逐渐取代明挖法而广泛应用于城市地下工程施工。地下电缆区间结构的暗挖法根据岩土条件等的不同，主要有定向钻法、盾构法、顶管法、矿山法几种。

盾构法、顶管法是软土地层中隧道暗挖施工的两类主要方法，是在地面以下暗挖隧道的一种施工方法。盾构法施工时，盾构机既能支承地层岩土压力，又能在地层中推进，是一项综合性的施工工法，其主要优点为：①地面作业少，隐蔽性好，特别适合于建造深埋的隧道，施工费用和技术难度受埋深影响

图 2-3　盾构电缆隧道

图 2-4　沉管电缆隧道

图 2-5　工作井（沉井）

小；②穿越江河、地面建筑物和地下管线密集区下部时，隧道施工可完全不影响通航和地面建筑物与地下管线的正常使用，也完全不受气候的影响；③自动化程度高，工人劳动强度低，施工速度快。顶管法一般适用于直径小于 4.0m 的地下管道施工（目前，已有直径超过 4.0m 的工程案例）。与盾构法类似，对于埋深较大、穿越江河、交通干线和周边环境对位移、地下水有严格限制的地段时，采用顶管法施工可获得安全、经济的效果。

矿山法在硬土（基岩）地区普遍采用，适用于地质条件好、地下水位低的地区。采用矿山法在硬土地层中开挖后，隧道周围的岩土介质有一定的自稳能力，而不会立即造成地层的失稳，所以地下结构的制作往往可以滞后，如果周围的岩土介质能完全自稳，也可以不施工做内衬结构。

沉管法是跨越江河湖海水域修建隧道的重要方法之一，主要包括地槽的浚挖、管节制作、驳运沉放和地基处理等工序。沉管法的施工技术受特定的环境条件和工程要求的影响，与通常的掘进隧道相比，沉管法可缩短工期，节约造价，在特定的条件下，可取得较好的效益。

随着今后城市地下电力通道资源的日益匮乏、电缆电压等级的提高、输电容量的增加、城市地下空间规划水平的提升，逐步会出现大断面、大埋深、复杂地质条件下的地下电缆结构，对施工技术也提出了更高的要求。表 2-2 给出了上海市某 500kV 电缆隧道工程施工工法概况。

**表 2-2　上海市某 500kV 电缆隧道工程施工工法概况**

| 工作井 | | | | 区间隧道 | | | | |
|---|---|---|---|---|---|---|---|---|
| 编号 | 平面尺寸（m） | 工法 | 挖深（m） | 编号 | 内径（mm） | 长度（m） | 工法 | 埋深（m） |
| 1号 | $\phi$15 | 明挖 | 22.0 | | | | | |
| 2号 | 8.8×12 | 明挖 | 17.5 | 1～2号 | 5500 | 1290 | 盾构 | 22.0～32.0～17.5 |
| 3号 | $\phi$15 | 明挖 | 18.0 | 2～3号 | 5500 | 1160 | 盾构 | 17.5～34.5～18.0 |
| 4号 | 8.8×12 | 明挖 | 17.0 | 3～4号 | 5500 | 700 | 盾构 | 18.0～29.0～17.0 |
| 5号 | $\phi$15 | 明挖 | 17.5 | 4～5号 | 5500 | 1010 | 盾构 | 17.0～12.0～17.5 |
| 6号 | 8.8×12 | 明挖 | 23.7 | 5～6号 | 5500 | 810 | 盾构 | 17.5～34.0～23.7 |
| 7号 | $\phi$14 | 沉井 | 32.5 | 6～7号 | 3500 | 890 | 顶管 | 23.7～32.5 |
| 8号 | 8.8×12 | 明挖 | 17.5 | 7～8号 | 3500 | 970 | 顶管 | 32.5～17.5 |
| 9号 | 8.8×12 | 明挖 | 22.0 | 8～9号 | 5500 | 1080 | 盾构 | 17.5～29.5～22.0 |
| 10号 | 8.8×12 | 明挖 | 17.5 | 9～10号 | 5500 | 1240 | 盾构 | 22.0～17.5 |
| 11号 | 6×10 | 明挖 | 25.0 | 10～11号 | 3500 | 800 | 顶管 | 17.5～25.0 |
| 12号 | 6×8 | 明挖 | 27.0 | 11～12号 | 3500 | 1260 | 顶管 | 25.0～27.0 |
| 13号 | 6×10 | 沉井 | 17.0 | 12～13号 | 3500 | 1280 | 顶管 | 27.0～17.0 |
| 14号 | 8×8 | 沉井 | 13.0 | 13～14号 | 3500 | 1170 | 顶管 | 17.0～13.0 |

## 二、勘察方法与要求

### （一）各阶段勘察深度制定原则及总体要求

根据工程建设概预算管理要求，可行性研究阶段工程投资估算与初步设计概算的出入不得大于10%，初步设计概算与施工图预算的出入不得大于5%。而且，业主方面对工程造价控制的要求也越来越高。地下电缆工程与常规架空线路相比，岩土工程条件对工程设计与施工方案、工期、造价、环境影响等方面的影响要大得多，且土建费用占整个工程造价的比例也大的多。以南京某 220kV 电缆线路工程为例，土建费用约 12 580 万元，设备及安装费用约 7400 万元，可以看出，土建费用占工程造价的比例约 63.0%，而常规架空线路工程这一比例约 1/3。因此，地下电缆工程中，若前期（可行性研究、初步设计阶段）主要岩土工程问题没有掌握，尤其工程地质条件复杂的工程，引起后期（初步设计、施工图设计阶段）设计与施工方案发生较大变更，则必然导致工程概预算出入较大，无法满足工程建设概预算管理及业主工程造价控制的要求。

另外，城市地下电缆工程的路径方案必须符合、服从城市整体规划的要求。与架空线路相比，城市变电站之间的地下电缆路径只能沿道路、绿化带等走线。因此，地下电缆工程可选的路径方案较少，路径方案变动的范围也有限。以南京某 220kV 电缆线路工程为例，虽然路径几经调整，但基本属于微调，路径调整后勘探孔报废率较低，且该工程的工程地质条件复杂，对于工程地质条件相对简单的情况，路径调整后勘探孔报废率会更低。

综上所述，从造价控制需求、路径方案变动的可能性等角度，基于"勘察深度适度超前"的原则，制定了地下电缆工程各勘察阶段勘察深度的总体要求，总体思想为：可行性研究阶段比选路径；初步设计阶段解决大部分岩土工程问题；施工图设计阶段补充、完善、细化岩土工程资料；施工勘察阶段查漏补缺。各勘察阶段勘察深度的总体要求、勘察方法及勘察范围如表 2-3 所示。

表 2-3　　地下电缆工程各勘察阶段勘察深度的总体要求、方法及范围

| 勘察阶段 | 总体要求 | 方　法 | 范　围 |
|---|---|---|---|
| 初步可行性研究 | 大致了解线路所经地区的工程地质、水文地质条件 | 调查、搜资 | 各路径方案沿线 |
| 可行性研究 | 详细了解各路径方案的区域稳定性及沿线的工程地质、水文地质、地震效应、不良地质作用、周边环境、地下障碍物等条件，并对各路径方案进行工程地质分区；初步查明各路径方案控制性工点的岩土工程条件，分析对路径方案的影响，避免初设、施工图勘察阶段出现颠覆方案的问题；建议可行的设计与施工方案，基于岩土工程角度，从工期、造价、安全性、环境影响等方面比选、推荐较优方案，并建议可行的路径纵断面埋设深度；提出下一阶段勘察工作的建议 | 调查、搜资为主，必要时开展现场勘探工作 | 各路径方案沿线，针对控制性工点处进行专项工作 |
| 初步设计 | 查明拟定路径方案沿线整体的工程地质、水文地质、地震效应等条件；详细查明沿线不良地质作用的分布、发育程度、规模、发展趋势等情况，并提出治理措施；从岩土工程角度，建议具体构筑物的设置位置；基于岩土工程角度，从工期、造价、安全性、环境影响等方面推荐较优的设计与施工方案；提出下一阶段勘察工作的建议 | 现场勘探为主，结合必要的补充调查、搜资工作 | 拟定路径沿线 |
| 施工图设计 | 详细查明各工点（指各个工作井、区间隧道及路径微调地段）处的工程地质、水文地质、地震效应、不良地质作用等条件，针对具体构筑物提供相应的详细、可靠的设计与施工参数；针对具体工点处的具体岩土工程条件，分析设计与施工中可能遇到的岩土工程问题，并提出防治方案；具体分析施工对周边环境的影响 | 充分利用初步设计已有的工作，现场勘探 | 具体构筑物范围 |
| 施工勘察 | 根据实际情况，解决施工图设计阶段尚未完全查清或施工中新发现的岩土工程问题 | 现场勘探 | 根据实际情况 |

注　初步可行性研究阶段根据设计专业的要求开展。

需要说明的是，控制性工点的岩土工程条件对地下电缆工程的路径方案、设计与施工方案选择等有重要影响，往往会控制线路的具体走向，很大程度上决定了工程的工期、造价、环境影响等多方面。因此，对于控制性工点，当无法通过搜资获得可靠的岩土工程资料时，应安排超前的工程地质、水文地质勘察等工作，其勘察深度可不受勘察阶段的限制，勘察工作应做深、做足，以满足设计需求为准。

（二）各阶段勘察具体要求

1. 可研（选线）阶段勘察要求及主要工作

地下电缆工程可研（选线）阶段的勘察要求及主要工作如下：

（1）详细了解和分析线路所经地区的区域地质构造和地震活动情况，对各路径方案的稳定性做出最终评价，并对场地的稳定性和适宜性做出工程地质评价。

（2）通过调查、搜资，详细了解各路径方案沿线的地形地貌、工程地质、水文地质、不良地质作用等条件，并对各路径方案进行工程地质分区，对于缺乏资料的工程，应布置适量的勘探工作。

（3）确定各路径方案的地震基本烈度及地震动参数，对抗震设防烈度≥7 度的区域，应判别地面下 20m 深度范围内饱和砂性土液化的可能性。

（4）初步确定场地土的类型及建筑场地的类别，划分对建筑抗震有利、不利、一般及危险地段。

（5）分析各路径方案的控制性工点，初步查明其工程地质、水文地质等条件，分析对各路径方案的影响程度。

（6）针对各路径方案的具体条件，结合当地类似工程的建设经验，建议可行的设计与施工方案，并预估工程建设对周边环境可能产生的影响。

（7）搜集各路径方案沿线重要建构筑物及地下管线的分布、重要性等级、地基条件、基础形式等情况。

（8）调查各路径方案沿线矿藏、文物分布情况。

（9）从岩土工程的角度，对各路径方案的工期、造价、安全性、环境影响等方面进行分析、比较，推荐较优路径方案，并建议地下电缆工程路径纵断面的可行的埋设深度。

（10）根据各路径方案的具体情况，提出开展地质灾害危险性评估、地震安全性评价和压覆矿产、文物评估等工作的建议。

（11）提出初步设计段勘察工作的建议（重点、注意事项等）。

2. 初步设计阶段勘察要求及主要工作

地下电缆工程初步设计阶段的勘察要求及主要工作如下：

（1）查明拟定路径方案沿线整体的工程地质、水文地质条件。

（2）详细查明拟定路径方案沿线不良地质作用成因、规模、发育程度等情况，预测发展趋势及危害程度，并提出治理措施。

（3）对抗震设防烈度≥7度的区域，应给出拟定路径方案沿线地面下20m深度范围内饱和砂性土的液化程度。

（4）最终确定场地土的类型及建筑场地的类别，划分对建筑抗震有利、不利、一般及危险地段。

（5）初步确定沿线地基岩土的岩土施工工程分级。

（6）基于岩土工程条件，优化并建议具体构筑物的位置（如沉井位置的设置、洞口位置等）。

（7）从岩土工程的角度，对各可行的设计与施工方案的工期、造价、安全性、环境影响等方面进行比选，建议较优的设计与施工方案，并提出方案设计（设计方案、施工方案）所需的岩土工程参数。

（8）从岩土工程的角度，提出地下电缆工程路径纵断面埋设深度的优化建议（如纵向适当避开液化等级较高的土层）。

（9）根据沿线重要建构筑物及地下管线的地基条件、基础型式、结构类型等情况，预测由于地下电缆工程施工可能引起的变化及预防措施。

（10）提出施工图设计阶段勘察工作的建议（重点、注意事项等）。

3. 施工图设计阶段勘察要求及主要工作

地下电缆工程施工图设计阶段的勘察要求及主要工作如下：

（1）查明各工点（工作井、区间隧道）处的工程地质（地基岩土的类别、层次、厚度、垂直与水平方向的分部规律等）、水文地质条件（地下水类型、埋藏条件、相互联系等）。

（2）确定各地基岩土的岩土施工工程分级，可根据铁路相关规程确定。

（3）针对拟定的设计与施工方案（工法），提供设计与施工所需的、详细的、可靠的岩土工程参数。

（4）针对具体构筑物，提供不良地质作用治理所需的岩土工程参数。

（5）对抗震设防烈度≥7度的区域，针对具体构筑物地段给出地面下20m深度范围内饱和砂性土的液化等级。

（6）从岩土条件、施工风险（施工中可能遇到岩土工程问题，如冒顶、突涌等）、环境保护等方面，对施工设备的选型进行建议（如土压平衡盾构、泥水平衡盾构）。

（7）分析沿线重要构筑物及地下管线在施工过程中的稳定性、安全性，提出防护措施。

（8）补充初步设计阶段勘察资料的不足（如局部路径调整等）。

4. 施工阶段勘察要求及主要工作

地下电缆工程施工阶段的勘察要求及主要工作如下：

（1）验证施工图勘察阶段勘察资料的准确性，根据实际情况及时调整勘察报告的内容及相应的技术参数（如遇到未查明的沉船、孤石、地下障碍物等，需查明分布范围）。

（2）解决施工中遇到的工程地质及水文地质等问题，更好的指导施工（如土岩结合地区，更准确地查明盾构/顶管由土入岩的具体分界点，以便及时更换刀头）。

（3）解决施工图勘察中未能解决、遗留的问题。

（4）施工中的监测工作（如地层、建构筑物及地下管线的变形监测、地下水位动态变化的监测、矿山法施工中的超前地质预报等）。

（三）分析与评价的具体内容

地下电缆工程中岩土工程勘察报告应对下列共性问题进行分析与评价：①场地与地基的稳定性；②地震效应，包括饱和砂性土的液化及震陷；③路径沿线各地层的围岩分级与岩土施工工程分级；④场地水、土对建筑材料的腐蚀性。除此之外，应针对不同工法的具体特点，做出特性问题的分析与评价，如表2-4所示。

表2-4　不同工法勘察报告分析与评价内容

| 工法 | 分析与评价内容 | 备　注 |
|---|---|---|
| 明挖基坑 | （1）提供基坑设计与施工所需的岩土参数及与工程建设相关的含水层水位；<br>（2）对可供采用的基坑围护形式及降/排水方法提出建议；<br>（3）评价基坑开挖时产生流砂、管涌及坑底突涌的可能性及对工程的不利影响；<br>（4）分析评价基坑周边填土、暗浜及障碍物对工程的不利影响；<br>（5）分析评价基坑工程施工对环境的不利影响；<br>（6）经初步估算当基坑底板处上覆荷重小于地下水浮力时，应提出抗浮措施的建议 | 抗剪强度参数应按设计所依据的规范、标准的要求提供；提供剖面计算模型 |
| 沉井 | （1）提供沉井设计与施工所需的岩土参数及与工程建设相关的含水层水位；<br>（2）阐明是否有地下障碍物分布；<br>（3）提供沉井下沉时各土层与井壁之间的摩阻力；<br>（4）阐述沉井影响深度范围内粉性土、砂土分布及渗透性，评价沉井过程中产生流砂、井底承压水突涌的可能性，并提出相应建议；<br>（5）阐述沉井影响深度范围内软土层分布及性质，评价沉井下沉过程中发生突沉、井底软弱土隆起对工程的影响，并提出相应建议；<br>（6）提出施工和使用期进行抗浮验算的建议；<br>（7）分析评价沉井施工对环境的影响，并提出相应建议 | |
| 定向钻 | （1）提供定向钻设计与施工所需的岩土参数；<br>（2）根据掘进范围内涉及地层的性质，评价定向钻施工的适宜性，并针对影响定向钻顺利钻进的地层建议相关的处理措施；<br>（3）根据沿线地下设施及障碍物调查报告，分析评价其对定向钻设计与施工的不利影响；<br>（4）对于大型定向钻穿越，分析评价定向钻施工对环境的影响，并提出相应建议 | 岩土参数以物性参数为主 |
| 盾构法/顶管法 | （1）提供盾构、顶管隧道设计与施工所需的岩土参数；<br>（2）穿越河床时，应提供河床断面图，并根据河势演变分析报告，分析评价河床冲刷、淤积变化对工程的不利影响与防治建议；<br>（3）根据掘进范围内涉及地层的性质，评价盾构、顶管掘进的适宜性；<br>（4）评价隧道施工过程中产生流砂、管涌等不良地质现象的可能性进行分析评价，并提出防治措施建议；<br>（5）提供隧道影响深度范围内承压含水层、有害气体分布情况，并分析评价其对隧道设计与施工可能产生的影响，提出处理措施；<br>（6）根据沿线地下设施及障碍物调查报告，分析评价其对隧道设计与施工的不利影响，以及隧道施工对环境的不利影响，并提出处理建议 | |
| 矿山法 | （1）提供矿山法隧道设计与施工所需的岩土参数；<br>（2）预测洞室的涌水量、涌水状态，并分析、评价隧道涌水的影响；<br>（3）分析评价隧道围岩的稳定性，提出支护建议与开挖方案；<br>（4）分析评价隧道洞口段边、仰坡的稳定性，并提出工程措施和建议；<br>（5）分析评价不良地质作用与特殊岩土对设计与施工的影响，并提出处理措施；<br>（6）分析评价隧道开挖、爆破施工对周边建构筑物及环境的影响 | |

续表

| 工法 | 分析与评价内容 | 备　注 |
| --- | --- | --- |
| 沉管法 | （1）提供沉管隧道设计与施工所需的岩土参数，当采用桩基础进行地基处理时，应提供桩基设计所需的相关参数；<br>（2）评价沉管隧道开挖范围内土层的适宜性，并根据河床岩土工程条件，建议合理的地基处理方案；<br>（3）提供河床断面图，并根据河势演变分析报告，分析评价河床冲刷、淤积变化对工程的不利影响与防治建议；<br>（4）分析评价施工阶段水下边坡的稳定性；<br>（5）分析评价隧道施工对堤坝等的不利影响，并提出处理建议 | |

## 第二节　电气相关知识

### 一、电缆电压等级划分

电缆可以按照电压等级来划分：380/220～660V 为低压电缆，6～35kV 为中压电缆，110～220kV 为高压电缆，330～500kV 为超高压电缆。

高压和超高压电缆和电缆附件由于电场强度大，运行环境、施工环境、施工操作工艺远比架空线路要求高，条件苛刻。电缆导体外的结构有任何损害以及电缆的运行温度高都将严重影响电缆的运行寿命。电缆线路造价高，事故恢复的成本高，因此电缆运行环境破坏和施工工艺的不规范对电缆的损害一时不会显现，但最终将影响电缆的运行寿命。

### 二、电缆载流量和截面选择

电缆截面主要根据电力系统输送容量、电缆的敷设环境、电缆的排列方式来选择。线路输送容量越大，载流量越大，要求的电流截面越大。

相同截面电缆不同的敷设环境和电缆排列方式允许最大的载流量是不同的，相同截面电缆载流量越大电缆运行的温度越高，电缆运行温度越高寿命越短。根据电缆载流量、敷设环境、电缆排列方式选择电缆截面应留有裕度。

### 三、电缆敷设方式与选择原则

（一）电缆敷设方式

1. 电缆敷设方式概述

电缆的敷设方式有直埋敷设、排管敷设、电缆沟敷设、电缆明挖隧道敷设、电缆顶管敷设、电缆盾构隧道敷设、非开挖拉管敷设等几种方式。各敷设方式的适用范围如下：

（1）直埋敷设。电缆直埋敷设一般用于电缆数量少、敷设距离短、地面荷载比较小的地方。路径应选择地下管网较少、不易经常开挖和没有腐蚀土壤的地段。

（2）排管敷设。电缆排管敷设是将电缆敷设在预先埋设于地下管道中的一种电缆安装方式，一般适用于电缆与公路、铁路交叉处，通过城市道路且交通繁忙、敷设距离长且电力负荷比较集中的地段。

（3）电缆沟敷设。电缆沟敷设方式与电缆直埋、电缆排管及隧道等敷设方式进行相互配合使用，适用于变电站出线，主要街道，多种电压等级、电缆较多，道路弯曲，地坪高程变化较大的地段。

（4）电缆明挖隧道敷设。明挖隧道适用于空旷地区、城市郊区等对交通干扰小、拆迁工作量少的区域。

（5）电缆顶管敷设。顶管施工为借助主顶油缸及中继间的顶进力，把顶管掘进机从工作坑内穿过土层至接收坑的施工方法，该敷设方式适用于穿越地面构筑物、地下管线、公路、铁路、河道或是不得开挖的路面等。

（6）电缆盾构隧道敷设。盾构隧道为采用盾构机进行隧道掘进施工的方法。适用于电缆线路高度集中且路径难度较大和市政规划要求高的区域。

（7）非开挖拉管敷设。非开挖拉管敷设，即在不开挖地表的情况下，用导向钻具钻入小口径导向孔，然后用回扩钻头将钻孔扩大至所需口径，再将待铺管道拉入孔内建成管道，敷设电缆。适用于穿越小管径、短距离城市道路、河流等不能明挖的电缆路段。

2. 敷设方式的选择原则

应根据地下电缆线路的电压等级，最终敷设规模、施工条件、总体投资等因素，经技术经济比较后确定敷设方案。

（1）当同一路径电缆根数不多，且不宜超过6根时，在城市人行道下、公园绿地、建筑物的边沿地带或城市郊区等不易经常开挖的地段，宜采用直埋敷设方式。

（2）地下电缆与公路、铁路、城市道路交叉处或需通过小型建筑物及广场区段，当电缆根数较多，且为6～20根时，宜采用排管敷设方式。

（3）当电缆根数较多或需要分期敷设而开挖不便时，宜采用电缆沟敷设方式。

（4）同一路径地下电缆数量多且电缆沟不足以容纳，或重要性的电缆回路，经技术经济比较合理时，可采用电缆隧道敷设方式。

（5）电缆隧道可采用明挖、顶管或盾构的施工方案，具体可根据技术经济比较确定方案。

（二）电缆排列方式

35kV三芯电缆布置要求较简单，一般只需考虑满足散热条件即可。110kV及以上的高压电缆由于电压高、电压高、截面大、负荷大，基本上都采用单芯电缆，其布置除需考虑满足散热条件外，还要考虑邻近电缆之间的相互影响。

在单端接地方式下，金属套损耗主要是涡流损耗，涡流损耗随间距增大而减小；双端接地时，金属套损耗由涡流损耗和环流损耗构成，后者占的比重比较大，间距增大，三相电磁感应不平衡加剧，环流增大。

## 第三节　土建结构相关知识

### 一、地下电缆工程特性

地下工程环境条件与地面工程十分不同，不能沿用地面工程的理论和方法去解决地下工程中的问题，而要依据地下工程的特点，形成适用的新的理论和方法。近年来，地下工程新技术、新方法、新材料和各种先进的施工机具不断涌现，施工技术不断改进和完善，理论研究方面也取得了许多成果，这些都使得地下空间的规划、勘察设计与施工技术水平有了质的提升。

地下电缆工程埋设于岩土介质中，因此涉及较多的岩土工程问题，其岩土工程特性与变电站的建构筑物及架空线铁塔等存在较大的区别，设计勘察方案时应予以充分考虑。

（一）结构赋存形态

地下电缆工程绵延于地表之下，为地层的包含物，其结构断面规模相对于线路长度而言显得微不足道，故在地层中呈“线状”分布。隧道开挖对地层而言往往是一个卸载的过程，与变电站的建构筑物及架空线铁塔竖向承载体系不同，电缆隧道结构与其周围岩土介质在水平和竖直方向均相互作用，并不存在明确的持力层的概念。另外，地下电缆工程在地层中穿越距离较长，通常会涉及多种地质要素，且各地质要素在路径方向上具有一定的延续性和渐变性。

（二）与地层共同作用

地下电缆工程赋存于岩土介质中，属于地下结构范畴，与上部结构在荷载效应、结构计算理论与方法等方面存在本质的区别。地下电缆工程的荷载效应以永久荷载为主，而永久荷载又以地层荷载（水平及竖向的岩土压力和地下水压力）为主。根据地层岩性的不同，地层荷载计算时采用不同的计算方法：砂性土采用水土分算，黏性土采用水土合算。地层既是荷载的施加者，但又有一定的自承（稳）载能力，也是荷载的承担者，通过提供地层抗力，约束隧道结构的变形，从而与隧道结构相互作用，形成共同受力的统一体。因此，地下电缆工程结构的设计不仅是结构的问题，更是地层与结构共同承载的问题，且重点往往在地层的稳定性上。城市地下电缆工程一般位于繁华街区城市道路的下方，周边环境对地层变形控制严格，此时结构设计目的是稳定地层的变形，而不是支撑地层荷载。

（三）与环境相互影响

地下电缆工程通过替换相应的岩土体来形成地下结构空间，进而敷设电缆。岩土体的开挖过程破坏了地层及地下水原有的平衡条件，改变了周围岩土体的应力平衡状态，从而引起周围岩土体的应力重分布和再次固结，导致周围地层的变形（竖向和水平向），威胁沉降影响范围内的地表建筑物及地下管线的运营安全。对位于繁华街区的城市地下电缆工程，周围建构筑物密集，各种地下管线错综复杂，这种不利影响尤为突出。大量实践表明，地下工程施工时，地层的变形不可避免，严重者会造成建筑物的不均匀沉降、煤气泄漏、通信中断等重大事故，危及生产建设和人民财产安全。因此，对地层变形较为敏感的建筑物及地下管线，施工前应采取相应的隔离或地层加固等保护措施；同时，为减轻施工对环境的影响，地下电缆工程的设计方案、施工工法的选用也相当重要，应与环境保护要求相配套。

南京市某220kV电缆隧道地下管线十分复杂，涉及自来水、雨/污水及煤气等埋深较浅的大直径重要管线，该路段横断面示意图如图2-6所示，且两者平行走线。为减小工程建设中施工对地层稳定性的影响，拟采用对地层扰动较小的盾构隧道设计方案；且从避免发生水管破裂、煤气泄漏等重大事故的角度出发，增大了隧道的埋深，以保证浅部管线的变形在可控范围之内。

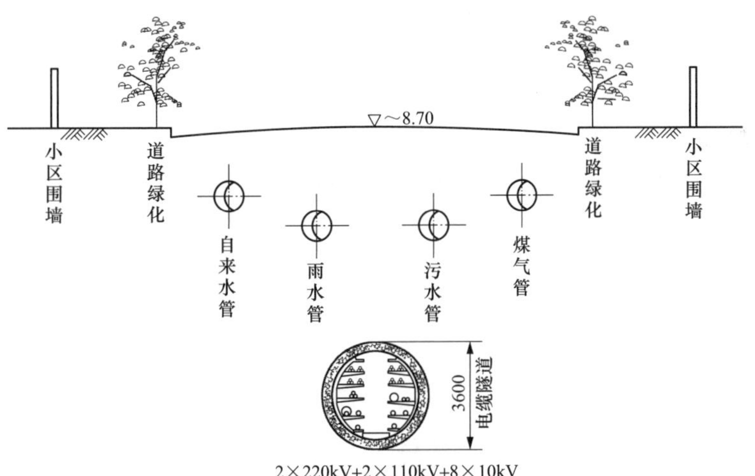


图2-6　南京市某220kV电缆隧道高湖路段横断面示意图

另外，地下电缆工程穿越河流、边坡时，会对河床及坡体的稳定性造成影响。如果保护不利使其破坏，则失稳的岩土体使隧道结构所受地层荷载增大，影响隧道结构的安全。

（四）与施工紧密相关

地下电缆工程与常规电力工程的建构筑物在施工方面有很大的不同。最根本的区别在于，常规电力工程的建构筑物是先建造后受载，而电缆隧道则是在受载状态下构筑。电缆隧道形成后是一个空间体系，可以承受地层荷载的作用，但在形成过程中并不（或者不完全）是空间体系，不能有效地承受全部地层荷载。因此，隧道施工过程中的安全性往往起控制性作用，诸多电缆隧道工程事故都是由于施工的原因造成的。地下电缆工程设计中很重要的一部分内容就是对施工过程进行模拟分析，验证施工方案的安全性和可靠性，如掘进速度、地层加固范围等。

因此，地下电缆工程中，设计与施工紧密相连，没有明确的界限。地下电缆工程施工工法的选择往往由地质条件、周边环境保护等诸多因素决定，同一工程往往有多种选择，每种工法均有各自的适用条件及优缺点，应通过工期、造价、环境保护等诸多因素综合比较，选择最为经济、合理、有效的施工方法。

（五）地下水作用

在地下工程勘察、设计与施工中，地下水始终是一个极为重要的问题。地下水影响岩土体的状态和性能，又影响结构体的稳定性和耐久性。地下工程施工期或运营期发生的很多事故都与地下水紧密相关。

根据埋藏状态，地下水可分为上层滞水、潜水、承压水等类型。隧道工程中，地下水主要在抗浮稳定、地层整体稳定、地基土隆起稳定、渗流稳定（流砂、管涌、突涌）、降水沉降等方面存在较大影响。不同类型的地下水、不同的结构形式，设计与施工中地下水控制措施的重点也不同。地下电缆工程建设过程中，如何针对具体情况处理好地下水问题是一大难题。因此，地下电缆工程岩土勘察中，尤其存在多层地下水时，弄清场地地下水类型、分布、厚度、渗透性、涌水量、运动规律等水文地质参数至关重要，必要时可开展专门的水文地质勘察工作。

## 二、明挖法（基坑）设计与施工

明挖法（基坑）是地下工程施工中最基本、最常用的施工方法。明挖法施工是先将地表土层挖开一定的深度，形成基坑，然后在基坑内施工浇铸结构，完成结构施工后进行土方回填，最终完成地下工程施工。

一般而言，在基坑开挖深度小于7m、施工场地比较开阔的情况下，明挖法施工具有以下优点：

（1）工艺简单，施工面宽畅，作业条件较好。

（2）可安排较多劳动力同时施工，便于使用大型、高效的施工机械，以缩短工期。

（3）造价相对较低，施工质量易于保证。

地下电缆工程中的明挖法尚具有如下特点：

（1）除工作井外，区间隧道的基坑为狭长形，呈“线状”，基坑形状简单，支护体系计算分析模型较为简单，且区间结构规模有限，基坑开挖宽度较小。

（2）基坑周边环境复杂，环境保护是基坑设计中的首要任务之一，在建筑物密集、交通流量大的城区尤为突出，因此采用放坡的可能性通常较小，需采用适宜的支护措施。

（3）常规电力工程中，地基勘察勘探孔的深度一般能满足基坑勘察的要求。但地下电缆工程结构的荷重较小，地基中附加荷载小（甚至卸载），对地基的承载力要求低。因此，基坑勘察的要求成为确定勘探孔深度的控制性因素，制定勘察方案时应注意。

设计中的主要岩土问题如下：

（1）基坑分类与选型。

从地表面开挖基坑的最简单办法是放坡大开挖，既经济又方便，在空旷地区优先采用。但经常由于场地的局限性，在基坑平面以外没有足够的空间安全放坡，人们不得不采用附加结构体系的开挖支护系统，以保证施工的顺利进行，这就形成了基坑工程的大开挖和支护系统两大工艺体系。经过多年实践，已形成了多种成熟的基坑支护结构，归纳起来不外乎下表所列的三大类。基坑支护结构选型应根据工程地质与水文地质条件、周边环境、施工条件以及基坑使用要求与基坑规模等因素，通过技术与经济比较确定，具体可见表2-5。

表 2-5　　基坑分类与适用条件

| 类　型 | 结构种类 | 适用条件 |
|---|---|---|
| 设置挡土结构 | 地下连续墙、排桩、钢板桩，悬臂、加内支撑或加锚 | 开挖深度大，变形控制要求高，各种土质条件 |
| | 水泥土挡墙 | 开挖深度不大，变形控制要求一般，各种土质条件中等或较好 |
| 土体加固或锚固 | 喷锚支护 | |
| | 土钉墙 | |
| 放坡减载 | 根据土质情况按一定坡率放坡，加坡面保护处理 | 开挖深度不大，变形控制要求不高，各种土质条件较好，有放坡减荷的场地条件 |

（2）基坑工程等级（重要性）的确定。

基坑工程等级（重要性）一般可根据基坑失效（破坏、过大变形）的后果、基坑的开挖深度、工程地质及水文地质条件复杂程度、基坑周边环境保护要求等因素综合确定，各个行业、各个地区关于基坑工程等级的规定不尽相同，具体内容可参见相应规范的规定。

（3）稳定性计算与分析。

基坑工程的倒塌或破坏会对开挖地基及其周边环境造成很大的破坏，因此基坑工程设计的首要任务是要避免开挖的倒塌或破坏，因而必须进行稳定性分析，稳定性是基坑设计中的重要内容。基坑的稳定与基坑的工程地质条件、水文地质条件及支护结构体系本身的变形稳定有关。基坑可能的破坏模式在一定程度上揭示了基坑的失稳形态和破坏机理，是基坑稳定性分析的基础。明挖基坑的失稳形态归纳为两类：①因基坑土体强度不足、地下水渗流作用而造成基坑失稳，包括基坑内外侧土体整体滑动失稳，基坑底土体隆起，地层因承压水作用而引起的管涌、渗漏等；②因支护结构（包括桩、墙、支持系统等）的强度、刚度或稳定性不足引起支护系统破坏而造成基坑倒塌、破坏。

为避免第一种形态的基坑失稳，往往需根据不同的支护类型，进行下列稳定性分析与计算，如表 2-6 所示。

表 2-6　　基坑稳定性分析与计算项目

| 支护类型 | 稳定性分析项目 | | | | | |
|---|---|---|---|---|---|---|
| | 整体 | 抗倾覆 | 基底抗隆起 | 抗渗流 | 抗承压水 | 抗水平滑移 |
| 板式支护 | √ | √ | √ | √ | √ | |
| 水泥土重力墙 | √ | √ | √ | √ | √ | √ |
| 放坡 | √ | | | | | |

注　“√”表示该支护类型需要进行的稳定性分析项目。

需要说明的是，国内各类基坑工程技术标准中，均有基坑稳定性验算的规定，但对于同一种稳定性问题，各标准要求的安全系数不尽相同，有的甚至差别较大。原因是：①稳定性验算方法、岩土参数、安全系数之间需要配套；②因为各标准所依据的资料来源、工程经验的差异。如，同样是以 Prandtl 经典地基极限承载力公式为基础的抗隆起验算，GB 50007《建筑地基基础设计规范》规定：土的抗剪强度采用十字板试验或三轴 UU 试验确定，安全系数不小于 1.6。而 DG/T J08-61《上海市基坑工程技术规范》规定：土的抗剪强度采用直剪固结快剪指标，安全系数根据基坑安全等级分别取 2.5（一级）、2.0（二级）、1.7（三级）。因此，基坑工程中要重视各种分析方法的适用条件。在稳定性分析中，应强调所采用的稳定性分析方法、安全系数与岩土参数及其试验方法是否配套。

板式支护基坑挡土结构的分析方法主要有古典分析方法、解析方法、数值分析方法。地下电缆工程的基坑一般呈狭长形，平面弹性地基梁法和平面连续介质有限元法较为适用。弹性地基梁法计算模型简单、受力明确，被多个基坑规范所采纳。

大量基坑工程实践表明，基坑挡土结构变形与基坑内土体密切相关。当基坑开挖面以下为软弱土层，基坑开挖深度较大，基坑附近有重要的保护设施或对沉降较敏感的建筑设施时，应采用水泥土搅拌桩、高压喷射注浆等方法对基坑开挖面以下土体加固，提高土体的强度和土体的侧向抗力，减少围挡土结构的位移，以保证工程结构或邻近结构不致发生超过允许的沉降或位移。一般需对挡土结构附近一定范围的土体进行加固，以控制变形。经可靠有效的加固后，加固体的土体水平向基床系数可提高2～6倍。

## 三、沉井法设计与施工

沉井是一个上无盖下无底的井筒状构筑物。施工时，先在拟建地下工程位置挖基坑、铺垫层，在垫层上施作沉井井筒，在井筒结构的保护下，不断取走井筒内的土体，随着土体的不断挖深，沉井在自重作用下逐渐下沉，直至设计标高，再浇铸底板、内部结构和顶盖，完成地下工程的建设。这一从沉井制作，到沉井下沉，最后完成地下结构的工艺过程称为沉井法施工。

利用沉井作为挡土的支护结构，可以建造各种类型或用途的地下工程构筑物，如深基础、市政工程的给排水泵房、水厂的取水口等。在地下电缆工程中，沉井一般作为盾构、顶管施工的工作井、接收井。

与明挖法（放坡、支护）相比，沉井法具有如下优点：

（1）与放坡方案相比，不但土工工程量小，而且施工占地面积小。

（2）与支护方案相比，不但可以作为地下结构的外壳部分，而且在挖土下沉的过程中可作为开挖支护，省去了支护费用。

（3）地下水丰富的地区，采用明挖法需要采取降水措施，而沉井施工方法则可以采用水下挖土及水下封底等技术，节省降水费用。

沉井法虽然具有一定的优点，但在一些情况下，其应用也是受到一定程度的限制。

（1）沉井在下沉过程中，对周围一定范围内的土体产生扰动，在一些土层中（如软土等），这种扰动还相当严重，如果周边环境对这种扰动的反应灵敏，则还必须采取相应的环境保护措施。

（2）在下沉范围内，沉井刃脚下必须无大块孤石、坚硬的土层或其他障碍物，否则沉井的下沉会受到严重妨碍。一旦遇到上述障碍，无论是排水下沉与不排水下沉，在下沉过程中要处理这些障碍物是十分困难的。

### （一）沉井的分类及适用条件

沉井的类型较多，其用途也不相同，设计沉井时应根据沉井的用途和具体条件选用合适的沉井形式。

（1）按沉井深度分度。根据CECS 246《给水排水工程顶管技术规程》，井底离地面的高度超过10m的沉井为深沉井。

（2）按材料分类。按建造沉井所使用的材料主要可分为钢沉井和钢筋混凝土沉井。

（3）按平面形状分类。

按平面形状分类一般可分为圆形沉井、矩形沉井、椭圆形沉井和端圆形沉井。

圆形沉井制造简单，易于控制下沉位置，且受力（水、土压力）性能较好。如果面积相同，圆形沉井周围长度小于矩形沉井的周边长度，因而土体对井壁的摩阻力也将小些。同时，由于土拱的作用，圆形沉井对周围土体的扰动也较矩形沉井小。但是，圆形沉井的建筑面积由于要满足使用和工艺要求，而不能充分利用。

地下电缆工程中的沉井一般作为盾构、顶管施工的工作井、接收井，线路路径方向发生变化（转折）的地方往往需要设置工作井或接收井。为保证线路路径方向具有较强的可调性，采用圆形沉井往往更具优势。

（4）按井壁形式。

按沉井井壁形状一般可分为直墙型沉井、阶梯型沉井（内壁阶梯型沉井和外壁阶梯型沉井）。

直墙型沉井适用于土质松软、摩阻力不大或下沉深度不深的情况；内壁阶梯型沉井适用于土质松软，且下沉深度较深的情况；外壁阶梯型沉井适用于土层密实，且下沉深度很大的情况。

在地下电缆工程中，由于隧道直径一般较小，且线路路径变化（转折）较多，因此以采用小型钢筋混凝土圆形沉井为主，具有占地小、造价较低等优势。

（二）施工中主要岩土问题

1. 下沉与封底方式的选择

沉井的下沉方式对沉井的设计计算有着直接的关系，应根据场地的工程地质与水文地质资料，结合施工条件决定。沉井下沉有排水下沉和不排水下沉两种，封底方式有干封底和湿封底两种。

（1）干挖土的排水下沉。

当地下水水位不高，或虽有地下水但沉井周边的土层为不透水或弱透水层，涌入井内的水量不大且排水不困难时，可采用排水下沉法，以达到节省费用和缩短工期的目的。该法的优点是挖土方法简单，容易控制，下沉较均衡且易纠偏，达设计标高后又能直接检验基底土，并可采用干封底，以加快工程进度，保证质量，节省材料，应优先采用。

（2）不排水下沉。下列情况宜按不排水下沉考虑：

1）在下沉深度范围内存在粉土、砂土或其他强透水层，且排水下沉有可能造成流砂或补给水量很大而排水困难时。

2）排水下沉可能导致沉井周边建构筑物沉降、倾斜，且难以采用其他辅助措施有效防止时。

2. 渗流稳定与防治

在粉细砂层中下沉沉井，经常会遇到流砂现象，如果设计与施工单位事先未采取有效措施，沉井在下沉过程中可能导致严重倾斜。一些沉井虽未产生严重倾斜，但由于井内大量抽水，流砂将随地下水大量涌入井内，随挖随涌，井外地面可能出现严重坍塌现象。

沉井下沉过程中产生流砂的主要条件如下：

（1）地下水水位以下的粉土、粉细砂的厚度大于25cm者。

（2）颗粒级配中不均匀系数 $C_u<5$ 时。

（3）含水量 $\omega>30\sim40\%$。

（4）孔隙率 $n>43\%$。

（5）土的颗粒组成中，黏粒（$d<0.005$mm）含量小于10%，粉粒（$d=0.005\sim0.05$mm）含量大于75%。

（6）动水压力作用的水力梯度越大，产生流砂现象的条件越充分，当水力梯度超过临界水力梯度时，即可能产生流砂。

上述流砂产生的条件一般都是同时存在的。防止发生流砂的措施如下：

（1）向沉井内灌水，减小水力梯度。

（2）在沉井外降水，降低地下水水头。

（3）地基处理，通过注浆、设置止水帷幕等手段，改变土体可能产生流砂的特性。

（三）设计中主要岩土问题

1. 沉井场地选择的原则

沉井场地选择的主要原则如下：

（1）沉井场地应尽可能选在平缓和开阔地带。如果场地坡度太大，则沉井周边土压力的不均匀性可能导致沉井下沉时发生倾斜。

（2）沉井不应布置在地质不均匀或地下障碍物未完全探明的场地，以免造成下沉作业的困难。

（3）沉井不应建造在边坡上或过于靠近边坡。如果不能避免，则应进行边坡稳定性分析或采取其他保证安全和平稳下沉的措施。

（4）沉井下沉时将带动周边一定范围内的土体下沉。如果在此范围内有已建的建构筑物或其他设施，则这些建构筑物或设施的安全或正常使用将可能受到影响。因此，应尽可能避免在这种环境中建造沉井，如果不能避免，则应采取相应的保护措施。

2. 稳定性验算

沉井设计时一般需进行下沉系数、下沉稳定性、抗浮稳定性、基底抗隆起稳定性、抗渗流稳定性、抗承压水突涌稳定性验算。其中，基底抗隆起稳定性、抗渗流稳定性、抗承压水突涌稳定性验算与明挖法的稳定性验算内容一致。

在地下电缆工程中，软土地基沉井作为顶管工作井时，当沉井入土深度较浅，且顶力较大时，往往会产生较大的被动土压力。如果位移较大时，就会导致工作井失稳，此时需进行工作井稳定性验算。

3. 地基承载力要求

沉井在施工阶段封底之后，沉井是一个空箱体，通常沉井的重量比井内挖出的土体重量轻，所以沉井在施工阶段一般不必进行地基承载力验算。但是，如果沉井采用分节制作一次下沉，地基表层土应有足够的承载力支承沉井重量，以免沉井在制作过程中发生不均匀沉陷，以致导致倾斜甚至井壁开裂。在松软地基上进行沉井制作，应先对地基进行处理，以防止由于地基不均匀下沉引起井壁开裂。处理方法一般采用垫层（砂砾、混凝土、灰土）、机械碾压等措施加固。

沉井在使用阶段情况各异，是否要进行地基承载力验算不能一概而论，应视上部荷重大小而定，上部荷重较大的沉井，应进行地基承载力验算。在地下电缆工程中，运行阶段的沉井一般作为检修井，荷重较小，对地基承载力要求较低。

## 四、定向钻进法设计与施工

### （一）定向钻进法简介

始于 20 世纪 70 年代的定向钻进穿越技术，综合了传统的道路钻孔和地质勘探与油气井定向钻进技术。现在，这项技术已成为一种完善的施工方法。定向钻进的工艺和技术引进到城市中进行管线非开挖施工，这相对于浅埋电缆沟无疑是速度快、不影响城市交通、有利于环境保护，有着良好的社会效益和经济效益，尤其在穿越天然或人工障碍物（水域、道路、铁路、建构筑物等）更显示出定向钻进工艺和技术的优越性及其科学性。

定向钻进施工时，按设计的钻孔轨迹，采用定向钻进技术先施工一个导向孔，随后在钻杆柱端部换接大直径的扩孔钻头和待铺设管线，在回拉扩孔的同时，将待铺设的管线拉入钻孔，完成铺管作业，施工工艺流程如图 2-7 所示。有时根据钻机的能力和待铺设管线的直径大小，可先专门进行一次或多次扩孔后再回拉管线。根据目前定向钻进钻机的性能指标，定向钻进适宜铺设直径不大于 1500mm 的管线，最大铺设深度已超过 15m，最长穿越距离已超过 2000m。定向钻钻机分类及性能如表 2-7 所示，在地下电缆工程中的应用一般以中型、大型为主。

表 2-7　定向钻钻机分类及性能

| 分类<br>性能 | 小型 | 中型 | 大型 |
|---|---|---|---|
| 回拉力（kN） | <100 | 100～450 | >450 |
| 扭矩（kN·m） | <3 | 3～30 | >30 |
| 回转速度（r/min） | >180 | 100～180 | <100 |
| 功率（kW） | <100 | 100～180 | >180 |
| 钻杆长度（m） | 1.0～3.0 | 3.0～9.0 | 9.0～12.0 |
| 传动方式 | 钢绳和链条 | 链条或齿轮齿条 | 齿轮齿条 |
| 敷管深度（m） | <6 | 6～15 | >15 |
| 敷管直径（mm） | <250 | 250～600 | 600～1500 |
| 钻进距离（m） | <180 | 180～300 | >300 |

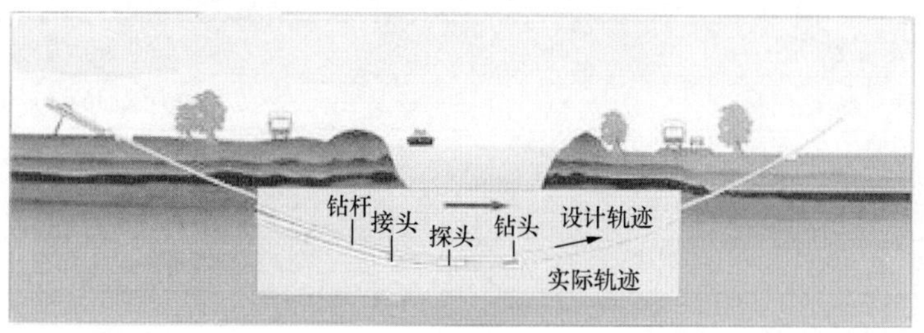


(a) 导向钻进

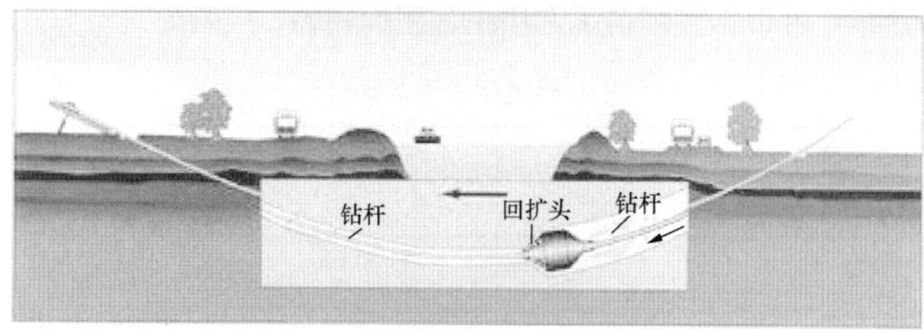


(b) 扩孔

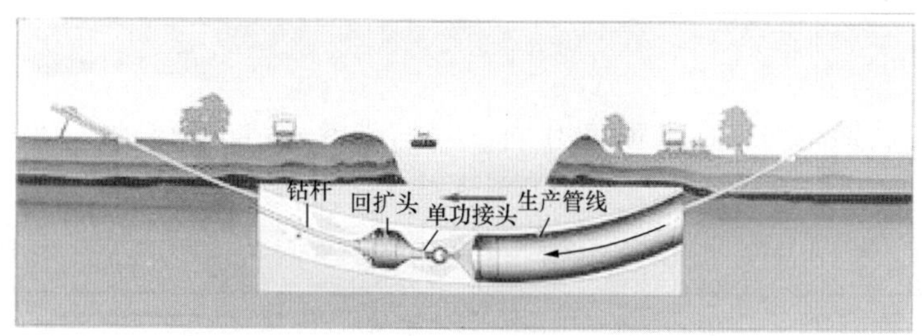


(c) 拉管

图 2-7　定向钻进铺设管线施工工艺过程

### （二）地层适宜性分析

地层条件是影响定向钻穿越施工能否成功及穿越质量的一个重要因素。遇到不太适宜采用水平定向钻穿越的地层条件，而又必须采用定向钻穿越时，需要先对地层进行处理，再实施穿越。就目前施工设备与施工水平而言，定向钻的地层适用条件如表 2-8 所示。

**表 2-8　水平定向钻地层适用条件**

| 适宜性 | 适　宜 | 一　般 | 困　难 | 需辅助措施 |
|---|---|---|---|---|
| 地层类型 | 粉质黏土、软土、粉/细砂 | 可塑黏土、中砂、软岩 | 硬塑黏土、粗砂、硬岩 | 卵砾石、流砂（地下水位以下松散砂层） |

注　卵砾石、地下水位以下松散砂层中穿越时容易塌孔；卵砾石颗粒粗，泥浆难以携带出来，且塌孔后容易卡钻，需套管辅助等措施。定向钻出土点有淤泥质软土、松散砂层这类软弱土层分布，定向钻的钻头往往无法顺利抬头，易造成事故。硬岩中穿越时，钻进速度极慢。

### （三）施工中主要岩土工程问题

#### 1. 导向钻头、扩孔器类型选择

不同类型地层的造斜能力不同，在导向钻进过程中，不同的造斜能力取决于地层与导向钻头之间的相互作用力，在钻机顶推力和地层作用力共同的作用下可实现导向轨迹的直进或变向钻进。根据地层采用不同的导向钻头或造斜“斜面”尺寸，以适应控向要求和较快地实现方向控制，同时减小推进阻力，适应地层的切削破碎，减小钻头磨损，提高钻进效果，如表 2-9 所示。

表 2-9　导向钻头类型选择

| 土 层 类 别 | 钻 头 类 型 |
|---|---|
| 淤泥质黏土 | 较大掌面的铲形钻头 |
| 软黏土 | 中等掌面的铲形钻头 |
| 砂性土地 | 小锥形掌面的铲形钻头 |
| 砂、砾石层 | 镶焊硬质合金，中等尺寸弯接头钻头 |

扩孔施工也应根据地层条件，选择不同的扩孔器，如表 2-10 所示。在复杂的工况下扩孔时，如大管径、长距离、复杂地层分布，可根据实际情况选用组合型回扩器。

表 2-10　扩孔器类型适用的地层

| 扩孔器类型 | 适 用 地 层 |
|---|---|
| 挤压型 | 松软的土层 |
| 切削型 | 软土层 |
| 组合型 | 地层适用范围广 |
| 牙轮型 | 硬土和岩石 |

2. 钻进液选择

导向孔钻进、扩孔及回拖时，应及时向孔内注入钻进液。钻进液黏度应根据地质情况按表 2-11 确定。

表 2-11　钻进液马氏黏度表

| 项目 | 管径（mm） | 各地层钻进液马氏黏度（s） | | | | | |
|---|---|---|---|---|---|---|---|
| | | 黏土 | 粉质黏土 | 粉砂、细砂 | 中砂 | 粗砂、砾砂 | 岩石 |
| 导向孔 | — | 35～40 | 35～40 | 40～45 | 45～50 | 50～55 | 40～50 |
| 扩孔及回拖 | ＜426 | 35～40 | 35～40 | 40～45 | 45～50 | 50～55 | 40～50 |
| | 426～711 | 40～45 | 40～45 | 45～50 | 50～55 | 55～60 | 45～55 |
| | 711～1016 | 45～50 | 45～50 | 50～55 | 55～60 | 60～80 | 50～55 |
| | ＞1016 | 45～50 | 50～55 | 55～60 | 60～70 | 65～85 | 55～65 |

## 五、盾构法设计与施工

### （一）盾构法基本概念

盾构法是在地面下暗挖隧道的一种施工方法。当代城市建筑、公用设施和各种交通日益复杂，市区明挖隧道施工，对城市生活的干扰问题日趋严重，特别在市区中心遇到隧道埋深较大，岩土工程条件复杂的情况，若用明挖法建造隧道则很难实现。在这种条件下，采用盾构法对地下铁道、上下水道、电力通信、市政公用设施等各种隧道建设具有明显的优点。此外，在建造穿越水域、沼泽地和山地的隧道中，盾构法也往往因它在特定条件下的经济合理性及技术方面的优势而得到采用。

盾构法施工的概况如图 2-8 所示，其主要内容为：先在隧道某段的一端建造竖井或基坑，以供盾构安装就位。盾构从竖井或基坑的坑壁预留孔处出发，在地层中沿着设计轴线，向另一端竖井或基坑的设计预留孔洞推进。盾构推进中所受到的地层阻力通过盾构千斤顶传至盾构尾部已拼装的预制衬砌结构，再传到竖井或基坑的后壁上。盾构是这种施工方法中最主要的施工机具，它是一个既能支承地层压力，又能在地层中推进的圆形或其他形状的钢筒结构，在钢筒的前面设置各种类型的支撑和开挖地层的装置，在钢筒中段内沿周边安装顶进所需的千斤顶，钢筒尾部是具有一定空间的壳体，在盾尾内可以拼装一至二环预制的隧道衬砌环。盾构每推进一环距离，就在盾尾支护下拼装一环衬砌，并及时向紧靠盾尾后面的、衬砌环外的空隙中注入足够的浆体，以防止隧道及地面下沉。盾构推进过程中不断从开挖面排出适量的土方。

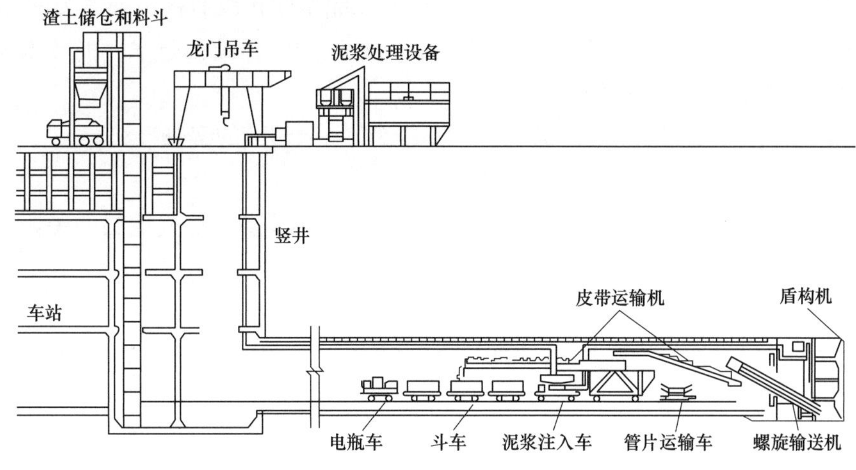


图 2-8　盾构法施工示意图

盾构法施工中，往往需要根据隧道穿越地层的工程地质、水文地质条件的特点，辅以其他施工技术措施，主要有：

（1）疏干穿越地层中地下水的措施。

（2）稳定地层、防止隧道及地面沉陷的地层加固措施。

（3）隧道衬砌结构的防水、堵漏技术。

（4）配合施工的施工测量、变形监测等监控技术。

（5）开挖土方的运输及处理方法等。

（二）盾构法优缺点

盾构法是隧道暗挖施工法的一种，其优点主要有：

（1）对城市的正常功能及周围环境的影响很小。除竖井施工外，施工作业均在地下进行，不影响地面交通；无需拆迁，对城市的商业、交通、居住影响很小；可在深部穿越地表建筑物与地下各种管线，而不对其产生不良影响；施工一般不需要采取地下水降水等措施，也无噪声、振动等施工污染。

（2）施工不受地形、地貌、江河水域等地表环境条件的限制。

（3）盾构推进、出土、拼装衬砌等工序循序进行，施工易于管理，施工人员也较少，劳动强度低，生产效率高。

（4）地表占地面积小，征地费用低。

（5）地层条件差、大埋深、高水压、长距离等情况下，与明挖法相比，技术、经济等方面具有较明显的优势。

（6）施工不受风雨气候条件影响。

（7）挖土、出土量少，有利于降低成本。

（8）盾构法隧道的抗震性能较好。

（9）适用地层范围宽，从软土、砂卵土、软岩直到硬岩均可适用。

因此，盾构法已在城市隧道（地下铁道、上下水道、电力通信、市政公用设施等各种隧道）建造中确定了绝对的统治地位，也可将其称为“城市隧道工法”。

盾构法尽管具有很多优点，但也存在如下不足：

（1）当隧道曲线半径过小（小于 $20D$）时，施工较为困难。

（2）陆地建造盾构隧道时，如隧道覆土太浅，地表沉降较难控制，开挖面稳定甚为困难，甚至不能施工；水下建造盾构隧道时，如覆土太浅，盾构法施工不够安全，需加大隧道埋深，确保覆土厚度。

（3）盾构法施工中采用全气压方法疏干和稳定地层时，对劳动保护要求较高，施工条件差。

（4）盾构法隧道上方一定范围内的地表沉陷尚难完全防止，特别是在饱和的软弱地层中，要采取严密的技术措施才能把沉陷限制在合理的范围内，目前还不能完全防止以盾构正上方为中心的地表沉降。

（5）饱和含水地层中，盾构法施工所用的拼装衬砌，对达到整体结构防水性的技术要求较高。长期渗水，往往导致运营期地层的固结沉降较大。

用气压施工时，在周围有发生缺氧和枯井的危险，必须采取相应的解决办法。

（三）盾构分类

盾构的分类方式很多，可按适用地层的种类、掘削面的敞开程度、挖掘地层的手段、掘削面的加压平衡方式等进行分类，如表2-12所示。

**表2-12　盾构分类**

| 适用地层 | 敞开程度 | 挖掘手段 | 加压平衡方式 |
|---|---|---|---|
| 土层盾构<br>软岩盾构<br>硬岩盾构（TBM）<br>复合地层盾构 | 全部敞开式<br>部分敞开式<br>封闭式 | 人工挖掘<br>半机械挖掘<br>机械挖掘 | 外加支撑式<br>气压平衡式<br>泥水平衡式<br>土压（削土/泥土）平衡式 |

通常，人们习惯把上述分类方法汇总起来，形成综合分类法。江苏地区土层盾构使用较多，土层盾构的综合分类法如图2-9所示。

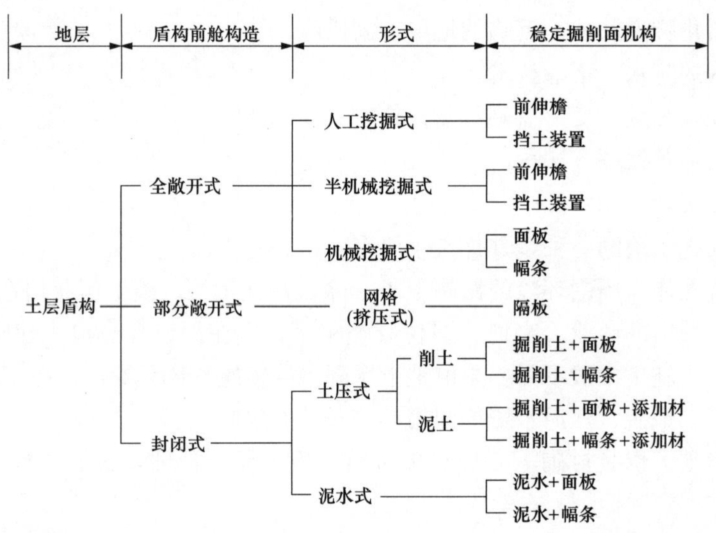


图2-9　土层盾构的综合分类

（四）地层适应性及盾构选型

根据工程需求（隧道尺寸、长度、线形、覆盖层厚度、地层状况、环境条件需求等）选定盾构机类型（具体构造、稳定掘削面的方式、施工方式等）的工作，称为盾构选型。盾构机型选择正确与否是盾构隧道工程施工成败的关键，因盾构选型不合理致使隧道施工过程中出现事故的情况很多，如：掘削面喷水，掘进被迫停止；掘削面坍塌、地层变形、地表沉降，导致周围建筑物受损、地下管线破坏，严重时整条隧道报废的事例也屡见不鲜，由此可见盾构选型的重要性。选择盾构机型时，必须综合考虑下列因素：①设计要求；②安全性、可靠性；③造价；④工期；⑤环境影响，进行包括社会影响在内的综合评估。

盾构选型时，必须遵守以下原则：

（1）选用与工程地质条件匹配的盾构机型，确保施工绝对安全。

（2）可以辅以合理的辅助工法。

（3）盾构的性能应能满足工程推进的施工长度和线形的要求。

(4) 选择的盾构机的掘进能力应与配套设备匹配。

(5) 选择对周围环境影响小的机型。

地质条件复杂的地区（如南京、广州、长沙、深圳等地），通常同一隧道沿线穿越的地层条件变化很大，此时需判别“优势地层”（所谓优势地层，指对盾构施工可行性、设备选型、工期、造价等有重要影响的地层），选择适合于沿线大多数及优势地层的机型。选型时往往取决于下列地层条件：

(1) 灵敏度高的软黏土。

(2) 透水性强、易坍塌的松散砂、砂砾层。

(3) 高塑性黏性土。

(4) 含水（尤其是承压水）的砂层、砂砾层。

(5) 含大粒径卵、砾石的地层。

(6) 估计会遇到漂木等地下障碍物的地层。

(7) 区段内掘进面范围内包括软硬两种地层。

（五）设计中主要岩土工程问题

1. 水、土压力

电缆盾构隧道埋设在地层中，衬砌结构上所受荷载主要有永久荷载、可变荷载与偶然荷载三种，如表 2-13 所示。与其他隧道工程一样，地层水、土压力是最为主要的荷载。

**表 2-13　　电缆盾构隧道所受荷载分类表**

| 荷载分类 | | 荷　载　名　称 |
|---|---|---|
| 永久荷载 | | 结构自重 |
| | | 土压力（含地层抗力） |
| | | 隧道上部破坏棱体范围内建构筑物荷载 |
| | | 水压力 |
| | | 混凝土收缩及徐变影响 |
| | | 固定设备重量 |
| | | 地基下沉影响 |
| 可变荷载 | 基本可变荷载 | 地面车辆荷载 |
| | | 地面车辆荷载引起的侧向土压力 |
| | | 人群荷载 |
| | 其他可变荷载 | 温度荷载 |
| | | 施工荷载 |
| 偶然荷载 | | 地震荷载 |
| | | 沉船、抛锚或河道疏浚产生的撞击力等灾害性荷载 |

对于浅埋（覆土厚度＜$2D$，$D$ 为隧道直径）盾构隧道而言，竖向地层压力应按计算截面以上全部土压力考虑（如图 2-10 所示）；对于深埋（覆土厚度≥$2D$）盾构隧道，竖向地层压力可根据具体工程条件（地层性质、隧道埋深）按卸载拱理论（如图 2-11 所示）或全部覆土重量计算。

施工阶段水平地层压力，黏性土一般按水土合算，采用经验系数法，上海地区多条隧道实测数据表明，侧压力系数 $\lambda$ 一般可按 0.65～0.75 考虑；砂性土一般按水土分算，采用朗肯土压力公式计算。使用阶段水平地层压力均按水土分算，采用静止土压力计算。

2. 地层抗力

地层抗力作为隧道结构上重要荷载之一，其大小与隧道结构相对地层的位移及地层抗力系数 $k_0$ 相关，计算时通常采用地层弹簧来模拟地层抗力。图 2-12 基于梁—弹簧计算模型，分析了地层抗力系数对隧道衬砌管片内力（弯矩）的影响。从图中可以看出，随着地层抗力系数的增大，衬砌管片的受力条件不断改善，所受弯矩趋于均匀，弯矩最大值在减小。因此，勘察报告中提供准确的地层抗力系数 $k_0$ 对优化设计具有重要的意义，地层抗力系数可参考表 2-14。

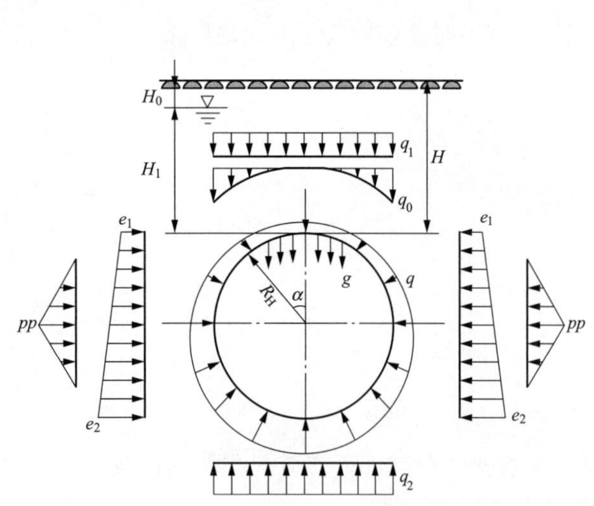


图 2-10　浅埋隧道荷载计算图示

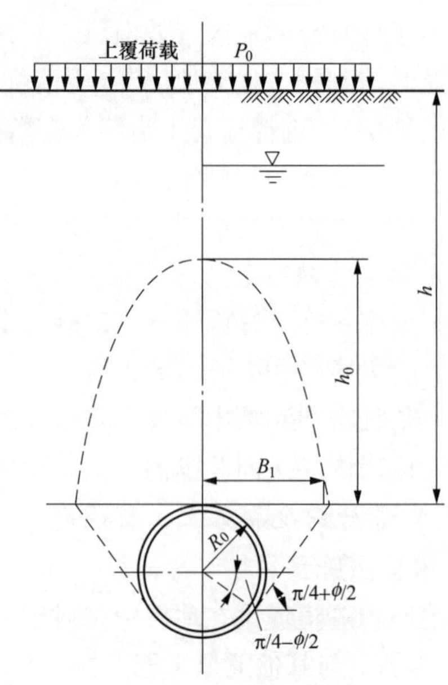


图 2-11　深埋隧道荷载计算图示

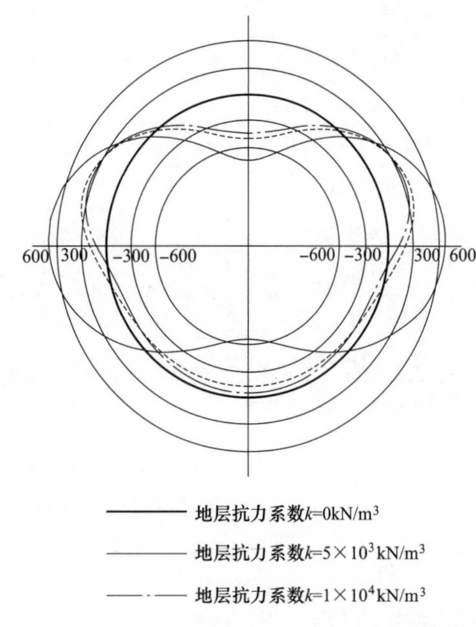


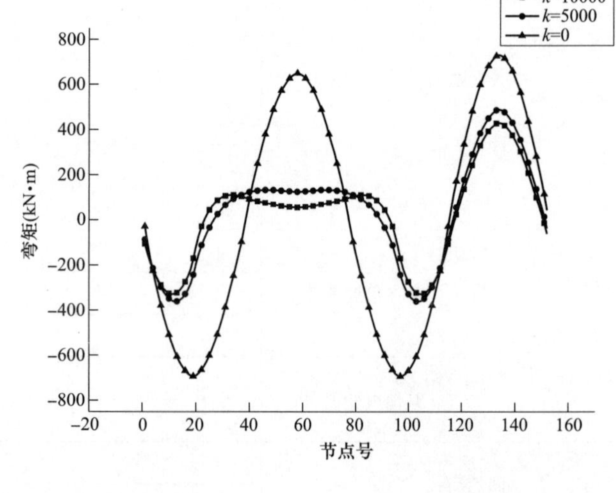


图 2-12　地层抗力系数敏感性分析

**表 2-14　　地层抗力系数参考值**

| 地基土分类 | | $I_L$、$e$、$N$ 范围 | 地层抗力系数（kN/m³） |
|---|---|---|---|
| 黏性土 | 软塑 | $0.75< I_L\leq 1$ | 3000～9000 |
| | 可塑 | $0.25<I_L\leq 0.75$ | 9000～15 000 |
| | 硬塑 | $0<I_L\leq 0.25$ | 15 000～30 000 |
| | 坚硬 | $I_L\leq 0$ | 30 000～45 000 |
| 黏质粉土 | 稍密 | $e>0.9$ | 3000～12 000 |
| | 中密 | $0.75\leq e\leq 0.90$ | 12 000～22 000 |
| | 密实 | $e<0.75$ | 22 000～35 000 |

续表

| 地基土分类 | | $I_L$、$e$、$N$ 范围 | 地层抗力系数（$kN/m^3$） |
|---|---|---|---|
| 砂质粉土、砂土 | 松散 | $N \leqslant 7$ | 3000～10 000 |
| | 稍密 | $7 < N \leqslant 15$ | 10 000～20 000 |
| | 中密 | $15 < N \leqslant 30$ | 20 000～40 000 |
| | 密实 | $N > 30$ | 40 000～55 000 |

**注** $I_L$—液性指数；$e$—天然孔隙比；$N$—标准贯入试验击数实测值。

3. 抗浮稳定与最小覆土层厚度

隧道的纵剖面线形（埋深）应根据城市现状与规划的道路、地面建筑物、地下管线、文物古迹保护要求、环境与景观、地形与地貌、工程地质与水文地质条件、采用的结构类型与施工方法等，经技术、经济综合比较后确定。隧道埋深与工程造价密切相关，从降低工程造价角度，宜尽量浅埋。一方面，若盾构隧道覆土层太浅，则盾构隧道施工时，地表沉降较难控制，开挖面稳定甚为困难；水下盾构隧道掘进时，盾构法施工风险较高，易出现冒顶、江底漏水等事故。另一方面，当隧道上覆土柱与管片自重无法抵抗管片所受上浮力时，就会出现隧道上浮，引发工程事故。因此，合理确定盾构隧道最小覆土层厚度至关重要。最小覆土层厚度的简化计算图示如图 2-13 所示。

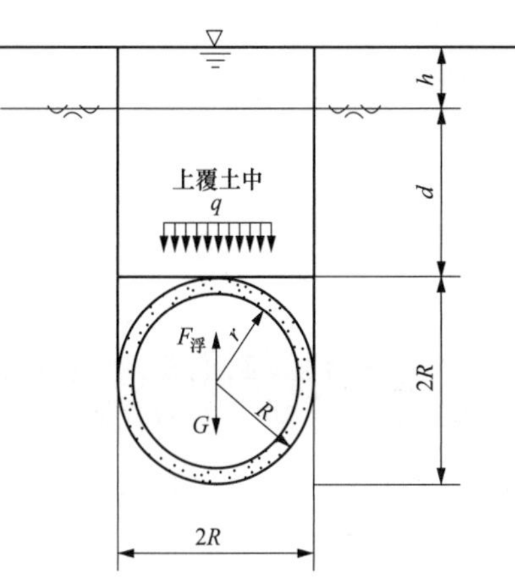

图 2-13 隧道最小覆土厚度计算示意图

隧道抗浮稳定安全系数按式（2-1）计算，施工阶段应大于 1.05，运营阶段应大于 1.10。

$$G = \pi(R^2 - r^2)\gamma_c \tag{2-1}$$

$$F_{浮} = \pi R^2 \gamma_w \tag{2-2}$$

$$W = (\gamma_s - \gamma_w)\left[2Rd + (2 - \frac{\pi}{2})R^2\right] \tag{2-3}$$

$$K = (W + G)/F_{浮} \tag{2-4}$$

式中 $K$——隧道抗浮稳定安全系数；

$G$——单位长度管片自重，kN；

$F_{浮}$——单位长度管片所受浮力，kN；

$W$——单位长度管片上覆土体有效重量，kN；

$R$——管片外径，m；

$r$——管片内径，m；

$d$——隧道顶埋深，m；

$\gamma_c$——管片重度，$kN/m^3$；

$\gamma_s$——土体饱和重度，$kN/m^3$；

$\gamma_w$——地下水重度，施工阶段取壁后注浆材料的重度，$kN/m^3$。

DG/T J08-2033《道路隧道设计规范》规定：工作井处宜取较小的覆土厚度，但不宜小于 $0.65D$，工作井之间隧道区间段（尤其水域隧道、地貌变化较大处）覆土层厚度不宜小于 $0.65D$。DG J08-109《城市轨道交通设计规范》规定：盾构法隧道顶部最小覆土厚度不宜小于隧道外径；穿越江、河时，尚应满足航道要求和船舶锚击深度的要求。

隧道穿越大江、大河时，在径流、潮汐作用下河床演变（冲刷、积淤），并不稳定。此时，若隧道覆土较薄，为确保施工及运营阶段的抗浮稳定，准确掌握河床断面的变化规律（最大冲刷深度、最大淤积厚度等）尤其重要。

## （六）施工中主要岩土工程问题

### 1. 掘进面稳定与泥水/泥土压力设定

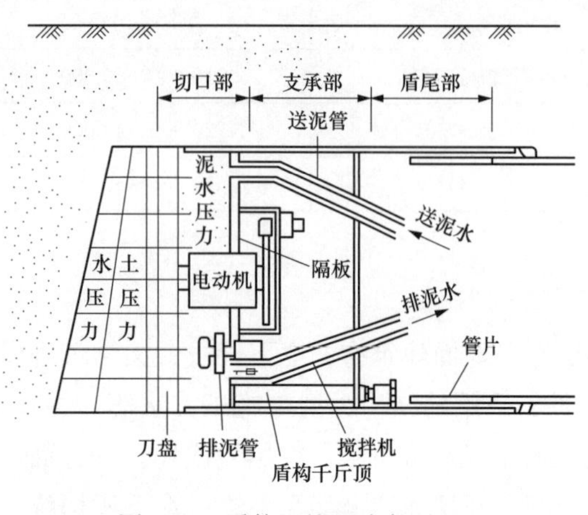

图 2-14 盾构开挖面稳定原理

泥水/泥土盾构掘进过程中，通过泥水/泥土压力来支撑开挖面，原理如图 2-14 所示。正确设定泥水/泥土压力对于稳定开挖面、控制地层变位至关重要，以泥水盾构为例，通常该压力可按式（2-5）设定。

$$泥水压力=地下水压力+土压力+预压 \tag{2-5}$$

地下水压力即开挖面所处地层中的孔隙水压力，宜采用水位观测井测量，以避免钻孔内测量水位时无法正确区分开挖面所处地层的孔隙水压力和季节变化导致的水位变化。对于黏性土地层而言，一般采用水土合算。

土压力的计算与隧道埋深、地层变位控制要求相关。当隧道埋深较浅时，一般采用主动土压力，对于地表沉降控制要求较高的情况，应采用静止土压力，竖直土压力取全部覆土重。当隧道埋深较深时，地层能形成拱效应，此时采用主动土压力，但竖直土压力应按卸载拱理论计算。

预压是考虑地下水压和土压的设定误差、变动等因素，根据经验确定的压力，一般取 20～30kN/m²。

隧道穿越大江、大河时，在径流、潮汐作用下河床变迁，相对稳定的河床也可能有一定的冲刷深度。盾构在水底浅覆土段掘进时，发生切口冒顶、盾尾漏泥、漏水的风险较大，对施工构筑威胁，准确掌握河床断面是合理设定泥水压力（水底盾构隧道一般选用泥水盾构）、保证掘进面稳定，防止水底土体发生剪切破坏、造成水底漏水危害的基础。DG/T J08-2041《地铁隧道工程盾构施工技术规范》规定：盾构穿越江、河前，对隧道轴线沿线的水底标高应采用测量船进行一次全面的扫描，并进行潮汐修正，复核隧道覆土层的厚度，绘制江底地形图，以利于进行盾构平衡压力设定值的计算。

### 2. 进/出洞地层加固

进/出洞是盾构法施工的重要环节之一。盾构机进/出洞时，事故的发生率很高，且事故规模较大，其原因多半是掘削使周围地层产生扰动，破坏了原有应力平衡状态，造成地层不稳定。盾构进/出洞的施工，除选用合理的洞门结构形式外，在地质条件差、隧道埋深大、地下水压高的情况下，还应考虑洞外地层的稳定性问题。若进/出洞期间洞外地层能够自稳，则可不地层加固，否则应提前采取辅助措施，稳定洞口土体，防止泥砂涌入。GB 50268《给水排水管道工程施工及验收规范》规定：土层不稳定时，需对洞口地层进行加固。洞口地层加固的技术很多，常用的有深层搅拌法、高压旋喷法、化学注浆法、冻结法、降水法等，应根据洞门的结构和拆除方法、尺寸和埋深，并考虑地形地貌、水文地质条件、环境要求和地下管线与地面建筑的影响因素，选用合理、安全的地层加固工法。

（1）深层搅拌法。深层搅拌法加固是一种常用的比较经济的加固方法，在浅覆土的黏性土地层可首先考虑。当隧道覆土较深，且洞口处于砂性土地层或有承压水时，可考虑采用高压旋喷加固或复合加固法（高压旋喷＋深层搅拌法），并考虑降水、堵漏等防止流砂、管涌的措施。

DG/T J08-2041《地铁隧道工程盾构施工技术规范》对加固范围做出如下规定：盾构始发的洞口加固范围，纵向加固长度应大于盾构的长度，横向宽度比盾构直径两侧多 3m，加固深度距盾构底部大于 3m；盾构接受的洞口加固范围，纵向加固长度约为盾构的长度，横向宽度和深度参照盾构始发的洞口加固范围。

（2）化学注浆法。化学注浆法是将水泥浆液或化学浆液注入地层进行加固的方法，对透水性较强的砂性土地层（$k \geqslant 10^{-3}$cm/s）较为有效。冻结法加固体性质均匀，强度高，但成本较高，一般用于埋深较大的复杂地层。

(3) 降水法。降水法也是一种比较有效的、经常采用的加固方法，但降水对地面沉降影响较大，在地面建筑密集的地方不宜采用。

(4) 冻结法。冻结法是利用人工制冷技术，使地层中的水结冰，将松散含水岩土变成冻土，增加其强度和稳定性，隔绝地下水，以便在冻结壁的保护下，进行地下工程掘砌作业。它是土层的物理加固方法，是一种临时加固技术，当工程需要时冻土可具有岩石般的强度，如不需要加固强度时，又可采取强制解冻技术使其融化。冻结法适用于各类地层，目前在地铁盾构隧道掘进施工、双线区间隧道旁通道和泵房井施工、顶管进出洞施工、地下工程堵漏抢救施工等方面也得到了广泛的应用。

冻结法适用于各类地层尤其适合在城市地下管线密布施工条件困难地段的施工，经过多年来国内外施工的实践经验证明冻结法施工有以下特点。

1) 可有效隔绝地下水，其抗渗透性能是其他任何方法不能相比的，对于含水量大于10%的任何含水、松散，不稳定地层均可采用冻结法施工技术；

2) 冻土帷幕的形状和强度可视施工现场条件，地质条件灵活布置和调整，冻土强度可达5～10MPa，能有效提高工效；

3) 冻结法与其他工艺平行作业，能有效缩短施工工期。

## 六、顶管法设计与施工

顶管施工法是利用千斤顶作用于预制管片，逐节压入的施工方法。作为非开挖技术之一，顶管技术在地下管线敷设和穿越工程（路基、河床、地基等）方面具有较大的优势，与明挖敷设等工法相比，顶管法具有如下优点。

(1) 可以敷设深埋管线。

(2) 土方开挖量小，管线埋深较大时较经济。

(3) 可安全穿越铁路、城市道路、河流等障碍。

(4) 施工速度快。

(5) 无需阻断交通，对周围环境影响小。

顶管施工原理及流程如图2-15所示。

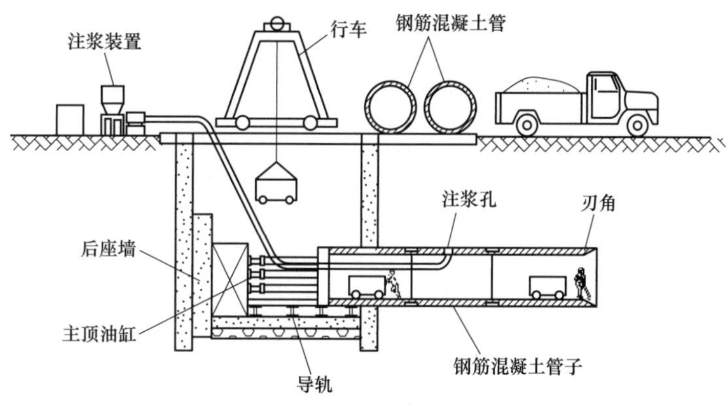


图2-15 顶管施工原理及流程

对于内径小于4000mm或更小的隧道，如城市地下电缆工程、市政工程管道等，使用顶管法有独特的优越性。当然，顶管法与盾构法相比较，也存在一些不足之处：超长距离顶进比较困难；曲率半径变化较大时较为困难；对于大于4000mm直径的大口径顶管机应用很少；路径转折多或曲线组合多的复杂条件下施工，要增加一些工作井和接收井，施工工期和费用亦将相应增加。

随着顶管技术的发展，顶管法和盾构法的施工技术相互渗透，基本的原理和施工工艺越来越趋向一致。因此，本章节主要介绍顶管区别于盾构之处，相同之处可参见盾构章节。

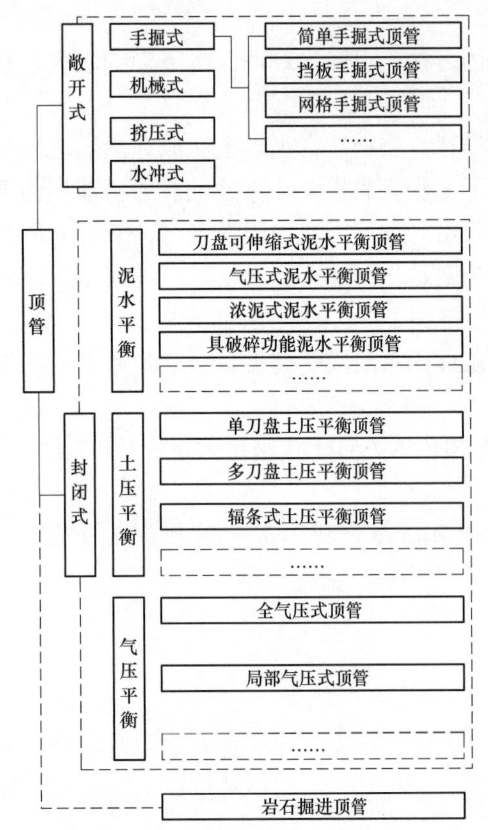


图 2-16 按掘进方式及土水平衡方式分类

### （一）顶管分类

按掘进方式，可将顶管分为敞开式和封闭式两大类，根据地下水压力和土压力平衡方式的不同，又可以进一步细分，如图 2-16 所示。岩石掘进顶管在国内应用较少，其破碎方式和刀盘构造与一般顶管机有较大差别，因此这里单独列出。随着技术的进步，不断有新的组合机型出现。

按管道口径分类：可分为大口径（$\Phi \geqslant 2000$mm）、中口径（2000mm $\geqslant \Phi \geqslant$ 1200mm）、小口径（1200mm $\geqslant \Phi \geqslant$ 500mm）和微型顶管（$\Phi \leqslant 500$mm）；按管道材料分类：可分为钢筋混凝土顶管、钢顶管和其他管材顶管；按顶进距离分类：可分为普通顶管（$l \leqslant 400$m）、长距离顶管（400m $< l \leqslant$ 1000m）和超长距离顶管（$l > 1000$m）；按管道曲直分类：可分为直线顶管和曲线顶管。

### （二）顶管地层适应性及选型

顶管施工中最突出的特点之一就是地层适应性问题。针对不同的地层，必须选用与之适应的顶管施工方法，以提高工效，否则可能导致顶管无法顺利顶进，延误工期，增加造价，严重的会使顶管施工失败，造成巨大的损失。

根据顶管在地层中顶进时所需顶力大小及可能遇到的工程地质问题，把地层分为软土、黏性土、砂性土、碎石类土（含全—强风化岩石）、岩石（中等—微风化）和复合地层六大类。

顶管在软土中顶进时，土层紧贴管壁使得顶力增加，但软土土质细腻、含水量大，对管壁具有一定的润滑作用，总体而言，顶力增加不大，而且有时还可能下降。软土具有高压缩性、低渗透性和高触变性等特点，其结构极易遭到破坏，若施工中扰动过大，易导致管道沉陷、接头错位等事故。流塑状态的软土极不利于顶进，应注意首节管的低头和下沉问题，往往需要辅助工法对地层进行处理。

黏性土的性质主要受含水量和黏性矿物含量（塑性指数 $I_P$）等因素影响。天然含水量的黏性土所需顶力较小，掌子面土体稳定，较利于顶进工作。随着含水量或塑性指数的增大，土体的黏附作用较强，使顶力有所增加。

在砂性土中顶进时，主要考虑土体的密实度和地下水赋存情况。在土体密实度较差，地下水水头压力较大（尤其为承压水）时，很容易出现流砂、管涌等现象，掌子面土体稳定性差，所需顶力较大。同时，对于松散状态的砂性土体，在施工扰动下易液化，影响顶管机顶进姿态。总之，在砂性地层中顶管比在黏性土中顶进困难，往往需改进顶进工艺或采取辅助措施。

全—强风化岩石节理、裂隙很发育，岩体呈碎块状，矿物成分已显著变化，其间往往充填大量黏土矿物，可与碎石类土归为一类。对这类土体而言，最大粒径是选择具体顶管方案时需重点考虑问题之一。若粒径过大，同时由于地下水或掌子面土体稳定性等问题使敞开式机型受到限制时，应选用具有破碎功能的机型。

当顶管断面位于复合地层（两个或两个以上地层）时，往往"优势地层"决定了顶管施工方法的选择。如果复合地层各个土体单元之间软硬程度相差过大，必须引起足够重视，以免顶进过程中机头扭转。

根据 CECS 246《给水排水工程顶管技术规程》条文 5.2.2，下列情况不宜采用顶管施工，或施工中应采取相应的辅助措施：

（1）土体承载力小于 30kPa。

（2）岩体强度（饱和单轴抗压）大于 15MPa。

（3）土层中砾石含量大于 30%或粒径大于 200mm 的砾石含量大于 5%。

(4) 江河中覆土层渗透系数 $K$ 大于或等于 $10^{-2}$cm/s。

从上面分析可以看出，顶管施工方法（机型）须根据地层条件进行选择。表 2-15 给出了几种常用施工方法的地层适用条件，同时评价了各种方法对周边岩土环境的影响。

表 2-15　　顶管机型的地层适应性

| 地层＼机型 | | | 敞开式顶管 | | 泥水平衡 | | 土压平衡 | | 气压平衡 |
|---|---|---|---|---|---|---|---|---|---|
| | | | 挤压式 | 机械式 | 刀盘可伸缩 | 具破碎功能 | 单刀盘 | 多刀盘 | |
| 软土 | 地下水 | 有 | * * | | * | | * | * * | * |
| | | — | | | | | | | |
| | 环境影响 | | 大 | | 小 | | 小 | 小 | 一般 |
| 黏性土 | 地下水 | 有 | | | * | | * * | * | * |
| | | — | | | | | | | |
| | 环境影响 | | | | 小 | | 小 | 小 | 一般 |
| 砂性土 | 地下水 | 有 | | | * | * | * | * | * * |
| | | — | | | | | | | |
| | 环境影响 | | | | 小 | 小 | 小 | 小 | 一般 |
| 碎石类土 | 地下水 | 有 | | | | * * | | * | |
| | | 无 | | * * | | | | | * * |
| | 环境影响 | | | 大 | | 小 | | 小 | 一般 |
| 岩石 | 地下水 | 有 | | | | | | | |
| | | 无 | | * | | | | | |
| | 环境影响 | | | 小 | | | | | |

* 表示可选机型。

* * 表示首选机型。

从管道纵剖面（顶进路径）来看，地质条件复杂地区顶管往往需穿越多种地层，此时机型的选择必须兼顾各个地层的适用性。

（三）施工中顶进阻力计算

如上所述，与盾构法相比，顶管法的一大不足之处就是超长距离顶进时，由于顶力过大而顶进困难。因此，制定施工方案时，准确预估所需顶力的大小，对合理设置触变泥浆、中继环（中继间）等减阻措施意义重大。总顶力标准值 $F_0$ 计算见式（2-6）。

$$F_0 = \pi D_1 L f_k + N_F \tag{2-6}$$

式中　$F_0$——总顶力标准值，kN；

$D_1$——管道的外径，m；

$L$——管道设计顶进长度，m；

$f_k$——管道外壁与地层的平均摩阻力，N/m$^2$，可按表 2-16 选用；

$N_F$——顶管迎面阻力，kN。

根据 CECS 246《给水排水工程顶管技术规程》条文 12.6.14，采用触变泥浆减阻的顶管，管壁与地层的平均摩阻力 $f_k$ 可按表 2-16 取值：

表 2-16　　触变泥浆减阻管壁与土的平均摩阻力　　(kN/m$^2$)

| 土的种类 | | 软黏土 | 粉性土 | 粉细土 | 中粗砂 |
|---|---|---|---|---|---|
| 触变泥浆 | 混凝土管 | 3.0～5.0 | 5.0～8.0 | 8.0～11.0 | 11.0～16.0 |
| | 钢管 | 3.0～4.0 | 4.0～7.0 | 7.0～11.0 | 10.0～13.0 |

## 七、矿山法（山岭隧道）设计与施工

山岭隧道指贯穿山岭或丘陵的隧道，隧道的围岩多为基岩，因此又称岩石隧道。山岭隧道的施工方法有矿山法（钻爆法）、全断面隧道掘进机法（TBM）等，这些方法在施工形态上完全不同，其设计手法和内容亦不同，这里主要介绍与矿山法相关的内容。

（一）隧址及洞口位置的选择

1. 隧址位置的选择

在决定山岭隧道位置时，要考虑到线路的特性、与前后线路的衔接、地形地质对施工难易程度的影响等因素。其中，地质条件对隧道位置的选择往往起决定性的作用。

山岭隧道位置应选择在岩性较好、稳定的地层中，将对施工和运营有利，亦可节约投资。对岩性不好的地层、断层破碎带、含水层等工程地质、水文地质极为复杂的严重不良地质地段，应尽量避免穿越，以免增加设计、施工和营运的难度，甚至影响隧道的性能和安全，发生意料不到的病害。因此，山岭隧道设计应高度重视地质工作，有时哪怕绕线，也要尽量避开不良地质地段，即“地质条件优先”的原则。若不能绕避而必须通过时，应减短其穿越的长度，采取可靠的工程处理措施，以确保隧道施工及营运的安全。

对于越岭隧道而言，仅从地形上考虑，隧址应选在山体比较狭窄的鞍部附近的沟底通过，隧道净长最短，但从地质角度考虑，该处遇到断层破碎带和软弱岩层的几率增大，鞍部的地质条件往往较差。因此，一般情况下最忌直穿垭口。

对于傍山隧道而言，隧道一般埋藏较起浅，地质条件比较复杂，如果有山体崩塌、滑坡、松散堆积等不良地质作用，施工中容易破坏山体平衡，造成各种病害。因此，选择傍山隧道的隧址时，应注意洞身覆盖层厚度的问题，为保证山体稳定，避免产生偏压，隧址宜向山侧内移。

2. 洞口位置的选择

隧道洞口处岩层破碎、松散，风化较为严重，地质条件较差。洞口施工或路堑开挖时破坏了山体原有的平衡，容易产生坍塌、顺层滑动等。因此，在选择隧道位置时，也必须重视洞口位置的选择，对洞口边、仰坡的稳定性应着重考虑。洞口选择不当会造成洞口塌方，长期不能进洞或病害整治工程大，不易根治而留隐患。

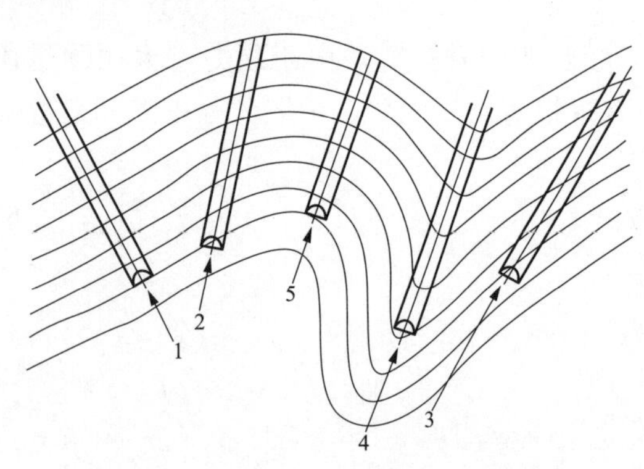


图 2-17　隧道洞口轴线与地形的关系

1—坡面正交型；2—坡面斜交型；3—坡面平行型；4—山脊突出部分进入型；5—沟谷部进入型

隧道洞口应选在山坡稳定、地质条件较好处，不应设在偏压很大或严重不良地质地段，宜避开排水困难的沟谷低洼处。洞口位置选择的基本要求是：①地质条件较好；②隧道轴线尽量垂直或接近垂直地形等高线。根据洞口位置与地形的相对关系，有如下几种形式，如图 2-17 所示。

（1）坡面正交型是一种隧道轴线与坡面正交的形式，最为理想。

（2）坡面斜交型。隧道轴线与坡面斜交进入，边坡切面与洞门为非对称，往往存在偏压，应讨论洞门形式和偏压的影响。

（3）坡面平行型。是一种极端的斜交情况，隧道在较长区段的单边覆盖层较薄，特别应考虑偏压，往往容易出现问题，应尽量避免这种形式。

（4）山脊突出部分进入型。山脊突出部一般是稳定的，但山脊突出部的背后侧可能存在断层，应予以注意。

（5）沟谷部进入型存在岩堆等不稳定堆积层，地下水水位较高，泥石流、雪崩等自然灾害容易发生。

### （二）隧道围岩分级

#### 1. 围岩分级的目的与意义

山岭隧道中会遇到各种各样的地质条件：从较完整的岩体到极其破碎的断裂构造带；有干燥少水的情况，也会有到含水丰富的状态；可能遇到较高的天然应力地带，也可能是应力释放区。在这些不同地质条件下开挖隧道时，围岩具有不同的稳定性。根据长期的工程实践，逐步认识到不同地质条件与围岩稳定性之间存在着一定的联系。因此，可以把稳定性大体相同的围岩地质条件划归为同一类型，即把各种各样地质条件按围岩稳定性分为若干不同的类型，这种划分就是围岩分级。这样，就使人们从千差万别的地质现象中找出它们的内在联系和规律，从而为隧道的设计与施工提供依据，即某一类别的围岩，采用与之相适应的支护类型与施工方法。

#### 2. 围岩分级的指标

不同的行业，隧道围岩级别划分标准各不尽相同，且有的称之为“分级”，有的称之为“分类”。随着各个行业规程、规范的更新，隧道围岩级别划分标准（方法、级别、顺序）逐渐与国标趋于一致。表2-17 给出了 GB 50218《工程岩体分级标准》的分级方法。

**表 2-17　围岩级别划分**

| 规程、规范 | 级别 | 分级指标 | | | | |
|---|---|---|---|---|---|---|
| | 好～差 | 主要指标 | | 修正指标 | | |
| | | 岩石坚硬程度 | 岩体完整程度 | 地下水 | 主要软弱结构面 | 初始应力 |
| GB 50218《工程岩体分级标准》 | Ⅰ～Ⅴ | √ | √ | √ | √ | √ |

### （三）围岩稳定性分析与判断

影响隧道围岩稳定性的因素有两个方面，一是内在的因素，即地质条件，一是人为因素，即施工带来的影响。前者是基本的，后者是通过前者而起作用的。目前，分析围岩稳定的方法主要有：基于围岩分级的工程地质类比法、理论分析法（如塌落拱理论法、赤平极射投影法等）、数值模拟法、模型实验法等。

虽然施工因素对围岩稳定性的影响很大，但在工程勘察中分析评价围岩稳定性时，为使问题简化，往往主要从地质因素分析围岩稳定性。正如上所述，划分围岩级别的一个重要目的就是判断隧道围岩的稳定性，作为隧道设计与支护的依据。根据围岩级别判断隧道围岩的稳定性方法如表 2-18 所示。

**表 2-18　隧道各级围岩自稳能力判断**

| 围岩级别 | 自稳能力 |
|---|---|
| Ⅰ | 跨度 20m，可长期稳定，偶有掉块，无塌方 |
| Ⅱ | 跨度 10～20m，可基本稳定，局部可发生掉块或小塌方；<br>跨度 10m，可长期稳定，偶有掉块 |
| Ⅲ | 跨度 10～20m，可稳定数日～1 个月，可发生小～中塌方；<br>跨度 5～10m，可稳定数月，可发生局部块体位移及小～中塌方；<br>跨度 5m，可基本稳定 |
| Ⅳ | 跨度 5m，一般无自稳能力，数日～数月内可发生松动变形有，小塌方，进而发展为中～大塌方。埋深小时，以拱部松动破坏为主，埋深大时，有明显塑性流动变形和挤压破坏；<br>跨度小于 5，可稳定数日～1 个月 |
| Ⅴ | 无自稳能力，跨度 5m 或更小时，可稳定数日 |
| Ⅵ | 无自稳能力 |

注　1. 小塌方：塌方高度＜3m 或塌方体积＜30m³；
2. 中塌方：塌方高度 3～6m 或塌方体积 30～100m³；
3. 大塌方：塌方高度＞6m 或塌方体积＞100m³。

（四）围岩压力

围岩压力是指围岩作用在支护（衬砌）上的压力，是确定衬砌设计荷载大小的依据。与其他隧道工程一样，围岩压力是矿山法隧道结构最为主要的荷载，合理确定围岩压力对正确地进行隧道设计与施工有很重要的影响。根据隧道围岩级别、隧道埋深等因素，围岩压力主要可分为"松散压力"和"形变压力"。

松散压力—由于开挖造成围岩松动而可能塌落的岩体，以重力形式直接作用在支护（衬砌）上的压力称为松散压力。造成松散压力的因素有地质因素：如岩体的破碎程度、软弱结构面与临空面的组合关系等；有施工因素：如爆破影响、支护设置的早晚以及回填的密实程度等。

形变压力—围岩变形受到支护（衬砌）的抑制后，围岩对支护（衬砌）形成的压力。其大小决定于岩体的原始应力、岩体的力学性质、隧道的几何形状、支护（衬砌）结构的刚度和支护时间等。

根据隧道围岩级别及隧道埋深，围岩压力可按表 2-19 计算。

**表 2-19　　围岩压力计算方法**

| 隧道埋深 H | 埋深类型 | 围岩级别 | 围岩压力类型 | 备　注 |
|---|---|---|---|---|
| $H \geqslant H_p$ | 深埋 | Ⅰ～Ⅳ | 形变压力 | Ⅰ～Ⅲ级围岩时，$H_p=2.0h_q$ |
| | | Ⅳ～Ⅵ | 松散压力 | Ⅳ～Ⅵ级围岩时，$H_p=2.5h_q$ |
| $H < H_p$ | 浅埋 | — | 松散压力 | |

注　$h_q$为荷载等效高度，具体计算公式见 JTG D70《公路隧道设计规范》。

## 八、设计与施工方案的比选与建议

地下电缆工程的勘察成果，应根据工程地质与水文地质条件，综合考虑地下电缆工程的规模、埋设深度、降水排水条件、施工季节、周边环境、工程经验、工程造价等因素，比选并建议相对最优的设计与施工方案。

地下电缆工程勘察成果具体可从以下方面进行设计与施工方案的比选与建议。

（1）满足相应的设计规模（规划电缆回数）的要求；

（2）适应相应的工程地质、水文地质条件；

（3）满足环境的要求（市容市貌、临近建构筑物的保护、交通影响、市区爆破的限制等）；

（4）实现业主对工期、造价的期望；

（5）相应地区施工设备的供给（如盾构机等）。

地下电缆工程区间结构各方案的粗略对比分析如表 2-20 所示。需要强调的是，没有那种方案是万能的，每个方案都有各自的优势、劣势。如定向钻法在造价、工期等方面具有明显的优势，但该方案的断面规模受到限制，往往无法满足电缆回数的要求。不同情况下，影响方案比选的关键因素也不尽相同，这就要求我们方案比选时，应抓住问题的主要矛盾，综合分析与比选。同时，也要求我们在勘察阶段做好相应的调查、搜资等基础性的工作。

**表 2-20　　区间隧道各方案的初略对比**

| 施工工法 | | 明挖法 | 顶管法 | 盾构法 | 矿山法 | 沉管法 | 定向钻法 |
|---|---|---|---|---|---|---|---|
| 适用条件 | 埋深 | 浅 | 较深 | 深 | 任意 | 浅 | 浅 |
| | 地层 | 土层为主 | 土层为主 | 岩/土层 | 岩层为主 | 水域 | 岩/土层 |
| | 断面 | 任意断面 | 圆形为主 | 圆/异形 | 任意断面 | 圆形/矩形 | 圆形 |
| | 长度 | 任意 | 短 | 长 | 任意 | 任意 | 较短 |
| 建设占地 | | 大 | 小 | 小 | 小 | | 小 |
| 工程造价 | | 较低 | 相对较高 | 相对较高 | 较低 | 较低 | 低 |
| 工期 | | 短 | 较长 | 较长 | 较长 | 短 | 短 |
| 环境影响 | | 大 | 小 | 小 | 市区不宜 | | 小 |
| 安全性 | | 较低 | 高 | 高 | 较低 | 较高 | 高 |

# 第三章　工程地质基础知识

输电线路勘测要求岩土技术人员首先要了解设计意图，了解设计人员对线路路径和杆塔基础类型的构想，结合设计需求开展工作；另外要综合分析工程地质条件，明确有利因素和不利因素，充分考虑客观情况，采用合理的勘测手段，有针对性地开展勘测工作，为设计专业提供准确的设计输入资料。

地质构造包括褶皱及断裂构造，它控制了区域构造格架、地貌特征和岩土分布。

地层岩性是输电线路杆塔基础及电缆隧道结构设计关注的重点，通常应查明地层年代、各类岩土体结构及其工程性质等。土体结构是指不同土层的组合关系、厚度及其空间变化，包括土层的分布、岩性、岩相及成因类型；岩体结构除构造外，更重要的是各种结构面的类型、特征和分布规律，不同结构类型的岩体其力学性质和变形破坏的机制不同。

水文地质条件也是决定工程地质条件优劣的重要因素。较高的地下水位一般会对输电线路基础造成不利影响，可能造成地基承载力降低，北方地区还会造成浅层地基土的冻胀；地下水位的升降会影响岩土体的稳定性，形成对杆塔基础的浮托力，还会对基础施工降、排水造成影响。此外，地质灾害的发生也多与水的作业有关。

## 第一节　地　形　地　貌

地形地貌是指沿线地形起伏和地貌（微地貌）单元的变化情况。通常山区和丘陵地段地形起伏较大，岩土层分布不均匀，地貌单元分布较复杂；平原地段地形平坦，地貌单元单一。地形地貌条件对输电线路路径选择意义重大，合理利用地形地貌可以优化路径长度，减少挖填方量，进而节约投资，降低对环境的影响，并改善施工和运维环境。因此输电线路勘测要着重查明沿线地貌形态特征、分布和成因，划分地貌单元，探明地貌单元的形成与地层岩性、地质构造及不良地质作用的关系。

### 一、地貌的概念及分级

#### （一）地貌的定义

地貌是指地球表面在内、外地质营力的相互作用下产生的大小不等、千姿百态、成因复杂的地表形态。内地质营力作用造成了地表的起伏，控制了海陆分布的轮廓及山地、高原、盆地和平原的地域配置，决定了地貌的构造格架；而外地质营力（流水、风力、太阳辐射能、大气和生物的生长和活动）作用是通过多种方式，对地壳表层物质不断进行风化、剥蚀、搬运和堆积，从而形成了现代地面的各种形态。

地貌与岩性、地质构造、水文地质及各种不良地质作用关系密切。研究地貌可借以判断岩性、地质构造及新构造运动的性质和规模，推定第四纪沉积物的成因类型和结构，了解各种不良地质作用的分布和发展演化历史等。

在输电线路工程施工过程中常常遇到相关专业对地形地貌的不同解释，最典型的就是技经专业对地形地貌定额的套用问题。技经专业把地形理解为地表面的起伏形状，包括地貌和地物两部分：地貌是地面的起伏高低的样子，地物是附着在地面上物体的总称，不同的地貌和地物就组成了不同的地形。岩土专业的地形地貌分类更多的是从宏观上把控，着重分析其构造成因和表现形态，两种分类方法有质的不同，多数情况下不能一一对应，在勘测工作中应注意区别。

（二）地貌的形态特征和测量指标

1. 地貌形态特征

地貌形态主要是由形状和坡度不同的地形面、地形线和地形点等形态基本要素构成一定几何形态特征的地表高低起伏。小者如扇形地、阶地、斜坡、垅岗、岭脊、洞、坑等，称为地貌基本形态；大者如山岳、盆地、平原、沙漠，称为地貌组合形态。高于周围的形态称为正形态，反之称为负形态，正、负形态是相对的。有的地貌形态易于识别，有的因自然和人为破坏变得比较模糊，因此在野外和航空照片、卫星照片上进行识别和分析是研究地形地貌的主要定性方法。

2. 地貌形态测量指标

地貌形态测量是用数值表示地貌特征的一种定量方法，主要测量指标有高度、坡度和地面破坏程度三种。

（1）高度。高度分为海拔和相对高度。海拔差别越大，地貌形成作用和形态特征差别越大，是山地和平原一类大地貌分类的主要依据，一般由地形图提供。

相对高度是两种地貌形态之间的高差，一般可以提供不同地形形态形成的先后顺序及其所受到的新构造运动影响等重要资料，一般在野外测量。

（2）坡度。坡度是指地貌形态某一部分地形面的倾斜度，如夷平面、阶地面和斜坡的坡度等，一般在野外测量。

（3）地面破坏程度。常用的有地面刻切密度（水道长度/单位面积）、地面切割深度（分水岭与邻近平原的高差）和地面破坏程度数据等。

（三）地貌分级

地貌的规模极为悬殊，通常按其相对大小，并考虑地质构造基础及塑造地貌的营力进行分级，称为地貌相对分级，见表 3-1。

**表 3-1　　地貌相对分级**

| 相对等级 | 形态举例 | 塑造地貌的营力 |
| --- | --- | --- |
| 巨型地貌 | 大陆和洋盆 | 由内力地质作用形成 |
| 大型地貌 | 陆地上的山地、平原、大型盆地；洋盆中的海底山脉、洋脊、海底平原 | 基本上由内力地质作用形成，是地壳长期发展的结果 |
| 中型地貌 | 山地地形中的分水岭、山地、山间盆地；平原中的分水区、河谷区等 | 是内力地质作用与外力塑造作用综合作用的结果 |
| 小型地貌 | 山脊、谷地、阶地残丘等 | 主要取决于外力地质作用 |

## 二、地貌的成因及分类

（一）地貌的成因

地貌是内、外地质营力相互作用的结果。内力地质作用是地球内部深处物质运动引起的地壳水平运动、垂直运动、断裂活动和岩浆活动，它们是造成地表主要地形起伏的动因，其发展趋势是向增强地势起伏方向发展，如山岳平原的形成及其相对高度的变化。外力地质作用是太阳能引起的流水、冰川和风力等对地表的剥蚀与堆积作用，其作用趋势是削高填低——向减小地势起伏，使其向接近海洋水准面的方向发展，这一过程塑造成多种多样的地表外力成因地貌。一般内力越强外力作用随之增强，但在不同相对等级地貌的形成发展中，内、外地质营力所起的作用不同。

典型的内力地质作用有地壳运动、变质作用、岩浆作用和地震作用；外力地质作用有风化作用、剥蚀作用、搬运作用和堆积作用。

（二）地貌的分类

地貌单元按成因分类，如表 3-2 所示。

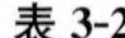

表 3-2　　　　　　**地貌单元分类表**

| 地质营力 | 成　因 | 地貌单元 | | 主导地质作用 |
|---|---|---|---|---|
| 内营力为主 | 构造、剥蚀 | 山地 | 高山 | 构造作用为主，强烈的冰川刨蚀作用 |
| | | | 中山 | 构造作用为主，强烈的剥蚀切割作用和部分的冰川刨蚀作用 |
| | | | 低山 | 构造作用为主，长期强烈的剥蚀切割作用 |
| | | 丘陵 | | 中等强度的构造作用，长期剥蚀切割作用 |
| | | 剥蚀残丘 | | 构造作用微弱，长期剥蚀切割作用 |
| | | 剥蚀准平原 | | 构造作用微弱，长期剥蚀和堆积作用 |
| | 构造、堆积 | 火山锥 | | 构造作用为主 |
| | | 岩熔流 | | 构造作用为主 |
| 外营力为主 | 山麓斜坡堆积 | 洪积扇 | | 山谷洪流洪积作用 |
| | | 坡积裙 | | 山坡面流坡积作用 |
| | | 山前平原 | | 山谷洪流洪积作用为主，夹有山坡面流坡积作用 |
| | | 山间凹地 | | 周围的山谷洪流洪积作用和山坡面流坡积作用 |
| | 河流侵蚀堆积 | 河谷 | 河床 | 河流的侵蚀切割作用或冲积作用 |
| | | | 河漫滩 | 河流的冲积作用 |
| | | | 牛轭湖 | 河流的冲积作用或转变为沼泽堆积作用 |
| | | | 阶地 | 河流的侵蚀切割作用或冲积作用 |
| | | 河间地块 | | 河流的侵蚀作用 |
| | 河流堆积 | 冲积平原 | | 河流的冲积作用 |
| | | 河口三角洲 | | 河流的冲积作用，间有滨海堆积或湖泊堆积 |
| | 大陆停滞水堆积 | 湖泊平原 | | 湖泊堆积作用 |
| | | 沼泽地 | | 沼泽堆积作用 |
| | 大陆构造-侵蚀 | 构造平原 | | 中等构造作用，长期堆积和侵蚀作用 |
| | | 黄土塬、梁、峁 | | 中等构造作用，长期黄土堆积和侵蚀作用 |
| | 海成 | 海岸 | | 海水冲蚀或堆积作用 |
| | | 海岸阶地 | | 海水冲蚀或堆积作用 |
| | | 海岸平原 | | 海水堆积作用 |
| | 岩溶（喀斯特） | 岩溶盆地 | | 地表水、地下水强烈的溶蚀作用 |
| | | 峰林地形 | | 地表水强烈的溶蚀作用 |
| | | 石芽残丘 | | 地表水的溶蚀作用 |
| | | 溶蚀准平原 | | 地表水强烈的溶蚀作用及河流的堆积作用 |
| | 冻土 | 石海石河 | | 冻裂作用和冻融作用 |
| | | 构造土 | | 冻裂作用和冻融作用 |
| | | 冰丘冰锥 | | 冻融作用 |
| | | 石冰川 | | 冻融作用 |
| | 冰川作用 | 冰斗 | | 冰川刨蚀作用 |
| | | 幽谷 | | 冰川刨蚀作用 |
| | | 冰蚀凹地 | | 冰川刨蚀作用 |
| | | 冰碛丘陵、冰碛平原 | | 冰川堆积作用 |
| | | 终碛堤 | | 冰川堆积作用 |
| | | 冰前扇地 | | 冰水堆积作用 |
| | | 冰水阶地 | | 冰水侵蚀作用 |
| | | 蛇堤 | | 冰川接触堆积作用 |
| | | 冰碛阜 | | 冰川接触堆积作用 |

续表

| 地质营力 | 成因 | 地貌单元 | | 主导地质作用 |
|---|---|---|---|---|
| 外营力为主 | 风成 | 沙漠 | 石漠 | 风的吹蚀作用 |
| | | | 沙漠 | 风的吹蚀和堆积作用 |
| | | | 泥漠 | 风的堆积作用和水的再次堆积作用 |
| | | 风蚀盆地 | | 风的吹蚀作用 |
| | | 沙丘 | | 风的堆积作用 |

## 三、山地和丘陵地貌

### （一）山地和丘陵地貌的分类

山地是由山岭和山谷组成的地貌形态组合，是新构造运动大于外力剥蚀作用且两者都很强烈的地带。一条或几条山岭组合构成山脉，山脉延伸几十到几百千米，有的达上千千米。山地地形崎岖起伏，海拔和相对高度都很大，新构造运动对山地高差的增强起重要作用。丘陵是海拔500m以下的走向明显或不明显的高地与洼地相间排列的地貌组合，成因与山地有紧密联系。

山地的形态要素包括山顶、山坡、山麓。当山顶呈长条状延伸时，称为山脊。山地形态特征详见表3-3。

**表3-3　山地形态特征**

| 形态要素 | 类型 | 基本特征 |
|---|---|---|
| 山顶 | 尖顶山 | 山坡面呈锐角相交所构成的山顶形态。若为单一岩性，则为角锥形、圆锥形；若为多种岩性，则山脊似锯齿状 |
| | 圆顶山 | 在湿热地区及侵蚀剥蚀地区较常见，有时也和花岗岩密切相关。这种山顶多半代表长期风化 |
| | 平顶山 | 多因构造上升将古代风化面抬高而形成，或系水平岩层在地貌上的反映 |
| 山坡 | 直形坡 | 表明山坡经过强烈冲刷，岩性单一；依坡度大小可分为微坡（0°～15°）、缓坡（16°～30°）、陡坡（31°～70°）和垂直坡（大于70°） |
| | 凸形坡 | 上缓，至下部坡度渐增，往往可达垂直状态，坡脚暴露明显；表明岩层的风化产物堆积很少，受到强烈搬运和冲刷的结果 |
| | 凹形坡 | 上缓，至下部坡度急剧降低，坡脚不明显；表明岩性很软，或山坡上部的风化产物大量在山坡下堆积 |
| | 阶梯形坡 | 在横断面上有一个或数个变坡点，表明山坡由软硬相间的水平层或微倾斜的岩层经强烈剥蚀而形成 |
| 山麓 | 山麓地带 | 山坡与周围地面的分界线。由于山地逐渐平缓转为平原，故此线较难明确划分，一般将转变地带称为山麓地带 |

各种形态的山顶和山坡如图3-1和图3-2所示。

(a) 尖顶山

(b) 圆顶山

(c) 平顶山

图3-1　各种形态的山顶

一般情况下，在输电线路勘测工作中，对山地和丘陵按海拔和相对高度等地貌形态要素进行分类，分类标准见表3-4。

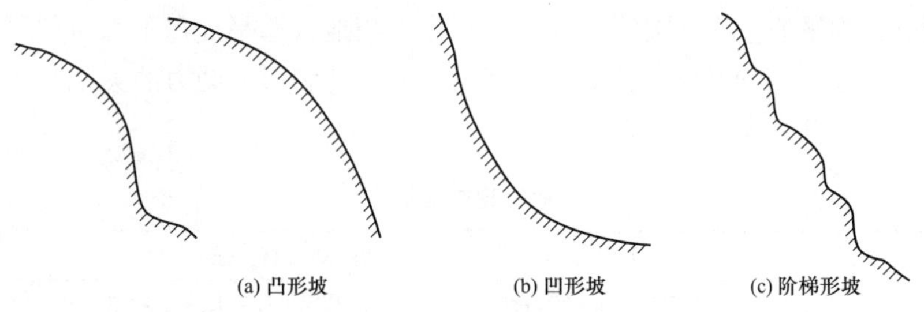


图 3-2　各种形态的山坡

**表 3-4**　　**山地和丘陵形态特征分类表**

<table>
<tr><th colspan="3">分类名称</th><th>绝对高度（m）</th><th>相对高度（m）</th><th>主要特征</th><th>备　注</th></tr>
<tr><td rowspan="9">山地</td><td colspan="2">最高山</td><td>>5000</td><td>>5000</td><td>其界线大致与现代冰川位置和雪线相符</td><td></td></tr>
<tr><td rowspan="3">高山</td><td>高山</td><td rowspan="3">3500～5000</td><td>>1000</td><td rowspan="3">以构造作用为主，具有强烈的冰川刨蚀切割作用</td><td rowspan="6">高山与中山的界线（3500m），主要考虑到剥蚀作用的性质差别。在此线以上寒冻风化作用强烈，因此形成陡峭的山坡和粗大的堆积物。此外，在我国西北地区此线也为森林的上限</td></tr>
<tr><td>中高山</td><td>500～1000</td></tr>
<tr><td>低高山</td><td>200～500</td></tr>
<tr><td rowspan="3">中山</td><td>高中山</td><td rowspan="3">1000～3500</td><td>>1000</td><td rowspan="3">以构造作用为主，具有强烈的剥蚀切割作用和部分冰川刨蚀作用</td></tr>
<tr><td>中山</td><td>500～1000</td></tr>
<tr><td>低中山</td><td>200～500</td></tr>
<tr><td rowspan="2">低山</td><td>中低山</td><td rowspan="2">500～1000</td><td>500～1000</td><td rowspan="2">以构造作用为主，受长期强烈的剥蚀切割作用</td><td rowspan="2">低山与中山的界线（1000m），主要考虑我国东部山地多在1000m上下，受强烈的流水侵蚀剧烈切割，地表凌乱破碎</td></tr>
<tr><td>低山</td><td>200～500</td></tr>
<tr><td colspan="3">丘陵</td><td></td><td>50～200</td><td></td><td>丘陵与低山的差别不在于绝对高度的大小，而在于相对高度与形态上的不同</td></tr>
</table>

**注**　表中数据来源于《工程地质手册》（第五版）和《铁路工程地质手册》（第二版）。

### （二）山地和丘陵地段勘测应注意的问题

山地地貌的特点决定了山区输电线路勘测的特殊性。由于地势起伏较大，地理环境相对恶劣，地质灾害多发，输电线路路径选择受到制约，部分常规勘测手段无法得到有效应用，因此山区线路勘测应结合输电线路工程特性，宏观和微观相结合，采用常规勘测手段和物探、遥感勘测手段相结合的综合勘测方法。

山区线路勘测应排除地质灾害影响，并查明杆塔基础范围内的地质条件。当线路路径初步确定后，应充分收集沿线区域地质资料，并研判大规模不良地质作用发生的可能性。在地区经验的基础上，可采用三维遥感技术对沿线不良地质作用进行宏观解译，初步判定潜在地质灾害的类型和分布范围，然后对初判可能存在不良地质作用的地段进行微观地质测绘调查和勘探，逐一甄别，勘探可采用钻探、井探、槽探及物探手段。对具体杆塔位的勘测，应着重查明杆塔位微地貌和地层岩性，包括杆塔位处植被、坡度、周围岩土体的稳定性以及覆盖层厚度、下伏基岩岩性、基岩风化程度和地下水条件等，规避潜在的不良地质作用，判定立塔可能性，推荐适宜的基础型式。

丘陵一般为山地和平原的交接地段，典型特点是基岩面起伏不定，覆盖层厚度变化较大，岩土混杂，岩性各异。丘陵地段线路勘测应重点查明覆盖层岩性、厚度，查明基岩岩性、风化程度及其分布，明确地下水条件，推荐适宜的基础型式。

## 四、平原地貌

### （一）平原地貌的分类

面积广阔，地面起伏不大，在构造变动（上升或下降）幅度不大的情况下，通过外力的夷平和充填作用形成的地貌形态称为平原。通常按照海拔将平原分为洼地（海平面以下）、低平原（0～200m）、高平原（200～600m）和高原（>600m）四类；按其与地质构造和形成动力的关系，将平原分为构造平原和非构造成因形成的平原两大类，详见表 3-5。

表 3-5　　平原地貌类型及特征

<table>
<tr><th colspan="3">平原类型</th><th>基 本 特 征</th></tr>
<tr><td colspan="3">构造平原</td><td>其表面与组成平原的岩层层面一致，一般指海成平原，是由于陆地上升，使海水以下的原始倾斜面露出水面形成的；可以是倾角较大的，甚至是凹状或凸状平原，主要取决于原始构造特征</td></tr>
<tr><td rowspan="7">非构造形成的平原</td><td colspan="2">剥蚀平原</td><td>在地壳上升比较缓慢的情况下形成。出于此类条件下，外力剥蚀作用可充分进行，形成准平原、山麓剥蚀平原等，还分布有起伏不定的残丘和颗粒较粗的薄层堆积</td></tr>
<tr><td colspan="2">侵蚀堆积平原</td><td>为剥蚀平原和堆积平原之间的过渡类型。当剥蚀平原形成之后，地壳发生轻微、不均匀的下降，使地面堆积一定厚度的细粒松散堆积层</td></tr>
<tr><td colspan="2">侵蚀平原</td><td>由各种类型的外力侵蚀作用形成的平原，例如由冰川侵蚀、风力吹蚀等形成的平原</td></tr>
<tr><td rowspan="4">堆积平原</td><td>河流冲积平原</td><td>由河流堆积形成。多分布于河流中下游，其面积大小取决于构造活动的性质以及挟带物质的多少</td></tr>
<tr><td>海积平原</td><td>近海地区海平面上升时，海蚀作用不断向大陆方向推移，海面以下形成平原。随后地壳上升，平原露出海面，形成由海相堆积形成的堆积平原，表层有时呈波状起伏</td></tr>
<tr><td>湖积平原</td><td>河流注入湖泊且挟带大量疏松物质时使湖底逐渐积高，湖水溢出干涸形成面积不大的平原，其表面常分布沼泽和积水洼地</td></tr>
<tr><td>冰积平原</td><td>由冰川或冰水挟带的疏松物质堆积而成，表面常分布有各种冰碛和冰水沉积地貌</td></tr>
</table>

（二）平原地段勘测应注意的问题

平原湖区及河网地区一般地形平坦开阔，地表水系密集，地下水埋深较浅，常分布有厚度较大的软弱土层和可液化土层；岸边地段由于水流的冲刷作用，易产生岸边崩塌和滑坡；当下伏基岩有岩溶洞穴发育，而上覆土层为较厚的松散砂土或粉土层时，可能会产生地面沉陷。

在这些地区勘测时应重点查明地基土的性状和地下水类型、埋藏条件及变化规律，查明软弱土层的土质、分布范围和均匀性，以及强度和变形特征；查明下伏基岩的埋藏条件；对砂土和碎石土应着重查明其颗粒组成、密实程度和含有物，利用原位测试手段评价其密实度和可液化性；综合钻探、物探、原位测试和室内试验手段，查明地基土的物理力学性状，选择合理的地基基础型式和持力层，评价塔基稳定性。

## 第二节　地质构造与地层岩性

### 一、地质构造

地质构造是指地质体（岩层、岩体）存在的空间形式、状态以及相互关系，是地质作用（尤其是地壳运动）所造成的岩石变形或变位现象。地质构造可分为原生构造与次生构造，原生构造是指岩石在成岩过程中发育的构造（如玄武岩的流线和流面，沉积岩的层理和层面，变质岩的片理及片麻理定向排列等）；次生构造包括褶皱、断裂（断层、节理）、单斜等类型。

（1）岩层产状。

1）岩层在空间的位置，称为岩层产状。产状三要素：走向、倾向和倾角，如图 3-3 所示。

走向：岩层层面与水平面交线的方位角，称为岩层的走向，表示岩层在空间延伸的方向。

倾向：垂直走向顺倾斜面向下引出一条直线，此直线在水平面的投影的方位角，称为岩层的倾向，表示岩层在空间的倾斜方向。

倾角：岩层层面与水平面所夹的锐角，称为岩层的倾角，表示岩层在空间倾斜角度的大小。

2）岩层的接触关系从成因特征上分为整合和不整合两种基本类型。

（2）褶皱。

岩层受挤压作用发生弯曲变形称为褶皱。褶皱的基本类型有背斜和向斜两种，向斜和背斜的平面和剖面示意图见图 3-4。背斜两侧岩层倾向相背，中部为老岩层；向斜两侧岩层倾向相向，中部为新岩层。

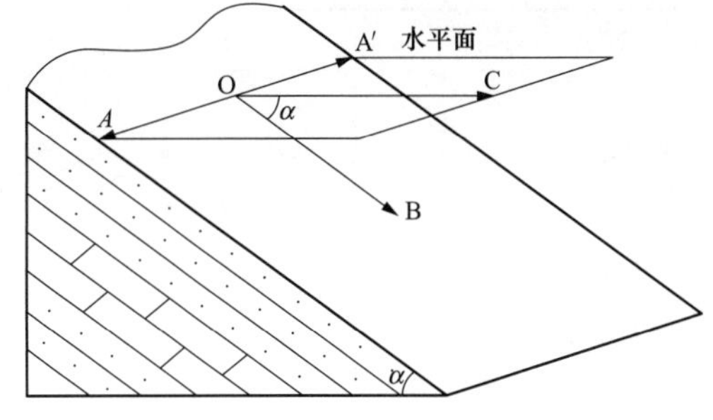


图 3-3 岩层产状要素

AA′—走向线；OB′—倾斜线；OC—倾向；α—倾角

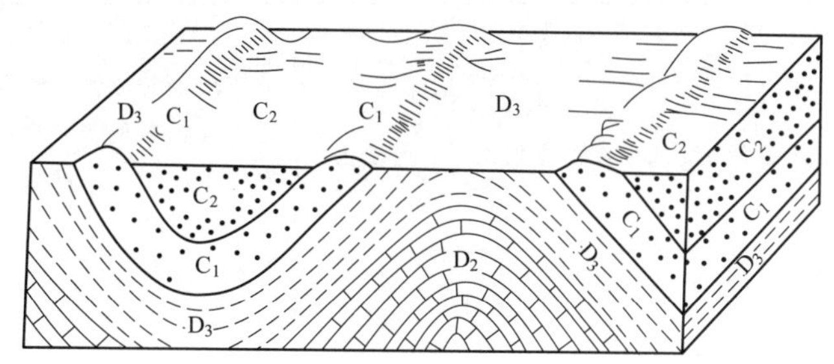


图 3-4 向斜和背斜的平面和剖面示意图

（左侧向斜，右侧背斜）

在野外选择垂直岩层走向的观测路线，可了解组成褶皱的全部地层、褶曲两翼及转折端形态特征等，这是查明褶皱构造的基本方法。如各地质年代的岩系呈有规律的对称重复出现，则必有向斜或背斜褶皱构造，再根据两翼岩层产状以及与轴面的关系等，即可进一步确定其褶皱类型。

一般情况下，线路工程对褶皱的工程评价，主要从宏观上分析线路通过褶皱的部位、研究杆塔位附近褶皱受挤压或拉伸的程度，通常褶皱受拉或者挤压部分越剧烈，往往工程地质条件越差。

（3）裂隙（节理）。

岩石中的断裂，沿断裂面没有（或很微小）位移称为裂隙（节理）。

裂隙按成因分为原生裂隙和次生裂隙；按力的来源分为构造裂隙和非构造裂隙；按力的性质分为剪裂隙和张裂隙；按其与岩层走向的关系分为走向裂隙、倾向裂隙、斜向裂隙和顺层裂隙；按其与皱曲轴向关系分为纵裂隙、横裂隙和斜裂隙。

岩石裂隙的发育程度直接影响岩体的完整性，对拟采用岩石锚杆基础的杆塔，应特别关注锚固深度范围内的岩体破碎程度。

（4）断层及断裂带。

断裂两侧的岩石沿断裂面发生明显移位者称为断层。断层的要素包括断层面、断层线、断盘和断层位移。

断层的类型按断层两侧断盘的相对位移分为正断层、逆断层和平移断层；按断层走向与岩层走向的关系分为走向断层、倾向断层和斜交断层；按断层走向与褶曲轴向的关系分为纵断层、横断层和斜断层；按断层组合形态分为阶梯式断层、地垒、地堑和叠瓦式断层。

断裂带是指地层中具有一定宽度的破裂地带，由一些近似平行或互相交织的断层组合而成，其中常有断层角砾岩、碎裂岩、糜棱岩或断层泥等。有时断裂带并无明显的断层面，而是由呈带状发育的细小裂隙反映出来。断裂带的宽度自几米至数百米，大型断裂带可宽达数十千米。

## 二、岩体的结构特征和分类

### （一）岩体结构

（1）结构面和结构体。

岩体结构包括两个要素：结构面和结构体。

岩体结构面是指岩体中各种地质界面，它包括物质分异面及不连续面，是在地质发展的历史中，在岩体中形成的具有不同方向、不同规模、不同形态以及不同特性的面、缝、层、带状的地质界面。

结构体是指不同产状的各种结构面将岩体切割而成的单元体。

（2）岩体结构分类。

常见的岩体结构类型有整体状结构、块状结构、层状结构、破裂状结构和散体状结构等，如表 3-6 所示。

表 3-6 常见岩体结构分类

| 结构类型 | 岩体地质类型 | 结构体形状 | 结构面发育情况 | 岩土工程特征 | 岩土工程问题 |
|---|---|---|---|---|---|
| 整体状结构 | 巨块状岩浆岩和变质岩，巨厚层沉积岩 | 巨块状 | 以层面和原生、构造节理为主，多呈闭合型，间距大于 1.5m，一般为 1～2 组，无危险结构 | 岩体稳定，可视为均质弹性各向同性体 | 局部滑动或坍塌，深埋洞室的岩爆 |
| 块状结构 | 厚层状沉积岩，块状岩浆岩和变质岩 | 块状<br>柱状 | 有少量贯穿性节理裂隙，结构面间距 0.7～1.5m。一般为 2～3 组，有少量分离体 | 结构面互相牵制，岩体基本稳定，接近弹性各向同性体 | |
| 层状结构 | 多韵律薄层、中厚层状沉积岩，副变质岩 | 层状<br>板状 | 有层理、片理、节理，常有层间错动 | 变形和强度受层面控制，可视为各向异性弹塑性体，稳定性较差 | 可沿结构面滑塌，软岩可产生塑性变形 |
| 碎裂状结构 | 构造影响严重的破碎岩层 | 碎块状 | 断层、节理、片理、层理发育，结构面间距 0.25～0.50m，一般 3 组以上，有许多分离体 | 整体强度很低，并受软弱结构面控制，呈弹塑性体，稳定性很差 | 易发生规模较大的岩体失稳，地下水加剧失稳 |
| 散体状结构 | 断层破碎带，强风化及全风化带 | 碎屑状 | 构造和风化裂隙密集，结构面错综复杂，多充填黏性土，形成无序小块和碎屑 | 完整性遭极大破坏，稳定性极差，接近松散体介质 | 易发生规模较大的岩体失稳，地下水加剧失稳 |

（二）岩石的分类

1. 按岩石成因分类

岩石按成因可分为岩浆岩（火成岩）、沉积岩（水成岩）和变质岩三大类。

（1）岩浆岩。

岩浆在向地表上升过程中由于热量散失逐渐经过分异等作用冷凝而成岩浆岩。其中在地表下冷凝的称为侵入岩；喷出地表冷凝的称为喷出岩。侵入岩按距地表的深浅程度又分为深成岩和浅成岩。

岩浆岩的结构类型，按结晶程度分为全晶质、半晶质和玻璃质结构；按矿物颗粒的力度和肉眼辨别程度分为显晶质、隐晶质和非晶质结构；按彼此的相互关系分为交生结构和反应结构。

岩浆岩的常见构造类型有块状构造、斑杂构造、带状构造、球状构造、气孔和杏仁状构造、流纹状构造、流面流线构造等。岩浆岩的产状是由岩体大小、形状及其与围岩之间的关系和所处构造环境的关系决定的。不同类型岩体的产状与构造关系如表 3-7 所示。

表 3-7 深成岩、浅成岩、喷出岩产状与结构构造的区别

| 特征 \ 岩类 | 深成岩 | 浅成岩 | 喷出岩 |
|---|---|---|---|
| 产状 | 呈大的侵入体（岩基、岩株、部分岩盆、岩盖等）产出，呈岩基产出者，只有花岗岩。接触带附近的围岩有明显的变质圈 | 常呈岩床、岩株、岩脉产出，围岩有狭窄的接触变质圈 | 呈层状，如岩流、岩被等，围岩一般无接触变质圈 |
| 构造 | 常具块状构造 | 块状构造或有少量气孔，一般无杏仁状构造 | 常具气孔状、杏仁状、流纹状构造 |
| 结构 | 常具等粒全晶质结构，岩体中心部分有时具似斑状结构 | 常呈细粒或斑状结构，基质多为中粒至隐晶质，玻璃质少见 | 以斑状结构、隐晶质结构、玻璃质结构等为主 |
| 矿物成分 | 基本相同 | | 斑晶中的暗色矿物含量比相应的浅成岩少 |

（2）沉积岩。

沉积岩是由岩石、矿物在内外力作用下破碎成碎屑物质后，再经水流、风吹和冰川等搬运，堆积在大陆低洼地带或海洋，再经胶结、压密等成岩作用而成的岩石。沉积岩的主要特征是具有层理。

沉积岩的分类见表3-8。

**表3-8　　沉积岩的分类**

| 成　因 | 硅质的 | 泥质的 | 灰质的 | 其他成分 |
| --- | --- | --- | --- | --- |
| 碎屑沉积 | 石英砾岩、石英角砾岩、燧石角砾岩、砂岩、石英岩 | 泥岩、页岩、黏土岩 | 石英砾岩、石英角砾岩、多种石灰岩 | 集块岩 |
| 化学沉积 | 硅华，燧石、石髓岩 | 泥铁石 | 石笋、石钟乳、石灰华、白云岩、石灰岩、泥灰岩 | 岩盐、石膏、硬石膏、硝石 |
| 生物沉积 | 硅藻土 | 油页岩 | 白垩、白云岩、珊瑚石灰岩 | 煤岩、油砂、某种磷酸盐岩石 |

（3）变质岩。

变质岩是岩浆岩或沉积岩在高温、高压或其他因素作用下，经变质作用形成的岩石。变质岩常见的结构特征有交代结构、变晶结构、变余结构和压碎结构，常见的构造类型有变余构造和变成构造。常见的片状变质岩有片麻岩、片岩、千枚岩、板岩等，块状变质岩有大理岩和石英岩。

（4）三大类岩石的主要鉴定标志。

三大类岩石的主要特征和野外鉴定标志可参照表3-9。

**表3-9　　三大类岩石的主要鉴定标志**

| 鉴定依据 | 岩浆岩 | 沉积岩 | 变质岩 |
| --- | --- | --- | --- |
| 结构构造 | 矿物成分没有经过水的磨蚀，常成不完整的晶粒；深成岩多呈块状构造，喷出岩则具特有的气孔状、杏仁状、流纹状构造，并可在侵入岩体内发现捕掳体 | 矿物颗粒经过磨蚀而有不同的磨圆度，排列也有一定的规律；具有层理构造，并在层面上具有波浪、雨痕、泥裂、结核等层面构造，以及缝合线构造等 | 矿物颗粒常具有定向排列，颗粒周围有压碎等现象，其外表形态常成片状、片麻状构造，极少成为等粒他形变晶结构和块状构造 |
| 矿物成分 | 暗色不稳定的矿物，如橄榄石、普通辉石、普通角闪石、黑云母等，加上浅色矿物如正长石、斜长石、霞石、石英等构成岩浆岩的重要成分 | 多为色浅而稳定的矿物，如石英、白云母、锡石等。此外还含有石膏、明矾石、海绿石、铝土矿、方解石、高岭土、白云石等沉积岩主要矿物，含深色矿物较少 | 具有变质岩内特有的矿物，如红柱石、硅线石、蓝晶石、十字石、石榴石、绿帘石、滑石及石墨等 |
| 产状 | 酸性岩常成大的侵入体，而超基性、基性侵入岩常成小的侵入体，只有喷出岩成熔岩盖、熔岩台等产出 | 均为成层产出，层有时变化较大，如变成扁豆状、串珠状或分叉、尖灭等 | 保存原来岩石的产状 |
| 外表特征 | 颜色较杂，风化后岩石表面常有杂色斑点，硬度和比重都较大，常造成陡峭地形 | 颜色一般比较单一，硬度较小，风化后更为松散，除特殊地形外，一般均造成低矮平原地形 | 颜色较杂，特别是结晶片岩风化后很松散，造成地形视其风化程度不同而不同 |

2. 按岩石坚硬程度分类

岩石坚硬程度的定量指标，应采用岩石单轴饱和抗压强度 $R_c$ 实测值分类，详见表3-10。

**表3-10　　岩石按坚硬程度分类**

| 坚硬程度 | 坚硬岩 | 较硬岩 | 较软岩 | 软岩 | 极软岩 |
| --- | --- | --- | --- | --- | --- |
| 饱和单轴抗压强度 $R_c$（MPa） | $R_c>60$ | $60\geqslant R_c>30$ | $30\geqslant R_c>15$ | $15\geqslant R_c>5$ | $R_c\leqslant 5$ |

注　1. 当无法取得饱和单轴抗压强度数据时，可用点荷载试验强度换算，换算公式为：$R_c=22.82I_s(50)^{0.75}$，式中 $I_s(50)$ 为实测的岩石点荷载试验强度指数；

2. 当岩体完整程度为极破碎时，可不进行坚硬程度分类。

3. 按岩体完整程度分类（见表 3-11）

岩体完整程度的定量指标，应采用岩体完整性指数，为岩体压缩波速度与岩块压缩波速度之比的平方。

**表 3-11　　岩体按完整程度分类**

| 岩体完整性指数（$K_v$） | ＞0.75 | 0.75～0.55 | 0.55～0.35 | 0.35～0.15 | ≤0.15 |
|---|---|---|---|---|---|
| 完整程度 | 完整 | 较完整 | 较破碎 | 破碎 | 极破碎 |

当无条件取得实测值时，也可用岩体体积节理数 $J_v$，并按表 3-12 确定相应的 $K_v$值。

**表 3-12　　$J_v$与 $K_v$的对应关系**

| $J_v$（条/m³） | ＜3 | 3～10 | 10～20 | 20～35 | ≥35 |
|---|---|---|---|---|---|
| $K_v$ | ＞0.75 | 0.75～0.55 | 0.55～0.35 | 0.35～0.15 | ≤0.15 |

4. 按岩体基本质量等级分类

岩体基本质量等级划分详见表 3-13。

**表 3-13　　岩体基本质量等级分类**

| 坚硬程度 \ 完整程度 | 完整 | 较完整 | 较破碎 | 破碎 | 极破碎 |
|---|---|---|---|---|---|
| 坚硬岩 | Ⅰ | Ⅱ | Ⅲ | Ⅳ | Ⅴ |
| 较硬岩 | Ⅱ | Ⅲ | Ⅳ | Ⅳ | Ⅴ |
| 较软岩 | Ⅲ | Ⅳ | Ⅳ | Ⅴ | Ⅴ |
| 软岩 | Ⅳ | Ⅳ | Ⅴ | Ⅴ | Ⅴ |
| 极软岩 | Ⅴ | Ⅴ | Ⅴ | Ⅴ | Ⅴ |

5. 按岩石风化程度分类

岩石风化程度分类详见表 3-14。

**表 3-14　　岩石风化程度分类**

| 风化程度 | 野外特征 | 风化程度参数指标 | |
|---|---|---|---|
| | | 波速比 $K_v$ | 风化系数 $K_f$ |
| 未风化 | 岩质新鲜，偶见风化痕迹 | 0.9～1.0 | 0.9～1.0 |
| 微风化 | 结构基本未变，仅节理面有渲染或略有变色，有少量风化裂隙 | 0.8～0.9 | 0.8～0.9 |
| 中等风化 | 结构部分破坏，沿节理面有次生矿物、风化裂隙发育，岩体被切割成岩块。用镐难挖，岩芯钻方可钻进 | 0.6～0.8 | 0.9～1.0 |
| 强风化 | 结构大部分破坏，矿物成分显著变化，风化裂隙很发育，岩体破碎。用镐可挖，干钻不易钻进 | 0.4～0.6 | ＜0.4 |
| 全风化 | 结构基本破坏，但尚可辨认，有残余结构强度，可用镐挖，干钻可钻进 | 0.2～0.4 | |
| 残积土 | 组织结构全部破坏，已风化成土状，锹镐易挖掘，干钻易钻进，具可塑性 | ＜0.2 | |

注 1. 波速比 $K_v$为风化岩石与新鲜岩石压缩波速度之比；

2. 风化系数 $K_f$为风化岩石与新鲜岩石饱和单轴抗压强度之比；

3. 岩石风化程度除按表列野外特征和定量指标划分外，也可按当地经验划分；

4. 花岗岩类岩石可采用标贯试验击数 $N$ 划分，$N≥50$ 为中风化，$50>N≥30$ 为强风化，$N<30$ 为残积土；

5. 泥岩和半成岩可不进行风化程度划分。

（三）岩石的物理力学性质

岩石与岩体是两个既有区别又有联系的地质概念。岩石可以看作是一种连续、均质、大部分情况下各向同性的材料，其物理力学特性可以用一块岩样来描述；而岩体是地质体或地质体的一部分，是一种岩石或多种岩石组合的结构体，其特点是不连续、非均质和各向异性的，其物理力学特性不能用单一岩样来描述。

1. 岩石的物理性质

岩石常用的物理指标有密度、比重、孔隙率、孔隙比和吸水性等。与土的物理指标相同，岩石的各项指标间也可用式（3-1）和式（3-2）换算：

$$e=\frac{n}{1-n} \tag{3-1}$$

$$\rho_d=\frac{G_s\rho_w(1+\omega)}{1+e} \tag{3-2}$$

式中　$e$——孔隙比；

$G_s$——比重；

$n$——孔隙率；

$\rho_w$——水的密度，g/cm³；

$\rho_d$——干密度，g/cm³；

$\omega$——含水量，%。

岩石的吸水性通常用吸水率和饱和吸水率表示。岩石的吸水率是将绝对干燥的岩石浸于水中，测定岩石吸水前后的质量，吸水质量与干燥岩石质量之比即为吸水率；饱和吸水率是将岩石干燥后置于真空中保存，然后再放入水中，在150个大气压下浸水，使水浸入全部开口的孔隙中去，此时的吸水率为饱和吸水率。岩石的吸水率与饱和吸水率之比称为岩石的饱和系数。常见岩石的物理指标经验值可参考表3-15。

**表3-15　常见岩石的物理性质指标经验值**

| 岩石名称 | 相对密度 $d_s$ | 孔隙率 $n$（%） | 吸水率 $w_1$（%） | 饱和系数 $K_w$ |
|---|---|---|---|---|
| 花岗岩 | 2.50～2.84 | 0.04～2.80 | 0.10～0.70 | 0.55 |
| 闪长岩 | 2.60～3.10 | 0.25左右 | 0.30～0.38 | 0.59 |
| 玄武岩 | 2.50～3.30 | 0.30～21.80 | 0.30左右 | 0.69 |
| 砂岩 | 1.80～2.75 | 1.60～28.30 | 0.20～7.00 | 0.60 |
| 石灰岩 | 2.48～2.76 | 0.53～27.00 | 0.10～0.45 | 0.35 |
| 白云岩 | 2.80左右 | 0.30～25.00 | | |
| 片麻岩 | 2.60～3.10 | 0.30～2.40 | 0.10～0.70 | |
| 大理岩 | 2.70～2.87 | 0.10～6.00 | 0.10～0.80 | |
| 石英岩 | 2.63～2.84 | 0.80左右 | 0.10～0.45 | |

**注**　表中数据引用自《工程地质手册》（第五版）。

2. 岩石的力学性质

岩石的力学性质主要是指变形和强度问题。由于孔隙的微观破裂、孔隙水的排出、结构的破坏等原因，岩石的变形表现为压缩、压实、压碎、塑性变形及机械滑移等类型。几种常见岩石的力学性质指标经验值可参考表3-16。

**表 3-16　　常见岩石的力学性质指标经验值**

| 岩类 | 岩石名称 | 密度 $\rho$(g/cm³) | 抗压强度 $R_c$(MPa) | 静弹性模量 $E$(×10⁴MPa) | 泊松比 $\nu$ | 似内摩擦角 $\varphi$(°) | 承载力 (MPa) |
|---|---|---|---|---|---|---|---|
| 岩浆岩 | 花岗岩 | 2.63～2.73 | 75～110 | 1.40～5.60 | 0.36～0.16 | 70～82 | 3～4 |
| | | 2.80～3.10 | 120～180 | 5.43～6.90 | 0.16～0.10 | 75～87 | 4～5 |
| | | 3.10～3.30 | 180～200 | | 0.10～0.02 | 87 | 5～6 |
| | 安山岩 | 2.50～2.70 | 120～160 | 4.3～10.6 | 0.20～0.16 | 75～85 | 4～5 |
| | 玄武岩 | 2.70～3.30 | 160～250 | | 0.16～0.02 | 75 | 5～6 |
| 变质岩 | 片麻岩 | 2.50 | 80～100 | 1.50～7.00 | 0.30～0.20 | 78～82.5 | 3～4 |
| | | 2.60～2.80 | 140～180 | | 0.20～0.05 | 80～87 | 4～5 |
| | 石英岩 | 2.61 | 87 | 4.50～14.20 | 0.20～0.16 | 80 | 3 |
| | | 2.80～3.00 | 200～360 | | 0.15～0.10 | 7 | 6 |
| 沉积岩 | 砂岩 | 1.20～1.50 | 4.5～10 | 0.50～2.50 | 0.30～0.25 | 27～45 | 1.2～2 |
| | | 2.20～3.00 | 47～180 | 2.78～5.40 | 0.20～0.05 | 70～85 | 2～4 |
| | 石灰岩 | 1.70～2.20 | 10～17 | 2.10～8.40 | 0.50～0.31 | 27～60 | 1.2～2 |
| | | 2.20～2.50 | 25～55 | | 0.31～0.25 | 60～73 | 2～2.5 |
| | | 2.50～2.75 | 70～128 | | 0.25～0.16 | 70～85 | 2.5～3 |
| | | 3.10 | 180～200 | | 0.16～0.04 | 85 | 3.5～4 |

**注**　表中数据引用自《工程地质手册》(第五版)。

对于山区输电线路，当采用岩石基础时岩土专业需要向设计专业提供岩石等代极限剪切强度 $\tau_s$ 参数。这个参数的物理意义是将与杆塔基础竖向成 45°夹角的倒圆锥面作为基础受上拔力破坏的假想破裂面，假想的均匀分布于倒圆锥体表面的极限剪切应力的竖向分量作为抵抗上拔力的反向力，根据力的平衡条件可算出该极限剪切应力，即为岩石等代极限剪切强度。

（四）岩石的野外描述

岩石野外描述的内容一般为：名称、风化程度、颜色、矿物成分、结构、构造、胶结物、坚硬程度、完整程度及产状要素等。

（1）风化程度。岩石的风化程度可分为未风化、微风化、中等风化、强风化、全风化，野外根据现场观察岩体组织结构的变化、破碎程度和完整性等特征进行定性判别，并结合波速测试指标和风化系数，按表 3-14 的相关规定执行。

（2）颜色。岩石的颜色要分别描述其新鲜面和风化面在天然状态下的颜色，一般副色在前，主色在后。

（3）结构。岩浆岩的结构应描述其矿物的结晶程度及颗粒大小、形状和组合方式，一般按结晶程度分为显晶质、隐晶质和玻璃质结构；按结晶颗粒相对大小分为粗粒、中粒、细粒和微粒结构；按结晶颗粒状态分为等粒、不等粒和斑状结构。

沉积岩的结构应描述其沉积物质颗粒的相对大小、颗粒形态的相对含量。沉积岩的结构一般分为碎屑结构、泥质结构、生物结构等。

变质岩的结构应描述矿物粒度大小、形状、相互关系。一般根据变质作用和变质程度分为变晶结构、变余结构、碎裂结构和交代结构。

（4）构造。岩浆岩的构造应描述岩石中不同矿物和其他组成部分的排列与填充方式所反映出来的岩石外貌特征，一般分为块状构造、流纹状构造、气孔状构造和杏仁状构造。

沉积岩的构造应描述其颗粒大小、成分、颜色和形状不同而现实出来的成层现象。

变质岩的构造应描述岩石中不同矿物颗粒在排列方式上所具有的岩石外貌特征，一般分为片状、片麻状、千枚状、板状和块状构造。

（5）坚硬程度。岩石的坚硬程度可根据现场的锤击反应和吸水反应进行定性划分为硬质岩（坚硬岩、较硬岩）、软质岩（较软岩、软岩）和极软岩，也可依据试样饱和抗压强度指标按表 3-10 进行定量分类。

（6）完整程度。岩体的完整程度可根据结构面发育程度、主要结构面的类型和结合程度定性分为完整、较完整、较破碎、破碎和极破碎，也可依据岩体完整性指数指标按表 3-11 进行定量分类。

（7）岩石在钻探过程中应就岩石质量指标（Rock Quality Designation，RQD）加以描述，如采用非标准钻头，应统计岩芯采取率，必要时对岩芯进行拍照存档。

## 三、土的分类和物理力学性质

### （一）土的分类

关于土的分类，电力、水利、公路、铁路等不同行业有不同的划分标准，各行业的分类原则和方法基本一致，但在一些亚类土的名称上略有差别。输电线路工程勘测中关于土的分类，一般执行 GB 50021《岩土工程勘察规范》。

1. 按地质成因分类

土按地质成因可分为残积土、坡积土、洪积土、冲积土、淤积土、冰积土和风积土等类型。

2. 按沉积时代分类

（1）老沉积土：第四纪晚更新世及以前沉积的土，一般具有较高的强度和较低的压缩性。

（2）一般沉积土：第四纪晚更新世后期到全新世沉积的土层，强度和压缩性介于老沉积土和新近沉积土之间。

（3）新近沉积土：第四纪全新世中近期沉积的土，一般为欠固结状态，强度较低，压缩性较高。

3. 按颗粒级配和塑性指数分类

土按颗粒级配和塑性指数可分为碎石土、砂土、粉土和黏性土。

（1）碎石土。

粒径大于 2mm 的颗粒质量超过总质量 50%的土。碎石土分类见表 3-17。

**表 3-17　　碎石土的分类**

| 土的名称 | 颗粒形状 | 颗　粒　级　配 |
|---|---|---|
| 漂石 | 圆形及亚圆形为主 | 粒径大于 200mm 的颗粒、质量超过总质量的 50% |
| 块石 | 棱角形为主 | |
| 卵石 | 圆形及亚圆形为主 | 粒径大于 20mm 的颗粒、质量超过总质量的 50% |
| 碎石 | 棱角形为主 | |
| 圆砾 | 圆形及亚圆形为主 | 粒径大于 2mm 的颗粒、质量超过总质量的 50% |
| 角砾 | 棱角形为主 | |

注　定名时应根据颗粒级配由大到小以最先符合者确定。

（2）砂土。

粒径大于 2mm 的颗粒质量不超过土总质量 50%、粒径大于 0.075mm 的颗粒质量超过总质量 50%的土。砂土分类见表 3-18。

**表 3-18　　砂土的分类**

| 土的名称 | 颗　粒　级　配 |
|---|---|
| 砾砂 | 粒径大于 2mm 的颗粒质量占总质量的 25%～50% |
| 粗砂 | 粒径大于 0.5mm 的颗粒质量超过总质量的 50% |
| 中砂 | 粒径大于 0.25mm 的颗粒质量超过总质量的 50% |
| 细砂 | 粒径大于 0.075mm 的颗粒质量超过总质量的 85% |
| 粉砂 | 粒径大于 0.075mm 的颗粒质量超过总质量的 50% |

注　定名时应根据颗粒级配由大到小以最先符合者确定。

（3）粉土。

粉土是指粒径大于 0.075mm 的颗粒质量不超过总质量的 50%，且塑性指数 $I_p \leqslant 10$ 的土。

（4）黏性土。

黏性土是指塑性指数 $I_p>10$ 的土。其中 $10<I_p\leqslant 17$ 的土称为粉质黏土；$I_p>17$ 的土称为黏土。为了分类而确定塑性指数 $I_p$ 时，液限以 76g 瓦氏圆锥仪入土深度 10mm 为准，塑限以搓条法为准。

4. 按工程特性分类

具有一定分布区域或工程意义上具有特殊成分、状态和结构特征的土称为特殊性土，根据工程特性分为湿陷性土、红黏土、软土（包括淤泥和淤泥质土）、冻土、膨胀土、盐渍土、混合土、填土和污染土。

5. 按有机质含量分类

按灼失量试验确定的有机质含量 $W_u$，将土分为无机土（$W_u<5\%$）、有机质土（$5\%\leqslant W_u\leqslant 10\%$）、泥炭质土（$10\%<W_u\leqslant 60\%$）和泥炭（$W_u>60\%$）四类，其中有机质土又分为淤泥质土和淤泥两类，当 $\omega>\omega_L$，$1.0\leqslant e<1.5$ 时称为淤泥质土；当 $\omega>\omega_L$，$e\geqslant 1.5$ 时称为淤泥。

（二）土的物理力学性质

土的成因和结构决定了其物理力学性质，定量地描述土的基本物理力学性质，如软硬、干湿、松散或紧密等是线路工程勘测的主要工作内容之一。工程上常用土的物理力学指标来描述土的物理性质和力学状态，其中土的物理性质指标分为两类：一类是必须通过试验测定的，如含水率 $\omega$、密度 $\rho$ 和土粒比重 $G_s$，称为直接指标；另一类是根据直接指标换算而来的，如孔隙比 $e$、孔隙率 $n$、饱和度 $S_r$ 等，称为间接指标。土的常用物理指标换算关系，可参见本手册土工试验相关内容。

对无黏性土而言，土体的松密状态对土的工程性质影响很大，除了采用原位测试手段以外，工程上常用相对密实度 $D_r$ 来衡量无黏性土的松紧程度：疏松（$0<D_r\leqslant 1/3$）、中密（$1/3<D_r\leqslant 2/3$）、密实（$2/3<D_r\leqslant 1$）。对黏性土来说，最主要的物理指标是其稠度状态指标。

土的常用力学指标为剪切强度指标（$c$、$\varphi$）和压缩性指标（$a_v$、$E_s$），前者可通过直剪或三轴剪切试验获取，后者通过室内固结试验获取。土的物理力学性质还表现为可通过原位测试手段和室内试验指标进行分类，常见土的分类标准如下。

1. 碎石土的密实度分类

碎石土的密实度可根据圆锥动力触探锤击数进行定量划分，需要说明的是锤击数应按规范进行修正。划分标准见表 3-19。

**表 3-19　碎石土的密实度划分**

| 划分标准 | 锤击数 | 密实度 | 备　注 |
|---|---|---|---|
| 按重型圆锥动力触探试验锤击数 $N_{63.5}$ 划分 | $N_{63.5}\leqslant 5$ | 松散 | 适用于平均粒径≤50mm，且最大粒径<100mm 的碎石土 |
| | $5<N_{63.5}\leqslant 10$ | 稍密 | |
| | $10<N_{63.5}\leqslant 20$ | 中密 | |
| | $N_{63.5}>20$ | 密实 | |
| 按超重型圆锥动力触探试验锤击数 $N_{120}$ 划分 | $N_{120}\leqslant 3$ | 松散 | 适用于平均粒径>50mm，或最大粒径>100mm 的碎石土 |
| | $3<N_{120}\leqslant 6$ | 稍密 | |
| | $6<N_{120}\leqslant 11$ | 中密 | |
| | $11<N_{120}\leqslant 14$ | 密实 | |
| | $N_{120}>14$ | 很密 | |

2. 砂土的密实度分类

砂土的密实度应根据标准贯入试验锤击数实测值 $N$ 划分为密实、中密、稍密和松散四种状态，见表 3-20，也可用静力触探试验按地方标准确定。

表 3-20　**砂土的密实度划分**

| 标准贯入试验锤击数 $N$ | 密实度 | 备　注 |
|---|---|---|
| $N \leqslant 10$ | 松散 | $N$ 应采用标贯试验锤击数实测值 |
| $10 < N \leqslant 15$ | 稍密 | |
| $15 < N \leqslant 30$ | 中密 | |
| $N > 30$ | 密实 | |

3. 粉土的密实度分类

粉土的密实度应根据孔隙比划分为密实、中密和稍密状态，其湿度应根据含水量划分为稍湿、湿、很湿，见表 3-21。

表 3-21　**粉土的密实度和湿度划分**

| 密实度分类 | | 湿　度　分　类 | |
|---|---|---|---|
| 孔隙比 $e$ | 密实度 | 含水量 $\omega$ | 湿度 |
| $e < 0.75$ | 密实 | $\omega < 20\%$ | 稍湿 |
| $0.75 < e \leqslant 0.90$ | 中密 | $20\% < \omega \leqslant 30\%$ | 湿 |
| $e > 0.90$ | 稍密 | $\omega > 30\%$ | 很湿 |

4. 黏性土的状态分类

黏性土的状态应根据液性指数 $I_L$ 划分为坚硬、硬塑、可塑、软塑和流塑状态，见表 3-22。

表 3-22　**黏性土的状态划分**

| 液性指数 $I_L$ | 土　的　状　态 |
|---|---|
| $I_L \leqslant 0$ | 坚硬 |
| $0 < I_L \leqslant 0.25$ | 硬塑 |
| $0.25 < I_L \leqslant 0.75$ | 可塑 |
| $0.75 < I_L \leqslant 1$ | 软塑 |
| $I_L > 1$ | 流塑 |

黏性土的变形特征通常用压缩性指标表征，按压缩系数和压缩模量将黏性土分为高压缩性、中压缩性、低压缩性三类，见表 3-23。

表 3-23　**黏性土的压缩性**

| 压缩性分类 | 高压缩性 | 中压缩性 | 低压缩性 |
|---|---|---|---|
| 按压缩系数 $a_{1-2}$ 分 | $a_{1-2} \geqslant 0.5$ | $0.5 > a_{1-2} \geqslant 0.1$ | $a_{1-2} < 0.1$ |
| 按压缩系数 $a_{1-3}$ 分 | $a_{1-3} \geqslant 1$ | $1 > a_{1-3} \geqslant 0.1$ | $a_{1-3} < 0.1$ |
| 按压缩模量 $E_s$ 分 | $E_s \leqslant 5$ | $5 < E_s \leqslant 15$ | $E_s > 15$ |

5. 常见土的物理力学指标经验值

（1）常见土的渗透系数经验值见表 3-24。

表 3-24　**常见土的渗透系数**

| 土类 | 渗透系数 $k$（cm/s） | 土类 | 渗透系数 $k$（cm/s） |
|---|---|---|---|
| 黏土 | $<1.2\times10^{-6}$ | 细砂 | $1.2\times10^{-3}\sim6.0\times10^{-3}$ |
| 粉质黏土 | $1.2\times10^{-6}\sim6.0\times10^{-5}$ | 中砂 | $6.0\times10^{-3}\sim2.4\times10^{-2}$ |
| 黄土 | $3.0\times10^{-4}\sim6.0\times10^{-4}$ | 粗砂 | $2.4\times10^{-2}\sim6.0\times10^{-2}$ |
| 粉砂 | $6.0\times10^{-4}\sim1.2\times10^{-3}$ | 砾砂 | $6.0\times10^{-2}\sim1.8\times10^{-1}$ |

**注**　本表数据引用自《工程地质手册》（第五版）。

（2）常见土的物理力学指标经验值见表 3-25。

**表 3-25　常见土的平均物理力学指标经验值**

| 土类 | | 密度 $\rho$ (g/cm³) | 含水量 $\omega$ (%) | 孔隙比 $e$ | 塑限 $\omega_p$ | 黏聚力 $c$(kPa) | | 内摩擦角 $\varphi$(°) | 变形模量 $E_0$(MPa) |
|---|---|---|---|---|---|---|---|---|---|
| | | | | | | 标准值 | 特征值 | | |
| 砂土 | 粗砂 | 2.05 | 15～18 | 0.4～0.5 | | 2 | 0 | 42 | 46 |
| | | 1.95 | 19～22 | 0.5～0.6 | | 1 | 0 | 40 | 40 |
| | | 1.90 | 23～25 | 0.6～0.7 | | 0 | 0 | 38 | 33 |
| | 中砂 | 2.05 | 15～18 | 0.4～0.5 | | 3 | 0 | 40 | 46 |
| | | 1.95 | 19～22 | 0.5～0.6 | | 2 | 0 | 38 | 40 |
| | | 1.90 | 23～25 | 0.6～0.7 | | 1 | 0 | 35 | 33 |
| | 细砂 | 2.05 | 15～18 | 0.4～0.5 | | 6 | 0 | 38 | 37 |
| | | 1.95 | 19～22 | 0.5～0.6 | | 4 | 0 | 36 | 28 |
| | | 1.90 | 23～25 | 0.6～0.7 | | 2 | 0 | 32 | 24 |
| | 粉砂 | 2.05 | 15～18 | 0.5～0.6 | | 8 | 5 | 36 | 14 |
| | | 1.95 | 19～22 | 0.6～0.7 | | 6 | 3 | 34 | 12 |
| | | 1.90 | 23～25 | 0.7～0.8 | | 4 | 2 | 28 | 10 |
| 粉土 | | 2.10 | 15～18 | 0.4～0.5 | <9.4 | 10 | 6 | 30 | 18 |
| | | 2.00 | 19～22 | 0.5～0.6 | | 7 | 5 | 28 | 14 |
| | | 1.95 | 23～25 | 0.6～0.7 | | 5 | 2 | 27 | 11 |
| | | 2.10 | 15～18 | 0.4～0.5 | 9.5～12.4 | 12 | 7 | 25 | 23 |
| | | 2.00 | 19～22 | 0.5～0.6 | | 8 | 5 | 24 | 16 |
| | | 1.95 | 23～25 | 0.6～0.7 | | 6 | 3 | 23 | 13 |
| 黏性土 | 粉质黏土 | 2.10 | 15～18 | 0.4～0.5 | 12.5～15.4 | 42 | 25 | 24 | 45 |
| | | 2.00 | 19～22 | 0.5～0.6 | | 21 | 15 | 23 | 21 |
| | | 1.90 | 26～29 | 0.7～0.8 | | 7 | 5 | 21 | 12 |
| | | 2.00 | 19～22 | 0.5～0.6 | 15.5～18.4 | 50 | 35 | 22 | 39 |
| | | 1.90 | 26～29 | 0.7～0.8 | | 19 | 10 | 20 | 15 |
| | | 1.80 | 35～40 | 0.9～1.0 | | 8 | 5 | 18 | 8 |
| | | 1.95 | 23～25 | 0.6～0.7 | 18.5～22.4 | 68 | 40 | 20 | 33 |
| | | 1.85 | 30～34 | 0.8～0.9 | | 28 | 20 | 18 | 13 |
| | | 1.80 | 35～40 | 0.9～1.0 | | 19 | 10 | 17 | 9 |
| | 黏土 | 1.90 | 26～29 | 0.7～0.8 | 22.5～26.4 | 82 | 60 | 18 | 28 |
| | | 1.85 | 30～34 | 0.8～0.9 | | 41 | 30 | 17 | 16 |
| | | 1.75 | 35～40 | 0.9～1.1 | | 36 | 25 | 16 | 11 |
| | | 1.85 | 30～34 | 0.8～0.9 | 26.5～30.4 | 94 | 65 | 16 | 24 |
| | | 1.75 | 35～40 | 0.9～1.1 | | 47 | 35 | 15 | 14 |

**注**　本表数据引用自《工程地质手册》（第五版）。

(3) 不同成因黏性土的物理力学指标经验值见表 3-26。

**表 3-26　　不同成因黏性土的有关物理力学性质指标**

| 土类 | | 物理力学性质指标 | | | | | | | | |
|---|---|---|---|---|---|---|---|---|---|---|
| | | 孔隙比 $e$ | 液性指数 $I_L$ | 含水量 $w$ (%) | 液限 $w_L$ | 塑性指数 $I_P$ | 承载力 $f_{ak}$ (kPa) | 压缩模量 (MPa) | 内聚力 (kPa) | 内摩擦角 (°) |
| 下蜀系黏性土 | | 0.6～0.9 | ＜0.8 | 15～25 | 25～40 | 10～18 | 300～800 | ＞15 | 40～100 | 22～30 |
| 一般黏性土 | | 0.55～1.0 | 0～1.0 | 15～30 | 25～45 | 5～20 | 100～450 | 4～15 | 10～50 | 15～22 |
| 新近沉积黏性土 | | 0.7～1.2 | 0.25～1.2 | 24～36 | 30～45 | 6～18 | 80～140 | 2～7.5 | 10～20 | 7～15 |
| 淤泥或淤泥质土 | 沿海 | 1.0～2.0 | ＞1.0 | 36～70 | 30～65 | 10～25 | 40～100 | 1～5 | 5～15 | 4～10 |
| | 内陆 | | | | | | 50～110 | 2～5 | | |
| | 山区 | | | | | | 30～80 | 1～6 | | |
| 云贵红黏土 | | 1.0～1.9 | 0～0.4 | 30～50 | 50～90 | ＞17 | 100～320 | 5～16 | 30～80 | 5～10 |

**注**　本表数据引用自《工程地质手册》(第四版)。

(4) 土的侧压力系数和泊松比经验值见表 3-27。

**表 3-27　　土的侧压力系数和泊松比**

| 土的种类和状态 | | 侧压力系数 | 泊松比 | 土的种类和状态 | | 侧压力系数 | 泊松比 |
|---|---|---|---|---|---|---|---|
| 碎石土 | | 0.18～0.33 | 0.15～0.25 | 砂土 | | 0.33～0.43 | 0.25～0.30 |
| 粉土 | | 0.43 | 0.30 | | | | |
| 粉质黏土 | 坚硬状态 | 0.33 | 0.25 | 黏土 | 坚硬状态 | 0.33 | 0.25 |
| | 可塑状态 | 0.43 | 0.30 | | 可塑状态 | 0.53 | 0.35 |
| | 软塑和(或)流动状态 | 0.53 | 0.35 | | 软塑和(或)流动状态 | 0.72 | 0.40 |

**注**　本表数据引用自《工程地质手册》(第五版)。

6. 架空输电线路基础设计相关经验数据

(1) 剪切法计算塔基上拔稳定。

基础上拔稳定计算时应根据土工试验确定地基土的内摩擦角 $\varphi$ 和黏聚力 $c$；无资料时也可根据砂土密实度估算砂土的 $\varphi$ 值，根据一般黏性土的塑性指数 $I_P$和天然孔隙比 $e$ 确定一般黏性土的 $c$ 和 $\varphi$，参见表 3-28 和表 3-29。

**表 3-28　　砂类土内摩擦角 $\varphi$**

| 序　号 | 土　名 | 密实度(孔隙比 $e$ 小者取大值) | | |
|---|---|---|---|---|
| | | 密实 | 中密 | 稍密 |
| 1 | 砾砂、粗砂 | 45°～40° | 40°～35° | 35°～30° |
| 2 | 中砂 | 40°～35° | 35°～30° | 30°～25° |
| 3 | 细砂、粉砂 | 35°～30° | 30°～25° | 25°～20° |

**注**　本表数据引用自《架空输电线路基础设计技术规程》(DL/T 5219)。

表 3-29　　黏性土及粉土黏聚力 $c$(kPa) 和内摩擦角 $\varphi$(°)

| 序号 | 土的名称 | 塑性指数（$I_P$） | 剪切应力 | 天然孔隙比 $e$ | | | | | |
|---|---|---|---|---|---|---|---|---|---|
| | | | | 0.6 | 0.7 | 0.8 | 0.9 | 1.0 | 1.1 |
| 1 | 粉土 | 3 | $c$ | 18 | 10 | | | | |
| | | | $\varphi$ | 31 | 30 | | | | |
| 2 | | 5 | $c$ | 28 | 20 | 13 | | | |
| | | | $\varphi$ | 28 | 27 | 26 | | | |
| 3 | | 7 | $c$ | 38 | 30 | 22 | | | |
| | | | $\varphi$ | 25 | 24 | 23 | | | |
| 4 | | 9 | $c$ | 47 | 38 | 31 | 24 | | |
| | | | $\varphi$ | 22 | 21 | 20 | 19 | | |
| 5 | 粉质黏土 | 11 | $c$ | 54 | 45 | 38 | 31 | 24 | |
| | | | $\varphi$ | 20 | 19 | 18 | 17 | 15 | |
| 6 | | 13 | $c$ | 59 | 51 | 43 | 36 | 30 | |
| | | | $\varphi$ | 18 | 17 | 16 | 15 | 13 | |
| 7 | | 15 | $c$ | 62 | 55 | 48 | 41 | 34 | 27 |
| | | | $\varphi$ | 16 | 15 | 14 | 13 | 11 | 9 |
| 8 | | 17 | $c$ | 66 | 58 | 51 | 43 | 37 | 31 |
| | | | $\varphi$ | 14 | 13 | 12 | 11 | 10 | 8 |
| 9 | 黏土 | 19 | $c$ | 68 | 60 | 52 | 45 | 38 | 32 |
| | | | $\varphi$ | 13 | 12 | 11 | 10 | 8 | 6 |

注　本表数据引用自《架空输电线路基础设计技术规程》(DL/T 5219)。

(2) 抗倾覆稳定计算。

1) 杆塔基础抗倾覆稳定计算的等代内摩擦角的确定方法及土的侧压力系数见表 3-30 和表 3-31。

表 3-30　　等代内摩擦角、土压力参数

| 参数 \ 土类 | 坚硬、硬塑的黏土、粉质黏土；密实的粉土 | 可塑黏土、粉质黏土；中密的粉土 | 软塑黏土、粉质黏土；稍密的粉土 | 粗砂<br>中砂 | 细砂<br>粉砂 |
|---|---|---|---|---|---|
| 土的计算重度 $\gamma_s$(kN/m³) | 17 | 16 | 15 | 17 | 15 |
| 等代内摩擦角 $\beta$(°) | 35 | 30 | 15 | 35 | 30 |

注　1. 本表不包括松散状态的砂土和粉土。
　　2. 本表数据引用自《架空输电线路基础设计技术规程》(DL/T 5219)。

表 3-31　　土的侧压力系数 $\xi$

| 土的名称 | 黏性土 | 粉质黏土、粉土 | 砂土 |
|---|---|---|---|
| 侧压力系数 $\xi$ | 0.72 | 0.6 | 0.38 |

注　本表数据引用自 DL/T 5219《架空输电线路基础设计技术规程》。

2) 挡土墙抗滑移稳定性计算土对挡土墙基底的摩擦系数 $\mu$ 见表 3-32。

表 3-32　　土对挡土墙基底的摩擦系数 $\mu$

| 土的类别 | | 摩擦系数 $\mu$ |
|---|---|---|
| 黏性土 | 可塑 | 0.25～0.30 |
| | 硬塑 | 0.30～0.35 |
| | 坚硬 | 0.35～0.45 |

续表

| 土的类别 | 摩擦系数 $\mu$ |
|---|---|
| 粉土 | 0.30～0.40 |
| 中砂、粗砂、砾砂 | 0.40～0.50 |
| 碎石土 | 0.40～0.60 |
| 软质岩 | 0.40～0.60 |
| 表面粗糙的硬质岩 | 0.65～0.75 |

注 1. 对易风化的软质岩和塑性指数 $I_p$ 大于 22 的黏性土，基底摩擦系数应通过试验确定；
2. 对碎石土，可根据其密实程度、填充物状况、风化程度等确定；
3. 本表数据引用自《架空输电线路基础设计技术规程》(DL/T 5219)。

3）复合式沉井基础设计相关的经验数据。

土与沉井壁间的极限摩阻力应根据实测资料确定，在缺乏资料时可根据沉井入土深度、土的性质等情况可按表 3-33 取值。

**表 3-33　　土与井壁之间的极限摩阻力标准值**

| 土的名称 | $q_{sik}$ (kPa) |
|---|---|
| 砂类土 | 24～50 |
| 流塑黏性土、粉土 | 20～24 |
| 软塑粉质黏土、粉土 | 24～40 |

注 本表数据引用自《架空输电线路基础设计技术规程》(DL/T 5219)。

（三）土的野外描述

土的野外描述是对线路沿线地层岩性进行定性分类，并记录其状态和特征，属于第一手资料。通常描述的主要内容有颜色、状态（密实度、湿度）、包含物、矿物成分、颗粒级配、光泽反应、摇震反应、结构及层理特征等。现场判别的标准可参考下列指标。

(1) 颜色：主色在后，副色在前。

(2) 状态。

1）坚硬：干而坚硬，很难掰成块；

2）硬塑：用力捏，先裂成块后显柔性；手捏感觉干，不易变形，手按无指印；

3）可塑：手捏似橡皮有柔性，手按有指印；

4）软塑：手捏很软，易变形，土块掰时似橡皮，用力不大就能按成坑；

5）流塑：土柱不能直立，自行变形。

(3) 包含物：贝壳、铁锰结核、高岭土及姜结石等。

(4) 光泽反应：用取土刀切开土块，视其光滑程度分为：

1）切面粗糙为无光泽；

2）切面略粗糙（稍光滑）为稍有光泽；

3）切面光滑为有光泽。

(5) 摇振反应。

将小土块或土球放在手中反复摇晃，并以另一手掌振击此手掌，土中自由水将渗出，球面呈现光泽。用手指捏土球，放松后水又被吸入，光泽消失，立即渗水及吸水者为反应迅速；渗水及吸水中等者为反应中等；渗水和吸水慢及不渗、不吸者为反应慢或无反应。

(6) 韧性试验。

将土块在手中揉捏均匀，然后在手掌中搓成直径 3mm 的土条，再揉成土团，根据再次搓条的可能性分类：能揉成土团，再搓成条，捏而不碎者为韧性高；可再揉成团，捏而不碎者为韧性中等；勉强或不能再揉成团，稍捏或不捏即碎者为韧性差。

（7）干强度。

试验时将一小块土捏成小土团，风干后用手指捏碎，根据用力大小分类：很难或用力才能捏碎或掰断者为干强度高；稍用力即可捏碎或掰断者为干强度中等；易于捏碎和捻成粉末者为干强度低。

（8）结构及层理特征。

对同一土层中相间呈韵律沉积，当薄层与厚层的厚度比大于 1/3 时，宜定为互层；厚度比为 1/10～1/3 时，宜定为夹层；厚度比小于 1/10 的土层，且多次出现时，宜定为夹薄层。

### （四）地层与地质年代表

1. 地层与地质年代表（见表 3-34）

**表 3-34　　地层与地质年代表**

| 界（代） | 系（纪） | 统（世） |
|---|---|---|
| 新生界（代）$C_z$ | 第四系（纪）Q | 全新统（世）$Q_h$ |
| | | 更新统（世）$Q_p$ |
| | 新近系（纪）N | 上新统（世）$N_2$ |
| | | 中新统（世）$N_1$ |
| | 古近系（纪）E | 渐新统（世）$E_3$ |
| | | 始新统（世）$E_2$ |
| | | 古新统（世）$E_1$ |
| 中生界（代）$M_z$ | 白垩系（纪）K | 上（晚）白垩统（世）$K_2$ |
| | | 下（早）白垩统（世）$K_1$ |
| | 侏罗系（纪）J | 上（晚）侏罗统（世）$J_3$ |
| | | 中侏罗统（世）$J_2$ |
| | | 下（早）侏罗统（世）$J_1$ |
| | 三叠系（纪）T | 上（晚）三叠统（世）$T_3$ |
| | | 中三叠统（世）$T_2$ |
| | | 下（早）三叠统（世）$T_1$ |
| 古生界（代）$P_z$ | 二叠系（纪）P | 上（晚）二叠统（世）$P_3$ |
| | | 中二叠统（世）$P_2$ |
| | | 下（早）二叠统（世）$P_1$ |
| | 石炭系（纪）C | 上（晚）石炭统（世）$C_2$ |
| | | 下（早）石炭统（世）$C_1$ |
| | 泥盆系（纪）D | 上（晚）泥盆统（世）$D_3$ |
| | | 中泥盆统（世）$D_2$ |
| | | 下（早）泥盆统（世）$D_1$ |
| | 志留系（纪）S | 顶志留统（世）$S_4$ |

| 界（代） | 系（纪） | 统（世） |
|---|---|---|
| 古生界（代）$P_z$ | 志留系（纪）S | 上（晚）志留统（世）$S_3$ |
| | | 中志留统（世）$S_2$ |
| | | 下（早）志留统（世）$S_1$ |
| | 奥陶系（纪）O | 上（晚）奥陶统（世）$O_3$ |
| | | 中奥陶统（世）$O_2$ |
| | | 下（早）奥陶统（世）$O_1$ |
| | 寒武系（纪）$\in$ | 上（晚）寒武统（世）$\in_3$ |
| | | 中寒武统（世）$\in_2$ |
| | | 下（早）寒武统（世）$\in_1$ |
| 新元古界（代）$Pt_3$ | 震旦系（纪）Z | 上（晚）震旦统（世）$Z_2$ |
| | | 下（早）震旦统（世）$Z_1$ |
| | 南华系（纪）Nh | 上（晚）南华统（世）$Nh_2$ |
| | | 下（早）南华统（世）$Nh_1$ |
| | 青白口系（纪）Qb | 上（晚）青白口统（世）$Qb_2$ |
| | | 下（早）青白口统（世）$Qb_1$ |
| 中元古界（代）$Pt_3$ | 蓟县系（纪）Jx | 上（晚）蓟县统（世）$Jx_2$ |
| | | 下（早）蓟县统（世）$Jx_1$ |
| | 长城系（纪）Ch | 上（晚）长城统（世）$Ch_2$ |
| | | 下（早）长城统（世）$Ch_1$ |
| 古元古界（早元古代）$Pt_1$ | 滹沱系（纪）Ht | |
| 新太古界（代）$Ar_3$ | 未再分系 | |
| 中太古界（代）$Ar_2$ | | |
| 古太古界（代）$Ar_1$ | | |
| 始太古界（代）$Ar_0$ | | |

2. 第四纪地层的名称及类型符号（见表 3-35）

表 3-35 第四纪地层的成因类型符号

| 地层名称 | 符号 | 地层名称 | 符号 |
|---|---|---|---|
| 人工填土 | $Q^{ml}$ | 海陆交互相沉积层 | $Q^{mc}$ |
| 植物层 | $Q^{pd}$ | 冰积层 | $Q^{gl}$ |
| 冲积层 | $Q^{al}$ | 冰水沉积层 | $Q^{fgl}$ |
| 洪积层 | $Q^{pl}$ | 火山堆积层 | $Q^{b}$ |
| 坡积层 | $Q^{dl}$ | 崩积层 | $Q^{col}$ |
| 残积层 | $Q^{el}$ | 滑坡堆积层 | $Q^{del}$ |
| 风积层 | $Q^{eol}$ | 泥石流堆积层 | $Q^{sel}$ |
| 湖积层 | $Q^{l}$ | 生物堆积层 | $Q^{o}$ |
| 沼泽沉积层 | $Q^{h}$ | 化学堆积层 | $Q^{ch}$ |
| 海相沉积层 | $Q^{m}$ | 成因不明的沉积层 | $Q^{pr}$ |

注 1. 两种成因混合而成的沉（堆）积层，可采用混合符号，例如冲积和洪积混合层，可用 $Q^{al+pl}$ 表示；

2. 地层与成因符号可以混合使用，例如由冲积形成的第四系上更新统，可用 $Q_3^{al}$ 表示。

（五）技经专业对岩、土的分类

输电线路岩土工程勘测和基础设计时，对土的分类和定义一般执行 GB 50021《岩土工程勘察规范[2009 年版]》，这个分类标准与最新的公路、铁路和施工规范一致；但技经专业执行的定额标准中关于土的分类方法，来源于《全国统一建筑工程基础定额》，其划分依据是《土壤及岩石（普氏）分类表》，主要从施工开挖难易程度角度出发，评价挖填方对施工的影响，相较于勘测规范中从岩土的成分、形成历史、力学性质和结构构造角度进行分类，两者具有本质上的区别，实际操作中应予以区分。

按照《电力建设工程预算定额》（第四册输电线路工程）中对岩、土的分类标准，常见土和岩石按施工难度分为 8 类：普通土、坚土、松砂石、岩石、泥水、流砂、干砂、水坑。

## 第三节 不良地质作用

不良地质作用是指由地球内力或外力产生的对工程可能造成危害的地质作用。广义的不良地质作用包含多种类型，如表 3-36 所示。

表 3-36 广义的不良地质作用

| 名称 | 成因机理 |
|---|---|
| 岩溶和洞穴 | 可溶性岩石在水的溶蚀作用下产生的各种地质作用 |
| 滑坡 | 斜坡上的土体或者岩体，受河流冲刷、地下水活动、地震及人工切坡等因素影响，在重力作用下，沿着一定的软弱面或者软弱带，整体地或者分散地顺坡向下滑动的自然现象 |
| 危岩及崩塌 | 陡峭斜坡上的岩、土体在重力作用下，突然脱离母体，发生崩落、滚动的现象或者过程；被多组不连续结构面切割分离，稳定性差，可能以倾倒、坠落或塌滑等形式崩塌的地质体称为危岩体 |
| 泥石流 | 山区沟谷或者山地坡面上，由暴雨、冰雨融化等水源激发的，含有大量泥沙石块的介于挟沙水流和滑坡之间的土、水、气混合流 |
| 采空区 | 地下矿层被采空后形成的空间称为采空区 |
| 地震液化 | 饱和粉土或砂土受地震作用影响，土体有效应力减少，孔隙水压力上升，抗剪强度丧失，表现出类似液体的受力状态 |
| 地面塌陷 | 地表岩体或者土体受自然作用或者人为活动影响向下陷落，并在地面形成塌陷坑洞而造成灾害的现象或过程 |
| 冻胀与融陷 | 气温降低导致土层冻结体积膨胀，产生冻胀；气温升高土层解冻，冰晶融化导致土体含水量增高，土层抗剪强度降低产生沉降，即为融陷 |
| 地面沉降 | 在一定的地表面积内所发生的地面水平降低的现象，又叫地面下沉或者地陷 |
| 地裂缝 | 在一定地质自然环境下，由于自然或者人为因素，地表岩土体开裂，在地面形成一定长度和宽度的裂缝 |

输电线路工程路径长，往往穿越多个地貌单元，受不良地质作用影响的可能性较大。常见的不良地质作用有岩溶和洞穴、滑坡、危岩及崩塌、泥石流、采空区和地震液化等。

## 一、岩溶和洞穴

岩溶（喀斯特）是指可溶性岩石在水的溶蚀作用下产生的各种地质作用、形态和现象的总称。可溶性岩石包括碳酸盐类岩石（石灰岩、白云岩等）、硫酸盐类岩石（石膏、芒硝等）和卤素类岩石（岩盐）。在我国的各类可溶性岩石中，以碳酸盐类岩石最为常见。水沿可溶岩层层面节理或裂隙进行溶蚀扩大会形成洞穴。

### （一）岩溶的主要形态特征

岩溶发育的因素错综复杂，从线路工程的特点出发，按埋藏条件将岩溶分为裸露型岩溶、覆盖型岩溶和埋藏型岩溶三类。

（1）裸露型岩溶：可溶性岩石直接出露地表，地表岩溶现象显著，我国大部分岩溶均属此类；

（2）覆盖型岩溶：可溶性岩石被第四纪松散堆积物所覆盖，覆盖层厚度一般小于 50m，覆盖层以下的岩溶常对地表地形有影响，在地面形成洼地、漏斗、浅塘、塌陷坑等；

（3）埋藏型岩溶：可溶性岩石被上覆基岩深埋，埋藏深度几百米至上千米，岩溶发育在地下深处，一般属于古岩溶，地面上无岩溶现象。

岩溶地区侵蚀及堆积地貌主要形态如表 3-37 所示。

**表 3-37　　岩溶地区地貌主要形态特征**

| 名　称 | 形成条件 | 主要形态特征 |
|---|---|---|
| 溶痕 | 地表水沿可溶性岩层进行溶蚀形成的微小沟道 | 宽仅从数厘米至十余厘米，长从几厘米至数米，常见于石灰岩或石芽表面 |
| 溶隙 | 地表水沿可溶岩的节理裂隙渗流溶蚀扩大所形成的沟隙 | 宽为数厘米甚至 1～2m，长从几米至几十米不等 |
| 溶沟、溶槽 | 地表水沿可溶岩的裂隙进行溶蚀和机械侵蚀所形成的小型沟槽 | 深度数厘米至数米、长度不超过深度 5 倍的称为溶沟，大于 5 倍的称为溶槽 |
| 石芽 | 溶沟、溶槽残留的脊和笋状的突起 | 石芽和溶沟、溶槽是共生的，其高度一般不超过 3m |
| 落水洞 | 由岩体中的裂隙受水流溶蚀、机械侵蚀以及塌陷而成，是地表水通往地下河和溶洞的通道 | 呈垂直或陡倾斜状，宽度一般小于 10m，深可达数百米，按形态可分为圆形、井状、裂隙状 |
| 溶洞 | 由地下水对可溶性岩石进行溶蚀和机械侵蚀作用而形成的地下空洞 | 形态多样，大部分洞身曲折，支洞多，无经常流水，常见有不同高度重叠分布的大型复杂溶洞 |
| 暗河 | 在岩溶发育地区没入地表以下，沿地下溶洞和裂隙而流的河流 | 常发育于地下水面附近，是近于水平的洞穴系统，具有单独的补给径流和排泄条件 |
| 漏斗 | 呈漏斗形或蝶状的封闭洼地，由溶蚀作用或溶洞洞顶坍塌形成 | 直径在 100m 以内，底部常有落水洞通往地下 |
| 溶蚀洼地 | 岩溶作用形成的小型封闭洼地，一般是由相邻漏斗逐渐加宽合并而成 | 多呈狭长形，场地大于宽度 1～5 倍，深小于 30m，长度可达千米，底部较平缓，覆盖松散堆积物 |
| 岩溶盆地 | 可溶岩地区形成的大型的椭圆形有河流穿过的洼地，在一定构造条件下经长期溶蚀侵蚀而成 | 延长方向常与构造线一致，面积可达十几至数百平方千米，四周谷壁陡峭，谷底平坦，堆积物较厚 |
| 峰林 | 亚热带气候条件下，岩溶作用形成的高耸林立的石灰岩石峰 | 相对高度 100～200m，山坡陡峭，一般在 45°以上，常依构造线排列 |
| 溶孔 | 地下水沿岩层裂隙缓慢溶蚀形成的细小孔隙 | 是岩溶区的一种微地貌，发育于岩溶水深循环带，溶孔有随深度加大而减少、变小的趋势 |
| 石灰华 | 岩溶泉水出口处，含碳酸钙的水因环境变化而析出的沉淀物质 | 常呈多孔状 |
| 石钟乳 | 溶洞中自洞顶下垂的石灰质体，是含重 $CaCO_3$ 的地下水因 $CO_2$ 逸出和水分蒸发，部分 $CaCO_3$ 沉淀形成 | 挂于洞顶 |
| 石笋、石柱 | 发育于溶洞洞底的竹笋状突起的 $CaCO_3$ 沉淀称为石笋；当石钟乳与石笋连在一起时称为石柱 | 位于洞底 |

（二）岩溶发育的基本条件和规律

（1）岩溶发育的基本条件。

1）具有可溶性的岩层：以碳酸盐类岩石为主，主要划分为石灰岩及白云岩两大类；

2）具有溶解能力（含 $CO_2$）和足够流量的水；

3）具有地表水下渗、地下水流动的途径。

此外，气候因素也是影响岩溶发育的重要因素之一。气候因素能决定气温高低、风化作用的性质和强度、岩溶作用过程化学反应的速度、降水量及降水性质、地面径流量与渗透量之间的比例等，从多方面影响岩溶作用的过程。

（2）岩溶发育的规律。

1）岩溶与岩性的关系。

一般情况下，硫酸盐类和卤素类岩层岩溶发展速度较快；碳酸盐类岩层发育速度较慢。质纯层厚的岩层，岩溶发育强烈且形态齐全，规模较大；含泥质或其他杂质的岩层岩溶发育较弱；结晶颗粒粗大的岩石岩溶较发育，结晶颗粒较小的岩石岩溶发育弱。

2）岩溶与地质构造的关系。

岩层产状为水平或缓倾时，地下水以水平运动为主，岩溶形态也主要是水平溶洞；岩层倾斜较陡时，地表水多沿层理下渗，地下水运动也较强烈，岩溶发育方向主要受层面的控制。

3）岩溶与地形的关系。

地形陡峭、岩石裸露的斜坡上，岩溶多呈溶沟、溶槽、石芽等地表形态；地形平缓地带，岩溶多以漏斗、竖井、落水洞、塌陷洼地、溶洞等形态为主。

4）地表水体同岩层产状关系对岩溶发育的影响。

水体与层面反向或斜交时，岩溶易于发育；水体与层面顺向时，岩溶不易发育。

（三）岩溶对输电线路工程的影响

岩溶地区由于长期的岩溶作用致使岩石表面产生溶沟、溶槽，可溶性岩石内部产生溶蚀裂隙及溶洞；岩石上部覆盖层经湿热条件下的红土化作用产生红黏土；碳酸盐岩顶板土岩接触面附近由于潜蚀或真空吸蚀作用易形成土洞。

溶沟溶槽地区，由于表面岩石凹凸不平，其间一般充填黏性土，该地段的浅基础可能置于半岩半土地基上形成不均匀地基；溶洞（尤其是浅埋溶洞）易影响基础的稳定性；可溶性岩石上部红黏土易失水收缩，产生裂缝影响土体整体性，削弱其抗剪强度及承载力，影响地基的稳定性。

对于电缆线路，当电缆隧道穿过岩溶地层时，隧道底部可能存在溶洞，其充填物松软深厚，造成隧底基底难以处理；有的溶洞岩质破碎，易发生坍塌；开挖过程中可能遇到潜在的暗河，形成涌水通道，岩溶水或含水充填物涌入坑道，严重影响正常施工。

一般情况下，下列地段不宜设立塔位：

（1）洞穴埋藏浅、密度大；

（2）洞穴规模大，上覆顶板岩体不稳定；

（3）洞穴围岩为易溶岩土且存在继续溶蚀的可能性；

（4）埋藏型岩溶土洞上部覆盖层有软弱土或易受地表水冲蚀的部位。

## 二、滑坡

斜坡岩土体由于边界条件的改变以及地下水活动、河流冲刷、人工切坡、地震活动等因素的影响，在重力作用下，沿着一定的软弱面（带），缓慢整体向下滑动的坡面变形现象称为滑坡。

（一）滑坡的要素和形成条件

一个发育完整的滑坡，一般具有下列要素：滑坡体、滑坡周界、滑坡壁（破裂壁）、滑坡台阶和滑坡梗、滑坡面和滑坡床、滑动带、滑坡舌、滑动鼓丘、滑坡轴（主滑线）、破裂缘、封闭洼地、滑坡裂缝和滑坡床。滑坡要素示意图如图 3-5 所示。

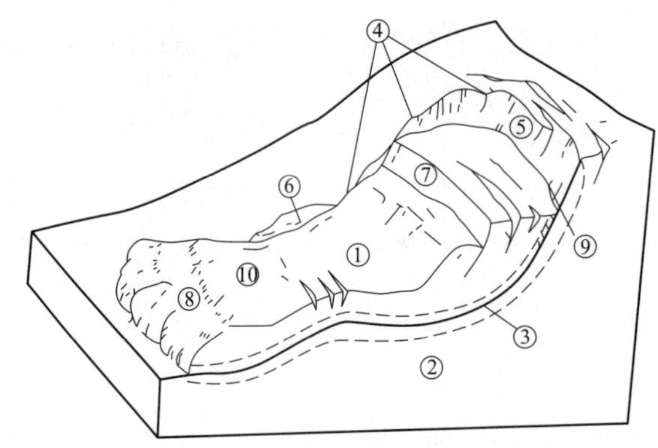


图 3-5　滑坡要素示意图

①—滑坡体　②—滑坡床　③—滑动面　④—滑坡周界　⑤—滑坡后壁
⑥—滑坡侧壁　⑦—滑坡台阶　⑧—滑坡舌　⑨—滑坡洼地　⑩—滑坡鼓丘

滑坡的形成受地质条件、地形地貌和气候、径流的影响。岩体构造对滑动面的形成影响较大，一般堆积层和下伏基岩接触面越陡，下滑力越大，滑坡发生的可能性越大；下陡中缓上陡的山坡和山坡上部形成马蹄形的环状地形，且汇水面积较大时，在坡积层中或沿基岩面易发生滑动。

（二）滑坡的判定

（1）地物地貌标志。

滑坡在斜坡上常造成环谷地貌（圈椅、马蹄状地形），或使斜坡上出现异常台阶及斜坡坡脚侵占河床等现象。滑坡体上常有鼻状凸丘或多级平台，其高程和特征与外围阶地不同。滑坡体两侧多形成沟谷，并有双沟同源现象。有的滑坡体上还有积水洼地、地面裂缝、醉汉林、马刀树和房屋倾斜、开裂等现象。

（2）岩、土结构标志。

滑坡范围内的岩、土常有扰动松脱现象。基岩层位、产状特征与外围不连续，有时局部地段新老地层呈倒置现象，常与断层混淆；常见有泥土、碎屑充填或未被充填的张性裂隙，普遍存在小型坍塌。

（3）水文地质标志。

斜坡含水层的原有状况常被破坏，使滑坡体成为复杂的单独含水体，在滑动带前缘常有成排的泉水溢出。

（4）滑坡边界及滑坡床标志。

滑坡后缘断壁上有顺坡擦痕，前缘土体常被挤出或呈舌状凸起；滑坡两侧常以沟谷或断裂面为界；滑坡床常有塑性变形带，其内多由黏性物质或黏粒夹磨光角砾组成；滑动面光滑，其擦痕方向与滑动方向一致。

（三）滑坡对输电线路的影响

一般情况下，滑坡与塔位的相对位置关系有 4 种：杆塔位于滑坡体内、杆塔位于滑坡下方、杆塔位于滑坡边缘、杆塔位于滑坡范围以外。

（1）当杆塔位于滑坡体内时，滑坡的变形和滑动破坏直接影响塔位的稳定性。

（2）杆塔位于滑坡下方时，杆塔基础是否破坏，与滑坡的下滑位移以及滑坡堆积体的堆积范围有关。当杆塔位于滑坡前缘外侧时，滑坡对杆塔基本无影响；否则杆塔会受到滑坡的破坏。

（3）当杆塔位于滑坡边缘时，不论杆塔位于滑坡的两侧还是后缘，都需要对滑坡的性质和发展趋势进行分析、预测，判断滑坡对杆塔基础稳定性的影响。

（4）当杆塔位于滑坡影响范围以外时，滑坡对杆塔稳定性不构成威胁。

对输电线路工程来说，对滑坡的处理原则是以避让为主。一般下列地段不宜设立塔位：

（1）滑坡发育的地段；

（2）潜在滑坡最大影响范围区域内；

（3）松散堆积层较厚，由于外部条件改变可能沿下部松散堆积层与基岩接触面产生滑动的地段。

## 三、崩塌

崩塌是指岩土体在重力或其他外力作用下脱离母体，突然从陡峻斜坡上向下倾倒、崩落和翻滚以及由此引起的斜坡变形现象。崩塌通常都是在岩土体剪应力值超过岩体软弱结构面的强度时产生，其特点是发生急剧、突然，运动快速、猛烈，脱离母体的岩土体运动不沿固定的面或带，垂直位移显著大于水平位移。

规模巨大的山坡崩塌，称为山崩；规模小的称为坍塌；巨大的岩土体摇摇欲坠而尚未崩落时称为危岩；稳定斜坡上的个别岩块的突然坠落称为落石；如岩块尚未坍落但已处于极限平衡状态时称为危石；斜坡表层的岩土体，由于长期强烈风化剥蚀而发生的经常性岩屑碎块顺坡面的滚动现象，称为剥落。

### （一）崩塌产生的条件

（1）地貌条件。

崩塌多产生在陡峻的斜坡地段，一般坡度大于55°，坡面不平整。

（2）岩性条件。

坚硬岩层多组成高陡山坡，在节理裂隙发育的情况下易产生崩塌。

（3）构造条件。

当岩体中各种软弱结构面的组合位置处于下列最不利的情况时易发生崩塌：

1）当岩层倾向山坡，倾角大于45°而小于自然坡度时；

2）当岩层发育有多组节理，且一组节理倾向山坡，倾角为25°～65°时；

3）当二组与山坡走向斜交的节理组成倾向坡脚的楔形体时；

4）当节理面呈甄形弯曲的光滑面或山坡上方不远处有断层破碎带存在时；

5）在岩浆岩侵入接触带附近的破碎带或变质岩中片麻构造发育的地段，风化后形成软弱结构面，容易导致崩塌的发生。

（4）其他条件。

气候、温度变化促使岩石风化；地表水的冲刷、溶解和软化裂隙充填物形成软弱面；强烈地震以及人类活动中的爆破，高陡边坡开挖破坏山体平衡等，都会促使崩塌发生。

### （二）崩塌对输电线路的影响

崩塌主要发生在山区地段，对架空线路的杆塔安全和基础稳定性产生不利影响。规模大、破坏后果严重且难以治理的崩塌地段不应架设杆塔，而应考虑优化线路路径进行避让；对规模较大、破坏后果严重的崩塌地段也不应选定塔位；对规模小、破坏后果不严重的崩塌，在无法避让的情况下，应对不稳定岩土体采取清除、锚固及拦截等处理措施，经评估消除危险后可作为一般线路的立塔位置。

输电线路经过崩塌形成的倒石堆时，应采用地质调查为主的方法，必要时辅以适量的勘探工作，查明堆积体的堆积方式、厚度和物质组成，区别新倒石堆与老倒石堆，并评价其稳定性。新倒石堆不宜设立塔位。

## 四、泥石流

泥石流是山区特有的一种自然地质现象，是由于降水（暴雨、融雪、冰川）而形成的一种夹带大量泥沙、石块等固体物质的特殊洪流。泥石流的主要特征是：

（1）主要活跃于山区与山前地区；

(2) 暴发突然，历时短暂，来势凶猛；

(3) 密度变化范围大，下限为 1.2～1.3g/cm$^3$，上限为 1.8～2.3g/cm$^3$；

(4) 固相物质粒度变化范围大（由黏粒至漂石）；

(5) 惯性力大，具有直进性和爬高能力；

(6) 冲淤能力大，具有巨大的破坏作用。

### （一）泥石流的形成条件

泥石流的形成与地形、地质、水文、气象、植被、地震和人类活动等因素有关，其形成应具备 3 个基本条件：

(1) 流域内有丰富的松散物质补给；

(2) 有陡峻的地形和较大的沟床纵坡；

(3) 有强大的径流动力（如暴雨、水库坝体溃决、急剧的融雪等），短时间形成大量水流；

上述 3 个条件中前两个是内因，第三个是外因，三者缺一不可。

### （二）泥石流对输电线路的影响

泥石流对架空线路杆塔及基础具有毁灭性影响。结合输电线路工程的特点，一般对泥石流的处理原则是跨越和避让，原则上不考虑治理和拦截等工程措施。

在选线和定位过程中，下列地段不宜设立塔位：

(1) 不稳定的泥石流河谷岸坡；

(2) 泥石流河谷中松散堆积物分布地段；

(3) 泥石流经过地段。

## 五、采空区

地下矿层被开采后形成的空间称为采空区。

采空区分为老采空区、现采空区和未来采空区。老采空区是指历史上已经开采过、现已停止开采的采空区；现采空区是指正在开采的采空区；未来采空区是指计划开采而尚未开采的准采空区。

### （一）采空区地面变形的原因和特征

地下矿层被开采后，其上部岩层失去支撑，平衡条件被破坏，随之产生弯曲、塌落，以致发展到地表下沉变形，造成地表塌陷，形成凹地。随着采空区的不断扩大，凹地不断发展而成凹陷盆地，即地表移动盆地。

地表移动盆地的范围要比采空区面积大得多，其位置和形状与矿层的倾角大小有关。矿层倾角平缓时，地表移动盆地位于采空区的正上方，形状对称于采空区；矿层倾角较大时，盆地在沿矿层走向方向仍对称于采空区；而沿倾向方向，移动盆地与采空区的关系是非对称的，并随倾角的增大，盆地中心越向倾向方向偏移。当开采达到充分采动后，此时的地表移动盆地称为最终移动盆地。

采空区上方岩土体的变形，总的过程是自下而上逐渐发展的漏斗状沉落，其变形情况一般可以分为 3 个地带：冒落带（垮落带）、裂隙带（断裂带）和弯曲带。

### （二）采空区地面破坏形式及其对输电线路的影响

采空区的地表破坏型式主要有塌陷、裂缝和连续变形 3 种形式。

影响地表变形的因素与矿层的开采方法、回采率、矿层厚度、埋深、岩性、地质构造、地下水等相关，但开采方法是主要影响因素。如果开采区的采深与采厚的比值小于 30 或该区域分布有较大的断裂构造时，地表的移动和变形没有规律性，地貌会形成较大的裂缝或塌陷坑，开采区本身的稳定性差，对架空线路的杆塔基础稳定性影响最大。

当采用浅部开采方式，塌落带或破裂带可直通地表时，会使地表产生塌陷，地表多变现为塌陷坑，岩土层垂直、水平错距较大，容易使杆塔基础产生不均匀沉降。地表裂缝一般不直接通采区，其规模不大，是地表岩土层拉伸变形的结构，一般情况下对杆塔基础稳定性影响较小。

## 第四节 地 下 水

### 一、地下水的类型及其特征

（一）水在岩土中的赋存形式

自然界岩土孔隙中赋存着各种形态的水，按其形态分为液态水、气态水和固态水。其中液态水根据水分子受力状况可分为结合水、重力水和毛细管水，后两者又称为自由水；气态水和空气一起充填在非饱和的岩土孔隙中，其可随空气的流动而转移，也能由湿度相对较大的地方向小的地方移动。在一定温度、压力条件下可与气态水相互转化，两者之间保持动态平衡；常压下当岩土体温度低于零度时，岩土孔隙中的液态水（或气态水）凝结成冰称为固态水。固态水在土中起胶结作用，形成冻土，提高其强度，但解冻后土的强度往往低于冻结前的强度。

（二）地下水的类型及特征

根据埋藏条件，地下水可分为包气带水、潜水和承压水三种类型，地下水的类型及特征见表 3-38。潜水和承压水均指重力水，而包气带水泛指存储在包气带中的水，包括气态水、结合水、毛细管水和流经的重力渗入水，以及由特定条件形成的上层滞水（属重力水），上层滞水、潜水、承压水之间的区别如表 3-39 所示。

表 3-38　　地下水的类型及特征

<table>
<tr><th colspan="2">类型</th><th>分布</th><th>水力特点</th><th>补给与分布区的关系</th><th>动态特征</th><th colspan="2">含水层状态</th><th>水量</th><th>污染情况</th><th>成因</th></tr>
<tr><td rowspan="5">包气带水</td><td>孔隙水</td><td>松散层</td><td rowspan="5">无压</td><td rowspan="5">一致</td><td rowspan="5">受当地气候影响很大，一般为暂时性水</td><td colspan="2">层状</td><td rowspan="5">水量不大，但随季节变化很大</td><td rowspan="5">易受污染</td><td rowspan="5">主要为渗入成因，局部为凝结成因</td></tr>
<tr><td>裂隙水</td><td>裂隙黏土、基岩裂隙风化区</td><td colspan="2">脉状或带状</td></tr>
<tr><td>岩溶水</td><td>可溶岩垂直渗入区</td><td colspan="2">脉状或局部含水</td></tr>
<tr><td>多年冻土带水</td><td>融冻层</td><td colspan="2">不规则</td></tr>
<tr><td>火山活动区</td><td>火山口</td><td colspan="2">不规则</td></tr>
<tr><td rowspan="5">潜水</td><td>孔隙水</td><td>松散层</td><td rowspan="5">无压或局部低压</td><td rowspan="5">一致</td><td rowspan="5">受当地气象因素影响而敏感变化</td><td colspan="2">层状</td><td>受颗粒级配影响</td><td rowspan="5">较易受污染</td><td rowspan="5">主要为渗入成因</td></tr>
<tr><td>构造裂隙水</td><td>基岩裂隙破碎带</td><td colspan="2">带状<br>层状</td><td>一般水量较小</td></tr>
<tr><td>岩溶水</td><td>碳酸盐溶蚀区</td><td colspan="2">层状<br>脉状</td><td>一般水量较大</td></tr>
<tr><td>多年冻土带水</td><td>冻结层上或层间</td><td colspan="2">不规则</td><td rowspan="2">水量不大</td></tr>
<tr><td>火山活动区</td><td>含气温热水</td><td colspan="2">不规则</td></tr>
<tr><td rowspan="5">承压水</td><td>孔隙水</td><td>松散层</td><td rowspan="5">承压</td><td rowspan="5">不一致</td><td rowspan="5">受当地气象因素影响不显著，水位升降决定于水压传递</td><td>层状</td><td>受颗粒级配影响</td><td rowspan="5">不易受污染</td><td rowspan="5">渗入和构造成因</td><td rowspan="5"></td></tr>
<tr><td>构造裂隙水</td><td>基岩构造盆地、向斜、单斜、断裂</td><td>带状<br>层状</td><td>一般水量较小</td></tr>
<tr><td>岩溶水</td><td>向斜、单斜、岩溶层或构造盆地岩溶</td><td>层状<br>脉状</td><td>一般水量较大</td></tr>
<tr><td>多年冻土带水</td><td>冻层下部</td><td>层状</td><td>水量不大</td></tr>
<tr><td>热矿水</td><td>深断裂或侵入体接触带</td><td>带状<br>脉状</td><td>不规则</td></tr>
</table>

表 3-39　　上层滞水、潜水、承压水的区别

| 特征类型 | 上层滞水 | 潜水 | 承压水 |
| --- | --- | --- | --- |
| 埋藏位置 | 存在于包气带中，局部隔水层以上 | 埋藏于地表以下第一个稳定隔水层以上 | 埋藏在两个隔水层之间的含水层 |
| 水面形态 | 分布范围小，水量少，具有自由水面，没有连续的水面 | 具有自由水面和连续的水面 | 水体承受静水压力，没有自由水面 |
| 分布区、补给区、排泄区的关系 | 分布范围小，补给区为分布区周围较小的区域，四周地势较低的地区和地下成为排泄区 | 分布区与补给区一致（基本地面直接相连，接受地面降水补给） | 分布区、补给区、排泄区大多不一致，补给区往往位于向斜地势较高一侧，排泄区位于向斜地势较低一侧，分布区位于向斜核部 |
| 动态变化 | 水位、水量、水温等直接受周围环境和降水的影响，动态变化大 | 埋藏较深，受周围环境影响稍小，与上层滞水相比动态变化较小 | 埋藏深，受气候、降水等影响小，动态变化小 |

## 二、地下水的物理化学性质

工程中研究水的性质目的在于确定地下水对建筑材料的腐蚀性，以及当利用该水作为饮用水或施工用水时对水质进行评价，并帮助判断含水层的相互联系和水的补给来源。

（一）地下水的物理性质

地下水的物理性质，主要包括颜色、气味、透明度（浑浊度）、温度、密度、导电性和放射性等。

（1）颜色：一般地下水是无色的，但由于水中化学成分以及悬浮杂质含量不同，地下水可呈现不同的颜色，可分为表色和真色，详见表 3-40。

表 3-40　　地下水颜色与存在物质的关系

| 颜色 | 浅蓝 | 浅黄 | 浅绿灰 | 黄褐或锈色 | 翠绿 | 暗红 | 暗黄或灰黑 | 红色 |
| --- | --- | --- | --- | --- | --- | --- | --- | --- |
| 存在物质 | 硬水 | 黏土 | 低价铁 | 高价铁 | 硫化氢 | 锰化合物 | 腐殖酸盐 | 硫细菌 |

（2）气味：一般地下水是无气味的。当地下水含有某些化学成分时有特殊气味。如水中含有硫化氢时有臭蛋味；含亚铁盐较多时有铁腥味；含腐蚀性细菌时有鱼腥味或霉臭味。气味的强弱与温度有关，一般在低温下不易判别，在温度 40℃左右时气味最显著。

（3）透明度（浑浊度）：指由于水体中存在微细分散的悬浮性粒子使透明度降低的程度，主要取决于水中固体和胶体悬浮物的含量。地下水透明度分级见表 3-41。

表 3-41　　地下水透明度分级

| 分级 | 鉴 定 特 征 |
| --- | --- |
| 透明的 | 无悬浮物及胶体，60cm 水深可见 3mm 粗线 |
| 微浊的 | 有少量悬浮物，大于 30cm 水深可见 3mm 粗线 |
| 浑浊的 | 有较多悬浮物，半透明状，小于 30cm 水深可见 3mm 粗线 |
| 极浊的 | 有大量悬浮物或胶体，似乳状，水很浅也不能清楚看见 3mm 粗线 |

（4）温度：地下水温度由于补给来源、地质构造、水位深度、气候以及水文地质等条件不同而变化很大，多年冻土内矿化度高的局部达－5℃，一般埋藏不深的地下水较所在地区年平均气温略高 1～2℃，温泉常达 50℃以上。

（5）密度：地下水质量密度的大小，取决于水中所溶解的盐分和其他物质的含量，弱矿化的地下水的比重通常等于 1。

（6）导电性：地下水的导电性取决于水中电解质的性质和含量，通常以电导率 $K$ 表示。

（7）放射性：地下水放射性取决于水中放射性物质的含量。

（二）地下水的化学性质

地下水的化学性质一般用 pH 值、酸碱度、硬度和矿化度四项指标表示。

（1）pH 值：水溶液中含有 $H^+$ 和 $OH^-$，其中 $H^+$ 的浓度用 pH 值来表示，$pH=-lg(H^+)$，它反映了地下水的酸碱性。地下水按 pH 值分类详见表 3-42。

**表 3-42　　地下水按 pH 值分类**

| 类别 | 强酸性水 | 酸性水 | 弱酸性水 | 中性水 | 弱碱性水 | 碱性水 | 强碱性水 |
|---|---|---|---|---|---|---|---|
| pH 值 | ＜4.0 | 4.0～5.0 | 5.0～6.0 | 6.0～7.5 | 7.5～9.0 | 9.0～10.0 | ＞10.0 |

大多数地下水都具有弱碱性反应，也可见中性反应的水，而在硫化矿、煤田及其他矿区则分布有酸性反应的地下水。

（2）酸碱度：酸度是指强碱滴定水样中的酸至一定 pH 值的碱量；碱度是指强酸滴定水样中的碱至一定 pH 值的酸量。酸碱度一般以单位 mmol/L、me/L 表示。

（3）硬度：地下水的硬度取决于水中 $Ca^{2+}$、$Mg^{2+}$ 和其他金属离子的含量，$Ca^{2+}$、$Mg^{2+}$ 通常以重碳酸盐、硫酸盐、氯化物和硝酸盐等形式存在于天然水中。硬度分为总硬度、暂时硬度和永久硬度。总硬度是指地下水中重碳酸盐、硫酸盐、氯化物和硝酸盐的总含量；暂时硬度是指水煮沸后呈碳酸盐形态的析出量；永久硬度是指水煮沸后留于水中钙盐和镁盐的含量。硬度一般用单位 mmol/L、mg/L、me/L、H°等表示。地下水按硬度分类详见表 3-43。

**表 3-43　　地下水按硬度分类**

| 水的类别 | 极软水 | 软水 | 微硬水 | 硬水 | 极硬水 |
|---|---|---|---|---|---|
| H° | ＜4.2 | 4.2～8.4 | 8.4～16.8 | 16.8～25.2 | ＞25.2 |
| me/L | ＜1.5 | 1.5～3.0 | 3.0～6.0 | 6.0～9.0 | ＞9.0 |
| mg/L | ＜42 | 42～84 | 84～168 | 168～252 | ＞252 |

（4）矿化度：地下水含离子、分子与化合物的总量称为矿化度或总矿化度。矿化度包含了全部的溶解组分和胶体物质，但不包括游离气体。一般以单位 g/L 和 mg/L 表示。地下水按矿化度分类详见表 3-44。

**表 3-44　　地下水按矿化度分类**

| 类别 | 淡水 | 低矿化水（微咸水） | 中矿化水（咸水） | 高矿化水（盐水） | 卤水 |
|---|---|---|---|---|---|
| 矿化度（g/L） | ＜1 | 1～3 | 3～10 | 10～50 | ＞50 |

## 三、地下水水质分析

地下水水分析因目的不同，可分为简分析、全分析、特殊分析和专门分析。输电线路工程中常用的为水质简分析，部分地区（如污染场地）视需要可进行全分析或特殊分析。

地下水腐蚀性分析项目包括 pH、Eh、电导率、溶解氧、酸碱度、硬度、矿化度、游离 $CO_2$、侵蚀性 $CO_2$、$Na^+$、$K^+$、$Ca^{2+}$、$Mg^{2+}$、$NH_4^+$、$Fe^{2+}$、$Fe^{3+}$、$Cl^-$、$SO_4^{2-}$、$HCO_3^-$、$CO_3^{2-}$、$NO_3^-$ 及有机质。

地下水水样的采集必须代表天然条件下的客观水质情况，应采集钻孔、观测孔、生产井和民井、探井（坑）中刚从含水层进来的新鲜水，泉水应在泉口处取样。盛水容器一般应采用带磨口玻璃瓶或塑料瓶（桶），取样前容器必须洗净并及时封口；采样过程中应尽量避免或减轻与大气接触及日光照射，以防样品发生变化；采集完做好采样记录，尽快送检。

水试样的采集数量应符合以下规定：

（1）简分析：每组水试样数量为 1000mL，其中 500mL 水试样内加大理石粉或分析纯碳酸钙粉

(2～3g)，以确定侵蚀 $CO_2$的含量。

(2) 全分析：每组水试样数量为2500～3000mL，其中500mL水试样内加大理石粉或分析纯碳酸钙粉（2～3g）；如水质较浑浊，应适量增加取水量，待沉淀后进行测定分析。

水试样应及时试验，清洁水放置时间不宜超过72h，稍受污染的水不宜超过48h，受污染的水不宜超过12h。

水对建筑材料的腐蚀性可分为微、弱、中、强四个等级，输电线路工程中通常关注水对混凝土结构以及水对钢筋混凝土结构中钢筋的腐蚀性评价结果。水对混凝土结构的腐蚀性应按环境类型和地层渗透性分别评价，当腐蚀等级中只出现弱腐蚀而无中等腐蚀或强腐蚀时，应综合评价为弱腐蚀；当腐蚀等级中无强腐蚀且最高为中等腐蚀或时，应综合评价为中等腐蚀；当腐蚀等级有一个或一个以上为强腐蚀时，应综合评价为强腐蚀。水对钢筋混凝土结构中钢筋的腐蚀性评价，主要考虑水中 $Cl^-$ 含量，按照长期浸水和干湿交替两种工况分别评价。

地下水对建筑材料的腐蚀性评价方法和判定标准，详见国家标准GB 50021《岩土工程勘察规范》相关内容；水对建筑材料腐蚀的防护，详见国家标准GB 50046《工业建筑防腐蚀设计规范》的相关规定。

## 四、线路工程地下水评价

### （一）地下水位和变幅

线路工程为带状工程，往往跨越多个地貌和水文地质单元，地下水的性质和埋深变化较大，因此应根据地貌类型和场地条件进行分段评价。考虑到地下水的年际变化，一般采用调查访问和现场钻探相结合的手段，综合确定地下水埋深。调查的对象主要是线路沿线民用水井以及对住户进行调研，了解沿线的地下水埋深以及水位受季节影响的变幅；现场勘测是在钻孔中量取初见水位和稳定水位。稳定水位的时间间隔按地层的渗透性确定，对砂土和碎石土不少于0.5h，对粉土和黏性土不少于8h，并宜在勘测结束后统一量测稳定水位。地下水恢复到天然状态的时间长短因地层渗透性差异而不同。采用泥浆护壁钻进时，受孔内泥浆的影响，应在钻探结束后及时洗孔，待水位稳定后再量测水位。

鉴于地下水受补给与排泄条件影响，枯水期、平水期和丰水期水位可能各不相同，工程勘测期间采集的地下水埋深数据代表性有限，因此应考虑水位的年变幅影响。地下水的年水位变幅是指实测年度最高水位与年度最低水位之差。一般通过调研收资，确定区域地下水年变幅数据。

### （二）上层滞水影响

平原地区线路工程基础施工往往受到地下水影响，某些地区勘测过程中揭露的地下水位远大于基础埋深，但施工中依然可能出现地下水集聚现象，个别情况下水量较大，形成“水坑”或“泥水坑”，这主要是受到上层滞水的影响。从形成原因上分析，上层滞水是存在于包气带中局部隔水层或弱透水层之上的重力水，它的形成是在大面积透水的水平或缓倾斜岩层中，有相对隔水层，以降水或其他方式补给的地下水向下部渗透过程中，因受隔水层的阻隔而滞留、聚集于隔水层之上，形成上层滞水；其水量一般不大，具有季节性特点，受补给条件制约很大。一般情况下，可忽略上层滞水对基础抗浮设计的影响，但应考虑基础施工降排水费用。

### （三）基岩裂隙水影响

基岩裂隙水由风化裂隙水和构造裂隙水组成。其中风化裂隙多局限于地表，规模不大，分布不规则，发育程度随深度减弱；构造裂隙与地质构造伴生，一般延伸较长、较深，且有规律，可切穿不同岩层。在自然状态下，风化裂隙和构造裂隙相沟通，接收大气降水的渗入补给或通过覆盖层接受渗透补给，形成具有储水能力和透水能力的、具有统一水位的基岩裂隙含水系统。

基岩裂隙水具有以下特征：

(1) 基岩裂隙水多数情况下具有承压性和潜承混合性；

(2) 基岩裂隙水的水力坡度、空间分布及渗流状态具有不确定性；

(3) 在微地貌上，基岩裂隙水的水位变化和渗透性各向异性，且差异很大。

# 第五节 地 震 作 用

## 一、地震基本知识

（一）地震的一般概念

当地球内部使岩层变形的应力缓慢累积到超过该处强度并造成其错断，能量以波的形式向四周集中释放时引起的地面震动，称为地震。此类地震也叫构造地震，约占全球地震总数的90%，其破坏性最大，影响范围也最广。地震要素示意图见图3-6。

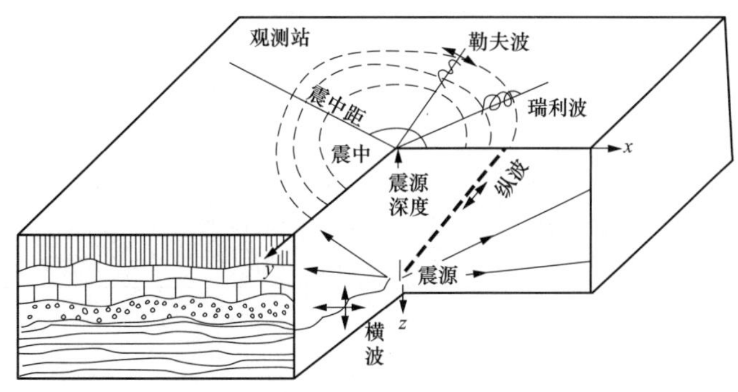


图3-6 地震要素示意图

（1）震源：地球内部发生地震的地方。

（2）震中：震源在地球表面上的投影点。

（3）震中距：地面上任何一个地方或地震观测台站到震中的直线距离。

（4）震中区：震中附近的地区。强烈地震时破坏最严重的地区称为极震区。

（5）震源深度：从震源到地面的垂直距离。

（6）地震波：地震引起的从震源向各个方向传播的振动波。地震波是一种弹性波，根据波动位置和形式分为体波和面波。

（7）震级：地震震源释放出能量大小的一种量度，可表示地震本身强度大小的等级。常用的里氏震级是由观测点处地震仪所记录到的地震波最大振幅的常用对数演算而来。

（8）地震烈度：是对地震时地表和地表建筑物遭受影响和破坏的强烈程度的一种量度。

（二）地震的分类

（1）按震源深度分类见表3-45。

**表3-45　　地震按震源深度分类**

| 类　　型 | 震源深度（km） |
|---|---|
| 浅源地震 | 0～70 |
| 中源地震 | 70～300 |
| 深源地震 | ＞300 |

（2）按震级分类见表3-46。

**表3-46　　地震按震级分类**

| 类　　型 | 震级 $M$ |
|---|---|
| 特大地震 | ≥8 |
| 大震 | ≥7 |

续表

| 类　型 | 震级 $M$ |
|---|---|
| 强震 | $6 \leqslant M < 7$ |
| 中震 | $4.5 \leqslant M < 6$ |
| 小震 | $3 \leqslant M < 4.5$ |
| 微震 | $1 \leqslant M < 3$ |

（3）按地震成因分类见表 3-47。

**表 3-47　　地震按成因分类**

| 类　型 | 成因及主要特征 |
|---|---|
| 构造地震 | 由地壳断裂构造运动引起，是最普通、最重要的一种地震 |
| 火山地震 | 由火山爆发引起的局部地震，影响范围不大，发生频次较少 |
| 冲击（陷落）地震 | 由石灰岩地区和矿山采空区等因地块陷落引起的小范围地震 |
| 人工诱发地震 | 由水库蓄水或向地下大量灌水、注水、润滑和压缩地下可能存在的构造破碎带，或地下爆破对地壳产生强烈冲击，诱发构造应力释放引起的地震，多发生在水库和爆炸点地区，小震多，震源浅 |

（三）线路工程中常用的地震动参数

架空输电线路工程勘测中通常根据地震区划图提供地震动参数。

（1）抗震设防烈度：按国家规定的权限批准作为一个地区抗震设防依据的地震烈度，一般情况下取 50 年内超越概率 10%的地震烈度。

（2）设计基本地震加速度：指 50 年设计基准期超越概率 10%的地震加速度的设计取值。

抗震设防烈度和设计基本地震加速度的对应关系详见表 3-48。

**表 3-48　　抗震设防烈度和设计基本地震加速度值的对应关系**

| 抗震设防烈度 | 6 | 7 | 8 | 9 |
|---|---|---|---|---|
| 设计基本地震加速度值 | 0.05$g$ | 0.10（0.15）$g$ | 0.20（0.30）$g$ | 0.40$g$ |

**注**　$g$ 为重力加速度。

## 二、地震对输电线路基础的影响

（一）地震对杆塔基础的影响

强烈地震时地震波产生的地震力会对途径震区的线路基础产生严重破坏，破坏形式主要有以下几种：

（1）地面破裂：强震将导致岩土体的突然破裂和位移，产生断层和地裂缝，从而引起杆塔基础变形、失稳和破坏。

（2）地基变形和不均匀沉降：地震使松散地基压密下沉，产生砂土液化、淤泥流塑变形等，引起地基沉陷和变形，导致杆塔基础破坏。

（3）次生地质灾害：当强烈地震发生时，往往会产生地震次生地质灾害，并引发崩塌、滑坡、泥石流及喷砂冒水等现象，从而导致杆塔基础失稳、破坏。

（二）地震区选线

在复杂的区域地质构造背景下，线路路径及塔位选择时，应合理利用地形地貌条件并考虑地震地质作用，减小或避免地震作用对线路基础稳定性的影响。

（1）加强区域地质及地震地质资料的搜集，研究区域构造、断裂的展布方向，特别是对活动性断裂的方向、上下盘、断裂带的宽度及地震历史活动性等方面进行分析。

（2）线路路径应大角度穿越活动断裂及断裂破碎带，尽量减小断裂及地震活动对线路塔位的安全影响。

（3）当路径受规划条件限制，部分线路路径与断裂平行走线时，则应优先考虑路径选择在活动断裂的下盘，避免选择在活动断裂破碎带中。

（三）立塔位置选择

根据行业经验及西南地区震害调查结果，在条状突出的山嘴、高耸独立的山丘、非岩质的陡坡、软弱土、液化土等抗震不利地段导致的地震地质灾害往往发育严重。而稳定的基岩边坡、开阔平坦的场地及密实的地基土等抗震有利地段则地震危害较小。

（1）灾害发育与地形和微地貌的关系。地震引起的崩塌和滑坡灾害的发生部位往往具有选择性，通常发生在对地震波有明显放大效应的部位，如单薄山脊、多面临空孤立山体以及河谷中上部坡型转折部位等地段，开阔平坦场地震害明显较少。线路定位时选取立塔位置应考虑上述因素。

（2）地震灾害发育与地基土的关系。地震灾害发育程度取决于地基土的类型及地下水埋藏条件。通常来说软土的震害大于硬土，土体的震害大于基岩；松散沉积物厚度越大，震害越大，软弱土层埋藏愈浅、厚度愈大，震害愈大；地下水埋深越小，震害越大。同时地基的液化将对地基土承载力有较大的降低，在地震作用下可能产生地基不均匀沉降或基础位移，从而导致铁塔基础变形，因此勘测设计时应对饱和砂土地基土进行液化判定，并采取必要的处理措施。

（四）场地地震效应判定

输电线路工程场地的地震效应判别主要包括饱和砂土（粉土）液化以及地基土震陷判定两部分。

（1）饱和砂土（粉土）液化判别。

①220kV 及以下架空输电线路：对抗震设防烈度不小于 7 度地区的大跨越杆塔基础，8、9 度地区的耐张型转角塔基础，应判定埋深在 15m 或 20m 深度内饱和砂土、粉土液化的可能性。

②330～750kV 架空输电线路：对 50 年超越概率 10%的地震动峰值加速度不小于 0.10$g$ 或地震基本烈度≥7 度地区的跨越塔、终端塔，或 50 年超越概率 10%的地震动峰值加速度不小于 0.20$g$ 或抗震设防烈度≥8 度地区的转角塔，当塔基下分布有饱和砂土、粉土时，应进行地震液化判别。

③800kV 及以上架空输电线路：抗震设防烈度≥7 度地区的输电线路，当塔基下分布有饱和砂土、粉土时，应进行地震液化判别。

（2）地基土震陷判别。

1000kV 架空输电线路经过抗震设防烈度≥7 度的厚层软土分布区，宜判别软土震陷的可能性，并宜估算震陷量。

## 三、地震地质

（一）断裂的地震工程分类

（1）全新活动断裂。

全新活动断裂为在全新地质时期（10 000 年）内有过地震活动或近期正在活动，在今后 100 年可能继续活动的断裂。全新活动断裂中、近期（近 500 年来）发生过地震震级 $M$≥5 级的断裂，或在今后 100 年内，可能发生 $M$≥5 级的断裂定为发震断裂。而非活动断裂为 10 000 年前活动过，10 000 年以来没有发生过活动的断裂。全新活动断裂分级见表 3-49。

（2）发震断裂。

全新活动断裂中，近期（500 年以来）发生过地震且震级 $M$≥5 的断裂，或者在今后 100 年内，可能发生 $M$≥5 级的断裂，可定为发震断裂。

（3）非全新活动断裂。

一万年以前活动过、一万年以来没有发生过活动的断裂称为非全新活动断裂。

表 3-49　　全新活动断裂分级

| 断裂分级 \ 指标 | | 活动性 | 平均活动速率 $v$(mm/a) | 历史地震震级 $M$ |
|---|---|---|---|---|
| Ⅰ | 强烈全新活动断裂 | 中晚更新世以来有活动，全新世活动强烈 | $v>1$ | $M\geqslant7$ |
| Ⅱ | 中等全新活动断裂 | 中晚更新世以来有活动，全新世活动较强烈 | $1\geqslant v>0.1$ | $7>M\geqslant6$ |
| Ⅲ | 微弱全新活动断裂 | 全新世有微弱活动 | $v<0.1$ | $M<6$ |

（二）活动断裂的判别特征

（1）中更新统以来的第四系地层中发现有断裂（错动）或与断裂有关的伴生褶皱。

（2）断裂带中的侵入岩，其绝对年龄新或对现场新地层有扰动或接触烘烤剧烈。

（3）在实际工作中遇到上述两条有充分依据来判断活动断裂的情况是不多见的，可寻找一些间接地质现象作为判断的佐证。如活动断裂常表现在山区和平原上有长距离的平滑分界线；沿分界线常有沼泽地、芦苇地呈串珠状分布；泉水呈线状分布，有的泉水有温度升高和矿化度明显增大的现象；有的在地表有一定规律的形态完整的构造地裂缝；有的在断层面上表现为新的擦痕叠加在有不同矿化现象的老擦痕之上。另外，由断层新活动引起河流横向迁移、阶地发育不对称、河流袭夺，河流一侧出现大规模滑坡，文化遗迹的变位遗迹植被被不正常干扰等也是断裂活动的特征。

（三）活动断裂对输电线路的影响

架空输电线路对地表轻微变形的适应性较强，但同电缆线路一样，架空线路的杆塔不能立于活动断裂影响范围之内，全新活动断裂破碎带不应设立塔位及电缆线路。目前，输电线路工程一般不进行断裂专门勘测，以收集分析已有资料为主，结合工程地质调查测绘和物探、遥感手段，在可行性研究阶段查明断裂的位置、类型和活动性，评价断裂对线路的影响。对影响杆塔稳定的全新活动断裂应进行避让处理，对于非全新活动断裂，可不采取避让措施，当断裂埋藏较浅，破碎带发育时可按不均匀地基处理。

# 第四章　输电线路岩土工程勘测基础知识

岩土工程勘测是指采用各种勘测手段和方法，对建筑场地的工程地质条件进行调查研究与分析评价的活动。岩土工程勘测的基本任务有两项：查明工程地质条件；解决岩土工程问题或者提出解决方案。

架空输电线路勘测应按基本建设工程程序分阶段进行，勘测阶段划分应与设计阶段相适应，可分为可行性研究（简称可研）、初步设计（简称初设）和施工图设计（简称施工图）三个阶段，必要时应进行施工勘测。

## 第一节　勘　测　概　述

### 一、勘测任务与依据

（一）勘测任务

可研应为论证拟选线路路径的可行性与适宜性提供所需的岩土工程勘测资料。初设阶段应为选定线路路径方案、确定重要跨越段及地基基础初步方案提供所需的岩土工程勘测资料，符合初设的要求。施工图应为定线和杆塔定位、并针对具体杆塔的基础设计及其环境整治提供岩土工程勘测资料；为设计、施工提出岩土工程建议。各勘测阶段具体的勘测任务可参见相应电压等级的勘测规范。

（二）勘测任务依据

岩土工程勘测应符合现行的法律、法规、规章制度、规范、企业标准等方面的规定。勘测任务书和各类规范是岩土工程勘测的主要依据，执行的主要规范如下所示：

（1）GB 50741《1000kV 架空输电线路勘测规范》。

（2）GB 50548《330kV～750kV 架空输电线路勘测规范》。

（3）GB 50545《110kV～750kV 架空输电线路设计规范》。

（4）GB 50021《岩土工程勘察规范》。

（5）GB 50007《建筑地基基础设计规范》。

（6）GB 50011《建筑抗震设计规范》。

（7）GB 50330《建筑边坡工程技术规范》。

（8）GB 1044《煤矿采空区岩土工程勘察规范》。

（9）DL/T 5076《220kV 及以下架空送电线路勘测技术规程》。

（10）DL/T 50496《架空送电线路大跨越工程勘测技术规程》。

（11）DL/T 5219《架空输电线路基础设计技术规程》。

（12）DL/T 5217《220kV～500kV 紧凑型架空输电线路设计技术规程》。

（13）DL/T 5104《电力工程工程地质测绘技术规程》。

（14）DL/T 5492《电力工程遥感调查技术规程》。

（15）DL/T 5159《电力工程物探技术规程》。

（16）JGJ 94《建筑桩基技术规范》。

### 二、勘测流程与实施

（一）勘测流程

输电线路工程建设是复杂的系统工程，需建设方、勘测设计方和施工方依据基本建设工程程序，有步骤分阶段地完成。本节所称的勘测流程是假定勘测设计方（一般是电力设计院）已经接受了建设方的委托，启动了勘察设计工作之后的流程，如表 4-1 所示。

**表 4-1　　岩土工程勘测总流程**

| 序号 | 流　程 | 说　明 |
|---|---|---|
| 1 | 下达勘测任务 | 结构或电气专业依据规范和业主要求下达勘测任务书；勘测任务书应至少包括工程位置、设计条件、特殊要求和计划工期等 |
| 2 | 接受勘测任务 | 岩土专业接到勘测任务后，应分析任务和可执行性，如不可执行应和任务下达专业协商 |
| 3 | 技术主管进行技术指导 | 技术主管对勘察重点、勘探手段和技术方案等做出针对性指导 |
| 4 | 编写勘察大纲 | 依据勘察任务和技术主管的指导编写勘察大纲；勘察大纲应至少包括初步工程地质条件、勘察重点、技术方案、作业方案、人员组成、设备投入、质量控制、环境保护、安全管理等方面的内容 |
| 5 | 下达勘测专业间勘测任务 | 根据勘测大纲确定的技术方案，向测量、土工试验等专业下达勘测专业间勘测任务 |
| 6 | 野外作业 | 按勘测大纲的规定开展野外作业；如果出现了勘察大纲不能调整的情况，应向技术主管汇报并调整或补充勘察大纲 |
| 7 | 中间检查 | 技术主管现场检查勘察工作；中间检查不是必须的，可根据工程地质条件复杂程度、工程重要性等因素适时合理安排 |
| 8 | 离场工作 | 野外作业结束需完成工程汇报等工作 |
| 9 | 岩土工程勘察报告编写 | 依据相关规范和工程经验编写岩土工程勘察报告 |
| 10 | 岩土工程勘察报告校核与出版 | 报告校核 |
| 11 | 参与工程审查 | 参加工程的各种审查会，并根据审查会的意见修改或升版岩土工程勘察报告 |

表 4-1 所示流程为典型的全流程，实际的勘测流程可以根据实际情况简化与合并。

### （二）勘测大纲编写

#### 1. 编写要点

勘测大纲是开展勘察工作的依据，应依据勘测设计单位的质量管理体系编制。勘察大纲编写的总体思路：首先应说明工程基本信息，收集工程地质条件及与勘察工作相关的其他信息；其次应结合设计条件和工程地质条件分析可能的主要岩土工程问题；再次提出如何解决问题的技术方案；然后依据技术方案，如何组织人、财和物去实施技术方案；最后得到勘察成果，编写岩土工程勘测报告。一般情况下应至少包括表 4-2 所示的内容。

**表 4-2　　勘测大纲编写要点一览表**

| 序号 | 项　目 | 主　要　内　容 |
|---|---|---|
| 1 | 前言 | 任务来源、工程名称、工程编号、勘察阶段、工程所在行政区域、设计条件、设计特殊要求、勘测任务 |
| 2 | 工程地质条件 | 地形地貌、地层岩性、地质构造、地震与地震动参数、地下水、不良地质作用与地质灾害等工程地质条件和人类活动；人类活动可以改变工程地质条件 |
| 3 | 主要岩土工程问题 | 结合具体工程和勘察阶段分析总结具有针对性的岩土工程问题 |
| 4 | 技术方案 | 用什么样的手段去完成勘察任务 |
| 5 | 勘探工作布置与勘探工作量 | 工程区域的前期工程程度；依据技术方案提出勘探工作布置原则，采用的勘探手段，布置勘探工作 |
| 6 | 作业方案 | 实施技术方案的具体措施与步骤；人员组成；进度控制；勘察成果计划 |
| 7 | 质量控制 | 贯彻执行单位的质量管理体系的具体措施与步骤 |
| 8 | 环境保护与安全管理 | 贯彻执行单位的环境保护与安全管理体系的具体措施与步骤 |

#### 2. 技术方案

（1）可研与初设。

可研与初设的勘察对象均为路径，技术方案可从三方面考虑：以资料收集和工程地质调查为主，在常规勘测无法确定路径可行性时，特殊问题应启动专题研究，按规范规定启动相应路径段的专项勘察；提出冻土区、黄土区、盐渍土等特殊性岩土区在初设开展专题研究的建议；根据 GB 50548《330kV～750kV 架空输电线路勘测规范》第 3.2.3 条，采空区移动盆地活动地带、岩溶强烈发育地带、滑坡地带、缺少建设经验的沙漠地带、泥石流发育地带、多年冻土分布地带、其他需要进行专项勘察的地带应启动专项勘察。

专项勘察与专题研究有所不同：专项勘察是提高勘测精度，达到常规勘测无法达到的精度；专题研究则是无法采用现有成熟科学技术对工程场地建设适宜性进行评价，需专家专门论证并得出结论。

（2）施工图。

施工图阶段的勘察对象是杆塔场地，技术方案可从以下方面来考虑。

1）评价塔位稳定性：室内选位、现场选线与定位等各勘测阶段均应进行塔位稳定性分析评价。

2）查明地基条件：综合采用工程地质调查或测绘、工程钻探、小麻花钻探、洛阳铲、探井、工程物探、标准贯入试验、重型动力触探、静力触探等勘探与原位测试手段以查明地基条件。

3）建议岩土参数：结合室内试验数据、原位测试成果和工程经验提出岩土参数建议值。

4）调查地下水：通过工程地质调查、工程钻探等勘勘探手段查明地下水状态。

5）查明水、土腐蚀性：采用室内试验、视电阻率测试等勘探手段查明水、土腐蚀性。

6）评价地震效应：按规范进行地震效应分析评价。

7）建议地基基础方案：建议与工程地质条件和当地施工条件相适应的地基基础方案。

8）建议工程措施：提出塔位弃土处理、坡面平顺等工程措施建议。

3. 勘探工作布置原则与手段选择原则

勘探工作布置的基本原则有：应满足相应电压等级不同勘测阶段的深度；应满足设计要求；应满足岩土工程分析评价的需要。勘探手段的选择应满足：勘探方法与地层条件相适应；不同区域采用不同的勘测方法；特殊岩土区可采用特定的勘测方法；应采用综合勘探方法。

（三）组织实施

依据勘察大纲组织实施勘察，可按下顺序开展工作：

（1）工程启动会：工程队出发前，由生产领导召开工程启动会，学习勘察大纲，明确环境保护、安全管理等野外工作时需注意的事项。

（2）野外工作：工程队按勘测大纲确定的作业方案开展野外工作。如果发现勘察大纲未预计到的情况未及时汇报，经技术主管批准后，调整或修改勘察大纲。

（3）中间检查：技术主管或生产管理领导到达工地现场进行质量、技术、生产和安全等各方面的检查。工程队根据检查意见，调整作业方案，执行检查意见。

（4）离场工作：工程队离开工地前需要完成的一系列工作，如能否离场的请示，工程地质条件是否查明的检查等。岩土工程勘察包括了查明条件和评价问题两大部分，查明条件必须在现场完成。查明条件的工作完成后，工程队才能撤离现场。

不同单位的组织实施流程不完全相同，以上所述适用于一般情况。

（四）质量控制

质量控制应贯穿于岩土工程勘察的全过程，可分为“事前指导”“事中控制”和“事后检查”三部分。质量控制应执行单位的质量管理体系文件，各单位的质量管理体系有所不同，本节不展开论述。

## 三、岩土工程勘察报告编写

岩土工程勘察报告是指在原始资料的基础上，进行整理、分析、归纳、综合、评价，提出工程建议，形成为工程建设服务的勘察文件，一般由文字报告、图表以及必要的附件组成。

如何编制岩土工程勘察报告，详见本手册第五章。

## 第二节　各勘测阶段的主要工作内容和手段

### 一、可行性研究阶段

（一）勘察任务

(1) 了解工程背景情况：接受勘察任务书，搜集或取得地形图、设计条件等与工程相关的各种资料。

(2) 调查工程地质条件：调查地形地貌、地层岩性、地质构造、地下水、不良地质作用与地质灾害等工程地质条件及可改变工程地质条件的人类活动等。

(3) 推荐最优路径：在分析判断各路径可行性的基础之上，从岩土专业角度推荐最优路径。

(4) 启动专项勘察或专题研究：必要时应启动专项勘察或专题研究。

（二）勘察内容

可行性研究阶段应调查工程地质条件及其可能改变工程地质条件的相关内容，具体内容如下所示。

1. 工程地质条件要素

(1) 地形地貌：山地区主要调查地貌类型、主要地貌单元、海拔、地形起伏状态、地形坡度、水系与山系分布状态、有无地形狭窄区分布；平地区主要调查河流水系分布状态、古（故）河道、鱼塘等人工地貌分布状态与范围等。

(2) 地层岩性：山地区主要调查地质时代、成因类型、第四系土层厚度、岩体风化样式、岩体风化分带厚度、岩体完整性、岩石坚硬度、可溶性岩石分布范围、含重要矿产地层分布及其与路径方案的相对关系；平地区主要调查第四系土层成因类型、时代、液化土分布范围、软土分布范围、土层颗粒组成的竖向变化（主要指黏性土与砂土是否存在交替沉积）。

(3) 地质构造：构造类型、构造线展布方向、构造与山系和水系的相互关系、构造线与路径的相对关系。

(4) 地震及地震动参数：地震基本情况、地震动基本加速度等地震动参数。

(5) 地下水：地下水类型、地下水类型与地貌单元之间的相关性、地下水位埋深、水腐蚀性、地下水补给径流与排泄条件（注意工矿企业等人类活动对地下水状态的影响调查，排污水可能改变地下水的腐蚀性）；平地区还应调查是否存在多层地下水和承压水。

(6) 特殊性岩土：黄土、冻土、污染土、膨胀土、残积土等特殊性的分布位置及其特殊性。

(7) 不良地质作用与地质灾害：不良地质作用与地质灾害的类型、分布位置（高程与平面位置）、发育规律、是否成片分布。

2. 可能改变工程地质条件的因素

(1) 植被：植被类型与覆盖情况、破坏后果。

(2) 人类活动：道路建设、矿山开采、水电站与水库建设、工业与生活排污、村民修房建屋、鱼虾饲养等人类活动的类型与活动强度。

3. 重点调查路径段

斜坡地质灾害成片发育、泥石流发育区、采空区、岩溶区、地形狭窄区、交叉跨越点、进线段、出线段等路径成立与否有颠覆性影响的地段应重点调查，一般应进行实地现场调查，而不仅限于资料收集。

（三）勘察手段

可行研究阶段的勘察手段以工程地质调查为主。根据 DL/T 5104《电力工程工程地质测绘技术规程》，工程地质调查是指运用地质学和工程地质学原理，通过野外踏勘和资料收集，了解建设场地及附近区域的工程地质条件的勘测活动。资料收集则包括室内与现场收集两部分。

可行研究阶段应收集哪些资料，相应电压等级的勘察规范均做了规定，不一一引用相关规定。一般来说，应至少收集：工程信息与设计条件、区域地质图、地质灾害、相邻工程勘测成果、路径穿越区已有影像图或公共影像图等。

野外踏勘包括现场资料收集、代表性路径段调查、重点路径段调查、专业协同工作、必要勘探和取试样六项工作。六项工作应动态交叉进行，确定顺序的原则是对路径方案越有颠覆性影响的工作越应优先进行。

## 二、初步设计阶段

### （一）勘察任务

初步设计阶段的勘察任务与可行性研究阶段没有本质的区别，在勘察深度上有所区别：制约性路径段潜在杆塔场地应具体落实；地基条件与地基基础方案的论述更为详尽；完成专项勘察和专题研究；必要时，制约性路径段可做编译工程地质图。根据 DL/T 5104《电力工程工程地质测绘技术规程》第 2.0.9 条：编译工程地质图是指通过转绘区域地质图和野外复核工程地质条件而形成的工程地质图。

### （二）勘察内容

初步设计阶段的勘察内容与可行性研究阶段基本一样，可在以下方面做进一步的深化勘察。

（1）地形地貌：调查潜在塔位处的主要地貌单元类型。

（2）地层岩性：山地区应分地层岩性段调查：第四系土层厚度、强风化带岩体厚度、岩体完整程度和岩石坚硬度。平地区应进一步了解地层结构组成及其垂向变化。

（3）不良地质作用与地质灾害：以潜在塔位为焦点，调查潜在塔位与不良地质作用与地质灾害之间的相对关系，明确路径穿越不良地质作用与地质灾害区的具体方式。

（4）地下水：分工程地质条件段调查地下水类型与腐蚀性、补给径流与排泄条件、地下水位埋深与变化幅度，平地区尤其应注意地下水各项调查内容的准确性。

（5）人类活动：以潜在塔位为焦点，调查人类活动与潜在塔位的相对关系，分析人类活动对潜在塔位的影响。地震、降雨和人类活动是最常见的改变工程地质条件的因素，人类活动又是其中最剧烈、最没有规律的改变因素。

（6）大地导电率：根据勘测任务书要求测试大地导电率。

### （三）勘察手段

初步设计阶段的勘察手段仍然以工程地质调查为主，对制约段路径段或代表性路径段应布置适量的工程钻探、探井等适量的勘探工作，尤其是平地区应布置适量的工程钻探或静力触探以了解路径通过区域的地层结构。

## 三、施工图设计阶段

### （一）勘察任务

施工图阶段的勘察对象是杆塔场地，至少应包括以下八项勘察任务：

（1）杆塔场地选择与稳定性评价：选择场地稳定、地基条件好、易于整治的位置为杆塔场地。

（2）查明地基条件：应包括查明地层结构和地基岩土的物理力学性质等两方面内容，其勘察精度满足地基强度和变形评价即可。

（3）查明地下水与水（土）腐蚀性评价：查明地下水类型、埋藏条件、水位埋深及其变幅等基本信息，评价水、土腐蚀性。

（4）提供岩土参数：逐基提供岩土物理力学参数建议值。

（5）建议地基基础方案：应依据设计条件、地基条件、地下水条件和可行施工方案等因素做出。

（6）工程措施建议：依据设计条件、当地工程经验、施工水平等提出有针对性和可操作性的工程措施建议。

(7) 施工及运行阶段注意事项：岩土工程勘察成果中应对每基杆塔场地在施工和运行期间可能出现的岩土工程问题做出预测性评价。

(8) 地震效应评价及其他岩土工程问题评价：对位于特殊地质条件和特殊岩土区的杆塔存在的特殊岩土工程问题做出评价。地震效应评价应满足相应规范的要求。

(二) 勘察内容

1. 一般区域

平原河谷区、山地丘陵区、戈壁沙漠地区、深切峡谷区等区域的主要勘察内容如表 4-3 所示。

表 4-3　常规区域勘察内容一览表

| 区域 | 勘察内容 | 说　明 |
|---|---|---|
| 平原河谷区 | 塔位选择与稳定性评价 | 平原河谷区的塔位稳定性问题一般不突出，塔位选择主要考虑地基条件。河流变迁、河岸破坏、古（故）湖泊分布、人工地貌的形成与变化、人类活动等是塔位选择时应考虑的主要因素 |
| | 查明地基条件 | 平原区可采用工程钻探、静力触探等勘探与原位测试手段查明地层条件<br>河谷区有天然地层剖面露头，地层结构可依据天然地层剖面露头进行推断，必要时采用工程钻探或工程物探查明 |
| | 查明地下水与水（土）腐蚀性评价 | 地下水应查明地下水类型、埋深、水位变幅等基本信息。应选择代表性地段取水、土试样完成腐蚀性试验 |
| | 建议地基基础方案 | 主要依据地基条件、地震液化情况与地下水建议地基基础方案。地基条件好、地震液化不严重、地下水埋藏深度大，可采用板式基础，反之则宜采用桩基 |
| | 建议工程措施 | 根据确定的地基基础方案建议工程措施，主要是基坑工程问题 |
| | 施工及运行阶段注意事项 | 施工主要应注意地下水对施工的影响，如基坑边坡稳定性、抽（排）地下水对相邻建（构）筑物的影响。运行阶段主要注意强烈人类活动可能对杆塔运行的影响 |
| 山地丘陵区 | 塔位选择与稳定性评价 | 选择塔位稳定且不受环境区域地质灾害影响的塔位 |
| | 查明地基条件 | 基岩裸露场地：重点在于查明岩体完整程度、岩体风化程度和岩石坚硬程度，其中岩体风化程度又是重点中的重点。<br>第四系土层覆盖场地：应查明第四系覆盖层厚度与工程特性，勘探深度应满足基础设计要求，当基岩面埋藏较深时应按平原河谷区的要求确定勘探深度 |
| | 查明地下水与水（土）腐蚀性评价 | 地下水应查明地下水类型、埋深、水位变幅等基本信息。应选择代表性地段取水、土试样完成腐蚀性试验 |
| | 建议地基基础方案 | 应建议少扰动塔位和环境地质的地基基础方案，宜采用原状土基础，不宜采用板式基础 |
| | 建议工程措施 | 可根据实际条件比较采用（排）水沟、堡坎与挡墙、主（被）动防护网、锚固和抗滑桩等工程措施；工程措施应慎用 |
| | 施工及运行阶段注意事项 | 施工时应注意：边坡开挖应严格执行“逆作法”；宜采用控制性爆破措施；尽量不破坏植被；弃土应严格照图施工。<br>运行时应注意：塔位附近的河岸边坡和冲沟沟壁边坡的变化情况；公路、铁路等道路的改（扩）建对邻近塔位的影响；地表与地下矿山开采对塔位的影响 |
| 戈壁沙漠地区 | 塔位选择与稳定性评价 | 工程地质条件的动态变化和盐渍土分布是戈壁沙漠区与其他区域之间重要不同；应优先选择工程地质条件不变化或变化小、盐渍化程度较弱的地段 |
| | 查明地基条件 | 戈壁沙漠区查明地基条件的方法与手段与平原河谷区类似，唯一区别就是戈壁沙漠区缺水，从而限制了工程钻探的适用性，可更多地采用动力触探、静力触探等原位测试方法和探井 |
| | 查明地下水与水（土）腐蚀性评价 | 应选择代表性地段取水、土试样完成腐蚀性试验，盐渍土区应适当加密取样 |
| | 建议地基基础方案 | 戈壁沙漠区的地基基础方案建议除了考虑一般条件外，还应考虑施工用水问题，宜优先采用施工用水少的地基基础方案。戈壁宜采用原状土地基，沙漠区可采用板式基础、桩基或装配式基础 |

续表

| 区域 | 勘察内容 | 说　明 |
|---|---|---|
| 戈壁沙漠地区 | 建议工程措施 | 沙漠区的工程措施可分为“防风”与“固沙”两类。“防风”是降低风作用对塔位的影响，“固沙”则是提高塔位抗风的能力。“防风固沙”措施有：“草方格”固沙；以碎石、土工材料等置换沙以提高沙土的抗风蚀能力；地表覆盖砾石、草皮等材料以防风蚀等 |
| | 施工及运行阶段注意事项 | 施工期间：基坑开挖安全性；地下水水位埋深及其变化。<br>运行期间：注意风蚀作用对塔位的影响；“防风固沙”工程是否受到了破坏；沙丘等移动情况 |
| 深切峡谷区 | 塔位选择与稳定性评价 | 应选择工程地质条件较好且不容易改变的一侧斜坡走线，塔位宜选择基岩地段，应考虑塔位建设下对下方塔位和公路等工程设施的长期影响 |
| | 查明地基条件 | 与山地丘陵区相同 |
| | 查明地下水与水（土）腐蚀性评价 | 与山地丘陵区相同 |
| | 建议地基基础方案 | 山地丘陵区基本相同，宜优先建议桩基础 |
| | 建议工程措施 | 不宜采用（排）水沟、堡坎与挡墙等辅助工程措施，而应建议尽可能恢复原地质环境 |
| | 施工及运行阶段注意事项 | 与山地丘陵区相同 |

2. 特殊地质条件

特殊地质条件是指岩溶与洞穴、滑坡、崩塌与倒石堆、冲沟、泥石流、地震液化与采空区等。

3. 特殊岩土

特殊岩土是指湿陷性黄土、冻土、软土、膨胀土、红黏土、填土、风化岩与残积土、盐渍土和混合土等。

（三）勘察手段

1. 勘探流程

施工图岩土工程勘察可分成图上选线、现场选线、定位、资料整理和勘察成果提供等五个小阶段，位于不同区域的线路工程可适当简化或合并流程。

（1）图上选线：配合电气专业完成在影像图、地形图等图件上的选线工作，岩土专业应于基于初设勘察成果和影像图，提出哪些区域不适宜立塔，并要求避开此类区域。

（2）现场选线：与电气、结构、物探等多专业一道在现场选出转角塔位置。选择转角塔时应考虑潜在直线塔位置，否则会导致多次重复选线。山地区，现场选线不应省略，平地区可根据具体情况适当简化。

（3）定位：确定塔位位置。现场选线确定的转角塔，也应根据直线塔的选择情况做相应的调整。直线塔与转角塔均应进行动态调整，也可以相互转变，直线塔变为转角塔或转角塔变为直线塔。

（4）勘探：山地区和存在塔位稳定性问题的平地区，定位完成后应立即展开勘探工作，完成工程地质条件查明和岩土工程问题评价等两项工作，如果塔位不适宜建设，应及时调整塔位。不存在塔位稳定性问题的平地区可在定位后适时开展勘探工作。

（5）资料整理与勘察成果提供：按规范规定和勘察设计单位的质量管理要求进行勘察资料整理，形成岩土工程勘察报告，向结构等专业提供岩土工程勘察报告。

2. 勘探手段选择

施工图阶段应采用综合勘探方法，可以参照以下原则进行选择。

（1）工程地质调查或测绘广泛采用。

工程地质调查是线路工程岩土勘察必须采用的基础性方法，可以说是岩土工程勘察的起点，塔位稳定性判断只有通过工程地质调查或测绘来完成。

（2）勘探方法与地层条件相适应。

地层条件是勘探方法选择的主要依据，细粒土与粗粒土应采用不同的勘探方法。比如，软土就不能用重型动力触探，碎石土不能用静力触探。

(3) 不同区域采用不同的勘测方法。

山地区与平地区在地层条件、交通条件、工程钻探用水等多个方面不同，勘探手段应与工程区域的地层条件、交通条件、工程钻探用水等条件相适应。如山地区应广泛采用工程地质调查和工程物探，不宜广泛采用工程钻探；平地区则宜广泛采用工程钻探、原位测试。

(4) 特殊岩土区可采用特定的勘测方法。

特殊性岩土具有特殊性质，应采用能更好地查明其特殊性质的勘探手段。如黄土区应多采用探井、洛阳铲，软土区应多采用静力触探。

(5) 应采用综合勘探方法。

工程地质调查或测绘、工程钻探、工程物探、探井（槽）、原位测试、室内试验等各类方法应根据其适用条件综合采用。

## 第三节 架空输电线路岩土工程的专项评估

### 一、工程建设用地地质灾害危险性评估

地质灾害，包括自然因素或者人为活动引发的危害人民生命和财产安全的山体崩塌、滑坡、泥石流、地面塌陷、地裂缝、地面沉降等与地质作用有关的灾害。位于地质灾害易发区的输电线路工程，可行性研究阶段建设单位应委托具有资质的评估单位开展地质灾害危险性评估工作。

据国土资源部 2014 年 12 月 9 日发布了《关于取消地质灾害危险性评估备案制度的公告》(2014 年第 29 号)：取消地质灾害危险性评估备案制度，一级评估报告不再报送省级国土资源主管部门备案，二级评估报告不再报送市（地）级国土资源主管部门备案，三级评估报告不再报送县级国土资源主管部门备案；各级评估报告不再报上级国土资源主管部门备查。涉及国务院法规和部门规章的管理制度按相关程序办理。

上述通知只是取消了地质灾害危险性评估备案制度，而不是取消地质灾害评估工作。地质灾害评估工作本身应执行的规范、文件等未发生变化。

(一) 评估依据

评估依据主要包括以下的法律、法规、规范与规程：

(1)《地质灾害防治条例》(国务院令第 394 号，2004 年 3 月 1 日起施行)。

(2)《国务院关于加强地质灾害防治工作的决定》(国发〔2011〕20 号，2011 年 6 月 13 日)。

(3)《地质灾害防治管理办法》(国土资源部第 4 号令，1999 年 3 月 2 日发布，自发布之日起施行)。

(4)《国土资源部关于加强地质灾害危险性评估工作的通知》(国土资发〔2004〕69 号，2004 年 3 月 25 日)。

(5)《地质灾害危险性评估技术要求（试行）》(国土资发〔2004〕69 号文的附件一，2004 年 3 月 25 日)。

(6)《地质灾害危险性评估单位资质管理办法》(国土资源部第 29 号令，2005 年 7 月 1 日起施行)。

(7)《建设用地审查报批管理办法》(国土资源部第 3 号令，1999 年 3 月 2 日施行)。

(8)《关于取消地质灾害危险性评估备案制度的公告》(国土资源部 2014 年第 29 号，2014 年 12 月 9 日)。

(9) 地方政府关于工程建设用地地质灾害危险性评估的相关规定。

(10) 国家与行业规范。

(二) 评估内容

地质灾害危险评估包括三项内容：工程建设可能诱发、加剧地质灾害的可能性；工程建设本身可能

遭受地质灾害危害的危险性；拟采取的防治措施。

（三）评估流程

《地质灾害危险性评估技术要求（试行）》（国土资发〔2004〕69 号文）附件一中所提供的评估流程如图 4-1 所示。

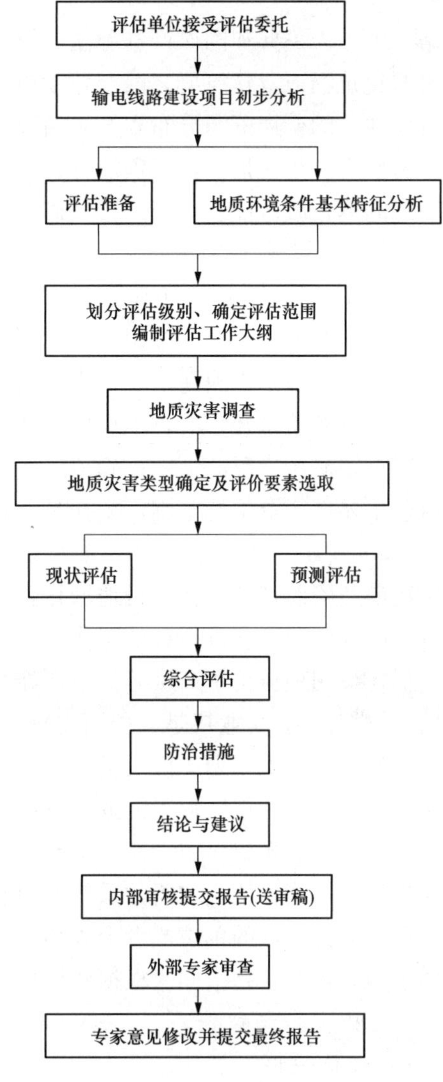


图 4-1　地质灾害危险性评估流程图

（四）评估分级与评估范围

据《地质灾害危险性评估单位资质管理办法》第十二条：地质灾害危险性评估项目分为一级、二级和三级三个级别。

(1) 从事下列活动之一的，其地质灾害危险性评估的项目级别属于一级：

1）进行重要建设项目建设；

2）在地质环境条件复杂地区进行较重要建设项目建设；

3）编制城市总体规划、村庄和集镇规划。

(2) 从事下列活动之一的，其地质灾害危险性评估的项目级别属于二级：

1）在地质环境条件中等复杂地区进行较重要建设项目建设；

2）在地质环境条件复杂地区进行一般建设项目建设。

除上述属于一、二级地质灾害危险性评估项目外，其他建设项目地质灾害危险性评估的项目级别属于三级。

建设项目重要性和地质环境条件复杂程度的分类，按照国家有关规定执行。

评估范围应满足地质灾害危险性评估的需要，一般不小于路径中心线两侧各 1km。

（五）评估资质

据《地质灾害危险性评估单位资质管理办法》，地质灾害危险性评估单位资质，分为甲、乙、丙三个等级。

国土资源部负责甲级地质灾害危险性评估单位资质的审批和管理。

省、自治区、直辖市国土资源管理部门负责乙级和丙级地质灾害危险性评估单位资质的审批和管理。

取得甲级地质灾害危险性评估资质的单位，可以承担一、二、三级地质灾害危险性评估项目；取得乙级地质灾害危险性评估资质的单位，可以承担二、三级地质灾害危险性评估项目；取得丙级地质灾害危险性评估资质的单位，可以承担三级地质灾害危险性评估项目。

（六）职责与分工

(1) 建设单位：可研工作启动后委托具有资质的评估单位开展评估工作。

(2) 评估单位：完成评估工作；报告完成后送国土资源主管部门完成报告评审，按评审意见修改报告，向建设单位提交最终成果；报告交付后期负责对报告内容向设计单位和建设单位释疑。

(3) 设计单位：配合建设单位和设计单位完成评估工作。

（七）成果使用

评估成果为《工程建设用地地质灾害危险性评估报告》。评估结论与建议应在工程建设过程得到执行，有两项理由：地质灾害治理工程的设计、施工和验收应当与主体工程的设计、施工、验收同时进行；配套的地质灾害治理工程未经验收或者经验收不合格的，主体工程不得投入生产或者使用。

## 二、工程建设用地压覆矿产资源评估

据《中华人民共和国矿产资源法》第三十三条：在建设铁路、工厂、水库、输油管道、输电线路和各种大型建筑物或者建筑群之前，建设单位必须向所在省、自治区、直辖市地质矿产主管部门了解拟建工程所在地区的矿产资源分布和开采情况。非经国务院授权的部门批准，不得压覆重要矿床。

重要矿产资源是指《矿产资源开采登记管理办法》附录中所列 34 个矿种和省级国土资源行政主管部门确定的本行政区优势矿产、紧缺矿产。34 个矿种是指：1 煤、2 石油、3 油页岩、4 烃类天然气、5 二氧化碳气、6 煤成（层）气、7 地热、8 放射性矿产、9 金、10 银、11 铂、12 锰、13 铬、14 钴、15 铁、16 铜、17 铅、18 锌、19 铝、20 镍、21 钨、22 锡、23 锑、24 钼、25 稀土、26 磷、27 钾、28 硫、29 锶、30 金刚石、31 铌、32 钽、33 石棉、34 矿泉水。

压覆矿产资源是指因建设项目实施后导致矿产资源不能开发利用。但是建设项目与矿区范围重叠而不影响矿产资源正常开采的，不作压覆处理。不压覆重要矿产资源的，由省级国土资源行政主管部门出具未压覆重要矿产资源的证明；确需压覆重要矿产资源的，建设单位应根据有关工程建设规范确定建设项目压覆重要矿产资源的范围，委托具有相应地质勘查资质的单位编制建设项目压覆重要矿产资源评估报告。

压覆矿产资源评估工作实行地域化管理，穿越多个省级行政区的输电线路工程，应按省级行政区划在可行性研究阶段分段进行评估工作。

工程建设用地压覆矿产资源评估还涉及以下概念：

据《物权法》，矿业权是一种用益物，是设置于国家所有的矿产资源之上的一种使用权，可分为探矿权、采矿权和国家规划矿区三类。

探矿权，是指在依法取得的勘查许可证规定的范围内，勘查矿产资源的权利。取得勘查许可证的单位或者个人称为探矿权人。

采矿权，是指在依法取得的采矿许可证规定的范围内，开采矿产资源和获得所开采的矿产品的权利。取得采矿许可证的单位或者个人称为采矿权人。

国家规划矿区，是指国家根据建设规划和矿产资源规划，为建设大、中型矿山划定的矿产资源分布区域。

### （一）评估依据

评估主要依据以下的法律、法规、规范与规程：

（1）《中华人民共和国矿产资源法》。

（2）《中华人民共和国矿产资源法实施细则》。

（3）《中华人民共和国物权法》。

（4）《中华人民共和国煤炭法》。

（5）《关于进一步做好建设项目压覆重要矿产资源审批管理工作的通知》。

（6）《电力设施保护条例》。

（7）《电力设施保护条例实施细则》。

（8）DL/T 5522《特高压输变电工程压覆矿产调查内容深度规定》。

### （二）评估内容

工程建设是否压覆矿产资源，工作内容应包括：阐述拟建项目用地范围内地层、构造、岩浆岩的出露情况；工程区内矿产资源的分布与开采情况，重点说明压覆的矿种、位置、范围、矿产资源储量计算方法、矿产资源储量类型、数量、质量、可采性、开采情况、矿业权设置及建设项目是否压覆矿产资源的论证，并详细说明难以避免压覆矿产的理由和依据，对压覆的矿产资源做出必要的经济分析论证等；

对已压覆矿产资源储量的项目要填写《建设项目压覆矿产储量申请登记表》，分别报所在地的县（区、市）、市、省三级国土资源储量管理部门。评估报告必须有是否压覆矿产资源、压覆矿产资源储量多少、经济价值及压覆后的得失等评估结论。

（三）评估资质、流程与单位分工

工程建设用地压覆矿产资源评估涉及建设单位、设计单位、评估单位和政府主管部门等，各方可根据图 4-2 所示的流程开展工作。

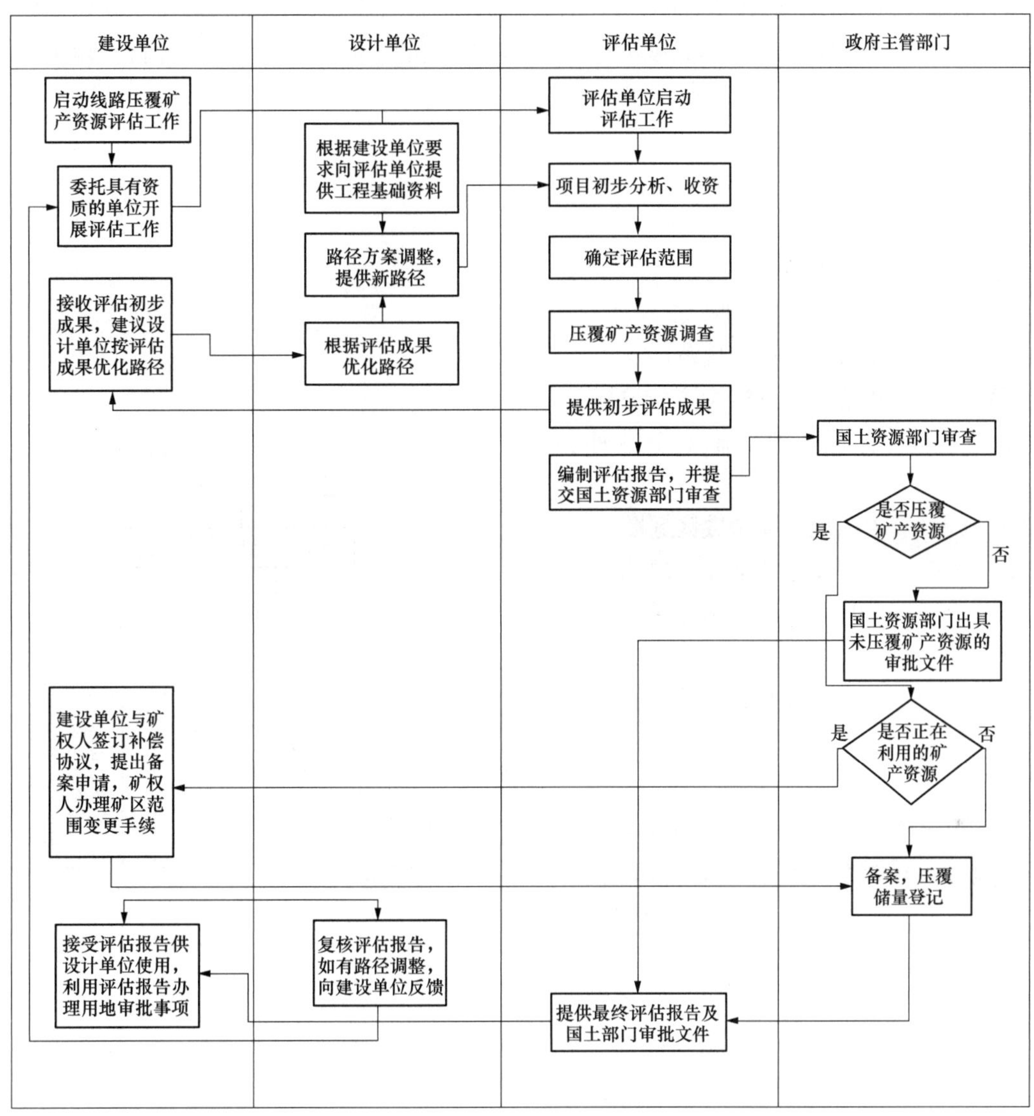


图 4-2　压覆矿产资源评估流程图

（四）成果使用

评估成果为《工程建设用地压覆重要矿产资源评估报告》。工程建设是否压覆矿产资源应以评估报告的结论为准；如果工程建设压覆了矿产资源，工程建设单位可依据评估报告的结论和建议，与矿业权所有人签订补偿或赔偿协议，并到国土部门进行工程建设备案。

## 三、工程场地地震安全性评价

地震安全性评价是指在对具体建设工程场址及其周围地区的地震地质条件、地球物理场环境、地震活动规律、现代地形变及应力场等方面深入研究的基础上，采用先进的地震危险性概率分析方法，按照工程所需要采用的风险水平，科学地给出相应的工程规划或设计所需要的一定概率水准下的地震动参数（加速度、设计反应谱，地震动时程等）和相应的资料。

据 GB 50260《电力设施抗震设计规范》、DL/T 5494《电力工程场地地震安全性评价规程》，输电线路要求开展地震安全性评价的范围为大跨越工程。

根据国务院公开发布《清理规范 89 项国务院部门行政审批中介服务事项》（国发〔2015〕58 号），中国地震局审批事项“建设工程地震安全性评价结果的审定及抗震设防要求的确定”相关的建设工程场地地震安全性评价，不再作为行政审批的受理条件。即在申请人提出该行政许可事项的申请时，不再要求申请人提供地震安全性评价报告，改由审批部门委托有关机构进行地震安全性评价。输电线路工程是否进行地震安评工作，应根据工程特点具体工程具体对待。

（一）评估依据

评估依据主要包括以下的法律、法规、规范与规程：

（1）《中华人民共和国防震减灾法》。

（2）《地震安全性评价管理条例》。

（3）《地震安全性评价资质管理办法》。

（4）GB 50011《建筑抗震设计规范》。

（5）GB 50223《建筑工程抗震设防分类标准》。

（6）GB 17741《工程场地地震安全性评价》。

（7）GB 18306《中国地震动参数区划图》。

（8）GB 50260《电力设施抗震设计规范》。

（9）DL/T 5494《电力工程场地地震安全性评价规程》。

（10）DL/T 5049《架空送电线路大跨越工程勘测技术规程》。

（二）评估分级与内容

地震安全性评价工作的主要内容应包括工程场地和场地周围区域的地震活动环境评价、地震地质环境评价、断裂活动性鉴定、地震危险性分析、设计地震动参数确定、地震地质灾害评价等。

地震安全性评价的等级主要根据工程规模及重要性来划分。输电线路大跨越工程多为“重大建设工程项目中的主要工程”，根据《工程场地地震安全性评价》其评价等级多为Ⅱ级。Ⅱ级工作包括地震危险性概率分析、场地地震动参数确定和地震地质灾害评价。

（三）评估流程

地震安全性评价的工作流程如图 4-3 所示。

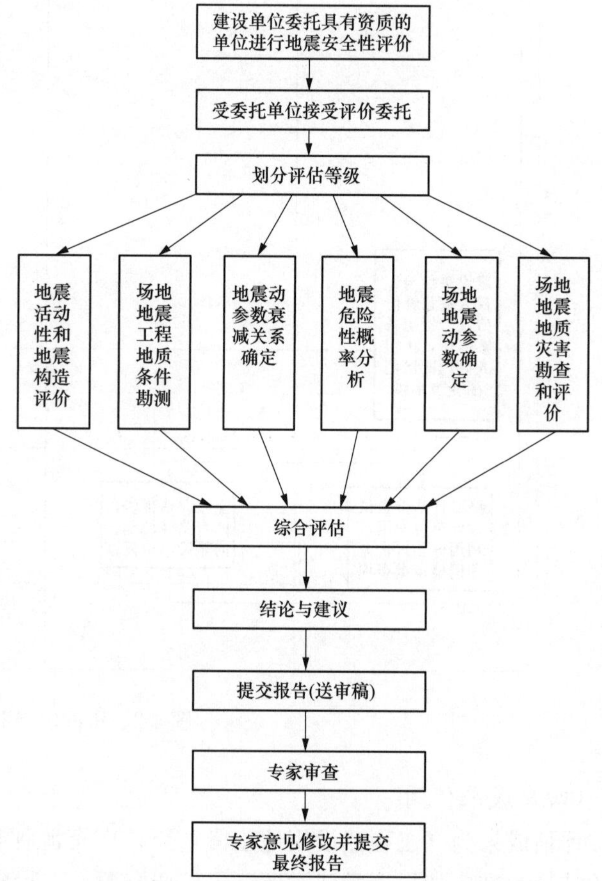

图 4-3　地震安全性评价的工作流程图

（四）成果使用

评价成果为《工程场地地震安全性评价报告》，可为工程提供地震动参数等抗震设计方面的资料。

## 第四节　输电线路岩土信息化采集

### 一、信息化采集的背景

岩土工程勘测的现场工作是整个勘测过程的基础，其所形成的各类记录文件是进行资料整编、分析的基本素材，资料的真实性、完整性对勘测工作的质量起到决定性的作用。

目前输电线路勘探外业定位过程中仍普遍采用在纸质载体上手工书写的方式形成记录文件，这种记录方式一方面效率较低，同时可能出现错记、漏记的情况，另一方面在对资料进行整理分析时，须将纸质记录转化为电子数据，这种对纸质记录进行辨识、提炼而形成数据文件的转化过程不但降低了效率，也增加了出错的可能性。

输电线路勘测数据的信息化采集可依托掌上智能终端与配套数据处理系统，实现输电线路工程中杆塔工程地质条件描述信息录入、塔位微地貌照片拍摄、现场原位测试数据采集，通过编制相应的内业整资模块，进行外业综合数据的分析处理并按现行规范要求，智能化提供符合线路特点的岩土勘测成品文件，大幅度提高线路工程内业整资效率和质量。

输电线路信息化采集在以下方面具有明显优势：

(1) 岩土勘测数据的电子化采集具有标准统一、信息全面、处理高效和不易灭失等优点，是今后岩土工程勘测工作全面信息化的必然趋势。

(2) 通过输电线路岩土工程勘测外业数据的信息化采集，可进一步提高电力行业的信息化水平，通过信息化采集内容的时空属性和实时交互功能设计，能广泛应用于输电线路外委合作项目的质量管控。

(3) 信息化采集与传统的纸质记录相比，采集内容丰富、生动、可追溯性强，标准化与数字化特征显著，通过设计与输电线路岩土工程勘测实际流程和需求的采集及处理系统，可大幅度提高输电线路岩土工程勘测成果的整资效率。

(4) 充分借助智能硬件和互联网发展提供的便利，在输电线路勘测过程中的实现“互联网＋勘测”的应用，既可以确保输电线路第一手资料的完整准确。

### 二、信息化采集内容

根据输电线路岩土工程勘测的地质调查及勘探记录情况，信息化采集的主要内容是将线路勘测过程中的相关信息以标准化、电子化方式进行采集，采集内容包括：

(1) 工程属性信息：具体包括工程名称、卷册号、工程组成员信息等，能标示工程项目属性，并可根据签署权动态调整用户操作权限。

(2) 工程地质调查内容：针对线路所在地区的工程地质调查重点，按工程地质调查内容进行逐项采集。

(3) 塔位勘探地质编录内容：岩土定名、状态或密实度、钻进过程描述信息按《电力工程岩土工程勘测描述规定》执行。

(4) 塔位周边环境：主要采集塔位照片及影像信息等周边环境信息，能帮助内业人员再现塔位定位过程、辅助岩土工程分析过程。

(5) 不良地质作用：针对选线、定位过程中发现的影响线路走向和塔位稳定性的不良地质作用发育情况，采集位置、规模、发育程度及对线路的影响程度等信息。

(6) 岩土工程问题及建议：结合选线、定位过程中发现的影响线路走向和塔位稳定性的不良地质作用发育情况，与设计人员现场商讨后确定岩土工程问题及建议方案，采集相关方案后为内业整理提供素材。

(7) 采集时间、空间属性及人员信息：利用智能终端的硬件支持，在上述采集过程中记录每一条信息的采集时间、空间属性及采集人员信息，为输电线路外业管控过程提供原始数据，有条件时可全程采集设备的 GPS 轨迹数据，为后期项目外业质量评估提供依据。

（8）选线及定位过程中与路径有关的其他信息：根据不同线路工程的特点和地形地貌特征，可针对选线及定位过程，采集与路径相关的其他信息，便于以工程为单位进行数据管理。

## 三、信息化采集功能设计

输电线路的信息化采集实现，必须依托软硬件的支持。目前主流便携式平板电脑的硬件已可以满足这一需求，考虑到输电线路工作环境较为艰苦，需考虑恶劣环境下硬件的适用性。另外从用户体验上看，多核、大容量处理器的智能设备能为使用者带来更流畅的使用体验。从操作系统的选型来看，目前市场的主流智能终端操作系统为 Android、Windows Phone 和苹果 IOS，线路信息采集系统可根据需要，从系统扩展性、流畅性、安全性及开发便利性等方面进行选择。

输电线路岩土信息化的采集从信息化的顶层设计角度，包括智能终端功能和后台处理平台功能设计两个重要的组成部分。后台处理平台的功能应包括输电线路岩土勘测全过程信息化处理能力，从接受线路任务、导入预排塔位信息、设计勘测方案、协同外业采集、塔位数据处理、钻孔分层处理、岩土分析计算、图表报告输出和数字化提交等内容。智能终端的功能设计是输电线路工程现场实施采集的重要环节，因此，有必要重点进行阐述其设计要求。

（1）主要设计功能包括：①数据的输入、存储、编辑功能；②数据的可视化展示功能；③数据的检查、容错和查询功能；④知识库的维护与更新功能；⑤数据的远程实时传输功能；⑥用户权限控制功能；⑦工作组成员的数据协同功能；⑧数据后台处理功能。

（2）数据库选择。

根据智能终端的特点，Android 使用开源的、与操作系统无关的 SQL 数据库—SQLite。SQLite 第一个 Alpha 版本诞生于 2000 年 5 月，它是一款轻量级数据库，它的设计目标是嵌入式的，占用资源非常的低，只需要几百 K 的内存就够了。Android 和 iPhone 都是使用 SQLite 来存储数据的。

SQLite 数据库是 D. Richard Hipp 用 C 语言编写的开源嵌入式数据库，支持的数据库大小为 2TB。它具有如下特征：

1）轻量级：SQLite 和 C/S 模式的数据库软件不同，它是进程内的数据库引擎，因此不存在数据库的客户端和服务器。使用 SQLite 一般只需要带上它的一个动态库，就可以享受它的全部功能，而且那个动态库的尺寸也相当小。

2）独立性：SQLite 数据库的核心引擎本身不依赖第三方软件，使用它也不需要安装，所以在使用的时候能够省去不少麻烦。

3）隔离性：SQLite 数据库中的所有信息（如表、视图、触发器）都包含在一个文件内，方便管理和维护。

4）跨平台：SQLite 数据库支持大部分操作系统，除了我们在电脑上使用的操作系统之外，很多手机操作系统同样可以运行，如 Android、Windows Mobile、Symbian、Palm 等。

5）多语言接口：SQLite 数据库支持很多语言编程接口，比如 C/C++、Java、Python、dotNet、Ruby、Perl 等，得到更多开发者的喜爱。

6）安全性：SQLite 数据库通过数据库级上的独占性和共享锁来实现独立事务处理。这意味着多个进程可以在同一时间从同一数据库读取数据，但只有一个可以写入数据。在某个进程或线程向数据库执行写操作之前，必须获得独占锁定。在发出独占锁定后，其他的读或写操作将不会再发生。

（3）界面与业务逻辑设计。

输电线路岩土工程的信息化采集系统设计，应考虑业务场景与业务流程优化，在进行界面设计中，应充分考虑业务逻辑与界面的关系，做到能在现场辅助专业技术人员规范外业行为和记录内容，同时也要考虑到现场环境恶劣，在录入设计中更多地体现知识库的智能支持，最大限度提高现场录入效率。

典型的界面设计图如图 4-4 所示。

图 4-4　典型的输电线路岩土工程信息化采集系统设计图示例

## 四、信息化采集成果输出

信息化采集成果应与岩土工程勘测内业整理软件进行数据共享，所采集的条目、内容和知识库维护均能进行有效的数据导入和导出。

工程地质调查、工程地质编录的详细信息，应能导出为标准化的电子表格，为体现信息化采集的优势，可开发 B/S 结构的输电线路成果展示平台，可建立以工程编号、工程名称为索引的树形结构，利用互联网地图支持，图形化展示输电线路路径走向及塔位位置；进入具体工程后，可展示塔位的工程地质调查信息、钻探编录信息、定位轨迹等信息。

## 五、数字化移交

输电线路的信息化采集是数字化移交的重要组成部分。数字化移交包括内业整编后的成品数据移交和原始资料移交两部分。

原始资料忠实地记录了输电线路设计各阶段的外业踏勘等信息，未经过后期的加工处理，具有客观性、真实性的特点，在进行数字化移交时，应提取关键信息加以移交，以备后期追溯。关键信息提取可根据项目特点信息化采集内容按需提取。

成品数据是在原始记录基础上，根据方便设计使用岩土工程资料的要求，对原始资料和信息进行加工处理，补充相关经验参数进行分析，得出相应结论，是输电线路进行地基基础、接地设计的主要依据。成品数据的数字化移交，可结合输电线路数字化移交需求，将成品报告进行结构化处理，将塔位岩土工程条件和设计参数等信息，整合到塔位基础信息中去。

# 第五章　线路岩土工程勘测成果

由于输电线路电压等级的规模不同，其结构形式、杆塔高度、基础埋深、上部荷载等必然不尽相同，架设方式可能采用架空或地埋方式。与此同时，线路所处的地理位置、地形地貌、岩土工程条件的差异，也需要岩土技术人员依据工程特点、地区经验和技术标准有针对性地解决具体的岩土工程问题并提交相应成果。当遇到特殊土、特殊地质条件或地质灾害治理时，必要时应提供专题成果报告。

在岩土工程勘测工作中，岩土技术人员应与线路结构设计人员进行充分沟通，特别是对于影响线路路径方案成立的关键塔位（边坡稳定性、压覆矿产、采空区影响等）及不同地基处理方案所需的特殊岩土参数、勘探孔深度等达成高度共识，以便最大程度满足设计需要，为输电线路的安全投运作出应有的专业贡献。

输电线路岩土工程勘测成果一般均以岩土工程勘测报告的形式予以反映，成果编制应遵循以下原则：

（1）岩土工程勘测的成果要与勘测设计阶段相对应。我国的输电线路电压等级自 35kV 到 1100kV，有直流也有交流，不同规模的输电线路对岩土工程勘测的要求必然有所差异。不同的工程、不同的地域所涉及的岩土工程对象千差万别，所要求的勘测成果及深度各不相同。同一工程、同一场地在不同勘测阶段所需解决的岩土工程勘测问题及深度也会不同，勘测方法、手段工作量及岩土工程分析、评价重点也不尽相同，这些在勘测报告中应予以体现。

（2）岩土工程勘测报告应在综合分析研究全部勘测资料基础上，根据任务要求，结合工程特点、勘察阶段和工程地质条件等具体情况进行编制。

（3）岩土工程勘测过程中形成的各项原始资料，应做到内容完整、记录规范、真实可靠。当利用搜资成果及引用前期成果时，应进行全面校核和分析整理，确认无误后方可使用或引用。搜资成果尚应注意不同行业、标准的差异，识别其可用性和适宜性，并注明引用来源或依据。

（4）岩土工程勘测报告应做到层次分明、资料完整、真实准确、图表清晰、结论有据、建议合理。报告不能泛泛而谈，要重点突出，要有明确的工程针对性。

（5）岩土工程勘测成果所采用的图表、术语、符号、计量单位应符合现行行业标准 DL/T 5093《电力岩土工程勘测资料整编技术规程》及 DL/T 5156.2《电力工程勘测制图标准　第 2 部分：岩土工程》的相关规定。

（6）岩土工程计算应针对不同岩土工程问题，按承载能力或正常使用极限状态进行。

（7）当工程需要时，可根据任务要求进行专项岩土工程勘测，编制专项报告。工程规模较小且工程地质条件简单的工程其勘察成品编制内容可适当简化。

## 第一节　岩土勘测报告内容

目前，涉及输电线路岩土工程勘测的国家、行业、团体、企业标准已经较为齐全，基本覆盖了 220、330、500（±500）、750、±800、1000、±1100kV 各类交流和直流电压等级的线路。各电压等级输电线路勘测规范对于岩土工程勘测成果均有详细而具体的规定，各电压等级输电线路岩土工程勘测相关要求见表 5-1。

表 5-1　　各电压等级输电线路岩土工程勘测成果相关要求

| 序号 | 电压等级 | 规范正文及条文说明 | | |
|---|---|---|---|---|
| | | 可行性研究 | 初步设计 | 施工图设计 |
| 1 | 220kV及以下 | （1）应对所获得的区域地质资料进行系统介绍，并进行分析与研究，论述区域范围内存在的可能影响线路路径的因素，初步预测这些因素的影响程度，提出需要避让的地段。对暂时不宜给出明确结论意见的，提出下一阶段进行进一步研究工作的建议。<br>（2）提出线路路径拟通过地区的基本岩土条件与岩土参数 | （1）工程任务与要求，线路起讫地点、途径地区、工作日期、工作方法、工作量以及工作人员等。<br>（2）沿线地形地貌、地层岩性、地下水、不良地质作用、地震动参数，跨越主要河流地段的岸边稳定性，沿途的矿区分布、矿产种类、开采方式及可能对线路工程产生的影响。<br>（3）根据工程需要，分段提供岩土的分布、土的状态（或密实度）、土的重度、岩土的承载力特征值及土的抗剪强度等主要指标（$\gamma$、$f_{ak}$、$C$、$\Phi$）。<br>（4）推荐各段的基础类型。<br>（5）对各路径方案根据岩土特点进行评价，推荐合理的路径方案。<br>（6）提出施工图设计阶段勘测工作应重点注意的问题及工作方法的建议。<br>根据工程的实际情况提出专题研究报告及相应的图件 | （1）岩土勘测报告，内容一般有：<br>勘测任务来源、线路起讫地点、途经地区、勘测工作要求、采用的工作方法、工作量、工作时间、参加的工作人员、完成时间及提交的勘测资料。<br>1）线路沿线岩土条件概述、塔号、测量桩号、地形地貌、岩土的有关物理力学参数、地下水埋藏条件、地下水水位、地下水变化幅度、地下水腐蚀性评价。<br>岩土工程评价及推荐的基础类型。<br>2）线路沿线地震动参数、土的冻深。<br>3）结论及施工中应注意的问题与工程建议。<br>（2）根据任务要求提供的资料格式（塔位地质明细表、地质柱状图）。<br>（3）根据任务要求进行的专题研究与评价工作，应提供专题研究报告及相关图件 |
| 2 | 330～750kV | （1）拟建工程概况，勘察工作目的与任务。<br>（2）工作过程、勘察方法及完成的工作量。<br>（3）各路径沿线的区域地貌特征、区域地质构造、区域稳定性和地震地质概况。<br>（4）各路径沿线的主要地基岩土、各类特殊岩土分布、矿产资源、地下水条件、主要不良地质作用等工程地质条件及环境地质问题。<br>（5）各拟选线路路径和大跨越方案、重要转角点的主要优缺点的分析比较。<br>（6）路径的初步推荐意见以及后续工作建议 | （1）拟建工程概况，勘察工作目的与任务。<br>（2）工作过程、勘察方法及完成的工作量，报告编制所使用的参考资料。<br>（3）线路路径各方案沿线的区域地质构造、地震地质背景、地震活动性及区域稳定性。<br>（4）线路路径各方案沿线的地形地貌特征、地基主要岩土构成、各类特殊岩土分布、矿产分布与开采、地下水条件、不良地质作用等工程地质条件及环境地质问题。<br>（5）分区段对路径各方案作出具体岩土工程评价和汇总评价，提出主要地基基础方案的建议，必要时提出线路避绕或治理措施的建议。<br>（6）对路径各方案进行综合比较，推荐岩土工程特性相对较优的路径方案。<br>（7）对后续工作提出建议 | （1）拟建工程概况，勘察工作目的与任务，依据的技术标准。<br>（2）勘察方法和实际完成的工作量、工作时间等。<br>（3）沿线地形地貌特征、地质构造、地层岩性等。<br>（4）沿线不良地质作用。<br>（5）沿线地下水埋藏条件及其对基础和施工的影响。<br>（6）土、水对建筑材料的腐蚀性。<br>（7）原位测试与土工试验成果分析。<br>（8）沿线地震动参数及场地的地震效应。<br>（9）沿线主要岩土问题的分析与评价，地基基础方案建议、边坡处理和施工方面的岩土工程建议。<br>（10）必要的图表 |

续表

| 序号 | 电压等级 | 规范正文及条文说明 | | |
|---|---|---|---|---|
| | | 可行性研究 | 初步设计 | 施工图设计 |
| 3 | ±800kV | （1）前言，含工程概况、目的与任务依据和要求、执行的技术标准、工作过程、勘察方法及完成的工作量等情况。<br>（2）区域构造稳定性及地震活动性等。<br>（3）分段阐述各路径的地形地貌特征、地层岩性、地下水条件、不良地质作用、环境地质问题及矿产资源分布等。<br>（4）各路径方案的工程地质条件的分析与评价，论证各方案的可行性，提出初步的比选和推荐意见。<br>（5）提出下阶段的工作建议 | （1）工程概况、任务依据、执行的技术标准、勘察方法及工作量。<br>（2）沿线的地形地貌、地质构造、地层岩性、地下水条件、特殊性岩土、矿产分布及开采情况等。<br>（3）沿线主要不良地质作用和地质灾害的发育特征及其评价。<br>（4）各路径方案的岩土工程条件综合比较和评价，地基基础主案的推荐意见。<br>（5）推荐岩土工程条件相对较优的路径方案。<br>（6）结论和建议。<br>（7）勘测成果附图和附表 | （1）工程概况简述、任务依据、主要工作目的与内容、依据的技术标准、勘察方法和实际完成的工作量、人员组织及工作过程等。<br>（2）地质构造概况、地震动参数，沿线地形地貌特征，沿线土要分布的地层岩性及其工程性质等。<br>（3）沿线不良地质作用的分布和发育特征、地质灾害及其对工程的危害程度。<br>（4）沿线地下水埋藏条件及对基础和施工的影响。<br>（5）土、水的腐蚀性。<br>（6）原位测试、土工试验成果与分析。<br>（7）高烈度区场地和地基的地震效应。<br>（8）沿线土要岩土工程问题的分析与评价，地基基础方案、边坡处理、塔基防护与维护和施工降水等岩土工程建议。<br>（9）必要的附件、附图及附表。<br>（10）结论与建议 |
| 4 | 1000kV | （1）工程概况、任务依据和执行的技术标准。<br>（2）区域地质、地震背景。<br>（3）各路径方案沿线的地形地貌特征、地层岩性、地下水条件、不良地质作用及矿产资源分布等。<br>（4）各路径方案的岩土工程条件分析与评价。<br>（5）各路径方案的岩土工程条件比选与推荐结果。<br>（6）下阶段工作建议 | （1）工程概况、任务依据、执行的技术标准、勘察方法及工作量。<br>（2）沿线的地形地貌、地质构造、地震地质、地层岩性、水文地质、不良地质作用和地质灾害、特殊性岩土、矿产分布及开采情况等。<br>（3）沿线主要不良地质作用的发育特征及其评价。<br>（4）各路径方案的岩土工程条件综合比较与评价，地基基础方案的推荐意见。<br>（5）推荐岩土工程条件相对较优的路径方案。<br>（6）结论与建设。<br>（7）勘察成果附图和表 | （1）工程概况、任务依据、主要工作目的和依据的技术标准。<br>（2）勘察方法和实际完成的工作量。<br>（3）沿线地形地貌特征，地质构造条件，岩土的工程性质。<br>（4）沿线不良地质作用的发育特点、地质灾害及其对工程的危害程度。<br>（5）沿线的地下水埋藏条件及其对基础和施工的影响。<br>（6）土、水的腐蚀性。<br>（7）原位测试与土工试验成果。<br>（8）地震动参数、地震基本烈度及场地和地基的地震效应。<br>（9）沿线岩土工程分析与评价。<br>（10）结论与建议 |
| 5 | 大跨越工程 | （1）拟建工程概况，勘测工作目的与任务。<br>（2）勘测工作过程、勘测方法及完成的工作量。<br>（3）各大跨越方案的区域地貌特征、区域地质构造、区域稳定性和地震地质概况。<br>（4）各大跨越方案的主要地基岩土、各类特殊岩土分布、矿产压覆、地下水条件、主要不良地质作用等工程地质条件及环境地质问题。<br>（5）结论，指出各方案的优缺点，提出推荐意见和下步工作建议。<br>（6）必要的图表和附件 | （1）工程概况，勘测工作目的与任务。<br>（2）勘测工作过程、勘测方法及完成的工作量，报告编制所使用的参考资料。<br>（3）区域地质、地震地质、环境地质。<br>（4）河流地质作用。<br>（5）各塔基岩土工程条件，岩土工程初步评价，塔基的场地稳定性、地基稳定性评价，场地适宜性评价。<br>（6）结论及建议。<br>（7）必要的图表和附件 | （1）工程概况，勘测工作目的与任务。<br>（2）勘测工作过程、勘测方法及完成的工作量，报告编制所使用的参考资料。<br>（3）各塔基岩土工程条件及分析评价，包括地形地貌特征、地质构造、不良地质作用、地层岩性、地下水埋藏条件及其对基础和施工的影响。土、水对建筑材料的腐蚀性。原位测试与土工试验成果分析。塔基地震动参数及场地的地震效应。<br>（4）结论及建议，包括地基基础方案建议、边坡处理和施工方面的岩土工程建议。<br>（5）必要的图表和附件 |

## 第二节 岩土勘测报告格式及要求

### 一、勘测报告的章节（内容）格式

按照本章第一节所述输电线路岩土工程勘测的各项规程规范，从成果报告的通用性和适用性的角度出发，可将输电线路岩土工程勘测报告的章节（内容）格式及附表、附图归纳如表5-2，供参考使用。使用中可结合具体工程的规模、架（埋）设方式、设计阶段的要求适当增减。

**表5-2　　输电线路章节（内容）格式**

| 岩土工程勘测报告章节格式 | | |
|---|---|---|
| 可行性研究 | 初步设计 | 施工图设计 |
| 1 前言<br>1.1 工程概况<br>1.2 勘测目的与主要内容<br>1.3 依据的主要技术标准<br>1.4 勘测方法及工作量<br>1.5 勘测工作进展情况<br>1.6 参考资料或文献<br>2 区域地质概况<br>2.1 地质构造及新构造运动特征<br>2.2 地震活动概况<br>2.3 区域稳定性基本评价<br>3 岩土工程条件<br>3.1 地形地貌<br>3.2 工程地质分区及地层岩性<br>3.3 地下水及场地水、土的腐蚀性<br>3.4 不良地质作用与地质灾害<br>3.5 矿产资源<br>4 结论与建议 | 1 前言<br>1.1 工程概况<br>1.2 勘测目的与主要内容<br>1.3 依据的主要技术标准<br>1.4 勘测方法及工作量<br>1.5 勘测工作进展情况<br>1.6 参考资料或文献<br>2 区域地质概况<br>2.1 地质构造及新构造运动特征<br>2.2 地震活动概况<br>2.3 区域稳定性基本评价<br>3 岩土工程条件<br>3.1 地形地貌特征<br>3.2 地层岩性<br>3.3 地下水及场地水土的腐蚀性<br>3.4 不良地质作用与地质灾害<br>3.5 矿产与文物<br>4 地基基础方案初步论证<br>5 结论与建议 | 1 前言<br>1.1 工程概况<br>1.2 勘测目的与主要内容<br>1.3 依据的主要技术标准<br>1.4 勘测方法及工作量<br>1.5 勘测工作进展情况<br>1.6 参考资料或文献<br>2 岩土工程条件<br>2.1 地形地貌<br>2.2 地层岩性<br>2.3 地震动参数<br>2.4 地下水<br>2.5 不良地质作用与地质灾害<br>2.6 矿产与文物<br>2.7 特殊岩土<br>3 岩土工程分析与评价<br>3.1 场地的地震效应<br>3.2 场地水、土的腐蚀性<br>3.3 岩土参数的分析与选用<br>3.4 不良地质作用与地质灾害整治<br>4 地基基础<br>4.1 地基基础设计方案建议<br>4.2 地基基础施工注意事项<br>5 结论与建议 |

**注**　大跨越工程应按照建筑场地进行勘测并尚应论述跨越塔的塔位、河床、河岸的稳定性。

### 二、附表、附图及专项报告

（一）附表、附图的一般要求

（1）图纸的幅面标准及加长、加宽尺寸应符合国家标准和电力行业标准有关技术制图的规定；

（2）图纸比例尺的选用和装载量应以能清晰反映所要表达的内容为原则；

（3）图表中的字体、字号、线条、标注、图例、符号、计量单位及修约间隔或有效位数应符合有关规定的要求。

（二）附表、附图的主要类型

岩土工程勘察报告所附图表应与各勘察阶段任务要求和工程实际情况相适应，并从下列图、表中选择确定，主要类型包括：

（1）塔位成果表：输电线路工程地质成果表、塔位岩土工程条件综合成果表、综合工程地质成果表。

（2）平面图件：区域地质构造及地震震中分布图、综合工程地质图、工程地质分区图、勘探点平面布置图、各种等值（高）线图、切面图等。

（3）剖面图件：工程地质剖面图、综合地层柱状图和地质柱状图、探槽展示图、探井示意图等。对于线路区间的工程地质剖面图应采用投影到线路轴线的方法按路径里程绘制。必要时，还可绘制全线地形断面图。

（4）原位测试成果图表：静力触探试验综合图和标准贯入试验、动力触探试验、十字板剪切试验等原位测试成果图表。

（5）原体试验图表：动/静载荷试验、高/低应变检测综合成果图表等。

（6）岩、土、水试验成果图表：岩土试验成果总表、水质分析成果表、土的腐蚀性分析成果表等。必要时可绘制压缩曲线、固结曲线、三轴压缩的摩尔圆与强度包线等。

（7）其他图表及照片：勘探点一览表、岩土物理力学指标统计值表、岩土工程设计分析计算图表等。必要时，可提供与文字描述相关的地质素描图、塔位照片等。

（三）专项报告

为解决工程关键问题或特殊岩土工程问题，根据输电线路工程特点，可开展业主单独委托或自行开展的专项勘察。专项工作完成后应及时整理，并将主要成果应体现在工程主体报告中。专项报告的章节、内容可不作统一规定，宜按照工作范围和研究程度，参照主报告的格式进行编排。专项报告通常有以下类型：

（1）原体试验、原位测试成果报告。

（2）物探测试成果报告。

（3）岩土工程检验或监测报告。

（4）地基基础方案论证专题报告。

（5）不良地质作用与地质灾害（采空区、岩溶、滑坡等）整治勘察、设计报告。

（6）其他专门岩土工程问题（如特殊土、腐蚀性评价）的技术报告、科研成果报告等。

（7）施工勘察报告。

## 第三节　优秀工程实录

### 一、某特高压交试验示范流线路工程输电线路岩土工程勘测实录

（一）工程概况

某特高压交流试验示范线路是我国首条1000kV交流输变电试验示范工程，也是我国特高压工程的起步工程。线路起于山西晋东南1000kV变电站，经河南南阳开关站，止于湖北荆门1000kV变电站。全线单回路架设，全长640km，途经山西、河南和湖北三个省份，跨越黄河和汉江。系统标称电压1000kV，最高运行电压1100kV，该工程的建成投运实现了电能大规模和远距离输送，在我国乃至世界电力史上具有里程碑式的意义。岩土工程勘测荣获2009度电力行业优秀勘测一等奖。

（二）岩土工程勘测简介

1. 各阶段勘测过程、勘测技术方案和勘测工作量

（1）可行性研究阶段。

1）搜集适宜的卫片及地质资料，对拟选线路走廊进行地质判释工作，概略了解沿线地形地貌、区域地质构造、地震地质、矿产地质、不良地质、交通植被等条件，为路径选择提供了可视化依据。

2）首次增加了预选线压矿调查工作，通过对沿线矿产大规模调查、资料搜集，对线路沿线矿产分布条件做出初步评价，对影响整个线路走向起控制性作用的拟选塔位，进行了进一步的勘测工作。

3）对控制线路方案的不良地质作用、特殊性岩土和地质灾害研究其类型、性质、范围及其发生和发展的情况，预估其对线路工程的影响程度。当线路工程位于高烈度地震区时，分析地震诱发的次生灾害，如泥石流、滑坡、崩塌的可能性及其对工程的影响。

4）从岩土工程专业角度评价线路通行的可行性，推荐较优的线路走廊方案及其比较方案，提出初步设计阶段岩土工程勘测工作重点的建议。

（2）初步设计阶段。

1）对重点压矿区段进行了稳定性评价研究。

2）进一步搜集相关资料，对转角塔位进行了逐基勘测，对有条件的转角塔位进行地质钻探，其他第四系覆盖层较薄的转角塔位进行坑探，查明拟选线路路径区的区域地质、矿产地质、岩土工程条件，并做出背景评价。

3）对特殊路段、影响重大的拟选塔位进行专门的工程地质调查或勘探，并作出岩土工程评价。

4）提供沿线抗震设计参数。初步评价水、土的腐蚀性。全面查明对确定线路路径起控制作用的不良地质作用、特殊性岩土、特殊地质条件的类别、范围、性质，评价其对工程的危害程度，提出绕避或整治建议。

（3）施工图设计阶段。

1）查明沿线的地形地貌特征、地层岩体分布、岩土性质、不良地质作用、水文地质、矿产地质等条件。

2）选定地质稳定或岩土整治相对容易的位置立塔。平原区和黄土覆盖层较厚的塔位，逐基进行1～2个孔钻探，其余塔腿采用静力触探等适当的勘测手段进行勘测；对第四系覆盖层较薄的地段，逐腿进行坑探，以确定覆盖层厚度；对可能采取锚杆基础的塔基进行岩石钻孔钻探。

3）对塔基及其附近的特殊岩土和特殊地质问题进行勘测、分析和评价；对塔基适宜的基础结构类型和环境整治方案进行分析并提出建议；对施工和运行中可能出现的岩土工程技术问题进行预测分析，并提出相应建议。

4）对于经过煤矿开采活动密集区段，在查明煤矿开采活动的前提下，初步确定立塔位置。野外工作采取手段主要为实地资料搜资、调查访问，以及现场勘测等，对重要区段进行手持 GPS 及 RTK 实测定位。在现场搜资调查的基础上，完成路径方案的优化工作，对采空区进行了逐塔定位，逐基塔资料的搜集、稳定性的判定以及压覆资源的调查工作，在此基础上编写采空区调查评价专题报告。

5）在岩溶发育，山体危岩滚石较多的地段，编写了山体危岩专题报告。

（4）勘测周期和勘测工作量。

该工程的前期工作及相关科研课题研究始于 2004 年。勘测工作从 2005 年 4 月份开始，到 2007 年 9 月结束，历时近三年。完成线路踏勘调查 1000 余千米，塔基勘测 1300 基、钻孔 1000 余个，总进尺约 15 000m，物探剖面长度约 40 000m，另有大量的坑探、电阻率、波速测试等。

2. 生产组织

2006 年 8 月 9 日，国家发改委正式核准了该工程。中国电力工程顾问集团公司（简称顾问集团）所属华北电力设计院、中南电力设计院、华东电力设计院、东北电力设计院、西北电力设计院、西南电力设计院，以集团化统一运作模式完成了本工程的勘测设计和相关科研工作。各设计院对所承担的设计标段的勘测质量和工期负责，分工见表 5-3。

为确保实现“安全可靠、自主创新、经济合理、环境友好、国际一流”优质精品工程目标，顾问集团和六大院高度重视，分别成立了特高压勘测工作领导小组和项目工作组，强化勘测方案评审和勘测监理，全过程动态优化勘测方案，确保方案的安全性、先进性和合理性。

表 5-3　　岩土工程勘测分段分工表

| 序号 | 分段及长度 | 负责单位 |
|---|---|---|
| 1 | 晋东南变电站—汝州市 JA76（含黄河大跨越，253.5km） | 华北院 |
| 2 | JA76—鲁山县 JA95（51.3km） | 西北院 |
| 3 | JA95—南阳变电站（57.2km） | 华东院 |
| 4 | 南阳变电站—桐寨铺（51.8km） | 东北院 |
| 5 | 桐寨铺—河南与湖北省界（49.2km） | 西南院 |
| 6 | 河南与湖北省界—荆门变电站（含汉江大跨越，182km） | 中南院 |

3. 技术管理

国家电网有限公司和顾问集团建立了勘测、设计例会和勘测简报制度，通过勘测管理的常态机制，加强协调与管控，及时检查勘测工作进展，研究落实重大事项。

勘测、设计工作例会由国家电网公司特高压建设部负责组织，顾问集团公司、设计院、勘测设计监理、科研单位、建设和运行等相关单位参加，研究确定勘测设计进度计划和有关的技术问题，讨论和确定联合勘测设计的技术方案和其他事项。例会制的实施协调解决了影响工程建设的关键问题，有效地推进了工程进展。

围绕创建“国家级优秀岩土勘测工程”目标，制定了完善的创优计划，包括创优目标、各阶段创优具体措施、质量保障、安全保障、配合服务等方面。

（三）岩土工程勘测特点

1. 工程特点

（1）1000kV 特高压线路工程规模大：铁塔根开尺寸约为 500kV 线路的 1.5～2.0 倍，塔高约为 500kV 线路的两倍，外荷载约是 500kV 线路的 2.4 倍，输电能力相当于 500kV 线路的 5 倍。

（2）线路沿线所经区段地貌类型涉及中山、中低山、丘陵及平原区等，岩土工程条件复杂，涉及平原区软土、膨胀土、湿陷性黄土等。尤其是线路如何安全通过 100 余 km 的煤田多种采动影响区，成为决定特高压线路建设成败的关键因素之一。

2. 技术难点

（1）该条 1000kV 线路在当时尚属国内首次，国内外尚无可供借鉴的 1000kV 输电线路勘测技术标准。

（2）线路在山西、河南境内跨越煤田区段长达 100 余 km，大小煤矿及私采乱挖点达上万处之多。如何评价煤矿采动影响区稳定性、选择适宜塔位、基础型式、治理方式及后续治理效果的检测评价在输变电领域尚属空白。

（3）山区段塔位周边常存在较高的自然边坡，采用大板基础的部分塔位，开挖后还会形成高的人工边坡，边坡稳定性评价和边坡治理难度大。

（4）山西、河南境内 20km 的湿陷性黄土地区和荆门段穿越 80km 的膨胀土区段，分布广泛的特殊土对线路塔基的影响不容忽视。

（5）黄河及汉江大跨越单档跨越长度分别达 1.39、1.65km，塔高达 180 余 m，如此规模特高压大跨越塔的地基稳定性对勘测工作带来巨大挑战。

（6）山西与河南交界地段近 10km 为国家级猕猴自然保护区（无人区），该段山势陡峭，交通极其不便，勘测作业难度极大。

（四）岩土工程勘测成果与专题研究

1. 岩土工程报告

岩土工程成果按标段编制，20 个标段（包括黄河大跨越、汉江大跨越）均采用分 3 册整理的模式：第 1 册为岩土工程勘测报告加杆塔一览表、第 2 册为塔位工程地质明细表、第 3 册为地质柱状图。除按常规列出杆塔一览表外，还首次采用综合成果图、表形式，逐基整理出塔腿柱状图、塔腿勘探点平面布置图、塔基明细表、5 张塔位照片、4 张勘探照片等资料。全线勘测卷册共达 100 余册，资料成果 2 万余页，拍摄照片 25 000 余张。

2. 研究课题及专题报告

除常规勘测成果外，还开展了《多种采动影响区特高压线路塔基变形规律及稳定性研究》等 6 个研究报告和《压矿区、采空区调查评价报告》等 25 个专题报告，以及论文十余篇、“采空区注浆技术在电力工程应用”和“采动影响区地基稳定评价方法”两项专利。

研究报告有：《特高压架空输电线路工程勘测技术规定》《多种采动影响区特高压线路塔基变形规律及稳定性研究》《采空区地基处理设计方案》《N464-N467 塔基压矿区采动影响评价及保护措施研究》《N87-N97 塔基压矿区采动影响评价报告》《采空区地基注浆处理检查孔观测与分析报告》《特高压输电线路岩土工程勘测工作探讨》《湖北荆门地区膨胀土的工程特性研究》。

专题报告有：《压矿与采空区调查评价报告》《保安煤柱范围专题报告》《岩石锚杆基础专题报告》《压矿与采空区变形预计专题报告》《采空区杆塔地基处理专题报告》《采空区调查评价及变形预计报告》《黄土湿陷性及开挖稳定性专题报告》《边坡稳定性评价专题报告》《土工试验检测报告》《水土腐蚀性检测报告》《跨河段岩土工程专题报告》《地下水勘测专题报告》《高密度电法勘测专题报告》《地质雷达勘测专题报告》《采空区地球物理勘探专题报告》《视在大地导电率测量报告》《线路工程地质遥感解译报告》《瞬态瑞雷波测试报告》《土壤电阻率测试报告》，以及《黄河大跨越试桩工程综合试桩报告》等 6 个试桩分报告。

（五）项目主要成果和创新特色

1. 首次制定了《特高压架空输电线路工程勘测技术工作内容深度规定》

目前除我国已投入运行的首条 1000kV 特高压线路外，国、内外还没有正式投入商业运行的特高压输电线路，更无特高压线路勘测规范。中国电力工程顾问集团公司联合直属 6 大设计院依托该工程实践编制了企业标准《特高压架空输电线路工程勘测技术规定》，获业主和行业高度认同。同时对后续 GB 50741《1000kV 架空输电线路勘测规范》的编制、颁布和正式实施奠定了决定性作用。

2. 全线遥感解译，创新了线路路径选择方法

利用 ETM 卫星遥感数据及地质图辅助资料进行地质遥感解译。通过数据处理、信息提取与实地调查相结合的技术路线，制作信息丰富、层次分明、真实美观的影像图，并注重崩塌、滑坡、泥石流为主的地质灾害、工程地质岩组、地质构造背景、隐伏断裂（包括活动性断裂）等信息提取，直观显现了全线地质构造、矿产分布及地质灾害分布等条件，初步查明沿线的工程地质、地质地貌、岩土特征、土地资源利用及矿产资源分布等情况，为路径选择避开地质灾害易发区、活动断裂构造区及大型矿产密集区提供了基本地质资料。主要成果包括遥感影像图、工程地质图、工程遥感解译图、可行性研究遥感解译成果报告。

3. 采动影响区路径优化研究

为了合理穿越煤矿采动影响区，可行性研究期间从西到东比选了十余条路径方案，对晋东南、河南偃师、汝州一带 500 余千米的 3000 多座煤矿进行了煤田开采区调查、搜集和路径优化工作（优化路径长约 35km，山西境内路径优化图如图 5-1 所示）。

针对采空区问题，华北电力设计院有限公司、中国矿业大学（北京）、北京科技大学联合进行了专题研究，通过多次召开电力、煤炭等领域的专家研讨会，在充分搜集资料和理论分析基础上，提出了在采动影响区选线、选塔位原则：①优选无矿区通过；②线路必须通过采动影响区时，应优先选择采深大（$H>350$m），煤厚小，煤层顶板岩体强度高，地基沉降小（沉陷变形稳定）的区域通过；③采动影响区内的塔位，应避开陷落柱和断层露头；④塔位应尽量立于采空区中央，尽量避开开采边界。

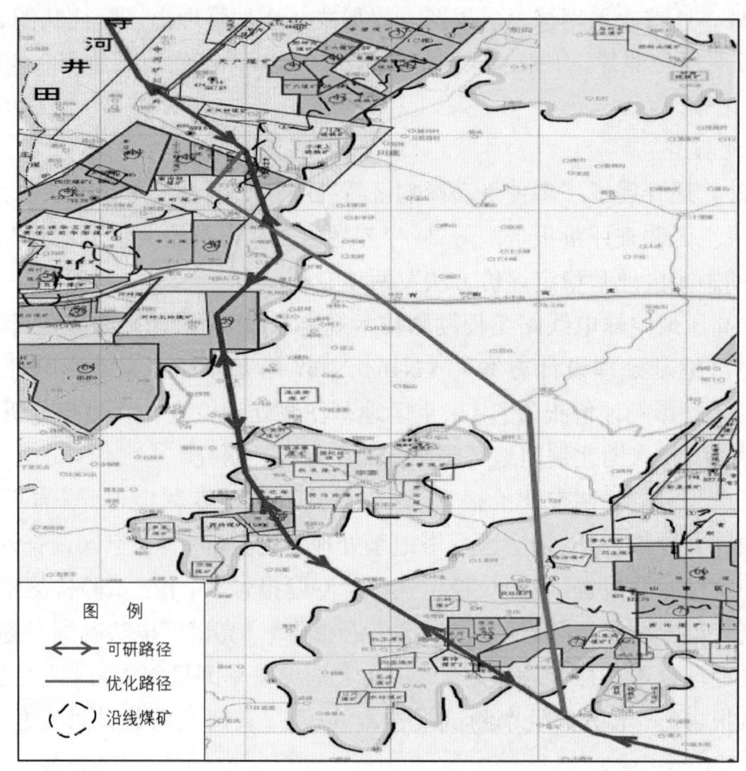


图 5-1　山西境内路径优化图

线路穿越沁水煤田和偃龙煤田的大面积煤矿采空区、塌陷区，并在采空区开展了《多种采动影响区特高压线路架设塔基稳定性的量化研究》，对沿线采空区进行了详细分类，通过现场调查、物理勘探及数值量化分析等手段提出的塔基稳定性评价方法。通过对采空区与各种矿柱、采空区与杆塔变形相互作用、采动区地表沉陷变形状况及发展趋势，采用概率积分法模型和实测参数，结合中国矿业大学（北京）的 MSAS 开采沉陷分析系统，以开采时间、开采方法、采深采厚比和临界深度为主要分析因素，以倾斜变形、水平变形、下沉量为量化评价指标，逐基对采动区塔位进行了地表移动、变形预计。研究提出的采空区特高压线路地基处理和塔基处理的原则，以及根据相对变形量的自动监测系统与绝对位移量的常规观测方法，填补了国内空白。

4. 在全线大范围应用物探技术及深孔钻探

采动影响区勘测是项复杂而综合的工作，不仅要查清煤矿分布情况，还必须选择性地调查煤矿的采矿、采空情况。调查阶段尽可能搜集相关煤矿详细的图纸、地质报告、地表变形观测数据等资料。对于无法调查考证的采空区，采取必要的物探（三维地震、地质雷达、高密度电法等），钻探手段是探查采空情况和采动影响区杆塔变形定量计算的基础。

三维地震是将地震测网按一定规律布置成方格状或环状的地震面积勘探方法。对于采动影响区全线方案、位于采空区的重点塔位，采用了三维震法，进一步确定采空区、断层与陷落柱的情况。根据三维地震勘测成果结合钻孔资料可进一步探明了地质和开采情况以及孔洞的分布情况。三维地震勘探现场见图 5-2。

高密度电法是在常规电法勘探基础上发展起来的一种物探方法，它从根本上解决了常规电法勘探测点稀、工作效率低等难以解决的问题。高密度电法剖面长度可达 300m，最大有效勘探深度 80m，用于探测较深的采空区。

对于私人开采的小煤窑，煤层埋深浅，利用瑞典 MALA 公司生产的 RAMAC/GPR 探地雷达，可以方便地调查采空的范围，为小煤窑稳定性评价工作提供必要的数据。在 30m 深度范围内，地质雷达勘探深度较灵敏，分辨率能满足工程空洞调查目的。

图 5-2　三维地震勘探现场

为了更好地验证采空区物探的准确性，并获取塔基稳定性分析所需物理力学参数，在沿线部分采空区段进行了深孔钻探，并采取岩芯样本进行室内力学分析。钻进深度 48～236m，累计进尺 820m，进行取岩石样品试验 41 件。煤层顶板的裂隙发育程度，对于顶板的稳定性有重要影响。为此，还利用彩色钻孔电视对于钻孔内煤层顶板的裂隙发育情况进行了观察，如图 5-3 所示。

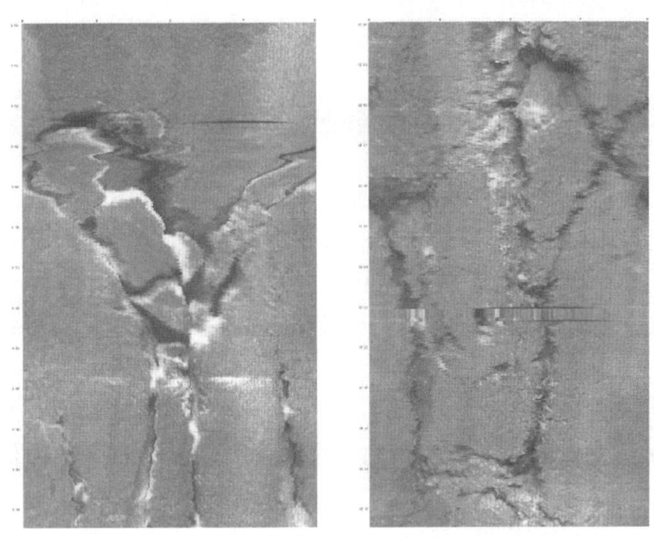

图 5-3　钻孔电视观测煤层顶板裂隙发育情况

5. 采空区治理

大胆提出特高压线路穿越采空区，在输电线路领域内首次对采空区内杆塔地基应用了注浆治理的措施。经过反复研究试验，发明了一套对针对高压线路塔基的采空区注浆治理方案，当采空区的采深采厚比小于 50 且综合判定为不稳定时，圈定注浆范围，在所述注浆范围内（治理区钻孔布置图如图 5-4 所示）根据计算比选进行注浆，采用 30m 的注浆间隔，1.0MPa 的注浆压力。采用一次成孔整段注浆的方式，将水泥和粉煤灰的固相比设为 1∶3，并设计出 1∶1、0.8∶1 和 0.6∶1 三种浆液水固比，应用于不同的注浆深度。

通过在采空区注浆填充了采空区，解决了由于采空区地基不稳定不能满足架设特高压线路杆塔技术要求的问题。保证了特高压线路既能稳定地穿越采空区，扭转了高压线路无法穿越采空区的常规思维。该高压线路采空区地基治理措施已申报国家发明专利。

6. 岩石锚杆可行性论证及勘测

锚杆基础具有开方量小、混凝土用量少、环境破坏小等技术特点，可有效减少对原来环境的破坏，

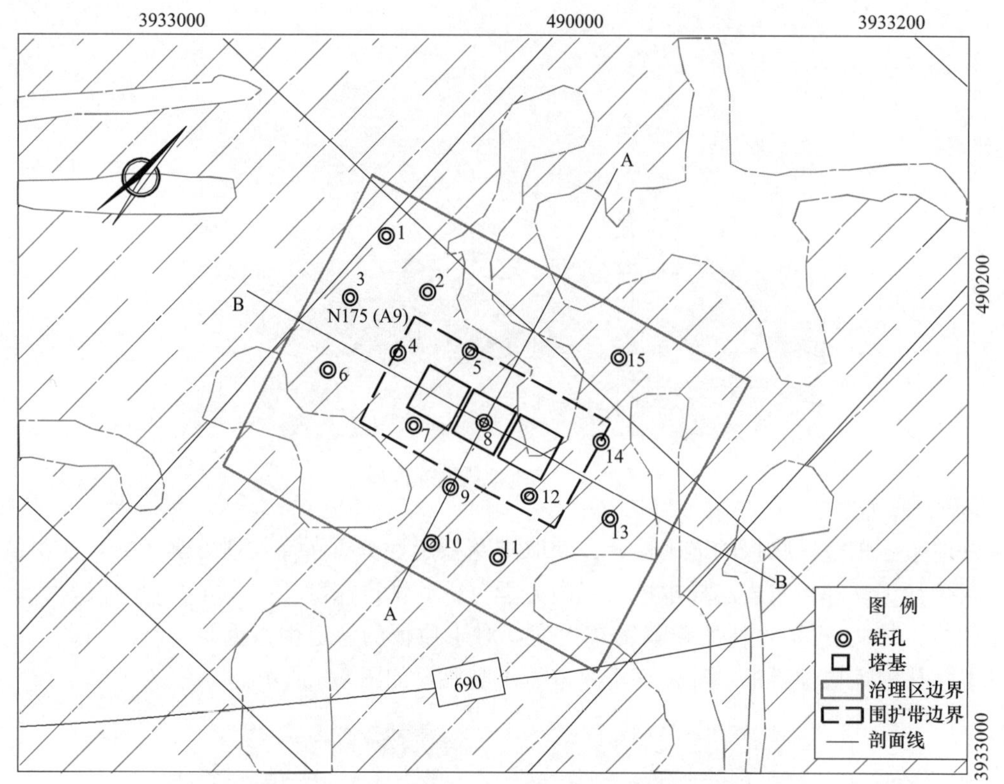


图 5-4 治理区钻孔布置图

有利于控制水土流失。为了更好地保护环境，在覆盖层较薄的山区地段大量采用轻便型岩石锚杆钻机钻进，辅助以先进的孔内电视测试手段，掌握岩石的风化程度和完整性资料。针对不同的岩石类型和分化程度，详细论证了锚杆基础在特高压线路中的可行性通过岩石锚杆基础试验，总结了一套锚杆设计计算参数，便于工程勘测和设计使用。在无压覆矿产区段试验性推荐 10 余基锚杆基础，取得了较好的环境和经济效益。

7. 对危岩边坡稳定性采用定量评价

山体危岩和滚石是影响输电线路塔位安全的一个重要因素。针对局部山体陡峭、山体危岩地段以及采用大板基础开挖形成人工高边坡（部分边坡高达 30 余米）的问题，从坡形（$P$）、坡面危岩大小和数量（$W$）、塔位与山体的相对位置（$T$）、山脚滚石的大小和数量（$J$）、滚石没入土层的深度（$M$）以及边坡高度与坡脚距离的比值（$R$），采用因素影响分值表，对塔位危岩威胁综合评价指标 Z 进行定量计算，从而确定危岩的威胁等级。对于危岩威胁等级为重的塔位，应重新选择塔位。对于威胁等级为中的塔位，条件许可应重新选择塔位，若移动塔位方案造价太高，则可采用适当的工程措施进行处理，彻底消除危岩的威胁。对于威胁等级为轻的塔位，也应采取适当的工程措施，彻底消除危岩的威胁。

危岩影响因素的定量分值可按表 5-4 进行。

**表 5-4　　危岩影响因素分值表**

| 序号 | 影响因素 | 因素分类 | 分值 |
|---|---|---|---|
| 1 | 坡形（$P$） | A 型 | 2 |
| | | B 型 | 1.5 |
| | | C 型 | 1 |
| | | D 型 | 0.5 |

续表

| 序号 | 影响因素 | 因素分类 | 分值 |
|---|---|---|---|
| 2 | 山体危岩的大小和数量（$W$） | 大 | 2 |
| | | 中 | 1 |
| | | 小 | 0.5 |
| 3 | 塔位于山体的相对位置（$T$） | A类塔位 | 2 |
| | | B类塔位 | 1 |
| | | C类塔位 | 0.5 |
| 4 | 山脚滚石的大小和数量（$J$） | 大 | 2 |
| | | 中 | 1 |
| | | 小 | 0.5 |
| 5 | 滚石没入土层的深度（$M$） | 浅 | 2 |
| | | 中 | 1 |
| | | 深 | 0.5 |
| 6 | 边坡高度与塔距离坡脚的距离的比值（$R$） | $R\geqslant 10$ | 2 |
| | | $1\leqslant R<10$ | 1 |
| | | $R<1$ | 0.5 |

注　1. 坡形中A型为折线型边坡；B型为上部陡峭、下部突出曲线边坡；C型为上部陡峭、下部稍突出曲线边坡；D型为内凹型边坡。

2. 塔位与山体的相对位置，A类塔位于山体内凹的一侧，B类塔位于山体平直坡形的一侧，而C类塔位于山体凸出的一侧。

塔位危岩威胁综合评价指标 $Z$，可按式（5-1）计算。

$$Z=TJMR(P+W) \tag{5-1}$$

根据塔位危岩威胁综合评价指标 $Z$，查表5-5确定塔位危岩威胁等级。

**表5-5　塔位危岩威胁等级划分**

| 序号 | 综合评价指标 $Z$ 范围 | 威胁等级 |
|---|---|---|
| 1 | $0\leqslant Z<5$ | 低 |
| 2 | $5\leqslant Z<15$ | 中 |
| 3 | $15\leqslant Z\leqslant 64$ | 高 |

8. 进行膨胀土勘测技术的研究

湖北荆门是我国膨胀土较严重的地区之一，本工程80km路径经过该地区，如何合理评价膨胀土给工程带来的影响关系着特高压工程的安全稳定。膨胀土一般位于山前低丘地貌及二、三级阶地后缘区，地形呈垄岗—丘陵和浅而宽的沟谷，地形坡度平缓，一般坡度小于12°，无明显的自然陡坎。易形成崩塌、滑坡及房屋裂缝（见图5-5、图5-6）。该地区膨胀土为第四系上更新统冲积洪积层黏性土层，可划分为可塑状态黏土（层1）、可塑—硬塑［层（2）-1］和硬塑—坚硬［层（2)-2］黏土两大层。根据层(2)-1黏土的扫描电镜结果，其矿物成分以绿泥石、伊利石、长石和石英为主，其叠聚体普遍发育微裂隙，粒间孔和晶间孔，裂隙面常见树枝状结构，粒间孔隙大者达600$\mu$。

采用钻探、静力触探、平板试验等手段详细查明了膨胀土的空间分布范围、层数、厚度，计算确定了其涨缩等级为Ⅰ～Ⅱ级，并提出如下保护措施：

（1）当塔基边坡采用膨胀土层作为填料时，添加5%生石灰进行改性处理。挡墙设置成矮胖式挡墙，除在墙体设置排水管外，其地下设置排水盲沟，同时减少挡土墙围墙前后坡度（填土边坡放坡1∶2）。

（2）做好地表排水与防渗措施，防止地表水下渗，保持基坑底部土层不被地表水浸泡。在下雨后不能马上施工，须等地面干燥且达到最优含水量时再施工。

图 5-5　膨胀土区地貌

图 5-6　膨胀土区的滑坡

（3）因土层具膨胀性、开挖后裸露的土层抗风化能力较差，具有遇水软化等不良工程特性，基坑开挖后应安排合理工序，及时进行基础施工，避免土层长期暴露。

9. 黄河、汉江大跨越勘测及试桩

黄河、汉江大跨越段全长分别为 2990、2956m，主跨段长度分别为 1390、1650m。直线跨越塔高分别达 146、182m，单塔最大重量近 1000t。直线跨越塔每个塔脚中心的上拔荷载设计值为 $T$=10 640kN；水平荷载设计值 $T_x$=1640kN；$T_y$=1600kN；竖向下压荷载设计值 $N$=15 200kN。锚塔高 38m，每个塔脚中心的上拔荷载设计值 $T$=4900kN；水平荷载设计值 $T_x$=2450kN；$T_y$=1950kN；竖向下压荷载设计值 $N$=7150kN。

大跨越塔对地基强度及抗拔要求高，且位于河漫滩的塔基处存在不同程度的冲刷。通过专项勘测和地基处理方案专题论证，对大跨越塔的桩型、持力层及成桩工艺进行了分析论证，选择桩径 1500mm，桩长 50m 的普通钻孔灌注桩（旋挖工艺）进行综合试桩，精准提出了工程桩的各种设计参数，优化了地基基础设计。

综合试桩中很多工艺和测试技术方法在国内均属首次运用。大吨位：试桩中最大竖向抗压极限加压值达到 20 000kN，抗拔极限荷载达到 5400kN。

多数据。整个测试数据包括：竖向抗压极限荷载、抗拔极限荷载、水平极限荷载（临界荷载）、桩在各级荷载下的内力测试、高低应变测试、单桩动刚度测试（包括水平和竖向）、桩身质量超声波测试等数据，测试方法 6 种，测试数据 15 组，其中大直径桩动刚度测试数据在线塔桩基础中的运作在国内尚属首次。

综合性强。运用内力测试数据与高应变测试数据综合分析桩基础侧摩阻力值、超声波测试与低应变测试综合分析桩身完整性，为桩基础质量控制提供依据、静载试验与高应变综合分析桩的承载力、用动刚度测试中由于振动产生的应力波对液化沙的液化影响进行分析，对工程中液化沙的影响提供的设计依据。

## 二、青海格尔木至西藏拉萨某直流线路岩土工程勘测与冻土研究

### （一）工程概况

青海格尔木—西藏拉萨某直流线路是世界上海拔最高（海拔 4000m 以上长达 950km，唐古拉山最高海拔 5262m）、穿越多年冻土区最长（多年冻土区总长 550km）的“电力天路”。该线路总长 1030.5km，建设铁塔 2361 基，其中多年冻土基础 1207 基。该工程荣获 2012～2013 年度国家优质工程金质奖、2014 年第三届“中国工业大奖”。工程勘测由西北电力设计院牵头，西南电力设计院、中南电力设计院、陕西省电力设计院和青海省电力设计院 5 家单位共同完成，2007 年 5 月启动预可研，2010 年 7 月开工建设，2011 年 12 月投运。本项目的《青藏直流联网工程冻土分布及物理力学特性研究》获 2012 年度电力优秀咨询成果一等奖，《青藏直流联网线路岩土工程勘测与冻土研究》获 2012 年度电力优秀工程勘测一

等奖。

（二）岩土工程条件

线路自北向南通过青藏高原腹地，途经众多地质地貌单元，除常见的不稳定斜坡、冲沟泥石流、风积砂、崩塌和饱和砂土、粉土液化等工程问题外，最重要的问题是多年冻土问题。冻土不仅直接影响构筑物自身安全，同时由于工程建设对地表条件、冻土条件、水文条件等的改变，又可能再次诱发次生问题。冻土现象主要有：冻胀丘、冰锥、厚层地下冰、热融滑塌、热融湖塘与热融沉陷、融冻泥流、冻土沼泽湿地、寒冻裂缝等。

（三）勘测工作简介

1. 各阶段勘测过程、勘测技术方案和勘测工作量

可行性研究和初步设计勘测由西北电力设计院（负责青海境内）和西南电力设计院（负责西藏境内）完成。施工图设计由西北电力设计院有限公司牵头负责。

（1）可行性研究。

2007 年 5 月启动预可研，2007 年 8 月正式开展可行性研究。选线勘测中，岩土专业配合设计对各个路径方案进行了多方走访、搜资和踏勘。2007 年 9～10 月，分派多路人员，踏勘和了解沿线工程经验，重点研究了沱沱河跨越段多年冻土区与融区交错区域，提出了东、西两个方案（西方案多年冻土区长，融区短，路径略短；东方案冻土区短、融区段长，路径稍长），合理避让了军事设施和冻土沼泽区域。2007 年 11～12 月组织了包含设计院相关专业及电力、中科院等行业领域的专家组多次进行方案论证、考察，并提出指导性意见。初步查明了各路径方案的工程地质条件、冻土类型、分布范围、特性和主要工程地质问题，从岩土工程角度推荐了较优方案，明确了下阶段工作重点。

（2）初步设计。

2008 年 2 月～5 月，进行初步设计选线勘测。在进一步查明沿线区域地质、矿产地质、工程地质条件和水文地质条件基础上，分区段对路径方案提出评价，对特殊路段、特殊性岩土、特殊地质条件和不良地质作用发育地段进行专门的工程地质勘测和岩土工程评价，为选择塔基地基基础方案提供必要成果。另外，利用航测图分别开展室内及现场选线踏勘，使路径避让了不良地质作用发育区、特别是冻土发育区。重点对西大滩避让移动沙丘、雁石坪改走河流融区、温泉兵站改走河流融区等方案进行了详细剖析，结合冻土科研中间成果，密切配合设计专业进行路径优化。

初步设计勘测充分结合科研课题初步成果，进一步落实了沿线冻土问题工程条件，为线路路径方案的优化、线路重要塔位、重要跨越地段及初步的冻土地基基础型式、冻土地基处理设计及工程量预算提供了依据。

（3）施工图设计。

施工图设计勘测采用了逐基踏勘调查、多年冻土区进行逐基钢钎插入，遵循“多物探、少钻探”的冻土保护原则，对 40%塔位进行物探、30%塔位进行钻探、25%塔位现场土工试验、代表性塔位和重要塔位进行冻土土工试验及代表性地段测量地温的勘测方案，完成如下工作量：

1）逐基踏勘调查：对 2361 基塔位进行中心 100～500m 范围内的地质调查，地质调绘面积总计 427.8$km^2$，重点地段勘测调查 450 点，实地拍摄照片约 22000 张及视频资料约 200 集。

2）工程钻探：完成钻孔 373 个，总进尺 5968m；标准贯入试验 326 次，动力触探试验 1076 次；小钻孔约 300 个，约 900m。

3）工程物探：地质雷达探测 368 基，测线 904 条，总长 7480m；高密度电法 344 条，折合 22710m；瞬态面波 7 点；土壤电阻率测试 2361 点。

4）地温测量：代表性地段钻孔内地温测量 54 组，测试深度 15m。

5）土工试验：颗粒分析、含水率测试 1631 组；室内常规土工试验 754 件；冻土抗剪强度试验 102 组；融土抗剪强度试验 52 组；冻胀量试验 17 组；冻土融化压缩试验 76 组；水的腐蚀性分析 40 件；土的易溶盐分析 543 件；岩石试验 28 组。

在开展冻土专题研究基础上，岩土工程勘测主要解决了如下问题：配合设计合理选择了路径；根据地表植被特征、地表水、地形地貌（冻土微地貌）、交通状况等因素，进行优化比选，合理避让已有或潜在冻土危害的塔位，选择相对较好部位立塔；详细查明了每个塔位的冻土工程条件；较为准确评价了每个塔位的冻土上限和高含冰冻土的分布；合理分析建议了岩土设计参数、地基基础型式、环境治理与保护措施。

2. 生产组织与技术管理

生产组织实施院长挂帅、部门技术领导直接负责、专业室安排精兵强将，按创优工程组织管理。本着“以人为本，保障先行”的理念，在高原高寒环境的交通、食宿、医疗、生态和劳动资源等特殊条件下，经大量调研编制了《现场定位后勤保障专题研究》，为勘测工作提供了全方位保障。

技术管理方面，在常规技术和质量工作基础上，专门编写了《冻土勘察专业技术指南》。终勘外业前，针对首次接触冻土的20多名专业人员，邀请国家冻土勘察规范编写人之一童长江研究员就沿线冻土特点、勘察要点、冻土研究成果等内容进行了一周集中培训。现场定位中多次邀请中科院冻土观测站刘永智站长、俞祁浩研究员实地咨询、顾问，各设计院勘测总工和专业主工多次到现场检查指导。

（四）勘测成果与专题研究

1. 岩土工程勘测成果

岩土工程勘测成果主要有：岩土工程勘察报告，塔位工程地质条件一览表，并详细交代冻土类型、冻土上限、含冰量、地下水位、地层岩性界线、主要物理力学性质指标、基础型式及环境治理保护措施建议等。

2. 冻土工程专题研究

针对输电线路（塔基必须根植于永冻层内，施工中会短暂破坏冻土的稳定性）与交通工程冻土问题（以填方路基形式穿越多年冻土、对多年冻土有保护作用）的差异性，本着“充分借鉴国内外冻土研究成果，全面掌握冻土知识与勘察技术，侧重针对输电线路工况特点，全力保障设计、施工、运行所需”的思想，2007年10月，成立了由西北电力设计院牵头、中国科学院冻土工程国家重点实验室等多家单位联合攻关的《冻土分布及物理力学特性研究》课题组，并在国家电网公司立项获批，共投入研究人员20余人，在近一年的时间里，进行了路径全线踏勘、冻土现象实地调研、专家咨询、现场测试及室内专门试验等大量工作，为建设“电力天路”奠定了坚实基础。

采取了如下技术路线与方法：

（1）搜集资料。多渠道收集国内外冻土最新研究成果及案例，尤其是青藏公路、铁路及配套110kV线路建设经验和运行监测成果。

（2）咨询顾问。邀请国内知名冻土专家，尤其是全程参与过青藏公路、铁路、110kV线路的勘察、设计、施工及运营期监测的技术专家进行咨询，使研究更有针对性。

（3）现场调研。分两次进行现场踏勘，明确沿线冻土现象的类型及分布规律，查明其形成条件及发育特征，为线路避让和工程措施提供依据。

（4）专门测试。进行室内专门冻土试验和典型基础物模试验，获取地基承载力及冻胀、融沉等冻土力学指标，为塔位稳定性评价及基础选型提供依据。

（5）横向沟通。与包括地基基础、施工技术等相关课题组进行每月一次的工作汇报，互为借鉴，信息共享，使成果完整、协调。

（6）编写成果报告。明确线路沿线冻土类型、特征及对线路的影响，建议选线选位思路，获取塔位物理力学性质，为线路勘测评价提供基础资料。

针对冻土区实际情况，主要从冻胀、融沉、流变移位、差异性变形4个方面，以及冻土微地貌特点及路径与塔位条件、冻土上限/高寒冰冻土与基础稳定埋入条件、不同冻土一个冻融周期内塔基冻土力学特性、斜坡铁塔基础冻融稳定性模型试验、高原冻土适宜勘探测试技术与评价要点、保持冻土稳定性的设计与施工关联技术6个方向开展深入研究。研究成果有：《冻土分布及物理力学特性研究》总报告1

册，《冻土分布及工程区划专题报告》《冻土微地貌及冻土现象专题报告》《冻土稳定性分区及预测专题报告》《冻土物理力学特性试验专题报告》《斜坡锥柱基础模型试验专题报告》《冻土区勘探测试方法专题报告》分报告 6 册，《冻土分布图》（1∶250000）、《冻土地温图》（1∶250000）、《冻土综合工程地质图》（1∶250000）3 套图件。

1207 基多年冻土基础中，融区 242 基占 20％；少冰冻土 47 基占 3.9％；多冰冻土 385 基占 31.9％；富冰冻土 320 基占 26.5％；饱冰冻土 107 基占 8.9％；含土冰层 106 基占 8.8％。多年冻土区主要考虑基础底面以上进行冻胀评价，基础底面以下进行融沉评价。冻土基础中大开挖浅基础型式（见图 5-7）约占 70％，其他基础型式约占 30％。1207 基中，桩基础 182 基、预制装配式基础 126 基、锥柱基础 715 基、挖孔桩基础 41 基和掏挖基础 143 基。

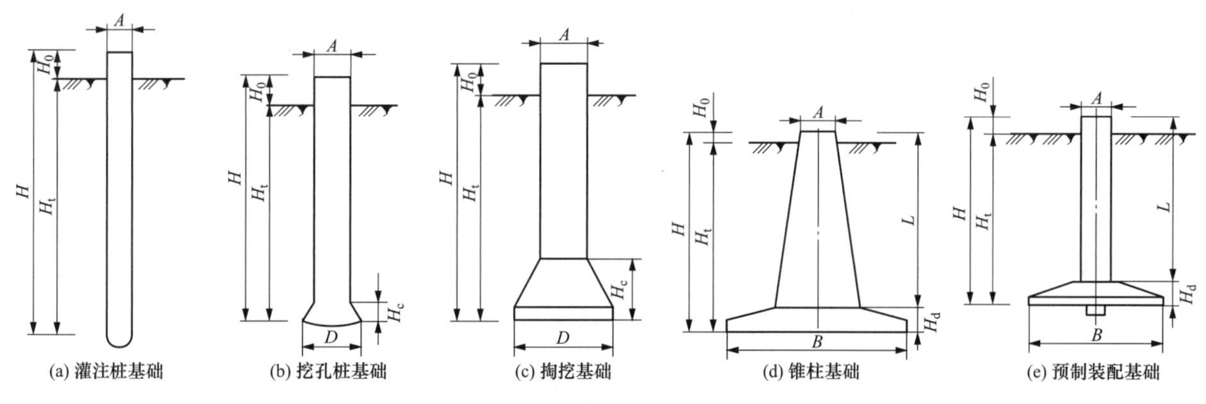


图 5-7　冻土基础型式

（五）施工服务与冻土基础回冻稳定性监测

1. 施工服务

现场服务自 2010 年 7 月～2011 年 10 月，每标段长驻 1～2 名经验丰富的地质工代，专业主工、专家团队多次回访和现场指导，累计派出工代 160 人次、2520 天。

主要工作有：进行基坑验槽；对施工中的地质问题进行会商处理；配合施工进行塔位详细交底和开工批次调整；按照施工和设计需要汇编专题资料；按期配合参加现场检查和技术评审；配合完成个别塔位基础方案设计变更。

施工表明：冻土区勘察资料绝大部分与实际吻合良好，1207 基冻土基础仅 24 基地下水位有 0.2～2.0m 误差、8 基土岩界线出现 0.5～3.50m 误差，3 基有冻土上限 0.50～1.90m 误差，3 基冻土类型定名有误差。

2. 回填土质量及回冻状态检测

回填土质量检测在多年冻土区 6 个标段的 43 基塔开展，主要包括含水率和密度检测。回填土回冻状态检测在 5 个标段的 19 基塔进行，涉及塔型以转角塔、耐张塔、跨越塔及高含冰量、高温不稳定冻土塔为主。抽样检测呈对角线布置两个钻孔，孔深达基础底面或原状土以下 0.50m。每个勘探点均布置取土试样或原位测试。取样每米按 1 个原状土样，近底部 1m 范围内加密取样。回冻状态检测分别在最大冻结期（4 月份）和最大融化期（9 月份）进行。

3. 塔基稳定性监测

塔基稳定性监测包括现场地温和塔基基础变形。地温监测系统于 2010 年底开始布设，至 2011 年初基础施工结束时布设完成。2011 年底监测系统进行了一个冻融周期的塔基回填土地温变化的连续性及系统化监测，为线路试运行提供了决策依据。

结合沿线塔基类型及场地特征，选择 8 个地段的 10 基塔对包括锥柱基础、装配式基础、掏挖基础及灌注桩基础的 4 种基础型式进行地温监测，对包括地温监测点在内的 120 基塔的四个塔腿进行变形监测。

塔基基础的变形观测以天然孔为基准，每个塔腿的监测点位于铁塔底部一定高度处。

（六）项目主要成果和创新特色

（1）针对电力行业冻土工程经验匮乏和技术标准缺失的状况，从方法选择与布设、内容与要点、季节与重点勘测问题等方面建立起了体系化的勘测评价体系；然后从线路的选线选位、基础型式选择、冻土区的基础设计原则及地基处理与保护等方面提供了设计指导思想；在透彻分析冻土特性的基础上，对施工阶段的队伍挑选与管理、施工组织设计与施工预案准备、施工工序与施工工艺等方面提出了一体化的建议。这样一套勘察—设计—施工全过程岩土技术体系的建立，直接支持了国家电网公司立项决策和施工决策。

（2）基于全线调查和资料分析，按输电线路点线状工程特点划分为 21 个工程地质区段，以冻土微地貌为突破，系统提出了“选高不选低、选阳不选阴、选干不选湿、选融不选冻、选裸不选盖、选粗不选细、选避不选进、选直不选折”的路径和塔位选择思路。初步设计进行路径优化，施工图设计因地制宜对塔位优化选择，提升了工程效益。

（3）基于多年观测和研究资料，对未来 50 年青藏高原气温分别升高 1、2℃及 2.6℃背景下的冻土空间分布特征及热稳定性进行了稳定性分区和预测。针对塔基必须挖钻进入永冻层这一与铁路/公路的最大不同工况，专题研究与冻土勘察详细查明了塔基位置冻土上限、高含冰冻土分布、冻土地温等关键技术问题，为设计提供了准确、可靠的冻土工程技术参数，保障了冻土基础设计的成功。

（4）在前人研究成果基础上，分析总结了塔基的冻胀、融沉、流变及差异性变形等 4 大冻土工程地质问题的特点和危害，在国内首次进行了 1∶5 和 1∶10 的大尺度斜坡（20°和 30°两种坡型）锥柱基础反复冻融物理模型试验，对锥柱基础在地基土回冻和冻融循环下的受力状态和变形特征进行深入研究。建议了桩基础、预制装配式基础、锥柱基础、掏挖式等多种基础型式，提出了相应的地基处理防冻胀措施及热棒主动降温等保护措施。

（5）由于高原多年冻土工程性能的特殊性，首次系统提出了多物探、少钻探、区段性测温、轻便型勘探结合、代表性取样、室内重点试验的高原冻土综合勘探作业模式。施工图勘察中，该模式在勘测方法选择、工作量布置、减小现场劳动强度、控制勘测成本以及保证作业工期等方面都取得了极大成功。

（6）为多年冻土的研究和应用开拓了新的思路。现场勘察中采用了可见冰体积含冰量大小结合冻土构造特征对冻土类型进行判别，其结果与室内试验结果相一致。按照冻土含冰量的不同、其融沉特性不同的特点，依据冻土的融沉性与冻土强度及构造的对应关系，创立了沿线冻土类型和融沉性分级的对应关系。依据基底岩土类型、不同含冰量的融沉特性对塔基融沉等级进行分类，从而准确评价塔基的冻土工程地质特性。

（7）搜集大量工程实例，分析了多年冻土在衰退和冻融循环典型案例，总结了多年冻土塔基设计与地基处理、施工与环境保护方面的经验教训，并从保护冻土长期稳定性的角度出发，提出了本工程回填材料选用、基坑开挖、施工降排水、地基基础设计、施工降温防范、施工信息反馈、生态环境保护等一系列建议，在施工中得到了很好的采用。

## 三、某特高压交流线路岩土工程勘测实录

（一）工程概况

某特高压交流线路工程是国家电网公司建设的第三个特高压交流工程，包括四站三线，经浙江省湖州市安吉县、杭州余杭区、杭州临安市、杭州富阳市、桐庐县，绍兴诸暨市、金华浦江县、兰溪市、武义县、丽水市、福建省寿宁县、周宁县、宁德市蕉城区、古田县、福州市罗源县、闽侯县，止于福州变电站，变电容量 1800 万 kVA，全长 2×603km，动态总投资 188.7 亿元，2014 年 12 月建成投运。岩土工程勘测荣获 2015 年度电力行业优秀勘测一等奖。

（二）岩土工程条件

1. 地形地貌

沿线地形地貌以中山、丘陵为主，部分为高山大岭，局部为平地漫滩。先后跨越了天目山脉、会暨山脉、雁荡山脉等山脉和富春江、新安江、武义江等多条河流。地面高程 20～1400m 不等。总体来说沿线地质条件复杂，森林覆盖率大、覆冰较严重，普遍以低山丘陵为主，高差虽不太大，但坡度较大，立塔难度较大。局部为中山，具有海拔高，山势险峻，高差大。水系普遍不甚发育。交通条件较困难，局部为无人区。

2. 地层岩性

沿线地层主要为第四系覆盖层和下覆基岩。第四系覆盖层主要为上更新统坡洪积、坡残积以及冲洪积成因的粉质黏土和碎石、卵石、细砂等，广泛分布于斜坡、山间盆地、河流阶地。基岩主要由志留系、侏罗系、泥盆系、奥陶系、下第三系和震旦系砂岩、页岩、石英砂岩、炭质页岩、灰岩、花岗岩、安山岩、流纹质角砾熔岩、凝灰岩等组成，在部分单薄山脊部位直接出露。

3. 地震

线路所在区域距离该地震活动强烈区域较远，故该段线路路径在该地区处于相对地震较平静地区，地壳稳定程度较高。依据 GB 18306《中国地震动参数区划图》的划分，线路各段的地震基本烈度和地震动峰值加速度随路径的变化情况如表 5-6 所示。

**表 5-6　　地震基本烈度和地震动峰值加速度随路径变化情况**

| 序号 | 线路位置 | 基本地震烈度 | 地震加速 g | 线路长度（km） |
|---|---|---|---|---|
| 1 | 浙北换流站—诸暨县以西 | Ⅵ | 0.05 | 约 100 |
| 2 | 诸暨县以西—浙南变电站以南 | <Ⅵ | <0.05 | 约 200 |
| 3 | 浙南变电站以南—福州变电站 | Ⅵ | 0.05 | 约 300 |

4. 水文地质

沿线地下水类型主要有松散土层孔隙水、基岩裂隙水和岩溶水。松散土层孔隙水分布于第四系地层之中，多为潜水和上层滞水，水位随季节性变化大，水量较丰，埋藏较浅，对地基影响较大。基岩裂隙水一般可分为构造裂隙水和风化带裂隙水两类，埋深一般较大，对塔基基础影响较小。地下水对混凝土具微腐蚀性，对钢筋混凝土结构中的钢筋具微—弱腐蚀性，对钢结构有弱腐蚀性。

5. 地质灾害与不良地质作用

根据地质灾害危险性评估报告：地质灾害的主要类型有滑坡与不稳定性斜坡、崩塌、岩溶塌陷与采空区。浙江省境内发育有现状地质灾害 29 处，其中：崩塌 13 处、滑坡 14 处、潜在采空塌陷 2 处，现状地质灾害危险性中等，除 2 采空区塌陷对拟建线路存在较大影响外，其余灾害点对线路影响较小。其余未发现的地段现状地质灾害危险性小。福建省境内滑坡、崩塌规模小，危害小，地质灾害危险性小。

6. 矿产资源

浙江省境内矿区较少，主要为小型石矿、黏土矿、金属矿，路径已进行避让；福建省境内矿产较多，初设路径审查后根据压覆矿产评估报告对路径方案进行了调整，避开了主要的矿区并保留一定的距离。线路未压覆主要矿区和各级文物保护区。

（三）勘测工作简介

1. 各阶段工作过程、勘测技术方案和勘测工作量

（1）可行性研究。2008 年至 2012 年历时 4 年，参与各院普选、细选了 20 余个特高压站址，针对设计提出的 1 个扩建、3 个新建特高压站址和东方案、西方案Ⅰ、西方案Ⅱ三个路径方案和各个支方案，进行了全线搜资调查和实地踏勘，初步查明了各路径方案的工程地质条件和存在的主要岩土工程问题，

从岩土工程角度推荐了较优的路径，明确了下阶段工作的重点，并于2012年8月份通过了电力设计规划总院的可行性研究评审。

(2) 初步设计。华东、东北、中南、江苏、浙江、福建、湖南和永福等10家设计院联合开展了本工程后续勘测设计工作。2012年12月启动初步设计，2013年1月通过了（预）初设路径评审，2013年3月完成初步设计。在历时1年时间里，各参加单位对拟定的南方案以及其中的一些支方案和补充方案进行了认真仔细的踏勘调查和收资工作，重点地段开展了工程钻探、物探测试、遥感解译等工作，获取了大量的第一手资料和信息，完成的实物工作量详见表5-7。

表5-7 全线初勘完成工作量统计表

| 项目 | 名称 | 单位 | 数量 |
| --- | --- | --- | --- |
| 全线调查 | 工程地质调查与矿产资源调查 | km | 597.9 |
| 遥感 | 线路路径遥感调查 | km | 597.9 |
| 资料收集与分析 | 区域地质与水文地质报告 | 本 | 23 |
| | 矿产资源开发利用现状与规划利用图 | 份 | 4 |
| | 矿点信息 | 点 | 8 |
| | 前期工程报告及相关工程报告 | 份 | 14 |
| | 重点地段勘测调查 | 点 | 76 |
| | 现场照片 | 张 | 约2000 |
| | 钻探孔 | 个 | 14 |
| | 标贯试验 | 次 | 19 |
| | 大地导电率测试点 | 点 | 16 |
| 成果图表 | 地质灾害、矿产资源、地震烈度分布图 | 张 | 21 |
| | 地貌单元分布长度统计 | km | 597.9 |
| | 地震基本烈度和地震动峰值加速度分段统计 | km | 597.9 |

本阶段勘测进一步搜集、完善了相关资料，查明拟选线路路径的区域地质、矿产地质、工程地质条件和水文地质条件，分区段对路径方案作出具体评价，对特殊路段、特殊性岩土、特殊地质条件和不良地质作用发育地段进行专门的工程地质勘测工作，并作出岩土工程评价，为选择塔基基础类型和地基方案提供必要的地质资料及建议，全面查明对确定线路路径起控制作用的不良地质作用、特殊性岩土、特殊地质条件的类别、范围、性质，评价其对工程的危害程度，提出避绕或整治对策建议。同时进行了压覆矿产资源评估、地质灾害危险性评估和地质遥感解译等专项工作，以及地基基础、岩溶区塔基稳定性专题研究。

(3) 施工图设计。2013年1～4月开展外业勘测，以选定安全稳定的塔位为工作重点，工作方法是实地选定塔位并逐腿勘测。勘测主要成果：①查明了沿线和塔位的地形地貌特征、地层岩体分布、岩土性质、不良地质作用、水文地质、矿产地质等条件；②选定了地质稳定或岩土整治相对容易的位置立塔；③开展地质调查、坑探、小麻花钻、物探、钻探、静力触探、动力触探、地质雷达、室内水、土样试验等手段对全线塔位逐基逐腿勘测，勘探深度不小于10m且满足地基评价及基础设计需要；④对不良地质作用、采空塌陷区、矿井（坑）分布区，提出了避让或跨越建议；⑤对岩土工程和环境地质问题进行预测分析，并提出了相应的注意事项和处理措施。

全线终勘测完成工作量统计见表5-8。

表 5-8 全线终勘完成工作量统计表

| 勘探及测试方法 | | 单位 | 工作量 |
|---|---|---|---|
| 线路定线长度 | | km | 603 |
| 线路选定塔位 | | 基 | 2110 |
| 机钻孔 | | 孔 | 1106 |
| 探坑 | | 孔 | 4343 |
| 静力触探测试 | | 孔 | 1623 |
| 重型动力触探 | | 次 | 33 |
| 原状土试样 | | 件 | 59 |
| 扰动土试样 | | 件 | 15 |
| 岩样 | | 件 | 117 |
| 水样 | | 件 | 11 |
| 地质调绘（查） | | $km^2$ | 63.5 |
| 高密度电法 | 测线断面数 | 个 | 56 |
| | 断面总长 | km | 9912 |
| 探地雷达 | 测线断面数 | 个 | 64 |
| | 断面总长 | m | 1378 |
| 杆塔岩土电阻率测试 | | 基 | 1214 |
| 岩溶、土洞物探测试 | | 点 | 3 |

2. 生产组织与技术管理

（1）统一协调，精心组织，科学管理。前期勘测和专题研究中，由电力顾问集团组织了专家共同攻克了岩土工程专业的所有技术难点。初步设计至施工图设计，华东电力设计院、中南电力设计院、东北电力设计院、江苏省电力设计院、浙江省电力设计院、河南省电力勘测设计院、山东电力工程咨询有限公司、福建省电力设计院、湖南省电力设计院和福建永福集团有限公司按照集中设计、联合攻关、分头负责的工作模式，统一了勘测技术标准、勘测原则、工作深度、成果要求，并充分发挥各院术特长。

（2）完善的创优计划、严格的质量管理。围绕创建“国家级优秀岩土勘测工程”目标，在勘测工作的各个阶段严格“执行事先指导、中间检查、成品校审”的质量管理制度，制定了完善的《工程整体创优措施》。各个阶段工作均加强了事先指导、勘测策划、方案评审、中间检查、成品校审等质量管理措施。施工图阶段统一编制了《施工图勘测岩土专业质量、安全保证措施》《施工图勘测工作原则》《勘测大纲》《定位手册》《杆塔工程地质成果一览表统一模板》等指导性文件，从工作内容、勘探方法、勘测重点、质量保证、成果验收等方面对各标段作了统一规划。2013 年 2 月，国网北京经济技术研究院于组织专家对详勘外业进行了现场中间检查，2013 年 5～6 月，又组织了施工图成品大检查，最终成品优良率 100%。

（四）勘测成果及专题研究

可行性研究和初步设计阶段，经过业主和专家评审后，统一汇总了岩土工程勘测报告和图集。施工图设计阶段共提交岩土专业卷册 30 余册，资料成果 1 万余页，照片 9000 余张。在充分消化吸收科研成果的基础上，开展了《高密度电法探测专题报告》《岩土参数取值合理性分析报告》《土壤电阻率测试报告》《地质雷达探测专题报告》《水土腐蚀性检测报告》等多项专题报告，为工程建设的顺利完成奠定了基础。

（五）施工服务概况

坚持勘测为设计服务、为施工服务的理念，加强与设计的沟通，了解设计意图，及时提交各种地质资料，满足了设计需要。

在施工开始后，各院全过程地派出工地代表长驻现场开展施工前交底和现场服务。在施工关键节点，组织分管技术负责人赶赴现场，检查指导工代工作，听取参建单位对设计勘测工作的意见，对施工方法提出合理化建议。施工现场反映基坑开挖现状与地质资料吻合，建议措施可操作性强，未出现因地质资料的差错造成重大的设计变更。良好的工代服务，保障了施工的顺利进行，加快了施工进度，为工程的顺利建成并达标投产创造了良好的条件。

（六）项目主要成果和创新特色

1. 开展遥感地质工作，为勘测工作提供直观的影像地质资料

可行性研究阶段利用卫星数据及重点路径段航片针对关键地段和地形遥感解译，基本查明沿线工程地质条件，解译和调查各类地质灾害的分布、规模、特征，综合分析地质构造、地质灾害对线路的危害程度，划分工程地质危害程度分区；综合分析预选线路的可行性，提出合理化建议。

施工图阶段通过卫星遥感解译，发现一塔基疑似位于滑坡体之上，现场由于植被茂盛，视野受限，地质人员到达塔位后并未发现异常，为了不留隐患，地质专业扩大了踏勘范围，最终确定塔基位于一较大滑坡体上，经及时更该线路路径，消除了塔基稳定隐患。

2. 构建数字化地质信息平台，提高岩土勘测工作的预见性和准确性

利用高清晰卫片、航片和海拉瓦技术，地质工作先期介入，借用集合了数字高程模型、地质遥感、区域地质、矿产、地灾等各种地质信息的数字化影像平台，在室内利用数字立体模型替代野外选线和塔位排位，进行路径优化设计、合理科学布置杆塔。

3. 综合运用多种勘测手段，合理选择勘探方法

综合运用工程地质调查、钻探、静探、动探、槽（坑）探、地质雷达、电法勘探等多种勘测手段。对于部分交通异常困难、大型勘探设备难以进场的地段，采用背包钻、洛阳铲、麻花钻、探坑、探槽等手段进行勘察。对于存在球状风化花岗岩、灰岩孤石等问题地段，采用矿山地质调查中常用的国产轻型TGQ系列钻机，该类型钻机搬运轻便，采用回转钻进，岩芯直径可达4～5cm，解决了岩芯采取率低、花岗岩球状风化及灰岩孤石判别难的问题。

4. 采用地质雷达、高密度电法达判定覆盖层厚度，取得良好效果

线路沿线部分地段地质条件复杂，覆盖层差异大，传统勘探手段往往受到外部环境条件限制，无法准确确定覆盖层厚度，本次勘测部分地段采用传统勘探方法＋地质雷达、传统勘探方法＋高密度电阻率法判定松散岩类和密实性完整岩石界限及判断塔基地段地下空洞，对查明浅部松散土层、破碎岩体和较完整岩体的界限取得了良好效果。

5. 采用岩石点荷载试验进行岩石软硬程度划分和岩石地基承载力取值

在高山区大大型工程钻机无法进场，难以获取室内岩石试验数据的情况下，在探坑中直接采取不同岩性、不同风化程度的岩块标本，通过点荷载试验数据转化成单轴抗压强度指标，用以区别岩石软硬程度，确定岩石质量等级。岩石地基承载力的确定主要根据GB 50218《工程岩体分级标准》5.2.6条，考虑基岩形态影响时，基岩承载力特征值$f_{ak}=\eta f_0$，结合地区经验推荐本工程岩石地基承载力取值，依据充分、结果合理。

6. 开展边坡稳定性专项研究，提出了合理建议

初步设计阶段，通过搜集沿线大量的地灾信息资料，结合实地踏勘调查，基本掌握了线路路径沿线的地质灾害类型、发育特点、分布范围、受控因素、与线路的相互关系、影响程度等因素，提出线路路径选择应坚持“线中有位，以位定线”的原则，在选线过程中要考虑到具体的塔位位置的安全，不良地质作用发育地段要以稳定的塔位来决定线路的走向。线路采用的代表性基础型式见图5-8。

施工图设计阶段，对塔位选定坚持“一避、二跨、三处理”的原则，对不良地质作用发育地段和大型的地灾现象，要坚决避让或跨越，对小型和危害性小的地灾，可实施治理方案。同时开展了山地勘探调查工作，通过坑探、钻探和地质雷达等手段，查明覆盖层厚度、工程性质及层理结构条件、地下水条件，采用多种方法进行数理分析和边坡稳定性计算。

在工程措施建议上提出：因地制宜地采取基础和塔型结构形式，以适应陡峭狭窄的地形；覆盖层较厚地段尽可能采用原状土基础和掏挖式基础，不破坏原始地形形态，保护植被；对人工边坡工程治理上应以防水和排水为主，尽量少采用重型支挡结构，施工渣土要外运，严禁顺坡就地堆放。

通过详细的勘测工作和合理化的建议，保证了全线塔位的稳定性，避免了边坡失稳等现象的发生。

7. 开展岩溶和矿区洞室稳定性研究，指导塔位勘测工作

与设计专业及有关科研院校联合，对线路经过的岩溶区进行了专题研究，主要内容有：①运用弹塑性理论、极限平衡理论、数值分析、岩溶洞室地基稳定性智能识别系统等方法和手段，对岩溶区塔基稳定性、地基承载力、地基沉降变形等方面进行研究；②运用均匀实验设计方法与计算智能相结合的方法，建立了洞室地基稳定性智能识别系统，快速地评价洞室地基的稳定性；③塔位勘测首先进行详细的地质调查，仔细追踪岩溶发育迹象，收集矿产资源分布资料和矿井开采资料，再采用坑探、钻探、动探、静探和物探、地质雷达和高密度电法等手段，逐基、逐腿进行勘探，通过勘测资料的比对和验证，对地下洞室对地面建（构）筑物的影响进行量化分析和风险评估；④按照“动态设计、信息化施工”理念，及时处理岩溶施工问题。施工开挖揭示，位于岩溶区的塔位没有出现大型厅堂式溶洞和有压覆大型

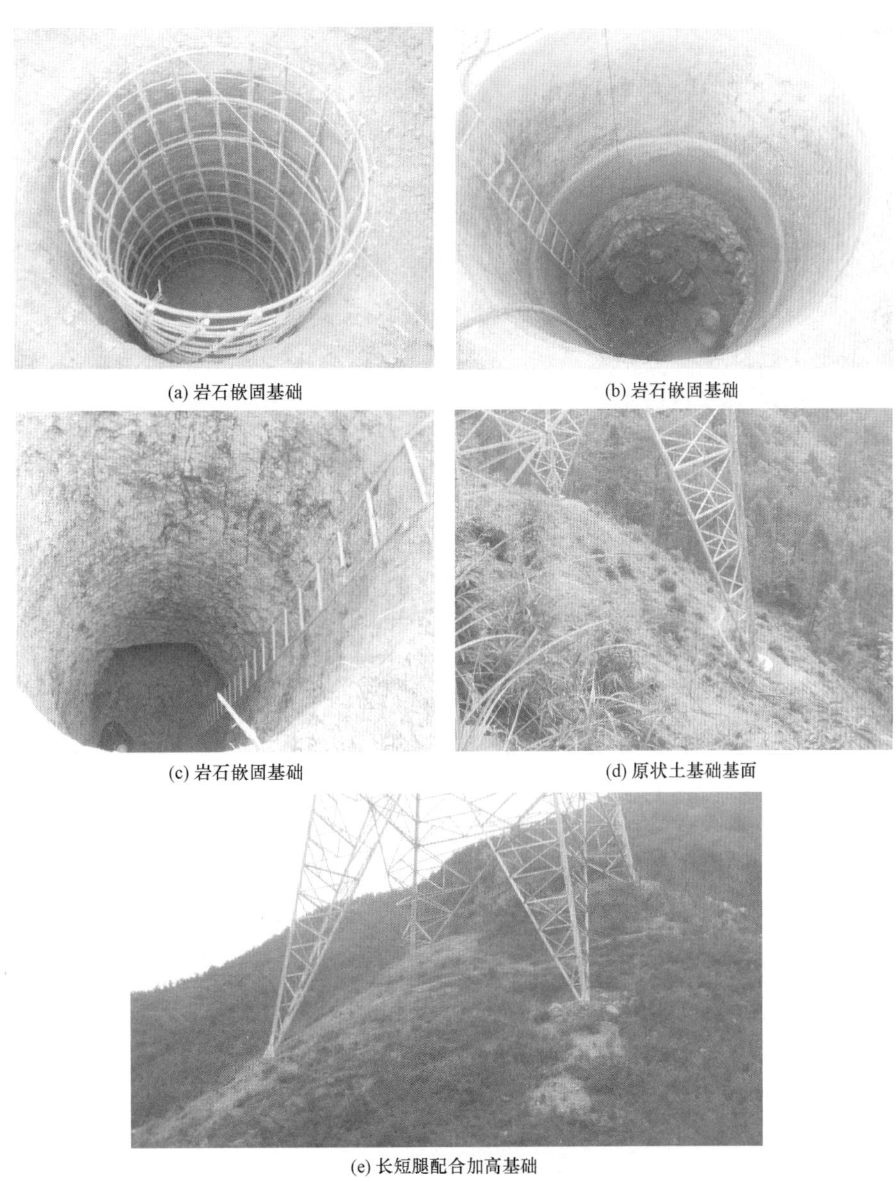

(a) 岩石嵌固基础　(b) 岩石嵌固基础

(c) 岩石嵌固基础　(d) 原状土基础基面

(e) 长短腿配合加高基础

图 5-8　线路采用的代表性基础型式

矿洞，直接减少了岩溶地基处理费用和矿产资源压覆赔偿费用。

8. 针对工程特点，进行地基基础方案的分析论证

针对架空输电线路杆塔基础设计的特点和要点、基本内容、影响因素、各种基础形式对地基岩土的要求，对影响塔位稳定和地基基础的主要工程地质问题进行了系统性论证，对特殊性岩土和边坡、岩溶等特殊地质现象的治理进行了综合分析评价，有针对性地进行地基基础设计方案论证，对特殊工程处置措施、施工和运行的注意事项等措施提出了专业建议。

因地制宜地大量采用原状土基础，主要采用掏挖基础和人工挖孔桩基础，并配合铁塔全方位不等长接腿及加高基础、深浅基础，对比普通大开挖的板式基础，可减少基面、基坑土石方约70%，有效地减少了水土流失，贯彻了“资源节约、环境友好”的设计理念，充分体现了经济效益和环境效益。

# 第二篇

## 工程管理篇

# 第六章　项目启动与策划

输电线路岩土工程勘测项目启动与策划主要包括：勘测任务的接受、勘测技术指导书的编制、资料收集与现场踏勘、勘测大纲编写、勘测大纲学习培训。具体的项目启动与策划流程图如图 6-1 所示。

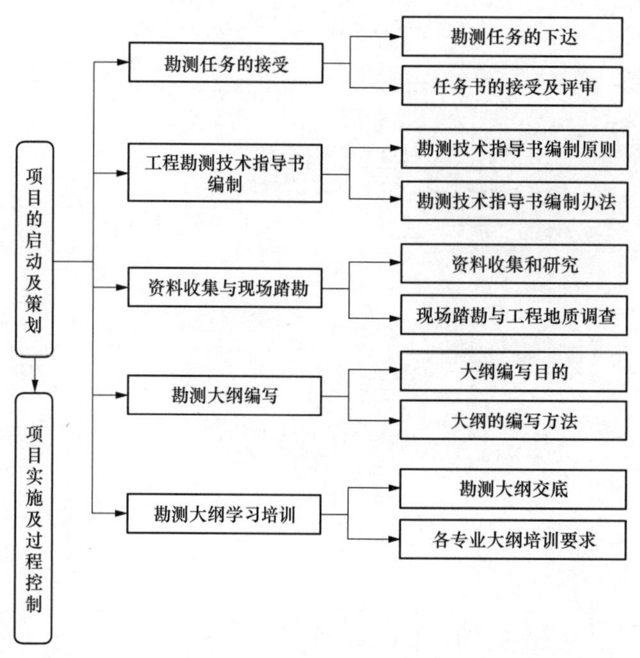


图 6-1　项目启动与策划流程图

## 第一节　勘测任务的接受

### 一、勘测任务的下达

勘测任务书是勘测过程的任务依据，其中包括设计人员明示的、通常隐含的或必须履行的要求或期望。岩土工程勘测任务书由项目设总组织相关设计专业负责人编写，由项目设总批准后下达至勘测部门。

相关设计专业编写任务书之前应对已有资料进行全面收集和鉴别，研究其可用程度，避免在任务书中列入多余的、重复的勘测工作；对工程的设计方案进行充分的研究，明确设计意图，根据设计阶段有目的、有针对性地提出勘测任务与要求。勘测任务书中应说明工程的地理位置、明确设计阶段和设计意图。在任务书中应说明工程的类别、规模、荷载、高度、拟采取的基础型式、尺寸和埋深，以及有特殊要求的地基基础设计和施工方案等。要求提交资料的内容与时间要充分考虑各专业之间的工序衔接和协调，避免互相脱节、互相影响，延误工作进度。

### 二、任务的接受及评审

勘测部门收到任务书后，部门领导应及时指定分管总工程师和项目管理人员，并选派适当的专业人员担当工程负责人。勘测任务书接收后宜向设计部门了解该工程的规划内容，包括线路工程的起点与终点，电压等级，拟通过的地区，工程建设及设计工作的计划安排。并应对任务书进行评审，评审由勘测部门领导、总工、项目管理人员、主任（专业）工程师、工程负责人及相关人员参与完成。

任务书评审应包括以下主要内容：

（1）勘测任务书中是否给出了明确的勘测范围、设计意图及相应设计阶段对勘测的各项要求；

（2）设计专业所提出的要求是否存在超出规程、规范的内容，是否具备完成该部分内容的所必需的条件；

（3）工期要求是否合理。

评审中应就任务书不明确的或有异议的内容及时与设计人员进行沟通，直至意见统一。通过任务书评审，应明确本工程各勘测项目的工作内容和范围，各种接口关系和设计人员的要求与期望。

## 第二节　工程勘测技术指导书的编制

### 一、工程勘测技术指导书的编制原则

勘测主管总工程师应依据已经掌握的勘测成果，勘测任务书的要求，确定本次勘测的技术原则与质量控制重点，编制技术指导书。

### 二、工程勘测技术指导书编制办法

勘测主管总工程师在获得勘测工程任务书、明确设计和顾客要求后，应依据合同和任务书的要求编写工程勘测技术指导书，岩土工程勘测技术指导书是专业负责人编制勘测大纲的依据之一。

岩土工程勘测技术指导的主要内容应包括：

（1）勘测项目的总体要求；

（2）勘测项目的主要技术原则；

（3）质量控制要点；

（4）适用的技术标准；

（5）应特别注意的其他问题等。

岩土工程勘测技术指导书由工程负责人保存，工程结束后与其他管理记录一起归档。

## 第三节　资料搜集与现场踏勘

### 一、资料搜集和研究

对线路工程来说，岩土工程勘测的各阶段均应根据相应的勘测目的进行工程地质资料搜集和研究工作。在搜集资料前填写工程勘测收集资料计划表，通过有关部门取得的资料应进行验证，并填写工程勘测搜集资料验证记录。此外，搜资过程中还应依据相关法律、法规、条例要求加强对涉密资料的的保密安全管理。

（一）可行性研究阶段应搜集和取得下列资料

（1）勘测任务书及路径方案。

（2）区域地形地貌资料。

（3）1∶50000～1∶500000 区域地质图。

（4）沿线工程地质、水文地质资料及矿产资源的分布情况。

（5）地质灾害、文物的分布及评估资料。

(6) 地震地质资料。沿线位于高烈度地震区时，应重点调查区域活动性断裂的展布及性质，并应分析断裂活动性及地震地质灾害对路径的影响。

(7) 路径方案沿线遥感资料。

(二) 初步设计阶段应搜集和取得下列资料

(1) 勘测任务书。

(2) 标有路径方案的 1∶10000～1∶50000 地形图和其他地形资料。

(3) 可行性研究阶段岩土工程勘测报告和其他专题研究报告。

(4) 可行性研究阶段相关工作的审查意见、政府部门的相关批复文件和有关协议。

(5) 进一步搜集沿线相关资料，宜包括区域地质、矿产分布与开发情况、文物分布、地震地质及地震动参数、水文地质、工程地质、环境地质和遥感资料，以及不良地质作用和地质灾害及特殊性岩土的类别、范围、性质等资料。

(三) 施工图设计阶段应取得下列资料

(1) 勘测任务书，内容宜包括杆塔档距、塔高、塔型及对勘测的特殊要求等。

(2) 标有初步设计阶段审定的路径方案的 1∶5000～1∶10000 地形图或其他地形资料。

(3) 设计部门编制的定位手册或有关文件。

(4) 前期勘测报告、相关的专题研究报告和其他相关资料。

(5) 初步设计审查意见、相关专项研究的评审结果、政府职能部门的批复文件和协议。

## 二、现场踏勘与工程地质调查

现场踏勘与工程地质调查是在搜集资料的基础上进行的，目的在于了解测区地质情况和问题，以便合理地布置观测点和观察路线，拟定野外工作方法，合理布置勘探工作量。

(一) 踏勘与工程地质调查的基本方法和内容

(1) 根据地形图，在测区内按固定路线进行踏勘，一般采用“之”字形、曲折迂回而不重复的路线，穿越地形、地貌、地层、构造、不良地质作用等有代表性的地段，初步掌握地质条件的复杂程度。

(2) 为了解全区的岩层情况，在踏勘时应选择露头良好、岩层完整有代表性的地段作出野外地质剖面，以便熟悉地质情况和掌握地区岩层的分布特征。

(3) 访问和搜集洪水及其淹没范围等。

(4) 寻找地形控制点的位置，并抄录坐标、高程资料。

(5) 了解测区的交通、经济、气候、食宿等条件。

对线路工程来说，应在充分研究已有资料的基础上，针对影响拟选线路路径的工程地质条件进行踏勘调查。对拟选线路路径中有特殊性岩土分布的地段，应调查特殊性岩土的分布情况及物理力学特性，并应搜集当地建筑经验。当拟选线路路径存在严重的不良地质作用时，建议予以避绕。当无法避绕时，应针对不良地质作用进行专门调查，提出初步的分析评价与治理建议。线路岩土工程勘测的各阶段均应进行工程地质调查。

(二) 可行性研究阶段

可行性研究阶段工程地质调查应以矿产分布与开采、地质灾害分布为重点，调查的范围应满足线路方案比选的需要。可行性研究阶段工程地质调查宜包括下列主要内容：

初步了解线路拟经过地区的地形地貌特点，地层特性与分布特征，矿产种类、分布特点及开采现状，区域内存在的特殊性岩土及不良地质作用种类与分布范围、发育状况及其危害性等内容，地下水分布、埋藏条件及腐蚀性。根据所获得的资料及现场踏勘调查成果，提出线路拟选路径需要避绕的地区或地段，下一阶段需要进行进一步研究的工作内容。

(三) 初步设计阶段

初步设计阶段工程地质调查宜包括下列主要内容：

（1）沿线地貌的形态与特征，并划分其单元。

（2）沿线岩土层的类别、地质时代、成因类型、物理力学性质、分层结构及其分布与变化规律。

（3）沿线地下水的分布特征与埋藏条件，地下水变化幅度，应初步评价水、土的腐蚀性。

（4）应查明对确定路径影响较大的不良地质作用和地质灾害，特殊性岩土的类别、范围、性质、分布规律，及其对工程建设的影响。

（5）沿线植被发育与水土流失情况，当线路通过沙丘地区时，尚应调查沙丘的稳定性和当地治沙、固沙经验当线路邻近江、河、湖、海时，尚应调查最高洪水位及其淹没的范围，岸边岩土体的冲刷、淘蚀、滩涂淤积及岸边的稳定性与岸坡再造等情况。

（6）初步查明沿线矿产资源的分布与开采情况，沿线文物分布，评价其对线路工程的影响。当线路邻近矿区时，应调查矿区未稳定的采空区、计划的开采区、剥离区或矿渣堆积区与线路的关系。

（7）对卫星遥感解译成果中岩土工程条件较差、地下水埋藏较浅的地段进行着重调查。

（8）对重要的跨越塔地段，应开展深入的调查研究工作。

（四）施工图设计阶段

施工图设计阶段工程地质调查应针对塔位开展，宜包括下列主要内容：

（1）塔位所在场地的稳定性，是否受不良地质作用及地质灾害的影响；

（2）塔位及其附近地表岩土构成，对于基岩裸露的塔位，应描述其岩性、产状、结构构造，并应对岩体风化程度与岩体结构进行分类；

（3）地下水类型、变化规律及其腐蚀性。

（五）踏勘与工程地质调查成果

踏勘与工程地质调查成果宜包括现场素描图、照片、文字说明和其他适用的图表。

## 第四节　勘测大纲编制

### 一、勘测大纲编写目的

勘测大纲是开展勘察工作的依据，为保证对勘测过程实施有效控制，在工程勘测实施前应针对勘测工程项目的特点，对勘测过程进行策划，提出对勘测技术、质量、进度控制要求，并制定相应的控制措施，从而指导实际勘测工作。

### 二、勘测大纲编写方法

（一）编写原则

勘测大纲的编写时应根据勘测任务书的要求，依据勘测任务书、工程勘测技术指导书和有关技术标准进行，最后结合现场条件策划出成本低、进度快、技术手段合理、质量优的工程勘测技术方案。

勘测大纲的形式应适于组织的运作方式，对于技术要求新，质量要求高、作业环境特殊、风险大的工程应采用文字报告书的形式。对于技术要求不高作业模式简单的中、小型勘测工程，可采用中、小型或应急工程勘测（专业）纲要的形式填写即可，不需采用报告书的形式。具体采用何种形式的工程勘测大纲由勘测主管总工程师根据需要确定。

勘测大纲一般应由工程负责人进行编写，其编制工作一般应在出发前完成，对于应急勘测项目，在出发前无条件编制勘测大纲时，经总工同意可先进场，但应在现场开展作业前完成勘测大纲编制并完成审批流程。

（二）勘测大纲的编制依据

（1）勘测任务书或定位手册；

（2）工程勘测技术指导书；

(3) 有关技术标准和法律、法规等;

(4) 前一阶段勘测资料或搜集和踏勘取得的资料等;

(5) 相关的三标整合管理体系文件。

(三) 勘测大纲内容

(1) 工程概况、工作依据和目的;

(2) 勘测场地情况简介;

(3) 工程项目的三标管理目标、指标及管理方案和控制措施;

(4) 工程组织机构及各岗位人员职责;

(5) 设备等资源配置;

(6) 勘测工作的技术原则及工作量的布置;

(7) 工作流程,过程评审、检验、验收标准,以及进度安排;

(8) 作业技术要求;

(9) 安全生产及环境保护措施;

(10) 过程文件/记录的需求与管理;

(11) 应提交的岩土工程勘察成品资料;

(12) 勘测创优计划(符合创优项目可选)。

### 三、勘测大纲的评审及修订

勘测大纲采用各级会签的方式评审。勘测大纲各级签署顺序为:编写人、校核人、项目管理(项目经理、计划部、质量技术部)、勘测主管总工程师、勘测主管经理。

在勘测工程实施过程中出现勘测大纲中没有涉及的新情况和问题时,应及时修改大纲,且应符合下列要求:

(1) 当涉及工作量、工期、技术原则等变更时,应及时依次向项目经理、主管总工汇报,由主管总工做出是否变更大纲的决定,如果变更,应将变更原因、变更内容写入《勘测大纲变更记录》;

(2) 勘测大纲的变更,涉及专业间的工作变化时,应将变更情况及时通知有关专业;

(3) 当涉及勘测任务书或合同要求等重大变更时,应由项目经理与相关部门及时沟通,重新修订大纲,修订后的大纲需经原审批人审批。

## 第五节　勘测大纲学习培训

### 一、勘测大纲交底

野外作业前(或大纲修订后),项目经理(或项目负责人)应对各专业作业人员进行勘测大纲(或变更大纲)交底,以组织大纲的实施,确保勘测任务按时完成。

勘测大纲的交底应包括以下内容:

(1) 工程概况包括工程项目的基本情况,主要内容包括工程名称、规模、工程地点、工期要求,勘测任务来源及前期资料等。

(2) 勘测目的、任务明确交代本次勘测所要达到的目的,根据勘测阶段及任务书要求需要完成的任务。

(3) 勘测方案是根据已掌握的工程地质条件、工程等级所确定的方案。

(4) 勘测要点。选线及定位阶段应注意避开的地段,工作量需进行调整的具体条件,钻孔、探井的终孔验收条件,取样、原位测试、室内试验及地质编录的控制要点。

(5) 安全及环保要求,应急预案。

（6）应特别注意的其他问题等。

## 二、各相关专业大纲培训要求

（一）岩土

（1）掌握大纲中对工作进度、质量、设备、安全、环保等方面的要求。

（2）明确有关的规程、规范、技术规定及院、勘测公司的管理体系文件，确保工程管理目标的实现。

（3）明确本次勘测的目的和任务，了解勘测方案的具体内容。

（4）充分熟悉已经掌握的地质资料，掌握勘测要点，熟悉塔位及路径应予以避让的各种情况；明确钻探、取样、编录等各项技术要求。进行野外勘测时，能够确保各项勘测活动按照有关规程、规定和勘测大纲的要求进行，编录时能做到描述全面、尺寸准确，记录清晰、真实、不漏项；能按大纲的要求和有关规定取土、水样和进行孔内原位测试工作，能确保取样质量和孔内原位测试数据的真实、准确；能协助专业负责人做好钻孔的验收工作。

（二）钻探

（1）钻探专业应明确进度、质量、设备、安全、环保等各方面的要求。

（2）根据勘测大纲提出的技术要求及场地地层情况，熟悉、掌握钻探工艺，合理选用钻具。

（3）明确大纲中对成孔质量，采取、保管土、水试样，孔内原位测试的要求。

（4）根据大纲要求，严格执行安全操作规程，加强自身和临时工的安全教育，确保安全作业和劳动保护，严禁违章操作冒险作业，防止发生孔内、人身和设备事故。

（5）了解当遇到特殊情况或发生机械设备、人身事故时，需要采取的措施。

（三）测试

（1）测试专业应了解大纲中对测试工作的进度、质量、设备、安全、环保等各方面的要求。

（2）明确相关的规程、规范、技术规定及勘测大纲提出的技术要求。

（3）明确大纲中确定的测试项目及测试流程，提前掌握仪器设备性能、操作方法、误差校正，故障排除及维护保养的方法。

（四）土工试验

（1）试验专业应明确大纲对试验项目、进度、质量、试验设备、安全、环保等方面的要求。

（2）明确试验所依据的规程、规范、技术规定及院、勘测公司的管理体系文件。

（3）明确试验任务和要求，对选用的仪器、设备进行检测、调试，满足有关规程、规范要求后方可使用。

（4）了解妥善保管试样，接受试样时的要求。

（5）了解大纲中对各项试验操作要点的介绍。

# 第七章　项目实施控制

输电线路岩土工程勘测项目实施控制主要包括项目组织与实施、质量管理与控制、安全防范与应急管理、环境保护与控制措施、成果保密控制。具体的项目实施控制流程图见图 7-1。

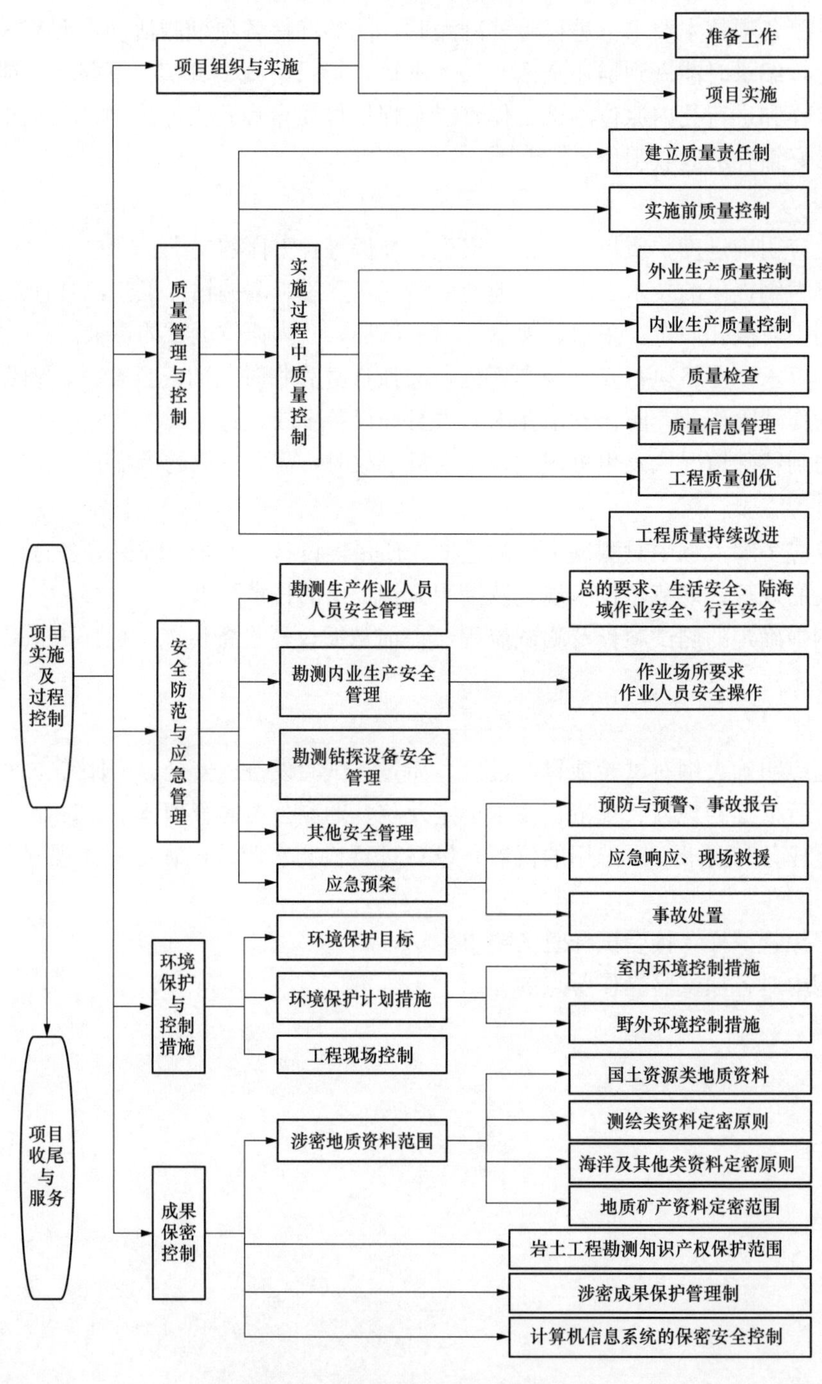


图 7-1　项目实施控制流程图

## 第一节　项目组织与实施

工程组在所有室内准备工作完成后，按照业主及任务书要求日期进场作业。

### 一、实施前准备

工程组进入现场后，项目负责人应组织全体工程人员，按照工程启动会的分工，进行工程实施前的各项准备工作。

（1）项目负责人会同后勤及综合管理人员进行现场生活及办公场所等后勤工作的办理，现场生活及办公场所的选择应严格执行企业《质量、环境、职业健康管理体系》文件的要求。

（2）工程现场建有业主办公室的，项目负责人应第一时间将工程组进驻现场的信息告知现场业主及工程相关方，并会同技术负责人和主要技术人员与工程现场业主进行沟通交流，提出需要业主及相关方配合的工作，需要当地政府部门进行协调的，还应告知业主与当地政府部门进行沟通。

（3）项目负责人应组织技术负责人及主要技术人员进行现场踏勘，踏勘时应按照任务书、技术指示书和勘测大纲的要求，对作业现场进行初步的勘查，并对勘测现场《环境因素识别与评价清单》和《危险源辨识、风险评价清单》进行重新识别。

（4）项目负责人根据现场勘查的情况，对勘测大纲进行修正，调整较大的，应填写勘测工作情况记录，并通报主管领导，征得同意后再实施。

（5）项目负责人按照勘测方案进行任务分配，并按照具体的任务配置技术人员和勘测仪器设备。

（6）对于重大工程项目，工程现场由项目经理进行统一管理，主要内容如下：

1）项目经理应按照项目目标进行项目范围的规划、定义和分解。

2）项目经理应制定项目实施的里程碑计划。里程碑应根据项目工序划分，里程碑计划应定义每一个工序的开始时间、结束时间、负责人和每一个工序可交付的成果。

3）项目经理按照分解的工作任务建立责任矩阵，明确项目各小组及个人所承担的项目责任。

（7）后勤及综合管理人根据勘测大纲雇佣现场辅助勘测人员和临时车辆。现场辅助勘测人员应保证身体健康，能够胜任工程辅助性工作，每个雇佣人员应签署临时用工协议，并留存身份证复印件归档。临时车辆应保证车况良好，证件及车辆保险齐全，临时车辆司机应有三年以上驾龄，对于临时车辆的行驶证和司机驾驶证应留存复印件归档，并签署临时租车合同。

（8）后勤及综合管理人应对雇佣人员和临时车辆驾驶员进行岗前培训，岗前培训应严格按照公司《质量、环境、职业健康管理体系》文件的要求进行培训，培训内容还应包含本工程的概况、工程具体的质量、环境、职业健康管理措施，工程《环境因素识别与评价清单》和《危险源辨识、风险评价清单》。

### 二、项目实施

工程组在完成相应的准备工作后，项目负责人会同技术负责人再次召开工程全体人员会议，会议应详细说明工程的准备情况、具体的勘测方案、质量目标、工期目标和成本目标，勘测过程中应特别需要注意的内容如下：

（1）工程开始实施后，首先应对已搜集资料进行分析验证，如出入较大则考虑是否需重新搜集。

（2）各作业队根据分配的任务组织人员进行勘测作业，在每天出发前应对所使用的勘测仪器设备进行检查，检查勘测仪器设备是否能够正常工作，是否能够满足当天作业要求。

（3）各作业队应严格按照勘测技术方案进行作业，作业过程中如出现与技术方案出入较大的情况，应通知项目负责人，项目负责人如能够现场处理，应及时进行处理，如不能处理的，应通知岩土科室和勘测部门进行协商。

（4）在每天工作完毕后，项目负责人应汇集各作业小组的作业信息，察看各作业小组完成任务情况，勘测过程中遇到的突发情况。必要时，应召集作业小组组长进行协商。

(5) 工程实施过程如存在目标滞后的情况，应分析原因，确因原勘测方案目标过高，应及时调整方案，重新进行资源的分配。

(6) 工程实施后，如遇业主或设计要求重新修改勘测任务，造成任务大幅增加，应及时与主管领导沟通。在征得同意后，可以采取延长工期或增加资源的方式重新制订勘测大纲。

(7) 质量控制人员应根据勘测方案制定的质量检查措施对工程实施过程进行质量控制，质量检查应贯穿勘测全过程。

(8) 项目负责人应对现场作业情况进行记录，按照所在公司规定，每周或每半月提交周报或半月报。

(9) 项目负责人应将工程实施过程中形成的业主、设计及相关方的沟通记录、培训记录、用工协议、民工身份证复印件、租车协议、租车行驶证和驾驶证复印件、工程过程检查记录、工程工作情况记录（周报或半月报）等文件归纳整理，附在《工程管理档案》中归档。

(10) 作业过程中，不得擅自向第三方提供勘测过程资料，如业主或设计方需要提供中间资料，应经主任工程师审核后才能提交。

(11) 外业工作完成后，项目负责人应与业主、设计方或任务下达方进行沟通，明确告知外业工作已结束，在其无异议后，征得勘测部门同意后返回公司驻地。

## 第二节　质量管理与控制

工程组应遵照所在企业的质量、环境、执业健康安全管理体系文件的要求，建立持续改进质量管理体系，质量管理应坚持预防为主的原则，按照策划、实施、检查、处置的循环方式，完善作业过程控制环节，加强勘测设备管理，跟踪质量信息反馈，持续改进勘测成品质量。

### 一、岩土工程勘测质量责任制

岩土工程勘测管理应实行质量责任制，项目负责人需明确各层级、各岗位质量责任，将质量目标分解并落实到每一个勘测工序中，同时项目负责人会同技术负责人和质量管理小组应对其质量目标进行监测，一般在每一个勘测环节过程及完成后，应进行监测检查，并形成记录，工程组应根据监测结果适时组织纠偏。

(1) 技术负责人会同项目负责人负责整个工程的质量管理，未设置技术负责人岗位的由项目负责人兼任技术负责人。

(2) 项目负责人、技术负责人对工程质量负责，各作业组长、作业员对各自承担的工作负责。

(3) 规模较大的工程组应设置独立的质量管理部门，规模较小的工程组可以由技术负责人及主要的技术人员组成质量管理小组。

(4) 技术负责人应依据质量计划的要求，进行动态质量管理。

(5) 工程组其他作业人员必须严格执行操作规程，按照勘测大纲进行岩土工程勘测作业，严格执行所制定的外业、内业处理等规定，并对勘测成果质量负责。

(6) 技术负责人根据工程的时间节点定时召开质量管理会议，对工程质量管理情况进行分析总结，对下一阶段的质量重点进行讨论、布置，对工程质量管理的薄弱环节提出改进要求。

### 二、工程实施前的质量管理

项目负责人和技术负责人到达现场后，应先进行线路沿线的地质踏勘，并根据踏勘情况、建设单位和工程相关方建议对勘测任务及勘测大纲进行重新评估，保证原勘测计划大纲能够满足实际的岩土工程勘测任务。各作业小组承接勘测任务时，也应根据任务和作业组的实际情况进行评估，保证作业小组能够完成小组勘测任务。

（1）项目负责人和技术负责人应在工程实施前，根据不同层次员工的质量意识、业务素质和技能水平的高低，及时组织开展质量教育培训，使其掌握基本的质量常识和操作技能。

（2）工程实施前应检查勘测仪器设备状总，评审是否满足本次勘测工程需要。勘测外业作业前，应按照规范规程要求对勘测设备、仪器进行检定并校准，符合要求后才可使用。

（3）对于岩土工程勘测所使用的软件，需经鉴定或验证后方可使用。所有各类软件版本宜及时升级。

## 三、工程实施过程中的质量管理

### （一）外业生产质量管理

岩土工程勘测外业工作主要通过工程地质调查、勘测技术手段来获得第一手原始资料。外业工作获取的原始资料是编制岩土工程勘测报告的主要依据。外业勘测质量管理决定着整个岩土工程勘测的质量，需要对整个外业生产执行严格的质量控制与管理。

（1）工程应对勘测过程中的关键工序制定针对性强的实施方案，明确作业人员，质量管理人员的职责，过程中严格进行质量管理，并落实工序质量控制责任人，落实过程检验责任人。

（2）勘测外业工作地质记录除了记录相关塔位地质条件后，还要求记录当天日期、天气情况，并由相关人员签字。

（3）勘测过程中，前一勘测工序完成后，需经技术人员检查无误后，才能开始下一道工序。对于重要的原位测试、取样等重要勘测工序，应由技术负责人或项目负责人进行检查。

（4）勘测过程中的原始记录，应真实准确，并与实际地质条件相符。原始手工记录，应使用铅笔或钢笔在记录本上按规定格式认真填写，字迹应清晰、整齐，不得涂改、转抄。对现场发现的记录错误处应整齐划去，在上方另记正确数字或文字，同时应注明删改原因。原始记录必须经过校核后方可使用。

（5）外业勘测过程应采用成熟的技术和工艺，并鼓励积极采用经过实践验证的新技术、新工艺。对于首次采用的新技术、新工艺，应经勘测部门及主任工程师批准，制定详细的计划措施，并采用成熟的技术、工艺进行验证，保证勘测工作的质量。

（6）工程应在质量控制的过程中，跟踪收集实际数据并进行整理。将工程的实际数据与质量标准和目标进行比较，分析偏差，并采取措施予以纠正和处置，必要时对处置效果和影响进行复查。

（7）质量计划需修改时，应按原批准程序报批。

（8）采购的质量控制应包括确定采购程序、确定采购要求、选择合格供应单位以及采购合同的控制和勘测成品的检验。

（9）工程应建立有关纠正和预防措施的程序，对质量不合格的情况进行控制。

（10）后续服务到位，对顾客提出的问题，应根据所在公司规定，及时进行答复并予以解决，一般情况下，应在24h内予以解决或给予答复。

### （二）内业生产质量管理

岩土勘测内业生产主要是对外业生产的数据进行分析、计算和统计处理，编制岩土勘测报告，绘制各类图件。内业生产同时也承担着对外业生产的检查和复核工作。

（1）项目负责人及校核人负责检查外业各类原始资料是否符合相关规程规范的要求，检查记录是否有遗漏和偏差，并进行合格性评判。若检查不合格，应进行分析整理或进行补勘。

（2）内业作业人员应严肃认真，一丝不苟，严格按规范规定的要求整理数据；内业整理和计算资料均应有计算人、复核人、审核人签名。

（3）内业作业中有不清楚的地方，绝不能凭主观推测处理，应询问相关外业人员确认，如有必要亲赴作业现场确认。

（4）内业操作中使用的软件应验证，作业员应熟练掌握软件的使用方法，避免丢失数据或错误发生。要求所使用软件生成的勘测产品满足工程相关方的使用要求。

（5）内业工作结束后，项目负责人或技术负责人编写本次岩土工程勘测报告，交由勘测部门技术进行检查。

（三）中间质量检查

质量检查应贯穿于整个工程中，质量检查包含工程组自查，专业科室、勘测部门及所在单位的质量管理人员外部检查，重大工程还应组织工程或单位所在地的勘测产品检查机构的检查。

（1）工程组应组织制订质量检验计划。

（2）质量检查应对勘测外业全过程进行检查，确认勘测作业是否按照作业指导书、勘测大纲所拟定的勘测方案执行。过程检验应由主任（专业）工程师组织本专业主管、质检员等到现场进行检查，并填写“勘测过程检查记录”，重大工程还应形成检查报告。过程检查的内容主要如下：

1）技术指导书落实情况。

2）勘测大纲执行情况；技术方案是否需要调整并补充审批。

3）勘测获取的原始数据准确性、完整性、合理性检查；数据编辑、制图过程检查。中间资料检查，包括自查和互查。

4）检查后发现的问题所采取的应对措施执行情况。

勘测产品质量检查应坚持“工程作业组自查、专业处室技术骨干校核，技术主管审核、（专）总工批准”四级检查制度。各级质量检查，应做好相应的检查记录，并提交到上一级检查机构。

（3）自校、校核、审批、批准各环节流程严谨，自校、校核应做到100%全校。

（4）勘测产品的主要检查方法有原始数据检查、勘测成品报告检查。

（5）勘测产品质量检查的主要内容如下：

1）勘测产品通过编制人自校，保证出手质量；通过技术负责人校核，消除计算、统计、绘图、制表、编写文字、分析评价等方面差错。

2）通过专业科室、勘测部门两级校审，确认计算方法、计算公式、数据、参数、分析评价等方面工作的正确性；图纸的完整性和准确性，报告的全面性和合理性。确认成品资料符合规程规范的规定，满足用户的要求。

3）通过各级校审，评定成品资料的质量等级和水平。

4）成品校审时，除内容、图面质量外，应注意到文件的名称正确统一，检索号、工程项目及图纸的编号应符合文件编制要求，文件目录与内部章节应一致，计量单位一律使用国际符号或国家法定单位符号。时间、记数与计量一般均宜使用阿拉伯数字。

5）对发现的缺陷和不足，提出纠正措施并落实，确保岩土工程勘测成品质量满足用户要求。

6）成品质量应形成记录，记录可采用勘测成品校审单形式。

7）工程组应定期召开质量碰头会，统一内外业勘测人员、检查人员对有关技术、质量问题的认识和理解。

（四）质量信息管理

岩土工程勘测的质量信息来自工程建设过程中的检查验证、成品校审、勘测评审、设计确认、施工图质量检查、施工图会审（或交底）、大纲修改、工代反馈、工程回访、专业会议、勘测搜资、合同谈判、工程招投标、施工监理、质量监督、质量管理体系的内外审以及顾客反馈意见等所反映的问题或值得推广的经验。

（1）质量信息的主要内容有勘测过程中的差错和问题、可在工程中推广的勘测新技术和方法、与岩土勘测有关的设备、施工、安装和运行方面等各种信息。

（2）勘测所在企业宜建立专业科室、勘测部门、公司三级管理制度，明确收集相应质量信息的责任人，完善“质量信息台账”，组建质量信息库，条件允许情况下宜开发计算机质量管理系统，方便信息反馈和应用。

（3）勘测人员应在各自的工作范围内和所接触的各个单位或顾客，随时收集有关勘测质量信息。

（4）质量信息宜按照工程组、勘测部门、单位质量管理部门三级进行管理。

（5）发生重大的勘测质量事故或发现具有典型意义的质量信息时，主任（专业）工程师应组织项目负责人、相关技术人员等召开质量分（剖）析会议，总结经验教训，进行质量教育，改进与提高质量，推广成功经验。多数情况下，质量分（剖）析主要围绕着质量事故和质量问题开展活动。

（五）工程质量创优

工程在策划阶段应评估工程质量创优的可能性，如评估工程在技术、管理、质量和效益等四个方面能够在行业内具有一定的优势，应策划进行工程质量创优。工程创优计划由项目负责人和技术负责人组织人员进行编写，经由各级审批后组织实施。工程创优应在满足单位内部创优标准基础上申报本省区建设行政主管部门组织的省（部）级优秀工程勘测设计奖、中国电力规划设计协会组织评选的电力行业优秀工程勘测奖。获得上述奖项中的高等级奖项后再参评由中国勘察设计协会组织评选的全国优秀工程勘察设计奖。

## 四、勘测产品检验

勘测部门每年应制定勘测产品的质量目标和指标，确保勘测产品的质量实现年度目标和指标，避免出现原则性和技术性错误，控制一般性差错率，确保交出的勘测成品合格率100%。

勘测产品检验记录应完整、规范、清晰，不得随意更改，并应保存相关记录。勘测产品编制完成后编制人应进行自校，然后通过校核人、审核人、批准人校审并签署后，方可提交。必要时可委托第三方质量检验机构实施质量检验。勘测产品检验应按顺序独立进行，前一工序检查未通过前，不应进行后一工序检查。

（一）质量等级划分

勘测产品质量等级划分为优等品、良等品、合格品和不合格品，质量等级的评定采用百分制，各等级分数线规定如下：

（1）优等品：质量综合评分应在90分及以上。

（2）良等品：质量综合评分应在80～89分。

（3）合格品：质量综合评分应在60～79分。

（4）不合格品：质量综合评分应在60分以下。

（二）质量评定标准

勘测产品质量评定应综合考虑前期工作准备、现场作业、资料整理等三个环节的权重，各环节权重和评定标准如下：

（1）工作准备的权重占10分，质量评定标准有以下几项内容：

1）岩土工程勘测的目的和任务（内容、深度和范围）明确。

2）已有资料搜集利用充分合理，搜集到的外来勘测资料、图、表、册有正确的检查论证。

3）勘测计划大纲（采用的方法、手段和工作量）符合岩土工程勘测任务书、技术指导书、现行技术标准和现场情况的要求。

4）人力、财力、物力及工期安排合理，质量、进度、成本和安全各项指标先进，控制措施切实可行。

（2）现场作业的权重占45分，质量评定标准如下：

1）严格执行勘测计划大纲的工作内容。当因现场条件或顾客要求发生变化时，能按照程序及时修改并完善大纲的相关内容，并经检查其执行效果良好。

2）所有技术方法或技术手段的工作质量和工作成果，均符合现行技术标准和质量标准的要求。

3）各项观测、记录、计算、检查、校核工作认真负责，签署无遗漏，成果准确可靠。

4）原始资料齐全，现场过程检验和最终成品质量评审合格。

（3）资料整理的权重占45分，质量评定标准如下：

1）各种原始数据的分析与归纳，参数的计算与选取，指标的统计和运用，其方法正确，结果可靠。

2）各类图表的内容、数量及其表示方法，符合相关技术标准的规定，且与岩土工程勘测报告的内容相辅相成，协调一致，使用方便。

3）岩土工程勘测报告的内容完整，简明扼要，条理叙述清楚，计算或评价论据充分，结论明确，建议合理，有关注意事项针对性强。

（三）质量差错性质分类

根据质量差错发生及产生后果的严重程度，勘测质量差错可划分为原则性差错、技术性差错和一般性差错三类。

（1）原则性差错。

差错为原则性差错如下：

1）勘测范围或深度不能满足岩土工程勘测任务书要求，内容不齐全，成品无法提交顾客使用。

2）勘测方法与实际情况严重不符，导致勘测产品不可靠。

3）由于关键性技术问题未能查清，使某些重要的勘测成果的计算精度或评价质量受到严重影响，造成设计错误或设计方案摇摆不定，或在成品交验时顾客拒绝接受。

4）经查实确属伪造的勘测数据或资料。

（2）技术性差错。

差错为技术性差错如下：

1）勘测任务书中少数工作内容被遗漏，使勘测成果不能完全满足顾客要求。

2）勘测工作量布置不合理或勘测方法使用不恰当，或某些重要的技术问题未能查清，必须进行复测或复查，导致工期延误和成本增加。

3）由于其他各种主观原因造成明显的人力、物力和时间浪费。

（3）一般性差错。

差错列为一般性差错如下：

1）勘测计划大纲不够完善，勘测资料分析利用不够充分，调查研究工作不够深入，勘测方案不够优化。

2）执行技术标准不够严格，少数工作质量或工序质量有缺欠，但尚不足以影响勘测成果的计算精度和评价质量。

3）由于勘测原始记录内容不清晰、不完整、字迹潦草或检校不认真而引起的某些疏漏或差错，但尚未构成较大的质量缺陷。

4）统计计算或评价方法欠妥当，数据、参数或指标的采用不尽合理，或少数结果的偏差超限，但经发现修改后并未造成不良影响。

5）图表内容欠完整或取舍不当，数据、线条、图例、符号或注记不健全不规范，以及图面工艺水平欠佳等，但尚不影响顾客使用。

6）岩土工程勘测报告结构不合理、内容繁简不当、文字表达不够清楚，或分析论证条理性、逻辑性不强，结论或建议有缺欠，但不影响顾客接受。

（四）勘测产品质量差错扣分标准

勘测产品质量差错的扣分标准见表 7-1。

**表 7-1　　勘测产品质量差错扣分标准表**

| 差错性质 | | 扣分标准 |
|---|---|---|
| 原则性差错 | | 每项扣 41 分 |
| 技术性差错 | | 每项扣 21 分 |
| 一般性差错 | 个别差错 | 每项扣 0.5 分 |
| | 同类型差错 | 每项扣 1 分 |
| | 连锁型差错 | 每项扣 2 分 |

（五）不合格品控制

（1）校审发现的不合格品的控制程序。

各级校审人员对校审出不合格品的处置应满足下列规定：

1）各级校审人员在测量产品校审过程中，依照成品质量要求及质量评定规定来确定不合格品（发现有原则性和技术性错误的成品即为不合格品），并在成品校审单中记录不合格问题。

2）勘测人员应对成品校审单记录的不合格问题进行返工修改，直至符合要求；对图纸修改的同时也应对其电子文件进行修改；对涉及相关专业的内容，应及时提出相应的修改资料。

3）在对不合格品修改后，校审人员应重新校审，确认无误后在勘测成品上签字。

（2）顾客发现的不合格品的控制程序。

1）顾客接到勘测产品后，经验证发现不符合委托要求时，勘测主管领导应及时组织实施对不合格问题的分析研究，制定纠正措施，返工后的勘测产品应经校审和批准，并将符合要求的勘测产品提交给顾客。

2）工程施工后发现勘测产品不合格时，勘测主管领导应组织有关人员分析原因，制定纠正措施；必要时邀请副总工程师、设计项目经理、主任工程师、主设人等对问题进行分析研究，提出解决方案，形成会议纪要，并予以实施。

3）执行不符合、纠正措施和预防措施控制程序，需填写记录，消除不合格问题及其影响，并评价纠正措施的效果，防止同类问题再次发生。

（六）纠正措施、预防措施程序

（1）纠正措施的制定。

对勘测过程中发生的不合格品/不合格的服务，以及在各项检查中发现的不符合项、顾客或相关方投诉等，责任部门应及时纠正，消除危害，调查分析原因，制定与问题严重性相适应的纠正措施，避免同类问题的再次发生。对职业健康安全的纠正措施，是否产生新的或变化的风险及控制措施更改需求，应在纠正措施实施前进行风险评价。

（2）预防措施的制定。

岩土工程专业处室应定期识别和分析在质量、环境、职业健康安全方面潜在不符合问题，评价预防措施的需要。确需预防措施时应分析原因，制定与问题严重性相适应的预防措施，防止不合格品和不符合项的发生。对职业健康安全的预防措施，是否产生新的或变化的风险及控制措施更改需求，应在预防措施实施前进行风险评价。

（3）纠正措施或预防措施的实施及跟踪验证。

责任部门应实施纠正措施或预防措施，并对纠正措施或预防措施的结果和有效性进行沟通和验证。若评价无效或效果不明显应重新调查和分析，采取新的纠正措施或预防措施。跟踪验证的主要内容包括：

1）是否对不符合/潜在不符合进行原因分析。

2）是否针对原因制定并完成纠正措施或预防措施、实施计划。

3）纠正措施或预防措施是否达到目的，结果是否有效。

## 五、持续改进

项目负责人应定期对工程质量状况进行检查、分析，向勘测部门提交质量报告，报告中需提出目前质量状况、发包人及其他相关方满意程度、产品要求的符合性及工程组的质量改进措施。

勘测部门应对项目负责人进行检查、考核，定期进行内部审核，并将审核结果作为管理评审的输入，促进工程的质量改进。

勘测部门及工程组应了解业主、任务下达方及其他相关方对质量的意见，对质量管理体系进行审核，确定改进目标，提出相应措施并检查落实。

## 第三节　安全防范与应急管理

勘测工程组应坚持“安全第一、预防为主、综合治理”的方针，遵守《中华人民共和国安全生产法》《岩土工程勘察安全规范》《电力工程勘测安全技术规程》等国家、行业、地方的有关法律法规和标准，建立、健全安全生产管理机构、安全生产责任制度和安全保障及应急救援预案；配备相应的安全管理人员，完善安全生产条件，强化安全生产教育培训，加强安全生产管理，确保安全生产。

### 一、勘测生产作业人员安全管理

项目负责人必须贯彻“安全第一，预防为主”的思想，认真执行外业勘测安全生产管理规定，加强监督检查，并保存相关记录。

（一）总体要求

（1）工程组应定期组织对外业现场安全进行宣传教育与检查；项目负责人、作业组长、安全员应加强日常性的安全生产教育和监督提醒，发现问题及时协调解决，教育和监督检查情况应予记录。使员工充分认识到外业安全生产工作的重要性，树立安全生产意识并能结合具体情况进行自我保护。

（2）各作业组做到了解当地治安情况及民族风俗，防止因不了解情况，引起民族纠纷和治安事件，有问题及时上报。

（3）外业勘测过程中配发的安全帽、安全绳、气垫船等安全防护装备，应定期进行保养和检查，发现不合格的应及时报废更新。材料及仪器设备的管理按安全生产有关规定执行，做好防火、防盗工作。

（4）项目负责人应关注员工健康，积极组织开展自我健身娱乐活动，确保外业员工保持旺盛的精力和热情，做好勘测工作。

（5）项目负责人应安排专人负责临时用工人员和临时车辆人员的安全培训工作。

（二）生活安全

（1）各项目负责人应加强日常用电、行车、餐饮及燃气设备等管理和监督检查，及时发现并消除一切不安全因素，防止火灾、人身伤亡、食物中毒等事故发生。

（2）宿舍内严禁使用大功率耗电设备，严禁私拉乱接用电线路。

（3）对于外业使用的勘测仪器设备，应明确专人负责和保管，严防私自外借、破坏或丢失。

（4）外业勘测员工应加强自我防范意识，离开宿舍时，应关好门窗和切断电源，防止私有或公用财物丢失或引起火灾。

（5）工程组自建食堂的，炊事员应定期体检，持健康证上岗，要做到讲究卫生，食品防腐、防投毒、防病菌，防止动物病菌传播毒源。不购买腐烂及不新鲜食物、生熟要隔离。未建食堂的，工程人员外出就餐应选择证照齐全的饭店。

（6）作业员要严格遵守组织纪律，不得在旅途和驻地参与赌博活动。业余时间不得单独外出，禁止擅自下河、湖洗澡。

（7）在进入勘测区前，要充分了解当地防疫状况，尤其是针对特殊区域的地方病，要做好防疫知识的学习，配备必需的药品，预防疾病的传播。

（8）在高海拔地区作业，要对不良身体反应高度重视，一旦发现由不适引起的并发症状，应立即接受治疗。

（三）陆域作业安全

（1）在施工区域作业时，应和施工单位进行充分协调，统筹施工和勘测工作的时间安排，尽量避开施工高峰期。作业时，作业员应戴安全帽，穿警示服，防止施工机械的碰撞和高空坠物。

（2）野外作业、宿营要注意蚊虫叮咬和毒蛇、猛兽侵害，注意保护人身安全。

（3）在城镇道路上作业时，要放置警示牌，作业员要穿戴警示服，防止各种车辆冲撞作业员和仪器。

（4）在高压线路下作业时，要特别谨慎、小心，必须保持人员、仪器设备与电线之间的距离（高度）。

（5）在变电站、电厂升压站等带电设备区域作业，应征询管理人员同意，作业人员应佩戴安全帽，特殊区域还应穿防电服和绝缘鞋，勘测仪器设备应与带电设备保持安全距离。在核电站等区域作业，作业人员还应穿戴反辐射服装。

（6）酷暑严寒天气，应做好防暑和保暖工作，合理安排作业时间，尽量避开高温或严寒时段让员工长时间在室外工作。

（7）雷雨天气，不在山顶、大树、高压电线杆下和带电区域内停留，不使用金属杆雨伞，以防雷击。

（8）在山区、高处从事攀登作业时，员工应穿戴好个人防护用品，防止挂伤、摔伤，经医生证明员工患有不适合高处作业的疾病或身体不适时，不得从事高处作业。

（9）进入沙漠、戈壁、沼泽、高山、高寒等人烟稀少地区或原始森林地区，作业前须认真了解掌握该地区的水源、居民、道路、气象、方位等情况，并及时记入随身携带的工作手册中。应配备必要的通信器材，以保持个人与小组、小组与中队之间的联系；应配备必要的判定方位的工具，如导航定位仪器、地形图等。必要时要请熟悉当地情况的向导带路。

（10）探井、探槽的挖掘方法和规格、支护方案、应根据具体的安全生产因素确定，包括勘测目的、挖掘深度、实际地质条件及施工作业条件。探井四周或探槽两侧 1.5m 范围内严禁堆放弃土或工具。探井井口、井下作业、探井提升作业、作业人员上下探井、探井用电作业均应作好必要的安全防护。当探井掘进深度大于 7m 时，应采用压入式机械通风方式。探井或探槽作业具体的安全管理应符合 GB 50585《岩土工程勘察安全规范》的相关规定。探井和探槽竣工验收后，应及时回填，恢复现场地貌。

（11）高原作业区勘察时，作业现场应配备氧气袋、防寒用品用具、遮光、防辐射用品，应携带必要的通信及定位器具。

（12）外业勘测必须遵守各地方、各部门相关的安全规定，如在铁路和公路区域应遵守交通管理部门的有关安全规定；进入草原、林区作业必须严格遵守《森林防火条例》《草原防火条例》及当地的安全规定；下井作业前必须学习相关的安全规程，掌握井下工作的一般安全知识，了解工作地点的具体要求和安全保护规定；在进入军事要地、边境或其他特殊需要保护地区作业时，应事先征得有关部门同意；并在专人陪同下进行作业。

（13）进入少数民族地区作业时，应事先征得有关部门同意，主动与当地主管部门、公安部门沟通，了解当地民情和社会治安等情况，遵守所在地的风俗习惯及有关的安全规定。聘用少数民族作业人员和向导时，应注意民族团结。

（14）国外勘测作业时，应遵守中华人民共和国《境外中资企业机构和人员安全管理规定》和所在国的勘测管理法规。

（四）水域作业安全

（1）水域作业要了解作业区水深、流向，检查作业船只状况，克服侥幸心理。在大于规定流速的水上作业时，不得使用橡皮船。同时还应注意上、下游来水情况（如山洪、电站泄洪等）并穿戴救生衣，雇用的船工应持有机动船舶驾照。

（2）船舶驾驶员必须持有效和相应种类的驾驶执照，并有多年的出海经验和具备判断、处置海上紧急情况的能力。

（3）租用海上及登岛作业的船舶，要选定船况良好、船舶证书、船舶技术证书、船员证书齐全，并在检验有效期内的作业船舶。作业船舶应当配置防火、救生、卫星定位和通信等设备，确保无通信障碍，使用有效。租用船舶应当签订《租船协议书》，明确双方责任和义务。

（4）实施单位应当为执行海洋勘测任务的外业作业人员办理人身意外伤害保险。出发前，必须组织外业作业人员身体检查，凡不适合外业工作或海上及登岛作业的人员，不得参加外业生产或海上及登岛作业。

(5) 实施单位应当及时了解掌握作业海区气象和海况，严禁作业人员在恶劣天气和海况差的条件下出海作业。在热带风暴来临 24h 前，作业船舶要及时进港避险，作业人员要全部撤离到安全场所。

(6) 实施单位应当根据作业水域和工作特点，为参加水域勘测的外业作业人员配备必要的外业生产劳动保护装备，安全保护、救生救援、通信设备以及必备的药品等。

(7) 实施单位执行海上及登岛作业任务，应当了解作业区域水域底部地形地貌情况，并提前与当地政府和有关部门建立必要的工作联系。

(8) 海上及登岛作业应当 2 人以上。作业人员上下船时应当待船舶停稳，拴牢后，按船舶驾驶员或工作人员的指导使用船上设备上下船，以保证人身及仪器设备安全。

(9) 海上及登岛作业人员应当定时向单位负责人通报登岛、作业和返回驻地情况。

(10) 海上及登岛作业人员应当穿着标准制式的救生衣，带足淡水、食品、蛇药等常用药品、防湿保暖作业装备、救生用具、防水密封火柴等相应的安全保障用品。

(11) 海上及登岛作业使用的各种仪器设备应当登记备案，由专人保管，仪器设备的运输、存放应当使用防震、防潮、防火、防盗等保护性能的专用箱，在海上运输应当采取防海水浸泡的措施。

(五) 行车安全

(1) 驾驶员应严格遵守《中华人民共和国道路交通安全法》等有关的法律、法规以及安全操作规程和安全运行的各种要求；具备野外环境下驾驶车辆的技能，掌握所驾驶车辆的构造、技术性能、技术状况、保养和维修的基本知识或技能。

(2) 外出作业前，驾驶员应检查车辆各部件是否灵敏，油、水是否足够，轮胎充气是否适度；应特别注意检查传动系统、制动系统、方向系统、灯光照明等主要部件是否完好，发现故障即行检修，禁止勉强出车。驾驶员对车辆的出车前检查应有日检记录。

(3) 外业道路一般路况不好，条件复杂，驾驶员夜间上下工地应特别注意安全，对照明不好、路况不清地段宜绕道行驶，不应冒险通过。

(4) 遇有暴风骤雨、冰雹、浓雾等恶劣天气时应停止行车。视线不清时不准继续行车。

(5) 在雨、雪或泥泞、冰冻地带行车时应慢速，必要时应安装防滑链，避免紧急刹车。遇陡坡时，助手或乘车人员应下车持三角木随车跟进，以备车辆下滑时抵住后轮。

(6) 车辆穿越河流时，要慎重选择渡口，了解河床地质、水深、流速等情况，采取防范措施安全渡河。

(7) 高温炎热天气行车应注意检查油路、电路、水温、轮胎气压；频繁使用刹车的路段应防止刹车片温度过高，导致刹车失灵。

(8) 沙土地带行车应停车观察，选择行驶路线，低挡匀速行驶，避免中途停车，若沙土松软难以通过，应事先采取铺垫等。

## 二、勘测内业生产安全管理

创造安全、舒适的内业工作环境，是保障内业工作顺利进行的重要条件。工程应组织内业生产人员分析、评估内业生产环境的安全情况，制定生产安全细则，确保安全生产。

(一) 作业场所要求

(1) 照明、噪声、辐射等环境条件应符合作业要求。

(2) 计算机等生产仪器设备的放置，应有利于减少放射线对作业人员的危害。各种设备与建（构）筑物之间，应留有满足生产、检修需要的安全距离。

(3) 作业场所中不得随意拉高电线，防止电线、电源漏电。通风、空调、照明等用电设施要有专人管理、检修。

(4) 面积大于 $100m^2$ 的作业场所的安全出口不少于两个。安全出口、通道、楼梯等应保持畅通并设有明显标志和应急照明设施。

(5) 作业场所应按《中华人民共和国消防法》规定配备灭火器具，小于40m的重点防火区域。如资料、档案、设备库房等，也应配置灭火器具。应定期进行消防设施和安全装置的有效期和能否正常使用检查，保证安全有效。

(6) 作业场所应配置必要的安全（警告）标志，如配电箱（柜）标志、严禁吸烟标志、紧急疏散标志、疏散示意图、上下楼梯警告线以及玻璃隔断提醒标志等，证标志完好清晰。

(7) 禁止在作业场所吸烟以及使用明火取暖，禁止超负荷用电。使用电器取暖或烧水，不用时要切断电源。

(8) 严禁携带易燃、易爆物品进入作业场所。

（二）作业人员安全操作

(1) 勘测仪器设备的安装、检修和使用，须符合安全要求。凡对人体可能构成伤害的危险部位，都要设置安全防护装置。所有用电动力设备，必须按照规定埋设接地网，保持接地良好。

(2) 根据工程组勘测仪器设备情况，专设仪器管理员（或组），负责勘测仪器设备的保管、维护、检校和一般鉴定、修理。

(3) 勘测仪器设备必须建立技术档案，其内容包括规格、性能、附件、精度鉴定、损伤记录、修理记录及移交验收记录等。

(4) 勘测仪器设备的借用、转借、调拨、大修、报废等应有一定的审批手续。

(5) 外业队使用的勘测仪器设备，必须由专人管理、使用。作业队的负责人，应经常了解仪器设备维护、保养、使用等情况，及时解决有关问题。

(6) 勘测仪器设备入出库必须有严格的检查和登记制度。

## 三、勘测钻探设备安全管理

钻探设备为部门安全生产管理重点对象，要切实加强对职工的安全意识教育，需经常对员工进行有针对性的宣传教育、检查监督，保证各项安全措施的落实。

(1) 钻探库房内不准吸烟，不准有明火，不准堆放易燃易爆物品，闲杂人员不准进入库内。

(2) 经常对库房及库房区域进行清理，保持环境整齐，无用杂物及时清理，注意防火，围挡要做到牢固，场地平整不影响安全搬运和安全装卸。

(3) 入库设备应做到清洗干净，需保养的应在保养后入库存放。

(4) 钻探设备应事前检查，及时维修，保证工程需要。

(5) 机长应事先了解工程特点，准备配件，应对现场有初步了解。

(6) 道路，临时路均应以保证钻探车辆安全通过为准，必要时应要求项目负责人予以修通，跨越河道时应选择适宜通过的路口，不得盲目涉水过河。

(7) 应进行现场踏勘，对于周边环境及危险源与风险有感观认识，并配合项目负责人对环境因素识别与危险源辨识及控制措施提出建议。

(8) 钻探场地应平整，上下无线缆及管道，周边不能有妨碍操作的任何物体，其方位应尽可能避风。

(9) 对临时用工应事先进行安全教育和岗位培训，并配备必要的劳保用品，其年龄不宜偏大，不准使用童工，身体应保证健康。

(10) 钻探安全操作应遵照执行DL/T 5096《电力工程钻探技术规程》和操作手册，机长应由具有实践经验和一定理论基础的职工担任并为钻机安全负责人。

(11) 当塔台上有人工作时，不得移动钻机，移孔时必须放落钻塔。

(12) 钻孔完成后应及时回填，必要时应夯实。

(13) 在进行水上，冰上钻探时，应搭建排、架、筏，并捆扎牢固和固定，保持平衡，在遇有风浪时应停止作业。

(14) 驾驶钻探车应遵守道路交通安全法规，做好安全防范工作。

## 四、其他方面安全管理

(1) 在岩溶洞穴，人工洞室，旧巷道进行地质调查时，应备有照明设备和必备的急救药品，应当在通风条件较好及通风较长时间后进入，洞外应留有接应人员。

(2) 在山区地质调查时应注意滚石，崩塌，不得上下同时攀登，并应有必备的攀登设备。

(3) 试坑深度超过 2m 或坑壁土质较松散时，坑壁应有防护措施，坑下有人作业时，应有旁站监护。

(4) 各种反力装置必须经过验算，承重能力不小于最大试验荷载的 1.5～2 倍。当桩竖向荷载采用锚桩做反力时，应验算钢筋抗拉强度。安装和焊接必须牢固稳妥。

(5) 堆载平台应注意平衡并在加荷时稳固堆放，防止稳重失衡现象。

(6) 使用起重设备进行装卸和搬移时应符合现行 GB 6067《起重机械安全规程》的规定，不得野蛮装卸，周边不得有闲杂人等，并有监护人。

(7) 各实验场地应注意电缆电线安全埋置及接头牢固不漏点，放置合理不能影响作业和人员通行，各实验场地不允许有闲人观望通行，并应有明显警示标志。

(8) 土工实验使用高温炉等电器设备时，应注意防止漏电、触电，取放样品时要先切断电源并用工具取放，易燃物应远离该设备；装有强酸，强碱的玻璃器皿用后应立即清洗。

(9) 有毒易燃及可产生化学反应的试品应妥善存放在铁柜或安全地带，专人保管，试剂标签应明显清晰。

(10) 进行可产生化学反应实验时应按操作规程进行，不得简化或违反步骤。

(11) 实验室各电源应配备断电保护装置。

(12) 项目负责人应对进行岩土施工的单位安全工作负责，包括安全教育，安全措施，安全防范设备、施工过程监控等。

(13) 作业现场应摆放整齐有序，电源应使用合格的配电箱并加锁，线缆接头应牢固绝缘，铺设应有标识。

(14) 抽排水时应设置水道，不得乱排，不得影响作业现场和污染周边环境。

(15) 夜间应有专人值守，防止失窃破坏，应备有防水照明。

(16) 移动电缆线时，应先切断电源，并不得强行拖拉。

(17) 应掌握电器火灾的扑救常识，遇有情况应立即切断电源，避免人员触及带电导体，使用不导电灭火剂。

## 五、应急预案

工程应建立生产突发事故应急处理预案，成立以项目负责人为组长的工程现场应急处理小组，负责组织、协调和指挥应急响应突发事故的应急处理、责任等。

### (一) 预防与预警、事故报告

工程现场应当加强对勘测现场重大危险源的监控，对可能引发生产安全事故或者其他灾害、灾难的一般及以上事故的险情或重要隐患应及时上报。一旦接到可能导致安全生产事故的信息后，部门应按照应急预案及时研究确定应对方案，采取相应措施积极预防事故发生。

发生交通事故后，现场工程部立即启动公司《交通事故应急工作预案》实施现场先期处置。同时以最快的方法将所发生事故的简要情况报告勘测部门。发生其他安全事故后，现场工程对应立即启动本应急预案实施现场先期处置，同时以最快的方法将所发生事故的简要情况报告勘测部门。报告内容为发生事故的类型、时间、地点、伤亡人数、设备和现场的损失情况及采取的应急措施。

### (二) 应急响应

1. 应急响应

事故发生后，工程现场应立即启动应急预案，采取有效措施控制事态发展，第一时间采取必要措施抢救伤员、报警、报告，同时要保护好现场。勘测部门负责人接到事故报告后要立即赶赴事故现场，各应急人员服从现场总指挥的统一指挥。现场指挥部应按照所在公司“事故/事件报告、调查及处理程序”迅速开展事故调查，组织人员救助，工程抢险等工作，调配专业人员提供建议和支持，或配合地方与有关部门，调动应急资源，开展应急救援工作。当部门级应急救援不足以应对，则应请公司级应急救援。现场指挥部应保持 24h 通信和车辆交通畅通，随时与单位联系并通报救援进展。

2. 现场救援

现场指挥部启动应急预案后，根据事故的类型采取相应的抢救措施进行现场救援。

（1）交通事故发生后，立即抢救伤员，同时通知当地公安交通管理部门，联系医院，迅速通知勘测部门；保护现场，司机或驾驶员要与当地交警配合，做好各项笔录及调查工作；勘测部门应视事故原因、情节状况，决定是否成立应急指挥部及启动应急预案；在规定时间内通知保险公司，通知公司相关部门和主管领导，需要时迅速派人赶赴现场，协调处理事故，调查原因，做出调查报告，提出处理意见；组织善后工作，安抚受伤人员及家属，承担现场临时费用，保留各项单据和分解费用并与保险公司及公司有关部门协调费用。

（2）触电事故，现场线路敷设必须按技术规定执行并设有明显警示标志，尤其是接头部位应避免潮湿、进水，接触牢固，每次使用前须进行细致检查，以防漏电。事故发生后，应立即切断电源，或用绝缘物体碰撞，使之人与电源断开，就地检查伤者情况；遇呼吸停止应采取人口呼吸心脏按压等方法，使之脱险，待有知觉后，应在通风处静卧；同时立即拨打当地急救电话，同时通知勘测部门。抢救时，应严禁使用金属物件，潮湿物品，观察带电体情况，如遇断落在地上的高压导线，切记不可贸然进入断落点 5m 以内，应采用绝缘物品或绝缘鞋等铺垫，或临时双脚并拢跳跃接近伤者，待证明无电后，方可组织人力就地抢救。勘测部门接警后视情况启动应急预案，派员赴现场协调处理，如需必要应通知家属。现场抢救完成一个阶段后，现场应急救援成员应查看环境，采取有力措施补救，并分析原因，定事故类别，编写事故报告和提出处理意见，按规定送交部门负责人和有关部门。

（3）火灾事故，当火灾发生且危害不大时，现场人员应及时就地扑救。可采取周边杂土掩埋，布料抽打，灭火器喷压等方法；同时呼救和提醒周边人群撤离现场。

（4）在驻地发生火灾时，不要惊慌，及时报警，初起火时可用湿毛巾捂住鼻嘴，从安全通道迅速逃生，切不可为收拾东西而耽搁时间。烟火大时，要关紧自己房门，用被褥等物塞住缝隙，开窗呼救；如住层低于三层，可利用床单等物品结绳下顺逃生。逃离火场后，应配合有关人员疏散人群，用灭火器等灭火。如有消防队赶到，则应积极配合灭火和调查，参与事后救援工作，并将情况及时通报给勘测部门。火灾事故责任认定与工程人员有关，部门应派人赴现场配合公安机关、安监部门等参与事后处理事宜，并将情况记录在案，一切有关事故资料应齐全，带回单位上报公司有关部门。发生员工伤亡，要迅速抢救，撤离危险区域，拨打求救电话，及时输送治疗。

（5）当进行线路野外勘测发生火灾时，应立即扑救并报警，同时将设备撤离着火区域。火初起时应用周边物品扑打，无明火后应详尽检查，掩埋余烬，防止复燃。火起大后，应在着火区外迅速铲除杂草树木，制造隔离带，防止火势蔓延，并等待救援，同时立即通知单位有关人员，事后配合公安机关，安检部门调查。

（6）遇食物中毒事件发生，应立即拨打急救电话或自行前往医院，进行洗灌肠等处置，并通知单位有关人员前往协调处理。如是自行起伙，应在事件发生后，通知当地防疫部门前来检查，停止使用并消毒炊具食堂。

（7）物体打击事故，抢救重在对颅脑损伤，胸及四肢骨折等部位，应立即采取绑扎止血，固定等措施，同时拨打急救电话，如有必要应联系单位有关人员，应将伤员平躺在通风少干扰的平地处，注意观察有无分泌物等，防止呼吸道堵塞。

（8）工地现场发生设备工伤事故，应及时救助伤者，观察伤口伤情，有条件时可在原地进行包扎止血后再送医院救护，如伤情严重，不得擅自移动伤者，拨打急救电话，同时通知单位有关人员。

（9）现场勘测遇狗咬伤，应立即送当地医院，清洗伤口，打防狂犬疫苗，并休息一至两天观察；如被蛇咬伤，应立即停止行动，用布条等扎紧伤口上端，并采取放血措施，同时将伤者移送医院进行处置。以上情况应通知单位有关人员。

（10）野外遇雷雨天气，应避免在孤立大树下躲避，钻机停工，员工应撤离机械设备，以防雷击，雷雨时一般不要接打手机电话。天气过热时应适当休息并备有防暑药品、饮料等，如有中暑者，应抬放至阴凉处，采取用湿毛巾敷头，掐人中等措施，清醒后可回驻地休养，必要时送医院进行处置。

3. 应急结束

经现场指挥确认应急救援工作已基本结束，事故现场得以控制，环境符合有关标准，可能导致次生、衍生事件隐患基本被消除，现场应急结束。应急结束后，现场应急救援指挥部应于3日内完成下列事项：

（1）向事故调查处理小组移交相关资料。

（2）向上级提交事故应急工作总结报告。

（3）编制完成事故后续处理计划。

（三）事故处置

事故处理完毕，事故责任部门应配合部门进行事故的后果影响消除、生产秩序恢复工作。

（1）配合公司有关职能部门完成善后赔偿工作。

（2）部门应在分清主体责任情况下，对责任事故组织事故分析会，制定相应措施，严防类似事故发生，并根据责任确定通报和处罚意见。同时对应急救援能力进行评估和应急预案的修订工作。

## 第四节　环境保护与控制措施

工程组应遵照GB/T 24001《环境管理体系要求及使用指南》的要求，建立并持续改进环境管理体系，做到文明勘测、保护环境。

### 一、环境保护目标

各种类别作业区域的自然条件、当地民情、社会治安及风俗习惯等差异很大。工程启动后，项目负责人对现场进行踏勘、识别作业区域类别，根据现场实际情况，按照所在单位三标体系文件及技术指示书的要求，制定环境保护目标。

（1）确保勘测全过程及产品符合国家和地方的环境法律、法规和其他要求。

（2）节能降耗，做好资源再利用。

（3）避免在勘测过程中造成大面积植被破坏、水土流失等环境破坏事件。

（4）不发生因破坏环境而引起的投诉事件和纠纷。

### 二、环境保护计划措施

按照制定的环境保护目标，工程组应采取相对应的环境保护计划措施，并下发至工程组所有人员，必要时还应进行专门的现场培训。

（1）认真学习对照有关工程建设、环境保护方面的法律法规，明确重点、规避风险。

（2）确定环境保护责任人。

（3）对勘测现场踏勘并进行环境因素识别。

（4）落实野外工作中产生的垃圾汇集方式，减少废弃物；避免使用一次性饮料杯、泡沫饭盒、塑料袋和一次性筷子，用陶瓷杯、纸饭盒、布袋和普通竹筷子来替代。

（5）工程中产生的废旧电池、电瓶应采用专门回收制度。

（6）主动回避危险动物的攻击，不随意捕杀野生动物。

（7）安排专人做好勘测青苗赔偿工作。

（8）建立勘测现场明火使用制度。

（9）建立车辆检查制度，不得使用排放超标的工程车辆。

（10）纸质材料双面打印，室内工作时节约用电。

（11）建立环境保护奖惩制度。

### 三、工程现场控制

工程组应按照制定好的环境保护目标和计划措施进行现场控制，现场控制主要分为室内环境控制和野外环境控制两部分。

（一）室内环境控制措施

工程现场室内主要包括内业作业场所和生活场所，工程组应对工程现场所有的室内场所进行环境控制。

（1）照明、噪声、辐射等环境条件符合作业条件。

（2）配置合格的消防灭火装置。

（3）安全出口、通道、楼梯等应保持畅通并有明显的标志和应急照明设施。

（4）计算机等设备须有专人管理，并定期检查、维护和保养，禁止带故障工作。

（5）作业场所应配置必要的禁烟、禁明火等安全（警告）标志。

（二）野外环境控制措施

野外作业过程中，各作业组应按照拟定好的环境因素控制措施进行现场勘测作业，避免破坏环境的事情发生。

（1）燃油应使用密封、非易碎容器单独存放、保管，防止暴晒；洒过燃油的地方应及时处理。

（2）野外作业时禁止乱丢垃圾，林区作业禁止明火。

（3）采用适当的勘测方法，减少对勘测区内植被的破坏。

（4）平地作业应尽可能行走田埂，地沟，不踩坏农作物。

（5）居民区作业应注意噪声，合理安排作息时间，防止噪声扰民。

（6）对于使用工程车辆，要建立日检记录，对于排放超标的车辆及时维修。

（7）勘测钻孔完成后应及时回填，回填时采用无污染材料避免污染地下水，对于暂时不回填的观测孔，产生的废土应根据业主的要求进行清运或其他处理。

（8）对钻探中产生的泥浆及时清运处理。

（9）现场废弃电瓶应及时带走，交给指定回收厂家。

（10）钻探过程中产生的废弃物均统一收集，钻探结束后由钻探人员自行清理带出勘测现场。

## 第五节　成果保密控制

### 一、涉密地质资料范围

地质资料是着手开展地质工作的前提和依据。地质资料的保密工作是地勘单位基础工作的组成部分，是保护重要的信息资源、创造地勘单位经济效益、维护合法权益的一项重要工作。

根据线路岩土工程勘测特点，搜集的国土资源类地质资料、测绘类资料、海洋及其他类资料可能涉及成果保密控制工作。

涉密地质资料密级应严格按《中华人民共和国保守国家秘密法》《中华人民共和国保守国家秘密法实施办法》《国土资源、测绘、海洋、环境保护、核工业工作国家秘密范围的规定》（简称《保密范围规定》）《涉密地质资料管理细则》定密。《保密范围规定》未明确的，按以下原则定密。

（一）国土资源类地质资料

下列地质资料定为机密：

（1）1∶2.5万、1∶5万、1∶10万、1∶20万、1∶25万区域性绝对重力资料及物探重力Ⅰ级、Ⅱ级基点联测成果资料，小面积大比例尺的重力测量平面图及剖面图。

（2）比例尺在1∶50万～1∶100万，精度达到或超过±5毫伽的区域性绝对重力成果图件。

（3）比例尺在1∶100万～1∶400万的区域绝对重力成果图件。

（4）重力测量图及报告中的联测基点数据重力值、与全国网联测的布格重力异常图（进行了地形改造）、自由空间图、均衡图、点位数据图。

（二）含地质内容的测绘类资料定密原则

（1）同时符合下述三个条件的重力异常成果定为绝密：

1）点的密度高于5′×5′或者10km×10km；

2）精度高于±1毫伽；

3）全国性测点。

（2）面积大于、等于或接近一幅相近国家基本比例尺地形图面积的非国家基本比例尺图件按以下原则定密：

1）比例尺在1∶10万（不含）～1∶50万（含）和1∶5000（含）～1∶2.5万（不含）之间的有涉密地理要素的各类地质平面图定为秘密。当大于1∶5000国家基本比例尺地形图的覆盖范围超过6km$^2$时，该批地形图整体上按秘密级管理，单幅地形图不标注密级；

2）比例尺在1∶2.5万（含）～1∶10万（含）之间的有涉密地理要素的各类地质平面图定为机密。

（3）不同年代形成或用不同语种表示的，比例尺在1∶5000（含）～1∶50万（含）的，面积大于等于或接近一幅相近（相应）国家基本比例尺地形图面积的下列有涉密地理要素的地质平面图，属于非国家基本比例尺的，按上述非国家基本比例尺图件定密原则定密；属于国家基本比例尺的，根据同比例尺的国家基本比例尺地形图密级定密：

1）符合上述规定的报告正文、附图册及其他附件中的插图；

2）采用自定义坐标系或独立坐标系，能转换成国家大地坐标系的有涉密地理要素的各类地质平面图；

3）从图和报告上无法判断是否属于独立坐标系或自定义坐标系的有涉密地理要素的各类地质平面图；

4）简化后仍有未公开的自然地理要素、人工建设设施要素、图幅编号和接图表的各类地质平面图；

5）用国家基本比例尺地形图作底图所做的有涉密地理要素的各类地质草图、简图、略图、示意图、目测图；

6）用国家基本比例尺地形图作底图所做的各类有涉密地理要素的地质平面图缩放后，按原比例尺定密，不清楚缩放前比例尺的，按现比例尺定密，但复印缩小后用作报告正文、附图册及其他附件中的插图，且图中涉密信息模糊不清的，可不定密。

（三）海洋及其他类资料定密原则

（1）渤海、北部湾的地质资料，按《保密范围规定》定密。

（2）我国和印度、不丹边界的地质资料，以及我国东海、黄海、南海海域地质资料，根据国家批准立项时确定的国家秘密密级定密；批准立项时没有确定国家秘密密级的，除国家批准对外合作区（东海除外）外，按秘密级国家秘密（保密期限为长期）定密。

（四）地质矿产资料定密范围

根据《地质矿产工作中国家秘密及其密级具体范围的规定》，线路沿线搜集的涉密地质矿产成果资料级具体范围如下：

（1）机密级事项。

1）全国地质矿产工作中、长期规划中的主要指标和重大政策措施；

2）国家重大地质矿产工作决策；

3）未划定国界的边境地区、有争议海区以及我国已申请登记的国际海底矿区的地形地貌和矿产资料；

4）全国铀、离子型稀土元表矿产的探明储量、开发利用综合统计资料以及资源战略分析资料的核心部分；

5）涉及社会安定和公众利益的重大地质灾害预测资料。

（2）秘密级事项。

1）全国地质矿产工作年度计划和各省、自治区、直辖市中、长期规划的主要指标和重大政策措施；

2）各省、自治区、直辖市大、中型铀矿床的位置、探明矿产储量；

3）各省、自治区、直辖市离子型稀土元互助素矿产的储量和反映矿产矿床地质资料；

4）军事设防区及为军事目的服务的水文地质、工程地质资料；

5）涉及社会安定和公众利益或严重影响人体健康的环境地方案及对策；

6）国家授权的对外地质矿产经济、技术合作谈判中的方案及对策；

7）重要设防海区海底的底质、地形、地貌资料和比例尺大于等于1∶5万的水深图；

8）区域绝对重力资料以及附有测点位置、高程和基点联测成果的区域性相对重力资料。

## 二、岩土工程勘测知识产权保护范围

知识产权是指公民或法人依据法律的规定对其从事智力创作或创新活动所产生的知识产品所享有的专有权利。知识产权又称为智力财产权，是一种财产所有权，即所有人依法对自己的财产享有占有、使用收益和处分的权利。

岩土工程勘测涉及的知识产权范围主要为著作权，包括以下内容：

（1）各种勘测设计投标方案等。

（2）岩土工程勘测设计各阶段的原始资料、计算书、工程设计图及说明书、各勘测阶段的岩土工程勘测报告。

（3）岩土工程咨询的项目建议书、可行性研究报告、专业题评估报告、工程评估书。

（4）与岩土工程勘测相关的科研活动形成的原始数据、设计图及说明书、技术总结和科研报告等。

（5）企业自行编制的计算和绘图软件、企业标准、导则、手册等。

## 三、涉密成果保护管理制度

国家、行业为确保涉密地质资料的信息安全颁布了法律法规和管理制度。

《中华人民共和国保守国家秘密法》是保守国家秘密的基本法，对保密工作方针、国家秘密的范围和密级、保密制度、监督管理、法律责任等方面作了规定。

涉密地质资料密级应严格按《中华人民共和国保守国家秘密法》《中华人民共和国保守国家秘密法实施办法》《国土资源、测绘、海洋、环境保护、核工业工作国家秘密范围的规定》进行严格保密控制。

国土资源部、国家保密局印发了《涉密地质资料管理细则》，规定了涉密地质资料的密级确定、标志及著录入库、借阅复制等管理规定和要求。

线路岩土工程勘测搜集的地质矿产方面的成果资料，要根据《地质矿产工作中国家秘密及其密级具体范围的规定》，对涉密资料进行保密控制。

在线路岩土工程勘测所采用的测绘成果应根据《中华人民共和国测绘成果管理条例》《国家基础地理信息数据使用许可管理规定》《关于加强地形图保密处理技术使用管理的通知》《国家测绘局关于加强涉密测绘成果管理工作的通知》《关于加强地形图保密处理技术使用管理的通知》《关于进一步加强涉密测绘成果管理工作的通知》《公开地图内容表示若干规定》等相关规定进行保密控制。

在岩土工程勘测工作中形成的知识产权，应根据《中华人民共和国著作权法》《著作权集体管理条例》《中华人民共和国著作权法实施条例》《中华人民共和国专利法》《中华人民共和国专利法实施细则》《计算机软件保护条例》《中华人民共和国合同法》《中华人民共和国专利法》等相关的知识产权保护法及本企业知识产权保护规定对勘测产品进行知识产权的保护。

## 四、计算机信息系统的保密安全控制

计算机信息系统是指由计算机及其相关的和配套的设备、设施（含网络）构成的，按照一定的应用目标和规则对信息进行采集、加工、存储、传输、检索等处理的人机系统。计算机和信息系统设备包括：网络设备、服务器、用户终端（台式计算机、便携式计算机等）、扫描仪、打印输出设备及网络安全保密产品等。介质包括：纸介质、存储介质及其他记录载体（如计算机硬盘、光盘、移动硬盘、优盘、软盘和录音带、录像带、数码相机、存储卡等）。

涉密计算机信息系统必须与国际互联网和其他公共信息系统实行物理隔离，严格遵守“涉密不上网、上网不涉密”的基本原则，禁止将涉密计算机和涉密信息系统直接接入内部非涉密信息系统。

禁止使用非涉密信息系统（包括非涉密单机）存储和处理涉密信息。建立健全防病毒软件（含木马查杀）升级、打补丁机制，及时升级病毒和恶意代码样本库，进行病毒和恶意代码查杀，及时安装操作系统、数据库和应用系统的补丁程序。防病毒软件应使用经国家主管部门批准的防病毒软件。

涉密信息系统用户终端不准安装、运行、使用与工作无关的软件，严禁安装具有无线通信功能的软件。用户终端禁止安装或拆卸硬件设备和软件及更改系统设置。用户终端的应用软件安装情况要登记备案。涉密设备严禁具有无线互联功能，不能安装红外接口、无线网卡、无线鼠标、无线键盘等。涉密信息系统应采取身份鉴别、访问控制和安全审计等技术保护措施。

使用单位应指定专人负责涉密设备和介质的日常管理工作，建立存储介质登记备案、定期核查与信息清理制度。保密办对涉密设备的采购、使用、维修、变更、报废负有指导、监督、检查的职责，对存储介质归口管理。

涉密设备的电磁泄漏发射应符合国家有关保密标准，并采取相应防护措施。涉密设备和传输线路应符合红黑隔离要求，并采取电源滤波防护措施。

用户终端登录识别技术应采用以下两种方式之一：

（1）数字证书机制采用 USBKey 与 PIN 口令相结合的方式进行身份鉴别，口令长度设置不少于十位。USBKey 按密件管理，要及时修改初始的 PIN 码，并将 USBKey 妥善保管。

（2）密码口令。机密级密码口令长度不得少于十个字符，每周至少更换一次；秘密级密码口令长度不得少于八个字符，每月至少更换一次；口令采用大小写英文字母、数字和特殊字符等两者以上的组合。

在其他信息系统使用过的设备及新增设备接入涉密计算机和信息系统之前，应进行病毒（含木马）及恶意代码的检测、查杀。

涉密设备维修原则上是使用单位现场维修，维修时应有专人现场监管；涉密设备外出维修时，对涉密设备预先采取保密措施，拆除存储部件，并有专人在场监控维修全过程；外出维修的涉密设备，原则上不能在外存放，当日未维修完毕的应带回单位存放，次日再送出去维修；涉密设备维修时应与维修单位签订保密协议。涉密设备确需恢复存储的数据、信息时，应经保密办审批后在具有涉密数据恢复资质的单位进行；维修时更换下的硬盘、存储卡等旧件，必须按涉密载体进行管理，禁止将旧件抵价维修或随意抛弃；维修的涉密设备应做好维修情况记录，存档备查。对批准报废的信息设备拆除存储介质并交保密办集中统一销毁或再利用；淘汰或报废的涉密设备，不得用于公益捐赠，或流入旧货市场。

涉密存储介质应根据所存储信息的最高密级划定密级，并在明显位置粘贴密级标识，禁止使用无标识的存储介质。涉密存储介质严禁在联接互联网的计算机和非涉密计算机上使用。存放涉密存储介质的场所、部位和设备应符合安全保密要求。

严禁将个人具有存储功能的存储介质和电子设备（mp3、mp4、U 盘、手机、掌上电脑等）接入涉密计算机信息系统；严禁将涉密存储介质带出工作场所，确需携带外出，经本单位领导审批且备案后方可带出，要随身携带，严防被盗或丢失。

# 第八章　项目收尾与服务

输电线路岩土工程勘测项目收尾与服务主要包括：资料立卷归档、产品交付与现场服务、工程回访及满意度调查。

## 第一节　资料立卷归档

立卷是指勘测人员将原始资料、成品报告等按归档的标准和要求，进行分类整理，装订成册的工作过程。将反映生产活动且具有查考利用价值的文件材料，通过相关人员移交档案管理人员进行管理，称之归档。

输电线路工程勘测设计、施工、运营等阶段岩土工程勘测所形成的具有保存价值的原始资料和成品是设计、施工、运营工作的必要依据和凭证。勘测工作结束后，勘测人员应及时对勘测资料分类编制、整理，做好立卷归档工作，以保证档案的完整、准确、系统。各单位宜建立电子档案管理系统，方便快捷地实现对档案的归档、整理、检索、借阅等操作。

### 一、纸介质资料立卷归档

#### （一）原始文件归档范围

（1）工程管理资料。

1）勘测任务书、工程任务单。

2）技术指导书。

3）勘测大纲（勘测创优计划）。

4）中间检查和勘测现场过程检验资料。

5）质量评定和成品校审资料。

6）工序质量管理文件、质量信息反馈表。

7）工程重大问题来往函电、文件及处理意见。

8）工程联系单。

9）专业互提资料。

10）环境因素、危险源识别清单等。

（2）工程技术资料。

1）地质单孔任务与钻探原始记录。

2）塔位工程地质记录簿。

3）室内试验成果汇总表包括：室内土工试验，水质简分析，土壤易溶盐化学分析，岩石试验，岩矿鉴定等。

4）调查及测试原始记录包括：电阻率测试，剪切波速测试，标准贯入试验，动力触探试验，静力触探试验，抽水试验，压水试验，节理裂隙统计等原始数据。

5）岩土工程计算书。

6）专业配合资料包括：钻孔测量定位成果表等。

7）外业勘测踏勘调查记录、重要地质现象的数码影像资料。

8）搜集并经验证的相关岩土工程资料包括：区域地质构造、地震地质资料，前期勘测报告，地质灾害评估报告，工程场地地震安评报告，前期土工试验成果，波速测试成果，岩石试验成果等。

9）工程相关的重要会议纪要。

（二）岩土工程勘测成品归档范围

岩土工程勘测成品归档包括勘测设计各阶段的图纸、报告、计算书等成果等。因线路路径改线形成的岩土工程勘测原始资料、数据、图表应和整体工程资料统一收集、整理、存档。

（三）立卷归档要求

（1）工程主设人或立卷人负责勘测成品资料的归档工作，并负责原始材料的收集、整理、立卷、归档工作，对归档文件不合格项应按规定修正。

（2）档案人员负责资料的接收、整理、编目及档案的保管和借阅，并监督指导工程资料的收集、整理、立卷和归档工作。

（3）归档的原始文件应为A4幅面用纸，小于此规格用纸的文件应予以贴裱，大于此规格用纸的文件应按A4规格予以折叠，标题、图标等说明文件的主要内容应能直观展现。

（4）归档的原始文件应齐全完整，已破损的文件应予以修整，字迹模糊或易褪色的文件应予以复制（原件与复制件同时归档）。

（5）成品资料出版完成后应及时归档。

（6）原始资料原则上应在岩土工程勘测工作结束后3个月内立卷归档。

（7）专业配合资料提供单及附件应一并归档。

（8）立卷人按照归档计划要求，提出归档申请，并将勘测原始文件交档案人员进行实物归档。经档案人员验收合格后，反馈验收合格信息给勘测部门立卷归档人员。

## 二、电子文件立卷归档

勘测单位的档案管理部门宜建立电子档案管理系统，对电子文件的形成、整理、归档实施全过程管理，以保证电子档案的质量。

（一）立卷归档范围

勘测设计活动中完成的岩土工程勘测成品电子文件、专业配合资料、成品校审文件及其他勘测过程中形成的原始文件。

（二）归档方法

电子文件归档宜采用网络传输方式，若存在涉密信息应采用涉密移动存储介质移交方式。

（三）归档要求

（1）工程负责人应确保归档电子文件的完整性、有效性、安全性，图纸修改后应及时修改相应电子文件，保证其内容与归档的纸介质文件一致。

（2）勘测人员必须按照成品编号规定正确命名勘测成品电子文件，制图时应使用标准字形文件。

（3）勘测人员应使用有效版本的软件，在符合计算机软硬件平台的条件下，应保证电子文件能正常被计算机所识别、运行，并能准确输出。

（4）归档光盘应使用只读盘片，不得有擦、划痕，不得沾染灰尘或污垢，归档人员应自行查杀计算机病毒，保证归档电子文件无病毒侵蚀。

（5）归档的电子文件应是原文件，不得编译或加密，不得包含参考文件。

（6）归档电子文件中的图纸、文字、表格要清晰，无关内容应清除干净，文件中的内容不得旋转或倒置。

（7）电子文件的图纸内容应绘制在图框内，图纸、文字、表格应清晰，图框外的内容应清除。

（8）电子文件的图框、图标、地形文件、图线、字体、字形、图形缩放及符号应符合现行DL/T

5156.2《电力工程勘测制图标准 第2部分：岩土工程》等规程规范的要求。

（四）归档更改

归档的电子文件需要更改时，应办理变更审批。归档人员将签署齐全的变更记录及电子文件、纸质文件一并交档案部门归档。

档案人员接到变更审批表及更改后的电子文件、纸质文件后，应及时将电子文件、蓝图、底图同时替换。保证提供利用的电子文件与纸质文件一致，并保证归档文件为更改后的正确版本。

### 三、档案安全管理

岩土工程勘测档案安全管理方面应满足下列要求：

（1）勘测人员应严格遵守国家、行业和企业的保密规定，防止涉密档案、图书资料丢失或泄密。

（2）勘测人员对归档前的文件材料及归档文件的副本或复印件的安全负责。

（3）勘测人员承办或搜集的重要档案、涉密资料，在使用过程中应注意妥善保管，以防丢失。使用完毕后，应主动及时归档，不得存放个人手中，不得留取档案副本，不得对档案进行拆件、涂改、勾画、批注、抽页。

（4）涉密档案编制人员须按照有关规定标识密级、涉密期限、审批人等信息。

（5）标有密级的档案资料在提供利用时，必须经过相应密级审批人的审批，不得擅自对内或对外提供标有密级的档案资料。

## 第二节 产品交付及现场服务

本节介绍了对岩土工程成品交付和现场服务过程中的控制程序和要求，以确保对产品交付和现场服务过程进行有效控制，满足顾客的需求和期望。

### 一、产品交付

岩土工程勘测产品应以评审纪要、校审签署、检验和试验记录及顾客审查纪要等，作为勘测产品通过相关审查流程的状态标识。在规定的勘测过程完成后，勘测产品状态标识应该是完整的。除非顾客有特殊要求，否则勘测产品的状态标识没有按照规定标识齐全，不应放行和交付顾客。

勘测产品形成过程中，应对勘测产品进行保护，防止损坏。电子文件制作过程中应注意防止病毒并随时保存，保存的电子文件有效版本应具有唯一性、准确性，标识明确；对无效和作废的版本应及时删除，严禁多版本电子文件混乱存放。对纸质文件，应注意防水、防污、防破。

勘测产品委托出版前，委托部门应选择具备出版能力的单位，并明确出版的质量与验收标准要求，签订合同或协议。收件经手人应对勘测产品的出版质量进行检查验收，发现出版的文件有质量问题时，应要求其返工，对不符合质量要求的印制品不应验收和交付给顾客。

向顾客交付勘测产品时，交付委托人应填写资料移交单（见表8-1），由顾客方接受资料经手人签收并返回回执，经顾客签收的资料发出通知单应保存，保存截止时间为与顾客所签订合同约定的权利和义务得到了双方的完全履行之时。向顾客交付施工控制点成果时，应编制施工控制点成果移交书，审核后经甲乙双方签字盖章，归档并交付顾客。交付给顾客的测量产品，一般应直接送到顾客手中，不应转托其他单位人员代送；对于路途遥远的顾客，可采用邮寄方式。顾客收到的测量文件有损坏现象时，测量负责人应按程序重新提供无损坏的合格产品。

顾客对交付的测量产品要求加盖勘测设计章、个人执业资格证章的，应满足其要求。顾客需要的涉密测绘成果的交付，应遵守相关保密管理规定。

表 8-1 资料移交单

<table>
<tr><td colspan="6">下列产品系工程设计阶段的文件，现予以交付，请查收。<br>资料发出单位：<br>资料发出经手人：　年　月　日　电话：　　　　　　　　Email：</td></tr>
<tr><td>专业</td><td>卷册编号</td><td>文件名称</td><td>单位</td><td>数量</td><td>备注</td></tr>
<tr><td></td><td></td><td></td><td></td><td></td><td></td></tr>
<tr><td></td><td></td><td></td><td></td><td></td><td></td></tr>
<tr><td colspan="3">资料接收单位：</td><td colspan="3">资料接收经手人：<br>年　月　日</td></tr>
</table>

**注**　此表由顾客保留一份，顾客返回回执一份；勘测部门收到顾客回执前暂留一份。

## 二、现场服务

工地代表（简称工代）或服务总代表是代表勘测设计单位派驻工地配合业主和相关方工作、进行现场服务的代表，一般由参加本工程施工图勘测设计、责任心强并具有实践经验、能独立处理问题的专业技术人员担任。

勘测专业工代应自觉遵守工地有关制度和规定，在现场领导部门的统一指挥和安排下认真做好本职工作。勘测工代必须牢固树立为顾客服务的理念，与顾客和相关方做好沟通，力争满足和超越顾客的需求和期望。勘测工代应全面了解本专业材料，了解专业之间的接口，提前为现场服务准备好资料、技术标准、办公用具、安全防护用品等。

勘测工代在施工现场应接受现场安全管理，应组织辨识和评价工地服务的重要环境因素和重要危险源，制定控制措施和方案，对工代进行环保和安全培训。在现场施工前，应有针对性地解释岩土工程专业勘测成果，交代施工中应注意的具体细节，回答相关方提出的问题。工代应深入现场，及时了解情况，认真发现、分析和解决问题，并做好工代日志，对技术上较重要的问题解决方案应征得岩土工程专业主任工程师的同意。工代应以工代月报形式向专业处/室反映施工现场情况和发现的质量问题，以及解决方案。工代月报见表 8-2。

表 8-2 年月岩土工程专业工代月报

<table>
<tr><td>工程名称</td><td></td><td>日期</td><td></td></tr>
<tr><td>工代</td><td></td><td>工代组长</td><td></td></tr>
<tr><td colspan="4">与岩土工程专业相关的主要施工和施工进度情况：</td></tr>
<tr><td colspan="4">当月岩土工程专业工作情况及存在的问题：</td></tr>
<tr><td colspan="4">建设单位、施工单位、监理单位对岩土工程专业的意见和建议：<br>监理：</td></tr>
</table>

**注**　此表一式两份，每个月底前分别提交设计项目经理和岩土工程专业处/室。

勘测部门应不定期地了解工程情况、检查工代工作，听取业主和相关方的意见，协助工代处理现场问题。对于涉及与岩土专业相关的重要变更，应有记录，并注意保留电子和纸质版文件。

## 第三节　工程回访及满意度调查

服务质量是影响顾客需求的关键因素，提高服务质量是降低经营成本的有效途径。勘测单位绩效的增长可以通过提高质量留住给企业带来利润的客户来实现，客户与企业间的关系维持得越久，给企业带来的利润就越高。为了提高和改进服务质量，勘测单位可采用工程回访走访和顾客满意度调查的方式来收集客户的意见和建议。

### 一、工程回访

工程回访的主要任务是听取顾客对岩土勘测工作的意见，深入了解工程设计、施工、运行中岩土工程勘测工作的亮点及存在的问题或缺陷。

工程回访的主要形式如下：

（1）例行性回访。一般定期或不定期地以电话询问、座谈会等形式，了解岩土工程勘测成果的使用情况和顾客意见。

（2）季节性回访。在雨季、冬季或特殊自然灾害期间对顾客回访，了解并及时解决可能发生的质量问题。

（3）技术性回访。主要了解岩土工程专业新技术、新方法的使用效果，及时解决存在的问题。

对于工程回访中提出的问题，要与有关单位或部门逐项落实，分析原因，提出对策，与顾客研究出可行的解决方案，并确定完成时间；涉及方案变更、标准改变、外部因素影响等方面的问题，应请有关单位研究解决。岩土工程勘测负责人应填写工程回访记录，格式可见表 8-3。

**表 8-3**　　**工程回访/走访记录表**

| 工程名称 | | 负责人 | | 日期 | |
|---|---|---|---|---|---|
| 参加人 | | | | | |
| 参加专业 | | | | | |

工程回访对策

| 序号 | 问题或缺陷 | 原因分析 | 对策措施 | 负责完成人 | 完成时间 |
|---|---|---|---|---|---|
| | | | | | |
| | | | | | |

对于重点工程宜组织走访活动。走访活动的组织及安排由设计经理与被走访的单位协商确定。走访的主要任务是听取建设单位、施工单位、监理单位对岩土工程勘测设计的意见，了解勘测设计和服务过程中存在的问题和缺陷，对收集的意见和问题应进行记录，并在后续的勘测设计中予以解决。走访活动的记录格式也可参见表 8-3。

勘测部门相关人员在业务联络、顾客走访/回访等活动中，对于顾客提出的服务改进问题应详细记录并及时反馈给勘测部门。勘测部门对顾客反馈的情况要精心汇总整理，了解顾客反馈意见的解决情况，由相关岗位的干部和员工对较为密集出现的投诉或抱怨情况进行精心分析，制定对应的整改措施、完成时间，并跟踪检查。将投诉或异议整改情况反馈给顾客并与顾客沟通，关注顾客对改善后的服务感受。

## 二、顾客满意度调查

顾客满意度调查是用来衡量一家企业或一个行业在满足或超过顾客购买产品的期望方面所达到的程度。专业满意度调查机构认为：顾客满意度的过程就是顾客满意度调查。它可以找出那些与顾客满意或不满意直接有关的关键因素，根据顾客对这些因素的看法而收集统计数据，进而得到综合的顾客满意度指标。

（一）调查内容

顾客满意度调查的作用主要是建立以“顾客为中心”岩土工程勘测理念，确定勘测单位顾客满意策略，达到节约勘测成本，提高经济效益的目的。为达到顾客满意度调查的作用，需明确调查的目标和调查内容。调查的核心是确定产品和服务在多大程度上满足了顾客的期望和需求。顾客感受调查和主要通过分析岩土工程勘测业务的主要顾客对产品或服务的满意程度，比较勘测设计单位的表现与顾客预期之间的差距。

（二）调查方法

（1）设立投诉与建议系统。以顾客为中心的勘测设计单位设立顾客投诉与建议系统，收集顾客的意见和建议，以便勘测单位更迅速地解决问题，并为顾客提供更优质的产品和服务。

（2）顾客满意度量表调查。勘测单位应该通过开展周期性的调查，获得有关顾客满意的直接衡量指标。目前常用的调查方法有三种分别是问卷调查、二手资料收集、访谈研究。

目前最常用的顾客满意度调查是问卷调查。这是一种最常用的顾客满意度数据收集方式。问卷中包含很多问题，需要被调查者根据预设的表格选择该问题的相应答案，顾客从自身利益出发来评估企业的服务质量、顾客服务工作和顾客满意水平。同时也允许被调查者以开放的方式回答问题，从而能够更详细地掌握他们的想法。勘测单位可利用调查获得的信息来改进其下一阶段或今后的工作的重点。

（3）失去顾客分析。勘测设计单位应当同停止合作或转向其他单位的顾客进行接触，竭尽全力探讨分析失败的原因。从事“退出调查”和控制“顾客损失率”是十分重要的。因为顾客损失率上升，就表明勘测设计单位在使顾客满意方面不尽如人意。

（三）调查流程

（1）确定调查的内容。

（2）量化和权重顾客满意度指标。顾客满意度调查的本质是一个定量分析的过程，即用数字去反映顾客对岩土工程勘测对象属性的态度，因此需要对调查工程指标进行量化。

（3）选择调查的对象。勘测单位在确定调查对象时，可随机抽样调查，以保证调查对象具有代表性。调查对象数量宜足够大，但也要考虑调查费用和调查时间的限制。

（4）顾客满意度数据的收集。顾客满意度数据的收集可以是书面或口头的问卷、邮件、电话、网络或面对面的访谈。

（5）科学分析。应选用合适的方法对顾客满意度调查结果进行分析。企业应建立健全分析系统，将更多的顾客资料输入到数据库中，不断采集顾客的有关信息，将更多的顾客资料输入到数据库中，并验证和更新顾客信息，删除过时信息。还要运用科学的方法，分析顾客发生变化的状况和趋势，研究顾客行为的变化规律，为提高顾客满意度和忠诚度打好基础。

（6）改进计划和执行。在对收集的顾客满意度信息进行科学分析后，企业就应该立刻检查自身的工作流程，在“以顾客为关注焦点”的原则下开展自查和自纠，找出不符合顾客满意的管理流程，制定企业的改进方案，并组织企业员工实施，以达到顾客的满意。

# 第三篇

## 勘测方法篇

# 第九章　工程地质调查

## 第一节　概　　述

工程地质调查是通过收集资料、现场调查、观察、量测、记录等基础地质理论方法，并结合遥感影像解译、地理信息系统（GIS）与卫星导航定位系统等手段获取与工程建设直接相关的各种地质资料，为初步评价场地工程地质环境和稳定性、工程地质分区、合理布置勘察工作量提供依据。

工程地质调查是输电线路岩土工程勘察的基础性工作，能在较短时间内查明沿线主要工程地质条件，多数情况下不需要复杂设备和辅助措施。工程地质调查能大大减少勘探和试验的工作量，从而为合理布置整个线路工程的勘测工作、节约勘察费用提供便利。尤其是地形地貌复杂、植被密集的山区线路工程，沿线地层出露条件较好，便于进行工作调查，而且能较全面地阐明沿线工程地质条件，明确沿线工程地质性质的形成和空间变化，判明工程地质作用的空间分布和发育规律；即便是第四系地层普遍分布的平原地区，对地形地貌、地下水和地层岩性的调查也能大体上揭露沿线地质情况。由于常规勘测设备在山区或搬运困难，或效率低下，无法有效开展工作，此时工程地质调查是最主要的勘察手段。

通常路径较长的输电线路工程，属于典型的带状工程，因此工程地质调查的范围也为带状。对于线路工程来说，沿线地质调查有两个层面的含义：在选线阶段，工程地质调查的目的是查明沿线地形地貌、构造岩性、水文地质条件和不良地质作用，为线路路径选择提供依据，这个阶段的调查通常是带状的，属于宏观性的带状地质调查工作；在定位阶段，线路路径基本确定，此时的地质调查主要围绕杆塔位进行（尤其是山区线路），主要查明杆塔位附近的工程地质条件和影响杆塔基础稳定的不良地质作用，精度要求较高，属于微观性的点状地质调查工作。在输电线路工程地质调查过程中应注意把点与点、线与线之间的地质现象联系起来，避免孤立地仅在个别地质点上做调查研究。

## 第二节　工程地质调查内容及方法

### 一、工程地质调查的内容

在线路工程地质调查工作中，应查明沿线地质条件，预测拟建杆塔或电缆隧道结构与地质环境之间的相互作用。因此工程地质调查的主要对象是沿线地质条件所包含的诸多要素，此外还应搜集区域自然地理信息和已有工程资料等。

输电线路工程地质调查的内容一般包括以下方面：

（1）地形地貌。查明沿线地形地貌形态类型、成因、发生和发展过程以及构造、岩性的关系及其对线路的影响。

（2）地质构造。调查沿线地质构造格局、断层及节理的性质、产状、规模和分布，研究地质构造对杆塔基础的影响并进行工程建设适宜性评价。

（3）地层岩性。查明沿线岩土层的分布、性质、厚度及其变化规律，确定地层年代、成因类型。应重点查明岩层风化程度，新近沉积土、特殊性土的分布及其工程性质，评价其对线路杆塔基础的影响。

（4）水文地质条件。调查沿线地下水的类型、埋藏条件、隔水层和透水层的分布规律、地下水的补给、径流、排泄和运移条件，判断水质、水量、水的动态变化及其对工程建设的影响。

（5）不良地质作用。调查岩溶、滑坡、崩塌、泥石流等不良地质作用的分布位置、形态特征、规模和发育程度，分析其对工程建设的影响。

（6）人类活动对线路建设的影响。调查沿线存在的人工洞穴、地下采空区、地表取土坑、大面积深厚回填土、地下水开采、地下管线等对线路路径和杆塔基础稳定性的影响。

（7）既有线路工程的运行情况，又有地方工程经验。输电线路途经各类地区的工程地质调查内容详见表 9-1。

**表 9-1　各类地貌地段应调查的主要地质问题**

| 调查分区 | 地质地貌 | 水文地质 | 工程地质 | 环境地质 |
| --- | --- | --- | --- | --- |
| 平原地区 | （1）第四系厚度、岩性变化，并确定地质时代、成因类型及其岩性变化规律；<br>（2）地貌的成因类型和形态组合类型及微地貌形态特征、分布；<br>（3）新构造运动性质与特征，根据地震活动性、地貌差异等判定活动构造 | （1）查明不同地层的透水性、富水性及其变化规律；<br>（2）获得主要含水层（组）的水文地质参数；<br>（3）查明局部和区域性隔水层的分布、埋深和厚度变化规律；<br>（4）查明地下水的类型及其补给、径流、排泄条件和地下水系统 | （1）对杆塔基础埋深范围内土体进行工程地质类型划分，评价地基稳定性；<br>（2）要特别重视软弱土、胀缩性土、液化土等特殊性土，调查其空间分布及变化规律，评价杆塔基础适宜性 | 对于因人类工程、经济活动所产生的环境地质问题，如地下水污染、地面沉降等应进行专门调查 |
| 滨海地区 | （1）调查滨海地区的海岸地貌，第四纪地质以及新构造运动；<br>（2）河流冲积层和海相沉积层的空间分布 | （1）地下水、河水、海水之间的水力联系和补给排泄关系；<br>（2）潮汐对地下水的影响 | （1）各类岩石的节理裂隙发育程度，风化程度及风化厚度；<br>（2）查明淤泥、流砂层及沼泽的分布与工程地质特征 | （1）海水倒灌对水质的影响；<br>（2）地下水污染情况和原因 |
| 丘陵山区 | （1）查明不同地层的岩性组合与变化规律；<br>（2）判定沿线所属构造体系类型及所在构造部位；<br>（3）着重调查各类岩层和各类构造的不同部位裂隙发育程度与特征 | 注意山区河谷平原及山间盆地内第四系潜水及承压水的调查，查明主要含水层（组）的分布水量、水质、埋藏条件及动态变化 | （1）查明不同地层岩性工程地质特性；<br>（2）查明崩塌、滑坡、泥石流等不良地质作用的分布、规模、发育程度与稳定状况；<br>（3）在分析地震活动及地层地质资料的基础上，对区域地壳稳定性做出评价 | 着重调查由于人类工程经济活动引起的环境地质问题（地下水污染、水土流失、崩塌、滑坡、泥石流、塌陷、诱发地震等） |
| 岩溶地区 | （1）查明各种岩溶地貌形态特征与规模，研究岩溶发育规律与地层岩性及地质构造的关系；<br>（2）调查不同构造单元内岩溶发育的差异性 | 确定岩溶水在各通道之间与地表水之间相互转化条件和补给关系 | （1）调查沿线岩溶发育情况，对基础和边坡稳定性做出评价；<br>（2）调查由于矿山开采、地下水开发所引起的岩溶地质灾害 | 调查岩溶地下水污染情况 |
| 冻土地区 | 查明多年冻土的分布规律、特征及成因，注意调查多年片状冻土、岛状冻土的分布规律及上部活动层的厚度 | 查明各含水层（组）的水文地质特征、冻土层上层间水及层下水的分布和埋藏条件 | （1）调查多年冻土的季节融化和季节冻结层的厚度，确定冻土的上限深度；<br>（2）根据冻土成分、岩性、含水量等进行冻土工程地质分类 | 调查工程建设对冻土的工程特性和热稳定性的影响，包括冻土冻深、地温、杆塔基础的热作用等 |

续表

| 调查分区 | 地质地貌 | 水文地质 | 工程地质 | 环境地质 |
|---|---|---|---|---|
| 黄土地区 | （1）调查黄土、黄土状土及其第四纪沉积物成因类型；<br>（2）划分地貌形态类型 | 重点调查各种地形的汇水条件 | （1）从研究黄土区的区域工程地质条件入手，着重调查研究黄土的湿陷性和水土流失问题；<br>（2）调查古滑坡分布、规模，并对边坡稳定性进行评价 | 注意研究地裂缝等环境工程地质问题的形成、分布与发展趋势 |

## 二、工程地质调查的方法

输电线路工程场地可分山区（丘陵）和平原两类，山区（丘陵）的主要工程地质问题是稳定性问题，平原区则要查明工程地质条件。

按对整体路径方案是否存在颠覆性影响原则，将线路路径分为一般路径和重点路径。对路径没有颠覆性影响的称为一般路径，反之称为重点路径。一般路径的工程地质调查可采用图上作业和实地调查相结合的方法，重点路径均应进行实地调查。

### （一）资料搜集和研究

线路工程地质调查工作开展之前，应尽可能搜集并研究以下资料：

（1）勘测任务书。说明路径方案和拟采用的基础型式、埋深等设计条件。

（2）区域地质资料。沿线区域地质图、地貌图、地质构造图、地质剖面图等，以及线路途经地区区域地质志、水文地质志等地方志资料。

（3）矿产资料。沿线区域矿产资源分布图。

（4）地灾资料。沿线地质灾害发育概况、地质灾害分布图、区域不良地质预警信息等。

（5）气象资料。沿线区域内年平均气温、降水量、冻土深度、大气影响深度等数据。

（6）地震资料。区域地震动参数、历史地震情况等。

（7）水文地质资料。地表水系分布、水位及水量；地下水埋藏情况及水质资料。

（8）地方建筑经验。附近线路的基础型式、基础埋置深度、持力层、地基承载力等。

进行外业调查工作之前，应将搜集到的资料按比例测放到路径图或地形图上，分析沿线的大致工程地质条件，明确野外踏勘调查的工作重点和主要路段，作为野外作业的依据。

### （二）调查路线的布置

线路工程地质调查的方法与一般地质测绘相近，主要是沿一定的路线做沿途调查，在关键地点（杆塔位及露头点）上进行详细观察描述，必要时布置少量探井、探槽等简易勘探工作。

线路工程地质调查应沿线路方向进行，一般沿线路中线进行调查；根据勘测阶段的不同，调查范围也不相同，考虑到线路调整路径的可能性，为避免重复工作，应在线路中线两侧一定范围内开展工作，并预留改线空间（各阶段地质调查带宽见表9-2）；在地形和地质条件复杂地区或重点工程地段，除了沿中线进行调查外，尚应在线路两侧布置调查观测路线，利用天然露头（各种地层、地质单元在地表的出露）和人工露头（采石场、取土坑、路堑、水井等）进行较大面积的调查工作。

**表9-2　各阶段地质调查带宽**

| 勘测阶段 | 调查范围 | 备　注 |
|---|---|---|
| 可行性研究 | 线路中线两侧各1～2km | 考虑后期改线的可能性，宜加大调查范围，避免重复工作 |
| 初步设计 | 线路中线两侧各0.1～0.5km | 考虑局部路径调整的可能性，对重点路段加大调查范围 |
| 施工图设计 | 重点地段逐塔调查；一般地段应实地复核初设调查结论 | 本阶段塔位已确定，应对易发生地质灾害的重点路段进行逐基调查 |

（三）观测点的选择

沿调查路线对具有代表性地质现象的地点进行细致的观测和描述，这些点称为地质观测点。对架空输电线路来说，观测点一般为杆塔位所在的地点，以中心桩为圆心进行周边地形地貌和地质条件的调查、描述和勘探；对电缆线路来说，观测点一般选择在沿线地层露头情况较好、构造形态较清晰、不良地质现象较突出、有代表意义的地点，并考虑沿线各观测点的间距。

（四）调查记录

调查、观测记录应采用标准格式，注明工作日期、天气、人员、工作路线、观测点编号与位置（坐标、高程）、类型等。应对观测点的工程地质条件、水文地质条件和不良地质作用进行描述，对构造产状和节理裂隙进行测量与统计，对有代表性的地质现象进行描述并保留影像资料。

必要时，可考虑采集部分岩土样品进行分类编号和标注，带回实验室进行定量分析。对天然露头不能满足观测要求而又对工程评价有重要意义的地段，应进行必要的勘探工作。

## 第三节　工程地质调查要点

### 一、地形地貌

输电线路工程勘测工作中研究地貌可以推断第四纪沉积物的成因类型和结构，了解沿线不良地质作用的发育情况，初步判断线路路径成立的可能性和杆塔基础型式以及施工的便利性等。通常平原、山麓、山间盆地和松散堆积物覆盖的丘陵地区线路勘测时着重于地貌研究，并以地貌作为线路工程地质分区的重要依据。

工程地质调查中地貌研究的主要内容如下：

（1）地貌形态特征、分布和成因；

（2）划分地貌单元，判断地貌单元与岩性、地质构造及不良地质作用的关系；

（3）地貌形态和地貌单元的发展趋势及其对线路的影响；

（4）地形、植被发育情况及其对线路杆塔的影响。

在不同的勘测阶段，对地形地貌的调查要求和内容也不相同。

输电线路可研阶段勘测的主要工作是在宏观上了解线路途经地区的地形地貌特点，按山地、丘陵、平原和盆地等大型地貌单元进行工程地质分区，从地形地貌上初步判断可能存在的不良地质作用，提出拟选路径需要绕避的地区或地段，并关注特殊跨越地段的地貌特征，初步判断下阶段勘测可采用的手段和相应的机械设备，并推荐可行的杆塔基础型式。

输电线路勘测工作进行到初步设计或施工图设计阶段时，线路路径基本确定，此时的地貌调查着重关注杆塔位附近的微地貌特征。

在地貌分级中，通常将规模较小的地貌形态称为微地貌，一般指小于 $1km^2$ 的特殊地形。架空输电线路微地貌调查的意义在于协助线路结构专业选择平缓稳定、地形简单、拆迁量小的地段作为立塔位置，避免或减轻地下水和不良地质作用对杆塔基础的影响，减少基础施工挖填方量，减轻工程建设对自然环境的破坏和人居环境的影响。

山区和丘陵地段需查明塔位处于山体或丘陵的位置（山顶、山坡山麓或丘顶、坡脚等），塔位附近的植被、陡坎、冲沟、陡坡等的发育情况；平原地段则需查明杆塔附近河道、农田、林地、道路以及地面附着物等相关内容。

### 二、地质构造

地质构造对线路沿线区域稳定性和岩土体稳定性具有重要影响，是工程地质调查的重点。在线路工程勘测中，地质构造调查的主要内容如下：

（1）线路沿线活动断裂的分布和发育情况及其与地震活动的关系；

（2）杆塔位附近出露岩层的产状及各种构造型式的分布、形态和规模；

（3）岩层产状与边坡的空间几何关系；

（4）软弱结构面的产状及其性质；

（5）岩土层各种接触面及各类构造岩的工程特性。

断裂构造的调查侧重于利用已有的区域地质资料，在已有资料的基础上勾勒出线路途经地区的主要断裂构造并进行现场踏勘核实，主要原则是选线时做到尽可能大角度跨越活动断裂，避免杆塔位落在断裂破碎带上。

山区和丘陵地段进行架空输电线路勘测，研究节理、裂隙等小型构造对杆塔基础选型是有意义的，因为小构造直接控制着岩土体的完整性、强度和透水性，是岩土工程评价的重要依据。对节理、裂隙的调查主要集中在杆塔位附近岩体节理裂隙的产状、密度、表面形态、充填胶结物的成分和性质，以及节理裂隙的延展性和穿切性，以此评估岩体的完整性和稳定性。

常规工程地质调查工作中，节理、裂隙统计结果常用图解法表示，以研究小型构造活动本身的性质和发育规律；输电线路工程地质调查工作中侧重于研究小型构造对工程建设的影响，因此对地质构造的调查结果常简化为文字叙述和定性评价，一般反映在地质调查报告或岩土工程勘测报告中。

### 三、地层岩性

地层岩性是线路工程地质条件最基本的要素，工程地质调查中对地层岩性的研究内容如下：

（1）地层年代和成因类型；

（2）沿线各工程地质分段的地层类型及分布；

（3）岩土层的接触关系、分布厚度及变化规律；

（4）岩土层的工程性质。

一般在参考区域地质资料基础上，运用生物地层学法、岩相分析法、地貌学法、历史考古法等方法来确定第四纪沉积物的绝对年龄或相对新老关系。如已测得绝对年龄时，可按 $Q_{Ⅰ}$、$Q_{Ⅱ}$、$Q_{Ⅲ}$、及 $Q_{Ⅳ}$ 四分法表示；如只测得相对年龄时，可按 $Q_1$、$Q_2$、$Q_3$ 及 $Q_4$ 四分法表示；如四分有困难时，可两分为更新世（$Q_p$）和全新世（$Q_h$）。

通常用地貌学和岩相分析法确定沉积物的成因类型。调查中主要根据沉积物颗粒组成、土层结构和成层性、特殊矿物及矿物共生组合关系、动植物遗迹和遗体、沉积物的形态及空间分布等来确定基本成因类型。常见的基本成因类型有：残积、坡积、冲积、洪积、湖积、沼泽堆积、海洋沉积、冰川沉积和风力堆积等。实际工作中可视具体情况，在同一基本成因类型的基础上进一步细分（如冲积可分河床相、漫滩相、牛轭湖相等），或对成因类型进行归并（如冲积湖积、坡积洪积等）。

在不同岩性类别的场地，地质调查的关注点不同。岩体工程地质调查，需在掌握区域地层及岩相变化的基础上，突出岩体工程地质特征的研究，分析岩体不同结构面及组合关系，研究连续性强和性质软弱的结构面，同时调查易溶成分及有机物、成岩程度及坚实性、岩石风化程度、不同岩性的组合关系等；土体工程地质调查，需在第四纪地质调查的基础上，调查岩性岩相特征及岩相之间相互过渡关系；对于松散碎屑岩（包括砂碎石、卵砾石及块石类土），需详细观察颗粒大小、形状、分选性、磨圆度、孔隙度；对于松散土类，需详细观察其矿物成分、结构特征及其含水状态等影响工程地质性质的因素。

（1）沉积岩地区。

1）调查岩相的变化情况、沉积环境、接触关系，观察层理类型、岩石成分、结构、厚度和产状等要素；

2）调查岩溶发育规律和岩溶形态的大小、形状、位置、充填情况及岩溶发育与岩性、层理、构造断裂等的关系。

（2）岩浆岩地区。

1）调查岩石结构、构造和矿物成分及原生、次生构造特点；

2）调查岩脉的产状、厚度及其与构造的关系。

（3）变质岩地区。

1）调查变质岩的变质类型（区域变质、接触变质、动力变质、混合变质等）和变质程度，并划分变质带；

2）调查变质岩的产状、原岩成分和原有性质；

3）调查变质岩的节理、劈理、片理、带状构造等微构造的性质。

（4）第四纪沉积物堆积区。

1）根据第四纪沉积物的沉积环境、形成条件、颗粒组成、结构、特征、颜色、磨圆度、湿度、密实程度等因素进行岩性划分，并确定土的名称；

2）调查第四纪沉积物在水平和垂直方向上的变化规律；

3）特殊性土的调查，包括湿陷性黄土、红黏土、软土、填土、冻土、膨胀土和盐渍土等。详细调查软弱黏性土、液化土、膨胀土、湿陷性土、盐渍土、填土等土体的分布规律及工程特性，对具有结核、包裹体、孔洞的土体，调查其分布、形态特征、成因、规模及结核成分等。

### 四、地表水和地下水

#### （一）地表水调查

线路沿线的地表水包括河流、溪沟、渠道、湖泊、池塘、水库、沼泽等，它们对杆塔基坑和基础稳定性影响较大。调查过程中除查明其一般特征外，还需着重查明地下水与地表水之间的相互补给关系。对于设有水文站的地表水体可搜集有关资料；对于没有水文站的较小河流、湖泊等，需在野外简要测定地表水的水位、流量、水质（浑浊度），并调查了解地表水的动态变化。除此之外，还需调查沿线可能对地下水造成污染的工厂、生活用水等地表污染源。

#### （二）地下水调查

重点调查线路沿线现有井、孔（包括供水水源和排水工程）。当含水层埋藏较浅时，可采用麻花钻、洛阳铲等工具揭露。

地下水调查主要内容如下：

（1）水井或钻孔所处的位置、地貌单元，以及井深、孔径、井口高程、井的使用年限等；

（2）测量井水位，选择有代表性的水井取水样进行水质分析；

（3）水井或钻孔已揭露的含水层的位置和深度；

（4）地下水的水量和历年水位变化情况。

### 五、不良地质作用

#### （一）岩溶及土洞调查

岩溶地区输电线路工程地质调查主要包括下列内容：

（1）可溶岩的时代、岩性、厚度、产状和分布，可溶岩、非溶岩与土层的接触关系；

（2）岩溶地貌特征和类型、场地覆盖层类型及厚度；

（3）各种岩溶和土洞形态的分布、高程、规模；

（4）地表残积红黏土的分布、厚度和遭受侵蚀的情况；

（5）岩溶水文地质条件；

（6）岩溶及土洞发育程度和发育规律。

#### （二）滑坡调查

滑坡调查主要包括下列内容：

（1）滑坡体的位置、范围、地面坡度、相对高差，滑坡台阶位置、个数和宽度，滑坡壁、滑坡舌、滑坡洼地等的形态特征；

（2）滑坡裂缝的分布、形状、性质、深度、延伸长度、充填情况，滑坡体上树木倾斜和建筑物破坏情况；

（3）滑坡体所在层位、岩性、构造部位，结构面及其所起的作用，滑坡体的物质组成、原岩结构的破坏情况；

（4）滑坡体厚度，滑动面位置、形态、擦痕分布，滑动带的物质组成、厚度、颗粒级配、矿物成分、含水状态和力学性质等；

（5）滑坡地区的降水量分布、地表径流、地下水出露情况；

（6）滑坡产生与强降雨、河流冲沟侧向侵蚀、水库蓄水、工程开挖等因素的关系；

（7）滑坡体的边界条件、稳定性现状，滑坡体后缘山体的稳定性；

（8）滑坡成因类型，可能的形成时期；

（9）初步判断滑坡的稳定性，并调查线路附近滑坡避让的可能性。

（三）危岩和崩塌调查

危岩和崩塌调查主要包括下列内容：

（1）危岩和崩塌体的位置、高程、范围；

（2）危岩和崩塌体的岩土类型、结构、块径大小和塌落的数量；

（3）崩塌区的地形、地层、岩性和地质构造特征，结构面及其所起的作用；

（4）崩塌类型、成因和形成时期；

（5）对杆塔位附近的围岩和崩塌应着重调查分析危岩的稳定性、发展趋势和对线路的影响。

（四）泥石流调查

泥石流调查主要包括下列内容：

（1）泥石流的分布，历次发生的时间、频数、规模，暴发前的降雨情况和暴发后的灾害；

（2）划分泥石流形成区、流通区和堆积区，形成区可能启动物质的特征和数量，流通区的纵横坡度，堆积区物质的粒径、层次、厚度和范围；

（3）泥石流的类型、泥石流的流体性质，沟谷形态、比降；

（4）泥石流流域的地貌形态特征、地质条件；

（5）岩石风化、滑坡、崩塌等地质作用，植被情况，开矿和建筑弃渣、修路切坡、砍伐森林、陡坡开荒、过度放牧等人类活动对泥石流发育的影响；

（6）泥石流流域面积，冰雪融化和暴雨强度，降雨持续时间，一次最大降雨量，流域的汇水面积，平均和最大流量，地下水的活动情况；

（7）应着重调查线路路径附近的泥石流，根据形成条件和历史活动规律，分析其发展趋势，重新活动可能性和对线路的影响。

（五）冲沟调查

冲沟调查主要包括下列内容：

（1）冲沟的形态（纵横断面特征）、规模、发展过程和发育阶段。

（2）冲沟分布区的地形、岩性、地质构造、岩石风化、水文现象特征。

（3）冲沟岸坡稳定性；沟底及沟口堆积物的岩性、厚度、分布范围、形态特征及不同时期堆积物的组合关系。

（4）线路沿线冲沟发育的密度、速度与气象、地质和人类活动的关系。

（5）在雨量集中、植被不发育、松散土石大面积分布的丘陵地区和黄土区需特别重视对冲沟的调查。

（六）采空区和地裂缝调查

采空区和地裂缝调查主要包括下列内容：

（1）地形地貌、地层岩性、地质构造和水文地质条件。

（2）矿层的分布、层数、倾角、埋藏深度、埋藏特征和上覆岩层的厚度和性质。

（3）采空区开采的深度、厚度、开采方法、开采时间、顶板管理方法、开采边界、工作面推进方向和速度。

（4）地表变形的特征和分布规律。

（5）采空区的塌落、密实程度、空穴和积水等。

（6）采空区附近的抽排水情况及对采空区的影响。

（7）地基土的物理力学性质。

（8）已有建筑物的类型、结构及其对地表变形的适应程度、当地建筑经验、已有架空线路的运行情况等；对采空区的稳定性进行初步评价，分析线路绕避的可能性。

（9）地裂缝特征调查，包括地裂缝分布范围与几何特征、地裂缝活动特征和变化活动速率，从而确定地裂缝类型。

（10）地裂缝成因调查，包括地裂缝发生区的地貌及微地貌单元、地层岩性、岩土体结构与工程地质、水文地质特征和地裂缝与区域新构造活动的关系，地裂缝与同地区地面沉降、地面塌陷或崩塌、滑坡的关系，地裂缝与气象水文的关系，地裂缝与人类活动的关系等。

# 第十章　勘探与取样

勘探与取样是输电线路岩土工程勘测的基本手段，其成果是进行岩土工程评价和地基基础设计、施工的基础资料。勘探和取样质量对整个勘测的质量起决定性的作用。

输电线路工程地质勘探目的为查明塔位及其附近岩土的基本性质和分布，确定岩土层的埋藏深度及厚度；采取符合质量要求的岩土试样，或者进行原位测试；查明勘探深度内地下水的赋存情况，测定水位或进行简易水文地质试验；查明特定结构面等。

勘探前宜进行现场踏勘，对场地进行必要的调查，了解作业条件和地下障碍物等；根据勘测工作大纲和岩土层性质，选择合适的机械、设备和合理钻进方法；根据岩土样质量等级要求和岩土层性质，配备取样设备。

勘探与取样应根据经批准的勘测工作大纲（或勘探任务书）进行。工程技术人员在进场前向现场作业人员进行技术、安全和环境保护交底，加强作业过程中的现场技术指导和质量检验，进行钻探完成后验收。

## 第一节　勘　　探

### 一、勘探点定位

勘探点布置根据勘测工作大纲要求进行，一般布置在塔基中心或塔腿位置。

陆域勘探点放样可根据地形地物和塔基中心桩位置采用丈量、全站仪、卫星定位等方法，孔位应设置标识。

水域勘探点一般采用全站仪、卫星定位等方法按孔位坐标定位。定位顺序：初定－下套管－矫正保持套管垂直－复测坐标，当定位误差超过允许范围时，重新校正孔位。勘探孔孔口标高宜由水面标高与同步测得的孔口处水深求得，并复测终孔坐标和孔口标高。

勘探点位放样允许误差根据勘测阶段、场地条件和勘测任务书要求等确定。

由于受潮汐的影响而使海水深度呈动态变化，勘探在下好套管正式开钻前，需测水深。钻进过程中，利用潮位观测成果校正孔深或在钻探平台上设置测量点校正孔深。

### 二、勘探方法

输电线路工程地质勘探主要方法有钻探（包括常规机械钻探、轻便钻机钻探、小口径螺旋麻花钻钻探、洛阳铲钻探等）、井探、槽探等，需根据场地条件、地层特点、钻进深度、取样要求等选择适宜的勘探方法。

输电线路工程中常规机械钻探主要为全断面连续取芯钻进，作业时需选择适宜的钻机、钻具、配套设备和工艺。

浅部地层可采用轻便钻机、小口径螺旋麻花钻、洛阳铲等钻进。轻便钻机已广泛应用于山区输电线路工程地质勘探，在不同岩土层钻进时，需针对性选择钻头类型、钻速、耗水量、冲洗液等，并需在工程实践中不断摸索和总结经验。小口径螺旋麻花钻广泛应用于平原区输电线路工程地质勘探，尤其适用于软土分布区。洛阳铲适用于地下水以上的黏性土、黄土等，以不取样为主。

在交通不便的丘陵、山区和黄土区输电线路勘探中井探、槽探方便灵活，主要用于查明覆盖层厚度、揭露基岩等，获取的地质资料准确直观。

（一）钻探方法及要求

1. 一般规定

（1）钻探须按具体技术要求进行，钻探口径和钻具规格需符合现行行业标准有关规定，成孔口径满足取样、测试、地层条件和钻进工艺的要求。

（2）在指定勘探点位进行勘探，需要移动点位时予以注明，可在图纸上攀线标注。

（3）钻具的量测宜使用钢卷尺，钻进深度、测试深度、取样深度和岩土层分层深度的量测误差需满足要求。

（4）当勘探揭露地层与收集地层资料出入较大或场地地层变化、起伏较大时，及时报告勘测负责人，以便调整勘探方案。

2. 钻进方式和岩芯采取

（1）钻进方式、钻进工艺和是否配制泥浆需根据岩土类别、岩土可钻性分级和钻探技术要求等确定。

（2）对于要求采取岩芯的钻孔，需采用回转钻进。对于黏性土，可根据地区经验采取螺旋钻进或锤击钻进。

（3）当处于地下水位以上时，多采用干钻。钻探时应始终维持孔内清水或泥浆液面高于地下水位。

（4）岩石宜采用金刚石钻头或硬质合金钻头回转钻进。当需要测定岩石质量指标（RQD）时，采用外径 75mm（N 型）的双层岩芯管和金刚石钻头。

（5）勘探浅部土层时，可采用轻便钻机钻探、小口径螺旋麻花钻、小口径勺形钻或洛阳铲钻进。

（6）钻探过程中，岩芯采取率应逐回次计算。全断面取芯钻进岩芯采取率：黏性土层，不宜低于90%；粉土、砂土层不宜低于 70%；碎石土层，不宜低于 50%；破碎岩层，不宜低于 65%；完整基岩，不宜低于 80%。

（7）钻进回次进尺应根据岩土地层情况、钻进方法及工艺要求等确定。在黏性土中，回次进尺不宜超过 2m；在粉土、饱和砂土中，回次进尺不宜超过 1m。在岩层中钻进时，回次进尺不得超过岩芯管长度；在软质岩层中，回次进尺不得超过 2m；在破碎带或软弱夹层中，回次进尺应为 0.5～0.8m。

3. 冲洗液和护壁堵漏

（1）钻孔冲洗液和护壁堵漏材料需根据地层岩性、钻进方法、设备条件、有利于保证钻孔质量和环境保护要求等进行选择。

（2）钻进致密、稳定地层时，选用清水作冲洗液。金刚石钻进时，宜选用清水等作为冲洗液。

（3）钻进松散、掉块、裂隙地层或胶结较差的地层时，宜选用植物胶泥浆、聚丙烯胺等作冲洗液。

（4）使用黏土配制泥浆，造浆用水不可使用具有腐蚀性或受污染的水。为使泥浆具有钻进工艺所要求的性能或特殊性岩土层中钻进时，可适量加入化学处理剂，如化学浆糊、烧碱等。需提高泥浆比重时，可投放适量的重晶石粉、石灰石粉等。

（5）在地下水位以上松散填土及其他易坍塌的岩土层钻进时，可采用套管护壁。采用套管护壁时，应先钻进后跟进套管，不可向未钻进的土层中强行击入套管。

（6）孔壁严重坍塌、冲洗液全部漏失时，可灌注速凝水泥或下套管进行处理。

4. 钻孔地下水位量测

（1）在钻探过程中遇潜水时，量测初见水位和稳定水位。

（2）钻孔稳定潜水位量测的间隔时间根据地层的渗透性确定，对砂土和碎石土，不少于 30min；对粉土和黏性土，不少于 8h。

（3）当需要量测对工程有影响的多层含水层的水位时，需采取止水、洗孔等措施，将被测含水层与其他含水层隔离。

5. 岩芯的保留与存放

（1）除用作试验的岩芯外，其余岩芯需存放于岩芯箱（盒）内。钻孔岩芯按钻进回次先后顺序从左到右、自上而下排列，注明孔号、深度和岩土名称，每回次岩芯填写岩芯标签。

（2）岩芯及时拍摄彩照、并做好编录。岩芯保留时间根据勘测要求确定，并应保留至钻探工作检查验收完成。

6. 钻探记录和钻探编录

（1）钻探过程中须填写钻探报表，记录使用的钻具、规格、护壁方式等，并记录所有的钻进过程，包括钻进难易程度、操作手感、钻进时间、变换钻具、增加钻杆、回次进尺和岩芯采取长度等。

（2）在钻进过程中如遇到涌水、漏水、溢气、卡钻、掉钻、掉块等异常情况时，必须及时记录，并做相应的测量。

（3）及时做好野外钻探编录，并符合下列要求：

1）由经过专业培训的记录员或工程技术人员承担；

2）内容真实、准确、可靠，不得事后追记；

3）信息完整，责任人签字齐全，具可追溯性；

4）妥善保管，并统一归档。

（4）在黏性土或粉土中采用提土器提出土柱后，应剖切土柱，观察土性、层理及包含物等。

（5）在砂土或粉土中冲洗液钻进时，根据返水颜色、颗粒大小和操作手感，简易判断土层软硬及密实度的变化。

（6）根据岩土层性质及状态差异划分地层，根据岩石的风化程度划分风化带。对标志层、特殊土以及厚度大于 0.5m 的薄层土（或透镜体），应单独分层。

（7）野外钻探编录按回次及时鉴别描述，包括：回次深度、土性描述、取样深度、原位试验编号及成果、岩土样编号、岩芯采取率、水位埋深等。必要时，计算岩石质量指标（RQD）、统计节理裂隙条数、记录结构面视倾角和充填情况等。

（8）各类地层描述下列内容：

1）碎石土和卵砾石土。颗粒级配、颗粒含量、颗粒粒径、磨圆度、颗粒排列及层理特征；粗颗粒形状、母岩成分、风化程度和起骨架作用状况；充填物的性质、湿度、充填程度及密实度。

2）砂土。颜色、湿度、密实度；颗粒级配、颗粒形状和矿物组成及层理特征；黏性土含量。

3）粉土。颜色、湿度、密实度；包含物、颗粒级配及层理特征；干强度、韧性、摇振反应、光泽反应。

4）黏性土。颜色、湿度、状态；包含物、结构及层理特征；光泽反应、干强度、韧性等。

5）特殊性岩土。除描述相应土类的内容外，描述其特殊成分和特殊性质。填土描述：填土的类别（可分为素填土、杂填土、冲填土、压实填土）；颜色、状态或密实度，物质组成、结构特征、均匀性；堆填时间、堆填方式等。

6）具有互层、夹层、夹薄层特征的土。描述各层的厚度和层理特征。

7）岩石。岩石名称，颜色；地质成因、地质年代；主要矿物、结构、构造、风化程度和岩芯采取率等。沉积岩需描述沉积物的颗粒大小、形状、胶结物成分和胶结程度。岩浆岩和变质岩需描述矿物结晶大小和结晶程度。

8）岩体。结构面、岩层厚度、结构类型和完整程度等。结构面宜包括视倾角、每米发育数量、闭合程度、粗糙程度、充填情况和充填物的性质等。

7. 钻孔封孔

（1）钻孔勘探工作完成后，根据工程要求选用适宜的材料（分层）回填。

（2）土层钻孔宜采用原土回填，并分层夯实，回填土的密实度不宜小于天然土层，或采用黄砂等粗颗粒材料回填。

（3）基岩钻孔宜采用普通水泥浆（水灰比 0.5～0.6），施工时由高压泵自孔底压入，待浆液返至地面为止。

（4）邻近堤防的钻孔应采用干黏土球回填，黏土球直径以 20mm 为宜，并边回填边夯实。对进入或穿透承压含水层的钻孔，采用干黏性土球或其他合适的材料封孔，避免产生隐患。

8. 陆域钻探

（1）在市区、城镇道路上等钻探时，应事先办理作业许可证等相关手续。

（2）在地下管线区域勘探时，应向管线权属单位索取地下管线图，要特别注意非开挖施工（定向钻进顶管等）管线的位置，勘探作业时注意避让。当不能搜集到完整、可靠资料时，必要时进行物探勘查。

（3）在厚层素填土或杂填土中，为防止孔壁坍塌，需下套管护壁。

（4）钻孔内有地下沼气等溢出时，不得动用明火。

（5）钻探结束后，填平泥浆池，及时进行封孔。对需留用的观察孔，应设置标志并采取适当的保护措施。

9. 水域钻探

（1）在江、河、湖、海上进行勘探前，应取得相关部门批准，办理有关水上作业许可手续。在通航水域进行钻探时，钻探船上应悬挂规定的标志（航标、信号灯、锚标等），并严格按要求进行。

（2）现场作业前搜集工作区域水文、海况、气象、潮汐及水面交通或上游的气象、船运等资料，组织现场踏勘，了解地形、水情，结合水上设备能力制定勘探作业方案和安全措施。钻探平台、交通船须配备有足够数量的救生衣、医药箱、通信设备和消防器材等。

（3）输电线路工程水上钻探主要采用漂浮式平台（浮箱式、船式平台等），根据勘探深度、水深、流速、风速、浪高和航道要求，选择双船中孔、单船悬挑或其他形式的钻探作业平台。在常规作业困难等特殊条件时，需采用固定式平台。

（4）在潮间带勘探时，需掌握潮汐变化规律，宜采用搁浅作业。

（5）及时了解气象情况，提前做好预防工作。遇有浓雾视线不清或 5 级以上大风时，暂停江河水上钻探作业。遇 4 级以上大风或大涌浪时，暂停海上钻探作业。避免在台风季节进行海上施工作业。

（6）船式平台抛锚与定位时，根据掌握的海况、水深等资料进行抛锚定位。

（7）水域作业宜下定位导向套管，并进入河床（海底）一定深度，确保护管稳固、垂直，钻进过程中应保持浆液从护管中返出。

（8）钻探过程中产生的废油、泥浆等不可直接排入水体。钻孔内有地下沼气等溢出时，不得动用明火。

### （二）井（槽）探方法及要求

1. 一般规定

（1）输电线路工程井探、槽探主要应用于黄土地区和交通不便的山地，作业时须采取相应的安全措施。

（2）挖方弃土堆放位置离井、槽边缘应大于 1m。雨期施工时，在井、槽口设防雨棚和截水沟。

（3）当需要采取不扰动岩土试样时，采取措施减少对井、槽壁取样点附近岩土层的扰动。

2. 井探

（1）井口宜选择在坚固且稳定的部位，当塔位地层分布变化不大时，多布置于塔位中心。

（2）在松散地层中开挖须采取支护措施，或改为轻便钻机钻探。

（3）深度不宜超过地下水位，且不宜过深，掘井深度超过 7m 时，需向井内通风、照明。

（4）断面可采用圆形或矩形，圆形探井直径不宜小于 0.8m，矩形探井不宜小于 1m×1.2m。当根据土质情况需要放坡或分级开挖时，井口宜加大。

（5）当探井深度大时，采用人力辘轳等方式提土。

3. 槽探

（1）挖掘深度一般不大于 3m。

（2）槽底宽度一般不小于 0.6m，两壁的坡度按开挖深度及岩土性质确定。

（3）当地层易塌时，挖掘宽度需适当加大或将侧壁挖成台阶状。

4. 井探、槽探的编录

对井探、槽探，除文字描述记录外，需以剖面图、展示图等反映井、槽壁和底部的岩性、地层界线、构造特征、取样位置等，代表性地段应拍摄彩色照片。

绘制探槽剖面展开图式以底面为中心，将四个侧面分别按上、下、左、右展开，并标识方向标、比例尺、图例等。

5. 井探、槽探的回填

（1）宜采用原土回填，并分层夯实，回填土的密实度不宜小于天然土层。

（2）当对杆塔基础的受力状况影响较大时，宜采用灰土分层夯实回填，回填分层厚度宜在30cm左右。

（三）特殊性岩土与不良地质勘探

1. 软土

（1）软土钻进宜采用活套闭水接头单管钻具、硬质合金钻头泥浆循环钻进；当采用空心螺纹提土器钻进时，提土器上端需有排气孔，下端需有排水活门。

（2）软土地层钻进宜连续进行，采用泥浆作为冲洗液，并根据孔壁坍塌、缩径情况，增加泥浆比重或配用套管护壁，不可采用清水钻井。

（3）对于钻进回次进尺长度，厚层软土不宜大于2m，中厚层软土不宜大于1m。当软土夹有大量砂土层时，岩芯采取率不能满足要求时，需辅以标准贯入器取样。

（4）注意孔内是否有有害气体溢出，并防止燃烧。

2. 膨胀岩土和红黏土

在膨胀岩土中，如膨胀土、铝土、含水的页岩等中钻进，易引起缩孔、糊钻、蹩泵等现场。

（1）膨胀岩土宜采用肋骨合金钻头回转钻进，并加大水口高度和水槽宽度。

（2）膨胀岩土钻进时宜采用干钻，取芯宜采用双管单动岩芯管或无泵反循环钻进。钻进时降低钻压，回次进尺控制在0.5～1m。采用泥浆护壁时，选用失水量小、护壁性能好的泥浆。当孔壁严重收缩时，应随钻随下套管护壁，并详细记录。

（3）红黏土地段的钻探宜采用干钻，对裂缝的勘探采用井探等方法。

3. 黄土

（1）黄土地区的勘探宜采用井（槽）探、钻探、洛阳铲为主的方法。

（2）新黄土地区的钻探应采用干钻方式，严禁向孔内注水。

（3）新黄土地区采取原状土试样的钻孔多使用螺旋（纹）钻头回转钻进，按“一米三钻”控制回次进尺（即取土间距1m时，第一钻进尺为0.5～0.6m，第二钻清孔进尺为0.2～0.3m，第三钻取样；当取土间距大于1m时，其下部1m深度内按上述方法操作）。

（4）新黄土地区钻探时宜采用薄壁取土器或螺旋钻头进行清孔。

（5）老黄土等可采用肋骨式硬质合金钻头加水钻、无泵反循环或泥浆护壁钻进。当采用清水冲洗液钻进时，应快速钻探黄土层，并下套管护壁。当采用泥浆护壁钻进时，开孔口应大，以便下套管。

4. 盐渍土

盐渍土的勘探以井（槽）探为主，洛阳铲、螺纹钻、钻机钻探可与其配合使用。

5. 多年冻土

（1）多年冻土地区的勘探宜采用钻探与井（槽）探相结合的方法，浅部冻土层勘探可采用井探、槽探等方法。

（2）为查明多年冻土物理地质现象、最大冻深变化的勘探，应在2～5月进行；查明多年冻土上限深度的勘探，宜在9～10月进行。

（3）第四系松散冻土层，宜采用大钻压、慢速干钻方法。对于高含冰量的黏性土层，应采用快速干钻方法。钻进冻结碎石层或基岩时，可采用低温冲洗液。

（4）钻孔内有残留岩芯时，须及时设法清除。不能连续钻进时，将钻具及时从孔内提出。为防止地表水或地下水渗入钻孔，钻探时须设置护孔管封水或采取其他止水措施。

（5）详细记录冻土上限的深度和岩芯中的冰层或冰屑，并注明钻至上限的日期。

（6）在勘探和测温期间，需减少对场地地表植被的破坏，已破坏的要在工作完成以后尽快恢复至天然状态，钻孔、探坑等及时回填。

6. 岩溶场地

（1）浅层溶洞和覆盖层厚度较薄时，可采用井（槽）探的方法查明或验证，土洞可采用轻便钻机钻探、钎探等方法查明或验证。

（2）在岩溶地区钻探时，进场前需搜集当地区域地质资料，并应配置相应的钻具、套管和早强水泥等。岩溶发育地区，钻探宜采用液压钻机，并采用低压、中慢速钻进。

（3）岩溶发育地区钻进过程中，当钻穿溶洞顶板时，须立即停钻，并用钻杆或标准贯入器试探，然后根据溶洞的特点，确定后续钻进方法和采用的钻具。

（4）当溶洞内有充填物时，采用双层岩芯管或单层岩芯管无泵钻进，以利取芯。对无充填物或充填物不满的溶洞，钻进时需按溶洞大小及时下相应长度的套管。

（5）严重漏水并无法干钻钻进且套管无效时，使用早强水泥进行封堵。

（6）岩溶地区钻探岩芯采取率满足下列要求：完整岩层，不小于80%；破碎带，不小于50%；溶洞充填物（流塑、软塑的除外），不小于50%。

（7）除常规的钻探编录内容外，岩溶地区的钻探编录还包括：

1）钻具自然下落或自然减压的情况及起止深度；

2）发生异常声响、孔内掉块、钻具跳动等情况及起止深度；

3）冲洗液变化情况，如漏水、涌水和水色突变的情况及起止深度；

4）详细记录溶洞顶、底板的深度，洞内充填物及其性质、成分、水文地质情况等；

5）测定岩芯的岩溶率。

7. 滑坡地段

（1）勘探多采用钻探与井（槽）探相结合的方法。

（2）在活动的滑坡体上钻探时，须设专人监视滑动体位移情况，发现异常时及时采取措施，确保安全。

（3）滑坡地段的钻探宜采用干钻，采用双管单动岩芯管或无泵反循环钻具钻进。钻探时结合岩层情况、滑坡体稳定程度、滑动面位置及岩性，确定下入套管的深度。

（4）当钻进至预计滑动面（带）以上5m或发现滑动面（带）迹象（软弱面、地下水）时，必须采用干钻或空气钻进，并增加钻压、降低钻速，提高岩芯采取率；回次进尺不得大于0.3m，并及时检查岩芯，确定滑动面位置。

（5）钻探时发现地下水时，应分层止水，并测定初见、稳定水文及含水层厚度。

8. 荒漠沙丘

（1）钻探多采用泥浆护壁钻进，多采用活套接头单管或无泵反循环钻具钻进。

（2）在戈壁砾（碎）石层中钻探多采用硬质合金等钻进。

（3）局部地区风积沙层厚度较薄（小于2m）时，可采用井（槽）探。

## 第二节 岩（土）取样方法及要求

### 一、一般规定

（1）采取岩土样需满足勘测工作大纲、钻孔技术任务书等的要求。

（2）采取土样质量需根据试验目的、允许扰动程度，按表 10-1 选择土样直径和取土器类型。

**表 10-1　　土试样质量等级**

| 级别 | 扰动程度 | 试验内容 |
| --- | --- | --- |
| Ⅰ | 不扰动 | 土类定名、含水率、密度、强度试验、固结试验 |
| Ⅱ | 轻微扰动 | 土类定名、含水率、密度 |
| Ⅲ | 显著扰动 | 土类定名、含水率 |
| Ⅳ | 完全扰动 | 土类定名 |

注　不扰动是指原位应力状态虽已改变，但土的结构、密度和含水率变化很小，能满足室内试验各项要求。

（3）每个岩土试样密封后均应填贴标签，标签上下与土试样上下一致，并牢固地粘贴在（容器）外壁上。

（4）岩土试样标签记载的内容包括：工程名称、工程编号及设计阶段；孔（井、槽）号、岩土样编号、取样深度；岩土试样名称、颜色和状态；取样日期等。

（5）采取的岩土试样密封后，应防晒和防冻。土试样运输前装箱，不可倒置或平放，运输途中采取措施避免颠簸。

（6）土试样采取之后至开土试验之间的储存时间，不宜超过 2 周，软黏土试样不应超过 7 天。

## 二、钻孔取样

（1）取样器的选择根据不同地层和不同的技术要求确定，常用的取样器可按表 10-2 选择。

**表 10-2　　常用取样器**

<table>
<tr><th colspan="2">取土器分类</th><th>取土器名称</th><th>采取试样等级</th><th>使用地层</th></tr>
<tr><td rowspan="5">Ⅰ</td><td rowspan="3">Ⅰ-a</td><td>固定活塞薄壁取土器<br>水压式固定活塞薄壁取土器</td><td rowspan="3">Ⅰ</td><td>可塑—流塑黏性土（粉砂、粉土）</td></tr>
<tr><td>二、三重管回转取土器（单动）</td><td>可塑—坚硬黏性土、粉土、粉砂、细砂</td></tr>
<tr><td>二、三重管回转取土器（双动）</td><td>可塑—坚硬黏性土、中砂、粗砂、砾砂（碎石土、软岩）</td></tr>
<tr><td rowspan="2">Ⅰ-b</td><td>自由活塞薄壁取土器</td><td rowspan="2">Ⅰ～Ⅱ</td><td>可塑—软塑黏性土、粉土、粉砂</td></tr>
<tr><td>敞口薄壁取土器、束节式取土器</td><td>可塑—流塑黏性土（粉土、粉砂）</td></tr>
<tr><td colspan="2">Ⅱ</td><td>厚壁取土器</td><td>Ⅱ</td><td>各种黏性土、黏土（粉土、粉砂、中砂、粗砂）</td></tr>
</table>

注　括号内的土类仅部分情况适用。

（2）岩石试样可利用钻探岩芯样制作。对于软质岩石试样，需采用纱布蜡封或用胶带立即密封。

（3）采取扰动土试样应按技术要求留样，并注意试样的代表性。砂土扰动样可从贯入器中采取。

（4）采用套管护壁时，套管的下设深度与取样位置之间需保留 3 倍管径以上的距离。

（5）贯入式取土器取样：

1）取土器平稳放到孔底，取样前核对孔深、钻具长度和取样深度。孔底应干净。

2）采取Ⅰ级原状土试样，应采用快速、连续的静压方式贯入取土器，并一次贯入到位，贯入速度不小于 0.10m/s。采取Ⅱ级原状土试样，可使用间断静压法或重锤少击法。

3）取土器贯入深度宜控制在取样管总长度的 90%，取样深度应在贯入结束后核对。

4）对饱和软黏性土，提升取土器前，需静置 2～5min；对硬塑的黏性土层，上提取土器之前可回转 3 圈，使土试样从底部断开。

5）提升取土器操作应平稳。

（6）回转式取土器取样：

1）采用单动、双动二（三）重管采取Ⅰ、Ⅱ级土试样时，须保证钻进平稳、钻具垂直。为避免钻具振动对土层的扰动，宜在取土器上施加重杆。

2）冲洗液宜采用泥浆，钻进参数根据地层情况和平稳进尺确定。

3）开始取样时，将泵压、泵量减至能够维持钻进的最低值，随着进尺增加逐渐调至正常值。

4）回转取土器需具有可改变内管超前长度的管靴，内管管口至少与外管平齐，随着土质变软，可调内管超前至 50～150mm。对软硬交替的土层，宜采用自动调节功能的改进型单动二（三）重管取土器。

5）对硬塑以上的黏性土、密实的砾砂碎石土和软岩，宜采用双动三重管取样器采取原状样。对于非胶结的卵石层，取样时可在底靴上加置逆爪。

（7）土试样采取后，立即封装、粘贴标签。

## 三、井探、槽探取样

（1）取样时，需与开挖掘进同步进行，样品应有代表性。

（2）井探、槽探中采取不扰动土试样时宜采用盒装，试样容器尺寸根据土性和试验设计要求确定。岩石样可以采用岩块样，大小满足试验尺寸的要求。

（3）采取断层泥、滑动带（面）或较薄土层的试样，可用试验环刀直接压入取样。

（4）采取盒状土试样宜按下列步骤进行：

1）整平取试样处的表面；

2）按土样容器净空轮廓，除去四周土体，形成土柱，其大小比容器内腔尺寸小 20mm；

3）套上容器边框，边框上缘高出土样 10mm，然后浇入热蜡液，蜡液应填满土样与容器之间的空隙至框顶，并与框顶齐平，待蜡液凝固后，将盖板封上；

4）挖开土试样根部，颠倒过来削去根部多余土料，土试样比容器边框低 10mm，然后浇满热蜡液，待凝固后将底盖板封上。

## 四、特殊岩土等取样

### （一）软土取样

（1）采用薄壁取土器静力压入法取样，取土器的直径不宜小于 108mm。

（2）原状样的长度与采取长度之比等于或近于 1，土样内部应无扰动现象，否则应降低土试样的质量等级或重新取样。

（3）当采取的软土原状样不能符合要求时，需及时采取调整取样工艺等措施。

（4）对于软土试样，须采取措施防止试样水分流失和蒸发，试样置于柔软防振的样品箱。

### （二）膨胀岩土和红黏土取样

（1）取原状样应采用干钻或井（槽）探，不可送水钻进。

（2）膨胀岩地段，按岩性和风化带分别取代表性样。

（3）应保持土试样的天然湿度和天然结构，防止土试样湿水膨胀或失水干裂。

### （三）黄土取样

（1）原状土样宜在井探、槽探中刻取。

（2）在钻孔中取原状土样时，应使用黄土薄壁取土器采用压入法取样；当压入法取样困难时，可采用一次击入法取样。

（3）在探井中取原状土样，土样直径不宜小于 120mm。在钻孔中取原状土样，严格按“一米三钻”的操作顺序。

### （四）盐渍土取样

（1）取样应具代表性。

(2) 挖坑取扰动土样时须随挖随取，采用坑壁刮取或沿坑壁分段挖槽铲取的方法。

(五) 多年冻土取样

(1) 采取原状冻土试样宜在井探、槽探中刻取，钻孔取样宜采用大直径试样。

(2) 原状冻土试样取出后，立即密封、包装、编号并冷藏土样送至实验室，在运输中避免试样振动。

(六) 滑坡地段取样

滑动面（带）取原状土试样，可用试验环刀直接压入取样。当无法采取原状土样时，采取保持天然含水量的扰动样。

## 五、水试样采取方法及要求

采取水试样符合下列规定：

(1) 采取的水试样应代表天然条件下的水质情况。

(2) 取水容器应采用带磨口玻璃塞的玻璃瓶或化学稳定性好的塑料瓶。

(3) 先用要采取的水将试样瓶清洗 2～3 次后方可灌装水样。

(4) 采取江、河、湖、海水样，可在有代表性水域直接灌装；采取潜水水样，宜采用干钻法，或专门挖坑取水样；采取承压水水样，设置滤管，封堵非承压水段并洗孔后抽取。

(5) 水样中不应含有泥、砂或其他杂质。

(6) 简分析水样量宜为 1000ml，需测定侵蚀性 $CO_2$ 时，需另再取约 500ml 水样，并添加 2～3g 大理石粉，并振荡 2～3min。

(7) 水样灌装后立即加盖密封，做好取样记录，放置于不受阳光照射的阴凉处，冬季注意防冻；水试样取样记录内容包括取样时间、孔号、取样深度、是否加入稳定剂等。

(8) 水试样送达试验室的时间，对清洁水样应在 72h 内，对稍受污染的水样应在 48h 内，对需测定侵蚀性 $CO_2$ 的水样应在 24h 内。

# 第十一章　原位测试

## 第一节　概　　述

岩土工程的原位测试一般是指在工程现场通过特定的测试仪器对测试对象进行试验，并运用岩土力学的基本原理对测试数据进行归纳、分析、抽象和推理以判断其状态或得出其性状参数的综合性试验技术。

岩土工程原位测试技术是岩土工程的重要组成部分。与室内试验相比，原位测试的代表性好、测试结果精度较高，因而较为准确可靠。同时，原位测试技术应用于工程勘测的各个阶段，在施工和施工验收阶段等也有重要作用。

输电线路中常用的原位测试技术包含标准贯入试验、圆锥动力触探试验、静力触探试验、载荷试验、十字板剪切试验、旁压试验、扁铲侧胀仪试验、波速测试等。原位测试方法的选择应根据岩土条件、设计参数要求、测试方法适用性和地区经验等因素综合分析确定。标准贯入试验、圆锥动力触探试验作为勘探手段时，应与钻探取样方法配合使用。静力触探试验宜与钻探方法配合使用。原位测试技术方法、适用范围见表 11-1。

**表 11-1　　原位测试方法、适用范围一览表**

| 原位测试方法＼适用性 | | 液化判别 | 岩土定名 | 地层划分 | 力学指标确定 | 硬岩石 | 软岩石 | 碎石土 | 砂土 | 粉土 | 黏性土 | 软土及泥炭土层 |
|---|---|---|---|---|---|---|---|---|---|---|---|---|
| 圆锥动力触探 | | B | C | B | C | — | C | A | A | B | C | C |
| 标准贯入试验 | | A | A | B | B | — | C | — | A | B | B | C |
| 静力触探测试 | 单桥 | A | B | B | B | — | C | — | A | A | A | A |
| | 双桥 | A | B | A | B | — | C | — | A | A | A | A |
| | 孔压 | A | B | A | B | — | C | — | A | A | A | A |
| 载荷试验 | | — | C | C | A | B | A | B | B | A | A | A |
| 十字板剪切试验 | | — | C | C | B | — | — | — | — | B | A | A |
| 旁压试验 | | C | B | B | A | — | — | — | B | A | A | B |
| 扁铲侧胀仪试验 | | C | B | B | B | — | — | — | B | A | A | A |
| 波速测试 | | A | B | B | C | B | B | A | A | A | A | A |

**注**　A—很适用；B—适用；C—根据情况选用；—表示不适用。

## 第二节　圆锥动力触探试验

圆锥动力触探试验习惯上称为动力触探试验（dynamic penetration test，DPT）或简称动探，它是利用一定的锤击动能，将一定规格的圆锥形探头打入土中，根据每打入土中一定深度的锤击数（或贯入能量）来判定土的物理力学特性和相关参数的一种原位测试方法。

动力触探试验在国内外应用极为广泛，是一种重要的原位测试方法，具有独特的优点：

（1）设备简单，且坚固耐用。

（2）操作及测试方法容易掌握。

（3）适应性广，砂土、粉土、砾石土、软岩、强风化岩石及黏性土均可适用。

（4）快速、经济，能连续测试土层。

（5）应用历史悠久，积累的经验丰富。

## 一、试验设备和方法

### （一）试验设备

动力触探使用的设备包括动力设备和贯入系统两大部分。动力设备的作用是提供动力源，贯入部分是动力触探的核心，由穿心锤、探杆和探头组成。

根据所用穿心锤的质量将动力触探试验分为轻型、重型和超重型等种类。动力触探类型及相应的探头和探杆规格见表 11-2。

**表 11-2　常用动力触探类型及规格**

| 类型 | 锤质量（kg） | 落距（cm） | 探头规格 | | 探杆外径（mm） | 触探指标（贯入一定深度的锤击数） | 备注 |
|---|---|---|---|---|---|---|---|
| | | | 锥角（°） | 底面积（$cm^2$） | | | |
| 轻型 | 10 | 50 | 60 | 12.6 | 25 | 贯入 30cm 锤击数 $N_{10}$ | GB 50021《岩土工程勘察规范》推荐 |
| 重型 | 63.5 | 76 | 60 | 43 | 42 | 贯入 10cm 锤击数 $N_{63.5}$ | |
| 超重型 | 120 | 100 | 60 | 43 | 60 | 贯入 10cm 锤击数 $N_{120}$ | |

在各种类型的动力触探中，轻型适用于一般黏性土及素填土，特别适用于软土；重型适用于砂土、砾砂土和碎石土；超重型适用于卵石、砾石类土。

虽然各种动力触探试验设备的重量相差悬殊，但其仪器设备的形式却大致相同。目前常用的机械式动力触探是轻型动力触探仪，它包括了穿心锤、导向杆、锤垫、探杆和探头五个部分，详见图 11-1。

常见的机械脱钩装置（提引器）的结构各异，但基本上可分为两种形式：

（1）内挂式（提引器挂住重锤顶帽的内缘而提升），它是利用导杆缩径，使提引器内活动装置（钢球、偏心轮或挂钩等）发生变位，完成挂锤、脱钩及自由下落的往复过程。

（2）外挂式（提引器挂住重锤顶帽的外缘而提升），它是利用上提力完成挂锤，靠导杆顶端所设弹簧锥套或凸块强制挂钩张开，使重锤自由下落。

重型和超重型动力探触头的结构见图 11-2。

### （二）试验方法

1. 轻型动力触探

（1）先用轻便钻具钻至试验土层标高以上 0.3m 处，然后对所需试验土层连续进行触探。

（2）试验时，穿心锤落距为（0.50 ±0.02）m，使其自由下落。记录每打入土层中 0.30m 时所需的锤击数（最初 0.30m 可以不记）。

（3）若需描述土层情况时，可将触探杆拔出，取下探头，换钻头进行取样。

（4）如遇密实坚硬土层，当贯入 0.30m 所需锤击数超过 100 击或贯入 0.15m 超过 50 击时，即可停止试验。如需对下卧土层进行试验时，可用钻具穿透坚实土层后再贯入。

（5）一般用于贯入深度小于 4m 的土层。必要时，也可在贯入 4m 后，用钻具将孔掏清，再继续贯入 2m。

2. 重型动力触探

（1）试验前将触探架安装平稳，使触探保持垂直地进行。垂直度的最大偏差不得超过 2%。触探杆应保持平直，联结牢固。

（2）贯入时，应使穿心锤自由落下，落锤高度为（0.76 ±0.02）m。地面上的触探杆的高度不宜过高，以免倾斜与摆动太大。

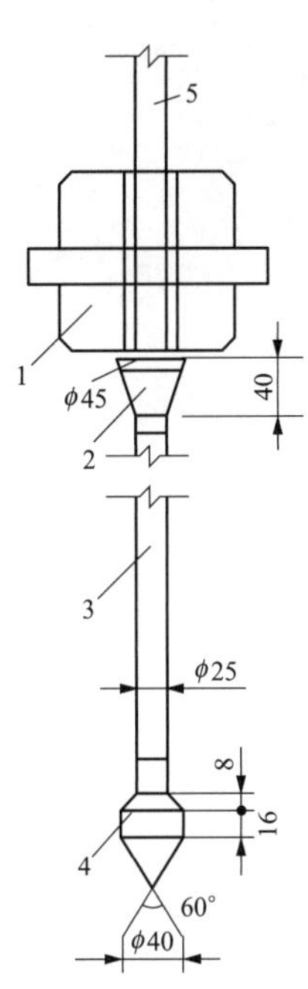


图 11-1　轻型动力触探仪（单位：mm）

1—穿心锤；2—锤垫；3—触探杆；

4—圆锥探头；5—导向杆

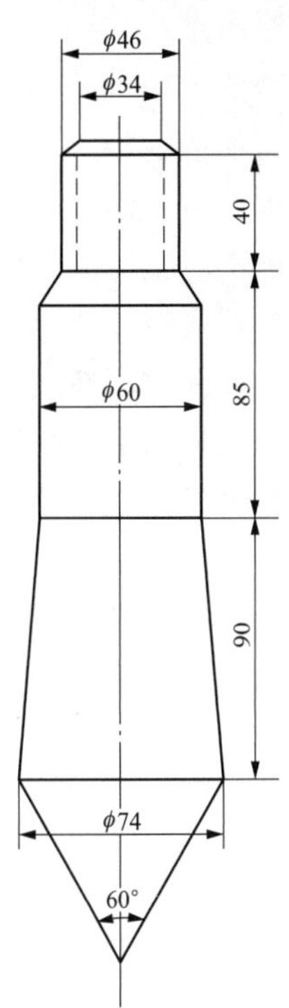


图 11-2　重型和超重型动力探触头的结构（单位：mm）

（3）锤击速率宜为每分钟 15～30 击。打入过程应尽可能连续，所有超过 5min 的间断都应在记录中予以注明。

（4）及时记录每贯入 0.10m 所需的锤击数。其方法可在触探杆上每 0.10m 划出标记，然后直接（或用仪器）记录锤击数；也可以记录每一阵击的贯入度，然后再换算为每贯入 0.10m 所需的锤击数。最初贯入的 1.0m 内可不记读数。

（5）对于一般砂、圆砾和卵石，触探深度不宜超过 12～15m。

（6）每贯入 0.1m 所需锤击数连续三次超过 50 击时，即停止试验。如需对下部土层继续进行试验时，可改用超重型动力触探。

（7）本试验也可在钻孔中分段进行，一般可先进行贯入，然后进行钻探，直至动力触探所测深度以上 1.0m 处，取出钻具将触探器放入孔内再进行贯入。

3. 超重型动力触探

（1）贯入时穿心锤自由下落，落距为（1.00±0.02）m。

（2）其他步骤可参照重型动力触探进行。

## 二、基本测试原理

动力触探是将重锤打击在一根细长杆件（探杆）上，锤击会在探杆和土体中产生应力波，如果略去土体震动的影响，那么动力触探锤击贯入过程可用一维波动方程来描述。

动力触探基本原理也可以用能量平衡法来分析可得土对探头的贯入总阻力为式（11-1）：

$$R=\frac{Mgh}{S_{p}+0.5S_{e}}\times\frac{M+mk^{2}}{M+m}-\frac{R^{2}l}{2Ea}-f \tag{11-1}$$

式中　$R$ ——土对探头的贯入总阻力，kN；

$M$——重锤质量；

$h$——重锤落距；

$g$——重力加速度；

$S_p$——每锤击后土的永久变形量（可按每锤击时实测贯入度 $e$ 计）；

$S_e$——每锤击时土的弹性变形量；

$m$——触探器质量；

$k$——与碰撞体材料性质有关的碰撞作用恢复系数；

$l$——触探器贯入部分长度；

$E$——探杆材料弹性模量；

$a$——探杆截面积；

$f$——土对探杆侧壁摩擦力，kN。

如果将探杆假定为刚性体（即杆无变形），不考虑杆侧壁摩擦力影响，则式（11-1）变成海利（Hiley A.）动力公式，见式（11-2）：

$$R=\frac{Mgh}{S_p+0.5S_e}\cdot\frac{M+mk^2}{M+m} \tag{11-2}$$

考虑在动力触探测试中，只能量测到土的永久变形，故将和弹性有关的变形略去，因此，土的动贯入阻力 $R_d$ 也可表示为式（11-3），称荷兰动力公式。

$$R_d=\frac{M^2gh}{e(M+m)A} \tag{11-3}$$

式中 $e$——贯入度，mm，即每击的贯入深度；$e=\Delta S/n$，$\Delta S$ 为每一阵击（$n$ 击）的贯入深度，mm；

$A$——圆锥探头的底面积，$m^2$。

## 三、试验成果的整理分析

目前使用较多的是机械式动力触探，数据采集使用人工读数记录的方式。

### （一）检查核对现场记录

在每个动探孔完成后，应在现场及时核对所记录的击数、尺寸是否有错漏，项目是否齐全；核对完毕后，在记录表上签上记录者的名字和测试日期。

### （二）实测击数校正

（1）轻型动力触探。

1）轻型动力触探不考虑杆长修正，根据每贯入 30cm 的实测击数绘制 N10-h 曲线图。

2）根据每贯入 30cm 的锤击数对地基土进行力学分层，然后计算每层实测击数的算术平均值。

（2）重型、超重型动力触探。

1）在 GB 50021《岩土工程勘察规范》中规定，应用试验成果时是否修正或如何修正，应根据建立统计关系时的具体情况而定。此规范的附录 B 列出了圆锥动力触探试验实测击数按杆长修正的方法。

当采用重型或超重型动力触探试验确定碎石土的密实度时，锤击数应按式（11-4）和式（11-5）进行校正：

$$N_{63.5}=\alpha_1 N'_{63.5} \tag{11-4}$$

$$N_{120}=\alpha_2 N'_{120} \tag{11-5}$$

式中 $\alpha_1$、$\alpha_2$——重型、超重型动力触探试验锤击数修正系数，见表 11-3、表 11-4；

$N_{63.5}$、$N_{120}$——修正后的击数；

$N'_{63.5}$、$N'_{120}$——实测击数。

**表 11-3** **重型动力触探击数修正系数 $\alpha_1$**

| 杆长(m) \ $\alpha_1$ \ $N'_{63.5}$ | 5 | 10 | 15 | 20 | 25 | 30 | 35 | 40 | ≥50 |
|---|---|---|---|---|---|---|---|---|---|
| 2 | 1.0 | 1.0 | 1.0 | 1.0 | 1.0 | 1.0 | 1.0 | 1.0 | |
| 4 | 0.96 | 0.95 | 0.93 | 0.92 | 0.90 | 0.89 | 0.87 | 0.86 | 0.84 |
| 6 | 0.93 | 0.90 | 0.88 | 0.85 | 0.83 | 0.81 | 0.79 | 0.78 | 0.75 |
| 8 | 0.90 | 0.86 | 0.83 | 0.80 | 0.77 | 0.75 | 0.73 | 0.71 | 0.67 |
| 10 | 0.88 | 0.83 | 0.79 | 0.75 | 0.72 | 0.69 | 0.67 | 0.64 | 0.61 |
| 12 | 0.85 | 0.79 | 0.75 | 0.70 | 0.67 | 0.64 | 0.61 | 0.59 | 0.55 |
| 14 | 0.82 | 0.76 | 0.71 | 0.66 | 0.62 | 0.58 | 0.56 | 0.53 | 0.50 |
| 16 | 0.79 | 0.73 | 0.67 | 0.62 | 0.57 | 0.54 | 0.51 | 0.48 | 0.45 |
| 18 | 0.77 | 0.70 | 0.63 | 0.57 | 0.53 | 0.49 | 0.46 | 0.43 | 0.40 |
| 20 | 0.75 | 0.67 | 0.59 | 0.53 | 0.48 | 0.44 | 0.41 | 0.39 | 0.36 |

**表 11-4** **超重型动力触探击数修正系数 $\alpha_2$**

| 杆长(m) \ $\alpha_2$ \ $N'_{120}$ | 1 | 3 | 5 | 7 | 9 | 10 | 15 | 20 | 25 | 30 | 35 | 40 |
|---|---|---|---|---|---|---|---|---|---|---|---|---|
| 1 | 1.0 | 1.0 | 1.0 | 1.0 | 1.0 | 1.0 | 1.0 | 1.0 | 1.0 | 1.0 | 1.0 | 1.0 |
| 2 | 0.96 | 0.92 | 0.91 | 0.90 | 0.90 | 0.90 | 0.90 | 0.89 | 0.89 | 0.88 | 0.88 | 0.88 |
| 3 | 0.94 | 0.88 | 0.86 | 0.85 | 0.84 | 0.84 | 0.84 | 0.83 | 0.82 | 0.82 | 0.81 | 0.81 |
| 5 | 0.92 | 0.82 | 0.79 | 0.78 | 0.77 | 0.77 | 0.76 | 0.75 | 0.74 | 0.73 | 0.72 | 0.72 |
| 7 | 0.90 | 0.78 | 0.75 | 0.74 | 0.73 | 0.72 | 0.71 | 0.70 | 0.68 | 0.68 | 0.67 | 0.66 |
| 9 | 0.88 | 0.75 | 0.72 | 0.70 | 0.69 | 0.68 | 0.67 | 0.66 | 0.64 | 0.63 | 0.62 | 0.62 |
| 11 | 0.87 | 0.73 | 0.69 | 0.67 | 0.66 | 0.66 | 0.64 | 0.62 | 0.61 | 0.60 | 0.59 | 0.58 |
| 13 | 0.86 | 0.71 | 0.67 | 0.65 | 0.64 | 0.63 | 0.61 | 0.60 | 0.58 | 0.57 | 0.56 | 0.55 |
| 15 | 0.86 | 0.69 | 0.65 | 0.63 | 0.62 | 0.61 | 0.59 | 0.58 | 0.56 | 0.55 | 0.54 | 0.53 |
| 17 | 0.85 | 0.68 | 0.63 | 0.61 | 0.60 | 0.60 | 0.57 | 0.56 | 0.54 | 0.53 | 0.52 | 0.50 |
| 19 | 0.84 | 0.66 | 0.62 | 0.60 | 0.58 | 0.58 | 0.56 | 0.54 | 0.52 | 0.51 | 0.50 | 0.48 |

2）原中国西南建筑勘察院对杆长击数的修正。对超重型动力触探的实测击数（$N_{120}$），可直接按式（11-6）及表 11-5 进行杆长击数修正。

$$N_{120}=\alpha N'_{120} \tag{11-6}$$

式中 $N_{120}$——修正后的超重型击数；

$N'_{120}$——超重型实测击数。

**表 11-5** **原西勘院采用的超重型动力触探杆长击数修正系数 $\alpha$**

| 杆长(m) \ $\alpha_2$ \ $N'_{120}$ | 1 | 3 | 5 | 7 | 9 | 10 | 15 | 20 | 25 | 30 | 35 | 40 |
|---|---|---|---|---|---|---|---|---|---|---|---|---|
| 1 | 1.0 | 1.0 | 1.0 | 1.0 | 1.0 | 1.0 | 1.0 | 1.0 | 1.0 | 1.0 | 1.0 | 1.0 |
| 2 | 0.963 | 0.961 | 0.910 | 0.905 | 0.902 | 0.901 | 0.896 | 0.891 | 0.888 | 0.884 | 0.881 | 0.879 |
| 3 | 0.942 | 0.875 | 0.858 | 0.850 | 0.845 | 0.843 | 0.835 | 0.828 | 0.822 | 0.817 | 0.812 | 0.808 |

续表

| $\alpha_2$ \ $N'_{120}$ \ 杆长(m) | 1 | 3 | 5 | 7 | 9 | 10 | 15 | 20 | 25 | 30 | 35 | 40 |
|---|---|---|---|---|---|---|---|---|---|---|---|---|
| 5 | 0.915 | 0.817 | 0.792 | 0.781 | 0.773 | 0.770 | 0.758 | 0.748 | 0.739 | 0.732 | 0.725 | 0.719 |
| 7 | 0.897 | 0.778 | 0.749 | 0.735 | 0.726 | 0.722 | 0.707 | 0.695 | 0.685 | 0.676 | 0.667 | 0.660 |
| 9 | 0.884 | 0.750 | 0.716 | 0.700 | 0.690 | 0.680 | 0.670 | 0.656 | 0.644 | 0.634 | 0.624 | 0.616 |
| 11 | 0.873 | 0.727 | 0.690 | 0.673 | 0.622 | 0.658 | 0.639 | 0.624 | 0.612 | 0.600 | 0.590 | 0.581 |
| 13 | 0.864 | 0.708 | 0.669 | 0.650 | 0.639 | 0.634 | 0.614 | 0.598 | 0.584 | 0.572 | 0.561 | 0.551 |
| 15 | 0.857 | 0.691 | 0.650 | 0.631 | 0.619 | 0.614 | 0.593 | 0.576 | 0.561 | 0.548 | 0.537 | 0.526 |
| 17 | 0.850 | 0.677 | 0.634 | 0.614 | 0.601 | 0.596 | 0.574 | 0.556 | 0.541 | 0.528 | 0.515 | 0.504 |
| 19 | 0.844 | 0.664 | 0.620 | 0.598 | 0.585 | 0.580 | 0.557 | 0.539 | 0.523 | 0.509 | 0.496 | 0.485 |

GB 50021《岩土工程勘察规范》对于动力触探的曲线绘制和试验成果作了如下规定：

（1）单孔动力触探应绘制动探击数与深度曲线；

（2）计算单孔分层动探指标，应剔除临深度以内的数值、超前或滞后影响范围内的异常值；

（3）根据各孔分层的贯入指标平均值，用厚度加权平均法计算场地分层贯入指标平均值和变异系数。

（三）绘制动力触探击数沿深度分布曲线

以杆长修正后的击数为横坐标，以贯入深度为纵坐标绘制曲线图。因为采集的数据表示每贯入某一深度的锤击数，故曲线图一般绘制成沿深度方向的直方图。

## 四、试验成果的应用

由于具有方便快捷和对土层适应性强的优点，动力触探在勘察和工程检测中应用甚广，其主要功能有以下几方面。

（一）划分土层

根据动力触探击数可粗略划分土类（见图 11-3）。一般来说，锤击数越少，土的颗粒越细；锤击次

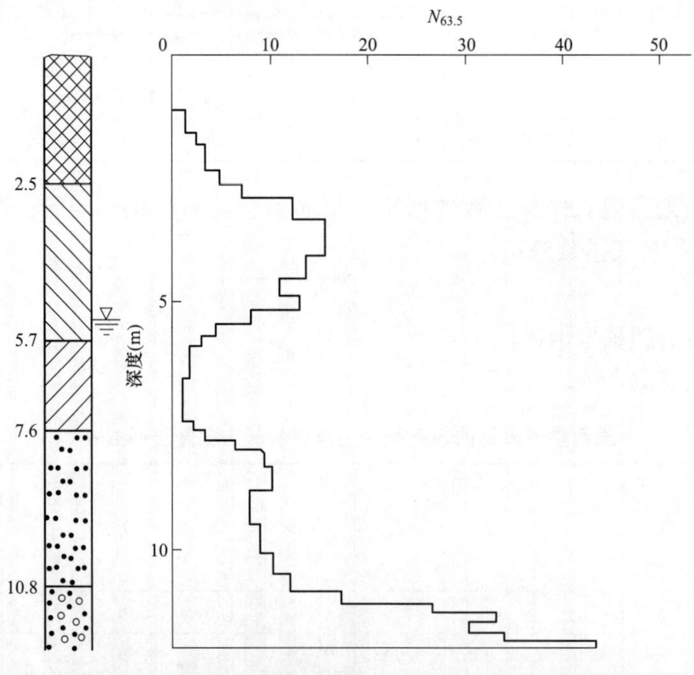


图 11-3　动力触探击数随深度分布的直方图及土层划分

数越多，土的颗粒越粗。在某一地区进行多次勘测实践后，就可以建立起当地土类与锤击数的关系。如与其他测试方法同时应用，则精度会进一步提高。例如在工程中常将动、静力触探结合使用，或辅之以标贯试验，还可同时取土样，直接进行观察和描述，也可进行室内试验检验。根据触探击数和触探曲线的形状，将触探击数相近的一段作为一层，据之可以划分土层剖面，并求出每一层触探击数的平均值，定出土的名称。动力触探曲线和静力触探一样，有超前段、常数段和滞后段。在确定土层分界面时，可参考静力触探的类似方法。

（二）评价地基土的密实度

GB 50021《岩土工程勘察规范》和 GB 50007《建筑地基基础设计规范》提出按表 11-6 和表 11-7 确定碎石土的密实度。

**表 11-6　　碎石土密实度 $N_{63.5}$ 分类**

| 重型动力触探锤击数 $N_{63.5}$ | 密实度 | 重型动力触探锤击数 $N_{63.5}$ | 密实度 |
|---|---|---|---|
| $N_{63.5}\leqslant 5$ | 松散 | $10<N_{63.5}\leqslant 20$ | 中密 |
| $5<N_{63.5}\leqslant 10$ | 稍密 | $N_{63.5}>20$ | 密实 |

注　本表适用于平均粒径≤50mm，且最大粒径<100mm 的碎石土。

**表 11-7　　碎石土密实度 $N_{120}$ 分类**

| 超重型动力触探锤击数 $N_{120}$ | 密实度 | 超重型动力触探锤击数 $N_{120}$ | 密实度 |
|---|---|---|---|
| $N_{120}\leqslant 3$ | 松散 | $11<N_{120}\leqslant 14$ | 密实 |
| $3<N_{120}\leqslant 6$ | 稍密 | $N_{120}>14$ | 很密 |
| $6<N_{120}\leqslant 11$ | 中密 | | |

成都地区根据动力触探击数确定碎石土密实度的规定见表 11-8。

**表 11-8　　成都地区碎石土的密实度划分标准**

| 密实度 / 触探类型 | 松散 | 稍密 | 中密 | 密实 |
|---|---|---|---|---|
| $N_{120}$ | $N_{120}\leqslant 4$ | $4<N_{120}\leqslant 7$ | $7<N_{120}\leqslant 10$ | $N_{120}>10$ |
| $N_{63.5}$ | $N_{63.5}\leqslant 7$ | $7<N_{63.5}\leqslant 15$ | $15<N_{63.5}\leqslant 30$ | $N_{63.5}>30$ |

（三）确定地基土的承载力

原中国建筑西南勘察院采用 120kg 重锤和直径 60mm 探杆的超重型动探，并与载荷试验的比例界限值 $p_1$ 进行统计，对比资料 52 组，得式（11-7）：

$$f_k=80N_{120}(3\leqslant N_{120}\leqslant 10) \tag{11-7}$$

式中　$f_k$——地基土承载力标准值，kPa；

$N_{120}$——校正后的超重型动探击数，击/10cm。

中国地质大学（武汉）对黏性土也有类似经验，见式（11-8）：

$$f_k=32.3N_{63.5}+89(2\leqslant N_{63.5}\leqslant 16) \tag{11-8}$$

式中　$f_k$——地基土承载力标准值，kPa；

$N_{63.5}$——重型动探击数，击/10cm。

上列两公式均为经验公式，带有地区性，使用时应注意其限制条件，并积累经验。

目前在电力行业中用轻型动力触探 $N_{10}$ 确定地基承载力的方法也比较常见，总结各地区经验见下表，实际应用中应根据地区特点总结经验。

（1）广东省建筑设计研究院资料（见表 11-9）。

表 11-9　　黏性土 $N_{10}$ 与承载力 $f_k$ 的关系

| $N_{10}$ | 6 | 10 | 20 | 30 | 40 | 50 | 60 | 70 | 80 | 90 |
|---|---|---|---|---|---|---|---|---|---|---|
| $f_k$（kPa） | 51 | 69 | 114 | 159 | 204 | 249 | 294 | 339 | 384 | 429 |

（2）TB 10018《铁路工程地质原位测试规程》资料见表 11-10。

表 11-10　　用 $N_{10}$ 评价黏性土的承载力

| $N_{10}$ | 15 | 20 | 25 | 30 |
|---|---|---|---|---|
| 基本承载力（kPa） | 100 | 140 | 180 | 220 |
| 极限承载力（kPa） | 180 | 260 | 330 | 400 |

注　表中数值可以线性插值。

（3）西安市资料（见表 11-11）。

表 11-11　　含少量杂物的填土 $N_{10}$ 与承载力 $f_k$ 的关系

| $N_{10}$ | 15～20 | 18～25 | 23～30 | 27～35 | 32～40 | 35～50 |
|---|---|---|---|---|---|---|
| $e$ | 1.25～1.15 | 1.20～1.10 | 1.15～1.00 | 1.05～0.90 | 0.95～0.80 | 0.8 |
| $f_k$（kPa） | 40～70 | 60～90 | 80～120 | 100～150 | 130～180 | 150～200 |

注　饱和度大于 0.6 取下限，小于 0.5 取上限。

（4）浙江省 DB J10-1-90《建筑软弱地基基础设计规范》的资料（见表 11-12）。

表 11-12　　素填土 $N_{10}$ 与 $q_c$ 和 $f_k$ 的关系

| 静力触探锥尖阻力 $q_c$（kPa） | 1000 | 1700 | 2000 | 2500 |
|---|---|---|---|---|
| $N_{10}$ | 10 | 20 | 30 | 40 |
| 承载力标准值 $f_k$（kPa） | 80 | 110 | 130 | 150 |

注　表中适用于堆填时间超过 10 年的黏性土组成的素填土。

（5）广东省标准，DBJ15-3-91《建筑地基基础设计规范》用 $N_{10}$ 确定地基承载力标准值 $f_k$（kPa）的关系式为式（11-9）：

$$f_k = 24 + 4.5N_{10} \tag{11-9}$$

（四）确定地基土的变形模量

原铁道部第二勘测设计院的研究成果。

圆砾、卵石土地基变形模量 $E_0$ 与 $N_{63.5}$ 的相关关系为式（11-10）：

$$E_0 = 4.48N_{63.5}{}^{0.7554} \tag{11-10}$$

在铁道部 TJB 18-87《动力触探技术规定》中，$E_0$ 与 $N_{63.5}$ 的关系见表 11-13。

表 11-13　　用重型动力触探 $N_{63.5}$ 确定圆砾、卵石土的变形模量 $E_0$

| 击数平均值 $N_{63.5}$ | 3 | 4 | 5 | 6 | 7 | 8 | 9 | 10 | 12 | 14 |
|---|---|---|---|---|---|---|---|---|---|---|
| 变形模量 $E_0$（MPa） | 10 | 12 | 14 | 16 | 18.5 | 21 | 23.5 | 26 | 30 | 34 |
| 击数平均值 $N_{63.5}$ | 16 | 18 | 20 | 22 | 24 | 26 | 28 | 30 | 35 | 40 |
| 变形模量 $E_0$（MPa） | 37.5 | 41 | 44.5 | 48 | 51 | 54 | 56.5 | 59 | 62 | 64 |

## 第三节　标准贯入试验

标准贯入试验（SPT）是用质量为 63.5kg 的重锤按照规定的落距（76cm）自由下落，将标准规格的对开管式贯入器打入地层中，根据贯入器在贯入一定深度得到的锤击数来判定土层的性质。贯入阻力用贯入器贯入土层 30cm 的锤击数 $N$ 表示，也称标贯击数。

标准贯入试验结合钻孔进行，国内统一使用直径 42mm 的钻杆，国外也有使用直径 50mm 或 60mm 的钻杆。标准贯入试验的优点在于：操作简单，设备简单，土层的适应性广，而且通过贯入器可以采取扰动土样，对它进行直接鉴别描述和有关的室内土工试验，如对砂土做颗粒分析试验。这种测试方法适用于砂土、粉土和一般黏性土。

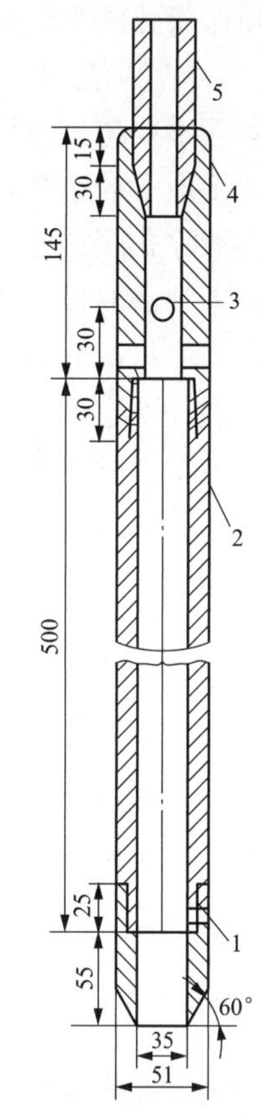


图 11-4　标准贯入器（单位：mm）

1—贯入器靴；2—贯入器身；3—排水孔；4—贯入器头；5—探杆接头

## 一、试验设备和方法

### （一）试验设备

标准贯入使用的仪器除贯入器外其余与重型动力触探的仪器相同。我国使用的贯入器如图 11-4 所示。

标准贯入试验设备规格要符合表 11-14 的要求。

### （二）试验方法

1. 试验方法

标准贯入试验的设备和测试方法在世界上已基本统一。按 GB 50021《岩土工程勘察规范》规定，其测试的技术要求如下：

（1）标准贯入试验孔采用回转钻进，并保持孔内水位略高于地下水位。当孔壁不稳定时，可用泥浆护壁，钻至试验标高以上 15cm 处，清除孔底残土后再进行试验；

（2）采用自动脱钩的自由落锤法进行锤击，并减小导向杆与锤间的摩擦力，避免锤击时的偏心和侧向晃动，保持贯入器、钻杆、导向杆连接后的垂直度，锤击速率应小于 30 击/min。

**表 11-14　　标准贯入试验设备规格**

| | | |
|---|---|---|
| 落锤 | 落锤质量（kg） | 63.5±0.5 |
| | 落距（cm） | 76±2 |
| 贯入器 | 长度（mm） | ＞500 |
| | 外径（mm） | 51±1 |
| | 内径（mm） | 35±1 |
| 管靴 | 长度（mm） | 50～76 |
| | 刃口角度 | 18～20 |
| | 刃口单刃厚度（mm） | 2.5 |
| 钻杆（相对弯曲＜1‰） | 直径（mm） | 42 |

（3）贯入器打入土中 15cm 后，开始记录每打入 10cm 的锤击数，累计打入 30cm 的锤击数为标准贯入试验锤击数 $N$。当锤击数已达 50 击，而贯入深度未达 30cm 时，可记录 50 击的实际贯入深度，按式（11-11）换算成相当于 30cm 的标准贯入试验锤击数 $N$，并终止试验。

$$N = 30 \times 50/\Delta S \tag{11-11}$$

式中　$\Delta S$——50 击的实际贯入深度，cm。

2. 注意事项

钻孔时应注意下列事项：

（1）必须保持孔内水位高出地下水位一定高度，以免塌孔，保持孔底土处于平衡状态，不使孔底发生涌砂变松，影响 $N$ 值；

（2）下套管不要超过试验标高；

（3）须缓慢地下放钻具，避免孔底土的扰动；

（4）细心清除孔底浮土，孔底浮土应尽量少，其厚度不得大于 10cm；

（5）如钻进中需取样，则不应在锤击法取样后立刻做标贯，而应在继续钻进一定深度（可根据土层软硬程度而定）后再做标贯，以免人为增大 $N$ 值；

（6）钻孔直径不宜过大，以免加大锤击时探杆的晃动。

标贯和圆锥动力触探测试方法的不同点，主要是不能连续贯入，每贯入 45cm 必须提钻一次，然后换上钻头进行回转钻进至下一试验深度，重新开始试验。另外，标贯试验不宜在含有碎石的土层中进行，只宜用于黏性土、粉土和砂土中，以免损坏标贯器的管靴刃口。

## 二、试验成果的整理分析

（1）求锤击数 $N$：如土层不太硬，并能较容易地贯穿 30cm 的试验段，则取贯入 30cm 的锤击数 $N$。如土层很硬，不宜强行打入时，可按式（11-11）换算成贯入 30cm 的锤击数 $N$。具体应用 $N$ 值时是否修正和如何修正，应根据建立统计关系时的具体情况确定。

（2）绘制 $N$-$h$ 关系曲线。

## 三、试验成果的应用

标准贯入试验的主要成果有：标贯击数 $N$ 与深度的关系曲线，标贯孔工程地质柱状剖面图。在应用标贯击数 $N$ 评定土的有关工程性质时，要注意 $N$ 值是否作过有关修正。

### （一）评定砂土的密实度和相对密度 $D_r$

上海市 DG J08-37《岩土工程勘察规范》根据实测的标贯击数 $N$，按式（11-11）进行修正后，用修正后的标贯击数 $N_1$（修正为上覆有效压力为 100kPa 的标贯击数）按表 11-15 评定砂土的相对密度 $D_r$ 和密实度。

$$N_1 = C_N \times N \tag{11-12}$$

式中 $N$ ——实测标贯击数；

$C_N$ ——上覆有效压力的修正系数，可按式（11-13）取值。

$$C_N = 10\left(\frac{1}{\sqrt{\sigma_0'}}\right) \text{ 或 } C_N = 3.16\left(\frac{1}{\sqrt{H}}\right) \tag{11-13}$$

式中 $\sigma_0'$——上覆有效压力，kPa；

$H$ ——标贯试验深度，m。

**表 11-15　用 $N_1$ 确定砂土密实度和相对密度 $D_r$**

| 标贯击数 $N_1$ | $0<N_1\leqslant3$ | $3<N_1\leqslant8$ | $8<N_1\leqslant25$ | $N_1>25$ |
|---|---|---|---|---|
| 密实度 | 松散 | 稍密 | 中密 | 密实 |
| 相对密度 | 20 | 20～35 | 35～65 | >65 |

注　本表适用于正常固结的中砂；对于细砂取表中数值乘以 0.92，对于粗砂取表中数值乘以 1.08。

JGJ 340《建筑地基检测技术规范》提出了按标准贯入击数 $N$ 确定砂土和粉土密实度（见表 11-16 和表 11-17）。

**表 11-16　砂土密实度分类**

| $N$（实测平均值） | $N\leqslant10$ | $10<N\leqslant15$ | $15<N\leqslant30$ | $N>30$ |
|---|---|---|---|---|
| 密实度 | 松散 | 稍密 | 中密 | 密实 |

表 11-17　粉土密实度分类

| $N$（实测标准值） | $N \leqslant 5$ | $5 < N \leqslant 10$ | $10 < N \leqslant 15$ | $N > 15$ |
|---|---|---|---|---|
| 密实度 | 松散 | 稍密 | 中密 | 密实 |
| 孔隙比 | — | $e > 0.9$ | $0.75 \leqslant e \leqslant 0.9$ | $e < 0.75$ |

（二）判定黏性土的状态

原武汉勘察公司提出标准贯入击数 $N$ 与黏性土的状态关系，见表 11-18。太沙基（Terzaghi）和佩克（Peck）提出 $N$ 与黏性土状态关系，见表 11-19。

表 11-18　标贯击数 $N$ 与黏性土液性指数 $I_L$ 的关系

| $N$ | $<2$ | $2 \sim 4$ | $4 \sim 7$ | $7 \sim 18$ | $18 \sim 25$ | $>35$ |
|---|---|---|---|---|---|---|
| $I_L$ | $>1$ | $1 \sim 0.75$ | $0.75 \sim 0.5$ | $0.5 \sim 0.25$ | $0.25 \sim 0$ | $<0$ |
| 状态 | 流塑 | 软塑 | 软可塑 | 硬可塑 | 硬塑 | 坚硬 |

表 11-19　太沙基和佩克关于 $N$ 与黏性土状态关系

| $N$ | $<2$ | $2 \sim 4$ | $4 \sim 8$ | $8 \sim 15$ | $15 \sim 30$ | $>30$ |
|---|---|---|---|---|---|---|
| $q_u$（kPa） | $<25$ | $25 \sim 50$ | $50 \sim 100$ | $100 \sim 200$ | $200 \sim 400$ | $>400$ |
| 状态 | 极软 | 软 | 中等 | 硬 | 很硬 | 坚硬 |

（三）评定砂土抗剪强度指标 $\varphi$

佩克的经验关系见式（11-14）：

$$\varphi = 0.3N + 27 \tag{11-14}$$

迈耶霍夫（Meyerhof）的经验关系见式（11-15）和式（11-16）：

当 $4 \leqslant N \leqslant 10$ 时：

$$\varphi = 5N/6 + 80/3 \tag{11-15}$$

当 $N > 10$ 时；

$$\varphi = N/4 + 32.5 \tag{11-16}$$

当式（11-15）和式（11-16）用于粉砂应减 5°，用于粗砂、砾砂应加 5°。

日本建筑基础设计规范采用大崎的经验关系见式（11-17）：

$$\varphi = \sqrt{20N} + 15 \tag{11-17}$$

日本道路桥梁设计规范见式（11-18）：

$$\varphi = \sqrt{15N} + 15 \text{ 且 } \varphi \leqslant 45^\circ \tag{11-18}$$

式（11-18）中 $N > 5$。

日本铁路基础设计规范见式（11-19）：

$$\varphi = 1.85 \left( \frac{100N}{\sigma'_{v0} + 70} \right)^{0.6} + 26 \tag{11-19}$$

式中　$\sigma'_{v0}$——有效上覆压力，kPa。

在地震研究中采用的 $\varphi$ 值上限为式（11-20）：

$$\varphi = 0.5N + 24 \tag{11-20}$$

（四）计算黏性土的不排水抗剪强度 $C_u$［见式（11-21）］

太沙基和佩克：

$$C_u = (6 \sim 6.5)N \tag{11-21}$$

日本道路桥梁设计规范采用式（11-22）：

$$C_u = (6 \sim 10)N \tag{11-22}$$

(五) 计算土的压缩模量 $E_s$

我国用标贯击数 $N$ 确定土的压缩模量的经验关系见表 11-20。

**表 11-20　$N$ 值与 $E_s$ 的关系 (MPa)**

| 关系式 | 适用条件 | 来源 |
|---|---|---|
| $E_s=4.8N^{0.42}$ | 粉细砂埋深 $H\leqslant15$m | 上海《岩土工程勘察规范》 |
| $E_s=2.5N^{0.75}H^{-0.25}$ | 埋深 $H>15$m | |
| $E_s=1.04N+4.98$ | 中南、华东地区黏性土 | 冶金部武勘公司 |
| $E_s=40.276N+10.22$ | 唐山粉细砂 | 西南综勘院 |
| $E_s=1.066N+7.431$ | 黏性土、粉土 | 湖北水利电力勘测院 |

(六) 确定地基土承载力

我国根据标贯击数 $N$ 确定土的地基承载力标准值 $f_k$ 的方法见表 11-21。

**表 11-21　$N$ 值与地基土承载力标准值 $f_k$ 的关系**

| $f_k$ 的关系式 (kPa) | 适用条件 | 来源 |
|---|---|---|
| $72+9.4N^{1.2}$ | 粉土 | 铁道部第三勘探设计院 |
| $222N^{0.3}-212$ | 粉细砂 | |
| $850N^{0.1}-803$ | 中粗砂 | |
| $35.8N+4.9$ | 中南、华东地区黏性土、粉土 $N=3\sim23$ | 冶金部武勘公司 |
| $N/(0.0038N+0.01504)$ | 粉土 | 纺织工业部设计院 |
| $10N+105$ | 细、中砂 | |
| $20.2N+80$ | 一般黏性土 $3\leqslant N<18$ | 武汉市建筑规划，设计院等 |
| $17.48N+152.6$ | 老黏性土 $18\leqslant N<22$ | |

(七) 估算桩侧阻力和桩端阻力

根据 Schmertmann 方法，可采用标贯击数 $N$ 值预估桩侧阻力和桩端阻力，参见表 11-22。

**表 11-22　用标贯击数 $N$ 值预估桩侧阻力和桩端阻力**

| 土名 | $q_c/N$ | 摩阻比 (%) | 桩端阻力 $P_p$ (kPa) | 桩侧阻力 $P_f$ (kPa) |
|---|---|---|---|---|
| 各种密度的净砂 (地下水位以上、以下) | 374.5 | 0.60 | $2.03N$ | $342.4N$ |
| 粉土、粉砂、砂混合，粉砂及泥炭土 | 214.0 | 2.00 | $4.28N$ | $171.2N$ |
| 可塑黏土 | 107.0 | 5.00 | $5.35N$ | $74.9N$ |
| 含贝壳的砂、软石灰岩 | 428.0 | 0.25 | $1.07N$ | $385.2N$ |

注　1. 该表用于预制打入混凝土桩，$N=5\sim60$，当 $N$ 小于 5 时，$N$ 取 5，当 $N$ 大于 60 时，$N$ 取 60。
　　2. $q_c$ 为静力触探探头阻力。

(八) 判定饱和砂土的地震液化

对于饱和的砂土和粉土，当初判为可能液化或需要考虑液化影响时，可采用标准贯入试验进一步确定其是否液化。根据 GB 50011《建筑抗震设计规范》，当饱和砂土或粉土实测标准贯入锤击数 (未经杆长修正) $N$ 值小于公式 (11-23) 确定的临界值 $N_{cr}$ 时，则应判为液化土，否则为不液化土。

$$N_{cr}=N_0\beta[\ln(0.6d_s+1.5)-0.1d_w]\sqrt{\frac{3}{\rho_c}} \tag{11-23}$$

式中　$d_s$——饱和土标准贯入点深度，m；
$d_w$——地下水位；
$\rho_c$——饱和土黏粒含量百分率，%；当 $\rho_c$ 小于 3 或为砂土时，取 $\rho_c=3$；
$\beta$——调整系数，设计地震第一组取 0.80，第二组取 0.95，第三组取 1.05；
$N_0$——饱和土液化判别的基准贯入锤击数，可按照表 11-23 采用；
$N_{cr}$——饱和土液化判别临界标准贯入锤击数。

表 11-23　　液化判别标准贯入锤击数基准值 $N_0$

| 设计基本地震加速度 $g$ | 0.10 | 0.15 | 0.20 | 0.30 | 0.40 |
|---|---|---|---|---|---|
| 液化判别标准贯入锤击数基准值 | 7 | 10 | 12 | 16 | 19 |

## 第四节　静力触探试验

静力触探试验（static cone penetration test，CPT）简称静探。静力触探试验是以静压力将一定规格的锥形探头压入土层，根据其所受阻力大小评价土层力学性质，并间接估计土层各深度处的承载力、变形模量和进行土层划分等的原位试验方法。

静力触探具有下列明显优点：

（1）测试连续快速，效率高，功能多，兼有勘探与测试的双重作用；

（2）采用电测技术后，易于实现测试过程的自动化，测试成果可由计算机自动处理，大大减轻了工作强度。

静力触探的主要缺点是对碎石类土和密实砂土难以贯入，也不能直接观测土层。在地质勘探工作中，静力触探常和钻探取样联合运用。

静力触探示意和得到的测试曲线如图 11-5 所示。从测试曲线和地层分布的对比可以看出，触探阻力的大小与地层的力学性质有密切的相关关系。

静力触探技术在岩土工程中的应用主要为：对地基土进行力学分层并判别土的类型；确定地基土的参数（强度、模量、状态、应力历史）；评价砂土液化可能性；估算单桩竖向承载力等。

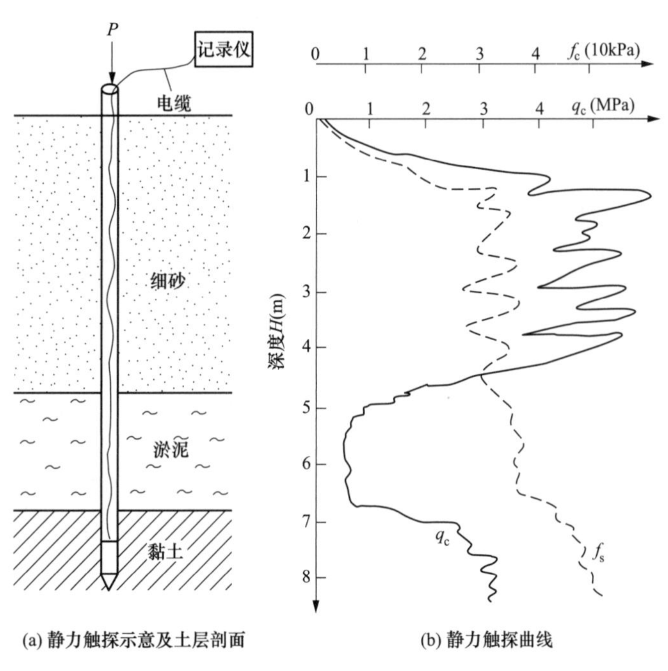


图 11-5　静力触探示意及其曲线

### 一、试验设备和方法

#### （一）试验设备

静力触探仪一般由三部分构成：①触探头，也即阻力传感器；②量测记录仪表；③贯入系统：包括触探主机与反力装置。目前广泛应用的静力触探车集上述三部分为一整体，具有贯入深度大、效率高和劳动强度低的优点。但它仅适用于交通便利、地形较平坦及可开进汽车的勘测场地使用。在交通不便、勘测深度不大或土层较软的地区，轻型静力触探应用很广。它具有便于搬运、测试成本较低及灵活方便的优点。

1. 探头

探头是静力触探仪的关键部件。它包括摩擦筒和锥头两部分，有严格的规格与质量要求。目前，国内外使用的探头可分为三种类型。

(1) 单桥探头：它是将锥头与外套筒连在一起，因而只能测量一个参数。这种探头结构简单，造价低，坚固耐用。此种探头曾经对推动我国静力触探测试技术的发展和应用起到了积极的作用。单桥探头外形图如图 11-6 所示。

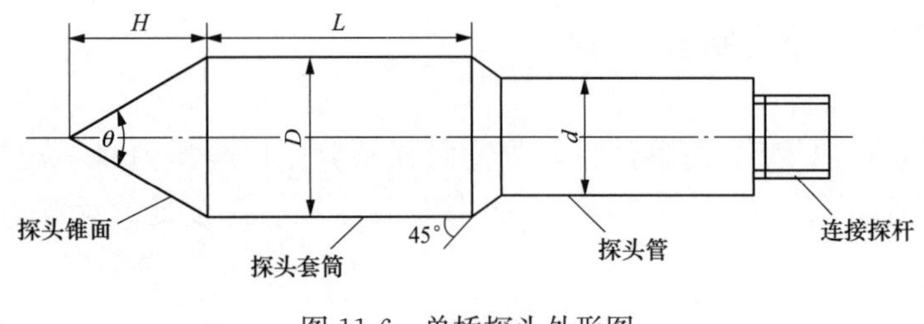

图 11-6　单桥探头外形图

(2) 双桥探头：它是一种将锥头与摩擦筒分开，可同时测锥头阻力和侧壁摩擦力两个参数的探头。双桥探头见图 11-7。

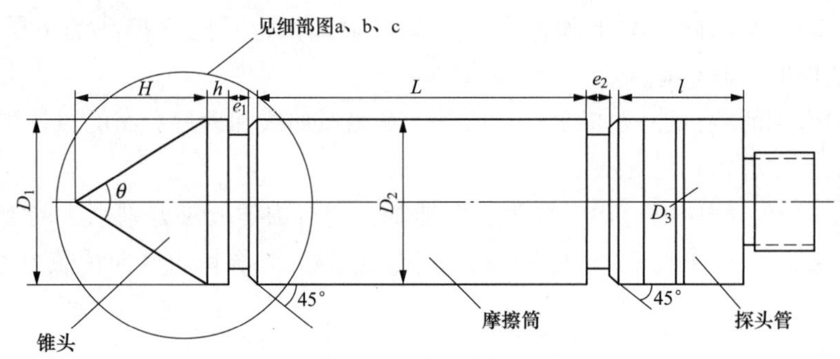

图 11-7　双桥探头形状图

(3) 孔压探头：它一般是在双桥探头基础上再安装一种可测触探时产生的超孔隙水压力装置的探头。孔压探头最少可测三种参数，即锥尖阻力、侧壁摩擦力及孔隙水压力。孔压探头形状见图 11-8。

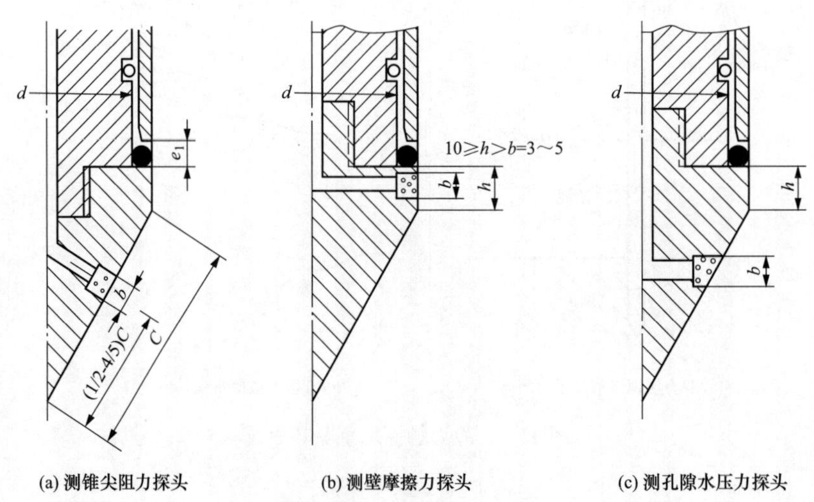

图 11-8　孔压探头形状图

此外，还有可测波速、孔斜、温度及密度等的多功能探头，常用探头的规格见表 11-24。

表 11-24 常用探头规格

| 探头种类 | 型号 | 锥头 | | | 摩擦筒 | | 标准 |
|---|---|---|---|---|---|---|---|
| | | 顶角（°） | 直径（mm） | 底面积（$cm^2$） | 长度（mm） | 表面积（$cm^2$） | |
| 单桥 | Ⅰ-1 | 60 | 35.7 | 10 | 57 | | GB 50021《岩土工程勘察规范》 |
| | Ⅰ-2 | 60 | 43.7 | 15 | 70 | | |
| | Ⅰ-3 | 60 | 50.4 | 20 | 81 | | |
| 双桥 | Ⅱ-1 | 60 | 35.7 | 10 | | 150，200 | |
| | Ⅱ-2 | 60 | 35.7 | 15 | | 300 | |
| | Ⅱ-3 | 60 | 43.7 | 20 | | 300 | |

2. 量测记录仪表

静力触探的记录仪器主要有以下 4 种类型：①电阻应变仪；②自动记录绘图仪；③数字式测力仪；④数据采集仪（微机控制）。

（1）电阻应变仪。

电阻应变仪具有灵敏度高、测量范围大、精度高和稳定性好等优点。但其操作是靠手动调节平衡，跟踪读数，容易造成误差，不能连续读数，不能得到连续变化的触探曲线。

（2）自动记录仪。

我国现在生产的静力触探自动记录仪都是用电子电位差计改装的。这些电子电位差计都只有一种量程范围。为了在阻力大的地层中能测出探头的额定阻力值，也为了在软层中能保证测量精度，一般都采用改变供桥电压的方法来实现。早期的仪器为可选式固定桥压法，一般分成 4～5 档，桥压分别为 2、4、6、8、10V，可根据地层的软硬程度选择。这种方式的优点是电压稳定，可靠性强；但资料整理工作量大。现在已有可使供桥电压连续可调的自动记录仪。

（3）数字式测力仪。

数字式测力仪是一种精密的测试仪表。这种仪器能显示多位数，具有体积小、重量轻、精度高、稳定可靠、使用方便、能直读贯入总阻力和计算贯入指标简单等优点，是轻便链式十字板-静力触探两用机的配套量测仪表。这种仪器的缺点是间隔读数，手工记录。

（4）数据采集仪。

用微型计算机采集和处理数据已在静力触探测试中得到了广泛应用。计算机控制的实时操作系统使得触探时可同时绘制锥尖阻力与深度关系曲线、侧壁摩阻力与深度关系曲线；终孔时，可自动绘制摩阻比与深度关系曲线。

3. 贯入系统

静力触探贯入系统由触探主机（贯入装置）和反力装置两大部分组成。触探主机的作用是将底端装有探头的探杆一根一根地压入土中。触探主机按其贯入方式不同，可以分为间歇贯入式和连续贯入式；按其传动方式的不同，可分为机械式和液压式；按其装配方式不同可分为车装式、拖斗式和落地式等。

（二）试验方法

1. 贯入、测试及起拔要点

（1）将触探机就位后，应调平机座，并使用水平尺校准，使贯入压力保持竖直方向，并使机座与反力装置衔接、锁定。当触探机不能按指定孔位安装时，应将移动后的孔位和地面高程记录清楚。

（2）探头、电缆、记录仪器的接插和调试，必须按有关说明书要求进行。

（3）触探机的贯入速率，应控制在 1～2cm/s 内，一般为 2cm/s；使用手摇式触探机时，手把转速应力求均匀。

（4）在地下水埋藏较深的地区使用孔压探头触探时，应先使用外径不小于孔压探头的单桥或双桥探头开孔至地下水位以下，而后向孔内注水至与地面平，再换用孔压探头触探。

(5) 探头的归零检查应按下列要求进行：

1) 使用单桥或双桥探头时，当贯入地面以下 0.5～1.0m 后，上提 5～10cm，待读数漂移稳定后，将仪表调零即可正式贯入。在地面以下 1～6m 内，每贯入 1～2m 提升探头 5～10cm，并记录探头不归零读数，随即将仪器调零。孔深超过 6m 后，可根据不归零读数之大小；放宽归零检查的深度间隔。终孔起拔时和探头拔出地面后，亦应记录不归零读数。

2) 使用孔压探头时，在整个贯入过程中不得提升探头。终孔后，待探头刚一提出地面时，应立即卸下滤水器，记录不归零读数。

(6) 使用记读式仪器时，每贯入 0.1m 或 0.2m 应记录一次读数；使用自动记录仪时，应随时注意桥压、走纸和划线情况，做好深度和归零检查的标注工作。

(7) 若计深标尺设置在触探主机上，则贯入深度应以探头、探杆入土的实际长度为准，每贯入 3～4m 校核一次。当记录深度与实际贯入长度不符时，应在记录本上标注清楚，作为深度修正的依据。

(8) 当在预定深度进行孔压消散试验时，应从探头停止贯入之时起，用秒表记时，记录不同时刻的孔压值和锥尖阻力值。其计时间隔应由密而疏，合理控制。在此试验过程中，不得松动、碰撞探杆，也不得施加能使探杆产生上、下位移的力。

(9) 对于需要作孔压消散试验的土层，若场区的地下水位未知或不确切，则至少应有一孔孔压消散达到稳定值，以连续 2h 内孔压值不变为稳定标准。其他各孔、各试验点的孔压消散程度，可视地层情况和设计要求而定，一般当固结度达 60%～70%时，即可终止消散试验。

(10) 遇下列情况之一者，应停止贯入，并应在记录表上注明。

1) 触探主机负荷达到其额定荷载的 120%时；

2) 贯入时探杆出现明显弯曲；

3) 反力装置失效；

4) 探头负荷达到额定荷载时；

5) 记录仪器显示异常。

(11) 起拔最初几根探杆时，应注意观察、测量探杆表面干、湿分界线距地面的深度，并填人记录表的备注栏内或标注于记录纸上。同时，应于收工前在触探孔内测量地下水位埋藏深度；有条件时，宜于次日核查地下水位。

(12) 将探头拔出地面后，应对探头进行检查、清理。当移位于第二个触探孔时，应对孔压探头的应变腔和滤水器重新进行脱气处理。

(13) 记录人员必须按记录表要求用铅笔逐项填记清楚，记录表格式，可按以上测试项目制作。

2. 注意事项

(1) 保证行车安全，中速行驶，以免触探车上仪器设备被颠坏。

(2) 触探孔要避开地下设施（管路、地下电缆等），以免发生意外。

(3) 安全用电，严防触（漏）电事故。工作现场应尽量避开高压线、大功率电机及变压器，以保证人身安全和仪表正常工作。

(4) 在贯入过程中，各操作人员要相互配合，尤其是操纵台人员，要严肃认真、全神贯注，以免发生人身、仪器设备事故。司机要坚守岗位，及时观察车体倾斜、地铺松动等情况，并及时通报车上操作人员。

(5) 精心保护好仪器，须采取防雨、防潮、防震措施。

(6) 触探车不用时，要及时用支腿架起，以免汽车弹簧钢板过早疲劳。

(7) 保护好探头，严禁摔打探头；避免探头暴晒和受冻；不许用电缆线拉探头；装卸探头时，只可转动探杆，不可转动探头；接探杆时，一定要拧紧，以防止孔斜。

(8) 当贯入深度较大时，探头可能会偏离铅垂方向，使所测深度不准确。为了减少偏移，要求所用探杆必须是平直的，并要保证在最初贯入时不应有侧向推力。当遇到硬岩土层以及石头、砖瓦等障碍物时，要特别注意探头可能发生偏移的情况。国外已把测斜仪装入探头，以测其偏移量，这对成果分析很重要。

(9) 锥尖阻力和侧壁摩阻力虽是同时测出的，但所处的深度是不同的。当对某一深度处的锥头阻力和摩阻力作比较时，例如计算摩阻比时，须考虑探头底面和摩擦筒中点的距离，如贯入第一个10cm时，只记录$q_c$；从第二个10cm以后才开始同时记录$q_c$和$f_s$。

(10) 在钻孔、触探孔、十字板试验孔旁边进行触探时，离原有孔的距离应大于原有孔径的20～25倍，以防土层扰动。如要求精度较低时，两孔距离也可适当缩小。

## 二、基本测试原理

### (一) 承载力理论

由于CPT的贯入类似于桩的贯入过程，故很早就有人将两者进行比拟，提出用深基础极限承载力的相关理论来解释静力触探的工作机理并由静力触探的测试结果推求深基础的极限承载力。

基本思路是假设地基为刚塑体，在极限荷载的作用下地基中出现滑裂面，不同学者假定了不同的滑裂面，由此导出探头阻力和基础承载力之间的关系式。

然而，由传统极限状态出发的理论不能解释稳定贯入的许多特征，基于对滑移破坏面的不同假设而得出的结果也差异颇大。其根源可能与该法将地基土理想化为刚塑体，可以破坏而不会产生压缩有关。静力触探的实际贯入过程主要还在于迫使土体产生压缩，这与桩的贯入是有差异的。还有，作用荷载的性质也有差异。但有意思的是，Janbu等人的理论结果和实测值相当吻合。估计这是理论本身内含的正负影响因素相互抵消而致。

### (二) 孔穴扩张理论

孔穴扩张法（cavities expansion methods，CEM），源于弹性理论无限均质各向同性弹性体中圆柱形或球形孔穴受均布压力作用问题。该理论最初用于金属压力加工分析，随后引人土力学中，用柱状孔穴扩张解释旁压试验机理和沉桩，用球形孔穴扩张来估算深基础承载力和沉桩对周围土体的影响。CEM在土力学中已有较深入的应用。球穴在均布内压$P$作用下的扩张情况如图11-9所示。当$P$逐步增加时，孔周区域将由弹性状态进入塑性状态。塑性区随$P$值的增加而不断扩大。设孔穴初始半径为$R_0$，扩张后半径为$R_u$，塑性区最大半径为$R_p$，相应的孔内压力最终值为$P_u$，在半径$R_p$以外的土体仍保持弹性状态。圆柱形孔穴在内压力下的扩张情况与上述类似，只不过一个属于球对称情况，另一个属于轴对称情况。

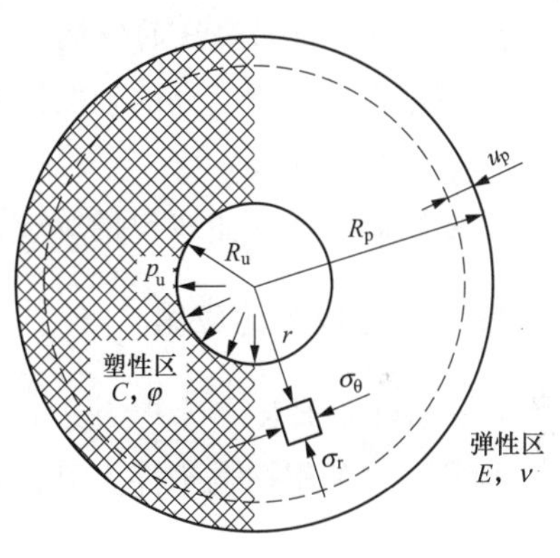

图11-9　球形孔穴附近的塑性区域

用孔穴扩张理论来研究CPT的机理有两种实用成果，即估算静力触探的贯入阻力和在饱和黏土中不排水贯入时初始孔隙水压的分布。

孔穴扩张理论用于静力触探的机理分析主要有两点不足：①静力触探时的土体位移实际上并不是球对称或轴对称的；②随着探头的贯入，孔穴中心实际上是在不断向下移动的，而并非是固定在一个位置。

## 三、试验成果的整理

### (一) 单孔静力触探成果

(1) 各触探参数随深度的分布曲线。

(2) 土层名称及状态。

(3) 各土层的触探参数值和地基特性参数值。

(4) 对于孔压触探，如果进行了孔压消散试验，尚应附上孔压随时间而变化的过程曲线；必要时，可附锥尖阻力随时间而改变的过程曲线。

（二）原始数据的修正

在贯入过程中，探头受摩擦而发热，探杆会倾斜和弯曲，探头入土深度很大时探杆会有一定量的压缩，仪器记录深度的起始面与地面不重合等，这些因素会使测试结果产生偏差。因而原始数据一般应进行修正。修正的方法一般按 DG/T J08《静力触探技术规程》的规定进行。主要应注意深度修正和零漂处理。

（1）深度修正。

当记录深度与实际深度有出入时，应按深度线性修正深度误差。对于因探杆倾斜而产生的深度误差可按下述方法修正：

触探的同时量测触探杆的偏斜角（相对铅垂线），如每贯入 1m 测了 1 次偏斜角，则该段的贯入修正量为式（11-24）：

$$\Delta h_i = 1 - \cos[(\theta_i - \theta_{i-1})/2] \tag{11-24}$$

式中　$\Delta h_i$ ——第 $i$ 段贯入深度修正量；

$\theta_i$ 、$\theta_{i-1}$ ——第 $i$ 次和第 $i-1$ 次实测的偏斜角。

触探结束时的总修正量为 $\sum \Delta h_i$ ，实际的贯入深度应为 $h - \sum \Delta h_i$ 。

实际操作时应尽量避免过大的倾斜、探杆弯曲和机具方面产生的误差。

（2）零漂修正。

一般根据归零检查的深度间隔按线性内查法对测试值加以修正。修正时应注意不要形成人为的台阶。

（三）静力触探曲线的绘制

当使用自动化程度高的触探仪器时，需要的曲线均可自动绘制，只有在人工读数记录时才需要根据测得的数据绘制曲线。

需要绘制的触探曲线包括 $p_s \sim h$ 或 $q_c \sim h$、$f_s \sim h$ 和 $R_f$（$=f/q \times 100\%$）$\sim h$ 曲线。

## 四、试验成果的应用

（一）划分土层

划分土层的根据在于探头阻力的大小与土层的软硬程度密切相关。由此进行的土层划分也称之为力学分层。

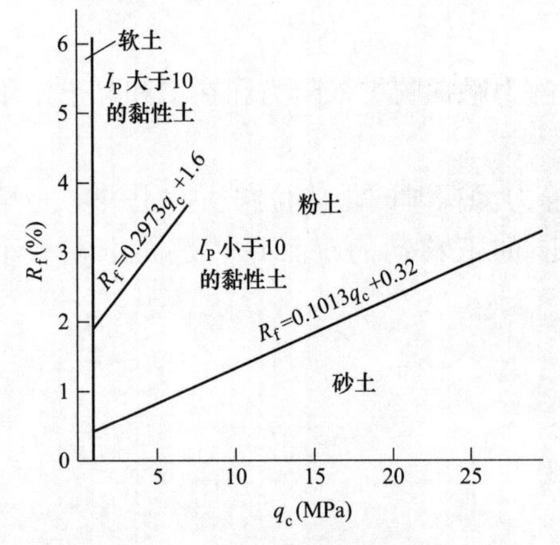


图 11-10　土的分类图（双桥探头法）

如图 11-10 所示，分层时要注意两种现象，其一是贯入过程中的临界深度效应，另一个是探头越过分层面前后所产生的超前与滞后效应。这些效应的根源均在于土层对于探头的约束条件有了变化。

根据长期的经验确定了以下划分方法：

（1）上下层贯入阻力相差不大时，取超前深度和滞后深度的中点，或中点偏向于阻值较小者 5～10cm 处作为分层面。

（2）上下层贯入阻力相差一倍以上时，取软层最靠近分界面处的数据点偏向硬层 10cm 处作为分层面。

（3）上下层贯入阻力变化不明显时，可结合 $f_s$或 $R_f$的变化确定分层面。

土层划分以后可按平均法计算各土层的触探参数，计算时应注意剔除异常的数据。

（二）确定土类（定名）

静力触探的几种测试方法均可用于划分土类，但就其总体而言，单桥探头测试的参数太少，精度较差，常需要和钻探及经验相结合，这里介绍利用双桥探头测试结果进行划分的方法：利用了 $q_c$和 $R_f$两个参数，其根据在于不同的土类不但具有差异较大的 $q_c$值，而且其摩阻比 $R_f$对此更为敏感。例如大部分砂土 $R_f$均小于 1%，而黏土通常都大于 2%，所以使用这两个参数划分土类有较好的效果。

（三）确定地基承载力

用静力触探法求地基承载力的突出优点是快速、简便、有效。在应用此法时应注意以下几点：

（1）静力触探法求地基承载力一般依据的是经验公式。这些经验公式是建立在静力触探和载荷试验的对比关系上。但载荷试验原理是使地基土缓慢受压，先产生压缩（似弹性）变形，然后为塑性变形，最后剪切破坏，受荷过程慢，黏聚力和内摩擦角同时起作用。静力触探加荷快，土体来不及被压密就产生剪切破坏，同时产生较大的超孔隙水压力，对内聚力影响很大。这样，主要起作用的是内摩擦角，内摩擦角越大，锥尖阻力 $q_c$（或比贯入阻力 $p_s$）也越大。砂土黏聚力小或为零，黏性土黏聚力相对较大，而内摩擦角相对较小。因此，用静力触探法求地基承载力要充分考虑土质的差别，特别是砂土和黏土的区别。另外，静力触探法提供的是一个孔位处的地基承载力，用于设计时应将各孔的资料进行统计分析以推求场地的承载力，此外还应进行基础的宽度和埋置深度的修正。

（2）地基土的成因、时代及含水量的差别对用静力触探法求地基承载力的经验公式有明显影响，如老黏土（$Q_1$～$Q_3$）和新黏土（$Q_4$）的区别。

我国对使用静力触探法推求地基承载力已积累了相当丰富的经验，经验公式很多。在使用这些经验公式时应充分注意其使用的条件和地域性，并在实践中不断地积累经验。

铁路部门提出的经验公式如下：

对于 $Q_3$及以前沉积的老黏土地基，单桥探头的比贯入阻力 $p_s$ 在 3000～6000kPa 的范围内时采用式（11-25）计算地基的基本承载力 $\sigma_0$：

$$\sigma_0 = 0.1p_s \tag{11-25}$$

对于软土及一般黏土、粉质黏土地基的基本承载力 $\sigma_0$ 采用式（11-26）计算：

$$\sigma_0 = 5.8{p_s}^{0.5} - 46 \tag{11-26}$$

对于一般粉土及饱和砂土地基的基本承载力 $\sigma_0$ 采用式（11-27）计算：

$$\sigma_0 = 0.89{p_s}^{0.63} - 14.4 \tag{11-27}$$

当确认该地基在施工及竣工后均不会达到饱和时，则由上式确定的砂土地基的 $\sigma_0$ 可以提高 25%～50%。

上列各式的单位均为 kPa。

相应的深、宽修正系数如表 11-25：

**表 11-25　　由比贯入阻力 $p_s$ 定宽、深修正系数 $k_1$和 $k_2$**

| $p_s$(MPa) | <0.5 | 0.5～2 | 2～6 | 6～10 | 10～14 | 14～20 | >20 |
|---|---|---|---|---|---|---|---|
| $k_1$ | 0 | 0 | 0 | 1 | 2 | 3 | 4 |
| $k_2$ | 0 | 1 | 2 | 3 | 4 | 5 | 6 |

输电线路勘测中，较常用的经验公式如下：

当是黏性土时，用式（11-28）：

$$f_0 = 104p_s + 26.9(\text{kPa}), 0.3 \leqslant p_s \leqslant 6\text{MPa} \tag{11-28}$$

当是砂土时，用式（11-29）和式（11-30）：

$$f_0 = 20p_s + 59.5(\text{kPa}), \text{粉细砂 } 1 \leqslant p_s \leqslant 15\text{MPa} \tag{11-29}$$

$$f_0 = 36p_s + 76.6(\text{kPa}), \text{中粗砂 } 1 \leqslant p_s \leqslant 10\text{MPa} \tag{11-30}$$

当是粉土时，用式（11-31）

$$f_0 = 36p_s + 44.6(\text{kPa}) \tag{11-31}$$

上述公式均是以单桥探头的比贯入阻力 $p_s$ 为基础建立的。

对于黏性土而言，双桥探头的锥尖阻力 $q_c$，根据《工程地质手册》（第五版）总结地区经验，给出与单桥探头比贯入阻力 $p_s$ 的换算关系，见式（11-32）：

$$p_s = 1.1q_c \tag{11-32}$$

实际应用中由于地区差异和土层性质，公式不一定完全成立，需根据地区经验进行统计分析并总结。

（四）估算单桩的竖向承载力

应用静力触探的测试成果计算单桩极限承载力的方法已比较成熟，国内、外均有很多计算公式。现仅列出 JGJ 94《建筑桩基技术规范》中根据双桥探头测试成果确定预制桩竖向承载力标准值的方法，供参考。

该规范规定，当根据双桥探头静力触探资料确定预制桩竖向承载力标准值时，对于黏性土、粉土和砂土，如无当地经验时可按式（11-33）计算：

$$Q_{uk} = u\sum l_i\beta_i f_{si} + \alpha q_c A_p \tag{11-33}$$

式中 $f_{si}$——第 $i$ 层土的探头平均侧阻力；

$Q_{uk}$——单桩极限承载力标准值；

$q_c$——桩端平面上、下探头阻力，取桩端平面以上 $4d$（$d$ 为桩的直径或边长）范围内按土层厚度的探头阻力加权平均值，然后再和桩端平面以下 $1d$ 范围内的探头阻力进行平均；

$\alpha$——桩端阻力修正系数，对黏性土、粉土取 2/3，饱和砂土取 1/2；

$\beta_i$——第 $i$ 层土桩侧阻力综合修正系数，按下式计算：

当是黏性土、粉土时，见式（11-34）：

$$\beta_I = 10.04(f_{si})^{-0.55} \tag{11-34}$$

当是砂土时，见式（11-35）：

$$\beta_I = 5.05(f_{si})^{-0.45} \tag{11-35}$$

除了在上述方面有着广泛的应用外，静力触探技术还可用于推求土的物性参数（密度、密实度等）、力学参数（$c$、$\varphi$、$E_0$、$E_s$ 等），检验地基处理后的效果、测定滑坡的滑动面以及判断地基的液化可能性等。

## 第五节 载荷试验

载荷试验相当于在工程原位进行的缩尺原型试验，即模拟建筑物地基土的受荷条件，比较直观地反映地基土的变形特性。该法具有直观和可靠性高的特点，在原位测试中占有重要地位，往往成为其他方法的检验标准。输电线路勘测中，载荷试验一般应用于大跨越等特殊的工程项目。

### 一、试验设备和方法

（一）试验设备

平板载荷试验因试验土层软硬程度、压板大小和试验面深度等不同，采用的测试设备也很多。除早期常用的压重加荷台试验装置外，目前国内采用的试验装置，大体可归纳为由承压板、加荷系统、反力系统、观测系统四部分组成，其各部分机能是：加荷系统控制并稳定加荷的大小，通过反力系统反作用于承压板，承压板将荷载均匀传递给地基土，地基土的变形由观测系统测定。

（1）承压板类型和尺寸。

承压板材质要求承压板可用混凝土、钢筋混凝土、钢板、铸铁板等制成，多以肋板加固的钢板为主。要求压板具有足够的刚度，不破损、不挠曲，压板底部光平，尺寸和传力重心准确，搬运和安置方便。承压板形状可加工成正方形或圆形，其中圆形压板受力条件较好，使用最多。

（2）承压板面积。

承压板面积一般采用 0.25～0.50m²，对均质、密实以上的地基土，可采用 0.1m²，对软土、人工填土和新近堆积土，不应小于 0.5m²。对于碎石类土，承压板直径（或宽度）应为最大碎石直径的 10～20 倍，对于岩石类土，承压板的面积不小于 0.07m²，GB 50007《建筑地基基础设计规范》附录 H 中明确采用直径 300mm 圆形刚性承压板。

（3）加荷系统。

加荷系统是指通过承压板对地基施加荷载的装置，大体有：

1）压重加荷装置。一般将规则方正或条形的钢锭、钢轨、混凝土件等重物，依次对称置放在加荷台上，逐级加荷，此类装置费时费力且控制困难，已很少采用。

2）千斤顶加荷装置。根据试验要求，采用不同规格的手动液压千斤顶加荷，并配备不同量程的压力表或测力计控制加荷值。

（4）反力系统。

一般反力系统由主梁、平台、堆载体（锚桩）等构成。

（5）量测系统。

量测系统包括基准梁，位移计，磁性表座，油压表（测力环）。

机械类位移计可采用百分表，其最小刻度 0.01mm，量程一般为 5～30mm，为常用仪表。电子类位移计一般具有量程大、无人为读数误差等特点，可以实现自动记录和绘图。油压表一般为机械式，人工测读。

测试用的仪表均需定期检定，一般一年检定一次或维修后检定，检定工作原则上送具有相应资质的计量局或专业厂进行。

（二）设备的现场布置

当场地尚未开挖基坑时，需在研究的土层上挖试坑，坑底标高与基底设计标高相同。如在基底压缩层范围内有若干不同性质的土层，则对每一土层均应挖一试坑，坑底达到土层顶面，在坑底置放刚性压板。试坑宽度不小于压板宽度的三倍。设备的具体布置方式有如下两种：

（1）堆载平台方式。堆载示意图见图 11-11。

（2）锚桩反力梁方式。设备安装时应确保荷载板与地基表面接触良好且反力系统和加荷系统的共同作用力与承压板中心在一条垂线上。当对试验的要求较高时，可在加荷系统与反力系统之间，安设一套传力支座装置，它是借助球面、滚珠等，调节反力系统与加荷系统之间的力系平衡，使荷载始终保持竖直传力状态。

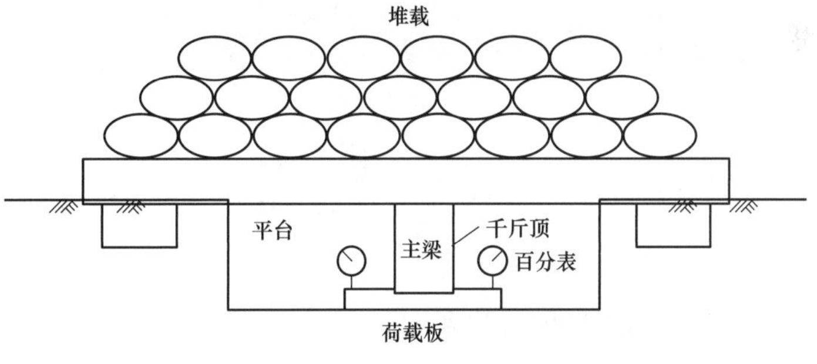

图 11-11　堆载示意图

（三）测试方法

平板载荷试验适用于浅层地基，螺旋板载荷试验适用于深层地基或地下水位以下的地基。

试验用的加载设备，最常见的是液压千斤顶加载设备。位移测试可采用机械式百分表或电测式位移计，测试时将位移计用磁性表座固定在基准梁上。液压加载设备和位移量测设备要定期检定，以最大可能地消除其系统误差。

试验的加载方式可采用分级维持荷载沉降相对稳定法（慢速法）、沉降非稳定法（快速法）和等沉降速率法。

以下列出 GB 50007《建筑地基基础设计规范》对于慢速法加载过程的规定：

荷载分级：不少于 8 级，总加载量不应少于荷载设计值的两倍；

数据测读：每级加载后，按间隔 10、10、10、15、15min，以后每半小时读一次沉降，直至沉降稳定。

稳定标准：当连续两小时内，每小时内沉降增量小于 0.1mm 时，则认为沉降已趋稳定，可施加下一级荷载。

加载终止标准如下：

1）承压板周围的土明显的侧向挤出；

2）沉降急骤增大，荷载—沉降曲线出现陡降段；

3）在某一级荷载的作用下，24h 内沉降速率不能达到稳定标准；

4）沉降量与承压板宽度或直径之比大于或等于 0.06。

卸载：该规范没有对卸载过程做出规定，但完整的试验应包含卸载过程。

采用快速维持荷载法时，一般每间隔 1h 施加一级荷载。

试验操作过程如下：

（1）正式加荷前，将试验面打扫干净以观测地面变形，将百分表的指针调至接近于最大读数位置。

（2）按规定逐级加荷和记录百分表读数，达到沉降稳定标准后再施加下一级荷载，一般在加荷五级或已能定出比例界限点后，注意观测地基土产生塑性变形使压板周围地面出现裂纹和土体侧向挤出的情况，记录并描绘地面裂纹形状（放射状或环状、长短粗细）及出现时间。

（3）试验过程的各级荷载要始终确保稳压，百分表行程接近零值时应在加下一级荷载前调整，并随时注意平台上翘、锚桩拔起、撑板上爬、撑杆倾斜、坑壁变形等不安全因素，及时采取处置措施，必要时可终止试验。

## 二、基本测试原理

### （一）半无限空间表面作用局部荷载时的弹性理论

假定地基为各向同性半无限体，在地表荷载作用下，地基中所引起的应力，可用弹性理论求解。

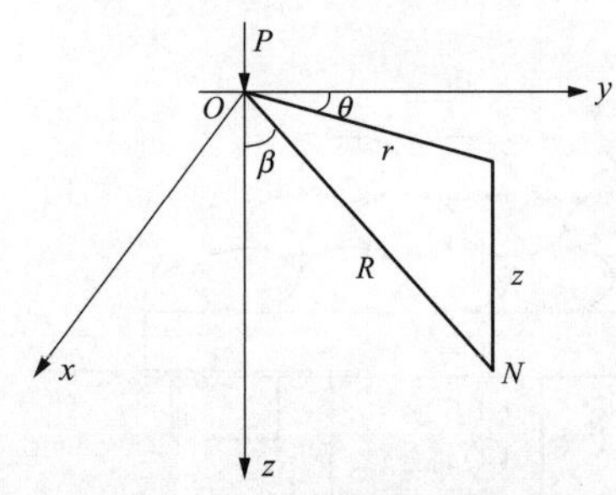


图 11-12　竖直集中荷载作用下的计算图式

（1）竖直集中荷载作用时。当竖直集中荷载 $P$ 作用在地表面上，在地基中任一点 $N$ 所引起的应力已于 1885 年为布辛纳斯克（Boussinesq）所解出。设坐标原点选在着力点上，如采用圆柱坐标，如图 11-12 所示，则 $z$ 轴向下为正，土中任一点 $N(r, \theta, z)$ 离原点 $o$ 的距离为$R$，$R$ 矢径与 $z$ 的夹角为$\beta$。可以看出，这是一个轴对称问题，只要 $z$ 和 $r$ 不变，在任何 $\theta$ 位置上之一点的应力状态都应是相等的。

布辛纳斯克的解答为式（11-36）：

$$\sigma_z = \frac{3}{2}\frac{P}{\pi R^2}\cos^3\beta = \frac{P}{z^2}k \tag{11-36}$$

式中　$k$ ——地基应力系数，无量纲，可直接计算或查表。

类似的可以写出其他应力分量。通过物理方程转换后可得到应变表达式，对整个地基积分后得到地基表面的变形分布。

当地基表面作用有局部分布荷载时，可对上式改写后进行积分求解。

（2）刚性压板下的地基反力分布。考虑圆形刚性压板，在中心荷载的作用下，压板的沉降将是均匀的，压板下的地基反力的分布必然对称于竖直中心轴。这是一个轴对称问题。因为地基中的位移分布复杂且未知，难于用函数表达，可用拟合法求解，也就是假设一个地基反力分布，该应力分布的合力的大小与作用的荷载相同，运用上述过程求解压板的沉降，然后根据计算结果对地基反力分布进行修正，再进行新一轮试算，直到计算的压板沉降接近于均匀时为止。

计算所得的压板下的应力分布形式如图 11-14 所示。

理论表达式为式（11-37）：

$$\sigma(x)=\frac{P}{2\pi R\sqrt{R^2-x^2}}=\frac{P}{2\pi\sqrt{1-(x/R)^2}} \tag{11-37}$$

方形刚性压板下的应力分布还要复杂一些，但其形状与此类似。

（3）刚性压板的平均沉降与荷载的关系。刚性压板的沉降与压板下平均应力之间的关系式如下：

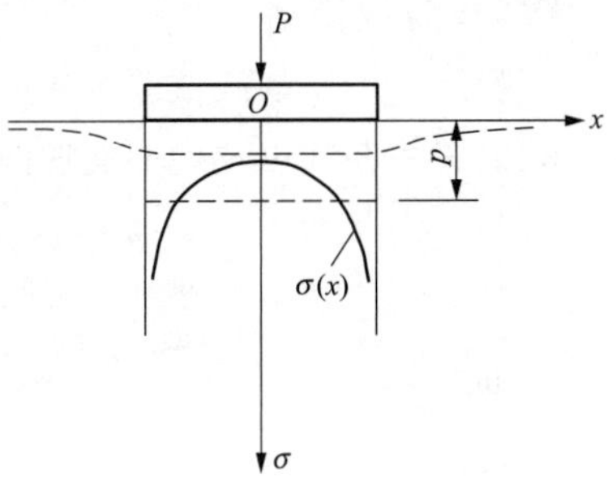

圆形刚性压板（$D$ 为直径）见式（11-38）：

$$s=\frac{\pi}{4}\frac{1-\nu^2}{E_0}pD \tag{11-38}$$

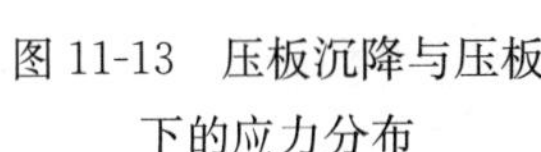

图 11-13 压板沉降与压板下的应力分布

方形刚性压板（$B$ 为边长）见式（11-39）：

$$s=\frac{\sqrt{\pi}}{2}\frac{1-\nu^2}{E_0}pB \tag{11-39}$$

式中 $\nu$——泊松比；

$E_0$——地基土的变形模量。

当地基的特性确定时，压板的沉降与荷载及板的宽度成正比。

根据上列公式，可以根据载荷试验确定地基土的变形模量，式中的泊松比根据经验或手册的建议值确定。

（二）荷载板的刚度效应

压板的刚度会对地基反力的分布产生显著的影响。当压板的刚度有限时，在中心荷载的作用下，基底压力视压板刚度而有不同的分布特征。但实际上，根据圣文南原理，当一个力系作用于弹性介质上，如其总量保持不变而仅只分布形式发生变化，那么受影响的部位仅局限于力系作用点的附近。所以，压板刚度对地基变形的影响是有限的，但压板刚度对位移测试结果的影响是显而易见的。因此，荷载板必须有足够的刚度。

（三）影响深度

鉴于加荷能力和刚性压板的假设，压板的尺寸一般较小，其影响深度也是有限的。一般认为，平板载荷试验只能反映 2 倍压板宽度的深度以内土的性质。所以，压板试验的压板尺寸也不宜过小，特别是当场地内含有软弱下卧层时。

（四）荷载板的尺寸效应

由于载荷试验具有缩尺模型和反映土的变形特性的直观特点，国内外多将平板载荷试验作为确定地基承载力的基本方法，GB 50007《建筑地基基础设计规范》规定：对破坏后果很严重的如高层建筑等一级建筑物，应结合当地经验采用载荷试验、理论公式计算及其他原位试验等方法综合确定；以静力触探、旁压仪及其他原位试验确定地基承载力时，应与载荷试验进行对比后确定。

但荷载板的尺寸一般远小于建筑物的基础尺寸，故其影响深度极为有限，由试验得出的 $P$—$S$ 曲线具有模型试验的特征，不代表基础的荷载与沉降之间的关系，所求得的变形模量也不能盲目地用于整个压缩层。一般而言，当荷载相同时，基础的面积越大，所产生的总沉降也越大。特别是当基底下含有软弱下卧层时更需注意。

## 三、试验成果的整理分析

（一）原始读数的计算复核

对位于承压板上百分表的现场记录读数，求取其平均值，计算出各级荷载下各观测时间的累计沉降量，对于监测地面位移的百分表，分别计算出各地面百分表的累计升降量。经确认无误后，可以绘制所需要的各种实测曲线，供进一步分析之用。

（二）曲线绘制

一般地，地基静载试验主要应绘制 $P—S$ 曲线，但根据需要，还可绘制各级荷载作用下的沉降和时间之间的关系曲线以及地面变形曲线。

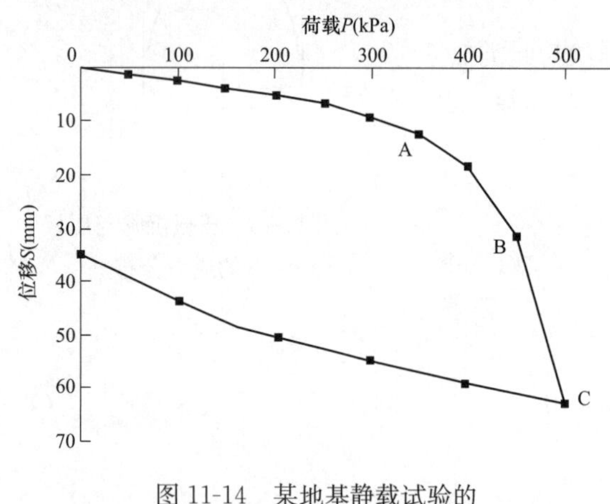


图 11-14　某地基静载试验的荷载—位移曲线（$P—S$ 曲线）

完整的 $P—S$ 曲线包含了 3 个阶段，如图 11-14 所示：

0A 段为弹性阶段，曲线特征为近似线性，基本上反映了地基土的弹性性质，A 点为比例界限，对应的荷载称为临塑荷载；

AB 段为塑性发展阶段，曲线特征为曲率加大，表明地基土由弹性过渡到弹塑性，并逐步进入破坏；

BC 段为破坏阶段，曲线特征为产生陡降段，C 点对应的荷载称为破坏荷载，在该级荷载作用下压板的沉降通常不能稳定或总体位移太大，C 点荷载的前一级荷载（不一定是 B 点）称为极限荷载。

若绘出的 $P—S$ 曲线的直线段不通过坐标原点，可按直线段的趋势确定曲线的起始点，以便对 $P—S$ 曲线进行修正。

## 四、试验成果的应用

（一）确定地基承载力

就总体而言，建筑物的地基应有足够的强度和稳定性，这也就是说地基要有足够的承载能力和抗变形能力。确定地基的承载力时既要控制强度，一般至少确保安全系数不小于 2，又要能确保建筑物不致产生过大沉降。但具体到各类工程时侧重点有所不同，这与工程的使用要求和使用环境有关。铁路建筑物一般以强度控制为主、变形控制为辅；工业与民用建筑则一般以变形控制为主、强度控制为辅。

GB 50007《建筑地基基础设计规范》附录 C 对于确定地基承载力的规定如下：

（1）当 $P—S$ 曲线上有明确的比例界限时，取该比例界限所对应的荷载值；

（2）当极限荷载小于对应比例界限的荷载值的 2 倍时，取极限荷载值的一半；

（3）当不能按上述二款要求确定时，当压板面积为 0.25～0.5$m^2$，可取 $s/b$=0.01～0.015 所对应的荷载，但其值不应大于最大加载量的一半。

在求得地基承载力实测值后，该规范规定按下述方法确定地基承载力特征值：

同一土层参加统计的试验点不应少于 3 点，当试验实测值的极差不超过其平均值的 30%时，取此平均值作为该土层的地基承载力特征值 $f_{ak}$。当极差超过其平均值的 30%时，应分析原因，结合工程实际判别，可增加试验点数量。

（二）计算变形模量

确定地基土的变形模量的可靠方法是原位测试，原位测试方法中较好的也较有成效的是现场静载荷试验和旁压试验。载荷试验确定 $E_0$ 的方法：根据压力—沉降曲线（图 11.5.3-1），曲线前部的 $OA$ 段大致成直线，说明地基的压力与变形呈线性关系，地基的变形计算可应用弹性理论公式。于是借用前述公式可算出土的变形模量 $E_0$。具体做法是，在 $P—S$ 曲线的直线段 $OA$ 上可以任选一点 $P$ 和对应的 $S$，代入公式，即可算出压板下压缩土层（大致 $3B$ 或 $3D$ 厚）内的平均 $E_0$ 值，并可用于计算地基沉降。

浅层平板载荷试验确定地基变形模量，可按式（11-40）计算：

$$E_0 = I_0(1-\mu^2)pb/s \tag{11-40}$$

式中　$b$——承压板直径或边长，m；

$E_0$——变形模量，MPa；

$I_0$——刚性承压板的形状系数，圆形板取 0.785，方形板取 0.866，矩形板当长宽比为 1.2 时，取 0.809，长宽比为 2 时，取 0.626，其余可计算求得，但长宽比不宜大于 2；

$\nu$——土的泊松比，应根据试验确定；当有工程经验时，碎石土可取 0.27，砂土可取 0.30，粉土可取 0.35，粉质黏土可取 0.38，黏土可取 0.42；

$p$——$P$—$S$ 曲线线性段的压力值，kPa；

$s$——$P$ 对应的沉降量，mm。

## 第六节　十字板剪切试验

十字板剪切试验于 1928 年在瑞士奥尔桑（J・Olsson）首先提出。在我国于 1954 年开始使用十字板剪切试验以来，在沿海软土地区被广泛使用。十字板剪切试验是快速测定饱和软黏土层快剪强度的一种简易而可靠的原位测试方法。

### 一、试验设备及方法

（一）试验设备

十字板剪切仪根据其测力方式，主要分为机械式和电测式。机械式十字板剪切仪是利用蜗轮旋转插入土层中的十字板头，由开口钢环测出抵抗力矩，计算土的抗剪强度。电测式十字板剪切仪是通过在十字板头上连接一贴有电阻片的受扭力矩的传感器，用电阻应变仪测剪切扭力。十字板剪切试验设备主要为压入主机、十字板头、扭力传感器、量测扭力仪表、施加扭力装置。

十字板剪切试验的基本技术要求如下：

（1）十字板尺寸。常用的十字板尺寸为矩形，高径比（$H/D$ 为 2）。国外使用的十字板尺寸与国内常用的十字板尺寸不同，见表 11-26。

**表 11-26　十字板尺寸**

| 十字板尺寸 | 板高 $H$（mm） | 板宽 $D$（mm） | 厚度（mm） |
|---|---|---|---|
| 国内 | 100 | 50 | 2～3 |
| | 150 | 75 | 2～3 |
| 国外 | 125±12.5 | 62.5±12.5 | 2 |

（2）对于钻孔十字板剪切试验，十字板插入孔底以下的深度应大于 5 倍孔径，以保证十字板能在不扰动土中进行剪切试验。

（3）十字板插入土中与开始扭剪的间歇时间应小于 5min。因为插入时产生的超孔隙水压力的消散，会使侧向有效应力增长。拖斯坦桑（Torstensson）发现间歇时间为 1h 和 7d 的，试验所得不排水抗剪强度比间歇时间为 5min 的，约分别增长 9%和 19%。

（4）扭剪速率也应很好控制。剪切速率过慢，由于排水导致强大增长。剪切速率过快，对饱和软黏性土由于黏滞效应也使强度增长。一般应控制扭剪速率为 1 圈～2 圈/10s，并以此作为统一的标准速率，以便能在不排水条件下进行剪切试验。测记每扭转 1 圈的扭矩，当扭矩出现峰值或稳定值后，要继续测读 1min，以便确认峰值或稳定扭矩。

（5）重塑土的不排水抗剪强度，应在峰值强度或稳定值强度出现后，顺剪切扭转方向连续转动 6 圈后测定。

（6）十字板剪切板试验抗剪强度的测定精度应达到 1～2kPa。

(7) 为测定软黏性土不排水抗剪强随深度的变化，试验点竖向间距应取为 1m，或根据静力触探等资料布置验点。

(二) 试验方法

现场测定软黏性土的不排水抗剪强度和残余强度等的基本方法和要求如下：

(1) 先钻探开孔，下直径为 127mm 套管至预定试验深度以上 75cm，再用提土器逐段清孔至套管底部以上 15cm 处，并在套管内灌水，以防止软土在孔底涌起及尽可能保持试验土层的天然结构和应力状态。

(2) 将十字板头、离合器、轴杆与试验钻杆及导杆等逐节接好下入孔内至十字板与孔底接触。各杆件要直，各接头必须拧，以减少不必要的扭力损耗。

(3) 用手摇套在导杆上向右转动，使十字板离合齿啮合。再将十字板徐徐压入土中至预定试验深度，并静置 2～3min。

(4) 装好底座和加力、测力装置，以约 1 圈/10s 速度旋转转盘，每转 1 圈，测记钢环变形读数，直至读数不再增大或开始减小，即表示土体已被剪损。此时，施于钢环的作用力（以钢环变形值乘以钢环变形系数算得）就是把原状土剪损的总作用力 $p_f$ 值。

(5) 拔下连接导杆与测力装置的持制键，套上摇把，按顺时针方向连续转动导杆、轴杆和十字板头 6，使土完全扰动，再按步骤 4 以同样的剪切速度进行试验，可得重塑土的总作用力 $p_f'$ 值。

(6) 拔下控制轴杆与十字板头连接的特制键，将十字板轴杆向上提 3～5cm，使连接轴杆与十字板头的离合器处于离开状态，然后仍按步骤 4 可测得轴杆与土间的摩擦力和仪器机械阻力值 $f$。

则试验深度处原状土不排水抗剪强度为式（11-41）：

$$c_u = k(p_f - f) \tag{11-41}$$

重塑土不排水抗剪强度（或称残余强度）为式（11-42）：

$$c_u' = k(p_f' - f) \tag{11-42}$$

式中 $c_u$——为地基土不排水抗剪强度，kPa；

$c_u'$——为地基土重塑土不排水抗剪强度，kPa；

$p_f$——为剪损土体的总作用力，kN；

$p_f'$——为剪损重塑土体的总作用力，kN；

$f$——为轴杆与土体间的摩擦力和仪器机械阻力，kN；

$k$——为十字板常数；当板头尺寸为 50mm×100mm 时，取 0.002 18$\text{cm}^{-3}$；当板头尺寸为 75mm×150mm 时，取 0.000 65$\text{cm}^{-3}$。

土的灵敏度 St 为式（11-43）：

$$S_t = \frac{c_u}{c_u'} \tag{11-43}$$

## 二、基本测试原理

十字板剪切试验包括钻孔十字板剪切试验和贯入电测十字板剪切试验，其基本原理都是：施加一定的扭转力矩，将土体剪坏，测定土体对抗扭剪的最大力矩，通过换算得到土体抗剪强度值（假定 $a=0$）。假设土体是各向同性介质，即水平面的不排水抗剪强度 $(c_u)_h$ 与垂直面上的不排水抗剪强度 $(c_u)_v$ 相同：$(c_u)_v=(c_u)_h$。旋转十字板头时，在土体中形成一个直径为 $D$，高为 $H$ 的圆柱剪切破坏面。由于假设土体是各向同性的，因此该圆柱剪损面的侧表面及顶底面上各点的抗剪强度相等，则旋转过程中，土体产生的最大抗扭矩 $M$ 由圆柱侧表面的抵抗扭矩 $M_1$ 和圆柱底面的抵抗扭矩 $M_2$ 组成，见式（11-44）。

$$M = M_1 + M_2 \tag{11-44}$$

式中 $M_1 = c_u \pi DH \dfrac{D}{2}$，$M_2 = \left[2c_u\left(\dfrac{1}{4}\pi D^2\right)\dfrac{D}{2}\right]\alpha$。

则：

$$M=\frac{1}{2}c_u\pi D^2+\frac{1}{4}c_u\pi\alpha D^3=\frac{1}{2}c_u\pi D^3\left(\frac{H}{D}+\frac{\alpha}{2}\right) \tag{11-45}$$

所以：

$$c_u=\frac{2M}{\pi D\left(\frac{H}{D}+\frac{\alpha}{2}\right)} \tag{11-46}$$

式中 $\alpha$——与圆柱顶底面剪应力的分布有关的系数，见表 11-27；

$M$——十字板稳定最大扭转矩（即土体的最大抵抗扭矩）。

**表 11-27** **$\alpha$ 值**

| 圆柱顶底面剪应力分布 | 均匀 | 抛物线 | 三角形 |
|---|---|---|---|
| $\alpha$ | 2/3 | 3/5 | 1/2 |

影响十字板剪切试验的因素很多，如十字板厚度、间歇时间和扭转速率等。已由技术标准加以控制了，但有些因素是无法人为控制的。例如：土的各向异性，剪切面剪应力的非均匀分布，应变软化和剪切破坏圆柱直径大于十字板直径等等。所有这些因素的影响大小，均与土类，土的塑性指数 $I_p$ 和灵敏度 $S_t$ 有关。当 $I_p$ 高，$S_t$ 大，各因素的影响也大。故对于高塑性的灵敏黏土十字板剪切试验的成果，要做慎重分析。

## 三、试验成果的整理分析

（1）出现零位漂移超过满量程的±1%时，可按线性内插法校正；记录深度与实际深度的误差超过±1%时，可在出现误差的深度范围内等距离调整。

（2）十字板常数 $K_c$、地基土不排水抗剪强度 $C_u$、地基土重塑土强度 $C'_u$、土的灵敏度 $S_t$ 可按 JGJ 340《地基检测技术规范》中的公式 10.4.2、10.4.3-1、10.4.4-1、10.4.5 进行计算。

（3）十字板剪切试验结果宜结合平板载荷试验结果对基础土承载力特征值作出评价。当单独采用十字板剪切试验统计结果评价地基（土）时，可根据不排水抗剪强度标准值，推定地基土承载力特征值。

十字板不排水抗剪强度一般偏高，要经过修正以后，才能用于实际工程。其修正公式为式（11-47）：

$$(C_u)_f=\mu\ (C_u)_{fv} \tag{11-47}$$

式中 $(C_u)_f$——土的现场不排水抗剪强度，kPa；

$(C_u)_{fv}$——十字板实测不排水抗剪强度，kPa；

$\mu$——修正系数，按表 11-28 选取。

**表 11-28** **十字剪板修正系数**

| 塑性指数 $I_p$ | | 10 | 15 | 20 | 25 |
|---|---|---|---|---|---|
| $\mu$ | 各向同性土 | 0.91 | 0.88 | 0.85 | 0.82 |
| | 各向异性土 | 0.95 | 0.92 | 0.90 | 0.88 |

经过修正后的十字板不排水抗剪强度可用于确定地基土的现场不排水抗剪强度，即式（11-47）确定的 $(C_u)_f$。

## 四、试验成果的应用

### （一）判定土的应力历史

十字板不排水抗剪强度 $C_u$ 随深度的变化曲线，即 $C_u$—$h$ 关系曲线。根据 $C_u$—$h$ 曲线，判定土的固结历史：若 $C_u$—$h$ 曲线大致呈一通过地面原点的直线，可判定为正常固结土；若 $C_u$—$h$ 直线不通过原点，而与纵坐标的向上延长轴线相交，则可判定为超固结土。

(二) 确定软土的地基承载力

根据中国建筑科学研究院，华东电力设计院的经验，依据 $(C_u)_f$ 评定软土地基承载力标准值 $f_k$ (kPa) 的公式为式 (11-48)：

$$f_k = 2(C_u)_f + \gamma D \tag{11-48}$$

式中 $\gamma$ ——土的重度，$kN/m^3$；

$D$ ——基础埋置深度，m。

也可以利用地基土承载力的理论公式，根据 $(C_u)_f$ 确定地基土的承载力。

(三) 估算软土的液性指数 $I_L$ [见式 (11-49)]

$$I_L = \lg \frac{13}{\sqrt{(C_u)_{fv}'}} \tag{11-49}$$

式中 $(C_u)_{fv}'$ ——扰动的十字板不排水抗剪强度，kPa。

约翰逊等曾统计得式 (11-50)：

$$\frac{(C_u)_{fv}}{\sigma_v} = 0.171 + 0.235 I_L \tag{11-50}$$

式中 $\sigma_v$ ——上覆压力，kPa。

## 第七节 旁 压 试 验

旁压试验 (Pressure Test) 是将圆柱形旁压器放入土中，向旁压器内充水（或气）并施加压力，利用旁压器的扩张，对周围土施加均匀压力，测量压力与体积扩张（径向变形）的关系，即可得地基土在水平方向上的应力应变关系。根据这种关系测求地基土的承载力（强度）、变形模量等力学参数。

按旁压器放入土层中的方式，可分为：预钻式旁压试验、自钻式旁压试验和压入式旁压试验。本文的测试原理和成果整理内容主要介绍预钻式旁压试验。

(1) 预钻式旁压试验是事先在土层中预钻一竖直钻孔，再将旁压器下到孔内试验深度（标高）处进行旁压试验，预钻式旁压试验的结果很大程度上取决于成孔的质量。

(2) 自钻式旁压试验是在旁压器的下端装置切削钻头和环形刃具，在以静力置入土中的同时，用钻头将进入刃具的土切碎，并用循环泥浆将碎土带到地面，钻到预定试验深度后，停止压入，进行旁压试验。

(3) 压入式旁压试验又分为圆锥压入式和圆筒压入式，都是用静力将旁压器压入指定的试验深度进行试验。

目前，国际上出现一种将旁压腔与静力触探探头组合在一起的仪器，在静力触探试验的过程中可随时停止贯入进行旁压试验。

旁压试验适用于黏性土、粉土、砂土、碎石土、极软岩和软岩等地层的测试。

通过对旁压试验成果分析，并结合地区经验，可用于以下目的：

(1) 对土进行分类；

(2) 评价地基土的承载力；

(3) 评价地基土的变形参数，进行沉降估算；

(4) 根据旁压曲线，可推求地基土的原位水平应力、静止侧压力系数和不排水抗剪强度等参数。

### 一、试验设备和方法

(一) 预钻式旁压仪

旁压试验所需的仪器设备主要由旁压器、变形测量系统和加压稳压装置等部分组成。

国内使用的预钻式旁压仪有 PY 型和 PM 型两种型号。两种型号的旁压仪外形结构相似，技术指标略有差异。其主要部件如下。

1. 旁压器

为圆柱形骨架，外部套有密封的弹性橡皮膜。一般分上、中、下三个腔体，中腔为主脏（测试腔，长 250mm，初始体积为 491mm$^3$），上、下腔以金属管相连通，为保护腔（各长 100mm），与中腔隔离。

测试时，高压水从控制装置经管路进入主腔，使橡皮膜发生径向膨胀，压迫周围土体，得主腔压力与体积增量的关系。与此同时，以同样压力水向护控压入，这样，三腔同步向四周变形，以此保证主腔周围土体的变形呈平面应变状态。PM-1 型旁压器的结构原理图如图 11-15 所示，其主要技术指标见表 11-29。

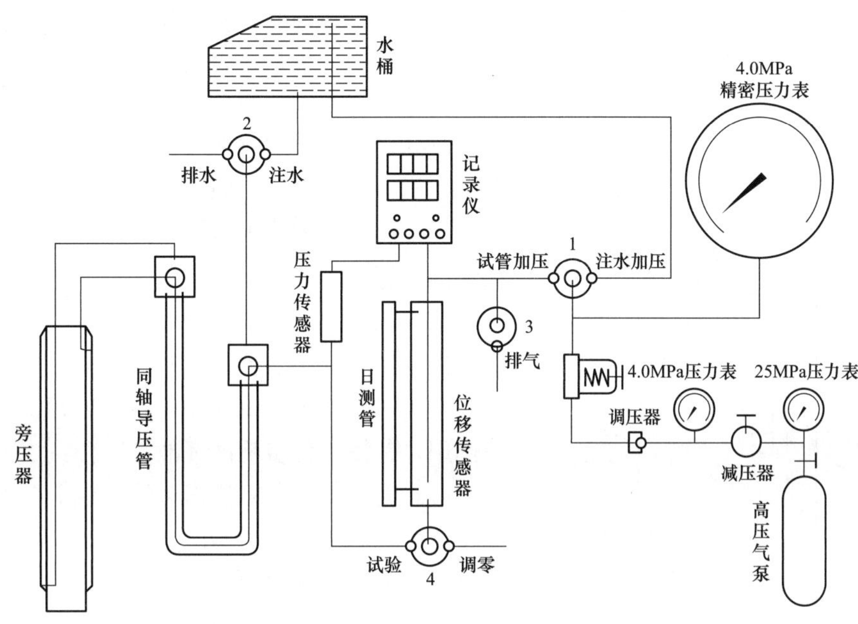


图 11-15　PM-1 型旁压器的结构原理图

表 11-29　　PM-1 型旁压器主要技术指标

| 序号 | 名　称 | | 指标（规格） | |
|---|---|---|---|---|
| | | | PM1-A | PM1-B |
| 1 | 旁压器 | 标准外径（mm） | 50 | 90 |
| | | 带保护套外径（mm） | 53 | 95 |
| | | 测量腔有效长度（mm） | 340 | 335 |
| | | 旁压器总长（mm） | 820 | 910 |
| | | 测量腔初始体积（cm$^3$） | 667.3 | 2130 |
| 2 | 精度 | 压力 | 1% | 1% |
| | | 旁压器径向位移（mm） | <0.05 | <0.1 |
| 3 | 其他 | 测管截面积（cm$^2$） | 19.2 | 60.36 |
| | | 最大试验压力（MPa） | 2.5 | 2.5 |
| | | 主机外形尺寸（cm×cm×cm） | 25×36×85 | 25×36×85 |
| | | 主机质量（kg） | ≈25 | ≈26 |

2. 变形量测装置

变形测量装置是测读和控制进入旁压器的水量，由不锈钢储水筒、目测管、位移和压力传感器、显示记录仪、精密压力表、同轴导压管及阀门等组成。测管和辅管都是有机玻璃管，最小刻度 1mm。

3. 加压稳压装置

加压稳压装置为控制旁压器给土体分级施加压力，并在试验规定的时间内自动精确稳定各级压力。由高压储气瓶（氮气）、精密调压阀、压力表及管路等组成。

4. 管路

管路主要是由两根注水管和两根导压管组成。

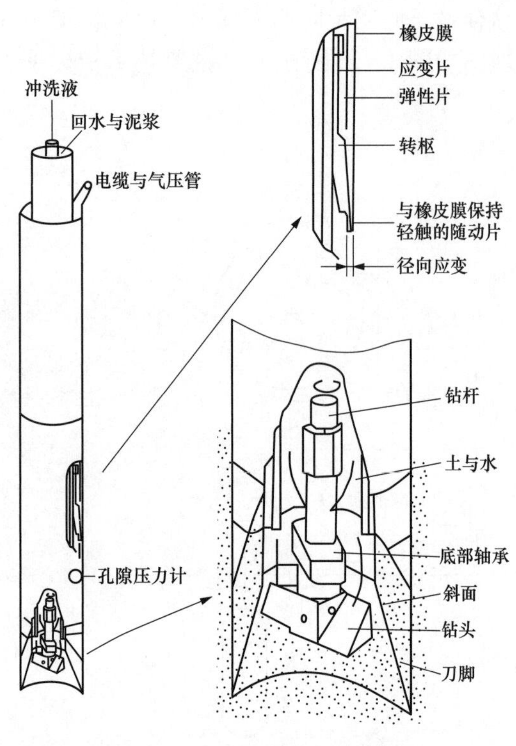


图 11-16 剑桥探头构造图

（二）自钻式旁压仪

自钻式旁压仪主要有英国剑桥型及法国道桥型。英国剑桥型旁压仪由探头（包括钻进器和旁压器）、液压地面升降架系统、钻进器的驱动系统、泥浆循环系统、压力控制系统和数据采集系统等五部分组成。旁压器为单腔，其中央为导水管用以疏导地下的泥浆。

此外，在弹性膜外加一层能扩张的金属保护套，见图 11-16。由地面的动力设备转动钻杆，回转带动钻进器转动。在刃脚内破碎土体，并借循环水将切碎的土屑输送到地面，旁压器下放至试验深度。

（三）试验方法

1. 试验前准备工作

使用前，必须熟悉仪器的基本原理、管路图和各阀门的作用，并按下列步骤做好准备工作：

（1）充水。向水箱注满蒸馏水或干净的冷开水，旋紧水箱盖。注意，试验用水严禁使用不干净水，以防生成沉积物而影响管道的畅通。

（2）连通管路。用同轴导压管将仪器主机和旁压器细心连接，连接好气源导管，旋紧。

（3）注水、排气。打开高压气瓶阀门并调节其上减压器，使其输出压力为 0.15MPa 左右。将旁压器竖置于地面，阀 1 置于注水加压位置，阀 2 置于注水位置，阀 3 置于排气位置，阀 4 置于试验位置。

旋转调压阀手轮，给水箱施加 0.15MPa 左右的压力，以水箱盖中的皮膜受力鼓起时为准，以加快注水速度。当水上升至（或稍高于）目测管的“0”位时，关闭阀 2、阀 1，旋松调压阀，打开水箱盖。在此过程中，应不断晃动拍打导压管和旁压器，以排出管路中滞留的空气。

（4）调零。把旁压器垂直提高，使其测试腔的中点与目测管“0”刻度相齐平，小心地将阀 4 旋至调零位置，使目测管水位逐渐下降至“0”位时，随即关闭阀 4，将旁压器放好待用。

（5）检查。检查传感器和记录仪的连接等是否处于正常工况，并设置好试验时间标准。

2. 测试设备的检定、校正

测试设备的检定是保证旁压试验正常进行的前提，检定共包括两项内容：弹性膜约束力检定、仪器综合变形检定。

（1）弹性膜约束力的检定。

检定的目的是确定在某一体积增量时消耗于弹性膜本身的压力值。检定前，适当加压（0.05MPa）之后，当测水管水位降至 36cm 时，退压至零（旁压器中腔的中点与目测管水位齐平），使弹性膜呈不受压的状态，如此反复 5 次，之后开始校正。

校正时，按试验的压力增量（10kPa）逐级加压，并按试验的测读时间（1min 观测，读数时间为 15、30、60s）记录测管水位下降值（或体积扩张值）。最后绘压力 $P$ 与水位下降值 $S$ 的 $P$—$S$ 曲线，见图 11-17。

（2）仪器综合变形值的检定。

主要是检定量管中的液体在到达旁压器主腔以前的体积损失位。此损失值主要是测管及管路中充满受压液体后所产生的膨胀。

率定前将旁压器放存一内径比旁压器外径略大的厚壁钢管（校正筒）内，使旁压器在侧限条件下分级加压，压力增量一般为 100kPa，加压 5～7 级后终止试验。在各级压力下的观测时间与正式试验一样（即 15、30、60、120s），测量压力与扩张体积的关系，通常为直线关系。

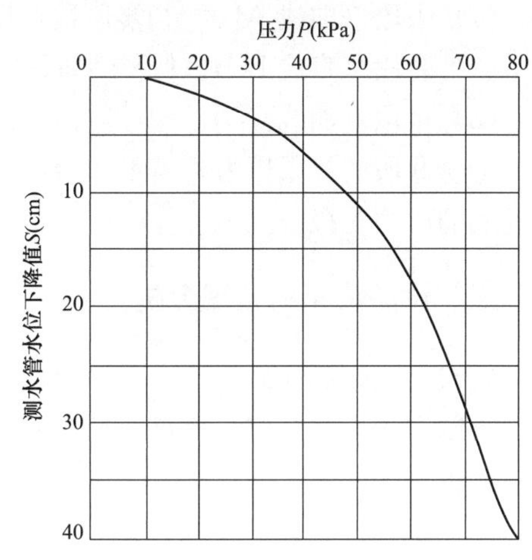

图 11-17　弹性膜约束力校正曲线示意图

3. 试验终止

当测管水位下降接近 40cm 或水位急剧下降无法稳定时，应立即终止试验，以防弹性膜胀破。可根据现场情况，采用下列方法之一终止试验：

（1）尚需进行试验时。当试验深度小于 2m 时，可迅速将调压阀按逆时针方向旋至最松位置，使所加压力为零。利用弹性膜的回弹，迫使旁压器内的水回至测管。当水位接近“0”位时，关闭阀 4，取出旁压器。

当试验深度大于 2m 时，将阀 2 置于注水位置。打开水箱盖，利用系统内的压力，使旁压器里的水回至水箱备用。旋松调压阀，使系统压力为零，此时关闭阀 2，取出旁压器。

（2）试验全部结束。将阀 2 置于排水位置，利用试验中当时系统内的压力将水排净后旋松调压阀。导压管快速接头取下后，应罩上保护套，严防泥沙等杂物带入仪器管道。

4. 注意事项

（1）一次试验必须在同一土层，否则，不但试验资料难以应用，而当上、下两种土层差异过大时，会造成试验中旁压器弹性膜的破裂，导致试验失败。

（2）钻孔中取过土样或进行过标贯试验的孔段，由于土体已经受到不同程度的扰动，不宜进行旁压试验。

（3）试验点的垂直间距应根据地层条件和工程要求确定，但不宜小于 1m；试验孔与已钻孔的水平距离也应不小于 1m。

（4）在试验过程中，如由于钻孔直径过大或被测岩土体的弹性区较大时，可能水量不够，即岩土体仍处在弹性区域内，而施加压力尚未达到仪器最大压力值，且位移量已达到 320mm 以上。此时，如要继续试验，则应进行补水。

（5）试验完毕，若准备较长时间不使用仪器，须将仪器内部所有水排尽，并擦净外表，改放在阴凉、干燥处。

## 二、基本测试原理

仪器工作时，由加压装置通过增压缸的面积变换，将较低的气压转换为较高压力的水压，并通过高压导管传至旁压器，使旁压器弹性膜膨胀导致地基孔壁受压而产生相应的侧向变形。其变形量可由增压缸的活塞位移值 $S$ 确定，压力 $P$ 由与增压缸相连的力传感器测得。根据所测结果，得到压力 $P$ 和位移值 $S$ 间的关系，即旁压曲线。从而得到地基土层的临塑压力、极限压力、旁压模量等有关土力学指标。

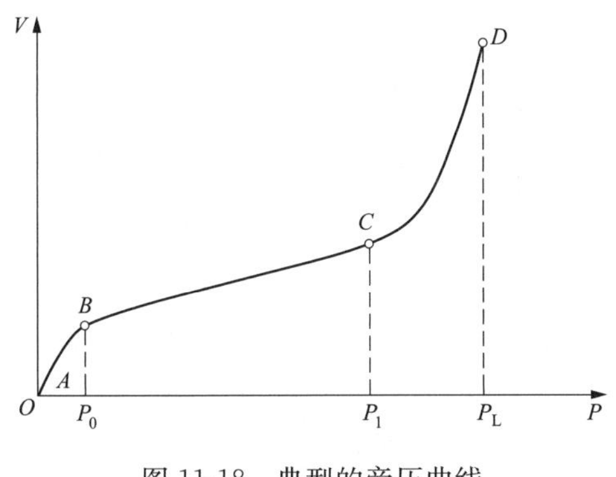

图 11-18　典型的旁压曲线

旁压试验可理想化为圆柱孔穴扩张课题，为轴对称平面应变问题。典型的旁压曲线见图 11-18，可分为三段：

(1) Ⅰ段（曲线 AB)。初步阶段，反映孔壁扰动土的压缩与恢复。

(2) Ⅱ段（直线 BC)。似弹性阶段，压力与体积变化量大致成直线关系。

(3) Ⅲ段（曲线 CD)。塑性阶段，随着压力的增大，体积变化量逐渐增加到破坏。

Ⅰ—Ⅱ段的界限压力相当于初始水平压力 $p_0$，Ⅱ—Ⅲ段的界限压力相当于临塑压力 $p_f$，Ⅲ段末尾渐近线的压力为极限压力 $p_L$。

## 三、试验成果的整理分析

### (一) 压力与测管水位下降的校正

绘制 $P—S$ 曲线前，要对原始资料进行整理，主要是对各级压力和相应的测管水位下降值进行校正。校正公式如下：

(1) 压力校正公式 (11-51)：

$$P=p_m+p_w-p_i \tag{11-51}$$

式中 $P$ ——校正后的压力，kPa；

$p_m$ ——压力表读数，kPa；

$p_w$ ——静水压力，kPa；

$p_i$ ——弹性膜约束力，可查弹性膜约束力校正曲线，kPa。

(2) 测管水位下降值（或体积）校正公式 (11-52) 和公式 (11-53)：

$$S=S_m-\alpha(p_m+p_w) \tag{11-52}$$

$$V=V_m-\alpha(p_m+p_w) \tag{11-53}$$

式中 $S$、$V$ ——校正后的测管水位下降值（体积）；

$S_m$、$V_m$ ——实测测管水位下降值（体积）；

$\alpha$ ——仪器综合变形校正系数，$m^2/kN$。

其他符号同前。

### (二) 旁压曲线的绘制

#### 1. 旁压曲线参数

绘制修正后的压力 $P$ 和测管水位下降值 $s$ 曲线。国外常用 $P—V$ 曲线代替 $P—s$ 曲线，$V$ 为测管内水的体积变化量。由 $P—s$ 曲线经换算后绘 $P—V$ 曲线。

换算公式为：

$$V=As \tag{11-54}$$

式中 $V$——换算后的体积变形量，$cm^3$；

$A$——测管内截面积，$cm^2$；

$s$——测管水位下降值，cm。

#### 2. 旁压曲线绘制步骤

(1) 定坐标：在直角坐标系中，以 $s$ (cm) 为纵坐标，$P$ 为横坐标，比例可以根据试验数据的大小自行选定。

(2) 根据校正后各级压力 $P$ 和对应的测管水位下降值 $s$，分别将其确定在选定的坐标上，然后先连直线段并两端延长，与纵轴相交的截距即为 $s_0$；再用曲线板连曲线部分，定出曲线与直线段的切点，此点为直线段的终点。

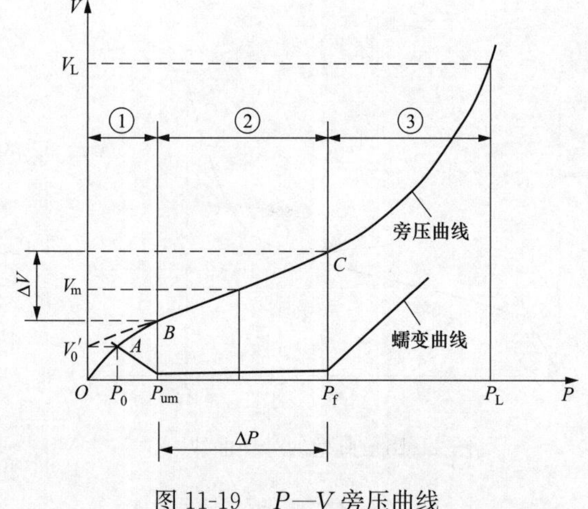

图 11-19 $P—V$ 旁压曲线

由此可绘制预钻式旁压曲线 $P—V$ 曲线，见图 11-19。图中蠕变曲线为 $P—\Delta V_{60\sim30}$，其中 $\Delta V_{60\sim30}$

为该压力下经 60s 与 30s 的体积差。

3. 曲线分析

$P$-$V$ 曲线可分为三段：

（1）段—首曲线段为初步阶段。

（2）段—似弹性阶段，压力与体积变化量大致成直线关系。

（3）段—尾曲线段处于塑性阶段，随压力的增大，体积变化量迅速增加。

（三）特征压力值的确定

1. 初始压力 $p_0$

初始压力 $p_0$ 值：旁压试验曲线直线段延长与纵轴相交于 $V_0$（或 $S_0$），由该点作与 $P$ 轴的平行线相交于曲线的点所对应的压力为 $p_0$。

2. 临塑压力 $p_f$

临塑压力 $p_f$ 可由以下两种方法确定：

（1）旁压试验曲线直线段的终点所对应的压力为 $p_f$。

（2）按各级压力下 30～60s 的体积增量 $\Delta S_{60\sim30}$ 或 30～120s 的体积增量 $\Delta S_{120\sim30}$ 与压力 $p$ 的关系曲线辅助分析确定，如图 11-20 所示。

3. 极限压力 $p_L$

旁压试验曲线过临塑压力后，趋向于 $s$ 轴的渐近线的压力即为极限压力 $p_L$，或 $V=V_c+2V_0$（$V_c$ 为中腔固有体积，$V_0$ 为孔穴体积与中腔初始体积的差值）时所对应的压力作为 $p_L$ 值。

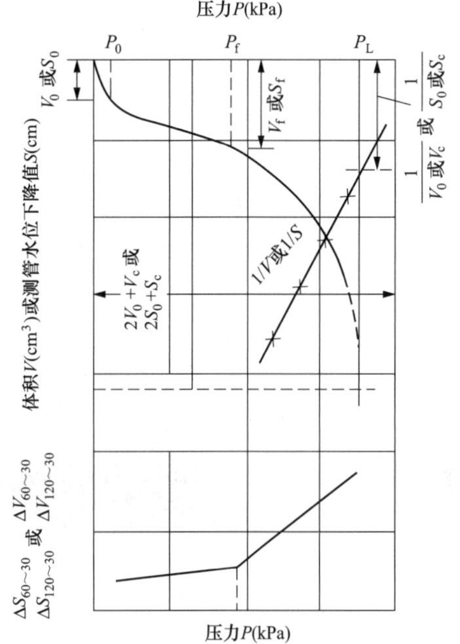


图 11-20 $P$—$S$ 旁压曲线

## 四、试验成果的应用

（一）划分土类及确定土的物理状态

依 $E_M/p^*$ 值进行土类划分：$E_M$ 为旁压模量，$p^*$ 为净极限压力。

黏性土：$E_M/p^*>12$

砂土：$7<E_M/p^*<12$

按 Baguelin 的经验，可由表 11-30 确定黏性土的状态，按表 11-31 确定砂土的密实度。

**表 11-30 用 $p^*$ 判定黏性土状态**

| 状态 | 流塑 | 软塑 | 可塑 | 硬塑 | 很硬 | 坚硬 |
|---|---|---|---|---|---|---|
| $p^*$（kPa） | 0～75 | 75～150 | 150～350 | 350～800 | 800～1600 | >1600 |

**表 11-31 用 $p^*$ 判定砂土密实状态**

| 密实度 | 很松 | 疏松 | 中密 | 密实 | 极密 |
|---|---|---|---|---|---|
| $p^*$（kPa） | 0～200 | 200～500 | 500～1500 | 1500～2500 | >2500 |

（二）确定地基承载力

常用的有两种方法：

（1）临塑荷载法，见式（11-55）：

$$f_{ak}=p_f-p_0 \tag{11-55}$$

（2）极限荷载法，见式（11-56）：

$$f_{ak}=(p_L-p_0)/F_s \tag{11-56}$$

式中 $p_0$——土的初始压力；

$p_f$——土的临塑压力；

$p_L$——土的极限压力；

$F_s$——安全系数，一般取2～3，也可根据地区经验确定。

对于一般土宜采用临塑荷载法；对于旁压试验曲线过临塑压力后急剧变陡的土宜采用极限荷载法。

（三）计算旁压模量［见式（11-57）］

$$E_M=1(1+\nu)(V_c+V_m)\Delta p/\Delta V \tag{11-57}$$

式中 $\nu$——泊松比；

$E_M$——旁压模量，MPa；

$V_c$——旁压器中腔固有体积，$cm^3$；

$V_m$——平均体积，$cm^3$，$V_m=(V_0+V_f)/2$；$V_0$、$V_f$ 分别为对应于 $p_0$、$p_L$ 的体积；

$\Delta p$——旁压曲线上直线段的压力增量，MPa；

$\Delta V$——相应于 $\Delta p$ 的体积增量（由量管水位下降值乘以量管水柱截面积得到），$cm^3$。

（四）计算变形模量和压缩模量

原机械部勘察研究院提出用式（11-58）求得土的变形模量。

$$E_0=K\times E_M \tag{11-58}$$

式中 $K$——变形模量与旁压模量的比值；

$E_0$——土的变形模量，MPa；

$E_M$——按式（11-57）计算的旁压模量，MPa。

对于黏性土、粉土和砂土，见式（11-59）：

$$K=1+61.1m^{-1.5}+0.0065(V_0-167.6) \tag{11-59}$$

对于黄土类土，见式（11-60）：

$$K=1+43.77m^{-1.5}+0.005(V_0-211.9) \tag{11-60}$$

不区分土类时，见式（11-61）：

$$K=1+25.25m^{-1}+0.0069(V_0-158.5) \tag{11-61}$$

式中 $m$——旁压模量与旁压试验静极限压力的比值：

$$m=E_M/(P_L-P_0) \tag{11-62}$$

也可按地区经验确定：如铁路工程地基土旁压试验与荷载试验对比，得出以下估算地基土变形模量的经验关系式。

（1）变形模量。

当是黄土时，见式（11-63）：

$$E_0=3.723+0.00532G_m \tag{11-63}$$

当是一般黏性土时，见式（11-64）：

$$E_0=1.836+0.00286G_m \tag{11-64}$$

当是硬黏土时，见式（11-65）：

$$E_0=1.026+0.00480G_m \tag{11-65}$$

（2）压缩模量。

通过与室内试验成果对比，建立了估算地基土压缩模量的经验关系式。

当是黄土时，见式（11-66）和式（11-67）：

$$E_s=1.797+0.00173G_m,(h\leqslant 3.0m) \tag{11-66}$$

$$E_s=1.485+0.00143G_m,(h>3.0m) \tag{11-67}$$

当是黏性土时，见式（11-68）：

$$E_s = 2.092 + 0.00252G_m \tag{11-68}$$

上列各式中，$G_m$为旁压剪切模量。

（五）土的侧压力系数

土的侧压力系数 $K_0$ 计算公式为式（11-69）：

$$K_0 = p_0 / vz \tag{11-69}$$

式中　$z$——旁压器中心点高程至地面的土柱高度，m；

$v$——土的重度，kN/m³。

## 第八节　扁铲侧胀仪试验

扁铲侧胀试验（Flat Dilatometer Test，DMT）是意大利学者 Marchettis 于七十年代发明的一种原位测试技术，可作为一种特殊的旁压试验，试验时把一扁铲测头压入土中预定深度，然后施压，使位于扁铲测头一侧面的圆形钢膜向土内膨胀，量测钢膜膨胀三个特殊位置（A、B、C）的压力，从而获得多种岩土参数。如用于土层划分与定名、不排水剪切强度、判定土的液化、静止土压力系数、压缩模量、固结系数等的原位测试。其优点是试验操作简捷，重复性好，可靠性高且较经济，目前已广泛用于浅基工程、桩基工程、边坡工程等。

扁铲侧胀试验最适宜在软弱、松散土中进行。一般适用于软土、黏性土、粉土、黄土和松散-中密的砂土，不适用于含碎石的土、风化岩等。

### 一、试验设备和方法

（一）试验设备

扁铲侧胀仪是由扁铲测头（图 11-21）、测控箱（图 11-22）、气电管路、压力源、贯入设备、探杆等组成。扁铲测头长 230～240mm、宽 94～96mm、厚 14～16mm；探头前刃角 12°～16°，探头侧面钢膜片的直径 60mm，膜片厚约 0.2mm，通过穿在杆内的一根柔性气—电管路和地面上的测控箱相连接。探头采用静力触探设备或液压钻机压入土中。

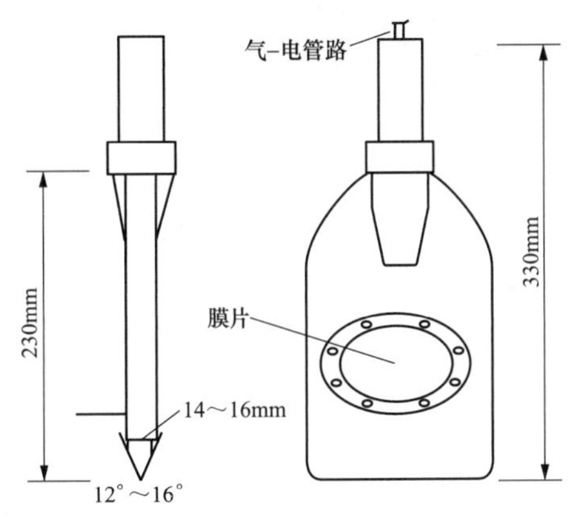


图 11-21　扁铲测头

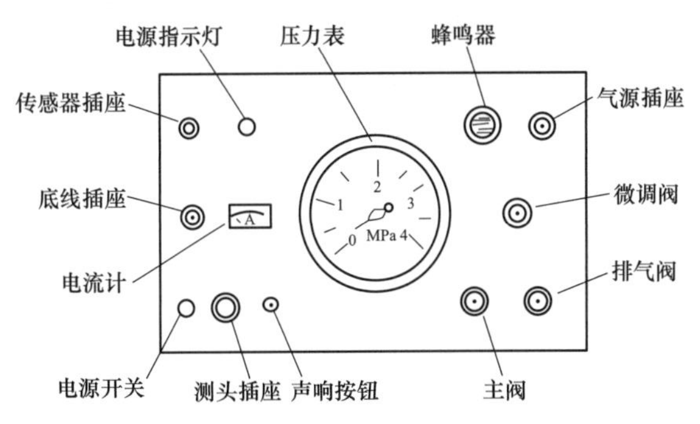


图 11-22　侧胀仪测控箱面板图

扁铲测头的外观尺寸为宽 95mm，厚 15mm，扁铲测头具有楔形底端，用以贯穿土层，楔形底端的顶角介于 24°～32°，测头下端逐渐变薄的区段长 50mm，圆形钢薄膜直径为 60mm，正常厚度为 0.2mm（在可能剪坏测头的土层中，常使用 0.25 厚的钢膜），薄膜固定在扁铲测头一个侧面上。扁铲的工作原理就如一个电开关，绝缘垫将导体基座与扁铲（钢）体和钢膜隔离，导体圆盘与测控箱电源的正极相连，而膜片通过地面接触与测控箱的负极相连。在自然状态下，彼此之间被绝缘体分开，而当膜片受土压力作用而向内收缩与导体基座接触时，或是受气压作用使膜向外鼓胀，钢柱在弹簧作用下与导体基座接触时，则正负极接通，蜂鸣声响起；当膜片处于中间位置时，正负极不能相通，因此不会有蜂鸣声。

在进行 DMT 试验时，当扁铲贯入土层，膜片受土压力的作用向里收缩，膜片与导体基座接触，蜂鸣声响起。

当到达试验位置，操作人员开始向内充气，在一段时间内，膜片仍保持与基座接触（蜂鸣声不断）。当内部压力达到与外部压力平衡时，膜片开始向外移动并与基座脱离（蜂鸣声停止），蜂鸣声停止，提醒操作者读取 A 读数。继续向内充气加压，膜片继续向外移动，膜片中心向外移动达到 1.10mm 时，钢柱在弹簧作用下与导体基座底部接触时，则正负极接通，蜂鸣声再次响起，提醒操作者记录 B 读数。

测控箱一般包括两个压力计（也有采用一个压力计）、与压力源的连接口、与气电管路的连接口、接地电缆接口、检流计和蜂鸣器（由扁铲测头电路的闭合决定是否发出响声，这样，蜂鸣器可以有效地提示电路的闭合与否，促使操作者可以确定 $A$、$B$、$C$ 读数的时机），另外还有排气阀来控制气体的流量，并使测试系统能够顺利排泄气体。

扁铲侧胀试验用高压钢瓶的高压气作为气压源，气体必须是干燥的空气或氮气。一只充气 15MPa 的 10L 气瓶，在中密度土中做 25m 长管路的试验，一般可进行约 1000 个测点，约 200m。耗气量随土质密度和管路增长而增加，因此，在试验前，应先检查气量是否充足，以免在试验中途更换气源。

贯入设备是将扁铲测头贯入预定土层的机具。通常采用的有静力触探机具、标准贯入试验锤击机具和液压钻机机具等。在一般土层中通常采用静力触探机具，而在较坚硬的黏性土或较密实的砂土层，可以采用标贯机具来替代。锤击法会影响试验精度，CPT 设备较为理想，应优先选用。试验中的贯入阻力是很有用的数值，可用以确定如砂土摩擦角等土工参数，若采用 CPT 机具贯入时，贯入速率应控制在 20cm/min。

（二）试验方法

1. 钢膜的检定

钢膜的检定就是为了克服膜片本身的刚度对试验结果的影响，通过检定，可以得到膜片的检定值 $\Delta A$ 和 $\Delta B$，可用于对 $A$、$B$、$C$ 读数进行修正。检定必须做两次，一次为试验前检定，另一次为试验后检定。并检查前、后两次检定值的差别，以判断试验结果的可靠性。

在空气中大气压力下，因为膜表面本身有微小的向外的曲率，自由膜片的位置处于在 A、B 之间的某个位置（即介于距基座 0.05～1.1mm）。$\Delta A$ 是使膜片从自由位置回缩到距离基座 0.05mm（A 位置）时所需的压力；而 $\Delta B$ 是使膜片从自由位置到 $B$ 位置时所需的外界压力，此时为张力。

2. 试验前期准备工作

(1) 试验若采用静力触探设备贯入扁铲测头，应先将气电管路贯穿在探杆中。在贯穿时，要拉直管路，让探杆一根根沿管路滑行穿过为好，尽量减小管路的绞扭和弯伤倘若用钻机开孔锤击贯入扁铲测头，气电管路可不贯穿钻杆中，而采用按一定的间隔直接用胶带绑在钻杆上。

(2) 气电管路贯穿探杆后，一端与扁铲测头连接。然后通过变径接头，拧上第一根探杆，待测试时一根一根连接（若管路绑在钻杆上，须将管路从第一根钻杆的变径接头中引出）。

(3) 检查测控箱、压力源设备完好，需估算一下钢瓶气体是否满足试验测试需要。然后彼此连接上，再将气电管路的另一端跟测控箱的测头插座连接。

(4) 地线接到测控箱的地线插座上，另一端夹到探杆或压机的机座上。

(5) 检查电路是否连通。

3. 测试过程

(1) 扁铲测头贯入速度应控制在 2cm/s 左右，在贯入过程中排气阀始终是打开的。当测头达预定深度后：

1) 关闭排气阀，缓慢打开微调阀，在蜂鸣器停止响的瞬间记下气压值，即 $A$ 读数；

2) 继续缓慢加压，直至蜂鸣器响时，记下气压值，即 $B$ 读数；

3) 立即打开排气阀，并关上微调阀以防止膜片过分膨胀而损坏膜片；

4）接着将探头贯入至下个试验点，在贯入过程中排气阀始终打开，重复下一次试验。

如在试验中需要获得 $C$ 读数，应在步骤 3）中打开微排阀而非打开排气阀，使其缓慢降压直至蜂鸣器停后再次响起（膜片离基座为 0.05mm）时，此时记下的读数为 $C$ 值。

（2）加压的速率对试验的结果有一定影响，因而应将加压速率控制在一定范围内。$A$ 值应控制在 15～20s 之间测得，而 $B$ 值应在 $A$ 值之后的 15～20s 之间获得，$C$ 值在 $B$ 值后约 1min 获得。这个速率是在气电管路为 25m 长的加压速率，对大于 25m 的气电管路，可适当延长。

（3）试验结束后，应立即提升探杆，从土中取出扁铲测头，不能延误，并对扁铲测头膜片进行检定，求得试验后 $\Delta A$ 和 $\Delta B$ 数值。$\Delta A$ 和 $\Delta B$ 应在许用范围内，并且试验前后 $\Delta A$ 和 $\Delta B$ 值相差不能超过 25kPa，否则，试验的数据不能使用。

4. 消散试验

DMT 消散试验方法，试验过程中，只测读 $A$ 值，膜片没有扩张到 $B$ 处。试验步骤如下：

（1）按 DMT 试验程序贯入试验深度，缓慢加压并启动秒表，蜂鸣器响时、读取 $A$ 值并记下所需时间 $t$；立即释放压力回零，而不测 $B$ 和 $C$ 值。

（2）分别在时间间隔为 0.5、1、2、4、8、15、30min 时重复上述步骤。

（3）绘制压力值 $A$-lg$t$ 曲线，曲线的形状通常为“S”形，当曲线的第二个拐点出现后，可停止试验。

5. 注意事项

（1）试验中，随时校核 $B-A>\Delta A+\Delta B$ 是否成立。若不成立，应停止试验，重新校核 $\Delta A$ 和 $\Delta A$ 值。

（2）试验若暂停，排气阀必须打开，以免有关阀门泄漏。

（3）不应该把测头放在地下过夜，因为正常工作时，微小的泄漏无关紧要，若扁铲测头长时间处于地下水位以下。微小泄漏可能使测头进水而导致短路。

（4）对较长的气电管路（>25m），需检查所加气压沿管路是否均衡，检查方法是加压时关闭微调阀，观察压力表数值是否下降，若下降，说明加压速率太快，应适当减慢。

（5）在杂填土土层中试验时，应采用另行配备的实心测头开孔，以免杂填土中的硬物划伤扁铲测头，尤其是避免损坏测头上膜片。

## 二、基本测试原理

试验由贯入扁铲测头开始，在贯入至某一深度后暂停，通过测控箱操作使膜片充气膨胀。在充气鼓胀过程中，得到如下两个读数：

（1）$A$ 读数，膜片距离基座 0.05mm 时的气压值；

（2）$B$ 读数，膜片距离基座 1.10mm 时的气压值。

另外，在到达 B 点之后，通过测控箱上的气压调控器释放气压，使膜片缓慢回缩到距离基座 0.05mm 时，可读取 $C$ 读数。

然后，测头继续往下贯入至下一试验深度（试验点间隔通常是取 20cm）。在每一试验深度，都重复上述试验过程，读取 A、B（有时包括 C）读数。考虑到膜片本身的刚度，根据试验前后得到的检定值 $\Delta A$，$\Delta B$ 来对它们进行修正，以计算 $P_0$、$P_1$ 和 $P_2$。$P_0$ 为膜片在基座时土体所受的压力；$P_1$ 为膜片距离基座 1.10mm 时土体所受的压力，$P_2$ 为膜片回缩到 A 点（距离基座 0.05mm）时土体所受的压力，然后由 $P_0$、$P_1$ 和 $P_2$ 值可获得 4 个扁铲试验中间参数：材料指数 $I_D$、水平应力指数 $K_D$、孔隙水压力指数 $U_D$和扁铲模量 $E_D$。这些参数经过经验公式计算，可以得到一些土性参数，如静止侧压力系数 $K_0$、超固结比 OCR、不排水抗剪强度 $C_u$、侧限压缩模量 $M$ 和砂土内摩擦角等。当进行扁铲消散试验时，还可以对土的水平固结系数 ch 和水平渗透系数 $k_h$进行估计。

## 三、试验成果的整理分析

(1) 读数 A、B、C 经过仪器的率定数值修正，采用式（11-70）、式（11-71）、式（11-72）进行膜片刚度修正。

$$p_0 = 1.05(A - z_m + \Delta A) - 0.05(B - z_m - \Delta B) \tag{11-70}$$

$$p_1 = B - z_m - \Delta B \tag{11-71}$$

$$p_2 = C - z_m - \Delta A \tag{11-72}$$

式中 $P_0$为初始侧压力；$P_1$为 1.1mm 位移时膨胀侧压力；$P_2$为终止压力（回复初始状态侧压力）；$Z_m$为调零前的压力表初读数。

(2) 由 $P_0$、$P_1$、$P_2$可计算如下 4 个 DMT 指数。

土性指数为式（11-73）：

$$I_D = (p_1 - p_0)/(p_0 - u_0) \tag{11-73}$$

水平应力指数为式（11-74）：

$$K_D = (p_0 - u_0)/\sigma'_{V0} \tag{11-74}$$

侧胀模量为式（11-75）：

$$E_D = 34.7(p_1 - p_0) \tag{11-75}$$

侧胀孔隙压力指数为式（11-76）：

$$U_D = (p_2 - u_0)/(p_0 - u_0) \tag{11-76}$$

式中　$u_0$——静水压力；

$\sigma'_{V0}$——有效上覆土压力。

(3) 绘制 $E_D$、$K_D$、$I_D$、$U_D$与深度的关系曲线。

## 四、试验成果的应用

根据试验值和试验指标，按地区经验可划分土类、确定黏性土的状态，计算静止侧压力系数、超固结比、不排水抗剪强度、变形参数，进行液化判别等。

### （一）划分土类

土类的划分在岩土工程中发挥着重要的作用，在扁铲侧胀试验中，可以利用 $I_D$参数对土类进行划分，因为 $I_D$可以反映出土体的软硬状态及强度大小。1980 年，意大利人 Marchetti 提出了依据扁胀指数 $I_D$来划分土类，如表 11-32 和图 11-24 所示。

**表 11-32　　据土性指数 $I_D$划分土类**

| $I_D$ | 0.1 | 0.35 | 0.6 | 0.9 | 1.2 | 1.8 | 3.3 |
|---|---|---|---|---|---|---|---|
| 泥炭及灵敏土 | 黏土 | 粉质黏土 | 黏质粉土 | 粉土 | 砂质粉土 | 粉质砂土 | 砂土 |

用土性指数 $I_D$来划分土类，必须考虑地区和沉积环境等影响，因此各地要用 $I_D$来划分土层，必须建立各自的经验公式。由于上海软土地层比较发育，给扁铲侧胀试验提供了前提条件，上海一些学者通过扁铲侧胀试验，提过了上海地区主要土层的 $I_D$范围，上海各土性 $I_D$值的分布规律，见表 11-33。

**表 11-33　　上海地区全新世软土层土性指数 $I_D$规律**

| 土性 | $I_D$80%概率范围值 | 平均值 | 迭交范围 |
|---|---|---|---|
| 黏土 | 0.15～0.42 | 0.28 | 0.09～0.42 |
| 粉质黏土 | 0.09～0.71 | 0.40 | 0.09～0.71 |
| 黏质粉土 | 0.08～2.31 | 1.20 | |
| 砂质粉土 | 0.09～3.22 | 2.06 | 0.09～2.31 |
| 粉砂 | 2.31～4.01 | 3.16 | 2.31～3.22 |

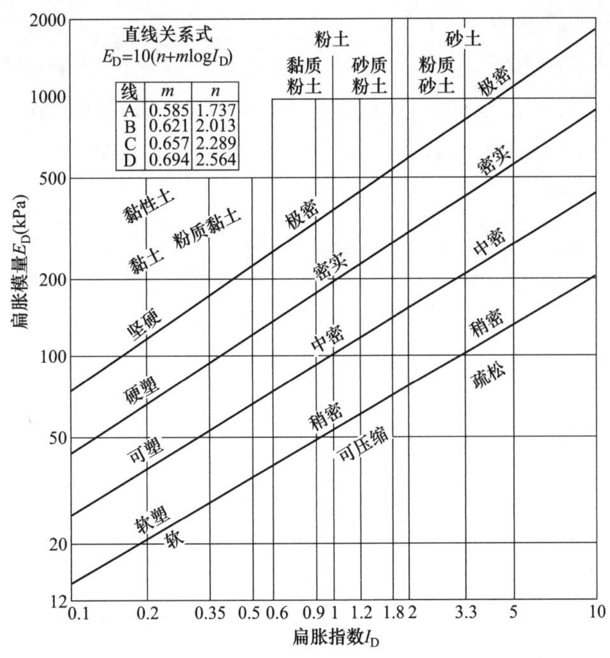


图 11-23　土类的划分

（二）判别液化

传统的液化判别方法有标准贯入试验和静力触探试验，它们都有一定的缺点。扁铲作为一种新的原位测试手段，由于 $K_D$与土的相对密实度 $D_r$、静止土压力系数 $K_0$、应力历史、沉积年代、胶结等有关，而这些因素也影响砂土的液化势，所以 $K_D$可以来评定砂土的液化势，同时也克服一些传统方法的缺点。

美国伯克利地震工程研究中心（ERRC）的 Seed 和 Idriss（1971）提出了液化判别的简化方法，是目前普遍接受的方法之一，并一直在不断改进和完善。

Seed 和 Idriss（1971）提出按式（11-77）来计算等效循环应力比 $CSR$(Cyclic Stress Ratio，CSR)：

$$CSR=\tau_{av}/\sigma'_{V0} \tag{11-77}$$

式中　$\tau_{av}$——地震作用平均水平剪应力，kPa；

$\sigma'_{V0}$——有效上覆压力，kPa。

由于水平应力指数 $K_D$对过去的应力、应变历史的反应十分敏感，Marchetti（2005）提出了用水平应力指数 $K_D$来计算 $CRR$ 的方法，从而来判别土是否液化，见式（11-78）。

$$CRR=0.107K_D^3-0.0741K_D^2+0.2169K_D-0.1206 \tag{11-78}$$

当饱和砂土的抗液化强度大于等效循环应力比时，即 $CRR>CSR$ 时，不液化，反之则液化。$CRR(CSR)$—$K_D$ 曲线见图 11-24。

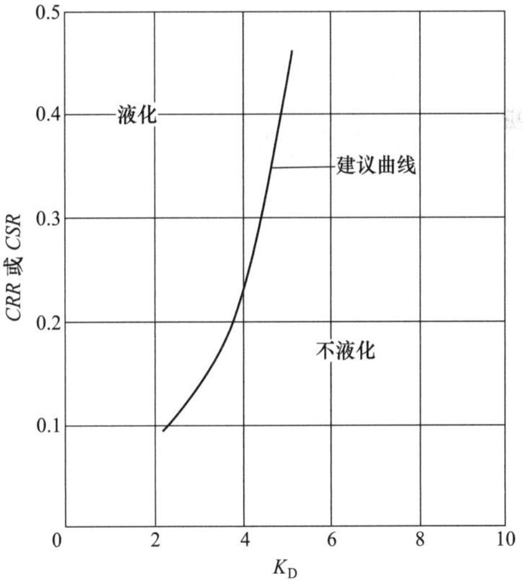


图 11-24　$CRR$（$CSR$）—$K_D$曲线

国内陈国明（2003 年）选择对上海浅层粉性土场地进行扁铲侧胀试验，应用和发生地震剪应力（按 7 度烈度计算）的关系，结合国内的使用习惯，提出了考虑黏粒含量的粉土液化判别公式为式（11-79）：

$$K_{Dcr}=K_{D0}\left[0.8-0.04(d_s-d_w)+\frac{d_s-d_w}{\alpha+0.9(d_s-d_w)}\right]\times\sqrt{\frac{3}{15-5I_D}} \tag{11-79}$$

式中　$d_s$——扁铲试验点深度，m；

$d_w$——地下水位，m；

$K_{Dcr}$——液化临界水平应力指数；

$K_{D0}$——液化临界水平应力指数基准值，7 度地震且地震加速度等于 0.10g 时取 2.5；

$I_D$——液性指数，当 $I_D \leqslant 1.0$ 时，为不液化土，当 $I_D > 2.7$ 时，取 $I_D = 2.7$；

$\alpha$——系数，按表 11-34 取值（$d_w$ 为中间值时，可以线性内插），当 $K_D$ 小于 $K_{Dcr}$ 时，判别为可液化土，反之不液化。

**表 11-34　　系数 $\alpha$ 的取值**

| $d_w$（m） | 0.5 | 1.0 | 1.5 | 2.0 |
|---|---|---|---|---|
| $\alpha$ | 1.2 | 2.0 | 2.8 | 3.6 |

可以发现扁铲侧胀试验提供了一种新的、更灵敏的测试手段。现有的经验表明：用 $I_D$ 和 $K_D$ 来判别液化是合理，而且 $I_D$ 和 $K_D$ 在试验点上同步测得，因此用 $I_D$ 和 $K_D$ 来判别液化也是准确的。

### （三）确定静止侧压力系数

扁铲侧胀试验在测试土体水平向参数时有其独特的适用性。它比室内土工试验方法更为简便、迅速，由于在原位土体中进行试验，其结果更能反映土体的实际应力状态。进行扁铲试验时，扁胀探头压入土中，对周围土体产生挤压，故并不能由扁胀试验直接测定原位初始侧向应力。但通过经验可建立静止侧压力系数 $K_0$ 与水平应力指数 $K_D$ 的关系。水平应力指数 $K_D$ 是扁铲试验的一个非常重要的指标，它可以被认为是一个由贯入所导致放大的 $K_0$ 值。

Marchetti 最初于 1980 年通过对软土地区的扁铲侧胀试验与其他试验的对比研究，建立了 $K_D$ 与 $K_0$ 之间的关系式，认为当 $I_D \leqslant 1.2$ 时，有以下关系式（11-80）：

$$K_0 = \left(\frac{K_D}{1.5}\right)^{0.47} - 0.6 \tag{11-80}$$

Lunne（1988 年）根据试验结果提出：$K_D$ 与 $K_0$ 的关系对新近沉积黏土和老黏土是不同的，并于 1989 年提出补充。

新近沉积黏性土见式（11-81）：

$$K_0 = 0.34K_D^{0.54} (C_u/\sigma'_{V0} \leqslant 0.5) \tag{11-81}$$

老黏土见式（11-82）：

$$K_0 = 0.68K_D^{0.54} (C_u/\sigma'_{V0} > 0.8) \tag{11-82}$$

### （四）计算地基承载力

近年来，扁铲侧胀试验在我国发展迅速，在实际工程中的应用也越来越多。由于扁铲侧胀试验对土体的扰动小，试验数据较为稳定，因此对采用扁铲侧胀试验计算地基土的承载力的研究越来越受到岩土工程界的重视。有学者通过试验得出计算地基承载力的经验公式，如式（11-83）所示：

$$f_{ak} = \beta_1 E_D + \beta_2 \tag{11-83}$$

式中　$f_{ak}$——用扁铲侧胀试验计算的地基承载力特征值，kPa；

$E_D$——侧胀模量，kPa；

$\beta_1$，$\beta_2$——土性系数，$\beta_1$，$\beta_2$ 和土的性质密切相关，并且各个地区有不同的取值，下面提供的是上海地区的经验取值，如表 11-35。

**表 11-35　　扁铲侧胀试验确定地基承载力特征值 $f_{ak}$ 的校核**

| 土层 | $E_D$（MPa） | 计算 $f_{ak}$ 公式 | $f_{ak}$（kPa） |
|---|---|---|---|
| ②$_{-1、2}$褐黄色黏性土 | 2.0～7.0 | $f_{ak} = 0.010E_D + 60$ | 80～130 |
| ②$_{-3}$灰色粉性土 | 2.5～11.5 | $f_{ak} = 0.009E_D + 50$ | 73～154 |
| ③ 灰色淤泥质粉质黏土 | 0.6～6.5 | $f_{ak} = 0.006E_D + 60$ | 54～89 |
| ④ 灰色淤泥质黏土 | 1.1～3.5 | $f_{ak} = 0.006E_D + 60$ | 57～71 |
| ⑤$_{-1}$褐灰色黏性土 | 2.2～5.5 | $f_{ak} = 0.010E_D + 60$ | 82～115 |

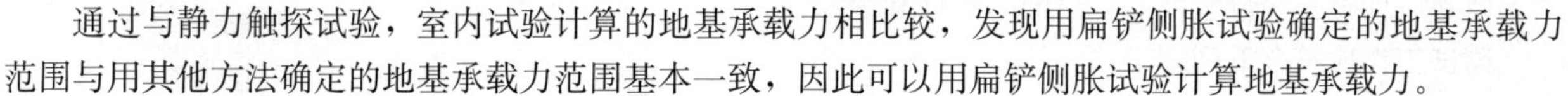

通过与静力触探试验，室内试验计算的地基承载力相比较，发现用扁铲侧胀试验确定的地基承载力范围与用其他方法确定的地基承载力范围基本一致，因此可以用扁铲侧胀试验计算地基承载力。

（五）其他应用

除以上应用外，扁铲侧胀应用还可以用来评价应力历史、计算土的不排水抗剪强度、土的变形参数、水平固结系数和侧向受荷桩的设计。有了这些应用之后扁铲侧胀试验可以用来计算地基的变形，计算地基的沉降等。

## 第九节　波　速　测　试

波速试验是在工程现场使用试验手段测试弹性波在岩土层中的传播速度。它包含用单孔法和跨孔法测试压缩波与剪切波波速，以及用面波法测试瑞利波波速。输电线路勘测中，波速试验一般应用于大跨越等有特殊要求的工程项目。测得的波速值可应用于下列情况：

（1）计算地基的动弹性模量、动剪切模量和动泊松比；

（2）场地土的类型划分和场地土层的地震反应分析；

（3）在地基勘察中，配合其他测试方法综合评价场地土的工程力学性质。

由于土中的纵波速度受到含水量的影响，不能真实地反映土的动力特性，故通常测试土中的剪切波速，测试的方法有单孔法（检层法）、跨孔法以及面波法（瑞利波法）等。在输电线路工程中常用的是单孔法，此测试方法是在地面激振，检波器在一个垂直钻孔中接收，自上而下（或自下而上）按地层划分逐层进行检测，计算每一层的 P 波或 SH 波。本节重点介绍单孔法有关原理及应用。

### 一、试验设备和方法

（一）试验设备

试验设备包含激振系统、信号接收系统（传感器）和信号处理系统。

单孔法测试时，剪切波振源应采用锤和上压重物的木板，压缩波振源宜采用锤和金属板。经验表明，板上载重量的大小、板的长度、板与地面的接触条件以及锤的重量及锤击速度等因素都将影响激振效果。一般来讲，载重量越大、板越长、效果越好。但板子过长给施工带来困难，同时也失去了点振源的性质。为增加敲板与地面间的摩擦阻力，对于坚硬地面，可在板底加胶皮垫或加砂子；对于松软地面，在板底加钉齿，可以改善敲击效果。当采用木敲板时，两端最好有铁箍并包上树脂以保护端部。单孔法的现场测试示意于图 11-25 中。

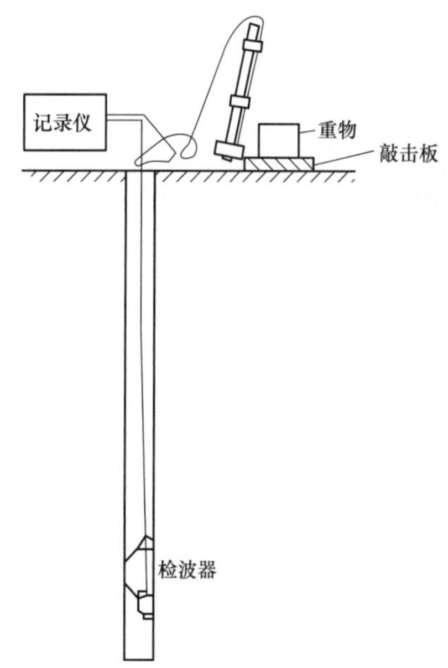

图 11-25　单孔法的现场测试情况

（二）测试方法

单孔法是在一个钻孔中分土层进行检测，故又称检层法，因为只需一个钻孔，方法简便，在实测中用得较多，但精度低于跨孔法。

测试前的准备工作应符合下列要求：

（1）测试孔应垂直；

（2）当剪切波振源采用锤击上压重物的木板时，木板的长向中垂线应对准测试孔中心，孔口与木板的距离宜为 1～3m；板上所压重物宜大于 400kg；木板与地面应紧密接触；

（3）当压缩波振源采用锤击金属板时，金属板距孔口的距离宜为 1～3m；

（4）应检查三分量检波器各道的一致性和绝缘性。

测试工作应符合下列要求：

（1）测试时，应根据工程情况及地质分层，每隔 1～3m 布置一个测点，并宜自下而上按预定深度进行测试；

（2）剪切波测试时，传感器应设置在测试孔内预定深度处并予以固定；沿木板纵轴方向分别打击其两端，可记录极性相反的两组剪切波波形；

（3）压缩波测试时，可锤击金属板，当激振能量不足时，可采用落锤或爆炸产生压缩波。

测试工作结束后，应选择部分测点作重复观测，其数量不应少于测点总数的 10%。

## 二、基本测试原理

弹性波速法以弹性理论为依据，根据弹性理论，当介质受到动荷载的瞬间冲击或反复振动作用，将引起介质的动应变，并以纵波、横波和面波等形式从振源向外传播。当动应力不超过介质的弹性界限时所产生的波称为弹性波。岩土体在一定条件下可视为弹性体，依据牛顿定律可导出弹性波在无限均质体中的运动方程。相应的波速为式（11-84）和式（11-85）：

$$v_{\mathrm{p}}=\sqrt{\frac{E(1-\nu)}{\rho(1+\nu)(1-2\nu)}} \tag{11-84}$$

$$v_{\mathrm{s}}=\sqrt{\frac{E}{2\rho(1+\nu)}} \tag{11-85}$$

引入拉梅常数 $\lambda$ 、$M$，见式（11-86）和式（11-87）

$$\lambda=\frac{E_{\mathrm{v}}}{(1+\nu)(1-2\nu)} \tag{11-86}$$

$$M=\frac{E}{2(1+\nu)} \tag{11-87}$$

式（11-82）和式（11-83）可以写为下列简洁的形式，见式（11-88）和式（11-89）：

$$v_{\mathrm{p}}=\sqrt{\frac{\lambda+2M}{\rho}} \tag{11-88}$$

$$v_{\mathrm{s}}=\sqrt{\frac{M}{\rho}} \tag{11-89}$$

式中 $v_{\mathrm{p}}$——纵波速度，m/s；

$v_{\mathrm{s}}$——横波速度，m/s；

$\rho$——质量密度，$kg/m^3$；

$E$——弹性模量，kPa；

$\nu$——泊松比。

如果测试出了岩土体中的弹性波波速，可以由上列公式推出岩土体的动弹性模量 $E_{\mathrm{d}}$ 、动剪切模量 $G_{\mathrm{d}}$ 和动泊松比 $\nu$ 如下式（11-90）～式（11-92）：

$$E_{\mathrm{d}}=v_{\mathrm{p}}^{2}\rho\frac{(1+\nu)(1-2\nu)}{1-\nu} \tag{11-90}$$

$$G_{\mathrm{d}}=\rho v_{\mathrm{s}}^{2} \tag{11-91}$$

$$\nu=\frac{m^{2}-2}{2(m^{2}-1)} \tag{11-92}$$

式中 $m$——波速比，$m=v_{\mathrm{p}}/v_{\mathrm{s}}$ 。

## 三、试验成果的整理分析

仅介绍输电线路勘测中常用的单孔法，确定压缩波或剪切波从振源到达测点的时间时，应符合下列规定：

（1）确定压缩波的时间，应采用竖向传感器记录的波形；

（2）确定剪切波的时间，应采用水平传感器记录的波形。由于三分量检波器中有两个水平检波器，可得到两张水平分量记录，应选最佳接收的记录进行整理。

压缩波或剪切波从振源到达测点的时间，应按式（11-93）和式（11-94）进行斜距校正：

$$T = KT_{\mathrm{L}} \tag{11-93}$$

$$K = \frac{H + H_0}{\sqrt{L^2 + (H + H_0)^2}} \tag{11-94}$$

式中　$K$——斜距校正系数；

$T$——压缩波或剪切波从振源到达测点经斜距校正后的时间，s（相当于波从孔口到达测点的时间）；

$T_{\mathrm{L}}$——压缩波或剪切波从振源到达测点的实测时间，s；

$H$——测点的深度；

$H_0$——振源与孔口的高差，m，当振源低于孔口时，$H_0$ 为负值；

$L$——从板中心到测试孔的水平距离，m。

时距曲线图的绘制，应以深度 $H$ 为纵坐标，时间 $T$ 为横坐标。波速层的划分，应结合地质情况，按时距曲线上具有不同斜率的折线段确定。每一波速层的压缩波波速或剪切波波速，应按式（11-95）计算：

$$v = \frac{\Delta H}{\Delta T} \tag{11-95}$$

式中　$v$——波速层的压缩波波速或剪切波波速，m/s；

$\Delta H$——波速层的厚度，m；

$\Delta T$——弹性波传到波速层顶面和底面的时间差，s。

## 四、试验成果的应用

### （一）判定建筑场地类别

建筑的场地类别，应根据土层等效剪切波速和场地覆盖层厚度按表 11-36 划分为四类，其中Ⅰ类分为Ⅰ$_0$、Ⅰ$_1$ 两个亚类。当有可靠的剪切波速和覆盖层厚度且其值处于表 11-36 所列场地类别的分界线附近时，应允许按插值方法确定地震作用计算所用的特征周期。其中土的类型划分和剪切波速范围参考表 11-37。

**表 11-36　各类建筑场地的覆盖层厚度**　（m）

| 岩石的剪切波速或土的等效剪切波速（m/s） | 场地类别 | | | | |
|---|---|---|---|---|---|
| | Ⅰ$_0$ | Ⅰ$_1$ | Ⅱ | Ⅲ | Ⅳ |
| $V_{\mathrm{s}}>800$ | 0 | | | | |
| $800 \geqslant V_{\mathrm{se}}>500$ | | 0 | | | |
| $500 \geqslant V_{\mathrm{se}}>250$ | | <5 | ≥5 | | |
| $250 \geqslant V_{\mathrm{se}}>150$ | | <3 | 3～50 | >50 | |
| $V_{\mathrm{se}} \leqslant 150$ | | <3 | 3～15 | 15～50 | >80 |

**注**　表中 $V_{\mathrm{s}}$ 系岩石的剪切波速。

**表 11-37　土的类型划分和剪切波速范围**

| 土的类型 | 岩土名称和性状 | 土层剪切波速范围（m/s） |
|---|---|---|
| 岩石 | 坚硬、较硬且完整的岩石 | $V_{\mathrm{s}}>800$ |
| 坚硬土或软质岩石 | 破碎和较破碎的岩石或软和较软的岩石，密实的碎石土 | $800 \geqslant V_{\mathrm{se}}>500$ |

续表

| 土的类型 | 岩土名称和性状 | 土层剪切波速范围（m/s） |
|---|---|---|
| 中硬土 | 中密、稍密的碎石土，密实、中密的砾、粗、中砂，$f_{ak}>150$ 的黏性土和粉土，坚硬黄土 | $500\geqslant V_{se}>250$ |
| 中软土 | 稍密的砾、粗、中砂，除松散外的细、粉砂，$f_{ak}\leqslant150$ 的黏性土和粉土，$f_{ak}>130$ 的填土，可塑新黄土 | $250\geqslant V_{se}>150$ |
| 软弱土 | 淤泥和淤泥质土，松散的砂，新近沉积的黏性土和粉土，$f_{ak}\leqslant130$ 的填土，流塑黄土 | $V_{se}\leqslant150$ |

**注** $f_{ak}$为由载荷试验等方法得到的地基承载力特征值（kPa）；$V_s$为岩石剪切波速。

（二）判定砂土地基液化

地基在地震力作用下，产生剪应变 $V_e$，当 $V_e$ 大于某一值时，才产生液化，$V_e$ 称为临界剪应变，根据各种砂的试验结果，一般为 $10^{-2}q\leqslant V_e\leqslant10^{2}q$，而 $V_e$ 可根据波速进行计算，如式（11-96）所示：

$$V_e(q)=G_1\frac{\alpha_{\max}z}{v_s^2}d \tag{11-96}$$

式中 $V_e$——地震作用下砂土层的剪应变；

$G_1$——与相应最大剪应变等有关的常数，通过试验取得；

$\alpha_{\max}$——由地震烈度表查得该地区地面最大加速度；

$z$——测试点地层深度；

$d$——砂土地层密度。

（三）检验地基加固处理的效果

常规的载荷试验、静力触探、动力触探、标贯试验，能提供地基加固处理后承载力的可靠资料。但如能在地基加固处理的前后进行波速测试，则可作为评价地基承载力的辅助资料。因为地层波速与岩土的密实度、结构等物理力学指标密切相关，而波速测试效率高，掌握的数据面广，而成本低。波速法与载荷试验等结合使用，是地基加固处理后评价的经济有效手段。

（四）估算地基土的弹性模量

土层剪切波速和地基土的弹性模量参考值见表 11-38。

**表 11-38　　不同土层剪切波速度范围**

| 土层名称 | 剪切波速度范围（m/s） | 剪切波速度与深度的关系 |
|---|---|---|
| 回填土、表土 | 90～220 | 剪切波随深度的变化规律计算式为：<br>$V_s=aH^b$<br>式中 $H$——深度（m）；<br>$a$、$b$——系数。<br>对 149 个钻孔分层剪切波平均值<br>$V_s=124.5H^{0.267}$<br>其相关系数为 0.99 |
| 淤泥、淤泥质土 | 100～170 | |
| 软黏土 | 90～170 | |
| 硬黏土 | 120～190 | |
| 坚硬黏土 | 170～240 | |
| 粉细砂 | 100～200 | |
| 中粗砂 | 160～250 | |
| 粗砂、砾砂 | 240～350 | |
| 砾石、卵石、碎石 | 300～600 | |
| 风化岩 | 350～500 | |
| 岩石 | >500 | |

# 第十二章　室内试验

## 第一节　概　　述

室内试验在岩土工程勘测中占有重要的地位，用于揭示岩土体的特性，进行岩土体定名、分层的重要依据之一。输电线路工程中，通常采用岩土的某些室内试验指标，按有关规范、手册中的经验表格，或地区经验公式，确定地基承载力；高边坡、深基坑需要专门设计时，岩土体的试验应满足现行 GB 50330《建筑边坡工程技术规范》JGJ 120《建筑基坑支护技术规程》中有关的要求。

室内试验能进行控制与多种、多向观察，但岩土样在采取、运输、切样等过程中易受扰动，且室内试验的应力条件是较理想和单一化的，而与实际地基中复杂的应力条件有所差异；且输电线路工程中一般很难做到逐基取样试验，所以室内试验有一定的局限性。在通常情况下，应尽可能结合原位测试、地区经验或邻近工程的经验综合确定工程所需指标。

### 一、土

#### （一）土的物理性质指标

1. 基本物理性质指标

试验直接测定的基本物理性质指标：含水率（$\omega$）、相对密度（$d_s$）、质量密度（$\rho$），详见表 12-1。由含水率、相对密度、密度计算求得的基本物理力学指标有重度（$\gamma$）、干密度（$\rho_d$）、孔隙比（$e$）、孔隙率（$n$）、饱和度（$S_r$），详见表 12-2。

**表 12-1　　试验直接测定的基本物理性质指标**

| 指标名称 | 符号 | 单位 | 物理意义 | 试验项目方法 | 取土要求 |
|---|---|---|---|---|---|
| 含水率 | $\omega$ | % | 土中水的质量与土粒质量之比<br>$\omega=\frac{m_\omega}{m_s}$ | 含水率试验<br>烘干法<br>酒精燃烧法<br>炒干法 | 保持天然湿度 |
| 相对密度 | $d_s$ | | 土粒质量与同体积的 4℃时水的质量之比<br>$d_s=\frac{m_s}{V_s\rho_w}$（$\rho_w$ 为水的密度） | 比重试验<br>比重瓶法<br>浮称法<br>虹吸筒法 | 扰动土 |
| 质量密度 | $\rho$ | g/cm$^3$ | 土的总质量与其体积之比，即单位体积的质量<br>$\rho=\frac{m}{V}$ | 密度试验<br>环刀法<br>蜡封法<br>注砂法 | Ⅰ～Ⅱ级土试样 |

**表 12-2　　由含水率、相对密度、密度计算求得的基本物理性质指标**

| 指标名称 | 符号 | 单位 | 物理意义 | 基本公式 |
|---|---|---|---|---|
| 重度 | $\gamma$ | kN/m$^3$ | $\gamma=\frac{土所受的重力}{土的总体积}$ | $\gamma=g\times\rho=10\rho$ |
| 干密度 | $\rho_d$ | g/cm$^3$ | $\rho_d=\frac{m_s}{V}\frac{土粒质量}{土的总体积}$ | $\rho_d=\frac{\rho}{1+0.01\omega}$ |
| 孔隙比 | $e$ | — | $e=\frac{V_V}{V_S}=\frac{土中孔隙体积}{土粒体积}$ | $e=\frac{d_s\rho_\omega(1+0.01\omega)}{\rho}-1$ |

续表

| 指标名称 | 符号 | 单位 | 物理意义 | 基本公式 |
|---|---|---|---|---|
| 孔隙度 | $n$ | % | $n=\frac{V_V}{V}\times 100=\frac{\text{土中孔隙体积}}{\text{土的总体积}}$ | $n=\frac{e}{1+e}\times 100$ |
| 饱和度 | $S_r$ | % | $S_r=\frac{V_W}{V_V}\times 100=\frac{\text{土中水的体积}}{\text{土的孔隙体积}}$ | $S_r=\frac{\omega d_s}{e}$ |

2. 黏性土的可塑性指标

试验直接测定的可塑性指标有：液限（$\omega_L$）、塑限（$\omega_P$）。计算求得的可塑性指标有：塑性指数、液性指数、含水比等。

3. 土的颗粒组成和砂土的密度指标

试验直接测定的指标见表 12-3。

**表 12-3　接测定的颗粒组成和砂土密度指标**

| 指标名称 | 符号 | 单位 | 物理意义 | 试验方法 |
|---|---|---|---|---|
| 颗粒组成 | | | 土颗粒按粒径大小分组占得质量百分数 | 筛分法、比重计法、液管法 |
| 最大干密度 | $\rho_{dmax}$ | g/cm$^3$ | 土在最紧密状态的干密度 | 击实法 |
| 最小干密度 | $\rho_{dmin}$ | g/cm$^3$ | 土在最松散状态的干密度 | 注入法、量筒法 |

计算求得的指标如下。

（1）颗粒组成，见表 12-4。

**表 12-4　算求得的颗粒组成指标**

| 指标名称 | 符号 | 单位 | 物理意义 | 求得方法 |
|---|---|---|---|---|
| 界限粒径<br>平均粒径<br>中间粒径<br>有效粒径 | $d_{60}$<br>$d_{50}$<br>$d_{30}$<br>$d_{10}$ | mm | 小于该粒径的颗粒占总质量的 60%<br>小于该粒径的颗粒占总质量的 50%<br>小于该粒径的颗粒占总质量的 30%<br>小于该粒径的颗粒占总质量的 10% | 从颗粒级配曲线上求得 |
| 不均匀系数 | $C_u$ | | 土的不均匀系数愈大，<br>表明土的粒度组成愈分散 | $C_u=\frac{d_{60}}{d_{10}}$ |
| 曲率系数 | $C_c$ | | 表示某种中间粒径的粒组是否缺失的情况 | $C_c=\frac{d_{30}}{d_{10}\times d_{60}}$ |

（2）砂土的密实度见式（12-1）和式（12-2）

$$D_r=\frac{e_{max}-e}{e_{max}-e_{min}}=\frac{\rho_{dmax}(\rho_d-\rho_{dmin})}{\rho_d(\rho_{dmax}-\rho_{dmin})} \tag{12-1}$$

其中

$$e_{max}=\frac{d_s\rho_w}{\rho_{dmin}}-1\text{，}e_{min}=\frac{d_s\rho_w}{\rho_{dmax}}-1 \tag{12-2}$$

式中　$e$——天然孔隙比；

$e_{max}$——最大孔隙比；

$e_{min}$——最小孔隙比；

$\rho_{dmax}$——最大干密度，g/cm$^3$；

$\rho_{dmin}$——最小干密度，g/cm$^3$；

$D_r$——相对密实度。

其余符号意义同前。

4. 透水性指标

(1) 物理意义。土的透水性指标以土的渗透系数 $k$ 表示，其物理意义为当水力梯度等于 1 时的渗透速度，见式 (12-3)。

$$k=\frac{Q}{FI}=\frac{v}{I} \tag{12-3}$$

式中　$k$——渗透系数，cm/s 或 m/d；

$Q$——渗透通过的水量，$cm^3/s$ 或 $m^3/d$；

$F$——通过水量的总横断面积，$cm^2$ 或 $m^2$；

$v$——渗透速度，cm/s 或 m/d；

$I$——水力梯度。

(2) 测定方法。试验测定方法见表 12-5。

表 12-5　　渗透系数的室内测定方法

| 土的名称 | 试验方法 | 取　土　要　求 |
| --- | --- | --- |
| 黏性土 | 南 55 型渗透仪法<br>负压式渗透仪法 | Ⅰ～Ⅱ级试样，环刀面积 $30cm^2$ 或 $32.2cm^2$ |
| 砂土 | 70 型渗透仪法<br>土样管法 | 风干试样不少于 4000g；<br>风干试样不少于 400g |

（二）土的力学性质指标

1. 压缩性

(1) 有侧限固结（压缩）试验。

在有侧限和两面排水条件下，通过各级垂直荷载下土的变形测量来测定土的压缩性指标：压缩系数、压缩模量、体积压缩系数、固结系数、次固结系数、主固结比、先期固结压力、超固结比、压缩指数、回弹指数。

(2) 三轴压缩试验。

主要为测定土的应力-应变关系，以用于地基、边坡和土压力按弹性、非线性弹性、弹塑性模型进行分析计算。试验方法有固定围压的三轴压缩试验、等向固结试验、$K_0$三轴压缩试验，由于该三种试验应力路径不同，应根据工程要求和土的实际受力情况先进行试验设计。

2. 抗剪强度

按排水条件可把剪切试验分为三种，见表 12-6。

表 12-6　　按排水条件分的剪切试验方法

| 试验方法 | 适　用　范　围 |
| --- | --- |
| 快剪（不排水剪） | 加荷速率快，排水条件差，如斜坡的稳定性，厚度很大的饱和黏土地基等 |
| 固结快剪（固结不排水剪） | 一般建筑物地基的稳定性，施工期间具有一定的固结作用 |
| 慢剪（排水剪） | 加荷速率慢，排水条件好，施工期长，如透水性好的低塑性土以及在软弱饱和土层上的高填方分层控制填筑等 |

按试验仪器可分为直接剪切试验和三轴剪切试验，见表 12-7。

表 12-7　　按试验仪器分的剪切试验方法

| 试验方法 | 优　　点 | 缺　　点 |
| --- | --- | --- |
| 直接剪切试验 | 仪器结构简单，操作方便 | (1) 剪切面不一定是试样剪切能力最弱的面；<br>(2) 剪切面上的应力分布不均匀，而且受剪面积越来越小；<br>(3) 不能严格控制排水条件，测不出剪切过程中孔隙水压力的变化 |

续表

| 试验方法 | 优　点 | 缺　点 |
|---|---|---|
| 三轴剪切试验 | （1）试验中能严格控制试样排水条件及测定孔隙水压力的变化；<br>（2）剪切面不固定；<br>（3）应力状态比较明确；<br>（4）除抗剪强度外，尚能测定其他指标 | （1）操作复杂；<br>（2）所需试样较多；<br>（3）主应力方向固定不变，而且是在令 $\sigma_2=\sigma_3$ 的轴对称情况下进行的，与实际情况尚不能完全符合 |

3. 孔隙水压力系数

在不排水条件下，土试样所受到的主应力发生变化时，土中孔隙水压力也将随之发生变化。这种变化与下列两方面的因素密切相关。

（1）土的剪胀（剪缩）性。土在剪切过程中，如果体积会胀大（例如密砂），则称为剪胀，剪胀使孔隙水压力减小。如果剪切时体积会收缩（例如松砂），则称为剪缩，剪缩使孔隙水压力增加。用 A 表示这种性质的孔隙水压力系数。剪胀时 $A$ 值为负，剪缩时 $A$ 值为正。

（2）土的饱和度。如果土的孔隙中包含有气体，由于气体的可压缩性，将会影响孔隙水压力的增长。一般用 $B$ 表示土的这种性质的孔隙水压力系数。$B$ 值可作为衡量土的饱和程度的标志，对于完全饱和的土，$B=1$；对非饱和土，$0<B<1$；对干土，$B=0$。

4. 侧压力系数和泊松比

在不允许有侧向变形的情况下，土样受到轴向压力增量 $\Delta\sigma_1$ 将会引起侧向压力的相应增量 $\Delta\sigma_3$，比值 $\Delta\sigma_3/\Delta\sigma_1$ 称为土的侧压力系数 $\xi$ 或静止土压力系数 $K_0$。

在不存在侧向应力的情况下，土样在产生轴向压缩应变的同时，会产生侧向膨胀应变。侧向应变和轴向应变的比值称为土的泊松比 $\nu$，又称土的侧膨胀系数。

侧压力系数与泊松比的关系见式（11-4）和式（11-5）：

$$\xi=\frac{\nu}{1-\nu} \tag{12-4}$$

$$\nu=\frac{\xi}{1+\xi} \tag{12-5}$$

一般是先测定土的侧压力系数，然后再间接算得土的泊松比。测定方法有压缩仪法、三轴压缩仪法。

5. 无侧限抗压强度 $q_u$ 和灵敏度 $S_t$

土在侧面不受限制的条件下，抵抗垂直压力的极限强度称为土的无侧限抗压强度。土的室内试验灵敏度指原状土的无侧限抗压强度与其重塑土（密度与含水率应与原状土相同）的无侧限抗压强度之比。反映土的性质受结构扰动影响的程度，灵敏度越大，结构扰动影响越明显。

（三）土的各项指标应用

（1）当需要计算上拔稳定时，需要的试验参数：土的类别与状态（砂类土密实度或黏性土的液性指数等）、重度、饱和不排水抗剪强度、塑性指数、天然孔隙比等。

（2）当需要考虑基础下压和地基承载力时，需要的试验参数：重度、抗剪强度（一般为直接快剪试验指标）、压缩系数和压缩模量等。

（3）当需要计算倾覆稳定时，需要的试验参数：重度、抗剪强度等。

（4）采用桩基础时，需要的试验参数：重度、含水率、液性指数等。

（5）引用的经验数据，主要取决于岩土体基本的定性或定量数据。①倾覆稳定计算中土的等代内摩擦角，是通过土体的类别、液性指数或密实度、粒径大小、重度来确定。②上拔角由土的重度、液性指数或密实度、粒径来确定。③岩石基础中砂浆或细石混凝土与岩石间的粘结强度、岩石等代极限剪切强度等，是由岩石的强度、风化程度确定。④桩基础中抗压力、抗拔力、水平力的有关计算参数多取决于

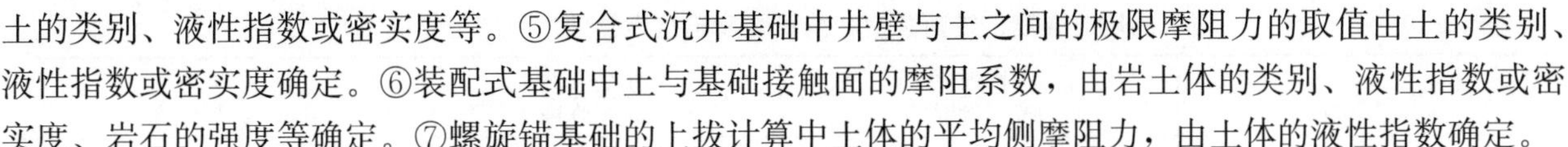

土的类别、液性指数或密实度等。⑤复合式沉井基础中井壁与土之间的极限摩阻力的取值由土的类别、液性指数或密实度确定。⑥装配式基础中土与基础接触面的摩阻系数，由岩土体的类别、液性指数或密实度、岩石的强度等确定。⑦螺旋锚基础的上拔计算中土体的平均侧摩阻力，由土体的液性指数确定。

## 二、岩石

### （一）岩石的物理性质指标

1. 基本物理性质指标

岩石的基本物理性质指标有相对密度、密度、孔隙率。

2. 岩石的吸水性

（1）吸水率。在通常的条件下，是将岩石浸于水中，测定岩石的吸水能力。

（2）饱和吸水率。岩石干燥后置于真空中保存，然后再放入水中，或在相当大的压力（150 个大气压）下浸水，使水浸入全部开口的孔隙中去，此时的吸水率称为饱和吸水率。

（3）饱和系数。岩石的吸水率与饱和吸水率之比称为岩石的饱和系数。

（4）岩石的耐冻性。岩石的饱和系数可作为岩石耐冻性的间接指标。饱和系数越大，岩石的耐冻性愈差。岩石的耐冻性见表 12-8。

**表 12-8　用饱和系数 $K_\omega$ 判定岩石的耐冻性**

| 岩石种类 | 耐冻岩石 | 不耐冻岩石 |
|---|---|---|
| 一般岩石的理论值 | $K_\omega < 0.9$ | $K_\omega \geq 0.9$ |
| 粒状结晶、孔隙均匀的岩石 | $K_\omega < 0.8$ | $K_\omega \geq 0.8$ |
| 孔隙不均匀或呈层状分布有黏土物质充填的岩石 | $K_\omega < 0.7$ | $K_\omega \geq 0.7$ |

### （二）岩石的力学性质指标

1. 抗压强度

抗压强度以岩石的极限抗压强度，也就是使样品破坏的极限轴向压力来表示。在天然含水率或风干状态下测得的极限抗压强度称为干极限抗压强度；在饱和浸水状态下测得极限抗压强度称为饱和极限抗压强度。

2. 岩石的软化性（软化系数）

岩石的软化性是指岩石耐风化、耐水浸的能力。

几种岩石的软化系数见表 12-9。

**表 12-9　岩石的软化系数**

| 岩石名称及其特征 | 软化系数 | 岩石名称及其特征 | 软化系数 |
|---|---|---|---|
| 变质片状岩 | 0.69～0.84 | 石英长石砂岩（J） | 0.68 |
| 石灰岩 | 0.70～0.90 | 微风化砂岩（K） | 0.50 |
| 软质变质岩 | 0.40～0.68 | 中等风化砂岩（K） | 0.40 |
| 泥质灰岩 | 0.44～0.54 | 砂岩（$O_2$） | 0.54 |
| 软质岩浆岩 | 0.16～0.50 | 红砂岩（N） | 0.33 |

3. 极限强度

岩石的极限抗拉强度一般远小于极限抗压强度，平均为抗压强度的 3%～5%。岩石的极限抗弯强度一般也远小于极限抗压强度，但大于极限抗拉强度，平均为抗压强度的 7%～12%。岩石的极限抗剪强度一般也远小于极限抗压强度，等于或略小于极限抗弯强度。岩石的极限抗拉、极限抗剪和极限抗弯强度与极限抗压强度之间的经验关系列于表 12-10。

表 12-10　　岩石的抗拉强度、抗剪强度和抗弯强度与抗压强度之间的经验关系

| 岩石名称 | 抗拉强度/抗压强度 | 抗剪强度/抗压强度 | 抗弯强度/抗压强度 |
|---|---|---|---|
| 花岗岩 | 0.028 | 0.068～0.09 | 0.07～0.08 |
| 石灰岩 | 0.059 | 0.06～0.15 | 0.119 |
| 砂岩 | 0.029 | 0.06～0.078 | 0.09～0.095 |
| 斑岩 | 0.033 | 0.06～0.064 | 0.105 |

### 三、水

水有可能对杆塔基础和材料产生腐蚀危害。因此只有当有足够经验或充分资料，认定塔基场地的水（地下水或地表水）对建筑材料不具腐蚀性时，可不取样进行腐蚀性评价。否则，应取水试样进行试验并进行腐蚀性评价。

水试样应根据地貌等条件分区、分段选取，每区段水试样一般不少于 2 件；当水的腐蚀等级为中—强时，宜增加取样数量。

## 第二节　土的室内测试项目及要求

### 一、土的室内测试项目

（一）含水率试验

室内含水率试验主要采用烘干法，是将试样放入温度保持在 105°～110°的烘箱中烘烤至恒重。该方法试验简便，结果稳定，精度高，是测定含水率通用的标准方法，本方法适用于粗粒土、细粒土、有机质土和冻土，要求试样保持天然湿度。

（二）密度试验

室内密度试验主要有环刀法、蜡封法与灌砂法，其中环刀法适用于细粒土，蜡封法适用于易破裂土和形状不规则的坚硬土，灌砂法测定粗粒土。试验采用Ⅰ～Ⅱ级土试样。

（三）土粒比重试验

土粒比重试验包括比重瓶法、浮称法和虹吸管法。比重瓶法适用于粒径小于 5mm 的各类土；浮称法适用于粒径大于等于 5mm 的各类土，且其中粒径大于 20mm 的土质量应小于总土质量的 10%，虹吸管法适用于粒径大于等于 5mm 的各类土，且其中粒径大于 20mm 的土质量等于、大于总土质量的 10%。土粒比重试验可使用扰动样。

（四）颗粒分析试验

颗粒分析试验包括筛析法、密度计法和移液管法。筛析法适用于粒径小于、等于 60mm，大于 0.075mm 的土；密度计法与移液管法适用于粒径小于 0.075mm 的土。颗粒分析试验可以获得土的界限粒径 $d_{60}$、平均粒径 $d_{50}$、中间粒径 $d_{30}$、有效粒径 $d_{10}$、不均匀系数 $C_u$、级配系数 $C_c$及黏粒含量。颗粒分析试验可使用扰动样。

（五）界限含水率试验

界限含水率试验包括液塑限联合测定法、碟式仪法、滚搓法、收缩皿法。液塑限联合测定法适用于粒径小于 0.5mm 以及有机质含量不大于试样总质量 5%的土，可测得土的液限 $w_L$、塑限 $w_p$；碟式仪法适用于粒径小于 0.5mm 的土，可测得土的液限 $w_L$；滚搓法适用于粒径小于的 0.5mm 的土，可测得土的塑限 $w_p$；收缩皿法适用于粒径小于 0.5mm 的土，可测得土的缩限 $w_n$。界限含水率试验可使用扰动样。

（六）砂的相对密度试验

本试验方法适用于粒径不大于 5mm 的土，且粒径 2～5mm 的试样质量不大于试样总质量的 15%。

砂的最小干密度试验宜采用漏斗法和量筒法，砂的最大干密度试验采用振动锤击法。

（七）渗透试验

渗透试验包括常水头渗透试验与变水头渗透试验。常水头渗透试验适用于砂土，采用风干试样进行试验；变水头渗透试验适用于黏性土，采用Ⅰ～Ⅱ级土试样。

（八）固结试验

本试验方法适用于饱和的黏土，当只进行压缩时允许用于非饱和土。试验采用Ⅰ～Ⅱ级土试样，固结试验可获得的压缩性指标包括：压缩系数 $a$、压缩模量 $E_s$、体积压缩模量 $m_v$、固结系数 $C_v$、次固结系数 $C_{ae}$、主固结比 $r$、先期固结压力 $p_c$、超固结比 $OCR$、压缩指数 $C_c$、回弹指数 $C_s$。

（九）直剪强度试验

直剪强度试验是将环刀切取的土试样置入剪切盒中进行剪切，通过不同垂直压力作用下的剪切试验所获得的抗剪强度，求取土的黏聚力 $c$ 和内摩擦角 $\varphi$。试验方法包括慢剪、快剪和固结快剪。

（1）快剪试验。本试验方法适用于渗透系数小于 $10^{-6}$cm/s 的细粒土，试验采用Ⅰ～Ⅱ级土试样。

（2）固结快剪。本试验方法适用于渗透系数小于 $10^{-6}$cm/s 的细粒土，试验采用Ⅰ～Ⅱ级土试样。

（3）慢剪。本试验方法适用于细粒土，试验采用Ⅰ～Ⅱ级土试样。

（4）砂类土的直剪。本试验方法适用于砂类土。

（十）三轴剪切试验

本试验方法适用于细粒土和粒径小于 20mm 的粗粒土。对于黏性土，可按工程要求采用Ⅰ～Ⅱ级土试样或重塑土样，对于砂土则按要求的密度制备土样。

（1）不固结不排水剪（UU）。试样在完全不排水条件下施加围压，快速增加轴向压力到试样破坏，可得到不固结不排水强度（$\varphi_u$、$c_u$）。

（2）固结不排水剪（CU）。试样先在周围压力下进行固结，然后在不排水条件下，快速增加轴向压力到试样破坏，可得到固结不排水强度（$\varphi_{cu}$、$c_{cu}$）。

（3）固结排水剪（CD）。试样先在周围压力下进行固结，然后继续在排水条件下，缓慢增加轴向压力到试样破坏，可得到固结排水强度（$\varphi_d$、$c_d$）。

（十一）无侧限抗压强度试验

该试验测量土在侧面不受限制的条件下，抵抗垂直压力的极限强度。本试验适用于饱和黏性土，原状土要求采用Ⅰ～Ⅱ级土试样，重塑土要求与原状土具有相同的密度和含水率。原状土的无侧限抗压强度（$q_u$）与重塑土无侧限抗压强度（$q'_u$）之比为土的灵敏度（$S_t$）。

（十二）黄土湿陷试验

本试验方法适用于各种黄土类土，应根据工程要求分别测定黄土的湿陷系数 $\delta_s$、自重湿陷系数 $\delta_{zs}$、溶滤变形系数 $\delta_{wt}$ 和湿陷起始压力 $p_{sh}$。试验仪器采用固结仪，一般要求取Ⅰ～Ⅱ级土试样。

测定湿陷系数的试验压力，从基础底面算起至 10m 深度以内应采用 200kPa；10m 以下至非湿陷土层顶面，应用其上覆土的饱和自重压力（当大于 300kPa 时，仍应用 300kPa），当基底压力大于 300kPa 时（或有特殊要求的建筑物），宜按实际压力确定。

自重湿陷系数即为试验压力为土的饱和自重压力所得到的湿陷系数。溶滤变形系数为试样在持续用水渗透下求得的湿陷系数。测量土样在不同压力下的湿陷系数，以压力为横坐标，湿陷系数为纵坐标，绘制压力与湿陷系数关系曲线图，湿陷系数为 0.015 所对应的压力即为湿陷起始压力。

（十三）膨胀土试验

（1）自由膨胀率试验，本试验方法适用于黏土。

（2）有荷载膨胀率试验。本试验方法适用于测定原状土或扰动黏土在特定荷载和有侧限条件下的膨胀率。

（3）无荷载膨胀率试验。本试验方法适用于测定原状土或扰动黏土在无荷载有侧限条件下的膨胀率。

(4) 膨胀力试验。本试验方法适用于原状土和击实黏土，采用加荷平衡法。

(5) 收缩试验。本试验方法适用于原状土和击实黏土。

(十四) 冻土的物理指标试验

(1) 冻土密度试验。本试验方法适用于原状冻土和人工冻土，根据冻土的特点和试验条件选用浮称法、联合测定法、环刀法或充砂法。

(2) 冻结温度试验。本试验方法适用于原状和扰动的黏土和砂土。

(3) 未冻含水率试验。本试验方法适用干扰动黏土和砂土。

(4) 冻土导热系数试验。本试验适用于扰动黏土和砂土。

(5) 冻胀量试验。本试验方法适用于原状扰动黏土和砂土，通过测定试样在冻结前后的体积变化来换算冻胀量。

(6) 室内冻土融化压缩试验。本试验测定冻土在不同压力下融化压缩的单位变形量。

(十五) 易溶盐试验

(1) 易溶盐总量测定采用蒸干法，适用于各类土。

(2) 碳酸根 $CO_3^{2-}$ 和重碳酸根 $HCO_3^-$ 的含量采用试剂中和滴定法测得，采用 $H_2SO_4$ 标准溶液为中和试剂。

(3) 氯根 $Cl^-$ 的含量采用试剂中和滴定法测得，采用 $AgNO_3$ 标准溶液为试剂。

(4) 硫酸根 $SO_4^{2-}$ 的测定方法包括 EDTA 络和容量法与比浊法。其中 EDTA 络和容量法适用于硫酸根含量大于、等于 0.025%（相当于 50mg/L）的土；比浊法适用于硫酸根含量小于 0.025%（相当于 50mg/L）的土。

(5) 钙离子 $Ca^{2+}$ 的含量采用试剂中和滴定法测得，采用 EDTA 标准溶液为中和试剂。

(6) 镁离子 $Mg^{2+}$ 的含量采用试剂中和滴定法测得，采用 EDTA 标准溶液为中和试剂。

(7) 钠离子 $Na^+$ 和钾离子 $K^+$ 测定采用火焰光度法。

(十六) 中溶盐（石膏）试验

本试验方法适用于含石膏较多的土类，一般采用酸浸提—质量法。

(十七) 有机质试验

本试验方法适用于有机质含量不大于 15%的土，采用重铬酸钾容量法。

## 二、土试样的要求

取样数量应满足要求进行的试验项目和试验方法的需要，每层土的取样数量不少于 6 组；特殊土的取样方法及要求详见相应的特殊土规范。

(1) 取样。

钻孔、槽探、井探等取样方法的具体要求详见第二篇第十章第七节。

(2) 外观和标识。

土样送达试验单位，需进行验收。对于原状土试样，试样筒必须保持外观完好，无变形，无破裂，蜡封完好；对于扰动样，需检查容器有无破损，试样有无受到污染。

土样送达试验单位，必须附送样单及试验委托书或其他有关资料。送样单应有原始记录和编号。内容应包括工程名称，试坑或钻孔编号、高程、取土深度、取样日期。如原状土应有地下水位高程、土样现场鉴别和描述及定义、取土方法等。试验委托书应包括工程名称、工程项目、试验目的、试验项目、试验方法及要求。

Ⅰ、Ⅱ、Ⅲ级土试样应进行妥善密封，防止湿度变化，严防暴晒或冰冻，在运送过程中避免振动。土样送交试验单位验收、登记后，即将土样按顺序妥善存放，应将原状土样和保持天然含水率的扰动土样置于阴凉的地方，尽量防止扰动和水分蒸发。土样从取样之日起至开始试验的时间不应超过 3 周。

当试验项目含黄土湿陷性、膨胀性等特殊性土试验时，应将土样送至经验丰富的试验室。

土样经过试验之后，余土应贮存于适当容器内，并标记工程名称及室内土样编号，妥善保管，以备审核试验成果之用。一般保存到试验报告提出 3 个月以后。

### 三、不同工程中土的室内试验项目

（一）常规试验项目

主要有重度、密度、含水率、土粒比重、液塑限、直剪试验、固结试验、易溶盐试验；对于砂土增加颗粒分析试验、相对密度试验；对于粉土增加颗粒分析试验。

对于以抗拔稳定为控制因素的塔位，应作饱和不排水抗剪试验。

（二）特殊性土测试项目

特殊性土测试除常规项目之外，还需增加如下项目：

（1）黄土。湿陷系数、自重湿陷系数、湿陷起始压力。

（2）红黏土。胀缩性试验、三轴剪切试验或无侧限抗压强度试验。

（3）软土。有机质含量，固结试验，三轴剪切试验，不排水剪强度，渗透试验。

（4）填土。根据填土成分选择湿陷性、膨胀性试验。

（5）膨胀土。膨胀试验。

（6）冻土。冻土的物理指标试验。

（7）盐渍土。溶陷性试验，盐胀性试验。

（8）污染土。化学分析试验。

（9）风化岩和残积土。湿陷性和膨胀性试验。

（三）电缆隧道及明挖电缆沟工程

除常规项目之外，还需增加三轴剪切试验。

（四）边坡工程测试项目

除常规项目之外，还需增加渗透试验与反复直剪试验。

## 第三节　水的室内试验项目及要求

### 一、水的腐蚀性测试项目、试验方法

（一）测试项目

水的测试项目见表 12-11。

表 12-11　水的测试项目

| 测试分类 | 测　试　项　目 |
|---|---|
| 简分析 | pH 值、侵蚀性 $CO_2$、游离 $CO_2$、$K^+$、$Na^+$、$Ca^{2+}$、$Mg^{2+}$、$Cl^-$、$OH^-$、$HCO_3^-$、$CO_3^{2-}$、$SO_4^{2-}$、总硬度、溶解性固体总量、$NH^{4+}$ |

（二）测试方法

（1）pH 值。①pH 试纸法：在要求不精确的情况下，利用 pH 值试纸测定水的 pH 值是简便而快速的方法（一般用于定性分析）。首先用 pH 值 1～14 的试纸测定水样的大致 pH 值范围，其后用精密 pH 试纸进行测定。测定时，用玻璃棒将水样滴于试纸上与比色板比较读出相应的 pH 值；②电位计法：用 pH 玻璃电极为指示电极，饱和甘汞电极为参比电极，浸入被测溶液中，组成一电池。在 25℃时，溶液 pH 每改变一个单位，就产生 59.16mV 的电位差。用标准缓冲溶液校准定位后，再将电极放入试样，即

可在pH计上直接读出pH值。③比色法：根据各种酸、碱指示剂在不同的pH值的介质中显示不同的颜色，进行比色测定。选用市售十列式氢离子浓度比色计即可。按仪器所附说明书进行测定。

(2) 侵蚀性$CO_2$。采用盖耶尔法，在水试样中加入处理后的大理石粉，使侵蚀性$CO_2$固定下来，生成与其含量相等的重碳酸根离子，通过重碳酸根离子的含量测定，用差减法计算侵蚀性$CO_2$含量。

(3) 游离$CO_2$。采用盖碱性滴定法，使与氢氧化钠等碱性试剂发生反应生成重碳酸钠，用酚酞指示剂滴定其pH值为8.3时对应的含量。由于游离$CO_2$极易逸出，最好在现场测定。

(4) $K^+$和$Na^+$。①计算法：根据阴离子毫克当量总和与阳离子（不含$K^+$和$Na^+$）毫克当量总和之差来计算钾和钠离子。②将含钾、钠离子的溶液喷进火焰时，溶剂被蒸发，盐类被分解并汽化、原子化。进入激发状态的原子返回基态时，发射特征的电磁辐射，其辐射能量的大小，与溶液中该元素的浓度成正比。

(5) $Ca^{2+}$。根据钙离子含量大小（一般使钙含量不超过20mg）量取水样，置于三角瓶中，用纯净蒸馏水稀释至50ml左右，放入刚果红试纸一小块，加1∶1盐酸使试纸变为蓝色时加人2ml20％氢氧化钠及少许钙指示剂，立即用EDTA标准溶液滴定，由紫红色变为天蓝色即为终点，根据EDTA消耗量可计算钙离子的含量。

(6) $Mg^{2+}$。取滴定钙后的试液加氨性缓冲溶液，用EDTA标准溶液滴定试样中的镁，根据EDTA标准溶液所消耗的体积，计算样品中镁的含量。

(7) $Cl^-$。银离子与氯离子作用生成氯化银沉淀，当有铬酸钾指示剂存在时，银离子与氯离子反应后，过量的银离子即与铬酸根反应，生成红色铬酸银沉淀，根据硝酸银溶液的消耗量可计算氯离子的含量。

(8) $OH^-$。用酚酞和甲基橙作指示剂，用酸标准溶液滴定水样，根据滴定消耗酸标准溶液的体积，计算氢氧根的含量。

(9) $HCO^{3-}$。方法同$OH^-$含量测定方法。

(10) $CO_3{}^{2-}$。方法同$OH^-$含量测定方法。

(11) $SO_4{}^{2-}$。①硫酸钡比浊法。试样中硫酸根和钡离子生成细微的硫酸钡结晶，使溶液混浊，其混浊程度和水样中硫酸根含量呈线性关系。可用浊度计或分光光度计测定；②EDTA容量法。按测定硬度所取水样数量于三角烧瓶中，补充蒸馏水至瓶内水样约为50ml左右，加入1∶1盐酸二滴，置电炉上加热煮沸，取下，准确加人钡镁混合液10ml摇匀，再加热煮沸5min左右放0.5h后加10％氨水，至刚果红试纸变红，加5mL氨缓冲溶液及铬蓝黑10滴（或固体试剂少许），摇匀，用0.1N EDTA溶液进行滴定，由紫红色转变为明显的蓝色，1min不褪色即为终点。

(12) 总硬度。在pH＝10的氨性缓冲溶液中，钙、镁离子与指示剂（酸性铬蓝K）作用，生成酒红色的络合物。滴入EDTA标准溶液后，则EDTA从指示剂络合物中夺取钙、镁，形成无色络合物，溶液呈现游离指示剂本身的颜色，根据EDTA标准溶液所消耗的体积，便可计算出水的总硬度。

(13) 溶解性固体总量。取适量体积的清澈水样蒸发、105℃烘干、称重，反复操作，直至前后两次称重相差不超过0.001g为止，即得溶解性固体总量。

(14) $NH^{4+}$。在碱性介质中，氨与碘化汞钾试剂反应，生成黄棕色的络合物，其颜色深度与浅离子浓度成正比。

## 二、水试样的要求

采取水样的地点、位置、时间、次数、数量和方式等，都应仔细酌定，对采样现场、水的来源、水质变化等都要作认真的调查研究，使所采取的水样尽量符合水质分析的目的要求并应具有代表性，以不改变其理化性质为原则。每个场地水试样一般不少于2件。

测定溴、碘、氟、氯离子、重碳酸根、碳酸根、氢氧根、硫酸根、硝酸根，硼，钾，钠，钙，镁，砷，钼，硒，铬（六价）及硅酸（小于100mg/L）等项目的样品，采好样后应尽快送到试验室；试验室必须在10天内分析完毕。

测定侵蚀性二氧化碳：应在采取简分析或全分析样品的同时，另取一瓶 250～300ml 水样，必须要装满后溢出，并在水样中加入化学碳酸钙试剂 2～8g，以固定二氧化碳。瓶内应留有 10～20ml 容积的空间，密封，与原水样同时送检。送交试验室前，每天充分摇动数次。

送样要求：水样采取后，应存放在阴凉处，并及时送试验室，其中，清洁水样放置时间不宜超过 72h，稍受污染的水不宜超过 48h，受污染的水不宜超过 12h。在运送过程中，严防水样封口破损，应注意防震、防冻、防晒。采取的样品需要加入保护剂时，必须严格按照规定操作，包括加入试剂的剂量、浓度、加人的顺序和方法等。

送样单位送样时，应详细填写送样单；试验室接收样品时，要检查核对，编号登记。

采样所需试剂及其制备：采样时所加入的试剂及配制试剂的蒸馏水，事先均应作详细检验，确认其中不含待测元素时，方能使用。

## 第四节　岩石的室内试验项目及要求

### 一、岩石样的室内试验项目

（一）单轴抗压强度试验

1. 试验适用条件

单轴抗压强度试验适用于能制成圆柱体试件试件的各类岩石。

2. 试验步骤

（1）应将试件置于试验机承压板中心，调整球形座，使试件两端面与试验机上下压板接触均匀。

（2）应以每秒 0.5～1.0MPa 的速度加载直至试件破坏。应记录破坏载荷及加载过程中出现的现象。

（3）试验结束后，应描述试件的破坏形态。

3. 试验成果整理

（1）岩石单轴抗压强度和软化系数应分别按式（12-6）和式（12-7）计算：

$$R=\frac{P}{A} \tag{12-6}$$

$$\eta=\frac{\overline{R_w}}{\overline{R_d}} \tag{12-7}$$

式中　$R$——岩石单轴抗压强度，MPa；

$\eta$——软化系数；

$P$——破坏载荷，N；

$A$——试件截面积，$mm^2$；

$\overline{R_w}$——岩石饱和单轴抗压强度平均值，MPa；

$\overline{R_d}$——岩石烘干单轴抗压强度平均值，MPa。

（2）岩石单轴抗压强度计算值应取 3 位有效数字，岩石软化系数计算值应精确至 0.01。

（二）点荷载强度试验

1. 试验适用条件

各类岩石均可采用岩石点荷载强度试验。

2. 试验步骤

（1）径向试验时，应将岩芯试件放入球端圆锥之间，使上下锥端与试件直径两端紧密接触。应量测加载点间距，加载点距试件自由端的最小距离不应小于加载两点间距的 0.5。

（2）轴向试验时，应将岩芯试件放入球端圆锥之间，加载方向应垂直试件两端面，使上下锥端位于岩芯试件的圆心处并与试件紧密接触。应量测加载点间距及垂直于加载方向的试件宽度。

(3) 方块体与不规则块体试验时，应选择试件最小尺寸方向为加载方向。应将试件放入球端圆锥之间，使上下锥端位于试件中心处并与试件紧密接触。应量测加载点间距及通过两加载点最小截面的宽度或平均宽度，加载点距试件自由端的距离不应小于加载点间距的 0.5。

(4) 应稳定地施加载荷，使试件在 10～60s 内破坏，应记录破坏载荷。

(5) 有条件时，应量测试件破坏瞬间的加载点间距。

(6) 试验结束后，应描述试件的破坏形态。破坏面贯穿整个试件并通过两加载点为有效试验。

3. 试验成果整理

(1) 未经修正的岩石点荷载强度应按式 (12-8) 计算：

$$I_s=\frac{P}{D_e^2} \tag{12-8}$$

式中 $I_s$ ——未经修正的岩石点荷载强度，MPa；

$P$ ——破坏载荷，N；

$D_e$ ——等价岩芯直径，mm。

(2) 等价岩芯直径采用径向试验应分别按式 (12-9) 和式 (12-10) 计算：

$$D_e^2=D^2 \tag{12-9}$$

$$D_e^2=DD' \tag{12-10}$$

式中 $D$ ——加载点间距，mm；

$D'$ ——上下锥端发生贯入后，试件破坏瞬间的加载点间距，mm。

轴向、方块体或不规则块体试验的等价岩芯直径应分别按式 (12-11) 和式 (12-12) 计算：

$$D_e^2=\frac{4WD}{\pi} \tag{12-11}$$

$$D_e^2=\frac{4WD'}{\pi} \tag{12-12}$$

式中 $W$ ——通过两加载点最小截面的宽带或平均宽度，mm。

(3) 当等价岩芯直径不等于 50mm 时，应对计算值进行修正。当试验数据较多，且同一组试件中的等价岩芯直径具有多种尺寸而不等于 50mm 时，应根据试验结果，绘制 $D_e^2$ 与破坏载荷 P 的关系曲线，并应在曲线上查找 $D_e^2$ 为 2500mm$^2$时对应的 P50 值，岩石点荷载强度指数应按下式计算：

$$I_{s(50)}=\frac{P_{50}}{2500} \tag{12-13}$$

式中 $I_{s(50)}$ ——等价岩芯直径为 50mm 的岩石点荷载强度指数，MPa；

$P_{50}$ ——根据 $D_e^2$-$P$ 关系曲线求得的 $D_e^2$ 为 2500mm$^2$时的 P 值，N。

(4) 当等价岩芯直径不为 50mm，且试验数据较少时，不宜按第 (3) 条方法进行修正，岩石点荷载强度指数应分别按式 (12-14) 和式 (12-15) 计算：

$$I_{s(50)}=FI_s \tag{12-14}$$

$$F=\left(\frac{D_e}{50}\right)^m \tag{12-15}$$

式中 $F$ ——修正系数；

$m$ ——修正指数，可取 0.40～0.45，或根据同类岩石的经验值确定。

(5) 岩石点荷载强度各向异性指数应按式 (12-16) 计算：

$$I_{a(50)}=\frac{I'_{s(50)}}{I''_{s(50)}} \tag{12-16}$$

式中 $I_{a(50)}$ ——岩石点荷载强度各向异性指数；

$I'_{s(50)}$ ——垂直于弱面的岩石点荷载强度指数，MPa；

$I''_{s(50)}$ ——平行于弱面的岩石点荷载强度指数，MPa。

（6）计算的垂直和平行弱面岩石点荷载强度指数应取平均值。当一组有效的试验数据不超过 10 个时，应舍去最高值和最低值，再计算其余数据的平均值；当一组有效的试验数据超过 10 个时，应依次舍去 2 个最高值和 2 个最低值，再计算其余数据的平均值。

（7）计算值应去 3 位有效数字。

## 二、岩石试样的要求

### （一）单轴抗压强度试验

（1）试件可用岩芯或岩块加工制成。试件在采取、运输和制备过程中，应避免产生裂缝。

（2）试件尺寸应符合下列规定：

1）圆柱体试件直径宜为 48～54mm。

2）试件的直径应大于岩石最大颗粒直径的 10 倍。

3）试件高度与直径之比宜为 2.0～2.5。

（3）试件精度应符合下列要求：

1）试件两端面不平行度误差不得大于 0.05mm。

2）沿试件高度，直径的误差不得大于 0.3mm。

3）端面应垂直于试件轴线，最大偏差不得大于 0.25°。

（4）试件的含水状态可根据需要选择天然含水状态、烘干状态、饱和状态或其他含水状态。

（5）同一含水状态和同一加载方向下，每组试验试件的数量应为 3 个。

### （二）点荷载强度试验

（1）试件可采用钻孔岩芯，或从岩石露头、勘探坑槽、平洞、巷道或其他洞室中采取的岩块。在试样采取和试件制备过程中，应避免产生裂缝。

（2）岩石试件要求。

1）作径向试验的岩芯试件，长度与直径之比不应大于 1.0；作轴向试验的岩芯试件，长度与直径之比宜为 0.3～1.0。

2）方块体或不规则块体试件，其尺寸宜为 50mm ±35mm，两加载点间距与加载处平均宽度之比宜为 0.3～1.0。

（3）试件的含水状态可根据需要选择天然含水状态、烘干状态、饱和状态或其他含水状态。

（4）同一含水状态和同一加载方向下，岩芯试件每组试验试件数量宜为 5～10 个，方块体和不规则块体试件每组试验试件数量宜为 15～20 个。

## 三、不同工程中岩石样的室内测试项目

### （一）岩石基础条件下岩石样的室内测试项目

采用岩石基础时，需要做饱和单轴抗压试验；通过岩石的单轴抗压强度试验项目确定岩体的坚硬强度与风化强度。

当计算单根锚桩与岩石间粘结承载力，应确定砂浆或细石混凝土与岩石间的粘结强度（$\tau_b$），具体可按第一篇第一章表 1-13 采用。

### （二）桩基础条件下土的室内测试项目

桩基础桩端持力层为基岩时，应采取岩样进行饱和单轴抗压强度。对软岩和极软岩，可进行天然湿度的单轴抗压强度试验。

### （三）高边坡条件下岩石样的室内测试项目

主要岩石层应采集试样进行块体密度试验、直剪试验、三轴压缩强度试验、抗压强度及软化系数，试件数量需满足要求。

# 第十三章　遥感勘测

## 第一节　概　　述

### 一、遥感的基本知识

（一）遥感与遥感技术

遥感（Remote Sensing），从广义上说是从远处探测、感知物体或事物的技术。通常指使用各种传感器远距离探测目标所辐射、反射或散射的电磁波，经加工处理变成能够识别和分析的图像和信号，以获取目标性质和状态信息的综合技术。广义的遥感包括光学遥感、微波遥感、物探技术（采用电、磁、波等原理揭示目标信息）、某些医学检测（如CT、超声等）、无损探测等。狭义的遥感指空对地的遥感，即从远离地面的不同工作平台上（如高塔、气球、飞机、火箭、人造地球卫星、宇宙飞船、航天飞机等）通过传感器，对地球表面的电磁波（辐射）信息进行探测，并经信息的传输、处理和判读分析，是从高空或太空对地球的资源与环境进行探测和监测的综合性技术，是一种应用性的对地观测技术。

遥感技术依其遥感仪器所选用的波谱性质可分为：电磁波遥感技术，声纳遥感技术、物理场（如重力和磁力场）遥感技术。电磁波遥感技术是利用各种物体、物资反射或发射出不同特性的电磁波进行遥感的。其可分为可见光、红外、微波等遥感技术，按照感测目标的能源作用可分为：主动式遥感技术和被动式遥感技术。按照记录信息的表现形式可分为：图像方式和非图像方式。按照遥感器使用的平台可分为：航天遥感技术、航空遥感技术、地面遥感技术。按照遥感的应用领域可分为：地球资源遥感技术、环境遥感技术、气象遥感技术、海洋遥感技术等。

常用的遥感卫星及数据有：美国陆地卫星（Landsat）TM和MSS遥感数据，法国SPOT卫星遥感数据，加拿大Radarsat雷达遥感数据。遥感技术系统包括；空间信息采集系统（包括遥感平台和传感器），地面接收和预处理系统（包括辐射校正和几何校正），地面实况调查系统（如收集环境和气象数据），信息分析应用系统。

遥感应用：陆地水资源调查、土地资源调查、植被资源调查、地质调查、城市遥感调查、海洋资源调查、测绘、考古调查、环境监测和规划管理等。目前，主要的遥感应用软件是PCI、ERMapper和ERDAS等。

（二）遥感工作原理

遥感以电磁辐射为感知对象，工作原理是：不同的目标物受到太阳或其他辐射源的电磁辐射时，它们所特有的反射、发射、透射、吸收电磁辐射的性质是不同的，通过获取目标物对电磁辐射的显示特征，可识别目标的属性和状态。分为光学遥感和微波遥感，目前应用较多并且技术成熟的是光学遥感。

光学遥感指利用光学设备探测和记录被测物体辐射、反射和散射的相应谱段电磁波，并分析、研究其特性及变化的技术。覆盖了红外、可见光和紫外三个谱段，常使用几个不同的谱段同时对一目标或地区进行感测，从而获得与各谱段相对应的各种信息。将不同谱段的遥感信息加以组合，可获取目标物更多的信息。

构成遥感技术的4个必不可少的要素是对象、传感器、信息传播媒介和平台。对象是感测的目标；传感器是能感测目标并能将感测的结果传递给使用者的仪器；信息传播媒介在对象与传感器之间起信息传播作用的媒介；平台是装载传感器并使之有效工作的装置。

常用的传感器：航空摄影机（航摄仪）、全景摄影机、多光谱摄影机、多光谱扫描仪（Multi SpectralScanner，MSS）、专题制图仪（Thematic Mapper，TM）、反束光导摄像管（RBV）、HRV（High

Resolution Visible range instruments）扫描仪、合成孔径侧视雷达（Sid-Looking Airborne Radar，SLAR）。

（三）遥感工作平台

目前大量应用的遥感技术是利用飞机或卫星为平台，从遥远的空中对地球表面进行探测，通过对接受的电磁辐射信息进行分析、研究，确定地面目标物的属性和目标物之间的相互关系的技术。它是一种宏观、动态、准确、实时的应用型技术，与地理信息系统（GIS）、全球定位系统（GPS）等技术结合，可以实现对地观测数据采集、数据管理、数据应用等，是“数字地球”技术的基础。

按平台不同，遥感技术分为航天遥感和航空遥感，航天遥感即在卫星上安装传感器实施对地观测，观测数据通过卫星实时传至地面接收站，应用较多的有美国的 LandSat 系列、法国的 Spot 系列、中国和巴西合作的中巴资源卫星以及海事卫星、气象卫星等。这种卫星数据空间分辨率从 10m 到数千米，每景数据覆盖范围在数万 $km^2$，从 20 世纪 70 年代初开始发展，储存了海量数据，处理和应用技术已经相当成熟；90 年代末以来，各种高空间分辨率的商业卫星大量涌现，它可以获得一个地区清晰的卫星图像，典型的代表如 QuickBird、Ikonos、IRS-P6，这种卫星数据的空间分辨率 0.6～2.5m，其图像质量接近航空像片的效果，每景数据的覆盖范围约几百平方千米。高分辨率卫星图像的应用，仍然是一种方兴未艾的发展势头。航空遥感是从飞机上对地摄影，获取研究区连续的像片，通过室内判读分析，可以建立一个地区的正射影像，它是目前测量成图的重要技术之一。

航天遥感和航空遥感的区别主要是：一是使用的遥感平台不同，航天遥感使用的是空间飞行器，航空遥感使用的是空中飞行器，这是最主要的区别；二是遥感的高度不同，航天遥感使用的极地轨道卫星的高度一般约 1000km，静止气象卫星轨道的高度约 36 000km，而航空遥感使用的飞行器的飞行高度只有几百米、几千米、几十千米；三是图像覆盖范围不同，航天遥感与航空遥感相比，感测的地域显然要大得多，美国“陆地卫星”的一幅多光谱图像覆盖地面的面积达 34 000$km^2$，航天遥感能够以空前广阔的视野时刻监视着地球；四是得到的图像的空间分辨率不同，航空像片的空间分辨率一般为 0.1～0.4m，卫星图像分辨率多大于 1m，目前卫星图像的空间分辨率最小为 0.41m，已经接近航空像片的分辨率。因而，航空遥感和航天遥感在数据处理流程上差异较大，工作精度也不同，航天遥感主要应用在项目的前期，以宏观控制为主；航空遥感主要应用在项目中后期，达到精细测量的目标。

## 二、遥感应用现状及其特点

（一）应用现状

遥感技术是随着航空与航天技术的发展而伴生的一项空间信息应用技术，其雏形在 20 世纪中前期（航空遥感）已经出现。20 世纪 50 年代后期，苏联与美国的卫星相继上天，开启了航天遥感的新时代，随着航空航天技术、卫星通信技术、光学摄影技术、传感器技术、计算机技术、数值计算技术等的发展而逐步建立和完善成熟。目前，西方发达国家及军事大国应用遥感技术已相当普遍和成熟。在资源调查、环境保护、地质勘探、地震监测、土地分类评价、水土保持、地籍管理、城市规划、林业普查、灾害预警、环境监测、气象预报、测绘制图等许多方面得到广泛应用，发挥了巨大作用。

我国的卫星应用从 20 世纪 70 年代突破空间技术开始，经过三十多年的发展，已经进入重点发展卫星应用产业的新阶段。当前，随着我国卫星遥感、通信、导航定位等空间信息技术的不断发展，卫星应用已经在国民经济的各个领域发挥着不可替代的作用，并迅速向传统产业渗透，孕育出一系列具有广阔市场前景的新兴产业，已经成为我国战略性高技术产业的重要组成部分。主要体现在：

卫星遥感应用领域不断拓展。卫星遥感已经在农业、林业、国土、水利、城乡建设、环境、测绘、交通、气象、海洋、地球科学研究等方面得到广泛应用。遥感技术在我国国土资源大调查、西气东输、南水北调、三峡工程、三河三湖治理、退耕还林、防沙治沙、交通规划与建设、海岸带监测及海岛测绘、300 万 $km^2$ 海洋权益维护及区域经济调查管理等重大工程建设和重大任务中发挥了不可替代的作用。

“国家级农情遥感监测系统”“沙尘暴的卫星遥感监测与灾情评估系统”“数字城市空间信息管理与

服务系统”“全国城乡规划和风景名胜区规划管理动态信息系统”“气象卫星与海洋卫星综合应用系统”等一批行业运行系统相继建成，为各级部门及时了解和掌握情况，进行决策提供了信息保障与支撑，有效提高了政府行政能力。以建立在风云卫星基础上的我国台风监测为例，借助于风云气象卫星所提供的准确初始场，中国气象局对2004年的超强台风“云娜”做出了准确的台风登陆警报，各级政府据此采取了应急响应措施，使人员财产损失明显降低。气象卫星的使用，使我国天气预报的可用预报时效延长了2～3天，据测算，气象卫星投入产出效益比在1∶15以上。

区域遥感应用蓬勃发展，数字区域建设方兴未艾，逐步形成以推广应用为主的区域遥感技术队伍，取得了丰硕的技术成果。在北京、山西、福建、新疆等地区，省市级农业遥感动态监测系统、国土资源遥感信息系统、农业综合开发管理系统、水保及环境系统等，已逐步在国家、省区的经济发展规划、管理、决策中发挥重要作用。中国资源卫星应用中心选用了2000～2005年连续6年的北京地区夏季中巴地球资源卫星CCD图像数据，分析了北京城区绿地覆盖面积的变化情况。分类结果表明，城区绿地面积逐年增加，“绿色北京”建设成效显著，这一结果为“绿色奥运”的建设提供了决策支持。

对于突发事件，我国遥感技术力量也发挥了积极作用。2002年6月淮河发生特大洪水，资源一号02星和国外卫星数据联合应用，及时监测了受灾情况，并预报了灾情发展。2004年6月22日，由于西藏阿里地区札达县帕里河上游连降暴雨，出现了山体滑坡，河道堵塞并形成堰塞湖。一旦溃决，洪水不仅危及下游的广大藏族人民，也危及距中印边境仅几十千米的印度居民的生命财产安全。中科院遥感所与资源卫星中心等单位将中巴地球资源卫星数据和其他数据融合应用，对堰塞湖的湖面面积进行动态观测。将所监测的灾情及时上报国家有关部门，为抢险救灾提供了决策依据。2008年5月12日，四川汶川发生的里氏8.0级大地震造成了约8万人死亡或失踪，交通、通信一度中断，山体崩塌、滑坡连续分布，河流堵塞形成多个堰塞湖，此时联合采用航空遥感和航天遥感技术，快速掌握第一手的灾情，提供救灾指挥部门使用。

遥感技术在工程领域的应用，最早可追溯到20世纪50年代初期，最初引进的是常规航空摄影技术，70年代中期以来，特别是近年来卫星技术与太空探索的迅速发展，航天遥感技术在我国经历了引进消化、学习发展、自主创新的过程。我国遥感技术在工程地质方面始于铁路部门。1955年，铁路部门利用航测方法对兰州—新疆线进行了选线和勘测工作，自20世纪50年代中期起，铁路和水利的工程地质调查中，已开始应用航空地质方法（包括航空目测），与地质、林业等部门同属于国内最早应用航空方法的产业部门。电力部门的工程地质遥感技术在20世纪70年代中后期就已开始应用，当时主要是解决发电厂的区域稳定性问题。

（二）应用范围

遥感技术已广泛应用于农业、林业、地质、海洋、气象、水文、军事、环保等领域。在未来的十年中，预计遥感技术将步入一个能快速，及时提供多种对地观测数据的新阶段。遥感图像的空间分辨率，光谱分辨率和时间分辨率都会有极大的提高。其应用领域随着空间技术发展，尤其是地理信息系统和全球定位系统技术的发展及相互渗透，将会越来越广泛。

（1）应急灾害资料。

遥感技术具有在不接触目标情况下获取信息的能力。在遭遇灾害的情况下，遥感影像是我们能够方便立刻获取的地理信息。在地图缺乏的地区，遥感影像甚至是我们能够获取的唯一信息。在5·12汶川地震中，遥感影像在灾情信息获取、救灾决策和灾害重建中发挥了重要作用。海地发生强震后，已有多家航天机构的20余颗卫星参与了救援工作。

（2）自然灾害遥感。

我国已建立了重大自然灾害遥感监测评估运行系统，可以应用于台风、暴雨、洪涝、旱灾、森林大火等灾害的监测能力特别是快速图像处理和评估系统的建立，具有对突发性灾害的快速应急反应能力，使该系统能在几小时内获得灾情数据，一天内做出灾情的快速评估，一周内完成详实的评估。

例如在台风天，通过灾害遥感就可以准确的划分出受台风影响区域，通过气象预警发布有效信息，人们便可由此对农产品进行防护措施，降低损失。

（3）农业遥感监测。

在农业方面，利用遥感技术监测农作物种植面积、农作物长势信息，快速监测和评估农业干旱和病虫害等灾害信息，估算全球范围、全国和区域范围的农作物产量，为粮食供应数量分析与预测预警提供信息。

遥感卫星能够快速准确地获取地面信息，结合地理信息系统（GIS）和全球定位系统（GPS）等其他现代高新技术，可以实现农情信息收集和分析的定时、定量、定位，客观性强，不受人为干扰，方便农事决策，使发展精准农业成为可能，遥感影像可通过遥感集市云服务平台免费下载或订购的方式获取。其平台即可查询到高分一号、高分二号、资源三号等国产高分辨率遥感影像。

农业遥感基本原理：遥感影像的获取遥感影像的红波段和近红外波段的反射率及其组合与作物的叶面积指数、太阳光合有效辐射、生物量具有较好的相关性。通过卫星传感器记录的地球表面信息，辨别作物类型，建立不同条件下的产量预报模型，集成农学知识和遥感观测数据，实现作物产量的遥感监测预报。同时又避免手工方法收集数据费时费力且具有某种破坏性的缺陷。

（4）水质监测遥感。

我国的水污染问题越来越严重，随着工业化和城镇化的快速发展，江河湖泊面临这严峻的水质污染问题，这也带动了遥感技术在水质监测上的应用。

据中科院研究院介绍，我国拥有的水质监测及评估遥感技术是基于水体及其污染物质的光谱特性研究而成的。国内外许多学者利用遥感的方法估算水体污染的参数，以监测水质变化情况。

做法是在测量区域布置一些水质传感器，通过无线传感器网络技术可 24h 连续测量水质的多种参数，用于提高水质遥感反演精度，使其接近或达到相关行业要求。

这种遥感技术信息获取快速、省时省力，可以较好的反映出研究水质的空间分布特征，而且更有利于大面积水域的快速监测。遥感技术无疑给湖泊环境变化研究带来了福音。

（5）电力工程遥感。

电力部门的遥感技术在 20 世纪 70 年代中后期就已开始应用，当时主要是工程地质解决发电厂的区域稳定性问题，在输电线路首先取得成功的则是西北电力设计院 2003 年开展的 750kV 官亭—兰州东输电线路工程。在输电线路工程中，从可研阶段的立项规划、工程投标，到初步设计路径通道确定，直至最后施工图阶段的终勘定位，都可以应用遥感技术提高工程勘测的可靠性。各阶段的工作目标和所使用的数据源不同，工作精度和成果形式也不同。在可研阶段需要概略了解工程区的情况，可使用中等分辨率的卫星影像，进行概略解译，从大范围对比不同路径方案的优缺点，从而选择较优的路径走向。初步设计阶段应使用中高分辨率卫星影像，进行详细解译并随初步设计进行外业勘测验证，可编写遥感专题报告。施工图定位阶段应采用线路的航空正射影像资料或高分辨率卫星影像，进行详细的解译分析，对影响塔位的地段进行现场调查验证，可与施工图定位同步进行，也可单独进行，应编写遥感专题报告，提交分专业的具体成果。

（三）技术特点

遥感作为一门对地观测综合性技术，它的出现和发展既是人们认识和探索自然界的客观需要，更有其他技术手段与之无法比拟的特点。遥感技术的特点归结起来主要有以下三个方面：

（1）探测范围广、采集数据快。

遥感探测能在较短的时间内，从空中乃至宇宙空间对大范围地区进行对地观测，并从中获取有价值的遥感数据。这些数据拓展了人们的视觉空间，为宏观地掌握地面事物的现状情况创造了极为有利的条件，同时也为宏观地研究自然现象和规律提供了宝贵的第一手资料。这种先进的技术手段与传统的手工作业相比是不可替代的，尤其在高效、客观、准确方面，是具有得天独厚的优势。

（2）能动态反映地面事物的变化。

遥感探测能周期性、重复地对同一地区进行对地观测，这有助于人们通过所获取的遥感数据，发现并动态地跟踪地球上许多事物的变化。同时，研究自然界的变化规律。尤其是在监视天气状况、自然灾害、环境污染，甚至军事目标等方面，遥感的运用就显得格外重要。

(3) 获取的数据具有综合性。

遥感探测所获取的是同一时段、覆盖大范围地区的遥感数据，这些数据综合地展现了地球上许多自然与人文现象，宏观地反映了地球上各种事物的形态与分布，真实地体现了地质、地貌、土壤、植被、水文、人工构筑物等地物的特征，全面地揭示了地理事物之间的关联性。并且这些数据在时间上具有相同的现势性。

## 第二节 遥感数据的获取及处理

### 一、遥感数据的获取

遥感数据的获取，从来源上总体上分为两大类，即航空遥感数据和卫星数据。

(一) 航空遥感数据

航空遥感数据一般需要航飞或收集已有的航飞资料得到，航空遥感像片一般要经过航空摄影、外控调绘、内业处理三个阶段形成适于工程使用的正射影像。航空摄影需要由专门的机构按照航摄计划完成。外控调绘采用卫星定位布置航摄外控网，进行联系测量，并调绘交叉跨越、平行接近、新增地物和变化地形。内业处理在全数字摄影测量系统（DPS）设计平台下进行，需要经过影像内定向、自动相对定向、模型绝对定向、核线影像生成及影像匹配，最后生成正射影像。对输电线路来说，一般都有路径的航飞资料，它们都是经过处理的正射影像图，可以作为遥感勘测的影像。

(二) 卫星遥感数据

随着计算机技术、光电技术和航天技术的不断发展，在过去的 30 多年中，多种遥感卫星的运行，为全球的经济、社会、军事和科学研究等提供了稳定性、连续性和可靠性的空间遥感信息。卫星遥感技术与地面勘测、航空遥感一起，形成了全方位、立体化的对地观测体系，具有多尺度、多频率、全天候、高精度、高效快速的特点。目前，有较大影响力的民用遥感卫星有美国的 Landsat 系列、法国的 SPOT 系列、欧空局的 SAR 系列、加拿大的 Radarsat 系列、印度的 IRS 系列、EOS 的中等分辨率遥感卫星系列、高分辨率商业卫星 IKONOS 和 Quick Bird。我国遥感卫星目前有高分一号、高分二号、高分三号以及我国与巴西联合研制的资源卫星 CBERS 系列等。其中中低分辨率卫星数据可以免费得到，中高分辨率卫星数据和高分辨率卫星数据需要付费购买。在 PCI、ERMapper 和 ERDAS 等遥感数据处理软件中经过处理生成可供工程使用的影像地图。

### 二、遥感数据的处理

根据 GB 15968《遥感影像平面图制作规范》的要求，遥感影像平面图的影像必须层次丰富、清晰易读、色调均匀、反差适中。图上地物点对于附近控制点、经纬网或千米格网点的平面位置中误差不大于±0.50mm，特殊情况下不大于±0.75mm。可采用单色或彩色，分幅和编号执行 GB/T 13989 的规定，也可根据用户需要自由分幅。航片数据处理流程见图 13-1，处理后的航空影像正射图见图 13-2。

一般的，卫星图像的制作分为 5 个步骤：①准备阶段，根据任务需要，确定研究区范围，选择合适的卫星数据类型，联系数据提供者，咨询数据的时相、价格、数据级别、载体形式，尽快拿到合适的数据。购买回来要检查数据的质量，首先查看图像是否覆盖整个工作区，其次检查每个波段是否完备，在图像处理软件中可以顺利打开，最后检查图像上云覆盖所占比例，一般要求小于 10%。同时需收集工作区的地形图以及其他基础资料；②光学图像处理阶段，对影像数据进行彩色合成、数据融合、色彩调整和数字变换等处理；③几何图像处理阶段，处理过程包括几何校正、图像镶嵌、图像裁剪；④整饰输出阶段，包括添加注记、格式转换、打印输出；⑤解译应用阶段，根据需要提取需要的信息，编绘解译图。图像的处理和制作需要在专业的图像处理软件中进行。具体处理流程见图 13-3，处理后的卫星影像图见图 13-4。

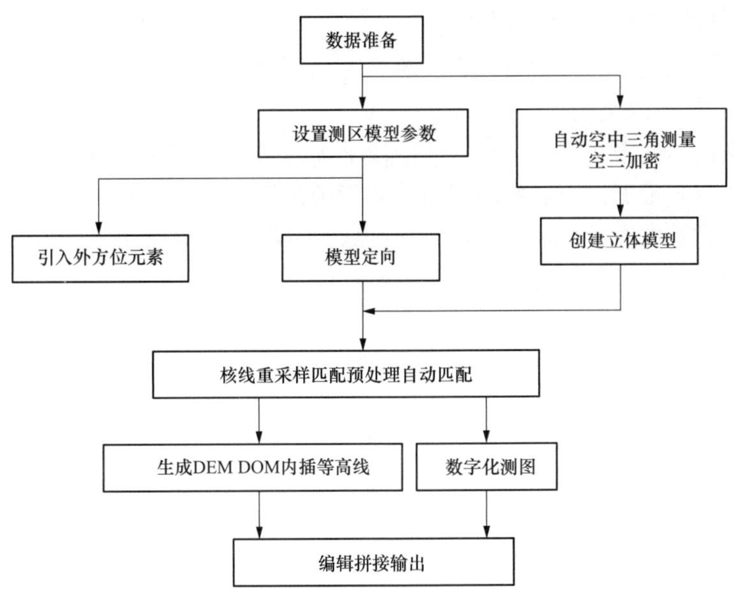


图 13-1　全数字摄影航空像片处理流程

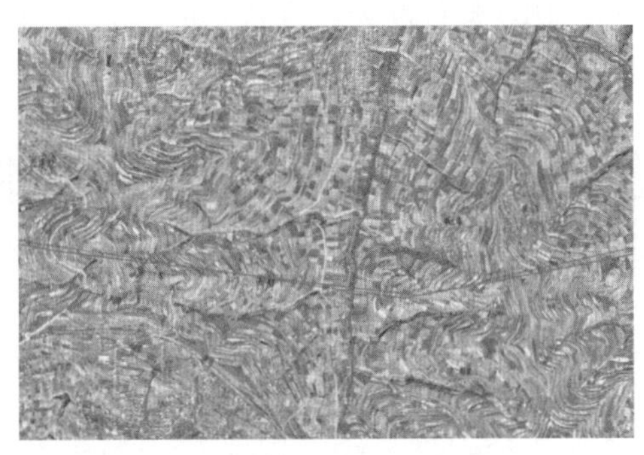

图 13-2　经处理得到的航空正射影像图（局部）

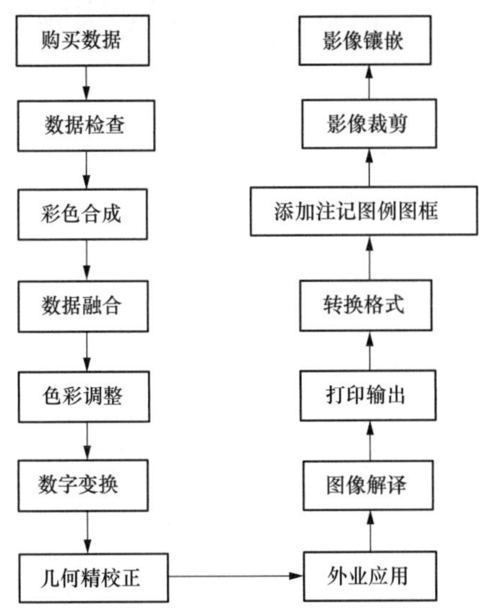


图 13-3　卫星图像处理流程图

图 13-4　经处理得到的卫星影像图

## 第三节 遥 感 解 译

遥感图像解译是利用不同专业的知识从遥感图像上提取需要的专业内容、属性、参数等的过程。解译过程分为以下几步：首先根据内容需要利用遥感图像的色调、纹理、阴影、图案等，建立专业解译标志，初步判定宏观信息；其次通过外业验证，建立区域直观特征，检验初步解译的准确性；最后根据解译标志和已有资料详细解译，结合已有资料综合分析，得到工程区的专业信息。

对输电线路工程来说，遥感解译主要采用目视解译方法，沿线路路径提取与工程相关的信息。根据电力行业标准 DL/T 5492《电力工程遥感调查技术规程》，解译的内容分为地物信息、工程地质、水文气象和生态环境 4 个方面，本节主要介绍目视解译方法及工程地质解译内容。

### 一、目视解译标志

影像特征是在遥感图像上识别物体、区分物体的依据。那些能直接或间接识别、区分各种地物，并能表明它们的特点、性质的影像特征，称为解译标志。

解译标志有直接标志和间接标志。直接标志是地物本身的有关属性在图像上的直接反映，如形状、大小、色调、阴影等。间接标志是指与地物的属性有内在联系，通过相关分析能够推断其性质的影像特征。

（一）形状及大小

形状是指地物外部轮廓的形状在影像上的反映。不同类型的地面目标尤其特定的形状，因此地物影像的形状是目标识别的重要依据。大小是指地物在像片上的尺寸，如长、宽、面积、体积等。地物的大小特征主要取决于影像比例尺，有了影像的比例尺，就能够建立物体和影像的大小联系。

部分地质体及地质现象的遥感图像见图 13-5～图 13-8。图 13-9 为航片中地物形状与位置关系的示意图。

图 13-5　侵入岩体的浑圆状

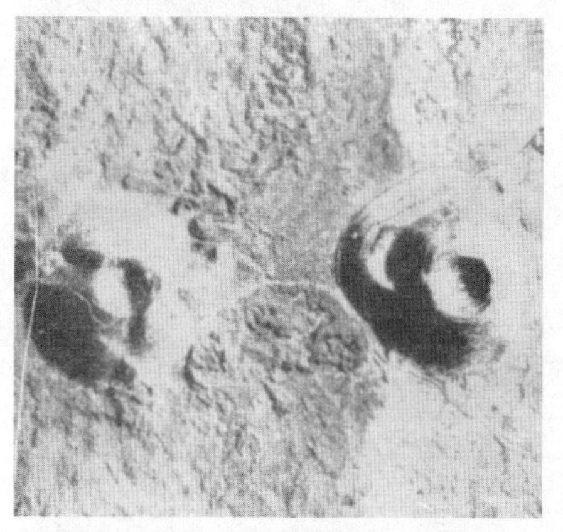

图 13-6　火山锥的锥圆状

图 13-7　沉积岩的条带状

图 13-8　断层的直线状

(二) 色调和色彩

色调是物体的电磁波特性在图像上的反映，在黑白像片上指黑白深浅程度。地物的形状、大小都要通过色调显示出来，所以色调特征是最基本的解译标志。

色调的深浅以灰阶来表示，在解译中，人们根据眼睛的分辨能力将灰阶从白到黑分为十级：白、灰白、淡灰、浅灰、灰、暗灰、深灰、淡黑、浅黑、黑。应用时，归为五级：白、灰白、灰、深灰、黑，地物色调灰阶划分示意图如图 13-10 所示。

在地质解译时，常用下列术语描述黑白像片的色调特征：

(1) 色调深浅。指地质体的灰度大小。

1) 浅色调。指白—淡灰之间的色调变化。如排水性良好、干燥的、有机质成分低的土壤；中酸性岩浆岩、松散堆积物、大理岩、石英岩等一般具有浅色调。

2) 深色调。指淡黑—黑色之间的色调变化。如潮湿的、有机质成分高的土壤、煤层、基性、超基性岩浆岩均具有较深色调。

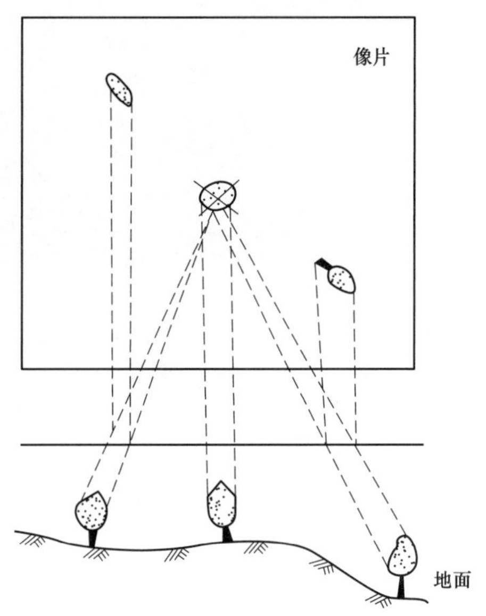


图 13-9　航片中地物形状与位置关系的示意图

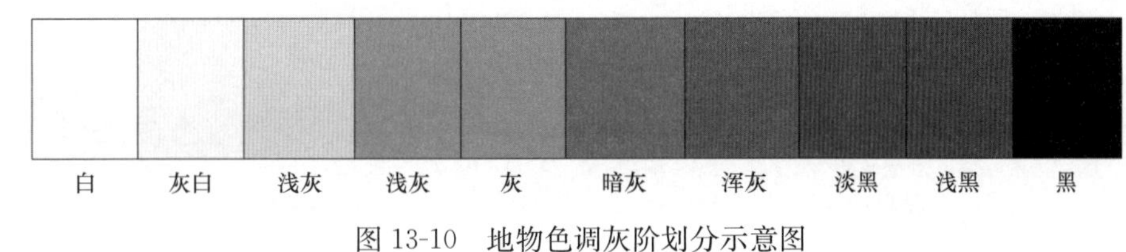


图 13-10　地物色调灰阶划分示意图

3) 中等色调。指浅灰—深灰之间的色调变化。如石灰岩、白云岩、砂岩以及中基性岩浆岩等，变质岩中的变粒岩具有灰色色调。

图 13-11　浅色调和深色调

浅色调和深色调对比见图 13-11。

(2) 色调的均匀性。指地质体内部色调的均匀程度。

1) 色调均匀。反映土壤和岩石物质比较均一、稳定，地质体的物质成分和结构变化不大，土壤含水量变化不大。

2) 色调有规律性变化。有一些地质体，当其出露面积较大时，内部色调有时会出现规律性变化，如岩浆岩的环带状色调变化，可能反映岩体内部的分带现象。

3) 斑状色调（色调不均匀）。在小范围内地层或地表物质成分、含水状况有很大变化，结果出现一片暗、一片亮的斑块状色调。

色调的均匀性示例见图 13-12。

(3) 边界清晰程度。指不同地质体之间色调的差异程度。

1) 边界清晰。反映地质体之间界限分明，是截然的、突变的关系。

2) 边界模糊。反映地质体之间的界限不甚分明，呈过度的关系。

影响的边界清晰程度示例见图 13-13。

色彩是指物体具有的颜色类别。在利用色彩判断地物时，要注意：

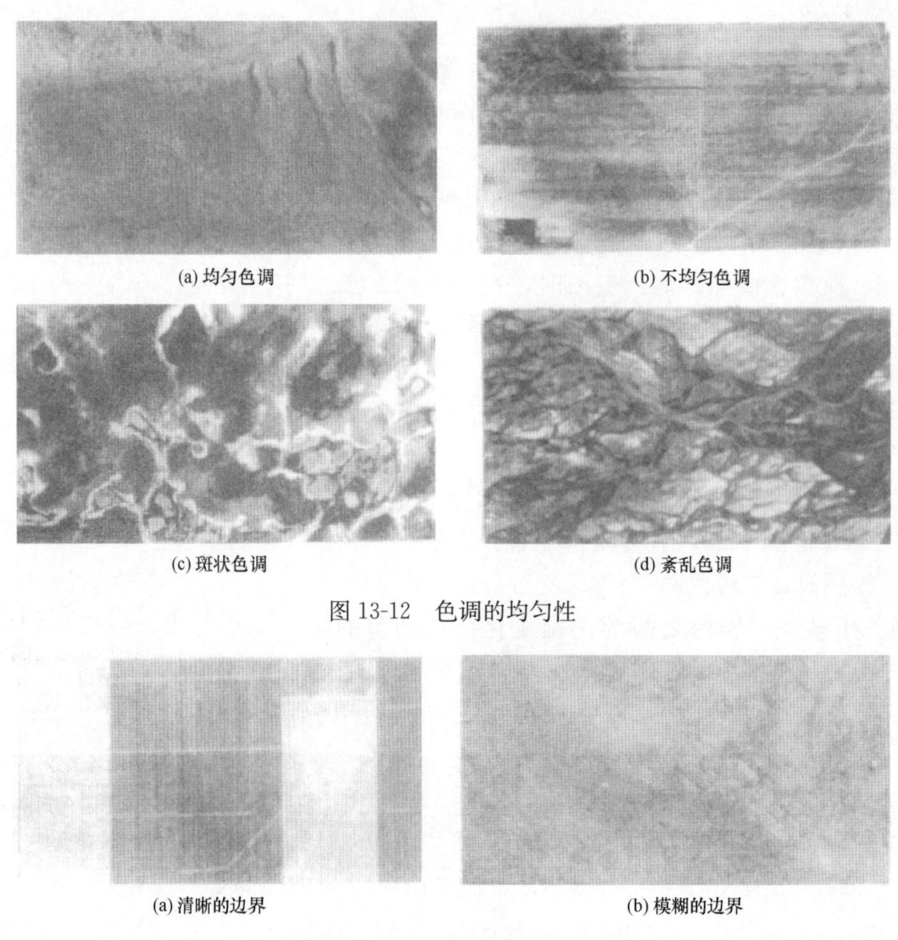

(a) 均匀色调　(b) 不均匀色调

(c) 斑状色调　(d) 紊乱色调

图 13-12　色调的均匀性

(a) 清晰的边界　(b) 模糊的边界

图 13-13　边界的清晰程度

1）波段的彩色合成图像，不仅要了解地物的波谱特性，而且要知道彩色合成时波段影像与红、绿、蓝三色的对应关系。

2）彩红外图像：植被—红，水—蓝青，道路—灰白，建筑物—灰或浅蓝。

（三）阴影

阴影分本影和落影两种。本影指物体本身没有被光线直接照射到的部分，在像片上呈暗色调，它有助于建立像片的立体感。落影指地物经光线照射投影于地面的物体阴影，在像片上呈暗色调，它有助于观察地物的侧面形态及一些细微特征，但地物的阴影常常掩盖物体的细节，给解译带来不利。本影和落影识别示意见图 13-14，地物投落阴影受地形的影响示意见图 13-15。

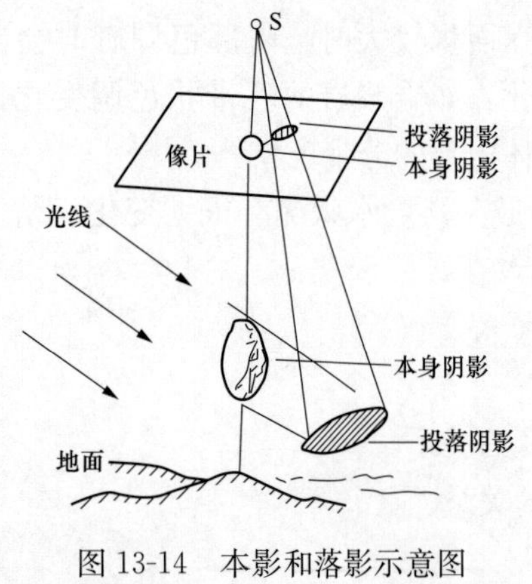

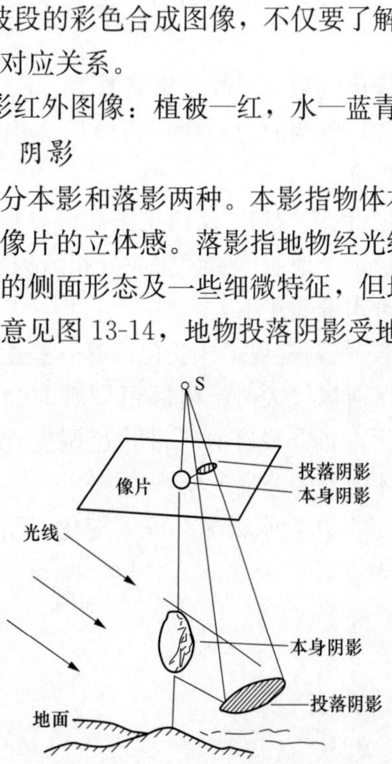

图 13-14　本影和落影示意图

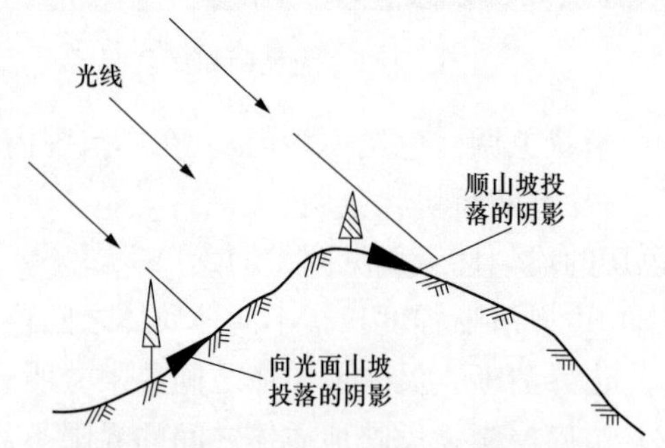

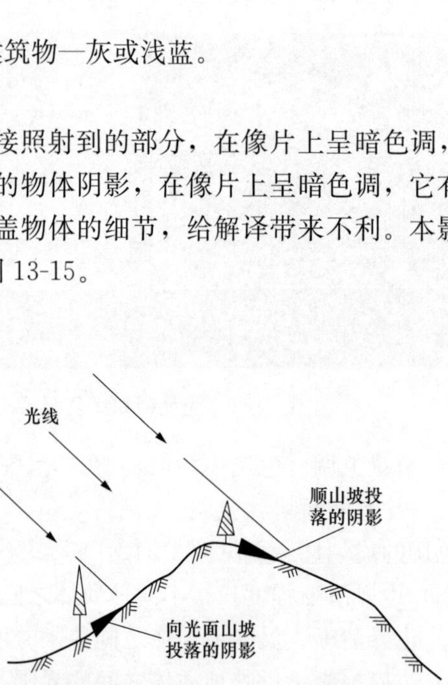

图 13-15　地物投落阴影受地形的影响

（四）水系

水系标志在地质解译中应用最广泛，它可以帮助区分岩性、构造等地质现象。这里所讲的水系是水流作用所形成的水流形迹，即地面流水的渠道，可以是大的江河，也可以是小的沟谷，包括冲沟、主流、支流、湖泊及海洋等。在图像上可以呈现有水，也可呈现无水。水系的级序，一般是从冲沟到主流，依次由小到大（1、2、3…）排列。

地质解译中对水系的分析，就是通过对水系的形态、密度、均匀性、方向性等的分析，间接地推断该地区的岩性和构造特征。

（1）密度。

水系密度是指在一定范围内各级水道发育的数量。一般以支沟间距来衡量，小于100m称密度大，100～500m为中等，大于500m称密度小。

密度大者，常反映岩石透水性差，如黏土岩、板岩之类；密度小者，常反映岩石坚硬或透水性好，如砂岩、玄武岩等。在相同气候条件下，水系密集程度与它们的间隔大小反映出地质岩性的差别，如石灰岩→砂岩→页岩，地表水系由少→多，透水性由好→差。

（2）均匀性。

水系的均匀程度反映着岩性是否均匀。在构造比较简单的地区，水系均匀性也可以用来区别岩性类型。然而对于同一类岩性，如果水系分布不均，则是由于构造因素引起的，构造节理集中的部位，隆起和凹陷部位常表现出水系的不均匀性。

均匀水系：反映岩性单一，地质构造简单；

不均匀水系：反映岩性复杂，地质构造复杂。

（3）方向性。

方向性显著者，往往反映该方向构造特别发育，或存在大面积单斜岩层。水系的方向性常受地形和构造条件控制。水系的发育有时表现为同一方向，有时表现为方向突然变化，这均是鉴别地质构造的良好标志。

（4）水系的集结。

水系的交会，水系的集流，它们是向一个带集中，还是向一处集中，是向四处流散，还是由周围向一处汇集，这都反映着构造和岩性的差别。

（5）水系类型。

是指水系平面分布的形状。一般都具有一定的图形，水系类型的划分主要是依据这些图形的形状来命名的。每种水系类型都反映了一定的地质构造环境，它们与岩性、构造、岩层产状和地形有密切的关系。

1）树枝状水系。在一个比较平坦面上自由发展，因此无一定方向性，支流之间均是锐角相交，一般发育在岩性均一、构造简单、地形坡度小的地区。

2）钳状沟头树枝状水系。一般发育在块状岩石地区，原生裂隙发育、球形风化和剥蚀强烈。

3）羽毛状水系。一般发育在黄土地区。

4）似树枝状水系。一般发育在平缓倾斜的平原地区。

5）平行树枝状水系。受地形控制多出现在稳定倾斜的地区，如滨海斜坡、冲积锥、单面山的一侧等。

6）格状水系（方格状、矩形状、菱格状）：矩形状水系一般出现在沉积褶皱构造区，菱形状水系一般出现在共轭相交的裂隙法发育区。

7）放射状水系。常见于火山锥和穹隆构造上升区。

8）向心状水系。发育于盆地与局部沉降区。

9）环状水系。一般沿花岗岩岩体上的环状节理、穹隆构造上的岩层层理、片理分布。

10）倒钩状水系。它反映河流袭夺或掀斜构造。

各类型水系示意见图13-16。

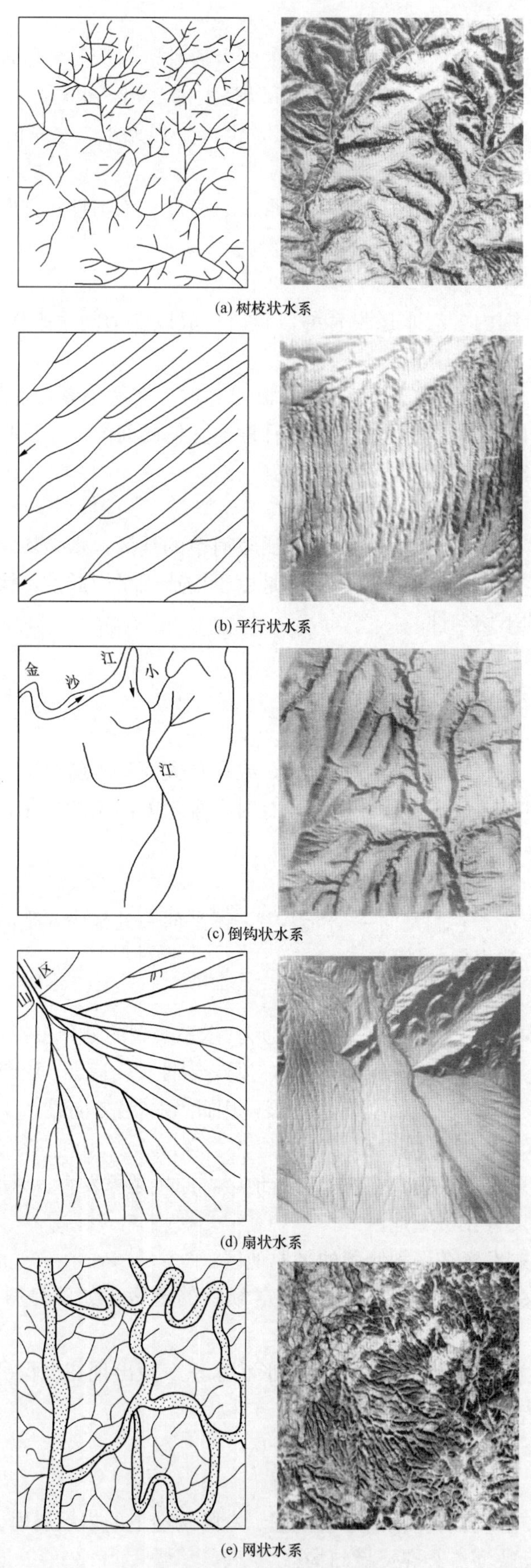


(a) 树枝状水系

(b) 平行状水系

(c) 倒钩状水系

(d) 扇状水系

(e) 网状水系

图 13-16　各类型水系示意图（一）

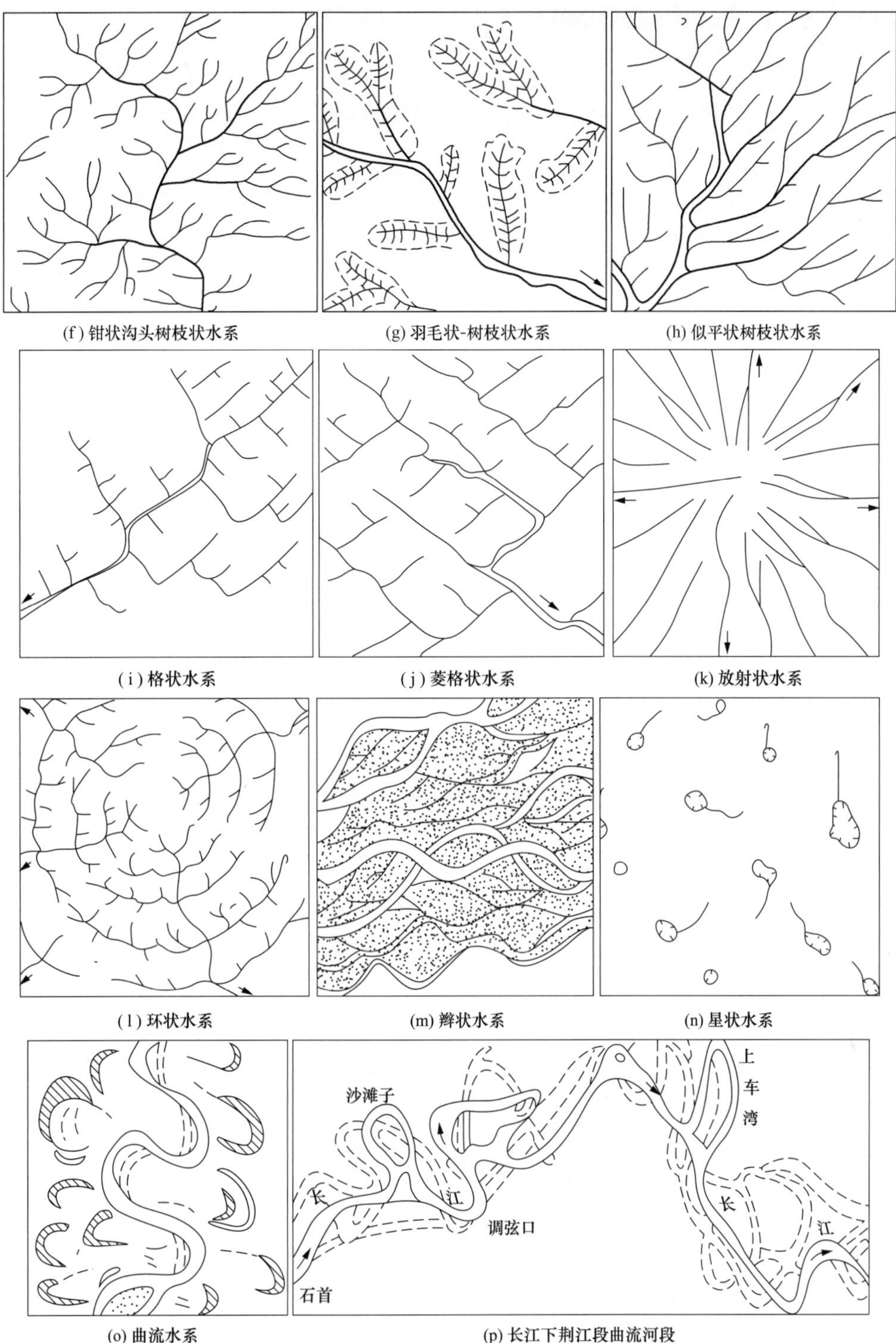


图 13-16　各类型水系示意图（二）

（6）冲沟形态（沟谷形态）。

1）地表径流汇合后，向下切割形成切沟和冲沟。沟谷的形态与被切割地区的物质成分和结构有关。

2）黏土、粉砂质黏土地区，冲沟横断面呈蝶形，纵断面为均匀缓坡。

3）中等黏土地区，冲沟横断面呈屉形（箱形），纵断面为陡缓交替的复合坡。

4）无黏性粒状物质（包括粉砂岩、砂岩、砂砾岩）地区，横断面呈 V 形，纵断面为陡坡。

## （五）地貌形态

地貌形态从宏观上讲，一般分为平原、丘陵、山地、盆地及高原。在工程建设中，往往更关注工程所在地的微地貌形态。山地的微地貌形态特征示意见图 13-17。

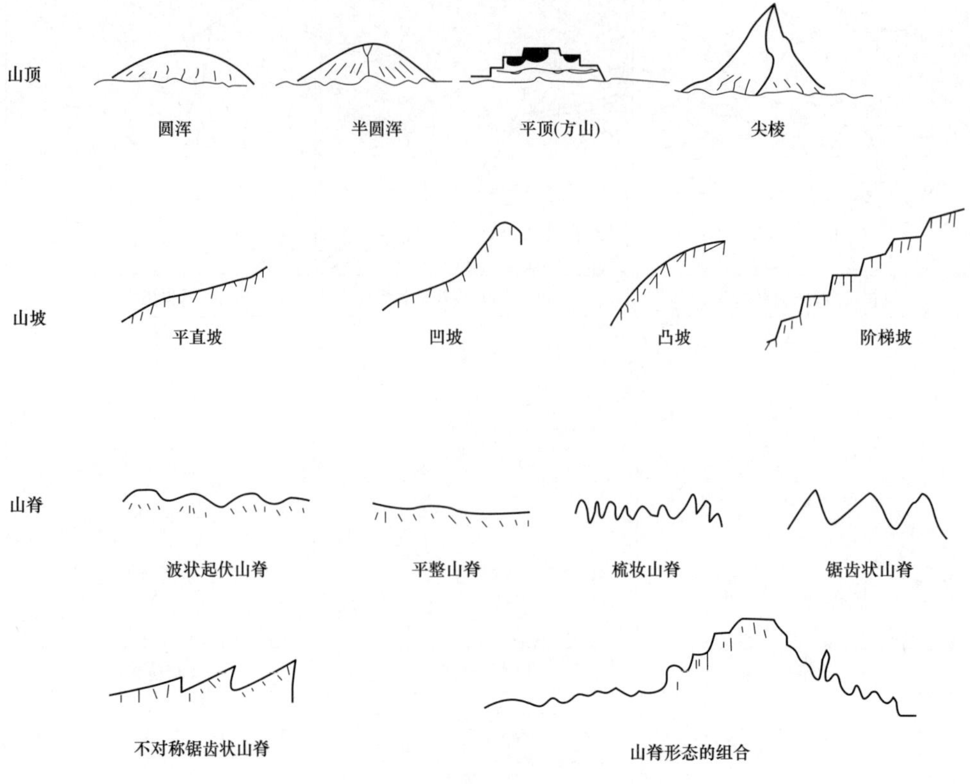


图 13-17　山地微地貌形态特征示意图

（六）纹理

很小的物体，在图像上是很难个别地详细表达的，但是一群很小的物体可以给图像上的影像色调造成有规律的重复，即影像的纹理特征。

纹理特征：细小物体在像片上大量地重复出现形成的特征。它是大量个体的形状、大小、阴影、色调、空间方向和分布的综合反映。

纹理可用点状、线状、斑状、条状、格状等术语，并加粗、中、细等形容词来加以描述。也可用人们熟悉的事物来比喻，如网状、龟纹状、指纹状等，详见图 13-18。

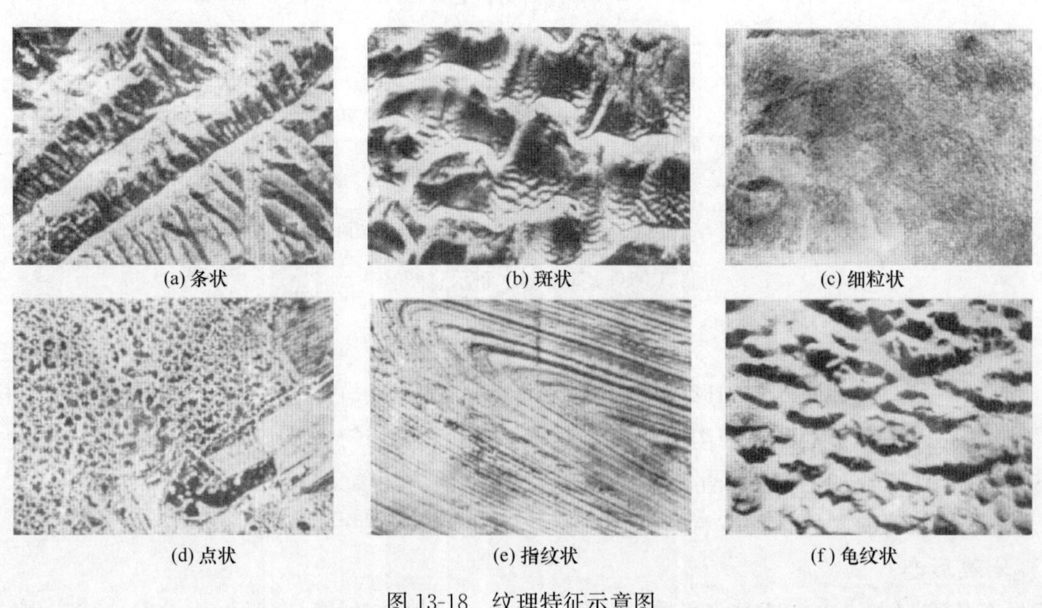


图 13-18　纹理特征示意图

（七）其他

（1）位置。

是指地物的环境位置以及地物间的空间位置关系在像片中的反映。也称为相关特征，它是重要的间接判读特征。

（2）土壤、植被标志。

通过对土壤、植被的相关分析，推断其下伏地物的性质。

（3）人类活动标志。

古代与现代的采场、采坑、矿冶遗址是找矿标志；耕地的排布反映地形地貌特征，如火山口周围耕地呈环状分布。

## 二、目视解译的方法与原则

（一）解译方法

目视解译方法就是研究如何利用遥感图像上的各种影像特征和成像规律，来达到解译地物的目的。

（1）直判法。

指直接运用解译标志就能确定地物存在和属性的方法。一般针对形状独特、色调特征明显的地物和自然现象，如道路、建筑物、河流、树木、岩体、火山锥、褶皱、断层等均可用直接法辨认。

（2）对比法。

指将要解译的遥感图像，与另一已知的遥感图像样片进行对照，确定地物属性的方法，包括与邻区图像对比、动态对比，常用于岩性、植被的判读。

（3）推理法。

指运用相关分析、逻辑推理的方法，通过间接判读标志来推测、判读地物的类型和性质。如通过不同的水系形式来识别不同的岩石类型。

（二）解译原则

（1）综合分析，论证法和反证法相结合的原则。

根据这项原则，使判读出的界线和类型的结论，具有唯一性、可靠性。

（2）多手段相结合的原则。

卫片与航片、主图像与辅助图像、图像与地形图、专业图和文字资料相结合的原则。根据这项原则，可以使判读取得更多已知条件，增加更多影像信息，供进一步揭示未知的影像。

（3）室内判读与野外实地对照相结合的原则。

根据这项原则，以建立判读标志，校核室内判读结果，补充必要的实地数据等，使图像判读的质量进一步得到提高。

（4）先易后难，循序渐进原则。

1）由宏观到微观，由浅入深；

2）由已知到未知，从比较了解的地段入手向较陌生的地段推进；

3）先解译影像清晰部分，后解译模糊部分；

4）先山地后平原；

5）先构造，后岩性；

6）先断裂，后褶皱；

7）先线性构造，后环形构造；

8）先岩浆岩，后沉积岩，再变质岩；

9）先解译显露的，后解译隐伏的。

## 三、岩性解译及地层分析

（一）影响岩性影像特征的主要因素

（1）岩石成分和结构构造因素。

（2）岩石的物理化学性质因素：包括岩石的颜色、岩石的可溶性和粗糙度、岩石的湿度、岩石的透水性及岩石抗侵蚀性等。

（3）岩石所处的自然地理环境。

（4）地形和水系类型因素。

（5）植被和表土覆盖情况，如①灰岩、白云岩风化后，残留的黏土层较薄，且重酸性，植物不甚发育；②砂岩风化后形成砂土，多生长灌木和针树；③页岩风化后形成黏土，植被发育，有利于阔叶树生长；④基性、超基性岩浆岩土壤贫瘠，加之含有较多的稀有元素，植被一般不发育；⑤中酸性岩浆岩风化后形成亚黏土或黏土，土壤肥沃，植物茂盛。

（二）沉积岩的解译

（1）沉积岩的波谱特征及其色调特征。对于沉积岩的波谱特征，岩石矿物成分和岩石风化面的颜色是最关键的因素。一般情况下，以浅色矿物为主，岩石风化面颜色较浅的岩石，其反射率偏高，色调较浅；以暗色和杂色矿物成分为主，三价铁胶结物较多，岩石风化面颜色较深的岩石，其反射率偏低，色调较深。

（2）沉积岩的图形特征。沉积岩的主要构造特征是成层性，具有层理，因而在各种遥感图像上，普遍呈现为条带状、条纹状，即为深浅不同的色调、水系、地貌的直线形—曲线形的相似形条带。

（3）第四纪松散沉积物解译。第四纪松散沉积物在平原、山区均广泛分布。在遥感图像上，绝大多数产状平缓，难见层理；岩性在空间上是渐变的；并常遍布耕地、居民点、道路纵横，解译难度大。

1）砾石层。主要分布在戈壁荒漠、山前坡麓、洪积扇顶端等处，山区河床、古阶地、河漫滩中零星分布。影像粗糙，色调偏暗，常呈斑点状、斑块状纹形图案。土壤植被均不发育。冰川沉积和泥石流如以历史为主，则多呈丘垅地形。

2）砂层。砂层主要分布于沙漠、海滨、河岸等处。影像较光滑，色调浅而均匀。地表水系不发育。地形上呈缓坡，只有少数轻度胶结的沙层在河谷变形形成断续小陡坎。

3）黏土和亚黏土层。主要分布在平原区、河流中、下游沿岸、大湖沿岸、洪积扇前沿及残坡积层发育区；在干旱区，表面总体上平整光滑，细纹密布，色调浅；在潮湿地区则冲沟密集、切割细碎，呈网状影纹，植被发育，常发生沼泽化现象，色调较深。冰水黏土层具紊乱网状水系。湖相黏土则多具环带状条纹。碱土分布区，碱土呈白灰色，簇状草、木丛呈黑灰色，总体显示为花斑状纹理。

（4）沉积岩岩性解译。

1）砾岩。多呈似层状、透镜状、条块状、层理不明显，色调较暗。沿大型节理方向常出现陡坎、悬崖、脊状垅岗；分水岭尖峭，地形崎岖。砾岩分布区残积物少，崩积物多；植被稀疏而不均，故影像粗糙，常显斑状纹理。水系稀疏，且主要受断裂控制。

2）砂岩。节理较发育，常成组出现，对水系控制作用明显，故以树枝状—格状水系图形最常见；冲沟横断面一般为“V”形。产状近水平的厚层砂岩常形成方山峡谷地貌，图像上表现为斑块状纹理。倾斜产出时，常构成单面山，影像为折线状条纹条带图形。近直立的砂岩常形成垅脊，呈近于直线状的条带条纹图形。

3）页岩、泥岩、灰岩。岩石易风化剥蚀，常形成低矮浑圆、波状起伏的丘岗，平缓坡地及开阔低洼地形。因透水性差，地表径流发育，常呈密集树枝状水系。泥岩常不显层理，在潮湿地区可见假岩溶现象，形成与灰岩地区类似的肾状、脑纹状图形。页岩中因常夹有粉砂岩或泥灰岩，故层理清晰，在图像上呈断续细纹。碳酸盐类岩石在湿热气候条件下，岩溶地貌发育。厚层质纯的灰岩岩溶发育程度最高，其次为白云质灰岩、白云岩，而硅质灰岩、泥灰岩发育较差。图像上多出现格状、龟纹状图形。

其中砂岩解译示意图见图 13-19。

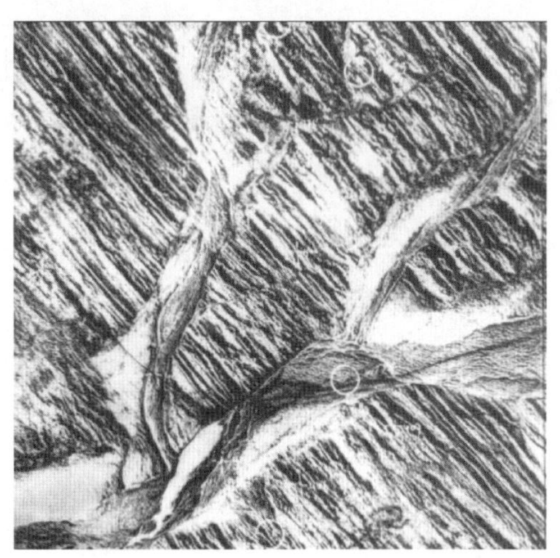

图 13-19　沉积岩之砂岩解译示意图

（三）变质岩的解译

(1) 变质岩的波谱特征及其色调特征。

一般情况下，正变质岩的波谱特征和色调特征与岩浆岩相近，副变质岩的波谱特征和色调特征与沉积岩和部分火山岩相近。决定变质岩波谱特征的主要因素是矿物成分。

(2) 变质岩的图形特征。

正变质岩在图像上具备岩浆岩和变质作用产物的双重影像特征。例如：侵入岩体的块状图形背景上叠加了许多细断续线纹或肠状线纹，这些线纹往往具有明显的方向性，它们和围岩的断续线纹走向一致。

副变质岩在遥感图像上具备沉积岩和火山岩与变质作用产物的双重影像特征，即沉积岩的图形类型加细断续条纹条带，或复杂的回曲状条纹条带。

(3) 变质岩岩性解译。

与沉积岩和岩浆岩相比，变质岩的解译要困难一些。但从总体上看，深变质的片麻岩、混合岩的影像特征接近花岗岩类；浅变质的板岩、千枚岩的影像特征接近黏土盐类；片岩影像特征介于二者之间。大理岩、石英岩多呈似层状、透镜状夹于变质岩系之中，影像特征与原岩相似。

1) 大理岩。气候湿润地区，发育有一定程度的岩溶地貌，表面凹凸不平。干旱地区常形成较低缓的光秃圆滑垅脊或丘岗，水系稀疏。

2) 石英岩。石英岩致密、坚硬，层理不明显、节理较发育，多构成高山峻岭。水系受断裂控制呈稀疏格状，陡坡下常有裙状坡积物或崩积物，色调较浅，具麻斑状纹理，岩石表面残积物少，植被不发育。

3) 板岩和千枚岩。因岩石坚硬和板理、千枚理发育，故常呈鳞片状、梳状不平表面和尖棱地貌，山体坡度较陡。水系常栉状，末节冲沟呈平行密集排列。强烈切割地区，水系上源常产生滑坡。

4) 片岩。常具有陡倾的层态和波状纹理，地形崎岖。片理常表现为一组平行密集细纹，不受山形和水系限制，也不对地形产生控制作用。水系多呈树枝状、羽状。在湿润气候条件下，片岩常形成波浪式浑圆低山或丘陵地形，覆土较厚，植被发育。

5) 片麻岩。正片麻岩影像特征与花岗岩相似，也呈大片出露。但边界不很明显，无相带，节理不发育。负片麻岩宏观上呈带状延伸，山脊较尖锐，色调也略深。可见深浅交替的隐约条纹。水系多为角状—树枝状，当覆土较厚时，呈现“丰”字形水系。

6) 混合岩。均质混合花岗岩影像特征与花岗岩很接近，但与周围界线不清，有过渡现象。条带状混合岩及阴影状混合岩的影像常带有模糊的斑块状、云雾状花纹。混合岩中较坚硬者，可构成陡峭山地，但山脊不尖锐；有的则形成类似花岗岩的岗峦地形。水系多为羽状—树枝状或放射状。

变质岩解译示意见图 13-20。

图 13-20　变质岩解译示意图

### （四）岩浆岩的解译

（1）岩浆岩的波谱特征及其色调特征。

超基性、基性、中性和酸性岩浆岩的波谱特征有明显规律可循，详见图 13-21。

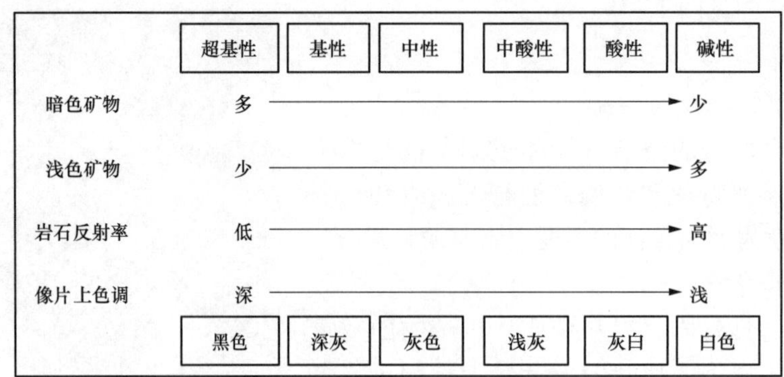


图 13-21　岩浆岩波谱及色调特征

（2）岩浆岩的图形特征。

侵入体的形态，主要有圆形、椭圆形、环形、似长方形、团块形、透镜状、串珠状、分枝状、不规则块状、脉状等。

时代较新的火山岩，由于火山机构保存比较完整，他们往往以醒目的图形如锥形、舌形、放射状、环状、桌状和平台状等类型展现在图像上。熔岩面上还可见到绳状流动构造和纵向、横向冷却裂沟。

（3）侵入岩岩性解译。

岩浆岩的反射率高低、色调的深浅，与岩浆岩的 $SiO_2$ 含量、色率的大小的正比关系非常明显。中酸性岩反射率最高，基性及超基性岩较低，岩石中铁镁质暗色矿物含量越高，反射率越低。但超基性岩常因风化褪色而使反射率偏高。岩浆岩解译中几何形态的主要标志：①在图像上岩浆岩体具有比较规则的平面几何形态，常成圆、椭圆、透镜状、脉状；②除少数熔岩外，岩浆岩多数缺少层理影像特征；③在遥感图像上出露规模较大的侵入岩，常具环状、放射状等类型的水系、节理或脉岩群。

1）酸性至中性岩类。黄山花岗岩峰丛。

2）基性、超基性岩类。基性、超基性侵入岩常呈团块状、链状、脉状，沿区域性断裂带产出。色调一般为深灰至黑灰色。大型岩体少见，且多为正地形，浮土较薄，植被不发育；小型岩体可为正地形，也可为负地形；残积物较厚、植被较发育。岩体内节理不发育，后期脉岩极少。

3）脉岩。脉岩主要受节理、断裂控制，成组地产出于侵入体内及其附近的围岩中。单体形态以长条状、链状、蠕虫状较常见。

（4）喷出岩岩性解译。

1）酸性喷出岩。常见为流纹岩、流纹集块岩和流纹凝灰岩，通常呈互层产出。年轻的酸性喷出岩分布区，集块岩堆积在火山口附近，形成较陡的岩锥，色调稍暗，表面有粗糙感，水系呈放射状；凝灰岩距火山口较远，色调略浅，表面较光滑，水系呈较密集的树枝状或似平行树枝状。古老的酸性喷出岩多与沉积岩伴生，空间上厚度变化较大；通常为正地形，可以是低山丘陵，也可以是方山峡谷。

2）基性喷出岩。最常见为玄武岩。基性火山集块岩、凝灰岩通常成夹层产出于巨厚的玄武岩系之中。许多情况下，玄武岩浆是沿深断裂从许多火山口同时溢出，形成广阔的台地或平坦的高原地形。

岩浆岩岩性解译示意见图 13-22。

### （五）地层解译分析

（1）地层解译的工作程序。

1）在前人资料或野外踏勘基础上，选择标准解译地层剖面。

①层序完整、构造简单，接触关系清楚，岩性组合和厚度具有代表性并少覆盖的地段。②影像清

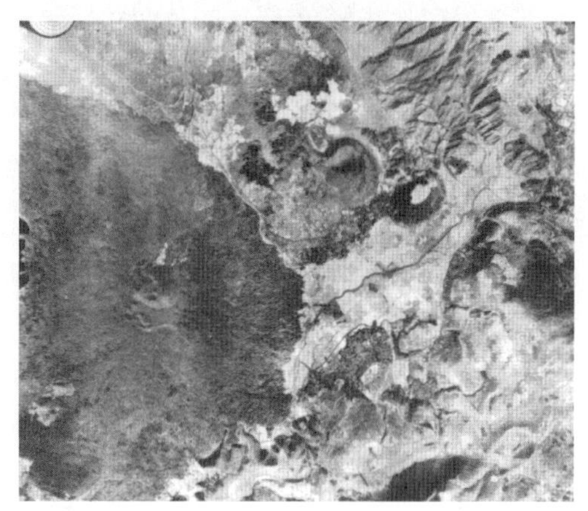

图 13-22　岩浆岩岩性解译示意图

晰，解译标志明显。③有航空像片像对，以便进行立体观察，建立影像地层单位时，需要进行详细的分析、对比、分层、立体观察。④尽量有野外实测剖面资料，最好所选择的影像地层剖面位置，与野外测制的地层剖面位置一致，减少野外地层剖面测制的工作量。

2）室内建立地层影像标志。

3）野外验证，反复对比，进行修正。

4）进行区域地层解译，最后勾绘地层界线，完成区域地层解译图。

（2）影像地层划分依据。

1）影像地层层位关系。

2）影像特征。

3）地层不整合。

4）影像标志层的利用。

5）工作任务和要求。

（3）地层角度不整合的解译。

1）区域性产状不同的新、老两套地层相接触，走向斜交；或同一地层在不同地段分别与不同时代及产状的其他地层相接触，接触面产状与上覆新地层产状基本一致。

2）较老地层中的构造形迹、岩脉、侵入体等，被上覆新地层掩盖，上下地层构造线方向、褶皱形式、褶皱断裂发育程度明显不同。

3）上下两套地层变质程度不同。

4）不整合面上、下层位具有不同的地貌景观或水系特征。

5）因不整合面是一个古剥蚀面，还可能保留古风化壳，在大比例尺航片上，可看到色调与老地层是逐渐过渡的，与新地层却截然分明。

## 四、地质构造解译

### （一）岩层产状判断

（1）水平岩层。

水平岩层泛指倾角小于 5°的岩层，在图像上呈现的影像特征随地形切割程度不同而异。

在地形遭受强烈切割的地区，由于下伏岩层同时剥露，层理构造显示出来，在图像上表现为由不同色调或微地貌条带围绕山包或山梁，呈封闭的环带状图形，各岩层面的露头线与等高线形态相似，依地形情况不同，可组成同心环状、贝壳状、花边状、指纹状、脑纹状等纹形图案。水平岩层在地貌上常形成方山（平顶山或桌状山），与沟谷一起可组成十分壮观的方山峡谷地貌景观。若水平岩层由软硬相间的岩石组成，其山坡、谷坡常呈阶梯状形态。

图 13-23　水平岩层影像特征

梯田与水平岩层的区别：

1）地层的界线是互相平行而连续的，梯田不连续也不平行。

2）地层之间，各层的色调灰度在横向上变化不大，而梯田在横向上变化明显。

3）地层影像线密集，中间明暗相同，梯田宽而单一。

水平岩层影像特征示例见图 13-23。

（2）直立岩层。

直立岩层泛指倾角大于80°的岩层。

在图像上，直立岩层表现为由不同色调或微地貌组成的平行直线状或微显拐折的近直线状条带影像，这些条带不受地形起伏的影像，其延伸方向即为岩层的走向。坚硬的直立岩层地貌上常形成平直的长条山脊，而软岩层则形成平直的槽沟。若岩层软硬相间，则常形成沟脊相间平行排列的所谓“肋状”地形，对称型U形谷。直立岩层影像特征见图13-24。

(3) 倾斜岩层。

倾斜岩层泛指倾角在5°~80°的岩层。

在地面遭受切割地区的图像上，倾斜岩层表现为由不同色调或微地貌条带组成的一系列平行的连续拐折的半弧形或折线状影像，因而呈现为各种各样的图形。

在倾斜岩层发育地区的图像上，常常构成单面、猪背岭地形，坚硬的陡倾斜岩层，在地貌上常形成猪背岭，缓倾斜或中等倾斜的岩层，则常形成单面地形，不对称沟谷。

倾斜岩层影像特征示例见图13-25。

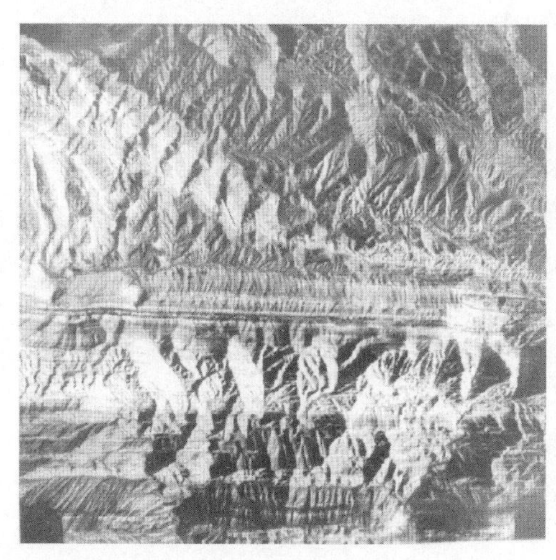

图13-24　直立岩层影像特征

图13-25　倾斜岩层影像特征

(二) 褶皱构造解译

(1) 褶皱构造的解译标志。

1) 色调、图形标志。图像上表现为由不同色调的平形状条带所组成的闭合图形。由于形成条件不同，有圆形、椭圆形、长条形以及其他不规则图形等多种形态，并具有明显的对称性。不同色调、带状图形对称重复出现。

2) 岩层三角面或单面山地形标志。岩层三角面对褶皱构造解译有着重要意义。两翼岩层产状的有规律变化往往是判断褶皱形态的依据，而直观的标志是岩层三角面尖端指向的相背(向斜)或相向(背斜)，也就是岩层三角面尖端相向或相背分布时，可说明褶皱的存在。单面山地形的对称分布也可判断褶皱的存在，因为正常褶皱的两翼，倾向坡总是相对或相背分布。

3) 岩层对称重复出现。图像上岩层的对称重复主要表现为色调或色带的对称重复出现，其次，当岩层出露宽度大，岩性差异明显时，也能通过地形组合、水系花纹图案的对称分布反映出来。

褶皱构造影像特征见图13-26。

4) 转折端。转折端是判别褶皱的重要标志，转折端的存在是岩层弯曲的表现，这种岩层条带的转弯，形成封闭或半封闭的转折端特点，在小比例尺图像上成为褶皱构造的主要解译标志，尤其是在图像上判断背斜、向斜时十分重要。背斜是外倾转折端，向斜是内倾转折端。褶皱转折的岩层产状反映到地形上，常常表现为一坡陡、一坡缓的类似单面山地形，缓坡在外侧为外倾转折端，缓坡在内侧为内倾转折端。

5) 特殊的水系标志。与褶皱有关的水系型式是由特定的地形引起的。如向斜盆地形成向心状水系，

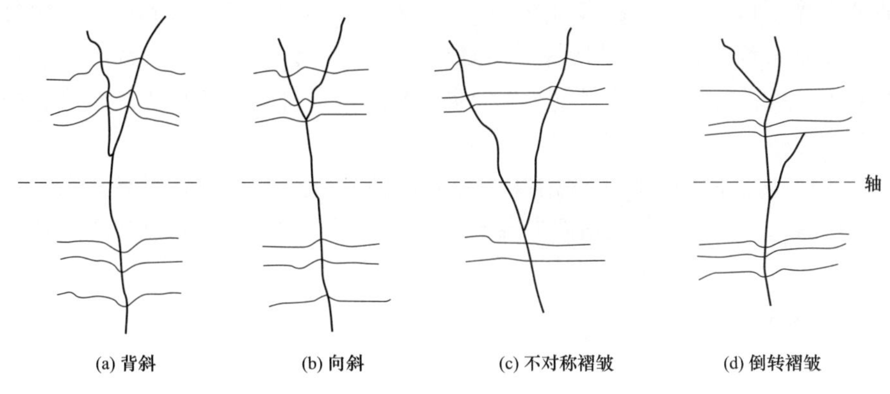


图 13-26 褶皱构造影像特征

穹窿则易形成放射状水系；而正常褶皱的两翼往往有对称或相似的水系型式；转折端部位则常发育收敛状的或撒开状的水系型式。

（2）背斜、向斜的解译标志。

1）岩层产状标志。背斜两翼岩层三角面尖端指向相对，单面山缓坡朝外倾；向斜两翼岩层三角面尖端指向相背，单面山缓坡朝内倾。

2）转折端标志。①从组成转折端的岩层产状：背斜转折端的岩层倾向一律向外倾斜，外倾转折端；向斜转折端的岩层倾向一律向内倾斜，内倾转折端。②根据转折端的单层影像的出露宽度：背斜由内向外，岩层出露宽度则由宽变窄，呈内宽外窄；向斜由外向内，岩层出露宽度则由窄变宽，呈内窄外宽。③从组成转折端的岩层形态：背斜内层色带转折较尖（弧度小），外层色带转折较圆缓，呈内尖外圆；向斜内层色带转折圆缓（弧度大），外层色带转折较尖，呈内圆外尖。④转折端处水系特点：向内收敛的多为向斜，从一点向外散开的多为背斜。

3）地貌、水系标志。背斜多数是正地形，有放射状水系；向斜多数是负地形，有向心水系。

背斜及向斜解译标志示意见图 13-27。其中图 13-27（a）和（d）属于地形特点，图 13-27（b）和（e）属水泵特点，图 13-27（c）和（f）可见转折端处地层出露宽度。

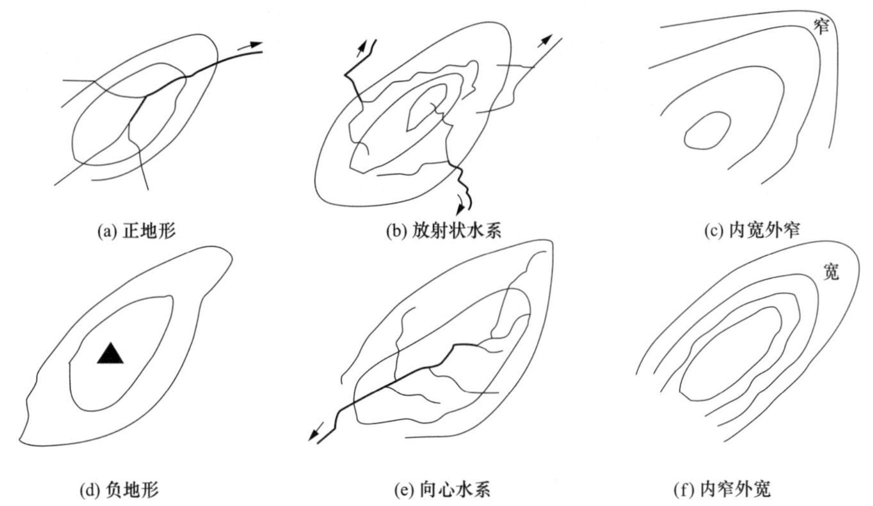


图 13-27 背斜、向斜的解译标志

（3）褶皱类型的确定。

1）正常褶皱。两翼岩层向相反方向倾斜的褶皱。

①直立褶皱。以褶皱轴部为中心，向两翼岩层对称重复出现，表现为色调或色带、地貌、地形组合、岩层、裂隙、水系花纹等对称重复，同一高度上两翼岩层出露宽度相同或相似。岩层三角面或单面

山地形沿褶皱轴线分布，形态相似。背斜成山，向斜成谷，或向斜成岭，背斜成谷，褶皱两翼岩层倾角近似，可出现对称的地形特征。②斜歪褶皱。褶皱两翼相同高度上岩层出露宽度不同，一翼宽、一翼窄。岩层三角面形状在两翼表现不同，缓翼三角面尖端较尖、长陡翼三角面尖端较宽、短，甚至成直线状条带。褶皱两翼不对称。

2）倒转褶皱。两翼岩层同向倾斜，并沿某一界面两侧三角形的形态有明显差别。两翼岩层三角面尖端和单面山缓坡指向同一方向。若三角面尖端指向一致，图形完全相似，则属等斜褶皱，转折端处层序正常。

褶皱（背斜）横剖面形态类型见图 13-28。

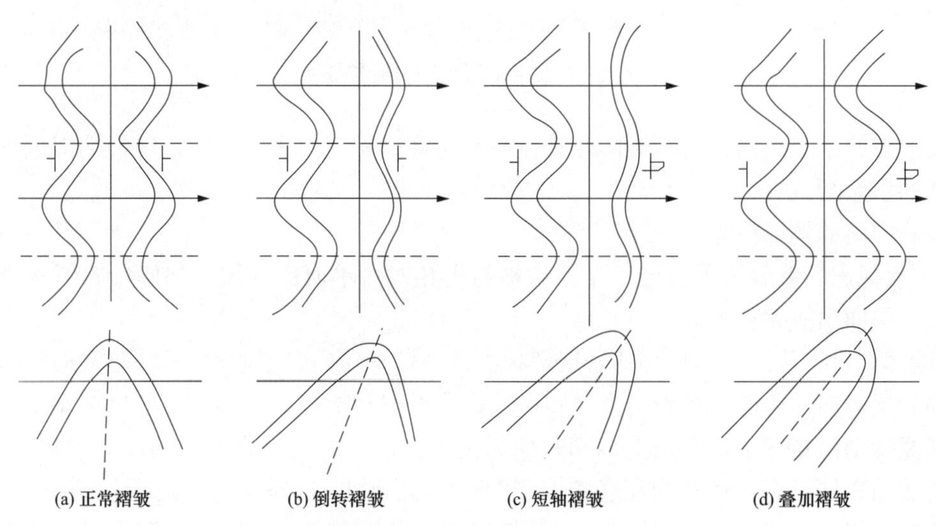


图 13-28　褶皱（背斜）横剖面形态类型（据易显志，1989）

3）短轴褶皱。岩层圈闭，平行的色带呈环状或椭圆状，岩层有规律地向四周或朝向色环中心倾斜，转折端圆滑，可单个出现或成群出现，包括穹窿构造和构造盆地。

4）叠加褶皱。①两组不同方向的褶皱相交，晚期褶皱改造早起褶皱，同时又为早期褶皱所控制，形成“横跨褶皱”，在两组褶皱相交的部位，往往形成一系列交互排列的穹窿和构造盆地。②早期褶皱轴面被弯曲，早期褶皱受到不同方向的后期再褶皱作用时，其两翼岩层枢纽和褶皱轴面作为一个褶皱层被同时弯曲，构成叠加褶皱。该褶皱在图像上具有两个转折端（一早一晚），成为叠加褶皱最重要的标志。③早期转折端呈尖棱状，且有虚脱和拉断现象，后期转折端呈圆滑状。④大型褶皱转折端部位存在有其轴面走向横切大褶皱轴面而形成小褶皱，可作为发现褶皱叠加的标志。

### （三）线性构造与断裂构造解译

#### 1. 线性影像特征与线性构造

（1）线性影像特征。

在遥感图像上，凡是具有不同色调和色彩、几何形态的地形地物的影像呈线性，大体沿一定方向有规律地延伸，称为线性影像特征。线性影像特征的因素主要有：

1）人工原因造成。较规则成线状延伸的地物，如铁路线、公路线、桥梁、运河等；

2）由地貌等原因造成。天然的地形地物；

3）作为地质分界线的线性影像特征。

（2）线性构造。

遥感图像上与地质作用有关或受地质构造控制的线性影像称为线性构造。

1）水系分布特征反映的线性构造。

①在遥感图像上出现一个直线状或曲线性的影像分界面，在这个分界面的两侧，水系的形态特点、疏密程度、延伸方向、沟谷形态都不同，可以是断层，也可以是岩性界面；②沿某一方向，出现水系发

育特殊的地段，河流的直线发育，成排分布，河流拐点都在一条线上，河流的一系列异常点、段。

2）地形地貌上反映的线性构造。大型地貌单元的分界线、平直的山脊、沟谷、山前直线状延伸的陡崖、洪积扇，呈线状分布的负地形，平直的湖盆、海岸线条等，多受断裂控制。

3）不同岩性沿平直线段接触构成的线性构造。沿线两侧岩性不同，可以是断层、岩性分界线，也可以是不整合线。

4）以破裂带形成的线性构造。以构造破碎带的形式出现，破碎带内发育一组平行、雁列的或“X”形大大小小的断裂，呈断续延伸，没有明显的位移。这种断裂因易于风化剥蚀，有时构成线性负地形。

5）沿断层轨迹分布的线性构造。断层或断层的伴生构造，可以看到较多的断层标志，地层被错断，构造线被截切或拐弯等。

6）与地壳断裂或深大断裂有关的线性构造。规模大、延伸远，十分醒目，如郯庐断裂带。

2. 断裂构造解译

（1）断裂构造的解译标志。

1）色调标志。在遥感图像上，沿断裂方向常出现明显的色调异常。

色调异常线。在正常的背景色调上出现的线状色调异常。比如深色调背景区中的浅色调线（带）或浅色调背景区中的深色调线（带），均可能是断裂地表露头的显示。

色调异常带。异常的色调构成有一定宽度的条带，通常是较大断裂或断裂带的表现。

色调异常面。沿着某一线性异常界面两侧的色调明显不同，在第四系覆盖区，常是一些隐伏断裂的表现。

2）形态标志。断裂走向的形态有直线、折线、舒缓波状延长线，有连续的、断续的，线型有单条的、组合的。

3）地质构造标志。

①横断层存在的标志。一组岩层或某些线状要素发生位移、错断；②纵断层存在的标志。构造上不连续（如地层重复或缺失）或岩层产状突然改变；③线状排列的岩浆活动，如一系列火山口呈直线状排列，长条状侵入体、岩脉、岩墙和温泉的线状延伸。

4）地貌标志。

①不同地貌景观区呈较长的直线相接，如山区与平原的交界；②一连串负地形呈线状分布；③海岸、湖岸呈近于直线状或不自然的角度转折；④湖泊群呈线状分布；⑤河谷、山脊呈直线状延伸或被切断；⑥冲洪积扇群的顶端处于同一直线上；⑦许多重力现象，如滑坡、倒石堆、泥石流等，成串珠状排列在一条直线上，则沿这条线可能有断裂通过。

5）水系标志。

①水系类型：格子状水系是严格受构造控制的，此外水系类型沿河某一线性界面发生突变，也可能为断裂所致；②河道突然变宽或变窄，可能是较年轻的断裂所致；③水体的局部异常段，如直线河、直宽谷河；④对头沟、对口河的出现。若发现山脊两侧的沟谷隔脊相对，沿一直线发育，甚至在山脊处切成较深的垭口，或两沟谷排列在一直线上，河口对河口汇在一起，则多为断裂所致；⑤线状排列的河流异常点（段），如一系列的拐弯点、分流点、汇流点、改流点、层宽点、变窄点等处于同一直线上；⑥地下水溢出点，处于同一直线上。

6）土壤植被标志。土壤异常在图像上表现为断裂带或断裂带两侧色调及影像结构的差异，沿断裂带可形成植被异常带（稀少或茂盛）。

（2）断层性质的解译。

1）压性断裂。呈舒缓波状的线性展布，规模较大，有较宽的挤压破碎带，断层线成为色调分界面，并伴随出现与之平行的一系列断裂，形成构造透镜体。

2）扭性断裂。表现为比较平直、光滑的线形影像，延伸较远，常以线性负地形贯穿一系列山地垭口，两侧岩层错位，伴有牵引现象。

3）张性断裂。断裂线不规则，常呈锯齿状或雁行排列，延伸不远，断裂走向往往与区域性断裂近于垂直。沿断裂常有岩脉充填，或发育转折多变的谷地。

压扭性断裂、张扭性断裂兼具两者的部分特征。

几种主要受构造控制的水系形态特征示意图见图 13-29。

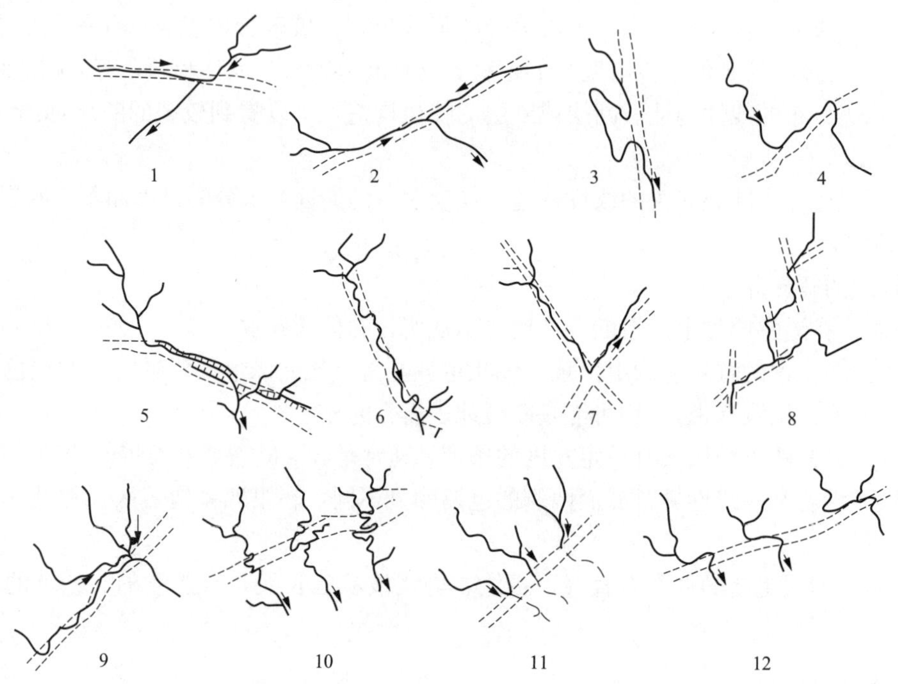


图 13-29　几种主要受构造控制的水系形态特征示意图

1—倒钩河；2—对口河；3、4—河道急弯；5—深直峡谷（有陡崖）；6—深而直的宽谷

7、8—“之”字形河谷；9—河流的汇流；10—成线状的多条河流曲流段

11—成排河流沿某一地带变成伏流；12—河流成排沿某一方向拐弯

3. 隐伏构造的解译

(1) 松散沉积物掩盖区的隐伏构造。

1）隐伏断裂解译标志：①色调异常面；②线形的形态异常；③地貌的线形分界线；④水系异常。

2）隐伏隆起与凹陷：①浅色调、圆形或椭圆形形态、流经隆起区河道变窄、深切河曲，水系向四周呈放射状或绕流，一般为隐伏隆起；②深色调、团块状形态、流经凹陷区河床加宽、向心水系或湖泊沼泽、堆积物为主，一般为隐伏凹陷。

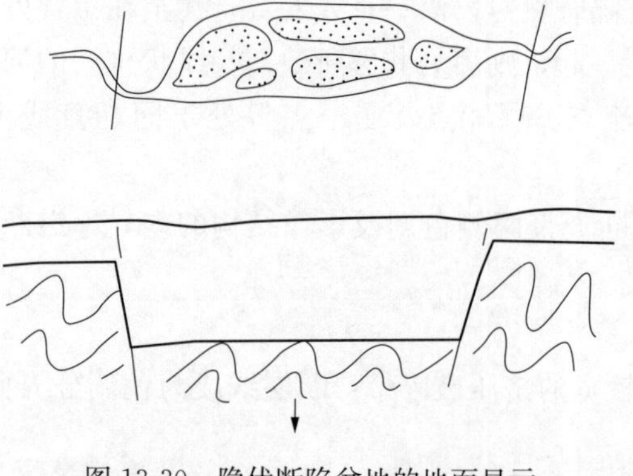

图 13-30　隐伏断陷盆地的地面显示

隐伏断陷盆地的地面显示示意见图 13-30。

(2) 基岩区的隐伏构造。

1）隐伏断裂的识别标志：①成串的岩体联成一线，深部大都为隐伏断裂所在；②表层基岩有节理、劈理密集带，或是有雁列式小断裂存在，下部常为较大的断裂；③盖层构造的不连续，局部的阻隔，突然中断现象，下面一般有断裂存在；④箱状褶皱。在褶皱紧密部分的下部常有基底断裂存在；⑤整个地区地表构造简单、岩层产状平缓，但局部出现强烈褶皱或构造复杂地段，其下可能有隐伏断裂。

2）隐伏岩体（隆起）：形态多为环形、圆形、多边形，色调因蚀变会引起异常，水系多呈放射状、环状或地表河流沿其边缘绕行。

4. 活动构造解译

（1）活动断裂解译标志。

1）色调。表现为粗细、深浅、长短，隐显不同的线状、带状色调，更多的是不同色调的界面。在特殊情况下，深色调一侧代表活动断裂相对下降盘，浅色调一侧代表活动断裂相对上升盘。色调的深浅通常是地下水多少、植被有无、土层湿度不同等许多因素的不同反射光谱的综合反映。下降盘的地表也可呈白色调，是新生盐碱的地表强反射光谱反映。

2）水系线性异常。平原或盆地区，富水段边界呈直线或折线展布，水系错位，有规律迁移，水系呈直线或格状展布，河流的异常点或异常段呈线状展布和演变。

3）地貌形态异常。地貌单元之间的急剧变化；山地和平原、盆地的交界成直线分布；隆起区与沉降区的分界线；松散沉积区与基岩的分界线等。

4）其他。第四系松散沉积物被切割、错开；新生代断陷盆地的边界呈直线、折线状展布；洪积扇呈线状、串珠状分布；泉水、洼地在山边或山前呈直线分布；一系列断层三角面保存完好的断裂；一些湖泊、沼泽、河流被错段的现象显示十分清楚的断裂。

（2）新隆起的解译。

1）地貌标志。由于隆起区不断上升，在地貌上总是形成高于四周的高地或山地。在山区，呈陡峻的山地，在平原区，则常呈平缓的高地。隆起区边缘的山前，常发育有成排的向外生长的洪积扇，洪积扇顶点的连线可显示隆起的大致范围；

2）水系标志。①隆起区内的河流或穿过隆起区的河流段，形成深切河谷。河流两岸阶地发育，河床则由宽变窄，甚至消失、断流。隆起区边缘的河流围绕隆起形成不自然的弧形大弯和废弃的古河道；②隆起区的湖泊、沼泽常发生萎缩甚至干枯。隆起区边缘的湖泊、沼泽，则常发生侧向迁移；③大面积的掀斜隆起，也会引起河流侧向迁移，还可引起河流发生袭夺，形成倒钩状水系。

穹形隆起与水系绕行示意见图 13-31，圆形新隆起的地面显示示意见图 13-32。

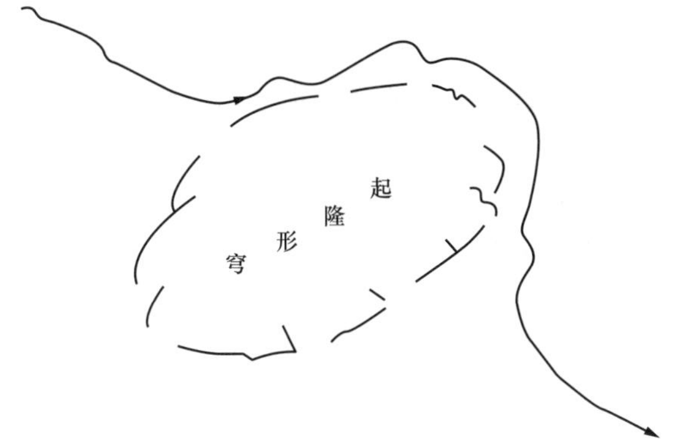

图 13-31　穹形隆起与水系绕行

图 13-32　圆形新隆起的地面显示

（3）新凹陷的解译。

1）地貌标志。地貌上常呈低于四周的负地形。凹陷中接受有较厚的新生代沉积物，凹陷边缘则常发育有成排向内生长的洪积扇。

2）水系标志。①凹陷区内的河流或穿过凹陷区的河流段，多形成自由曲流，河床加宽，心滩、边滩、牛轭湖发育，形成迷宫状水系，有的则形成向心状水系；②凹陷区的湖泊、沼泽增多，出现湖泊化、沼泽化现象，区内原有的湖泊、沼泽则不断加宽、加深。

## 五、不良地质作用解译

### （一）滑坡的解译

滑坡的遥感解译主要通过遥感图像的形态、色调、阴影、纹理等进行。结合遥感数特征，对滑坡遥感影像解译标志特征归纳如下：

（1）典型的影像特征。滑坡在遥感图像上多呈簸箕形、舌形、椭圆形、长椅形、倒梨形、牛角形、平行四边形、菱形、树叶形、叠瓦形或不规则状等平面形态，个别滑坡可以见到滑坡壁、滑坡台阶、滑坡舌、滑坡周长、封闭洼地、大平台地形（与外围不一致、非河流阶地、非构造平台或风化差异平台）、反倾向台面地形、小台阶与平台相间、浅部表层塌滑广泛等。示意见图 13-33。

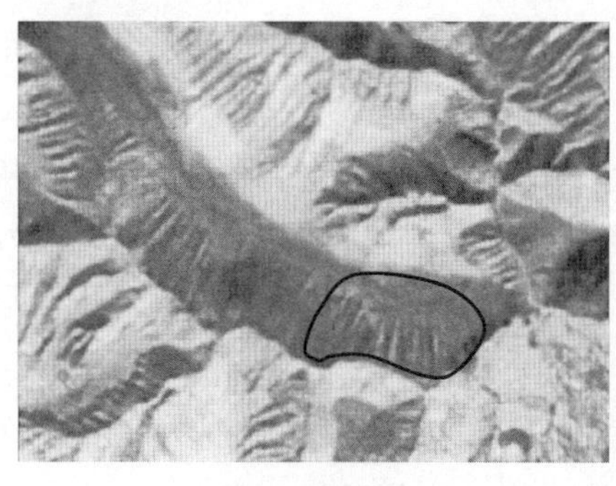
(a) 滑坡前

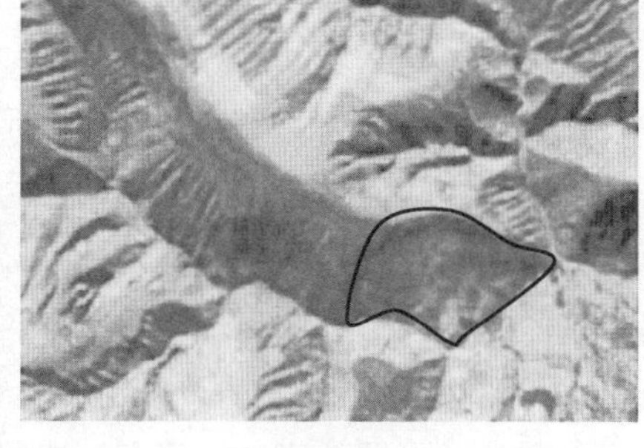
(b) 滑坡后

图 13-33　滑坡前后影响特征变化

（2）地貌形态特征。除上述对滑坡体本身图像进行解译外，还应从大范围的地貌形态进行判断，如滑坡多在峡谷中的缓坡、分水岭地段的阴坡、侵蚀基准面急剧变化的主、支沟交会地段及其源头等处发育。河谷中形成的许多重力堆积的缓坡地貌，大部分系多期古滑坡堆积地貌。在峡谷中见到垄丘、坑洼、阶地错断或不衔接、阶地级数变化突然或被掩埋成平缓山坡、蠕滑成起伏丘体、谷坡显著不对称、山坡沟谷出现沟槽改道、沟谷断头、横断面显著变窄变浅、沟靡纵坡陡缓显著变化或沟底整体上升等，这些现象都可能是滑坡存在的标志。

（3）植被特征。滑坡体上的植被与周围植被不一致，较周围植被年轻等。

（4）水文特征。不正常河流弯道、局部河道突然变窄、滑坡地表的湿地和泉水等，斜坡前部地下水呈线状出露，也是滑坡的良好解译标志。

### （二）崩塌

崩塌一般发生在节理裂隙发育的坚硬岩石组成的陡峻山坡与峡谷陡岸上。崩塌堆积体的解译相对简单，对崩塌遥感影像解译标志特征归纳如下：

（1）位于陡峻的山坡地段，一般在 55°～75°的陡坡前易发生，上陡下缓，崩塌体堆积在谷底或斜坡平缓地段，表面坎坷不平，有时可出现巨大块石影像。

（2）崩塌轮廓线明显，有时处于遥感图像的阴影区，不易识别。崩塌壁颜色与岩性有关，但多呈浅色调或接近灰白，不长植物，崩塌体上植被不发育，仅在老崩塌堆积体可见零星分布的植被，近期发生的崩塌，崩塌面和锥状崩塌堆积物的色调与周围地物具有显著差异，崩塌壁在斜坡上呈条带状，在平面上呈锯齿状，其下方杂乱的崩塌堆积物在图像上呈斑点状纹理，植被较外围稀少或基本没有植被生长。

（3）崩塌体上部外围有时可见到张节理形成的裂缝影像。

（4）有时巨大的崩塌堵塞了河谷，在崩塌处上游形成小湖，而崩塌处的河流本身则在崩塌处形成一个带有瀑布状的峡谷。

### （三）泥石流

泥石流是一种由泥砂石块等松散碎屑物质和水、气构成的流体。根据不同的发育阶段和形态特征可分为坡面泥石流和沟谷泥石流。泥石流解译内容包括类型、流域面积、主沟长度、主沟纵降比、流域平均坡度和堆积物厚度、危害区范围等。泥石流解译一般要划分出物源区、流通区和堆积区，通过对物源区微地貌及地表景观变化、流通区沟谷特征和堆积区泥石流扇体形态及纹理特征等的综合解译判定泥石流。

泥石流通常发生在交通条件不便利的山区，其形成区也多处于海拔相对较高的地区，使得现场的调查十分困难。因此，借助现代科技手段中的遥感图像并结合前期基础工作的成果资料，以获取较完整的泥石流空间分布特征是必要的。

（1）基于遥感平面图像的解译。SPOTS 遥感图像精度较高，大多数泥石流的堆积扇在遥感图像上都清晰可见。辨认出堆积扇之后，沿沟谷追溯而上可勾画出流通区、形成区及泥石流周界，从而基本上获得二维空间泥石流的概念，再者流域内的冲沟发育程度也能在遥感图像上很好地反映出来。

在遥感图像解译的过程中，因为已赋予了大地坐标系统，所以可以读取出泥石流形成区、流通区、堆积区中任意位置的坐标。

（2）基于 DEM 融合遥感图像的解译。DEM 是数字高程模型（Digital Elevation Model）的缩写，是在一定范围内规则网格点的平面坐标（$X$，$Y$）和高程 $Z$ 值的数据集。首先收集研究区内 1∶1 万比例尺的地形图，然后将地形图扫描成电子图片，再利用相关软件进行等高线矢量化。在相关软件的分析模块中载入已获的等高线进行等值线高程栅格化处理即可获得 DEM。DEM 数据集形成的数值阵列具有一定的规律性，可建立实体模型来表示地面高程。DEM 主要是描述某一区域的地貌形态的空间分布，是地貌形态的虚拟表示。利用相关软件的模块可对 DEM 进行三维立体显示，然后可根据遥感图像制作纹理文件把遥感图像映射到 DEM 上实现遥感图像的立体化显示。

通过三维遥感图像不仅可以方便地圈绘泥石流周界，而且还可以获取任意一处的坡向、坡角。

此外直接根据三维遥感图像，还可以更直观地判断泥石流内大体的岩性分布，特别是区分基岩与松散堆积层的工作在三维图像上就更显得方便。

（3）泥石流相关指标的遥感解译。流域面积、主沟长度、流域切割密度、主沟床弯曲系数、植被覆盖率，均可通过平面遥感图像进行解译；流域（最大）相对高差、主沟（平均）纵坡坡度等与高程有关的指标，在平面遥感图像无法获取，则需建立研究区的 DEM，通过纹理映射叠加遥感图像，实现平面遥感图像的三维显示，再通过三维遥感图像进行解译。

对于崩塌、滑坡、水土流失等的发育情况，沟谷堵塞程度松散固体物质储量，泥沙沿程补给段长度比，沟口堆积扇活动程度及其对大河的挤压程度，一次泥石流固体物质冲出总量等，仅能够根据三维遥感图像进行初步解译，然后通过现场调查与相关资料相结合来获取。

## 六、输电线路工程地质解译特点

对输电线路工程来说，工程地质解译内容为：①地貌形态、类型、组合与分布；②地层岩性，确定地层时代，岩性，土层的成因、特征与分布；③地质构造，褶皱、断层的分布位置、规模、交接关系、活动性；④地下水类型、分布、富水性；⑤不良地质现象类型、分布、规模、危害程度。

外业调查和验证的目的是对判读解译中把握性不大或界线不清的地物进行确认，并根据实际确定野外校核验证区域，检验判读的准确性，修正错误，使判读结果更为准确，数据更加可靠，满足工程项目的技术要求。采取点、线、面相结合的方法进行野外验证。对于解译效果较好的地段以点验证为主；对于解译效果中等的地段应布置一定代表性路线追踪验证；对于解译效果较差的地段，则以面验证为主。

最后全面总结测区内各类地物的解译标志、遥感调查的成果及工作经验。将初步解译、野外调查和其他方法所取得的资料，集中转绘到地形图上，然后进行图面结构分析。对图中存在的问题及图面结构不合理的地段，要进行修正和重新解译，以求得确切的结果。必要时要野外复验或进行图像光学增强处理等措施，直至整个图面结构合理为止。综合分析专业内容的合理性，对明显不合理的内容剔除，统计其属性，为综合分析提供基础资料。

## 七、输电线路不同阶段遥感勘测内容

输电线路工程勘测的不同阶段工作重点不同，达到的目标亦不同。采用遥感勘测方法，应遵循宏观控制、逐步深入、微观细化、全面优化的方针，在前期采用中低分辨率的卫星遥感，投入较少工作，随着工作逐步开展，中期采用中高分辨率的卫星遥感，多专业集成解译，较全面揭示工程存在的问题，及时采取有效对策，后期采用航摄正射影像，工作重心从面转向点，针对具体塔位分析条件，给室内排位和野外定位提供指导意见。

### （一）可行性研究阶段遥感勘测内容

在可行性研究阶段，主要任务是根据路径走向和控制点，初选线路走廊，初步查明拟选线路走廊的主要工程条件和主要问题，规避自然保护区、经济开发区、军事禁区，在经济合理的原则下，尽量避免地质条件复杂地区和水文气象条件复杂地区，为路径方案的比选提供依据。需要初步了解沿线的工程条件和工程问题。此时，利用免费的中分辨率卫星数据，制作包括起终点和各控制点在内的区域性的卫星影像图，工作比例尺选择1∶100000～1∶200000，将自然保护区、经济开发区、军事禁区信息标示于卫星影像图上。从宏观上可以了解工程区的地形概况、水系概况、经济发展概况、交通状况、岩性构造概况，初步选择线路走廊，提出多个路径方案。利用中低分辨率卫星数据，制作区域性影像地图，完全可以满足可行性研究的精度要求。

### （二）初步设计阶段遥感勘测内容

初步设计阶段的主要任务是要求全面查明路径走廊带的工程条件，存在的工程问题，从多个备选方案中选择最优路径，最终基本确定路径和重要的转角或大跨越位置，提供航摄范围，取得路径涉及的协议。

岩土专业在初步设计阶段的目的是为选定输电线路路径方案，确定重要跨越段及地基基础方案提供岩土工程勘测资料，工作内容包括调查了解沿线地形地貌、不良地质、地下水、地层岩性、特殊性岩土、矿产资源的分布、发育、埋藏及开采情况，工作方法以搜集资料为主，现场踏勘为辅，重点地段实地调查，存在严重不良地质现象时，首先避开，其次分析整治措施。

在初步设计阶段的岩土专业工作中，建议采用中高分辨率卫星数据，如SPOT、P6等，制作卫星影像图，比例尺1∶25000～1∶50000，进行地质解译，解译重点是沿线的滑坡、泥石流、崩塌、岩溶等不良地质现象，综合分析沿线地质条件的复杂程度和分段评价地质稳定性，对特别复杂的地段需要进行现场调查和验证。基础地质资料和不良地质信息可以方便的从卫星影像图上获取，使线路尽早避开不良地质集中分布地段，从宏观上控制工程的地质条件。

### （三）施工图设计阶段遥感勘测内容

施工图阶段也称为定线定位阶段，它主要根据确定的线路路径，经过航空摄影测量，建立沿线一定宽度带的三维地图，在其上布置每一基塔位的位置，并将其在现场放点，会同各专业的意见，最终在实地确定塔位，各专业开展相应工作，转入室内进行设计。在目前的工作模式下，施工图设计阶段是线路工程的大工作量阶段，工作时间和工作量以及费用占整个线路工程超过70%。

在外业工作以前，利用航空摄影测量得到的正射影像图，提取地质、水文、测量、环保等专业信息，对地质条件复杂地段、水文气象复杂地段、路径拥挤路段采用高分辨卫星图像制作大于航摄范围的卫星地图，必要时建立三维立体模型，比例尺1∶10000～1∶5000，分析每一基塔位的自然条件、地质条件、水文条件等，继承前一阶段的遥感解译成果，逐段甚至逐基综合分析工程的条件，并提出处理意见。

岩土专业通过影像图判明塔位所处的地形地貌条件、地层结构与岩土性质、不良地质发育情况、地下水埋藏情况，对存疑塔位提出实地勘测意见或提出移位意见。在正射影像图或高分辨率卫星图像上，可以清楚分辨图上任一点的地貌类型和微地貌特征，地形高差、坡度，大致判断岩土体类型及其完整程度，地下水类型与埋藏深度范围，直接圈定不良地质分布、范围、形态等，根据这些基础地质条件就可以综合分析一个区段的地质条件，初步提出地基岩土的物理力学指标。相比较现场调查，从卫星图像或正射影像图上解译地质条件，视野宏观，可以与周边一定区域对比，多基塔位之间可以以相似性类推，大大节约了外业工作量，提高了外业调查的质量，减少了盲目性。

（四）遥感解译质量与专业精度控制

遥感图像提取信息的内容和精度与遥感图像的分辨率有关，在中低分辨率的卫星图像上，主要提取宏观地貌、水系、土地大类、岩土类型、构造、居民区等多种信息，精度基本等同 1∶100000 地形图的精度，宏观地貌类型、水系分布、土地大类这些信息在卫星图像的可解译程度良好，可以直接判断，基本不需要验证，而岩土类型、构造、植被类型的可解译程度较差，需要野外调查验证，根据已有影像特征间接推断。具体的不良地质现象、土地利用小类等可解译程度困难，只能进行宏观分析。

在中高分辨率卫星图像上，图像的空间分辨率达到 2.5～10.0m，对地貌特征、岩土特征、水体特征、植被类型、土地现状表现清楚，精度基本等同于 1∶25000～1∶50000 的精度，对水体特征、地貌类型、岩土性质、土地利用现状均为可解译程度良好的，可直接判定，而对地下水位埋深、微地貌特征、不良地质现象、大风以及覆冰分布可解译程度较差，根据以上直接判定的信息，结合影像特征，进行部分推断，基本上可以得到这些专业信息。

高分辨卫星影像和航空像片，图像的空间分辨率为 0.2～1.0m，对地面各种信息的细节表现清楚，可以直接用于测绘地形图，其精度基本等同于 1∶2000～1∶10000 地形图的精度，主要解译内容包括微地貌特征、不良地质现象、土地利用小类、植被类型和特征，可解译程度均良好，但该种图像视野范围小，对水文专业流域包括不全，气象专业的大风以及覆冰分布显示不全，地质专业中仅显示局部没有整体，地物分布不连续，造成这些专业信息须经间接推断获得。对于地物大量分布的瓶颈路段，须进行多专业相互验证。

不同阶段遥感解译的工作内容不同，但解译的目的是为了提取专业信息，为了满足不同阶段设计工作的需要，遥感解译都要求满足完整性、可靠性、及时性以及结果的明显性。可行性研究解译整个区域范围，初步设计阶段的解译范围是走廊带，施工图设计阶段以塔基范围为主。遥感解译是一种勘测手段，必须为整个工程进度考虑，快速提供结果。解译结果以各专业常规形式表示，方便资料使用。

专业精度要求图件上平面误差不超过 3mm，其精度与影像底图有直接关系，统计表不能漏项，测量数据差异不大。

（五）岩土专业主要解译成果

遥感解译通常通过图像解译分析，获取专业信息，汇总成专业图件或表格；不同专业的技术要素不同，因而会制作不同的图表。例如岩土专业的主要图件有地质地貌解译图、工程地质分区图、不良地质分布图等，水文气象专业的图件有水系分布图、水文特征统计表、下垫面类型图、气象条件分区图等。

岩土专业主要查明沿线的岩土工程条件，从可行性研究侧重区域地质条件到初步设计阶段查明走廊带的地质条件最后在施工图阶段确定塔位及其附近具体地质条件，总体上是一个从面到点的工作，早期工作重点是完成工程地质分区图，分区原则首先考虑大地构造单元，其次考虑宏观地貌类型，最后以岩土体类型或成因划分小类，它以地质构造、地貌为基础，以岩土体类型为主划分，是工程地质基础图件。中期主要是查明走廊带内影响线路稳定的不良地质现象的分布，编制不良地质分布图，结合早期的工程地质分区划分工程地质复杂程度。在施工图阶段，以塔位地质条件为主，其成果是塔位地质条件一览表，重点是复杂地段。一般的，处于同一工程地质区中的地质条件基本相同，而不同工程地质分区的地质条件差异明显，发育不同的不良地质现象。

不同地理地貌区段，不同勘测阶段，关注的问题不同，采用的片种、分辨率和图幅范围也就可能千变万化，解译成果的内容、重点、精度和表现形式也就要随着其具体工程的自然特点而相应反映出来。

## 第四节 工 程 实 例

### 一、西北地区某750kV输电线路地质灾害综合遥感技术应用

(一) 工程概况

该工程西起自甘谷县正北约8km的天水750kV变电站，经甘肃省的甘谷县、秦安县、张家川回族自治县，陕西省的陇县、千阳县，到达凤翔县西北约8km的宝鸡750kV变电站。按双回路设计，以甘陕交界的老爷岭分为甘肃段和陕西段，总长度约2×125km。甘肃段均位于甘肃天水地区境内，工程区大部为黄土丘陵低山，地表为黄土或黄土状土覆盖，冲沟发育，沟谷纵横、地形破碎，多呈阶梯状，梯田分布较密集，自然植被较稀少，海拔一般为1400～2000m。该区域在地质构造上属于陇西黄土高原中等上升区，受到青藏高原持续抬升影响，历史地震活动频度高，强度大，烈度高，破坏性大。工程区不良地质作用强烈，地质灾害类型多样，边坡多不稳定，滑坡（群）规模大，分布广，影响严重。

根据项目总体安排，在初步设计之后、施工图设计之前开展了地质灾害综合遥感专题，使用的遥感影像包括正射影像—航空遥感和Google Earth卫星影像—卫星遥感，工作对象是影响线路的不良地质现象，特别是滑坡，工作方法以目视解译为主，辅以外业现场验证。

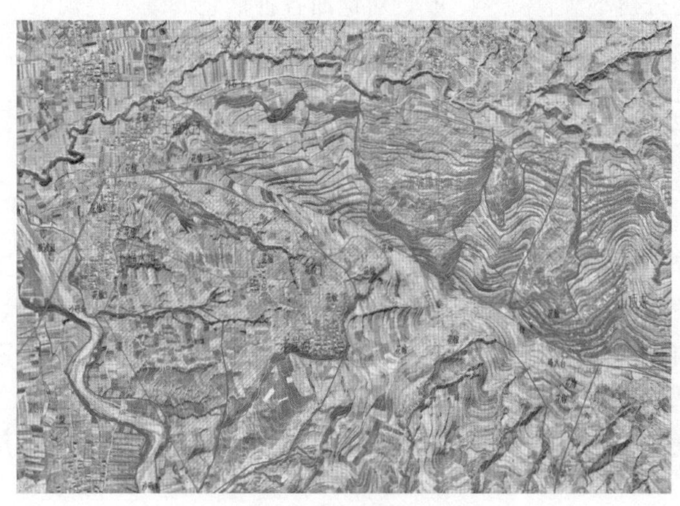

图13-34 部分线路影像图

(二) 影像总体特征

区内主要地貌为黄土低山丘陵，植被不发育，岩土以黄土为主，整体影像色调为灰黄色，其中阳坡面较亮，呈淡黄色，而阴坡面亮度较差，呈现不同色调的灰色，村庄呈现集中或散乱的斑点，有道路相连，路分为公路、大路以及便道，公路较宽，呈规则的线状，呈浅灰色，延伸远，连接县城与乡镇；大路一般呈亮白色，多处平直，局部不规则，随地形变化而弯曲，一般连续，互相连通，通公路，穿过村镇，一般是村内或村间道路。便道很窄，时断时续，随地形变化而变化，断头路较多，与大路或公路相通，是当地居民日常劳作使用。耕地呈规则的片状，同一块地由于作物一致呈现同样的色调，不同地块之间界限清楚，坡耕地随地形展布，呈现多层台阶。河流蜿蜒曲折，河道呈亮色调，与两侧阶地呈截接关系。部分线路影像见图13-34。

(三) 不良地质解译方法及解译标志

采用目视解译的方法，具体作业步骤是首先找到区域最低点，及河谷最下游，查明水流运动的方向，它也是本地区物质流流动的方向，然后从最低点开始，逐步向上游查看，遇到支沟进入支沟按同样方法进行搜索，查看沟谷两侧是否有不良地质变形迹象，如果出图则返回继续向沟谷上游查询，直至所有小流域查完，然后进行下一个流域，这样逐航带解译，对解译出的不良地质进行编号、等级、特征描述。对照布置的工程，圈出影响较大位置作为外业调查验证的重点。

滑坡：多数形态上呈扇形或舌形，前缘撒开，紧邻河谷，后缘紧闭，靠近坡顶，形成较明显的陡坎，两侧多为向一起交汇的沟谷，滑体上冲沟发育，地形破碎，老滑坡上有村庄以及耕地分布，活动滑体上一般无人工活动迹象，多为荒地。

崩塌：分为天然崩塌和人工崩塌，天然崩塌分布在斜坡陡坎处，受到长期流水冲蚀更易形成崩塌—河流崩岸，新近形成的崩积物呈亮色调，形态不规则，沿斜坡弯曲条带分布，崩塌区均为荒地。人工崩

塌多位于采石处，呈点状分布，色调较周围亮，形态不规则，影像上很明显。

泥石流：发育在深切沟谷中，流域面积多在几个平方千米，沟口紧闭，切割较深，沟谷蜿蜒曲折，没有堆积物，沟谷两侧滑坡、崩塌发育，坡面不完整，坡度较大，荒地多。

不稳定斜坡：分为两种，一个是河流深切阶地与河谷之间形成的陡坎，高度较大，受河流侧蚀作用，崩塌滑坡发育，形成不稳定斜坡，其坡度近直立，如散度河、西小河两岸均为不稳定斜坡，该类斜坡在影像上表现明显，沿河道两侧展布，斜坡呈陡坎，多见崩塌、滑坡，工程设施应远离。第二种是河流阶地与黄土丘陵之间形成的斜坡，高差较大，呈单面坡，坡度45°～60°，底部发育崩塌，上部多见滑坡，对拟建工程威胁较大。该类不稳定斜坡呈近视线状延伸几百米或几千米，整个坡体色调基本一致，坡体形态完整，局部分布耕地，冲沟仅几百米，村庄较少。

洪水冲蚀：洪水冲刷侵蚀发生在相对开阔的河谷地带，本区降水具有高度集中的特点，多为暴雨，为洪水的形成奠定了基础。区内较大的河流都存在洪水冲蚀问题，包括散度河、西小河、葫芦河等。

落水洞：本区黄土粉质含量高，在洪水冲蚀作用下或者受滑坡等内力作用下，形成较明显的黄土落水洞，主要集中在变电站附近，对出线有一定影响，落水洞在影像上表现并不明显，需要实地调查。

（四）不良地质作用解译成果及应用

通过综合遥感解译，获得了沿线不良地质的分布情况，沿线分布滑坡50处，崩塌55处，泥石流10条，不稳定边坡8处，洪水冲蚀10处，对线路影响最大的不良地质作用是滑坡。按不良地质分布情况，工程可以分为9段，其中变电所—寨子山以及何砚—何家湾段，是不良地质严重地段，长度各约8km，约占线路长度的12.8%；王家山背后—王窑乡和北庄—金泉段是不良地质次严重段，二者长度17km，占线路长度的13.4%；其余地段不良地质的影响较小。解译结果见表13-1。其中两个重点不良地质作用区域的解译成果分析如下。

**表13-1** 解译结果统计表（部分）

| 类别 | 编号（只显示部分） | 规模与性质 | 活动性 | 对线路的影响 |
|---|---|---|---|---|
| 滑坡（共50处） | H1 | 前缘宽1600m，长1200m，前后缘高差200m，为巨型黄土泥岩滑坡 | 现状整体稳定，南部受河流侧蚀活动，在强震下可能复活 | 位于变电所河谷对岸，对线路和变电所有较大威胁 |
| | H2 | 大型黄土泥岩滑坡 | 基本稳定 | 线路从后缘跨过 |
| | H2-1 | 小型黄土泥岩滑坡 | 基本稳定，崩塌多 | 远离线路 |
| | H2-2 | 中型黄土泥岩滑坡 | 基本稳定，崩塌多 | 线路从后缘跨过 |
| | H3 | 巨型黄土泥岩滑坡 | 整体稳定，多崩塌 | 远离线路 |
| | H4 | 大型黄土泥岩滑坡 | 基本稳定，多崩塌 | 线路从后缘通过 |
| 崩塌（共55处） | B1-B8 | 中小型河岸黄土崩塌 | 不稳定 | 不直接影响线路 |
| | B9-B17、B20 | 小型冲沟黄土崩塌 | 不稳定 | 对线路没有影响 |
| | B18、b19、B21 | 中小型斜坡黄土崩塌 | 不稳定 | 线路从上跨过 |
| | B22 | 小型冲沟黄土崩塌群 | 不稳定 | 远离线路 |
| | B23 | 中型斜坡黄土崩塌 | 不稳定 | 远离线路 |
| 泥石流（共10条） | N1 福水河 | 中型泥流沟 | 易发 | 影响不大 |
| | N2 西沟 | 小型泥流沟 | 低易发 | 影响不大 |
| | N3 | 中型泥流沟 | 易发 | 影响不大 |

续表

| 类别 | 编号（只显示部分） | 规模与性质 | 活动性 | 对线路的影响 |
|---|---|---|---|---|
| 不稳定边坡（共8处） | b1 散度河西岸 | 直立陡坡，高约 20m | 多崩塌、落水洞 | 影响变电站出线 |
| | b2 散度河东岸 | 直立陡坡，高约 20m | 多崩塌、落水洞 | 影响变电站出线及 H1 滑坡的稳定性 |
| | b3 西沟东沟 | 直立陡坡，约 10m | 见崩塌 | 影响不大 |

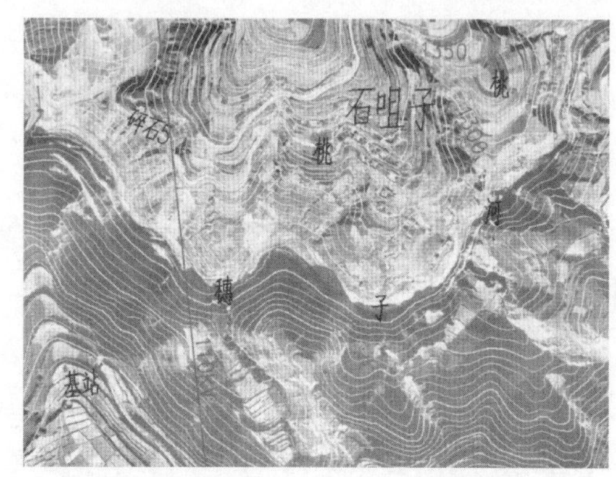


图 13-35　石咀子滑坡正射影像图

（1）石咀子滑坡群。位于葫芦河的支流穗子河的南侧山坡上，为大型滑坡群，活动性很强，其下面的沟谷穗子河是易发的泥石流沟。该斜坡地形陡峭，高差近 200m，整个坡面均处于破坏状态，对拟建线路影响较大，石咀子滑坡群见图 13-35～图 13-37。

（2）刘湾滑坡。前缘紧邻南砌沟，老滑体已经稳定，刘湾村坐落其上，后缘为老滑坡后缘复活，表层轻微滑动，线路的 J45 转角布置在滑坡范围内，建议避让，见图 13-38 和图 13-39。

根据解译成果，针对各区段的不良地质作用发育情况，提出了采取设计避让、施工保护、运行监测以及工程治理等措施进行防治，有效确保了工程安全正常运行。

图 13-36　石咀子滑坡群正面照片（镜像向南）

图 13-37　石咀子滑坡群侧面照片（镜像向西）

图 13-38　刘湾滑坡的卫星影像图

图 13-39　照片及滑坡后缘滑坡壁（镜像向西）

## 二、西南地区某 500kV 双回线路新建工程遥感选线技术的应用

### （一）工程概况

线路所在区域位于四川盆地与青藏高原东南缘过渡地带，路径区地形地貌整体表现为构造侵蚀高中山地形，线路沿大渡河两岸山体斜坡走线，地形切割强烈，悬崖绝壁多见，河谷及支沟深切，沟谷狭窄，多呈“V”形，山脊形态呈尖峭状，塔位场地条件差，坡度陡，一般在 40°～50°，线路所经地段标高为 1700～3600m，相对高差一般 300～1100m，最大高差 1700m；冰区 10～20mm 不等，见图 13-40。

(a) 典型峡谷地形地貌

(b) 典型陡崖地形地貌

图 13-40　沿线典型地形地貌

本线路地质构造复杂，构造活动强烈，地震活动频繁，岩性混杂，不良地质发育，区域稳定性差，为尽可能地避开不良地质，优选一条可行的路径，在可研阶段采用了地质遥感调查，本次工作主要根据相关规范和要求，利用卫星遥感图像进行地质解译工作，重点解译沿线的地层岩性，地质构造，可能存在的活动性断裂以及对场地稳定性影响；解译各种灾害地质现象（包括滑坡、泥石流、崩塌、危岩、冲沟等）的发育状况、分布范围、发育规律、发展趋势、危害程度、预测条件相同地区出现地质灾害的可能性；标定矿区和小矿窑的位置及有关现象；线路转角及大跨越地段作重点判释；通过判释，对线路经过地段进行稳定性分区，并对各区段存在的主要工程地质问题进行评价，推荐适宜的路径走向。

通过卫星遥感数据获取，地形图矢量化处理，遥感图像数字处理，遥感三维可视化处理，GIS 空间数据库建库等工作，并结合区域地质调查成果，重点解译出不良地质体 44 处，其中滑坡点 19 个，泥石流 13 个，崩塌（危岩）7 处，不稳定斜坡 5 个，取得了较好的效果，为路径的最终选择提供了详实的基础资料。

### （二）不良地质作用解译

#### 1. 滑坡解译

滑坡是最常见的一种坡地重力地貌类型，一般具有明显的地貌特征。滑坡的解译主要是通过形态、色调、阴影、纹理等进行的。判释时除直接对滑坡体本身作辨认外，还应对附近斜坡地形、地层岩性、地质构造、地下水露头、植被、水系等进行判释。

由于岩性、构造、地下水活动和滑坡体积等条件不同，滑坡以不同形状下滑，典型的滑坡在 SPOT 图像上的一般判释特征包括簸箕形（舌形、似 V 字形、不规则形等）的平面形态、个别滑坡可以见到滑坡壁、滑坡台阶、滑坡舌、滑坡周长、滑坡台阶、封闭洼地等。最明显的特征是滑坡体与后壁、两侧壁构成的圈椅状地形，滑坡体在滑动前及滑动过程中，滑坡体前、后缘、两侧及中部均会产生裂隙；首次滑动以后这些裂缝在地表水和其他营力作用下发育成大小不等的冲沟，这些冲沟在遥感图像上表现为明显的带状阴影和色调差异。

除对滑坡体本身影像进行判释外，还应从大范围的地貌形态进行判断，如滑坡多在峡谷中的缓坡、分水岭地段的阴坡、侵蚀基准面急剧变化的主、支沟交会地段及其源头等处发育。在地形图上，有滑坡

的地方等高线明显变化，滑坡壁的等高线密集并弧形内凹，滑坡体的等高线相对稀疏并呈弧形向沟里凸出，滑坡体（特别是大型滑坡）伸入河（沟）道，往往改变了河道的平直河型，并且使滑坡对岸发生掏蚀，形成陡壁。个别地方甚至出现滑坡堵塞沟道，形成堰塞湖等现象；河谷中形成的许多重力堆积的缓坡地貌，大部分系多期古滑坡堆积地貌。坑洼、阶地错断或不衔接、阶地级数变化突然、或被掩埋成平缓山坡、蠕成起伏丘体、谷坡显著不对称、沟谷断头、横断面显著变窄变浅、沟靡纵坡陡缓显著变化或沟底整个上升等等，这些现象都可能是滑坡存在的标志。见图 13-41 和图 13-42。

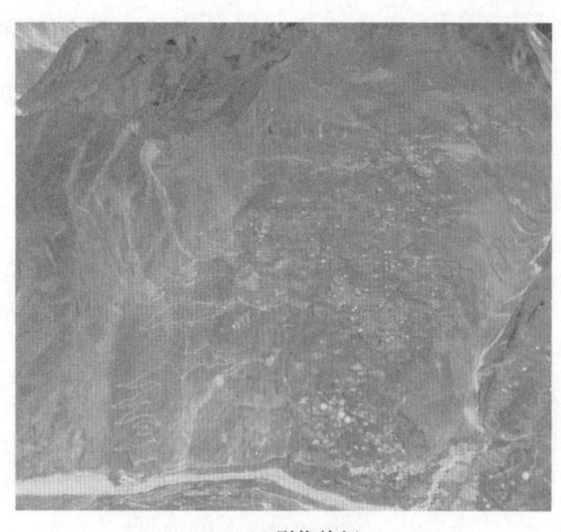

(a) 影像特征

(b) 野外照片

图 13-41　梭坡村大寨古滑坡快鸟三维影像（左）特征及野外照片

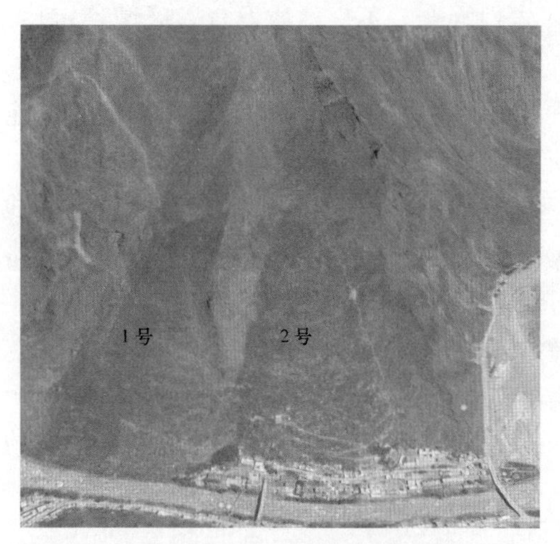


图 13-42　红军桥 1 号、2 号滑坡快鸟三维影像图（来源于 Google Earth）

2. 崩塌解译

在遥感图像中，可见陡峭的斜坡岩层中，不同方向的节理裂隙呈浅色色调，直线状相互交错、切割岩体，将岩体切割为棱形块状。新生的崩塌陡崖色调浅，老的陡崖色调深。在陡崖下方有浅色调的锥状地形，有粗糙感或呈花斑状的锥形，为岩堆影像。崩塌现象一般是急剧、短促和猛烈的，规模小者为几立方米至几十立方米，大者可达千百立方米甚至几万立方米以上。其主要判释标志如下：

（1）位于陡峻的山坡地段，一般在 55°～75°的陡坡前易发生，上陡下缓，崩塌体堆积在谷底或斜坡平缓地段，表面坎坷不平，具粗糙感，有时可出现巨大块石影像。

（2）崩塌轮廓线明显，崩塌壁颜色与岩性有关，但多呈浅色调或接近灰白，不长植物。

（3）崩塌体上部外围有时可见到张节理形成的裂缝影像。

（4）有时巨大的崩塌堵塞了河谷，在崩塌处上游形成小湖，而崩塌处的河流本身则在崩塌处形成一个带有瀑布状的峡谷。勒树村崩塌 SPOT5 全色影像上影像特征及野外照片如图 13-43 所示。可见该地方陡峭，崩塌物色调为亮白，无植被生长。

3. 泥石流解译

泥石流形成区一般呈瓢形，山坡陡峻，岩石风化严重，松散固体物质丰富，常有滑坡、崩塌产生；通过区沟床较直，纵坡较形成地段缓，但较沉积地段陡，沟谷一般较窄，两侧山坡坡表较稳定；沉积区位于沟谷出口处，纵坡平缓，常形成洪积扇或冲出锥，洪积扇轮廓明显，呈浅色调，扇面无固定沟槽，多呈漫流状态。邦吉村泥石流 SPOT5 全色影像上影像特征及野外照片，如图 13-44 所示。

该泥石流特点是山坡较陡，下游泥石流洪积扇明显，其表面有耕地和村庄，表明该泥石流活动程度

(a) 影像特征

(b) 野外照片

图 13-43 勒树村崩塌 SPOT5 全色影像上影像特征及野外照片

(a) 影像特征

(b) 野外照片

图 13-44 邦吉村泥石流 SPOT5 全色影像上影像特征及野外照片

小，危害不大。

（三）成果运用

根据地质遥感调查及现场验证结果，对全线路径进行了调整优化，避让了初步调查出来的 44 处地质灾害点，对后期工作提供了较强的指导意义。

# 第十四章　地球物理勘探

## 第一节　概　　述

地球物理勘探（简称物探），是以被探测目标体与其周围岩土介质的物理性质（电性、磁性、弹性、密度、放射性等）的明显差异为基础，通过高精度仪器设备测量地表或地下地球物理场，分析其变化规律，确定被探测目标体的地下空间分布（大小、形状、埋深等），以解决矿产资源、工程、水文、环境等地质问题的一类探测方法。

输电线路工程中，物探常用来解决工程地质中覆盖层厚度及分层、基岩面深度、岩溶发育、地下洞穴、地下软弱体滑动面等地质问题；也可用来测试岩土层电性参数。输电线路工程中常用的物探方法有电法勘探、地质雷达勘探、地震勘探等，不同方法各有特点，表 14-1 列出了不同物探方法的适用范围。

**表 14-1　　输电线路工程常用物探方法的适用范围表**

| 方法名称 \ 实用性 \ 探测对象 | | | 覆盖层厚度及分层 | 风化层厚度 | 岩层界线 | 断层破碎带 | 滑动面 | 岩溶、土洞、洞穴 | 受污染地下水 | 电性参数值 |
|---|---|---|---|---|---|---|---|---|---|---|
| 电法勘探 | 直流电法 | 电测深法 | ● | ● | ● | ○ | ● | ○ | ○ | ● |
| | | 高密度电法 | ● | ○ | ○ | ● | — | ● | ● | ○ |
| | 电磁法 | 地质雷达 | ● | ○ | ○ | ○ | ● | ● | ● | — |
| | | 瞬变电磁法 | — | — | — | ○ | — | ● | — | ● |
| 地震勘探 | | 反射波法 | ● | ● | ● | ● | ○ | ● | — | — |
| | | 面波法 | ● | ● | ● | — | ○ | ○ | — | — |

注　1. 表中列举的均为常见地质问题及其对应的工程物探探测方法；
　　2. 表中●为主要方法，○为配合方法，—为不宜方法。

## 第二节　电 法 勘 探

电法勘探是以不同岩土体电（磁）学性质差异为基础，通过观测和研究电（磁）场的分布规律，来解决地质问题的物探方法。电法勘探按场源性质可以分为人工场法和天然场法，人工场源法包括直流电法、低频电磁法和地质雷达法等，天然场源法包括自然电场法、大地电磁法等方法。输电线路工程中常用的电法勘探包括电测深法和高密度电法；地质雷达法作为一种频率较高的电磁法将单独列出章节介绍；在研究深部（数百至一千米）岩土层电性参数和地质构造中，常用瞬变电磁的方法，该方法也将单独列出章节介绍；本节主要介绍直流电法，包括电测深法勘探、电剖面法勘探和高密度电法勘探，一般情况下，若没有特殊说明，电法勘探指直流电阻率法勘探。

直流电阻率法是将直流电接地供入地下，建立稳定地下人工场，在地表观测垂向或沿测线方向的电阻率变化，从而了解岩土介质的分布或地下地质构造的特点的物探方法。

### 一、电法勘探的应用范围

（1）电测深法主要用于解决与深度有关的地质问题，包括分层探测如基岩面、地层层面、风化层面等的埋深以及电性异常体探测如岩溶、土洞、洞穴、构造破碎带等。

（2）电剖面法主要用于探测地层、岩性在水平方向的电性变化，解决平面位置有关的地质问题，如岩溶、土洞、洞穴、断层、破碎带、岩层接触界面等。

（3）高密度电法具有电测深和电剖面的双重特点，探测密度高、数据量大，工作效率高。

## 二、电法勘探的应用条件

（1）被探测目标体相对于装置长度有一定的规模，被探测目标体与周围介质有电性差异，电性界面与地质界面有关联性。

（2）地形起伏不大，探测目标体上部地下无极高阻屏蔽层。

（3）测区内没有较强工业游散电流、大地电流或电磁干扰。

## 三、电法勘探基本原理和装置

### （一）基本原理

不同岩层或者同一岩层由于成分和结构等因素的不同，而具有不同的电阻率。通过接地电极将直流电供入地下，建立稳定的人工电场，在地表观测某点垂直方向或剖面方向的电阻率变化，从而了解地下岩土层的分布或地质构造特点。

均质各向同性岩层总电流线的分布见图 14-1 所示。AB 为供电电极，MN 为测量电极，当 AB 供电时，用仪器测出供电电极 AB 和 MN 间的电位差 $\Delta U_{MN}$，则岩层的电阻率按式（14-1）计算：

$$\rho = K\,\frac{\Delta U_{MN}}{I_{AB}} \tag{14-1}$$

式中　$\rho$——岩土层电阻率，Ω・m；

$\Delta U_{MN}$——测量电极 M、N 之间的电位差，mV；

$I_{AB}$——供电电极 A、B 之间的电流强度，mA；

$K$——装置系数与供电和测量电极之间的距离有关，m。其计算公式为式（14-2）：

$$K = \frac{2\pi}{\dfrac{1}{AM} - \dfrac{1}{AN} - \dfrac{1}{BM} + \dfrac{1}{BN}} \tag{14-2}$$

$AM$、$AN$、$BM$、$BN$：各电极之间的距离（m），如图 14-1 所示。

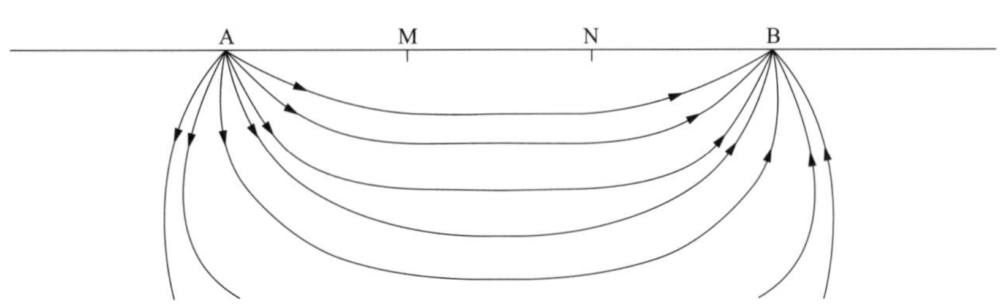


图 14-1　均匀介质中电流线分布图

从理论上讲，在各项同性的均质岩层中测量时，无论电极装置如何，所得的电阻率应相等，即岩层的真实电阻率。实际工作中所遇到的地层既不同性又不均质或地表起伏不定，若按式（14-1）进行计算，所得电阻率称为视电阻率，是不均质体的综合反映。

对于某一个确定的不均匀地电断面，若按一定规律不断改变装置大小或装置相对于电性不均匀体的位置，则测得的视电阻率值将按一定规律变化。电阻率法正是根据视电阻率的变化，探查和发现地下导电性不均匀体的分布，从而达到解决工程地质问题的目的。

（二）装置

（1）对称四极电测深装置。

以测点为中心，对称布置供电电极和测量电极，逐次加大电极距使探测深度逐渐加深，以观测到测点处在垂直方向由浅到深的电阻率变化，依据地下目标体的电阻率差异来探测地下介质分布特征的一种电阻率勘探方法，称为对称四极电测深法。见图 14-2。

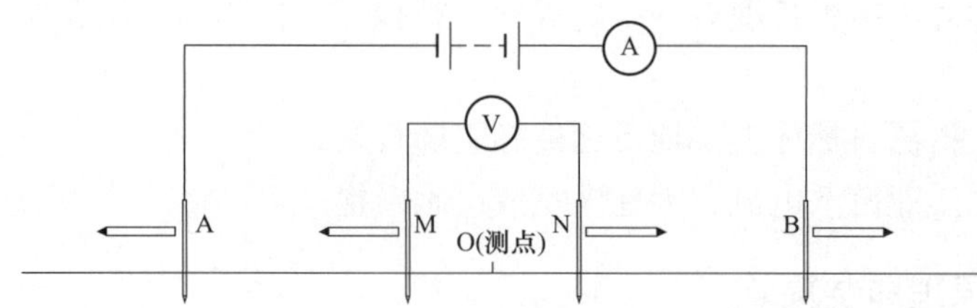

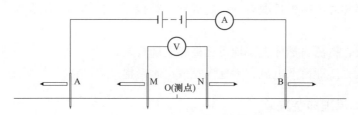

图 14-2　对称四极电测深装置示意图

（2）电剖面装置。

电剖面装置是供电电极和测量电极相对位置不变，而测点沿着测线移动，探测某深度范围内岩土层视电阻率水平方向的变化。见图 14-3。

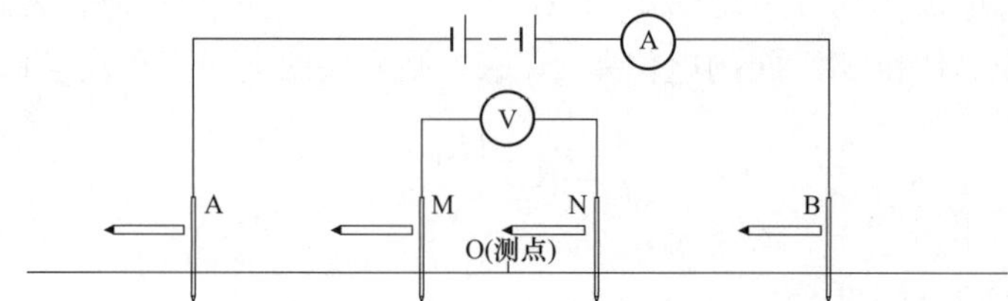


图 14-3　电剖面装置示意图

（3）高密度电法。

高密度电法是一种阵列式电阻率测量方法，集电测深和电剖面装置于一体，采用高密度布点，进行二维地电断面的测量，既能揭示地下某一深度水平岩土层的变化，又能提供岩土层沿测线方向变化的情况，通过计算机软件的处理和成图，形成一张二维地下电阻率分布情况的剖面成果。

高密度电法一次性布置一定数量的电极，电极间距相等，每个电极用与一个开关连接，按设计好的程序，控制开关的闭合顺序，利用主机测量电流、电压，并记录供电电极、测量电极的编号，计算 K 值和视电阻率并存储，然后转入下一点循环测量，实现高效数据采集，获取大量地下电阻率数据。高密度电法测量系统见图 14-4。

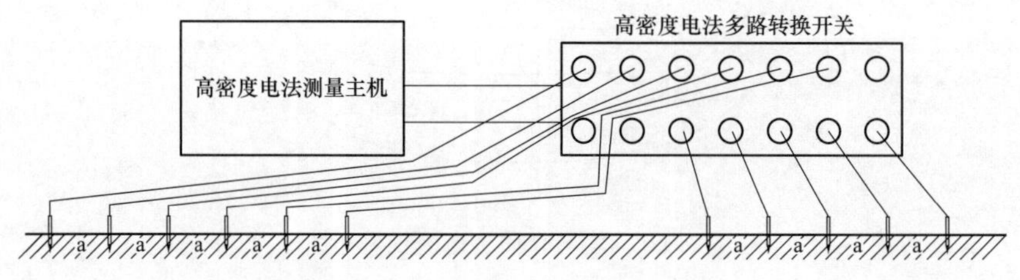


图 14-4　高密度电法测量系统示意图

## 四、仪器设备

电阻率测量使用能直接测量、显示和存储供电电流、测量电压和视电阻率的直流电法仪，电法仪主要技术指标如下：

（1）测量电压分辨率：0.01mV；

（2）测量电流分辨率：0.01mA；

（3）极化补偿范围：±1000mV；

（4）对50Hz工频干扰抑制应大于80dB。

## 五、电法勘探现场工作

电法的现场工作包括外业准备工作、试验工作、测线布置工作、装置及极距的选择、资料检查和评价等。

（一）准备工作

（1）工作之前，应收集测区已有的地形、地质及地球物理资料，全面了解和分析测区地球物理特征。

（2）检查仪器设备，更换或修理不能满足技术指标的仪器设备，预热仪器，使仪器进入准工作状态。

（二）试验工作

测试前需要进行必要的试验工作，尤其测区地形、地质条件复杂时，更需要通过试验确定解决地质任务的可行性和解决程度。试验工作遵循以下几点：

（1）试验前，根据任务要求、测区地质及物性条件拟定试验方案。试验成果可以作为生产成果的一部分。

（2）试验工作应遵循由已知到未知，由简单到复杂的原则。

（3）试验工作内容具有代表性，位置一般选择在拟布置的工作测线上，有钻孔时，尽可能通过钻孔。

试验工作内容主要包括以下方面：

（1）方法的可行性试验，通过试验确定现场条件包括物性条件是否满足拟定工作方法的条件。

（2）选择装置形式、最佳电极距、最佳供电电压、供电时间、点距、跑极方向等。

（3）了解测区干扰背景。

（4）测试测区岩土体电阻率值，为资料解释提供参考和依据。

（5）通过试验评价拟定方法解决地质任务的可行性和解决程度。

（三）工作布置

（1）一般要求。

1）测线布置主要依据任务要求、探测方法、被探测对象规模、埋深等因素综合确定。工作比例尺以能观测被探测目标体，并可在平面图上清晰反映探测对象的规模、走向为原则，同时兼顾施工方便、资料完整和技术经济等因素；

2）在地形条件复杂的情况下，测线可选择地形影响比较一致的如山脊、山谷、沿等高线较平缓的山坡布设。进行大面积探测时，应布置测网线；

3）测区范围应大于勘测对象的分布范围；

4）测线方向一般垂直于地层、构造和主要探测对象的走向，并尽量与地质勘探线和其他物探方法测线一致，避开干扰源；

5）在地质构造复杂地区，应适当加密测线、测点。

（2）电测深法。

1）尽应量在地质勘探线上布置电测深测线，有钻孔时，尽量布置孔旁电测深点；单独塔位进行电测深时，测深点应选择在地形较平坦处；

2）为了解测区电性的各向异性分布情况，以及对点测深曲线的影响，一般需要在测区范围内均匀布置控制性的十字形点测深。

（3）电剖面法。

1）应沿垂直于地层、构造和主要探测对象的走向方向布置多条平行测线，以追踪其走向；

2）根据任务要求、被探测对象规模和埋深 $H$ 确定线距和点距，测点距一般选择 $H/3$～$H$，线距为点距的 3～5 倍；

3）若观测结果以平面等值线图的形式来表明目标体的各向异性时，测点距和线距一般保持一致。

（4）高密度电法。

高密度电法应根据装置形式、电极数量、探测深度、探测精度等确定点距和线距。点距一般选择 1～10m。

（四）装置的选择

（1）电测深法。

1）当探测地层具有多个电性层、测线各点均能双向跑极时，一般选择对称四极装置；

2）当测区地层电性分层显著、电性层数较少或测线两端不能相向跑极时，选用三级装置；

3）对称四极、三极装置主要用于分层探测，也可用于探测局部目标体；

4）一般来说，对称装置用于研究地电界面近乎水平产状的地区；较复杂的地电体或地层存在倾斜界面时，应使用双向不对称装置或二分量测深方法。

（2）电剖面法。

1）对于简单的地电界面如埋藏不深的隐伏地形、古河床、单一接触面等可采用对称装置或偶极装置；

2）对于非水平的构造探测、岩性分界、喀斯特等可采用双向三极（联合剖面）、三极装置；

3）探测局部低阻非均质体，采用双向三极（联合剖面）进行观测，并以追索到由于低阻非均质体引起 $\rho_s^A$ 和 $\rho_s^B$ 曲线的正交点为主要目的。

（3）高密度电法。

1）探测浅层目标体时选择偶极装置；

2）分层探测时选择对称四极、三极装置；

3）局部目标体探测如（喀斯特探测）一般选择对称四极装置；

4）非水平构造带、岩性分界面探测一般选择双向三极、微分装置。

（五）电极距的选择

（1）电测深法。

1）供电极距的距离按几何级数改变，相邻电极距比值介于 1.2～1.8 倍，对于浅层岩土层测详细调查或参数测量按差级数增加电极距；

2）最小供电极距以获得第一电性层的电阻率为原则，一般 $(AB/2)_{min}=1.5$m；最大供电极距 $AB_{max}$ 一般选择要求探测最大深度的 4～6 倍；

3）测量电极 $MN$ 的选择一般要求满足仪器测量精度要求，且满足 $MN/AB$ 的值介于 1/3～1/30。

（2）电剖面法。

电剖面法极距的选择，应考虑探测深度的要求和地电条件的复杂程度。

1）供电极距 $AB$ 宜为探测对象埋深的 3～5 倍，探测深度一般指电性异常体顶界面的埋深；

2）表层电性不均匀影响严重时，$MN$ 宜为点距的 1～2 倍，且不大于 $AB/3$；

3）在一条测线上可以采用两个极距不等的同一装置进行不同深度的探测，两装置的极距之比尽可能大于 1.5，测点尽可能重合。

（3）高密度电法。

1）最小电极距一般选择等于点距；

2）三极或双向三极（联合剖面）探测时，无穷远 C 点与测点 O 的距离 $OC$ 不小于 5 倍的供电距离；

3）设计观测的最底层对应的供电极距必须大于要求探测深度的 3 倍。

（六）现场布极

（1）测量电极一般选择铜电极，供电电极选用铜、钢或铁质电极，水上或冰上使用铅电极。电极直径一般不小于 12mm。电极在使用前必须除锈、除氧化层。

（2）电测深布极方向以使地形、地物对测量数据影响最小为原则，当遇到有高压电线时，放线方向应垂直于高压线。

（3）电极接地位置在预定跑极方向上的偏差不大于该极距的 1%；在垂直方向上的偏差不大于该极距的 5%。

（4）测试前应检查确认电极、电缆接线正确、接地良好。

（5）电剖面、高密度电法探测，同一排列必须呈直线。

（6）高密度电法在布设端点电极时应考虑探测范围的有效性。

（七）现场工作

（1）供电电压一般不低于 30V，不高于仪器所能承受的电压值。使用干电池作为供电电源时，开路电压与额定电压之差不大于 5%。

（2）增加供电电流强度，优先考虑改善接地条件降低接地电阻，其次考虑增加供电电压。

（3）应使用供出电流稳定的电源，当同一点重复观测时，电流变化超过 3%（排除接地电阻的影响），应更换电源。

（4）手动测量供电时间应不小于 1s，自动测量供电时间应不小于 0.5s。

（5）开工前应进行漏电检查，施工过程中发现漏电，应立即停止工作，并作废当天漏电检查之后的所有数据。

（6）数据采集时，若测量电压小于 3mV，或供电电流小于 3mA，应检查线路连接情况和电极的接地情况，并重复观测，若电阻率数据跳跃较强烈，电压过小时，应加大 $MN$ 的距离，电流过小时，应增大供电电流。

（7）填写外业班报记录表，详细记录实测测点、测线的位置坐标，并简单绘制现场地形、地貌和干扰源的位置。

（8）现场测试自检工作量不小于总工作量的 10%。

## 六、电法勘探资料处理及解释

（一）电测深法

以 $AB/2$ 为横轴、视电阻率 $\rho_s$ 为纵轴绘制双对数电测深曲线，分析电测深曲线进行地质解释。

电测深曲线的解释就是确定电性分界线的深度和其真实电阻率，进一步评价所研究地层的产状和岩性。电测深曲线的解释一般分为定性解释和定量解释，定量解释在定性解释的基础上进行，实际工作中又是交叉进行的。

（1）定性解释。

1）解释工作应在充分收集测区地质资料和物性资料的基础上，按照从已知到未知、先易后难、点面结合的原则进行；

2）定性解释包括确定电性层数量和各电性层电阻率相对关系、确定异常大致位置和性质等；

3）应重视原始电测深曲线，对电测深曲线的类型和地电断面的结构做出正确的判断；

4）解释结论应符合测区内各测点概念统一，定量解释与定性解释统一，物性解释与客观规律统一的要求；

5）当有论据说明，由于不具备电性条件或因地形及其他干扰因素影响，而不能达到勘探目的时，应做出无法解释的结论。

（2）定量解释。

1）电测深曲线的定量解释一般在具备下列条件的基础上进行：①曲线完整、电性标志层在足够的电极距上有反映；②主要电性层在曲线上分层明显；③电测深曲线已经消差、圆滑，畸变部位经过校正；④已经获取定量解释所必需的电参数；⑤已进行定性解释推断工作，基本明确电性层与地质层的对应关系。

2）定量解释一般选择计算机正反演模拟法、量板法或特征点法。

3）采用地形校正的方法减小因地层起伏而造成的视电阻率影响。

4）通过定量解释计算出各电性层厚度、真实电阻率值，确定异常体位置、规模、埋深和产状等。

5）结合地质资料和客观条件对地电剖面做出合理的地质解释。

（二）电剖面法

（1）电剖面法以定性解释为主，被探测目标体形态简单时，可进行定量解释。

（2）分析异常曲线的幅值、规模、形态特点对异常进行的定性解释。当异常单一时，分析确定异常曲线类型，进行定量解释。当布置平行测线时，对某测线发现的异常，应与相邻剖面上的异常进行对比分析。

（3）一般采用地形校正的方法减小因地形起伏引起的虚假异常，异常的幅度值一般大于正常场允许误差的3倍。

（4）在条件允许的情况下，对地质体的埋深、产状和规模进行定量计算和描述。

（三）高密度电法

（1）高密度电法数据应进行坏点删除、地形校正等预处理后，绘制成视电阻率等值线图，依据视电阻率值的变化特点结合地质资料做出初步的地质解释。

（2）采用计算机软件对经预处理后的视电阻率数据进行二维反演模拟，绘制电阻率等值线图。

（3）解释工作可以依据视电阻率断面图或电阻率等值线图，确定异常体的位置、埋深、规模、产状等，结合地质资料，做出合理、客观的地质解释。

## 七、电法勘探的成果图件

（一）电测深法

电测深法成果图主要包括工作布置图、电阻率剖面图或平面图、地质解释剖面图或平面图。

（1）电阻率—地质解释剖面图。

按实际地形绘制剖面图，沿地表绘出地表地质情况，沿剖面的钻孔、坑槽及地面标志物均绘于图上。每一个电性层和岩层应标注电阻率值和岩性符号。若同一电性层的电阻率沿剖面有变化，应分段标注电阻率值。当电性层和地质层不一致或一个电性层包含几个地质层时，可不画岩性符号，但应做出说明。

（2）电阻率—地质解释平面图。

标明电法勘探点的实际位置，根据需要标明电极排列方向，标注钻孔、坑槽及地面标志物相对于测线的位置，绘制某一深度电阻率等值线图和其对应的地质解释平面图。图中应绘制出推断的岩性界线、构造线等。当电性层与地质层一致时，图中电性层可用地层名称；不一致时，在图例中做出说明。

（二）电剖面法

电剖面法成果图主要包括工作布置图、电阻率剖面图或平面图、地质解释剖面图或平面图。

（1）电阻率剖面图。

在电剖面曲线横坐标的下方绘制地形剖面图，并标注地表地质情况，钻孔、坑槽及地面标志物相对于测线的位置，推断的地质体位置、大小及产状等，定性推断应做出说明。

（2）电阻率平面图。

横坐标比例尺一般与工作比例尺相同，纵坐标比例尺的选择能充分反映异常的特点，避免异常曲线过多的重叠和混淆不清。一个测区纵坐标比例尺应尽量相同。推断解释的地质线应在图上标明。

（三）高密度电法

高密度电法成果图主要包括工作布置图、电阻率剖面及对应的地质解释图。异常体分布平面位置图等。

高密度电法每条测线应绘制出电阻率等值线图，并根据地质情况，绘制出相应的地质解释剖面图；在工作布置平面图上绘制出异常体的平面位置，根据需要绘制基岩面等高线图、异常体分布平面位置图等。

## 第三节 地质雷达勘探

地质雷达勘探是一种运用电磁波传播理论来进行勘探的物探方法。通过发射天线向地下介质发射广谱、高频电磁波，当电磁波遇到电性（介电常数、吸收系数、电导率、磁导率等）差异界面时，会发生电磁波的折射、反射、透射等现象，同时介质对电磁波也会产生吸收滤波和散射作用，接收天线接收并记录来自地下的电磁波信号，经过相应的数据处理，得到地质雷达图像。

### 一、地质雷达的应用范围

（1）工程勘测中，地质雷达勘探可应用于覆盖层探测、地下水位探测、岩溶探测、污染物调查、地下管线调查、超前预报等。

（2）工程检测中，地质雷达可应用于路面脱空区检测、混凝土厚度检测、钢筋分布、不密实区检测等。

### 二、地质雷达的应用条件

（1）探测目标体与围岩存在明显的电性差异。地质雷达方法的成功与否取决于是否有足够的反射或散射电磁波能被接收天线所接收和识别。

当围岩与探测目标体的相对介电常数分别为 $\varepsilon_h$、$\varepsilon_T$ 时，探测目标体的功率反射系数估算式为式（14-3）：

$$P_r = \left| \frac{\sqrt{\varepsilon_h} - \sqrt{\varepsilon_T}}{\sqrt{\varepsilon_h} + \sqrt{\varepsilon_T}} \right|^2 \tag{14-3}$$

一般来说，探测目标体的功率反射系数应不小于 0.01。

（2）探测目标体的埋深不宜过大，应在地质雷达的可探测深度范围内，一般探测目标体的埋深不宜超过地质雷达系统探测距离的 50%。地质雷达系统探测距离在后续章节中有详细介绍。

（3）探测目标体的几何形态满足探测分别率的要求。包括横向分别率、垂向分别率和探测目标体的尺寸与埋深的比值关系（体积比）。

（4）测区电磁干扰小。当测区存在大范围金属构件或无线电射频源时，地质雷达电磁信号将受到严重干扰。

### 三、地质雷达基本原理

地质雷达是利用一个天线发射高频（$10^7 \sim 10^9$ Hz）宽带电磁波，波在地下介质中传播，遇电磁性差异分界面后发生反射，反射波由另一个天线接收，经过信号转换，由存储介质记录接收天线所得到的地下介质响应信号的装置系统。电磁波在介质中传播时，其路径、电磁场强度与波形随所通过介质的电磁特征的空间分布及几何形态而变化，因此，根据接收到波的信息（如旅行时、幅度及波形资料等），可推断地下介质的分布与结构。

依据电磁波传播理论，空间任意一点电磁波的场强满足式（14-4）和式（14-5）。

$$P=|P|e^{-j\varpi\left(t-\frac{r}{V}\right)} \tag{14-4}$$

式中 $P$——电磁波场强；

$r$——与场源的距离；

$\varpi$——角频率；

$t$——时间；

$V$——电磁波波速。

$$V=f\lambda \tag{14-5}$$

式中 $f$——电磁波频率；

$\lambda$——电磁波波长。

上式可以表示为式（14-6）：

$$P=|P|e^{-j(\varpi t-kr)} \tag{14-6}$$

式中 $k=\frac{2\pi}{\lambda}$，$k$ 是相位系数，也叫传播常数。

$k$ 是复数，由 Maxwell 方程可推出式（14-7）：

$$k=\varpi\sqrt{\mu\left(\varepsilon+j\frac{\sigma}{\varpi}\right)} \tag{14-7}$$

式中 $\mu$——磁导率；

$\varepsilon$——介电常数；

$\sigma$——电导率。

写成复数形式 $k=\alpha+j\beta$，则有式（14-8）和式（14-9）：

$$\alpha=\varpi\sqrt{\mu\varepsilon}\sqrt{\frac{1}{2}\left(\sqrt{1+\left(\frac{\sigma}{\varpi\varepsilon}\right)^2}+1\right)} \tag{14-8}$$

$$\beta=\varpi\sqrt{\mu\varepsilon}\sqrt{\frac{1}{2}\left(\sqrt{1+\left(\frac{\sigma}{\varpi\varepsilon}\right)^2}-1\right)} \tag{14-9}$$

则见式（14-10）：

$$P=|P|e^{-j(\varpi t-\alpha\gamma)}e^{-\beta\gamma} \tag{14-10}$$

式中 $\alpha$——相位系数，表示电磁波传播时的相位项，波速的决定因素；

$\beta$——吸收系数，表示电磁波在传播时空间各点的场值随距场源的距离变化关系。

介质电磁波速度 $V$ 的计算公式为式（14-11）：

$$V=\frac{\varpi}{\alpha} \tag{14-11}$$

一般非磁性介质中 $\frac{\sigma}{\varpi\varepsilon}\ll 1$，故介质的电磁波速度近似为式（14-12）：

$$V=\frac{c}{\sqrt{\varepsilon}} \tag{14-12}$$

式中 $c$——电磁波在真空中的传播速度，一般取 0.3m/ns。

当电磁波在不同介电常数介质界面传播时，会发生反射，反射强度的大小取决于反射系数，反射系数 R 的计算如式（14-13）：

$$R=\frac{\sqrt{\varepsilon_1}-\sqrt{\varepsilon_2}}{\sqrt{\varepsilon_1}+\sqrt{\varepsilon_2}} \tag{14-13}$$

式中 $\varepsilon_1$、$\varepsilon_2$——上下层的介电常数。

根据反射电磁波的到达时间及电磁波速，可以计算出界面位置；根据介质的介电常数等电性参数，结合工程地质资料来判定介质成分。

## 四、仪器设备

目前，国内地质雷达使用较多的是加拿大 Sensors&Software 公司生产的 Ekko 系列、瑞典 MALA 系列、美国 GSSI 公司生产的 SIR 系列等。各种型号的仪器各有特点，主要技术性能如下：

1）脉冲重复频率：大于 100kHz；

2）数模转换大于 16dB；

3）信号增益控制具有指数增益功能；

4）信号具有多次叠加功能；

5）天线频率丰富，可以针对不同探测要求进行选择。

## 五、工作方法

地质雷达最常用的探测方式有反射剖面法探测、宽角法探测和透射法探测。

### （一）反射剖面法

反射法探测是地质雷达探测中最常用的方法，该方法是固定发射天线和接收天线的相对位置，沿测线方向，以相同的步长进行探测的一种方法。图 14-5 是反射法探测的示意图，其探测数据是以剖面图像的形式显示，横坐标为发、收天线中心点的位置，纵坐标为电磁波的双程走时，图像展示不同时间接收雷达波能量的强度，如图 14-6 所示。

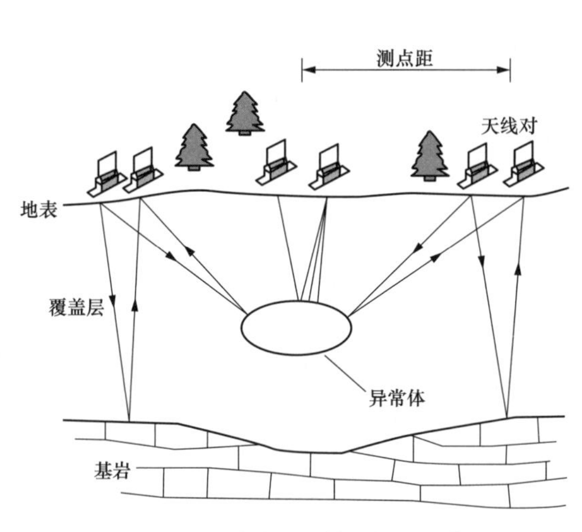


图 14-5　地质雷达反射法探测示意图

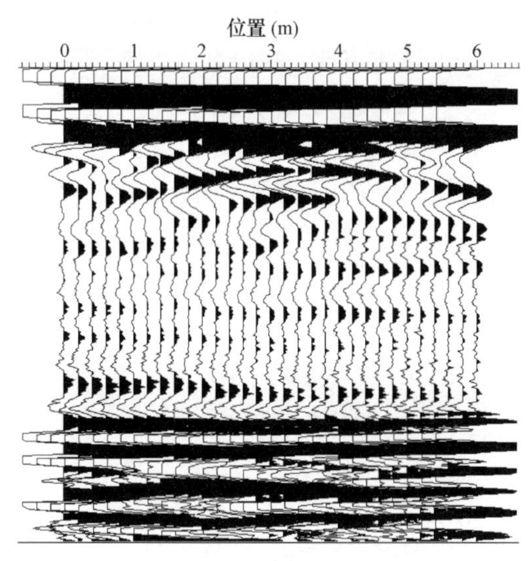


图 14-6　地质雷达反射法探测图像

### （二）宽角法

宽角法探测（如图 14-7 所示）是天线中心点（探测点）不变，发射天线和接收天线与中心点的距离按等距离同时向两侧移动，逐渐增大，该方法主要用于测量地下地层的电磁波传播速度。

深度为 $h$ 的地下水平界面的反射波双程走时 $t$ 满足式（14-14）：

$$t^2=\frac{x^2}{V^2}+\frac{4h^2}{V^2} \tag{14-14}$$

式中　$x$——反射天线与接收天线的距离；

$h$——反射界面的深度；

$V$——电磁波的传播速度。

利用式（14-14）也可以计算出反射层的电磁波速度。

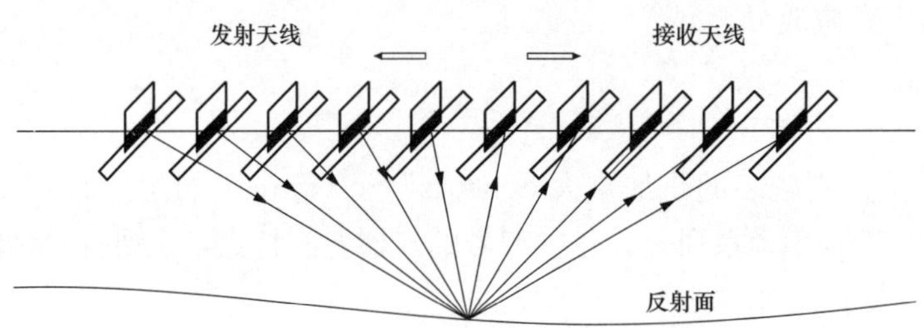


图 14-7 地质雷达宽角法探测示意图

## 六、地质雷达参数的选择

### （一）天线频率

地质雷达探测深度与天线的频率密切相关，同时，天线频率还影响着地质雷达探测的分辨率。电磁波在介质中传播时，功率损耗可以用雷达探距方程表示，见式（14-15）。

$$Q=10\lg\left(\frac{\eta_t\eta_r G_t G_r g\sigma\lambda^2 e^{-4\beta r}}{64\pi^3 r^4}\right) \tag{14-15}$$

式中 $g$——目标体与接收天线方向性增益；

$\sigma$——目标体的散射截面；

$\beta$——介质的吸收系数；

$\eta_t$、$\eta_r$——发射天线、接收天线的效率；

$G_t$、$G_r$——入射方向、接收方向天线方向增益；

$r$——目标体到天线的距离；

$\lambda$——雷达子波在介质中的波长。

雷达波在介质中传播时，由于介质的吸收，会导致能量的衰减，衰减量取决于介质的电磁特性，电磁波在介质中传播数可以表示为式（14-16）：

$$k=\alpha+j\beta \tag{14-16}$$

电磁波在介质中沿 $r$ 方向传播的振幅可表示为式（14-17）：

$$E=E_0 e^{-\alpha r} \tag{14-17}$$

式中 $E_0$——能量的初始值。

$\alpha$ 见式（14-18）：

$$\alpha=\varpi\sqrt{\mu\varepsilon}\sqrt{\frac{1}{2}\left[\sqrt{1+\left(\frac{\sigma}{\varpi\varepsilon}\right)^2}+1\right]} \tag{14-18}$$

电场强度的变化与时间没有关系，而是一个距离的函数，表示电磁波能量随距离的增大而减小，不同介质的衰减幅度不同。

综合各种因素的考虑，Cook（1972 年）给出了地质雷达在不同介质中探测距离的简单图示（图 14-8）。图中是地质雷达两种系统增益指数的频率与探测深度的关系。

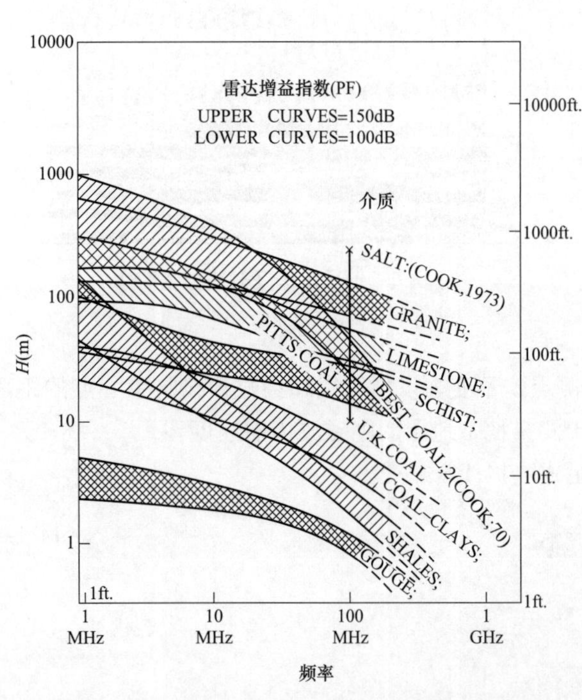


图 14-8 地质雷达天线频率与探测深度的关系图

雷达波在介质中以一定的波速传播，一般认为，$\lambda/4$ 是雷达波在垂向上能够分辨的最小极限，由 $V=f\lambda$，当速度一定时，垂向分别率取决于频

率 $f$。

根据工程经验，地质雷达探测中心频率可根据式（14-19）来选择：

$$f_c^R > \frac{75}{x\sqrt{\varepsilon_r}} \tag{14-19}$$

式中 $x$——要求空间分辨率；

$\varepsilon_r$——围岩相对介电常数。

天线中心频率与探测深度经验见表 14-2。

**表 14-2　地质雷达探测深度与天线中心频率对应经验简表**

| 天线中心频率（MHz） | 探测深度（m） | 天线中心频率（MHz） | 探测深度（m） |
|---|---|---|---|
| 10 | 50 | 200 | 2.0 |
| 30 | 25 | 500 | 1.0 |
| 50 | 10 | 1000 | 0.5 |
| 100 | 7.0 | | |

（二）雷达波波速

雷达波波速可以利用宽角法进行野外现场测试，也可以钻孔资料和地质雷达资料比对后进行标定，在没有任何现场资料的情况下，可以通过岩土介电常数进行估算，岩土介质的相对介电常数、电导率、衰减系数及其电磁波波速可参考表 14-3。

**表 14-3　常见介质电性参数表**

| 介质名称 | 相对介电常数 $\varepsilon_r$ | 电导率 $\sigma$（$\times10^{-3}$S/s） | 衰减系数（dB/m） | 速度 $V$（m/ns） |
|---|---|---|---|---|
| 花岗岩（干） | 5 | $10^{-5}$ | 0.01～1 | 0.15 |
| 花岗岩（湿） | 7 | 1 | 0.01～1 | 0.10 |
| 灰岩（干） | 7 | $10^{-6}$ | 0.4～1 | 0.11 |
| 灰岩（湿） | 8 | 25 | 0.4～1 | |
| 砂（干） | 4～6 | $10^{-4}$～1 | 0.01 | 0.15 |
| 砂（湿） | 30 | 0.1～10 | 0.03～0.3 | 0.06 |
| 黏土（湿） | 8～12 | 100～1000 | 1～300 | 0.06 |
| 土壤 | 2.6～15 | | 20～30 | |
| 混凝土 | 6.4 | | | 0.12 |
| 沥青 | 3～5 | | | 0.12～0.18 |
| 冰 | 3.2 | | 0.01 | 0.17 |
| 纯水 | 81 | 0.1～30 | 0.1 | 0.033 |
| 海水 | 81 | 4000 | 1000 | 0.01 |
| 空气 | 1 | | 0 | 0.3 |

（三）时间窗口

时间窗口 $W$ 的选择取决于最大探测深度 $h_{max}$ 和地层雷达波速 $V$，在时窗选取时，应考虑给最大探测深度预留一定的余量，可按下式估算：

$$W = 1.3\frac{2h_{max}}{V} \tag{14-20}$$

（四）采样率

采样率由 Nyquist 采样定律控制，即采样率至少应达到记录的反射波最高频率的 2 倍。为使记录雷达波形完整，建议采样率为中心频率的 6 倍。对于中心频率 $f$(MHz)，采样率 $\Delta t$(ns 为)：

$$\Delta t=\frac{1000}{6f} \tag{14-21}$$

（五）天线距

使用分离式天线时，适当选取反射天线和接收天线之间的距离，可使来自目标体的反射波信号增强。偶极天线在临界角方向的增益最强，因此天线间距 $S$ 的选择应使最深目标体相对接收反射天线的张角为临界角的 2 倍，即：

$$S=\frac{2D_{\max}}{\sqrt{\varepsilon_r-1}} \tag{14-22}$$

式中 $D_{\max}$——目标体的最大深度；

$\varepsilon_r$——围岩相对介电常数。

实际测量中，天线距的选择常常小于该数值。原因是随着天线距的增加，垂向分辨率降低，当天线S接近目标体深度的一半时，该影响大大加强。

（六）测量点距

离散测量时，测点间距的选择取决于天线中心频率与地下介质的介电特性。遵循 Nyquist 定律，位确保介质响应在空间上不重叠，测量点距 $n_x$（m）应为围岩中子波波长的 1/4 即：

$$n_x=\frac{75}{f\sqrt{\varepsilon_r}} \tag{14-23}$$

式中 $f$——天线中心频率；

$\varepsilon_r$——围岩相对介电常数。

当介质横向变化不大时，测量点距可适当放宽，以提高工作效率。

## 七、外业探测注意事项

（1）地形起伏大，障碍物较多的测区，应采用点测法进行探测。

（2）当探测深度较大、目标体反射信号弱时，应使用点测法，而且通过加大叠加次数来增信号。

（3）使用非空气耦合天线工作时，尽量保持天线与地面的耦合良好。

（4）尽可能使用高发射电压和低脉冲频率的电磁波发射器。

（5）尽可能详细记录各种野外干扰情况。

## 八、资料处理与解释

地质雷达的资料处理一般采用地震映像法的处理方式，一般按以下步骤和原则进行：

（1）预处理：包括删除坏道、水平比例归一化、编辑各类标识、编辑起止桩号等。

（2）根据实际需要对信号进行增益调整、频率滤波、倾角滤波、反褶积、偏移、道间平均、点平均等，以达到突出有效异常、消除部分干扰等目的。各种处理方法及其使用条件见表 14-4。

**表 14-4　地质雷达数据处理方法及使用条件列表**

| 处理方法 | 功能用途 | 使用条件 |
|---|---|---|
| 增益调整 | 调整信号的振幅大小，利于观察异常区域和反射界面 | 信号过大或过小，或者现有的增益不符合信号衰减规律 |
| 频率滤波 | 除去特定频率段的干扰波 | 有干扰波时使用 |
| 倾角滤波 | 去除倾斜层状干扰波 | 有倾斜层干扰波，使用前应进行水平比例归一化和地形校正；当有同样倾角的有效层状反射波时限制使用 |
| 反褶积 | 压制多次反射波，压缩反射子波，提高垂直方向的可解释能力 | 反射子波明显影响厚度解释精度或有明显多次反射波时使用。当反射信号较弱、数据信噪比较低、反射子波非最小相位时限制使用 |

续表

| 处理方法 | 功能用途 | 使用条件 |
| --- | --- | --- |
| 偏移 | 将倾斜层反射界面归为，将绕射波收敛 | 反射信号弱、数据信噪比低 |
| 空间滤波 | 道平均方法空间高频干扰，使界面连续性更好；道间差去除空间低频信号，突出独立异常体或起伏大的反射界面。两种方法都是为提高数据图像的空间解释性 | 空间高频或低频信号对解释产生影响时使用 |
| 点平均 | 去除信号中的高频干扰 | 信号中高频干扰明显时 |

(3) 结合工程地质情况、结构特征和地球物理特征，通过现场反复复核、筛选干扰异常，在原始图像上通过反射波波形、能量强度、反射波初始相位、反射界面延续情况等特征判别和筛选异常（有效反射界面），确定异常的性质、规模等。

(4) 读取异常点的界面反射波到达时间 $t$，根据异常延伸长度确定异常水平规模。

(5) 求取各异常点埋深 $h=\frac{1}{2}Vt$。

## 第四节 瞬变电磁法

瞬变电磁法（Transient Electromagnetic Method，简称 TEM）是利用不接地回线或电极向地下发送脉冲式一次电磁场，用线圈或接地电极观测由该脉冲电磁场感应的地下涡流产生的二次电磁场的空间和时间分布，来解决有关地质问题的时间域电磁法。

### 一、瞬变电磁法的应用范围

线路工程勘测中，主要用于岩溶裂隙破碎带探测，采空区调查等。

### 二、瞬变电磁法的应用条件

(1) 探测目标体与围岩存在明显的电性差异，且呈低阻特征。

(2) 探测目标体周围不存在较大游散电流干扰，无人文干扰。

(3) 探测目标体的几何形态满足探测分辨率的要求。包括横向分辨率、垂向分辨率和探测目标体的尺寸与埋深的比值关系（体积比）。

(4) 测区电磁干扰小。当测区存在大范围金属构件或无线电射频源时，电磁信号将受到严重干扰。

### 三、瞬变电磁法的基本原理

瞬变电磁法的激励场源主要有两种，一种是回线形式（或载流线圈）的磁源，另一种是接地电极形式的电流源。下面以均匀大地的瞬变电磁响应为例讨论回线形式磁偶源激发的瞬变电磁场，从而阐述瞬变电磁法测深的基本理论。

在导电率为 $\sigma$、导磁率为 $\mu$ 的均匀各向同性大地表面敷设面积为 $S$ 的矩形发射回线在回线中供以阶跃脉冲电流。

$$I_{(t)}=\begin{cases}I & t<0\\0 & t\geqslant 0\end{cases} \tag{14-24}$$

在电流断开之前（$t<0$ 时），发射电流在回线周围的大地和空间中建立起一个稳定的磁场，如图 14-9 所示。

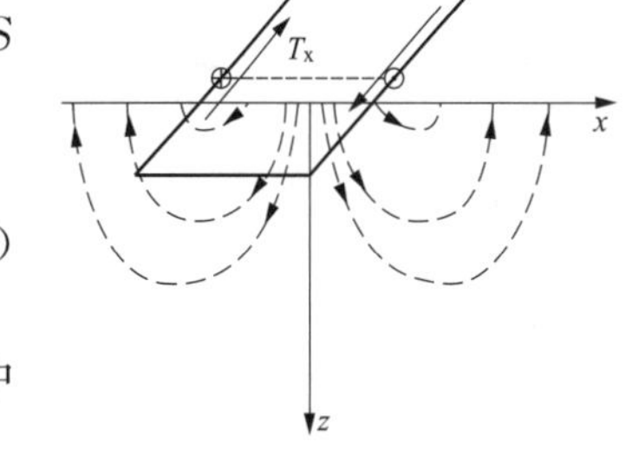

图 14-9 矩形框磁力线

在 $t=0$ 时刻，将电流突然断开，由该电流产生的磁场也立即消失。

一次磁场的这一剧烈变化通过空气和地下导电介质传至回线周围的大地中，并在大地中激发出感应电流以维持发射电流断开之前存在的磁场、使空间的磁场不会即刻消失。由于介质的欧姆损耗，这一感应电流将迅速衰减，由它产生的磁场也随之迅速衰减，这种迅速衰减的磁场又在其周围的地下介质中感应出新的强度更弱的涡流。这一过程继续下去，直至大地的欧姆损耗将磁场能量消耗完毕为止。这便是大地中的瞬变电磁过程，伴随这一过程存在的电磁场便是大地的瞬变电磁场。

由于电磁场在空气中传播的速度比在导电介质中传播的速度大得多。当一次电流断开时，一次磁场的剧烈变化首先传播到发射回线周围地表各点，因此，最初激发的感应电流局限于地表。地表各处感应电流的分布也是不均匀的，在紧靠发射回线一次磁场最强的地表处感应电流最强。随着时间的推移，地下的感应电流便逐渐向下、向外扩散，其强度逐渐减弱，分布趋于均匀。感应电流呈环带分布，涡流场极大值首先位于紧挨发射回线的地表下，随着时间推移，该极大值沿着与地表成30°倾角的锥形斜面向下、向外移动、强度逐渐减弱。图14-10显示出了不同时刻穿过发射回线中心的横断面上地下感应电流密度等值线。

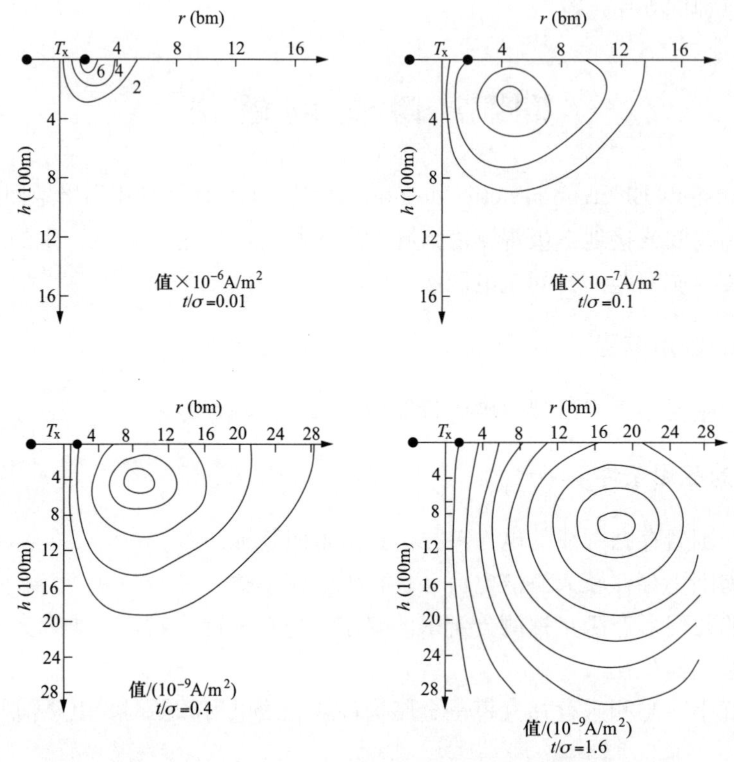


图14-10　穿过 $T_x$ 中心的横断面内电流密度等值线

图14-11给出了发射电流关断后不同时刻地下等效电流环的示意分布。从图中可以看到，等效电流环很像从发射回线中“吹”出来的一系列“烟圈”，因此，人们将地下涡旋电流向下、向外扩散的过程形象地称为“烟圈效应”。

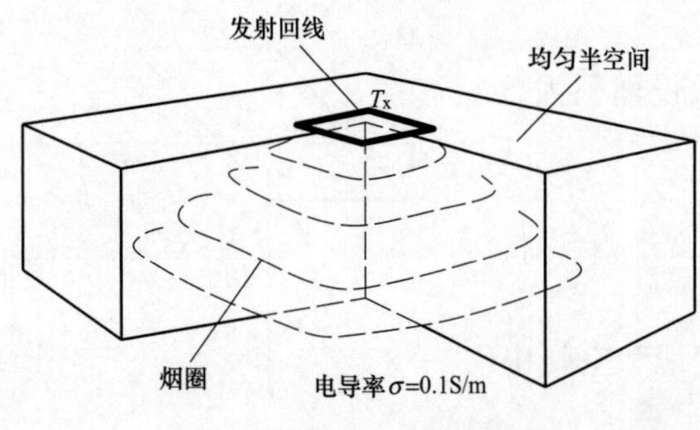


图14-11　瞬变电磁场烟圈

“烟圈”的半径 $r$、深度 $d$ 的表达式分别为式（14-25）和式（14-26）：

$$r=\sqrt{8c_2\cdot t/(\sigma\mu_0)+a^2} \tag{14-25}$$

$$d=4\sqrt{t/\pi\sigma\mu_0} \tag{14-26}$$

式中　$a$——发射线圈半径；$c_2=\frac{8}{\pi}-2=0.546\ 479$。

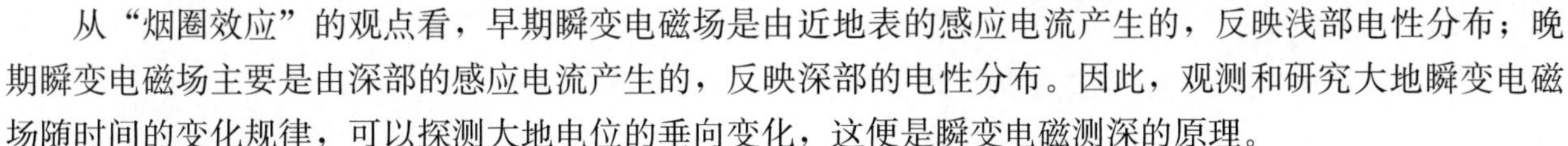

从“烟圈效应”的观点看，早期瞬变电磁场是由近地表的感应电流产生的，反映浅部电性分布；晚期瞬变电磁场主要是由深部的感应电流产生的，反映深部的电性分布。因此，观测和研究大地瞬变电磁场随时间的变化规律，可以探测大地电位的垂向变化，这便是瞬变电磁测深的原理。

1）视电阻率计算公式。

当发射线框的面积为 $S$，匝数为 $N$，供电电流强度为 $I$，发射线框的磁偶距为 $M=S\times N\times I$，当接收线框的面积为 $s$，匝数为 $n$，介质中感应的涡流场在接收回线中产生的感应电位为：

$$V=-sn\frac{\partial B_z}{\partial t} \tag{14-27}$$

多匝重叠回线的晚期视电阻率的计算公式为式（14-28）：

$$\rho_\tau=\frac{\mu_0}{4\pi t}\left[\frac{2\mu_0 SNsn}{5t\left(\frac{V}{I}\right)}\right]^{\frac{2}{3}} \tag{14-28}$$

2）时深转换。

平面瞬变电磁波的传播是随时间的延长而向下及向外扩展，扩散场极大值位于从发射框中心起始与地面成30°倾角的锥形面上。从发射场始到激发最大的涡流所经历的延迟时间 $t$ 与涡流场最大值所在深度 $h$ 的关系见式（14-29）：

$$t=\mu_0 h^2\sigma/2 \tag{14-29}$$

## 四、仪器设备

TEM 设备主要包括主控单元，发射单元，接收单元，主要指标满足如下基本要求。

（一）接收单元

输入阻抗：10MΩ。

动态范围：120dB。

最小检测信号：0.05/μV。

数模转换：16～24 位。

（二）发射单元

波形：双极、矩形。

电流输出：>10A。

电压输出：100～1000V。

功率大小：>1kW。

## 五、工作方法

（一）装置类型选择

主要分为剖面法工作装置和测深法工作装置。剖面法常用装置有重叠回线、中心回线、大定源和偶极；测深法装置主要有中心回线、电、磁偶源和线源，各种装置布设方式参考相关资料。

（二）方案设计

根据任务书要求和采空区基本特征制定试验方案，测网密度。

（三）生产试验

正式开展工作前，要进行试验工作。试验内容及目的包括，仪器一致性试验，井旁试验（了解测区各地层的响应特征和异常响应特征），确定适合本区的工作参数（装置类型，回线大小、观测时间、叠加次数、供电电流强度、噪声电平等），调查干扰源。

（四）现场工作

包括测量放线放点、电磁数据采集、班报记录、数据质量检查。

### 六、资料处理及解释

瞬变电磁法数据处理的主要内容包括：

(1) 原始数据预处理；

(2) 数字滤波（三点滤波，四点滤波，六点滤波，卡尔曼滤波等）；

(3) 发送电流关断时间校正；

(4) 根据感应电动势计算视电阻率；

(5) 深度转换；

(6) 数据成图（实际材料图，多测道剖面图，综合 V/I 剖面图，切片图等）。

瞬变电磁法成果解释的过程大致包括定性分析、半定量解释和定量解释。定性分析的目的是在资料分析与处理的基础上，通过制作各种图件，概况的了解测线分布范围内地电断面沿水平和垂直方向上的变化情况，从而对测线或测区的地质构造轮廓获得一个初步的概念，以指导定量解释。

半定量解释时将获得的视电阻率与时间的关系曲线转换为电阻率与深度的近似关系曲线，使得资料比定性分析阶段更直观的了解地下电性特征及电性层的分布情况，实现半定量转换的方法很多，如根据曲线极值点坐标近似求解地电参数，薄板等效法，烟圈近似反演法等。

定量解释时通过反演求出实测视电阻率曲线所对应的地电断面参数，并结合其他资料，进行综合地质分析和解释，目前常用的反演是曲线自动拟合法，也分为一维反演，二维反演和三维反演，更复杂的带地形的三维反演。反演方法和步骤与其他电法资料类似。

## 第五节　地　震　勘　探

输电线路工程中一般使用浅层地震勘探方法，是一种依据岩土层的弹性差异，通过人工激发的地震波在岩土层中的传播规律以探测浅部（地面以下一二百米范围内）地质构造、划分地层或测定岩土体力学参数的一种地球物理方法。主要应用方法有面波法和反射波法，其中面波法采用瑞雷波法，地震反射波法采用地震映像法。

### 一、地震勘探的应用范围

地震勘探主要用于解决以下地质问题：

(1) 探测覆盖层厚度、地层的划分和各层速度的确定；

(2) 确定地层中低速带或软弱夹层、探查基岩埋深和基岩界面起伏形态；

(3) 塔基的“软”“硬”程度和承载力的判定；

(4) 塔基加固处理（强夯、挤密、介质置换等）效果（加固深度和影响范围）的评价；

(5) 地下洞穴（土洞、溶洞）及掩埋物的探测；

(6) 岩土物理力学参数的测定，砂土液化的判定；

(7) 地震分区与场地土的类别划分，以及场地振动特征的研究。

### 二、地震勘探的应用条件

（一）瑞雷波法

(1) 被探测地层应是层状或似层状介质，且地形起伏不宜太大；

(2) 被探测地层与其相邻层之间存在大于 10%的瑞雷波速度差异；

(3) 被探测目标体应有一定规模，在水平方向的分布范围不小于瑞雷波排列长度的 1/4；

（4）单点瑞雷波探测时地层界面应较平坦，否则将增大探测误差。

（二）反射波法

（1）被探测地层应是层状或似层状介质，且地形起伏不宜太大，探测界面较平坦；

（2）被探测地层与其相邻层之间存在明显的波阻抗差异；

（3）被探测地层有一定厚度，且应大于有效波长的1/4；

（4）被探测目标体（构造）应有一定规模。

## 三、地震勘探基本原理和工作方法

（一）瑞雷波法

面波是人工激发的弹性波沿界面附近传播的波，水平偏振的面波为勒夫波，垂直偏振的面波为瑞雷波。目前的面波勘探方法主要是瞬态激发、多道接收、利用基阶瑞雷波进行探测。

根据勘探深度和工作方式的不同，可采用不同的瞬态或稳态震源，一般情况下采用瞬态激发、多道观测的方法。

（二）反射波法

浅层地震反射波法是利用人工激发的地震波在岩石界面上产生反射的原理，对浅层具有波阻抗差异的地层或构造进行探测的一种地震勘探方法。在工程勘察中，浅层反射波法主要用于探测覆盖层厚度和进行浅层分层，确定几十米深度内的较小地质构造以及寻找局部地质体等。

根据现场条件，一般采用地震映像法进行探测，并在工作开展前进行长排列观测，以确定最佳观测偏移距及炮间距。

## 四、地震勘探仪器设备

（一）瑞雷波法仪器设备

（1）激振器：能够输出频率一定的等幅或变幅正弦波，控制电磁激振器产生垂向的稳态连续振动；

（2）检波器：主要采用超低频高灵敏度的垂直检波器；

（3）采集分析仪：能够记录和分析所接收到的瑞雷波信号，如GR－810型面波仪、CF－350信号分析仪；

（4）检波电缆：电缆性能良好，不得有破损、断裂、串道和短路等故障。

野外工作开始前进行仪器检测，确保设备处于良好的工作状态。

（二）反射波法仪器设备

（1）主机：动态范围不低于120dB、A/D转换器不宜低于16bit等；

（2）激振器：能够输出一定频率和能量的等幅或变幅正弦波；

（3）检波器：主要采用100Hz左右高灵敏度的垂直检波器；

（4）检波电缆：电缆性能良好，不得有破损、断裂、串道和短路等故障。

野外工作开始前进行仪器检测，确保设备处于良好的工作状态。

## 五、地震勘探现场工作

（一）瑞雷波法现场工作

瑞雷波法的外业工作内容和步骤包括出工前的准备工作和生产前的试验工作、测网和测线的设计与布置、观测系统和仪器参数的选择、地震波的激发和接收、资料的检查和质量评定等。

（1）外业准备工作。

主要是对测区地形、地质、地震条件和以前工作技术成果进行收集和分析。

（2）生产前的试验工作。

主要进行仪器通道和检波器的一致性检查、现场干扰波调查、震源的选用和试验等。

（3）测网和测线的设计与布置。

根据塔基的塔腿分布布置测线，优先考虑测线通过塔腿和钻孔，以便取得对比资料。

（4）排列长度与道间距选择。

按预定测线布设观测系统进行野外工作，检波器一般布置在平整的地层上，对于稳态法检波器间距 $\Delta X < \lambda_R = \frac{V_R}{f}$，对于瞬态法检波器间距 $\frac{\lambda_R}{3} < \Delta X < \lambda_R$。

随着勘探深度的增大，即 $V_R$ 增大，$\Delta X$ 的距离也相应增大。

（5）现场数据采集。

根据现场条件，选择激振方式及排列移动方式、采用间隔和采用长度。检波器安置时应使尾锥能满足与地表牢固安装。

（6）资料的检查和质量评定。

检查各道通断情况、工作状态及干扰背景。整个工作过程中做好班报记录，对现场的坏道、坏炮记录等予以详细记录及说明并及时补测。

（7）重要关注点。

1）现场条件应符合瑞雷波法应用条件；

2）现场工作布置应满足多道瞬态或稳态法的观测要求；

3）工作前应通过试验选择合适的观测频率间隔及记录长度。

（二）反射波法现场工作

反射波法的外业工作内容和步骤包括出工前的准备工作和生产前的试验工作、测网和测线的设计与布置、观测系统和仪器参数的选择、地震波的激发和接收、资料的检查和质量评定等。

（1）外业准备工作。

主要是对测区地形、地质、地震条件和以前工作技术成果进行收集和分析，作为本次工作的指导和参考。

（2）生产前的试验工作。

主要进行仪器通道和检波器的一致性检查、现场干扰波调查、震源的选用和试验等。

（3）测网和测线的设计与布置。

根据塔基的塔腿分布布置测线，优先考虑测线通过塔腿和钻孔，以便取得对比资料。

（4）偏移距选择。

进行反射波最佳观测窗口试验：固定激发点，偏移距由小到大，移动排列位置接收。依据有效波和干扰波的时空分布范围和振幅、频率特征，选目的层反射波组较清晰的地段作为最佳接收窗口，确定观测偏移距。

（5）现场数据采集。

根据现场条件，选择激振方式、采集间隔和采集长度。检波器安置时应使尾锥能满足与地表牢固安装。

（6）资料的检查和质量评定。

检查道通断情况、工作状态及干扰背景。整个工作过程中做好班报记录，对现场的坏道、坏炮记录等予以详细记录及说明并及时补测。

（7）重要关注点。

1）现场条件应符合地震反射波法的应用条件。

2）现场工作布置对目标体有明确的针对性。

3）工作前应通过试验选择合适的采集参数及记录长度。

## 六、地震勘探数据处理及解释

（一）瑞雷波法数据处理及解释

（1）剔除明显畸变点、干扰点，全部数据按频率顺序排列。

（2）区分瑞雷波和干扰波，绘制频散曲线，计算瑞雷波波速 $V_R$：

对于稳态法，根据记录计算瑞雷波波速 $V_R$，见式（14-30）：

$$V_R = \frac{\Delta X}{t_2 - t_1} \tag{14-30}$$

式中　$V_R$——瑞雷波波速；

$t_1$、$t_2$——两个检波器接收到的时间。

（3）确定实际深度与波长关系之间的转换系数 $K$ 值。

对于稳态法，以 $f$ 为横轴、$V_R$ 为纵轴绘制该测点的频散曲线，频散曲线中的波长与深度关系为式（14-31）：

$$K = \frac{H}{\lambda} \tag{14-31}$$

或：

$$H = K \times \lambda = K \times V_R / f \tag{14-32}$$

式中　$K$——波长深度转换系数；

$V_R$——瑞雷波速；

$f$——频率。

$K$ 值的确定应依据测区钻孔地质资料进行实测，也可参考表 14-5。

**表 14-5　　波长深度转换系数（$K$）与泊松比（$\nu$）定量关系表**

| $\nu$ | 0.1 | 0.15 | 0.2 | 0.25 | 0.3 | 0.35 | 0.4 | 0.45 | 0.48 |
|---|---|---|---|---|---|---|---|---|---|
| $K$ | 0.5 | 0.575 | 0.625 | 0.65 | 0.70 | 0.75 | 0.75 | 0.84 | 0.875 |

瞬态法的质量评价用相干函数 $r(f)$。

$$r(f) = \frac{R_{xy}(f)R_{xy}^*(f)}{R_{xx}(f)R_{yy}(f)} \tag{14-33}$$

式中　$R_{xy}(f)$——振幅谱；

$R_{xy}^*(f)$——$R_{xx}(f)$ 的复共振谱；

$R_{xx}(f)$、$R_{yy}(f)$——地面两个检波点列信号 $X(t)$ 的自功率谱。

若 $r(f)=1$，表明信号质量最好。一般取 $r(f)>0.8$ 的频段。

每读取一个频率值，可在相位谱中得到一个 $\Delta\Phi$，从而可计算出该频段各个频率的相速度，进而绘制该频段的频散曲线。

利用 $V_R$ 与 $V_S$ 的换算公式可计算物理力学参数和地基度系数。

$$V_R = \frac{0.87 + 1.12\nu}{1 + r} \cdot V_S \tag{14-34}$$

式中　$V_R$——瑞雷波波速；

$V_S$——横波波速。

（4）求出对应层的瑞雷波相速度，绘制速度深度曲线。

（二）反射波法数据处理及解释

浅层地震映像法资料处理及解释流程如下：

（1）解编→预处理→道间平衡→抽道集选排→修饰处理→初步解释→时间剖面图输出。

（2）预处理包括废炮和坏道剔除、面波切除。

（3）道间平衡将各道在有效波组时窗内的总能量调整为同一水平。

（4）抽道集选排按同一观测系统抽取相同偏移距单道集。

（5）滤波为带通滤波，滤波的截止频率由原始记录中的频谱分析结果决定。

（6）修饰处理仅对滤波后的时间剖面作道间平衡，将各道在有效波组时窗内的总能量调整为同一水平。

对上述步骤处理后的时间剖面作初步解释，分析反射同相轴的连续可追踪性，对比钻孔资料和地质资料确定地质体层位和反射波组之间的关系，最终对界面分布及各种异常进行解释。

### 七、地震勘探的成果图件

（一）瑞雷波法资料提交要求

（1）提交平面图、典型记录、频散曲线、速度—深度曲线等。

（2）剖面探测时，绘制 $V_R$ 断面图。

（二）反射波法资料提交要求

（1）提交平面图、时间剖面图、典型记录等。

（2）对时间剖面进行时深转换，提交地质解释剖面图。

## 第六节　岩土电性参数测试

输电线路工程中，为保证输电线路运行安全和邻近通信线路运行安全，需采取相应设计措施来规避风险和降低输电线路对其他线路的干扰影响。岩土电阻率、大地导电率等电性参数就成了设计输入的重要基础资料。目前，针对岩土电阻率、大地导电率的参数测试，在 DL/T 5019《电力工程物探技术规程》、DL/T 5010《水电水利工程物探技术规程》、GB/T 21431《建筑物防雷装置检测技术规范》及 GB/T 17949.1《接地系统的土壤电阻率、接地阻抗和地面电位测量导则第 1 部分常规测量》中均有明确的规定，推荐采用地球物理探测技术进行测试。通常情况下，岩土电性参数采用直流电法对称四极电测深进行测试，但考虑到电性参数测试历史，本节也介绍一些过去常用的获取电性参数的方法。

### 一、岩土电阻率测试

岩土电阻率测试主要是测量一定深度范围内的岩土电阻率值，为接地系统设计提供基础资料依据。接地装置的接地电阻是由金属接地体与一定范围内的大地所构成，前者电阻远小于后者，所以接地电阻主要取决于接地装置附近岩土体的电阻率。安装接地装置地点的岩土电阻率，推荐采用实地测量。常用的实地测量方法为对称四极电测深法，摇表法可作为实地测量的参考方法。非实地测量可采用试验室标本测试法和经验参数法估计岩土电阻率值。

（一）对称四极电测深法

对称四极电测深法是电法勘探中众多装置中的一种，其基本原理详见第 2 节三的“电法勘探基本原理和装置”，该方法所采用的仪器设备和技术与本章第 2 节“电法勘探”所介绍的一致，针对线路工程中岩土电阻率测试，电极距的选择、成果资料的整理与“电法勘探”中有所区别。

输电线路工程一般测试杆塔位置的岩土电阻率，要求探测深度较小，一般情况下，220kV 及以下交流输电线路要求探测 2m 深度范围内的岩土电阻率；220kV 以上交流及所有直流输电线路要求探测 5m 深度范围岩土电阻率。针对此要求，对称四极电测深法测试岩土电阻率电极布置一般参考表 14-6。

表 14-6 对称四极电测深法电极距布置表

| $AB/2$(m) | 1.5 | 3 | 6 | 9 | 12 | 15 |
|---|---|---|---|---|---|---|
| $MN/2$(m) | 0.5 | 1 | 2 | 3 | 4 | 5 |

注 1. 220kV 以上输电线路对称四极电测探法最大供电极距 $AB/2$ 可取 15m。
2. 220kV 及以下输电线路对称四极电测探法最大供电极距 $AB/2$ 可取 6m。

对称四极电测深法测试得到的电阻率是视电阻率，但输电线路工程杆塔占地较小，要求测试深度不大，岩土层各向异性特征不太明显，电性参数可以认为是各向同性的，故可以认为测试的视电阻率就是杆塔岩土真实电阻率。电性层的划分，依据直流电法探测经验，一般探测深度按 $h=\frac{AB}{3}$ 来取值，实际探测深度往往与此有差异，为了满足探测深度要求，实测最大供电极距 AB 一般取 $6h$。提交电阻率成果时，一般情况下，选择所测试电阻率的最大值作为杆塔的岩土电阻率值，在岩土电阻率较低，需要考虑杆塔基础防腐需求时，选择所测试电阻率最小值作为杆塔岩土电阻率值，并说明测点土壤性质、湿度及其他需要特别说明的情况。

（二）摇表法

摇表法主要用来测试各种接地装置的接地电阻，也可以用来测试土壤电阻率值。

其原理是根据电位计原理设计，由手摇交流发电机、相敏整流放大器、电位器、电流互感器和检流计构成。

野外测试直接得出的是接地电阻，土壤电阻率可通过接地电阻和电极距进行换算，换算公式为：

$$\rho=2\pi aR \tag{14-35}$$

式中 $\rho$——土壤电阻率，Ω·m；

$a$——电极距，$AM=MN=NB=a$，m；

$R$——接地电阻，Ω。

一般线路工程中 $a$ 取 3m 和 6m 极距，特高压线路工程中 $a$ 取值建议按照设计方要求进行，最大极距一般不小于 6m。

摇表法测试直接得出的土壤电阻率一般为视电阻率，线路工程中一般不需反演验算，直接可将测试的视电阻率提供给设计方使用，但测试成果资料应说明测点土壤性质、湿度及其他需要特别说明的情况。

（三）标本测试法

该方法主要针对高干扰地区，由于接地电流或工业电流的影响会对摇表法、对称四极电测深法产生很强的干扰，造成上述测试数据失真，如正在运行的变电站、线路杆塔、地铁、铁路轨道等。

岩芯标本或稍加工的长方形标本（土样），见图 14-12。常采用 $A$、$B$ 两个面电极供电（电流为 $I$），并通过两个相距为 $L$ 的环形电极 $M$、$N$ 测量其间之电位差（$\Delta V$）。

设电流功过标本的横截面积为 $S$，则按式（14-36）便可算得其电阻率值：

$$\rho=\frac{\Delta U}{I}\times\frac{S}{l} \tag{14-36}$$

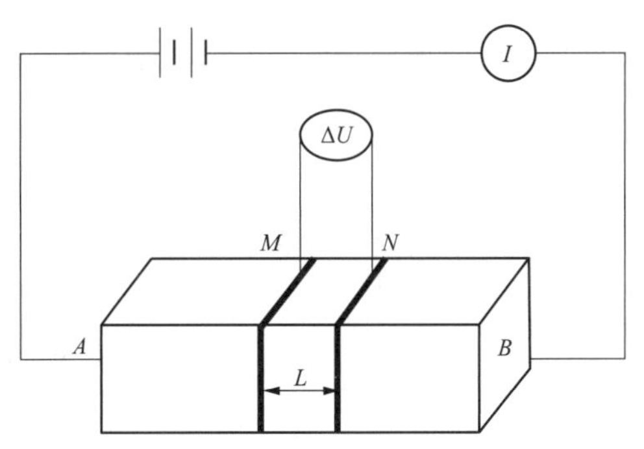

图 14-12 样本测试示意图

该电阻率值为真电阻率值，不需要反演验算，另测试成果资料应说明测点土壤性质、深度、湿度及其他需要特别说明的情况。

（四）经验参数法

如无实测数据时，参考 DL/T 5019《电力工程物探技术规程》附录 B 各岩土介质土壤电阻率值可参考表 14-7 所列数值。

表 14-7　　常见岩土介质土壤电阻率值参考表

| 地层 | 电阻率（Ω·m） | 地层 | 电阻率（Ω·m） | 地层 | 电阻率（Ω·m） |
|---|---|---|---|---|---|
| 黏土、粉质黏土 | $10\sim10^3$ | 玄武岩 | $5\times10^2\sim10^5$ | 泥岩 | $10\sim10^2$ |
| 淤泥质黏土 | $1\sim10^2$ | 闪长岩 | $5\times10^2\sim10^5$ | 片岩 | $2\times10^2\sim10^4$ |
| 粉土 | $10\sim10^3$ | 正长岩 | $5\times10^2\sim10^5$ | 片麻岩 | $2\times10^2\sim5\times10^4$ |
| 湿砂、卵石 | $10^2\sim10^3$ | 辉长岩 | $5\times10^2\sim10^5$ | 白云岩 | $10^2\sim10^4$ |
| 干砂、卵石 | $10^3\sim10^5$ | 玢岩 | $5\times10^2\sim10^5$ | 盐岩 | $10^4\sim10^8$ |
| 泥质页岩 | $20\sim10^3$ | 橄榄岩 | $5\times10^2\sim10^5$ | 石膏 | $10^2\sim10^8$ |
| 泥质砂岩 | $10\sim10^2$ | 砾岩 | $10\sim10^4$ | 雨水 | $>10^3$ |
| 红砂岩 | $10\sim10^2$ | 板岩 | $10\sim10^4$ | 河水 | $10\sim10^2$ |
| 致密砂岩 | $10\sim10^3$ | 大理岩 | $10^2\sim10^4$ | 海水 | $2\times10^{-2}\sim1$ |
| 泥灰岩 | $50\sim80\times10^3$ | 炭质岩层 | $1\sim10^2$ | 地下水 | $10^{-1}\sim2\times10^2$ |
| 石灰岩 | $3\times10^2\sim10^4$ | 凝灰岩 | $10^2\sim2\times10^3$ | 冰 | $10^4\sim10^8$ |
| 花岗岩 | $2\times10^2\sim10^5$ | 石英砂岩 | $10^2\sim10^3$ | 空气 | $\lim\to\infty$ |

（五）季节系数

（1）计算防雷接地装置所采用的土壤电阻率，GB 50065《交流电气装置的接地设计规范》规定，应取雷季中最大可能的数值，推荐按式（14-37）计算：

$$\rho=\rho_0\psi \tag{14-37}$$

式中　$\rho$——土壤电阻率，Ω·m；

$\rho_0$——雷季中无雨水时所测得的土壤电阻率，Ω·m；

$\psi$——考虑土壤干燥所取的季节系数。

季节系数（$\psi$）根据规程规定，可采用表 14-8 所列数据。测定土壤电阻率时，如土壤比较干燥，则采用表中较小值，如比较潮湿，则应采用较大值。

表 14-8　　防雷接地装置的季节系数 $\psi$

| 埋深（m） | $\psi$ 值 | |
|---|---|---|
| | 水平接地体 | 2～3m 的垂直接地体 |
| 0.5 | 1.4～1.8 | 1.2～1.4 |
| 0.8～1.0 | 1.25～1.45 | 1.15～1.3 |
| 2.5～3.0（深埋接地体） | 1.0～1.1 | 1.0～1.1 |

（2）根据 GB/T 21431《建筑物防雷装置检测技术规范》规定，土壤电阻率应在干燥季节或天气晴朗多日后进行，因此土壤电阻率应是所测的土壤电阻率数据中最大的值，为此应按式（14-38）进行季节修正。

$$\rho=\psi\rho_0 \tag{14-38}$$

式中　$\rho_0$——所测土壤电阻率，Ω·m；

$\psi$——季节修正系数，见表 14-9。

表 14-9　　根据土壤性质决定的季节修正系数表

| 土壤性质 | 深度（m） | $\psi_1$ | $\psi_2$ | $\psi_3$ |
|---|---|---|---|---|
| 黏土 | 0.5～0.8 | 3 | 2 | 1.5 |
| 黏土 | 0.8～3 | 2 | 1.5 | 1.4 |
| 陶土 | 0～2 | 2.4 | 1.36 | 1.2 |
| 砂砾盖以陶土 | 0～2 | 1.8 | 1.2 | 1.1 |

续表

| 土壤性质 | 深度（m） | $\psi_1$ | $\psi_2$ | $\psi_3$ |
|---|---|---|---|---|
| 园地 | 0～3 | 1.7 | 1.32 | 1.2 |
| 黄沙 | 0～2 | 2.4 | 1.56 | 1.2 |
| 杂以黄沙的砂砾 | 0～2 | 1.5 | 1.3 | 1.2 |
| 泥炭 | 0～2 | 1.4 | 1.1 | 1.0 |
| 石灰石 | 0～2 | 2.5 | 1.51 | 1.2 |

注　$\psi_1$——在测量前数天下过较长时间的雨时选用；

$\psi_2$——在测量时土壤具有中等含水量时选用；

$\psi_3$——在测量时，可能为全年最高电阻，即土壤干燥或测量前降雨不大时选用。

## 二、大地导电率测试

大地导电率是设计人员为消除输电线路对邻近走向的运行通信线产生静电干扰进行优化设计时所必需的基础资料。导电率是电阻率的倒数，但大地导电率与接地装置中考虑的土壤电阻率在概念上有所不同，它取决于地下相当大的深度（数百米至近千米）范围内的地质情况。如此大深度范围的介质显然是不均匀的，严格地说按电阻率法确定的大地导电率应是视大地导电率（也称视在大地导电率）。

大地一般为层状结构，由于类似趋肤效应的作用，同一地质结构在不同频率时反应的大地导电率值是不同的，大地岩层的电特性也决定着地中电流的分布。虽然地中电流是扩散分布的，但可把扩散在大地中的电流看成是集中在距地表以下一定深度而方向相反、大小相等的虚构导线中流通。这种入地电流的等值深度 $h_d$ 可表示为：

$$h_d = 503\sqrt{\frac{1}{\sigma f}} \tag{14-39}$$

式中　$f$——入地电流频率，Hz；

$\sigma$——大地导电率，S/m。

输电线路对通信线路的影响是由地上导线和地下等效导线共同作用的结果，两者对通信线路的影响要相互抵消一部分，所以大地导电率越小，入地电流的等效深度越深，送电线路对通信线路的影响范围也就越大。

大地导电率测定方法很多，有四极电测深法、地质资料判定法、电流互感法等。利用四极电测深法测试各岩土层电阻率，再利用土壤电阻率换算成不同频率大地导电率是国内线路工程普遍采用的方法。另外，地质资料判定法作为一种间接方法也有使用。

### （一）对称四极电测深法

把地球物理勘探中的对称四极电测深法应用在大地导电率的测试中，是因为对称四极电测深法可以划分一定深度的电性层，不仅可以测试出电阻率，还可以计算出对应电性层的厚度。输电线路工程的电流一般可以流入地下数百米，甚至一千米，故要求对称四极电测深法的测试深度不小于 300m。参考 DL/T 5019《电力工程物探技术规程》，平地大地导电率一般要求测试深度不小于 300m，山地大地导电率一般要求测试深度不小于 500m；在采用该方法进行大地导电率测试时，一般情况下，电极距的布置可参考表 14-10。

**表 14-10　　对称四极电测深法测试大地导电率电极距布置表**

| $AB/2$（m） | 6 | 9 | 15 | 21 | 30 | 45 | 60 | 90 | 150 | 210 | 300 | 450 | 600 | 750 |
|---|---|---|---|---|---|---|---|---|---|---|---|---|---|---|
| $MN/2$（m） | 2 | 3 | 5 | 7 | 10 | 15 | 20 | 30 | 50 | 70 | 100 | 150 | 200 | 250 |

注　1. 山地大地导电率测试最大供电极距 $AB/2$ 可取 750m。

2. 平地大地导电率测试最大供电极距 $MN/2$ 可取 450m。

大地导电率的资料处理方法比较复杂，参考《电力工程高压线路设计手册》中拉德列曲线和对称四极电测深的资料处理方法，联合求取大地导电率。现行对称四极电测深数据处理软件较多，其基本原理都是利用实测曲线与量板曲线进行拟合，求取电性层的厚度及其电阻率值。下面介绍利用对称四极电测深成果和拉德列曲线求取大地导电率的方法。

表 14-11 为 500kV 波密—林芝线路工程长青测点的大地导电率测试原始数据，利用对称四极电测深数据处理软件进行处理，得到该测点的对称四极电测深拟合曲线图（见图 14-13），及该测点电性分层成果表（见表 14-12）。

**表 14-11　　长青测点大地导电率测试原始数据**

| $AB/2$ (m) | 6 | 9 | 15 | 21 | 30 | 45 | 60 | 90 | 150 | 210 | 300 | 460 |
|---|---|---|---|---|---|---|---|---|---|---|---|---|
| $\rho$ (Ω·m) | 601.51 | 540.07 | 613.47 | 614.31 | 614.75 | 479.98 | 265 | 145.52 | 145.99 | 193.2 | 138.65 | 214.82 |

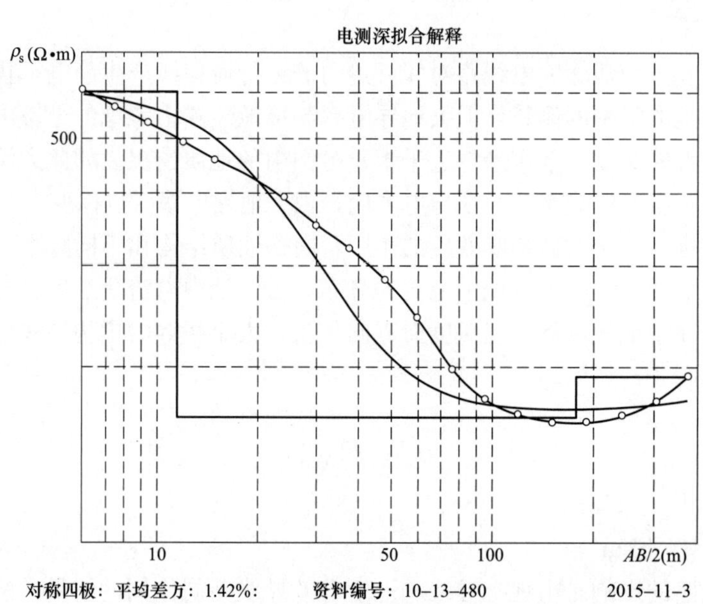


图 14-13　某测点对称四极电测深拟合曲线图

**表 14-12　　长青测点电性分层成果表**

| $H_i$ (m) | $\rho$(Ω·m) | $H$(m) |
|---|---|---|
| 11.38 | 601.03 | 11.38 |
| 166.04 | 164.37 | 177.43 |
| | 193.36 | |

由表 14-12 可知式（14-40）～式（14-44）：

$$\rho_1 = 601.03，h_1 = 11.38 \tag{14-40}$$

$$\rho_2 = 164.37，h_2 = 166.04 \tag{14-41}$$

$$\rho_3 = 196.36 \tag{14-42}$$

$$\rho_{12} = 601.03 + 164.37 = 765.4 \tag{14-43}$$

$$h_1 + h_2 = 177.42 \tag{14-44}$$

利用拉德列曲线（见图 14-14、图 14-15），通过公式 $P = h\sqrt{\dfrac{10f}{\rho_1}}$ 求解 $\sigma_{50\text{Hz}}$、$\sigma_{800\text{Hz}}$。

$$P_{50\text{Hz}} = 177.42 \times \sqrt{\frac{10 \times 50}{765.4}} = 143.4 \tag{14-45}$$

$$3<\frac{\rho_{12}}{\rho_3}=\frac{765.4}{193.36}=3.96<10 \tag{14-46}$$

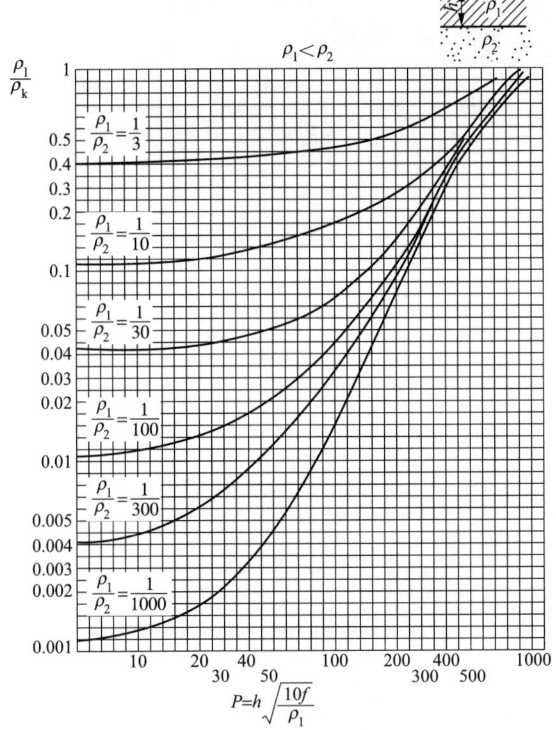


图 14-14　拉德列曲线图（$\rho_1<\rho_2$）

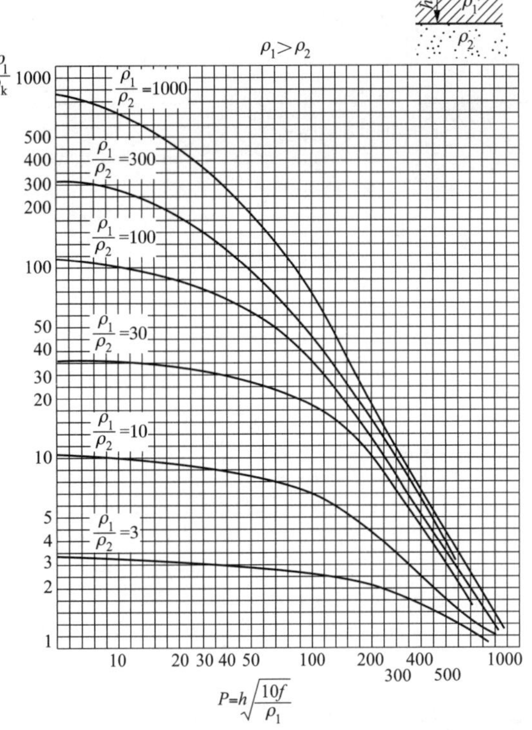


图 14-15　拉德列曲线图（$\rho_1>\rho_2$）

在图 14-15 中查出见式（14-47）～式（14-51）：

$$\frac{\rho_{12}}{\rho_k}=2.84 \tag{14-47}$$

$$\rho_k=\frac{765.4}{2.84}=269.51 \tag{14-48}$$

$$\sigma_{50\text{Hz}}=\frac{1}{\rho_k}=\frac{1}{269.51}=3.71\times10^{-3}\text{S/m} \tag{14-49}$$

$$P_{800\text{Hz}}=177.42\times\sqrt{\frac{10\times800}{765.4}}=573.59 \tag{14-50}$$

$$3<\frac{\rho_{12}}{\rho_3}=\frac{765.4}{193.36}=3.96<10 \tag{14-51}$$

在图 14-15 中查出式（14-52）～式（14-54）：

$$\frac{\rho_{12}}{\rho_k}=1.51 \tag{14-52}$$

$$\rho_k=\frac{765.4}{1.51}=506.89 \tag{14-53}$$

$$\sigma_{800\text{Hz}}=\frac{1}{\rho_k}=\frac{1}{506.89}=1.97\times10^{-3}\text{S/m} \tag{14-54}$$

（二）地质资料判定法

地质资料判定法，是根据普查的深层地质图或钻探的深层地质资料利用已知各类岩性的电阻率来判断电导率的一种方法。地质资料判定法不能用以精确的确定大地导电率，一般可作为工程前期工作参考使用。表 14-13 为《电力工程高压线路设计手册》第二版推荐的各类地质条件大地导电率的变化范围。

表 14-13　　各类地质条件大地导电率表

| 地质条件 | 气候条件—降雨量 | | | 地下碱水 |
|---|---|---|---|---|
| | 年降雨量超过 500mm | | 年降雨量小于 250mm | |
| | 大地导电率（$\times10^{-3}$S/m） | | | |
| | 大概值 | 变化范围 | 变化范围 | 变化范围 |
| 冲积土和软黏土 | 200 | 500～100* | 200～1* | 1000～200 |
| 黏土（没有冲积层的） | 100 | 200～100 | 100～10 | |
| 泥灰岩 | 50 | 100～30 | 20～3 | 300～100 |
| 多孔的钙 | 20 | 30～10 | 20～3 | 300～100 |
| 多孔的砂岩 | 10 | 30～3 | | 100～30 |
| 石英、坚硬的结晶灰岩 | 3 | 10～1 | | 100～30 |
| 粘板岩、板状页岩 | 1 | 3～0.3 | ≤1 | |
| 花岗岩 | 1 | 1～0.1 | | 30～10 |
| 页岩、化石、片岩、片麻岩、火成岩 | 0.5 | 1～0.1 | | |

注　有“*”符号者与地下水位有关。

（1）如已知年降雨量超过 500mm，可采用第 2 栏的数值。

（2）如有补充资料，特别是知道地下水位深度时，可按下列条件采用第 3、4、5 栏的数值。

1）如年降雨量超过 500mm，当地是平原或是被宽的山谷所隔离的小山所环绕，又是古代岩层构成，对地下水位较浅（如在地表下 10m）的地区，采用第 3 栏的大地导电率的最大值；对地下水位较深（如在地表下 150m）的地区，则采用第 3 栏的大地导电率的最小值。

2）对四周被明显的悬崖包围的小面积高台地，地下水可能在地表下很深处，在这种情况下，无论当地平均降雨量如何，均可采用第 4 栏的数值。第 4 栏的最小值适用于天气很干燥的情况，最大值适用于当地降雨量有规律的，即使是间断的情况。

3）第 5 栏的数值与降雨量无关，适用于地面附近（如在 150m 内）存在碱水的情况。第 5 栏的最大值适用于地下碱水较浅（如 10m 以内）的情况，最小值适用于地下碱水较深的情况。

## 第七节　工　程　实　例

### 一、某 1000kV 特高压交流线路工程

#### （一）工程概况

本线路起点为榆社县与和顺县交界的赵村以南，终点为晋冀省界的阎王边。本标段线路长度 2×71.5km。本标段线路主要位于山西省晋中市和顺县、左权县境内。本标段碳酸盐岩（以灰岩、白云岩为主）地层，局部区段岩溶发育，主要集中在寒武系及奥陶系灰岩、白云岩中，灰岩、白云岩分布的线路长度约 2×25km，约占本标段线路长度的 35%，本次勘察现场调查发现，线路碳酸盐岩分布地貌地表岩溶发育较弱，岩面起伏不大，未见溶蚀漏斗等，地下岩溶为线路发育的主要岩溶，其主要表现形态有溶洞、溶蚀裂隙等。

#### （二）探地雷达仪器及参数的选取

本次野外探测工作采用瑞典的 MALA 探地雷达，根据探测深度、分辨率、地形、现场媒质的介质

特性等因素综合考虑，特采用开放式、中心频率为100MHz的地面耦合天线，即采用近乎自激自收的点测方式，发射天线和接收天线沿测线方向移动，点距0.2m，部分测点加密为0.1m，利用皮尺控制距离。时窗长度设置为500ns，电磁波波速为0.11m/ns，垂向分辨率约0.6m。每个塔基测量4条线，塔腿两端分别延伸10m，如图14-16所示。

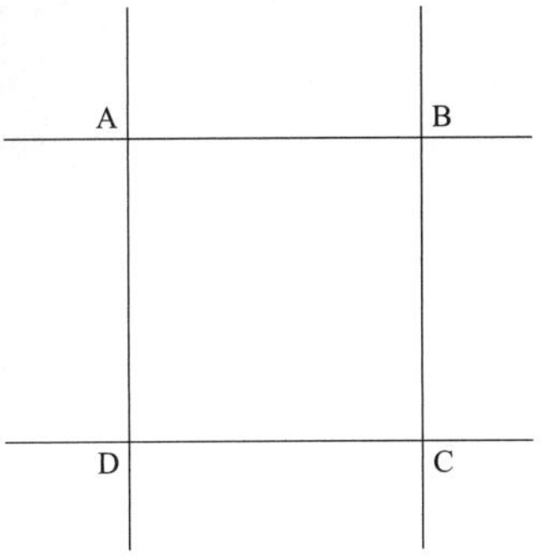


图14-16　塔基测线布置

（三）解译与验证

本段线路终勘定位时针对杆塔的具体位置主要采用地质调查与测绘和地质雷达、结合常规钻探等勘测方法和手段对塔位岩溶进行勘察；查明了塔位岩溶的位置、形态、规模的大小、埋深等。对大面积溶洞成片密集强烈发育区，线路定位时已采取避让措施。现场结合钻探及地质雷达结果，经与电气专业沟通后，对个别岩溶较发育的塔位进行了移位处理。

本标段线路选取地表调查塔位及其附近岩溶发育相对较强的55基塔进行了地质雷达探测并选定对塔位稳定有影响的物探测试异常进行钻探验证确认，如图14-17。

图14-17　6L175A腿钻探溶洞

以6L175塔基A腿钻探结果与地质雷达结果为例，图14-17及图14-18，可看出A腿处钻探溶洞位置与地质雷达结果异常部分基本吻合。

再以6R171塔基D腿钻探结果与地质雷达结果为例，如图14-19及图14-20所示，可看出D腿处钻探溶洞位置与地质雷达结果异常部分相吻合。

在确定了本线路对塔位稳定性有影响的溶洞后，对立于这些溶洞附近的塔位扩大了地质雷达探测范围，选取岩溶发育弱的地段立塔，对稳定有影响的岩溶进行了避让，其中6L175建议前移9m。

（四）结论

根据本次勘测，本包所经碳酸盐岩区，岩溶发育情况主要如下：

沿线所经寒武系及奥陶系灰岩、白云岩等碳酸盐区大部分地段岩溶发育较弱，仅6L170～6L176和6R170～6R176段寒武系碳酸盐岩岩溶较发育。依据本次地质调查、工程物探及绍尔钻勘测结果，6L170～6L176和6R170～6R176段中的6L171、6R175等塔基或其附近位置发育溶洞，溶洞埋深2～10m不等，规模一般较小，洞径≤3m，多以半充填为主，局部无充填或全充填，充填物为可塑～硬塑黏性土，含中等风化灰岩砾。线路其他地段局部发育宽0.1～0.8m的溶蚀裂隙，裂隙中主要充填硬塑状黏性土。现场定位通过移位使得塔腿避开了这些溶洞。

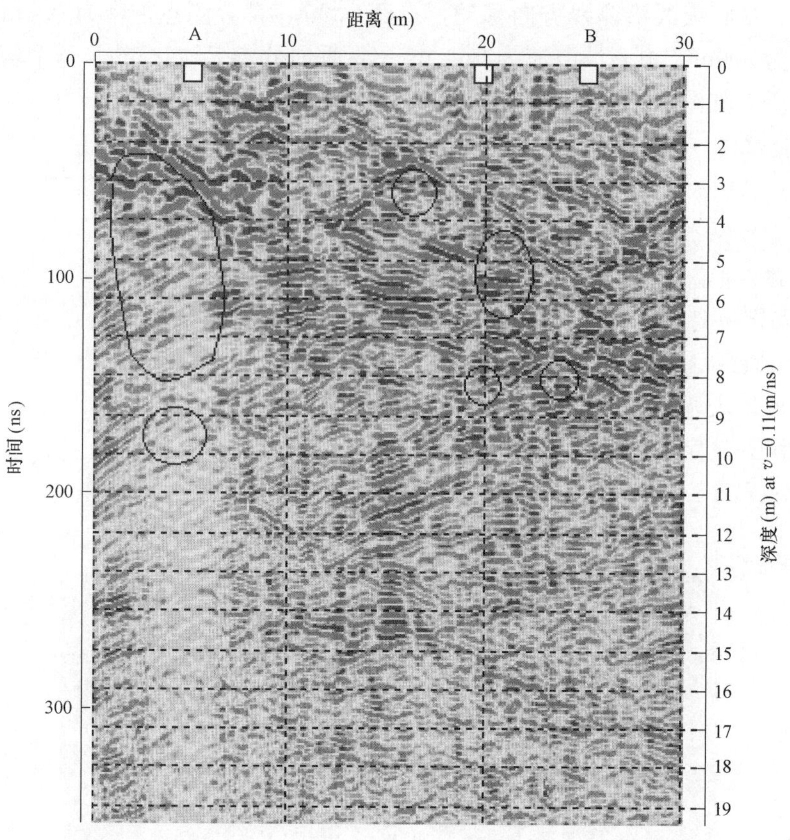


图 14-18　6L175 塔位 AB 测线地质雷达结果

图 14-19　6R171D 腿钻探溶洞

## 二、云电送粤工程某塔位岩溶探测

### （一）项目概况

云电送粤的输变电项目是广东省“十二五”能源战略的重要组成部分，糯扎渡送电广东±800kV 直

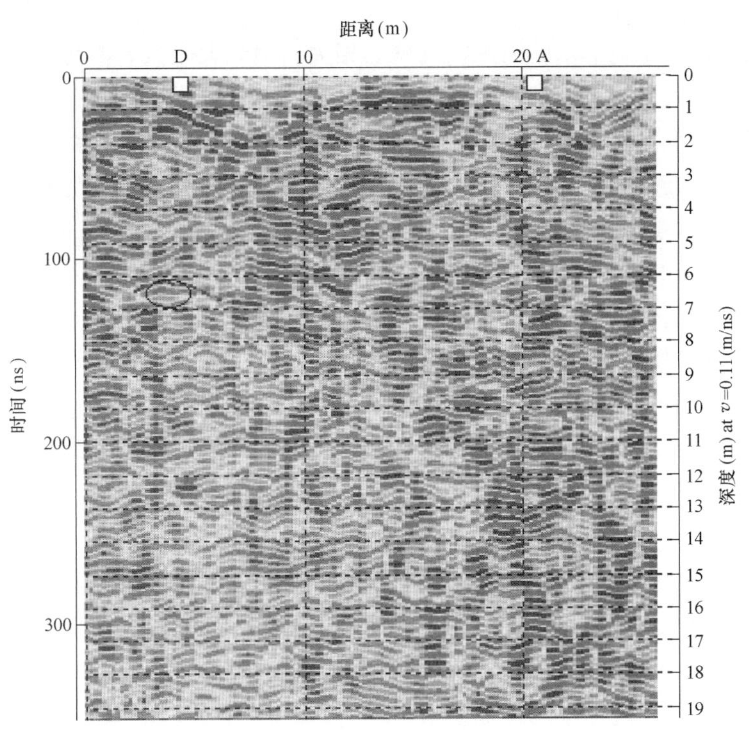


图 14-20　6R171 塔位 AD 测线地质雷达结果

流输电线路工程是云电送粤项目的工程之一，本线路起于云南糯扎渡水电站，落点在珠江三角洲的西部鹤山市。该线路工程的建设，对提高南方电网西电东送能力，配合糯扎渡水电站电力送出，满足广东省经济和社会发展对用电的需求具有重要的意义。

该段线路在云南砚山段长度约为 95km，线路所经区域下伏基岩以灰岩和砂岩为主，表层多为坡积土、残积土，位于山顶部分塔位基岩出露，表土多含有碎石块。线路大部分位于灰岩地区，容易产生岩溶、土洞等灾害地质问题，为了保证线路的安全运营，有必要对一些塔位进行岩溶的勘测工作。

为了保证勘测工作的准确性，以高密度电法和浅层地震映像法两种物探方法对塔位进行岩溶探测，同时辅以钻孔验证，保证了数据分析的精确性，为该线路的施工及运营安全提供了地质资料保障。

（二）探测方法原理及应用介绍

（1）高密度电法。高密度电法其原理与常规电阻率法相同，是一种阵列勘探方法。地下各种介质在施加人工电场作用下，由于介质的电性差异导致地下传导的电流分布也存在差异，可以用视电阻来反应出这种电性差异性分布。在一定的供电和测量电极排列方式下，通过供电电极供电，测量电极测量出测量电极之间的电位差，再通过数学公式计算出视电阻率，然后通过分析视电阻率的分布规律判断地质体的埋深、位置、规模、形状等情况，寻找地质目标体。

与常规电阻率法相比，高密度电法集电测深和电剖面装置于一体，一次布极可以获得更丰富的信息。由于它提供的数据量大，信息多，并有观测精度高，速度快和探测深度较大等特点，因此在工程地质和水文地质勘测中应用很广泛。

（2）浅层地震映像法。浅层地震反射波勘探是利用介质的弹性差异探测地下目标物的一种物探方法。反射波法是在离震源较近的若干观测点上，测定地震波从震源到不同弹性的地层界面上反射后回到地面的旅行时间，测线不同位置上的法线反射时间的变化反映了地下地层的构造形态，从而达到划分地质层位或断层、采空区和岩溶等地质情况。

（三）现场探测

灰岩的溶蚀破损与地表及地下水的溶蚀活动密切相关，因此大多数岩溶地质体所处的环境是水流丰富空气潮湿的地区，溶蚀破损的灰岩溶孔、溶缝、溶洞中普遍含有水或潮湿的岩、土，相对完整灰岩而言，岩溶地质体电阻率较低，具有明显的电阻率差异。需要指出的是电法探测的是完整灰岩中溶蚀破损的三维地质体，溶蚀严重处一般包括中心部位的溶洞及其充填物，外围的溶蚀破损带及溶沟、缝、隙等水源管道。

为了查清场地下面15m范围内岩溶、土洞的分布、形态、发育程度和规律等情况，并查明可能存在的石灰岩和粉砂岩的基岩起伏、分界面、接触关系等情况，为岩土工程勘测提供基础资料。

（1）高密度电法。根据场地地形地物分布条件，我们进行了现场试验，高密度电法采用了温纳装置、温施1装置，电极距为2m进行了方法试验选择。试验结果显示，该场地地表为耕植土层，地下水位很深，但电阻率较低，产生屏蔽效应，导致探测深度较低。为解决这一弊端，我们选择大电极距以加大探测深度，减小测量极距以加大探测的准确性，故选择温施1装置，间隔系数选择5，测量层数选择20，电极距选择2m。

根据已知钻孔揭露地层情况，与各测线反演剖面进行比对可知：表层耕植土的电阻率在100～500Ω·m之间；粉质黏土的土壤电阻率在10～300Ω·m左右；石灰岩受节理裂隙变化影响电阻率变化范围较大，在300～5000Ω·m，完整的石灰岩电阻率较高，在4000Ω·m以上。

不同地层的土壤电阻率表现出来的特征是不一样的，同一地层表现的是层状特征，不同地层的接触在电阻率上会清晰表现出两个不同电阻率层的界线；同一地层中出现电阻率异常则需要经过分析来判断异常的性质。

（2）浅层地震映像法。浅层地震映像法在参数选择和震源的选择上也进行了试验。震源上，对14磅大锤和63.5kg标贯锤进行了铁板、塑胶板敲击试验。测区地表为耕植土，但松软层很薄，对高频地震波吸收并不十分强烈，而且敲击时，传到地下的地震能量较强，为了工作方便和工作效率的提高，故选择大锤敲击铁板作为震源，经现场试验，以敲击2～3次为最佳。

检波器的选择也进行了试验，对28、38、60、100Hz四种检波器进行了同一长排列分别试验，经过对比，选择100Hz检波器作为信号接收器。

参数的选择：试验中，对比不同采样间隔、不同滤波频段进行最高信噪比选择，根据现场条件，选择0.125ms作为采样间隔，50～250Hz作为滤波的高低截止频率，时间窗口根据探测深度和估计的平均波速，选择0.512s。根据各条测线的长排列数据寻找基岩面进行偏移距的确定，本工程选为4、6、8m，炮间距为1m。

预处理包括不正常道剔除、面波切除；道间平衡将各道在有效波组时窗内的总能量调整为同一水平；抽道集选排按同一观测系统抽取相同偏移距单道集；滤波为带通滤波，滤波的截止频率由原始记录中的频谱分析结果决定。

修饰处理仅对滤波后的时间剖面作道间平衡，将各道在有效波组时窗内的总能量调整为同一水平；对上述步骤处理后的时间剖面作初步解释，解释时主要追踪基岩顶面反射，分析反射同相轴的连续可追踪性，鉴别有可能是岩溶发育的异常。

（3）质量保证。根据测量放样的物探测线控制点，使用测绳内插电极点，允许平面误差小于0.1m；电极入土深度大于0.2m，并保证接地良好，接地电阻大于10kΩ时，采用对电极浇水的方法进行降阻；浅层地震映像法数据的采集进行实时噪音监控，对有畸变的数据进行重复测量并作好记录描述。

共总选择了11个塔位进行探测，共完成高密度电法测线11条，浅层地震映像法测线11条，探测到异常塔位见表14-14。

表 14-14 探测异常塔位

| 塔基编号 | 地震映像 | | 高密度电法 | | |
|---|---|---|---|---|---|
| | 测线长度（m） | 检波点·炮 | 测线长度（m） | 温纳剖面测点数 | 温施剖面测点数 |
| D7 | 51 | 153 | 120 | 570 | 760 |
| D17 | 45 | 135 | 120 | 570 | 760 |
| D22 | 51 | 153 | 120 | 567 | 720 |
| D52 | 40 | 120 | 120 | 435 | 480 |
| D94 | 42 | 126 | 120 | 570 | 760 |

（四）钻孔验证

根据高密度电法反演资料和浅层地震映像法资料的综合分析和解释，本测区塔位主要地球物理特征有以下几点：

（1）各塔位岩土分为三个电性层，高电阻率基本为石灰岩反映，低电阻率为软塑—可塑的黏性土的反映，相对高电阻率为干燥土层和地表碎石等的反映。

（2）溶洞被填充，表现为低阻特性，钻探揭露充填物主要为软塑—可塑的黏性土。

（3）溶洞、溶槽的地震映像异常表现为反射信号的同相轴发生错断、能量变强、频率变低等。

（4）部分塔位基岩起伏较大，对资料的反演与解释会形成一定的影响，主要表现在深度的误差较大。通过资料的处理和解释，发现有 5 个塔位出现物探异常，另外结合工程需要，针对 D22、D52、D94 共 3 个塔位的物探异常布置了验证钻孔，用于验证推测的岩溶或土洞发育的位置及其大小。钻探结果如下：

1）D22。沿测线方向 70～78m 处发现低阻异常和地震反射异常，钻探验证为厚层的强风化白云岩；

2）D52。沿测线方向 36～42m 处发现低阻异常和地震反射异常，钻探验证为呈串珠状分布的溶洞（分别在 7.3～7.5m、8.2～8.7m、10.3～10.8m、12.1～12.4m 钻遇溶洞），物探资料显示水平分布宽度在 6m 左右，探测情况见图 14-21；

3）D94。沿测线方向 50～60m 处发现低阻异常和地震反射异常，钻探发现下伏基岩完整，推断该异常为溶槽。

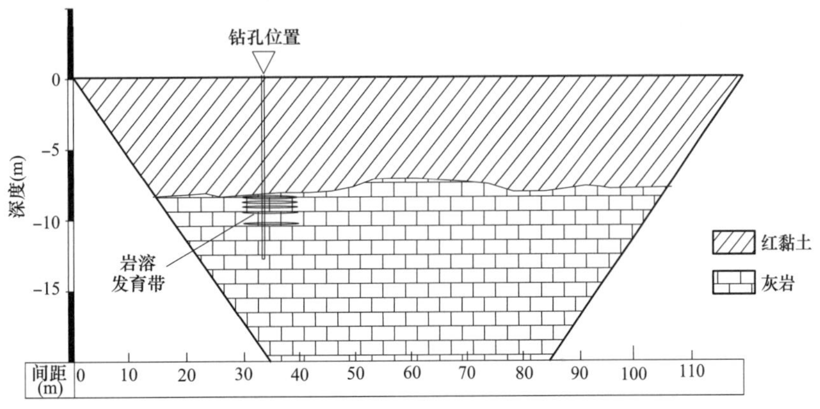


图 14-21 D52 号塔位沿测线地质剖面图

（五）结论

本工程采用高密度电法和浅层地震映像法两种方法对塔位进行岩溶探测，研究分析了两种方法的工作要点和质量保证措施，通过数据相互验证，提高了数据分析水平，把握了探测准确性，并用钻孔验证了探测工作成果。主要结论如下：

（1）测区地表为耕植土层，地下水位很深，但电阻率较低，可能产生屏蔽效应，采用大电极距以加大探测深度，减小测量极距以加大探测的准确性。

（2）测区地表为耕植土，但松软层很薄，对高频地震波吸收并不十分强烈，选择大锤敲击铁板作为震源，经现场试验，以敲击 2～3 次为最佳。经对比选择 100Hz 检波器作为信号接收器具有较好的接收效果。

（3）通过钻孔验证，判明了各数据的异常原因，剔除了地质异常的干扰因素，准确的探明了 D52 号塔位基础的岩溶情况。

# 第四篇

## 原体试验篇

# 第十五章　基桩原体试验

## 第一节　概　　述

线路工程的基桩原体试验是指对初步设计确定的桩型进行适宜性分析，推荐出技术可靠、经济合理的桩基础方案，按实际工况条件进行的工程实体试验。

输电线路工程为点线状工程，通常会跨越多个地貌单元，涉及不同的岩土地层，不同的桩基形式对岩土地层的适用性是不同的，即使是同一种桩基形式在不同地区和不同地层的适用性也是不同的，不可能把输电线路中某个点的基桩原体试验参数运用到整条线路中。输电线路工程一般只在大跨越段进行基桩原体试验。

### 一、基桩原体试验的目的

（1）检验桩基设计方案的适宜性及效果，为设计方案优化提供依据；

（2）为桩基方案设计提供计算参数；

（3）为工程施工提供参数，提前发现施工中可能出现的问题并采取处理或预防措施；

（4）了解施工所引起的地基土的变化及环境工程地质问题，并制定相应的对策；

（5）确定工程桩施工的检测手段和标准。

### 二、基桩原体试验工作的内容

基桩原体试验工作的内容一般分为基桩原体试验设计、基桩施工、基桩原体试验及基桩原体试验报告编制四个方面。基桩原体试验一般包括单桩的高应变测试、低应变测试、竖向抗压静载荷试验、竖向抗拔静载荷试验、水平静载荷试验、超声波检测、抽芯检验、桩身应力应变测试及竖向静载与高应变动力检测的对比试验（动静对比）等。根据工程实际情况选择和组合，构成综合试桩，实现综合评价。

## 第二节　试验方法及要求

### 一、基桩原体试验的位置选取

输电线路基桩原体试验点的选取首先要考虑试验点地层的代表性，所谓代表性，是指试验区地层的岩土条件要和拟采用该种桩基础方案的地段岩土条件一致，属于同一个地质分区，有着同样的岩土工程特性。只有这样，在试验区得到的试验成果才可以类比到将来的施工地段。其次，试验点还需要考虑塔基塔腿的平面布置，选取点一般以不影响以后的塔基基础设计、施工为原则。当考虑作为今后工程桩使用时，需结合塔基塔腿的位置布置试验桩，这样的试验桩将来的载荷试验终止值宜是设计值的 2 倍，不能加载到极限值。

在进行基桩原体试验前，应先对试验区进行勘察，以验证地层的代表性，更准确地了解地层，确定地基处理深度、桩长等参数，为应力测试之类的仪器布设提供依据。对于某些地基处理，如液化、湿陷等的处理，要进行处理前后地层工程特性指标的对比，检验处理效果。

### 二、试验的项目、方法及数量

常用的试验项目有桩的竖向静载荷试验、水平静载荷试验、桩身应力应变测试、高应变测试、低应变测试等。

考虑到测试结果的离散性，同一桩体的试验数量一般应保证不少于 1 组，每组 3 根。同一种测试试验项目一般也不少于 3 个。每个试验的进行必须保证下一个试验能正常进行，破坏性试验最后进行。

不同试验项目的试验目的、方法见表 15-1。

**表 15-1　各基桩试验项目的目的、方法**

| 试验项目 | 试验目的、方法 |
| --- | --- |
| 竖向抗压静载荷试验 | 确定单桩竖向承载力，可根据现场条件选择锚桩横梁反力装置、压重平台反力装置、锚桩压重联合反力装置、地锚反力装置，岩锚反力装置等，在选择反力装置时应注意：反力装置提供的最大反力不得小于最大试验荷载的 1.2 倍，在最大试验荷载作用下加载反力装置不得产生大的变形，应有足够的安全储备 |
| 竖向抗拔静载荷试验 | 确定单桩竖向抗拔承载力，一般采用慢速维持荷载法，需要时，也可采用多循环加、卸载方法 |
| 水平静载荷试验 | 确定单桩水平承载力和桩侧地基土水平抗力系数，加载量不小于水平承载力设计值 1.6 倍或特征值 2 倍，也可加至桩身破坏或桩侧土体破坏 |
| 高应变测试 | 确定单桩极限承载力、桩端阻力和桩侧摩阻力，检查桩身结构完整性。<br>高应变测试主要有动力打桩公式法、锤击贯入法、波动方程分析法、CASE 法、波形拟合法和静动法 |
| 低应变测试 | 检查桩身结构完整性，判定桩身是否存在缺陷、缺陷的程度及其位置。低应变动测在理论上属弹性波反射法。现场检测时，将加速度传感器安置在桩顶平面上，用一特制的锤子敲击桩顶，利用桩身完整性检测仪实测桩身反应曲线，并储存起来，室内用专用的计算机软件进行计算分析 |
| 桩身应力测试 | 为了得到试桩在承受荷载时桩身轴力的传递特性，进而分析不同土层桩侧摩阻力的变化规律。桩身应力应变测试成果除通常应用于分析确定桩侧阻力的大小和分布、桩侧阻力和桩端阻力的发挥程度、最大弯矩截面位置、水平临界荷载和水平极限荷载外，还可用于分析某些情况下的桩侧负摩阻力，确定中性点位置。应力应变测试对于分析桩的受力性状十分重要，因此只要条件许可，应尽量设计进行应力应变的测试 |
| 超声波检测 | 检测桩身质量和混凝土均匀性，在抗压、抗拔静载荷试验时，利用超声波测管量测桩端位移 |
| 抽芯检验 | 采用钻孔取芯的方式，检测桩身混凝土的浇筑质量、混凝土强度及桩底沉渣情况 |

### 三、试桩的直径和桩长

根据勘察资料确定合适的持力层，根据 0m 高程、基坑深度等设计指标确定桩顶高程，进而确定桩长。根据结构要求和承载力的估算情况确定桩径，根据规范对试桩进行配筋和混凝土强度等级设计。

### 四、试桩布置与设计

首先确定桩的竖向静载荷试验的加荷方式是采用堆重、锚桩反力还是其他加载方式。

当采用锚桩反力法时，先估算单桩的抗压、抗拔极限承载力，估算锚桩的个数，再根据试验桩和锚桩的个数进行桩位布置。桩位一般宜集中布置，便于施工、检测和减少试验辅助工作量。为减小试验区面积和节约费用，锚桩应尽量相邻布置，可以重复使用。为减小反力装置影响，减小试验结果的误差，为防止锚桩施工及上拔时影响到试桩，现行规程、规范对试桩与锚桩（或压重平台支墩边）、试桩与基准桩、基准桩与锚桩（或压重平台支墩边）之间的中心距离都作出了明确规定（$\geqslant 4d$，且$\geqslant$2.0m）。

根据规范规定和锚桩钢筋需提供的拉力对试桩进行配筋和混凝土强度等级设计时，因实际试验过程中各锚桩提供的拉力不一定平均分配，所以配筋时主筋的设计应有一定的富余。另外，因为要充分发挥整个桩长内的抗拔力，所以锚桩主筋要通长配筋。

锚桩抗拔力计算时，因上拔作用使桩侧土层减压松散，所以上拔时的桩侧阻力比下压时的桩侧阻力小，为此计算时应按抗压极限桩侧阻力的 0.6～0.8 倍计算，且其抗拔力应大于试桩最大设计加荷时各锚桩平均上拔力的 1.2～1.5 倍。

### 五、桩基的施工工艺

基桩原体试验设计应确定施工指标及工艺需满足的规范和标准。不同的施工机具和施工工艺对地基土的影响不同，基桩原体试验设计时应予以考虑采用的机具和工艺，设计时仅是原则性的说明和相关技术要求，如成桩方法、沉渣厚度等，具体的施工参数有待试验过程中确定。

试桩一般要进行高应变动测和大压力下的静载荷试验，在试验中往往由于高应变大锤的冲击或静载荷时受力不均导致桩顶应力集中而使桩头破坏，进而使试验无法进行下去，难以测得极限值。因此，在设计时应考虑对桩头部分进行加强处理，一般可采取提高混凝土强度、加多层钢筋网片、外箍钢板等措施。

## 第三节　设备仪器及安装

### 一、竖向静载荷试验

静载试验设备主要由钢梁、锚桩或压重等反力装置。千斤顶、油泵加载装置；压力表、压力传感器或荷载传感器等荷载测量装置；百分表或位移传感器等位移测量装置组成。

静载试验加载反力装置包括：锚桩横梁反力装置、压重平台反力装置、锚桩压重联合反力装置、地锚反力装置、岩锚反力装置、静力压机等，最常用的有压重平台反力装置和锚桩横梁反力装置，可依据现场实际条件来合理选择。

（一）反力装置

（1）锚桩横梁反力装置。

锚桩横梁反力装置就是将被测桩周围对称的几根锚桩用锚筋与反力架连接起来，依靠桩顶的千斤顶将反力架顶起，由被连接的锚桩提供反力，是大直径灌注桩静载试验最常用的加载反力系统，由试桩、锚桩、主梁、次梁、拉杆、锚笼（或挂板）、千斤顶等组成。锚桩、反力梁装置提供的反力不应小于预估最大试验的1.2～1.5倍。当采用工程桩作锚桩时，锚桩数量不得少于4根，当要求加载值较大时，有时需要6根甚至更多的锚桩，应注意监测锚桩的上拔量。

（2）压重平台反力装置。

压重平台反力装置就是在桩顶使用钢梁设置一承重平台，上堆重物，依靠放在桩头上的千斤顶将平台逐步顶起，从而将力施加到桩身。压重平台反力装置由重物、次梁、主梁、千斤顶等构成，常用的堆重重物为砂包和钢筋混凝土构件，少数用水箱、砖、铁块等，甚至就地取土装袋。反力装置的主梁可以选用型钢，也可以用自行加工的箱梁，平台形状可以依据需要设置为方形或矩形。压重不得少于预估最大试验荷载的1.2倍，且压重宜在试验开始之前一次加上，并均匀稳固的放置于平台之上。DL/T 5493《电力工程基桩检测技术规程》要求压重施加于地基土的压应力不宜大于地基土承载力特征值的1.5倍。

（3）锚桩压重联合反力装置。

锚桩压重联合反力装置应注意两个方面的问题：一是当各锚桩的抗拔力不一样时，重物应相对集中在抗拔力较小的锚桩附近；二是重物和锚桩反力的同步性问题，拉杆应预留足够的空隙，保证试验前期锚桩暂不受力，先用重物作为试验荷载，试验后期联合反力装置共同起作用。当试桩最大加载量超过锚桩的抗拔能力时。可在横梁上放置或悬挂一定重物，由锚桩和重物共同承受千斤顶加载反力。

（4）地锚反力装置。

地锚反力装置根据螺旋钻受力方向的不同可分斜拉式（即伞式）和竖直式，斜拉式中的螺旋钻受土的竖向阻力和水平阻力，竖直式中的螺旋钻只受土的竖向阻力，是适用于较小桩（吨位在1000kN以内）的试验加载。这种装置小巧轻便、安装简单、成本较低，但存在荷载不易对中，油压产生过冲的问题；若在试验中，一旦拔出地锚，试验将无法继续下去。

（5）其他反力装置。

另有自平衡法反力装置、静力压机以及利用现有建筑物或特殊地形提供反力的在此不一一详述。

（二）加载和荷载测量装置

静载试验均采用千斤顶与油泵相连的形式，由千斤顶施加荷载。荷载测量可采用以下两种形式：一是通过放置在千斤顶上的荷重传感器直接测定；二是通过并联于千斤顶油路的压力表或压力传感器测定油压，根据千斤顶率定曲线换算荷载。

选择千斤顶时，最大试验荷载对应的千斤顶出力宜为千斤顶量程的30%～80%。当采用两台及其以上千斤顶加载时，为了避免受检桩偏心受荷，千斤顶型号、规格应相同且应并联同步工作。工作时，将千斤顶在试验位置点正确对正放置，并使千斤顶位于下压和上顶的传力设备合力中心轴线上。压力表根据千斤顶的配置和最大试验荷载要求合理选取，最大试验荷载对应的油压不宜小于压力表量程的1/4，亦不宜大于压力表量程的2/3。

（三）位移测量装置

沉降测量宜采用位移传感器或大量程百分表（常用的百分表量程有50、30、10mm），沉降测定平面宜在桩顶200mm以下位置，最好不小于0.5倍桩径，测点表面需经一定处理（如在测点处粘贴玻璃片），使其牢同地固定于桩身；不得在承压板上或千斤顶上设置沉降观测点，避免因承压板变形导致沉降观测数据失实。在量测过程中要经常注意即将发生的位移是否会很大，以致可能造成测杆与测点脱离接触或测杆被顶死的情况，所以要及时观察调整。直径或边宽大于500mm的桩，应在其两个方向对称安置4个百分表或位移传感器；直径或边宽小于等于500mm的桩，可对称安置2个百分表或位移传感器。

## 二、水平静载荷试验

水平静载荷试验装置示意图见图15-1。

（1）水平推力加载装置宜采用油压千斤顶，加载能力不得小于最大试验荷载的1.2倍。

（2）水平推力的反力可由相邻桩提供；当专门设置反力结构时，其承载能力和刚度应大于试验桩的1.2倍。

（3）荷载测量及其仪器的技术要求应符合规范规定；水平力作用点宜与实际工程的桩基承台底面标高一致；千斤顶和试验桩接触处应安置球形支座，千斤顶作用力应水平通过桩身轴线；千斤顶与试桩的接触处宜适当补强。

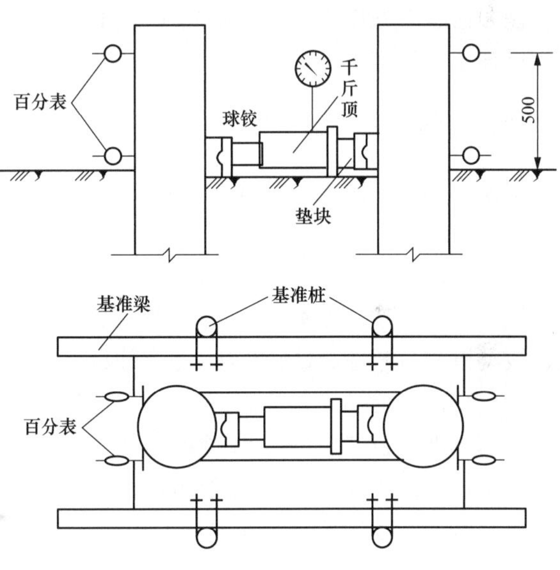

图15-1 水平静载荷试验装置示意图

（4）桩的水平位移测量宜采用大量程百分表或位移传感器，每一试桩在水平力作用平面的受检桩两侧及该平面以上50cm左右的受检桩两侧各安装1或2只位移传感器表测量桩顶水平位移，下表量测桩身地面处的水平位移，根据上下两表的位移差与两表的距离的比值，计算地面以上桩身的转角。若桩身露出地面较短，可只在力的作用水平面上安设位移传感仪表量测水平位移。

（5）位移测量的基准点设置不应受试验和其他因素的影响，基准点应设置在与作用力方向垂直且与位移方向相反的试桩侧面，基准点与试桩净距不应小于1倍桩径。

## 三、桩身应力应变测试

常用的桩身应力测试方法有钢筋计法、滑动测微计法、光纤法及光栅传感器法等，最常见的钢筋计法、滑动测微计法。

（一）钢筋计法

目前我国对桩身的应力应变检测一般采用钢筋计。钢筋计根据地层结构埋设于桩身主筋上，监测桩身某一截面和桩底的应力应变。这种测试方法其优点是原理简单，测试元件易于安装，成本相对较低，在我国得到了普遍的应用。但同时具有以下缺点：

1）探头和介质之间无法做到理想匹配，电测元件易产生零点漂移，实测结果与实际结果误差较大。

2）钢筋计焊接依附于桩身与桩底，同时信号线的埋设以及成桩等过程都将直接影响钢筋计的成活率，对测试结果的可靠性和精度直接造成影响。

（二）滑动测微计法

滑动测微计法是一种新的桩身应力应变测试方法。采用滑动测微计进行静载试桩内力监测，其测试精度及连续性将大大优于传统钢筋计。相对于传统试桩中的钢筋计等点法固定式仪器及多点伸长计而言，滑动测微计具有如下优点：

1）连续地测定整个桩身轴线上所有各点轴线方向各级荷载下的应变，任何部位微小变形都反映在测值中。传统方法（如钢筋计）只能测定点的应变，两点之间的变形只能推断。

2）简单可靠，能有效地修正零点漂移，特别适用于长期观测。传统钢筋计方法测点有限、成活率低、零点漂移无法修正。

3）与传统的多点伸长计比较，具测点多、精度高的优势，并且填补了多点伸长计不适用于爆破开挖区测试的缺陷。提供静力试桩所需的摩阻力、端阻力等参数，各级荷载下摩阻力随不同深度变化的连续分布曲线，摩阻力与端阻力随荷载变化的增长曲线。全面评估混凝土质量、确定等级，计算桩身平均弹性模量及其随荷载水平的变化规律。

该方法也存在以下不足：实测应变值不能直接用于摩阻力和端阻力的计算，必须对其进行平滑处理，增加了人为因素。

## 四、桩的动力检测

根据作用在桩顶上动荷载的能量是否使桩土之间产生一定位移，可以把桩的动力检测分为高应变和低应变两种方法。

高应变法用于检测基桩的竖向抗压承载力和桩身完整性；监测预制桩打入时的桩身应力和锤击能量传递比，为沉桩工艺参数及桩长选择提供依据。目前，高应变动力法主要有动力打桩公式法、锤击贯入法、波动方程分析法、CASE法、波形拟合法和静动法。

低应变动力检测反射波法的基本原理是在桩身顶部进行竖向激振，弹性波沿着桩身向下传播，当桩身存在明显波阻抗差异的界面（如桩底、断桩和严重离析等部位）或桩身截面面积变化（如缩径或扩径）部位，将产生反射波。经接受放大、滤波和数据处理，可识别来自桩身不同部位的反射信息，据此计算桩身波速，以判断桩身完整性及估计混凝土强度等级。还可根据视波速和桩底反射波到达时间对桩的实际长度加以核对。

（一）低应变

（1）试验设备。

1）传感器。可选用宽频带的速度传感器（灵敏度应优于300mV/cm/s）或加速度传感器（灵敏度应优于100mV/g）。

2）检测仪。包括A/D转换器和专门的分析软件。

3）激振设备。应有不同材质、不同重量之分，以改变激振的频谱和能量供选用。一般可采用手锤或力棒。

（2）传感器的安装及激振。

1）实心桩的激振点宜选择在桩头中心部位，传感器应粘贴在距桩中心约2/3R（R为桩身半径）处，因为敲击产生的应力波除向下传播外，也沿径向向周边传播，从周边反射回来的波与由圆心外散的波会发生叠加。理论和实践表明，2/3R 处波的干扰最小。空心桩的激振点及传感器安装位置应选择在桩壁厚的 1/2 处且应在同一水平面上，与桩中心连线形成的夹角宜为 90°。

2）桩径较大时，若桩身存在局部缺陷，则在不同测点（传感器安装位置）获得的速度波形有差异。因此，应视桩径大小，选择 2～4 个测点，测点按圆周均匀分布。一般桩径大于 0.8m 时，不少于 2 个测点；桩径大于 1.2m 时，不少于 3 个测点；桩径大于 2.0m 时，不少于 4 个测点。

3）传感器的黏合剂可采用橡皮泥、黄油等，必要时可采用冲击钻打孔安装传感器。传感器应粘贴牢固，保证有足够的粘结强度。

（二）高应变

（1）试验设备。

1）传感器。常用的是压电式加速度计，最大加速度选用 5000g。检测桩身应变，普遍采用特制的工具式应变传感器。

2）检测仪器。目前使用的检测仪器，都是高集成度的数字式仪器。有两种基本结构：①具有计算机的全部功能，能够兼作计算机使用。其中有的厂家把信号采集部分和特制的计算机部分组合在一起，成为专用的仪器；多数厂家则利用现有的便携式计算机，外加该厂配制的信号采集单元。采集单元和便携机之间的联系，有的设计通过总线，有的则通过标准的串行口。②只具备简单的数字化功能，只能用来采集数据和完成简单的显示、存储和传输。

（2）锤击设备。

打入桩一般可以使用打桩机，为了避免与打桩过程的矛盾，也可以使用专门的落锤设备。灌注桩一般另外配备锤击设备。落锤设备主要包括以下几个部件：锤体、导架和脱钩器。

现场一般采用自由落锤法，依靠锤体本身的质量在一定的落高下所产生的动能获得试验所需的锤击力。锤体多数采用铸钢或铸铁，小型的锤也有在焊接的钢板箱体中填充混凝土的做法。落锤的体形多数为棱柱体，截面形状不限而高径（宽）比选择在 1.0～1.5 之间。

## 五、超声波检测

超声波检测适用于已预埋声测管的混凝土灌注桩桩身完整性检测，判定桩身缺陷的位置、范围和程度。

根据桩径埋设声测管，埋设数量应符合以下要求：

1）桩身直径 $D$ 小于或等于 800mm 时，应采用 2 根管；

2）桩身直径 $D$ 大于 800mm 且小于或等于 1500mm 时，不应少于 3 根管；

3）桩身直径 $D$ 大于 1500mm 时，不应少于 4 根管。

声测管应有足够的径向刚度，声测管材料的温度系数应与混凝土接近，内径宜比换能器外径大 15mm，宜为 50～60mm，壁厚不小于 3mm，声测管下端封闭、上端加盖，管内无异物，连接处应光顺过渡，不漏水。管口应高出桩顶 100mm 以上，且各声测管管口高度宜一致。应采取适宜的方法固定声测管，使之成桩后相互平行。

声测管宜以正北方向为起始点按顺时针旋转方向呈对称形状进行布置，如图 15-2 所示。

## 六、抽芯检验

本方法适用于检测混凝土灌注桩的桩长、桩身混凝土强度、桩身缺陷及其位置、桩底沉渣厚度，判定或鉴别桩底持力层岩土性状、判定桩身完整性类别，受检桩桩径不宜小于 800mm，长径比不宜大于 30。

钻取芯样应采用单动双管钻具，金刚石钻头与岩芯管之间应安有扩孔器，用以修正孔壁；扩孔器外径宜比钻头外径大 0.3～0.5mm，卡簧内径宜比钻头内径小 0.3mm 左右。每根受检桩的钻芯孔数、钻孔位置和入持力层深度应符合下列规定：

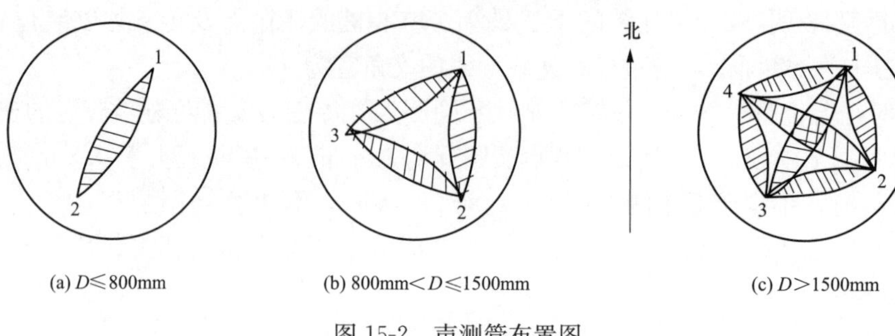


(a) $D \leqslant 800$mm (b) 800mm$<D \leqslant 1500$mm (c) $D>1500$mm

图 15-2 声测管布置图

(1) 桩径小于 1.2m 的桩宜钻 1 孔，桩径为 1.2～1.6m 的桩宜钻 2 孔，桩径大于 1.6m 的桩宜钻 3 孔。

(2) 当钻芯孔为一个时，宜在距桩中心 10cm～15cm 的位置开孔；当钻芯孔为两个或两个以上时，开孔位置宜在距桩中心 0.15～0.25$D$（$D$ 为直径）内均匀对称布置。

(3) 对桩底持力层的钻探，每根受检桩应有至少 1 孔钻至设计要求的桩底持力层深度，其他钻芯孔不宜少于 0.5m。对桩底持力层有软弱夹层、断裂破碎带和洞隙的工程，每根受检桩的每个钻芯孔对持力层的钻探深度均应满足设计要求；当设计无明确要求时，桩底持力层的钻探深度至少应有 1 孔不应小于 3 倍桩径，当 3 倍桩径大于 5m 时可钻至 5m，当 3 倍桩径小于 3m 时应钻至 3m，其他钻芯孔不宜小于 0.5m；经勘察查明持力层稳定或已进行超前钻探的工程，桩底持力层的钻探数量和深度可适当减少；对非承重的抗拔桩、支护桩，每个钻芯孔钻入桩底岩土层深度不宜小于 0.5m。

## 第四节 现 场 操 作

### 一、竖向抗压静载试验

(1) 加载方式。

试验采用慢速维持荷载法，即逐级加载，每加一级荷载待下沉量达到相对稳定标准后再加下一级荷载，直至试桩破坏，然后分级卸载到零。当考虑结合实际工作桩的荷载特征可采用多循环加、卸载法。每级荷载达到相对稳定后卸载到零。当考虑缩短试验时间，对于工程桩的检验性试验，当有成熟的地区经验时，可采用快速维持荷载法，即一般每隔一小时加一级荷载。

(2) 加载与沉降观测。

1) 加载分级。每级加载量为预估单桩极限承载力的 1/10～1/12，第一级荷载可按 2 倍分级荷载加荷。

2) 沉降观测。每级加载后，第 1h 内按 5′、15′、30′、45′、60′观测一次读数，以后每 30min 测读一次。

3) 沉降相对稳定标准。每级荷载作用下，每小时沉降量不超过 0.1mm，并连续出现两次（由 1.5h 三次 30min 沉降观测值计算），即视为稳定，可加下一级荷载。

(3) 终止加荷条件。当出现下列情况之一时，即可终止加载：

1) 某级荷载作用下，桩的沉降量大于前一级荷载作用下沉降量的 5 倍；且桩顶总沉降量超过 40mm。

2) 某级荷载作用下，桩的沉降量大于前一级荷载作用下沉降量的 2 倍，且经 24h 尚未达到相对稳定标准。

3) 当载荷—沉降曲线呈缓变形时，可加载至桩顶总沉降量 60～80mm；在特殊情况下，可根据具体要求加载至桩顶累计沉降量超过 80mm。

4）以达到设计要求的最大加载量。

5）已达到反力装置提供的最大加载量或桩身出现明显破坏。

卸载与卸载沉降观察：每级卸载量为每级加载量的 2 倍。每级荷载测读一小时，按 5、15、30、60min 测读桩顶沉降量，卸载至零后，应测读桩顶残余沉降量，测读时间 5、15、30、60min，以后每隔 30min 测读一次，一般维持 3h。

## 二、竖向抗拔静载试验

（1）加载方式及变形观测。

抗拔试验一般采用慢速维持荷载法，即每加一级荷载待下沉量达到相对稳定标准后再加下一级荷载，直至试验终止。每级加载量为预估单桩极限承载力的 1/10～1/12，第一级荷载加倍。每级荷载施加后，第 1h 内按第 5′、15′、30′、45′、60′观测一次读数，以后每 30min 测读一次，直至稳定，同时记录桩身外露部分裂缝开展情况。

相对稳定标准：每级荷载作用下，每小时桩顶上拔量量不超过 0.1mm，并连续出现两次（由 1.5h 三次 30min 观测值计算）。

（2）终止加荷条件：当出现下列情况之一时，即可终止加载：

1）某级荷载作用下，桩顶上拔量大于前一级荷载作用下的 5 倍；

2）某级荷载作用下，桩顶荷载已达受拉钢筋总抗拉极限强度标准值的 0.9 倍；

3）按桩顶上拔量控制，当累计桩顶上拔量超过 100mm 时；

4）对于验收抽样检测的工程桩，达到设计要求的最大上拔荷载值。

## 三、水平静载试验

（1）试验加载方式。一般采用单向多循环加载法，对于受长期水平荷载的桩基也可以采用慢速维持荷载法。

（2）单向多循环加载法的分级荷载应小于预估水平极限承载力或最大试验荷载的 1/10。每级荷载施加后，恒载 4min 后可测读水平位移，然后卸载至零，停 2min 测读残余水平位移，至此完成一个加卸载循环。如此循环 5 次，完成一级荷载的位移观测。试验不得中间停顿。

（3）终止加荷条件：当出现下列情况之一时，即可终止加载：

1）桩身折断；

2）水平位移超过 30～40mm（软土取 40mm）；

3）水平位移达到设计要求的水平位移允许值。

## 四、低应变检测

（1）当采用反射波法测桩时，应准备几种锤头和垫片，依据不同检测目的而选用。桩越长，应选择越软、越重、直径越大的锤；桩越短，应选择越硬、越轻、直径越小的锤。在检测同一根桩的过程中，为了测出桩底反射，应选择质量重、质地软的锤，而为了检测浅部缺陷，可选用较硬的锤。开始检测的头几根桩应多花一些时间进行试敲，设定信号采集参数、确定合适的激振源，对该场地桩的施工质量情况有了大概了解后，再大量敲击试验，可收到事半功倍的效果。

（2）敲击时应尽量使力垂直作用于桩头，有利于抑制质点横向振动；应避免二次冲击，防止后续波的干扰。一般使用较短锤柄的手锤或力棒敲击。短锤柄的手锤容易使作用力垂直于桩顶，但每一锤用力的大小不易掌握，造成波形重复性较差；使用力棒以一定高度自由下落，可使作用力垂直且均匀，得到的信号重复性较好，但容易出现二次冲击。

（3）桩基检测中经常会发现在入射脉冲首波后紧跟着一个反相很大的波形，称为反向过冲，可能是由于接收器未安装牢固或距锤击位置太近所致。因此要避免传感器安装不紧、安装位置距锤击点太近等人为因素，才能将真正由桩身缺陷导致的反冲辨别出来。

（4）现场测试时必须对各种可疑的桩身缺陷及时分析，反复检测，获得比较准确的第一手资料。一般要求获得3条重复性较好的测试曲线。大直径桩若存在局部缺陷，则在不同部位接收到的波形会有差异，应在现场弄清波形差异到底是测试造成还是由于局部缺陷引起。

## 五、高应变检测

检测截面选择在离开桩顶不远处，为了消除锤击偏心的影响，每种传感器都应成对配置。因此，标准的做法是一次安装四个传感器：其中包括力传感器和加速度计各两个。所有的传感器必须安装在桩身同一截面上，在桩身的一侧并排安装力传感器和加速度计各一个，然后在其对称面再安装另外一组，以保证两者的平均值能消除任何方向的偏心弯矩而真正代表桩身的轴向响应值。

锤的重量应大于预估单桩极限承载力的1.0%～1.5%。在试验过程中一般难以调节锤重，一般可在适当的范围内调节落高，以取得满意的试验结果。

对于混凝土桩的动力试验，还必须配置适当的桩垫。桩垫的作用一是起缓冲作用，使锤击力的峰值不致过高，同时使锤击力的持续时间适当；二是有助于对中，并使桩顶的受力比较均匀。常用的桩垫材料是胶合板、干的软木板、特制的布垫或纸垫，在缺乏适当的材料时，还可使用潮湿的砂。橡胶类的材料在锤击下会产生较大的侧向膨胀，容易造成桩头的开裂，一般不宜使用。桩垫的厚度，必须适当，试验者可事先用波动方程的分析程序进行验算，也可根据经验大致选用，然后在现场根据实测数据的具体情况加以调整。桩垫的面积可以略小于桩顶，有利于锤击的对中。为了保证试验的顺利进行，试桩的桩头必须能够承受预期的动力作用，在其相应的部位，又应具备良好的表面以获得可靠的实测数据。

## 六、超声波检测

超声波现场检测过程应满足下列要求：

（1）合理设置测点间距、声波发射电压和仪器设置参数，并在同一根桩的检测过程中保持一致。

（2）将发射与接收声波换能器通过深度标志分别置于两个声测管道中。平测时，发射与接收声波换能器应始终保持相同深度；斜测时，发射与接收声波换能器应始终保持固定高差，且两个换能器中点连线的水平夹角不应大于30°。

（3）检测过程中，应将发射与接收声波换能器同步升降，测点间距不应大于250mm，并应及时校核换能器的深度。检测时应从桩底开始向上同步提升声波发射与接收换能器进行检测，提升过程中应根据桩的长短进行1次～3次换能器高差校正，提升过程中应确保测试波形的稳定性，同步提升声波发射与接收换能器的提升速度不宜超过0.5m/s。

（4）对于每个测点，应实时显示和记录接收信号的时程曲线，读取首波声时、幅值，保存检测数据时应同时保存波列图信息，当需要采用信号主频值作为异常点辅助判据时，还应读取信号主频值。

（5）由两个声测管组成一个测面，应分别对所有测面进行检测。

（6）在桩身质量可疑的测点附近，应采用增加测点或采用扇形扫测、交叉斜测、CT影像技术等方式进行复测和加密测试，进一步确定缺陷的位置和空间分布范围，采用扇形扫测时，两个换能器中点连线的水平夹角不应大于40°。

## 七、抽芯检验

抽芯检测每回次进尺宜控制在1.5m内，钻至桩底时，宜采取适宜的钻芯工艺钻取沉渣并测定沉渣厚度，并采用适宜的方法对桩底持力层岩土性状进行鉴别。钻取的芯样应按回次顺序放进芯样箱中；钻机操作人员应及时记录钻进情况和钻进异常情况，对芯样质量进行初步描述；检测人员应按DL/T 5493《电力工程基桩检测技术规程》的要求对芯样混凝土、桩底沉渣以及桩底持力层详细编录。钻芯结束后，应对芯样和钻探标示牌的全貌进行拍照，当单桩质量评价除混凝土强度外满足设计要求时，应从钻芯孔孔底往上用水泥浆回灌封闭，否则应封存钻芯孔，留待处理。

截取混凝土抗压芯样试件应符合下列规定：

(1) 当桩长为 10～30m 时，每孔不应少于 3 组；当桩长小于 10m 时，每孔不应少于 2 组；当桩长大于 30m 时，每孔不应少于 4 组。

(2) 上部芯样位置距桩顶设计标高不宜大于 1 倍桩径或 1.2m，下部芯样位置距桩底不宜大于 1 倍桩径或 1.2m。中间芯样宜等间距截取，每孔取样位置宜在同一深度部。

(3) 缺陷位置能取样时，应截取一组芯样进行混凝土抗压试验。

(4) 如果同一基桩的钻芯孔数大于一个，其中一孔在某深度存在缺陷时，应在其他孔的该深度处截取芯样进行混凝土抗压试验。

当桩底持力层为中、微风化岩层且岩芯可制作成试件时，应在接近桩底部位 1m 内截取岩石芯样；遇分层岩性时宜在各层取样，岩石芯样加工和测量应按 DL/T 5493《电力工程基桩检测技术规程》附录 G 的规定执行。

## 第五节　数据分析及处理

### 一、竖向抗压静载试验的数据分析及处理

(1) 把桩的构造、尺寸、地层剖面，土的物理力学性质指标等整理成表，并对成桩和试桩过程中出现的异常现象作补充说明。

(2) 绘制荷载与沉降量关系曲线（$Q$—$s$ 曲线、$s$—lg$Q$ 曲线、lg$s$—lg$Q$ 曲线）和沉降量与时间关系曲线（$s$—lg$t$ 曲线）。

当进行桩身应力、应变和桩底反力测定时，应整理出有关数据的记录表和绘制桩身轴向力分布、侧阻力分布，桩端阻力—荷载，桩端阻力—沉降关系等曲线。

(3) 单桩竖向抗压极限承载力可按下列方法综合分析确定：

1) 根据沉降随荷载的变化特征确定：对于陡降型 $Q$—$s$ 曲线，取其发生明显陡降的起始点对应的荷载值。

2) 当出现在某级荷载作用下，桩的沉降量大于前一级荷载作用下沉降量的 2 倍，且经 24h 尚未达到稳定的情况时，取前一级荷载值。

3) 根据沉降量确定极限承载力：对于缓变型 $Q$—$s$ 曲线，一般可取 $s$＝40mm 对应的荷载值，当桩长大于 40m 时，宜考虑桩身的弹性压缩量。对直径大于或等于 800mm 的桩，可取 $s$＝0.05$D$（$D$ 为桩端直径）对应的荷载值。

4) 根据沉降随时间的变化特征确定：取 $s$—lg$t$ 曲线尾部出现明显向下弯曲的前一级荷载值。

5) 当按上述四种方法判定桩的竖向抗压承载力未达到极限时，桩的竖向抗压极限承载力应取最大试验荷载值。

(4) 确定单桩竖向抗压承载力特征值。

单桩竖向抗压极限承载力除以安全系数 2，为单桩竖向抗压承载力特征值。参加统计的试桩，当满足其极差不超过平均值的 30%时，可取其平均值为单桩竖向抗压极限承载力。极差超过平均值的 30%时，宜增加试桩数量并分析离差过大的原因，结合工程具体情况确定极限承载力。对桩数为 3 根或 3 根以下的柱下承台，或工程桩抽检数量少于 3 根时，应取低值。

### 二、竖向抗拔静载试验的数据分析及处理

(1) 绘制单桩竖向抗拔静载试验上拔荷载（$U$）和桩顶上拔量（$\delta$）之间的 $U$—$\delta$ 曲线以及 $\delta$—lg$t$ 曲线。

(2) 当进行桩身应力、应变量测时，尚应根据量测结果整理有关表格，绘制桩身应力、桩侧阻力随

桩顶上拔荷载的变化曲线。

（3）确定单桩竖向抗拔极限承载力：

1）对于陡变形 $U—\delta$ 曲线，取陡升起始点荷载为极限承载力；

2）取 $\delta—\lg t$ 曲线斜率明显变陡或曲线尾部明显弯曲的前一级荷载值为极限承载力；

3）当在某级荷载下抗拔钢筋断裂时，取其前一级荷载值为极限承载力。

## 三、水平静载试验的数据分析及处理

（1）绘制水平力—时间—位移（$H—t—x$）、水平力—位移梯度（$H—\Delta x/\Delta H$）或水平力—位移双对数（$\lg H—\lg x$）曲线，当测量桩身应力时，尚应绘制应力沿桩身分布和水平力—最大弯矩截面钢筋应力（$H—\sigma x$）等曲线。

（2）单桩水平临界荷载按下列方法综合确定：

1）取 $H—t—x$ 曲线出现突变点（相同荷载增量的条件下，出现比前一级明显增大的位移增量）的前一级荷载为水平临界荷载（图 15-3）；

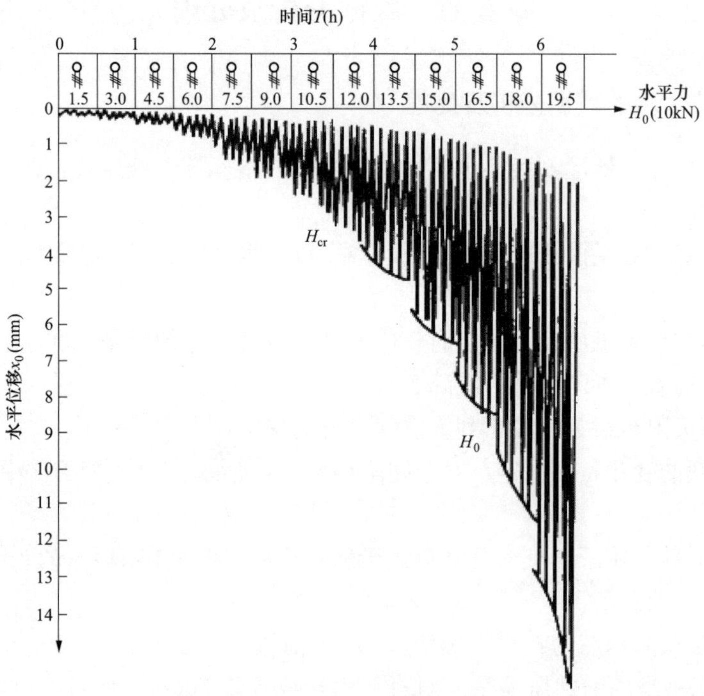


图 15-3　$H—t—x$ 曲线

2）取 $H—\Delta x/\Delta H$ 曲线（图 15-4）或 $\lg H—\lg x$ 曲线第一拐点所对应的荷载为水平临界荷载。

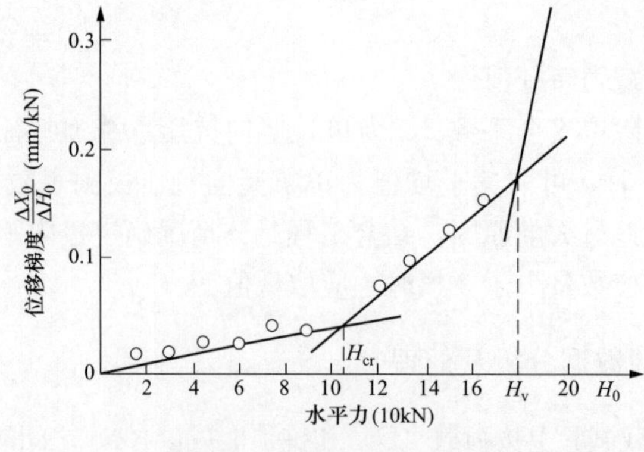


图 15-4　$H—\Delta x/\Delta H$ 曲线

3）当有钢筋应力测试数据时，取 $H—\sigma x$ 第一拐点对应的荷载为水平临界荷载（图 15-5）。

（3）单桩水平极限承载力可根据下列方法综合确定。

1）取 $H—t—x$ 曲线明显陡降的前一级荷载值。

2）$H—\Delta x/\Delta H$ 曲线或 $\lg H—\lg x$ 曲线第二拐点对应的水平荷载值。

3）取桩身折断或受拉钢筋屈服时的前一级水平荷载值。

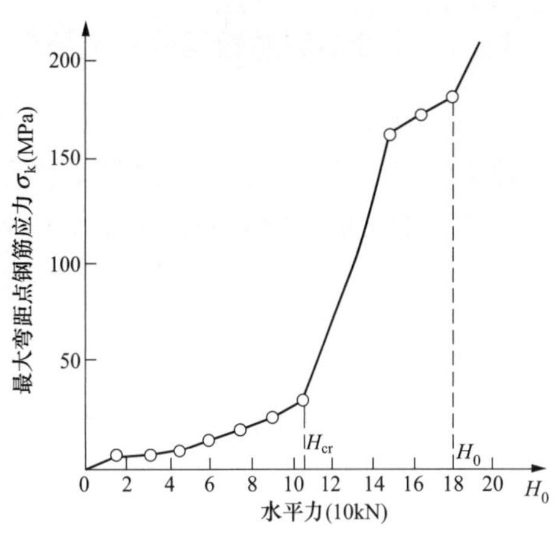

图 15-5　$H—\sigma x$ 曲线

## 四、高应变检测的数据分析及处理

本手册介绍 CASE 法和 CAPWAPC 曲线拟合法。

（1）CASE 法。假定桩为均质的（截面积 A 和弹性模量 E 恒定）的线弹性杆件（长度比截面直径大得多），桩周土为黏弹塑性介质，根据行波理论可推导出打入时总土阻力值计算公式（推导过程从略）见式（15-1）。

$$RTL = 1/2[F(t) + F(t + 2L/C)] + Z/2[V(t) - V(t + 2L/C)] \tag{15-1}$$

式中　$F(t)$、$F(t + 2L/C)$——$t$、$t+2L/C$ 时刻的力值；

$V(t)$、$V(t + 2L/C)$——$t$、$t + 2L/C$ 时刻的速度值；

$L$——桩长，m；

$C$——波在桩身中的传播速度，m/s；

$t$——一般取第一个速度峰值所对应的时刻，ms；

$Z$——桩身材料的波阻抗，kN・s/m。

总土阻力值 $RTL$ 由土的静阻力 $Rs$ 和动阻力 $Rd$ 组成，见式（15-2）：

$$RTL = Rs + Rd \tag{15-2}$$

阻尼法假定：动阻尼力 $Rd$ 集中在桩尖，并与桩尖质点运动速度成正比，见式（15-3）：

$$Rd = J' \times V_{toe} \tag{15-3}$$

由于：

$$V_{toe} = 1/Z \times [2F(t) - RTL] \tag{15-4}$$

且 $J = J'/Z$。可得出凯斯法求取承载力的基本公式（15-5）：

$$R_s = 1/2[F(t) + F(t + 2L/C)] + Z/2[V(t) - V(t + 2L/C)] - J \times [2F(t) - RTL] \tag{15-5}$$

式中　$J$——凯斯阻尼系数。

（2）CAPWAPC 法。CAPWAPC 计算机程序采用了复杂的桩—土计算模型，考虑了非均质桩、接桩缝隙等多种因素对计算结果的影响，计算结果更加接近实际。

CAPWAPC 法采用迭代计算的方法，进行计算曲线与实测曲线的拟合。由于 CAPWAPC 法的理论复杂，本手册中不再做详细介绍。

高应变检测方法可用 BTA 值评价桩身质量等级，根据行波理论，BTA 值计算如式（15-6）：

$$BTA = (1 - a)/(1 + a) \tag{15-6}$$

式中　$BTA$——桩身完整性系数，定义为 Z2/Z1，即下部桩材的波阻抗与上部桩材波阻抗之比。

$$a = 1/Z \times u/(F_{max} - R) \tag{15-7}$$

其中
$$u = F - Z \times V$$

式中　$R$——在破损面以上桩侧的土摩阻力值；

$F_{max}$——最大锤击力。

用 BTA 值评价桩身质量的标准是：BTA＝100％桩身完整；BTA＝80～100％桩身轻微破损；BTA＝60％～80％桩身破损；BTA＜60％则桩身断裂。

### 五、低应变检测的数据分析及处理

（1）检测结果分析。

根据时域波形，比较入射波与反射波到达时刻及其振幅、相位、频率等特征，进行判析和计算；以完整桩的首次桩底反射时间，计算该桩的波速，见式（15-8）：

$$V_c = \frac{2L}{\Delta t} \tag{15-8}$$

式中 $L$——完整桩的桩长；

$\Delta t$——完整桩桩底反射波的传递时间。

由该工程完整桩的平均波速 $\overline{V_c}$，计算缺陷的位置，见式（15-9）：

$$L_i = \frac{1}{2}\overline{V_c}\Delta t_i \tag{15-9}$$

式中 $\Delta t_i$——缺陷桩缺陷处反射波的传递时间。

（2）桩身质量评定等级分类。低应变动测桩身质量评定等级宜分四类：

1）Ⅰ桩身完整；

2）Ⅱ桩身有轻微缺陷，不会影响桩身结构承载力的正常发挥；

3）Ⅲ桩身有明显缺陷，对桩身结构承载力有影响；

4）Ⅳ桩身存在严重缺陷。

## 第六节 提交资料及要求

基桩原体试验报告不能是设计、施工和检测结果的堆砌，而应该是前三个内容的结晶与升华。报告要对原体试验设计时的试验目的一一作答，并根据试验结果进行综合分析，依据结论推荐经过优化的基础方案和有关参数。

依据试验情况，确定施工工艺，通过分析试验过程，特别是试验时的异常情况，预测将来大面积施工可能引起的环境和岩土工程问题及影响施工和控制质量的关键点，并提出对策，提出指导施工、检测、监测和监理工作的内容。

基桩原体试验报告一般应包括以下内容：

（1）工程概况；

（2）场地的岩土工程条件；

（3）执行的规程、规范和标准；

（4）基桩原体试验目的、内容和工作量；

（5）基桩原体试验设计；

（6）基桩原体试验施工的情况，采用的施工设备、施工工艺及参数和质量分析；

（7）检测、监测的手段、方法、布置方案、工作量，检测的结构和分析；

（8）对各试验的地基基础方案的试验成果进行综合分析，提出优化方案和设计参数；

（9）结论和建议；

（10）相关的附表和附件（包括施工报告和检测报告等）。

## 第七节 工 程 实 例

### 一、工程概述

某构筑物拟采用混凝土预制桩方案，施工方法为静力压桩，试验桩长 22.75m，选择⑬细砂作为桩端持力层。为了验证该桩基方案的可实施性、施工工艺及施工参数，取得桩基设计参数，进行本次原体试验工作。

## 二、岩土工程条件

（1）地形地貌。拟建场地位于冲洪积平原上，地势平坦，地形地貌简单，分布有较多的池塘，自然地面标高一般为69.5～71.0m。

（2）岩土地层构成与特征。试验区地层与整个场地地层分布一致，分述如下：

①粉土。褐黄色为主，含云母、铁锰质斑点。稍密为主，湿。高压缩性。局部地段表层见素填土。层厚1.1～2.5m，层底标高67.4l～70.45m。

②粉质黏土。浅黄色为主，含云母、铁质。流塑。高压缩性。层厚1.1～3.1m，层底标高65.80～67.61m。

③粉土。褐黄色、灰黄色，含铁质、锰质结核。稍密—中密，湿—很湿。中（偏高）压缩性。不均匀性明显。层厚0.9～3.6m，层底标高63.67～65.83m。

④粉质黏土。褐黄色、灰黄色，含铁质、锰质。软塑为主。中（偏高）压缩性。层厚0.7～3.0m，层底埋深6.0～8.0m，层底标高62.17～64.15m。

⑤粉土。灰黄色、灰色，含铁质、云母。稍密—中密，很湿。中（偏高）压缩性。不均匀性明显。层厚1.2～3.4m，层底埋深8.0～10.6m，层底标高59.88～62.09m。

⑥粉质黏土。灰色为主，含铁质、锰质结核。软塑（局部流塑）。中—高压缩性。层厚0.5～2.3m，层底埋深9.2～12.0m，层底标高58.36～61.09m。

⑦粉土。灰色为主，含铁质、锰质。中密—稍密，湿。中（偏高）压缩性。不均匀性明显。层厚0.6～4.0m，层底埋深10.4～14.0m，层底标高56.48～59.60m。

⑧粉质黏土。灰色、灰黄色，含铁质、锰质结核。软塑（局部可塑）。中—高压缩性。层厚0.5～4.0m，层底埋深12.7～15.8 rn，层底标高54.48～57.76m。

⑨粉土。灰黄色，含云母、铁质斑点。中密—密实，湿。中压缩性。层厚1.0～4.5m，层底埋深15.0～18.0m，层底标高52.30～54.98m。

⑩粉质黏土。黑色、灰黑色，含碳质、有机质。软塑—可塑。中（偏高）压缩性。局部为中密一稍密的粉土。层厚0.4～1.5m，层底埋深16.1～18.8m，层底标高51.50～53.88m。

⑪粉土。灰白色、灰黄色，含云母、铁质，见小姜石。中密一密实，湿。中（偏高）压缩性。局部夹可塑状态的粉质黏土薄层。在冷却塔地段北部缺失。层厚0.5～3.1m，层底埋深17.2～20.4m，层底标高49.49～52.78m。

⑫粉质黏土。灰黄色，含云母、铁质，见小姜石。可塑。中压缩性。局部为中密的粉土。层厚0.5～3.0m，层底埋深20.2～22.6m，层底标高47.54～50.15m。

⑫-1粉土。灰黄色，含云母、铁质。稍密，很湿。高压缩性。层厚0.2～1.7m，层底埋深18.1～21.6m，层底标高48.39～51.88m。

⑬细砂。灰黄色、黄色，主要成分为石英，分选较差。密实一中密，饱和。低压缩性。层厚10.0～15.0m，层底埋深31.5～35.4m，层底标高34.58～38.94m。顶板标高46.34～50.22m。

⑬-1粉质黏土。褐黄色，硬塑—可塑。中压缩性。层厚0.5～1.0m，层底埋深22.7～23.8m，层底标高46.97～47.89m。

⑭粉土。灰黄色、棕黄色，含铁质、锰质结核和云母。中密，湿。中压缩性。层厚1.9～8.4m，层底埋深34.1～40.9m，层底标高29.43～35.81m。

⑮细砂。灰黄色、黄色，主要成分为石英，分选较差。密实，饱和。低压缩性。揭露最大厚度15.0m。

各土层主要物理性质及工程特性指标见表15-2。

表 15-2　　各土层主要物理性质及工程特性指标

| 地层编号及岩性 | 重度 $\gamma$(kN/m³) | 干重度 $\gamma_d$(kN/m³) | 孔隙比 $e_0$ | 液性指数 $I_L$ | 相对密度 $D_r$ | 标贯击数 $N$（击） | 锥尖阻力 $q_c$(MPa) | 侧摩阻力 $f_s$(kPa) |
|---|---|---|---|---|---|---|---|---|
| 层①粉土 | 19.0 | 15.0 | 0.900 | | | 6 | 1.40 | 17.7 |
| 层②粉质黏土 | 18.4 | 13.5 | 0.950 | 0.85 | | 2 | 0.88 | 11.6 |
| 层③粉土 | 19.3 | 14.9 | 0.850 | | | 6 | 2.04 | 27.7 |
| 层④粉质黏土 | 19.0 | 14.8 | 0.800 | 0.70 | | 4 | 0.87 | 25.3 |
| 层⑤粉土 | 19.1 | 14.6 | 0.850 | | | 7 | 3.21 | 44.3 |
| 层⑥粉质黏土 | 19.0 | 14.3 | 0.900 | 0.75 | | 4 | 0.94 | 24.6 |
| 层⑦粉土 | 19.0 | 14.5 | 0.800 | | | 11 | 4.88 | 64.1 |
| 层⑧粉质黏土 | 19.0 | 14.3 | 0.900 | 0.65 | | 3 | 0.81 | 13.4 |
| 层⑨粉土 | 20.1 | 16.2 | 0.670 | | | 13 | 3.95 | 77.1 |
| 层⑩粉质黏土 | 18.8 | 14.3 | 0.845 | 0.60 | | 8 | 0.98 | 24.2 |
| 层⑪粉土 | 20.5 | 16.9 | 0.600 | | | 13 | 3.74 | 71.0 |
| 层⑫粉质黏土 | 20.0 | 16.5 | 0.650 | 0.55 | | 18 | 4.04 | 154.7 |
| 层⑫-1粉土 | 19.0 | 16.0 | 0.850 | | | 6 | 1.10 | 21.8 |
| 层⑬细砂 | 20.0 | 17.5 | 0.600 | | 0.70 | 53 | 26.49 | 294.3 |
| 层⑬-1粉质黏土 | 19.8 | 17.0 | 0.650 | 0.25 | | | 7.39 | 269.1 |
| 层⑭粉土 | 20.3 | 16.5 | 0.655 | 0.35 | | 21 | | |
| 层⑮细砂 | 20.0 | 17.5 | 0.600 | | 0.90 | 51 | | |

（3）地下水条件。场地地下水类型为潜水。勘探期间，地下水初见水位埋深为 0.8～2.3m，其相应标高为 68.00～69.18m。地下水位年变化幅度为 0.5～1.0m。场地地下水对混凝土结构具微腐蚀性；在长期浸水时，对钢筋混凝土结构中的钢筋具微腐蚀性；在干湿交替时，对钢筋混凝土结构中的钢筋具弱腐蚀性。

（4）场地与地基的地震效应。根据波速测试成果，按 GB 50011《建筑抗震设计规范》的有关规定，场地土类型为中软场地土，建筑场地类别为Ⅲ类。据 GB 18306《中国地震动参数区划图》，场地处于地震动峰值加速度 0.10g 区，对应地震基本烈度为 7 度。

场地地下水位埋藏较浅（初见水位 0.8～2.3m），地面下 20.0m 范围内分布有饱和粉土，存在液化的可能性，液化等级为中等，液化土层最大深度 13.0m。

## 三、原体试验设计

（1）原体试验地段。试验区位置选在拟建构筑物外侧，试验区平面尺寸为 3m×9m，呈东西向展布，中间一排为 3 根试桩，两边两排共 8 根锚桩与试桩成正交布置，桩间距均为 3000mm。

（2）试桩主要设计参数。

1）试桩截面边长 400mm 的方桩，设计桩长 $L=22\ 750$mm，桩体分上、下两段制作，上桩长 12 750mm，下桩 9750mm，桩顶高出承台底面 250mm，有效桩长 22 500mm，设计试桩桩顶绝对标高为 69.50m（±0.00m 相应于标高 72.00m），即自然地面标高附近。现场检测时，其中 9 根桩均进行了截桩，故实际检测桩长略有变化，以实际桩长为准。

2）混凝土强度等级 C40，主筋采用 HRB335 级，箍筋等采用 HPB235 级。

3）桩身材料要求：水泥种类选择普通硅酸盐水泥、矿渣硅酸盐水泥和火山灰质硅酸盐水泥，水灰比不小于 0.6，铝酸三钙含量小于 8%，最小水泥用量 340～360kg/$m^3$。

（3）锚桩主要设计参数。

锚桩的桩型与试桩基本相同，只是其上桩顶部 250mm 范围内不设加强钢筋网片，而是主筋伸出桩顶 900mm 作为锚筋。

（4）原体试验检测内容。

1）检验所试验的桩型和施工方法对场地条件的适宜性及实际效果，确定施工机械、配套设备及合理的施工工艺等有关参数。

2）采用接近工程桩实际工作状态的试验，确定单桩竖向抗压承载力特征值，综合确定相应土层的极限桩侧阻力和极限桩端阻力。

3）进行单桩低应变测试，检测桩身完整性。

4）通过单桩竖向静载荷试验和高应变测试，确定单桩竖向承载力，获取静、动力试桩对比资料。

5）通过单桩水平静载荷试验，采用接近工程桩的实际工作状态，确定单桩水平承载力特征值、地基土水平抗力系数的比例系数。

（5）原体试验检测工作量，见图 15-6 和图 15-7。

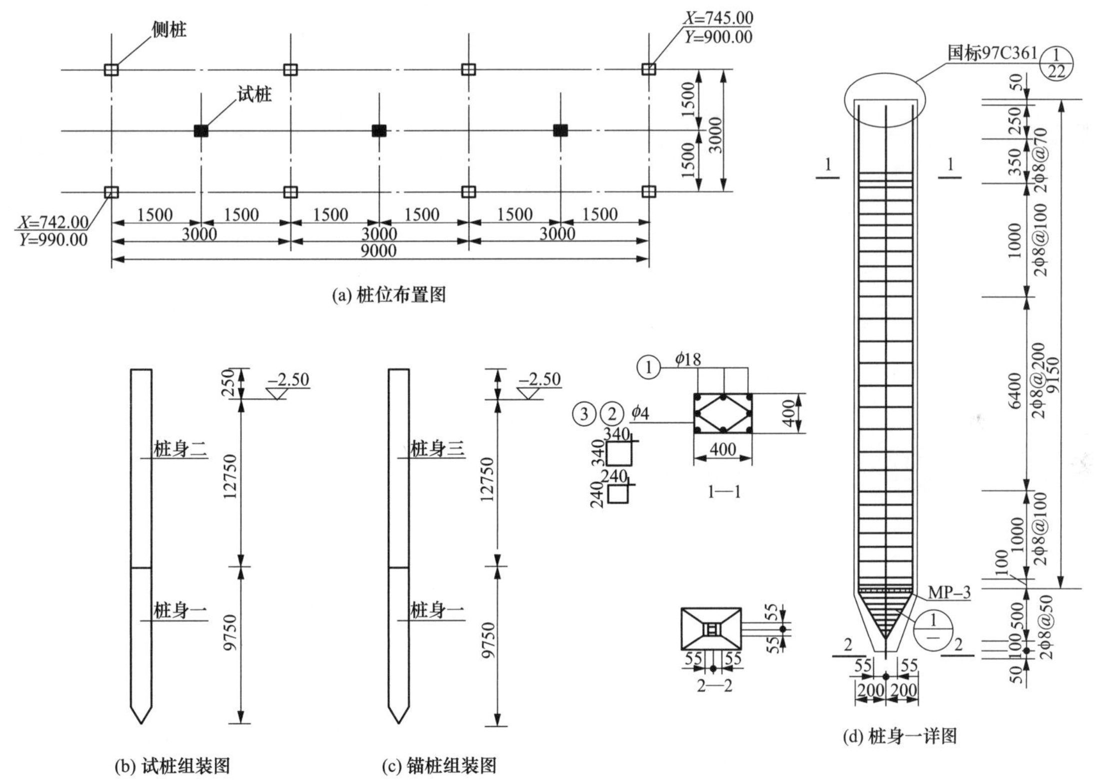


图 15-6 试桩图一（单位 mm）

本次原体试验检测工作：低应变测试 9 根，高应变测试 9 根，单桩竖向抗压静载荷试验 3 组，单桩水平静载荷试验 2 组。

试桩与锚桩的详细情况如下。

（1）材料：混凝土强度等级为 C40，钢筋为 HRB235 级，焊条 E4300。

（2）估算单桩承载力设计值为 1523kN。

（3）桩的制作必须符合 JGJ 94《建筑桩基技术规范》和 04G361《预制钢筋混凝土方桩》的要求。

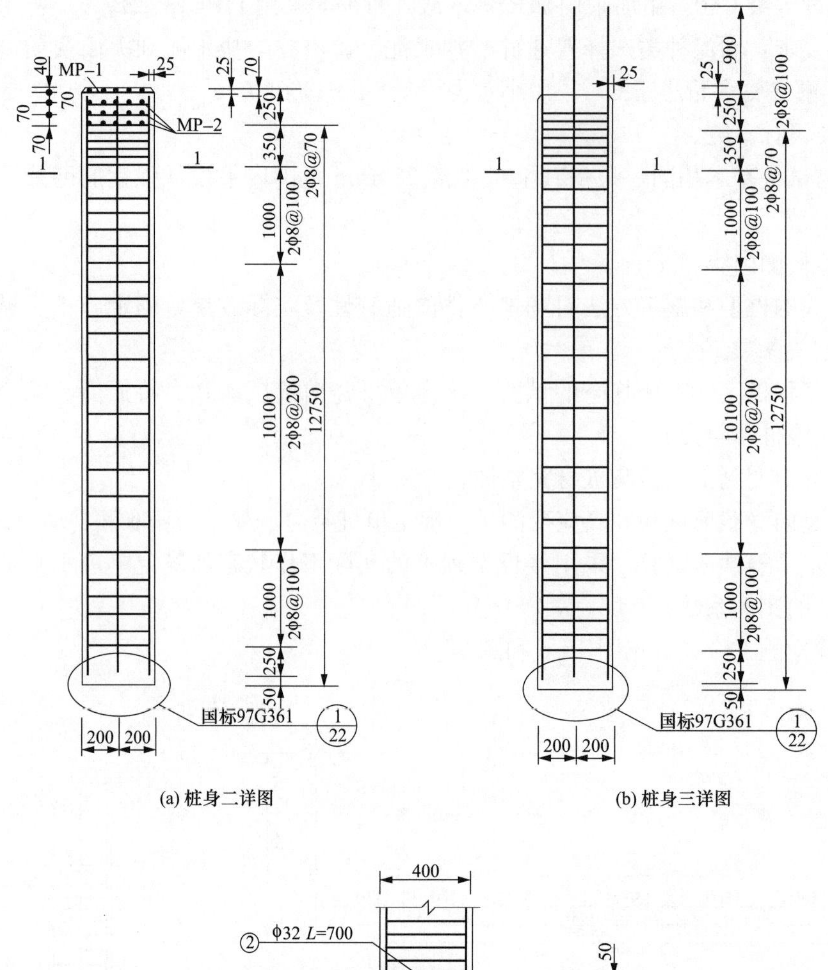


图 15-7　试桩图二（单位 mm）

(4) 桩身接头见 04G361《预制钢筋混凝土方桩》中 22 页详图 2、接头施工完后需刷热沥青两道，待沥青冷却后方可继续压桩。

(5) 桩身混凝土要求：水泥种类为普通硅酸盐水泥、矿渣硅酸盐水泥和火山灰质硅酸盐水泥。水灰比不小于 0.6，铝酸三钙含量 $C_3A$ 小于 8%，最小水泥用量 340～360kg/m$^3$。

(6) MP-1，MP-2，MP-3 详见 04G361《预制钢筋混凝土方桩》。

(7) 桩身采用两点起吊，吊点位置和详图见 04G361《预制钢筋混凝土方桩》。

(8) 图 15-7 中所注标高均为相对标高，±0.00m 相当于绝对标高 72.00m。

## 四、原体试验施工

(1) 施工机械及性能。施工机械为 YZY420 型静力压桩机，最大静压力为 4200kN。

(2) 施工工艺。施工工艺主要流程为：试桩定位—吊桩—压桩机就位—调平—吊桩—对中—调整桩体的垂直度—夹桩—压桩。

（3）施工效果分析。试验共完成静压预制桩 11 根（3 根试桩、8 根锚桩）。

1）桩的制作。钢筋骨架的主筋连接采用对焊或电弧焊。

2）桩的起吊、运输和堆存。桩身强度达到设计强度的 70%起吊，达到 100%才运输。堆放层数不超过四层。

3）接桩采用焊接接桩，先将四角点点焊固定，然后对称焊接。

4）沉桩施工。静力压桩时，需要的最大压力值为 3280～3608kN（最大压力均在桩端进入持力层层⑬细砂的过程中出现）。

分析施工结果可知，所有施工用原材料均具备出场合格证和经实验室复验合格。施工结果见表 15-3。

**表 15-3　　静力压桩施工结果**

| 序号 | 检测编号 | 施工顺序 | 地面标高（m） | 实际桩长（m） | | 进入层⑬深度（m） | 终止压力（kN） |
|---|---|---|---|---|---|---|---|
| 1 | S1 | 9# | 69.99 | 21.5 | 层⑬顶面埋深21.4m | 0.1 | 3608 |
| 2 | S2 | 6# | 69.99 | 21.6 | | 0.2 | 3608 |
| 3 | S3 | 3# | 69.99 | 21.55 | | 0.10 | 3280 |
| 4 | M1 | 10# | 69.99 | 21.2 | | −0.2 | 3280 |
| 5 | M2 | 7# | 69.99 | 21.6 | | 0.2 | 3280 |
| 6 | M3 | 4# | 69.99 | 21.6 | | 0.2 | 3608 |
| 7 | M4 | 1# | 69.99 | 21.42 | | 0.02 | 3280 |
| 8 | M5 | 11# | 69.99 | 21.6 | | 0.2 | 3280 |
| 9 | M6 | 8# | 69.99 | 21.1 | | −0.1 | 3280 |
| 10 | M7 | 5# | 69.99 | 21.6 | | 0.2 | 3608 |
| 11 | M8 | 2# | 69.99 | 21.55 | | 0.15 | 3280 |

从表 15-3 可以看出，各桩终止压力分别为 3280、3608kN，在该终止压力作用下，桩尖可以确保进入持力层层⑬细砂一定深度，但是桩端全断面均未进入持力层。

共施工试桩 3 根，锚桩 8 根，采用 4000kN 级静力压桩机。桩端进入持力层之前，压桩力均小于 2000kN，桩端进入持力层时，压桩力急剧增加至 3000kN 以上，至 3200kN 时，桩端进入持力层（层⑬细砂）100～300mm 即停止进入，压桩终止。调查当地其他工程静压桩的施工情况，也普遍存在这种现象。

从岩土地层特征方面分析其原因，在砂土中沉桩，其阻力与砂的自然密度直接关联。疏松的砂受到上部压力时，体积趋向于压缩，砂土趋向密实。当密实的砂受到上部压力的振动时，其体积发生膨胀，密度减小到某一个与周围压力相适应的最终密度值。由于桩端持力层层⑬细砂初始密实度较大（$D_r=0.85$），其临界压力 $P_c=2.5$MPa，远大于该埋深状态下的周围压力（$\sigma_3=0.075$MPa），桩尖进入砂持力层后，砂土体积膨胀使桩端土向侧面和向上挤出，桩尖附近土体发生整体剪切破坏，即沉桩能够继续进行。当桩尖接近临界深度时［$q_{pl}=K_c p_c=9.0\times2.5=22.5$(MPa)，临界深度 $h_{cp}=1100$mm］，极限端阻力临界值 $q_{cp}=3600$kN，超过 2200～4000kN 压桩机提供的最大压桩力，也就远大于其桩端动应力，沉桩随即发生困难。

## 五、原体试验检测

（1）单桩极限承载力估算。根据 JGJ 94《建筑桩基技术规范》估算单桩承载力为：

1）试桩。单桩竖向极限抗压承载力标准值为 3300kN，单桩竖向承载特征值为 1650kN，单桩水平承载力设计值为 75kN。

2）锚桩。单桩竖向抗拔承载力设计值为745kN。

（2）低应变测试。沉桩施工结束，经过15d间歇后，对桩进行了低应变测试（反射波法）。检测遵循DL/T 5493《电力工程基桩检测技术规程》的规定，根据波形分析桩身完整性。低应变测试成果见表15-4。

表15-4 低应变测试结果

| 序号 | 检测编号 | 施工顺序 | 桩长（m） | 波度（m/s） | 完整性 | | 缺陷情况 |
|---|---|---|---|---|---|---|---|
| | | | | | 描述 | 类别 | |
| 1 | S1 | 9# | 21.5 | 4000 | 基本完整 | Ⅱ | 2.6m处有缺陷 |
| 2 | S2 | 6# | 21.6 | 4000 | 完整 | Ⅰ | |
| 3 | S3 | 3# | 21.55 | 4000 | 完整 | Ⅰ | |
| 4 | M2 | 7# | 21.6 | 4000 | 完整 | Ⅰ | |
| 5 | M3 | 4# | 21.6 | 4000 | 基本完整 | Ⅱ | 1.8m处有缺陷 |
| 6 | M4 | 1# | 21.42 | 4000 | 完整 | Ⅰ | |
| 7 | M6 | 8# | 21.1 | 4000 | 基本完整 | Ⅱ | 3.4m处有缺陷 |
| 8 | M7 | 5# | 21.6 | 4000 | 基本完整 | Ⅲ | 12.3m处有较大缺陷 |
| 9 | M8 | 2# | 21.55 | 4000 | 完整 | Ⅰ | |

（3）高应变测试。低应变测试后，对全部3根试桩、锚桩中的6根进行了高应变测试。检测遵循DL/T 5493《电力工程基桩检测技术规程》，采用实测曲线拟合法进行综合分析以判定单桩承载力、桩侧阻力和桩身完整性。高应变测试成果见表15-5。

表15-5 高应变测试结果

| 序号 | 检测编号 | 施工顺序 | 桩长（m） | 桩侧阻力（kN） | 桩端阻力（kN） | 单桩承载力（kN） | 单桩承载力统计值（kN） |
|---|---|---|---|---|---|---|---|
| 1 | S1 | 9# | 21.5 | 1897 | 1308 | 3205 | 3374 |
| 2 | S2 | 6# | 21.6 | 2004 | 1393 | 3397 | |
| 3 | S3 | 3# | 21.55 | 2675 | 891 | 3566 | |
| 4 | M2 | 7# | 21.6 | 2572 | 740 | 3312 | |
| 5 | M3 | 4# | 21.6 | 2831 | 758 | 3589 | |
| 6 | M4 | 1# | 21.42 | 2172 | 1181 | 3353 | |
| 7 | M6 | 8# | 21.1 | 1607 | 1572 | 3179 | |
| 8 | M7 | 5# | 21.6 | 1690 | 1558 | 3248 | |
| 9 | M8 | 2# | 21.55 | 2486 | 1033 | 3519 | |

（4）单桩竖向抗压静载荷试验，结果见表15-6。

表15-6 单桩竖向抗压静载荷试验结果

| 桩号 | 桩长（m） | 最大加载（kN） | 终止试验条件 | 最大沉降量（mm） | 回弹值（mm） | 回弹率% | 单桩竖向极限承载力（kN） |
|---|---|---|---|---|---|---|---|
| S1 | 21.5 | 3600 | 桩顶突沉，沉降量超过200mm | 23.30 | | | 3200 |
| S2 | 21.6 | 4000 | 达到最大加载量4000kN | 16.26 | 12.15 | 74.72 | 4000 |
| S3 | 21.55 | 3600 | 桩顶水平位移达到40mm | 25.24 | 8.39 | 33.24 | 3200 |

高应变测试后，对3根试桩进行了单桩竖向抗压静载荷试验。单桩竖向抗压静载荷试验遵循DL/T 5493《电力工程基桩检测技术规程》，3根试桩的Q—s曲线均呈“渐进破坏”型，确定单桩竖向极限承载力值见表15-6。3根试桩单桩极限承载力平均值为3467kN，极差小于30%，则单桩竖向承载力特征值为1734kN。

（5）单桩水平静载荷试验。单桩竖向抗压静载荷试验结束后，根据现场情况，选择2根锚桩进行了单桩水平静载荷试验。单桩水平静载荷试验遵循 JGJ 10《建筑基桩检测技术规范》，单桩水平临界荷载、地基土水平抗力系数的比例系数值见表 15-7 和表 15-8。

表 15-7 单桩水平载荷试验成果

| 桩号 | 最大加荷（kN） | 终止试验条件 | 临界荷载时的水平位移量（mm） | 单桩水平临界荷载（kN） |
|---|---|---|---|---|
| M3 | 113 | 最大加荷量 | 10.27 | 45 |
| M7 | 113 | 最大加荷量 | 11.22 | 45 |

单桩水平承载力特征值为 36kN。

表 15-8 地基土水平抗力系数的比例系数

| 桩号 | 地基土水平抗力系数的比例系数 $m$（$MN$/m$^4$） |
|---|---|
| M3 | 3.57 |
| M7 | 3.35 |

地基土水平抗力系数的比例系数平均值为 3.46MN/m$^4$。

## 六、原体试验成果综合分析

（1）单桩竖向承载力分析。

1）原体试验成果比较。从静载荷试验结果可以看出，3 根试桩的 $Q—s$ 曲线形态比较接近，均呈缓变形，属于渐进破坏，破坏特征点不明显，试桩在最大试验荷载下没有达到极限状态，但是回弹量较大。说明试验未达极限荷载时，桩主要由于桩身的弹性压缩而对桩周土发生剪切位移，桩侧阻力主要伴随弹性位移产生。在最大试验荷载作用下，桩尖下密实砂层未产生较大沉降，桩端阻力未能够充分发挥。为了充分发挥其承载潜力，可以根据本地区建筑经验，结合动力测试结果，按照建（构）筑物所能承受的最大变形确定其极限承载力。

单桩竖向抗压静载荷试验和动力测试结果见表 15-9。

表 15-9 单桩竖向抗压静载荷试验和动力测试结果

| 试桩编号 | 桩长（m） | 静载荷试验 | | | 极限承载力标准值（kN） | 高应变动力测试 | | |
|---|---|---|---|---|---|---|---|---|
| | | 试验最大荷载（kN） | 最大沉降量（mm） | 卸载回弹量（mm） | | 极限承载力（kN） | 桩侧阻力（kN） | 桩端阻力（kN） |
| S1 | 21.5 | 3600 | 23.30 | — | 3467 | 3025 | 1897 | 1308 |
| S2 | 21.6 | 4000 | 16.26 | 12.15 | | 3397 | 2004 | 1393 |
| S3 | 21.55 | 3600 | 25.24 | 8.39 | | 3566 | 2675 | 891 |

从表 15-9 中可以看出，在该极限承载力所对应的荷载作用下，桩侧阻力和桩端阻力均已发挥作用，结合静力计算结果，桩端阻力约发挥其极限桩端阻力临界值的 33%。桩侧阻力约占总阻力的 65%，桩端阻力约占总阻力的 35%，为端承摩擦桩。

竖向抗压静载荷试验得出的单桩极限承载力标准值为 3467kN，高应变动力测试得出的单桩极限承载力标准值 3374kN，两种试验方法得出的结果仅差 2.7%（93kN），高应变得出的试桩总阻力与单桩竖向抗压静载荷试验结果相符。

2）估算值与试验成果的比较。当桩端位于均质砂土中，桩端距上覆（或下卧）软土层有相当距离时，影响桩端阻力的主要因素是砂土的类别、密实度及其埋深。然而，当桩端进入细砂持力层远小于临界深度时，桩端阻力除受到持力层本身性状的影响外，桩端平面以上部分深度范围内的上覆土层的性状对桩端阻力的发挥也产生重要影响。

在利用双桥静力触探成果计算单桩极限承载力标准值时，经验公式中 $q_c$ 为桩端全断面附近一定范围内的平均值，也就是该计算方法重点考虑了桩端附近不同性质土层对桩端阻力发挥的影响。在利用土的物理指标计算时，仅是按各岩土分层的状态或密实度选择经验值来确定单桩极限承载力标准值。当桩端位于持力层顶面附近时，该方法就忽略了桩端附近不同性质上覆土层对桩端阻力发挥的影响，导致计算单桩极限承载力标准值的偏低。

3）桩端阻力随桩端进入深度的变化分析。

由桩端阻力的深度效应分析可知，当桩端进入均匀持力层的深度小于某一深度时，其极限桩端阻力一直随深度线性增大；当进入深度大于该深度后，极限桩端阻力基本保持恒定不变。该深度为桩端阻力的临界深度 $h_{cp}$，该恒定极限桩端阻力为桩端阻力稳值 $q_{pl}$，对于砂持力层而言，二者均随砂持力层的相对密度 $D_r$ 增大而增大，当有上覆土层时，在桩端阻力稳值 $q_{pl}$ 一定的条件下，$hcp$ 随上覆土层厚度的增加而减小；后者的大小仅与砂持力层的相对密度 $D_r$ 有关，与上覆土层的厚度无关。

在本次试验条件下，根据半经验公式计算砂持力层的极限端阻稳值：$q_{pl}=K_c p_c=9.0\times2.5=22.5$(MPa)，临界深度 $h_{cp}=1100$mm。桩径为 400mm 时，对应的极限桩端阻力临界值 $q_{pl}=3600$kN。

对本次试验场地而言，层⑬细砂的密实度高（以密实为主），压缩性低，厚度大（一般大于 10.0m），分布稳定，其上覆地层层⑪、层⑫均为稳定分布的非软弱土层，而且二者的厚度之和基本上大于 8d(3.2m)。从剪切机理方面看，虽然桩端进入砂持力层的深度较小，但是桩端附近土体具有较高的抗剪强度，有力地约束了滑动面的产生。从另一角度来看，桩端阻力的潜力得到发挥，此时桩端阻力为极限临界阻力的 33%，且占总阻力的 35%。即桩端进入砂持力层较小深度，就可以在桩端平面附近良好土层的作用下提供较大的桩端阻力。

（2）单桩水平静载荷试验分析。

根据对水平静载荷试验成果分析，单桩水平承载力特征值为 36kN，地基土水平抗力系数的比例系数平均值为 3.46kN/$m^4$。

（3）工程桩的施工参数分析。

根据试桩情况及检测结果，工程桩施工可采用静力压桩法，最大压力值不宜小于 3280～3608kN，并采取保护措施，以防止桩头在高压力下破损。

## 七、结语

桩端以上土层的工程特性对桩端阻力的发挥有较大的影响。试验中，因为桩端平面附近土层具有较高的抗剪强度，有力地约束了滑动面的产生，因而桩端进入细砂持力层的深度较小时，就能得到较大的桩端阻力。

# 第十六章　锚杆基础试验

## 第一节　概　　述

当前国内外输电线路工程杆塔基础设计中，除了尽可能地减小基础所受的水平作用力和弯矩，使基础主柱主要承受轴向拉、压力作用，同时也尽可能地采用原状土基础，充分利用原状土地基的良好力学性能，并最终根据这一原则因地制宜采用合理基础型式，达到安全运营并降低工程投资的目的。

在山区输电线路建设过程中，基础大面积开挖将造成大量植被破坏、大量弃土和水土流失。当基础埋深范围内存在岩体时，开挖难度很大，而且伴随岩体的开挖，基岩的完整性和稳定性受到一定程度的破坏，不利于原状土地基承载力的发挥。因而在山区输电线路基础设计中采用岩石锚杆基础，充分利用岩石地基本身的抗压承载力和水平抗倾覆承载力高、基础变形小的特点，与其他类型的基础形式相比，具有一定的优势。

锚杆作为岩土工程锚固支护技术，已经成熟运用于各类地下工程、水利工程、交通工程和建筑工程中。岩石锚杆基础在我国输电线路建设中已有几十年的历史，是推广应用的基础型式之一。它是以水泥砂浆或细石混凝土和锚筋灌注于钻凿成型的岩孔内形成锚杆，并与承台等构件组成的基础型式。与岩石嵌固基础、挖孔类基础（掏挖基础和人工挖孔桩）比较，属于经济环保型基础，一方面充分利用原状岩体的高强度、低变形，可承受较大的竖向拉力和压力；另一方面，显著地减小开挖量，且施工机械化程度高，大大降低了基础混凝土和钢材量，减少了施工运输量，工程造价低，且减少对环境的破坏，基本没有弃土。

岩石锚杆基础形式如图 16-1 所示，主要有直锚式、承台式。

(a) 直锚式基础示意图

(b) 承台式基础示意图

图 16-1　岩石锚杆基础形式

（1）直锚式基础。直锚型岩石基础主要用于上部覆盖层较薄的塔基上，常用于基础荷载较小的塔位，如直线塔塔位。当杆塔荷载较小时，锚筋本身的强度可以抵抗杆塔的上拔力，从而省去地脚螺栓，使杆塔上拔力直接通过锚筋传递给基岩，荷载传递路径更简洁。

（2）承台式基础。承台式岩石锚杆基础主要用于基础荷载较大的塔位，如转角塔、终端塔及重要的塔位。由于锚杆的有效锚固长度在岩石中可达到 2.0～6.0m，因此锚杆根数可以根据实际上拔力大小合理取用，并均匀布置于基础底板，合理承受基础顶面水平力产生的弯矩。

岩石锚杆基础的极限抗拔力主要考虑3个方面：①锚筋本身需有足够的截面积承受拉力；②锚固段的砂浆对于锚筋需能提供足够握裹力；③锚固段地层与砂浆的粘结强度需能提供锚固体足够的侧阻力。岩石锚杆基础的锚固力是多种因素决定的，包括使用锚杆所处地质条件（岩石性质、风化程度、完整程度等）、锚杆的几何尺寸、埋设深度和角度、锚拉筋的抗拉强度、锚固段的砂浆强度、锚固体的直径、长度及与岩土层的界面粘结强度、锚孔间距等。锚杆和锚固体的直径、长度等参数变异性较小，但锚固体与岩土层的粘结强度的变异性很大。影响粘结强度的因素很多，如地层本身的物理力学性状、地下水状态、成孔工艺、钻孔直径、锚固体强度、灌浆工艺、注浆压力、浆液配比、锚固段长度等等，非常复杂，无法一一理清。技术标准中给出了不同类型不同性状的岩土层的界面粘结强度经验值的范围值，离散程度很大，具体到某个工程的岩土层、某锚固段长度及某施工工艺，只知道其大致范围，准确数值是不能预知的。而且输电线路跨越距离很长，山区的地质条件差异性很大，所以为了保证工程的安全可靠，要结合工程的具体特点，进行必要的现场试验，以检验施工工艺，并为设计部门进行施工图设计提供必要的设计参数和依据。

## 第二节　试验方法及要求

### 一、试验分类

锚杆是提供拉力的结构物，又称为锚固件，按受力方式分为预应力锚杆和非预应力锚杆。不论何种锚杆，在锚杆施工前、施工后均应进行场地试验。锚杆试验是检查锚杆使用合理性的公认方法。通过试验得到在不同荷载作用下，锚杆位移与作用荷载的关系，作用荷载与时间的关系，锚杆的弹性变形和残余变形资料及检测锚杆施工质量。锚杆试验是锚杆技术中的重要环节，国内外都很重视，在相关技术标准中都将之作为重要内容，国外甚至编制了专项技术标准。国内CECS 22《岩土锚杆（索）技术规程》、GB 50330《建筑边坡工程技术规范》、JGJ 12《建筑基坑支护技术规程》、GB 50007《建筑地基基础设计规范》、GB 50086《锚杆喷射混凝土支护技术规范》等对锚杆试验都有相关规定，其中以《岩土锚杆（索）技术规程》为代表。锚杆试验分为基本试验（basic test）、蠕变试验（creep test）及验收试验（acceptance test）3类。

基本试验是锚杆设计、施工前进行的试验，是锚杆性能的全面试验，目的是确定锚杆的极限承载力、锚杆参数的合理性及检验施工工艺，为锚杆设计、施工提供依据。

验收试验是锚杆施工后进行的试验，以检验锚杆的施工质量。

蠕变试验目的就是通过测试锚杆的蠕变率，以判断锚杆的长期工作性能。对锚固于强风化泥岩、页岩、节理裂隙发育张开且充填有黏性土的岩石锚杆，易产生蠕变，为减少锚杆因蠕变导致的承载力或预应力损失，应充分了解锚杆的蠕变特性，以便合理确定锚杆的荷载水平。国内实际工程中极少进行蠕变试验，原因并非蠕变试验不重要，而是没有得到应有重视。

### 二、试验方法

输电线路杆塔基础所受作用力具有明显的行业特点，一般情况下输电线路杆塔上部结构对其基础的作用力有：恒载（自重等）产生的下压力，地下水浮力产生的上拔力，这些属长期作用性质；活载（风载、雪载等）产生的水平力、上拔力和下压力，属短期作用或短期反复作用性质（一天或几天以内）。直线塔通常以风荷载的中短期反复作用为控制荷载。选择试验方法时需要根据输电线路基础所受荷载的作用性质，做到既便于操作和模拟实际风荷载对基础产生的上拔力和水平力作用的实际工作状况，且试验状况不过于复杂。

对单锚，基本试验一般采用逐级循环加卸荷方式，验收试验一般采用单循环加卸载方式。

对群锚，目前尚无群锚试验规程，群锚试验方法主要是参照桩基试验方法。根据DL/T 5493《电力工程基桩检测技术规程》和 GB 50007《建筑地基基础设计规范》，单桩竖向抗拔静载试验应采用慢速维持荷载法，单桩水平静载试验宜根据工程桩实际受力特性，选用单向多循环加载法或慢速维持荷载法。

参照 DL/T 5493《电力工程基桩检测技术规程》。试验方法和岩石的特性，对于输电线路岩石锚杆群锚基础，对竖向抗拔试验，可采用慢速维持荷载法。加载应分级进行，且采用逐级等量加载，分级荷载宜为最大加载值或预估极限承载力的 1/10，其中，第一级加载量可取分级荷载的 2 倍。每级荷载施加后，应分别按第 5、15、30、45、60min 测读上拨量，以后每隔 30min 测读一次，当每一小时内的群锚上拨量不超过 0.1mm，并连续出现两次（从分级荷载施加后的第 30min 开始，按 1.5h 连续三次每 30min 的观测值计算），可认为该级荷载下群锚的上拔已达到相对稳定标准，方可施加下一级荷载。对上拔＋水平力复合荷载试验，以基础上拔、水平方向的预估极限荷载值的 1/10 为增量，进行荷载分级，以确定每一级荷载增量。试验第 1 次加载量为分级荷载增量的 2 倍，以后按分级荷载增量逐级等量加载，并自动加载、补载与恒载。其中，水平力是按照 $X$、$Y$ 方向合力值进行分级并与上拔荷载逐级、等量进行同步加载，并对出力损失进行补偿，以保证试验的准确性。试验过程中，通过测试基础柱顶上拔与水平方向的位移，得到基础试验过程中的荷载—位移曲线，以研究其抗拔与水平承载性能。

## 三、试验要求

### （一）一般规定

（1）试验用计量仪表（压力表、测力计、位移计）应在计量检定合格有效期内，并应满足测试要求的精度。千斤顶、测力计、位移计等在试验前应进行标定。

（2）加载装置（千斤顶、油泵）的额定压力应与最大试验压力匹配。试验用压力表、油泵、油管在最大加载时的压力不应超过规定工作压力的 80%。

（3）锚杆试验的反力装置在预估最大试验荷载下应具有足够的强度和刚度。单锚加载时千斤顶应与锚杆同轴。

（4）锚杆锚固体强度达到设计强度 90%后方可进行试验。

（5）线路锚杆基础试验与检测应由有资质的试验检测单位实施。

（6）锚杆试验记录表可按表 16-1 制定。

**表 16-1　　锚杆试验记录表**

工程名称：

施工单位：　　　　　　　　　　检测单位：

| 试验类别 | | 试验日期 | | 砂浆强度等级 | 设计 | |
|---|---|---|---|---|---|---|
| 试验编号 | | 灌浆日期 | | | 实际 | |
| 岩土性状 | | 灌浆压力 | | 杆体材料 | 规格 | |
| 锚固段长度 | | 自由段长度 | | | 数量 | |
| 钻孔直径 | | 钻孔倾角 | | | 长度 | |

| 序号 | 荷载（kN） | 百分表位移（mm） | | | 本级位移量（mm） | 增量累计（mm） | 备注 |
|---|---|---|---|---|---|---|---|
| | | 1 | 2 | 3 | | | |
| | | | | | | | |
| | | | | | | | |
| | | | | | | | |

校核：　　　　　　试验记录：

### （二）基本试验

（1）对于新型锚杆或缺乏地区应用经验时，需进行基本试验。基本试验应在施工图设计之前，按不同地质条件选择代表性塔位分组进行。

（2）承台底面下地层为中等风化及微风化岩石可仅进行抗拔试验，其他地层尚应进行抗水平力试验，必要时还应进行复合受力试验。

根据已有的工程经验，单锚抗拔试验承载力高于群锚抗拔试验承载力，群锚抗拔试验承载力高于群锚抗拔＋水平复合试验承载力。因此对于重要工程，尤其是抗拔承载力起关键作用时宜进行群锚抗拔＋水平复合试验。

（3）基本试验所采用锚杆的参数、材料、施工工艺及其所处的地质条件应与工程锚杆相同，且试验数量不应少于3根。为得出锚固体的极限抗拔力，必要时可加大锚筋的截面面积。

（4）基本试验时最大的试验荷载不宜超过锚筋极限承载力的0.8倍。

（5）根据CECS 22《岩土锚杆（索）技术规程》，单锚锚杆基本试验应采用循环加、卸荷法，并应符合下列规定：

1）每级荷载施加或卸除完毕后，应立即测读变形量。

2）在每级加荷等级观测时间内，测读位移不应少于3次。在每级加荷等级观测时间内，锚头位移增量小于0.1mm时，可施加下一级荷载，否则应延长观测时间，直至锚头位移增量在2h内小于2.0mm时，方可施加下一级荷载。

3）在每级卸荷时间内，应测读锚头位移2次，荷载全部卸除后，再测读2～3次。

4）加荷和卸荷等级、测读间隔时间应按表16-2确定。

**表16-2　单锚极限抗拔试验的加卸荷等级和位移观测时间**

| 加荷增量 $A_sf_{yk}$（%） | 初始荷载 | | | | 10 | | | |
|---|---|---|---|---|---|---|---|---|
| | 第一循环 | 10 | | | 30 | | | 10 |
| | 第二循环 | 10 | 30 | | 40 | | 30 | 10 |
| | 第三循环 | 10 | 30 | 40 | 50 | 40 | 30 | 10 |
| | 第四循环 | 10 | 30 | 50 | 60 | 50 | 30 | 10 |
| | 第五循环 | 10 | 30 | 60 | 70 | 60 | 30 | 10 |
| | 第六循环 | 10 | 30 | 60 | 80 | 60 | 30 | 10 |
| 观测时间（mm） | | 5 | 5 | 5 | 10 | 5 | 5 | 5 |

注　1. 第五循环前加荷速率为100kN/min，第六循环前加荷速率为50kN/min；
2. $A_s$为锚筋的截面面积，$f_{yk}$为锚筋抗力强度的标准值。

（6）单锚锚杆试验中出现下列情况之一时可视为破坏，应终止加载：

1）锚头位移不收敛，锚固体从岩土层中拔出、锚筋从锚固体中拔出或岩体剪切破坏；

2）锚头总位移量超过设计允许值；

3）后一级荷载产生的锚头位移增量达到或超过前一级荷载产生位移增量的2倍；

4）锚筋拉断或进入塑性变形阶段。

（7）试验完成后，应根据试验数据绘制：荷载—位移（$Q$—$S$）曲线、荷载—弹性位移（$Q$—$S_e$）曲线、荷载—塑性位移（$Q$—$S_p$）曲线。

（8）单根锚杆的极限承载力取破坏荷载前一级的荷载值；在最大试验荷载作用下未达到第（7）条规定的破坏标准时，单根锚杆的极限承载力取最大荷载值。

（9）根据CECS 22《岩土锚杆（索）技术规程》，当每组试验锚杆极限承载力的极差不大于平均值的30%时，应取最小值作为锚杆的极限承载力推荐值。当极差大于30%时，首先应分析离散原因，剔除偶然因素，应增加锚杆试验数量，且按95%保证概率计算锚杆的极限承载力推荐值。

（10）基本试验的钻孔，应钻取芯样进行岩石力学性能试验。

（三）验收试验

（1）锚杆验收试验的目的是检验施工质量是否达到设计要求，应在锚杆浇筑养护成型后、承台尚未浇筑混凝土前进行。

（2）根据工程实际情况抽取一定比例，进行抗拔验收试验。试验数量一般不小于锚杆总数的5%，且每基塔应不少于3根。

（3）验收试验的锚杆应随机抽样。质监、监理、业主或设计单位对质量有疑问的锚杆也应抽样作验收试验。

（4）最大试验荷载应取锚杆轴向拉力设计值的1.5倍。

（5）试验时应分级加荷，初始荷载宜取锚杆轴向拉力设计值的0.1倍，分级加荷值宜取锚杆轴向拉力设计值的0.50、0.75、1.00、1.20、1.33、1.50倍。

（6）每级荷载均应稳定5～10min，并记录位移增量。最后1级试验荷载应维持10min。如在1～10min内锚头位移增量超过1.0mm，则该级荷载应再维持50min，并在15、20、25、30、45min和60min时记录锚头位移增量。

（7）加荷至最大试验荷载并观测10min，待位移稳定后即卸荷至0.1倍设计荷载并测出锚头位移。

（8）锚杆试验完成后应绘制锚杆荷载—位移（$Q$—$S$）曲线图。

（9）根据CECS 22《岩土锚杆（索）技术规程》，当符合下列要求时，应判断验收合格：

1）在最大试验荷载下所测得的弹性位移量，应超过该荷载下杆体自由段长度理论弹性伸长值的80%，且小于杆体自由段长度与1/2锚固段长度之和的理论弹性伸长值；

2）在最后一级荷载作用下1～10min锚杆蠕变量不大于1.0mm，如超过，则6～60min内锚杆蠕变量不大于2.0mm。

（四）蠕变试验

（1）对于强风化泥岩、页岩锚杆，节理裂隙发育张开且充填有黏性土的岩石锚杆，应进行蠕变试验。用作蠕变试验的锚杆每组不得少于3根。

（2）最大加载为锚杆轴向抗拔承载力设计值$N_t$的1.5倍。

（3）加荷等级和观测时间应满足表16-3的规定。在观测时间内荷载必须保持恒定。

**表16-3　锚杆蠕变试验的加荷等级和观测时间**

| 加荷等级$N_t$ | 观测时间（min） |
|---|---|
| $0.25N_t$ | 10 |
| $0.50N_t$ | 30 |
| $0.75N_t$ | 60 |
| $1.00N_t$ | 120 |
| $1.20N_t$ | 240 |
| $1.50N_t$ | 360 |

（4）在每级荷载下按时间间隔1、2、3、4、5、10、15、20、30、45、60、75、90、120、150、180、210、240、270、300、330、360min记录蠕变量。

（5）试验结果可按荷载—时间—蠕变量整理，并绘制蠕变量—时间对数（$S$—lg$t$）曲线［参见CECS 22《岩土锚杆（索）技术规程》附录G］，蠕变率$K_c$可由下式计算：

$$K_c=\frac{S_2-S_1}{\lg t_2-\lg t_1} \tag{16-1}$$

式中　$S_1$——$t_1$时刻所测得的蠕变量，mm；

$S_2$——$t_2$时所测得的蠕变量，mm。

（6）锚杆在最后一级荷载作用下的蠕变率$K_c$不应大于2.0mm/对数周期。

## 第三节 设备仪器及安装

### 一、试验加载系统与反力装置

为了模拟输电线路锚杆基础的实际工作性状，试验中既可以进行竖向力加载，也可竖向力和水平力同时加载。当采用竖向力和水平力同时加卸载的方法时，试验加载系统分为垂直方向和水平方向的子系统。试验中两个子系统相互独立，在每一个试验循环中，竖向荷载与水平荷载都采用相同的循环荷载比，并且按照这一循环荷载比例同时施加。

（一）垂直加载系统

垂直加载试验设备有 2 种形式。

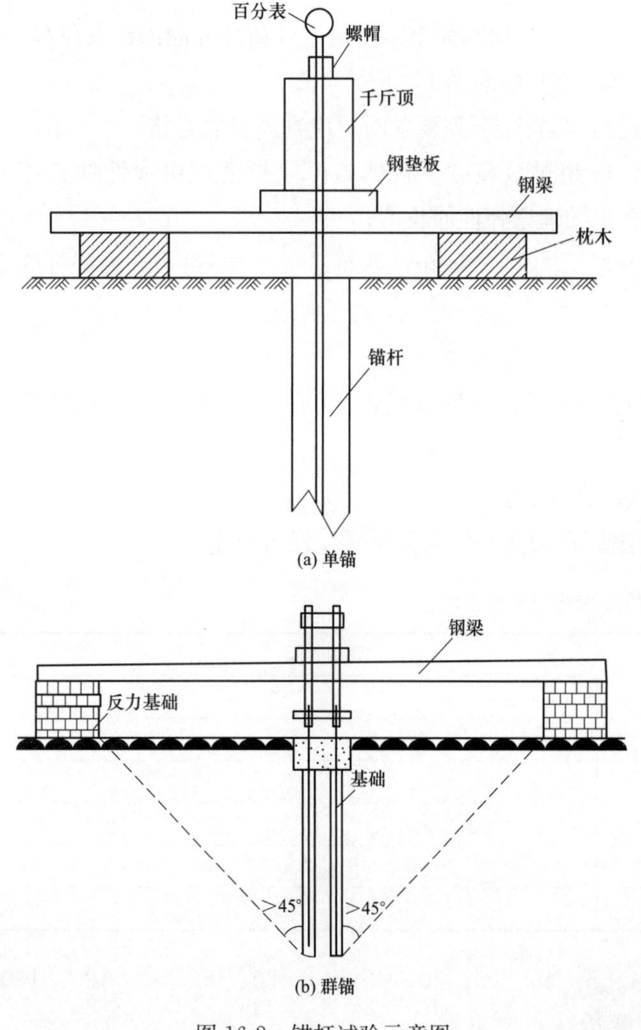


图 16-2 锚杆试验示意图

一种是采用支墩横梁反力装置，支墩由枕木或钢支架组成，支墩离锚杆的距离大于 2m，千斤顶置于主梁上，采用连接杆或专用卡具将锚杆与千斤顶连接，试验采用一定长度的钢梁，以避开支座对锚杆周围岩体变形影响。主要检测仪器仪表：电动油泵 1 个、千斤顶 1 个、压力表 1 个、百分表 2 个，如图 16-2 所示：

另一种是垂直加载系统由三部分组成：与锚杆基础的连接装置、钢管三角架、钢管三角架底座。千斤顶所施加的试验荷载首先传递给锚杆基础的连接装置，然后通过锚杆传递到锚固体及周围岩石中。三角架三条支腿提供上拔、下压的支座反力，并通过与三角架支腿连接的底座传到地基土，三角架支腿在平面上呈 120°分布。由于该种加载系统组成复杂，加载能力小，目前已很少使用。

上拔试验时，千斤顶位于三角架支座顶部并由螺杆将其顶部与锚杆基础连接底座相连接。当外力作用于螺杆时，锚杆对基础施加上拔力，三角架提供反力，三角架支腿受压，该压力通过三角架支腿的连接底板传到地基土。

由于锚杆基础有可能沿从基础底部以一定角度形成的倒锥体产生破坏，试验时考虑从锚杆基础底部以 45°角形成的倒锥体产生破坏，所以加载系统的支腿底座在受压的条件下，要将压力传到倒锥体以下，以防止对倒锥体产生压力影响试验结果。根据支腿的长度和角度，确定反力坑开挖的大小和深度，其中开挖的深度从锚杆基础顶面起算，对在山坡上的试验点，坡上的反力坑开挖深度要大，坡下开挖深度要小。

（二）水平加载系统（见图 16-3）

试验中水平力采用导链（手拉葫芦）通过滑轮组与竖向力同步施加，由单锚基础和拉线坑提供反力。并由拉力传感器显示荷载值，从而实现对施加荷载大小的显示与控制。

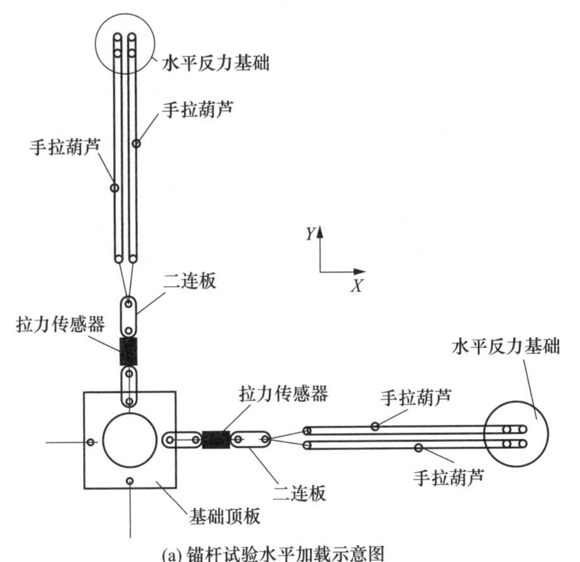

(a) 锚杆试验水平加载示意图

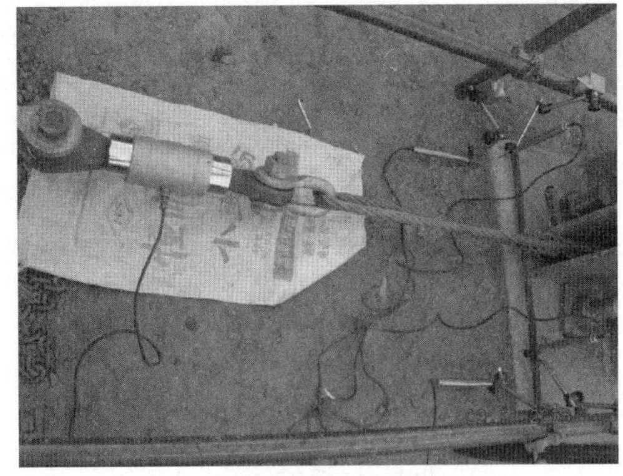
(b) 锚杆试验水平加载图片

图 16-3　试验水平加载系统

（三）试验加载系统控制

为了模拟基础的实际工作性状，试验中可以单独进行竖向力加载，也可以竖向力和水平力按比例同时加载、并同时测量竖向与水平位移等试验数据。由于试验中竖向力和水平力两个子系统相互独立，试验过程中对竖向和水平两个子系统的控制就显得尤为重要。

试验中水平力用导链通过人工方法施加拉力，其拉力值由传感器显示荷载值，从而实现对施加荷载大小的显示与控制。

竖向荷载可通过桩基静载荷测试分析系统中的载荷控制箱、压力传感器、油泵、单向阀、数据交换及显示与操作系统等实现功能包括：全自动实时观测与记录；自动加载、补载，自动维持荷载恒定；自动判定每一级荷载下试验的稳定条件并可自动进行下一级荷载试验。试验过程中也可人为控制并随时记录测试数据。桩基静载荷测试分析系统的工作原理和连接框图如图 16-4 所示。

在群锚竖向力和水平力复合试验中，每一级荷载作用下的稳定标准按竖向力达到稳定标准考虑。

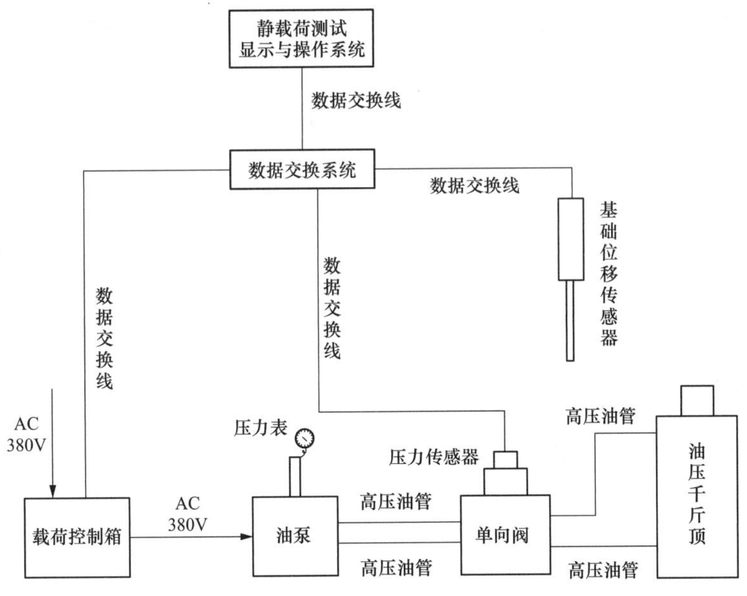

图 16-4　试验控制系统工作原理和连接框图

## 二、试验测量控制系统

（一）基础位移测量

试验基础竖向位移和水平位移可采用数字式电子位移传感器连接桩基静载荷测试分析系统，直接量测并记录基础的垂直位移和水平位移，位移传感器量测方便、高效，受影响的因素少，可确保试验精度。

位移传感器通过磁性表座固定于基准梁上，基准梁通过钢管固定于地面，既保证基准梁具有足够的刚度，又要保证基础变位对测量系统没有影响。

对单锚试验，基础顶部可设 2 只电子位移传感器测量上拔量；对群锚基础试验，基础顶部可设 4 只位移传感器测量上拔量，同时在基础侧面布置 2 只位移传感器测量水平位移量，位移测量传感器布置图如图 16-5 所示。

（二）地面变位和裂缝开展测量

在基础周围岩土体上，按一定间距布置位移传感器测量地面隆起变形，对于地面裂缝开展，采用数码相机进行拍照。地面变形测量传感器布置图如图 16-6 所示。

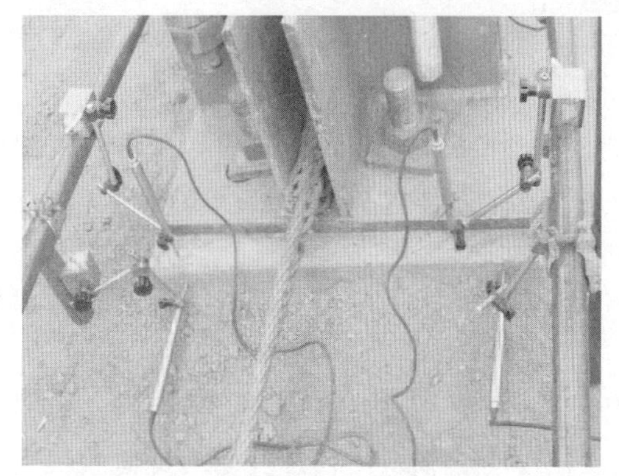

图 16-5　位移测量传感器布置图

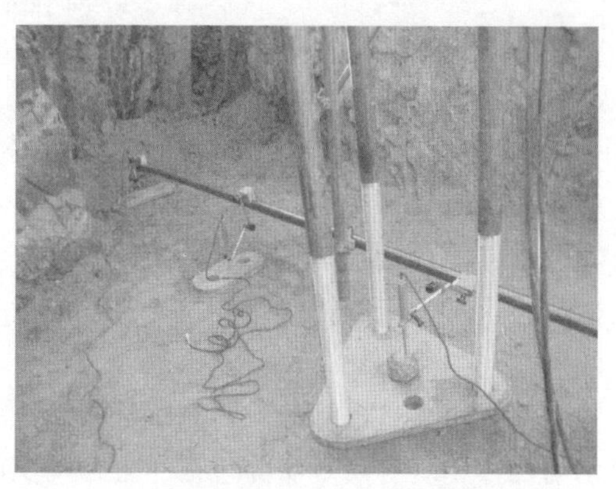

图 16-6　地面变形测量传感器布置图

（三）锚杆应变测量

试验中的锚杆应变通过在锚杆上按一定间距布置应变量测元件如应变片进行测量。

试验基础中布置应变片的目的是测量竖向荷载与水平荷载复合作用下锚杆的应变变化，从而计算出相应的应力变化，并进一步据此推算锚杆与混凝土之间的粘结强度以及侧阻力沿锚杆深度方向分布等。

锚杆上的应变片连接至静态应变测试系统，与位移同步测量。

# 第四节　数据分析及处理

试验结果宜按荷载与对应的锚杆基础位移读数列表整理并绘制锚杆荷载（$U$）—位移（$S$）曲线、位移（$S$）—时间对数（$\lg t$）曲线、锚杆荷载（$U$）—弹性位移（$S_e$）曲线、锚杆荷载（$U$）—塑性位移（$S_P$）曲线。

## 一、荷载—位移曲线

荷载（$U$）—位移（$S$）曲线体现了锚杆基础体系承载和变形性状，是地基条件、基础类型、基础尺寸和荷载类型等多种因素的综合反映。根据荷载（$U$）—位移（$S$）曲线可以确定岩石锚杆基础的竖向抗拔极限承载力或水平极限承载力。

对单锚基础基本试验，竖向抗拔极限承载力确定方法见本章第二节。

对群锚基础基本试验，竖向抗拔极限承载力可按以下方法确定：

(1) 根据上拔量随荷载变化的特征确定：对陡变形 $U$—$S$ 曲线，应取陡升起始点对应的荷载值。

（2）根据上拔量随时间变化的特征确定：应取 $S$—lg$t$ 曲线斜率明显变陡或曲线尾部明显弯曲的前一级荷载值。

（3）当在某级荷载下抗拔锚筋断裂时，应取前一级荷载值。

对群锚基础验收试验，在最大上拔荷载作用下，未出现上述基本试验的 3 种情况时，竖向抗拔极限承载力应按下列情况对应的荷载值取值：

（1）设计要求最大上拔量控制值对应的荷载；

（2）施加的最大荷载；

（3）锚筋应力达到设计强度值时对应的荷载。

对群锚基础竖向力和水平力复合试验，水平极限承载力取水平位移为 10mm 时的荷载值，当水平位移小于 10mm，但群锚在竖向力作用下已达到破坏标准时，水平极限承载力取最大水平加载力。

## 二、锚杆基础受荷破坏形态分析

基础的破坏形态是锚杆与基岩相互作用的外在表现之一，直接反映了锚杆基础的承载特性，是锚杆基础承载力和其他设计参数的取值依据之一，同时，也影响输电线路铁塔基础设计的控制条件。

岩石锚杆基础的破坏形态有以下几种：

（1）筋强度不足，被拉断而破坏；

（2）锚筋与砂浆或细石混凝土粘结承载力不足，锚筋被从砂浆或细石混凝土中拔出而破坏；

（3）锚固体与周围岩石的粘结力不足，锚固体沿着与岩石的结合面被拔出而破坏；

（4）锚杆基础整体破坏，岩体发生破裂，基础整体被拔出。

强风化岩石与中风化岩石的破坏方式不同。一般强风化岩石地基中的锚杆基础破坏方式是沿锚固体与岩石的结合面处破坏，中风化岩石地基中的锚杆基础破坏方式是锚筋从砂浆或细石混凝土中拔出。

总结已有试验的情况，岩石锚杆基础发生整体破坏时主要过程可以分为以下三个阶段：

（1）荷载较小时，锚杆、砂浆（细石混凝土）与岩石地基共同承担上拔荷载，上拔位移量很小，地面没有明显变形；

（2）随着荷载加大，靠近地表的上部承台周围与砂浆、岩石结合强度较弱的部位产生环形裂缝，岩体表面出现细小的裂纹，基础上拔位移量增大；

（3）当荷载增大到一定程度时，上拔荷载沿锚筋向深部岩石地基传递，锚杆基础变形迅速增大，产生以基础为中心放射状裂缝，并向四周逐步发散，裂缝扩展的范围和宽度随着荷载的增加而增大，最终基础沿环形裂缝与岩石一同拔出。

## 三、地面裂缝展开与隆起变形

试验过程中，宜对基础周围地面裂缝展开和隆起变位量进行测量。

通过对锚杆基础周围的地面变形与基础中心距离的关系的研究、对锚杆基础破坏时四周放射状裂缝的展开范围的测量，可以研究锚杆基础的破坏形态、破坏范围以及锚杆基础的破坏与基础埋深的关系。

## 四、锚杆应力应变分析

在进行锚杆基础的基本试验时，为了研究在上拔荷载作用下，锚杆基础的粘结力沿深度的分布情况，宜在锚杆上设置应变测量元器件，通过分析应变变化，通过选定的标定面，选择合适的荷载～应变拟合方程，计算锚杆轴力变化，并据此计算各岩层内的粘结力分布情况。

从已有的试验结果看，锚杆基础的抗拔主要依靠上部及中部岩层的粘结力，只有在上部岩层与锚杆产生较大相对位移、上部粘结力开始减小的情况下，下部岩层的粘结力才会有较大的增长，而此时基础已经因为产生了较大的变形而破坏了，该部分承载力只能作为基础承载力的安全储备，所以，锚杆基础的抗拔承载力与深度并不是线性增长关系，合理的锚杆深度受上部岩层性质的影响，存在一个最优的范围，超出此范围后增加锚杆深度对于提高锚杆基础极限抗拔承载力的效果并不能很好的表现出来。

## 第五节　提交资料及要求

### 一、锚杆基本试验和蠕变试验

检测报告应包含下列内容：

（1）概述，包括试验研究的背景、目的、内容和预期目标等。

（2）试验基础设计，包括试验场地地形和地质条件、试验场地选择、锚杆基础的设计原则、设计尺寸、锚筋强度等。

（3）试验基础施工，包括主要施工机具、施工工艺流程、施工参数等。

（4）试验方案与实施，包括试验方案制定依据、试验仪器设备、加载和卸载方法、试验过程叙述等。

（5）试验结果与分析，包括试验数据、实测与计算分析曲线、承载力判定依据、抗拔或水平承载力影响因素分析、锚杆基础破坏形态分析等；当进行锚杆应变测试时，应包括应变片类型、安装位置、轴力计算方法、各级荷载作用下的锚杆轴力曲线、锚杆基础与各岩层的粘结力等。

（6）结论与建议。

（7）附表和附图。

### 二、锚杆验收试验

锚杆验收试验报告应包括以下内容：

（1）工程概况；

（2）工程地质情况；

（3）试验锚杆参数；

（4）试验仪器；

（5）试验描述及结果分析；

（6）结论。

锚杆验收试验报告宜填写表 16-4。

**表 16-4　　锚杆试验记录表**

| 委托单位 | | 工程地点 | |
|---|---|---|---|
| 工程名称 | | 试验编号 | |
| 监理单位 | | 设计单位 | |
| 勘察单位 | | 施工单位 | |
| 锚杆钢筋直径 | | 砂浆水灰比 | |
| 孔径 | | 最大试验荷载 | |
| 锚杆总数 | | 检测根数 | |
| 见证人 | | 见证号 | |
| 检测方法 | | 检测内容 | |
| 检测依据 | | 检测日期 | |
| 检测结论 | | | |
| 备注 | | | |

批准：　　　　审核：　　　　校核：　　　　项目负责：

# 第六节　工　程　实　例

## 一、华北地区岩石锚杆基础试验

### （一）场地地质条件

（1）N224 锚杆基础试验点，地层条件如图 16-7 所示。

从钻取的岩石芯样及试坑开挖的情况看，锚杆基础试验点 N224 的岩石呈黄白色～褐黄色，岩芯呈砂砾状或碎块状，原岩结构大部分破坏，岩体被切割成碎块，裂隙发育，可用镐挖，属于强风化灰岩。

(a) 试验点岩石芯样

(b) 试验点岩石坑壁

图 16-7　N224 试验点地层条件

（2）N256 锚杆基础试验点，地层条件如图 16-8 所示。

N256 锚杆基础试验点的岩石呈灰白色，岩芯呈砂砾状或碎块状，原岩结构大部分破坏，岩体被切割成碎块，裂隙发育，上部夹 1.0m 厚左右的中风化岩石，用镐难挖，岩芯钻方可钻进，属于强风化—中风化花岗岩。

(a) 试验点岩石芯样

(b) 试验点岩石坑壁

图 16-8　N256 试验点地层条件

（3）IN576 锚杆基础试验点，地层条件如图 16-9 所示。

IN576 锚杆基础试验点的岩石呈灰褐色，岩芯呈砂砾状，原岩结构大部分破坏，岩体被切割成碎石状，裂隙发育，用手可以剥开，碎石用手可以折断，可用镐挖，属于强风化片麻岩。

### （二）试验基础型式

锚杆基础采用 C30 级细石混凝土，锚杆材质为 Q235。试验各基础的试验荷载及试验工况见表 16-5。

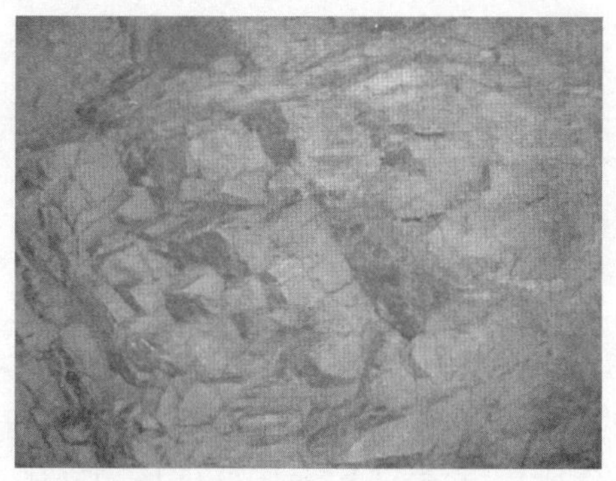

图 16-9　IN576 试验点地层条件

**表 16-5**　　　　试验各基础的试验荷载及试验工况表

| 试验点号 | 设计上拔力（kN） | | 设计水平力（kN） | | 试验工况 | |
|---|---|---|---|---|---|---|
| | 直锚 | 单锚 | $P_x$ | $P_y$ | 直锚 | 单锚 |
| N224 | 520 | 235 | 75 | 48 | 抗拔＋水平荷载试验 | 抗拔试验<br>内力测试 |
| N256 | 775 | 350 | 125 | 78 | 抗拔＋水平荷载试验 | 抗拔试验<br>内力测试 |
| IN576 | 775 | 350 | 125 | 78 | 抗拔＋水平荷载试验 | 抗拔试验 |

（三）试验各锚杆基础的竖向抗拔极限承载力

根据试验结果，得到各锚杆基础的竖向抗拔荷载—位移曲线，试验点 N224 的试验曲线见图 16-10 和图 16-11。

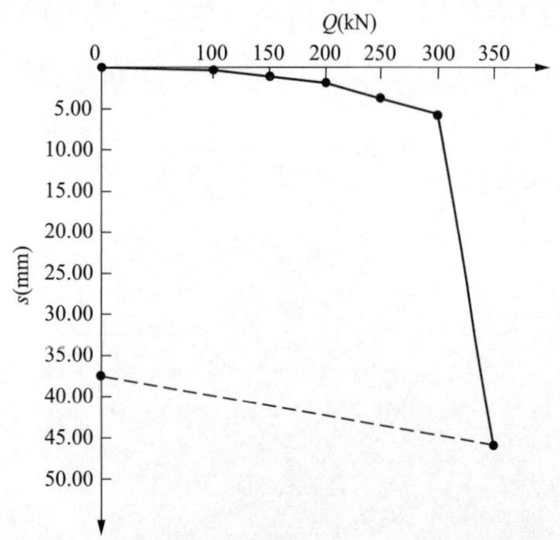


图 16-10　N224 单锚基础荷载—位移 Q—s 曲线

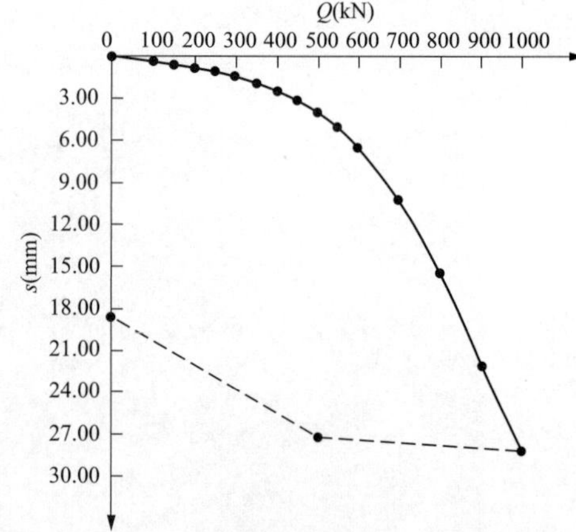


图 16-11　N224 直锚基础荷载—位移 Q—s 曲线

根据以上试验结果得到各基础极限抗拔承载力，见表 16-6。

**表 16-6**　　　　试验各基础极限抗拔承载力

| 试验点号 | | 岩石性质 | 设计荷载（kN） | 极限抗拔承载力（kN） |
|---|---|---|---|---|
| N224 | 单锚 | 强风化灰岩 | 235 | 350 |
| | 直锚 | | 520 | 1000 |

续表

| 试验点号 | | 岩石性质 | 设计荷载（kN） | 极限抗拔承载力（kN） |
|---|---|---|---|---|
| N256 | 单锚 | 强风化花岗岩 | 350 | 720 |
| | 直锚 | | 775 | ＞1500 |
| IN576 | 单锚 | 强风化片麻岩 | 350 | 750 |
| | 直锚 | | 775 | 1100 |

（四）试验各锚杆基础的水平极限承载力

试验中水平力采用手拉葫芦通过滑轮组与竖向力同步施加，由单锚基础和拉线坑提供反力，并由拉力传感器显示荷载值，从而实现对施加荷载大小的显示与控制。试验点 N224 直锚基础的水平荷载—位移试验曲线见图 16-12。

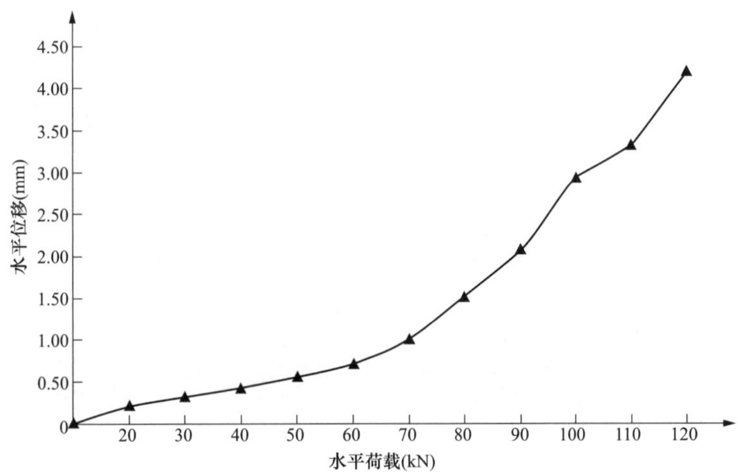


图 16-12　N224 直锚基础水平荷载—位移曲线

在强风化岩石中采用直锚式岩石基础，通过试验可以看出，其水平承载力的大小与岩石性质、岩石完整性和风化程度有关，通过试验可以看出，只要混凝土有足够的养护期，水平承载力是可以满足要求的。

各基础的水平承载力极限值见表 16-7 所示。

表 16-7　岩石锚杆基础水平极限承载力表

| 试验点号 | 设计荷载（kN） | 水平极限荷载（kN） | 对应的位移（mm） |
|---|---|---|---|
| N224 直锚 | 75 | ＞120 | 4.20 |
| N256 直锚 | 125 | ＞100 | 0.95 |
| IN576 直锚 | 125 | ＞200 | 7.61 |

通过试验，N224、N256 试验点的水平力试验均是由于反力锚杆被拔出而无法继续施加，最大加载量为 120kN 和 100kN，相应的位移为 4.2mm 和 0.95mm，远低于设计取值规定的 10mm，可以认为水平承载力是满足要求的。IN576 在水平力加至 200kN 时，位移为 7.61mm，还没有达到破坏标准，只是因为竖向抗拔承载力达到了极限，水平承载力极限值取 200kN，满足要求。

通过试验说明只要保证混凝土的养护期，使混凝土与岩石形成强度较高的结合体，不但可以提高基础与地基的整体性，提高基础的抗拔承载力，而且可以起到增加基础横截面尺寸、提高水平承载力的作用。

## 二、中等风化凝灰岩单锚和群锚试验

（一）场地地质条件

岩体为中等风化凝灰岩，青灰—灰褐色，裂隙较发育，岩芯 5～7cm 柱状为主，部分 10cm 长柱状，击不易碎，质坚硬，单轴饱和抗压强度 125MPa。

该处岩体整体较为完整，在局部不同深度有岩石比较破碎的软弱夹层，整体地质条件与试验场地附近露出山体断面相似。现场试验场地如图 16-13 所示。

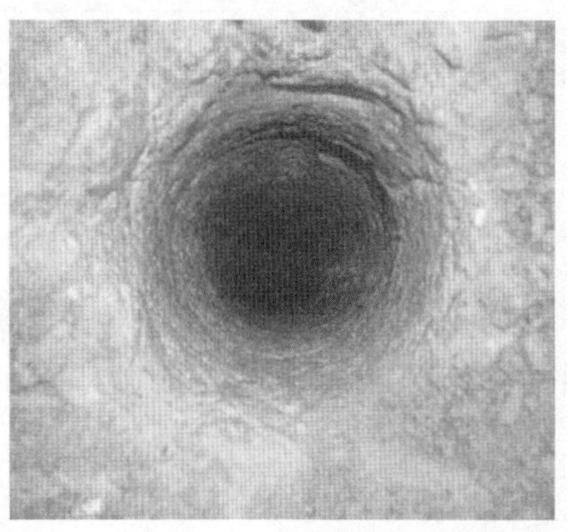
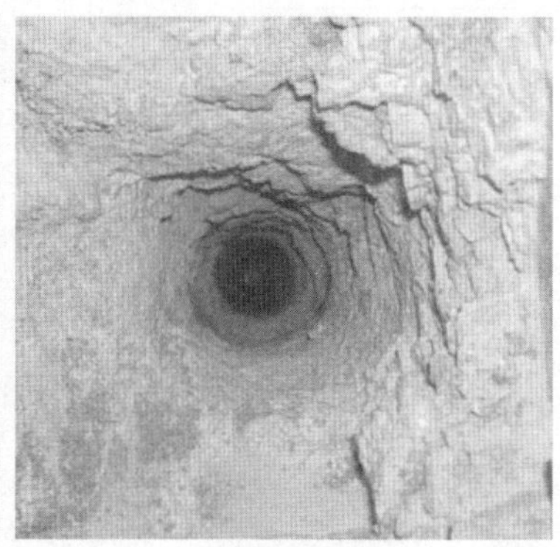

(a) ZJZS 中风化凝灰岩钻孔岩壁

(b) ZJZS 中风化凝灰岩场地附近山体

图 16-13　现场试验场地

（二）试验基础型式（见表 16-8）

**表 16-8**　　现场试验基础型式与设计尺寸

| 基础型式 | 数量（组） | 基础尺寸（mm） | | | | | 备注 |
|---|---|---|---|---|---|---|---|
| | | 材质 | $d$ | $D$ | $b$ | $L$ | |
| 单锚 | 2 | HRB335 | 36 | 100 | | 2000 | |
| 单锚 | 2 | | | | | 3000 | |
| 单锚 | 3 | | | | | 4000 | |
| 群锚 | 4 | | | | | 4000 | 2 根 |
| 单锚 7 组，群锚 4 组 | | | | | | | |

（三）试验结果（见表 16-9）

**表 16-9**　　现场试验岩石锚杆基础承载力

| 岩体名称 | 基础类型 | 钻孔深度 $L$（mm） | 极限承载力（kN） | 推荐设计参数（kPa） | | | 破坏状态 |
|---|---|---|---|---|---|---|---|
| | | | | $\tau_a$ | $\tau_b$ | $\tau_s$ | |
| 中等风化凝灰岩 | 单锚 | 2000 | 240 | ＞2200 | ＞380 | ＞30 | 锚筋被拉断 |
| | 单锚 | 3000 | 240 | | | | |
| | 单锚 | 4000 | 240 | | | | |
| | 群锚 | 4000 | 500 | | | | |

## 三、全风化、强风化的花岗岩单锚和群锚试验

### （一）场地地质条件

试验场地地质条件为全风化、强风化的花岗岩。如图 16-14 所示。

图 16-14　现场试验场地的地形地貌

### （二）试验基础型式（见表 16-10）

表 16-10　　现场试验基础型式与设计尺寸

| 基础型式 | 数量（组） | 基础尺寸（mm） | | | | | 备注 |
|---|---|---|---|---|---|---|---|
| | | 材质 | $d$ | $D$ | $b$ | $L$ | |
| 单锚 | 2 | 45 号优质碳素钢 | 48 | 110 | | 3000 | |
| 单锚 | 2 | | | | | 4000 | |
| 单锚 | 4 | | 60 | 150 | | 3000 | |
| 单锚 | 4 | | | | | 4000 | |
| 直锚式群锚 | 3 | | 60 | 150 | 480 | 3000 | 4 根 |
| 直锚式群锚 | 3 | | | | 480 | 4000 | 4 根 |
| 承台式群锚 | 2 | | | | 900 | 3000 | 4 根 |
| 承台式群锚 | 2 | | | | 900 | 4000 | 4 根 |
| 单锚 12 组，群锚 10 组 | | | | | | | |

### （三）试验结果（见表 16-11）

表 16-11　　现场试验岩石锚杆基础承载力

| 岩体名称 | 基础类型 | 钻孔深度 $L$（mm） | 锚筋直径 $d$（mm） | 极限承载力（kN） | 推荐设计参数（kPa） | | | 破坏状态 |
|---|---|---|---|---|---|---|---|---|
| | | | | | $\tau_a$ | $\tau_b$ | $\tau_s$ | |
| 全风化、强风化花岗岩 | 单锚 | 3000 | 48 | 300 | >1000 | >300 | >26 | 锚筋被抽出 |
| | 单锚 | 4000 | 48 | 340 | | | | |
| | 单锚 | 3000 | 60 | 480 | | | | |
| | 单锚 | 4000 | 60 | 550 | | | | |
| | 直锚式群锚 | 3000 | 60 | 1800 | | | | 达到最大加载能力，基础未破坏 |
| | 直锚式群锚 | 4000 | 60 | 1950 | | | | |
| | 承台式群锚 | 3000 | 60 | 1980 | | | | |
| | 承台式群锚 | 4000 | 60 | 1980 | | | | |

## 四、灰岩场地单锚和群锚试验

### （一）场地地质条件

试验场地以灰岩为主，局部夹有泥岩、页岩及砂岩等。微风化灰岩呈薄层、块层状结构，层理、节理裂隙发育，其饱和单轴抗压强度 48.8MPa。试验场地的地形地貌如图 16-15 所示。

图 16-15　试验场地的地形地貌

### （二）试验基础型式（见表 16-12）

**表 16-12**　　**试验基础型式与设计尺寸**

| 基础型式 | 数量（组） | 基础尺寸（mm） | | | | | 备注 |
|---|---|---|---|---|---|---|---|
| | | 材质 | $d$ | $D$ | $b$ | $L$ | |
| 单锚 | 3 | 45 号优质碳素钢 | 36 | 110 | | 1500 | |
| 单锚 | 3 | | | | | 2000 | |
| 单锚 | 3 | HPB235 | 42 | 110 | | 2500 | |
| 单锚 | 3 | | | | | 3000 | |
| 单锚 | 3 | | | | | 3500 | |
| 直锚式群锚 | 2 | 45 号优质碳素钢 | 36 | 110 | 240 | 2000 | 4 根 |
| 直锚式群锚 | 2 | | | | 240 | 3000 | 4 根 |
| 承台式群锚 | 2 | | 42 | 110 | 800 | 2000 | 4 根 |
| 承台式群锚 | 2 | | | | 800 | 3000 | 4 根 |
| 单锚 12 组，群锚 8 组 | | | | | | | |

### （三）试验结果（见表 16-13）

**表 16-13**　　**试验岩石锚杆基础承载力**

| 岩体名称 | 基础类型 | 钻孔深度 $L$(mm) | 锚筋直径 $d$(mm) | 极限承载力 (kN) | 推荐设计参数（kPa） | | | 破坏状态 |
|---|---|---|---|---|---|---|---|---|
| | | | | | $\tau_a$ | $\tau_b$ | $\tau_s$ | |
| 节理裂隙发育的微风化灰岩 | 单锚 | 1500 | 36 | 383 | ＞2400 | ＞620 | ＞42 | 锚筋达到屈服，被抽出 |
| | 单锚 | 2000 | 36 | 393 | | | | |
| | 单锚 | 2500 | 42 | 353 | | | | |
| | 单锚 | 3000 | 42 | 353 | | | | |
| | 单锚 | 3500 | 42 | 373 | | | | |
| | 直锚式群锚 | 2000 | 36 | 1280 | | | | 锚筋达到屈服，被抽出 |
| | 直锚式群锚 | 3000 | 36 | 1800 | | | | |
| | 承台式群锚 | 2000 | 42 | 1520 | | | | |
| | 承台式群锚 | 3000 | 42 | 1800 | | | | |

## 五、花岗岩场地单锚试验

### （一）场地地质条件

试验场地地层的主要岩性上部为0.5～1.0m厚的全风化基岩覆盖，下部为强风化—微风化的基岩。上部全风化岩性为泥质砂岩，呈黑灰色、灰白色，可用镐挖，手掰易断，岩石强度较低；下部强风化—微风化的基岩岩性为花岗岩，浅红色，砾状结构，块状构造，属硬质岩，矿物成分主要以石英、长石和角闪石为主。试验场地的地形地貌如图16-16所示。

图16-16　试验场地的地形地貌

### （二）试验基础型式（见表16-14）

**表16-14　　试验基础型式与设计尺寸**

| 基础型式 | 数量（组） | 基础尺寸（mm） | | | | | 备注 |
|---|---|---|---|---|---|---|---|
| | | 材质 | $d$ | $D$ | $b$ | $L$ | |
| 单锚 | 2 | HPB235 | 20 | 100 | | 2200 | |
| 单锚 | 4 | | | | | 1800 | |
| 单锚6组 | | | | | | | |

### （三）试验结果（见表16-15）

**表16-15　　试验岩石锚杆基础承载力**

| 岩体名称 | 基础类型 | 钻孔深度 $L$（mm） | 锚筋直径 $d$（mm） | 极限承载力（kN） | 推荐设计参数（kPa） | | | 破坏状态 |
|---|---|---|---|---|---|---|---|---|
| | | | | | $\tau_a$ | $\tau_b$ | $\tau_s$ | |
| 全风化泥质砂岩，强风化—微风化花岗岩 | 单锚 | 2200 | 20 | 110 | 3000 | >500 | >30 | 锚筋达到屈服，锚筋被拉断 |

## 六、强风化泥质砂岩单锚和群锚试验

### （一）场地地质条件

试验地点的表层为耕土，厚度约为0.3m左右；上部0.3～2.5m为红褐色可塑一硬塑，湿一稍湿粉质黏土，可见少量灰白色高岭土矿物；2.5m以下为红棕色强风化泥质砂岩、泥岩，呈薄层状，层理发育，手捏岩心呈粉状，锹镐容易挖动，遇水膨胀，强风化层局部夹有粉质黏土软弱夹层，如图16-17所示。

图 16-17　试验点地层图

(二) 试验基础型式

试验锚杆基础的尺寸参数见图 16-18。试验参数如表 16-16 所示。

表 16-16　锚杆基础试验参数表

| 基础试验类型 | 基础编号 | 孔深(m) | 孔径(mm) | 锚杆根数(根) | 锚筋类型 |
|---|---|---|---|---|---|
| 群锚抗拔试验 | A1 | 7.2 | 110 | 6 | 28mm 螺纹钢 |
| 群锚抗拔试验 | A2 | 7.2 | 110 | 6 | 28mm 螺纹钢 |
| 群锚抗拔试验 | A3 | 7.2 | 110 | 6 | 28mm 螺纹钢 |
| 群锚抗拔+水平复合实验 | B1 | 7.2 | 110 | 6 | 28mm 螺纹钢 |
| 群锚抗拔+水平复合实验 | B2 | 7.2 | 110 | 6 | 28mm 螺纹钢 |
| 群锚抗拔+水平复合实验 | B3 | 7.2 | 110 | 6 | 28mm 螺纹钢 |
| 群锚抗压+水平复合实验 | C1 | 7.2 | 110 | 6 | 28mm 螺纹钢 |
| 群锚抗压+水平复合实验 | C2 | 7.2 | 110 | 6 | 28mm 螺纹钢 |
| 群锚水平试验 | C3 | 7.2 | 110 | 6 | 28mm 螺纹钢 |
| 单锚抗拔试验 | DM1 | 7.2 | 110 | 1 | 28mm 螺纹钢 |
| 单锚抗拔试验 | DM2 | 7.2 | 110 | 1 | 28mm 螺纹钢 |
| 单锚抗拔试验 | DM3 | 7.2 | 110 | 1 | 28mm 螺纹钢 |

(三) 试验结果

1. 单锚抗拔试验

3 根 DM1、DM2、DM3 单锚抗拔试验，单锚抗拔试验最大加载及变形值见表 16-17。

表 16-17　单锚抗拔试验最大加载及变形表

| 名　称 | 最大加载 (kN) | 最大变形 (mm) |
|---|---|---|
| DM1 | 240.5 | 32.70 |
| DM2 | 222.0 | 26.74 |
| DM3 | 240.5 | 37.39 |

试验过程中，当加载至最大荷载时，锚杆均已达到破坏状态，破坏形式为锚固体从地基土中拔出，与此同时当荷载大于 185kN 时，外部荷载已达到钢筋的屈服强度，钢筋也处于塑性破坏状态。

3 根锚杆的极限承载力分别为：DM1 为 222.0kN，DM2 为 203.5kN，DM3 为 222.0kN。推荐单锚抗拔极限承载力为 203kN。

2. 群锚竖向抗压+水平复合试验

共完成 C1、C2 两个群锚竖向抗压+水平复合试验，C1、C2 群锚基础均由 6 根单锚及承台组成，试验数据见表 16-18。

表 16-18　　群锚抗压水平试验数据表

| 名称 | 最大加载（kN） | 最大沉降（mm） | 最大水平力（kN） | 最大水平位移（mm） |
|---|---|---|---|---|
| C1 | 1568 | 5.26 | 300 | 3.28 |
| C2 | 1710 | 12.35 | 360 | 3.43 |

试验过程中，C1、C2 锚杆基础当下压力、水平力同时加到最大荷载时，基础沉降及水平位移值很小，基础均未出现明显破坏，其极限承载力分别为：抗压为 1710kN，水平 360kN。

3. 群锚抗拔试验

试验锚杆基础为 A1、A2、A3 基础。A1 锚杆基础上拔力加载至 1080kN，钢筋计脱落，上拔量急剧增加，达到 41.98mm，基础明显破坏，地表明显可见基础拔出裂纹，因此 A1 锚杆基础抗拔极限承载力为 960kN。

A2 群锚加载至 1200kN 时，上拔量持续增加且难以稳定，地面出现较明显裂纹，基础已破坏，因此 A2 群锚抗拔极限荷载为 1080kN。

A3 锚杆基础上拔力加载至 1200kN 时，钢筋计脱落，上拔量急剧增加，基础明显破坏，地表明显可见基础拔出裂纹，因此 A3 群锚基础抗拔极限承载力为 1080kN。

A1、A2、A3 群锚基础抗拔极限承载力取平均值，推荐强风化泥质砂岩群锚基础抗拔极限承载力为 1040kN。

4. 群锚抗拔＋水平试验

试验锚杆基础为 B1、B2、B3。

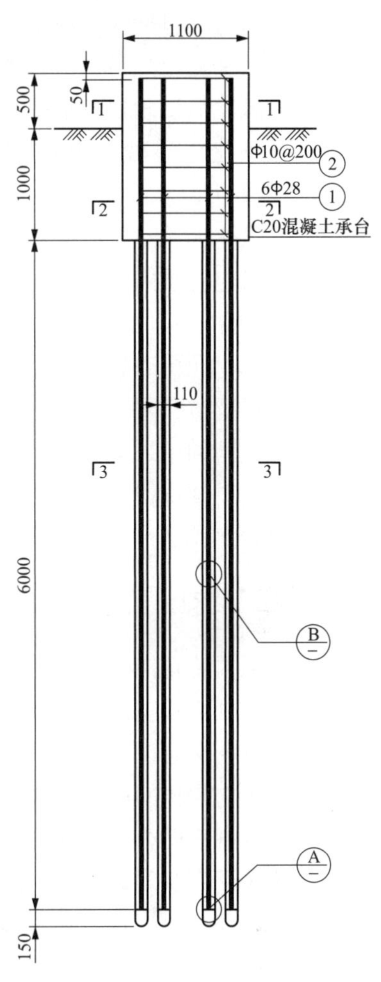

图 16-18　锚杆基础尺寸图

B1 锚杆基础上拔力加载至 1080kN，水平加载至 216kN，上拔量急剧增加，达到 45.90mm，水平位移为 10.22mm，基础明显破坏，地表出现明显裂纹。试验过程中，当维持上拔力不变，施加水平力的时候，上拔量会增加，尤其在基础破坏前一级加载时，施加水平力的时候，上拔量显著增加。当维持竖向荷载不变，在高荷载的时候，循环施加水平力会增加基础破坏趋势。因此 B1 群锚抗拔＋水平复合试验的抗拔承载力极限值为 840kN，水平极限承载力为 168kN，水平位移为 10.22mm。

B2 锚杆基础当上拔力施加到 1080kN 后，上拔量变形不大，仅为 5.69mm，但当水平加载至 216kN 时，水平位移和竖向位移急剧增大，水平位移达 31.19mm，上拔量达到 22.47mm，钢筋计被拉断，竖向位移和水平位移均达到破坏标准，地表出现明显裂纹，基础破坏。因此 B2 群锚抗拔＋水平复合试验极限抗拔承载力为 960kN，水平极限承载力 192kN。

B3 锚杆基础竖向荷载加载至 1080kN 时，竖向位移达到 16.91mm，能够稳定，维持竖向荷载 1080kN 不变，水平荷载加载至 216kN，水平位移增加不大，但竖向位移达到 26.13mm，已符合竖向破坏标准。当竖向荷载加载至 1200kN 时，钢筋计被拉断，上拔量急剧增加，达到 43.41mm，地表出现明显裂纹，基础破坏。B3 群锚竖向荷载为 1080kN 时，基础并未破坏，但水平力施加后，竖向位移急剧增加，导致竖向位移达到破坏标准，因此 B3 群锚抗拔＋水平复合试验极限抗拔承载力为 960kN，水平极限承载力 192kN。

B1 群锚抗拔＋水平复合试验的抗拔承载力极限值为 840kN，水平极限承载力为 168kN，B2 群锚抗拔＋水平复合试验极限抗拔承载力为 960kN，水平极限承载力 192kN，B3 群锚抗拔＋水平复合试验极限抗拔承载力为 960kN，水平极限承载力 192kN，取平均值，因此群锚抗拔＋水平复合试验推荐抗拔极限承载力为 920kN，水平极限承载力为 184kN。

5. 群锚水平试验

C3 锚杆基础在水平荷载至 390kN 时，C3 基础水平位移为 26.59mm，基础四周可见明显裂纹，裂纹宽度约为 1cm 左右，基础已破坏，C3 基础水平试验的临界荷载是 180kN，极限承载力为 360kN。

6. 试验分析

本次锚杆试验包括 3 个单锚抗拔试验、3 个群锚单纯抗拔试验、3 个群锚抗拔＋水平复合试验、2 个群锚抗压＋水平复合试验、1 个群锚单纯水平试验工作。

(1) 强风化泥质砂岩单锚抗拔极限承载力推荐值为 203kN。

(2) 强风化泥质砂岩群锚抗压＋水平复合试验极限承载力推荐值分别为：抗压极限承载力为 1710kN，水平极限承载力 390kN。

(3) 强风化泥质砂岩群锚单纯抗拔试验抗拔极限承载力推荐值为 1040kN。

(4) 强风化泥质砂岩群锚抗拔＋水平复合试验抗拔极限承载力推荐值为 920kN，水平极限承载力为推荐值为 184kN。

(5) 强风化泥质砂岩锚杆基础水平试验的临界荷载推荐值为 180kN，极限承载力推荐值为 360kN。

(6) 单锚抗拔极限承载力明显大于群锚单纯抗拔试验中的平均单根锚杆抗拔极限承载力，在根据单根锚杆抗拔试验的结果确定设计值时，应充分考虑群锚基础中锚杆垂直度及受力差异。

(7) 群锚单纯抗拔试验抗拔极限承载力大于群锚抗拔＋水平复合试验抗拔极限承载力。在进行锚杆基础设计时，尤其是地质条件比较差的情况下，必须考虑水平力对基础承载力的影响。

## 七、强风化花岗岩和中等风化石灰岩单锚和群锚试验

选取了强风化花岗岩和中等风化石灰岩进行试验。在每种地质上分别进行三个直锚式单锚杆抗拔和两个直锚式锚杆真型基础试验。

在强风化花岗岩试验中，五个岩石锚杆基础均为岩体受剪破坏，说明锚筋与细石混凝土的粘结强度及细石混凝土与岩体间的粘结强度均达到了设计要求，此时可以充分利用岩体自身的抗剪强度来抵抗上拔力。试验数据表明，当岩体受剪破坏时，岩石抗剪强度 $\tau_s$ 值已经达到 47～58kN/m$^2$。

在中等风化石灰岩试验中，三个单锚式试验基础均为锚筋与细石混凝土之间粘结破坏，说明基岩自身强度较大，而另两个承台式试验基础均无破坏迹象，说明在中等风化石灰岩地质条件下，岩石锚杆基础的承载力不被岩体的剪切破坏所控制。

岩石锚杆基础在水平荷载作用下，其变形量均在允许范围内，说明锚杆岩石基础具有足够的抵抗水平荷载的能力。

# 第五篇

## 特殊岩土篇

# 第十七章　湿　陷　性　土

## 第一节　概　　述

湿陷性系指土体在一定压力（自重压力、附加压力）下受水浸湿，土体结构迅速破坏，并产生显著附加下沉，从而引起地面的变形和建筑物破坏的性能。湿陷性土以黄土最具有代表性，尤其是黄土高原区分布的黄土，但并不是只有黄土有湿陷性，在我国干旱和半干旱地区，一些山前洪、坡积扇（裙）中的碎石土、风积的砂土也具有湿陷性。所有这些湿陷性土中，湿陷性黄土分布最广，湿陷厚度最大，对线路的影响最显著。因此，本章重点论述黄土的工程特性、勘测方法及处理措施；其他湿陷性土只简要介绍评价方法。

### 一、黄土的定义及分类

黄土是在半干旱气候条件下形成的具有褐黄、灰黄或黄褐等颜色，并有大孔隙、垂直节理的一种特殊性土。黄土在自重压力或自重压力与附加压力共同作用下，受水浸湿后，土的结构受到破坏而发生显著下沉现象，称之为黄土的湿陷性。但不是所有黄土都具有湿陷性。

黄土按其成因分为原生黄土和次生黄土。一般认为不具层理的风成黄土为原生黄土；原生黄土经过流水冲刷、搬运和重新沉积而形成具有层理的黄土为次生黄土。

黄土按堆积时代可分为老黄土和新黄土。老黄土形成于早更新世和中更新世，其特点是：老黄土中的大孔隙结构多已退化，一般没有湿陷性或仅在中更新世黄土的上部有轻微湿陷性；新黄土形成于上更新世和全新世，其特点是：土质较疏松、大孔隙和虫孔发育、具垂直节理、一般具有湿陷性、多分布在老黄土上部及河谷阶地地带。

我国黄土的堆积，在时间上，整个第四纪时期都有堆积，如表 17-1 所示；在空间上，按工程属性可划分为 7 个区块，如表 17-2 所示。中国湿陷性黄土工程地质分区略图如图 17-1 和图 17-2 所示。

**表 17-1　　黄土类别、时代及湿陷性**

| 年代 | | 黄土名称 | | 成因 | | 湿陷性 |
|---|---|---|---|---|---|---|
| 全新世 $Q_4$ | 近期 $Q_4^2$ | 新黄土 | 新近堆积黄土 | 次生黄土 | 以水成为主 | 强湿陷性 |
| | 早期 $Q_4^1$ | | 黄土状土 | | | 一般具湿陷性 |
| 晚更新世 $Q_3$ | | | 马兰黄土 | 原生黄土 | 以风成为主 | |
| 中更新世 $Q_2$ | | 老黄土 | 离石黄土 | | | 上部部分土层具湿陷性 |
| 早更新世 $Q_1$ | | | 午城黄土 | | | 不具湿陷性 |

**表 17-2　　中国湿陷性黄土工程地质分区表**

| 分区 | 亚区 | 地貌 | 黄土层厚度（m） | 湿陷性黄土层厚度（m） | 地下水埋藏深度（m） | 工程地质特征 |
|---|---|---|---|---|---|---|
| 陇西地区① | | 低阶地 | 4～25 | 3～16 | 4～18 | 自重湿陷性黄土分布很广，湿陷性黄土层厚度通常大于 10m，地基湿陷等级多为Ⅲ～Ⅳ级，湿陷性敏感 |
| | | 高阶地 | 15～100 | 8～35 | 20～80 | |
| 陇东—陕北—晋西地区② | | 低阶地 | 3～30 | 4～11 | 4～14 | 自重湿陷性黄土分布很广，湿陷性黄土层厚度通常大于 10m，地基湿陷等级多为Ⅲ～Ⅳ级，湿陷性较敏感 |
| | | 高阶地 | 50～150 | 10～15 | 40～60 | |

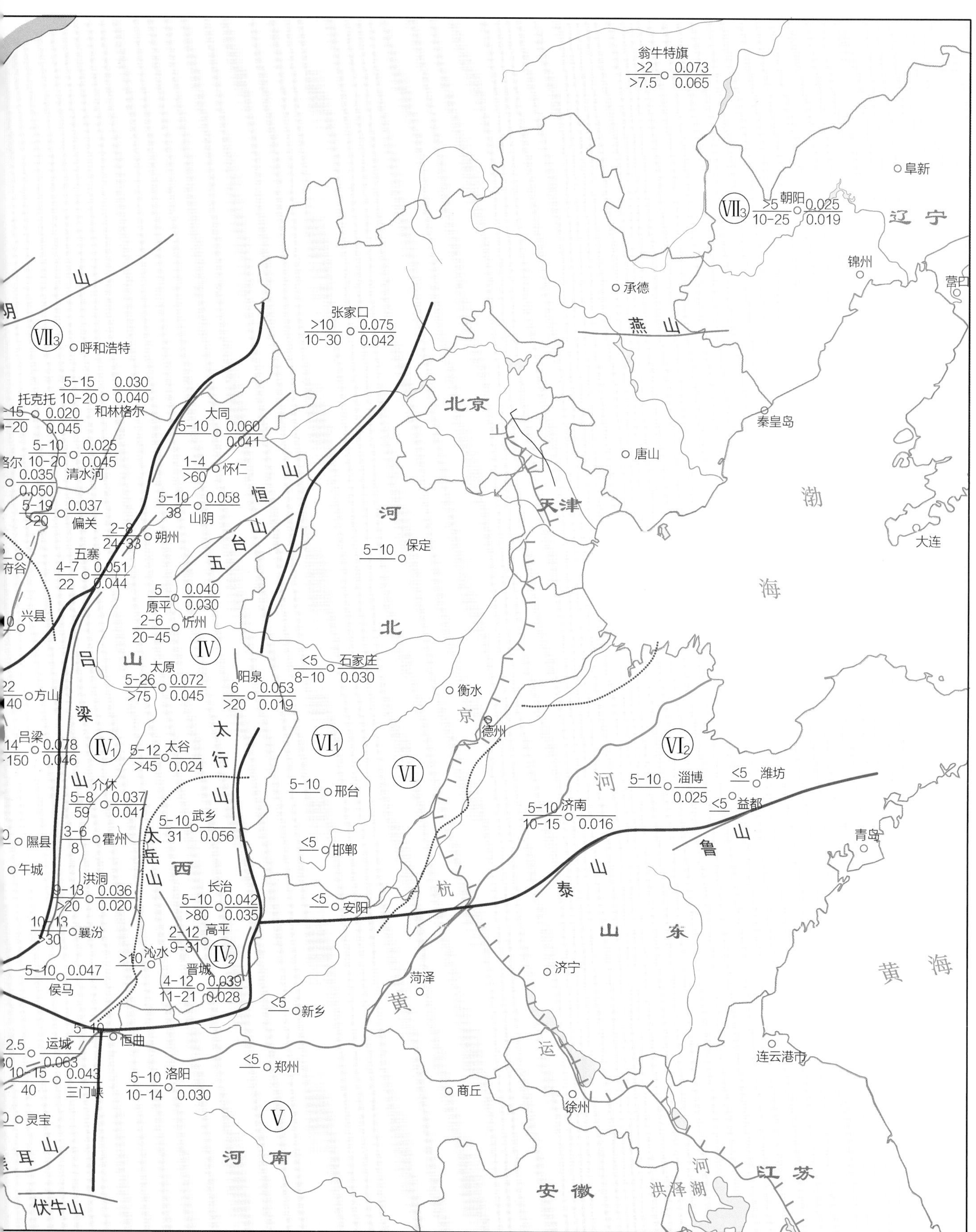

翁牛特旗
朝阳
阜新
辽宁
锦州
营口
承德
燕山
秦皇岛
唐山
北京
天津
渤海
大连
张家口
呼和浩特
托克托
和林格尔
清水河
偏关
大同
怀仁
山阴
朔州
五寨
兴县
原平
忻州
恒山
五台山
河北
保定
石家庄
太原
阳泉
方山
吕梁
吕梁山
太谷
介休
隰县
午城
霍州
洪洞
襄汾
太行山
太岳山
山西
武乡
长治
高平
沁水
晋城
侯马
恒曲
运城
三门峡
灵宝
洛阳
郑州
新乡
安阳
邯郸
邢台
衡水
德州
京杭运河
济南
淄博
潍坊
益都
青岛
鲁山
泰山
山东
济宁
菏泽
黄河
黄海
连云港市
商丘
徐州
河南
安徽
江苏
洪泽湖
伏牛山


工程地质分区略图(一)

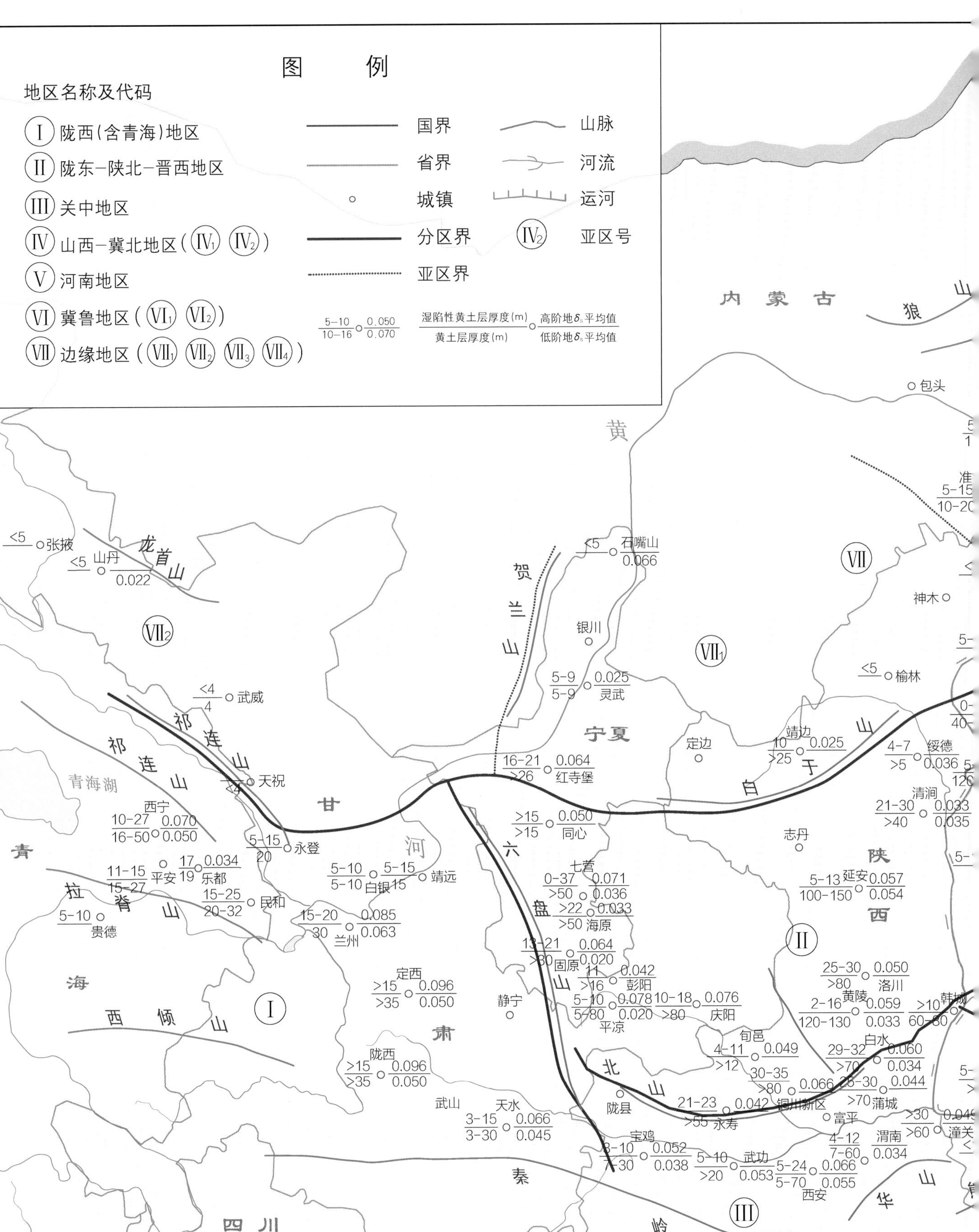

图 例
地区名称及代码
Ⅰ 陇西(含青海)地区
Ⅱ 陇东-陕北-晋西地区
Ⅲ 关中地区
Ⅳ 山西-冀北地区(Ⅳ1 Ⅳ2)
Ⅴ 河南地区
Ⅵ 冀鲁地区(Ⅵ1 Ⅵ2)
Ⅶ 边缘地区(Ⅶ1 Ⅶ2 Ⅶ3 Ⅶ4)
国界
山脉
省界
河流
城镇
运河
分区界
亚区号
亚区界
湿陷性黄土层厚度(m) / 黄土层厚度(m)
高阶地δs平均值 / 低阶地δs平均值
内蒙古
狼山
包头
黄河
贺兰山
石嘴山
银川
灵武
宁夏
红寺堡
同心
定边
靖边
白于山
榆林
神木
绥德
清涧
志丹
延安
陕西
洛川
黄陵
韩城
白水
蒲城
富平
铜川新区
澄城
渭南
西安
华山
张掖
山丹
龙首山
武威
祁连山
天祝
青海湖
西宁
平安
乐都
民和
永登
甘肃
兰州
白银
靖远
拉脊山
贵德
青海
西倾山
定西
陇西
武山
天水
七营
海原
固原
彭阳
平凉
庆阳
静宁
六盘山
旬邑
北山
陇县
永寿
宝鸡
武功
秦岭
四川

图 17-1 中国湿陷性黄

阿
尔
泰
山
哈巴河
布尔津
吉木乃
阿勒泰
塔城
额敏
裕民
托里
和布克赛尔
北屯
福海
乌伦古湖
富蕴
青河
乌尔禾
白碱滩
克拉玛依
准噶尔盆地
北
塔
山
乌苏
奎屯
沙湾
独山子
石河子
玛纳斯
呼图壁
五家渠
昌吉
阜康
依连哈比尔尕山
吉木萨尔
奇台
木垒
博格达峰
乌鲁木齐
巴里坤山
巴里坤湖
巴里坤
额
尔
宾
山
山
脉
Ⅶ
天
山
山
脉
托克逊
吐鲁番
鄯善
艾丁湖
伊吾
哈密
和静
焉耆
和硕
库尔勒
博湖
博斯腾湖
尉犁
轮台
自
治
区
孔雀河
台特玛湖
车尔臣河
若羌
来兰河
且末
甘肃省
阿
尔
金
山
阿牙克库木湖
阿其克库勒湖
皮提勒克河
木孜塔格峰
山
脉
青海省


工程地质分区略图(二)

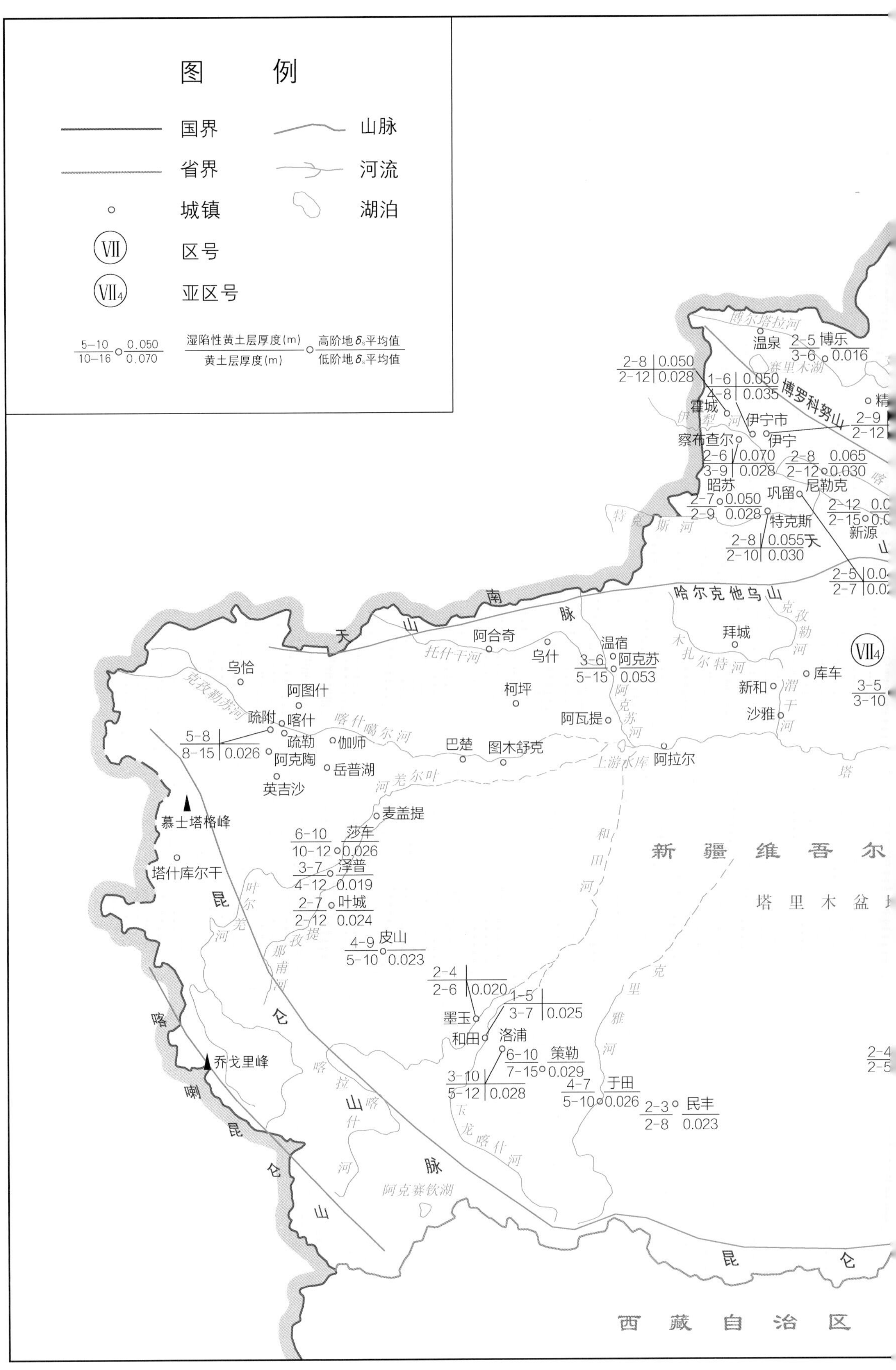

图　例
国界
山脉
省界
河流
城镇
湖泊
区号
亚区号
湿陷性黄土层厚度(m)
黄土层厚度(m)
高阶地$\delta_s$平均值
低阶地$\delta_s$平均值
5–10
10–16
0.050
0.070
博尔塔拉河
温泉
博乐
2-5
3-6
0.016
赛里木湖
博罗科努山
霍城
伊宁市
伊宁
伊犁河
察布查尔
昭苏
巩留
尼勒克
特克斯
新源
特克斯河
哈尔克他乌山
天山南脉
阿合奇
乌什
温宿
阿克苏
托什干河
拜城
木扎尔特河
库车
新和
沙雅
渭干河
克孜勒河
阿瓦提
阿克苏河
阿拉尔
上游水库
乌恰
阿图什
疏附
喀什
疏勒
伽师
阿克陶
岳普湖
英吉沙
巴楚
图木舒克
柯坪
克孜勒苏河
喀什噶尔河
叶尔羌河
麦盖提
莎车
泽普
叶城
皮山
慕士塔格峰
塔什库尔干
昆仑山脉
喀拉昆仑山
乔戈里峰
提孜那甫河
喀拉喀什河
阿克赛钦湖
和田河
墨玉
和田
洛浦
策勒
于田
民丰
玉龙喀什河
克里雅河
新疆维吾尔
塔里木盆
西藏自治区
昆仑


图 17-2　中国湿陷性黄

续表

| 分区 | 亚区 | 地貌 | 黄土层厚度（m） | 湿陷性黄土层厚度（m） | 地下水埋藏深度（m） | 工程地质特征 |
|---|---|---|---|---|---|---|
| 关中地区Ⅲ | | 低阶地 | 5～20 | 4～10 | 6～18 | 低阶地属非自重湿陷性黄土，高阶地和黄土塬多属自重湿陷性黄土，湿陷性黄土层厚度：在渭北高原一般大于20m，在渭河流域两岸低阶地多为4～10m（局部可达12m），秦岭北麓地带有的小于4m，在豫陕交界黄土台塬区可达20～50m。地基湿陷等级一般为Ⅱ～Ⅲ级，自重湿陷性黄土层一般埋藏较深，湿陷发生较迟缓 |
| | | 高阶地 | 50～100 | 6～23 | 14～40 | |
| 山西地区Ⅳ | 汾河流域区Ⅳ1 | 低阶地 | 8～15 | 2～10 | 4～8 | 低阶地属非自重湿陷性黄土，高阶地（包括山麓堆积）多属自重湿陷性黄土。湿陷性黄土层厚度多为5～10m，个别地段小于5m或大于10m，地基湿陷等级一般为Ⅱ～Ⅲ级。在低阶地新近堆积（$Q_4^2$）黄土分布较普遍，土的结构松散，压缩性高 |
| | | 高阶地 | 30～100 | 5～20 | 50～60 | |
| | 晋东南区Ⅳ2 | | 30～53 | 2～12 | 4～7 | |
| 河南地区Ⅴ | | | 6～25 | 4～8 | 5～25 | 一般为非自重湿陷性黄土，湿陷性黄土层厚度一般为5m，土的结构较密实，压缩性较低。该区浅部分布新近堆积黄土，压缩性较高 |
| 冀鲁地区Ⅵ | 河北区Ⅵ1 | | 3～30 | 2～6 | 5～12 | 一般为非自重湿陷性黄土，湿陷性黄土层厚度一般小于5m，局部地段为5～10m，地基湿陷等级一般为Ⅱ级，土的结构较密实，压缩性低，在黄土边缘地带及鲁山北麓的局部地段，湿陷性黄土层薄，含水率高，湿陷系数小，地基湿陷等级为Ⅰ级或不具湿陷性 |
| | 山东区Ⅵ2 | | 3～20 | 2～6 | 5～8 | |
| 边缘地区Ⅶ | 宁—陕区Ⅶ1 | | 5～30 | 1～10 | 5～25 | 大多为非自重湿陷性黄土，湿陷性黄土层厚度一般小于5m，地基湿陷等级一般为Ⅰ～Ⅱ级，土的压缩性低，土中含砂量较多，湿陷性黄土分布不连续。定边及靖边台塬区、宁东等部分地区湿陷性土层厚度可达20m，为自重湿陷性黄土，湿陷等级Ⅱ～Ⅲ级 |
| | 河西走廊区Ⅶ2 | | 5～10 | 2～5 | 5～10 | |
| | 内蒙古中部—辽西区Ⅶ3 | 低阶地 | 5～15 | 5～11 | 5～10 | 靠近山西、陕西的黄土地区，一般为非自重湿陷性黄土，地基湿陷等级一般为Ⅰ级，湿陷性黄土层厚度一般为5～10m。低阶地新近堆积（$Q_4^2$）黄土分布较广，土的结构松散，压缩性较高，高阶地土的结构较密实，压缩性较低 |
| | | 高阶地 | 10～20 | 8～15 | 12 | |
| | 新疆地区Ⅶ4 | | 3～30 | 2～10 | 1～20 | 一般为非自重湿陷性黄土场地，地基湿陷等级一般为Ⅰ～Ⅱ级，局部为自重湿陷性黄土，湿陷等级为Ⅲ级，湿陷性黄土层厚度一般小于8m（最厚可达20m）。天然含水率较低，黄土层厚度及湿陷性变化大。主要分布于沙漠边缘，冲、洪积扇中上部，河流阶地及山麓斜坡，北疆呈连续条状分布，南疆呈零星分布 |

**注** 本表来源于GB 50025《湿陷性黄土地区建筑规范》附表A，但进行了适当修改。

## 二、黄土地貌

根据目前研究成果，黄土地貌按成因可分为黄土构造—堆积地貌、黄土堆积地貌、黄土侵蚀地貌、黄土湿陷地貌、黄土潜蚀地貌、黄土构造地貌、黄土重力地貌等。在输电线路工程中，常常选用黄土堆积地貌来划分地貌单元。黄土堆积地貌类型主要有黄土塬、黄土台塬、黄土梁、黄土峁、黄土阶地、黄土涧等，各地貌单元的分布如图 17-3 所示。

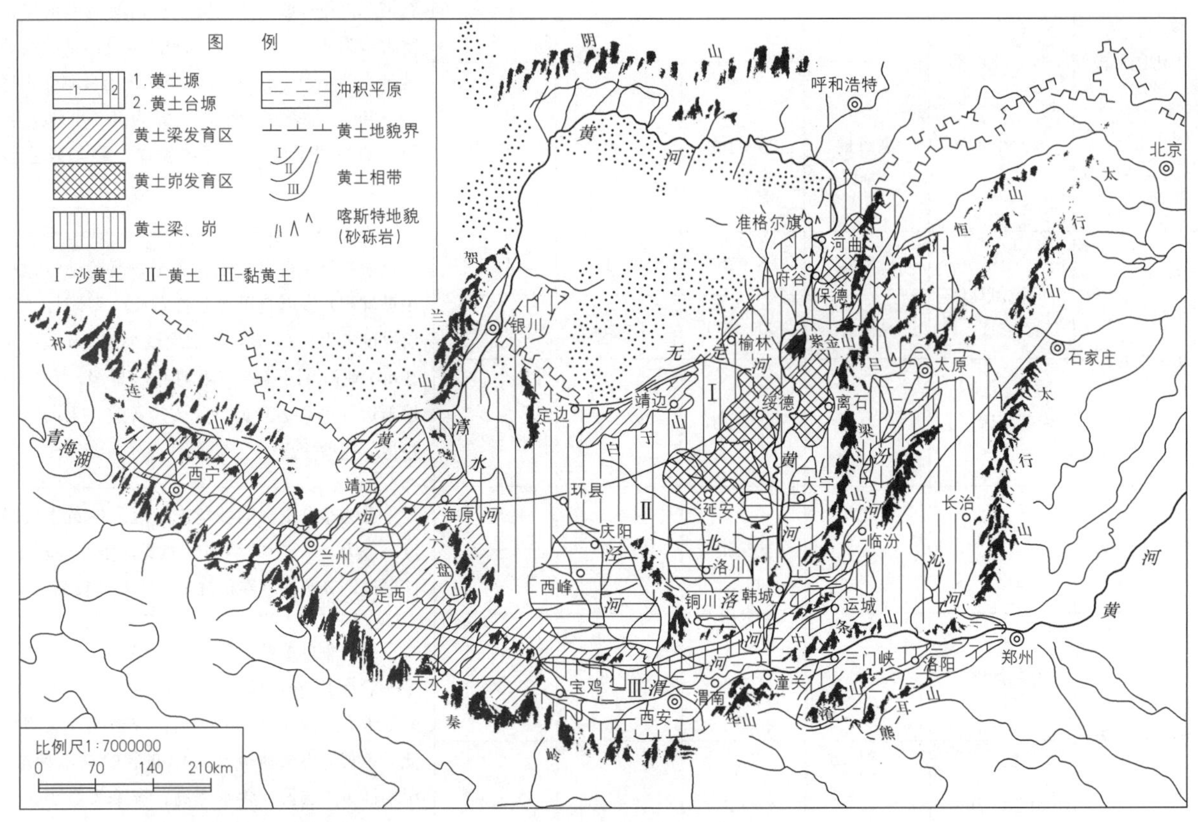


图 17-3 黄土堆积地貌类型分布简图

图 17-4 黄土塬（甘肃董志塬）

（1）黄土塬。一般指顶面平坦宽阔的黄土高地，其实质上是被厚层黄土覆盖着的新近纪的剥蚀面，是在地壳上升过程中，黄土风尘在这些剥蚀面构成的河间地块上堆积的结果。由于河谷和冲沟的切割，塬常被冲沟切割而破碎变窄、宽处可达 25km，窄者仅数百米；塬面十分平坦，一般地面只有 1°～3°的轻微倾斜，局部可达 5°～10°；塬的相对高度可达 150～300m 或更高。陕北的洛川塬，陇东的董志塬，陇西的白草塬都是代表性的塬，如图 17-4 所示。

（2）黄土台塬。一般指的是汾渭地堑两侧断裂带中一些被黄土覆盖的断块所形成的阶梯状平坦高地，从上往下依次命名为头道塬、二道塬、三道塬等，其实质上是从原来统称为“塬”的地貌类型中划分出来的，一些地方仍以“塬”命名。一些地形破碎的台塬也称为残塬。

（3）黄土梁。一般指黄土组成的一种长条形高地，如图 17-5 所示。梁顶倾斜 3°～10°者为斜梁；梁顶平坦者为平梁，多分布在塬的外围，是黄土塬被沟谷分割而成；丘与鞍状交替分布的梁称为峁梁，如图 17-6 所示。

图 17-5 黄土梁（陕西佳县）

图 17-6 黄土峁梁（陕西延安）

（4）黄土峁。一般指被沟谷分割的穹状或馒头状的圆顶黄土丘。峁顶的面积不大，以 3°～10°向四周倾斜，并逐渐过渡为坡度 15°～35°的峁坡。单个的叫孤立峁，若干个峁大体上排列在一条线上的为连续峁。大面积的黄土峁连续分布地形叫"黄土峰丛"。由于其形成原因和地貌形态与喀斯特地貌相似，因此，也被称作"假喀斯特"或"黄土喀斯特"。见图 17-6。

（5）黄土阶地。黄土高原地区的群众往往把黄土阶地称为"黄土坪"。黄土区的阶地不是简单的河流阶地，因为这样的阶地上面的沉积物不都是河流沉积的。地壳上升，河流下切，河流再不能淹没而放弃了河漫滩的地区，一般称为河流阶地。河流阶地的形成意味着河流沉积的结束，同时也是黄土堆积的开始。一般阶地愈高，上面的黄土厚度愈大，层次愈老；反之，阶地愈低，上面黄土厚度愈小，层次愈少，时代愈新，如图 17-7 所示。

（6）黄土涧地、掌地、杖地、干谷、盲谷。黄土涧地是被次生黄土充填了的宽阔谷地。有些这样的谷地在上缘特别开阔，形似手掌叫作"掌地"；其较窄而多分枝者叫"杖地"；有些杖地里充满了漏斗与陷穴，雨水从漏斗与陷穴下渗而流于地下，形成与石灰岩地区类似的"干谷"；有时流水在下游一段潜入地下而上游一段黄土塌落形成"黄土盲谷"。黄土涧地如图 17-8 所示。

图 17-7 黄土阶地（陕西米脂）

图 17-8 黄土涧地（甘肃皋兰）

## 三、黄土区不良地质作用

黄土地区不良地质作用主要有黄土滑坡、黄土崩塌、泥石流、冲沟的溯源侵蚀及黄土洞穴等。

（1）黄土滑坡。黄土滑坡常分布于河谷沿岸、台缘边坡、断层通过带、城镇周围、道路沿线等区域，具有"群体性"特点。靳泽先先生于 1987 年对黄土高原区黄土滑坡的分布进行了调查统计，如图

17-9 所示。

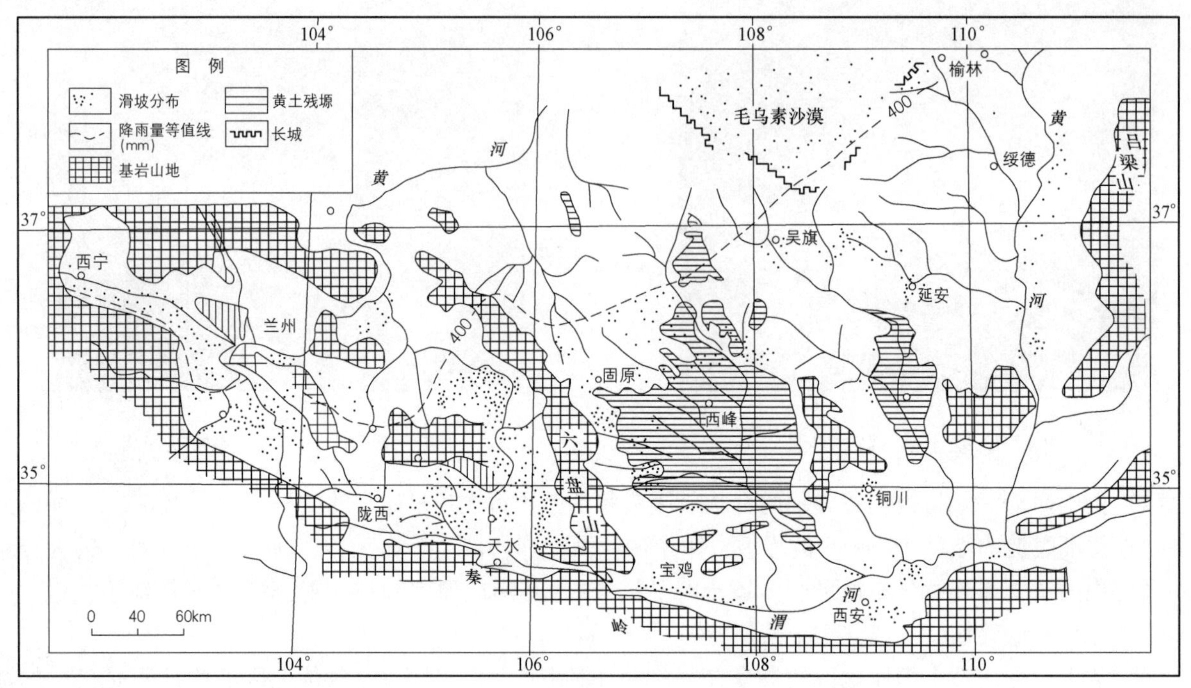


图 17-9　黄土高原黄土滑坡分布图（据靳泽先，1987）

黄土滑坡是一类主要的特殊土质滑坡类型。黄土滑坡中的一些大型滑坡并非全由黄土组成，除有不同时期的黄土外，还有大量第三系、白垩系及侏罗系的软弱岩层。通过对陕西境内黄土滑坡的调查和分析研究，根据滑坡体和滑床的物质组成及滑动面位置，滑坡主要可分为纯黄土型滑坡和黄土与基岩混合型滑坡，这两种滑坡可进一步细分为四种类型，如表 17-3 所示。

**表 17-3**　　**黄土滑坡按物质组成及滑动面位置分类**

| 滑坡类型 | | 滑动面位置 | 说　明 | 剖面示意图 |
|---|---|---|---|---|
| 纯黄土型滑坡 | 黄土层内滑坡 | 沿黄土内部软弱带滑动 | 黄土内部具有隔水意义的古土壤层，陡倾的节理面常是滑面的发育位置 | |
| 黄土与基岩混合型滑坡 | 黄土—基岩接触面滑坡 | 沿黄土下伏基岩顶面滑动 | 下伏基岩顶层常常是风化壳，遇水易被软化形成软弱带（面），当岩层倾角与坡向一致时，滑坡常沿此面滑动 | |
| | 黄土—基岩顺层滑坡 | 沿下伏基岩层间软弱带（面）滑动 | 黄土斜坡下伏基岩内部，如其层间有软夹层，易于形成连同上层黄土一起滑动的顺层滑坡 | |
| | 黄土—基岩切层滑坡 | 沿下伏基岩软弱构造面（节理面、裂隙面、断裂面等）滑动 | 如果下伏基岩结构脆弱，构造面发育，上覆黄土常因自重作用切断基岩，形成切层滑坡 | |

线路工程，对于滑坡集中发育区或治理难度较大的大型滑坡通常以避让为主，但对一些中小型滑坡，如绕避不了，应考虑一次性根治措施而不留后患。黄土滑坡具有变形缓慢，发生突然的特征，在黄土滑坡易发地段选择塔位时应注意滑坡和不稳定斜坡的识别，选择稳定性塔位或治理难度相对较小的塔位。

（2）黄土崩塌。黄土崩塌常分布在塬、梁峁的边缘地带或人工开挖的陡峭边坡地段。线路工程，对于规模大、破坏力强，难以处理或处理费用高的崩塌地段及其影响范围内不宜立塔，常采取避绕或跨越方式通过；对于规模较小的崩塌，在查明崩塌体结构面特征及发育影响范围的基础上，选择相对稳定或治理难度相对较小的塔位，必要时，可采取适当的清除、支挡及拦截等工程处理措施。

（3）泥石流。泥石流常发育于破碎沟头，物源丰富，且沟底坡度较大的长沟谷中。线路工程，对于泥石流沟常采取跨越的方案，跨越点一般选择在沟谷相对较窄，且两侧山坡稳定的地段；对于沿山脚或山麓走线的工程，应避免在沟口立塔，在沟侧立塔时需要考虑适当的防冲措施。

（4）溯源侵蚀。溯源侵蚀是黄土地区典型的冲沟发育形式，常分布在汇水面较大的山梁斜坡上或是黄土塬梁的边缘地带。

溯源侵蚀一般对线路路径方案影响较小，对塔位稳定性有一定影响。选择塔位时，需注意冲沟的发育阶段、发育方向与塔位的相对位置关系及是否有双沟同源现象。塔位应避开冲沟沟头发育方向，塔位与冲沟边缘的安全距离视冲沟深度和冲沟发育阶段而定。有双沟同源现象的，塔位应避开双沟交汇后形成的孤岛区域。

（5）黄土洞穴。黄土洞穴分布范围较广，塬梁峁的边坡斜坡地带、陡坎边缘、甚至塬梁峁顶部的低洼（凹坑）处、冲沟沟头部位都是黄土洞穴的易发地段。黄土洞穴的形态各异，规模大小不等，连通方向不定。根据彭建兵等对黄土洞穴灾害的研究成果，黄土洞穴可分为冲穴、暗穴、陷穴、碟形地及生物洞穴等。

黄土洞穴一般对线路路径方案影响较小，对塔位稳定性有一定影响，但处理措施较简单，常采取夯实分层回填结合地表排水措施处理。但位于洞穴连通通道的塔位，不应采取夯实回填措施，宜采取避让措施。

## 四、黄土工程特性与主要物理力学指标

### （一）黄土的物理性质

我国湿陷性黄土在地域分布上具有以下的总体规律：由西北向东南，黄土的密度、含水率和强度都是由小变大，颗粒组成由粗变细，黏粒含量由少变多，压缩性和湿陷性都是由大变小，易溶盐含量由多变少。根据已有研究资料记载，不同区域湿陷性黄土的物理性质指标也各不相同，如表 17-4 所示。

**表 17-4　不同地区湿陷性黄土的物理性质**

| 分区 | 亚区 | 地貌 | 物理力学性质指标 | | | | | | | |
|---|---|---|---|---|---|---|---|---|---|---|
| | | | 含水率 $w$(%) | 天然密度 $\rho$ (g/cm³) | 液限 $w_L$ | 塑性指数 $I_p$ | 孔隙比 $e$ | 压缩系数 $a$ (MPa⁻¹) | 湿陷系数 $\delta_s$ | 自重湿陷系数 $\delta_{zs}$ |
| 陕西地区 Ⅰ | | 低阶地 | 6～25 | 1.20～1.80 | 21～30 | 7～12 | 0.70～1.20 | 0.10～0.90 | 0.02～00.200 | 0.010～0.200 |
| | | 高阶地 | 3～20 | 1.20～1.81 | 21～30 | 5～12 | 0.80～1.30 | 0.10～0.70 | 0.020～0.202 | 0.010～0.200 |
| 陇东—陕北—晋西地区Ⅱ | | 低阶地 | 10～24 | 1.40～1.70 | 20～30 | 7～13 | 0.97～1.18 | 0.26～0.67 | 0.019～0.079 | 0.005～0.041 |
| | | 高阶地 | 9～22 | 1.40～1.60 | 26～31 | 8～12 | 0.80～1.20 | 0.17～0.63 | 0.023～0.088 | 0.006～0.048 |
| 关中地区Ⅲ | | 低阶地 | 14～28 | 1.50～1.80 | 22～32 | 9～12 | 0.94～1.13 | 0.24～0.64 | 0.029～0.076 | 0.003～0.039 |
| | | 高阶地 | 11～21 | 1.40～1.70 | 27～32 | 10～13 | 0.95～1.21 | 0.17～0.63 | 0.030～0.080 | 0.005～0.042 |

续表

| 分区 | 亚区 | 地貌 | 物理力学性质指标 | | | | | | | |
|---|---|---|---|---|---|---|---|---|---|---|
| | | | 含水率 $w$(%) | 天然密度 $\rho$ (g/cm³) | 液限 $w_L$ | 塑性指数 $I_p$ | 孔隙比 $e$ | 压缩系数 $a$ (MPa⁻¹) | 湿陷系数 $\delta_s$ | 自重湿陷系数 $\delta_{zs}$ |
| 山西地区Ⅳ | 汾河流域区Ⅳ1 | 低阶地 | 9~19 | 1.50~1.70 | 25~29 | 8~12 | 0.94~1.10 | 0.24~0.87 | 0.030~0.070 | |
| | | 高阶地 | 11~18 | 1.50~1.60 | 27~31 | 10~13 | 0.97~1.18 | 0.17~0.62 | 0.027~0.089 | 0.007~0.040 |
| | 晋东南区Ⅳ2 | | 18~23 | 1.50~1.80 | 27~33 | 10~13 | 0.85~1.02 | 0.29~1.00 | 0.03~00.070 | |
| 河南地区Ⅴ | | | 16~21 | 1.60~1.80 | 26~32 | 10~13 | 0.86~1.07 | 0.18~0.33 | 0.023~0.045 | |
| 冀鲁地区Ⅵ | 河北区Ⅵ1 | | 14~18 | 1.60~1.70 | 25~29 | 9~13 | 0.85~1.00 | 0.18~0.60 | 0.024~0.048 | |
| | 山东区Ⅵ2 | | 15~23 | 1.60~1.71 | 28~31 | 10~13 | 0.85~0.90 | 0.19~0.51 | 0.02~0.041 | |
| 边缘地区Ⅶ | 宁—陕区Ⅶ1 | | 7~13 | 1.40~1.60 | 22~27 | 7~10 | 1.02~1.14 | 0.22~0.57 | 0.032~0.059 | |
| | 河西走廊区Ⅶ2 | | 14~18 | 1.60~1.70 | 23~32 | 8~12 | | 0.17~0.36 | 0.029~0.050 | |
| | 内蒙古中部—辽西区Ⅶ3 | 低阶地 | 6~20 | 1.50~1.70 | 19~27 | 8~10 | 0.87~1.05 | 0.10~0.77 | 0.026~0.048 | 0.040~0.015 |
| | | 高阶地 | 12~18 | 1.50~1.90 | | 9~11 | 0.85~0.99 | 0.12~0.40 | 0.02~0.041 | 0.069~0.015 |
| | Ⅶ4 | | 6~24 | 1.40~1.56 | 26~28 | 8~9.5 | 0.58~1.31 | 0.10~1.77 | 0.015~0.116 | 0.015~0.052 |
| | 新疆地区Ⅶ5 | | 3~27 | 1.30~2.00 | 19~34 | 6~18 | 0.69~1.30 | 0.69~1.05 | 0.015~0.199 | |

**注** 本表来源于《黄土学》，孙建中等著。

(二) 黄土的力学性质

(1) 黄土的结构性。湿陷性黄土在一定条件下具有保持土的原始基本单元结构形式不被破坏的能力。这是由于黄土在沉积过程中的物理化学因素促使颗粒相互接触处产生了固化联结键，这种固化联结键构成土骨架具有一定的结构强度，使得湿陷性黄土的应力应变关系和强度特性表现出与其他土类明显不同的特点。湿陷性黄土在其结构强度未被破坏或软化的压力范围内，表现出压缩性低、强度高等特性。当结构性遭受破坏时，其力学性质将呈现屈服、软化、湿陷等性状。

(2) 黄土的欠压密性。湿陷性黄土由于特殊的地质环境条件，沉积过程一般比较缓慢，在此漫长过程中上覆压力增长速率始终比颗粒间固化键强度的增长速率要缓慢得多，使得黄土颗粒间保持着比较疏松的高孔隙度结构而未在上覆荷重作用下被固结压密，处在欠压密状态。

在低含水率情况下，黄土的结构性可以表现为较高的视先期固结压力，而使得超固结比 OCR 值常大于 1，一般可能达到 2~3。这种现象完全不同于表征土层应力历史和压密状态的超固结。湿陷性黄土实质上是欠压密土，而由于土的结构性所表现出来的超固结称为视超固结。

(3) 黄土的压缩性。湿陷性黄土的压缩系数一般介于 0.1~1.0MPa$^{-1}$之间。湿陷性黄土的压缩模量一般在 2.0~20.0MPa 之间，在结构强度被破坏之后，压缩模量一般随作用压力的增大而增大。实际试验结果表明，湿陷性黄土通过载荷试验结果按弹性理论公式算出的变形模量 $E_0$ 比由压缩试验得出的压缩模量 $E_s$ 大得多，两者的比值在 2~5。

由于黄土结构的复杂性和影响压缩变形的因素较多，所以黄土的压缩性与其物理性质（如孔隙比）之间没有很明显的对应关系。

(4) 黄土的抗剪强度。黄土的抗剪强度除与土的颗粒组成、矿物成分、黏粒和可溶盐含量等有关外，主要取决于土的含水率和密实程度。当黄土的含水率低于塑限时，水分变化对强度的影响较大，直剪仪中用慢剪法得出的试验结果表明，对于塑限为 18.2%~20.7%的黄土，当含水率由 7.8%增加到 18.2%时，内摩擦角和黏聚力都降低了约 1/4 左右；当含水率超过塑限时，抗剪强度降低幅度相对较小；而超过饱和含水率后，抗剪强度变化不大。当土的含水率相同时，土的干密度越大，则抗剪强度就越高。黄土在不同干密度、不同含水率的抗剪强度指标，见表 17-5。

**表 17-5　　黄土在不同干密度、不同含水率的抗剪强度指标**

| $\rho_d$(g/cm³) | $w$(%) | $\varphi$(°) | $c$(kPa) |
|---|---|---|---|
| 1.25～1.27 | 3.9 | 39°20′ | 70 |
| 1.25～1.27 | 8.6 | 33°50′ | 52 |
| 1.25～1.27 | 14.5 | 31°20′ | 32 |
| 1.25～1.27 | 19.2 | 30°10′ | 21 |
| 1.25～1.27 | 23.8 | 26°20′ | 6 |
| 1.25～1.27 | 27.9 | 26°0′ | 2 |
| 1.36～1.38 | 6.1 | 36°50′ | 80 |
| 1.36～1.38 | 9.5 | 35°0′ | 65 |
| 1.36～1.38 | 12.8 | 31°20′ | 46 |
| 1.36～1.38 | 15.1 | 29°0′ | 35 |
| 1.36～1.38 | 20.6 | 28°20′ | 20 |
| 1.36～1.38 | 25.4 | 26°30′ | 10 |
| 1.36～1.38 | 26.5 | 25°20′ | 5 |
| 1.42～1.44 | 7.0 | 34°10′ | 96 |
| 1.42～1.44 | 12.1 | 28°50′ | 58 |
| 1.42～1.44 | 15.8 | 28°30′ | 46 |
| 1.42～1.44 | 18.3 | 29°20′ | 40 |
| 1.42～1.44 | 21.0 | 27°0′ | 26 |
| 1.42～1.44 | 23.3 | 26°30′ | 20 |
| 1.42～1.44 | 25.6 | 25°50′ | 10 |
| 1.48～1.50 | 7.8 | 37°10′ | 157 |
| 1.48～1.50 | 10.0 | 33°0′ | 120 |
| 1.48～1.50 | 14.4 | 28°20′ | 80 |
| 1.48～1.50 | 18.5 | 26°30′ | 52 |
| 1.48～1.50 | 24.4 | 26°0′ | 20 |
| 1.53～1.55 | 14.3 | 36°10′ | 132 |
| 1.53～1.55 | 17.7 | 34°30′ | 100 |
| 1.53～1.55 | 21.6 | 31°20′ | 70 |
| 1.53～1.55 | 23.9 | 26°10′ | 42 |
| 1.53～1.55 | 25.6 | 25°40′ | 31 |
| 1.53～1.55 | 26.8 | 25°10′ | 26 |

引　《工程地质手册》(第五版)。

（5）黄土的湿陷性。黄土的湿陷性与其形成的时代和物理性质密切相关。根据已有相关资料，黄土的湿陷性具有如下规律：在标准试验压力下（不含大压力），晚更新世、全新世黄土一般具有湿陷性，中更新世黄土顶部具有湿陷性，早更新世黄土不具有湿陷性；湿陷性黄土的孔隙比 $e$ 一般为 0.85～1.24，大多数在 1.0～1.1 之间，西安地区的黄土当 $e<0.9$，兰州地区的黄土当 $e<0.86$，一般不具湿陷性或湿陷性很弱；黄土的天然含水率与湿陷性关系密切，三门峡地区当 $w>23\%$、西安地区当 $w>24\%$、兰州地区当 $w>25\%$时，一般就不具湿陷性；饱和度愈小，黄土的湿陷系数愈大，西安地区当 $S_r$

>75%时，黄土已不具湿陷性；液限也是影响黄土湿陷性的一个重要指标，当黄土液限 $w_L>30\%$时，黄土的湿陷性一般较弱。

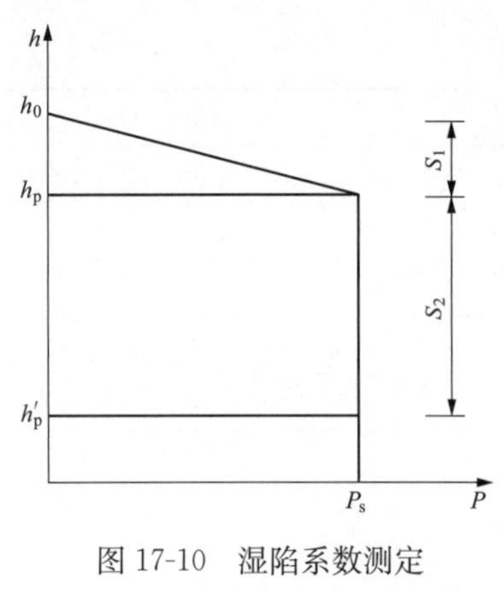

图 17-10 湿陷系数测定

黄土的湿陷性可分为自重湿陷性和非自重湿陷性。在上覆土的自重压力下受水浸湿，发生显著附加下沉的湿陷性黄土，称为自重湿陷性黄土；在上覆土的自重压力下受水浸湿，不发生显著附加下沉的湿陷性黄土，称为非自重湿陷性黄土。自然界的湿陷碟就是黄土自重湿陷的产物。

黄土的湿陷变形除了与土本身密度和结构性有关外，主要取决于土的初始含水率和浸水饱和时的作用压力。初始含水率 $\omega_0$ 较低的湿陷性黄土，其湿陷变形相对较大。

湿陷系数 $\delta_s$ 是判定黄土湿陷性的定量指标，由室内压缩试验测定（图 17-10）。计算如式（17-1）所示。

$$\delta_s=\frac{h_p-h'_p}{h_0} \tag{17-1}$$

式中 $h_p$——保持天然湿度和结构的试样，加至一定压力时，下沉稳定后的高度，mm；

$h'_p$——上述加压稳定后的试样，在浸水（饱和）作用下，附加下沉稳定后的高度，mm；

$h_0$——试样的原始高度，mm。

湿陷压力系指产生湿陷变形时所作用的压力，称为湿陷压力 $P$，kPa。GB 50025《湿陷性黄土地区建筑规范》规定，测定湿陷系数的试验压力，应自基础底面（如基底标高不确定时，自地面下 1.5m）算起，10m 以内的土层应采用 200kPa，10m 以下至非湿陷性土层顶面，应采用其上覆土的饱和自重压力（当大于 300kPa 时，仍采用 300kPa）。当基底压力大于 300kPa 时，宜采用实际压力。对压缩性较高的新近沉积黄土，基底下 5m 以内的土层用 100～150kPa 压力，5～10m 和 10m 以下至非湿陷性黄土层顶面，应分别用 200kPa 和上覆土的饱和自重压力。

以湿陷压力 $P$ 为横坐标，相应的湿陷系数 $\delta_s$ 为纵坐标，绘制得出不同湿陷压力作用的湿陷系数曲线，即黄土的湿陷特性 $P—\delta_s$ 曲线（图 17-11）。$P—\delta_s$ 曲线可根据室内压缩试验（一般可用单线法或经过修正的双线法）结果绘制。

$P—\delta_s$ 曲线上呈现最大的湿陷系数峰值称为峰值湿陷系数，对应的湿陷压力称为峰值湿陷压力 $P_{sm}$，峰值湿陷系数和峰值湿陷压力一般随着黄土的初始含水率增大而降低。

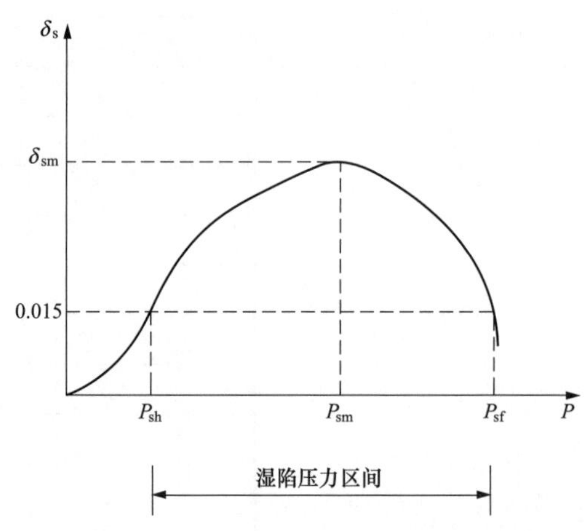

图 17-11 黄土的湿陷特性 $P—\delta_s$ 曲线

$P—\delta_s$ 曲线上湿陷性黄土的湿陷系数达到 0.015 时的最小湿陷压力称为湿陷起始压力 $P_{sh}$，湿陷性黄土的湿陷系数等于或大于 0.015 的最大湿陷压力称为湿陷终止压力 $P_{sf}$。湿陷起始压力随着土的初始含水率的增大而增大。当湿陷压力小于湿陷起始压力时，相应的湿陷系数将达不到 0.015，在非自重湿陷性黄土场地上，当地基内各土层的湿陷起始压力大于其附加压力与上覆土的饱和自重压力之和时，可按非湿陷性黄土地基设计。

### （三）黄土地基承载力

#### 1. 黄土地基承载力特征值

黄土地基的承载力与黄土的堆积年代、含水率（或饱和度）、密度（孔隙比或干密度）、粒度（黏粒含量、液限或塑性指数）和碳酸盐含量等密切相关。一般认为，堆积年代越早、液限（或黏粒含量、塑性指数）增大，对承载力的影响增大；含水率（或饱和度）和孔隙比的增大，对承载力的影响降低。

湿陷性黄土场地一般需要采取地基处理措施，地基承载力因处理方式不同而不同，因此黄土地区地基承载力特征值一般是根据静载荷试验、原位测试、公式计算，并结合工程实践经验综合确定。

2. 湿陷性黄土场地桩基承载力

（1）单桩竖向承载力。在湿陷性黄土层厚度等于或大于10m的场地，对于采用桩基础的甲类建筑和乙类中的重要建筑，其单桩竖向承载力特征值应在现场通过单桩竖向承载力静载荷浸水试验测定的结果确定；对于采用桩基础的其他建筑，当单桩竖向承载力静载荷试验不进行浸水时，其单桩竖向承载力特征值，可按有关经验公式和下列规定估算：

1）在非自重湿陷性黄土场地，当自重湿陷量的计算值小于50mm时，单桩竖向承载力应计入湿陷性土层内的桩长按饱和状态下的正侧阻力。

2）在自重湿陷性黄土场地，除不计湿陷性土层内的桩长按饱和状态下的正侧阻力外，尚应扣除桩侧的负摩擦力。桩侧负摩擦力应根据现场试验确定，有困难时可按表17-6中的数值估算。

**表17-6　　桩侧平均负摩擦力特征值**　　(kPa)

| 自重湿陷量的计算值（mm） | 钻、挖孔灌注桩 | 预制桩 |
|---|---|---|
| 70～200 | 10 | 15 |
| ＞200 | 15 | 20 |

为提高桩基的竖向承载力，在自重湿陷性黄土场地，可采取减小桩侧负摩擦力的措施。

（2）单桩水平承载力。湿陷性黄土地区，单桩水平承载力特征值宜通过现场水平静载荷浸水试验结果确定。

（3）大厚度自重湿陷性区域的线路工程，当塔位处于没有汇水和灌溉条件的山梁（峁）顶部时，桩侧摩擦力特征值可根据当地经验确定。

（四）黄土地基变形

湿陷性黄土地基变形包括压缩变形和湿陷变形。湿陷性黄土在荷载作用下产生压缩变形，其大小取决于荷载的大小和土的压缩性。在天然湿度和天然结构情况下，一般近似线性变形。湿陷性黄土在外荷不变的条件下，由于浸水使土的结构连续被破坏（或软化）产生湿陷变形，其大小取决于浸水的作用压力和土的湿陷性，属于一种特殊的塑性变形。湿陷性黄土在增湿时，其湿陷性降低，而压缩性增高，当达到饱和后，在荷载作用下土的湿陷性退化而全部转化为压缩性。

黄土地基的压缩变形计算可按GB 50007《建筑地基基础设计规范》有关公式计算。计算时，黄土地基的沉降计算经验系数$\psi_s$可按表17-7确定。

**表17-7　　黄土地基沉降计算经验系数$\psi_s$**

| 压缩模量当量值（MPa） | 3.0 | 5.0 | 7.5 | 10.0 | 12.5 | 15.0 | 17.5 | 20.0 |
|---|---|---|---|---|---|---|---|---|
| $\psi_s$ | 1.80 | 1.22 | 0.82 | 0.62 | 0.5 | 0.4 | 0.35 | 0.3 |

## 五、新近堆积黄土

### （一）新近堆积黄土的分布与野外特征

新近堆积黄土（$Q_4^2$）有坡积、洪积、风积、冲积和重力堆积（滑坡堆积、崩塌堆积）等成因，但以混合沉积为多，主要分布在黄土塬、梁、峁的坡脚和斜坡后缘，冲沟两侧及沟口处的洪积扇和山前坡积地带，河道拐弯处的内侧，河漫滩及低阶地，山间或黄土梁、峁之间凹地的表部，平原上被淹埋的沼洼地。

新近堆积黄土以几十年到百余年内形成的土质最差，结构疏松，锹挖甚易，土的颜色杂乱，灰黄、褐黄、黄褐、棕红等色相杂或相间，大孔排列紊乱，常混有颜色不一的土块，多虫孔和植物根孔，在裂隙或孔壁上常有钙质粉末或菌丝状白色条纹存在，常含有机质、斑状或条状氧化铁，有的混砂、砾或岩石碎屑，有的混碎砖陶瓷碎片或朽木等人类活动的遗物。

新近堆积黄土的厚度变化大，随地形起伏而异。水平和垂直方向上的岩性变化大，土质非常不均匀。

（二）新近堆积黄土的判断

当现场定性鉴别不明确时，可按下列试验指标判定为新近堆积黄土。

（1）在50～150kPa压力段的压缩变形较大，小压力下具有高压缩性。

（2）利用判别式判定，见式（17-2）、式（17-3）。

$$R=-68.45e+10.98a-7.16\gamma+1.18\omega \tag{17-2}$$

$$R_0=-154.80 \tag{17-3}$$

当$R>R_0$时，可将该土判定为新近堆积黄土。

式中 $e$——土的孔隙比；

$a$——压缩系数，$MPa^{-1}$，宜取50～150kPa或0～100kPa压力下的大值；

$\omega$——土的天然含水率，%；

$\gamma$——土的天然重度，$kN/m^3$。

## 第二节 勘 测 方 法

在湿陷性黄土地区勘测的主要手段有工程地质调查、井探、钻探、原位测试、现场试验等。原位测试常用的方法有轻型重力触探、标准贯入试验，静力触探等。由于输电线路的特殊性，现场试验常常难以开展，本章不再介绍。

### 一、工程地质调查

湿陷性黄土地区的地质调查应包括地貌调查、地层调查、水文地质调查及不良地质作用几个方面，具体要求如下：

（1）地貌调查应包括下列内容。

黄土的分布、地貌及微地貌类型及发育特征；黄土的侵蚀、堆积发育特征；新构造运动形迹、地震活动情况及与地貌形态、不良地质分布的关系；既有大面积挖土场地的挖深、边坡坡度及稳定情况。

（2）地层调查应包括下列内容。

黄土地层的年代、成因、土质特征；地层层序、结构、夹层、古土壤的分布及特征、层间接触面形态；黄土与下伏岩层接触面形态，下伏岩层的岩性及风化程度；黄土节理、裂隙的形态及贯通情况；与线路有关的既有填土场地黄土的厚度、密实程度、堆填时间、沉降特征、湿陷性及基底稳定性。

（3）水文地质调查应包括下列内容。

黄土层地下水位埋深、径流条件，特别是与下伏地层接触处的赋水情况及其动态变化；水库、池塘、渠道的浸没情况，渗漏情况，对地下水位的影响，水库坍岸、渠道变形情况；大气降水的汇集、径流对源、梁、阶地、山坡的作用及对山坡稳定的影响；沟床的变迁和地表水对谷坡的侵蚀情况；抽、排水对地下水位的影响，地下水位升降引起的地基病害情况。

（4）不良地质作用调查应包括下列内容。

滑坡、崩塌、泥石流、溯源侵蚀、黄土洞穴等不良地质的分布、性质、范围、规模、下伏地层及特征，并分析其产生原因及发展趋势；黄土塬、梁、阶地顶面及源边碟形洼地的分布、形态、产生的原因、环境条件及发展；既有建筑物的现状、变形情况及原因，人为活动情况及人为坑洞分布，不良地质治理工程情况及效果。

### 二、井探和钻探

当需查明沿线黄土的湿陷性和力学性质时，可采用井探或钻探方法。一般首选井探，使用钻探取样分析黄土湿陷性时，对钻探的要求较高。具体探井、钻机的取样要求和土样保护，详见第十章。

一般湿陷性黄土地区，采样间距宜为 1m，当层次清晰、土质均匀、地层规律性较强时也可分层取样；对于大厚度湿陷性黄土地区，取样间距可适当加大。勘探完毕后，应及时用原土分层回填夯实。

## 三、洛阳铲勘探

一般认为在陕北黄土高原地层就是厚层黄土，最多也就是夹有不同厚度和结核含量的古土壤层。但是，在近几年的输电线路中多次出现了黄土中夹薄砂层问题。这些砂层一般较薄，厚度 1～2m 左右，个别较厚，一层或多层出现。受思维定式和基础形式的影响，这些薄层常常会被遗漏，并因此导致了施工受阻，甚至设计变更。对于这种以查明地层结构为主的勘探，还可以采用洛阳铲勘探。这种勘探工具不仅带土效果良好，而且勘探深度较大，能够获取较多的地质资料，避免漏层，如图 17-12 和图 17-13 所示。

图 17-12 洛阳铲勘探作业

图 17-13 洛阳铲勘探岩芯

## 四、原位测试

输电线路湿陷性黄土勘测中常用的原位测试方法，主要包括标准贯入试验、静力触探试验及轻型动力触探（$N_{10}$）等。标准贯入试验、静力触探一般用于地形较平缓的黄土塬、台塬、阶地地段，在钻机进场困难的黄土梁峁地段，一般常选择轻型重力触探（$N_{10}$）。原位测试主要用于查明土层均匀性，评价地基土承载力、压缩模量、选择桩端持力层、预估沉桩可能性及单桩承载力等。各原位测试方法的具体操作和数据处理方法详见第十一章。

## 五、各勘测阶段要求及注意事项

### （一）可行性研究阶段勘测

本阶段勘测应对拟建线路经过地区的湿陷性黄土进行鉴别，调查了解黄土的时代、成因和分布特征，有无影响线路路径的不良地质现象和地质环境问题。勘测手段应以收集资料和地质调查为主，若资料较少，岩土工程特性难以掌握时，可适当布置井探或钻探。当线路路径中存在严重影响路径方案的不良地质作用问题，且线路路径难以避开时，应进行专项研究。本阶段勘测应坚持以下原则：

（1）了解沿线地形地貌特征，了解沿线湿陷性黄土的分布情况，进行工程地质分区。

（2）调查沿线不良地质作用的类型及易发区段，对沿线黄土滑坡、崩塌、陷穴、人为坑洞等不良地质作用集中发育地段，应建议设计调整路径，避开不良地质灾害影响地段。

### （二）初步设计阶段勘测

本阶段勘测应对拟建线路沿线的湿陷性黄土进行鉴别，调查了解黄土的时代、成因和分布特征，对影响线路路径的不良地质现象和地质环境问题进行详细调查。勘测手段应以收集资料和地质调查为主，可适当布置井探或钻探。

### （三）施工图设计阶段勘测

本阶段的勘测应针对具体塔位查明下列内容，并应结合杆塔的特点和设计要求，对场地、地基作出评价，对地基处理措施提出建议。具体内容如下：

(1) 黄土地层的时代、成因、厚度、主要的物理力学性质指标及地基土的承载力特征值。

(2) 判断场地湿陷类型和地基湿陷等级，并工程地质分区。

(3) 地下水的埋深、塔位处汇水条件、灌溉条件等地质环境调查。

勘测工作量布置应根据电压等级、不同的地貌单元进行布置。勘探点应布置在塔位中心、塔腿位置或其他不影响后续基础施工的位置。勘探点的深度，应根据湿陷性黄土层的厚度和基础埋深确定，应有一定数量的勘探点穿透湿陷性黄土层。

勘测手段可根据地形地貌条件选择。黄土塬、台塬、阶地区，可选择钻探、井探、原位测试相结合的手段；黄土梁峁区，勘测应以地质调查为主，结合井探、轻型触探完成，当存在下伏基岩时，可采取洛阳铲查明覆盖层的厚度。

定位勘测阶段，塔位选择应坚持宏观与微观相结合，整体与局部对比分析的原则。

首先，从宏观上分析山梁的整体稳定性。通过三维立体影像、遥感图片等能反应大范围地形地貌的图片或图件，观察坡体是否完整、是否有滑坡和大冲沟存在、山梁是否有汇水的地形、浅层冲沟是否有落水洞发育等。

其次，从微观上分析塔位附近的地质环境，判断塔位的稳定性。一般从航片解译或实地地质调查来完成，是线路终勘定位阶段最重要的工作。在湿陷性黄土地区，一般关注以下几个方面：

(1) 杆塔尽量放在梁顶或放置在缓坡上，一般土坡坡度大于35°时，不宜放塔。

(2) 关注塔位附近坎高、沟深、洞深及到中心桩（或塔腿中心）的距离，以满足安全要求为原则。

(3) 关注塔基附近冲沟的发育阶段，一般长有植被的冲沟，多处于老年期，以深大冲沟为主，继续发育的可能性较小，安全距离可以适当放宽；对于没有植被发育，且正在发育的冲沟，多处于青年期，以中小冲沟为主，有进一步发育的可能性，应避免在冲沟发育的方向选择塔位，且需要加大保护距离，一般可考虑1倍沟深的安全距离。

(4) 关注有双沟同源的坡面，应判断双沟交汇的可能性，应尽量避免将塔位置于两沟之间。

(5) 关注崩塌与塔腿的位置，塔腿应尽量放在陡坎下部或陡坎间宽大的平台上，必要时，可建议结构专业采取适当的清除、支挡及拦截等工程处理措施。

(6) 关注沿山脚或山麓走线的塔位，应避免在沟口立塔，在沟侧立塔时需要考虑适当的防冲措施。

(7) 关注塔位附近落水洞、暗穴的发育情况。当对塔位稳定性有影响时，应建议夯实分层回填结合地表排水措施处理，但位于洞穴连通通道的塔位，不应采取夯实回填措施，宜采取避让措施。

(四) 工程地质区段划分

黄土的湿陷性受地形地貌影响较大。一般情况下，在同一地貌单元，黄土湿陷类型具有较好的一致性，但湿陷等级会略有差别，这主要取决于黄土的沉积部位和沉积环境。例如，在同一地貌单元上，探井分布在山梁顶部和山梁斜坡上时，黄土湿陷性可能同为自重湿陷性，但湿陷等级可能为Ⅱ－Ⅳ级不等。根据黄土地区送电线路杆塔地基处理原则，建议黄土湿陷性工程地质区段按湿陷类型和湿陷等级划分，即：①非自重湿陷区段，包含Ⅰ、Ⅱ级非自重湿陷；②Ⅱ级自重湿陷区段，包含Ⅱ级自重湿陷；③Ⅲ～Ⅳ级自重湿陷区段，包含Ⅲ、Ⅳ级自重湿陷。

## 第三节　评价方法及要求

### 一、黄土湿陷性评价

(一) 湿陷性判断

根据我国黄土地区的工程实践经验确定，以湿陷系数是否大于或等于0.015作为判定黄土湿陷性的界限值。

当湿陷系数$\delta_s$值小于0.015时，应定为非湿陷性黄土；当湿陷系数$\delta_s$值等于或大于0.015时，应定为湿陷性黄土。

（二）湿陷程度

湿陷性黄土的湿陷程度，可根据湿陷系数 $\delta_s$ 值的大小分为下列三种：

（1）当 $0.015 \leqslant \delta_s \leqslant 0.03$ 时，湿陷性轻微；

（2）当 $0.03 < \delta_s \leqslant 0.07$ 时，湿陷性中等；

（3）当 $\delta_s > 0.07$ 时，湿陷性强烈。

（三）湿陷下限

将一个钻孔或探井中，最深的一个湿陷系数 $\delta_s \geqslant 0.015$ 的土样代表的深度作为湿陷下限。由于湿陷系数与施加的荷载有关，常常与自重湿陷系数判断的下限不一致，由于自重湿陷下限是一个明确而确定的值，因此工程中常常用自重湿陷下限的深度作为湿陷下限的判定标准。湿陷下限的判定可以通过室内试验或现场浸水试验得到。当现场浸水试验结果与室内试验结果不一致时，应根据现场试验结果对室内试验湿陷下限进行修正。

（四）湿陷起始压力

（1）当按现场静载荷试验结果确定时，应在 $P—S_s$（压力与浸水下沉量）曲线上，取其转折点所对应的压力作为湿陷起始压力值。当曲线上的转折点不明显时，可取浸水下沉量（$S_s$）与承压板直径（$d$）或宽度（$b$）之比值等于 0.017 所对应的压力作为湿陷起始压力值。

（2）当按室内压缩试验结果确定时，在 $P—\delta_s$ 曲线上宜取 $\delta_s = 0.015$ 所对应的压力作为湿陷起始压力值。

（五）黄土场地湿陷类型的判定

（1）自重湿陷量的计算。

湿陷性黄土场地自重湿陷量的计算值 $\Delta zs$，应按式（17-4）计算：

$$\Delta zs = \beta_0 \sum_{i=1}^{n} \delta_{zsi} \cdot h_i \tag{17-4}$$

式中 $\delta_{zsi}$——第 $i$ 层土的自重湿陷系数；

$h_i$——第 $i$ 层土的厚度，mm；

$\beta_0$——因地区土质而异的修正系数，在缺乏实测资料时，可按下列规定取值：陇西地区取 1.50；陇东—陕北—晋西地区取 1.20；关中地区取 0.90；其他地区取 0.50。

自重湿陷量的计算值 $\Delta zs$，应自天然地面（当挖、填方的厚度和面积较大时，应自设计地面）算起，至其下非湿陷性黄土层的顶面止，其中自重湿陷系数 $\delta_{zs}$ 值小于 0.015 的土层不累计。

（2）湿陷量的计算。

湿陷性黄土地基受水浸湿饱和，其湿陷量计算值 $\Delta s$ 应按式（17-5）计算：

$$\Delta s = \sum_{i=1}^{n} \beta \delta_{si} \cdot h_i \tag{17-5}$$

式中 $\delta_{si}$——第 $i$ 层土的湿陷系数；

$h_i$——第 $i$ 层土的厚度，mm；

$\beta$——考虑基底下地基土的受水浸湿可能性和侧向挤出等因素的修正系数，在缺乏实测资料时，可按下列规定取值：基底下 0～5m 深度内，取 $\beta = 1.50$；基底下 5～10m 深度内，取 $\beta = 1.0$；基底下 10m 以下至非湿陷性黄上层顶面，在自重湿陷性黄土场地，可取工程所在地区的 $\beta_0$ 值。

湿陷量的计算值 $\Delta s$ 的计算深度，应自基础底面（如基底标高不确定时，自地面下 1.50m）算起；在非自重湿陷性黄土场地，累计至基底下 10m（或地基压缩层）深度止；在自重湿陷性黄土场地，累计至非湿陷黄土层的顶面止。其中湿陷系数 $\delta_s$（10m 以下为 $\delta_{zs}$）小于 0.015 的土层不累计。

（3）场地湿陷类型。

1）当自重湿陷量的实测值 $\Delta'zs$ 或计算值 $\Delta zs$ 小于或等于 70mm 时，应定为非自重湿陷性黄土场地；

2）当自重湿陷量的实测值 $\Delta'zs$ 或计算值 $\Delta zs$ 大于 70mm 时，应定为自重湿陷性黄土场地；

3）当自重湿陷量的实测值和计算值出现矛盾时，应按自重湿陷量的实测值判定。

（六）黄土地基湿陷等级的判定

湿陷性黄土地基的湿陷等级，应根据湿陷量的计算值和自重湿陷量的计算值等因素，按表 17-8 判定。

**表 17-8　湿陷性黄土地基的湿陷等级**

| 湿陷类型 / $\Delta zs$（mm） / $\Delta s$(mm) | 非自重湿陷性场地 | 自重湿陷性场地 | |
|---|---|---|---|
| | $\Delta zs \leqslant 70$ | $70 < \Delta zs \leqslant 350$ | $\Delta zs > 350$ |
| $\Delta s \leqslant 300$ | Ⅰ（轻微） | Ⅱ（中等） | |
| $300 < \Delta s \leqslant 700$ | Ⅱ（中等） | Ⅱ（中等）或Ⅲ（严重） | Ⅲ（严重） |
| $\Delta s > 700$ | Ⅱ（中等） | Ⅲ（严重） | Ⅳ（很严重） |

注　当湿陷量的计算值 $\Delta s > 600$mm、自重湿陷量的计算值 $\Delta zs > 300$mm 时，可判为Ⅲ（严重）级，其他情况可判为Ⅱ级。

## 二、其他湿陷性土评价

（一）湿陷性

在 200kPa 压力下浸水载荷试验的附加湿陷量与承压板宽度之比等于或大于 0.023 的土，应判定为湿陷性土。

（二）湿陷程度

湿陷性土的湿陷程度分类，见表 17-9。

**表 17-9　湿陷程度分类**

| 试验条件 / 湿陷程度 | 附加湿陷量 $\Delta F_s$(cm) | |
|---|---|---|
| | 承压板面积 0.50$m^2$ | 承压板面积 0.25$m^2$ |
| 轻微 | $1.6 < \Delta F_s \leqslant 3.2$ | $1.1 < \Delta F_s \leqslant 2.3$ |
| 中等 | $3.2 < \Delta F_s \leqslant 7.4$ | $2.3 < \Delta F_s \leqslant 5.3$ |
| 强烈 | $\Delta F_s > 7.4$ | $\Delta F_s > 5.3$ |

注　对能用取土器取得不扰动试样的湿陷性粉砂，其试验方法和评定标准按现行国家标准 GB 50025《湿陷性黄土地区建筑规范》执行。

（三）湿陷量的计算

湿陷性土地基受水浸湿至下沉稳定为止的总湿陷量 $\Delta s$(cm)，应按下式计算：

$$\Delta s = \sum_{i=1}^{n} \beta \Delta F_{si} h_i \tag{17-6}$$

式中　$\Delta F_{si}$——第 $i$ 层土浸水载荷试验的附加湿陷量，cm；

$h_i$——第 $i$ 层土的厚度，cm，从基础底面（初步勘测时自地面下 1.5m）算起，$F_{si}/b < 0.023$ 的不计入；

$\beta$——修正系数，cm，承压板面积为 0.50$m^2$ 时，$\beta = 0.014$；承压板面积为 0.25$m^2$ 时，$\beta = 0.020$。

（四）湿陷等级的判定

湿陷性土地基的湿陷等级的判定，见表 17-10。

表 17-10　　地基湿陷等级的判定

<table>
<tr><th>总湿陷量 $\Delta S$（cm）</th><th>湿陷性土总厚度（m）</th><th>湿陷等级</th></tr>
<tr><td rowspan="2">$5<\Delta S\leqslant 30$</td><td>>3</td><td>Ⅰ</td></tr>
<tr><td>≤3</td><td rowspan="2">Ⅱ</td></tr>
<tr><td rowspan="2">$30<\Delta S\leqslant 60$</td><td>>3</td></tr>
<tr><td>≤3</td><td rowspan="2">Ⅲ</td></tr>
<tr><td rowspan="2">$\Delta S>60$</td><td>>3</td></tr>
<tr><td>≤3</td><td>Ⅳ</td></tr>
</table>

## 第四节　地基处理方法

黄土湿陷性对线路的危害主要表现为两类：一是因地基湿陷而产生杆塔倾斜；二是因水土流失而造成的塔位失稳。因此，对输电线路而言，湿陷性黄土的处理最关键的是对水的处理。对水的下渗影响的处理一般表现为地基处理，对水土的流失处理一般表现为防水处理。另外，合适的基础形式和施工组织也对湿陷性黄土地区杆塔稳定性起到较大的保障作用。

### 一、防水处理

通畅良好的基面排水，有利于基面挖方形成的边坡及基础保护范围外临空面的土体稳定。塔位有坡度时，为防止上山坡侧地面径流对基面的冲刷，对可能出现较大汇水面且土层较厚的塔位均需在塔位上坡侧，依山势设置环状排水沟，以拦截和排除地面径流。排水沟施工与降基面、基坑开挖同步进行，距最近基础不小于 5m。基面排水坡度尽可能向基础保护范围大的缓坡方向倾斜，引导水流从此方向排出，减缓水流对塔基及下山坡山体表面的冲刷。常用的排水沟设置如图 17-14 所示。

另外，工程实际中，也有在塔基上边坡方向上通过人工修筑土陇来达到截水的目的。

图 17-14　排水沟实例

### 二、地基处理

湿陷性黄土地基处理主要有两个作用：一是消除地基处理范围内的湿陷性及提高地基承载力、降低压缩性、提高水稳性等；二是对人工处理地基以下的剩余湿陷性土层，起到防止地表水、雨水、管网水及某些侧向水的浸入。

地基处理方法的选择宜根据建筑类别和场地工程地质条件，考虑施工设备、进度要求、材料来源和施工环境等因素，经技术经济比较后综合确定。比较常用的处理湿陷性黄土地基的方法有垫层法、强夯法、挤密法。各处理方法适用范围及处理厚度如表 17-11 所示。

表 17-11　　湿陷性黄土地基常用的处理方法

| 方法名称 | 适用范围 | 可处理的湿陷性黄土层厚度（m） |
|---|---|---|
| 垫层法 | 地下水位以上 | ≤4 |
| 强夯法 | 地下水位以上，$S_r\leqslant 60\%$的湿陷性黄土 | 3～8，分层强夯时深度可加倍 |
| 挤密法 | 地下水位以上，$S_r\leqslant 65\%$的湿陷性黄土 | 5～25 |
| 预浸水法 | Ⅲ、Ⅳ的自重湿陷性黄土场地 | 从地面算起 6m 以下的湿陷性土层 |
| 注浆法 | 可灌性较好的湿陷性黄土（需经试验验证注浆效果） | 现场试验确定 |

根据DL/T 5219《架空输电线路基础设计技术规程》，黄土地区330kV及以上的送电线路杆塔地基处理原则可根据线路电压等级、杆塔的重要性及黄土湿陷等级采取不同的处理方式。一般处理方法如下：

（1）大跨越、重要跨越塔及高塔（100m及以上）可按乙类建筑考虑，应尽量避开湿陷性黄土地区，若不能避开时应采取可靠的地基处理方式，处理方法可从表17-11选取。

（2）在Ⅲ、Ⅳ级自重湿陷性黄土地区的转角塔和塔高50m及以上的悬垂型杆塔可按丙类建筑考虑，消除地基部分湿陷量的最小处理厚度可按表17-12选取。

（3）塔高在50m以下悬垂型杆塔（不含水浇地）按丁类考虑。

（4）黄土地区的杆塔，其基面都要做好防水措施，土表层严格夯实并设散水坡和排水沟，基础远离水渠和水管10m以上。

**表17-12　消除地基部分湿陷量的最小处理厚度**（m）

| 地基湿陷等级 | 湿陷类别 | | |
|---|---|---|---|
| | 非自重湿陷性场地 | 自重湿陷性场地 | |
| | | 直线杆塔 | 转角、终端杆塔 |
| Ⅱ | 不处理 | 防水措施 | 防水措施 |
| Ⅲ | | 1.0～1.5 | 1.5～2.0 |
| Ⅳ | | 1.5～2.0 | 2.0～2.5 |

注　1. 地基处理宽度：悬垂型杆塔为基础边宽加上0.6～1.0m；耐张转角、终端杆塔为基础边宽加上1.0～1.5m。
2. 220kV线路可根据上述要求酌情处理。

## 三、基础形式选择

湿陷性黄土地区，土壤比较松散，水敏性较强，扰动后土体强度损失较快，易引发地质灾害，建议基础型式多选用原状土基础，但是，具有灌溉条件和汇水条件的塔位不宜选择原状土基础，一般选择大开挖基础形式，并采取适宜的地基处理措施。

采用原状土开挖基础，可有效地减少水土流失，降低了开挖土方对环境的影响，是目前黄土地区常用的基础形式。工程中常用的原状基础有掏挖基础和人工挖孔桩基础。在黄土梁峁顶处没有灌溉和汇水条件时，可选用该类基础形式。当地形狭窄、基础外负荷较大时，如重要的转角塔、跨越塔，人工挖孔桩相对掏挖基础优势明显，鉴于黄土基坑成型性好的特点，还可以通过扩底，来提高承载力。

## 四、施工注意事项

（1）基坑开挖。基础施工时，尽量缩短基坑暴露时间，及时浇筑基础，同时做好基面及基坑的排水工作，保证塔位和基坑不积水。

（2）弃土堆放。开挖基面和基坑时，对开挖出来的弃土弃渣搬运至对塔位稳定影响小且不影响环境的低洼处或坡度较缓的地方分散堆放完成后，并采用有效的防护措施。

（3）植被保护。在湿陷性黄土地区，冲沟发育，水土流失严重，生态环境相对脆弱，塔位一般选在河（沟）两侧黄土残塬、黄土梁上，施工时需注意对塔基附近植被的保护，施工完毕后需恢复破坏了的植被，防止塔位周围水土流失，影响塔基的稳定性。

（4）塔基及其周边洞穴的处理。线路经过的黄土地区塔基及其周边常常发育有落水洞、人工洞穴及鼠洞，在施工时除了按设计的要求对塔基以下的落水洞、人工洞穴及鼠洞实施处理外，还需对塔基周边发育的落水洞、人工洞穴及鼠洞进行处理，防止由于其进一步发展影响线路安全运行，建议用素土或灰土进行回填夯实处理，并采取必要的防水、排水措施。

（5）施工措施。对于设有排水沟的塔基，严格按设计施工，切实做好沟道的防渗处理，防止发生渗漏，导致塔基黄土湿陷发生。每年雨季和每次暴雨后，对防洪沟、排水沟、雨水明渠等，详细进行检查，清除淤积物，整理沟堤，保证排水畅通。并对塔位周围的边坡及冲沟的发育情况及时了解。

## 第五节　工　程　实　例

### 一、工程概况

某750kV输电线路工程起自渭南市临渭区信义（渭南）750kV变电站，经洛川（延安）750kV变电站，接入榆横750kV变电站，跨越13个县（区），使用杆塔769基，线路总长度2×416.4km。

沿线跨越渭河阶地、渭北黄土台塬、中低山、黄土塬梁沟壑、黄土塬、黄土梁峁沟壑、毛乌素沙漠等7个地貌单元。线路路径以山地为主，地形起伏较大，海拔在345.5～1528.8m，最大高差约300m，沿线水土流失严重，地形侵蚀切割强烈，地形条件复杂，工程地质问题突出，包含饱和黄土、湿陷性黄土、黄土滑坡等诸多问题。

### 二、工作方案

初步设计阶段：在研究可研资料的基础上，进行了现场踏勘，联合设计进行补充收资工作。通过搜集沿线已有工程地质资料，根据地貌单元和与线路的位置关系选择合适的参考资料，初步掌握了沿线主要的工程地质问题和岩土工程勘测工作的重点和难点，确立研究专题。

施工图设计阶段：在初步设计资料的基础上，针对具体塔位开展了工程地质调查、钻探、原位测试、探井、土工试验等工作。

（1）工程地质调查。逐基进行，每基塔调查范围100×100m，调查拟选塔位总体工程地质条件，确认塔位稳定性。

（2）钻探和原位测试。沿线以小型钻探为主，在复杂地段的重要塔位安排钻机钻探和原位测试，主要用于判断地层岩性、力学性质，判断地基土力学性质；在钻机进场困难段，采取PANDA轻型静力触探仪进行原位测试。

（3）探井。重点在黄土塬、梁沟壑段布置探井，用于判断沿线黄土性质，解决黄土湿陷性问题。

（4）土工试验。土常规试验、剪切试验、黄土湿陷性试验、砂土颗分试验、饱和粉土的黏粒含量试验等。

### 三、地基土主要物理力学性质指标

根据收集资料、土工试验成果和原位测试结果并结合当地工程经验，提供沿线岩土主要物理力学性质指标见表17-13。

**表17-13　沿线岩土主要物理力学性质指标**

| 岩性＼指标 | 天然重度 $\gamma$ (kN/m$^3$) | 黏聚力 $c$ (kPa) | 内摩擦 $\varphi$(°) | 地基承载力特征值 $f_{ak}$(kPa) | 分段 |
|---|---|---|---|---|---|
| 黄土状粉质黏土 | 15.0 | 20 | 25 | 150 | J1～Z76 |
| 黄土状粉土 | 18.0 | 15 | 16 | 100 | |
| 黄土 | 15.5 | 30 | 25 | 150 | Z77～Z127 |
| 黄土 | 16.5 | 31 | 27 | 150 | J128～Z156 |
| 黄土 | 15.5 | 34 | 25 | 150 | Z157～Z210 |
| 黄土 | 15.0 | 35 | 20 | 140 | Z211～J303 |
| 黄土 | 15.0 | 29 | 18 | 140 | J304～J341 |

续表

| 岩性 \ 指标 | 天然重度 $\gamma$ ($kN/m^3$) | 黏聚力 $c$ (kPa) | 内摩擦 $\varphi$ (°) | 地基承载力特征值 $f_{ak}$ (kPa) | 分段 |
|---|---|---|---|---|---|
| 黄土 | 15.1 | 30 | 20 | 150 | J342～Z409 |
| 黄土 | 15.1 | 38.6 | 21 | 150 | Z410～Z513 |
| 黄土 | 14.4 | 28 | 21.2 | 140 | J514～Z547 |
| 黄土 | 15.8 | 42.5 | 20.5 | 160 | Z548～J584 |
| 黄土 | 15.3 | 30.8 | 19.4 | 140 | Z585～J609 |
| 黄土 | 15.1 | 30 | 21.8 | 150 | Z610～Z711 |
| 黄土 | 16.5 | 41 | 19.6 | 170 | Z712～Z759 |

## 四、沿线黄土湿陷性评价及分区

根据土工试验结果，依据 GB 50025《湿陷性黄土地区建筑规范》，对沿线地基岩土进行湿陷性评价。自重湿陷量计算值 $\Delta zs$ 自天然地面算起，修正系数 $\beta_0$ 陕北地区取 1.20，关中地区取 0.90；湿陷量的计算值自地面下 4.5m 算起（基础埋深 4.5m），修正系数 $\beta$，基底下 0～5m，即深度 4.5～9.5 以内取 $\beta=1.5$；深度 9.5～14.5m 以内取 $\beta=1.0$，深度 14.5m 以下 $\beta$ 取地区土质修正系数。各地段的评价结果见表 17-14。

**表 17-14　　沿线黄土地基的湿陷类型和湿陷等级计算成果表**

| 取样孔编号 | 深度 (m) | 自重湿陷量 $\Delta zs$ (mm) | 湿陷量 $\Delta s$ (mm) | 湿陷下限深度 (m) | 湿陷类型及等级 | 备注 |
|---|---|---|---|---|---|---|
| | | | | 6.8 | 自重，Ⅱ | 参考信义 750kV 变资料 |
| 1 | 12 | | | | 非湿陷性黄土场地 | 探井资料 |
| 2 | 11.5 | 0 | 69 | 7 | 非自重，Ⅰ（轻微） | 探井资料 |
| 3 | 13 | | | | 非湿陷性黄土场地 | 钻孔资料 |
| 4 | 13 | 80 | 267.4 | 12.8 | 自重，Ⅱ（中等） | 探井资料 |
| 5 | 14 | 195 | 545 | 14 | 自重，Ⅱ（中等） | 探井资料 |
| 6 | 15 | 366 | 840 | 15 | 自重、Ⅳ（严重） | 探井资料 |
| 7 | 12 | 132 | 384 | 12 | 自重，Ⅱ（中等） | 探井资料 |
| 8 | 13 | 243 | 487 | >12 | 自重，Ⅱ（中等） | 探井资料 |
| 9 | 16.5 | 405 | 545 | >16 | 自重，Ⅲ（严重） | 探井资料 |
| | | | | 18.5 | 自重，Ⅳ（严重） | 参考洛川 750kV 变资料 |
| 10 | 18.5 | 136.8 | 621.3 | >19.1 | 自重，Ⅱ（中等） | 探井资料 |
| 11 | 15 | 228 | 503.7 | 13.1 | 自重，Ⅱ（中等） | 探井资料 |
| 12 | 15 | 86.4 | 227.2 | 13.1 | 自重，Ⅱ（中等） | 探井资料 |
| 13 | 15.5 | 372 | 545.42 | >15.1 | 自重，Ⅲ（严重） | 探井资料 |
| 14 | 12 | 144 | 269.4 | 7.1 | 自重，Ⅱ（中等） | 探井资料 |
| 15 | 14.8 | 40.8 | 241.6 | 13.1 | 非自重，Ⅰ（轻微） | 探井资料 |
| 16 | 15.2 | 0 | 154.1 | >15.1 | 非自重，Ⅰ（轻微） | 探井资料 |
| 17 | 14.5 | 77 | 558.2 | >15.1 | 自重，Ⅱ（中等） | 探井资料 |
| 18 | 14.5 | 0 | 153 | 9.1 | 非自重，Ⅰ（轻微） | 探井资料 |

沿线湿陷性黄土的湿陷类型及湿陷性等级分区如下：

(1) 非自重湿陷性区段：J3～Z72、Z585～J379、Z172～Z459 属于该区段，该区段主要分布在线路的两端，渭河阶地和沙漠的边缘区段，部分塔位甚至没有湿陷性，不需要采取地基处理。

（2）Ⅱ级自重湿陷性区段：J1～Z2、Z73～Z100、Z142～Z210、Z410～Z513、Z548～J584、Z380～Z711属于该区段，该区段主要分布在线路的渭北黄土台塬、黄土塬梁沟壑、黄土梁峁沟壑地貌单元，需要采取防水措施，不需要采取地基处理。

（3）Ⅲ、Ⅳ自重湿陷性区段：Z101～Z127、Z211～Z409、J514～Z547属于该区段，该区段主要分布在线路中部的黄土塬及两侧的台塬和梁峁局部地貌单元，除需要采取防水措施，尚需要采取地基处理。

## 五、地基处理分析

（1）位于渭河阶地上的塔位，地下水埋深浅，承载力低，抗剪强度小，易出现流沙和坑壁坍塌现象，建议采用开挖式基础。由于湿陷性轻微，不需要采取区地基处理措施，但需要考虑支护和施工降水措施。

（2）位于中低山上的塔位，地基土以石灰岩为主，岩石完整性较好，建议采用岩石掏挖式基础，无需进行地基处理。

（3）位于黄土塬、黄土台塬、黄土梁、峁上的塔位，地层为第四系更新统的风积黄土，直壁性能较好，可考虑采用掏挖式基础。但受湿陷性的影响，Ⅲ～Ⅳ级自重湿陷性区，若塔位处有汇水或灌溉条件，不宜选用掏挖基础，建议采取开挖式基础，并进行地基处理；Ⅱ级自重湿陷性区段，宜选用掏挖基础，采取必要的防水措施。地基处理建议采用灰土垫层法（灰土比2∶8或3∶7）。

对位于黄土梁、峁上斜坡的塔，为了保护生态环境，避免大面积的降基，建议尽量采用高低塔腿（不等高基础），以有效地减少土方开挖量和原始地貌和植被破坏，同时避免了因人工开挖边坡对整体塔基稳定产生不利影响。

# 第十八章 冻 土

## 第一节 概 述

### 一、冻土的定义和分类

（一）冻土的定义

冻土：指具有负温或零温度（℃）并含有冰的土（岩）。

季节冻结层：每年寒季冻结、暖季融化的地壳表层，其下卧层为融土层或不衔接多年冻土层。

季节融化层：每年寒季冻结、暖季融化的地壳表层，其下卧层为多年冻土层。

年平均地温：地温年变化深度处地温。

地温年变化深度：地表以下，地温在一年内变化不超过±0.1℃的深度，也称年零较差深度。

冻土现象：土体中水的冻结和融化作用所产生的新形成物和中小型地形，如冰椎、冻胀丘、融冻泥流和热融滑塌等冻土现象，亦称冰缘现象。

多年冻土上限：多年冻土层的顶面。

多年冻土下限：多年冻土层的底面。

活动层：多年冻土区暖季融化而寒季冻结的地表层。

地下冰：分布于冻土层中的含土冰层或纯冰层。

冻土融区：呈片状分布的多年冻土中多年处于不冻或融化的区域。

冻结层上水：多年冻土层上部融冻层中的地下水。

冻结层间水：埋藏于多年冻土层中的地下水。

（二）冻土的分类

（1）冻土按冻结状态待续时间，分为多年冻土、隔年冻土和季节冻土。

1）多年冻土。指持续冻结时间在2年或2年以上的冻土。本章内容主要针对多年冻土展开，如无特殊说明，下文中的冻土均指多年冻土。

2）季节冻土。地壳表层寒季冻结而在暖季又全部融化的土（岩）。

3）隔年冻土。指寒季冻结，而翌年暖季并不融化的那部分冻土。

（2）根据形成与存在的自然条件不同，可将多年冻土分为高纬度多年冻土和高海拔多年冻土。

（3）按水平分布分为大片多年冻土、岛状融区多年冻土和岛状多年冻土。

1）大片多年冻土。在较大的地区内呈片状分布。

2）岛状融区多年冻土。在冻土层中有岛状的不冻层分布。

3）岛状多年冻上。呈岛状分布在不冻土区域内。

（4）按垂直构造分为衔接的多年冻土和不衔接的多年冻土。

1）衔接的多年冻土。冻土层中没有不冻结的活动层，冻层上限与受季节性气候影响的季节性冻结层下限桶衔接。

2）不衔接的多年冻土。冻层上限与季节性冻结层下限不衔接，中间有一层不冻结层。

（5）按冻土中的易溶盐含量或泥炭化程度分类还可划分出盐渍化冻土及泥炭化冻土。

1）冻土中当易溶盐的含量超过表18-1中规定的限值时称盐渍化冻土。

**表18-1　　盐渍化冻土盐渍度的最小界限值**

| 土类 | 含细粒土砂 | 粉土 | 粉质黏土 | 黏土 |
|---|---|---|---|---|
| 盐渍度（%） | 0.10 | 0.15 | 0.20 | 0.25 |

**引**　JGJ 118《冻土地区建筑地基基础设计规范》表3.1.2。

盐渍化冻土的盐渍度和强度指标应符合下列规定：

①盐渍化冻土的盐渍度应按式（18-1）计算：

$$\zeta=\frac{m_g}{g_d}\times 100\% \tag{18-1}$$

式中 $m_g$——土中含易溶盐的质量，g；

$g_d$——土骨架质量，g。

②盐渍化冻土的强度指标应按 JGJ 118《冻土地区建筑地基基础设计规范》附录 A 的表 A. 0. 2-2、表 A. 0. 3-2 的规定取值。

2）冻土中当土的泥炭化程度超过规定的限值时称冻结泥炭化土，泥炭化程度限值对粗粒土来说为3%，对细粒土来说为 5%。

冻结泥炭化土的泥炭化程度和强度指标应符合下列规定：

①冻结泥炭化土的泥炭化程度应按式（18-2）计算：

$$\zeta=\frac{m_p}{g_d}\times 100\% \tag{18-2}$$

式中 $m_p$——土中植物残渣和成泥炭的质量，g；

$g_d$——土骨架质量，g。

②冻结泥炭化土的强度指标应按 JGJ 118《冻土地区建筑地基基础设计规范》附录 A 表 A. 0. 2-3、表 A. 0. 3-3 的规定取值。

③当有机质含量不超过 15%时，冻土的泥炭化程度可用重铬酸钾容量法，当有机质含量超过 15%时可用烧失量法测定。

（6）冻土根据其变形特性可分为坚硬冻土、塑性冻土与松散冻土：对于坚硬冻土，其压缩系数不应大于 0. 01$MPa^{-1}$，并可将其近似看成不可压缩土；对于塑性冻土，其压缩系数应大于 0. 01$MPa^{-1}$，在受力计算时应计入压缩变形量。当粗颗粒土的总含水率不大于 3%时，应确定为松散冻土。

（7）季节冻土与多年冻土季节融化层土，根据土平均冻胀率 $\eta$ 的大小可分为不冻胀土、弱冻胀土、冻胀土、强冻胀土和特强冻胀土五类表，具体分类见表 18-8 的规定。

（8）根据土融化下沉系数 $\delta_0$ 的大小，多年冻土可分为不融沉、弱融沉、融沉、强融沉和融陷土五类，分类见表 18-11 的规定。

（9）工程上最常见的是用含冰量的多少来划分冻土类型，分类见表 18-2。而多年冻土按含冰量及特征，可分为少冰冻土、多冰冻土、富冰冻土、饱冰冻土和含土冰层。

**表 18-2　冻土的含冰特征与定名**

| 土类 | 含冰特征 | | 冻土定名 |
|---|---|---|---|
| 未冻土 | 处于非冻结状态的土（岩） | 按现行 GB 50021《岩土工程勘察规范》进行定名 | — |
| 冻土 | 肉眼看不见分凝冰的冻土（N） | 胶结性差，易碎的冻土（$N_f$） | 少冰冻土（S） |
| | | 无过剩冰的冻土（$N_{bn}$） | |
| | | 胶结性良好的冻土（$N_b$） | |
| | | 有过剩冰的冻土（$N_{bc}$） | |
| | 肉眼可见分凝冰，但冰层厚度小于 2. 5cm 的冻土（V） | 单个冰晶体或冰包裹体的冻土（$V_x$） | |
| | | 在颗粒周围有冰膜的冻土（$V_c$） | 多冰冻土（D） |
| | | 不规则走向的冰条带冻土（$V_r$） | 富冰冻土（F） |
| | | 层状或明显定向的冰条带冻土（$V_s$） | 饱冰冻土（B） |
| 厚层冰 | 冰厚度大于 2. 5cm 的含土冰层或纯冰层（ICE） | 含土冰层（ICE+土类符号） | 含土冰层（H） |
| | | 纯冰层（ICE） | 纯冰层（ICE） |

**引**　GB 50324《冻土工程地质勘察规范》附录 B。

## 二、冻土的分布范围

我国多年冻土可分为高纬度多年冻土和高海拔多年冻土，前者分布在东北地区，后者分布在西部高山高原及东部一些较高山地（如大兴安岭南端的黄岗梁山地、长白山、五台山、太白山）。中国的冻土分布范围及类型见表 18-3 及图 18-1 中国冻土类型及分布范围。

东北冻土区为欧亚大陆冻土区的南部地带，冻土分布具有明显的纬度地带性规律，自北而南，分布的面积减少。本区有宽阔的岛状冻土区（南北宽 200～400km），其热状态很不稳定，对外界环境因素改变极为敏感。东北冻土区的自然地理南界变化在北纬 46°36′～49°24′，是以年均温 0℃等值线为轴线摆动于 0℃和±1℃等值线之间的一条线。

在西部高山高原和东部一些山地，一定的海拔以上（即多年冻土分布下界）方有多年冻土出现。冻土分布具有垂直分带规律，如祁连山热水地区海拔 3480m 出现岛状冻土带，3780m 以上出现连续冻土带；前者在青藏公路上的昆仑山上分布于海拔 4200m 左右，后者则分布于 4350m 左右。青藏高原冻土区是世界中、低纬度地带海拔最高（平均 4000m 以上）、面积最大（超过 100 万 $km^2$）的冻土区，其分布范围北起昆仑山，南至喜马拉雅山，西抵国界，东缘至横断山脉西部、巴颜喀拉山和阿尼马卿山东南部。在上述范围内有大片连续的多年冻土和岛状多年冻土。在青藏高原地势西北高、东南低，年均温和降水分布西、北低，东、南高的总格局影响下，冻土分布面积由北和西北向南和东南方向减少。高原冻土最发育的地区在昆仑山至唐古拉山南区间，本区除大河湖融区和构造地热融区外，多年冻土基本呈连续分布。往南到喜马拉雅山为岛状冻土区，仅藏南谷地出现季节冻土区。中国高海拔多年冻土分布也表现出一定的纬向和经向的变化规律。冻土分布下界值随纬度降低而升高。二者呈直线相关。冻土分布下界值中国境内南北最大相差达 3000m，除阿尔泰山和天山西部积雪很厚的地区外，下界处年均温由北而南逐渐降低（由－3～－2℃以下）。西部冻土下界比雪线低 1000～1100m，其差值随纬度降低而减小。东部山地冻土下界比同纬度的西部高山一般低 1150～1300m。多年冻土的类型和分布见表 18-3。

表 18-3　多年冻土的类型和分布

| 类型 | | 分布地区 | 面积 ×$10^3$km$^2$ | 年平均气温（℃） | 年平均地温（℃） | 连续程度（℃） |
|---|---|---|---|---|---|---|
| 高纬度冻土 | 大片多年冻土 | 东北 | 380～390 | <-5.0 | -1.0～-2.0 有时达-4.2 | 65～75 |
| | 岛状融区多年冻土 | | | -3.5～-5.0 | -0.5～-1.5 | 50～60 |
| | 岛状多年冻土 | | | >3.0 | 0～-1.0 | 5～30 |
| 高海拔冻土 | 高山 | 阿尔泰山 | 11 | -5.4～-9.4（2700～2800m） | 0～-5.0（2200m 以上） | |
| | | 天山 | 63 | <-2.0（2700～2800m） | | |
| | | 祁连山 | 95 | <-2.0 | | 20～80 |
| | | 横断山 | 7～8 | -3.2～-4.9（4600～4900m） | | |
| 高海拔冻土 | 高山 | 喜马拉雅山 | 85 | <-2.5～-3.0（4900～5000m 以上） | | |
| | | 黄岗梁山 | | <-2.9（1500m 以上） | | |
| | | 长白山 | 7 | <-3.0～-4.0（3100～3200m 以上） | | |
| | | 太白山 | | <-2.0～-4.0（3100～3200m 以上） | | |
| | 高原　大片多年冻土 | 青藏高原 | 1500 | <-2.5～-6.5 或更低 | -1.0～-3.5 | 70～80 |
| | 高原　岛状多年冻土 | | | -0.8～-2.5 | 0～-1.5 | 40～60 |

引　GB 50324《冻土工程地质勘察规范》附录 A。

中国冻土类型及分布范围如图 18-1 所示。

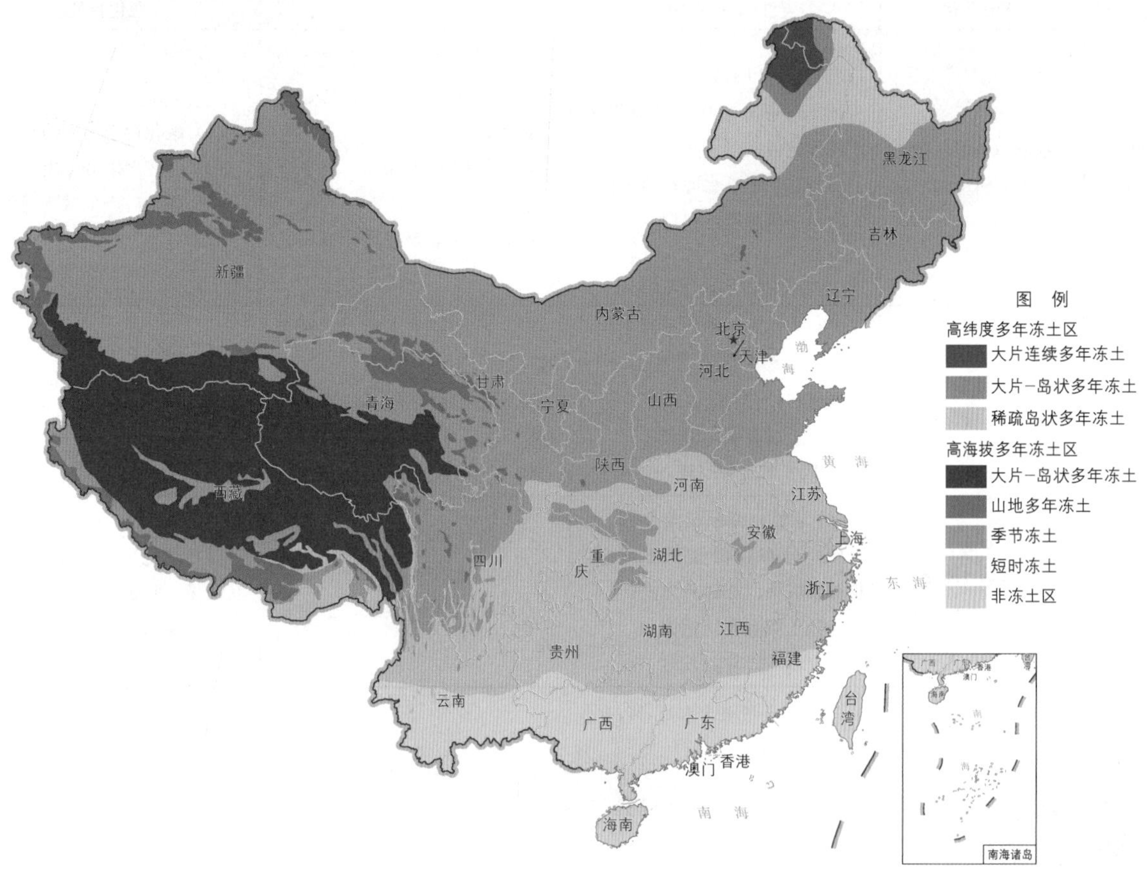


图 18-1 中国冻土类型及分布范围

## 三、冻土的构造和野外鉴别

### （一）冻土构造的野外鉴别

冻土的构造可分为整体构造、层状构造和网状构造。野外鉴别可按表 18-4 进行。

**表 18-4 冻土的构造和野外鉴别**

| 构造类别 | 冰的产状 | 岩性与地貌条件 | 冻结特征 | 融化特征 |
|---|---|---|---|---|
| 整体构造 | 晶粒状 | （1）岩性多为细粒土，但砂砾石土冻结亦可产生此构造；<br>（2）一并分布在长草或幼树的阶地和缓坡带，地被物较茂密；<br>（3）土壤湿度：稍湿 $W<W_p$ | （1）粗颗粒土冻结，结构较紧密，孔隙中有冰晶，可用放大镜观察到；<br>（2）细颗粒土冻结，呈整体状；<br>（3）冻结强度一般（中等），可用锤子击碎 | （1）融化后原土结构不产生变化；<br>（2）无渗水现象；<br>（3）融化后，不产生融沉现象 |
| 层状构造 | 微层状（冰厚一般可达 1～5mm） | （1）岩性以粉砂土或黏性土为主；<br>（2）多分布在冲—洪积扇及阶地其他地带地被物较茂密；<br>（3）土壤湿度：潮湿 $W_p \leqslant W<W_p+7$ | （1）粗颗粒土冻结，孔隙被较多冰晶充填，偶尔可见薄冰层；<br>（2）细颗粒土冻结，呈微层状构造，可见薄冰层或薄透镜体冰；<br>（3）冻结强度很高，不易击碎 | （1）融化后原土体积缩小，现象不明显；<br>（2）有少量水分渗出；<br>（3）融化后，产生弱融沉现象 |

续表

| 构造类别 | 冰的产状 | 岩性与地貌条件 | 冻结特征 | 融化特征 |
|---|---|---|---|---|
| 层状构造 | 层状（冰厚一般可达5～10mm） | （1）岩性以粉砂土为主；<br>（2）一般分布在阶地或塔头沼泽湿地带；<br>（3）有一定是水源补给条件；<br>（4）土壤湿度：很湿 $W_p+7 \leqslant W < W_p+15$ | （1）粗颗粒土如砾石被冰分离，可见到较多冰透镜体、冰透镜体；<br>（2）细颗粒土冻结，可见到层状冰；<br>（3）冻结强度很高，极难击碎 | （1）融化后土体积缩小；<br>（2）有较多水分渗出；<br>（3）融化后产生融沉现象 |
| 网状构造 | 网状（冰厚一般可达10～25mm） | （1）岩性以细颗粒土为主；<br>（2）一般分布在塔头沼泽与低洼地带；<br>（3）土壤湿度：饱和；$W_p+15 \leqslant W < W_p+35$ | （1）粗颗粒土冻结，有断裂冰层或冰透镜体存在；<br>（2）细颗粒土冻结，冻土互层；<br>（3）冻结强度很高，易击碎 | （1）融化后土体积明显缩小，水土界限分明，并可呈流动状态；<br>（2）融化后产生融沉现象 |
| 网状构造 | 厚层网状（冰厚一般可达25mm以上） | （1）岩性以细颗粒土为主；<br>（2）分布在低洼积水地带，植被以塔头、苔藓丛为主；<br>（3）土壤湿度：超饱和 $W > W_p+35$ | （1）以中厚层状构造为主；<br>（2）冰体积大于土体积；<br>（3）冻结强度很低，很易击碎 | （1）融化后水土分离现象极其明显，并成流动体；<br>（2）融化后产生融陷现象 |

**注** $W$——冻土总含水量，%；$W_p$——冻土塑限含水量，%。

**引** GB 50324《冻土工程地质勘察规范》附录E。

### （二）冻土的含冰特征及融沉性分级的野外鉴别

多年冻土含冰特征及融沉性分级的野外鉴别方法可按表18-5进行。

**表18-5　　多年冻土含冰特征及融沉性分级的野外鉴别方法**

| 含冰特征 | 融沉分类 | 粗粒土 | | 黏性土 | |
|---|---|---|---|---|---|
| | | 冻结状态特征 | 融化过程特征 | 冻结状态特征 | 融化过程特征 |
| 少冰冻土 | 不融沉 | 整体状构造，结构较为紧密，仅在孔隙中有冰晶存在 | 融化过程中土的结构没有变化 | 整体状冻土构造，肉眼看不见冰层，多数小冰晶在放大镜下可见 | 融化过程中土的结构没有变化，没有渗水现象 |
| 多冰冻土 | 弱融沉 | 有较多冰晶充填在空隙中，偶尔可见薄冰层及冰包裹体 | 融化后产生的密实作用不大，结构外形基本不变，有明显渗水现象 | 以整体状冻土构造为主，偶尔可见微冰透镜体或小的粒状冰 | 融化过程中土的结构形态基本不变，但体积有缩小现象，并有少量渗水现象 |
| 富冰冻土 | 融沉 | 除孔隙被冰充填满外，可见冰晶将矿物颗粒包裹，使卵砾石相互隔离或可见较多的冰透镜体 | 融化过程中发生明显的密实作用，并有大量水分外渗，土表面可见水层 | 以层状冻土构造为主，冻土中可见分布不均匀的冰透镜体和薄冰层 | 融化过程中有明显的密实作用，并有较多水分渗出 |
| 饱冰冻土 | 强融沉 | 卵砾石颗粒基本为冰晶所包裹或存在大量的冰透镜体 | 融化过程中冻土构造破坏，水土（石）产生密实作用，最后水土（石）界限分明 | 以层状、网状冻土构造为主，在空间上冰、土普遍相隔分布 | 融化中即失去原来结构，发生崩塌，呈流动状态。在容器中融化后水土界限分明 |
| 含土冰层 | 强融陷 | 冰体积大于土颗粒的体积 | 融化后，水土（石）分离，上部可见水层 | 以中厚层状、网状构造为主，冰体积大于土的体积 | 融化后完全呈流动体 |

**引** GB 50324《冻土工程地质勘察规范》附录E。

（三）不良冻土现象的野外鉴别

多年冻土区冷生现象（或冰缘现象）是一定气候、地形、岩性、水分等自然因素综合作用的产物，当其与工程构筑物有关时，我们可以称之为不良冻土现象。不良冻土现象可以直接影响输电线路的安全运营和稳定性，同时因为工程施工改变了地表条件、冻土条件、水文条件等，又可诱发次生不良冻土现象。

1. 冻胀丘

由于土的差异冻胀作用形成的丘状土体，称为冻胀丘。线路沿线的冻胀丘的生成和发育与地下水的类型有关，以冻胀丘补给水源的类型如下：

（1）冻土层下水补给的冻胀丘。常常形成多年性冻胀丘，规模比较大，直径数十米，高为几米至十几米，核部有巨厚冰层，顶部裂隙发育，分布于断裂带细粒土或地表层为覆盖有腐殖粉质黏土、碎石、砾石土层。

（2）冻土层上水补给的冻胀丘。地势低洼，地表潮湿半沼泽化地段及河漫滩附近，冻土层上水发育，往往形成季节性冻胀丘。一般成群片状分布，个体小，直径多为数米，最大者 10m 左右。高小于 1m，表层为含腐殖质细粒土，纯冰层较薄，多为分凝冰，夏季消失。

（3）爆炸性充水（冻胀）丘。多发生于暖季，常出现于 6～8 月，气温上升，丘内压力增大，冲破上覆盖层，产生爆炸。

由于冻胀丘对工程的危害性较大，因此，在选择线路塔位时，既要注意绕避已有冻胀丘，又要预计到塔位施工后由于新冻土核的形成，水文地质条件的改变，产生新冻胀丘的可能性。冻胀丘如图 18-2 所示。

图 18-2　冻胀丘

2. 冰椎

在多年冻土地区的河滩、阶地、沼泽地及平缓山坡和山麓地带，可形成冰丘。当冰丘被鼓破之后，地下水冲出地面，或地下水流出地面，边流边冻形成椎状冰体就是冰椎。

青藏高原的冰椎一般规模比较小，单个冰椎面积仅数平方米至百平方米，高 3m 以下。沿线冰椎分布特点为南部比北部多，河滩上比阶地上多，山岳丘陵区比高平原区多，山口附近比山坡上多。按成因可分为：冻土层下水冰椎、冻土层上水冰椎及河（湖）冰椎。

（1）冻土层下水冰椎。为断裂带上升泉流出漫溢较远处冻结形成冰幔。地貌上多处于山麓、垭口和沟口地带。

（2）冻土层上水冰椎。在山麓冰水—洪积扇前缘，坡积层缓坡的上方，以下降泉出露而形成冰椎。其规模与泉水流量有关。

（3）河（湖）冰椎。当冬季河水表面结冰后，过水断面逐渐变小，河（湖）水流动受到限制而渐具承压性。其上层冰结的越厚，则下部的过水断面越小，流水受压越甚，当压力增加到一定程度时，就冲破了上覆冰层的薄弱点而外溢，外溢的水冻结后就形成了河冰椎。

冰椎大多是由承压水造成的，因而在塔位选择中应特别注意易产生承压水的地质条件，如地面由陡坡进入缓坡地段。地下水出露地面或泉水溢出后冬季随流随冻，也可形成规模较大的覆盖式冰椎场。尤其在人为活动破坏地下水的径流条件下，也可促进冰椎的发展和形成新的冰椎。因此在工程施工中由于开挖取土等施工开挖问题都可能会引起冰椎的产生。在前期选择性避让同时，对于后期施工建设也需要注意，避免人为性诱发因素。冰椎如图 18-3 所示。

3. 厚层地下冰

厚层地下冰是指冰层厚度大于 2.5cm 的含土冰层或纯冰层。厚层地下冰融化时产生大的下沉量会引起工程建筑物的严重变形和破坏，也可引起热融滑塌和热融沉陷。

青藏高原上的厚层地下冰十分发育，大多分布在多年冻土上部，几乎遍及含水率较大的黏性土地区。在山岳丘陵区，厚层地下冰呈透明状分布，可可西里山、风火山、开心岭山、唐古拉山最发育，一般厚度 1～4m，体积含冰量大于 80%，“悬浮”少量土块，可以看见层次或隐层理。在高平原地区，厚层地下冰呈互层状，楚玛尔河高平原上，有的总厚度达一二十米，含冰的体积比约 50%左右。

厚层地下冰不容易绕避，对温度变化十分敏感，因此对工程的影响很大，如塔基下沉、翻浆冒泥等。因此，厚层地下冰地段塔基既要采取正确的换填和隔热保温处理措施，又要选择合理的施工季节，并在施工中搭建遮断太阳直接辐射的临时设施，保证厚层地下冰的稳定性。厚层地下冰如图 18-4 所示。

图 18-3　冰椎

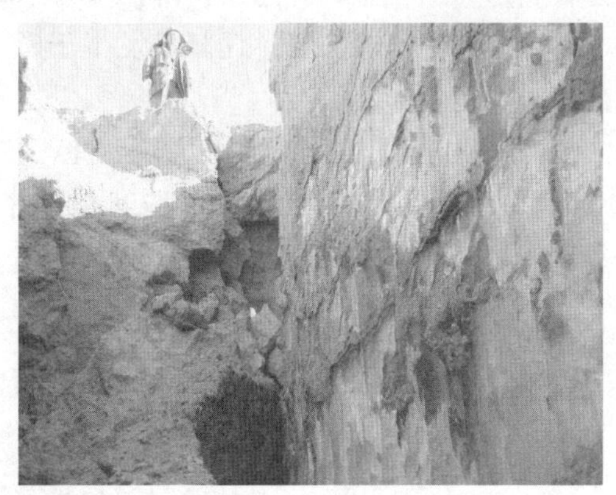

图 18-4　厚层地下冰

4. 热融滑塌

热融滑塌，是由于斜坡厚层地下冰因人为活动或自然因素，破坏其热量平衡状态，导致地下冰融化，在重力作用下土体沿地下冰顶面发生溯源向上牵引式或坍塌沉陷式位移过程的地质现象。多发生在 10°～25°的坡度，饱水后摩擦系数甚低的土体，顺着地下冰面或冻土层面往下滑动。滑塌体一般长 30～250m，宽 20～100m 不等。

热融滑塌不仅危害工程建设，同时破坏冻土局部地区的生态平衡。热融滑塌体在塔基下方时可使塔基底失去稳定性，塔基边坡坍塌。滑塌体在塔位上侧时，则有可能掩埋塔基。对于线路塔位附近发现的热融滑塌区应采取避让措施。热融滑塌如图 18-5 所示。

图 18-5　热融滑塌

5. 热融沉陷与热融湖塘

由于自然营力或人为活动，破坏了多年冻土的热平衡状态，使冻土或地下冰部分融化，造成地表下沉形成凹地，称为热融沉陷；当凹地积水时，称为热融湖塘。热融湖塘大多发生在高平原地区地面横坡小于3°的地方，往往成群分布。

线路路径途经该区时，应选择避让，如无法避让该区域，则应在选择具体塔位时避免杆塔塔位处于热融沉陷和热融湖塘上，并且留有一定量的余度，同时应对邻近塔位的热融沉陷和热融湖塘适当处理：①当热融湖塘面积较小，积水不多时，抽干积水，清除软弱层，用砂卵石土回填压密；②当热融湖塘面积较大，积水较深时，采用抛石挤淤法进行处理。热融沉陷与热融湖塘如图18-6所示。

图18-6 热融沉陷与热融湖塘

6. 融冻泥流（见图18-7）

融冻泥流指冻结的饱水松散土层和风化层解冻后，在重力作用下沿斜坡发生缓慢流动或蠕动的现象。

融冻泥流作用的产生包括两个过程：第一过程是冻爬过程，即斜坡土体冻结时沿坡面法线方向隆起，融沉时沿垂直方向回落而产生的向坡下移动，通常在冻结过程中，土体含水率逐渐增大，并发生冻胀和蠕动；第二过程是在融化过程中，季节融化层饱水在重力作用下进一步沿山坡向下蠕动的过程。

融冻泥流产生的堆积物称为融冻泥流堆积。融冻泥流的地貌形态包括泥流坡坎、泥流舌、泥流阶地及石川等。泥流坡坎和泥流舌呈鱼鳞状顺坡分布，前缘弧形突起。泥流阶地沿等高线分布，呈倾斜平台，长数十至数百米，高数米，宽数米至数十米。石川是顺坡地沟谷分布的由石块组成的舌状体，长可达数百米至1～2km，末端流速每年可达1～1.5m。

融冻泥流发生在山前缓坡坡面上，是坡地主要的冰缘过程和形态，在坡度为5°～20°、地表物质以细粒土为主、含水量较多的多年坡地，最易发生。线路路径途经冻融泥流发育区时，应采取避让措施。

图18-7 融冻泥流

7. 冻土沼泽湿地（见图18-8）

多年冻土区某些植被覆盖良好的山前平缓低地或洼地，由于地下水的出露和多年冻土层的隔水作用，使之积水而成的潮湿地段，称为冻土沼泽湿地。冻土沼泽湿地是在冻土区适宜的水热环境下形成的，冻土沼泽的发育又促进了冻土层的形成和发育。按其水源供给和演变过程可分为低位、中位和高位沼泽。东北大兴安岭多年冻土区的沼泽主要为中位和高位型沼泽；青藏高原冻土区主要为低水位草炭—泥炭沼泽。

图 18-8 冻土沼泽湿地

在泉水出露凹地，潮湿草洼地及厚层泥炭潮湿地段，由于水分和植被的保温作用，多年冻土上限埋深较浅，一般存在厚层地下冰。容易造成基础融化下沉和压缩下沉及冻胀病害。因此，线路通过时需注意上部草炭和泥炭层的压缩问题。在这类地段，还要特别注意保持植被，做好排水，必要时加设保温防排水措施。

8. 寒冻裂缝

冬季强烈冷却时，冻土体表面常常因强烈收缩而开裂形成有序或无序的裂缝。称为寒冻裂缝。裂缝上部宽20～40mm，其贯入深度随地温的不同而不同，有时可穿透活动层或贯入多年冻土5～6m。冻土与冰在温度降低时收缩而开裂的冻缩开裂作用，是产生寒冻裂缝的主要因素之一。寒冻裂缝的大小和深度主要取决于岩性、年平均地温、温度梯度、温度较差等。寒冻裂缝在风力等其他外营力的参与作用下，又可形成土楔、砂楔、冰楔。这些冰缘形态类型多分布于平缓的地貌部位，如山间盆地、低级阶地、河漫滩、山前缓坡等。

9. 其他

(1) 强烈冻胀和盐胀的地段。

1) 山前洪积平原的地下水溢出带，可能是强烈冻胀地段，在它附近的盐渍土可能是强烈盐胀带。

2) 河漫滩、一级阶地上的各类湿地、洼地，在具有石条、拔石、石环等冻融分选作用产物的地方，以及冻胀丘发育的地方都可能是强冻胀地段。

3) 在地表具盐霜并有突起和呈120°交角的放射状裂隙分布地段，可能有盐胀威胁（特别是粉土、粉质黏土地段）。

4) 处在高阶地的黄土和黄土状土、洪积扇上成分混杂的戈壁砾石，当它们处在干燥状态时，是非冻胀土，但当人为地改变了它的水分状态时（例如渠道水强烈下渗时），可能成为强冻胀性土。在高阶地的黄土和黄土状土上开垦农田、引渠灌溉，特别是入冬前大水漫灌，将导致剧烈冻胀，并使渠道、闸门破坏，使其附近道路在春天发生严重的翻浆。

(2) 强烈的热融下沉地段。

在上述具有厚层地下冰的地段，都是可能发生不均匀热融下沉的地段，具有冻胀丘和各类冻融分选作用产物的地段也可能都是强融沉地段，因为表土的强烈冻胀，往往是因为有厚层地下冰或富冰多年冻土作为隔水层，使活动层处于饱水状态。

## 四、冻土的危害

### （一）冻土危害的类型

冻土是一种特殊的土体，其成分、结构、热物理及物理力学性质均有着不同于一般土体的许多特点。冻土区的活动层中每年都发生着季节性融化和冻结，并伴生有各种不良冻土地质现象。此外，由于水分产生迁移并具有相变变化特征，因此冻土具有流变性。其长期强度远低于瞬时强度特征，并具有融化下沉性和冻胀性。而输电线路的杆塔基础，它的受力形式有别于一般公路、铁路的路基。

由此，就产生冻土区输电线路杆塔基础的一系列特殊的工程地质问题，给输电工程的设计、施工及运行维护带来一定的困难。所以在工程中必须解决多年冻土的融沉、冻胀和不良冻土现象对杆塔基础造成的影响。

融沉是指由于在输电线路施工改变了该地区的冻土环境，在温度升高的时候，冻土融化下沉，使得杆塔基础也随之发生不均匀沉降，从而引起杆塔结构变形，影响其使用和安全。在多年冻土上限附近往往存在厚层地下冰及高含冻量冻土层，由于埋藏浅，很容易受天然因素或人为活动的影响而融化产生下沉，这是多年冻土区地基变形和被破坏的主要原因。

冻胀与融沉恰恰相反。冻胀是指在冬天温度降低的时候，冻土体积发生剧烈的膨胀，从而把杆塔基础顶起或将桩基“拔起”，导致上部结构也随之发生变形，影响其使用。冻胀问题也是在冻土区应考虑的另外一个重要问题。它不仅包括多年冻土以上的季节融化层，也包括季节冻结深度＞1.5m 的深季节冻土区。对于低温稳定和基本稳定的多年冻土区，一般来说，其季节融化层厚度较小，且存在双向冻结，冻结速度较快，水分迁移较小，冻胀相对较轻；对于高温不稳定多年冻土区，季节融化层厚度较大，冻结速度也慢，如存在细颗粒和有足够水分补给，则可能产生较大的水分迁移，从而产生严重的冻胀作用。对于多年冻土区的融区及深季节冻土区，如果地下水埋藏较浅并且有冻结敏感性土，则可能产生冻胀。

另外，由于多年冻土的特征下产生的不良地质现象如冻胀丘、冰椎、融冻泥流、热融滑塌和热融湖塘、沼泽化湿地等，这些都会造成地基的变形和破坏，对输电线路的杆塔基础及上部结构造成严重的破坏影响，威胁工程的安全。

（二）冻土危害对实际工程塔基稳定性影响

政府间气候变化专门委员会（IPCC）第一工作组在 2013 年发布的气候变化第五次评估报告指出，全球地表持续升温，1880～2012 年全球平均温度已升温 0.85℃。青藏高原是对全球气候变化响应最为敏感的区域之一，因此，气候变暖所引起的冻土环境的变化必然会对输电线路基础产生重要影响。北美和俄罗斯冻土区的工程实践表明，冻胀是危害冻土区输电线路安全的主要问题。亚北极阿拉斯加地区的 138kV 输电线路穿越深季节冻土区时，基础采用 10m 长木桩，冻胀力的作用导致基础被冻拔出 1～2m，造成运营期巨额的维护费用。冻拔主要发生在冻胀敏感性土和地表、地下水发育区域。工程建设改变了冻土环境，会诱发和加剧冻胀的发生。次生不良冻胀严重威胁着俄罗斯 Tyumen 北部地区输电线塔基的安全稳定，现场监测表明，桩基础的冻拔是危害输电线工程的主要原因，基础冻结期的不均匀冻胀量达 5cm，最大冻胀量可达 20cm。输电线路工程运营 20 年后，监测的塔架最大偏差可达 2.5～2.7m。在我国，东北大庆地区 110kV 龙任线、220kV 奇让线和二火线等输电线路的多个塔位，由于地基土冻胀使基础失稳而发生过倒塔和倒杆事故；海拉尔—牙克石 220kV 输电线路工程于 1997 年底建成投产，到 2003 年时，位于东大泡子附近的 N29 号塔灌注桩基础因冻胀导致桩顶与杆塔倾斜、联梁与桩身联结处开裂，影响了输电线路的正常运行。同时，融沉也是危害多年冻土区输电线工程的另一个重要病害，实践表明多年冻土的融化将减小基础承载力，导致基础沉降，并在回冻期引起塔基更显著的冻胀破坏。因此，冻土问题是多年冻土区输电线路建设面临的最为重要的难题之一，必须从勘测、设计、施工、运营等各环节进行系统的分析和重视。

## 五、冻土的主要物理力学性质

（一）冻土的物理性质

（1）冻土总含水量：是指冻土中所有冰和未冻水的总质量与冻土骨架质量之比。即天然温度的冻土试样，在 105～110℃下烘至恒重时，失去的水的质量与干土的质量之比。

（2）冻土相对含冰量是指冰的质量与冻土中全部水的质量之比。

（3）冻土质量含冰量是指冻土中冰的质量与冻土中干土质量之比。

（4）冻土体积含冰量是指冻土中冰的体积与冻土总体积之比。

（5）冻土未冻水含量是在一定负温条件下，冻土中未冻水质量与干土质量之比。

（二）冻土的力学性质

（1）融化下沉系数是在冻土融化过程中，在自重作用下产生的相对融化下沉量。

（2）融化压缩系数指冻土融化后，在单位荷重下产生的相对压缩变形量。

（3）冻胀率指单位冻结深度的冻胀量。土的冻胀是土冻结过程中土体积增大的现象。土的冻胀性以冻胀率来衡量。

（4）冻胀力指土的冻胀受到约束时产生的力。

1）法向冻胀力是在地基土冻结时，随着土体的冻胀，作用于基础底面向上的抬起力，称为基础底面的法向冻胀力，简称法向冻胀力。

2）切向冻胀力是平行向上作用于基础侧表面的抬起力，称为基础侧面的切向冻胀力，简称切向冻胀力。

（5）冻结力。土中水在负温下变成冰的同时，将土和基础胶结在一起，这种胶结力称为冻结力，亦称为基础与冻土间的冻结强度。

（6）冻土的抗剪强度是指冻土在外力作用下，抵抗剪切滑动的极限强度。冻土的抗剪强度不仅与外压力大小有关，而且与土的负温度及荷载作用时间有密切关系。

（三）冻土的热学性质

（1）比热又称重量热容量，是使单位质量的土温度升高1℃所需的热量。

（2）容积热容量是指单位体积的土体温度变化1℃所吸收或释放的热量。

（3）导热系数是表示冻土在温度梯度作用下传导热能能力的指标。当土层界面温差为1℃时，在单位时间内通过单位面积、单位厚度土层的热量，即为该土层的导热系数。单位为W/(m·K)，即瓦/(米·开)。

（4）导温系数属于冻土热惯性指标，表示土中某一点在相邻点温度变化的作用下改变自身温度的能力，在数值上等于导热系数与容积热容量的比值。

## 第二节　勘　测　方　法

冻土工程地质勘测应包括冻土工程地质调查与测绘、勘探、冻土取样、室内试验和原位测试、定位观测以及冻土工程地质条件评价及其预报。线路的冻土勘测应在充分了解设计需求和工程特点的基础上，通过资料搜集、现场勘测和室内试验工作，查明沿线和塔位的冻土工程地质条件及主要冻土问题，进行岩土工程分析和评价，对设计、施工、地质与生态环境防护提供技术资料和建议。

### 一、调查与测绘

（1）冻土调查与测绘应全面反映线路走廊的冻土类型、冻土现象、生成环境、发育程度。

（2）选线勘测时一级工程应全线进行工程地质调查与测绘，二级和三级工程应全线进行工程地质调查，对复杂区段宜进行工程地质测绘。

（3）定位勘测时应对杆塔位置进行调查或测绘，需要时可对某些专门冻土工程问题进行重点研究。

（4）冻土工程地质调查与测绘，应包括以下主要内容：

1）地形地貌、地质构造、地层岩性特征；

2）多年冻土的类别、厚度、上/下限、分布特点，年平均地温及地温年变化深度；

3）植被的类型、分布特点及覆盖度；

4）地表水的类型、分布范围；

5）地下水的类型、水位、补给、径流、排泄条件；

6）冻土现象的类型、分布发育规律；

7）融区的成因类型、规模与分布；

8）季节冻结与季节融化层土的成分含水率和含冰量以及最大冻结与融化深度；

9）多年冻土环境的特点及变化特征；

10）相关工程建设的冻土地基类型、基础型式、人为上限、工程措施及有效性、环境保护措施等相关资料。

（5）冻土调查可走访公路、铁路、林业、城乡建设、机场、水土保持、地矿、勘测单位资深人士，重点收集了解当地冻土分布区域、发育特点、地面迹象和工程建设经验教训。

（6）人类活动影响的调查测绘应符合以下要求：

1）对公路与铁路应实地查看冻害类型、规模、分布发育特点，分析其与路堤高度、路身材料与结构、控温措施（如热棒）、行道树、排水沟环境的关系；

2）对房屋建筑和杆塔设施应实地了解冻土类别、基础型式、天然上限和人为上限、工程与环境措施有效性；

3）对林区、草地和农田应仔细查看并对比植被种类、长势、稀疏等方面的差异，并分析这些差异与地形地貌、受水环境及人类活动的关系。

（7）冰锥、冻胀丘、厚层地下冰等冻结现象的调查与测绘宜在寒季进行，应包含以下内容：

1）分布区的气候、地形、地貌、植被、地层岩性、地质构造与水文地质条件；

2）季节冻结与季节融化深度、多年冻土特征及地温状况；

3）成因、类型、形态、规模、发育状况、变化规律、分布范围及人类活动状况。

（8）融冻泥流、热融滑塌、热融湖塘、热融洼地、冻土沼泽、冻土湿地等融化现象的调查与测绘宜在暖季进行，应包含以下内容：

1）地形、地貌、地表植被类型与覆盖度；成因、形状和分布范围；

2）地层结构、岩性成分、多年冻土的类别、分布状况及天然上限埋深、年平均地温；

3）地下水的类型、补给、排泄条件及其与地表水体的关系；

4）人为活动、发展趋势及对拟建工程的影响。

（9）杆塔位置及附近的调查测绘应包括以下内容：

1）微地形特征与坡度，植被发育情况及差异性；

2）地表粗糙度及凹凸微现象；

3）地表水体出露、分布情况及潮湿程度；

4）风、水侵蚀搬移迹象；

5）冻土现象的类型、形态、规模和发育特点。

（10）环境复杂和长距离的线路工程，宜采用遥感解译和实地调绘相结合的方式进行。

（11）进行遥感解译时，冻土区全线可采用中高分辨率卫片、局部复杂区段采用高分辨率卫片进行遥感解译，卫片类型宜为彩红外、热红外卫星影像且时相适宜。采用海拉瓦平台选线的，则宜利用航片进行地质解译。

（12）测绘宽度应路径两侧各 100m，复杂地段可根据需要适当扩大；测绘比例尺宜为 1∶10000～1∶1000。调查范围则应根据测绘宽度适当扩大。

（13）调查测绘其他具体内容与要求应符合现行国家标准的规定。

（14）冻土测绘成果形式宜用冻土分布图或综合工程地质图等图件表示，编图要素应包含冻土类型与边界、地温分区、各类冻土现象位置与规模、水系分布、植被类型与分布、其他地质现象类型与分布、典型勘探点位置与冻土数据等。一级和二级工程还应编写文字报告。

## 二、钻探

为查明输电线路冻土工程地质条件、采取冻土试样时，应按勘测任务要求和冻土特性选用钻探方法。钻探方法选择应充分结合工程特点、交通条件、机具设备和勘探对自然环境的影响等因素综合确定，并应选择在适宜的气候条件下进行勘探。

钻探工作量的布置应在冻土工程地质调查与测绘遥感判释和地球物理勘探等项工作的基础上，根据勘测阶段、工程设计等级综合确定。

(1) 需了解地基整个受力层冻土性状和区段冻土地层特性的，应布设钻孔；仅需了解浅表地层特性的，可进行简易勘探。

(2) 钻探工作应事先做好准备，开始后快速进。描述记录和采样测试工作应同步完成；并应及时填实封孔、预留防沉层；有条件的还应恢复植被。

(3) 冻土区钻探应符合以下要求：

1) 钻探应采用干钻或单动双管岩芯管低温冲洗液钻进；

2) 第四系松散地层宜采取低速干钻方法。回次进尺宜为 0.2～0.5m，钻进过程中应勤提钻、多观察；

3) 高含冰量冻结黏性土层应采取快速干钻方法，回次进尺不宜大于 0.8m；

4) 冻结碎块石和基岩可采用低温冲洗液钻进方法，回次进尺宜为 0.15～0.30m；

5) 冻土取样钻孔的开孔直径不应小于 130mm，终孔直径不宜小于 110mm；

6) 需要时应设置护孔管及套管封水或其他止水措施，防止地表水和地下水流入孔内。

(4) 对有测温和其他观测用途的钻孔，应按其技术要求开展工作，工作完成后应及时回填或封孔。

(5) 勘探过程中遇多层地下水时，应分层测定地下水水位，需要时还应采取水样。

(6) 对勘探取出的岩芯或土块应及时开剖并鉴别描述其冻结或融化状态，仔细观察冰晶形态特征与分布特点，判定冻土类别和冻结/融化深度，需要时可拍照留档。冻土描述定名具体要求可参见相关规范要求。

(7) 对融化深度的判定可根据以下方法进行：

1) 根据某深度下坑壁或岩芯中是否含冰、是否块状冻结确定；

2) 根据融土硬度小、冻土硬度大以及融土颜色深、冻土颜色浅等钻探反映确定；

3) 根据小钻孔融土进尺快、冻土很难进尺甚至反弹确定；

4) 根据地温为零度时的深度确定。

(8) 勘测需要时，可在勘探过程中配套开展载荷试验、动探、标贯、抽水试验等原位测试，试验内容与操作除应符合相关标准要求外，还应做好控温措施保证试验的可靠性。

(9) 地基计算评价涉及的融土和冻土均应取样。采集一级样品时，对应基础上、中、底位置应分别采样，直径不宜小于 110mm，在送达试验室前，冻结样应采取措施使其一直保持冻结状态。

(10) 冻土室内试验应委托具有资质的冻土试验室进行，试验项目应根据工程需要和试样等级统筹安排。具体指标与用途可按现行国家标准 GB 50324《冻土工程地质勘察规范》和设计要求选择确定。

### 三、坑探和槽探

冻土的浅部土层勘探，可采用坑探、槽探和小螺旋钻等简易勘探方法进行，并应符合下列规定：

(1) 在无人烟的冻土地区进行坑、槽探时，可考虑采用爆破法。

(2) 对泥炭沼泽或黏性土中的厚层地下冰地段，可采用钎探和小螺旋钻进行勘探，并应取得季节融化深度资料。

(3) 各地貌单元分界线处的季节融化深度和地层变化情况，可采用坑探、槽探方法完成。

(4) 探坑和探槽的深度、长度和断面尺寸，应按勘探要求确定，探坑、探槽的开挖应根据深度和冻土融化情况，采取加固措施。坑探、槽探应做好岩性描述记录、影像记录，并应提交坑探展开图、槽探槽壁纵断面图等图件。

## 四、取样

根据冻土试验目的和要求冻土取样可按表 18-6 分为三级：

表 18-6 冻土土样等级划分

| 级别 | 冻融及扰动程度 | 试验内容 |
|---|---|---|
| Ⅰ | 保持天然冻结状态 | 土类定名、冻土物理、力学性质试验 |
| Ⅱ | 保持天然含水率并允许融化 | 土类定名、含水量、土颗粒密度 |
| Ⅲ | 不受冻融影响并已扰动 | 土类定名、土颗粒密度 |

引 GB 50324《冻土工程地质勘察规范》表 6.5.1。

（1）冻土取样方法和要求可按下列规定进行：

1）测定冻土基本物理指标用土样，应由地表以下 0.5m 开始逐层采取。当土层＜1.0m 时，必须取一个样土层；当土层＞1.0m 时，必须每米取样一个；含冰量变化大时应加取。

2）测定冻土热学及力学指标时，冻土取样应按工程需要采取，或与上款采取的土样合用。

3）为保证试样质量，不得从爆破的碎土块中取样，应从探坑或探槽壁上按上述取样深度及数量要求进行。

（2）根据土样等级运送土样时，应符合下列要求：

1）对于保持冻结状态的土样，宜就近进行试验。如无现场试验条件时，应尽量缩短时间，在保持土样冻结状态条件下运送。

2）保持天然含水率并允许融化的土样，应在取样后立即进行妥善密封、编号和称重并在运输过程中避免振动。对于融化后易振动液化和水分离析的土样，宜在现场进行试验。

3）不受冻结和融化影响的扰动土样，其运送和试验要求应按现行 GB 50021《岩土工程勘察规范》有关规定执行。

## 五、试验

土在冻结状态下各种性能的测试方法、仪器设备和操作步骤，应遵循现行 GB 50324《冻土工程地质勘察规范》中相关规定；土在融化状态下各种性能的测试方法、仪器设备和操作步骤，应遵循 GB/T 50123《土工试验方法标准》有关规定。无统一试验标准的特种试验项目，在提出试验数据时应同时说明试验方法、仪器和测试步骤。

（1）冻土室内试验应包括下列内容：

1）冻土物理性质试验：①粒度成分；②总含水率；③液限塑限；④比重；⑤天然密度；⑥含冰量或未冻水含量；⑦盐渍度；⑧有机质含量。

2）冻土热学性质试验：①土的骨架比热；②土在冻结和融化状态下的导热系数。

3）冻土中水化学性质试验：土壤水和地下水的化学成分。

4）冻土力学性质试验：①冻胀力；②土的冻结强度；③抗剪强度；④抗压强度；⑤冻胀性；⑥冻土的融化下沉系数和融化后体积压缩系数。

（2）冻土试验的项目根据各工种在不同勘测阶段的实际需要可按表 18-7 选定。

表 18-7 冻土室内分析测试项目选择表

| 序号 | 测试项目 | 可研阶段勘察 | | 初步设计阶段勘察 | | 施工图设计阶段勘察 | |
|---|---|---|---|---|---|---|---|
| | | 土类 | | | | | |
| | | 粗粒土 | 细粒土 | 粗粒土 | 细粒土 | 粗粒土 | 细粒土 |
| 1 | 粒度成分 | + | + | + | + | + | + |
| 2 | 总含水量 | + | + | + | + | + | + |

续表

| 序号 | 测试项目 | 可研阶段勘察 | | 初步设计阶段勘察 | | 施工图设计阶段勘察 | |
|---|---|---|---|---|---|---|---|
| | | 土类 | | | | | |
| | | 粗粒土 | 细粒土 | 粗粒土 | 细粒土 | 粗粒土 | 细粒土 |
| 3 | 液、塑限 | − | + | − | + | − | + |
| 4 | 矿物颗粒比重 | + | + | + | + | + | + |
| 5 | 天然密度 | + | + | + | + | + | + |
| 6 | 未冻水含量 | − | − | C | C | + | + |
| 7 | 盐渍度 | − | + | − | + | + | + |
| 8 | 有机质含量 | + | + | + | + | + | + |
| 9 | 矿物颗粒比热 | C | C | C | C | + | + |
| 10 | 导热系数 | C | C | C | C | + | + |
| 11 | 起始冻结温度 | + | + | + | + | + | + |
| 12 | 冻胀性 | − | − | + | + | + | + |
| 13 | 渗透系数 | − | − | + | + | + | + |
| 14 | 地下水化学成分 | − | − | + | − | + | − |
| 15 | 切向冻胀力 | C | C | C | C | +，C | +，C |
| 16 | 水平冻胀力 | C | C | C | C | +，C | +，C |
| 17 | 抗压强度 | C | C | C | C | +，C | +，C |
| 18 | 抗剪强度 | C | C | C | C | +，C | +，C |
| 19 | 融化系数，融化后体积压缩系数 | C | C | C | C | +，C | +，C |

**注** ＋为测定；－为不测定；C为查表确定。

**引** GB 50324《冻土工程地质勘察规范》表7.2.3。

## 六、原位测试

原位测试是在原位或基本原位状态和原位应力条件下，对冻土地基与基础共同作用特性的测试，它应与室内试验模型试验配合使用。

（1）下列情况应进行原位测试：

1）当原位测试比较简单而室内试验条件与工程实际相差较大时；

2）当基础的受力状态比较复杂，计算不准确而又无成熟经验或整体基础的原位真型试验比较简单；

3）重要工程必须进行必要的原位试验。

（2）原位测试应包括下列内容：

1）地温与地温场、地下水位、多年冻土上限深度、季节冻结深度、季节冻土层的分层冻胀以及冻融过程等；

2）载荷试验、桩基静载试验、波速试验、融化压缩试验以及冻胀力试验等。

（3）进行原位测验时，应注意尽量与工程实际的环境条件、受力过程、温度状态和施工情况一致，在多年冻土地基中试验应随时监测地基温度场；在季节冻土地基中应注意水分场的一致性。

（4）原位模型试验结果可直接用于实际工程的设计中，但对小尺寸短时间的试验结果，应考虑边界条件的不同尺寸与时间效应因素以及冻土流变特性等的修正。

（5）关于原位测试要点见GB 50324《冻土工程地质勘察规范》附录。

## 七、物探

在前期冻土工程地质勘察中为配合冻土工程地质测绘初步了解冻土分布特征和各种冻土现象为经济

合理确定钻探方案提供依据时可考虑选用地球物理勘探方法。此外物探还可以作为钻探的辅助手段以缩短勘探周期提高勘探工作质量。

（1）冻土地区物探可用于查明下列内容：

1）冻土的类型及其分布特征；

2）季节融化层深度及多年冻土的下限；

3）厚层地下冰的类型及分布特征；

4）多年冻土地区地下水类型及其赋存条件与变化规律；

5）多年冻土的波速动弹性模量；

6）多年冻土的电阻率等电性特征。

（2）冻土地区地球物理勘探方法应根据冻土的物理特性和场地条件通过试验研究进行选择或采用综合物探方法，冻土区物探方法选择原则如下：

1）探测冻土分布特征宜选择电测深法和高密度电法；

2）探测多年冻土与季节性冻土、融区界线宜选择地质雷达法；

3）确定冻融深度宜选择地质雷达法、瑞雷波法；

4）探测冻土厚度或下限宜选择瞬变电磁法；

5）冻土层较厚时宜选择电测深法、高密度电法、浅层反射波法、瞬变电磁法等；

6）寒季工作时宜选择地质雷达法、瞬变电磁法；

7）现场有钻孔时，宜采用井中探测法。

（3）进行物探外业工作时还应符合以下要求：

1）仪器设备进入高海拔地区和寒季作业应有适应气压、温度、湿度环境的过渡期，工作前应检查其性能状态并采取必要的保护措施。

2）进行电阻率测量时，由于冻土电阻率较大，应采用较大的供电电压。

3）塔基定位测线宜沿塔腿对角线布置，并应有不小于5m的外延。

4）在融区或岛状冻土区定位探测时应布置较密的测网，选择较小的测点距、道间距。

5）林区和山区不宜采用长测线。

6）宜采用钻探手段对地面物探方法进行对比验证。

## 八、观测

（1）对缺乏冻土观测资料的地区，甲级工程的重要跨越塔及转角塔，可从勘察工作开始时设置定位观测站，完成下列观测内容和要求：

1）气温、冻土地温（要有一定数量的孔深达到地温年变化深度）、冻土上限、季节冻结深度、地下水位、融化下沉以及冻胀量等；

2）塔位施工完成后需验证的设计方案和施工措施；

3）已建建筑物下的冻土地基及建筑场区内在人为活动影响下冻土条件变化情况；

4）地基周围及其整个建筑场区地温场的变化特点与稳定状态；

5）所采用各种防止冻胀消除融沉措施的适用性及效果。

（2）其中对地温观测有以下具体要求：

1）在缺乏冻土地温观测资料的地区，应在选线勘测时布置必要的钻孔观测地温。定位勘测阶段，一级和二级工程应专门布置钻孔观测地温；处于区域网地位的三级工程也应布设一定数量的钻孔观测地温。

2）测温孔布置应符合的要求：①不同地貌单元应分别布置测温孔；②不同工程地质区段应分别布置测温孔；③不同气温区、地温区应分别布置测温孔。

3）测温孔宜结合勘探孔布设，深度宜为16～20m且应超过塔基基底5～10m。

4）测温系统布设应符合的要求：①测温元器件（热敏电阻）宜按 0.5m 间隔布设，以接触式方式测温；②测温孔的地表端口应密封，防止孔内外空气发生对流；③地温测试宜为 1 次/月，测试精度应达到 0.05℃；④在资料匮乏地区，宜对部分测温孔进行地面气温、日照等气象要素对比观测。

5）地温观测应在钻孔冻土温度恢复后进行。对砂类土、粉土和黏性土地层，当孔深为 10～15m 时，恢复时间不宜少于 10 天；当孔深为为 15～20m 时，恢复时间不宜少于 15 天。

6）对地温恢复时间的观测，应在钻孔成孔后立即进行。

7）地温恢复后的观测次数，不应少于 3 次，间隔时间宜为 1 个月。

## 九、各勘测阶段要求及注意事项

### （一）可行性研究阶段勘测

（1）本阶段应调查了解线路走廊的冻土工程地质条件，初步掌握可能存在的主要冻土工程地质问题，论证拟选路径可行性与适宜性，为路径方案的比选提供资料。

（2）本阶段勘测方法可采用收集资料和现场踏勘，提出各路径的主要冻土工程问题，对路径方案进行比选分析并论证路径方案的适宜性，并提出下阶段勘测工作建议。

（3）本阶段勘测工作宜包括以下内容：

1）收集各路径沿线区域地质、遥感图像、冻土资料，包括冻土分布、类型、地温、基本特征等；

2）调查了解各路径沿线地形地貌、地质构造、地层岩性、水文地质条件等；

3）调查了解各路径沿线冻土现象的类型和特征、分布规律、发展趋势以及对拟建工程的影响；

4）收集各路径沿线地区冻土地基处理、基础设计及施工等工程建设经验。

（4）对于特殊设计的大跨越地段，执行 DL/T 5049《架空输电线路大跨越工程勘测技术规程》的有关规定。关键地段以及冻土现象强烈发育地段，宜进行必要的地质测绘、遥感解译或适量的勘探测试工作。

（5）对于缺乏冻土资料的勘测等级为一级、二级冻土工程应开展专题研究，宜包括但不限于以下内容：

1）不良冻土现象专题报告；

2）沿线冻土区划专题报告；

3）冻土专题物探研究；

4）冻土物理力学特性试验专题报告。

（6）本阶段勘测应着重调查以下内容：

1）多年冻土分布范围、类型、上限或下限及其厚度；

2）季节冻土的最大冻结深度；

3）冻土微地貌；

4）不良冻土现象；

5）主要冻土工程问题。

（7）线路路径选择应遵循下列原则：

1）线路路径宜选择的地带：①线路路径宜选择在地表干燥、平缓、植被裸露、向阳地带。在积雪、冰川地区通过时，宜将线路选择在积雪轻微、冰川作用区影响小的山坡上；②线路路径宜优先选择融区、基岩露头或基岩埋藏较浅的地段；③线路宜绕避各种冻土现象发育地带、含土冰层地带、富冰、饱冰冻土地带，不能绕避时宜选择地势平缓、冻土现象分布较窄和冰层较薄地带；④在冰椎、冰胀丘、热融滑塌等发育的地段，宜合理选择线路位置或尽可能避让，无法避让时，宜防止冰椎、冻胀丘、热融滑塌向塔基位置迁移；⑤线路路径宜考虑施工作业方便、交通便利、人员劳动强度等因素。

2）线路路径宜避开的地带：①冻土现象密集发育地带；②石海、石河、岩屑坡集中分布的地带；③厚层地下冰发育的地带；④高山基岩裸露区寒冻风化强烈发育的地带；⑤人类活动可能严重影响冻土稳定性的地带。

（二）初步设计阶段勘测

（1）本阶段在可行性研究阶段勘测的基础上，进一步收集沿线冻土工程地质、水文地质等资料，初步查明对线路起控制作用的冻土现象的性质、特征和范围，确定线路重要塔位、重要跨越地段及塔基的初步地基基础方案，为路径优化提供依据。

（2）本阶段以补充收集资料结合现场踏勘调查为主，对于特殊设计的大跨越地段以及冻土现象发育地段，当上述工作不能满足要求时，可进行必要的调查测绘或适量的勘探或测试工作。

（3）初步设计阶段勘测内容应满足以下要求：

1）调查沿线地形、地貌、多年冻土厚度、年平均地温、不良冻土现象和冻土微地貌特征；

2）初步查明冻土工程类型、水文地质条件、季节冻结与季节融化深度，并进行综合评价；

3）划分冻土工程地质区段；

4）分析不良冻土现象及其分布、发育特征；

5）初步分析塔基地基基础方案；

6）对特殊设计的跨越大型沟谷、河流等地段，应初步查明两岸冻土地基在自然条件下及工程条件下的稳定性，并提出最优跨越方案。

（三）施工图设计阶段勘测

（1）本阶段应详细查明沿线的冻土工程地质、水文地质条件和冻土现象，评价塔基冻土工程地质条件，为冻土基础设计、施工及冻土环境整治提供岩土工程资料。

（2）本阶段勘测应采用工程地质调绘、钻探、简易勘探、工程物探、原位测试等相结合的综合勘测方法。

（3）本阶段勘测对拟选的每基杆塔位置都应适当扩大调绘范围，仔细鉴别地质环境、微地貌特征、地形变化、冻土现象、植被差异、水体聚集和侵蚀条件，确定相对有利的杆塔位置。

（4）杆塔位宜优先选择以下地段：

1）冻土含冰量相对较低；

2）不受地下水影响；

3）地温相对较低；

4）融区、基岩出露或基岩埋藏浅；

5）有利施工与运行巡护；

6）抵御热扰动相对有利；

7）地基基础处理与环境整治相对有利。

（5）杆塔位宜避开以下位置：

1）泉水露头点或冰丘附近；

2）靠近热融湖塘的地带；

3）融冻泥流途经地带以及热融滑塌溯源区域；

4）汇水、积水区；

5）零星岛状多年冻土；

6）沼泽、湿地、林区草甸；

7）塔头草、老头树、杜鹃花、苔藓生长发育区。

（6）拟定杆塔位置应详细查明以下内容：

1）多年冻土工程类型；

2）多年冻土上限（下限）及其变化情况、地温、厚度；

3）高含冰量冻土和高温不稳定冻土分布区域；

4）多年冻土融区的最大季节冻结深度、冻胀性；

5）地下水的类型、埋藏条件，分析和评价水、土对建筑材料的腐蚀性，分析或预测地下水位变化幅度及其对施工的影响；

6）多年冻土的物理力学和热学性质指标；

7）评价冻土稳定性，对塔基适宜的基础型式和环境整治措施进行分析并提出建议，对施工和运行中可能出现的冻土工程问题进行预测分析，并提出相应防治措施或建议。

（7）选定杆塔位置后对转角塔、耐张塔、终端塔及大跨越塔等重要塔基应逐基勘探，同时还应符合以下要求：

1）一级勘测工程宜逐基勘探，必要时多腿或逐腿勘探；

2）二级勘测和三级勘测工程直线塔可隔1～2基布置一个勘探点。

（8）勘探点类型与深度应符合以下要求：

1）工程地质区段资料较多、可信度较高的地区，钻孔数量可为勘探点总数的1/4，工程地质区段资料较少或可信度较低的地区，钻孔数量可为勘探点总数的1/3。

2）钻孔深度为基础底面下1.5～2.0倍基础底面宽度且不应小于2～3倍活动层厚度，同时钻孔深度不得小于12m；对桩基础尚应超过桩端下2.0m。孔底遇厚层地下冰时还应适当加深或穿透。

3）钻孔外的其他手段可视场地条件选用工程物探和简易勘探（麻花钻、钎探、坑探等）；工程物探解释深度宜达到15m；简易勘探深度应到达融化层下限、基岩面或地下水位。

4）每一个工程地质区段都应有钻孔并且测量地温，测温孔深度宜为15.0～20.0m。

（9）多年冻土地区勘测应根据工程地质区段采取代表性土样进行冻结和融化状态的土工试验，并可进行标贯、动探或其他原位测试。

## 第三节　评价方法及要求

### 一、冻土工程地质区划

冻土工程地质区划应反映冻土工程地质条件，并根据不同建设项目的勘察阶段的相应要求，提出冻土工程地质评价。冻土工程地质分区应根据场地的复杂程度分为三级，并相应地反映下列内容。

（一）第一级分区反映内容

（1）冻土分布区域范围与厚度；

（2）多年冻土的年平均地温；

（3）地貌单元如分水岭山坡河谷等的冻土形成及存在条件；

（4）冻结沉积物的成因类型；

（5）主要冻土现象等。

（二）第二级分区应反映内容

（1）在一级分区的基础上除反映各冻土类型的地质地貌构造的基本条件外，还要阐明冻土的成分、冰包裹体的性质分布及其所决定的冻土构造和埋藏条件。

（2）根据多年冻土的年平均地温 $T_{cp}$确定冻土地温带：

$T_{cp} < -2.0$℃ 的为稳定带；

$T_{cp} = -1.0 \sim -2.0$℃ 的为基本稳定带；

$T_{cp} = -0.5 \sim -1.0$℃ 为不稳定带；

$T_{cp} > -0.5$℃ 的为极不稳定带。

（3）多年冻土及融区的分布面积厚度及其连续性。

（4）季节冻结层及其与下卧多年冻土层的衔接关系。

（5）表明各地带的冻土现象年平均气温地下水雪盖及植被等基本特征。

（三）第三级分区应反映内容

(1) 在二级分区的基础上除反映冻土的工程地质条件及自然条件外，主要阐明各建筑地段冻土的含冰程度物理力学和热学性质；

(2) 按冻土工程地质条件及其物理力学参数划出不同的冻土工程地质分区，地段并作出评价。

## 二、冻土工程地质及其环境评价

(1) 冻土工程地质及其环境评价应包括自然条件变化和各种工程活动影响下冻土工程地质条件的变化。

(2) 冻土工程地质条件评价应包括下列内容：

1) 冻土类型及分布成分组构性质厚度评价；

2) 冻土温度状况的变化包括地表积雪植被水体沼泽化大气降水；

3) 渗透作用土的含水率地形等影响引起的变化；

4) 季节冻结与季节融化深度的变化；

5) 冻土物理力学和热学性质的变化；

6) 冻土现象（过程）的动态变化。

(3) 调查工程建筑修建所引起的冻土现象及冻土工程地质条件变化的情况，并提出对冻土工程地质条件影响及其防治措施的建议。

(4) 对冻土工程地质环境变化的影响应按下列内容进行评价：

1) 人类工程活动作用形式（施工准备工作及施工方式）；

2) 自然条件的破坏情况；

3) 冻土工程地质条件变化状况；

4) 冻土现象类型及其变化特点；

5) 工程建筑物在运营期间冻土工程地质条件的变化情况。

(5) 根据冻土工程地质条件及其环境的评价和预测提出地基土的利用原则及其相应的保护和防治措施的建议。

## 三、冻土的地基评价

（一）冻胀及融沉

冻土作为建筑物地基，在冻结状态时，具有较高的强度和较低的压缩性或不具压缩性。但冻土融化后则承载力大为降低，压缩性急剧增高，使地基产生融沉；相反，在冻结过程中又产生冻胀，对地基均为不利。冻土的冻胀和融沉与土的颗粒大小及含水量有关，一般土颗粒愈粗，含水量愈小，土的冻胀和融沉性愈小，反之则愈大。

(1) 季节冻土。

季节冻土受季节性的影响，冬季冻结，夏季全部融化。因其周期性的冻结、融化，对地基的稳定性影响较大。应对季节冻土和季节融化层土的冻胀性进行分级，根据土冻胀率 $\eta$ 的大小，可划分为不冻胀、弱冻胀、冻胀、强冻胀和特强冻胀五种类型。冻土层的平均冻胀率可按式（18-3）计算：

$$\eta=\frac{\Delta z}{h-\Delta z}\times 100(\%) \tag{18-3}$$

式中 $\Delta z$ ——地表冻胀量，mm；

$h$ ——冻土层厚度，mm。

塔基地基土冻胀性评价时可参考表 18-8 的规定。

**表 18-8　　季节融化层土的冻胀性分类**

| 土的名称 | 冻前天然含水率 $\omega$（%） | 冻前地下水位距设计冻深的最小距离 $h_w$（m） | 平均冻胀率 $\eta$（%） | 冻胀等级 | 冻胀类别 |
|---|---|---|---|---|---|
| 碎（卵）石，砾、粗、中砂（粒径＜0.075mm、含量≤15%）细砂（粒径＜0.075mm、含量≤10%） | 非饱和 | 不考虑 | $\eta \leqslant 1$ | Ⅰ | 不冻胀 |
| | 饱和含水 | 无隔水层 | $1<\eta \leqslant 3.5$ | Ⅱ | 弱冻胀 |
| | 饱和含水 | 有隔水层 | $\eta>3.5$ | Ⅲ | 冻胀 |
| 碎（卵）石，砾、粗、中砂（粒径＜0.075mm、含量＞15%），细砂（粒径＜0.075mm、含量＞10%） | $\omega \leqslant 12$ | ＞1.0 | $\eta \leqslant 1$ | Ⅰ | 不冻胀 |
| | | ≤1.0 | $1<\eta \leqslant 3.5$ | Ⅱ | 弱冻胀 |
| | $12<\omega \leqslant 18$ | ＞1.0 | | | |
| | | ≤1.0 | $3.5<\eta \leqslant 6$ | Ⅲ | 冻胀 |
| | $\omega>18$ | ＞0.5 | | | |
| | | ≤0.5 | $6<\eta \leqslant 12$ | Ⅳ | 强冻胀 |
| 粉砂 | $\omega \leqslant 14$ | ＞1.0 | $\eta \leqslant 1$ | Ⅰ | 不冻胀 |
| | | ≤1.0 | $1<\eta \leqslant 3.5$ | Ⅱ | 弱冻胀 |
| | $14<\omega \leqslant 19$ | ＞1.0 | | | |
| | | ≤1.0 | $3.5<\eta \leqslant 6$ | Ⅲ | 冻胀 |
| | $19<\omega \leqslant 23$ | ＞1.0 | | | |
| | | ≤1.0 | $6<\eta \leqslant 12$ | Ⅳ | 强冻胀 |
| | $\omega>23$ | 不考虑 | $\eta>12$ | Ⅴ | 特强冻胀 |
| 粉土 | $\omega \leqslant 19$ | ＞1.5 | $\eta \leqslant 1$ | Ⅰ | 不冻胀 |
| | | ≤1.5 | $1<\eta \leqslant 3.5$ | Ⅱ | 弱冻胀 |
| | $19<\omega \leqslant 22$ | ＞1.5 | | | |
| | | ≤1.5 | $3.5<\eta \leqslant 6$ | Ⅲ | 冻胀 |
| | $22<\omega \leqslant 26$ | ＞1.5 | | | |
| | | ≤1.5 | $6<\eta \leqslant 12$ | Ⅳ | 强冻胀 |
| | $26<\omega \leqslant 30$ | ＞1.5 | | | |
| | | ≤1.5 | $\eta>12$ | Ⅴ | 特强冻胀 |
| | $\omega>30$ | 不考虑 | | | |
| 黏性土 | $\omega \leqslant \omega_p+2$ | ＞2.0 | $\eta \leqslant 1$ | Ⅰ | 不冻胀 |
| | | ≤2.0 | $1<\eta \leqslant 3.5$ | Ⅱ | 弱冻胀 |
| | $\omega+2<\omega \leqslant \omega+5$ | ＞2.0 | | | |
| | | ≤2.0 | $3.5<\eta \leqslant 6$ | Ⅲ | 冻胀 |
| | $\omega_p+5<\omega \leqslant \omega_p+9$ | ＞2.0 | | | |
| | | ≤2.0 | $6<\eta \leqslant 12$ | Ⅳ | 强冻胀 |
| | $\omega_p+9<\omega \leqslant \omega_p+15$ | ＞2.0 | | | |
| | | ≤2.0 | $\eta>12$ | Ⅴ | 特强冻胀 |
| | $\omega>\omega_p+15$ | 不考虑 | | | |

**注**　1. $\omega_p$ 为塑限含水率，%；$\omega$ 为冻前天然含水率在冻层内的平均值，%。

2. 盐渍化冻土不在表列。

3. 塑性指数大于 22 时，冻胀性降低一级。

4. 粒径小于 0.005mm 的颗粒含量大于 60%时为不冻胀土。

5. 碎石类土当填充物大于全部质量的 40%时其冻胀性按填充物土的类别判定。

**引**　GB 50324《冻土工程地质勘察规范》表 3.2.1。

当需要提供冻胀力又无实测值时，可按表 18-9、表 18-10 的规定取值。

**表 18-9** **单位切向冻胀力标准值**

| 冻胀类别 | 弱冻胀 | 冻胀 | 强冻胀 | 特强冻胀 |
|---|---|---|---|---|
| 单位切向冻胀力 $\tau_d$（kPa） | $30\leqslant\tau_d\leqslant60$ | $60<\tau_d\leqslant80$ | $80<\tau_d\leqslant120$ | $120<\tau_d\leqslant150$ |

引 GB 50324《冻土工程地质勘察规范》附录 C。

**表 18-10** **水平冻胀力标准值**

| 冻胀类别 | 不冻胀 | 弱冻胀土 | 冻胀土 | 强冻胀土 | 特强冻胀土 |
|---|---|---|---|---|---|
| 冻胀率 $\eta$（%） | $\eta\leqslant1$ | $1<\eta\leqslant3.5$ | $3.5<\eta\leqslant6$ | $6<\eta\leqslant12$ | $\eta>12$ |
| 水平冻胀力 $\sigma_h$（kPa） | $\sigma_h\leqslant15$ | $15<\sigma_h\leqslant70$ | $70<\sigma_h\leqslant120$ | $120<\sigma_h\leqslant200$ | $\sigma_h>200$ |

注 表列数值以正常施工的混凝土预制基础为准，如表面粗糙，修正系数可取 1.1～1.3。

引 GB 50324《冻土工程地质勘察规范》附录 C。

（2）多年冻土。

多年冻土常在地下的一定深度，接近地表部分往往亦受季节性影响，冬冻夏融，此冬冻夏融的部分常称为季节融化层。因此，多年冻土地区常伴有季节性冻结现象。根据土融化下沉系数 $\delta_0$ 的大小，多年冻土可分为不融沉、弱融沉、融沉、强融沉和融陷五种类型。

冻土层的平均融沉系数 $\delta_0$ 按式（18-4）计算：

$$\delta_0=\frac{h_1-h_2}{h_1}=\frac{e_1-e_2}{1+e_1}\times100\% \tag{18-4}$$

式中 $h_1$、$e_1$——分别为冻土试样融化前的高度（mm）和孔隙比；

$h_2$、$e_2$——分别为冻土试样融化后的高度（mm）和孔隙比。

塔基地基土融沉性评价时应符合表 18-11 的规定。

**表 18-11** **多年冻土融沉性分类**

| 土的名称 | 总含水率 $\omega$（%） | 平均融沉系数 $\delta_0$ | 融沉等级 | 融沉类别 | 冻土类型 |
|---|---|---|---|---|---|
| 碎（卵）石，砾、粗、中砂（粒径<0.075mm 的颗粒含量≤15%） | $\omega<10$ | $\delta_0\leqslant1$ | Ⅰ | 不融沉 | 少冰冻土 |
| | $\omega\geqslant10$ | $1<\delta_0\leqslant3$ | Ⅱ | 弱融沉 | 多冰冻土 |
| 碎（卵）石，砾、粗、中砂（粒径<0.075mm 的颗粒含量>15%） | $\omega<12$ | $\delta_0\leqslant1$ | Ⅰ | 不融沉 | 少冰冻土 |
| | $12\leqslant\omega<15$ | $1<\delta_0\leqslant3$ | Ⅱ | 弱融沉 | 多冰冻土 |
| | $15\leqslant\omega<25$ | $3<\delta_0\leqslant10$ | Ⅲ | 融沉 | 富冰冻土 |
| | $\omega\geqslant25$ | $10<\delta_0\leqslant25$ | Ⅳ | 强融沉 | 饱冰冻土 |
| 粉、细砂 | $\omega<14$ | $\delta_0\leqslant1$ | Ⅰ | 不融沉 | 少冰冻土 |
| | $14\leqslant\omega<18$ | $1<\delta_0\leqslant3$ | Ⅱ | 弱融沉 | 多冰冻土 |
| | $18\leqslant\omega<28$ | $3<\delta_0\leqslant10$ | Ⅲ | 融沉 | 富冰冻土 |
| | $\omega\geqslant28$ | $10<\delta_0\leqslant25$ | Ⅳ | 强融沉 | 饱冰冻土 |
| 粉土 | $\omega<17$ | $\delta_0\leqslant1$ | Ⅰ | 不融沉 | 少冰冻土 |
| | $17\leqslant\omega<21$ | $1<\delta_0\leqslant3$ | Ⅱ | 弱融沉 | 多冰冻土 |
| | $21\leqslant\omega<32$ | $3<\delta_0\leqslant10$ | Ⅲ | 融沉 | 富冰冻土 |
| | $\omega\geqslant32$ | $10<\delta_0\leqslant25$ | Ⅳ | 强融沉 | 饱冰冻土 |

续表

| 土的名称 | 总含水率ω（%） | 平均融沉系数$\delta_0$ | 融沉等级 | 融沉类别 | 冻土类型 |
|---|---|---|---|---|---|
| 黏性土 | $\omega<\omega_p$ | $\delta_0\leqslant1$ | Ⅰ | 不融沉 | 少冰冻土 |
| | $\omega_p\leqslant\omega<\omega_p+4$ | $1<\delta_0\leqslant3$ | Ⅱ | 弱融沉 | 多冰冻土 |
| | $\omega_p+4\leqslant\omega<\omega_p+15$ | $3<\delta_0\leqslant10$ | Ⅲ | 融沉 | 富冰冻土 |
| | $\omega_p+15\leqslant\omega<\omega_p+35$ | $10<\delta_0\leqslant25$ | Ⅳ | 强融沉 | 饱冰冻土 |
| 含土冰层 | $\omega\geqslant\omega_p+35$ | $\delta_0>25$ | Ⅴ | 融陷 | 含土冰层 |

**注** 1.$\omega$为总含水率（%），包括冰和未冻水；$\omega_p$为塑限。

2. 盐渍化冻土、冻结泥炭化土、腐殖土、高塑性黏土不在表列。

**引** GB 50324《冻土工程地质勘察规范》表3.2.2。

根据多年冻土的融沉性分级对冻土进行评价如下：

Ⅰ级：为不融沉土，除基岩之外为最好的地基土。一般建筑物可不考虑冻融问题。

Ⅱ级：为弱融沉土，为多年冻土良好的地基土。融化下沉量不大，一般当基底最大融深控制在3.0m之内时，建筑物均未遭受明显破坏。

Ⅲ级：为融沉土，作为建筑物地基时，一般基底融沉不得大于1.0m。因这类土不但有较大的融沉量和压缩量，而且冬天回冻时，有较大的冻胀量。应采取深基础、保温、防止基底融化等专门措施。

Ⅳ级：为强融沉土，往往会造成建筑物的破坏。因此原则上不容许地基土发生融化，宜采用保持冻结的原则设计或采用桩基等。

Ⅴ级：为融陷土，含大量的冰，不但不容许基底融化，还应考虑它的长期流变作用，需进行专门处理，如采用砂垫层等。

### （二）冻土上限评价

冻土天然上限如无最大融深时节的实测值，可根据勘探揭示的融化深度按下述的方法推算确定。

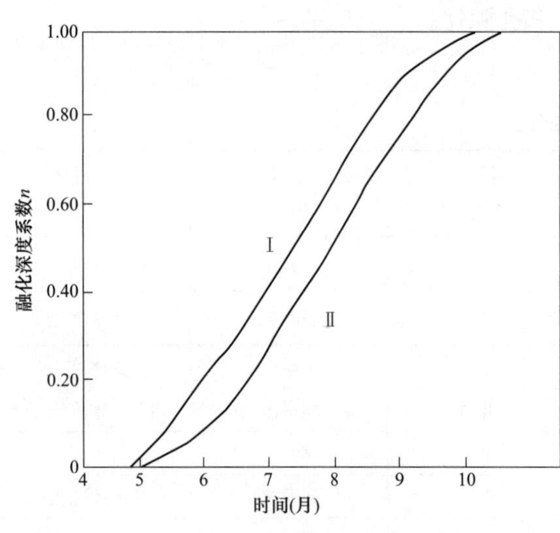


图18-9　融化进程图

Ⅰ线—适用于地表植被不太发育（包括无植被或植被稀疏）、浅层土中含有少量草炭；Ⅱ线—适用于地表沼泽化、植被繁茂，浅层土中草炭含量及厚度大

（1）根据当地气象台站多年观测资料，编制融化进程图如图18-9所示。

如当地无气象资料则可用图18-9估算。

（2）确定勘测时的融化深度。可用触探法（用钢钎插入土中，根据融土硬度小、冻土硬度大的原理判别当时的融化深度）、描述法（根据融土颜色深、无冰晶和冻土颜色浅、含冰晶等特点判别当时融化深度）或测温法（每隔一定间距用温度计测温后，绘制地温随深度变化曲线，线上通过零温轴的深度即为当时的融化深度）确定勘测期间的融化深度。

（3）按式（18-5）计算多年冻土上限深度。

$$Z_n=\frac{\Delta z}{n} \tag{18-5}$$

式中　$Z_n$——多年冻土上限深度，m；

$\Delta z$——勘测时所得的融化深度，m；

$n$——融化深度系数（按勘测时间在融化进程图上确定）。

（4）对冻土人为上限应考虑施工扰动和其他相关影响适当向下延伸。

### （三）地温稳定性评价

地温稳定性可按表18-12中多年冻土的年平均地温划分并考虑施工与运行期的气候变化和人类活动

的影响综合评价。

表 18-12 冻土地温稳定性分类

| 多年冻土年平均地温 $T_{cp}$ | $T_{cp}<-2.0$℃ | $-2.0℃\leqslant T_{cp}<-1.0$℃ | $-1.0℃\leqslant T_{cp}<-0.5$℃ | $T_{cp}\geqslant-0.5$℃ |
|---|---|---|---|---|
| 地温稳定性 | 稳定 | 基本稳定 | 不稳定 | 极不稳定 |

注 冻土依地温可分为高温冻土（≥−1.0℃）和低温冻土（<−1.0℃）。
引 GB 50324《冻土工程地质勘察规范》表 4.3.3。

（四）冻土地基承载力特征值

冻土地基承载力特征值，可根据设计等级，区别保持冻结地基或容许融化地基，结合当地经验用载荷试验或其他原位测试方法综合确定。不能进行原位试验确定时，可按冻结地基土的土质、物理力学指标查表 18-13 确定。

表 18-13 冻土承载力特征值

| 土的名称 | 不同土温（℃）的承载力特征值（kPa） | | | | | |
|---|---|---|---|---|---|---|
| | −0.5 | −1.0 | −1.5 | −2.0 | −2.5 | −3.0 |
| 碎砾石类土 | 800 | 1000 | 1200 | 1400 | 1600 | 1800 |
| 砾砂、粗砂 | 650 | 800 | 950 | 1100 | 1250 | 1400 |
| 中砂、细砂、粉砂 | 500 | 650 | 800 | 950 | 1100 | 1250 |
| 黏土、粉质黏土、粉土 | 400 | 500 | 600 | 700 | 800 | 900 |
| 含土冰层 | 100 | 150 | 200 | 250 | 300 | 350 |

注 1. 表中数值适用于不融沉、弱融沉、融沉 3 类冻土。
2. 强融沉冻土，黏性冻土承载力取值应乘以 0.8～0.6 系数；碎石冻土和砂冻土承载力取值应乘以 0.6～0.4 系数。
3. 当含水率小于或等于未冻水含水率时，应按不冻土取值。
4. 含土冰层指包裹冰含率为 0.4～0.6。
5. 表中温度是使用期间基础底面下的最高地温。
6. 本表不适用于盐渍化冻土及冻结泥炭化土。
引 GB 50324《冻土工程地质勘察规范》附录 C。

（五）冻土桩基承载力特征值

冻土桩基承载力参数无实测资料时，可分别按表 18-14、表 18-15 的规定取值。

表 18-14 桩端冻土端阻力特征值

| 土含冰率 | 土名 | 桩沉入深度（m） | 不同土温（℃）时的承载力特征值（kPa） | | | | | | | |
|---|---|---|---|---|---|---|---|---|---|---|
| | | | −0.3 | −0.5 | −1.0 | −1.5 | −2.0 | −2.5 | −3.0 | −3.5 |
| <0.2 | 碎石土 | 任意 | 2500 | 3000 | 3500 | 4000 | 4300 | 4500 | 4800 | 5300 |
| | 粗砂和中砂 | 任意 | 1500 | 1800 | 2100 | 2400 | 2500 | 2700 | 2800 | 3100 |
| | 细砂和粉砂 | 3～5 | 850 | 1300 | 1400 | 1500 | 1700 | 1900 | 1900 | 2000 |
| | | 10 | 1000 | 1550 | 1650 | 1750 | 2000 | 2100 | 2200 | 2300 |
| | | ≥15 | 1100 | 1700 | 1800 | 1900 | 2200 | 2300 | 2400 | 2500 |
| | 粉土 | 3～5 | 750 | 850 | 1100 | 1200 | 1300 | 1400 | 1500 | 1700 |
| | | 10 | 850 | 950 | 1250 | 1350 | 1450 | 1600 | 1700 | 1900 |
| | | ≥15 | 950 | 1050 | 1400 | 1500 | 1600 | 1800 | 1900 | 2100 |

续表

| 土含冰率 | 土名 | 桩沉入深度（m） | 不同土温（℃）时的承载力特征值（kPa） | | | | | | | |
|---|---|---|---|---|---|---|---|---|---|---|
| | | | −0.3 | −0.5 | −1.0 | −1.5 | −2.0 | −2.5 | −3.0 | −3.5 |
| <0.2 | 粉质黏土及黏土 | 3～5 | 650 | 750 | 850 | 950 | 1100 | 1200 | 1300 | 1400 |
| | | 10 | 800 | 850 | 950 | 1100 | 1250 | 1350 | 1450 | 1600 |
| | | ⩾15 | 900 | 950 | 1100 | 1250 | 1400 | 1500 | 1600 | 1800 |
| 0.2～0.4 | 上述各类土 | 3～5 | 400 | 500 | 600 | 750 | 850 | 950 | 1000 | 1100 |
| | | 10 | 450 | 550 | 700 | 800 | 900 | 1000 | 1050 | 1150 |
| | | ⩾15 | 550 | 600 | 750 | 850 | 950 | 1050 | 1100 | 1300 |

**注** 本表不适用于盐渍化冻土及冻结泥炭化土。

**引** GB 50324《冻土工程地质勘察规范》附录 C。

**表 18-15** **冻土与基础间的冻结强度特征值** （kPa）

| 融沉等级 | 不同温度（℃）时的承载特征值 | | | | |
|---|---|---|---|---|---|
| | −1.0 | −1.5 | −2.0 | −2.5 | −3.0 |
| 粉土、黏性土 | | | | | |
| Ⅲ | 85 | 115 | 145 | 170 | 200 |
| Ⅱ | 60 | 80 | 100 | 120 | 140 |
| Ⅰ、Ⅳ | 40 | 60 | 70 | 85 | 100 |
| Ⅴ | 30 | 40 | 50 | 55 | 65 |
| 砂土 | | | | | |
| Ⅲ | 100 | 130 | 165 | 200 | 230 |
| Ⅱ | 80 | 100 | 130 | 155 | 180 |
| Ⅰ、Ⅳ | 50 | 70 | 85 | 100 | 115 |
| Ⅴ | 30 | 35 | 40 | 50 | 60 |
| 砾石土（粒径小于 0.075mm 的颗粒含量小于等于 10%） | | | | | |
| Ⅲ | 80 | 100 | 130 | 155 | 180 |
| Ⅱ | 60 | 80 | 100 | 120 | 135 |
| Ⅰ、Ⅳ | 50 | 60 | 70 | 85 | 95 |
| Ⅴ | 30 | 40 | 45 | 55 | 65 |
| 砾石土（粒径小于 0.075mm 的颗粒含量大于 10%） | | | | | |
| Ⅲ | 85 | 115 | 150 | 170 | 200 |
| Ⅱ | 70 | 90 | 115 | 140 | 160 |
| Ⅰ、Ⅳ | 50 | 70 | 85 | 95 | 115 |
| Ⅴ | 30 | 35 | 45 | 55 | 60 |

**注** 1. 插入桩侧面冻结强度按Ⅳ类土取值；

2. 本表不适用于盐渍化冻土及冻结泥炭化土。

**引** GB 50324《冻土工程地质勘察规范》附录 C。

### （六）建筑场地的选择

设计等级为甲级、乙级的线路塔位宜避开饱冰冻土、含土冰层地段和冰椎、冰丘、热融湖、厚层地下冰，融区与多年冻土区之间的过渡带，宜选择坚硬岩层、少冰冻土和多冰冻土地段以及地下水位或冻土层上水位低的地段和地形平缓的高地。

## 第四节 地基处理方法

将多年冻土用作建筑地基时，可采用保持冻结状态或允许融化状态进行设计。对一栋整体建筑物必须采用同一种设计状态，对同一建筑场地应遵循一个统一的设计状态。

### 一、保持冻结状态的地基设计及处理措施

多年冻土以冻结状态用作地基。在建筑物施工和使用期间，地基土始终保持冻结状态。存在下列情况之一时可采用：

（1）多年冻土的年平均地温低于－1.0℃的场地；

（2）持力层范围内的地基土处于坚硬冻结状态；

（3）最大融化深度范围内，存在融沉土、强融沉土、融陷性土及其夹层的地基；

（4）非采暖建筑或采暖温度偏低，占地面积不大的建筑物地基。

采用维持冻土状态的设计及地基处理方法，具体有架空通风基础、填土通风管基础、粗颗粒土垫高地基、热桩（棒）基础、保温隔热地板等措施。

对不衔接的多年冻土地基，当建筑物热影响的稳定深度范围内地基土的稳定和变形都能满足要求时，应按季节冻土地基计算基础的埋深。

对衔接的多年冻土，基础埋置深度可通过热工计算确定，但不得小于建筑物地基多年冻土的稳定人为上限埋深以下 0.5m。在无建筑物稳定人为上限资料时，基础的最小埋置深度，对于架空通风基础及冷基础，可根据冻土的设计融深 $z_d^m$ 确定，并应符合表 18-16 的规定。

**表 18-16　基础最小埋置深度 $d_{min}$**

| 地基基础设计等级 | 建筑物基础类型 | 基础最小埋置深度（m） |
|---|---|---|
| 甲、乙级 | 浅基础 | $z_d^m+1$ |
| 丙级 | 浅基础 | $z_d^m$ |

具体融深设计值应按下面公式计算，当采用架空通风基础、填土通风管基础、热棒以及其他保持地基冻结状态的方案不经济时，也可将基础延伸到稳定融化盘最大深度以下 1m 处。

（一）设计融深

季节性冻土地基的设计融深 $z_d^m$ 应按式（18-6）计算：

$$z_d^m = z_0^m \varphi_s^m \varphi_w^m \varphi_c^m \varphi_{t0}^m \tag{18-6}$$

式中　$z_d^m$——设计融深，m；

$z_0^m$——标准融深，m；

$\varphi_s^m$——土的类别对融深的影响系数，按表 18-17 采用；

$\varphi_w^m$——土的融沉性对融深的影响系数，按表 18-18 采用；

$\varphi_c^m$——地表覆盖影响系数，按表 18-19 采用；

$\varphi_{t0}^m$——场地地形对融深的影响系数，按表 18-20 采用。

**表 18-17　土的类别对融深的影响系数**

| 土的类别 | $\varphi_s^m$ | 土的类别 | $\varphi_s^m$ |
|---|---|---|---|
| 黏性土 | 1.00 | 中、粗、砾砂 | 1.30 |
| 细砂、粉砂、粉土 | 1.20 | 碎石土 | 1.40 |

表 18-18　　融沉性对融深的影响系数

| 冻胀性 | $\varphi_{w}^{m}$ | 冻胀性 | $\varphi_{w}^{m}$ |
|---|---|---|---|
| 不融沉 | 1.00 | 强融沉 | 0.85 |
| 弱融沉 | 0.95 | 融陷 | 0.80 |
| 融沉 | 0.90 | | |

表 18-19　　地表覆盖影响系数

| 覆盖类型 | $\varphi_{c}^{m}$ | 覆盖类型 | $\varphi_{c}^{m}$ |
|---|---|---|---|
| 地表草炭覆盖 | 0.70 | 裸露地表 | 1.0 |

表 18-20　　场地地形对融深的影响系数

| 地形 | $\varphi_{t0}^{m}$ | 地形 | $\varphi_{t0}^{m}$ |
|---|---|---|---|
| 平坦地面 | 1.00 | 阳坡斜坡 | 1.10 |
| 阴坡斜坡 | 0.90 | | |

引　JGJ 118《冻土地区建筑地基基础设计规范》5.2 节。

（二）标准融深

当地无气象台观测资料时，可用下式计算该地区的标准融深，并结合当地经验综合确定：

（1）对青藏高原多年冻土地区（包括西部高山多年冻土），可按式（18-7）和式（18-8）计算：

$$z_{0}^{m}=0.195\sqrt{\sum T_{m}}+0.882 \tag{18-7}$$

（2）对东北多年冻土地区（包括东北高山多年冻土），可按下式计算：

$$z_{0}^{m}=0.134\sqrt{\sum T_{m}}+0.882 \tag{18-8}$$

式中　$\sum T_{m}$——建筑地段气温融化指数的标准值，℃·月。采用当地气象台站 10 年以上观测值的平均值。当无实测资料时，可按中国融化指数标准值等值线图中数据取值。

（3）对我国高山多年冻土地区，气温融化指数标准值，应按式（18-9）～式（18-11）计算：

$$\text{东北地区}\ \sum T_{m}=(7532.8-90.96L-93.57H)/30 \tag{18-9}$$

$$\text{青海地区}\ \sum T_{m}=(10722.7-141.25L-114.00H)/30 \tag{18-10}$$

$$\text{西藏地区}\ \sum T_{m}=(9757.7-71.81L-114.48H)/30 \tag{18-11}$$

式中　$L$——建筑地点的纬度，(°)；

$H$——建筑地点的海拔，100m。

（4）多年冻土地基中桩基础的入土深度应根据桩径、桩基承载力、地基多年冻土工程地质条件和桩基抗冻胀稳定要求经计算确定。基底下允许残留冻土层厚度也可根据当地经验确定。

## 二、允许融化状态的地基设计及处理措施

（一）逐渐融化状态的地基设计及处理措施

在受力层以上处于塑性冻结状态，在最大融深以上为不融沉或弱融沉土，高温可以对冻土层产生热影响，多年冻土以逐渐融化状态用作地基。在建筑物施工和使用期间，地基土处于逐渐融化状态。存在下列情况之一时可采用：

（1）多年冻土的平均地温为－0.5～－1.0℃的场地；

（2）持力层范围内的地基土处于塑性冻结状态；

（3）在最大融化深度范围内，地基为不融沉性土和弱融沉性土；

（4）室温较高、占地面积较大的建筑，或热载体管道及给排水系统对冻层产生热影响的地基。

其处理方法可采用加大基础埋深或用低压缩土层为持力层；铺设保温隔热地板，并架空热管道和给排水系统；设置地面排水系统等措施。

（二）预先融化状态的地基设计及处理措施

多年冻土以预先融化状态用作地基。在建筑物施工之前，使地基融化至计算深度或全部融化。适用于下列之一的情况：

（1）多年冻土的年平均地温不低于－0.5℃的场地；

（2）持力层范围内地基土处于塑性冻结状态；

（3）在最大融化深度范围内，存在变形量为不允许的融沉土、强融沉土和融陷性土及其夹层的地基；

（4）室温较高、占地面积不大的建筑物地基。

该状态下地基处理方法可采用粗颗粒土置换细颗粒土或预压加密和加大基础埋深的方法。

常见冻土基础型式及适用条件参见表 18-21。

**表 18-21　　适用于多年冻土区的主要基础类型**

| 基础类型 | 基础特点 | 适用地区 | 备注 |
| --- | --- | --- | --- |
| 桩基础 | 对冻土地基热扰动较小，应用范围广，基础稳定性普遍较好。施工工艺成熟，需要大型机具，施工难度大，施工费用较高 | 适用于所有冻土地区。尤其是地下水位较高地区、高温高含冰量冻土区、强冻胀地区、河流滩地的融区、沼泽湿地等不利场所 | 应具备大型设备进场作业条件；沼泽湿地暖季作业要采取专门交通措施 |
| 锥柱基础、扩展基础、台阶基础 | 施工工艺简单，混凝土用量大，基础外表面容易采取减小切向冻胀力的辅助措施。基坑回冻稳定时间较长 | 适用于活动层较薄，便于开挖，地下水位埋藏较深地区。同等条件下，强冻胀、特强冻胀塔位可优先采用锥柱基础 | 采用大开挖方式，暖季施工易受热扰动；对基坑回填质量要求较高 |
| 掏挖基础、挖孔桩基础 | 力学性能较好，抗拔、抗倾覆承载能力强，基础稳定性环境较好。基坑开挖量小，不需支模、回填，有利于环境保护 | 适用于地下水位埋藏较深、岩土结构性适宜、冻结层上水贫乏的地区；在丘陵、山地尤具优势 | 高海拔地区需加强劳动安全保护；林区等环境可能需要防范孔内有害气体 |
| 预制装配基础 | 强度较高，混凝土质量易保证；制造条件严格，运输成本高；单坑作业工期短。基坑回冻稳定时间较长 | 适用于交通便利、便于机械作业，地基承载力高、地下水位埋藏较深的塔位 | 采用大开挖方式，暖季施工易受热扰动；对基坑回填质量要求较高；需要起重机械 |

引　Q/DG2-G01《多年冻土区架空输电线路岩土勘测导则》附录 B。

## 三、其他地基处理及防冻害措施

（一）季节性冻土地基处理措施

由于冻土的危害主要由地基土的冻胀、融沉引起，因此在地基处理方式上还可以借鉴季节性冻土常用的处理措施，通过削弱冻胀、水分含量和温度对地基土工程力学性质的影响来达到防治冻害的目的。

（1）换填法。用非冻胀性材料（如粗砂、砾石等）更换天然地基的冻胀土，以改变冻胀。换填法防冻害的效果的好坏，与换填深度、换填材料的黏性颗粒含量、换填材料的排水条件、地下水位和地基土土质等因素有关。

（2）物理化学法。物理化学法是指利用交换阳离子及盐分来改变地基土，实现土粒子与水相互作用，使土体中的水分迁移强度及其冰点发生变化，削弱冻胀。主要有憎水物质改良法、分散改良土法、土粒聚集和人工盐渍化法。

(3) 保温法。保温法是在建筑物基础底部四周设置隔热层，增大热阻，延迟地基土的冻结，保持土体温度。常用的隔热材料有炉渣、玻璃纤维、泡沫混凝土、聚苯乙烯泡沫等。

(二) 工程及结构措施

(1) 对于地下水位以上的基础，基础侧表面应回填非冻胀性的粗粒土，其厚度不应小于 20cm。对于地下水位以下的基础，可采用桩基础、保温性基础、自锚性基础或斜面基础。

(2) 做好排水措施，施工及使用期间防止雨水、地表水侵入建筑地基，在山区应设置截水沟。

(3) 在强冻胀、特别强冻胀地基上，其基础结构应设置钢筋混凝土圈梁和基础梁，以加强基础的整体刚度。

(4) 当独立基础连梁或桩基承台下有冻土时，应在承台下留有相当于该土层冻胀量的空隙。

(5) 散水坡分段不宜超过 1.5m，坡度不宜小于 3%，其下宜填入非冻胀性材料。

(6) 基础开挖时，如基底下见有残留的冰层，应对其进行挖除、换填处理。

## 四、冻土区设计及施工方案建议

(一) 对设计方案及措施的分析建议应包含以下要点

(1) 基础型式除考虑冻土地基条件外，还应综合考虑机具设备进场条件、施工环境与季节、作业工效等因素，其中冻土地基条件具有决定性作用，气候条件决定了塔基变形的发展趋势，施工季节选择的不当也可能导致基础后期产生较大的变形。

(2) 开挖类基础除正常埋深外，高温冻土区同时应大于冻土上限 1.5m，低温冻土区同时应大于冻土上限 1m；基底遇高含冰量冻土时尚应适当加深。

(3) 高温冻土区，可建议预融法设计或桩基方案；采用开挖类基础时，应有控温措施如热棒设置的分析建议。

(4) 在有较强冻胀作用的塔位，应有明确的基础选型（如锥柱基础）和辅助措施（如玻璃钢包套、粗粒土换填及回填）的分析建议。

(5) 对活动层的土性参数应按融化状态和冻结状态分别提供。

(6) 基于研究成果，冻土区塔基型式选择可遵循以下规律：地质和冻土条件较好，能掏挖成形的地段宜采用掏挖基础；施工便利的地段宜采用预制装配式基础；冻胀力较强、地基较为稳定的地段可采用锥柱基础；饱冰、含土冰层发育地段，以及跨河、漫水、地下水较浅的地区，宜采用灌注桩基础。

(二) 对施工环节岩土工程的分析建议应包含以下要点

(1) 基坑长时间暴露热扰动风险分析及紧凑施工建议。

(2) 施工机械及车辆行驶压地热扰动风险分析及防范措施建议。

(3) 暖季大开挖施工受热扰动分析及应对措施如搭设遮阳棚、覆盖通风散热材料的建议。

(4) 暖季防止或减轻雨雪和表水侵入基坑的措施提醒与建议。

(5) 暖季施工受到冻土层上水、冻土层间水、冻土融化的影响预测及措施建议。

(6) 沼泽湿地、厚层地下冰及地表水丰盈地段的基础，宜深冻期施工的建议。

(7) 施工完成后塔位及周边采取防水防热措施的建议。

# 第五节 工 程 实 例

## 一、工程概况

西南某 330kV 联网工程线路工程是保障玉树灾后重建和地区经济社会发展电力供应、增进民族团结、构建和谐社会的民生工程，是建设在雪域高原的一项重大电网工程。该工程是目前世界上海拔最高的 330kV 输电线路工程，海拔在 3200～5000m 之间，穿越海拔 4000m 以上线路长 482km，其中 361km 线路穿越多年冻土区，地质条件复杂。此外，工程处于三江源国家级自然保护区，还具有生态保护要求高的特点。

## 二、工作方案

### （一）勘测目的和主要内容

依据院计划发展部下达的勘测任务书和工程勘察分公司岩土工程室下达的专业技术指示书，并依循相关的技术规范、规程，在室内 1∶1 万的航片选线工作的基础上，开展现场定位工作。勘测工作的目的：通过各相关专业的配合和室内外的工作，进行沿线逐基定位论证评价，提出满足施工图设计要求的岩土专业技术资料。本阶段勘测的主要内容是：

（1）查明沿线的地形地貌特征、地层岩体（性）分布、岩土性质特点、不良地质作用、水文地质条件等；

（2）选定地质稳定或岩土整治相对容易的塔基位置，采用适当的勘察手段或综合勘测方法进行塔基勘测；

（3）进一步查明线路沿线地基土的岩土结构、岩性特征、多年冻土厚度、季节冻结与季节融化深度，评价岩土的工程特性，提供重度等岩土物理力学性质指标和地基承载力等，为杆塔基础形式的选择提供资料；

（4）进一步查明线路沿线的不良冻土现象的类别、范围、性质、发生发展的规律及危害程度；

（5）对塔基及附近的特殊岩土和特殊地质问题进行详细勘测、分析和评价；

（6）对塔基适宜的基础结构类型和环境整治方案进行分析并提出建议；

（7）调查了解沿线地下水的埋藏深度、变化幅度，以及地下水与地基土的腐蚀性，并对其可能产生的影响进行评价；

（8）进一步查明线路沿线的地质构造，提供抗震设防参数；

（9）对施工和后期运行中可能出现的岩土工程技术问题进行预测分析，并提出相应建议；

（10）提供编制施工图设计文件所需的完整岩土工程资料。

### （二）工作组织与技术方法

经过认真的比对分析，参考已有的青藏公路、铁路以及青藏直流线路的成功经验，为达到精细化设计对岩土专业的技术和质量要求，现场工作前期，根据本条线路工程的特点，项目组有针对性的邀请中国科学院寒区旱区环境与工程研究所冻土工程国家重点实验室等相关单位进行了关于冻土工程问题的专题性研究。在本次施工图勘察工作前，项目组认真地研究了该线路的前期资料和相关的课题资料，结合测量、电气专业的技术要求，采用海拉瓦技术仔细查阅地形情况，根据地表植被覆盖特征、地表水体出露情况、地形地貌的特征、交通状况等因素，进行认真比对，对已有或潜在影响塔位安全不良冻土现象进行必要的避让，选择相对较好部位立塔。施工图定位工作前，根据实际情况，编写了工程施工图设计阶段勘察岩土工程专业技术指南，现场勘察方法采取逐基的地质踏勘调查、多年冻土区进行逐基钢钎插入、选择代表性地段的塔基进行钻探、现场土工试验、塔基范围内采用十字交叉方式的地质雷达探测、瞬态面波探测、高密度电法探测等手段进行地质勘探和地质条件（冻土条件特征等）的判（鉴）别描述，并进行相应的记录和分析。

结合青藏铁路以及青藏线路的工程经验，项目组针对本条线路的特点，还采用了大量的钻探手段，为保证高原冻土区的冻土钻探工艺和质量，专门委托给铁道第一勘察设计院甘肃勘察院负责现场钻探、钻孔内地温测量、现场土工试验以及室内土工试验等。

钻探、物探以及地温测试表明，单一方法的运用，解决冻土工程问题较为片面，多种勘探手段的运用，能较好的解决冻土工程问题。

（三）完成的勘察工作量

现场工作采用了踏勘、钻探、（现场）土工试验、轻型圆锥动力触探、地质雷达探测、调绘（查）、专家咨询（会诊）等综合勘察手段，室内进行了常规土的土工实验。

## 三、沿线岩土工程条件特征及评价

（一）不良地质作用

该工程除常规的稳定斜坡、冲沟泥石流、风积砂、崩塌和饱和砂土、粉土液化问题、移动沙丘等不良地质作用外，多年冻土地段主要为特殊的不良冻土现象。

线路沿线主要不良冻土现象有：厚层地下冰、冰幔、冻胀丘、冰椎、热融湖塘、冻土沼泽湿地等。

（二）沿线冻土类型特征及区划

沿线冻土属青藏高原多年冻土区，是中、低纬度地带海拔最高、面积最大的冻土区。该区属高寒大陆性气候，气候多变，雨、雪、冰雹四季皆可出现。沿线多年冻土具有强烈的垂直地带性，多年冻土温度、厚度受海拔的控制，海拔越高，温度越低，多年冻土就越厚。主要分布有岛状不连续多年冻土、大片连续多年冻土及多年冻土融区三种类型。

根据专题组成员现场踏勘、调绘及参阅相关资料可知，全线冻土主要分布于鄂拉山口以北的共和二十道班至清水河公社以南8km处，其类型有少冰—多冰冻土、富冰冻土、饱冰冻土、含土冰层以及季节冻土等类型。

根据冻土分布特征可知：季节冻土段长224.1km，占线路总长度的37.6%；多年冻土融区108.5km，占线路总长度的18.2%，其余为多年冻土区。多年冻土区又可按含冰量的多少划分为：少冰—多冰冻土段长约142.0km，占线路总长度的23.8%；富冰、饱冰及含土冰层冻土长度121.4km，占线路总长度的20.4%。

1. 岛状多年冻土区段

(1) 苦海—醉马滩岛状多年冻土区。

该段海拔4138～4211m。岩土类型为：粉土、砂砾石土。以少冰、多冰冻土为主，部分地段为多冰、富冰冻土。冻土上限2.0～3.0m，年平均地温－0.1～－0.65℃，属高温多年冻土区。

(2) 花石峡七道班—花石峡岛状多年冻土区。

该段海拔4199～4220m。岩土类型为：粉土、卵砾石、砂砾石等，冻土类型以少冰冻土为主，冻土上限2.5～3.0m。为高温多年冻土区。

(3) 黄河北岸山前冲洪积平原区残余岛状多年冻土区。

该段海拔4210～4230m，沿线小型湖泊发育，地形平坦开阔。岩土类型为：粉细砂、砂质粉土、砂砾石土和碎石土。冻土主要以多冰、富冰为主，冻土上限2.5～3.5m，年平均地温＞－0.5℃，属多年冻土退化后的残余多年冻土区段，属高温冻土区。

(4) 黄养段第六道班—第七道班岛状多年冻土区。

该段海拔4273～4364m，为山间沟谷段。岩土类型为：粉质黏土、碎石类土，冻土以饱冰、少冰为主，冻土上限3.0～6.0m，年平均地温－0.09℃，属高温冻土区。

(5) 小野马岭—黄养段第九道班岛状多年冻土区。

该段海拔为4322～4357m，为山前冲积平原地貌，地势平坦开阔。岩土类型主要为粉土、粉质黏土和碎石，线路跨越处多冰冻土、富冰冻土、饱冰冻土、含土冰层等均含有，冻土条件复杂。冻土上限为2.0～6.0m，年平均地温－0.02～－0.48℃，属高温冻土区。

2. 片状多年冻土区段

(1) 花石峡四道班以北多年冻土区。该段海拔4064～4499m，为山前坡洪积扇及冰水堆积台地。岩土类型为粉质黏土、碎石土等，线路跨处以多冰、富冰及饱冰为主，冻土上限1.7～4.1m，年平均地温－0.2℃，属高温极不稳定多年冻土区。

（2）长石头山多年冻土区。该段位于花石峡冲洪积扇平原—河谷坡洪积坡度地带，海拔为 4276～4572m，为冲洪积扇及山前缓坡地貌。岩土类型为粉土、粉质黏土、砂土、碎石土及基岩等，以多冰、少冰冻土为主，冻土上限 1.5～3.0m，年平均地温区段内变化较大，既有高温极不稳定冻土，也有低温稳定冻土。

（3）十一道班北侧（卓郎姆）至玛多多年冻土区。该段海拔为 4248～4552m，为山前缓坡及冲洪积平原地貌。岩土类型主要为粉土、砾砂、碎石土及基岩，该段冻土类型比较复杂，线路跨越处主要以多冰、富冰、饱冰冻土为主，局部区段发育含土冰层及小范围的融区。冻土上限 1.5～5.5m。

（4）野牛沟至清水河多年冻土区。该段海拔为 4322～4824m，为中高山地貌。岩土类型主要为粉质黏土、粉土、角砾、碎石及基岩，冻土类别变化较大，线路跨越处主要以多冰冻土为主，含土冰层、饱冰及少冰冻土在局部区段比例较大。野牛沟至开刺龙、黄养段第十二道班以及查曲至清水河段为高温极不稳定冻土；开刺龙至黄养段第十二道班、巴颜喀拉山南侧至清水河四道班为高温不稳定冻土区；黄养段第十二道班南侧至巴颜喀拉山南侧为低温基本稳定冻土区。该区段多年冻土上限 0.6～4m。

3. 多年冻土融区区段

（1）温泉融区。该段主要受河流影响，形成了融区，海拔为 3946～4261m，以河流谷地和山前坡洪积扇为主，岩性主要为粉质黏土、碎石及泥质板岩。季节冻深为 2.0～3.5m。

（2）苦海滩融区。该段主要分布在苦海至醉马滩之间，为山前冲洪积扇平原，地形平坦、地势开阔，海拔为4131～4236m。地层岩性主要为粉土、角砾、碎石土及砂质板岩，季节冻深 2.0～3.5m。

（3）花石峡融区。该段为盆地边缘冲洪积扇前部，地形平坦开阔，海拔为 4252～4279m。地层岩性为粉土、砾砂及碎石土，季节冻深 1.5～3.0m。

（4）玛多县城南侧融区。该段穿越了星星海自然保护区，线路两侧湖泊发育，融区长约 29km。该段海拔为 4309～4382m，地层主要以砂、砂砾石及碎石土为主，季节冻深 2.4～3.2m。

（5）黄养段第七道班至小野马岭融区。该段地势平坦，为山前冲洪积平原地貌，区段长约 18.0km。该段跨越区海拔为 4219～4257m，地层主要以砂、砾砂、碎石土及砂质板岩为主，季节冻深为 3.0m～3.5m。

（6）黄养第九道班至野牛沟融区。该段地势平坦，为山前冲洪积平原地貌，区段长约 6.6km。该段线路跨越区海拔为 4368～4435m，地层主要以粉质黏土、角砾及碎石，季节冻深为 3.0～3.5m。

（7）清水河八道班至清水河公社融区。该段地貌以山前缓坡和冲洪积扇为主，区段长约 12.0km。线路跨越处海拔为 4422～4472m，地层主要以粉质黏土、卵石、碎石为主，季节冻深为 2.5～3.2m。

其余线路段为季节性冻土区（略）。

线路部分地段工程地质条件见表 18-22。

**表 18-22　　线路部分地段工程地质条件一览表**

| 序号 | 分段 | 起止里程 | 长度（km） | 地形地貌 | 地层岩性 | 冻土类型 | 冻胀等级 | 融沉等级 | 冻土上限/季节冻深（m） | 地温分区 | 年平均地温 $T_{cp}$（℃） | 冻土厚度（m） | 建议基础型式 |
|---|---|---|---|---|---|---|---|---|---|---|---|---|---|
| 1 | 唐乃亥变—共和二十道班以北 | 唐乃亥变～K295＋700 | 87 | 低山丘陵、冲洪积平原 | 角砾、碎石、卵石 | 季节 | Ⅰ～Ⅲ | | 2.8～3.0 | | | | 常规基础<br>锥柱基础 |
| 2 | 共和二十道班 | K295＋700～K297＋300 | 1.6 | 山前坡洪积扇 | 含碎石的粉质黏土、碎石土 | 少冰冻土 | Ⅱ | Ⅰ | 3.0～3.3 | Ⅰ | ＞−0.5 | ＞15 | 锥柱基础 |
| 3 | | K297＋300～K301＋300 | 4.0 | 山前坡洪积扇 | 含碎石的粉质黏土、角砾及碎石土 | 多冰冻土 | Ⅱ～Ⅲ | Ⅱ | 2.7～3.3 | Ⅰ | ＞−0.5 | ＞15 | 锥柱基础 |
| 4 | 共和二十道班以北 | K301＋300～K306＋950 | 5.65 | 山前坡洪积扇 | 粉质黏土、碎石土 | 富冰饱冰 | Ⅱ～Ⅲ | Ⅲ～Ⅳ | 1.7～2.9 | Ⅰ | ＞−0.5 | ＞15 | 锥柱基础<br>桩基础 |

续表

| 序号 | 分段 | 起止里程 | 长度(km) | 地形地貌 | 地层岩性 | 冻土类型 | 冻胀等级 | 融沉等级 | 冻土上限/季节冻深(m) | 地温分区 | 年平均地温 $T_{cp}$(℃) | 冻土厚度(m) | 建议基础型式 |
|---|---|---|---|---|---|---|---|---|---|---|---|---|---|
| 5 | 鄂拉山 | K306+950～K318+700 | 11.75 | 高山斜坡 | 粉质黏土、碎石土 | 多冰富冰 | Ⅱ～Ⅲ | Ⅱ～Ⅲ | 1.3～3.8 | Ⅰ | >−0.5 | >30 | 锥柱基础桩基础 |
| 6 | 花石峡—道班 | K318+700～K320+900 | 2.2 | 山前坡洪积扇 | 粉质黏土、碎石土、基岩 | 融区 | Ⅱ |  | 2.8～3.5 |  |  |  | 常规基础 |
| 7 | 花石峡—道班南 | K320+900～K323+300 | 2.4 | 丘陵区 | 粉质黏土、碎石土、基岩 | 少冰 | Ⅱ | Ⅰ | 2.8～3.5 | Ⅰ | >−0.5 | >15 | 锥柱基础 |
| 8 | 温泉融区 | K323+300～K325+300 | 2 | 山前坡洪积扇 | 粉质黏土、碎石土、基岩 | 融区 | Ⅱ |  | 2.8～3.5 |  |  |  | 常规基础 |
| 9 | 温泉南至勒木 | K325+300～K336+100 | 10.8 | 山前坡洪积扇 | 粉质黏土、碎石土、基岩 | 少冰多冰 | Ⅱ | Ⅰ～Ⅱ | 2.8～3.5 | Ⅰ | >−0.5 | >15 | 锥柱基础 |
| 10 | 勒木 | K336+100～K338+200 | 2.1 | 山前坡洪积扇 | 粉质黏土、碎石土、基岩 | 融区 | Ⅱ |  | 2.8～3.5 |  |  |  | 常规基础 |

## 四、基础型式及地基处理方案分析

### （一）基础型式

1. 区别于常规线路的特殊制约因素

由于输电线路地处青藏高原，海拔多在3600m以上，大部分地段处于4000～5000m，并且所穿越地段多为高原冻土区，工程难度较大。因此，高原冻土区基础的选型与其他非冻土区有着较大区别，较常规地区的基础的选型有更多因素的制约，主要表现为：

（1）塔基基础设计时要考虑不同冻土在长期冻、融循环状态下保持地基稳定的不同需求。由于冻土的特殊性能，使得在塔基的设计中需要考虑更多的因素。例如，根据冻土的不同状态，需要增加选择状态条件设计，同时还必须考虑含冰层的选型。不同冻土区的冻土，不同含冰量的冻土，不同热稳定性的冻土各有其特性且都会涉及，所以基础选型也应有多种适应性考虑。

（2）要考虑不同季节不同冻土相关施工方法的适宜性和措施的可调性。不同的冻土具有不同热稳定性，不同的施工方法在冻/融季节有不同的优劣差别，大型工程很难保证一直在理想环境下施工，所以方法的多选与可调是要事先考虑的。

（3）要考虑地形海拔和劳动保护的特殊施工环境。高原含氧量仅为常规地区含氧量的一半，气候寒冷且变化无常，据统计海拔每升高100m，气温就降低0.5～0.8℃，因而高原作业相当困难，人员设备的出力与保障需要格外重视。

（4）要充分考虑高原工程建设生态与环保的日益严格要求。高原生态环境相当脆弱，工程活动容易导致冻土退化、诱发冻融病害以及植被破坏后不易恢复，引起荒漠化等，线路的设计方案和施工组织在观念上和措施上也要高度适应。

（5）应充分考虑施工过程中的施工质量控制以及目前电力行业的在输电线路中的施工水平和能力。

2. 冻土区常用基础型式建议

由于冻土所具有的特殊工程地质特性，因而基础类型的选择除应考虑铁塔的安全等级、类型外，还应考虑冻土类型、冻土环境、交通条件及人工作用便捷性等。根据青藏直流在冻土工程输电线路中基础的使用情况，本工程建议采用如下冻土区铁塔常用的基础型式：

（1）钻孔灌注桩，一般适用于河流融区和热融湖塘等存在热源的地区。在桩基设计过程中，在地基土处于冻结状态时，应考虑的是桩端冻土承载力和冻土与基础间的冻结强度，根据初步的桩长、土层类别、含冰量、融沉等等进行相应的取值。同时还需要进行必要的防冻胀处理措施，如自地平面到上限深度以下一定距离内加钢护筒等措施，对于桩基的施工应制定详细的施工组织设计及严格的质量控制与管理。

该种基础的优点是能处理高温高含冰冻土，河流跨越塔位、地质条件较差的塔位的塔基基础，缺点是成本太高、环境破坏较大。

（2）锥柱基础。该基础型式适合于季节冻土区、低含冰量的多年冻土区、地下冰分布均匀的富冰冻土粗粒土地段地基，具有施工简单和较好的防冻胀性能。在基础设计时，应根据含冰情况、地层条件等进行必要的地基基础处理措施。同时应对施工过程进行严格的规定，避免大面积的破坏冻土和环境。

（3）常规的基础形式，如直柱、斜柱基础等。这类基础通常用在季节冻深不大的季节性冻土区或地下水位埋深较大、冻结深度较小（远小于基础埋置深度）、无冻胀性的融区地段，属于输电线路的常规基础形式。

### （二）工程措施与建议

根据以往公路/铁路及青藏直流联网工程中经验，在基础设计时应根据多年冻土的类别、含冰情况、冻胀和融沉性能、不同基础型式的特点等考虑对基础侧面进行必要的防冻胀措施，并对基础侧面、底面进行一定量的粗粒土换填，以减小冻胀力及融沉的影响，确保塔基的安全。

#### 1. 地基处理防冻胀措施与建议

在冻胀、强冻胀、特别强冻胀地基上，应采用下列防冻胀措施：

（1）对于地下水位以上的基础，基础侧面应回填非冻胀性的粗粒土，其厚度不应小于 10cm。对于地下水位以下的基础，可采用桩基础或采取其他有效措施。

（2）防止雨水、地表水侵入塔基基础，应设置排水措施。

（3）在强冻胀、特别强冻胀地基上，其基础结构应加强塔基的整体刚度。

（4）当桩基承台下有冻土时，应在承台下留有相当于该土层冻胀量的空隙，以防止因土的冻胀将承台拱裂。

（5）散水坡分段不宜超过 1.5m，坡度不宜小于 3%，其下宜填入非冻胀性材料。

（6）对塔基基础开挖时，如基底下见有残留的冰层，建议对其进行挖除、换填处理。

#### 2. 辅助措施和建议

在基础型式的选择中，可以进行相应的地基处理措施和其他防冻胀、防融沉、主动降温等辅助措施进行防护，如插入热棒处理等措施、铺设保温层等。

热棒主动降温措施是青藏铁路/公路及青藏直流联网工程施工运行中比较有效的一种辅助手段，可以通过不同深度的插入热棒，以起到保护不同深度的冻土的目的，也可以在后期发现有多年冻土退化、有融沉等多年冻土问题进行插入热棒加以保护等手段。

铺设保温层也是一种比较好的保护多年冻土的一种手段，通过保温层（或保温材料）的铺设，相对将上部的热量进行隔绝，减少对多年冻土的热交换，以达到冻土的保护的目的。

# 第十九章　软　　土

## 第一节　概　　述

### 一、软土的定义和成因

（一）软土的定义

软土系饱和软黏土，是指天然孔隙比大于或等于1.0，且天然含水量大于液限的细粒土，包括淤泥、淤泥质土、泥炭、泥炭质土等。软土的分类标准见表19-1。

表19-1　　软土分类标准表

| 土的名称 | 划分标准 | 备注 |
| --- | --- | --- |
| 淤泥 | $e \geqslant 1.5$，$I_L > 1$ | $e$ 为天然孔隙比<br>$I_L$ 为液性指数<br>$W_u$ 为有机质含量 |
| 淤泥质土 | $1.5 > e \geqslant 1.0$，$I_L > 1$ | |
| 泥炭 | $W_u > 60\%$ | |
| 泥炭质土 | $10\% < W_u \leqslant 60\%$ | |

引　《工程地质手册》（第五版）。

软土按厚度分类见表19-2。

表19-2　　软土按厚度分类表

| 分类名称 | 厚度（m） |
| --- | --- |
| 薄层软土 | 厚度≤3 |
| 中厚层软土 | 3<厚度≤15 |
| 厚层软土 | 15<厚度≤30 |
| 巨厚层软土 | 厚度>30 |

（二）软土的成因

（1）沉积软土的滨海环境：滨海相、泻湖相、弱谷相、三角洲相。

1）滨海相。常与海浪、岸流和潮汐的水动力作用形成较粗的颗粒相掺杂，使其不均匀和极疏松，增强了淤泥的透水性能，易压缩固结。

2）泻湖相。沉积成颗粒微细、孔隙比大、强度低、分布范围较宽阔，常形成滨海平原。

3）弱谷相。孔隙比大、结构疏松、含水量高，分布范围略窄，其表层常有泥炭沉积。

4）三角洲相。由于河流和海潮复杂的交替作用，而使淤泥与薄层砂交错沉积，受海流和波浪的破坏，分选程度差，结构不稳定，多交错成不规则的尖灭层或透镜体夹层，结构疏松，颗粒细小。

（2）沉积软土的湖泊环境：湖相、三角洲相。

该类土是近代淡水盆地和咸水盆地的沉积。其物质来源与周围岩性基本一致，在稳定的湖水期逐渐沉积而成。沉积物中夹有粉砂颗粒，呈明显的层理。淤泥结构松软，呈暗灰色、灰绿或暗黑色，表层硬层不规律，时而有泥炭透镜体。

（3）沉积软土的河流环境：河漫滩相、牛轭湖相。

该类土成层情况较为复杂，成分不均匀，走向和厚度变化大，平面分布不规则，一般是软土成带状或透镜状，间与砂或泥炭互层，其厚度不大。

（4）沉积软土的沼泽环境：沼泽相。

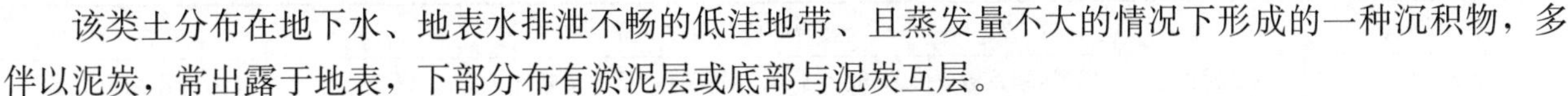

该类土分布在地下水、地表水排泄不畅的低洼地带、且蒸发量不大的情况下形成的一种沉积物，多伴以泥炭，常出露于地表，下部分布有淤泥层或底部与泥炭互层。

（三）软土的野外鉴别

（1）泥炭和泥炭质土。主要在沼泽区形成，由植物参合组成，有明显的植物纤维结构，具有特殊气体，重度小，比重小，力学强度低，构造无规律和土质松软的土。

泥炭的野外鉴别方法见表 19-3。

**表 19-3　　泥炭鉴别表**

| 颜色 | 深灰色或黑色 |
|---|---|
| 夹杂物 | 有辅修的动植物遗物，其含量超过 60% |
| 构造 | 构造无规律，土质松软 |
| 搓条情况 | 一般情况下能搓成 1～3mm 的土条，当动植物残渣甚多时，仅能搓成 3mm 以上的土条 |
| 浸水情况 | 浸水后体积膨胀，极易崩解，变为稀软的淤泥，其余部分为植物根、动物残体渣滓悬浮于水中 |
| 干后强度 | 干后大量收缩，部分杂质脱落，故有时无定形 |

（2）淤泥和淤泥质土是指在静水或缓慢流水环境中沉积，经生物化学作用形成，并含有有机质的软土。

淤泥和淤泥质土的野外鉴别方法见表 19-4。

**表 19-4　　淤泥和淤泥质土鉴别表**

| 颜色 | 夹杂物 | 构造 | 浸水情况 | 搓条情况 | 气味 | 干后强度 |
|---|---|---|---|---|---|---|
| 多呈暗色，以灰色为多见 | 有动植物残骸，如草根、小螺壳等 | 构造长呈层状，单有时不明显，长见细微层理 | 浸水后外观无显著变化，在水面上出现气泡 | 一般能搓成 3mm 左右的土条，易断裂 | 由较明显的臭味 | 干后发生较显著的体缩，锤击时呈粉末，用手指能捻散 |

## 二、软土的分布

软土主要分布在滨海平原、三角洲及河谷平原、沼泽地区、山间谷地，在高原山区的内湖盆地周围也多有分布。

按工程性质结合自然地质地理环境，可将中国大陆软土划分为三个软土分布区，沿秦岭走向向东至连云港以北的海边一线，作为Ⅰ、Ⅱ地区的界线；沿苗岭、南岭走向向东至莆田的海边一线作为Ⅱ、Ⅲ地区的界线。中国（大陆）软土主要分布地区的工程地质区划略图见图 19-1。

## 三、工程特性与主要物理力学指标

（一）工程特性

软土一般具有高含水率、弱透水性、固结速度缓慢、大孔隙比、高压缩性、低抗剪强度、触变性、流变性等工程性质，软土工程特性见表 19-5。

**表 19-5　　软土工程特性**

| 软土特点 | 工　程　特　性 |
|---|---|
| 高含水率 | 天然含水率较大，多在 40%～70%之间，饱和度在 90%～100%，重度一般在 14.0～19.0kN/m$^3$ |
| 弱透水性<br>固结速度缓慢 | 渗透系数较小，一般为 $10^{-6}$～$10^{-8}$cm/s，对地基排水固结不利，沉降延续时间长，尤其是高液限软土，大部分具结构性（蜂窝结构和絮凝结构）。部分海相软土间夹粉土或粉砂薄层，致使其水平渗透系数比垂直渗透系数差别悬殊 |

续表

| 软土特点 | 工程特性 |
|---|---|
| 大孔隙比<br>高压缩性 | 孔隙比大于1.0，压缩系数 $a_{1-2}$ 一般大于0.5MPa$^{-1}$，最大可达10MPa$^{-1}$以上。软土在外力的作用下，最初外力全部由孔隙水承担，随着水分的排出，外力逐渐传递到土骨架上，孔隙水压力减少，有效应力增加 |
| 低抗剪强度 | 十字板剪切强度<35kPa。对排水条件较差，加荷速率较快的工况，稳定计算时宜采用快剪强度指标。对排水条件较好，地基能达到一定程度固结时，可采用固结快剪强度指标 |
| 触变性 | 在天然状态下软土有一定的结构强度，但一经扰动或振动，结构便被破坏，强度显著降低，甚至呈流动状态。灵敏度一般为2～6，最大达到10以上 |
| 流变性 | 在荷载作用下，软土承受剪应力的作用产生缓慢而长期的剪切变形，并导致抗剪强度的衰减，在主固结沉降完成之后还可能继续产生较大的次固结沉降 |

图 19-1 中国（大陆）软土主要分布地区的工程地质区划略图

## （二）主要物理力学指标

软土的性质，可根据室内试验的物理力学参数进行判定评价，我国各地区和各种成因类型软土的物理力学性质指标汇总如表19-6～表19-16。

**表 19-6　　各类软土的物理力学性质指标**

| 成因类型 | 天然含水量 $W$（%） | 重度 $\gamma$（kN/m$^3$） | 天然孔隙比 $e$ | 抗剪强度 | | 压缩模量 | 灵敏度 $S_t$ |
|---|---|---|---|---|---|---|---|
| | | | | $\varphi$（°） | $c$（kPa） | $a_{1-2}$（MPa$^{-1}$） | |
| 滨海沉积 | 40～100 | 15～18 | 1.0～2.3 | 1～7 | 2～20 | 1.2～3.5 | 2～7 |
| 湖泊沉积 | 30～60 | 15～19 | 0.8～1.8 | 0～10 | 5～30 | 0.8～3.0 | 4～8 |
| 河流沉积 | 35～70 | 15～19 | 0.9～1.8 | 0～11 | 5～25 | 0.8～3.0 | 4～8 |
| 沼泽沉积 | 40～120 | 14～19 | 0.52～1.5 | 0 | 5～19 | >0.5 | 2～10 |

引 《工程地质手册》(第五版)。

表 19-7　　中国（大陆）软土主要分布地区软土的工程地质特征表

| 区划 | 海陆相 | 沉积相 | 土层埋深 | 天然含水率 $W$ | 重度 $\gamma$ | 孔隙比 $e$ | 饱和度 $S_r$ | 液限 $W_L$ | 塑限 $W_P$ | 塑性指数 $I_P$ | 液性指数 $I_L$ | 有机质含量 | 压缩系数 $a_{1-2}$ | 垂直渗透系数 $k$ | 抗剪强度（固快）内摩擦角 | 抗剪强度（固快）黏聚力 | 无侧限抗压强度 $q_u$ |
|---|---|---|---|---|---|---|---|---|---|---|---|---|---|---|---|---|---|
| | | | m | % | kN/m³ | | % | % | | % | | % | $MPa^{-1}$ | cm/s | ° | kPa | kPa |
| 北方Ⅰ区 | 沿海 | 滨海 | 2～24 | 43 | 17.8 | 1.21 | 98 | 44 | 25 | 19.2 | 1.22 | 5.0 | 0.88 | $5.0\times10^{-6}$ | 10 | 11 | 40 |
| | | 三角洲 | 5～29 | 40 | 17.9 | 1.11 | 97 | 35 | 19 | 16 | 1.35 | | 0.67 | | | | |
| 中部Ⅱ区 | 沿海 | 滨海 | 2～30 | 52 | 17.0 | 1.42 | 98 | 42 | 21 | 21 | | 2.3 | 1.06 | $4\times10^{-8}$ | 11 | 4 | 50 |
| | | 泻湖 | 1～30 | 50 | 16.8 | 1.56 | 98 | 47 | 25 | 22 | 1.34 | 6 | 1.30 | $7\times10^{-8}$ | 13 | 6 | 45 |
| | | 溺谷 | 2～30 | 58 | 16.3 | 1.67 | 97 | 52 | 31 | 26 | 1.90 | 8 | 1.55 | $3\times10^{-7}$ | 15 | 8 | 26 |
| | | 三角洲 | 2～19 | 43 | 17.6 | 1.24 | 98 | 40 | 23 | 17 | 1.11 | | 1.00 | $1.5\times10^{-6}$ | 17 | 6 | 40 |
| | 内陆 | 高原湖泊 | | 77 | 15.6 | 1.93 | | 70 | | 28 | 1.28 | 18.4 | 1.60 | | 6 | 12 | |
| | | 平原湖泊 | | 47 | 17.4 | 1.31 | | 43 | 23 | 19 | | 9.9 | | $2\times10^{-7}$ | | | |
| | | 河漫滩 | | 47 | 17.5 | 1.22 | | 39 | | 17 | 1.44 | | | | | | |
| 南方Ⅲ区 | 沿海 | 滨海 | 1～20 | 88.2 | 15.0 | 2.35 | 100 | 55.9 | 34.4 | 21.5 | 2.56 | 6.8 | 2.04 | $3.59\times10^{-7}$ | 2.1 | 6 | 4.8 |
| | | 三角洲 | 1～19 | 50.8 | 17.0 | 1.45 | 100 | 33.0 | 18.8 | 14.2 | 1.79 | 2.75 | 1.32 | $7.33\times10^{-7}$ | 5.2 | 11.6 | 13.8 |

引　JGJ 83《软土地区岩土工程勘察规程》。

表 19-8　　上海地区软土物理力学性质指标统计表

| 名称 | 成因 | 含水量 $W$（%） | 密度 $\rho$（g/cm³） | 比重 $G$ | 孔隙比 $e$ | 液限 $W_L$（%） | 塑限 $W_P$（%） | 塑性指数 $I_P$ | 压缩系数 $a_{1-2}$（$MPa^{-1}$） | 压缩模量 $E_{s1-2}$（MPa） | 固结快剪切 $c$(kPa) | 固结快剪切 $\varphi$(°) | 三轴 UU $c_u$(kPa) | 三轴 UU $\varphi_u$(°) | 无侧限抗压强度 $q_u$(kPa) | 高压固结试验 $c_c$(kPa) | 高压固结试验 $c_s$ | 波速试验 $v_p$(m/s) | 波速试验 $v_s$(m/s) |
|---|---|---|---|---|---|---|---|---|---|---|---|---|---|---|---|---|---|---|---|
| 淤泥质粉质黏土 | 滨海平原 | 36.0～49.7 | 1.71～1.86 | 2.72～2.74 | 1.00～1.36 | 29.6～40.1 | 17.8～23.0 | 10.3～17.0 | 0.30～1.03 | 2.20～5.97 | 8.5～14.2 | 12.1～28.0 | 21.0～40.0 | 0 | 31～66 | 0.169～0.472 | 0.024～0.070 | 708～1449 | 84～142 |
| | 变异系数 | 0.110 | 0.022 | 0.001 | 0.104 | 0.066 | 0.060 | 0.145 | 0.290 | 0.292 | 0.240 | 0.250 | 0.18 | | 0.186 | 0.266 | 0.336 | 0.176 | 0.126 |
| 淤泥质黏土 | 滨海平原 | 40.0～59.6 | 1.64～1.79 | 2.72～2.74 | 1.12～1.67 | 34.4～50.2 | 19.0～26.0 | 17.0～25.1 | 0.55～1.65 | 1.32～3.58 | 11.5～15.7 | 8.5～16.9 | 18.0～44.0 | 0 | 42～77 | 0.429～0.628 | 0.041～0.109 | 874～1481 | 100～166 |
| | 变异系数 | 0.080 | 0.018 | 0.001 | 0.075 | 0.078 | 0.067 | 0.112 | 0.196 | 0.179 | 0.037 | 0.162 | | | 0.152 | 0.107 | 0.263 | 0.121 | 0.114 |
| 淤泥质黏性土 | 湖沼平原 | 31.2～50.2 | 1.70～1.88 | 2.72～2.75 | 0.81～1.42 | 28.7～45.5 | 17.2～24.3 | 10.7～22.0 | 0.34～1.16 | 1.33～4.83 | 9.0～17.0 | 10.0～20.5 | | | | | | | |
| | 变异系数 | 0.109 | 0.025 | 0.003 | 0.112 | 0.095 | 0.069 | 0.153 | 0.249 | 0.230 | 0.139 | 0.214 | | | | | | | |

引　DGJ 08-37《岩土工程勘察规范》（上海规范）。

**表 19-9** **深圳地区软土物理力学性质指标统计表（平均值）**

| 名称 | 成因 | 含水量 $W$ (%) | 密度 $\rho$ (g/cm$^3$) | 孔隙比 $e$ | 液限 $W_L$ (%) | 塑性指数 $I_P$ | 液性指数 $I_L$ | 压缩模量 $Es_{1-2}$(MPa) | 固结快剪切 $c$(kPa) | 固结快剪切 $\varphi$(°) | 三轴 UU $c_u$(kPa) | 三轴 UU $\varphi_u$(°) | 直剪快剪 $c_q$(kPa) | 直剪快剪 $\varphi_q$(°) | 固结不排水 $c_{cu}$(kPa) | 固结不排水 $\varphi_{cu}$(°) |
|---|---|---|---|---|---|---|---|---|---|---|---|---|---|---|---|---|
| 淤泥 | 滨海平原 | 71.9 | 1.55 | 1.991 | 52.8 | 22.2 | 1.877 | 1.87 | 19.2 | 7.1 | 3.1 | 1.2 | 6.6 | 2.5 | 9.5 | 14.0 |
| | 变异系数 | 0.16 | 0.04 | 0.17 | 0.11 | 0.16 | 0.29 | 0.21 | 0.19 | 0.26 | 0.26 | 0.29 | 0.25 | 0.25 | 0.29 | 0.11 |
| 淤泥质土 | 海陆交互 | 51.2 | 1.68 | 1.348 | 44.5 | 18.3 | 1.434 | 2.64 | 20.7 | 12.2 | 8.4 | 3.5 | 21.8 | 2.4 | 13.9 | 13.0 |
| | 变异系数 | 0.21 | 0.06 | 0.07 | 0.17 | 0.23 | 0.29 | 0.23 | 0.25 | 0.27 | 0.28 | 0.25 | 0.21 | 0.28 | 0.26 | 0.21 |
| | 湖沼洪积 | 46.2 | 1.74 | 1.206 | 44.1 | 19.3 | 1.088 | 2.71 | 23.1 | 5.8 | 9.3 | 2.5 | 12.7 | 4.5 | 15.4 | 11.5 |
| | 变异系数 | 0.11 | 0.03 | 0.11 | 0.13 | 0.12 | 0.10 | 0.15 | 0.29 | 0.22 | 0.24 | 0.24 | 0.27 | 0.28 | 0.24 | 0.19 |

**引** SJG 02《深圳市基坑支护技术规范》（深圳标准）。

**表 19-10** **杭（州）嘉（兴）湖（州）平原软土物理力学性质指标统计表**

| 深度（m）/指标 | | | 0～10 | | 10～20 | | 20～30 | 32.5～46.3 |
|---|---|---|---|---|---|---|---|---|
| | | | 淤泥 | 淤泥质土 | 淤泥 | 淤泥质土 | 淤泥质土 | 淤泥质土 |
| 天然含水率 | | $W$ | 53.5～65.2 | 36.0～54.2 | 53.2～61.9 | 35.7～53.3 | 39.6～48.6 | 37.9～43.3 |
| 天然湿密度 | | $\rho$ | 1.58～1.71 | 1.69～1.86 | 1.64～1.68 | 1.69～1.86 | 1.74～1.83 | 1.78～1.86 |
| 天然孔隙比 | | $e$ | 1.500～1.955 | 1.011～1.482 | 1.501～1.737 | 1.028～1.483 | 1.069～1.307 | 1.015～1.210 |
| 液性指数 | | $I_L$ | 1.08～1.96 | 1.04～1.91 | 1.41～1.88 | 1.05～2.10 | 1.08～1.51 | 1.07～1.54 |
| 压缩系数 | | $a_{1-2}$ | 0.84～1.80 | 0.51～1.53 | 1.31～1.73 | 0.50～1.33 | 0.50～0.80 | 0.38～0.50 |
| 压缩模量 | | $Es_{1-2}$ | 1.28～2.54 | 1.46～4.07 | 1.38～1.97 | 1.61～4.32 | 1.96～4.16 | 4.36～4.98 |
| 直剪快剪 | 黏聚力 | $c$ | 3.0～19.0 | 5.0～24.0 | 5.0～10.0 | 7.0～20.0 | 5.0～26.0 | 21.8～35.7 |
| | 内摩擦角 | $\varphi$ | 0.4～4.8 | 0.5～5.1 | 1.0～2.9 | 1.0～6.8 | 1.4～4.5 | 5.5～8.2 |
| 直剪固快 | 黏聚力 | $c$ | 14.0～23.0 | 11.0～20.0 | | 16.0～23.0 | 15.0～24.0 | |
| | 内摩擦角 | $\varphi$ | 6.6～14.0 | 7.4～15 | | 6.8～13.9 | 4.5～17.2 | |
| 三轴快剪 | 黏聚力 | $c_{uu}$ | | 4.0～18.0 | 8.0～9.0 | 4.0～20.0 | | 26.0～27.0 |
| | 内摩擦角 | $\varphi_{uu}$ | | 0.6～1.7 | 1.4～1.9 | 0.5～1.3 | | 2.2～2.5 |
| 渗透系数 | 垂直 | $K_v$ | $2.60\times10^{-7}$～$1.50\times10^{-6}$ | $4.73\times10^{-8}$～$1.50\times10^{-6}$ | $8.30\times10^{-8}$～$5.37\times10^{-7}$ | $3.70\times10^{-8}$～$1.40\times10^{-6}$ | $2.00\times10^{-7}$～$1.10\times10^{-6}$ | $3.00\times10^{-7}$～$7.90\times10^{-6}$ |
| | 水平 | $K_h$ | $5.83\times10^{-7}$～$4.10\times10^{-6}$ | $6.50\times10^{-8}$～$4.10\times10^{-6}$ | $2.50\times10^{-8}$～$1.44\times10^{-7}$ | $3.10\times10^{-8}$～$3.40\times10^{-6}$ | $2.20\times10^{-7}$～$6.30\times10^{-6}$ | $3.70\times10^{-7}$～$9.00\times10^{-5}$ |

续表

| 深度（m）/指标 | | | 0～10 | | 10～20 | | 20～30 | 32.5～46.3 |
|---|---|---|---|---|---|---|---|---|
| | | | 淤泥 | 淤泥质土 | 淤泥 | 淤泥质土 | 淤泥质土 | 淤泥质土 |
| 无侧限抗压强度 | 原状土 | $q_u$ | 8.0～18.0 | 10.0～30.0 | | 18.0～35.0 | | 64.0～64.7 |
| | 重塑土 | $q_u'$ | | 2.0～13.0 | | 3.0～10.0 | | 5.0～12.0 |
| | 灵敏度 | $S_t$ | | 1.0～4.2 | | 2.2～6.0 | | 4.9～11.5 |
| 静力触探 | 锥尖阻力 | $q_c$ | 0.28～0.38 | 0.34～0.58 | | 0.42～0.60 | 0.45～0.60 | |
| | 侧壁阻力 | $f_s$ | 9.7～13.2 | 5.18～20.45 | | 6.57～16.0 | 7.30～8.20 | |
| 十字板 | 原状土 | $C_u$ | | 12.5～30.2 | | 15.2～32.2 | | |
| | 灵敏度 | $S_t$ | | 1.9～4.3 | | | | |

引　DB 33/T 904《公路软土地基路堤设计规范》(浙江省标准)。

**表 19-11**　　**萧（山）绍（兴）姚（余姚）平原软土物理力学性质指标统计表**

| 深度（m）/指标 | | | 0～10 | | 10～20 | | 20～30 | >30 |
|---|---|---|---|---|---|---|---|---|
| | | | 淤泥 | 淤泥质土 | 淤泥 | 淤泥质土 | 淤泥质土 | 淤泥质土 |
| 天然含水率 | | $W$ | 51.8～64.9 | 36.4～53.6 | 51.4～62.4 | 35.1～52.2 | 35.0～46.1 | 35.0～45.8 |
| 天然湿密度 | | $\rho$ | 1.55～1.69 | 1.67～1.84 | 1.58～1.67 | 1.68～1.85 | 1.74～1.85 | 1.75～1.85 |
| 天然孔隙比 | | $e$ | 1.512～1.842 | 1.015～1.485 | 1.516～1.898 | 1.074～1.483 | 1.012～1.246 | 1.041～1.245 |
| 液性指数 | | $I_L$ | 1.28～2.96 | 1.03～1.93 | 1.13～2.25 | 1.03～2.72 | 1.02～1.79 | 1.04～1.44 |
| 压缩系数 | | $a_{1-2}$ | 0.97～2.17 | 0.50～1.48 | 1.21～1.94 | 0.45～1.36 | 0.31～0.82 | 0.53～0.88 |
| 压缩模量 | | $Es_{1-2}$ | 1.26～2.21 | 1.57～3.95 | 1.41～2.09 | 1.69～4.33 | 2.39～6.23 | 2.33～4.13 |
| 直剪快剪 | 黏聚力 | $c$ | 4.0～16.0 | 4.0～18.0 | 6.0～18.0 | 4.0～26.0 | 8.0～32.0 | 14.0～30.0 |
| | 内摩擦角 | $\varphi$ | 0.4～5.5 | 0.5～6.1 | 1.0～4.0 | 0.7～9.2 | 1.5～11.2 | 2.8～7.2 |
| 直剪固快 | 黏聚力 | $c$ | 9.0～15.0 | 10.0～24.0 | 9.0～12.0 | 11.0～21.0 | 15.0～26.0 | |
| | 内摩擦角 | $\varphi$ | 10.0～14.3 | 9.4～15.4 | 9.5～19.9 | 13.4～18.7 | 13.8～16.5 | |
| 三轴快剪 | 黏聚力 | $c_{uu}$ | 4.0～9.0 | 4.0～10.0 | | 8.0～11.0 | | |
| | 内摩擦角 | $\varphi_{uu}$ | 1.6～3.3 | 1.2～3.0 | | 1.6～2.0 | | |
| 渗透系数 | 垂直 | $K_v$ | $6.20\times10^{-7}$～$7.80\times10^{-6}$ | $9.30\times10^{-7}$～$5.70\times10^{-6}$ | | $1.40\times10^{-7}$～$4.80\times10^{-6}$ | $9.00\times10^{-7}$～$5.70\times10^{-5}$ | |
| | 水平 | $K_h$ | $2.10\times10^{-7}$～$2.60\times10^{-6}$ | $7.50\times10^{-7}$～$1.40\times10^{-6}$ | | $3.12\times10^{-7}$～$4.40\times10^{-6}$ | $4.90\times10^{-6}$～$2.70\times10^{-5}$ | |

续表

| 深度（m）/指标 | | | 0～10 | | 10～20 | | 20～30 | >30 |
|---|---|---|---|---|---|---|---|---|
| | | | 淤泥 | 淤泥质土 | 淤泥 | 淤泥质土 | 淤泥质土 | 淤泥质土 |
| 无侧限抗压强度 | 原状土 | $q_u$ | 19.0～46.0 | 32.0～60.0 | 22.0～45.0 | 26.0～65.0 | 45.0～82.0 | |
| | 重塑土 | $q_u'$ | 7.0～19.0 | 7.0～18.0 | 6.0～16.0 | 7.0～22.0 | 9.0～25.0 | |
| | 灵敏度 | $S_t$ | 2.3～5.0 | 2.1～4.8 | 3.6～4.6 | 2.5～5.6 | 2.6～5.0 | |
| 静力触探 | 锥尖阻力 | $q_c$ | 0.28～0.48 | 0.25～0.72 | | 0.32～0.86 | 0.58～1.06 | 0.58～0.88 |
| | 侧壁阻力 | $f_s$ | 7.5～7.8 | 4.3～13.8 | | 5.8～14.2 | 9.9～16.7 | 11.7～19.1 |
| 十字板 | 原状土 | $C_u$ | 1.0～4.2 | 2.5～8.4 | | 2.7～3.6 | | |
| | 灵敏度 | $S_t$ | 1.4～4.1 | 2.0～4.9 | | 2.0～5.8 | | |

引　DB 33/T 904《公路软土地基路堤设计规范》（浙江省标准）。

**表 19-12　　宁（波）奉（化）平原软土物理力学性质指标统计表**

| 深度（m）/指标 | | | 0～10 | | 10～20 | | 20～30 | >30 |
|---|---|---|---|---|---|---|---|---|
| | | | 淤泥 | 淤泥质土 | 淤泥 | 淤泥质土 | 淤泥质土 | 淤泥质土 |
| 天然含水率 | | $W$ | 54.5～68.4 | 37.3～53.7 | 51.2～56.5 | 35.8～52.7 | 35.0～49.7 | 35.0～42.3 |
| 天然湿密度 | | $\rho$ | 1.59～1.68 | 1.67～1.82 | 1.62～1.69 | 1.67～1.81 | 1.67～1.83 | 1.72～1.83 |
| 天然孔隙比 | | $e$ | 1.510～1.902 | 1.052～1.470 | 1.505～1.583 | 1.050～1.479 | 1.018～1.474 | 1.023～1.232 |
| 液性指数 | | $I_L$ | 1.30～1.49 | 1.06～1.65 | 1.11～1.64 | 1.03～1.65 | 1.02～1.35 | 1.04～1.34 |
| 压缩系数 | | $a_{1-2}$ | 1.17～1.79 | 0.52～1.41 | 1.14～1.81 | 0.57～1.29 | 0.45～1.15 | 0.42～0.82 |
| 压缩模量 | | $Es_{1-2}$ | 1.55～2.00 | 1.64～3.67 | 1.29～2.23 | 1.84～3.46 | 2.13～4.48 | 2.52～4.81 |
| 直剪快剪 | 黏聚力 | $c$ | 2.0～7.0 | 3.0～10.0 | 6.0～13.0 | 5.0～11.0 | 5.0～18.0 | 8.0～10.0 |
| | 内摩擦角 | $\varphi$ | 0.9～8.0 | 0.9～9.0 | 1.4～6.5 | 2.2～11.5 | 2.3～18.5 | 3.0～9.5 |
| 直剪固快 | 黏聚力 | $c$ | 6.0～9.0 | 9.0～12.0 | 9.0～10.0 | 9.0～14.0 | 11.0～16.0 | |
| | 内摩擦角 | $\varphi$ | 8.0～16.5 | 8.2～15.7 | 8.4～8.9 | 8.1～9.6 | 4.2～9.4 | |
| 三轴快剪 | 黏聚力 | $c_{uu}$ | | 1.4～7.0 | | 3.0～10.0 | | |
| | 内摩擦角 | $\varphi_{uu}$ | | 1.4～2.2 | | 1.6～3.2 | | |
| 渗透系数 | 垂直 | $K_v$ | | $1.30\times10^{-7}$～$5.90\times10^{-7}$ | | $1.00\times10^{-7}$～$2.00\times10^{-7}$ | $1.20\times10^{-7}$～$1.80\times10^{-7}$ | |
| | 水平 | $K_h$ | | $1.60\times10^{-7}$～$1.30\times10^{-6}$ | | $1.50\times10^{-7}$～$3.10\times10^{-7}$ | $1.40\times10^{-7}$～$2.30\times10^{-7}$ | |

续表

| 深度（m）/指标 | | | 0～10 | | 10～20 | | 20～30 | >30 |
|---|---|---|---|---|---|---|---|---|
| | | | 淤泥 | 淤泥质土 | 淤泥 | 淤泥质土 | 淤泥质土 | 淤泥质土 |
| 无侧限抗压强度 | 原状土 | $q_u$ | 14.1～20.0 | 15.0～24.0 | | 16.0～31.0 | 2.2～3.0 | |
| | 重塑土 | $q_u'$ | 3.3～7.4 | 3.0～6.7 | | 4.2～6.7 | 4.4～6.7 | |
| | 灵敏度 | $S_t$ | 5.0～6.0 | 4.8～5.6 | | 2.3～5.3 | 4.2～5.0 | |
| 静力触探 | 锥尖阻力 | $q_c$ | 0.23～0.49 | 0.30～0.67 | 0.31～0.68 | 0.37～1.06 | 0.62～1.16 | |
| | 侧壁阻力 | $f_s$ | 4.8～7.2 | 5.4～14.5 | 6.1～8.7 | 6.2～15.0 | 8.9～13.7 | |
| 十字板 | 原状土 | $C_u$ | 2.1～12.3 | 4.0～15.1 | | 4.5～22.1 | 6.9～23.3 | |
| | 灵敏度 | $S_t$ | 1.2～5.2 | 1.0～6.8 | | 1.0～6.4 | 1.2～5.6 | |

引 DB 33/T 904《公路软土地基路堤设计规范》（浙江省标准）。

**表 19-13　温（岭）黄（岩）平原软土物理力学性质指标统计表**

| 深度（m）/指标 | | | 0～10 | | 10～20 | | 20～30 | |
|---|---|---|---|---|---|---|---|---|
| | | | 淤泥 | 淤泥质土 | 淤泥 | 淤泥质土 | 淤泥 | 淤泥质土 |
| 天然含水率 | | $W$ | 54.0～71.1 | 36.5～56.2 | 53.6～69.7 | 36.4～54.9 | 52.5～65.6 | 36.1～52.6 |
| 天然湿密度 | | $\rho$ | 1.58～1.68 | 1.69～1.83 | 1.55～1.69 | 1.67～1.85 | 1.62～1.69 | 1.69～1.82 |
| 天然孔隙比 | | $e$ | 1.576～1.966 | 1.041～1.491 | 1.511～1.888 | 1.043～1.485 | 1.505～1.776 | 1.013～1.468 |
| 液性指数 | | $I_L$ | 1.06～2.18 | 1.02～1.74 | 1.05～1.99 | 1.01～1.75 | 1.09～1.52 | 1.02～1.44 |
| 压缩系数 | | $a_{1-2}$ | 1.06～2.21 | 0.53～1.36 | 1.14～2.07 | 0.55～1.32 | 0.56～1.47 | 0.48～1.18 |
| 压缩模量 | | $Es_{1-2}$ | 1.12～2.24 | 1.68～3.85 | 1.22～2.11 | 1.75～3.56 | 1.76～4.28 | 1.89～4.26 |
| 直剪快剪 | 黏聚力 | $c$ | 3.0～13.0 | 6.0～16.5 | 5.0～13.0 | 4.0～16.0 | 6.0～27.0 | 6.0～22.0 |
| | 内摩擦角 | $\varphi$ | 0.5～3.7 | 0.7～7.5 | 0.5～4.3 | 0.5～4.9 | 0.7～6.7 | 0.6～6.8 |
| 直剪固快 | 黏聚力 | $c$ | 7.0～15.0 | 9.0～16.0 | 8.0～18.0 | 9.0～18.0 | 9.0～19.0 | 18.0～23.0 |
| | 内摩擦角 | $\varphi$ | 3.0～18.6 | 7.0～17.2 | 3.3～16.5 | 5.0～17.5 | 3.0～12.5 | 12.5～14.0 |
| 三轴快剪 | 黏聚力 | $c_{uu}$ | 1.6～13.0 | 5.0～15.0 | 2.0～14.0 | 3.0～17.0 | 2.5～13.0 | |
| | 内摩擦角 | $\varphi_{uu}$ | 0.2～4.2 | 0.9～3.1 | 1.1～2.8 | 1.2～2.0 | 0.8～3.0 | |
| 渗透系数 | 垂直 | $K_v$ | $1.58\times10^{-7}$～$1.30\times10^{-6}$ | $4.00\times10^{-7}$～$1.45\times10^{-6}$ | $1.20\times10^{-7}$～$1.80\times10^{-6}$ | $1.00\times10^{-7}$～$2.60\times10^{-6}$ | | $3.50\times10^{-7}$～$1.20\times10^{-6}$ |
| | 水平 | $K_h$ | $1.42\times10^{-7}$～$2.90\times10^{-6}$ | $5.40\times10^{-8}$～$2.70\times10^{-6}$ | $1.30\times10^{-7}$～$2.30\times10^{-6}$ | $1.30\times10^{-7}$～$4.00\times10^{-6}$ | | $3.20\times10^{-7}$～$1.30\times10^{-6}$ |

续表

| 深度（m）/指标 | | | 0～10 | | 10～20 | | 20～30 | |
|---|---|---|---|---|---|---|---|---|
| | | | 淤泥 | 淤泥质土 | 淤泥 | 淤泥质土 | 淤泥 | 淤泥质土 |
| 无侧限抗压强度 | 原状土 | $q_u$ | 12.0～2.62 | 13.0～29.0 | 13.0～35.0 | 11.0～39.0 | 22.0～41.0 | 28.0～39.0 |
| | 重塑土 | $q_u'$ | 2.0～10.0 | 3.0～17.0 | 2.0～11.0 | 4.0～10.9 | 6.8～10.0 | 6.5～9.0 |
| | 灵敏度 | $S_t$ | 2.0～9.5 | 1.8～5.3 | 2.1～8.8 | 2.2～5.6 | 2.4～4.9 | 3.0～6.4 |
| 静力触探 | 锥尖阻力 | $q_c$ | | | | | | |
| | 侧壁阻力 | $f_s$ | | | | | | |
| 十字板 | 原状土 | $C_u$ | | | | | | |
| | 灵敏度 | $S_t$ | | | | | | |

引 DB 33/T 904《公路软土地基路堤设计规范》(浙江省标准)。

**表 19-14　温（州）瑞（安）平（阳）平原软土物理力学性质指标统计表**

| 深度（m）/指标 | | | 0～10 | | 10～20 | | 20～30 | | >30 | |
|---|---|---|---|---|---|---|---|---|---|---|
| | | | 淤泥 | 淤泥质土 | 淤泥 | 淤泥质土 | 淤泥 | 淤泥质土 | 淤泥 | 淤泥质土 |
| 天然含水率 | | $W$ | 55.5～87.2 | 43.6～53.0 | 54.1～77.2 | 39.3～52.6 | 53.8～71.6 | 38.6～51.0 | 53.0～64.0 | 37.0～50.2 |
| 天然湿密度 | | $\rho$ | 1.49～1.85 | 1.68～1.80 | 1.52～1.69 | 1.68～1.83 | 1.53～1.70 | 1.67～1.89 | 1.60～1.68 | 1.69～1.85 |
| 天然孔隙比 | | $e$ | 1.507～2.292 | 1.178～1.495 | 1.507～2.132 | 1.078～1.491 | 1.514～2.062 | 1.092～1.468 | 1.508～1.791 | 1.022～1.460 |
| 液性指数 | | $I_L$ | 1.04～2.00 | 1.04～1.46 | 1.07～1.96 | 1.02～1.70 | 1.04～1.62 | 1.01～1.37 | 1.03～1.17 | 1.01～1.06 |
| 压缩系数 | | $a_{1-2}$ | 0.73～3.69 | 0.68～1.18 | 0.67～3.37 | 0.56～1.12 | 0.75～2.34 | 0.51～1.39 | 1.04～1.35 | 0.69～1.15 |
| 压缩模量 | | $E_{s1-2}$ | 0.51～2.76 | 1.92～3.07 | 0.56～3.19 | 1.96～2.67 | 1.13～2.57 | 1.67～4.27 | 2.02～2.66 | 2.09～2.95 |
| 直剪快剪 | 黏聚力 | $c$ | 1.6～20.0 | 3.1～15.0 | 1.40～22.0 | 4.0～22.0 | 7.0～20.0 | 9.0～28.0 | 10.0～1.50 | 12.0～21.0 |
| | 内摩擦角 | $\varphi$ | 0.1～9.0 | 0.3～18.6 | 0.1～7.1 | 0.7～20.7 | 0.3～6.0 | 0.6～12.8 | 1.6～4.6 | 1.0～3.1 |
| 直剪固快 | 黏聚力 | $c$ | 7.0～17.0 | 3.0～7.0 | 6.0～20.0 | 15.0～17.7 | 8.0～18.0 | | | 12.0～16.0 |
| | 内摩擦角 | $\varphi$ | 8.6～17.2 | 11.5～19.1 | 9.4～17.1 | 11.7～18.9 | 8.1～13.4 | | | 19.1～20.1 |
| 三轴快剪 | 黏聚力 | $c_{uu}$ | 3.0～12.0 | | 3.0～14.0 | | 13.0～16.0 | | | |
| | 内摩擦角 | $\varphi_{uu}$ | 0.4～2.0 | | 0.3～1.8 | | 0.8～2.3 | | | |
| 渗透系数 | 垂直 | $K_v$ | 2.70E$^{-7}$～1.10E$^{-6}$ | 2.70E$^{-7}$～1.70E$^{-6}$ | 1.10E$^{-7}$～1.50E$^{-6}$ | | 1.40E$^{-7}$～3.90E$^{-6}$ | | | |
| | 水平 | $K_h$ | 2.80E$^{-7}$～5.50E$^{-6}$ | 2.70E$^{-7}$～3.50E$^{-6}$ | 2.30E$^{-7}$～1.60E$^{-6}$ | | 1.50E$^{-7}$～2.90E$^{-6}$ | | | |

续表

| 深度（m）/指标 | | | 0～10 | | 10～20 | | 20～30 | | >30 | |
|---|---|---|---|---|---|---|---|---|---|---|
| | | | 淤泥 | 淤泥质土 | 淤泥 | 淤泥质土 | 淤泥 | 淤泥质土 | 淤泥 | 淤泥质土 |
| 无侧限抗压强度 | 原状土 | $q_u$ | 6.0～32.1 | 30.4～38.1 | 15.7～47.0 | 20.0～50.0 | 15.9～50.8 | 13.5～54.2 | | 45.1～46.2 |
| | 重塑土 | $q_u'$ | 3.0～12.0 | 20.0～21.5 | 3.6～15.4 | 5.3～21.3 | 6.7～19.4 | 6.2～23.2 | | 11.4～14.7 |
| | 灵敏度 | $S_t$ | 2.9～5.0 | 1.4～1.9 | 2.7～6.0 | 2.3～5.6 | 2.5～5.2 | 2.2～5.7 | | 3.07～4.05 |
| 静力触探 | 锥尖阻力 | $q_c$ | 0.17～0.46 | 0.35～0.69 | 0.15～0.65 | 0.35～0.99 | 0.41～0.65 | 0.55～0.99 | | 0.66～1.11 |
| | 侧壁阻力 | $f_s$ | 3.0～8.5 | 6.2～11.4 | 3.6～9.8 | 6.2～14.1 | 6.3～10.4 | 7.1～24.5 | | 11.8～25.1 |
| 十字板 | 原状土 | $C_u$ | 7.0～21.3 | 16.0～36.0 | 9.0～20.7 | 10.0～43.0 | | 21.0～34.0 | | |
| | 灵敏度 | $S_t$ | 2.0～4.7 | | 3.0～4.3 | 3.9～4.5 | | | | |

引　DB 33/T 904《公路软土地基路堤设计规范》（浙江省标准）。

**表 19-15　福建省沿海地区软土主要物理力学性质指标**

| 地区 | 含水量 $W$（%） | 重度 $\gamma$（kN/m³） | 孔隙比 $e$ | 饱和度 $S_r$（%） | 液限 $W_L$（%） | 塑性指数 $I_P$ | 压缩模量 $Es_{1-2}$（MPa） | 压缩系数 $a_{1-2}$（MPa$^{-1}$） | 抗剪强度 | | 无侧限抗压强度（kPa） | 灵敏度 $S_t$ |
|---|---|---|---|---|---|---|---|---|---|---|---|---|
| | | | | | | | | | $c$（kPa） | $\varphi$（°） | | |
| 福州 | 45.0～80.0 | 15.0～17.5 | 1.1～2.7 | 90～98 | 35～75 | 14～35 | 1.2～3.0 | 0.8～2.7 | 1～15 | 4～12 | 9～35 | 2.5～7.0 |
| 马尾 | 45.7～73.0 | 16.0～17.5 | 1.15～1.9 | 90～100 | 35～75 | 16～35 | 1.2～3.3 | 0.8～2.0 | 2～17 | 6～15 | 9～36 | 2.5～7.0 |
| 厦门 | 50.0～70.0 | 14.5～18.0 | 1.0～1.7 | 85～100 | 35～60 | 15～25 | 1.5～3.5 | 0.7～1.9 | 3～15 | 4～13 | | |
| 漳州 | 45.0～65.0 | 15.5～17.5 | 0.9～1.8 | 85～96 | 40～65 | 16～30 | 1.3～4.0 | 1.0～2.4 | 2～20 | 4～16 | | |
| 泉州 | 45.0～65.0 | 15.0～17.0 | 1.0～1.8 | 96～99 | 40～60 | 17～30 | 1.6～30 | 0.7～1.8 | 3～15 | 4～14 | | |
| 诏安 | 36.0～65.0 | 16.7～18.5 | 0.99～1.6 | 86～100 | 50～68 | 10～25 | 1.5～3.4 | 0.6～1.5 | 5～12 | 8～16 | | |

引　DBJ 13《岩土工程勘察规范》（福建省工程建设地方标准）。

**表 19-16　福建省沿海地区淤泥、淤泥质土承载力特征值 $f_{ak}$**

| 天然含水量 $w$（%） | 36 | 40 | 45 | 50 | 55 | 65 | 75 |
|---|---|---|---|---|---|---|---|
| $f_{ak}$（kPa） | 100 | 90 | 80 | 70 | 60 | 50 | 40 |

引　DBJ 13《岩土工程勘察规范》（福建省工程建设地方标准）。

### （三）软土设计参数取值

根据输电线路工程的特点，板式基础、桩基础以及基坑支护中常用的参数除按照 JGJ 94《建筑桩基技术规范》、GB 5007《建筑地基基础设计规范》、JGJ 79《建筑地基处理技术规范》、DL/T 5219《架空输电线路基础设计技术规程》等规范取值外，其他区域和行业经验参数汇总见表 19-17～表 19-21。

**表 19-17　软土地基承载力特征值 $f_{ak}$**

| 名称 | 地基承载力特征值 $f_{ak}$（kPa） | 备注 |
| --- | --- | --- |
| 淤泥 | 40～55 | 浙江甬台温沿海经验 |
| 淤泥质土 | 60～70 | 浙江杭嘉湖经验 |
| 淤泥 | 40～60 | 上海经验 |
| 淤泥质土 | 60～80 | |

**表 19-18　软土预制桩桩周土侧阻力特征值（浙江）**

| 名称 | 第一指标 | 第二指标 | 第三指标 | 侧摩阻力特征值 $q_{sa}$（kPa） | |
| --- | --- | --- | --- | --- | --- |
| | 土的状态 | 锥尖阻力 $q_c$(kPa) | $a_{1-2}$（$MPa^{-1}$） | $H\leqslant 20$(m) | $H>20$(m) |
| 淤泥 | | <350 | $a_{1-2}>1.3$ | 4～5 | 5～6 |
| 淤泥质土 | | 350～650 | $0.8<a_{1-2}<1.3$ | 6～7 | 7～8 |
| | | 650～1000 | $0.5<a_{1-2}<0.8$ | 8～10 | 10～12 |

引　DB 33/1001《建筑地基基础设计规范》（浙江标准）。

**表 19-19　软土桩周土极限侧阻力标准值（上海）**

| 名称 | 第一指标 | 预制桩极限侧摩阻力标准值 | 灌注桩极限侧摩阻力标准值 |
| --- | --- | --- | --- |
| | 比贯入阻力 $p_s$（MPa） | $f_s$（kPa） | $f_s$（kPa） |
| 淤泥质土 | 0.5～0.7 | 15～30 | 15～25 |
| | 0.4～0.8 | 15～35 | 15～30 |

引　DGJ 08-37《岩土工程勘察规范》（上海标准）。

**表 19-20　软土按深度预制桩桩周土侧阻力标准值 $q_r$**　（kPa）

| 名称 | 土层深度（m） | | | | | | |
| --- | --- | --- | --- | --- | --- | --- | --- |
| | 0～2 | 2～4 | 4～6 | 6～8 | 8～10 | 10～13 | 13～16 |
| 淤泥 | 2～4 | 4～6 | 6～8 | 8～10 | 10～12 | 12～14 | |
| 淤泥质土 | 4～7 | 7～9 | 9～11 | 11～13 | 13～15 | 15～17 | 17～19 |

引　JTJ 254《港口工程桩基规范》（行业标准）。

**表 19-21　软土渗透系数 $k$ 经验值**

| 名称 | 渗透系数 $k$ | | 备注 |
| --- | --- | --- | --- |
| | cm/s | m/d | |
| 淤泥 | $2.00\times10^{-8}\sim1.90\times10^{-7}$ | $1.73\times10^{-5}\sim1.64\times10^{-4}$ | 深圳经验 |
| 淤泥质土 | $1.50\times10^{-7}\sim2.30\times10^{-5}$ | $1.29\times10^{-4}\sim1.99\times10^{-2}$ | |
| 淤泥质黏土 | $2.0\sim4.0\times10^{-7}$ | | 上海经验 |
| 淤泥质粉质黏土 | $2.0\sim5.0\times10^{-6}$ | | |
| 淤泥质粉质黏土夹粉砂 | $0.7\sim53.0\times10^{-4}$ | | |
| 淤泥 | $10^{-8}\sim10^{-10}$ | | 基坑工程手册 |
| 淤泥质土 | $10^{-6}\sim10^{-7}$ | | |

## 第二节 勘 测 方 法

软土地区勘测宜采用钻探取样与原位测试相结合的手段，根据工程等级和不同勘测阶段的要求也可采用钻探取样、原位测试、麻花钻及地质调查相结合的手段。

软土取样应采用薄壁取土器，取样时应避免扰动、涌土等；运输、贮存、制备过程中均应防止试样的扰动；原位测试应根据工程性质、场地工程地质条件、地层性质选择合适的勘测方法。对于饱和流塑黏土主要采用双桥静力触探试验、旁压试验、十字板剪切试验，也可采用扁铲侧胀试验，螺旋板荷载试验等；对于软土中夹有的粉土、砂土，可采用静力触探试验，标准贯入试验；小土钻和地质调查可调查有无暗埋的塘、浜、河、沟、坑、穴等。勘探点布置应根据成因类型和地基复杂程度确定，在勘探过程中宜采用静力触探孔取代相当数量的钻孔。

### 一、工程地质调查

（1）应搜集已有地质资料，包括查阅各类地质图和工程地质图集、不同时期地形图或河流历史图、邻近工程的勘测资料等；

（2）调查已被填埋的河、塘等的分布范围、深度、所填物质及填埋年代；

（3）调查冲填土、素填土、杂填土等的分布范围、回填年代、方法及物质来源等；

（4）井、墓穴、地下工程、地下管线等分布的范围、深度；

（5）地下水的类型、埋藏条件、补给来源、水位变化幅度以及地基土的渗透性等；

（6）场地及附近是否存在污染源；

（7）港口与水利工程，尚需搜集相关水文资料，包括潮水位变化、水质、冲淤情况等；

（8）类似工程和相邻工程的建筑经验。

### 二、钻探

采用常规钻探机械钻探时，应注意如下事项：

（1）软土钻进宜采用活套闭水接头单管钻具、硬质合金钻头泥浆循环钻进；当采用空心螺纹提土器钻进时，提土器上端需有排气孔，下端需有排水活门。

（2）软土地层钻进宜连续进行，采用泥浆作为冲洗液，并根据孔壁坍塌、缩径情况，增加泥浆比重或配用套管护壁，不可采用清水钻井。

（3）对于钻进回次进尺长度，厚层软土不宜大于2m，中厚层软土不宜大于1m。当软土夹有大量砂土层时，岩芯采取率不能满足要求时，需辅以标准贯入器取样。

### 三、室内试验

室内试验宜包括土的物理性质、力学性质指标测试和化学分析，试验内容及注意事项如下：

（1）常规物理参数。如含水量、孔隙比、比重、重度、液限、塑限等。

（2）常规固结试验。加荷等级应根据软土的特性、自重压力和上部荷载确定，第一级压力应根据土的有效自重压力确定，并宜采用12.5、25、50kPa，最后一级压力应大于土的有效自重压力与附加应力之和，一般不超过400kPa。

（3）固结系数。应包括垂直向固结系数（$C_v$）和水平向固结系数（$C_h$），的测定，压力范围可采用在土的自重压力至土的自重压力和附加压力之和的范围内选定。

（4）压缩系数（$a_{1-2}$）应为相应于垂直压力为100～200kPa的值。

（5）当采用压缩模量进行沉降计算时，可用孔隙比—压力（$e$—$p$）曲线整理，压缩系数和压缩模量的计算应取自土的有效自重压力至土的有效自重压力与附加压力之和的压力段。

(6) 当考虑土的应力历史进行沉降计算时，试验成果应按孔隙比—压力对数（$e$—$\lg p$）曲线整理，并应确定前期固结压力（$p_c$）、计算压缩指数和回弹指数。

(7) 抗剪强度指标。宜采用三轴剪切试验确定其抗剪强度指标，也可采用直接剪切试验。

对于软土，当加荷速率较快时，宜采用不固结不排水（UU）试验；对于加荷速率不高时可采用固结不排水（CU）试验。

直接剪切试验的试验方法，应根据实际工况的排水条件确定。对于内摩擦角接近于0的软土，可用Ⅰ级样进行无侧限抗压强度试验。

(8) 渗透试验。应同时测定土的垂直向和水平向渗透系数，且应根据地下水的温度以 $K_{20}$ 作为标准提供数据。

(9) 有机质含量。宜采用重铬酸钾容量法测定其有机质含量。

(10) 灵敏度。软土的结构性分类可采用无测线抗压强度的试验方法测定其灵敏度（$S_t$），可采用现场十字板剪切试验确定。

(11) 有特殊要求时应对其进行灵敏度测试、蠕变试验、扭剪试验或动力特性试验。

不同地基处理方法的软土试验项目见表19-22。

**表 19-22　不同地基处理方法的软土试验项目表**

| 地基处理方法 | 试验方法 | | | | | | | | | | | | |
|---|---|---|---|---|---|---|---|---|---|---|---|---|---|
| | 含水率 | 密度 | 相对密度 | 界限含水率 | 压缩 | 快剪 | 固结快剪 | 固结试验 | 三轴试验 | 渗透试验 | 无侧限抗压强度 | 灵敏度 | 有机质含量 |
| 浅层处理 | ☆ | ☆ | ☆ | ☆ | ☆ | ☆ | | | △ | △ | △ | | |
| 排水固结法 | ☆ | ☆ | ☆ | ☆ | ☆ | ☆ | △ | ☆ | △ | ☆ | △ | ☆ | |
| 水泥搅拌桩 | ☆ | ☆ | ☆ | ☆ | ☆ | ☆ | | | ☆ | | ☆ | △ | ☆ |
| 轻质基础 | ☆ | ☆ | ☆ | ☆ | ☆ | ☆ | | ☆ | △ | △ | △ | △ | |
| 桩承式基础 | ☆ | ☆ | ☆ | ☆ | ☆ | ☆ | | | ☆ | | ☆ | △ | |
| 混凝土桩 | ☆ | ☆ | ☆ | ☆ | ☆ | ☆ | | | ☆ | | ☆ | △ | |

注　“☆”为需做项目，“△”为选做项目。

## 四、原位测试

原位测试的项目、测定参数、主要试验目的可参考表19-23。

**表 19-23　软土地区岩土工程勘测原位测试项目**

| 试验项目 | 测定参数 | 主要试验目的 |
|---|---|---|
| 静力触探试验 | 单桥比贯入阻力（$P_s$）、双桥锥尖阻力（$q_s$）、侧壁摩阻力（$f$）、摩阻比（$R_s$）、孔压静力触探的孔隙水压力（$u$） | (1) 判定土层均匀性和划分土层；<br>(2) 选择桩基持力层，估算单桩承载力；<br>(3) 估算地基土承载力和压缩模量；<br>(4) 判定沉桩可能性；<br>(5) 判别地基土液化可能性及等级 |
| 十字板剪切试验 | 不排水抗剪强度（$C_u$）、残余强度（$C_u'$） | (1) 测定原位应力条件下黏性土的不排水抗剪强度；<br>(2) 估算软黏性土的灵敏度；<br>(3) 判断软黏性土的应力历史 |
| 旁压试验 | 初始压力（$P_0$）、临塑压力（$P_Y$）、极限压力（$P_L$）、旁压模量（$E_m$） | (1) 测求地基土的临塑荷载和极限荷载，评定地基土的承载力和变形参数；<br>(2) 计算图的侧向基床系数；<br>(3) 自钻式旁压试验可确定土的原位水平应力和静止侧压力系数 |

续表

| 试验项目 | 测定参数 | 主要试验目的 |
|---|---|---|
| 标准贯入试验 | 标准贯入击数（$N$） | （1）判定土层均匀性和划分土层；<br>（2）判别地基土液化可能性及等级；<br>（3）估算地基土承载力和压缩模量；<br>（4）选择桩基持力层，估算单桩承载力；<br>（5）判定沉桩可能性 |
| 静载荷试验 | 比例界限压力（$P_0$）、极限压力（$P_L$）、压力与变形关系 | （1）确定地基土承载力；<br>（2）估算地基土的变形模量；<br>（3）计算地基土的基床系数 |
| 扁铲侧胀试验 | 侧胀模量（$E_D$）、侧胀土性指数（$I_D$）、侧胀水平应力指数（$K_0$）、侧胀孔压指数（$U_0$） | （1）划分土层和判别土类；<br>（2）计算土的侧向基床系数 |
| 波速测试 | 压缩波速（$V_p$）、剪切波速（$V_s$） | （1）划分场地类别；<br>（2）提供场地土动力参数；<br>（3）估算场地卓越周期 |

（1）采用静力触探试验方法评价土的强度和变形指标时，应结合本地区经验取值；采用静力触探曲线分层时，应综合考虑土的类别、成因和地下水条件等因素。

（2）软土的抗剪强度可采取十字板剪切试验测定，对荷载较重的塔位应测定其残余强度并计算其灵敏度。

（3）旁压试验宜采用自钻式旁压仪，并应根据仪器设备和土质条件选择适当的钻头、转速、进速、泥浆压力和流量等以确定最佳钻进方式。

（4）标准贯入试验可用于评价土的均匀性和定性划分不同性质的土层，以及软土中夹砂层的密实度和承载力。

（5）载荷试验确定地基承载力时，承压板面积不宜小于 $1.0m^2$。

（6）根据扁铲侧胀试验指标并结合地区经验，可判别土的类别，并确定静止侧压力系数、水平基床系数等参数。

（7）输电线路工程中静力触探试验在软土勘测应用最为广泛；十字板剪切试验及旁压试验应用相对较少，扁铲侧胀试验和螺旋板荷载试验在输电线路工程中应用不多。

## 五、各勘测阶段要求及注意事项

（一）可行性研究阶段

（1）应为论证拟选线路路径的可行性与适宜性提供所需的岩土工程勘测资料。

（2）应对拟建线路经过地区的软土进行鉴别，调查软土的时代、成因和分布特征。

（3）勘测以搜集资料、地质调查为主，在充分研究已有软土资料的基础上，针对影响拟选线路路径的软土地地区进行踏勘调查。

（二）初步设计阶段

（1）应初步查明拟建线路经过地区软土的时代、成因、分布特征及工程特性。

（2）对确定线路路径方案其控制性作用的软土地区，应描述其类别、范围、埋深、性质，并评价其对工程的危害程度，必要时应进行专项勘测。

（3）对软土成因特别复杂或缺少资料的地段，以及山间洼地、暗塘、浜、河等地段，宜选取具有代表性地貌单元布置勘探点；

（4）勘测以搜集资料结合现场踏勘调查为主，对软土成因特别复杂或缺少资料的地段宜布置适量的勘探工作。

（三）施工图设计阶段

（1）应针对具体的塔位，查明软土的成因、类别、分布及其主要物理力学性质。

（2）评价软土地基的稳定性及所采用的天然或人工地基的适宜性，为塔基设计、地基处理等提供岩土工程勘测资料。

（3）勘探方法宜采用静力触探，也可结合麻花钻作为补充勘探；对于桩基础，采用静力触探勘不能满足桩基持力层埋深要求时可采用钻机钻探。

## 第三节　评价方法及要求

### 一、场地稳定性评价

（1）当塔位离池塘、河岸、海岸等较近时，应分析评价软土侧塑限挤出或滑移的危险。

（2）当地基土受力范围内，软土下卧层为基岩或硬土层且其表面倾斜时，应分析判定软土沿此倾斜面产生滑移或不均匀变形的可能性。

（3）当地基土中含有浅层沼气，应分析判断沼气的逸出对地基稳定性和变形的影响。

（4）当软土层之下分布有承压含水层时，应分析判定承压水水头对软土地基稳定性的影响。

（5）当建筑场地位于强震区时，应分析地基土的地震效应。

### 二、场地和持力层的选择

（1）场地有暗塘、浜、河、沟、穴等不利因素存在时，塔位应尽量避开这些不利地段，如无法避开时，则须进行地基处理。

（2）软土地区地表一般分布有厚度不大的硬壳层，对于采用天然地基塔位应充分利用，选择硬壳层作为天然地基持力层，基础宜尽量浅埋。

（3）软土不宜作为桩基持力层，应选择软土层以下的硬土层或砂层作为桩基持力层。

（4）地基主要受力层范围内有薄砂层或软土与砂土互层时，应分析判定其对地基变形和承载力的影响。

### 三、地基变形评价

（1）软土地基沉降计算可采用分层总和法或应力历史法，并应根据当地经验进行修正，必要时应考虑软土的次固结效应。

（2）上拔塔腿和下压塔腿，应分析其变形差异和相互影响，地面有大面积堆载时，应分析其对塔位的不利影响。

（3）对软土的不均匀沉降、变形做出评价。

### 四、软土震陷评价

（1）软土地区地震效应勘测应提供抗震设计的地震动参数，对可能发生震陷的塔基，应判别软土震陷，工程需要时应进行专门性的软土震陷量计算。

（2）对于抗震设防烈度等于或大于 6 度的场地进行抗震地段划分时，应根据场地岩土特性、局部地形条件以及场地稳定性对建筑工程抗震的影响等，划分出有利、不利和危险地段，以及可进行建设的一般场地。划分原则应符合现行国家标准 GB 50011《建筑抗震设计规范》的规定。

（3）对于抗震设防烈度为 7～9 度的软土，等效剪切波速值分别小于 90、140、200m/s 时，可划分为不利地段。

（4）抗震设防烈度等于或大于 7 度时，当临界等效剪切波速大于表 19-24 的数值，可不考虑厚层软土震陷的可能性。对于采用天然地基的杆塔，当临界等效剪切波速小于或等于表19-24的数值时，可按表19-25的数值进行估算或根据地区经验确定。

**表19-24　　临界等效剪切波速**

| 抗震设防烈度 | 7度 | 8度 | 9度 |
|---|---|---|---|
| 临界等效剪切波速 $v_{sc}$(m/s) | 90 | 140 | 200 |

引　JGJ 83《软土地区岩土工程勘察规程》。

**表19-25　　临界等效剪切波速**

| 震陷估算值(mm) 设防烈度 / 地基条件 | 7度（0.1～0.15$g$） | 8度（0.2$g$） | 9度（0.4$g$） |
|---|---|---|---|
| 地基主要受力层深度内软土厚度>3m 地基土等效剪切波速值<90m/s | 90 | 140 | 200 |

引　JGJ 83《软土地区岩土工程勘察规程》。

本节内容引用了《软土震陷作用研究》（中国能源建设集团江苏省电力设计院有限公司、河海大学，2007.12）课题研究的成果。

## 第四节　地基处理方法

### 一、浅基础处理

（一）常规地基处理

基础埋深不大时，可采用换土垫层进行处理，将一定范围和深度内软土层挖去，以质地坚硬、强度较高、性能稳定、具有抗侵蚀性的砂、碎石、卵石、素土、灰土、粉煤灰、矿渣等材料以及土工合成材料分层充填，并同时以人工或机械方法分层压、夯、振动，成为良好的人工地基。

（二）板式基础

（1）板式基础设计时宜利用其上覆较好土层（硬壳层）作为持力层，当上覆土层较薄，应采取避免施工时对淤泥和淤泥质土扰动的措施。

（2）局部软弱土层以及暗塘、暗沟、暗河等，当范围不大时，一般采用基础加深或换垫处理；当宽度不大时，一般采用基础梁跨越处理；当范围较大时，一般采用桩基处理。

（3）选用板式基础时，地基土承载力特征值一般不宜小于45kPa。

### 二、深基础处理

（一）桩基础

（1）上覆较好土层（硬壳层）缺失，软土层埋深较浅、层厚较厚，天然地基不能满足上部荷载要求时，可采用桩基；桩基宜穿透软土层到达硬土层或基岩作为桩基持力层。

（2）桩基处理宜采用钻孔灌注桩，根据上部荷载及设计要求也可采用预制桩。

（3）灌注桩桩基施工过程中应注意软土缩孔、坍塌对桩身质量的影响。

（二）复合式沉井基础

（1）地下水位较高，土体变形敏感，层厚度大的软土地区，板式基础不能满足要求时，可采用复合式沉井基础。

（2）沉井施工下沉时要一次达到设计标高，中间开挖不能停顿。

（3）下沉过程中要防止发生流砂或管涌。

（4）下沉过程中要保证井壁不倾斜、不偏移，软土地区应防止下沉过快或超沉。

## 三、施工注意事项

（一）基坑开挖

（1）板式基础、沉井基础施工过程中往往伴随有基坑，分析评价开挖过程中流砂、涌土、坑底隆起及坑侧土体位移对基坑施工安全的影响。

（2）当软土下部有承压水时，应评价基础施工引起承压水水头压力造成突涌的危害。

（3）需要进行施工降水时，应提供透水层的厚度、埋藏深度及其补给条件以及各土层渗透系数。

（4）对基坑支护设计与施工提出建议，包括推荐合理可行的支护方案、地下水治理方案、基坑施工过程中应注意的问题以及对施工监测工作的要求等。

（二）桩基施工

（1）分析软土区桩侧产生负摩阻力的可能性及其对桩基承载力的影响，并提出减少负摩阻力措施的建议。

（2）当下部有软弱下卧层时应验算软弱下卧层强度。

（3）分析成桩的可能性，软土的缩孔、坍塌对成桩的影响，并提出保护措施的建议。

# 第五节　工　程　实　例

某输电线路工程，位于浙江杭嘉湖平原地区，主要为湖沼相冲积平原，表层为硬壳层，上部为淤泥质土，下部为粉质黏土。以其中一基塔为例。

## 一、地基土组成及性质

（1）层粉质黏土，灰色，灰黄色，很湿—湿，软塑，含植物根茎，层厚0.5m。

（2）层淤泥质粉质黏土，灰色，灰黄色，很湿—湿，流塑。含植物根茎，层厚16.5m。

## 二、岩土层参数的确定

淤泥质粉质黏土依据静力触探试验成果进行确定，静力触探试验成果统计见表19-26。

表19-26　　双桥静力触探试验成果统计表

| 名称 | $q_c$(MPa) | $f_s$(kPa) | $R_f$ |
|---|---|---|---|
| 粉质黏土 | 0.39 | 27.0 | 69.2 |
| 淤泥质粉质黏土 | 0.37 | 8.7 | 23.5 |

（1）淤泥质粉质黏土地基承载力特征值 $f_{ak}$。

根据式（11-26）和式（11-32）可知，淤泥质粉质黏土地基承载力特征值 $f_{ak}$（见式19-1）。

$$f_{ak}=5.8p_s^{0.5}-46=71.0\text{kPa} \tag{19-1}$$

（2）淤泥质粉质黏土极限侧阻力。

根据本章节表19-19可知，淤泥质粉质黏土灌注桩极限侧阻力为15～25kPa。

## 三、成果

本工程各土层的物理力学性质指标及地基基础设计参数主要依据土工试验成果、静力触探试验成果、标准贯入试验成果及已有的工程地质资料，结合有关规程规范、区域建筑经验以及地基土的状态、密实度等，对地基岩土设计参数进行确定。淤泥质粉质黏土力学参数见表19-27；静力触探曲线见图19-2。

表 19-27 淤泥质粉质黏土物理力学参数表

| 土层编号 | 土层名称 | 重度 $\gamma$ ($kN/m^3$) | 黏聚力 $c$(kPa) | 内摩擦角 $\varphi$ (°) | 压缩模量 $Es_{1-2}$ (MPa) | 灌注桩极限侧阻力标准值 $q_{sik}$(kPa) | 灌注桩极限端阻力标准值 $q_{pk}$(kPa) | 承载力特征值 $f_{ak}$(kPa) |
|---|---|---|---|---|---|---|---|---|
| (1) | 粉质黏土 | 17.5～18.0 | 6.0～42.0 | 1.0～9.0 | 4.9 | 30～35 | | 80～100 |
| (2) | 淤泥质粉质黏土 | 16.0～16.5 | 11.0～18.0 | 0.5～2.0 | 2.5 | 18～20 | | 50～60 |

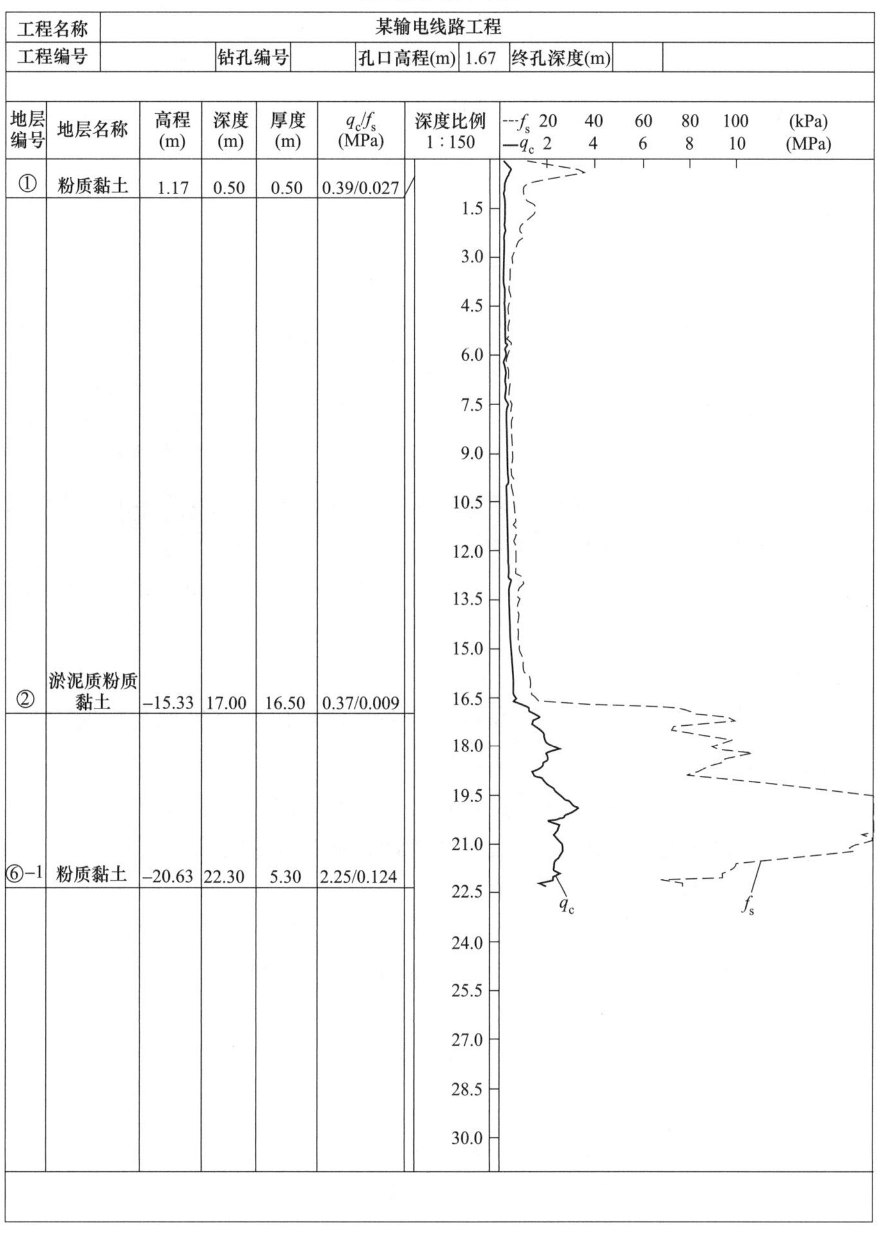


图 19-2 静力触探曲线

# 第二十章　红　黏　土

## 第一节　概　　述

### 一、红黏土的定义

颜色为棕红、褐红、褐黄或棕黄色，覆盖于碳酸盐岩系之上，其液限大于或等于50%的高塑性黏土，判定为原生红黏土。原生红黏土经搬运，沉积后仍保留其基本特征，其液限大于45%的黏土，判定为次生红黏土。

### 二、红黏土的分布

（一）红黏土分布的地域性

红黏土是几种特殊土类之一，主要分布在北纬30°与南纬30°之间的热带与亚热带地区。我国的红黏土主要分部在南方，如广西、贵州、云南、广东、湖南、湖北、四川、江西、浙江及福建等省和自治区，其中，广西、贵州、云南分布最为典型和广泛，且最具代表性。在西部，主要分布在较低的溶蚀夷平面及岩溶洼地、谷地；在中部，主要分布在峰林谷地、孤峰准平原及丘陵洼地；在东部，主要分布在高阶地以上的丘陵区。据近十年的调查统计，我国红黏土分布面积达108万$km^2$，褐红色或棕红色红黏土为74万$km^2$，黄色或黄褐色红黏土占34万$km^2$。

我国北方红黏土零星分布在一些较温湿的岩溶盆地，如陕南、鲁南和辽东等地，多为受到后期营力的侵蚀和其他沉积物覆盖的早期红黏土。

（二）红黏土性质变化规律

各地区红黏土不论在外观颜色、物理性质都有一定的变化规律，一般具有自西向东土的塑性和黏粒含量逐渐降低、土中粉粒和砂砾含量逐渐增高的趋势。

有的地区基岩之上全部为原生红黏土所覆盖；有的地区则常见到红黏土被泥砾堆积物及更新世后期各类堆积物所覆盖。在河流冲积区低洼处，常见有经过迁移和再次搬运的次生红黏土覆盖于基岩或其他沉积物之上；在岩溶洼地、谷地、准平原及丘陵斜坡地带，当受片流及间歇性水流冲蚀时，红黏土的土颗粒被带到低洼处堆积成新的土层——次生红黏土。其颜色浅于未被搬运者，常含粗颗粒，但总体上仍保持红黏土的基本特征，而明显有别于一般黏性土。这类土分布在鄂西、湘西、粤西和广西等山地丘陵区，远较原生红黏土广泛。次生红黏土的分布面积约占红黏土总面积的10%～40%，由西部向东部逐渐增多。

（三）红黏土厚度变化规律

各地区红黏土的厚度不尽相同，贵州地区一般为3～6m，超过10m者少；云南地区一般为7～8m，个别地段可达10～20m；湘西，鄂西和广西等地，一般为10m左右。

红黏土的厚度变化与原始地形和下伏基岩面的起伏变化关系密切。分布在盆地或洼地中的红黏土大多是边缘较薄、中间增厚；分布在基岩面或风化面上的红黏土厚度取决于基岩面的起伏和风化深度。当下伏基岩的溶沟、溶槽、石芽等发育时，上覆红黏土的厚度变化极大，常出现咫尺之隔厚度相差10m之多的现象。

### 三、红黏土的工程地质性质

（1）红黏土的物理学性质指标经验值见表20-1。

表 20-1 红黏土的物理力学性质经验值表

| 指标 | 粒组含量（%）<br>粒径(mm) 0.005～0.002 | 粒组含量（%）<br>粒径(mm) <0.002 | 土的天然含水率 $w$(%) | 最优含水率 $w_{op}$ (%) | 土的重度 $\gamma$ (kN/m³) | 最大干密度 $\rho_{dmax}$ (g/cm³) | 土粒比重 $G_s$ |
|---|---|---|---|---|---|---|---|
| 一般值 | 10～20 | 40～70 | 30～60 | 27～40 | 16.5～18.5 | 1.38～1.49 | 2.76～2.90 |
| 指标 | 饱和度 $S_r$ (%) | 孔隙比 $e$ | 液限 $W_L$ (%) | 塑限 $W_P$ (%) | 塑性指数 $I_P$ | 液性指数 $I_L$ | 含水比 $\alpha_w$ |
| 一般值 | 88～96 | 1.1～1.7 | 50～100 | 25～55 | 25～50 | −0.1～0.6 | 0.50～0.80 |
| 指标 | 孔隙渗透系数 $k$ (cm/s) | 裂隙渗透系数 $k'$ (cm/s) | 三轴剪切<br>内摩擦角 $\varphi$ (°) | 三轴剪切<br>黏聚力 $c$ (kPa) | 无侧限抗压强度 $q_0$ (kPa) | 比例界线 $P_0$ (kPa) | 压缩系数 $\alpha_{1-2}$ (MPa⁻¹) |
| 一般值 | $i\times10^{-8}$ | $i\times10^{-5}\sim i\times10^{-3}$ | 0～3 | 50～160 | 200～400 | 160～300 | 0.1～0.4 |
| 指标 | 压缩模量 $E_s$ (MPa) | 变形模量 $E_0$ (MPa) | 自由膨胀率 $\delta_{ef}$ (%) | 膨胀率 $\delta_{ep}$ (%) | 膨胀压力 $P_c$ (kPa) | 体缩率 $\delta_V$ (%) | 线缩率 $\delta_S$ (%) |
| 一般值 | 6～16 | 10～30 | 25～69 | 0.1～2.1 | 14～31 | 7～22 | 2.5～8.0 |

注 1. $p_0$、$E_0$系根据载荷试验求得，$p_0$系载荷与沉降量关系曲线的第一拐点；

2. $\alpha_w=w/w_l$。

引 《工程地质手册》(第五版)。

（2）红黏土的典型物理力学特点。

1）高天然含水率（30%～60%）；

2）高塑性（黏粒含量 60%～80%，塑性指数 25～55）；

3）高饱和度（饱和度一般>95%）；

4）低液限指数（−0.1～0.6）；

5）高孔隙比（1.1～1.7）；

6）低密度（重度 16.5～18.5kN/m³）；

7）高比重（2.70～2.90）；

8）高强度（摩擦角可达 20～30°，黏聚力 28～80kPa）；

9）低压缩性（一般为中、低压缩性）；

10）失水收缩变形明显，得水后膨胀变形量微弱。

（3）红黏土的矿物成分。

红黏土成分以高岭石、伊利石、绿泥石为主，并含有少量的针铁矿或石英，部分地区还含有少量的蒙脱石、多水高岭石、三水铝矿。黏土矿物具有稳定的结晶格架、细粒组结成稳固的团粒结构、土体近于两相体且土中的水又多为结合水，这三者是使红黏土具有良好力学性能的基本保证。

## 四、红黏土的厚度分布特征与上硬下软现象

### （一）厚度分布特征

（1）红黏土土层总的平均厚度不大，这是由其成土特性和母岩岩性所决定的。在高原或山区，分布零星，厚度一般为 5～8m，少数达 15～30m；在准平原或丘陵区分布较连续，厚度一般为 10～15m，最厚超过 30m。因此，当作为地基时，往往是属于有刚性下卧层的有限厚度地基。

（2）土层厚度在水平方向上变化很大，往往造成可压缩性土层厚度变化悬殊，地基变形均匀性条件很差。

（3）土层厚度变化与母岩岩性有一定关系。厚层、中厚层灰岩、白云岩地段，岩体表面岩溶发育，基岩顶面起伏大，导致土层厚薄不一；泥灰岩、薄层灰岩地段，则土层厚度变化相对较小。

（4）在地貌横剖面上，坡顶和坡谷土层较薄，坡麓则较厚。古夷平面及岩溶洼地、槽谷中央土层相对较厚。

（二）上硬下软现象

在红黏土地区天然竖向剖面上，往往出现地表呈坚硬、硬塑状态，向下逐渐变软，成为可塑、软塑甚至流塑状态的现象，土的天然含水率、含水比和天然孔隙比也随深度递增，力学性质则相应变差。

据统计，上部坚硬、硬塑土层厚度一般大于5m，约占土层总厚度的75%以上；可塑土层占10%～20%；软塑土层占5%～10%。较软土层多分布于基岩顶面的低洼处，水平分布往往不连续。

云南地区的红黏土，表层尤其是在大气影响急剧层深度范围内的红黏土，往往结构较松散，孔隙比较大，多呈可塑状态。

当红黏土作为一般建筑物天然地基时，基地附加应力的减小幅度往往快于土层随深度变软或承载力随深度变小的幅度。因此，在大多数情况下，当持力层承载力验算满足要求时，下卧层承载力验算也能满足要求。

## 五、红黏土的胀缩性

红黏土的组成矿物亲水性不强，交换容量不高，交换阳离子以$Ca^{2+}$、$Mg^{2+}$为主，天然含水率接近缩限，空隙呈饱和水状态，以致表现在胀缩性能上以收缩为主，在天然状态下膨胀量很小，收缩性很高；红黏土的膨胀势能主要表现在失水收缩后复浸水的过程中，只有很少部分表现出缩后膨胀，大部分则无此现象。因此，不宜把红黏土与膨胀土混同。

## 六、红黏土的裂隙性

红黏土在自然状态下呈致密状、无层理，上部呈坚硬、硬塑状态，失水后含水率低于缩限，土体中开始出现裂缝，近地表处呈竖向开口状，向深处减弱，呈网状闭合微裂隙。裂隙破坏土体的整体性，降低土体的整体强度；裂隙使失水通道向深部土体延伸，促使深部土体收缩，加深加宽原有裂缝，严重时甚至形成深长地裂。

图 20-1　红黏土中裂隙

土体中裂隙发育深度一般为2～4m，最深者可达8m。裂隙面上可见光滑镜面、擦痕、铁锰质浸染等现象。

昆明地区在2013年连续四年干旱后，红黏土中裂隙发育的深度达到7m，地表裂缝宽度为20～40cm，长度达10多m，见图20-1。

## 七、红黏土中地下水特征

当红黏土呈致密结构时，可视为不透水层；当土中存在裂隙时，碎裂、碎块或镶嵌状的土块周边便具有较大的透气、透水性，大气降水和地表水可渗入其中，在土体中形成依附网状裂隙赋存的含水层。该含水层很不稳定，一般无统一水位，在补给充分、地势低洼地段，才可测到初见水位或稳定水位，一般水量不大。多为潜水或上层滞水。水对混凝土的腐蚀性一般为微腐蚀。

# 第二节　勘　测　方　法

## 一、地质调查

除应满足现行规程、规范的一般要求外，着重调查下列内容：

（1）红黏土的类型（原生红黏土、次生红黏土）、沉积环境、分布范围、厚度、下伏基岩的起伏情况，石芽、溶沟（或溶槽）发育情况。

（2）红黏土的状态、上硬下软情况、地面裂缝发育及冲沟发育情况。

（3）在地下水变化幅度较大的地区，着重调查岩溶发育程度、土洞发育情况。

## 二、坑探或槽探

在红黏土厚度较小的地段，可挖掘探坑（或探槽），探坑（或探槽）的深度视红黏土厚度确定，一般为挖掘至基岩顶面，探坑的数量可根据实际情况确定。

## 三、钻探

在红黏土厚度较大，且基岩面起伏较大、地基为岩土组合的不均匀地基的地段，可采用钻探的方式进行勘探，勘探深度宜揭穿红黏土或进入基岩一定深度。当塔基位置石芽、溶沟（溶槽）发育，红黏土厚度变化较大，且资料匮乏的地区，宜逐腿进行勘探。

## 四、各勘测阶段要求及注意事项

### （一）可行性研究阶段

初步调查红黏土地区的地质环境，碳酸盐岩的时代、沉积环境、岩性、岩层厚度、裂隙发育程度、岩溶发育程度等，线路路径宜避开冲沟、岩溶漏斗、溶蚀洼地、溶洞、土洞等发育地带。

### （二）初步设计阶段

积极配合有关设计人员优化线路路径，做到“线中有位”，使塔基尽量避开溶蚀洼地、冲沟或红黏土失水收缩变形严重即地裂缝发育等地段。

### （三）施工图设计阶段

重点查明塔基位置大气影响深度与地基岩土的构成及特征，各塔腿基础所处位置的红黏土性质、状态、裂隙发育程度，厚度等；石芽高度，溶沟（槽）的深度、宽度等，根据铁塔基础的埋置深度，评价地基的均匀性。

（1）红黏土较厚的均匀地基，已有资料较为丰富的地区，可不进勘探；研究较少且资料匮乏的地区，宜进行勘探，勘探深度应满足设计要求。

（2）红黏土较厚变化较大、岩土组合的不均匀地基，不宜少于一个勘探点，勘探孔深度宜进入基岩一定深度，以满足地基均匀性评价要求；地质条件特别复杂地段，每个塔腿基础宜布置一个勘探点。

（3）土洞发育地区，除钻探外，应布置适量的坑探或槽探，并结合地面调查及物探等手段综合勘测，勘探深度以满足评价塔基稳定要求为原则。必要时可进行施工勘测。

### （四）注意事项

红黏土地区进行输电线路勘测，着重查明红黏土的状态、分布、裂隙发育特征、基岩岩溶发育程度及地基的均匀性。具体内容如下：

（1）不同地貌单元红黏土的分布，厚度，物质组成，土性等特征及其差异。

（2）下覆基岩岩性、岩溶发育特征及其与红黏土土性、厚度变化的关系。

（3）地表裂缝分布、发育特征及其成因，土体中裂隙的密度、深度、延展方向及其发育规律。

（4）地表水体和地下水体的分布、动态及其与红黏土状态垂向分带的关系。

（5）现有建筑物开裂原因分析，搜集当地勘测、设计资料、施工经验等。

（6）地下水埋藏较浅、水量较丰富、基岩岩溶较发育、水位变化幅度较大的地段，着重调查土洞的发育及分布情况。

## 第三节 评价方法及要求

（1）红黏土地区的地基评价，应着重评价红黏土的状态、结构、复浸水特性、地基均匀性。

1）红黏土的状态除按液性指数判定外，尚可根据含水比或静力触探比贯入阻力按表 20-2 进行判定：

表 20-2 红黏土的状态分类表

| 状态 | 含水比 $\alpha_w$ | 比贯入阻力 $P_s$（kPa） |
|---|---|---|
| 坚硬 | $\alpha_w \leqslant 0.55$ | $P_s \geqslant 2300$ |
| 硬塑 | $0.55 < \alpha_w \leqslant 0.70$ | $2300 > P_s \geqslant 1300$ |
| 可塑 | $0.70 < \alpha_w \leqslant 0.85$ | $1300 > P_s \geqslant 700$ |
| 软塑 | $0.85 < \alpha_w \leqslant 1.00$ | $700 > P_s \geqslant 200$ |
| 流塑 | $\alpha_w > 1.00$ | $P_s < 200$ |

引 GB 50021《岩土工程勘测规范》。贵州、广西地方经验。

根据统计结果，含水比 $\alpha_w$ 与液性指数 $I_L$的关系如下：

$$\alpha_w = 0.45 I_L + 0.55 \tag{20-1}$$

式中 $\alpha_w = w/w_L$ 。

2）红黏土结构特征可根据其裂隙发育特征按表 20-3 判定：

表 20-3 红黏土结构特征表

| 土体结构 | 裂隙发育特征 | $S_t$（灵敏度） |
|---|---|---|
| 致密状的 | 偶见裂隙（<1 条/m） | >1.2 |
| 巨块状的 | 较多裂隙（1～5 条/m） | 1.2～0.8 |
| 碎块状的 | 富裂隙（>5 条/m） | <0.8 |

引 GB 50021《岩土工程勘测规范》。贵州、广西地方经验。

3）红黏土的复浸水特性可按表 20-4 分类：

表 20-4 红黏土复浸水特性表

| 类别 | $I_r$ 与 $I'_r$ 关系 | 复浸水特性 |
|---|---|---|
| Ⅰ | $I_r \geqslant I'_r$ | 收缩后复浸水膨胀，能恢复到原位 |
| Ⅱ | $I_r < I'_r$ | 收缩后复浸水膨胀，不能恢复到原位 |

注 $I_r = \omega_L/\omega_P$，$\omega I'_r = 1.4 + 0.0066\omega_L$ 。

引 GB 50021《岩土工程勘测规范》。

4）红黏土的地基均匀性可按表 20-5 分类：

表 20-5 红黏土的地基均匀性分类表

| 地基均匀性 | 地基压缩层范围内岩土组成 |
|---|---|
| 均匀地基 | 全部由红黏土组成 |
| 不均匀地基 | 由红黏土和岩石组成 |

引 GB 50021《岩土工程勘测规范》。

对电压等级为 220kV 及以上的线路，如塔基位置基岩起伏较大，地基为土岩组合的不均地基时，宜分别对各塔腿地基进行评价，并提出相应的处理意见或建议。

（2）红黏土承载力经验值，见表 20-6。

表 20-6　　红黏土主要参数经验值

| 岩土名称 | 状态 | $\gamma$(kN/m³) | $\varphi$(°) | $C$(kPa) | $f_{ak}$(kPa) |
|---|---|---|---|---|---|
| 黏土 | 坚硬状态 | 18.0～19.0 | 14～16 | 50～60 | 190～230 |
| 黏土 | 硬塑状态 | 17.0～18.0 | 12～14 | 40～50 | 170～190 |
| 黏土 | 可塑状态 | 16.5～17.5 | 10～12 | 30～40 | 120～160 |
| 黏土 | 软塑状态 | 16.0～16.5 | 8～10 | 25～30 | 60～100 |

注　表中的抗剪强度指标为浸水快剪试验指标（云南电力设计院经验值）。

## 第四节　地基处理方法

（1）红黏土地区铁塔地基处理的原则，应尽量消除地基的不均匀性对铁塔产生的不利影响。

（2）对位于山顶地带、山脊顶部或较陡斜坡上的塔基，由于红黏土厚度较小，基岩大多裸露于地表。对于电压等级为 220kV 及以上的线路，应视具体情况调整基础埋置深度，尽量将四个塔腿基础设置于基岩上，保证地基的均匀性，完全消除地基不均匀沉降对铁塔产生的不利影响。若塔基范围内有溶沟或溶槽分布，即基坑开挖时揭露溶沟或溶槽，应将充填于其中的黏性土、碎石等清理干净，然后用毛石混凝土换填至基础底面标高，再浇筑基础。

（3）对位于山脚地带、盆地边缘、缓坡等红黏土层较厚地段的塔基，尤其是地表有灰岩、白云质灰岩等碳酸岩盐呈零星石芽出露的地段，基岩顶面起伏剧烈，地基为岩土组合的不均匀地基，对揭露石芽的塔腿基础，宜将石芽超挖一定深度，用碎石混砂换填，做“褥垫层”处理，换填深度应根据线路电压等级、铁塔类型、荷载、石芽发育情况、红黏土状态、厚度等因素综合确定，碎石与砂的比例一般为 7∶3～6∶4。

（4）对于石芽特别发育，电压等级较高（≥500kV）的铁塔基础，建议采用桩基础，桩端持力层应选择基岩，并进入基岩一定深度。

（5）若地基为红黏土构成的均匀地基，则不需要进行任何处理。低电压等级的线路，基础宜浅埋。

（6）当红黏土地基发育土洞、软弱土时，可作以下处理：

1）对浅层土洞，应清除洞中的软弱土，用碎石混砂分层夯实回填，上部结构尚可采用梁板跨越。

2）对深埋的土洞，当土洞顶板的厚度不能满足稳定性评价要求时，可通过钻孔灌，填砂、砾石，然后采用高压双液灌浆自下而上对其封堵、固结处理。

3）对于连续、密集发育的土洞，建议采用嵌岩桩与梁板跨越相结合的方法进行处理。

## 第五节　工　程　实　例

### 一、南方电网某 220kV 线路 N12 号铁塔

（一）该塔基所处位置岩土工程特征

（1）地形为山前缓坡地带，坡度 10°左右。

（2）植被发育，为人工种植的茂密的“圣诞树”林，该树种为外来物种（从澳大利亚引进，学名叫银荆树），其特点为耐旱，扎根较深（6.0m 左右），树根吸水能力较强，树冠的蒸发能力也较强。

（3）地基为岩土组合的不均匀地基。覆盖层为硬塑状红黏土，基岩为中厚层—厚层状灰岩或白云质灰岩，呈微—中等风化状，岩溶较发育，以溶沟（溶槽）、石芽或溶蚀裂隙为主。塔位周围可见灰岩或白云质灰岩呈石芽状零星出露于地表；塔基范围内红黏土的厚度变化较大，在 2.5～11.0m 之间。

（4）地下水埋藏较深，一般都大于 10.0m，对基础及基坑开挖无影响。

（5）基础埋置较浅，埋深 3.0m。

通过勘探及室内对 0～7.0m 不同深度土样的含水率试验，已查明塔基位置红黏土的厚度变化情况以及基岩顶面起伏状况；在极端干旱气候条件下，大气影响急剧层深度有加深的趋势（0～7.0m 不同深度土样含水率基本一致）。

（二）原因分析

2013 年由于云南大部分地区经历了连续四年的干旱气候，红黏土收缩变形导致基础不均沉降，使铁塔变形，塔材损坏严重，已不能正常使用。

现场勘探表明，地基为土岩组合的不均匀地基，塔基范围内，有零星石芽出露于地表，基岩顶面起伏剧烈，基岩顶面高差达 2.5～11.0m，N12 号塔一个塔腿基础设置于基岩上，其他三个塔腿设置于红黏土上，在极端干旱气候条件下，红黏土失水收缩变形，导致设置于红黏土之上的三个基础产生不同程度的沉降，而设置于基岩上的一个基础则没有沉降，基础产生不均匀沉降，导致塔身扭曲，塔材严重变形。

（三）处理措施

将变形严重已不能使用的铁塔拆除，在原塔基附近新建三基铁塔。根据钻探揭露，以上塔基为土岩组合的不均匀地基，且基岩顶面起伏剧烈，为了保证塔基的均匀性，新建的塔基采用桩基础，桩端持力层为灰岩或白云质灰岩，桩端全断面进入基岩的深度不小于 1.00m。

## 二、南方电网某 220kV 线路 N24 号塔

（一）该塔基所处位置岩土工程特征

（1）地形为山前缓坡地带，坡度 15°左右。

（2）植被发育，为人工种植的茂密的“圣诞树”林。

（3）地基为岩土组合的不均匀地基。覆盖层为硬塑状红黏土，基岩为中厚层—厚层状灰岩或白云质灰岩，呈微—中等风化状，岩溶较发育，以溶沟（溶槽）、石芽或溶蚀裂隙为主。塔位周围可见灰岩或白云质灰岩呈石芽状零星出露于地表。塔基范围内红黏土的厚度变化较大，在 4.4～9.0m 之间。

（4）地下水埋藏较深，一般都大于 10.0m，对基础及基坑开挖无影响。

（5）基础埋置较浅，埋深 3.2m。

通过勘探及室内对 0～7m 不同深度土样含水率试验，已查明塔基位置红黏土的厚度变化情况以及基岩顶面起伏状况；在极端干旱气候条件下，大气影响急剧层深度有加深的趋势（0～7m 不同深度土样含水率基本一致）。

（二）原因分析

N24 号铁塔所处位置，地基为土岩组合的不均匀地基，塔基范围内，未见石芽出露。根据钻探揭露，在基础埋置深度范围内，地基土由红黏土组成，但基础地面以下至基岩顶面以上的红黏土厚度变化较大，在 1.2～5.8m 之间，在极端干旱气候条件下，由于大气影响急剧层深度的加深，红黏土失水收缩变形，导致基础沉降，由于各塔腿基础底面以下红黏土的厚度相差较大，沉降量也相差较大。塔基的岩土构成及基础沉降情况见表 20-7。

**表 20-7　　塔基的岩土构成及基础沉降情况表**

| 塔号 | 塔腿代号 | 红黏土厚度（m） | 基础沉降差（mm） | 铁塔倾斜方向 |
|---|---|---|---|---|
| N24 号塔 | BC 腿一侧 | 5.8 | 200 | 塔身向 BC 一侧倾斜 |
| | AD 腿一侧 | 1.2 | | |

由于地基的不均匀沉降，导致 N24 号塔整体向 BC 腿一侧倾斜，塔头偏离直线 0.65m，主材严重变

形，已不能正常使用。

（三）处理措施

由于沉降差过大，塔材变形严重，铁塔已不能正常使用，因此，在原铁塔附近合适位置新建一基铁塔，然后将受损铁塔拆除。

根据钻探成果，结合塔基红黏土厚度、基岩埋深及顶面起伏情况，新建的铁塔基础埋置深度增加至5.0m，在基坑开挖过程中，地质工代全程参与，针对个别塔腿基础在开挖过程中遇到的石芽进行超挖0.5～1.0m，用碎石混砂夯实做“褥垫层”换填处理，以调整地基的均匀性，从而减小地基的不均沉降，满足设计要求。

# 第二十一章　填　土

## 第一节　概　述

### 一、填土的分类

填土根据其物质组成和堆填方式可分为下列4类：

（1）素填土。由天然土经人工扰动和搬运堆填而成，一般由碎石土、砂土、粉土和黏性土等一种或几种材料组成，不含杂物或含杂物很少。按主要组成物质可分为碎石素填土、砂性素填土、粉性素填土、黏性素填土等。可在素填土的前面冠以其主要组成物质定名，对素填土进一步分类。

（2）杂填土。含有大量建筑垃圾、工业废料或生活垃圾等杂物；按其组成物质成分和特征可分为如下几种：

1）建筑垃圾土。主要由碎砖块、瓦砾、朽木、混凝土块等建筑垃圾夹土组成，有机物含量较少；

2）工业废料土。由现代工业生产的废渣、废料堆积而成，如矿渣、煤渣、电石渣等以及其他工业废料夹少量土类组成。

3）生活垃圾土。填土中由大量从居民生活中抛弃的废物，诸如煤灰、布片、菜皮、陶瓷片、剩菜、剩饭等杂物夹土类组成，一般含有机质和未分解的腐殖质较多。

（3）冲填土又称吹填土，是由水力冲填泥砂形成的填土。它是我国沿海一带常见的人工填土之一，主要是由于整治或疏通江河航道，或者工农业生产所需填平或填高江河附近某些地段时，用高压泥浆泵将挖泥船挖出的泥砂，通过输泥管、排送到需要加高地段及泥砂堆积区，前者为有计划、有目的填高，而后者则为无目的堆填，经沉淀排水后形成大片冲填土层。上海的黄浦江，天津的海河、塘沽，广州的珠江等河流两岸及滨海地段均不同程度的分布着这类土。

（4）压实填土。按一定标准控制材料成分、密度、含水量，分层压实或夯实形成。

因为填土的性质与堆填年代有关，因此，可以按堆填时间的长短分为古填土（堆填时间在50年以上）、老填土（堆填时间在15～50年）和新填土（堆填时间不满15年）。按堆填方式可划分为有计划填土和无计划填土。某些因矿产开采而形成的填土又可按原岩的软化性质划分为非软化的、软化的和极易软化的。

### 二、填土的工程性质

一般来说，填土具有不均性、湿陷性、自重压密性及低强度、高压缩性。

（一）素填土的工程性质

素填土的工程性质取决于它的均匀性和密实度。在堆填过程中，未经人工压实者，一般密实度较差，但堆积时间较长，由于土的自重压密作用，也能达到一定的密实度。如堆积时间超过10年的黏性素填土，超过5年的砂性素填土，均有一定的密实度和强度，可作为一般铁塔（220kV以下）的天然地基。

（二）杂填土的工程性质。

（1）性质不均，厚度和密度变化大。由于杂填土的堆积条件、堆积时间，特别是物质来源和组成成分的复杂和差异，造成杂填土的性质很不均匀，密度变化大。当杂填土的堆积时间愈长，物质组成愈均匀，颗粒愈粗，有机物含量愈少，则作为天然地基的可能性愈大。

（2）变形大，且有湿陷性。就其变形特性而言，杂填土往往是一种欠压密土，一般具有较高的压缩性。对部分新近堆积的杂填土，除正常载荷条件下的沉降外，还存在自重压力下沉降及湿陷变形的特点；对生活垃圾土还存在腐殖质进一步分解而引起的变形。在干旱或半干旱地区，干或稍湿的杂填土，往往具有湿陷性。堆积时间短、结构疏松，这是杂填土浸水湿陷和变形大的主要原因。

（3）压缩性大，强度低。杂填土的物质成分异常复杂，不同的物质成分，直接影响土的工程性质。当建筑垃圾土的组成物以碎砖块为主时，则优于以瓦片为主的土。建筑垃圾土或工业废料土，在一般情况下优于生活垃圾土。生活垃圾土物质成分复杂，含大量有机质和未分解的腐殖质，压缩性很大，强度很低。即使堆积时间较长，仍较松软。

（4）孔隙大且渗透性不均匀。由于杂填土组成物质的复杂多样性，造成杂填土中孔隙大并且其渗透性不均匀，因此，在地下水位较低的地区，地下水位以上的杂填土中经常存在"鸡窝状"上层滞水。

（三）冲填土的工程性质

（1）不均匀性。冲填土的颗粒组成随泥砂的来源而变化，有砂粒也有黏土粒和粉土粒。在吹泥的出口处，沉积的土颗粒较粗，甚至有卵砾石，顺着出口向外围颗粒逐渐变细。在冲填过程中由于泥砂来源的变化，造成冲填土在纵横方向上的不均匀性，故土层多呈透镜体状或薄层状出现，且层次复杂。当有计划有目的地预先采取一定措施后而冲填的土，则土层的均匀性较好，类似于冲积地层。

（2）透水性能弱、排水固结差。冲填土的含水量大，一般大于液限，呈软塑或流塑状态。当黏粒含量多时，水分不易排出，土体形成初期呈流塑状态，后来虽土体表层经蒸发干缩龟裂，但下面土体由于水分不易排出仍然处于流塑状态，稍加触动即发生触变现象。因此，冲填土多属未完成自重固结的高压缩性的软土。土的结构需要有一定的时间进行再组合，土的有效应力要在排水固结的条件下才能提高。

冲填土的排水固结条件，也取决于原地面的形态，如原地面高低不平或局部低洼，充填后土内水分排不出去，长时间仍处于饱和状态；如冲填位于易于排水的地段或采取了排水措施，则固结进程加快。

（四）压实填土的工程性能

压实填土是为了一定的工程项目，按一定标准控制材料成分、密度、含水量，分层压实或夯实形成。因此，压实填土较其他填土具有较好的均匀性、密实性和较高的强度，另外，压实填土一般都经过检测，且检测数据齐全，如其强度、变形等参数满足杆塔基础对地基的要求，可作为杆塔的天然地基。

## 第二节　勘　测　方　法

在填土地区进行输电线路勘测，着重查明填土的类型、主要物质组成、分布范围、厚度、均匀性及密实度等。

### 一、地质调查

除应满足现行规程、规范的一般要求外，着重调查下列内容：

（1）填土的分布范围、厚度、类型、物质组成、堆填方式、堆填年限、均匀性及密实度。

（2）填土分布区域的原始地貌，地物变迁，斜坡坡度等，并判断填土沿原始地面滑动的可能性。

（3）地下水埋藏条件及类型。

### 二、勘探与原位测试

根据填土的种类、厚度、物质组成等方面，可采用钻探、探坑或探槽、钻探与探坑或探槽相结合的方式进行勘探；原位测试可采用静力触探、标准贯入试验、轻型动力触探试验、重型动力触探试验或超重型动力触探试验等方式。

（1）对主要由粉土或黏性土组成的素填土，可采用钻探取样，静力触探、轻型动力触探与原位标准贯入试验相结合的方法进行勘探；对含有较多粗颗粒成分的素填土和杂填土宜采用钻探、重型或超重型动力触探试验，并挖掘一定数量的探坑或探槽。

（2）填土地段宜逐基勘探，对填土厚度变化大、结构松散、均匀性差且成分复杂的地段，宜分别对每个塔腿地基进行勘探。

（3）勘探孔深度宜穿透填土层，当下伏土层为软弱土时勘探点深度宜适当加深。

### 三、各勘测阶段要求及注意事项

#### （一）可行性研究阶段

对拟建线路经过地区的人类工程活动场所（如水库、矿山、公路、铁路、房屋建设、农田基本建设、采石场及废弃的砖瓦厂等）进行调查，初步了解填土的分布范围、堆填年代、物质组成等。

#### （二）初步设计阶段

初步查明拟建线路经过区填土的年代、物质组成、堆填方式、分布特征及其工程性质。

#### （三）施工图设计阶段

可对具体的塔位进行勘测，包括以下内容：

（1）搜集资料，调查地形和地物的变迁，填土的来源、堆积年限和堆积方式。

（2）查明填土的分布、厚度、物质成分、颗粒级配、均匀性、密实度、压缩性和湿陷性。

（3）查明地下水的埋藏条件及类型，判定地下水对建筑材料的腐蚀性。

对于性质不明，堆填时间较短，成分复杂，结构松散，均匀性差，厚度较大的填土地基，不宜设置塔基。

## 第三节　评价方法及要求

### 一、填土的岩土工程评价要求

（1）阐明填土的成分、分布、厚度、和堆积年限，判定填土地基的均匀性、压缩性、密实度和承载力；必要时应按厚度、强度、均匀性和变形特性分层或分区评价。

（2）对堆积年限较长的素填土、冲填土和由建筑垃圾或性能稳定的工业废料组成的杂填土，当较均匀和较密实时，可作为铁塔的天然地基；由有机物含量较高的生活垃圾和对基础有腐蚀性的工业废料组成的杂填土，或回填于斜坡之上且可能滑动失稳的填土，不宜作为天然地基。

（3）当填土底面的天然坡度大于20%时，应验算其稳定性。

填土的均匀性和密实度拟采用触探法，并辅以室内试验；填土的压缩性、湿陷性宜采用室内固结试验或现场载荷试验；杂填土的密度试验宜采用大容积法。

对于主要由黏性土、粉土、粉细砂土组成的素填土或冲填土，可以用轻型动力触探进行原位测试，并结合室内试验，综合评价其密实度和均匀性。

### 二、素填土的承载力经验值

素填土的主要成分为黏性土及粉土时，其地基承载力特征值的可按表21-1和表21-2确定：

（1）根据轻型圆锥动力触探试验锤击数$N_{10}$按表21-1确定，表中$N_{10}$为实测值、并经分层统计的平均值。

表 21-1　　$N_{10}$与素填土 $f_{ak}$的关系

| $N_{10}$ | 10 | 20 | 30 | 40 |
|---|---|---|---|---|
| $f_{ak}$(kPa) | 80 | 110 | 130 | 150 |

引　《工程地质手册》(第五版)。

(2) 堆填时间超过十年的黏性土，以及超过五年的粉土，其地基承载力特征值可根据土的压缩模量按表 21-2 确定。

表 21-2　　$Es_{1-2}$与素填土 $f_{ak}$的关系

| 压缩模量 $Es_{1-2}$(MPa) | 2 | 3 | 4 | 5 | 7 |
|---|---|---|---|---|---|
| $f_{ak}$(kPa) | 60 | 80 | 110 | 130 | 150 |

引　《工程地质手册》(第五版)。

## 第四节　地基处理方法

山区输电线路工程由于受地形、道路等条件的限制，大型钻探设备、大型施工机具及建筑材料运输较为困难，勘测手段及工程处理措施受到很大限制，因此，在施工图勘测的定位阶段和选择塔位时，宜尽量避开成分复杂、密实度较差、均匀性较差、厚度大的填土分布区域，确实不能避让的塔位，对于电压等级大于等于 500kV 的输电线路铁塔基础和电压等级小于 500kV 但大于等于 220kV 的转角塔、耐张塔等基础，宜采用桩基础，桩身应穿透填土层，桩端持力层应选择基岩、硬塑状黏性土、较密实的砂土、粉土或碎石土，并进入其一定深度。

对于电压等级为 220kV 及以下的输电线路铁塔（220kV 转角塔、耐张塔除外），若塔基位置的填土为素填土且厚度变化不大，均匀性及密实度较好，承载力能满足设计要求时，可作为天然地基。

当填土厚度较小时，可在基础底面用级配良好的碎石混砂进行换填，换填厚度可根据电压等级、铁塔类型、铁塔荷重等确定，一般 2～3m 为宜，可减少填土地基的不均匀沉降。

## 第五节　工　程　实　例

### 一、工程概况

云南某供电局于 2006 年开工建设的某 220kV 双回路线路，在蒙自大屯附近要穿过大屯选矿厂尾矿库，由于受地形及已有建筑物的限制，线路不能跨越，必须在尾矿库中设置两基铁塔，其中一基为转角塔。该尾矿库中所堆积的冲填土成分以黏性土为主，混杂有岩粉、岩屑，由水流冲积形成，堆积年限大于 20 年，厚度较大。由于未采取排水措施，冲填土基本无固结。

### 二、勘察结果

钻探结果表明，塔基位置冲填土的厚度分别为：6.30、8.50m。冲填土之下为黏土，呈可塑或硬塑状态。地下水为孔隙潜水，埋深分别为：0.80、2.00m。经过验算，地基土的强度及变形均不能满足铁塔天然地基设计要求，必须对尾矿库中的充填泥进行地基处理。两塔基地基岩土构成及特征见表 21-3 和表 21-4。

**表 21-3　　N18 塔基地基岩土构成及特征**

| 杆号或桩号 | 勘探方法 | 地形地貌及不良地质现象 | 岩土性质 | 建议采用经验值 | | | | 标准贯入实测锤击数 $N_{63.5}$ | 土壤电阻率（Ω·m） | 建议事项 |
|---|---|---|---|---|---|---|---|---|---|---|
| | | | | $\gamma$（kN/m³） | $\varphi$（°） | $C$（kPa） | $f_{ak}$（kPa） | | | |
| N18（J5） | 钻探 | 位于平缓旱地中，为尾矿库区 | 0.0～0.80m：冲填土，成分为黏土、粉质黏土，红棕色，湿，结构松散，可塑状态 | 16.5 | 8 | 30 | 120 | 4 | 30.08 | 地下水埋深0.80m，建议采用深基础进行地基处理，持力层为硬塑状黏土，桩端应深入其一定深度 |
| | | | 0.80～3.10m：冲填土，成分为黏土、粉质黏土，红棕色，很湿，饱和，软塑—流塑状态 | 15.5 | 6 | 15 | 45 | 1.5<br>2<br>1.5 | | |
| | | | 3.10～3.60m：冲填土，成分为黏土、粉质黏土，红棕色，湿，可塑状态 | 17.0 | 8 | 30 | 120 | 4 | | |
| | | | 3.60～4.20m：冲填土，成分为黏土、粉质黏土，红棕色，很湿，软塑—流塑状态 | 15.5 | 6 | 15 | 45 | 1.5 | | |
| | | | 4.20～4.70m：冲填土，成分为黏土、粉质黏土，红棕、棕褐色，湿，可塑状态 | 16.5 | 8 | 30 | 120 | 5<br>4 | | |
| | | | 4.70～5.70m：冲填土，成分为黏土、粉质黏土，灰黄色，很湿，软塑状态，混少量细、粉砂 | 15.5 | 7 | 20 | 60 | 2 | | |
| | | | 5.70～6.30m：冲填土，成分为黏土、粉质黏土，灰黄色，很湿，软塑—流塑状态，混少量细、粉砂 | 15.5 | 6 | 15 | 45 | 1.5 | | |
| | | | 6.30～7.10m：黏土，灰白夹棕红色，混少量强风化泥岩及石英角砾，湿，可塑状态 | 16.5 | 9 | 30 | 130 | 5 | | |
| | | | 7.10～16.50m：黏土，棕红、紫红、灰黄夹灰白色，混较多强风化泥岩角砾及石英砂粒、角砾，湿，硬塑状态 | 17.5 | 12 | 40 | 180 | 8<br>7<br>9<br>8 | | |

**表 21-4　　N19 塔基地基岩土构成及特征**

| 杆号或桩号 | 勘探方法 | 地形地貌及不良地质现象 | 岩土性质 | 建议采用经验值 | | | | 标准贯入实测锤击数 $N_{63.5}$ | 土壤电阻率（Ω·m） | 建议事项 |
|---|---|---|---|---|---|---|---|---|---|---|
| | | | | $\gamma$（kN/m³） | $\varphi$（°） | $C$（kPa） | $f_{ak}$（kPa） | | | |
| N19（Z10+2） | 钻探 | 位于大屯选矿厂尾矿库区内，右侧有厂房，左侧为废弃的水池 | 0～1.00m：杂填土，灰、褐红色，成分以冲填土为主，混较多碎砖块、水泥砂浆块等，结构松散，稍湿状 | 16.0 | | | | | 41.4 | 地下水埋深2.00m，建议采用深基础进行地基处理，持力层为硬塑黏土，桩端应深入其一定深度 |
| | | | 1.0～8.50m：冲填土，成分为黏土、粉质黏土，褐红夹褐灰、灰色等，湿，软塑—可塑状态，摇震反应迅速，干强度低，韧性差 | 16.0 | 5 | 25 | 100 | 3<br>2.5<br>3<br>3 | | |

续表

| 杆号或桩号 | 勘探方法 | 地形地貌及不良地质现象 | 岩土性质 | 建议采用经验值 | | | | 标准贯入实测锤击数 $N_{63.5}$ | 土壤电阻率 (Ω·m) | 建议事项 |
|---|---|---|---|---|---|---|---|---|---|---|
| | | | | $\gamma$ (kN/m³) | $\varphi$ (°) | $C$ (kPa) | $f_{ak}$ (kPa) | | | |
| N19 (Z10+2) | 钻探 | 位于大屯选矿厂尾矿库区内，右侧有厂房，左侧为废弃的水池 | 8.50～11.20m：黏土，红夹褐红色，偶见黑色条纹及斑点，湿，可塑—硬塑状态，夹薄层砂土 | 17.0 | 11 | 35 | 160 | 5<br>6<br>5 | 41.4 | 地下水埋深2.00m，建议采用深基础进行地基处理，持力层为硬塑黏土，桩端应深入其一定深度 |
| | | | 11.2～13.0m：黏土，灰白色与棕红色混杂在一起，湿，可塑状态。混少量强风化泥岩及石英砂角砾。干强度中等，韧性较好 | 16.5 | 9 | 30 | 130 | 5 | | |
| | | | 13.0～18.60m：黏土，棕红、紫红、灰黄、灰白等色，湿，硬塑状态。混较多石英砂粒、角砾，无摇震反应，干强度高，韧性好 | 17.5 | 12 | 40 | 180 | 7<br>8<br>8<br>10 | | |

## 三、结果分析

经过方案论证，最终的处理方案是采用桩基础，桩型为泥浆护壁钻孔灌注桩，桩端持力层为硬塑状态黏土，桩长现场视具体情况确定，以保证桩端全断面进入硬塑状黏土 5.00m 为控制原则，经过多年的运行，塔基的各项指标均满足安全运行要求。

# 第二十二章　盐　渍　土

## 第一节　概　　述

盐渍岩土系指含有较多易溶盐类的岩土，对易溶盐含量大于0.3%，且具有溶陷、盐胀、腐蚀等特性的土称为盐渍土。盐渍土是当地下水沿土层的毛细水管升高至地表或接近地表，经蒸发作用水中盐分被析出并聚集于地表或地下土层中而形成的。由于气候干燥，内陆湖泊较多，在盆地到高山地区，多形成盐渍土。滨海地区，由于海水侵袭也常形成盐渍土。在平原地带，由于河床淤积或灌溉等原因也使土地发生次生盐渍化，形成盐渍土。

### 一、盐渍土的分布

盐渍土在我国分布较广，从地理位置来看，我国的盐渍土有滨海盐渍土与内陆盐渍土之分。我国的盐渍土主要分布在西北干旱地区的青海、新疆、甘肃、宁夏、内蒙古等地势低平的盆地和平原地区；其次，在华北平原、松辽平原、大同盆地以及青藏高原的一些湖盆洼地中也有分布。另外，滨海地区的辽东湾、渤海湾、莱州湾等沿海地区均有相当面积存在。

### 二、盐渍土的分类

（1）盐渍土按土中含盐的溶解度分类时，可参考表22-1。

**表22-1　盐渍土按盐的溶解度分类**

| 盐渍土名称 | 含盐成分 | 溶解度（%）$t=20℃$ |
|---|---|---|
| 易溶盐渍土 | 氯化钠（$NaCl$）、氯化钾（$KCl$）、氯化钙（$CaCl_2$）、硫酸钠（$Na_2SO_4$）、硫酸镁（$MgSO_4$）、碳酸钠（$Na_2CO_3$）、碳酸氢钠（$NaHCO_3$）等 | 9.6～42.7 |
| 中溶盐渍土 | 石膏（$CaSO_4\cdot 2H_2O$）、无水石膏（$CaSO_4$） | 0.2 |
| 难溶盐渍土 | 碳酸钙（$CaCO_3$）、碳酸镁（$MgCO_3$）等 | 0.001 4 |

（2）盐渍土按盐的化学成分分类时，可参考表22-2。

**表22-2　盐渍土按含盐的化学成分分类**

| 盐渍土名称 | $\frac{c(Cl^-)}{2c(SO_4^{2-})}$ | $\frac{2c(CO_3^{2-})+c(HCO_3^-)}{c(Cl^-)+2c(SO_4^{2-})}$ |
|---|---|---|
| 氯盐渍土 | >2.0 | |
| 亚氯盐渍土 | 1.0～2.0 | |
| 亚硫酸盐渍土 | 0.3～1.0 | |
| 硫酸盐渍土 | <0.3 | |
| 碱性盐渍土 | | >0.3 |

注　$c(CL^-)$、$c(SO_4^{2-})$、$c(CO_3^{2-})$、$c(HCO_3^-)$分别表示氯离子、硫酸根离子、碳酸根离子、碳酸氢根离子在0.1kg土中所含毫摩尔数mmol/0.1kg。

（3）盐渍土按土中含盐量分类时，可参考表22-3。

表 22-3 盐渍土按含盐量分类

| 盐渍土名称 | 盐渍土层的平均含盐量（%） | | |
|---|---|---|---|
| | 氯盐渍土及亚氯盐渍土 | 硫酸盐渍土及亚硫酸盐渍土 | 碱性盐渍土 |
| 弱盐渍土 | 0.3～1.0 | | |
| 中盐渍土 | 1.0～5.0 | 0.3～2.0 | 0.3～1.0 |
| 强盐渍土 | 5.0～8.0 | 2.0～5.0 | 1.0～2.0 |
| 超盐渍土 | > 8.0 | > 5.0 | > 2.0 |

引 GB 50021《岩土工程勘察规范》。

1）地表土层 3.0m 深度内平均含盐量及含盐成分，应按下列公式计算：

①平均含盐量根据分层含盐量，按取样厚度加权平均计算，见式（22-1）：

$$DS=\frac{\sum_{i=1}^{n}h_iDS_i}{\sum_{i=1}^{n}h_i} \tag{22-1}$$

式中 $DS$ ——平均含盐量，%；

$DS_i$ ——第 $i$ 层土的盐量，%；

$h_i$ ——第 $i$ 层土的厚度，m；

$n$ ——分层取样的层数。

②平均含盐成分，根据分层阴离子含量（mmol/100g 土），同样按取土厚度加权平均计算，计算方法见公式（22-1）。

2）地表 3.0m 深度以下土的含盐量及含盐成分应单独计算；当取样不足 3.0m 时，应按实际取样深度计算。

## 三、盐渍土的工程特性

### （一）溶陷性

盐渍土中的可溶盐经水浸泡后溶解、流失，致使土体结构松散，在土的饱和自重压力下出现溶陷；有的盐渍土浸水后，需在一定压力作用下，才会产生溶陷。盐渍土溶陷性的大小，与易溶盐的性质、含量、赋存状态和水的径流条件以及浸水时间的长短等有关。盐渍土按溶陷系数可分为两类：当溶陷系数占值小于 0.01 时，称为非溶陷性土；当溶陷系数占值等于或大于 0.01 时，称为溶陷性土。

盐渍土的溶陷机理：盐渍土中含盐成分多为硫酸化合物，碳酸化合物和氯化物，对应的金属根离子主要为钠离子，钾离子和镁离子，这些盐成分和土壤混合形成盐渍土。当土壤含水量低时，这些盐成分主要以固体形势存在，强度高，抗压性强；当土壤含水量高时，由于这些盐成分大多是可溶性物质，都以离子态存在，强度弱，抗压性减小。在工程施工后，由于天气和气候的改变，盐渍土水含量增大，盐渍土中的盐遇水溶解后，盐渍土的物理和力学性质指标均会发生变化，强度会降低，这就是盐渍土的溶陷性。溶陷性可使地基的承载力降低，对基础构成一定的危害。盐渍土地基遇水沉降后的破坏照片如图 22-1 所示。

### （二）盐胀性

硫酸（亚硫酸）盐渍土中的无水芒硝（$Na_2SO_4$）的含量较多，无水芒硝（$Na_2SO_4$）在 32.4℃以上时为无水晶体，体积较小；当温度下降至 32.4℃时，吸收 10 个水分子的结晶水，成为芒硝（$Na_2SO_4\cdot 10H_2O$）晶体，使体积增大，如此不断的循环反复作用，使土体变松。盐胀作用是盐渍土由于昼夜温差大引起的，多出现在地表下不太深的地方，一般约为 0.3m。碳酸盐渍土中含有大量吸附性阳离子，遇水时与胶体颗粒作用，在胶体颗粒和黏土颗粒周围形或结合水薄膜，减少了各颗粒间的黏聚力，使其互相分离，引起土体盐胀。资料证明，$Na_2CO_3$ 含量超过 0.5%时，其盐胀量即显著增大。盐渍土地基盐胀

图 22-1　盐渍土地基遇水沉降后的破坏照片

变形照片如图 22-2 所示。

图 22-2　盐渍土地基盐胀变形照片

根据大量调查资料表明，以含硫酸钠（芒硝）为主的盐渍土表层（约 1m 左右），由盐胀作用使土的空隙增大、土粒松散，形成与盐结壳脱离的蓬松层。这种盐胀作用常使路面、机场跑道、建筑物室内外地坪发生破坏。盐渍土的膨胀主要是由于土中硫酸钠在温度变化时结晶形态转化所造成的，在常温条件下（<32.4℃），硫酸钠是以带 10 个结晶水的固相盐—芒硝，从溶液中结晶析出，在这个温度范围内它的溶解度随温度上升而增大。当温度上升到 32.4℃以上时，芒硝的溶解度随温度上升反而下降，此时它便脱水为无水芒硝。而当温度又下降到 32.4℃以下时，无水芒硝又会结合 10 个水分子而成为芒硝，此时它的体积可增大 2～3 倍。

除温度外，盐类之间的相互作用也影响硫酸钠的溶解度。在氯化钠饱和条件下，芒硝在 18℃时便脱水成为无水芒硝，使得芒硝和无水芒硝之间的相互转化更为频繁。盐渍土中，芒硝和无水芒硝晶体都是不稳定的，芒硝可以脱水为无水芒硝，无水芒硝也可以潮解为芒硝，它们随着环境条件的改变而相互转化。正是这种相互转化使得土壤结构松散，体积膨胀，对基础产生盐胀影响。

（三）腐蚀性

相比于盐渍土的溶陷性和盐胀性，盐渍土的腐蚀性对于线路基础的危害程度要远大于前两种特性，因此，输电线路塔基盐渍土防护的重点在于防腐蚀处理措施。

1. 腐蚀的分类及影响因素

(1) 腐蚀分类。

按受腐蚀的材质来分，主要分为两大类：盐对水泥及水泥制品的腐蚀和盐对钢筋的腐蚀。

按盐的种类区分，主要分为氯盐及硫酸盐的腐蚀。氯盐的主要腐蚀对象是钢筋，硫酸盐主要的腐蚀对象是混凝土。室内实验研究表明，如果在硫酸盐为主的环境中还有大量的氯离子和镁离子，会大大加重、加速混凝土的腐蚀破坏。新疆、甘肃地区的盐渍土多数以两种盐分的混合形式存在，所以腐蚀机理极其复杂。

按腐蚀机理来分，一类是化学腐蚀，一类是物理腐蚀。化学腐蚀即土中的盐与钢筋发生反应而引起的破坏作用，此类盐多以氯（亚氯）盐为主；物理腐蚀又叫结晶腐蚀，主要是硫酸盐在混凝土内结晶膨胀造成混凝土材料破坏。

（2）腐蚀的影响因素。

土的腐蚀性取决于多种因素，主要可归纳为以下几方面：

1）土的组成与性质。由于土的成分与形成过程不同，土的性质与分类千差万别，因而其腐蚀性也各有不同。

2）土中的含水量。土中水的存在与多少，往往是腐蚀与否及腐蚀强度判定的重要特征。水作为介质，是金属腐蚀的必要条件。土中的腐蚀成分是在有水的条件下才能较为顺利的渗入材料内部并产生相互作用。尤其在水线或水位变化区域，常处于干湿交替条件下，其腐蚀危害更为严重。这是由于当结构物处于干湿交替条件下时，水和氧的供给都很充分，一旦形成腐蚀电池，则腐蚀速度将会非常迅速。当结构物完全浸泡在水中时，因为氧在水中的溶解量远远低于大气中的氧含量，即使在盐水中，混凝土中的钢筋腐蚀也会很缓慢；当结构处于比较干燥环境中时，尽管空气中有充足的氧，但由于缺水，混凝土中的钢筋腐蚀是非常缓慢甚至不腐蚀，所以结构物整体或部分处于干湿交替的部位，腐蚀最严重。

3）土中含气量与含氧量。气体或氧气在土壤中的存在和数量，也是腐蚀产生与发展快慢的必要条件，凡是透气性好、含氧量高的土，其腐蚀性也强。氧气参与金属的电化学腐蚀过程，有时起着主导作用，氧也会促使非金属的老化。

4）土的电导率。土的电导率是腐蚀性的重要综合指标。电导率与土的成分、含水量、含盐量等密切相关，一般电导率越高，表明腐蚀性越强。

2. 腐蚀机理

导致混凝土的腐蚀性破坏原因很多，根据输电线路工程特点，主要讨论硫酸盐对混凝土和氯盐对钢筋的腐蚀破坏机理。

（1）硫酸盐对混凝土的腐蚀性破坏。

硫酸盐对混凝土的腐蚀性主要有物理性和化学性腐蚀两个方面：硫酸盐的物理结晶破坏和化学腐蚀。

1）硫酸盐的物理结晶破坏。混凝土是多孔材料，所有易溶盐吸湿后都能渗入不密实的混凝土孔隙，在一定的湿度和温度下转化为体积膨胀的结晶水化物，这是盐侵蚀的一大特点。

2）环境水对普通硅酸盐水泥的化学腐蚀。当环境水中含有硫酸盐时，如硫酸钠（$Na_2SO_4$）、硫酸钙（$CaSO_4$）、硫酸镁（$MgSO_4$）等，水中的硫酸钠与普通硅酸盐水泥石中的碱性固态游离石灰质及水化铝酸钙发生化学反应，生成石膏和硫铝酸钙，产生体积膨胀，使混凝土产生破坏。混凝土基础的腐蚀性破坏如图 22-3 所示。

（2）氯盐对混凝土中钢筋的腐蚀性破坏。

氯离子进入混凝土有两个来源：一种是在搅拌、浇注时掺入的，如加入氯化钙、氯化钠等氯化物速凝剂、早强剂及抗冻剂。另一种是在凝结硬化后由外界通过扩散渗入的。

## 四、盐渍土含盐类型和含盐量对土的物理力学性质的影响

### （一）对土的物理性质的影响

（1）氯盐渍土的含氯量越高，液限、塑限和塑性指数越低，可塑性越低。资料表明，氯盐渍土的液限要比非盐渍土低 2%～3%，塑限小 1%～2%。

图 22-3 混凝土基础的腐蚀性破坏

(2) 氯盐渍土由于氯盐晶粒充填了土颗粒间的空隙，一般能使土的孔隙比降低，土的密度、干密度提高。但硫酸盐渍土由于 $Na_2SO_4$ 的含量较多，$Na_2SO_4$ 在 32.4℃以上时为无水芒硝，体积较小；当温度下降到 32.4℃时吸水后变成芒硝（$Na_2SO_4 \cdot 10H_2O$）使体积变大；经反复作用后使土体变松，孔隙比增大，密度减小。

(二) 对土的力学性质的影响

(1) 盐渍土的含盐量对抗剪强度影响较大，当土中含有少量盐分、在一定含水量时，使内聚力减小，内摩擦角降低；但当盐分增加到一定程度后，由于盐分结晶，使内聚力和内摩擦角增大。所以，当盐渍土的含水量较低且含盐量较高时，土的抗剪强度就较高，反之就较低。三轴试验表明，盐渍土土样的垂直应变达到 5%的破坏标准和达到 10%的破坏标准时的抗剪强度相差较大：10%破坏标准的抗剪强度要比 5%破坏标准小 20%左右。浸水对内聚力影响较大，而对内摩擦角影响不大。

(2) 由于盐渍土具有较高的结构强度，当压力小于结构强度时，盐渍土几乎不产生变形，但浸水后，盐类等胶结物软化或溶解，模量有显著降低，强度也随之降低。

(3) 氯盐渍土的力学强度与总含盐量有关，总的趋势是总含盐量增大，强度随之增大。当总含盐量在 10%范围内时，载荷试验比例界限（$P_0$）变化不大，超过 10%后 $P_0$ 有明显提高。原因是土中氯盐含量超过临界溶解含盐量时，以晶体状态析出，同时对土粒产生胶结作用，使土的强度提高。相反，氯盐含量小于临界溶解含盐量时，则以离子状态存在于土中，此时对土均强度影响不太明显。

硫酸盐渍土的总含盐量对强度的影响与氯盐渍土相反，即盐渍土的强度随总含盐量增加而减小。原因是由于硫酸盐渍土具有盐胀性和膨胀性。资料表明，当总含盐量为 1%～2%时，即对载荷试验比例界限（$P_0$）产生较明显的影响，且 $P_0$ 随总含盐量的增加而很快降低；当急含盐量超过 2.5%时，其降低速度逐渐变慢；当总含盐量等于 12%时，可使 $P_0$ 降低到非盐渍土的一半左右。

## 第二节 勘 测 方 法

输电线路盐渍土地区的岩土工程勘测工作，与一般地基土的勘测方法、步骤和勘测手段基本上相同，但是由于盐渍土具有特殊的工程性能，除满足现行 GB 50021《岩土工程勘察规范》的规定外，尚应满足现行 GB/T 50942《盐渍土地区建筑技术规范》的规定。

### 一、资料收集

(1) 区域地质、地形地貌、第四纪地质、水文地质、区域遥感图像及既有判释资料。

(2) 气温、地温、湿度、降水、蒸发、风以及土的最大冻结深度及其初终期、干燥度等主要气象资料。

(3) 水文及水利工程方面的资料。因水库、渠道漏水，排灌不当或用高矿化度水灌溉等所引起的次生盐渍化情况。

(4) 沿线既有道路、房屋及其他建筑物的使用情况、防护措施及效果。

(5) 配合有关专业了解隔断层材料的来源、产地、储量和质量。毛细水隔断层可采用的类型：①渗水土隔断层；②天然级配的卵、砾石隔断层；③沥青胶砂及沥青砂板隔断层；④土工布隔断层；⑤玻璃钢纤维隔断层；⑥整体花岗岩基础。

## 二、工程地质调查与测绘

盐渍土地区的工程地质调查与测绘，其目的在于查明场地及其邻近地段盐渍土分布的地貌、地质特征，为勘测工作量的布置提供依据。

工程地质调查与测绘一般是根据工程的总体需求进行的。通常情况下，对于地质单元较多、工程地质条件复杂的场地，需要调查和测绘的精度较高，而对于场地简单、工程地质条件单一的区段，调查和测绘的精度可较前者略低。

在可行性研究阶段可选用 1∶5000～1∶50000 的比例尺，初步设计阶段可选用 1∶2000～1∶10000 的比例尺。对工程有特殊意义的地段（有不良地质现象发育的地段、盐渍化严重的地段、盐湖区等），调绘比例尺可根据需要适当放大。

工程地质测绘应包括下列内容：

(1) 调查盐渍土形成的地形地貌条件，盐渍土的水平分布与地貌形态之间的关系。

(2) 调查盐渍土的成因类型，土质成分、结构特征、含盐成分及程度、盐渍特点及季节迁移规律。

(3) 区内指示性植物的种类、分布规律等。

(4) 调查地表水的分布状况、径流和排泄条件，其在不同季节与地下水的补给关系。根据气候和地表水体的变迁、地下水位升降、植物演变、地表盐分迁移等特点，判断盐渍土的发展趋势。

(5) 调查已有建筑物的变形及损坏情况。

盐渍土地区的调查测绘，宜选择在对塔（地）基最不利的季节，如在最潮湿的季节测定含水量，在最干旱的季节（盐分积聚旺盛）测定含盐量。

## 三、水文地质调查

应查明盐渍土形成的水文地质条件、动态变化规律，为引排地下水及其他工程处理措施提供依据。

水文地质调查应包括下列内容：

(1) 地下水的补给、径流、排泄条件，地表水与地下水的补给关系。

(2) 不同地貌单元地下水的赋存条件、水化学成分及其与上部土层盐渍化的关系。

(3) 地下水位季节变化幅度和逐年变化趋势。

(4) 农田水利工程的渗漏、退水、排水及有关水库、河湖的水位变化对附近地下水位的影响。

(5) 地下水的开发利用所引起的生态问题。

(6) 当采用排水疏干、降低地下水位的措施时，查明地下水的流向、流速或渗透系数。

## 四、勘探与原位测试

盐渍土地区的勘探，应符合下列要求：

(1) 输电线路盐渍土地区勘探方法应以井探、钻探为主，配合以小钻孔勘探（洛阳铲、螺纹钻）。

(2) 勘探点的深度，勘探深度应根据盐渍土层的厚度、基础类型及设计要求、铁塔荷载大小与重要性及地下水位等因素确定，一般以揭穿盐渍土层或地下水位以下 2～3m 为宜，必要时还应加深。

应根据工程需要采用合理的室内试验，原位测试宜包括标准贯入、动力触探、波速试验等。

## 五、取样与分析

（一）取样

盐渍土工程试验项目应根据勘测阶段和工程类型合理选择，且试样的采取宜在干燥的条件下进行。采取土试样应具代表性，做盐渍土分析的扰动土样，均质土每个应不少于0.5kg；非均质土每个应不少于1kg，做其他项目的扰动或原状土样数量，应根据现行国家标准GB/T 50123《土工试验方法标准》。有关规定执行。受地下水及地表水影响路径区段应取代表性地表水及地下水进行水质分析，用苦水（高矿化度水）灌溉地区，必须作苦水的水质分析。

（1）做物理力学性质试验的土样，应按常规方法采取；原状土样应及时蜡封，严防扰动。

（2）测定盐渍土含盐量的土样应沿垂直剖面分段间隔采集，取样间距为：在深度小于5.0m时，应为0.5m；在深度为5.0～10.0m时，应为1.0m；在深度大于10.0m时，应为2.0m。

（3）对于难以采取原状土样的地层以及有特殊要求的塔位，可进行现场浸水试验，确定盐渍土的溶陷性。

（4）试坑中取样，必须随挖随取，按上述规定的深度，于试坑壁等量刮取或用犁沟法（沿试坑壁分段挖槽）铲取。

（5）杆塔地基填料试验的土样，应在该填料的取土点采取，取样深度至少与取土坑设计深度相同。

（二）分析

1. 土样分析项目

盐渍土土样分析项目应包括：易溶盐含量（DS）、酸碱度（PH）、主要离子$CO_3^{2-}$、$HCO_3^-$、$Cl^-$、$SO_4^{2-}$、$Ca^{2+}$、$Mg^{2+}$、$(Na^+ + K^+)$，试验方法按现行国家标准《土工试验方法标准》（GB/T 50123）执行。

2. 水样分析项目及要求

（1）分析项目，总矿化度、总碱度、酸碱度、主要离子$CO_3^{2-}$、$HCO_3^-$、$Cl^-$、$SO_4^{2-}$、$Ca^{2+}$、$Mg^{2+}$、$(Na^+ + K^+)$，游离$CO_2$、侵蚀性$CO_2$、蒸发残渣等。试验方法按现行国家标准《土工试验方法标准》（GB/T 50123）执行。

（2）水样取样数量应不少于1kg，用玻璃瓶、耐酸碱塑料瓶（或桶）装。测定侵蚀性$CO_2$的水样，应另取一瓶约0.5kg的水样，加入3～5g大理石粉（$CaCO_3$），密封瓶口，并振荡2～3min，以后每天不定时的振荡，3天后再进行分析。

## 六、各勘测阶段要求

（一）可行性研究阶段

可行性研究阶段应通过现场踏勘，工程地质调查和测绘，收集有关自然条件、盐渍土危害程度与治理经验等资料，初步查明盐渍土的发布范围、盐渍化程度及其变化规律，评估其对输电线路工程可能产生的影响，合理选择输电线路工程的路径方案。

（1）选线一般要符合下列要求：

1）线路路径应尽量避让强、超盐渍土地带，特别是硫酸盐渍土、碱性盐渍土发育地段及盐沼地带。

2）线路路径宜避让低洼汇水、地下水位高、地下水位升降活动强烈、地表干湿交替频繁、水质矿化度高的地段。

3）线路路径宜选择在地势较高、排水条件好、土中含盐量低及盐渍土分布范围小的部位。

（2）勘测应包括下列内容：

1）收集和研究线路通过地区的区域地质、地形地貌、水文地质、遥感图像、气象、盐渍土及其工程特性的资料。

2）对收集到的资料进行分析研究，了解盐渍土分布范围、严重程度、地下水的埋藏条件等，拟定研究重点、踏勘路线及要解决的问题。

3）必要时应辅以少量的勘探和取样试验，并调查盐渍土随季节变化情况。

（3）资料编制内容：本阶段岩土工程勘测报告，应阐明盐渍土分布、成因及其工程性质的概况，以及对各输电线路方案的影响，提出方案比选意见，评价控制输电线路方案的盐渍土地段的岩土工程条件，对下一阶段需要进行进一步的工作提出建议等。

（二）初步设计阶段

本阶段勘测应通过详细的地形地貌、植被、水文、气象、地质、盐渍土病害等的调查，配合必要的勘探、现场测试、室内试验，初步查明线路经过地区盐渍土的类型、盐渍化程度、分布规律及对输电线路路径方案的影响，提出盐渍土地基设计参数、地基处理和防护的初步方案。

（1）初步设计阶段勘测应满足下列要求：

1）除满足一般地区勘测要求外，勘探点的数量和深度应结合盐渍土形成的地质条件、工程类别、方案比选的复杂程度而定。输电线路的转角塔、耐张塔、终端塔、跨越塔及其他设计有特殊要求的塔位分布地段应重点勘探。

2）代表性的勘探点，应综合考虑线路长度、盐渍土的类型、复杂程度结合地貌单元进行布置，数量应满足架空线路工程的勘测要求和盐渍土区段划分的要求。

（2）勘测内容除满足一般地区勘测要求外，尚应包括下列内容：

1）分析研究可行性研究阶段的资料，进一步收集有关盐渍土的工程资料。

2）利用收集的已有工程资料，进一步查明盐渍土的含盐程度、含盐类型，范围大小等。

3）查明人类工程活动引起的渗漏情况，分析输电线路工程区域内盐渍土的形成条件。

4）查明盐渍土的成因类型、发育程度、盐分积聚特点及分布规律等。若在雨季勘测，应注意调查旱季地表泛盐情况。

5）查明盐渍土地区的最高地下水位（冻土区为冻前地下水最高稳定水位）及其年变化幅度和规律，地表水与地下水的补给关系，地下水流向，分析排除地表水和降低地下水位的可能条件。

6）通过指示植物的覆盖度，初步查明盐渍土的分布范围和发育程度。

7）查明土层中毛细水强烈上升高度、最大冻结深度、有害冻胀深度和蒸发强烈影响深度。

8）调查盐渍土地区既有建筑物如道路、房屋的使用情况，建筑材料被腐蚀程度及有关处理措施与效果。

9）滨海盐渍土地区，必要时应查明咸水区的分布范围。

（3）资料编制应包括下列内容：

1）岩土工程勘测报告，应阐明盐渍土地区的区域地质条件、盐渍土成因、主要物理力学指标、分布规律、发展趋势及其对各线路方案影响的评价，并提出地基处理和防护的初步方案；盐渍土地区既有厂矿、水利工程等对输电线路工程影响的评价及建议采取的工程措施。

2）必要时，绘制沿线盐渍土分布区工程地质图（比例尺 1：10000～1：200000），图中应填绘盐渍土范围界线，有关图例符号，并辅以文字说明或以图例表示于平面图相应地段。较大范围的内陆盆地盐渍土或冲积平原盐渍土地区输电线路方案较多时，应有说明各线路方案特征的代表性地质示意剖面图和各类盐渍土的范围界线。

3）沿线工程地质条件应按地貌单元结合盐渍土类型分段编写。其内容应包括：地形地貌、地层岩性、盐渍土类型、地下水特征、强超盐渍土的厚度以及建议采取的工程措施等。

（三）施工图设计阶段

盐渍土地区输电线路工程施工图设计阶段岩土工程勘测，本阶段勘测的主要目的是详细查明杆塔位盐渍土的含盐量、含盐性质、分布规律、盐渍土厚度、变化趋势等，并根据各塔基地基盐渍土的类型及特点，进行岩土工程分析评价，且提出地基综合处置方案。

（1）勘测应满足下列要求：

1）除满足一般地区勘测要求外，勘探、测试应结合基础类型和埋深按不同盐渍土地段布置，并取样做盐渍土化学成分分析及物理力学性质等方面的试验。必要时硫酸盐渍土做低温膨胀试验，碱性盐渍土做湿化试验。

2）盐渍土地段应取地下水及地表水作水质分析。

（2）盐渍土地段的塔位选择，应符合下列要求：

1）山前倾斜平原区，当输电线路工程通过山前倾斜平原前缘时，铁塔位置宜选择在灌丛沙堆与盐渍土的过渡地带。

2）山前盆地区，应充分利用有利的微地形条件，结合盐渍土的类型，把铁塔位置选择在地面较高、盐渍程度较轻的地段。

3）河谷区，塔位宜选择在有利于排水且地下水位较深的一侧。

4）平原区，塔位直接绕避积水洼地、水库、背河洼地（地上悬河两岸之洼地）等受地表水危害和地下水位较高的地段。

5）滨海（湖）区，塔位置宜绕避盐田、咸水区、虾池、鱼塘等；在软土和盐渍土共生地段，应在满足选线要求的同时，一并考虑对盐渍土的处理。

6）不宜在地势低洼的汇水地段、地下水位在基础埋置深度附件升降活动地带、地表干湿交替频繁地段、盐渍土对金属及混凝土具有强烈腐蚀地段、盐胀与溶陷发育地段设立塔位。

（3）除满足一般地区勘测要求外，尚应包括下列内容：

1）明确盐渍土的分布范围、分类特点及分布规律、季节性变化规律，特别是强、超盐渍土的分布范围和厚度。

2）明确盐渍土的物理、化学、力学性质，提供设计所需的参数及建议采取的工程措施。

3）逐基提供地下水位及其变化幅度和地表水的积聚、淹没等情况，提出相应的工程措施建议。

（4）资料编制应包括下列内容：

1）本阶段岩土工程勘测报告，需阐明沿线盐渍土及地下水的分布特征，提供盐渍土的工程特性，主要物理力学指标，建议采取的工程措施和保护环境的意见。

2）必要时编制工程地质柱状图。

## 第三节　评价方法及要求

### 一、岩土工程评价的准则

盐渍土的岩土工程评价应根据勘测季节代表性，分别评价盐渍土的腐蚀性、溶陷性和盐胀性，并应提出工程防治措施。必要时尚应分析评价利用当地砂石及水源的适宜性和可行性。

### 二、腐蚀性评价

（1）盐渍土对塔基的腐蚀性，可分为强腐蚀性、中腐蚀性、弱腐蚀性和微腐蚀性四个等级。具体的判定应符合现行的国家规范相关规定。

（2）当环境土层为弱盐渍土、土体含水量小于3%且工程处于A类使用环境条件时，可初步认定工程场地及其附近的土为弱腐蚀性，可不进行腐蚀性评价（可直接认定为弱腐蚀性）。

（3）土对钢结构、水和土对钢筋混凝土结构中钢筋、水和土对混凝土结构的腐蚀性评价应符合现行国家标准GB 50021《岩土工程勘察规范》的规定。

（4）水和土对砌体结构、水泥和石灰的腐蚀性评价应符合现行国家标准GB/T 50942《盐渍土地区建筑技术规范》的规定。

(5) 同时具备弱透水性土、无干湿交替、不冻区段三个条件时，盐渍土的腐蚀性可降低一级。

(6) 水土对杆塔基础腐蚀的防护，应符合现行国家标准 GB 50046《工业建筑防腐蚀设计规范》的规定。

## 三、溶陷性评价

根据资料，只有干燥和稍湿的盐渍土才具有溶陷性，且大都为自重溶陷性，土的自重压力一般均超过起始溶陷压力。当符合下列条件之一的盐渍土地基，可初步判定为非溶陷性或不考虑溶陷性对输电线路杆塔的影响：①当碎石盐渍土、砂土盐渍土以及粉土盐渍土的湿度为饱和，黏性盐渍土状态为软塑—流塑，且工程的使用环境条件不变时，可不考虑溶陷性对输电线路杆塔的影响。②碎石类盐渍土中洗盐后粒径大于 2mm 的颗粒超过全质量的 70%时，可判定为非溶陷性土。

当需进一步判定溶陷性时，应根据现场土体类型、场地复杂程度、工程重要性等级，采用 GB/T 50942《盐渍土地区建筑技术规范》规定的方法测定盐渍土的溶陷系数 $\delta$ 值进行评价。

(1) 当溶陷系数大于或等于 0.01 时，应判定为溶陷性盐渍土。根据溶陷系数的大小可将盐渍土的溶陷程度分为下列三类：

1) 当 $0.01 < \delta_{rx} \leqslant 0.03$ 时，溶陷性轻微；

2) 当 $0.03 < \delta_{rx} \leqslant 0.05$ 时，溶陷性中等；

3) 当 $\delta_{rx} > 0.05$ 时，溶陷性强。

(2) 盐渍土地基的总溶陷量（$s_{rx}$）除可按液体排开法测定盐渍土溶陷系数直接测定外，也可按式 (22-2) 计算：

$$s_{rx} = \sum_{i=1}^{n} \delta_{rxi} h_i (i = 1, \cdots, n) \tag{22-2}$$

式中　$s_{rx}$——盐渍土地基的总溶陷量计算值，mm；

$\delta_{rxi}$——室内试验测定的第 $i$ 层土的溶陷系数；

$h_i$——第 $i$ 层土的厚度，mm；

$n$——基础底面以下可能产生溶陷的土层层数。

(3) 盐渍土地基的溶陷等级分为三级，Ⅰ级为弱溶陷，Ⅱ级为中溶陷，Ⅲ级为强溶陷。溶陷等级的确定应符合表 22-4 的规定：

**表 22-4　盐渍土地基的溶陷等级**

| 溶陷等级 | 总溶陷量 $s_{rx}$（mm） |
|---|---|
| Ⅰ级弱溶陷 | $70 < s_{rx} \leqslant 150$ |
| Ⅱ级中溶陷 | $150 < s_{rx} \leqslant 400$ |
| Ⅲ级强溶陷 | $s_{rx} > 400$ |

(4) 各类盐渍土场地的溶陷性均应根据地基的溶陷等级，结合场地的使用环境条件（A 或 B）作出综合评价。根据大量科研及工程试验表明，盐渍土的溶陷性一般处于地表 2-3m 范围内，对于线路基础的影响轻微，当换土部分的填土，应用非溶陷性的土层分层夯实，并控制夯实后的干密度，符合规范要求后可不考虑溶陷性影响。

## 四、盐胀性评价

盐渍土的盐胀性主要是由于硫酸钠结晶吸水后，体积膨胀造成的。盐胀性宜根据现场试验测定有效盐胀厚度和总盐胀量确定。

(1) 盐渍土地基中硫酸钠含量小于 1%，且使用环境条件不变时，可不考虑盐胀性对输电线路杆塔的影响。

(2) 当初步判定为盐胀性土时，应根据现场土体类型、场地复杂程度、工程重要性等级，宜采用GB/T 50942《盐渍土地区建筑技术规范》规定的试验方法测定盐胀性。

(3) 盐渍土的盐胀性，可根据盐胀系数（$\delta_{yz}$）的大小和硫酸钠含量按表22-5分类：

表22-5 盐渍土盐胀性分类

| 指标 | 非盐胀性 | 弱盐胀性 | 中盐胀性 | 强盐胀性 |
|---|---|---|---|---|
| 盐胀系数 $\delta_{yz}$ | $\delta_{yz} \leqslant 0.01$ | $0.01 < \delta_{yz} \leqslant 0.02$ | $0.02 < \delta_{yz} \leqslant 0.04$ | $\delta_{yz} > 0.04$ |
| 硫酸钠含量 $C_{ssn}$（%） | $C_{ssn} \leqslant 0.5$ | $0.5 < C_{ssn} \leqslant 1.2$ | $1.2 < C_{ssn} \leqslant 2$ | $C_{ssn} > 2$ |

注 当盐胀系数和硫酸钠含量两个指标判断的盐胀性不一致时，应以硫酸钠含量为主。

(4) 盐渍土地基的总盐胀量除可按现行国家标准GB/T 50942《盐渍土地区建筑技术规范》的附录E直接测定外，也可按式（22-3）计算：

$$s_{yz} = \sum_{i=1}^{n} \delta_{yxi} h_i \ (i = 1, \cdots, n) \tag{22-3}$$

式中 $s_{yz}$——盐渍土地基的总盐胀量计算值，mm；

$\delta_{yxi}$——室内试验测定的第 $i$ 层土的盐胀系数；

$n$——基础底面以下可能产生盐胀的土层层数。

(5) 盐渍土地基的盐胀等级分为三级，Ⅰ级为弱盐胀，Ⅱ级为中盐胀，Ⅲ级为强盐胀。盐胀等级的确定可参考22-6。

表22-6 盐渍土地基的盐胀等级

| 盐胀等级 | 总盐胀量 $s_{yz}$（mm） |
|---|---|
| Ⅰ级弱盐胀 | $30 < s_{yz} \leqslant 70$ |
| Ⅱ级中盐胀 | $70 < s_{yz} \leqslant 150$ |
| Ⅲ级强盐胀 | $s_{yz} > 150$ |

(6) 各类盐渍土场地的盐胀性均应根据地基的盐胀等级，结合场地的使用环境条件（A或B）作出综合评价。

(7) 盐渍土的盐胀性主要因温度或湿度变化而产生的体积变化及由其引起的地基变形，主要是由于硫酸钠结晶吸水后体积膨胀造成的，一般在地面3m以下大气影响作用较弱。对于线路基础来说可不考虑盐胀性影响。

### 五、承载力评价

盐渍土在干燥状态下，强度高、承载力较大，但在浸水状态下，强度和承载力迅速降低，压缩性增大；土的含盐量越高，水对强度和承载力的影响越大；粗颗粒盐渍土地区基础设计可以适当考虑盐分胶结作用对基础抗拔承载力的提高作用。输电线路工程中盐渍土的承载力可结合当地的工程经验及勘察结果综合确定。

## 第四节 地基处理方法

由于盐渍土地区输电线路基础埋于地下，常年与含盐量较高的土壤或者水接触，硫酸根离子和氯离子会慢慢侵入基础内部，使得混凝土发生腐蚀破坏，直至失去承载力，严重威胁到整个线路的安全运行。硫酸盐和氯盐对钢筋混凝土的腐蚀破坏机理如下。

硫酸盐的破坏机理主要有两类：①含有一定硫酸盐的环境水，在混凝土毛细管的虹吸作用下，被吸入混凝土体中，混凝土暴露在大气中，蒸发了传递水分，将盐分浓缩析出，残留于混凝土的表面和内部，呈现白迹、白霜，使混凝土遭受硫酸盐结晶时产生的膨胀力，导致混凝土从表层开始破坏，使混凝土强度降低，最后可能导致完全破坏；②当环境水（地下水和地表水）中含有硫酸盐时，如硫酸钠、硫酸钙、硫酸镁等，水中的硫酸钠与普通硅酸盐水泥石中的碱性固态游离石灰质及水化铝酸钙发生化学反应，生成石膏和硫铝酸钙，产生体积膨胀，使混凝土产生破坏。

氯盐的破坏机理主要过程：氯盐通过外界介质渗入到钢筋混凝土内部→在钢筋表面氯离子引起宏电池腐蚀发生→腐蚀产物膨胀在混凝土中产生拉应力→混凝土中的拉应力导致开裂剥落。

## 一、地基处理的基本原则

（1）盐渍土地基的处理应根据土的含盐类型、含盐量和环境条件等因素选择地基处理方法和抗腐蚀能力强的建筑材料。

（2）所选择的地基处理方法应在有利于消除或减轻盐渍土溶陷性和盐胀性对建（构）筑物的危害的同时，提高地基承载力和减少基地变形。

（3）选择溶陷性和盐胀性盐渍土地基的处理方案时，应根据水环境变化和大气环境变化对处理方案的影响，采取有效的防范措施。

（4）采用排水固结法处理盐渍土地基时，应根据盐溶液的粘滞性和吸附性，缩短排水路径、增加排水附加应力。

（5）处理硫酸盐为主的盐渍土地基时，应采用抗硫酸盐水泥，不宜采用石灰材料；处理氯盐为主的盐渍土地基时，不宜直接采用钢筋增强材料。

（6）水泥搅拌法、注浆法、化学注浆法等在无可靠经验时，应通过试验确定其适用性。

（7）盐渍土地基处理施工完成后，应检验处理效果，判定是否能满足设计要求。

## 二、地基处理方法

盐渍土地基处理的目的，盐渍土地基处理的目的，主要在于改善土的力学性能，消除或减少地基因浸水或温度变化而引起的溶陷、盐胀和腐蚀等特性；地基土处理的原则是在已有相对成熟的盐渍土地基处理方法中，根据盐渍土的特性，参考该类盐渍土已出现的主要病害及以往的工程处治措施的实际效果，选择易于实施、对环境影响小、技术可行、经济合理、安全可靠的综合处治方案。与其他类土的地基处理目的有所不同，盐渍土地基处理的范围和厚度应根据盐渍土的性质、含盐类型、含盐量等，针对盐渍土的不同性状，对盐渍土的溶陷性、盐胀性、腐蚀性，采用不同的地基处理办法。盐渍土地基处理的常用方法见表 22-7。

**表 22-7　　以溶陷性为主盐渍土的地基处理方法**

| 处理方法 | 适合条件 | 注意事项 |
|---|---|---|
| 浸水预溶法 | 厚度不大或渗透性较好的盐渍土 | 需经现场试验确定浸水时间和预溶深度 |
| 强夯法和强夯置换法 | 地下水位以上，孔隙比较大的低塑性土 | 需经现场试验，选择最佳夯击能量和夯击参数 |
| 浸水预溶＋强夯法 | 厚度较大，渗透性较好的盐渍土，处理深度取决于预溶深度和夯击能量 | 需经试验选择最佳夯击能量和夯击参数 |
| 浸水预溶＋预压法 | 土质条件同上，处理深度取决于预溶深度和预压深度 | 需经现场试验，检验压实效果 |
| 换填垫层法 | 溶陷性较大且厚度不大的盐渍土 | 宜用灰土或易夯实的非盐渍土回填 |
| 砂石（碎石）桩法 | 粉土和粉细砂层，地下水位较高 | 振冲所用的水应采用场地内地下水或卤水，切忌一般淡水 |

引　徐攸《盐渍土的工程特性、评价及改良》。

（一）以盐胀性为主的盐渍土的地基处理

由于盐胀性大多发生在地表1～3m范围内，这种危害对线路地基和基础影响较小，只会在少数低电压等级线路发生。对于盐渍土的这种特性，可以采取一些对应的治理措施，最简单的就是机械碾压，用夯土机对盐渍土进行强力夯实，使松散的土壤变得结实，减小土壤空隙。另外还可以参照盐渍土溶陷性的治理措施，采用换土方法处理。

（二）以溶陷性为主的盐渍土的地基处理方法

盐渍土的溶陷深度一般在地表2～3m以内，这个范围内的溶陷系数较大，会对基础的地基承载力造成一定的影响。但是，大部分输电线路的大开挖基础的埋深都在2m以下，因此溶陷性的危害程度对于线路基础不是很大，只是对于少数低电压等级线路和特殊地段的高电压等级线路，需要进行特殊处理。根据输电线路工程的工程特点，一般常用的地基处理方法有两种。

(1) 换填垫层法。换填垫层法即把盐渍土层挖除，如果盐渍土较薄，可全部挖除，然后回填不含盐的砂石，灰土等替换盐渍土层，分层压实。这样就可消除部分或完全消除盐渍土地基的溶陷性，减小地基的变形，提高地基的承载力。换填垫层适宜于具有盐胀型和溶陷性土层的地基处理。

1) 垫层材料的选择应符合下列要求：①砂石。宜选用碎石、卵石、角砾、圆砾等粗颗粒砂料，不含植物残体、垃圾等杂质；②建筑垃圾。宜选用碎砖、碎混凝土块、废弃的碎石、卵石、角砾、圆砾等粗颗粒建筑用砂料，不含植物残体、垃圾等杂质。

2) 垫层厚度的确定应根据需要置换的盐渍土的盐胀量、溶陷量及深度来确定：①强盐胀、强溶陷的地基土换填厚度一般不小于2.0m；②中盐胀、中溶陷的地基土换填厚度一般不小于1.5m；③弱盐胀、弱溶陷的地基土换填厚度一般不小于1.0m。

换填垫层法主要用来处理溶陷系数较高，但不是很厚的盐渍土地基。对于盐渍土层较厚的地基，采用此种方法造价太高，不经济。

(2) 裹体桩加固法。裹体灌注桩技术是在施工时利用“裹体法”（裹体法即在成孔后、入钢筋笼前将防腐布袋下入桩孔，然后向布袋中放入钢筋笼、灌注混凝土）对桩体混凝土外部包裹，可以有效隔离盐渍土以及地下水与桩身混凝土接触，从而解决腐蚀性土壤对桩体混凝土材料的化学破坏，提高地基承载力。裹体碎石桩的施工工艺与碎石桩的施工工艺有相同之处，即两种工艺均是采用碎石改善地基土的性质，但裹体碎石桩的原理及施工工艺又不尽相同，可谓是碎石桩的发展改进，是一种新工艺。

裹体碎石桩施工是采用螺旋钻成孔或者振动沉管钻机成孔，减少了对桩周土的扰动，同时碎石是装在聚丙烯合成的耐刺、耐剪、抗拉、抗酸碱的土工布而制成的袋内，用此包裹在孔内形成的长柱状，增加了桩周土的围限力，增加了垂直抗压应力。成桩后铺设褥垫层，使桩、土应力分配更合理，可减少基础下应力的集中，使地基土的综合承载力大大提高。袋装碎石桩成桩采用螺旋钻成孔不对桩间土形成挤压作用，维持地基土的原来的结构，采用土工布提高了桩体材料的内摩擦角和桩周土的径向支持力，则能取得较高的复合地基承载能力。

防水的土工复合材料布袋是防腐蚀裹体混凝土灌注桩关键技术，经过大量的试验和实践，选用“二布一膜”复合土工布（膜）产品，土工膜置于两布之间，垂直渗透系数很小起到隔水作用，两层土工布起到加强和保护作用，用热复合方式加工成一体。两布材质是用丙纶（聚丙烯）材料的高强长丝机织土工布，隔水膜是用高密度聚乙烯（HDPE膜）材料，按照设计规格加工成土工布袋。复合土工布抗老化性能好，埋入地下不接触紫外线，使用寿命很长；具有耐水压、耐腐蚀、强度高、耐磨损、耐低温、无毒性、防渗性能高；高强长丝机织土工布袋是灌注桩的外壁，它与土的摩擦系数大于混凝土与土的摩擦系数，有利于提高桩壁的摩阻力。

裹体灌注桩技术工艺工期短、施工成桩效率高、施工周期短、对周围已建成的建（构）筑物影响小，并能保证成桩质量，经济效益显著。达到了因地制宜、节约资源和保护环境的目的。裹体碎石桩复合地基处理方案综合经济效益十分明显在解决盐渍土地区混凝土桩防腐问题的同时有效地降低防腐混凝土灌注桩的造价，且强度满足工程要求，适用于有防腐要求的混凝土桩施工，尤其是在盐渍土地基中应用。

裹体灌注桩施工工艺如图 22-4～图 22-7 所示。

图 22-4　裹体灌注桩成孔图

图 22-5　裹体灌注桩下袋下料

图 22-6　裹体灌注桩下袋下料

图 22-7　裹体灌注桩成桩

（三）防腐蚀处理措施

盐渍土的腐蚀主要是盐溶液对建筑材料的侵入造成的，所以采取隔断盐溶液的侵入或增加建筑材料的密度等措施，可以防护或减小盐渍土对建筑材料的腐蚀性。GB 50046《工业建筑防腐蚀设计规范》提出的防护措施，可以参照使用。对于盐渍土地区输电线路基础的防腐的主要关键点就是耐久性设计，而防腐设计的本质依靠混凝土本身良好的配合比设计、合理的构造措施、外防护措施、防水设计和裂缝控制等处理措施来提高其耐久性。

近几年国内盐渍土地区输电线路工程采用的主要防腐蚀处理措施有以下几种。

1. 混凝土配合比

混凝土材料的配合比设计，实际上就是如何合理地调配混凝土，通过调整混凝土的胶凝材料组成、水胶比或采用防腐性外加剂增强混凝土自身的抗侵蚀性能。这些在耐久性和防腐设计的国标、行业以及施工标准中都有明确的要求。归纳各规范的规定，单从混凝土配合比设计方面来讲，如何提高混凝土的耐盐渍土侵蚀性的措施：采用合适的水泥品种、适当提高混凝土强度等级、添加适量的矿物掺合料和混凝土外加剂、减小水灰比。

（1）钢筋混凝土的混凝土强度不应低于C20；毛石混凝土和素混凝土的强度不应低于C15，预制钢筋混凝土桩的混凝土强度不宜低于C35。

（2）混凝土的最大水灰比和最少水泥用量可参考表22-8。

（3）对混凝土强度为C25、C30、C35的基础和桩基础，混凝土保护层不应小于50mm。

**表22-8　　混凝土最大水灰比和最少水泥用量**

| 项　目 | 钢筋混凝土 | 预应力混凝土 |
|---|---|---|
| 最大水灰比 | 0.55 | 0.45 |
| 最少水泥用量（$kg/m^3$） | 300 | 350 |

2. 混凝土添加剂

混凝土添加剂是能明显改善混凝土的物理化学性能，提高混凝土的强度、耐久性、节约水泥用量，缩小构筑物尺寸，从而达到节约能耗、改善环境社会效益的一类物质。防腐蚀混凝土添加剂是通过优化混凝土配合比、改性混凝土内部结构对毛细渗透的影响；设计出低孔隙比混凝土，通过添加改性材料形成憎水、封闭的毛细孔道，形成后期自密实的微观结构，从而提高混凝土抗腐蚀能力的一种防腐蚀方法。

3. 外防护涂料防腐

防腐涂料作为一种改善混凝土表面特性的化学产品广泛应用在恶劣环境中的混凝土表层，主要提高其耐物理损耗和耐化学侵蚀性，其主要目的在于改善混凝土的表面特性，不仅可以提高其抵抗物理损耗的能力，还能防止化学侵蚀物质轻易穿过进入混凝土的内部。

目前，用于混凝土外防护的涂层种类甚多，常见的性能优良的防腐蚀涂料有：环氧树脂类、有机硅、水泥基类、丙烯酸酯类、氟碳类、聚氨酯类、沥青类等。某±800kV线路和750kV二通道均采用了防腐性能良好的HCPE作为外防护涂料，线路运行3年多来，绝大部分的基础工作性能良好。

对基础和桩基础的表面防护可参考表22-9。

**表22-9　　基础、桩基础的表面防护**

| 腐蚀性等级 | 构件名称 | 防护要求 |
|---|---|---|
| 强腐蚀、中腐蚀 | 基础 | 底部设耐腐蚀垫层。表面涂冷底子油两遍，沥青胶泥两遍，或环氧沥青厚浆型涂料两遍 |
| | 桩基础 | 当pH值小于4.5时，桩宜采用涂料防护；当$SO_4^{2-}$腐蚀时，混凝土桩宜采用抗硫酸盐硅酸盐水泥或铝酸三钙含量不大于5%的普通硅酸盐水泥制作，当无条件采用上述材料制作时，可采用表面涂料防护，当$CL^-$腐蚀时混凝土桩宜渗入钢筋阻锈剂 |
| 弱腐蚀 | 基础 | 无须防护 |
| | 桩基础 | 无须防护 |

4. 玻璃钢外壳包裹

我国干旱、半干旱地区的土壤中多含有硫酸盐成分，若硫酸盐浓度过高，其对混凝土产生腐蚀作用使水泥水化产物丧失胶凝性，呈酥松状或糊状。对此，抗硫水泥和防腐涂料很难起到绝对的防腐蚀作用。近年来玻璃钢工艺得到广泛应用。

玻璃钢，也称玻璃纤维增强塑料，国际公认的缩写符号为GFRP或FRP，是一种品种繁多，性能各异，用途广泛的复合材料。它是由合成树脂和玻璃纤维经复合工艺，制作而成的一种功能型的新型材料。玻璃钢材料结构致密，具有良好的防腐蚀、防水性能，附着稳定，被广泛应用于工业建筑中的污水池、废液槽、管道、容器等的防腐中。玻璃钢材料具有重量轻、强度高、耐腐蚀、电绝缘性能好、传热慢、热绝缘性好、耐瞬时超高温性能好，以及容易着色，能透过电磁波等特性。玻璃钢材料防腐原理就是通过在玻璃纤维布表面涂刷环氧树脂胶料，经复合固化塑制而成隔绝空气的致密薄膜，从而达到防腐的目的。该方案结合了环氧树脂防腐性好、透水率低和玻璃纤维布变形性能好、耐老化的特点，主要具有以下几个优点：

(1) 玻璃钢具有优异的重防腐蚀性能，极强的耐酸、碱、盐、化学溶剂、油类腐蚀等都有较好的抵抗力，玻璃钢正在应用到化工防腐的各个方面，正取代碳钢、不锈钢、木材、有色金属材料。

(2) 环氧树脂对基材有良好的附着力，耐磨性强、耐冲击，整体性好、不开裂、有一定弹性。

(3) 玻璃钢产品工艺成型性好，制作成型时的一次性，更是区别于金属材料的另一个显著的特点。只要根据产品的设计，选择合适的原材料铺设方法和排列程序，就可以将玻璃钢材料和结构一次性地完成，避免了金属材料通常所需要的二次加工，从而可以大大降低产品的物质消耗，减少了人力和物力的浪费。

(4) 玻璃钢材料，还是一种节能型材料。若采用手工糊制的方法，其成型时的温度一般在室温下，或者在100℃以下进行，因此它的成型制作能耗很低。即使对于那些采用机械的成型工艺方法，例如模压、缠绕、注射、RTM、喷射、挤拉等成型方法，由于其成型温度远低于金属材料，及其他的非金属材料，因此其成型能耗可以大幅度降低。

(5) 在混凝土表面具有长期耐水浸泡、透水率低、粘接性强、耐酸碱腐蚀性强、使用寿命长。

(6) CE型环氧树脂具有耐候性强、抗紫外线、抗老化等特点，大大提高玻璃钢防护层的使用寿命。

(7) 采用手糊法连续施工可以有效地缩短工期，减少基坑暴露时间。

## 第五节 工 程 实 例

我国盐渍土地区已建的输电线路工程较多，比较典型的工程有某±800kV特高压直流输电线路工程、某750kV输电线路工程等。目前国内输电线路勘测标准、地基处理方法、杆塔基础设计等并没有做出专门的规定，各输电线路工程也都是依据相关规定及规范分别执行。以下工程实例都是基于各电力设计院在盐渍土地区输电线路工程防腐及地基处理成功的案例，值得推广借鉴。

### 一、某±800kV特高压直流输电线路工程

(一) 工程勘测方案

某±800kV特高压直流输电工程输电线路全长2193.02km，途经新疆、甘肃、宁夏、陕西、山西、河南等6个省级行政区。工程所经新疆、甘肃、宁夏境内（1～14标段，共2801基杆塔）均存在盐渍土腐蚀性地基，工程遇到的腐蚀性地基范围之广、线路之长、腐蚀等级之高在我国高压特高压线路中都是前所未有的基础防腐工程投资对工程本体投资及经济性存在着较大影响。

本阶段勘察工作在认真分析已有工程资料和路径图的基础上，采用逐基勘测的工作原则，方法包括调查、测绘、井探、钻探以及室内外试验（标准贯入试验和重型动力触探试验及取样分析）相结合的综合勘察手段，逐基查明了各塔基处地基土的盐渍性情况。对于前阶段确定存在盐渍土的杆塔采取逐基取样，取样深度控制在基础压缩层范围内。

(二) 指标评价

沿线盐渍土腐蚀介质主要为$Cl^-$、$SO_4^{2-}$，按化学成分分类主要以氯盐渍土、亚氯盐渍土为主，硫酸盐渍土，亚硫酸盐渍土次之。沿线最大含盐量为8.48%，通过各勘探点不同深度易溶盐含量的分析，仅在地表0.0～0.5m为超盐渍土或强盐渍土，0.5～3.0m为中盐渍土或弱盐渍土，3.0m以下为弱盐渍土。各塔基处$Cl^-$、$SO_4^{2-}$的含量各不相同，根据GB/T 50021《岩土工程勘察规范（2009年版）》判定沿线地基土和水对混凝土结构具强腐蚀性塔位332基，具中等腐蚀性塔位355基，具弱腐蚀性塔位1562基；地基土和水对钢筋混凝土结构中的钢筋具强腐蚀的176基，中等腐蚀的1427基，弱腐蚀的583基。

（三）工程措施方案

在以往特高压线路中，该工程遇到的腐蚀性地基范围之广、线路之长、腐蚀等级之高都是前所未有的，因此在工程的初步设计阶段就开展了多项的专题设计研究工作，并在工程施工阶段经过多次业内外专家的评审论证，结合线路工程特点制定了一套经济合理、操作简便的防腐技术方案。该方案规定了不同腐蚀等级下基础混凝土强度等级、最大水胶比、最小水泥用量、矿物掺和料含量等内防护措施，以及提出了防腐涂层外防护措施的具体要求。

（1）弱腐蚀地区基础混凝土强度等级 C30，最大水胶比 0.5，最小水泥用量 300kg/m$^3$，不再采取其他外防护措施。混凝土垫层最低强度等级 C20，最小厚度 100mm。灌注桩基础混凝土强度等级 C35，最大水胶比 0.45。

（2）中等腐蚀地区基础混凝土强度等级 C35，最大水胶比 0.4，最小水泥用量 320kg/m$^3$。开挖基础表面及其垫层顶面全部采用防腐蚀涂层进行防护；垫层混凝土最低强度等级 C25，最小厚度 100mm。掏挖基础、人工挖孔桩基础和灌注桩基础在地面以下 500mm 及地面露出部分涂刷表面防腐涂层。

（3）灌注桩基础钢筋混凝土保护层最小厚度在中腐蚀地区为 55mm，强腐蚀地区为 65mm，其他基础保护层最小厚度为 50mm。

（4）各等级混凝土均采用 42.5 普通硅酸盐水泥配制；优先使用 P·I 型硅酸盐水泥；基础表面防腐蚀涂层采用改性高氯化聚乙烯（HCPE）涂层的外防护措施进行处理；中等腐蚀地区涂层干膜厚度不小于 200μm，强腐蚀地区涂层干膜厚度不小于，300μm；中强腐蚀地区基础混凝土中需加入粉煤灰、磨细矿渣、硅灰等矿物掺合料，具体种类、品质和掺量通过试验确定，材料配比设计参见表 22-10。

**表 22-10　某工程材料配比设计参数**

| 强度等级 | 混凝土材料用量（kg/m$^3$） | | | | | | | | 坍落度（mm） | 气体体积分数（%） |
|---|---|---|---|---|---|---|---|---|---|---|
| | 水泥 | 粉煤灰 | 矿渣 | 硅灰 | 阻锈剂 | 聚羧酸高效减水剂 | 引气剂 | 水胶 | | |
| C35 | 365 | 65 | | | | 2.15 | 0.22 | 0.38 | 60～100 | 4～7 |
| C40 | 368 | 46 | 46 | | 10 | 2.3 | 0.24 | 0.35 | 60～100 | 4～7 |
| C50 | 371 | 53 | 80 | 26.5 | 10 | 2.65～4.24 | 0.27 | 0.32 | 180～220 | 4～7 |

（四）裹体灌注桩在该工程中的应用

现行国家标准 GB 50046《工业建筑防腐蚀设计规范》中规定，“强腐蚀环境中不应采用混凝土灌注桩，只能采用预制桩”，而硫酸盐强腐蚀环境下的线路工程受制于施工条件（地质条件较差的河网、沼泽等特殊地段）、交通因素仍不得不使用混凝土灌注桩。而通过采用裹体灌注桩技术，可以很好地解决这一矛盾。

按照岩土工程勘察结果，沿线局部地段塔基基础设计需同时考虑中强防腐问题和地基土地震液化问题，液化土层厚度 4.5～14.0m，均存在地震液化土和强腐蚀盐渍土。经过多方调研和总结强腐蚀和地震液化土地区基础设计和地基处理方案的业内外经验，对适合该工程的几种基础型式和地基处理方案进行比选，最终选用裹体灌注桩基础方案。该工程采用土工复合合成材料，具有高抗渗防水、高强度、耐磨损、抗腐蚀性高、使用寿命长等优点，利用“裹体法”，从外部包裹住桩体混凝土，起到隔离、阻止、杜绝盐渍土与桩身混凝土接触的作用，有效解决了盐渍土对桩体混凝土产生腐蚀的问题。裹体灌注桩技术在盐渍土地区场地上通过实验、检测证明，这一新技术能有效保证强腐蚀地区的钢筋混凝土质量，经过专家对其方案与实验成果的评审，认为裹体灌注桩是适合内陆盐渍土地区地基处理的一种高效节能的防腐桩新工艺。

## 二、某 750kV 线路工程

### （一）工程勘测方案

某 750kV 输电线路工程某标段Ⅰ回线路全长约 104.73km，Ⅱ回线路全长约 104.86km，两回路平行走线。该标段线路在青海段跨越察尔汗盐湖地段约 80km，工程建设面临盐渍化地段、强腐蚀地区、软弱地基等复杂地质问题。

察尔汗盐湖地区盐渍土的主要特点在于：地下水水位浅，氯盐渍土常年处于饱和状态，孔隙中充填孔隙水；氯离子含量大，属强盐渍土，强腐蚀性；土体结构强度低，属软弱地基土。本次勘察主要以钻孔勘探为主，主要为查明地基土层结构和地下水为目的，共布置钻孔 117 个，勘探深度 8～12m 不等，总进尺约 1293.9m；按地貌单元及地层岩性取扰动土样 24 组做土易溶盐分析，取样深度集中在基础深度范围内盐离子汇聚的 1～2m 处；完成标准贯入试验 16 段次。

### （二）指标评价

拟建线路所经的沼泽和盐湖湿地段（Ⅰ回 G101035～G101210、Ⅱ回 G102036～G102207）一月份平均最低温度为−9.9℃，干燥度指数 $k>1.5$，海拔 2680～2776m 属柴达木盆地相对湿润区，大部分地段地下水埋深 0.5～2.5m，局部较深。根据已建成的线路资料和本次勘察资料，察尔汗盐湖湖积平原区域以及周边沼泽湿地区域（线路长度约 2×80km），地基土含水量平均值>20%，且存在干湿交替，部分区域直接临水，腐蚀环境类别为Ⅰ类或Ⅱ类。据已有资料该区域含盐土层厚度最大达 23m 以上，含盐地层主要分布在察尔汗盐湖区和湖积平原区及洪冲积平原区过渡带，盐湖区域土中盐主要成分为氯化钠、氯化钾、氯化镁、氯化钙和氯化铵等，并含有少量硫酸盐，沼泽区域主要为亚硫酸盐。

本标段线路盐湖地区按含盐性质划分主要为氯盐渍土和亚氯盐渍土，含盐量一般在 8%～12%之间，腐蚀介质以氯盐 $Cl^-$ 为主，硫酸盐 $SO_4^{2-}$ 次之，属强—超盐渍土，$Cl^-$ 含量为 13 116.5～303 097.0mg/kg、$SO_4^{2-}$ 含量为 8184.3.0～10 758.72.0mg/kg。沿线地基土对混凝土结构均具强腐蚀性，对钢筋混凝土结构中的钢筋具强腐蚀性，对钢结构具强腐蚀性。该段区域地下水埋深在 0.5～1.0m，变幅±1.0m，地下水主要的评价指标 $SO_4^{2-}$ 含量为 209 376.0～55 776.0mg/l、$Mg^{2+}$ 含量为 51 201.0～17 496.9mg/l、$Cl^-$ 含量为 54 670.0～313 820.0mg/l、pH 值为 6.1 左右，地下水对混凝土结构具强腐蚀性，对钢筋混凝土结构中的钢筋具强腐蚀性。该地区可不考虑盐胀及溶陷性，局部塔位仅有轻微液化。

### （三）工程措施方案

本工程采取的防腐蚀处理措施方案对不同腐蚀等级下基础混凝土强度等级、最大水胶比、最小水泥用量、矿物掺和料含量等内防护措施，以及防腐涂层外防护措施的具体要求，同某±800kV 特高压直流输电工程。但对于沼泽和盐湖湿地特殊段外防护处理技术措施采用玻璃纤维布裹缠的“3 布 5 涂”等方案。该方案结合了环氧树脂防腐性好、透水率低和玻璃纤维布变形性能好、耐老化的特点，通过在玻璃纤维布表面涂刷环氧树脂胶料，经复合固化塑制而成隔绝空气的致密薄膜，从而达到防腐的目的。

某 750kV 输电线路工程由于盐湖地区段地下水位高，掏挖难以成型，盐湖地区铁塔基础不适宜采用原状土掏挖基础；在氯盐盐渍土的强腐蚀性地区，铁塔基础不宜直接采用灌注桩基础。因此，针对盐湖地区的特殊地质条件，输电线路铁塔基础仍选用“浅埋高垫”大开挖基础。由于不会受到涂刷外防护措施的限制，大开挖基础基本适用于所有腐蚀等级的普通盐渍土地区。工程采用碎石换填垫层与斜柱基础联合应用的工程技术，基础防腐蚀处理采用玻璃钢防腐。综合了碎石垫层的造价低、物理力学性质稳定及斜柱基础的抗水平承载性能强的特点，提高了盐湖地区杆塔基础的承载能力，降低了盐湖软土地基的沉降变形。

# 第二十三章　膨胀岩土

## 第一节　概　　述

### 一、膨胀岩土的定义

根据 GB 50112《膨胀土地区建筑技术规范》，土中黏粒成分主要由亲水性矿物组成，同时具有显著的吸水膨胀和失水收缩两种变形特性的黏性土称为膨胀土。类似地，具有吸水膨胀和失水收缩两种变形特性的岩石称为膨胀岩。

从定义上看，膨胀土有三个特征：①亲水性矿物。控制膨胀岩土胀缩势能大小的物质成分主要是岩土中伊利石、蒙脱石的含量、离子交换量，以及粒径小于 2μm 的黏粒含量。这些物质成分本身具有亲水特性，是膨胀岩土具有较大的胀缩变形的物质基础；②微观结构。膨胀岩土的微观结构属于面—面叠聚体，它的双团粒结构有更大的吸水膨胀和失水收缩能力；③危害程度。任何黏性土都具有膨胀收缩性，只有在胀缩性能达到足以危害建筑物安全使用，需要特殊处理时，才能按膨胀岩土地基进行设计、施工和维护。

### 二、膨胀岩土的工程特性

（一）基本特性

膨胀土具有的三个基本特性：胀缩性、超固结性及多裂隙性。

近地表的浅层膨胀土土质干湿效应明显，吸水时，土体膨胀、软化，强度下降；失水后土体收缩，随之产生裂隙，是一种典型的非均匀三相介质，不仅裂隙特别发育，而且对气候变化特别敏感。膨胀土的这种胀缩特性，当含水量变化时就会充分显示出来。反复的胀缩导致了膨胀土土体的松散，并在其中形成许多不规则的裂隙，从而为膨胀土表面的进一步风化创造了条件。裂隙的存在破坏了土体的整体性，降低了土体的强度，同时为雨水的下渗和土中水分的蒸发形成了通道，于是，天气的变化进一步导致了土中含水量的波动和胀缩现象的反复发生，这进一步导致了裂隙的扩展和向土层深部发展，使该部分土体的强度大为降低。这种影响的最大深度大致在气候的影响深度范围内。膨胀土的应力历史和广义应力历史决定了膨胀土具有超固结性，沉积的膨胀土在历史上往往经受过上部土层侵蚀的作用形成超固结土。膨胀土由于卸荷作用也能引起土体裂隙的发展，边坡的开挖，对土体产生了卸荷作用，这种卸荷对土中存在隐蔽微裂隙的膨胀土来说，必然会促进裂隙的张开和扩展，尤其是在边坡底部的剪应力集中区域裂隙面的扩展更为严重，这些区域往往是滑动开始发生的部位。

（二）膨胀岩土工程特性指标

（1）自由膨胀率。自由膨胀率试验的方法和过程参见 GB 50112《膨胀土地区建筑技术规范》附录 D 的规定执行。膨胀土的自由膨胀率应按式（23-1）计算：

$$\delta_{ef}=\frac{V_w-V_0}{V_0}\times 100 \tag{23-1}$$

式中　$\delta_{ef}$——膨胀土的自由膨胀率，%；

$V_w$——土样在水中膨胀稳定后的体积，mL；

$V_0$——土样原始体积，mL。

自由膨胀率的用途：根据膨胀土的判定条件，具有特定工程地质特征和建筑物破坏形态，且土的自由膨胀率大于40%的黏性土，应判定为膨胀土。所以，自由膨胀率是膨胀土的判定条件之一。

(2) 膨胀率。膨胀率试验的试验方法和过程参见GB 50112《膨胀土地区建筑技术规范》附录E和附录F的规定执行。某级荷载下膨胀土的膨胀率应按式(23-2)计算：

$$\delta_{ep}=\frac{h_w-h_0}{h_0}\times 100 \tag{23-2}$$

式中　$\delta_{ep}$——某级荷载下膨胀土的膨胀率,%；

$h_w$——某级荷载下土样在水中膨胀稳定后的高度，mm；

$h_0$——土样原始高度，mm。

膨胀率的用途：用于计算地基土的膨胀变形量。

(3) 膨胀力。膨胀力试验的试验方法和过程参见GB 50112《膨胀土地区建筑技术规范》附录F的规定执行。

(4) 收缩系数。收缩系数试验的试验方法和过程参见GB 50112《膨胀土地区建筑技术规范》附录G的规定执行。膨胀土的收缩系数应按式(23-3)计算：

$$\lambda_s=\frac{\Delta\delta_s}{\Delta W} \tag{23-3}$$

式中　$\lambda_s$——膨胀土的收缩系数；

$\Delta\delta_s$——收缩过程中直线变化阶段与两点含水率对应的竖向线缩率之差,%；

$\Delta W$——收缩过程中直线变化阶段两点含水率之差,%。

(5) 湿度系数。膨胀土的湿度系数，应根据当地10年以上的土的含水率变化确定，无资料时，可根据当地有关气象资料按式(23-4)计算：

$$\psi_W=1.152-0.726\alpha-0.00107c \tag{23-4}$$

式中　$\alpha$——当地9月至次年2月的月份蒸发力之和与全年蒸发力之比值（月平均气温小于0℃的月份不统计在内）。我国部分地区蒸发力及降水量的参考值可按GB 50112《膨胀土地区建筑技术规范》附录H取值；

$c$——全年中干燥度大于1.0且月平均气温大于0℃月份的蒸发力与降水量差值之总和，mm，干燥度为蒸发力与降水量之比值。

(6) 大气影响深度及大气影响急剧层深度。大气影响深度应由各气候区土的深层变形观测或含水率观测及低温观测资料确定；无资料时，可按表23-1采用。

**表23-1　大气影响深度**　(m)

| 土的湿度系数 $\psi_W$ | 大气影响深度 $d_a$ |
|---|---|
| 0.6 | 5.0 |
| 0.7 | 4.0 |
| 0.8 | 3.5 |
| 0.9 | 3.0 |

大气影响急剧层深度可按表23-1中大气影响深度值乘以0.45采用。大气影响急剧层深度也可按地方规范确定。

大气影响深度和大气影响急剧层深度是确定膨胀土地基上建筑物基础的埋置深度的必要条件。

## 三、膨胀土的判定

膨胀岩土应根据土的自由膨胀率、场地的工程地质特性和建筑物破坏形态综合判定。必要时，尚应根据岩土的矿物成分、阳离子交换量等试验验证。自由膨胀率是人工制备的烘干松散土样在水中膨胀稳定后，其体积增加值与原体积之比的百分比。

场地具有下列工程地质特征及建筑物破坏形态，且土的自由膨胀率大于40%的黏性土，应判定为膨胀土：

(1) 土的裂隙发育，方向不规则，常有光滑面和擦痕，有的裂隙中充填有灰白、灰绿等杂色黏土。自然条件下呈坚硬或硬塑状态。

(2) 多出露于二级或二级以上的阶地、山前和盆地边缘的丘陵地带。地形较平缓，无明显自然陡坎。

(3) 常见浅层滑坡、地裂。新开挖的路堑、边坡、探坑（槽）壁易发生坍塌等现象。

(4) 未经处理的建筑物成群破坏，建筑物开裂多发生在旱季，雨季闭合。低层较多层严重。建筑物裂缝具有特殊性，多出现“倒八字”“X”或水平裂缝，刚性结构较柔性结构严重。以下详细描述：

1) 角端斜向裂缝：常表现为山墙上的对称或不对称的“倒八字”裂缝，上宽下窄，伴随有一定的水平位移或转动，如图23-1所示。

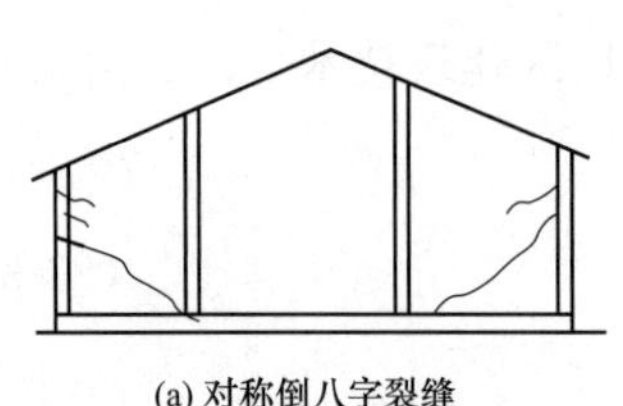
(a) 对称倒八字裂缝

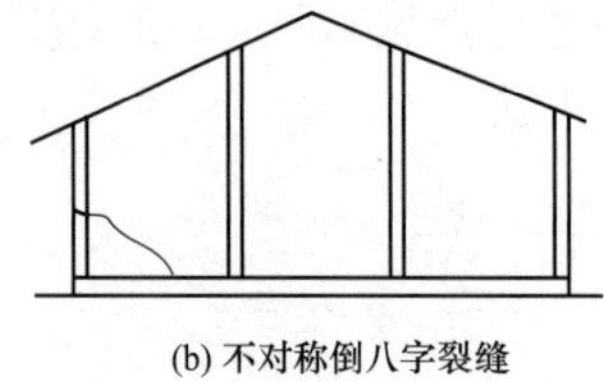
(b) 不对称倒八字裂缝

图23-1　角端斜向裂缝

2) 纵墙水平裂缝：一般在窗台下和勒脚下出现较多，同时伴有墙体外倾、外鼓、基础外转和内外墙脱开，以及横墙出现倒八字裂缝或竖向裂缝，如图23-2所示。

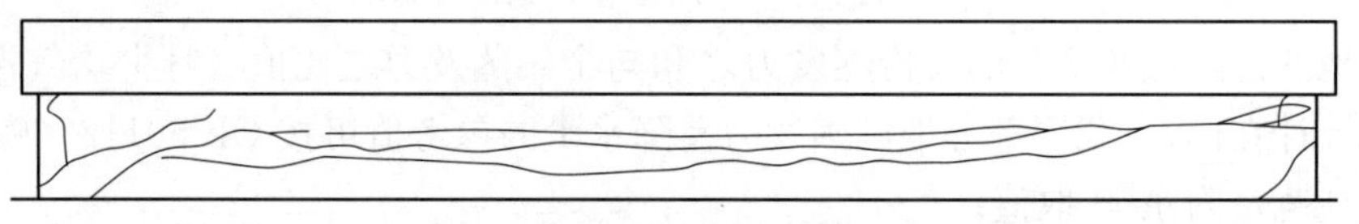
图23-2　纵墙水平裂缝

3) 竖向裂缝：一般出现在墙的中部，上宽下窄。

4) 独立砖柱的水平断裂，并伴随水平位移和转动，如图23-3所示。

5) 地坪隆起，多出现纵长裂缝，有时出现网络状裂缝。

6) 当地裂通过房层时，在地裂处墙上产生竖向或斜向裂缝。

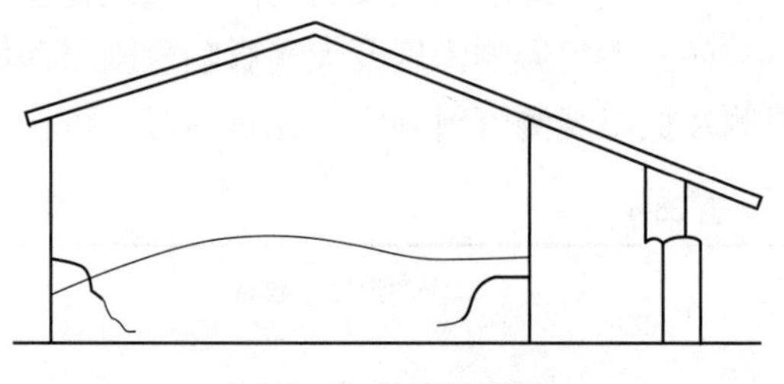
图23-3　外廊柱断裂

## 四、膨胀岩土的分布

目前，世界上除南极洲外，其余六大洲均报道有膨胀岩土存在。膨胀岩土的分布具有明显的气候分带性和地理分带性。以地球纬度划分，膨胀岩土主要分布在赤道两侧从低纬度到中等纬度的气候区，主要限于热带和温带气候区域的半干旱地区，这些地区年蒸发量一般均超过年降雨量，这种规律符合了蒙脱石的产生理论——半干旱地区有限的淋滤作用。从地理分带上看，膨胀岩土几乎在全世界范围内都有分布，其地理位置从北纬60°至南纬50°尤其在欧亚、非洲和美洲大陆更为集中。

我国是世界上膨胀岩土分布范围最广，面积最大的国家之一。其中以珠江流域、长江流域、黄河流域、淮河流域等各干支流水系地区，广西、云南、湖北、河南等地分布最为广泛，四川、陕西、河北、内蒙古等也有分布，如图23-4所示。

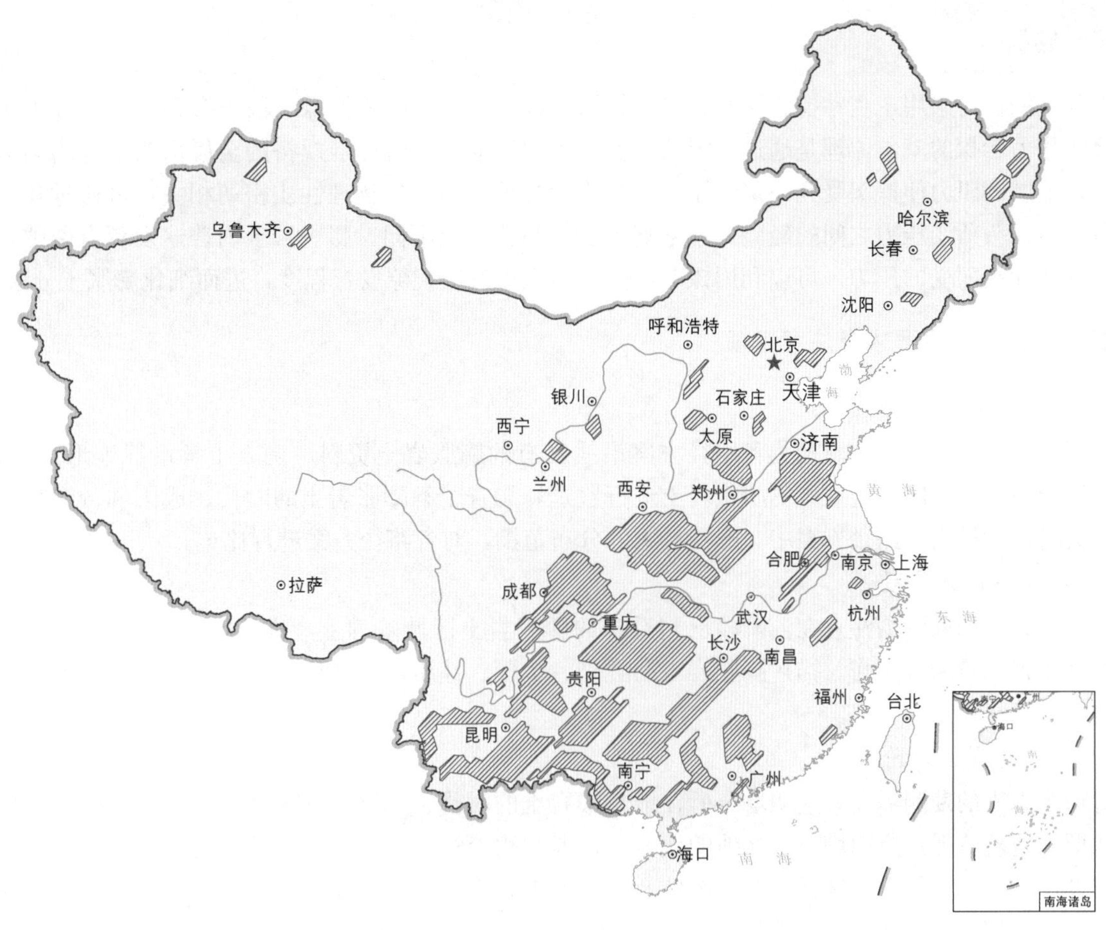


图 23-4　膨胀土在中国的分布示意图（斜线代表膨胀土分布区域）

## 第二节　勘　测　方　法

### 一、工程地质调查

膨胀岩土地区的工程地质调查宜满足以下要求：

（1）首先根据图 23-4 大致确定线路所经区域是否属于膨胀土分部区域。

（2）根据地形地貌，留意二级或二级以上的阶地、山前和盆地边缘的丘陵地带。

（3）观察是否大面积的存在浅层滑坡、地裂；观察新开挖路堑是否出现较多的坍塌现象。

（4）调查工程区所属国土部门或线路附近居民，建筑物是否成群破坏，出现“倒八字”“X”或水平裂缝。

（5）取扰动土样进行自由膨胀率试验。

（6）尽量避开坡地场地，选择平坦场地。

### 二、土工试验

存在膨胀土的地段均应取样，取样数量应根据该段内塔位数和工程地质单元确定，同一工程地质单元不宜少于一处。取样深度应超过大气影响深度，大气急剧影响深度内取样间距不宜大于 1m，以下可调整为 1.5～2.0m。土工试验常项目除常规物理力学试验外，还应测定膨胀率、自由膨胀率等用于膨胀土特殊性质评价的指标。

### 三、勘探

膨胀土勘探可采用工程钻探、探井、静力触探、标准贯入试验等勘探手段，有条件时可优先采用静力触探。静力触探的基本原理是通过一定的机械装置，用准静力将标准规格的金属探头垂直均匀地压入土层中，土层的阻力使探头受到一定的压力，探头所受阻力与土的物理性质密切相关，可通过建立土的物理指标与探头所受压力之间的经验关系来划土层。与普通土不同，膨胀岩土内普遍发育有裂隙，裂隙可显著改变探头所受的压力，可以利用探头所受压力大小反推裂隙发育程度，进而细化膨胀土分层。

### 四、各勘测阶段要求及注意事项

（一）可行性研究阶段

对膨胀岩土的勘测需注意搜集各路径方案沿线已有的膨胀岩土资料，调查了解沿线地形地貌特征、当地建筑经验。对线路经过地区的膨胀岩土进行鉴别，调查了解膨胀岩土的时代、成因和分布特征。根据已有资料，勾勒出各路径方案中，膨胀岩土的分布范围，对各路径方案进行比选。

（二）初步设计阶段

对膨胀岩土的勘测需注意在前阶段已勾勒出的膨胀岩土区域基础上，进行进一步的现场踏勘调查，必要时宜布置适量勘探工作。描述膨胀岩土的类别、范围、性质，并评价其对工程的危害程度，提出避绕或整治对策建议。

（三）施工图设计阶段

对膨胀岩土的勘测需注意查明塔位所在地膨胀岩土的时代、成因、分布及胀缩特征；查明塔位所在地的地形和地貌特征；查明塔位所在地的地表水排泄与积聚情况；查明当地的大气影响深度；确定地基的岩土设计参数；塔位不宜选择在浅层滑坡及其他地表胀缩变形发育地带、易受地表径流影响及地下水位频繁变化地带；勘察深度除应满足基础埋深和附加应力的影响深度外，尚应超过大气影响深度。

## 第三节　评价方法及要求

### 一、建筑场地分类

（1）场地评价应查明膨胀土的分布及地形地貌条件，并应根据工程地质特征及土的膨胀潜势和地基胀缩等级等指标，对建筑场地进行综合评价，对工程地质及土的膨胀潜势等级进行分区。

（2）建筑场地的分类应符合下列要求：

1）地形坡度小于5°，或地形坡度为5°～14°且距坡肩水平距离大于10m的坡顶地带，应为平坦场地；

2）地形坡度大于5°，或地形坡度小于5°且同一建筑物范围内局部地形高差大于1m的场地，应为坡地场地。

### 二、地基变形

膨胀土地基变形量，可按下列变形特征分别计算：

（1）场地天然地表下1m处土的含水率等于或接近最小值或地面有覆盖且无蒸发可能，以及建筑物在使用期间，经常有水浸湿地基，可按膨胀变形量计算；

地基土的膨胀变形量应按式（23-5）计算：

$$S_e = \psi_e \sum_{i=1}^{n} \delta_{epi} h_i \tag{23-5}$$

式中　$S_e$——地基土的膨胀变形量，mm；

$\psi_e$——计算膨胀变形量的经验系数，宜根据当地经验确定，若无可依据当地经验时，三层及三层以下建筑物可采用 0.6；

$\delta_{epi}$——基础底面下第 $i$ 层土在该层土在平均自重压力与对应于荷载效应准永久组合时平均附加压力之和作用下的膨胀率（用小数计），由室内试验确定；

$h_i$——第 $i$ 层土的计算厚度，mm；

$n$——基础底面至计算深度内所划分的土层数，膨胀变形计算深度应根据大气影响深度确定，有浸水可能时可按浸水影响深度确定。

（2）场地天然地表下 1m 处土的含水率大于 1.2 倍塑限含水率或直接受高温作用的地基，可按收缩变形来计算；地基土的收缩变形量应按式（23-6）计算：

$$S_s = \psi_s \sum_{i=1}^{n} \lambda_{si} \Delta\omega_i h_i \tag{23-6}$$

式中　$S_s$——地基土的收缩变形量，mm；

$\psi_s$——计算收缩变形量的经验系数，宜根据当地经验确定，若无可依据当地经验时，三层及三层以下建筑物可采用 0.8；

$\lambda_{si}$——基础底面下第 $i$ 层土的收缩系数，应由室内试验确定；

$\Delta\omega_i$——地基土收缩过程中，第 $i$ 层土可能发生的含水率变化平均值（以小数表示）；

$n$——自基础底面至计算深度内所划分的土层数，收缩变形计算深度 $Z_{sn}$，应根据大气影响深度确定；当有热源影响时，可按热源影响深度确定；在计算深度内有稳定地下水时，可计算至水位以上 3m。

收缩变形计算深度内各土层的含水率变化值，应按式（23-7）及式（23-8）计算。地表下 4m 深度存在不透水基岩时，可假定含水率变化值为常数：

$$\Delta\omega_i = \Delta\omega_1 - (\Delta\omega_1 - 0.01)\frac{Z_i - 1}{Z_n - 1} \tag{23-7}$$

$$\Delta\omega_1 = \omega_1 - \psi_W \omega_p \tag{23-8}$$

式中　$\Delta\omega_i$——第 $i$ 层土的含水率变化值，以小数表示；

$\omega_1$、$\omega_p$——地表下 1m 处土的天然含水率和塑限含水率，以小数表示；

$\psi_W$——土的湿度系数，在自然气候影响下，地表下 1m 处层含水率可能达到的最小值与其塑限之比。

除去（1）和（2）情况，可按胀缩变形量计算，其计算式（23-9）所示：

$$S_e = \psi_e \sum_{i=1}^{n} (\delta_{epi} + \lambda_{si} \Delta\omega_i) h_i \tag{23-9}$$

式中　$S_e$——地基土的胀缩变形量，mm；

$\psi_e$——计算胀缩变形量的经验系数，宜根据当地经验确定，无可根据经验时，三层及三层以下可取 0.7。

膨胀土地基的胀缩等级可根据地基分级变形量按表 23-2 分级。

**表 23-2　　膨胀土地基的胀缩等级**

| 地基分级变形量 $S_c$（mm） | 等　级 |
|---|---|
| $15 \leqslant S_c < 35$ | Ⅰ |
| $35 \leqslant S_c < 70$ | Ⅱ |
| $S_c \geqslant 70$ | Ⅲ |

### 三、膨胀潜势

膨胀土的膨胀潜势应按表 23-3 分类。

表 23-3　　膨胀土的膨胀潜势分类

| 自由膨胀率 $\delta_{ef}$（%） | 膨胀潜势 |
|---|---|
| $40 \leqslant \delta_{ef} < 65$ | 弱 |
| $65 \leqslant \delta_{ef} < 90$ | 中 |
| $\delta_{ef} \geqslant 90$ | 强 |

### 四、评价注意事项

（1）膨胀土的各种特殊性质都与水密切相关，评价时应特别注意水体循环对膨胀土的特殊性质的影响。

（2）塔位应选择受地表水和地下水影响小的区域。

（3）勘测报告应明示基坑开挖过程应采取保湿等工程措施。

## 第四节　地基处理方法

膨胀岩土地基处理可采用换土、砂石垫层、土性改良等方法，也可以采用桩基或墩基。

（1）采用换土处理时，可采用非膨胀性材料或灰土，换土厚度可通过变形计算确定。平坦场地上Ⅰ、Ⅱ级膨胀岩土的地基处理，宜采用砂石垫层，垫层厚度不应小于 300mm，垫层宽度应大于基底宽度，两侧宜采用与垫层相同的材料回填，并做好防水处理。

（2）采用桩基础时，其深度应达到胀缩活动区以下，且不小于设计地面下 5m。同时，对于桩墩本身，宜采用非膨胀土做隔层。桩基设计应符合下列要求：

1）桩尖应锚固在非膨胀土层或伸入大气影响急剧层以下的土层中，其伸入长度应满足下列条件。

①按膨胀变形计算时用式（23-10）：

$$l_a \geqslant \frac{v_e - Q_1}{u_p [f_s]} \tag{23-10}$$

②按收缩变形计算时用式（23-11）：

$$l_a \geqslant \frac{Q_1 - A_p [f_p]}{u_p [f_s]} \tag{23-11}$$

式中　$l_a$——桩伸入土层内长度，m；

$v_e$——在大气影响急剧层内桩侧土的胀切力。由现场浸水试桩试验确定，试桩数不少于 3 根，取其最大值，kN；

$[f_s]$——桩侧与土的容许摩擦力，kPa；

$[f_p]$——桩端单位面积的容许承载力，kPa；

$u_p$——桩身周长，m；

$Q_1$——作用于单桩桩顶的垂直荷载，kN；

$A_p$——桩端面积，$m^2$。

③按胀缩变形计算时，计算长度应取式（23-10）和式（23-11）两式中的大值。

④作用在桩顶上的垂直荷载按式（23-12）计算：

$$Q_1 = Q_2 + G_0 \tag{23-12}$$

式中　$Q_2$——作用于桩基承台顶面上的竖向荷载，kN；

$G_0$——承台和土的自重，kN。

2）当桩身承受胀切力时，应验算桩身抗拉强度，并采取通长配筋，最小配筋率应按受拉构件配置。

3）桩承台梁下应留有空隙，其值应大于土层浸水后的最大膨胀量，且不小于 100mm。承台梁两侧应采取措施，防止空隙堵塞。

4）进行桩的胀切力浸水试验，浸水深度和试桩长度应取大气影响急剧层的深度，桩端脱空 100mm。

## 第五节　工　程　实　例

### 一、广西某工程 500 号塔位滑坡调查实例

广西某工程 500 号塔位于广西壮族自治区白色地区。塔位所处地貌为低山山顶，原始边坡坡度 10°～20°。地层为 2～5m 含碎石黏性土，可塑—硬塑，下伏泥质砂岩，局部岩石较完整，节理裂隙发育，呈块状。

2017 年 2 月，塔位 B 拉线外侧边坡出现了滑塌（滑坡边缘距 B 拉线最近距离约 10m），杆塔形式为拉线塔，B 拉线拉盘埋深 2.5m。滑坡宽度 10～22m，上窄下宽，坡面长度约 45m，滑体厚度 1～3m，滑塌边坡高度约 18m，滑塌后边坡坡度 15°～25°。滑坡正面如图 23-5 所示。滑坡侧视如图 23-6 所示。

图 23-5　滑坡正面

从现场情况判断，该滑坡属广西地区典型胀缩性土体的浅层滑动。上部地层的含碎石黏性土含高岭土矿物，液限高，属于中等胀缩性土，遇水膨胀、软化，抗剪强度急剧降低，工程性质差。由于滑坡之前连续降雨导致大量雨水入渗坡体。边坡表层土体结构松散，渗透系数高，利于地表水下渗。雨水下渗一方面使上部土体吸水膨胀，另一方面容易在岩土交界面聚集，使基覆界面抗剪强度降低，形成软弱面，坡体稳定性下降，进而导致边坡失稳。

经过上述滑坡原因分析，结合场地地形地貌、地层岩性（膨胀性土体）及坡体较缓等特点，边坡整体采用土工格栅加筋土挡墙支护结合截排水设计，对滑坡进行了治理。

### 二、某 220kV 线路工程实例

某变电站位于云南蒙自草坝镇。进出线路共有 11 基铁塔（三回线路）位于变电站附近，地貌单元为草坝盆地边缘的低丘缓坡地带。变电站场地地基土为膨胀土，地基胀缩等级为Ⅱ级。

送出线路施工图勘测阶段，对位于盆地边缘的 11 个塔基进行小螺旋钻钻探，钻探所揭露的地基土上部（0.0～4.0m 段）的黏土呈褐灰色，湿，硬塑状态，土质极为细腻，钻探过程中该土层缩颈明显，

图 23-6 滑坡侧视

岩芯崩解较为迅速，根据工程地质类比法结合勘察验证，该 11 基铁塔所处位置上部地基土（0.0～4.0m 段）属膨胀土，地基胀缩等级为Ⅱ级。

地下水为孔隙水，以潜水的形式赋存于覆盖层的孔隙中，由大气降水补给，初见水位一般 1.5～2.5m，稳定水位在 2.0～3.0m 之间。

故在设计文件中对施工提出明确要求：在膨胀土塔基基坑开挖过程中，施工时应尽量保持地基土含水率的稳定，防止地基土含水率变化过大，产生过大的膨胀或收缩变形，导致基坑大面积坍塌，作业中要快速挖掘，一旦开挖至基底标高，应立即用较厚的且不透水的塑料薄膜（可采用大棚种菜用的薄膜）覆盖，并用木板进行简易内支撑，同时迅速排干基坑中的地下水。

在实际施工过程中，由于施工单位对膨胀土的认识不足，对有关施工人员技术交底工作不到位。在施工初期 4 个塔基基坑开挖过程中，未对基坑坑壁采取厚层塑料薄膜覆盖及支护措施，导致膨胀土在较长时间暴露于空气中，经过一个夜晚后，坑壁膨胀土失水收缩并大规模垮塌，基坑基本被坍塌的土体填满，最终导致四个塔腿基坑连成一体，不仅耽误了工期，而且增加了投资。

在施工后期，由于吸取了教训，剩余 7 个塔基的基坑开挖过程中，严格按照设计文件要求施工，并相应的采取了排水、厚塑料薄膜覆盖（采用大棚种菜用薄膜）及支护等措施，最终未发生由于膨胀土失水收缩变形而产生基坑坑壁较大垮塌的事故，工程得以顺利实施。

# 第二十四章　混　合　土

## 第一节　概　　述

### 一、混合土的定义

由细粒土和粗粒土混杂且缺乏中间粒径的土定名为混合土。

在自然界中，有一种粗细粒混杂的土，其中细粒含量较多。这种土如按颗粒组成分类，可定为砂土甚至碎石土，而其可通过 0.5mm 筛后的数量较多又可进行可塑性试验，按其塑性指数又可视为粉土或黏性土。

### 二、混合土的分类

碎石土中粒径小于 0.075mm 的细粒土质量超过总质量的 25%时，应定名为粗粒混合土；当粉土或黏性土中粒径大于 2mm 的粗粒土质量超过总质量的 25%时，应定名为细粒混合土。

混合土的定名和分类原则，应当根据其组成材料的不同，呈现的性质的不同，针对具体情况慎重对待。如土中以粗粒为主，且其性质主要受粗粒控制，定名和分类时，应以反映粗粒为主，可定为黏土质砂、砂土质砾石等。

### 三、混合土的成因

混合土的成因一般为冲积、洪积、坡积、冰积、崩塌堆积和残积等。残积混合土的形成条件是在原岩中含有不易风化的粗颗粒，例如花岗岩中的石英颗粒。另外几种成因形成的混合土的重要条件是要提供粗大颗粒（如碎石、卵石）的条件。

### 四、混合土的性质

混合土的性质主要决定于土中的粗、细颗粒含量的比例，粗粒的大小及其相互接触关系和细粒土的状态。资料表明，粗粒混合土的性质将随其中的细粒的含量增多而变差，细粒混合土的性质常因粗粒含量增大而改善。在上述两种情况中，存在一个粗、细粒含量的特征点，超过此特征点后，土的性质会发生突然的改变。例如，按粒径组成可定名为粗、中砂的砂质，混合土中当细粒（粒径<0.1mm）的含量超过 25%时，标准贯入试验击数 $N$ 和静力触探比贯入阻力 $p_s$值都会明显地降低，内摩擦角 $\varphi$ 减小而 $c$ 值增大。碎石混合土随着细粒含量的增加，内摩擦角 $\varphi$ 和载荷试验比例界限 $p_0$都有所降低而且有一个明显的特征值，细粒含量达到或超过该值时，$\varphi$ 和 $p_0$值都急剧降低。

对于混合土而言，由于块石的存在，因此混合土与一般土介质有着明显的差别：在尺寸上，块石要大于土体；块石的强度要高于土体。块石与土体构成了混合土的两大组成部分，在尺寸及力学性质上具有极端的差异性。

膨润土—砂混合物是黏性细粒土与石英砂粗粒土搅拌而成的人工混合土。图 24-1 是不同掺砂率时黏土与砂颗粒接触关系示意图，包括掺砂率分别为 0%和 50%的材料环境电镜扫描照片。当混合土完全由膨润土组成时（掺砂率 $R_s$=0%），混合土的物理性质由膨润土决定；当混合土完全由石英砂颗粒组成时（$R_s$=100%），混合土的物理性质由石英砂决定；当掺砂率为 50%时，石英砂颗粒彼此分离，互不接触。可见，当混合土由膨润土与石英砂混合组成，特别是掺砂率小于 50%时，膨润土会占据砂颗粒接触点之间的空间，砂颗粒彼此分离，处于悬浮状态。

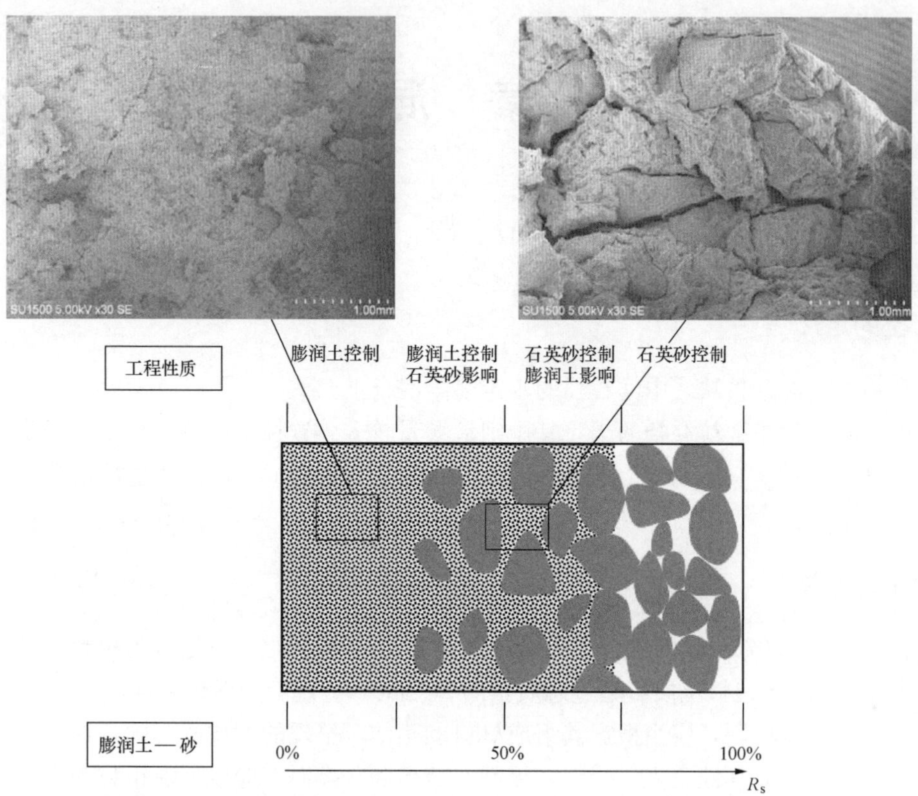


图 24-1　膨润土与石英砂颗粒接触关系概念图

## 第二节　勘　测　方　法

线路工程野外勘测时，往往可以利用沿线冲沟、陡坎等天然剖面，观察混合土的类型、厚度及下伏基岩性状，如需要较准确的定名和查明混合土厚度则需要采用井探、钻探、取样颗粒分析等方法。因此，线路工程中混合土的勘测方法应以搜集区域地质资料、工程地质测绘和调查为主，辅以井探、钻探、动力触探及物探等勘测方法。

### 一、工程地质测绘和调查的重点

（1）查明沿线地形和地貌特征，混合土的成因、分布、下卧土层或基岩的埋藏条件，坡向和坡度；
（2）查明沿线混合土的组成、物质来源、均匀性及其在水平方向和垂直方向上的变化规律；
（3）查明沿线混合土中粗大颗粒的风化情况，细颗粒的成分和状态；
（4）混合土是否具有湿陷性、膨胀性；
（5）混合土塔基及周围场地是否存在崩塌、滑坡、潜蚀和洞穴等不良地质作用；
（6）塔基周围泉水和地下水的情况；
（7）当地利用混合土作为建筑地基、建筑材料的经验和地基处理措施。

### 二、勘探及原位测试

线路工程混合土地基勘测的目的主要是查明土体的构成成分、均匀性及其性状在平面上和垂直方向上的变化规律。在有条件的情况下，宜采用多种勘探手段和方法，如探井、钻孔、动力触探、静力触探、旁压试验和物探等，注意各勘探手段的适用条件。勘探孔的间距宜较一般土地区为小，勘探孔的深度要比一般土地区为深。应有一定数量的探井、探坑，以便直接对混合土的结构进行观察，并采取大体积土试样进行颗粒分析和物理力学性质试验。如不能采取不扰动土试样时，则应多采取扰动试样，并应注意试样的代表性。

动力触探试验适用于粗粒粒径较小的混合土；静力触探适用于含细粒为主的混合土；动力触探、静力触探试验资料应有一定数量的探井或钻探予以检验。旁压试验适用于土中粗颗粒较少且粒径小的混合土。

### 三、室内试验

线路工程混合土室内试验与其他工程类似，应注意土试样的代表性。在使用室内试验资料时，应估计由于土试样代表性不够造成的影响。必须充分估计到由于土中所含粗大颗粒对土样结构的破坏和对测试资料的正确性和完备性的影响。不可盲目地套用一般测试方法和不加分析地使用测试资料。混合土的室内试验，应注意其与一般土试验的区别。

混合土中一般含有粗大颗粒，其天然密度试验一般宜用大块土进行。进行密度试验时，应特别注意土试样的代表性。混合土中含大颗粒的多少，对天然含水率的测定值影响很大。一般在室内试验测定含水率时，因土试样体积很小，粗大颗粒常不能包进去。此外，由于粗细颗粒的比表面积相差悬殊。在这一类土中，所测得的包含粗细颗粒土试样的平均含水率也常常不能代表土中细颗粒的含水率。混合土中的粗细颗粒的矿物成分常有很大差别，它们的相对密度（比重）常相差很大。取到的土试样常不能代表实际土体，另外，常有许多细颗粒黏附于大颗粒上，筛分风干土试样常不能正确地反映细粒的含量。压缩试验只能取混合土中的细粒集中部分的土试样进行试验，所以在估计土体的压缩性时应将试验中未能包括的粗颗粒的影响估计进去。此外，因为土中会有粗颗粒，在室内制备试样时，常常破坏了土的结构，而歪曲了压缩试验结果。

线路工程在利用密度、天然含水率、相对密度、颗粒分析以及压缩试验资料时，应充分考虑上述影响。

### 四、各勘测阶段要求及注意事项

可行性研究阶段勘测应对拟建线路经过地区的混合土进行鉴别，调查了解其成因类型、物质组成和分布特征。

初步设计阶段勘测应初步查明拟建线路经过地区混合土的成因类型、物质组成、分布特征及其工程特征。

施工图设计阶段勘测应针对具体塔位，查明地形地貌特征，查明混合土组成、成因类型、均匀性及其变化规律，了解下卧土层或基岩的埋藏条件。

## 第三节　评价方法及要求

### 一、混合土地基承载力评价

线路工程混合土地基的承载力评价，应根据土的颗粒级配、土的结构、构造与工程安全等级和勘测阶段选择适当方法，或按现场调查、当地经验确定，现场调查主要对象为当地已有建筑物和工程建设情况。

（1）载荷试验法。混合土的承载力，一般应以载荷试验为准，并与其他动力触探、静力触探等原位测试资料建立相关关系，以求得地基土的承载力和变形参数。现场载荷试验的承压板直径和现场直剪试验的剪切面直径都应大于试验土层最大粒径的5倍，载荷试验的承压板面积不应小于0.5$m^2$，直剪试验的剪切面面积不宜小于0.25$m^2$。

（2）计算法。当混合土中粗粒的粒径较小，细粒土分布比较均匀，能取得抗剪强度指标时，可采用一般计算方法计算地基的承载力、地基的沉降和差异沉降。计算时要充分考虑土中细粒部分的作用，一般应采取土中细粒的强度指标计算其承载力。

(3) 查表法。中国建筑西南勘察院对粗粒混合土和细粒混合土分别提出了承载力表 24-1 和表 24-2。当线路工程中使用这些资料时应结合当地经验。

**表 24-1　　粗粒混合土承载力基本值**

| 干密度（$t/m^3$） | 1.6 | 1.7 | 1.8 | 1.9 | 2.0 | 2.1 | 2.2 |
|---|---|---|---|---|---|---|---|
| 承载力基本值（kPa） | 170 | 200 | 240 | 300 | 380 | 480 | 620 |

**表 24-2　　细粒混合土承载力基本值**

| 孔隙比 | 0.65 | 0.60 | 0.55 | 0.50 | 0.45 | 0.40 | 0.35 | 0.30 |
|---|---|---|---|---|---|---|---|---|
| 承载力基本值（kPa） | 190 | 200 | 210 | 230 | 250 | 270 | 320 | 400 |

## 二、混合土变形评价

混合土一般不易取到不扰动土试样，因此，混合土的变形参数应由现场剪切试验或载荷试验获得。变形计算方法，可采用变形模量计算公式计算混合土的沉降量。

膨胀土、湿陷性土、盐渍土地区的混合土，常具有膨胀性、湿陷性或溶陷性，在考虑地基变形时，应考虑其膨胀、湿陷、溶陷变形，并适当考虑粗大颗粒对变形的实际影响。

## 三、混合土塔基稳定性评价

线路工程应充分考虑铁塔混合土地基与下伏岩土接触面的性质，层面的倾向、倾角，混合土体中和下伏岩土中存在的软弱结构面的倾向、倾角，核算塔基的整体稳定性。对于含巨大漂石的混合土，尤其是粒间填充不密实或为软弱土所填充时，要考虑这些漂石的滚动或滑动，影响塔基的稳定性。对可能失稳的混合土地基，线路应跨越或避让。

## 四、混合土边坡稳定性评价

线路工程评价混合土组成的边坡稳定性时，一般可参照边坡工程内容。对于混合土边坡和混合土填土边坡可参照表 24-3 和表 24-4 的坡度值，依据现场调查或当地经验确定。

**表 24-3　　混合土边坡容许坡度值**

| 混合土的密实度 | 边坡容许坡度值（高宽比） | |
|---|---|---|
| | 坡高＜5m | 坡高 5～10m |
| 稍密 | 1∶0.75～1∶1.00 | 1∶1.00～1∶1.25 |
| 中密 | 1∶0.50～1∶0.75 | 1∶0.75～1∶1.00 |
| 密实 | 1∶0.35～1∶1.50 | 1∶0.40～1∶0.75 |

**注**　本表适用于粗粒混合土。对细粒混合土中碎石土重量大于 40%且其中黏性土、粉土为硬塑、坚硬状态时，亦可参照适用。

**表 24-4　　混合土填土边坡容许坡度值**

| 填土类别 | 压实系数 $\lambda_c$ | 边坡容许坡度值（高宽比） | |
|---|---|---|---|
| | | 坡高＜8m | 坡高 8～15m |
| 粗粒混合土 | 0.94～0.97 | 1∶1.50～1∶1.25 | 1∶1.75～1∶1.50 |
| 细粒混合土 | | 1∶1.50～1∶1.25 | 1∶2.00～1∶1.50 |

## 第四节　地基处理方法

（1）对于不稳定的铁塔混合土地基，应根据其处理的技术可能性和经济合理性线路采取跨越、避开或其他处理措施。

（2）在崩塌堆积形成的混合土上立塔时，应考虑到产生滑坡、崩塌、泥石流的可能性，采取跨越、避开或其他处理措施。

（3）具有膨胀性、湿陷性、溶陷性的混合土可参照本手册有关章节采取相应措施。

（4）含有漂石且其间隙填充不密实的混合土地基，可根据漂石的大小，线路采取重锤夯击、强夯、灌浆等塔基加固措施或跨越、避让。

# 第二十五章　污　染　土

## 第一节　概　　述

### 一、污染土的定义和识别

（一）污染土的定义

由于致污物质的侵入，使土的成分、结构和性质发生了显著变异的土，判定为污染土。污染土的定名可在原分类名称前冠以“污染”二字。致污物质主要为生产及生活过程中产生的三废污染物（废气、废液和废渣）。污染源包括工业、农业和生活中产生的废弃物、有毒物等。工业上主要是生产过程中的原料泄漏和在生产中产生的附带废弃物，如制造酸碱的工厂、造纸厂、冶炼厂等；农业上主要是化肥和农药；生活中主要是垃圾和废弃物。

（二）污染土的识别

目前，我国在工程上对污染土的简易判别尚无统一的标准，一般多是与原土的对比观测和试验后确定，下列几种情况可以综合粗略地识别土体是否受污染。

(1) 环境：①场地曾是废料或垃圾堆场，或者附近有废弃料及垃圾堆场；②一些化工、冶炼、造纸、制革等工厂及车间在生产中所排放的废液，有渗入地基的可能；③金属矿的矿石堆场、选矿厂的尾矿堆场及其附近地段；④其他可能形成污染土的地段。

(2) 颜色：土体受污染后一般颜色变深，常见的有深褐、灰绿、黑灰、灰黄、棕红等颜色，有铁锈斑点。

(3) 味：常有异味。

(4) 状态：地基土受污染、腐蚀后，往往会变软，状态与致污物质有关，一般多呈软塑—流塑状态。

(5) 可塑性：受碱性介质污染后土的塑性指数可能降低，受酸性介质污染后土的塑性指数可能增大。

(6) 易溶盐含量：易溶盐含量大于0.1%。

(7) pH值：pH值一般大于7.8或小于6。

(8) 地基土的外观：建筑物地基内的土层变成具有蜂窝状结构，颗粒分散，表面粗糙，甚至出现局部孔洞，建筑物也逐渐出现不均匀沉降。

(9) 地下水：地下水呈黑色或其他不正常颜色，有特殊气味。

### 二、污染作用过程及危害

（一）污染土的作用过程

土体是一个非均质、多相的、颗粒化的、分散的多孔系统。当酸碱废液、有机物等污染物进入土体后，改变土体中孔隙水中离子成分和浓度，在溶蚀作用、结晶沉淀作用、阳离子交替吸附作用等水—土相互作用的机理下，改变了结合水、双电层及偶极（库仑）力化学键的力、离子—静电力、湿吸力，进而改变了土中水溶液的离子成分及浓度、土中黏粒含量及其他成分的亲水性、土的渗透性等方面，改变了土中水溶液成分，最后导致土体的物理力学性质产生巨大变化。主要有以下几方面作用：

(1) 溶蚀作用。溶蚀作用是指土中矿物、盐类在孔隙水溶液化学作用及渗透溶滤作用下，土中一部分物质转入水中。如溶滤作用、水解作用和脱硫酸作用等，它使土的胶结强度减弱，使土的塑性、剪切强度和压缩模量降低，使透水能力和压缩系数提高。

(2) 结晶和沉淀作用。沉淀或结晶作用是指孔隙水溶液与土中矿物、盐类及土中原存的水溶液物理化学反应生成的难溶的沉淀物或结晶，使某些元素、离子由水溶液中固结于土孔隙中或晶格体上。如浓缩作用、脱碳酸作用和混合作用等，它使土的胶结强度及塑性剪切强度和压缩模量提高，使土的透水能力和压缩系数降低。

(3) 阳离子交替吸附作用。土颗粒表面带有负电荷，能够吸附阳离子，当含有大量高价阳离子的污染物进入土体后，土体颗粒将吸附水溶液中某些阳离子，而将其原来吸附的部分阳离子转为水溶液中。正是因为这种阳离子交替吸附作用，影响或改变了对土颗粒表面双电层的发育状况、土颗粒的亲水性及颗粒间的湿吸力、可变结构吸力等性质，因此对土体的物理力学性质也产生较大影响。

因为水溶液中污染物质成分及含量不同，因此在溶液与土的相互作用的影响下，对土的物理力学性质可能是一种损伤，也可能是一种加固，需要根据土体的矿物成分及污染物的种类进行分析，并选择针对性处理方案。

(二) 污染土的危害

污染土对地基土的危害，主要表现为下面两种变形：

(1) 由于污染使地基土的结构破坏而产生沉陷变形；

(2) 由于污染使地基土膨胀，造成基础开裂、破坏及杆塔倾斜、倒塌。

除发生上述变形外，污染土因致污物质的侵入，土的成分变化，富含化学物质或离子成分，而对金属和混凝土等建筑材料具有腐蚀性。

污染土含具挥发性、毒性等物质成分时，勘测或施工期间，致污物质可能危害人体健康，甚至危及生命，应采取必要的防护措施。

### 三、污染土场地和地基分类

输电线路工程污染土场地和地基可分为下列三种类型：

(1) 已受污染的已建线路杆塔场地和地基；

(2) 已受污染的拟建线路杆塔场地和地基；

(3) 可能受污染的拟建线路杆塔场地和地基。

## 第二节　勘　测　方　法

### 一、调查

对污染土重点调查下列问题：

(1) 场地的现状与历史情况。可能造成地基土和地下水污染的物质的使用、生产、贮存，“三废”处理与排放以及泄漏状况，场地过去使用中留下的可能造成地基土和地下水污染异常迹象，如罐、槽泄漏以及废物临时堆放污染痕迹。

(2) 相邻场地现状与历史情况。相邻场地的使用情况与污染源，以及过去使用中留下的可能造成地基土和地下水污染的异常迹象，如罐、槽泄漏以及废物临时堆放污染痕迹。

(3) 周围区域的现状与历史情况。对于周围区域目前或过去土地利用的类型，如住宅、商店和工厂等。周围区域的废弃和正在使用的各类井，如水井等；污水处理和排放系统；化学品和废弃物的储存和处置设施；地面上的沟、河、池；地表水体、雨水排放和径流以及道路和公用设施。

(4) 重点调查对象一般应包括：有毒有害物质的使用、处理、储存、处置；生产过程和设备，储槽与管线；恶臭、化学品味道和刺激性气味，污染和腐蚀的痕迹；排水管或渠、污水池或其他地表水体、废物堆放地、井等。

## 二、物探

土是由固液气组成的三相系，通常意义上未被污染的土液相是水。污染成分的介入使得水中成分增加或被其他液体污染物代替，导致污染土的特性有异于正常土。一般来说污染物的介入会导致土的电阻率下降，污染物的种类、含量不同，对污染土电阻率的影响程度也不同。正是基于土体的成分发生变化，性质也会相应发生变化，污染土在勘测仪器中的反映就异于周围的正常土，非侵入性的物探方法因此能够勘测出这种异常。

针对污染土的勘测，常用的地球物理方法有直流电阻率法、低频电磁法、瞬变电磁法和激发极化法。其中直流电阻率法是应用最广泛、效果最显著的方法之一，可测量地下物体电性特征，它与孔隙度、饱和度和流体的导电性密切相关。

上述各种物探方法适用条件和技术要求等请参照本书第十四章。

## 三、勘探与原位试验

勘探方法主要包括钻探、井探和槽探，采用上述勘探方法时应注意下列问题：

（1）在采用钻探、井探或槽探进行污染土勘探时，所使用的设备和仪器应采取必要的防腐措施。

（2）钻探、井探或槽探过程中，现场注意观察污染土颜色、状态、气味和外观结构等，并与正常土比较，查明污染土分布范围和深度。

污染土除了需要根据土的类别进行一般性土的原位试验［如标准贯入试验、动（静）力触探、十字板剪切试验等］外，必要时应进行污染废液入渗和在土中运移的模拟试验等。

## 四、取样

为查明污染土的形成过程、确定污染土的性质和污染程度，并为评价提供确切可靠且有一定数量的数据，在勘测时必须采取土试验样品，对于勘测要求深度范围内揭露地下水的杆塔场地，还需采集地下水试验样品。土试验样品根据试验的目的可以是原状样，也可以是扰动样。

（1）土样。

1）试样数量除应满足一般勘测要求外，尚应满足一些特殊试验和化学分析、矿物分析的要求。

2）直接接触试验样品的取样设备应严格保持清洁，每次取样后均应用清洁水冲洗后再进行以一个样品的采取。

3）对于已受污染，且勘测要求深度范围内揭露地下水的杆塔场地，地下水位以上、水位线附近及以下均应设置土试样采样点。

4）对易分解或易挥发等不稳定组分的样品，采集时应尽量减少度样品的扰动，严禁对样品进行均质化处理；装样时应尽量减少土样与空气的接触时间，防止挥发性物质流失并防止发生氧化。

5）土样采集后宜采取适宜的保存方法，并在规定的时间内运送实验室。

（2）水样。

1）对于已受污染，且勘测要求深度范围内揭露地下水的杆塔场地，须采取地下水试样进行水质分析，且在场地内地下水上下游及污染区域内应至少设置三个地下水采样点。

2）对受污染区域，若勘测要求深度范围内揭露到地下水，地下水位以下应同时采取土试样和水试验分别进行易溶盐和水质简分析。

3）同一钻孔内采取不同深度的地下水试样时，应采用严格的隔离措施，防止因采取混合水样而影响判断结论。

## 五、室内试验

（1）除做常规土工试验和水质分析项目外，尚应根据土的特性增加特殊试验项目和进行土的化学成分和矿物成分分析，必要时应进行土的显微结构、土胶粒表面吸附阳离子交换量和成分、离子发生基（如易溶硫酸盐）的成分及含量、污染土和未污染土及污染程度不同的对比试验。

（2）应根据土在污染后可能引起的性质改变，确定相应的特殊试验项目，如膨胀试验、湿化试验、湿陷试验等。

（3）土的化学成分分析应包括全量分析、某元素（或某化合物）的定量分析、易溶盐含量、pH 值试验，土对金属和混凝土腐蚀性分析，有机质含量分析以及矿物、物相分析等。对于一个场地需进行的试验和分析项目及数量应根据具体情况而定。

（4）为查明污染土的分布、污染程度及其特征，至少应选择三种以上的特征指标做分析。常用的特征指标有：易溶盐含量、pH 值、有机质含量等。这些特征指标的分析数量要确保划分污染区及评价的要求。

（5）为预测地基土受某溶液污染的后果时，可事先取样进行模拟实验。

（6）水中污染物含量分析，水对金属和混凝土的腐蚀性分析及其他项目。

## 六、各勘测阶段要求及注意事项

### （一）可行性研究阶段

本阶段勘测以收集资料和现场调查为主，在充分研究已有资料的基础上，针对影响拟选线路路径的污染土场地进行踏勘调查，调查污染土分布情况、污染程度及物理力学特性等，分析拟选线路路径绕避污染土场地可行性。

### （二）初步设计阶段

本阶段勘测在可行性研究阶段勘测成果基础上，进一步开展现场调查，必要时配合少量勘探测试，查明污染源性质、污染途径，并初步查明污染土分布和污染程度。对工业污染源应着重调查污染源、污染史、污染途径、污染物成分、污染场地已有建筑物受影响程度、周边环境等；对尾矿污染应重点调查不同的矿物种类和化学成分，了解选矿所采用的工艺、添加剂及其化学性质和成分等；对垃圾填埋场应着重调查垃圾成分、日处理量、堆积容量、使用年限、防渗结构、变形要求及周边环境等。

### （三）施工图设计阶段

本阶段勘测在初步设计阶段勘测取得成果基础上，塔基定位时对可能受污染或已污染土场地进行避让，无法避让时，应结合输电线路工程特点、可能采用的处理措施，开展专项研究勘测，有针对性地布置勘测工作量，查明污染土的分布范围、污染程度、物理力学和化学指标，为污染土处理提供参数。本阶段勘测需满足以下要求：

（1）对可能受污染的拟建线路杆塔场地，勘测时逐基布置勘探点。但为查明污染源与场地之间的关系，勘探点的数量可适当增加，为预测场地地基土被污染后土的物理力学性质，需进行在土样中添加污染物后土的物理力学试验和化学分析，土试样的数量也应适当增加。

（2）对于已受污染的输电线路杆塔场地（包括拟建和已建杆塔场地），由于污染土分布的不均匀性，应加密勘探点，以查明污染土的分布。宜进行多腿勘探，勘探点布置的原则应近污染源处密，远污染源处疏。勘探孔的深度应穿透污染土，达到未污染土层。取土试样和原位试验数量宜比一般性土增加 1/3～1/2。

（3）有地下水的勘探孔应采取不同深度地下水试样，查明污染物在地下水中的空间分布。

（4）对污染土的勘探测试，当污染物对人体健康有害或对机具仪器有腐蚀性时，应采取必要的防护措施。

### （四）注意事项

污染土地区勘测前，应依据前期收集的成果资料，根据不同污染源的成分、性质及污染土空间分布特征，制定合理有效的职业健康安全及环境保护措施，确保勘测人员安全，避免污染物扩散对未污染地段的影响。勘测过程需注意事项主要有：

（1）建立污染土场地勘测环境、职业健康安全管理体系，明确严格防护到位、保护环境的目标，并针对目标进行指标管理。

（2）项目勘测组织设计、安全防护、环境保护和应急预案交底。使勘测人员了解污染土勘测重点及对人员、环境的影响，勘测环境保护注意事项，并提高人员安全意识。

（3）勘测人员有针对性的配备防毒手套、防护面罩、防尘口罩等防护器具，必要时配备氧气瓶等进场作业；勘测过程中应做到勘测人员不直接接触污染土及污染源。

（4）勘探孔实施过程中，应注意对污染土周边具隔离作用岩土层等隔离层的保护，避免污染土中污染物的人为扩散，有效保护环境。

## 第三节　评价方法及要求

污染土评价应根据任务要求进行，一般包括场地污染程度评价、污染对土的工程特性影响评价、污染土的腐蚀性评价。对场地和建筑物地基的评价应符合下列要求：

（1）污染源的位置、成分、性质、污染史及对周边的影响。

（2）污染土分布的平面范围和深度、地下水受污染的空间范围。

（3）污染土的物理力学性质，污染对土的工程特指标的影响程度。

（4）工程需要时，提供地基承载力和变形参数，预测地基变形特征。

（5）污染土和水对建筑材料的腐蚀性。

（6）污染土和水对环境的影响，其评价应结合工程具体要求进行，无明确要求可按现行国家标准GB 15618《土壤环境质量标准》GB/T 14848《地下水质量标准》和 GB 3838《地表水环境质量标准》进行评价。

### 一、污染程度的评价

#### （一）污染特征指标的确定

对已受污染场地，应进行污染分级和分区。污染等级应根据场地内污染特征指标来确定，污染特征指标应选择能较明确地反映场地土体被污染的程度，一般应具备下列条件：

（1）与土和污染物相互作用有明显的相关性；

（2）与土的物理力学指标变化有明显的相关性；

（3）测定该参数有较简易、快速、经济的方法。

符合这些条件的有：易溶盐含量、pH 值、有机质含量，或者某一元素、某一化合物、某一物理力学指标，甚至颜色、嗅味、状态等。在定量划分有困难时，也可采用半定量的标准。

#### （二）污染程度划分

污染土场地的划分可根据土污染的程度和对建筑物的危害程度确定，一般可划分为严重污染土场地、中等污染土场地和轻微污染土场地三个级别。

（1）严重污染土是指土的物理力学指标有较大幅度变化，地基土的性质变化较大的土。

（2）中等污染土是指土的物理力学指标有明显变化，地基土的性质也发生了一定变化的土。

（3）轻微污染土是从土的化学分析中检测出含有污染物，而其物理力学性质无变化或只有轻微变化。

场地污染等级的划分是选用某一（某些）污染特征指标作定量或半定量标准。

### 二、污染对土的工程特性影响程度评价

污染对土的工程特性影响程度可按表 25-1 划分。根据工程的具体情况，可采用强度、变形、承载力、渗透等工程特性指标进行综合评价。

表 25-1　污染对土的工程特性影响程度

| 影响程度 | 轻微 | 中等 | 大 |
| --- | --- | --- | --- |
| 工程特性指标变化率（%） | <10 | 10～30 | >30 |

注　“工程特性指标变化率”是指污染前后工程特性指标的差值与污染前指标之百分比。

污染土的承载力和变形参数应由载荷试验确定；污染土的强度指标应由现场剪切试验获得，并宜进行污染与未污染和不同程度污染的对比试验。

## 三、腐蚀性评价

污染土和地下水对金属和混凝土都具有腐蚀性，腐蚀性评价也应按照污染等级分区给出。污染土和地下水的腐蚀性评价，可按照 GB 50021《岩土工程勘察规范》执行。GB 50046《工业建筑防腐蚀设计规范》规定，污染土对建筑材料的腐蚀性，根据介质的类别按表 25-2 确定。

表 25-2　污染土对建筑材料的腐蚀性等级

| 介质组分 | 指标 | 钢筋混凝土 | 素混凝土 |
| --- | --- | --- | --- |
| 硫酸根离子 $SO_4^{2-}$ 含量（mg/kg） | >6000 | 强 | 强 |
| | 1500～6000 | 中 | 中 |
| | 400～1500 | 弱 | 弱 |
| 氯离子 $Cl^-$ 含量（mg/kg） | >7500 | 中 | 弱 |
| | 750～7500 | 弱 | 无 |
| | 400～750 | 无 | 无 |
| 氢离子指数（pH 值） | <3 | 强 | 强 |
| | 3.0～4.5 | 中 | 中 |
| | 4.5～6.0 | 弱 | 弱 |

《工程地质手册》（第四版）中污染土对钢铁、铝的腐蚀性评价标准如表 25-3 和表 25-4。

表 25-3　污染土对钢铁管道腐蚀性评价标准

| 测试项目 | 单位 | 腐蚀等级 | | |
| --- | --- | --- | --- | --- |
| | | 弱腐蚀 | 中腐蚀 | 强腐蚀 |
| pH 值 | | >6.1 | 6.0～4.0 | <4 |
| 氧化还原电位（Eh） | mV | >200 | 200～100 | <100 |
| 电阻率 | Ωm | >100 | 100～50 | <50 |
| 极化电流密度 | $mA/cm^3$ | <0.05 | 0.05～0.20 | >0.20 |
| 质量损失 | $g^{-6}V/24hW$ | >1 | 1～2 | <3 |

注　表中的数据亦适用于其他钢铁结构。

表 25-4　污染土对铝结构腐蚀的评价标准

| 测试项目 | 单位 | 腐蚀等级 | | |
| --- | --- | --- | --- | --- |
| | | 弱腐蚀 | 中腐蚀 | 强腐蚀 |
| pH 值 | | 6.0～7.5 | 4.5～5.9 | <4.5 |
| | | | 7.6～8.5 | >8.5 |
| $Cl^-$ | g/kg | <0.01 | 0.01～0.05 | >0.05 |
| $Fe^{3-}$ | g/kg | <0.02 | 0.02～0.10 | >0.10 |

注　有两项或以上具有腐蚀时，取高等级者，作为土腐蚀等级评价结论，但应在报告中注明各项腐蚀等级。

## 第四节 地基处理方法

### 一、防治

对污染土勘察的目的在于对其进行防治和处理，并根据污染物种类、土体成分等进行分析并进行防治和处理。

（1）对可能遭受污染风险较高的拟建杆塔场地或已建杆塔场地，应调查污染物的成分、污染范围、发展趋势等，当确定污染源可能对杆塔地基土产生有害结果时，应采取防止污染物侵入杆塔场地的措施，如清除污染源、截断污染物侵入通道、对塔基采取隔离措施等。

（2）对于已查明受污染的杆塔场地，应认真分析污染物与土体相互作用的情况，当引起污染土体的强度降低，或土体物理力学性质的变化不利于塔基，或污染物对塔基具有腐蚀性及其他影响时，应对污染场地进行详细分析，根据污染范围、污染严重程度进行防治和处理。

（3）在进行污染场地的防治和处理前，应加强对污染源的监控，以及对污染范围发展趋势的预测分析，以确定防治和处理的范围、措施、等级。

（4）污染土的防治和处理，应加强对防治和处理效果的监测，应监测污染范围的扩散情况，场地土与污染物相互作用结果。

### 二、地基处理方法

对于受污染的杆塔场地则应根据勘察结果，视污染等级、污染范围、发展趋势、污染物种类、污染物与地基土体相互作用结果进行分析，并选择相应处理方法。对于输电线路工程受污染的地基土，可采用的地基处理措施包括：

（1）换土垫层法处理。对于污染深度不大、污染程度较轻的杆塔地基，可局部或全部挖除已污染的土体，换填质地坚硬、强度较高、性能稳定、具有耐侵蚀性的材料。垫层换填深度应至污染土层底部或至污染物对土体影响很小位置，同时还应满足承载力计算要求。对于挖除的污染土应进行去污处理，可采用焚烧、填埋、化学淋洗等方式处理。采用换土垫层法处理时，根据GB 50046《工业建筑防腐蚀设计规范》，塔基基础和垫层的防护应满足表25-5的要求。

表25-5 基础与垫层的防护要求

| 腐蚀性等级 | 垫层材料 | 基础的表面防护 |
|---|---|---|
| 强 | 耐腐蚀材料 | 1. 环氧沥青或聚氨酯沥青涂层，厚度≥500μm<br>2. 聚合物水泥砂浆，厚度≥10mm<br>3. 树脂玻璃鳞片涂层，厚度≥300μm<br>4. 环氧沥青、聚氨酯沥青贴玻璃布，厚度≥1mm |
| 中 | 耐腐蚀材料 | 1. 沥青冷底子油两遍，沥青胶泥涂层，厚度≥500μm<br>2. 聚合物水泥砂浆，厚度≥5mm<br>3. 环氧沥青或聚氨酯沥青涂层，厚度≥300μm |
| 弱 | 混凝土C20<br>厚度100mm | 1. 表面不做防护<br>2. 沥青冷底子油两遍，沥青胶泥涂层，厚度≥300μm<br>3. 聚合物水泥浆两遍 |

注 1. 当表中有多种防护措施时，可根据腐蚀性介质的性质和作用程度、基础的重要性等因素选用其中一种。
2. 埋入土中的混凝土结构或砌体结构，其表面应按本表进行防护。砌体结构表面应先用1：2水泥砂浆抹面。
3. 垫层的耐腐蚀材料可采用沥青混凝土（厚100mm）、碎石灌沥青（厚150mm）、聚合物水泥混凝土（厚100mm）等。

（2）换水法处理。对于以水的腐蚀性为主的杆塔地基，或仅地下水具有腐蚀性的场地，且无其他污染物，可采用换地下水方式进行处理。根据调查结果，可注入 pH＝8～9 的人工配置溶液进行处理，使处理后地下水 pH 值在 7～9 之间，对地下结构、基础的腐蚀性为微腐蚀。

（3）对受污染的松散砂土，粉土、黏性土、素填土及杂填土场地，可采用砂石桩（或碎石桩）置换法或者挤密砂石桩法进行处理。

（4）如污染土层厚度较大，且难以采用其他方式处理时，可采用桩基础穿越污染土层。桩身防护应满足表 25-6 的要求。

**表 25-6　　混凝土桩身的防护**

<table>
<tr><th rowspan="3">桩基础类型</th><th rowspan="3">防护措施</th><th colspan="9">腐蚀性等级</th></tr>
<tr><th colspan="3">$SO_4^{2-}$</th><th colspan="3">$Cl^-$</th><th colspan="3">pH 值</th></tr>
<tr><th>强</th><th>中</th><th>弱</th><th>强</th><th>中</th><th>弱</th><th>强</th><th>中</th><th>弱</th></tr>
<tr><td rowspan="3">预制钢筋混凝土桩</td><td>1. 提高桩身混凝土的耐腐蚀性能</td><td colspan="2">采用抗硫酸盐硅酸盐水泥、掺入抗硫酸盐的外加剂、掺入矿物掺和料</td><td rowspan="3">可不防护</td><td colspan="2">掺入钢筋阻锈剂、掺入矿物掺和料</td><td rowspan="3">可不防护</td><td>—</td><td>—</td><td rowspan="3">可不防护</td></tr>
<tr><td>2. 增加混凝土腐蚀裕量（mm）</td><td>≥30</td><td>≥20</td><td>—</td><td>—</td><td>≥30</td><td>≥20</td></tr>
<tr><td>3. 表层涂刷防腐蚀涂层（μm）</td><td>厚度≥500</td><td>厚度≥300</td><td>厚度≥500</td><td>厚度≥300</td><td>厚度≥500</td><td>厚度≥300</td></tr>
<tr><td rowspan="2">预应力混凝土管桩</td><td>1. 提高桩身混凝土的耐腐蚀性能</td><td rowspan="4">不应采用此类桩型</td><td>采用抗硫酸盐硅酸盐水泥、掺入抗硫酸盐的外加剂、掺入矿物掺和料</td><td rowspan="2">可不防护</td><td rowspan="2">不宜采用此类桩型</td><td>掺入钢筋阻锈剂、掺入矿物掺和料</td><td rowspan="2">可不防护</td><td rowspan="4">不应采用此类桩型</td><td>—</td><td rowspan="2">可不防护</td></tr>
<tr><td>2. 表层涂刷防腐蚀涂层（μm）</td><td>厚度≥300</td><td>厚度≥300</td><td>厚度≥300</td></tr>
<tr><td rowspan="2">混凝土灌注桩</td><td>1. 提高桩身混凝土的耐腐蚀性能</td><td colspan="2">采用抗硫酸盐硅酸盐水泥、掺入抗硫酸盐的外加剂、掺入矿物掺和料</td><td rowspan="2">不应采用此类桩型</td><td colspan="2">掺入钢筋阻锈剂、掺入矿物掺和料</td><td>—</td><td>—</td></tr>
<tr><td>2. 增加混凝土腐蚀裕量（mm）</td><td>≥40</td><td>≥20</td><td>—</td><td>—</td><td>≥40</td><td>≥20</td></tr>
</table>

注 1. 在 $SO_4^{2-}$、$Cl^-$ 的介质作用下，桩身混凝土材料应根据防腐蚀要求，采用或掺入表中 1～2 种耐腐蚀材料；当桩身混凝土采用或掺入耐腐蚀材料后已能满足防腐蚀性能要求时，不再采用增加混凝土腐蚀裕量和表层涂层的措施。

2. 当桩身采用的混凝土不能满足防腐蚀性能时，可采用增加混凝土腐蚀裕量或表层涂刷防腐蚀涂层的措施。

3. 在预应力混凝土管桩中，不得采用亚硝酸盐类的阻锈剂。

4. 桩身涂刷防腐蚀涂层的长度，应大于污染土层的厚度。

5. 当有两类介质同时作用时，应分别满足各自防护要求，但相同的防护措施不叠加。

6. 在强腐蚀环境下必须选用预应力混凝土管桩时，应经试验论证，并采取可靠措施，确能满足防腐蚀要求时方可使用。

7. 表中“—”表示不应采用此类防护措施。

（5）选择地基处理方法时，应符合以下要求：

1）如场地地基土受污染影响产生沉降、变形、裂缝等破坏，表明场地土污染等级达到严重污染程度，软化特征明显，不宜采用水泥灌浆或高压喷射注浆法进行处理。

2）当地下水或土中含有过量硫酸盐（>0.1%）和氯盐（>0.5%）时，不宜采用水泥灌浆或高压喷射注浆方法进行处理。

3）当地下水或土样的腐蚀性为中等腐蚀或强腐蚀时（pH 小于 5），不宜采用水泥作为固化剂的深层搅拌法进行加固处理。

4）当场地土或地下水受酸性污染，酸性或硫酸盐介质条件下，不应采用灰土垫层、挤密灰土桩和石灰桩进行处理。

5）有机质污染的红黏土场地，因有机质改变黏土颗粒结构，引起土体物理力学性质巨大变化，弱化水泥与黏土的水化程度，导致水泥土桩的力学性能软化，不宜采用水泥土搅拌桩进行处理。

### 三、施工注意事项

根据污染源的成分、性质及污染土空间分布等特征，对污染土场地杆塔施工注意事项如下：

（1）施工过程中做好挥发物及毒性的检测，以便施工人员配备必要的防护器具，如佩戴防毒手套、防护面罩、防尘口罩等。

（2）施工过程中污染源及运移跟踪监测，避免液性污染物直接伤害施工人员。

（3）施工人员的安全教育、场地明暗火使用、人员进食及用水注意事项。

（4）污染土开挖弃土堆放及外运处置注意事项。

（5）其他与污染源及其特性相关的注意事项，对施工安全风险进行评价，并提出合理建议。

## 第五节 工 程 实 例

### 一、工程概况

广东某电厂拟在原老厂（一期工程）东侧扩建 2 台 600MW 超临界燃煤发电机（见图 25-1），在扩建工程场地初步设计阶段勘察过程中，发现场地西部含碎石素填土堆及其附近土和地下水水具强酸性，pH 值最小为 2.26，且 $SO_4^{2-}$ 离子含量较高，最高为 6160.0mg/L，对混凝土结构具强腐蚀性。为了为该电厂初步设计阶段总平面布置、优化、基础选型及地基处理等提供依据，需要查明污染源、污染范围、污染物的化学成分、污染途径、污染史等，并提出污染土和地下水的处理意见。

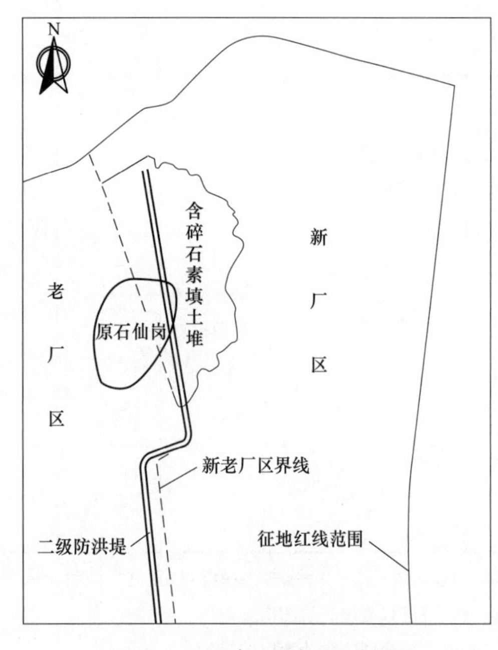


图 25-1　拟建工程场地示意图

### 二、工程地质概况

根据钻探资料，拟建工程场地内分布的主要土层有：人工成因素填土、冲填土，冲积成因的粉质黏土、黏土，淤积成因的淤泥质土，冲积成因的粉砂，坡残积成因的粉质黏土、黏土，基岩为各风化等级的砾岩、砂岩、泥岩、泥灰岩及石灰岩。场地素填土分为含碎石素填土和素填土两种，分布于厂区表层。其中含碎石素填土主要分布于新厂区含碎石素填土堆地段和老厂区部分地段，素填土主要分布于新厂区场地回填地段。此外，根据拟建工程所在区域地质资料，场地附近局部零星分布有不具开采价值的多金属硫化物矿点。

### 三、水文地质条件

拟建工程场地主要含水层有松散土类含水层和层状岩类裂隙含水层，其中松散土类孔隙含水层在垂向上又可分填土孔隙含水层、粉砂和淤泥质砂孔隙含水层上下两层。

## 四、污染源和污染范围调查方法及过程

该电厂初步设计阶段勘察初期，发现新厂区中北部西侧地下水和素填土具强腐蚀性，随即又在新厂区其余地段采集多组水样和土样进行腐蚀性分析，初步查明场地内水土污染与新厂区中北部西侧含碎石素填土有关。为进一步查明场地污染土的污染源及污染范围，针对污染土进行了专门勘察。

根据现场走访调查，场地及其周边地区勘察近期及历史上无工矿企业分布，局部见零星煤矿、铁矿等民间开采点。因此，可排除工矿企业生产等人为污染源对场地的污染，将污染源锁定在场地内。勘察期间，首先围绕新厂区中北部西侧含碎石素填土堆及其周边范围布置勘探点（第一批勘探点），待查明该地段的污染物和划定污染范围后，再将勘察范围扩大到整个厂址区（第二批勘探点），包括新厂区和老厂区。勘探点布置情况见图 25-2。

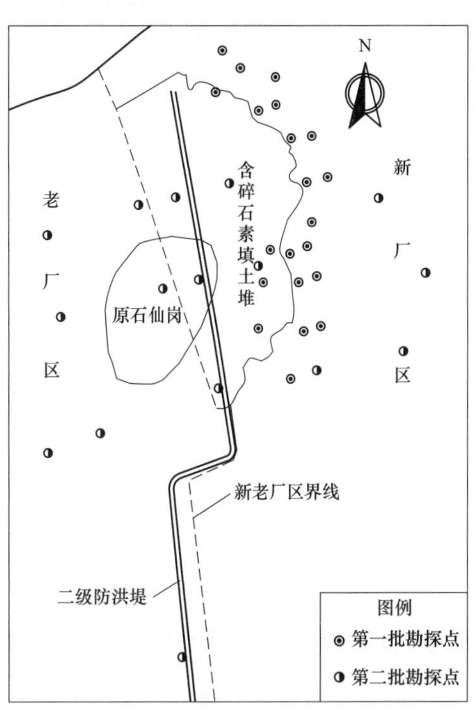


图 25-2　场地勘探点布置示意图

第一批勘探点共有 21 个，其中取水样钻孔 17 个，取土样钻孔 4 个。取水孔主要围绕场地中北部西侧碎石素填土的东部和南北两端进行布置，目的是控制污染范围的边界。所有取水孔水样采用分层采取，即分填土层、黏性土层和基岩三层采取水样，目的是确定地下水垂向污染范围。取土孔主要布设在场地中北部西侧含碎石素填土堆上，因含碎石素填土下部即为隔水性较好、厚度较大的黏性土层，所以只采取上部不同深度范围的含碎石素填土样。

第二批勘探点共有 16 个，含取水、土、岩样钻孔和现场注水、压水试验钻孔。目的是进一步核实老厂区和新厂区下部岩石的岩性及是否存在硫化物蚀变岩、老厂区是否存在具腐蚀性的土层和地下水及其与新厂区水土腐蚀的关系以及查明厂区岩土层的透水性等。

## 五、污染源和污染范围调查结果及分区评价

### （一）地下水和土腐蚀范围确定

根据场地地下水和土的污染调查结果，新厂区地下水和土的腐蚀范围在平面上为中北部西侧含碎石素填土地段及其东侧约 30m 范围；老厂区水土腐蚀范围在平面上为主厂房东侧及西部江边局部等有含碎石素填土分布地段。整个厂区垂向上主要为上层素填土以及上层填土孔隙水的污染，局部渗透性较强的土层，其垂直污染范围可能会向下延伸较深，但下部如有隔水较好的黏土或粉质黏土层，其延伸深度较浅。厂区下部松散土类（粉砂和淤泥质砂土）孔隙水因其上部多有渗透性较弱的黏性土存在，而未被污染。深部层状岩类裂隙水上部有厚度较大、隔水较好的黏土分布，未被污染。

### （二）地下水和土腐蚀等级分区评价

通过现场调查和勘察，确定场地污染特征因子为 pH 值和硫酸盐。根据场地地下水、土 pH 值和 $SO_4^{2-}$ 含量及腐蚀性分析评价结果，分别根据 pH 值大小和 $SO_4^{2-}$ 含量对场地进行腐蚀等级划分，结果见图 25-3 和图 25-4。

## 六、地下水和土层中的腐蚀介质成因分析

根据工程所在区域地质资料，厂区原石仙岗地段为不具工业开采价值的多金属硫化物蚀变点。通过现场踏勘和对勘测成果进行分析，该硫化物蚀变地段仅限于原石仙岗位置，以黄铁矿化、硅化为主。电厂一期工程建设时，对石仙岗（包括多金属硫化物蚀变地段）进行开挖、平整场地，将开挖出来的土石

方回填至新厂区和老厂区部分地段。新厂区中北部西侧的含碎石素填土堆即为当时开挖回填而形成。

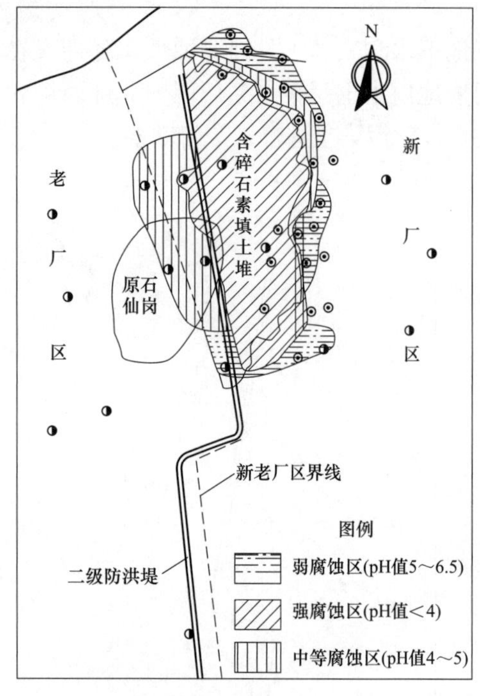


图 25-3　场地 $H^+$（pH 值）腐蚀性等级分区图

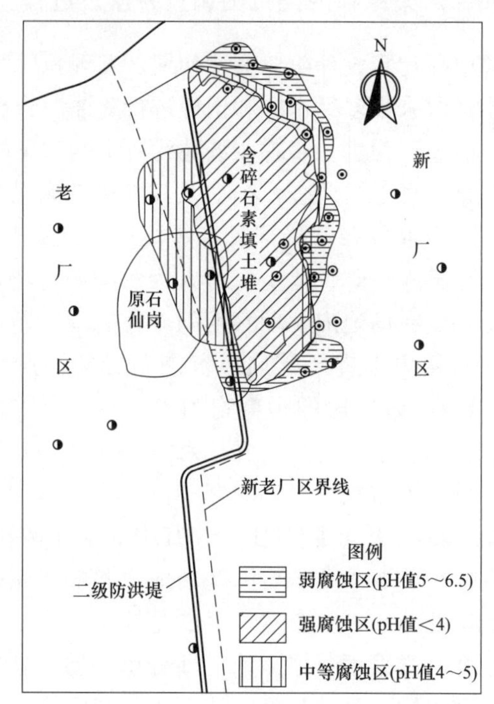


图 25-4　场地 $SO_4^{2-}$ 腐蚀性等级分区图

通过现场调查以及碎石化学成分分析和岩矿鉴定结果，含碎石素填土中的碎石主要为黄铁矿化硅化细粒长石石英砂岩、黄铁矿化碎裂中细砂质粉砂岩等，部分碎石具多金属硫化物蚀变现象，其化学成分为 Fe、Cu、Pb、Zn、S 等，且以黄铁矿（$FeS_2$）为主。

结合含碎石素填土中的碎石岩矿鉴定和化学成分分析结果，场地局部地段土层和地下水呈酸性的原因分析如下：

分布于新厂区中北部西侧的含碎石素填土长期暴露于地表，不断地遭受风化作用，其中的多金属硫化物在水和氧气的作用下，不断地被氧化，从而使碎石中的硫化物（主要为黄铁矿 $FeS_2$）氧化析出 $H^+$、$SO_4^{2-}$ 等，并在雨水和地表水的淋滤、冲刷作用下，又将 $H^+$、$SO_4^{2-}$ 等酸性物质带入浅层地下水中，造成了含碎石素填土层及其临近范围浅层地下水中也含有 $SO_4^{2-}$ 和 $H^+$ 等成分，从而具有酸性。

上述腐蚀介质形成过程，是一个缓慢和持续的过程，也是含碎石素填土中的地下水虽经过十几年的疏排而酸性并没有明显减弱的原因。

通过以上分析，可以判定新厂区地下水和土层腐蚀介质中的 $H^+$、$SO_4^{2-}$ 来源于厂区中北部西侧含碎石素填土层。而含碎石素填土层为一期工程建设过程中开挖石仙岗多金属硫化物蚀变带岩石，并经短途搬运堆积而成。由于此填土层，在地势上高于其东侧 3～5m，致使具腐蚀性的地下水向其东侧地势较低的回填区径流、排泄，进而使水土腐蚀范围向东侧扩展了约 30m。

整个厂区勘测揭露的岩石主要为砾岩、砂岩等。仅在原石仙岗地段钻孔中揭露到含硫化物蚀变岩石。根据水质分析结果和现场测试，深部基岩及其中的地下水不具酸性和腐蚀性。场地下伏岩层裂隙不甚发育，局部裂隙发育地段多为钙质和泥质充填，导水性弱，在深埋地下的状态下，处于还原环境，岩层中硫以硫化物形式存在，没有 $H^+$、$SO_4^{2-}$ 析出。因此，可以断定场地地下水的污染与下伏基岩无直接关系。

## 七、污染土和地下水处理建议

考虑到本工程防腐和治理范围大，成本高，难度大。因此建议电厂建筑物尽量避开污染土（即前述含碎石素填土堆）范围，并采取如下治理方案和防腐措施：

（1）覆盖和防渗措施。对厂区内污染土主要分布区，即新厂区中北部西侧和老厂主厂房东侧围墙外部的含碎石素填土层分布区，采取在其上用黏土进行覆盖，以隔绝空气，防止雨水的冲刷、淋滤。并在污染土主要分布区东侧及南北两端腐蚀边界上建立防渗帷幕或围堰，以阻止受污染地下水继续向外径流扩散。防渗帷幕（或围堰）的深度要深入黏性土层的底板。为防止防渗帷幕（或围堰）被腐蚀而失去防渗作用，要采取防腐蚀措施。

另外，因防渗帷幕（或围堰）的建立会使被覆盖和防渗地段地下水位升高，改变径流途径，因此，要在防渗帷幕（或围堰）附近采取收集地下水措施，收集到的地下水进行就地处理。可以修筑排水盲沟的形式收集地下水排水。

（2）被动防腐措施（工程防护方案）。对于布置于厂区主要污染土分布地段的建构筑物和基础需要按照相关标准采用防腐措施。如果在厂区中北部西侧含碎石素填土中设立冲孔桩或钻孔桩，桩基础对于pH值的抗腐蚀性，需按照pH值在强透水层中对混凝土结构的最高腐蚀强度对整个桩进行设计。

（3）换土垫层。对污染土污染相对较轻，且分布范围较小地段，采取换土垫层的方法进行治理。即将已污染的土挖除，换填未污染土或耐腐蚀的砂石等。如新厂区输煤栈桥沿线局部地段表层含碎石素填土pH值（4.73）较低，且分布范围不大，可采取换土垫层的方法进行治理。但应注意将挖除的污染土及时处理，避免造成二次污染。

最后需要说明的是，因场地内的含碎石素填土和素填土均含碎石、块石，尤其是含碎石素填土碎石、块石含量非常高，现场无法取原状土样进行室内土工试验，仅进行了标准贯入试验和重型动力触探，因此未获得污染土的物理参数及力学指标，也未进行污染土污染前后的物理力学指标对比。

# 第二十六章 风化岩和残积土

## 第一节 概 述

### 一、定义

风化岩和残积土都是新鲜岩石风化的产物，风化岩是新鲜岩石在物理和化学作用下形成的残留物，和原岩相比，风化岩的颜色、结构、成分均在风化作用下发生了变化，出现了风化节理和裂隙，且风化程度越大，节理裂隙越多。残积土是风化岩进一步风化的产物。风化岩和残积土均保持在原岩所在的位置，没有受到搬运。风化岩和残积土的共同点是二者都是岩石风化的产物，区别是风化岩的受风化程度较轻，保存的原岩性质较多，残积土风化程度极重，基本上看不到原岩结构。风化岩的结构、成分及性状更接近于母岩，而残积土完全被风化成了土状物。

综上，风化岩和残积土的定义：在风化营力作用下，使其结构、成分和性质产生了不同程度变异、且未经搬运的岩石即为风化岩，已完全风化为土而未经搬运的则为残积土。

### 二、分类

风化岩和残积土的划分可采用标准贯入试验或无侧限抗压强度试验，也可采用波速测试进行划分，同时可结合当地经验和岩土的特点确定。

花岗岩的风化程度因其从上至下存在渐变过程，有时难以直观地区分残积土和全风化岩石、全风化岩石和强风化岩石。福建省地方标准 DBJ 13《岩土工程勘察规范》对花岗岩残积土和风化岩的划分标准见表 26-1。

表 26-1　　花岗岩残积土和风化岩划分标准

| 残积土和风化岩 | 标准贯入试验击数 $N$ | 剪切波波速 $V_s$(m/s) | 饱和单轴抗压强度标准值 $f_{rk}$(MPa) |
|---|---|---|---|
| 残积土 | <30 | <250 | |
| 全风化花岗岩 | $30 \leqslant N < 50$ | 250～350 | |
| 强风化花岗岩 | ⩾50 | 350～500 | ⩽30 |
| 中等风化花岗岩 | | 500～1500 | 30～60 |
| 微风化花岗岩 | | 1500～2000 | ⩾60 |

### 三、主要物理力学性质

残积土的主要物理性质指标为天然含水量、土粒比重、质量密度、天然孔隙比、液限、塑限、液性指数、塑性指数等，主要力学性质指标为压缩系数、压缩模量、黏聚力、内摩擦角等；风化岩的主要物理力学指标为质量密度、单轴抗压强度、弹性模量、泊松比等。

风化岩和残积土的物理力学性质指标主要通过室内岩石试验和土工试验取得，全风化岩石性质接近于残积土，一般可按残积土的特点进行室内试验。强风化岩由于取样较为困难，故室内试验资料甚少。当强风化岩性质近于残积土时，可按残积土的特点进行室内试验。当强风化岩性质接近于中等风化岩石时，可按岩石的要求进行室内试验。

## 第二节　勘　测　方　法

常用的勘测方法为工程地质调查、钻探、坑探、槽探、井探、洛阳铲钻探以及人工小钻等。勘测过程中应首先逐基进行工程地质调查，在此基础上酌情开展适量的勘探工作，以查明风化岩和残积土的分布和工程性质。

### 一、工程地质调查

工程地质调查是线路工程中最常用的勘测手段与方法，它可以充分发挥工程技术人员的工程经验，利用风化岩和残积土的分布规律。

工程地质调查的内容主要为：风化岩和残积土的岩石名称、物质组成和分布特征，分布、埋深及厚度，岩石的风化程度，岩土的均匀性，破碎带和软弱夹层的分布，残积土中有无风化残留体，有无囊状风化现象，节理、裂隙的发育情况，残积土开挖暴露后的抗风化能力，地下水的赋存条件等。

必要时，在此过程中应穿插开展勘探工作，以验证和修正地质调查成果，同时为后续地质调查过程中更准确地把握地质条件提供经验支撑。

### 二、勘探

残积土性质较为稳定，输电线路工程对残积土和风化岩勘测的主要目的之一为查明残积土和上部全风化、强风化岩石的厚度，多数岩石至中等风化岩石后，其完整性、强度均趋于稳定，一般即可终止勘探。勘探方法包括钻探、坑探、槽探、井探及洛阳铲探等多种方法，其中钻探一般分为机械钻机钻探和人工小钻钻探。

当覆盖层厚度不大时，对风化岩和残积土常采用坑探、槽探或洛阳铲钻探的方法进行。西北戈壁滩、内蒙古草原或东北地区等交通条件较好、人烟较为稀疏的地区常采用汽车钻进行勘探。

### 三、原位测试

为了查明风化岩和残积土的物理力学性质，需进行原位测试和室内试验。原位测试可采用圆锥动力触探试验、标准贯入试验、波速测试或载荷试验等。对强风化、中等风化岩石和残积土（全风化岩石），常可用圆锥动力触探、标准贯入试验及静力触探进行剖面划分。为划分风化带，必要时，可采用波速测试，并与其他测试结果建立关系。

### 四、室内试验

#### （一）残积土的室内试验

进行残积土的室内物理力学性质试验时，应注意与一般土的区别，在试验和使用试验结果时应注意以下特点。

由于残积土中一般含有粗大颗粒，因此，其天然重度试验宜用大块土进行；测定重度时，应注意土样要有代表性；土中含有粗大颗粒的多少，对天然含水量的测定值影响很大，室内测定土的含水量时，常取少量土样，大颗粒常被剔除，在使用含水量资料时应予注意；残积土内粗、细粒的矿物成分常不同，它们的比重常相差较大，在比重测试和使用比重资料时应予注意；由于残积土的结构性以及土中常有粗大颗粒，以小体积环刀所取的土样常因对土样破坏严重，压缩性资料常不能反映实际情况。

风化岩和残积土宜在探井中人工取样，当采用机械钻机取样时，应采用双重管或三重管取样器，以保证所采取的风化岩样的质量。对极软岩可按土工试验要求进行室内试验。

花岗岩残积土多为粗粒土和细粒土的混合土，为求得合理的液性指数，应测定其中细粒土的天然含水量、塑限、液限，试验应筛去粒径大于0.5mm的粗颗粒后再做。而常规试验方法所作出的天然含水量失真，计算出的液性指数都小于零，与实际情况不符。细粒土的天然含水量可以实测，也可用式（26-1）计算：

$$\omega_f = \frac{\omega - \omega_A \cdot 0.01P_{0.5}}{1 - 0.01P_{0.5}} \tag{26-1}$$

式中 $\omega_f$——花岗岩残积土中细粒土的天然含水量，%；

$\omega$——花岗岩残积土（包括粗、细粒土）的天然含水量，%；

$\omega_A$——粒径大于0.5mm颗粒吸着水含水量，%，可取5%；

$P_{0.5}$——粒径大于0.5mm颗粒的含量，%；

通过式（26-2）和式（26-3）计算花岗岩残积土的液性指数：

$$I_P = \omega_L - \omega_P \tag{26-2}$$

$$I_L = \frac{\omega_f - \omega_P}{I_P} \tag{26-3}$$

式中 $\omega_L$——粒径小于0.5mm颗粒的液限含水量，%；

$\omega_P$——粒径小于0.5mm颗粒的塑限含水量，%。

（二）强风化岩石的室内试验

强风化岩石的性质和状态处于残积土和岩石之间，故室内试验需根据其采样的可能性、颗粒之间联结的坚固性等来选择。由于强风化岩石取样困难，故室内试验资料甚少。当强风化岩石近于残积土时，可按上述残积土的特点进行室内试验，当强风化岩石近于中等风化岩石时，可按岩石的要求进行室内试验。

（三）中等风化和微风化岩石的室内试验

中等风化岩石和微风化岩石一般应进行干燥和饱和状态下的单轴极限抗压强度试验，并测定其重度、比重、吸水率，必要时测定岩石的弹性模量和泊松比。岩石单轴抗压强度试验是测试试件在无侧限条件下受轴向力作用破坏时，单位面积上所承受的荷载，本试验采用直接压环试件的方法来求得岩石单轴抗压强度。

现场亦可进行点荷载强度试验，计算试样的抗拉强度和抗压强度。岩石点荷载试验是将试件置于上下一对球端圆锥之间，施加集中荷载直至破坏，据此求得岩石点荷载强度和其各向异性指数。点荷载试验的优点是仪器设备轻便，可携带至现场进行试验，可及时获得试验数据。

## 五、物探

在输电线路勘测过程中，在残积土分布区，查明残积土层的厚度，是输电线路地质勘察的主要任务之一。对于残积土厚度的探查，可采用多种工程物探手段。主要方法有利用覆盖层介质弹性波差异的浅层地震折射波法、浅层反射波法，利用电性差异的直流电法及利用电磁性差异的探地雷达法等。

浅层地震折射波法是接收并研究在一类特殊弹性分界面（下伏岩层比上覆岩层的地震波速度大）上滑行运动的波所引起的振动。当地震波以临界角入射到这类界面时，在下伏岩层中会产生一种界面滑行波，它也会引起上覆岩层质点振动，并返回地面。折射波法能从折射信息中提取下伏界面的界面速度，这是折射波法不同于其他方法的一大特点。利用这个特点，折射波法可以用于寻找覆盖层下不同岩性的分界面。

直流电法在实际应用中一般采用高密度电法，此方法对覆盖层厚度的探测效果较好，是一种快速有效的物探方法。

相比于电法勘察和地震勘察，探地雷达法是一种正在不断发展的无损探测技术，具有高分辨率、无损性、高效率等特点。

### 六、各勘测阶段要求及注意事项

（一）各勘测阶段要求

对风化岩和残积土的勘测，可研阶段主要以搜集地质资料为主，初步设计阶段勘测应以在搜集地质资料、并充分研究消化已有地质资料的基础上进行现场踏勘和调查的手段为主。

塔基定位时应查明风化岩和残积土的厚度、分布和均匀性，是否有孤石、岩脉等风化残留体，及构造带风化软弱带。在花岗岩地区进行塔基定位时应着重注意是否有球状风化体分布，球状风化体的存在使得土石分布不均匀，若将球状风化体误判为基岩，则易产生不均匀沉降。

施工图设计阶段，选线勘测应以实地调查为主。定位勘测应以逐基进行地质调查为主，当残积土和风化岩较厚，或调查不能满足要求时，应辅以适量的勘探工作。

（二）注意事项

对于风化岩和残积土分布区，可研和初步设计阶段勘测时，应注意调查沿线风化岩和残积土的岩性、状态和分布厚度，以便划分工程地质区段，提出沿线大致工程地质条件。

选线时，应避开高陡边坡区、岩溶洼地、采空区等不良地质作用发育区段。

终勘定位时，在查明塔基地层岩性的同时，还应注意查明残积土厚度，强风化岩石和中等风化岩石的界限。花岗岩地区尚应注意有无球状风化体（孤石）的分布。

另外，应特别注意避开“崩岗地貌”（见图 26-1）发育区。从动力地质观点分析，“崩岗地貌”是在特定地层岩性基础上，在地面流水的强烈侵蚀作用下，形成的一种支离破碎、切割密度极大、冲沟纵横遍布、植被稀疏、相邻沟壑之间分水岭颇似“鸡冠”的极为特殊的地貌景观。因为其很容易在地表流水冲刷作用下继续发展，因此，它对输电线路工程威胁极大，线路选线定位时应尽量避开“崩岗地貌”发育区段。

图 26-1　崩岗地貌

## 第三节　评价方法及要求

### 一、残积土的判定

在进行线路勘测时，应准确判断塔位土层是否为残积土。残积土或具有母岩的结构纹理，或含（混）在其中的碎（砾）石和残积土的母岩为同一种岩石，可根据上述特征，结合区域地质资料以及工程经验进行判断。

### 二、地基均匀性评价

分布均匀性评价即对塔基范围内残积土和风化岩的厚度及其变化的评价，并分析其对塔基稳定性的影响。塔基地层为不均匀地基时，应分析不均匀沉降对塔基稳定的影响。位于斜坡地带时，应分析风化带界面对塔基稳定性的影响。另外，尚应考虑岩层中断裂构造破碎带、囊状风化带的平面和垂直位置其对地基均匀性的影响。

## 三、地基承载力评价

(1) 线路勘测规范对风化岩和残积土地基承载力的提出，侧重于按当地经验确定。有成熟地方经验时，对于一般的线路工程，可根据标准贯入试验等原位测试资料，结合当地经验进行确定。没有建筑经验地区的地基承载力，可采用载荷试验确定，岩石地基载荷试验的方法可参考 GB 50007《建筑地基基础设计规范》。载荷试验的结果可与其他原位试验结果建立关系。对于残积土不宜套用一般土的承载力表查取承载力。

(2) 对于完整、较完整和较破碎的岩石地基承载力特征值，可根据室内饱和单轴抗压强度按式(26-4) 确定：

$$f_a = \varphi_r \cdot f_{rk} \tag{26-4}$$

式中 $f_a$——岩石地基承载力特征值，kPa；

$f_{rk}$——岩石的饱和单轴抗压强度标准值，kPa，岩样尺寸一般 $\phi50\times100$mm；

$\varphi_r$——折减系数，根据岩体完整程度以及结构面的间距、宽度、产状和组合，由地区经验确定。无经验时，对完整岩体可取 0.5；对较完整岩体可取 0.2～0.5；对较破碎岩体可取 0.1～0.2。

1) 上述折减系数值未考虑施工因素和建筑使用之后风化作用的继续；

2) 对于黏土质岩，在确保施工期和试用期不致遭水浸泡时，也可采用天然湿度的试样，不进行饱和处理。

对于破碎、极破碎的岩石地基承载力特征值，可根据平板载荷试验确定。当试验难以进行时，可按表 26-2 确定岩石地基承载力特征值。

**表 26-2　　破碎、极破碎岩石地基承载力特征值**　　(kPa)

| 岩石类别 | 风化程度 | | |
|---|---|---|---|
| | 强风化 | 中等风化 | 微风化 |
| 硬质岩石 | 700～1500 | 1500～4000 | ≥4000 |
| 软质岩石 | 600～1000 | 1000～2000 | ≥2000 |

注　强风化岩石的标准贯入试验击数 $N\geqslant50$。
引　《工程地质手册》(第五版)。

表 26-2 中强风化岩石对应的承载力特征值为标准贯入试验击数大于或等于 50 击的强风化岩，对于标准贯入试验击数小于 50 击的强风化岩，其承载力特征值应酌情降低。

(3) 风化岩和残积土主要物理力学指标经验值。输电线路勘测中通常需要提交岩土层的重度、黏聚力、内摩擦角及承载力特征值等主要物理力学指标。风化岩和残积土的主要物理力学指标经验值见表 26-3 所示。

**表 26-3　　风化岩和残积土的主要物理力学指标经验值**

| 岩土名称 | 重度 (kN/m³) | 黏聚力 (kPa) | 内摩擦角 (°) | 承载力特征值 (kPa) |
|---|---|---|---|---|
| 残积土 | 18.5～20.0 | 15～60 | 16～22 | 150～300 |
| 强风化岩石 | 20.0～25.0 | | 24～35 | 600～1500 |
| 中等风化岩石 | 22.0～33.0 | | 30～70 | ≥1000 |

注　1. 表中指标为根据工程经验，参照工程地质手册（第五版）等相关手册、资料整理；
2. 软质岩石取较低值，硬质岩石取较高值；
3. 花岗岩残积土的承载力见表 26-4。

(4) 对于花岗岩残积土的承载力可按下列方法确定。对于一般输电线路工程，花岗岩残积土的承载力基本值可按参考表 26-4。表中土的名称按土中大于 2mm 颗粒的含量划分，当大于 2mm 颗粒含量大于或等于 20%者定为砾质黏性土；小于 20%者定为砂质黏性土；不含者定为黏性土。

表 26-4　　　　花岗岩残积土承载力基本值　　　　(kPa)

| 土名称 | N | | | |
|---|---|---|---|---|
| | 4～10 | 10～15 | 15～20 | 20～30 |
| | $f_0$ | | | |
| 砾质黏性土 | (100) ～250 | 250～300 | 300～350 | 350～ (400) |
| 砂质黏性土 | (80) ～200 | 200～250 | 250～300 | 300～ (350) |
| 黏性土 | 150～200 | 200～240 | 240～ (270) | |

注　1. 括号中的数值供内插用；

2. 标准贯入试验击数 $N$ 系经杆长校正后的值，其值过高或过低时应专门研究；

3. 标准贯入试验使用自由落锤。

引　《工程地质手册》(第五版)。

## 四、地基变形

(1) 对于一般的输电线路工程，当无试验条件时，可按式 (26-5) 确定：

$$E_0 = \alpha N \tag{26-5}$$

式中　$E_0$——变形模量，MPa；

$\alpha$——载荷试验与标准贯入试验对比得到的经验系数，见表 26-5；

$N$——实测标准贯入击数。

表 26-5　　　　经验系数

| 经验值 | 花岗岩 | | 泥质软岩 | |
|---|---|---|---|---|
| | $N$ | $\alpha$ | $N$ | $\alpha$ |
| 残积土 | $10<N\leqslant30$ | 2.3 | $10<N\leqslant25$ | 2.0 |
| 全风化岩 | $30<N\leqslant50$ | 2.5 | $25<N\leqslant40$ | 2.3 |
| 强风化岩 | $50<N\leqslant70$ | 3.0 | $40<N\leqslant60$ | 2.5 |

引　《工程地质手册》(第五版)。

(2) 当杆塔地基为同一种风化程度的岩石组成时，一般可以不考虑地基的沉降和差异沉降问题。但同一杆塔的地基为风化程度相差两倍的岩土组成时，应考虑不均匀沉降问题。

## 五、塔基稳定性评价

风化岩和残积土多分布于山地、丘陵地貌区，最常见的影响塔位稳定的不良地质作用为滑坡。输电线路滑坡多沿土、岩交界面或岩层软弱结构面滑动。实际工程中多在连续降雨后发生。连续降雨时，雨水下渗至土岩交界面或软弱结构面，使得交界面或结构面上的岩土体软化，整个岩面上的土体亦趋于饱和，强度降低，此时在重力作用下容易发生滑坡。因此，输电线路勘测选择塔位时，应尽量避开松散堆积的高陡边坡，选择地形平缓的地段。当无法避开时，应尽量选择岩层倾角平缓或岩层倾向和坡面反向的地段。

另外，部分灰岩地区，基岩面起伏较大，应防止出现同一铁塔的部分塔腿位于岩石上、部分塔腿位于土层上的情况出现，以免发生不均匀沉降。

## 六、岩脉和球状风化体评价

对岩脉和球状风化体 (孤石)，应分析评价其对塔基 (包括桩基) 的影响，并提出相应的建议。具体应考虑球状风化作用在各风化带中残留的未风化球体及岩脉的平面和垂直位置及其对塔基均匀性的影响。

当遇到软硬互层，或同一塔位基底为风化程度不同的岩石，或基底部分为岩石、部分为残积土的情况时，属不均匀地基，应进行地基处理。

不均匀风化岩和残积土地基常用的处理方法为超挖处理或采用桩基的方法。当基底为不同风化程度的岩石时，或部分为残积土、部分为风化岩时，可对风化程度高的岩石层或土层进行超挖，挖至同一风化程度的岩石层后，采用同一风化岩层作为塔基持力层。

## 第四节　地基处理方法

风化岩和残积土分布区，当地形平缓时，若残积土厚度较大，常采用浅基础形式，如台阶式基础或斜柱式基础，以残积土作为天然地基持力层。

当基岩埋深不大时，无地下水分布时，亦可考虑采用挖孔桩基础，桩端置于基岩中，以岩石为桩基持力层，桩长根据设计承载力和抗拔力综合确定。

当杆塔位于松散堆积的高陡边坡上而无法避开时，考虑塔基抗滑稳定性，可采用钻孔灌注桩或挖孔桩基础，桩端进入潜在滑动面以下一定深度，并验算其稳定性，无法满足稳定要求时，应考虑进行边坡专项支护设计。

## 第五节　工　程　实　例

### 一、塔位地质条件

P29 号塔位于丘顶，地形平缓，地层岩性为花岗岩残积土和风化层。基础开挖深度内未见地下水分布。各塔腿地层岩性分布见表 26-6。

表 26-6　　P29 号塔基地层岩性表

<table>
<tr><td rowspan="5">A 腿</td><td colspan="2">地层分布</td><td rowspan="5">B 腿</td><td colspan="2">地层分布</td></tr>
<tr><td>0～1.5m</td><td>硬塑砂质黏性土</td><td>0～3.4m</td><td>硬塑砂质黏性土</td></tr>
<tr><td>1.5～2.8m</td><td>全风化花岗岩</td><td>3.4～7.0m</td><td>全风化花岗岩</td></tr>
<tr><td>2.8～6.9m</td><td>强风化花岗岩</td><td>7.0～9.0m</td><td>强风化花岗岩</td></tr>
<tr><td>6.9～10.0m</td><td>中等风化花岗岩</td><td>9.0～10.0m</td><td>中等风化花岗岩</td></tr>
<tr><td rowspan="5">C 腿</td><td colspan="2">地层分布</td><td rowspan="5">D 腿</td><td colspan="2">地层分布</td></tr>
<tr><td>0～1.8m</td><td>硬塑砂质黏性土</td><td>0～1.4m</td><td>硬塑砂质黏性土</td></tr>
<tr><td>1.8～3.0m</td><td>全风化花岗岩</td><td>1.4～3.2m</td><td>全风化花岗岩</td></tr>
<tr><td>3.0～7.2m</td><td>强风化花岗岩</td><td>3.2～8.3m</td><td>强风化花岗岩</td></tr>
<tr><td>7.2～10.0m</td><td>中等风化花岗岩</td><td>8.3～10.0m</td><td>中等风化花岗岩</td></tr>
</table>

### 二、塔基地层均匀性分析

由表 26-6 可知，塔基地层由花岗岩风化层构成，从上至下依次为硬塑砂质黏性土、全风化花岗岩、强风化花岗岩和中等风化花岗岩。各塔腿全风化层的层顶埋深依次为 1.5、3.4、1.8、1.4m，强风化层的层顶埋深依次为 2.8、7.0、3.0、3.2m。可见，各塔腿强风化层的埋深起伏较大，该塔位地层属风化不均匀地层。

### 三、地基处理

塔位上部地基持力层为全风化和强风化花岗岩。根据结构设计要求，塔位基础埋深不得小于 3m。根据塔位地层表，A、C、D 腿挖至 3m 深度时为强风化层，B 腿仍为全风化层。

如果采用浅基础，则会出现同一塔位的四个塔腿位于承载力和压缩性不同的地层上的情况，塔基建成后可能会发生影响塔位稳定的不均匀沉降。因此，需要对 B 腿进行地基处理，提高其承载力，降低压缩性，另外，可考虑采用桩基，以强风化层作为桩基持力层，桩型可采用人工挖孔桩或钻孔灌注桩。

对上述两个方案进行经济技术比较后，推荐采用人工挖孔桩的基础方案。

# 第六篇

## 特殊地质条件篇

# 第二十七章　岩溶和洞穴

## 第一节　概　述

### 一、岩溶和洞穴的定义

岩溶（又称喀斯特）是可溶性岩石在水的溶蚀作用下，产生的各种地质作用、形态和现象的总称。可溶性岩石包括碳酸盐类岩石，硫酸盐类岩石和卤素类岩石。在我国各类可溶性岩石中，碳酸盐类岩石的分布范围占有绝对优势，本章主要叙述碳酸盐类岩石中的岩溶问题。

洞穴分天然洞穴和人工洞穴，本章重点叙述的是天然洞穴，主要是土洞。土洞是指埋藏在岩溶地区可溶性岩层的上覆土层内的空洞。

### 二、岩溶发育的条件和规律

岩溶发育的条件：具有可溶性的岩层、具有溶解能力的水、具有水流流动的途径。

岩溶发育的规律：岩溶与岩性、地质构造，新构造运动，地形，地表水体同岩层产状的关系等都起到控制岩溶发育规律的作用。

岩溶发育的带状性：岩石的岩性，裂隙，断层和接触面等一般都有方向性，造成了岩溶发育的带状性。

岩溶发育的成层性：可溶性岩层与非可溶性岩层互层，地壳强烈的升降运动，水文地质条件的改变等往往造成岩溶分布的成层性。

### 三、岩溶发育的程度分级

参考GB/T 51013《火力发电厂岩土工程勘察规范》的资料，场地的岩溶发育程度宜根据岩溶点密度、钻孔线溶率及场地岩溶现象等三项条件，按表27-1的规定进行岩溶发育程度分级判定。

**表27-1　　岩溶发育程度分级**

| 岩溶发育程度等级 | 岩溶点密度（个/km$^2$） | 钻孔线溶率（%） | 场地岩溶现象 |
|---|---|---|---|
| 极强烈发育 | >50 | >10 | 地表常见密集的岩溶洼地、漏斗、落水洞、槽谷、石林等多种岩溶形态，溶蚀基岩面起伏剧烈；或地下岩溶形态常见大规模溶洞、暗河及大型溶洞群分布 |
| 强烈发育 | 30～50 | 5～10 | 地表常见密集的岩溶洼地、漏斗、落水洞等多种岩溶形态，石芽（石林）、溶沟（槽）发育（或覆盖），溶蚀基岩面起伏较大；或地下岩溶形态以较小规模溶洞为主 |
| 中等发育 | 3～30 | 1～5 | 地表常见岩溶洼地、漏斗、落水洞等多种岩溶形态或岩溶泉出露，石芽（石林）、溶沟（槽）发育（或覆盖），溶蚀基岩面起伏较大；或地下岩溶形态以较小规模溶洞为主 |
| 微弱发育 | <3 | <1 | 地表偶见漏斗、落水洞、石芽、溶沟等岩溶形态或岩溶泉出露，溶蚀基岩面起伏较小；或地下岩溶以溶隙为主，偶见小规模溶洞 |

注　1. 当同时符合表中某一等级的两项条件时即可判定为相应等级。

2. 表中洞径规模判定标准为：洞径大于6m为大规模，洞径3～6m为较大规模，洞径1～3m为较小规模，洞径小于1m为小规模。

3. 表中溶蚀基岩面起伏程度判定标准为：每10m×10m平面范围内，溶蚀基岩面高差大于10m为起伏剧烈，高差5～10m为起伏大，高差2～5m为起伏较大，高差小于2m为起伏较小。

4. 当无钻探资料时，可根据测绘资料进行初步判断。

# 第二节　勘　测　手　段

线路经过岩溶、土洞等发育地段时，采用搜资、调查结合勘探的方法，必要时进行专项勘测。

岩溶的勘测方法根据勘测阶段的不同按调查、测绘、物探和钻探的顺序进行；一般在可研阶段主要进行调查和测绘，在初设或施工图阶段可根据前期分段情况，选择不同的勘测手段，进行一次性勘测。

## 一、勘测内容

（一）勘测目的

查明地层时代、岩土特征、岩溶发育特征、洞穴的形态规模、洞穴的充填情况及充填物密实程度、岩土层的富水性及地下水的动态变化、评价其对路径和塔位的影响，并提出处理建议。

（二）勘测原则

（1）前期勘测。前期在可行研究阶段进行，并进行如下工作：

1）收资。需搜集地形图、地质图、遥感图及其他工程、水文地质资料，并搜集当地的侵蚀基准面资料。

2）勘测。初步查明沿线岩溶洞隙、土洞的发育条件、发育程度和发育规律，是否存在岩溶塌陷，成片岩溶洼地等；根据岩溶发育程度，对线路路径适宜性进行初步评价及分段。

当存在成片岩溶洼地及塌陷区，无法跨越时，提出避让及改线的建议；根据前期勘测无法判明其稳定性时，提出进行详细勘测的建议。

（2）详细勘测。详细勘测可在初设或施工图阶段进行，进一步查明地层时代、岩土特性、岩溶洞穴的形态规模与发育特征，形成年代和分布规律，溶洞的充填情况及充填物的状态或密实程度，岩土层的富水性及地下水的动态变化，评价其对路径立塔的影响。

根据前期勘测成果，针对不同的岩溶发育区，分析采用不同的勘测方法；地质条件简单，岩溶不发育时，可进行一般勘测，勘测手段以地表调查及地质测绘为主；在下列地段立塔时，需进行详细勘测，并分析和评价适宜性：

1）洞隙埋藏浅、密度大。

2）洞穴规模大，上覆顶板不稳定。

3）土洞、人工洞隙或塌陷发育地段。

4）埋藏型岩溶土洞上部覆盖层有软弱土或易受地表水冲蚀的部位。

岩溶洞穴发育地区或区段的勘测手段可选择使用物探、钻探、井探等方法探查，对土洞发育区段宜采用洛阳铲、小麻花钻、绍尔钻等勘探方法探查。

5）详细勘测不能完全查明时，建议进行施工勘测。

## 二、工程地质测绘与调查

岩溶与洞穴的工程地质测绘与调查应重点查明如下问题：

（1）岩溶洞隙的类型、形态、分布和发育规律；

（2）基岩面起伏和覆盖层厚度；

（3）地下水赋存条件；

（4）岩溶发育与地形地貌、地质构造、地层岩性和地下水的关系；

（5）当地治理岩溶的经验。

## 三、地球物理勘探

物探一般在钻探工作之前进行。使用前注意其适用条件，未加验证的物探成果不能直接作为施工图和地基处理的依据，尽量采用多种方法相互验证，综合分析判断。

物探线的布置：测线一般垂直岩溶发育带；对于简单场地，一般布置1～2条测线，可穿过塔位中心点垂直交叉布置；对于复杂场地一般布置3～4条测线，并应穿过塔腿垂直交叉布置。

为满足不同的探测目的，一般采用复合对称四极剖面法、联合剖面法、浅层地震法、高密度电法、地质雷达等手段。其适用条件如下：

（1）复合对称四极剖面法、联合剖面法、浅层地震法、钻孔地震法、地质雷达、高密度电法以及无线电波透视、波速测试、电视测井等，主要适用于探测岩溶洞穴的位置、形状、大小及充填状况等。

（2）充电法及自然电场法可用于追索地下暗河河道位置、测定地下水流速和流向等。

### 四、勘探

岩芯钻探和土层钻探：主要用于查明岩石或土层的成分、性质、结构、厚度、产状、地质构造，基岩起伏及埋藏深度，溶洞顶板厚度，溶洞充填情况，地下暗河及地下水情况等，并用于验证工程地质测绘和物探成果对岩溶状况的判断以及采取试样进行室内试验。

对土洞的探查，采用小口径钻机钻探或洛阳铲勘探等。

对浅表层发育的岩溶探查，采用井探及槽探。

对于一般线路工程及岩溶不太发育地段，主要以地质调查为主，工程需要时进行适量的勘探工作，勘探点重点布置在下述地段塔位塔腿位置：①地面塌陷、地表水消失的地段；②地下水强烈活动地段；③可溶性岩与非可溶性岩接触地段；④基岩埋藏较深且起伏较大的石芽发育地段；⑤软弱土层分布不均地段；⑥物探异常或基础下有溶洞、暗河分布的地段；⑦对于充填形溶洞，要采取土样进行土工试验。

### 五、勘探深度

（1）基础底面下土层厚度不大于独立基础宽度的3倍，且具备形成土洞或其他地面变形条件时，勘探点应钻入基岩一定深度。

（2）预定深度有洞体存在，且可能影响地基稳定时，钻入洞底基岩面下不少于3m。

（3）采用桩基时，孔深不少于桩底下3倍桩径并不少于5m。

（4）为验证物探异常带的勘探点，一般钻入异常带以下适当的深度。

## 第三节　稳定性评价及要求

在碳酸盐类岩石地区，当有溶洞、溶蚀裂隙、土洞等存在时，需对输电线路工程的塔基稳定性进行评价，稳定性评价分为定性评价和定量评价。

### 一、塔基稳定性的定性评价

（1）当场地存在下列情况之一时，可判定为未经处理不宜作为地基的不利地段：

1）浅层洞体或溶洞群，洞径大，且不稳定的地段；

2）埋藏的漏斗、槽谷等，并覆盖有软弱土体的地段；

3）岩溶水排泄不畅，可能暂时淹没的地段。

（2）当地基属于下列条件之一时，可不考虑岩溶稳定性的不利影响：

1）基础底面以下土层厚度大于独立基础宽度的3倍，且不具备形成土洞或其他地面变形的条件；

2）基础底面与洞体顶板间土层厚度虽小于独立基础宽度的3倍，但符合下列条件之一时：

洞隙或岩溶漏斗被密实的沉积物填满且无被水冲蚀的可能；洞体由基本质量等级为Ⅰ级或Ⅱ级的岩体组成，顶板岩石厚度大于或等于洞跨；洞体较小，基础底面尺寸大于洞的平面尺寸，并有足够的支承长度；宽度或直径小于1m的竖向洞隙、落水洞近旁地段。

（3）当不符合上述可不考虑岩溶稳定性不利影响的条件时，应进行洞体地基稳定性分析，并符合下

列规定：

1）顶板不稳定，但洞内为密实堆积物充填且无流水活动时，可认为堆填物能受力，作为不均匀地基进行评价；

2）当能取得计算参数时，可将洞体顶板视为结构自承重体系进行力学分析；

3）有工程经验的地区，可按类比法进行稳定性评价；

4）当基础近旁有洞隙和临空面时，应验算向临空面倾覆或沿裂面滑移的可能性；

5）当地基为石膏、岩盐等易溶岩时，应考虑溶蚀继续作用的不利影响；

6）对不稳定的岩溶洞隙可建议采取地基处理措施或桩基础。

常用的塔基稳定性评价方法，是一种经验比拟法，仅适用于一般工程。其特点是，根据已查明的地质条件，结合基底荷载情况，对影响溶洞稳定性的各种因素进行分析比较，作出稳定性评价。各因素对地基稳定的有利或不利情况见表 27-2。

**表 27-2　　岩溶地基稳定性评价**

| 评价因素 | 对稳定有利 | 对稳定不利 |
| --- | --- | --- |
| 地质构造 | 无断裂、褶曲，裂隙不发育或胶结良好 | 有断裂、褶曲，裂隙发育，有两组以上张开裂隙切割岩体，呈干砌状 |
| 岩层产状 | 走向与洞轴线正交或斜交，倾角平缓 | 走向与洞轴线平行，倾角陡 |
| 岩性和层厚 | 厚层块状，纯质灰岩，强度高 | 薄层石灰岩、泥灰岩、白云质灰岩，有互层，岩体强度低 |
| 洞体形态及埋藏条件 | 埋藏深，覆盖层厚，洞体小（与基础尺寸比较），溶洞呈竖井状或裂隙状，单体分布 | 埋藏浅，在基底附近，洞径大，呈扁平状，复体相连 |
| 顶板情况 | 顶板厚度与洞跨比值大，平板状，或呈拱状，有钙质胶结 | 顶板厚度与洞跨比值小，有切割的悬挂岩体，未胶结 |
| 充填情况 | 为密实沉积物填满，且无被水冲蚀的可能性 | 未充填，半充填或水流冲蚀充填物 |
| 地下水 | 无地下水 | 有水流或间歇性水流 |
| 地震设防烈度 | 地震设防烈度小于 7 度 | 地震设防烈度大于等于 7 度 |
| 建筑物荷重及重要性 | 建筑物荷重小，为一般建筑物 | 建筑物荷重大，为重要建筑物 |

引　《工程地质手册》（第五版）。

## 二、塔基稳定性的定量评价

主要是采用按经验公式对溶洞顶板的稳定性进行验算。

（一）溶洞顶板塌陷自行填满洞体所需厚度的计算

原理和方法：顶板塌陷后，塌落体积增大，当塌落至一定高度 $H$ 时，溶洞空间自行填满，无需考虑对地基的影响。所需塌落高度 $H$ 按式（27-1）计算：

$$H=\frac{H_0}{K-1} \tag{27-1}$$

式中　$H_0$——塌落前洞体最大高度，m；

$K$——岩石松散（涨余）系数，石灰岩取 1.2，黏土取 1.05。

适用范围：适用于顶板为中厚层、薄层，裂隙发育，易风化的岩层，顶板有塌陷可能的溶洞，或仅知洞体高度时。

（二）根据抗弯、抗剪验算结果，评价洞室顶板稳定性

原理和方法：当顶板具有一定厚度，岩体抗弯强度大于弯矩、抗剪强度大于其所受的剪力时，洞室顶板稳定。满足这些条件的岩层最小厚度 $H$ 计算如下：

顶板按梁板受力计算，受力弯矩按下式计算：

当顶板跨中有裂隙，顶板两端支座处岩石坚固完整时，按悬臂梁计算，见式（27-2）：

$$M=\frac{1}{2}pl^2 \tag{27-2}$$

若裂隙位于支座处，而顶板较完整时，按简支梁计算，见式（27-3）：

$$M=\frac{1}{8}pl^2 \tag{27-3}$$

若支座和顶板岩层均较完整时，按两端固定梁计算，见式（27-4）：

$$M=\frac{1}{12}pl^2 \tag{27-4}$$

抗弯验算见式（27-5）和式（27-6）：

$$\frac{6M}{bH^2}\leqslant\sigma \tag{27-5}$$

$$H\geqslant\sqrt{\frac{6M}{b\sigma}} \tag{27-6}$$

抗剪验算见式（27-7）和式（27-8）：

$$\frac{4f_s}{H^2}\leqslant S \tag{27-7}$$

$$H\geqslant\sqrt{\frac{4f_s}{S}} \tag{27-8}$$

式中　$M$——弯矩，kN·m；

$p$——顶板所受总荷载，kN/m，为顶板厚 $H$ 的岩体自重、顶板上覆土体自重和顶板上附加荷载之和；

$l$——溶洞跨度，m；

$\sigma$——岩体计算抗弯强度（石灰岩一般为允许抗压强度的 1/8），kPa；

$f_s$——支座处的剪力，kN；

$S$——岩体计算抗剪强度（石灰岩一般为允许抗压强度的 1/12），kPa；

$b$——梁板的宽度，m；

$H$——顶板岩层厚度，m。

适用范围：顶板岩层比较完整，强度较高，层厚，而且已知顶板厚度和裂隙切割情况。

（三）顶板能抵抗受荷载剪切的厚度计算

按极限平衡条件的式（27-9）和式（27-10）计算：

当 $T\geqslant P$ ：

$$T=HSL \tag{27-9}$$

$$H=\frac{T}{SL} \tag{27-10}$$

式中　$P$——溶洞顶板所受总荷载，kN；

$T$——溶洞顶板的总抗剪力，kN；

$L$——溶洞平面的周长，m；

其余符号意义同前。

## 第四节　处　理　方　法

对于影响地基稳定性的岩溶洞隙，应根据其位置、大小、埋深、围岩稳定性和水文地质条件等综合分析，因地制宜地采取下列处理措施。

1. 避让

岩溶洞穴问题较为复杂，线路定位勘测过程中如发现岩溶洞穴多采用避让处理，移动塔位，选择无岩溶洞穴区域立塔，保证线路的安全。

2. 挖填

挖填一般适用于浅层土洞、岩溶裂隙。清除洞内软土或裂隙内填土后，先用浆砌石将洞填死，再浇灌混凝土将浆砌块间的缝隙填上，这种方法简单实用，经济可靠，非常适用于线路工程野外施工的特点，而且以往线路工程中碰到的岩溶地基问题大多采用这种方法处理。

3. 灌填

灌填适用于埋藏深、洞径大的溶洞或土洞，在洞体范围的顶部地基基坑面上钻孔，可 2 个，也可多个，直径一般为 100～150mm，用水冲法将砂或砾石灌入洞内，使其能承重而又不堵截水流。如查清为不走水的死洞，可浇筑细石混凝土，将土洞或溶洞彻底堵死。采用此法，一定要设法用水冲法或压力灌注，将洞内淤泥除净，确保灌填质量。这种方法在送电线路中的使用主要受施工条件制约，所以这种方法在送电线路施工中较少采用。

4. 梁板跨越

对埋藏较深和直径较小的土洞或溶洞，且洞旁的承载力和稳定性较好时，可在洞顶上部用梁板跨越，对洞体本身不再处理。这种方法一般先对岩溶地基采用半定量法进行力学计算，做出稳定性评价。若洞顶承载力不能满足要求，则可以采用加大铁塔基础底板尺寸、减小基础埋深的方法。这种方法既减小了基础底板的压应力，同时可减小基础底板压应力对洞顶的影响，所以在这类情况下一般采用浅埋式大板基础。在送电线路中，这种方法也是应用较多的。

5. 桩基

当土洞较深时，可用桩穿过土层直抵基岩。也可在土洞中浇筑混凝土桩，直至基础底部，以承受上部结构传来的荷载。这种方法不经济，且施工困难，在送电线路中极少使用，且视现场条件采用钻孔灌注桩或挖孔基础，或者两者结合使用。

6. 处理地表水和地下水

防止由地表水渗入地下形成土洞或地表塌陷，做好地表水疏流、防渗等，是根治土洞的基本措施。对形成土洞的地下水，一般采用人工降低地下水位。如为活洞，采取疏导措施；如为死洞，采取堵死措施。

7. 对基础抗拔影响的处理

考虑上拔承载力，当基础穿过溶洞、土洞时，虽然基础下压满足要求，但基础上拔土体不满足设计要求，需采用灌填或者挖填的方法填实溶洞或土洞。

8. 基础处理

地基的处理要适应不同的铁塔型式、变形要求，在处理土洞的同时，还可以适当加强基础的整体刚度，如采用整体联合基础，效果更好。

## 第五节 工 程 实 例

### 一、工程概况

某±800kV 特高压直流输电线路工程起于云南省大理州剑川县新松换流站，途经云南、贵州、广西、广东 4 省区，止于广东省深圳市宝安区东方换流站，线路全长约 1935.4km。

本线路 G076～G083、G088～G092、G096～G103 三段塔位于灰岩地区，为泥盆系碳质灰岩，中厚层状。

在前期勘测中，收集了区域地质资料，进行了地质调绘；该三处灰岩分布区地形地貌均为山间盆地，为旱土及水田；地形平坦开阔；种植有水稻及花生等农作物；第四系覆盖层厚度较大，一般在

3.0m 以上，但差异较大，部分塔位基岩出露；由于地形相对较低；初步分析，地下水位可能较高；通过地质测绘，未发现有溶蚀洼地，落水洞等地表岩溶。

在初步设计阶段，进行了部分塔位的钻探，发现有串珠状溶洞发育，并充填有可塑及流塑的黏性土，充填率约 80％～95％，含水且水位高。

根据以上情况，在施工图设计阶段进行详细勘探时，采用物探和钻探的方法进行勘探；该处地形较平坦，开阔，物探可采用地质雷达或高密度电法；钻探选用 100 型机钻；考虑到覆盖层厚度较大，且地下水位较高，地质雷达效果不好，且覆盖层与灰岩电阻率差异较大；当存在溶蚀裂隙及溶洞发育时，溶蚀裂隙中含有地下水，溶洞中有水及软土充填，表现出低阻区域，周围灰岩表现为高阻，两者差异较大，采用高密度电法效果较好。现以本线路段 83 号塔的岩溶勘测过程进行举例。

## 二、83 号塔岩土工程条件

83 号塔位于山间平原地带的山前台地，塔基范围内为旱地，地形起伏较小。塔位上覆残坡积硬塑状态粉质黏土，下伏中等风化碳质灰岩。塔基地貌见图 27-1。

工程名：滇西北至广东±800kV
特高压直流输电线路工程


图 27-1　83 号塔基地貌

## 三、物探勘测

（一）勘探点布置

物探勘测在地质测绘的基础上进行，根据工程设计要求，物探测试深度 20m 左右，数据资料覆盖四个塔腿。同时考虑测试精度的要求，本次高密度测试物探剖面长度为 120.0～180.0m，测点间距 2.0～3.0m，采用温纳剖面法。现场采用平行线布置，4 个塔腿用 2 条平行线覆盖。

（二）成果分析

经测试，得到了 AD 剖面及 BC 剖面，每条剖面的视电阻率断面图中有三幅彩图，其中最上面一幅为测点原始数据图，中间一幅为根据地电模型正演的数据图，最下面一幅为地电模型图，地电模型图与真实地电模型越接近，其正演的数据与实测数据差距越小，一般只在最下面的地电模型图上进行推断解释，见图 27-2 和图 27-3。

根据上述高密度反演电阻率模型断面分析，得出如下结论：

（1）该处地层可粗略分为三类：1 类为上覆土层，电阻率中等；2 类为灰岩，电阻率较高；3 类为溶洞中的流塑、软塑黏性土及水，电阻率最低。

（2）高密度反演电阻率模型断面总体表现为电阻率上低下高，对应塔位上覆残坡积粉质黏土，下伏

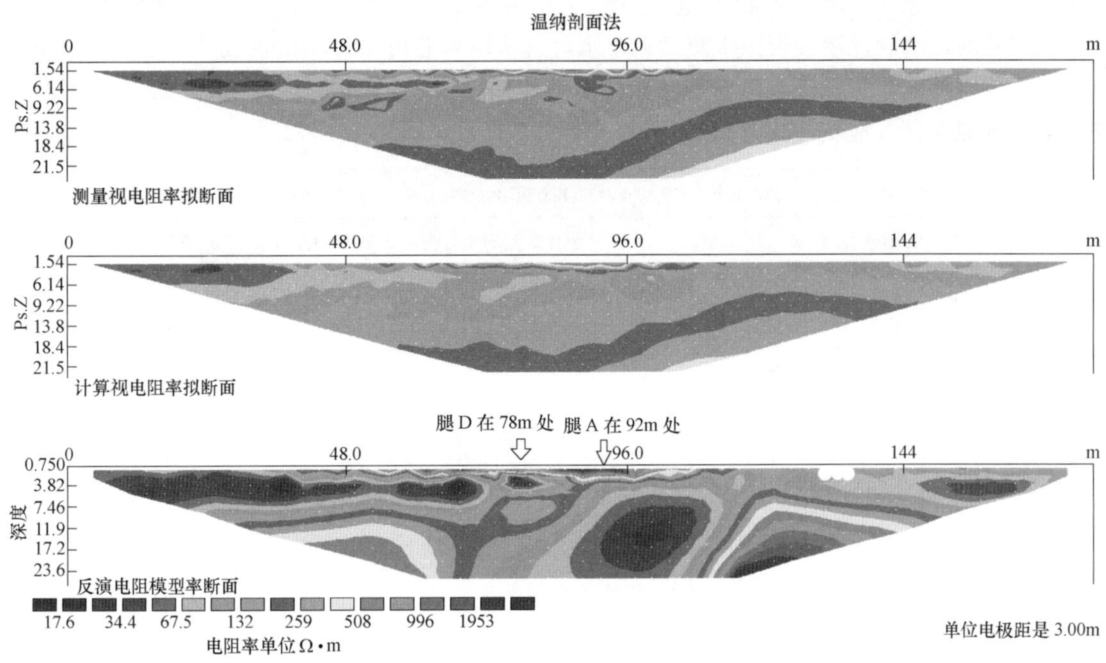


图 27-2 83 号塔塔腿 AD 剖面电阻率断面图

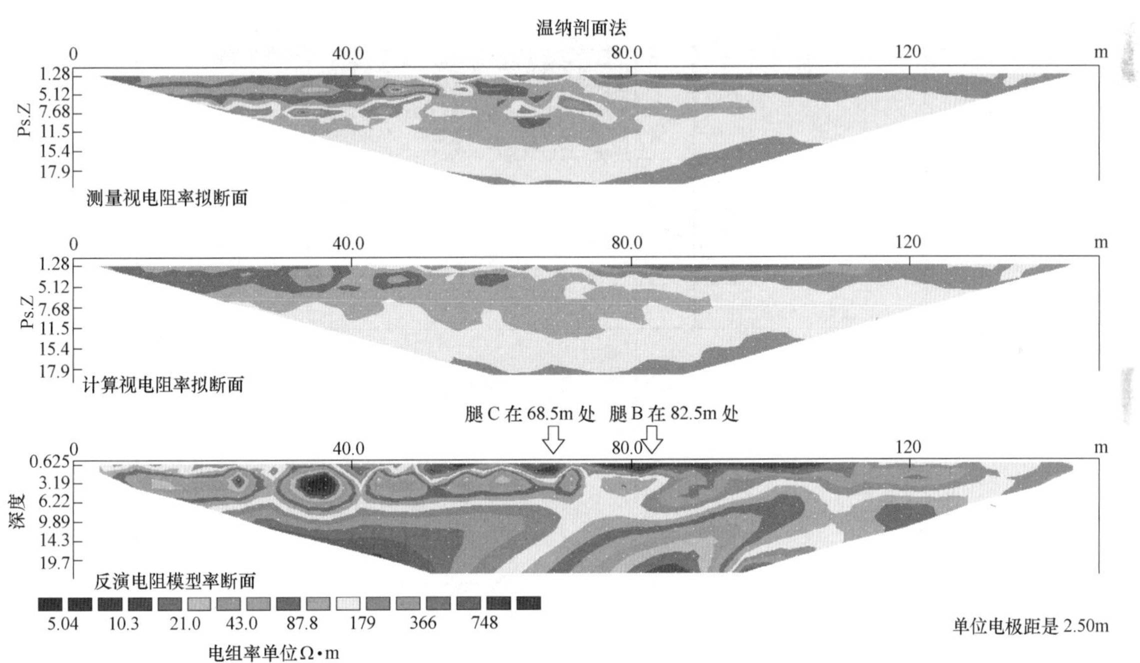


图 27-3 83 号塔塔腿 BC 剖面电阻率断面图

中等风化碳质灰岩。

（3）分析断面，AD 剖面电阻率断面图中 A 腿 10m 左右以下存在明显低阻反应，BC 剖面电阻率断面图中 B 腿 14m 左右以下存在明显低阻反应，两处在图中都明显表现为低阻（蓝色）闭合区域，推断此二处可能存在溶蚀溶洞发育。

（4）C 腿及 D 腿位置物探数据未发现明显低阻异常，推断无溶洞发育。

（三）钻探

根据物探分析结果，布置了三个钻探验证孔，分别为 A 腿，B 腿及 C 腿。钻探结果为，其中 A 腿上覆土层 10.8m，钻探至 18.5m，入岩 7.7m，未见大型溶洞发育，但有小型串珠状溶洞及溶蚀裂隙发育，并且地下水位较高，溶洞及溶蚀裂隙中充满地下水，且所取岩芯可见密布溶蚀孔及溶蚀裂隙；而 B 腿在 14.8～19.3m 发现溶洞，里面充填软塑黏土；C 腿钻探揭露覆盖层 18.5m，下伏 4.5m（至 23.0m）灰岩完整无溶蚀洞隙发育。地质柱状图如图 27-4～图 27-6 所示。

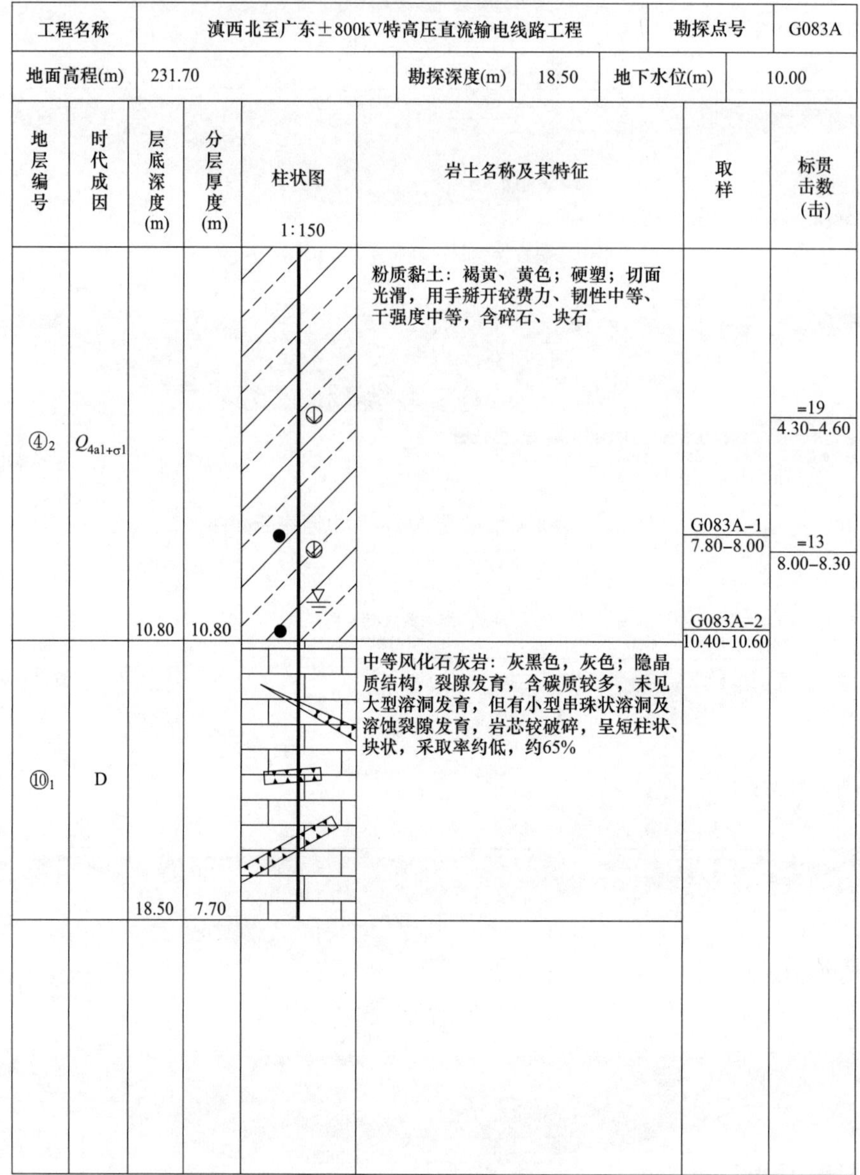


图 27-4　A 腿地质柱状图

（四）结论

（1）通过收资、地质测绘、物探、钻探等勘探工作，综合分析后确定，该塔位处不存在土洞发育，也无大型溶洞及地下暗河发育，不位于岩溶洼地区，发育的溶洞规模较小，因此该塔位不存在岩溶塌陷问题，场地稳定。

（2）该处地层上部为黏性土，地电特性表现为低阻，下部为灰岩，地电特性表现为高阻；灰岩中的溶洞，由于有饱和黏性土及水充填，电阻率很低，与周围灰岩有较大的电性差，因此，选用高密度法进行勘探是可行的。

（3）物探方法判断出 A、B 两腿处存在溶洞及溶蚀裂隙的位置及大致深度，通过钻探验证后比较准确，并且不存在相互连通，其他腿未见溶洞发育。

## 四、基础地基处理

根据该塔位的岩溶发育及地层分布情况，由于溶洞埋深较大，也不存在场地稳定问题，基础型式可采用大板基础及桩基。

通过技术经济比较后，确定塔基采用桩基穿越溶洞穴进行处理。

| 工程名称 | 滇西北至广东±800kV特高压直流输电线路工程 | | | | | 勘探点号 | G083B |
|---|---|---|---|---|---|---|---|
| 地面高程(m) | 232.75 | | | 勘探深度(m) 24.50 | | 地下水位(m) | 10.00 |
| 地层编号 | 时代成因 | 层底深度(m) | 分层厚度(m) | 柱状图 1:150 | 岩土名称及其特征 | 取样 | 标贯击数(击) |
| ④2 | $Q_{4al+dl}$ | 6.00 | 6.00 | | 粉质黏土：褐黄、黄色；硬塑；切面光滑，用手掰开较费力，韧性中等，干强度中等，含碎石、块石 | G083B-1 2.40–2.60<br>G083B-2 4.90–5.10 | =18 2.80–3.10<br>=13 5.30–5.60 |
| ④1 | | 12.50 | 6.50 | | 粉质黏土：棕黄–黄色；稍湿；可塑；切面较光滑，局部含强风化岩石碎块，用手可掰开，干强度中等，韧性中等 | G083B-3 7.00–7.20 | =8 7.40–7.70<br>=8 10.50–10.80 |
| ⑩1 | D | 14.80 | 2.30 | | 中等风化石灰岩：灰黑；隐晶质结构，岩芯较完整，裂隙不发育，呈短柱状、柱状，可见溶蚀，采取率约98% | | |
| ⑩2 | | 19.30 | 4.50 | | 溶洞：软塑状黏土充填，钻进快，无回水 | | |
| ⑩1 | D | 24.50 | 5.20 | | 中等风化石灰岩：灰黑；中厚层状，隐晶质结构，岩芯较完整，呈短柱状，岩芯可见溶蚀，采取率约95% | | |

图 27-5　B腿地质柱状图

| 工程名称 | 滇西北至广东±800kV特高压直流输电线路工程 | | | | | 勘探点号 | G083C |
|---|---|---|---|---|---|---|---|
| 地面高程(m) | 232.68 | | 勘探深度(m) | 23.00 | 地下水位(m) | 10.00 | |
| 地层编号 | 时代成因 | 层底深度(m) | 分层厚度(m) | 柱状图 1:150 | 岩土名称及其特征 | 取样 | 标贯击数(击) |
| ④$_2$ | $Q_{4al+el}$ | 5.00 | 5.00 | | 粉质黏土：褐黄、黄色；硬塑；用手掰开较费力，韧性中等，干强度中等，含碎石、块石 | | |
| ④$_1$ | | 18.50 | 13.50 | | 粉质黏土：棕黄一黄色；稍湿；可塑；局部含强风化岩石碎块，用手可掰开、干强度中等，韧性中等，局部含块石、漂石 | | |
| ⑩$_1$ | D | 23.00 | 4.50 | | 中等风化石灰岩：灰黑色；隐晶质结构，中厚层状，裂隙发育，岩体破碎 | | |
| | | | | | | | |

图 27-6　C腿地质柱状图

# 第二十八章　滑　　坡

## 第一节　概　　述

### 一、滑坡定义

滑坡：斜坡岩土体沿一定的滑动面基本作整体性滑移运动的过程和结果。

### 二、滑坡要素

一个发育完全的滑坡，一般有下列要素，见图 28-1：

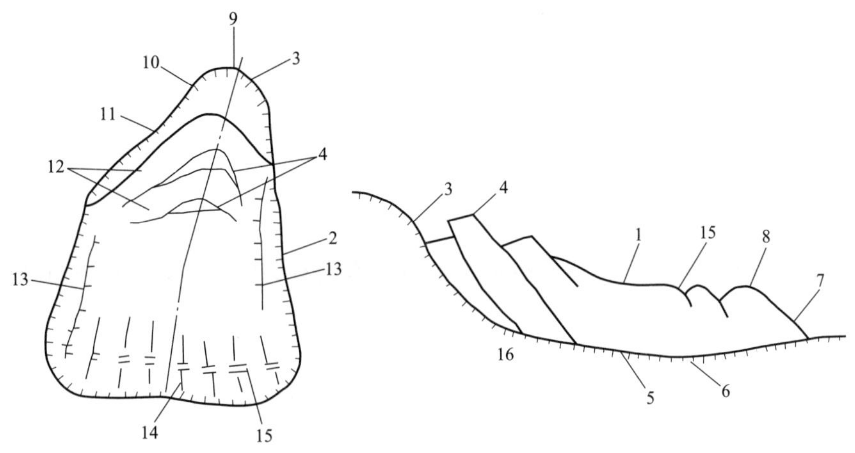


图 28-1　滑坡要素简图

1—滑坡体；2—滑坡周界；3—滑坡壁；4—滑坡台阶；5—滑动面；6—滑动带；7—滑坡舌；8—滑坡鼓丘；9—滑坡轴线；10—破裂缘；11—滑坡洼地；12—拉张裂缝；13—剪切裂缝；14—扇形张裂缝；15—鼓张裂缝；16—滑坡床

（1）滑坡体：滑坡发生后，脱离母体的滑动部分。

（2）滑坡周界：滑坡体与周围母体在平面上的分界线。

（3）滑坡壁：滑坡体位移后，其后方裸露在外面的母体陡壁，平面上多呈弧圈状。

（4）滑坡台阶：滑坡体上，由于各段滑动的速度差异所形成的错台。

（5）滑动面：滑坡体相对下伏母体下滑的连续破裂界面。

（6）滑动带：滑动面上部受滑动揉皱的地带。

（7）滑坡舌：滑坡体前部脱离滑床形如舌状的部分。

（8）滑坡鼓丘：滑坡体向下滑动时，因滑坡床起伏不平而受阻，在地表形成的隆起丘状地形。

（9）滑坡轴线：滑坡体上滑动速度最快的部分的纵向连线，代表单个滑坡体滑动的方向，位于滑坡体推力最大、滑坡床凹槽最深的纵断面上，可为直线或曲线。

（10）破裂缘：滑坡体在坡顶开始破裂的地方。

（11）滑坡洼地：滑坡体与滑坡壁或两级滑坡体间拉开的沟槽状低洼封闭地形，当地表水在此汇集或地下水出露，则积水成潭。

（12）滑坡裂缝：按其受力状态分成下列四种：

1）拉张裂缝分布于滑坡体的后部或两级滑坡体间，受拉力作用而形成的张开裂缝，呈弧形，与滑坡壁大致平行，滑坡体后缘成为滑坡周界的一条贯通裂缝，称主裂缝；

2）剪切裂缝分布在滑坡体的中前部的两侧，因滑坡体下滑力与相邻的不动母体间的相对位移，形成剪力区并出现剪裂缝，它与滑动方向大致平行，其两侧常伴有羽毛状裂纹；

3）鼓胀裂缝分布在滑坡体的中前部，因滑坡体下滑受阻土体隆起，形成张开裂缝，裂缝延伸方向与滑动方向垂直；

4）扇形张裂缝分布在滑坡体的前部，尤为滑坡舌部为多，因滑坡体前部向两侧扩散，张裂缝成扇形排列。

（13）滑坡床：滑坡滑动时所依附的下伏不动母体。

## 三、滑坡形成的主要条件及因素

### （一）滑坡的形成条件

1. 地形地貌

容易形成滑坡的地形地貌主要有：

（1）容易汇集地表水和地下水的洼形斜坡地段；

（2）易受流水冲刷和掏蚀的山区河流的凹岸斜坡地段；

（3）由堆积土和基岩组成的上陡下缓、下伏基岩向坡外倾斜的斜坡地段；

（4）黄土塬及黄土地区高阶地前缘的斜坡地段；

（5）由采矿引起的塌陷地貌的临空地段。

2. 地层岩性

下列岩土层中若具有贮水构造、聚水条件和下部有隔水的软弱面时，易于形成滑坡。

（1）易于风化或遇水易软化的软质岩层；

（2）硬质岩中有软弱夹层时；

（3）上部松散、下部致密的黏性土、膨胀土地层或各种成因的黏性土地层。

3. 地质构造

（1）断层破碎带易产生破碎岩石滑坡；

（2）褶曲轴部的岩体滑动；

（3）单斜岩体中的顺层滑动；

（4）错落体转化形成的岩体滑坡。

4. 水文地质条件

（1）气候条件：气候的寒暖及干湿变化，促使斜坡岩土体风化，降低岩石强度，减少土体黏聚力，加之雨水的渗入，斜坡的稳定性被削弱；

（2）地表水作用；

（3）地下水作用。

### （二）滑坡的诱发因素

滑坡的各种诱发因素归纳如表 28-1：

**表 28-1　滑坡诱发因素分类**

| 滑坡的诱发因素 | 备　注 |
|---|---|
| 大气降雨 | （1）降雨除产生坡面径流外，还有相当部分渗入到坡体中，加大了坡体重量，增加了下滑力；<br>（2）降雨渗透到隔水层顶面时，将在这里聚集，并使这里的物质软化甚至泥化，降低摩阻力，形成滑面或滑带；<br>（3）坡体中的孔隙水压力增加将降低有效应力，最终导致滑带摩阻力降低；<br>（4）充斥于坡体裂隙中的地下水将对坡体产生静水压力，有利于坡体下滑；<br>（5）滑体部分或全部饱水后，地下水将对滑体产生浮力，降低滑体对滑床的正应力，使滑面摩阻力降低 |

续表

| 滑坡的诱发因素 | 备 注 |
|---|---|
| 河岸冲刷 | 河流下切，使岸坡加高、坡度变陡，不断切露潜在滑面或软弱面，减小坡脚岩土体抗力；同时河流侧蚀展宽，为滑坡启动制造空间 |
| 河（库）水位升降 | 水位上升时，岸坡中的地下水位亦会抬升，扩大了地下水的浸泡范围，降低了潜在滑面的摩阻力，水位急剧下降时，由于地下水排泄较慢，从而产生较大的水头差，形成动水压力，对斜坡稳定产生不利影响 |
| 地震、爆破震动 | （1）地震产生强大的附加力，可使山体上原本已接近临界状态的斜坡发生滑动；<br>（2）地震和爆破震动松动了岩土体，地表出现大量裂缝，如再遇到大量降雨，则渗入到岩土体中后导致本已松动的岩体沿下伏相对较完整的地层滑动 |
| 斜坡上部加载 | 增加坡体荷重，增大滑体下滑力 |
| 采空塌陷 | 发生在山区采空塌陷后，对急倾矿层、易滑岩层，不利组合下易演化成滑坡 |
| 开挖坡脚 | 破坏坡体应力分布，减小坡脚岩土体抗力 |
| 库水浸淹 | （1）岩土体随地下水含水量的增加而增大了岩土体的重量；<br>（2）在地下水的浸润下，可能形成滑面的部位（坡积层底面或坡积层中的软弱面，岩体中倾向水库的软弱结构面等）抗剪强度降低；<br>（3）位于坡脚的水下岩土体在浮力作用下重量减小，进一步降低了岩土体在滑面上的摩阻力，使得坡脚岩土体中可能存在的抗滑阻力变小 |
| 破坏植被 | 植被破坏后，降水增加了地面径流，增大了水的面蚀作用，并降低土壤抗冲刷能力，加速坡体水土流失 |
| 工农业用水及生活用水渗透 | （1）生产生活用水的随意排放，为一些古老滑坡的复活创造了条件；<br>（2）山区梯田耕种时，水田种植时采用大田漫灌方式，年复一年周期性的长期超量漫灌结果，一是会引起地面下沉，二是会引发大量的滑坡 |

## 四、滑坡分类

滑坡分类应符合下列规定：

（1）根据滑坡体的物质组成和结构形式等主要因素，按表 28-2 进行分类：

**表 28-2　　滑坡物质和结构因素分类**

| 类 型 | 亚 类 | 特 征 描 述 |
|---|---|---|
| 土质（堆积层）滑坡 | 滑坡堆积体滑坡 | 由前期滑坡形成的块碎石堆积体，沿下伏基岩或体内滑动 |
| | 崩塌堆积体滑坡 | 由前期崩塌等形成的块碎石堆积体，沿下伏基岩或体内滑动 |
| | 崩滑堆积体滑坡 | 由前期崩滑等形成的块碎石堆积体，沿下伏基岩或体内滑动 |
| | 黄土滑坡 | 由黄土构成，大多发生在黄土体中，或沿下伏基岩面滑动 |
| | 黏土滑坡 | 由具有特殊性质的黏土构成，如成都黏土（主要分布于成都市东郊至龙泉山麓一带，以伊利石为主的膨胀土）等 |
| | 残坡积层滑坡 | 由基岩风化壳、残坡积土等构成，通常为浅表层滑动 |
| | 人工填土滑坡 | 由人工开挖堆填弃渣构成，次生滑坡 |
| 岩质滑坡 | 近水平层状滑坡 | 由基岩构成，沿缓倾岩层或裂隙滑动，滑动面倾角≤10° |
| | 顺层滑坡 | 由基岩构成，沿顺坡岩层滑动 |
| | 切层滑坡 | 由基岩构成，常沿倾向山外的软弱面滑动，滑动面与岩层层面相切，且滑动面倾角大于岩层倾角 |
| | 逆层滑坡 | 由基岩构成，沿倾向坡外的软弱面滑动，岩层倾向山内，滑动面与岩层倾向相反 |
| | 楔体滑坡 | 在花岗岩、厚层灰岩等整体结构岩体中，沿多组结构面切割成的楔形体滑动 |
| 变形体 | 危岩体 | 由基岩构成，受多组结构面控制，存在潜在崩滑面，已发生局部变形破坏 |
| | 堆积层变形体 | 由堆积体构成，以蠕滑变形为主，滑动面不明显 |

（2）根据滑坡体厚度、运移形式、成因、稳定程度、形成年代和规模等其他因素，按表 28-3 进行

分类。

表 28-3　　滑坡其他因素分类

| 有关因素 | 名称类型 | 特征说明 |
|---|---|---|
| 滑体厚度 | 浅层滑坡 | 滑坡体厚度在10m以内 |
| | 中层滑坡 | 滑坡体厚度在10～25m之间 |
| | 深层滑坡 | 滑坡体厚度在25～50m之间 |
| | 超深层滑坡 | 滑坡体厚度超过50m |
| 运动形式 | 推移式滑坡 | 上部岩层滑动，挤压下部产生变形，滑动速度较快，滑体表面波状起伏，多见于有堆积物分布的斜坡地段 |
| | 牵引式滑坡 | 下部先滑，使上部失去支撑而变形滑动，一般速度较慢，多具上小下大的塔式外貌，横向张性裂隙发育，表面多呈阶梯状或陡坎状 |
| 发生原因 | 工程滑坡 | 由于施工或加载等人类工程活动引起的滑坡，还可细分为：<br>（1）工程新滑坡：由于开挖坡体或建筑物加载所形成的滑坡；<br>（2）工程复活古滑坡：原已存在的滑坡，由于工程扰动引起复活的滑坡 |
| | 自然滑坡 | 由于自然地质作用产生的滑坡，按其产生的相对时代可分为古滑坡、老滑坡、新滑坡 |
| 现今稳定程度 | 活动滑坡 | 发生后仍继续活动的滑坡，后壁及两侧有新鲜擦痕，滑体内有开裂、鼓起或前缘有挤出等变形迹象 |
| | 不活动滑坡 | 发生后已停止发展，一般情况下不可能重新活动，坡体上植被较盛，常有老建筑 |
| 发生年代 | 新滑坡 | 现今正在发生滑动的滑坡 |
| | 老滑坡 | 全新世以来发生滑动，现今整体稳定的滑坡 |
| | 古滑坡 | 全新世以前发生滑动的滑坡，现今整体稳定的滑坡 |
| 滑体体积 | 小型滑坡 | $<10\times10^4m^3$ |
| | 中型滑坡 | $10\times10^4m^3\sim100\times10^4m^3$ |
| | 大型滑坡 | $100\times10^4m^3\sim1000\times10^4m^3$ |
| | 特大型滑坡 | $1000\times10^4m^3\sim10000\times10^4m^3$ |
| | 巨型滑坡 | $>10000\times10^4m^3$ |

## 五、滑坡识别

（1）古（老）滑坡可按表 28-4 所列标志进行野外识别。

表 28-4　　古（老）滑坡识别标志

| 标志 | | 内容 |
|---|---|---|
| 类别 | 亚类 | |
| 形态 | 宏观形态 | 圈椅状地形、双沟同源、坡体后部出现洼地，与周围河流阶地、构造平台或风化差异平台不一致的大平台地形、不正常河流弯道，"大肚子"斜坡等 |
| | 微观形态 | 后倾台面地形、小台阶与平台相间、马刀树、坡体前方或侧边出现擦痕或镜面、表面坍滑广泛 |
| 地层 | 老地层 | 明显的产状变动、架空、松弛、破碎、大段孤立岩体掩覆在新地层之上，大段变形体位于土状堆积物之中 |
| | 新地层 | 变形或变位岩体被新地层掩覆、山体后部洼地出现局部湖相地层、变形或变位岩体上覆湖相地层、上游方出现湖相地层 |
| 变形等 | | 古墓或古建筑变形、构成坡体的岩土结构零乱或强度低、开挖后易坍滑、斜坡前部地下水呈线状出露、古树等被掩埋 |
| 历史记载访问材料 | | 发生滑坡或变形的记载和口述 |

（2）滑坡稳定性野外判别可按表 28-5 执行。

表 28-5 滑坡稳定性野外判别依据

| 滑坡要素 | 不稳定 | 较稳定 | 稳定 |
| --- | --- | --- | --- |
| 滑坡前缘 | 滑坡前缘临空，坡度较陡且常处于地表径流的冲刷之下，有发展趋势并有季节性泉水出露，岩土潮湿、饱水 | 前缘临空，有间断季节性地表径流流经，岩土体较湿，斜坡坡度在30°～45° | 前缘斜坡较缓，临空高差小，无地表径流流经和继续变形的迹象，岩土体干燥 |
| 滑体 | 滑体平均坡度＞40°，坡面上有多条新发展的滑坡裂缝，其上建筑物、植被有新的变形迹象 | 滑体平均坡度在25°～40°，坡面上局部有小的裂缝，其上建筑物、植被无新的变形迹象 | 滑体平均坡度＜25°，坡面上无裂缝发展，其上建筑物、植被未有新的变形迹象 |
| 滑坡后缘 | 后缘壁上可见擦痕或有明显位移迹象，后缘有裂缝发育 | 后缘有断续的小裂缝发育，后缘壁上有不明显变形迹象 | 后缘壁上无擦痕和明显位移迹象，原有的裂缝已被充填 |

## 第二节 勘 测 手 段

### 一、勘测内容

查明滑坡类型、范围、性质、规模及其对拟建线路工程的危险程度，分析滑坡原因，判断稳定程度，预测发展趋势，提出绕避或治理措施的建议。

可行性研究阶段和初步设计阶段，滑坡的岩土工程勘察以搜资、工程地质调查、遥感解译等为主；施工图设计阶段或滑坡须整治时，除前述手段外，还应增加测绘、勘探等。

拟建线路路径上或其附近存在对线路塔位安全有影响的滑坡或有滑坡可能，且线路无法绕避时，应进行滑坡专项勘测。

滑坡专项勘测须在可行性研究阶段提出，可在施工图设计阶段杆塔定位之前进行。

拟建线路路径上存在无法绕避或跨越的滑坡，应在可行性研究阶段给出滑坡地段立塔可能性的定性结论，初步设计阶段宜进行滑坡专项勘测，施工图阶段应引用滑坡专项勘测成果。

滑坡专项勘测应根据本节勘探手段和勘察内容要求展开滑坡勘测，按现行国家标准 GB 50021《岩土工程勘察规范》的相关规定综合评价滑坡稳定性及其对杆塔场地的影响，明确不宜设立塔位区域。

滑坡勘测采用搜集分析资料、工程地质调查、遥感解译、测绘、勘探及走访当地政府和居民等多种方法。

### 二、搜资

地质灾害危险性评估报告、国土部门进行的地质灾害普查成果、航片等资料是搜集地质资料的重要内容，山区输电线路勘测经验表明，走访当地政府和居民是调查的重要手段，对了解和掌握路径方案上是否存在滑坡很有帮助。

此外还应搜集区域地质资料、气象、地震、水文资料、前人滑坡调查及监测资料、地方志、地震史中有关滑坡灾害的记载以及当地防治滑坡的经验等。

### 三、工程地质调查

滑坡调查主要内容包括滑坡区调查、滑坡体调查、滑坡成因调查、滑坡危险调查及滑坡防治情况调查等。

（一）滑坡区主要调查内容

（1）滑坡地理位置、地貌部位、斜坡形态、地面坡度、相对高度、沟谷发育、河岸冲刷、堆积物、地表水以及植被。

（2）滑坡体周边地层及地质构造。

（3）水文地质条件主要包括：①滑坡体及其周边沟系发育特征、径流条件、地表水、大气降水与地下水的补排关系；②井、泉、水塘、湿地位置、井及泉的类型、流量及季节性变化情况；③含水层的位置、性质、厚度，岩土体的透水性，地下水的水位、水质、水温及其变化，地下水径流流向、补给及排泄条件。

（二）滑坡体调查内容

（1）形态与规模：滑体的平面、剖面形状、长度、宽度、厚度和体积；

（2）边界特征：滑坡后壁的位置、产状、高度及其壁面上擦痕方向；滑坡两侧界线的位置与性状；前缘出露位置、形态、临空面特征及剪出情况；露头上滑床的性状特征等；

（3）表部特征：微地貌形态，裂缝的分布、方向、长度、宽度、产状、力学性质及其他前兆特征；

（4）内部特征：通过野外观察和山地工程，调查滑坡体的岩体结构、岩性组成、松动破碎及含泥含水情况，滑带的数量、形状、埋深、物质成分、胶结状况，滑动面与其他结构面的关系；

（5）变形活动特征：访问调查滑坡发生时间，发展特点及其变形活动阶段，滑动方向、滑距及滑速，分析滑坡滑动方式、力学机制和稳定状态；

（6）滑坡体上植被类型（草、灌、乔等）及持水特性；马刀树和醉汉林分布部位；池塘与稻田分布及水体特征、坡耕地、果园分布及灌渠等。

（三）滑坡成因调查内容

（1）自然因素：降雨、地震、洪水、崩塌加载等；

（2）人为因素：森林植被破坏、不合理开垦、矿山采掘，切坡、滑坡体下部切脚，滑坡体中、上部人为加载、震动、废水随意排放、渠道渗漏、水库蓄水等；

（3）综合因素：人类工程活动和自然因素共同作用。

（四）滑坡危害调查内容

（1）滑坡发生发展历史，人员伤亡、经济损失和环境破坏等现状；

（2）分析与预测滑坡的稳定性和滑坡发生后可能成灾范围及灾情。

（五）滑坡防治情况调查

主要调查滑坡灾害勘查、监测、工程治理措施等防治现状及效果。

## 四、遥感解译

采用既有影像或公共平台数据，结合区域性地质资料，根据纹理、形态、色调、边界线、植被、空间位置与落差、局部地貌和整体地貌的不协调性、水体循环条件等解译标志综合确定滑坡发育情况。

（1）遥感解译适用于可行性研究阶段，并与工程地质调查和其他勘察方法密切配合，综合对比分析，以取得可靠的解译成果。

（2）遥感解译工作应根据线路所经过区域的具体特点和条件，选择适当遥感数据种类、时相和分辨率。

（3）遥感解译的素材应以航片为主，卫片为辅，进行综合解译；航片成图比例尺宜为1∶5000～1∶20000，卫片成图比例尺宜为1∶50000～1∶100000；对滑坡易发的地区，宜选择分辨率高的遥感数据。

（4）遥感解译的初步成果应进行现场实地验证，并根据现场实地资料补充和修正解译成果。

（5）滑坡解译主要内容：

1）识别滑坡壁、滑坡台阶、滑坡鼓丘、封闭洼地、滑坡舌、滑坡裂缝等形态要素，圈定滑坡范围；

2）辨认滑坡体表面完整程度和植被状况，分析滑坡成因类型。判定主滑方向和滑动期次；

3）分析滑坡规模和分布特点，定性评价滑坡稳定性，预测滑坡发展趋势，判定滑坡对输电线路工程建设影响程度。

## 五、地质测绘

（1）地质测绘范围应包括后缘至前缘剪出口及两侧缘壁之间的整个滑坡，并外延到滑坡可能影响的范围或可能设置工程措施的范围（如外围排水沟、放坡后缘等）。

（2）滑坡地质测绘比例尺可选用1：200～1：1000；用于整治设计时，比例尺应选用1：200～1：500。

（3）拟整治的滑坡，应实测具有代表性的纵向控制性剖面。

（4）地形地貌测绘：

1）宏观地形地貌主要包括：地面坡度与相对高差、沟谷与平台、鼓丘与洼地、阶地及堆积体、河道变迁及冲淤等；

2）微观地形地貌主要包括：滑坡后壁的位置、产状、高度及其壁面上擦痕方向；滑坡两侧界线的位置与性状；前缘鼓胀、出露位置、形态、临空面特征及剪出情况；后缘洼地、反坡、台坎等；

3）滑坡裂缝测绘包括：分布、长度、宽度、形状、力学属性及组合形态；并应对建筑物开裂、鼓胀或变形进行测绘，并作出与滑坡关系的判断。

（5）岩土体工程地质特征测绘主要包括：

1）周边地层、滑床岩土体结构；

2）滑坡岩体结构与产状、堆积体成因及岩性；

3）软硬岩组合与分布、层间错动、风化与卸荷带；

4）黏性土膨胀性、黄土柱状节理；

5）滑带（面）层位与岩性等。

## 六、勘探

（1）勘探方法以工程地质钻探为主，并辅以井探、坑（槽）探、物探等。

（2）工作量布置可采用主—辅剖面法，不少于一条纵、横剖面布置勘探线，其中主轴线方向为控制性纵勘探线；除主轴方向的纵勘探线外，视滑坡规模和特征，在其主轴线两侧可布置辅助勘探线，横向勘探线宜布置在滑坡中部至前缘剪出口之间，在滑坡体转折处和可能采取工程措施的地段，也应布置勘探线。

（3）控制性勘探线上勘探点不少于3个，后缘边界以外稳定岩土体上至少有1个勘探点。点间距控制在30～50m，一般不超过40m；其余勘探线上勘探点的数量、点距应根据勘察阶段及实际情况而定，但点间距不应超过80m。

（4）勘探孔的深度应穿过最下一层滑面，进入稳定岩土层，控制性勘探孔应深入滑动面以下5～10m，其他一般性孔应进入滑床3～5m，拟布设抗滑桩或锚索部位的控制性钻孔进入滑床的深度宜大于滑体厚度的1/2，并不小于5m。

（5）滑坡钻探应符合下列要求：

1）地下水位以上的黏性土、粉土、人工填土和不易塌孔的砂土应采用干法钻进；地下水位以下以及滑带上下5m范围内，应采用双管单动技术钻进。

2）钻进的回次及终孔孔径应以保证获得必要的地质资料为原则。在滑带及其上下5m范围内，回次进尺不得大于0.3m，并应及时检查岩芯，确定滑面的位置。

3）岩芯采取率，滑体＞75%，滑床＞85%，滑带＞90%，同时应满足钻孔任务书指定部位取样的要求。

4）钻探过程中应做好岩芯编录及钻进记录工作，发现地下水时，视情况做好分层止水，测定初见、稳定水位，含水层厚度。

（6）坑槽探与平硐或竖井勘探应视滑体规模适当选用。

（7）地球物理勘探可作为辅助勘查手段，与钻孔、坑槽探等相结合，不宜单独作为结果使用；一般以电阻率法为主，配合地震与面波勘探。勘探线原则上与滑坡主勘探线重合；当物探反映有重大异常时，应补充钻探、坑槽探等予以验证。

### 七、试验

（1）滑坡测试以满足滑坡稳定性评价及治理工程设计需要为目的，基本指标包括：天然重度、饱和重度、密度、颗粒分析、孔隙比；天然含水量、饱和含水量；塑限、液限；颗粒成分、矿物成分及微观结构；中型以上的滑坡宜进行滑坡体各岩土层的大型重度试验。

（2）岩土体抗剪强度指标标准值取值时，应根据滑坡所处变形阶段及含水状态分别选用峰值强度指标、残值强度指标（或两者之间的强度指标）、以及天然强度指标、饱和强度指标（或两者之间的强度指标）。

（3）各岩土层单项室内物理力学试验不得少于 6 组；中型以上的滑坡对其滑动面（带）进行不少于 2 组的原位大型抗剪强度试验。

（4）对有易溶或膨胀岩土分布的滑坡，必要时应进行不少于 3 组的易溶盐及膨胀性试验。

（5）当采用抗滑桩、锚索等依靠滑床进行滑坡防治时，应在支挡工程布置部位对滑床基岩不同岩组取样进行常规物理力学试验。

岩土试验应符合 GB/T 50266《工程岩体试验方法标准》及 GB/T 50123《土工试验方法标准》的要求。

## 第三节　稳定性评价及要求

### 一、一般原则

（1）滑坡稳定状态的分析及稳定性评价采用定性为基础，并与定量相结合的方式进行。对于小型滑坡且危害较小时，可采用定性评价方法。

（2）滑带土抗剪强度指标的确定，宜根据测试成果、反分析（反演）及当地经验综合确定。

（3）滑带抗剪强度参数反演可用于中、小型规模，且结构简单的滑坡，参数反演时，稳定系数 $F$ 可根据下列情况确定：

1）滑坡处于整体暂时稳定—变形状态：$F=1.05\sim1.00$。

2）滑坡处于整体变形—滑动状态：$F=1.00\sim0.95$。

（4）滑坡稳定性计算基本要求：

1）选择有代表性的分析断面，正确划分主滑段和抗滑段；

2）正确选用强度指标；

3）根据滑面条件，按平面、圆弧或折线，选用正确的计算模型；

4）当有外部荷载、地下水、地震力或其他因素等影响时，应考虑这些因素对稳定的影响。

（5）滑坡稳定状态应根据滑坡稳定系数按表 28-6 确定。

**表 28-6**　　滑坡稳定状态划分

| 滑坡稳定系数 $F$ | $F<1.00$ | $1.00\leqslant F<1.05$ | $1.05\leqslant F<1.15$ | $F\geqslant1.15$ |
|---|---|---|---|---|
| 滑坡稳定状态 | 不稳定 | 欠稳定 | 基本稳定 | 稳定 |

**注**　$F$ 为滑坡稳定系数。

**引**　DZ/T 0218《滑坡防治工程勘察规范》。

### 二、定性评价

定性评价是滑坡稳定性最基本的评价方法，其评价要点是：一方面对边坡的发育历史进行充分分析，从它的过去看它的现在并推测它的未来（历史分析法）；另一方面是对影响边坡稳定的诸因素进行分析，在大量调查研究的基础上，根据和本边坡地质条件类似的稳定状况，来评价本边坡的稳定状况，推测其未来发展趋势（工程地质类比法）。

（一）地形地貌及边坡发育史分析

根据地形地貌及边坡的平面和剖面形态特征，判断其是否曾发生过变形，及其滑坡的规模、范围、分析滑坡的形成过程。

（二）地质条件分析

主要指组成边坡的岩性、产状、构造和新构造条件、岩层风化条件、地下水的出露位置和特点，分析其对滑坡形成的影响。

（三）类似地质条件边坡稳定性的调查

在类似地质条件地段有无滑坡、滑坡的原因、是天然的或人为的，滑坡边界条件和本滑坡的对比分析，影响滑坡因素的对比分析。

（四）其他因素分析

例如对水文因素、气象因素、地震或爆破震动因素、边坡形态改造因素、工程和人为因素等的分析，估计其对滑坡的影响程度。

## 三、定量评价

定量评价最常用的方法是刚性块体极限平衡分析法及应力应变分析法。滑坡稳定性定量评价方法见表 28-7。

**表 28-7　　滑坡稳定性定量评价方法**

| 方法类型和名称 | | 应用条件和要点 |
|---|---|---|
| 刚体极限平衡计算法 | 瑞典条分法（1927） | 圆弧滑面。定转动中心，条块间作用合力平行滑面 |
| | 毕肖普法（1955） | 非圆弧滑面。拟合圆弧与转心，条块间作用力水平，条间切向力 $X$ 为零 |
| | 简布法（1956） | 非圆弧滑面。精确计算按条块滑动平衡确定条间力，按推力线（约滑面以上 1/3 高处）定法向力 $E$ 作用点；简化计算条间切向力 $X=0$，再对稳定系数作修正 |
| | 斯宾塞法（1967） | 圆弧滑面，或拟合中心圆弧。$X/E$ 为一给定值 |
| | 摩根斯坦—普莱斯法（1965） | 圆弧或非圆弧滑面。$X/E$ 存在与水平方向坐标的函数关系 $[X/E=\lambda f(x)]$ |
| | 传递系数法 | 圆弧或非圆弧滑面。条块间合力方向与上一条块滑面平行（$X_i/E_i=\tan\alpha_{i-1}$） |
| | 楔体分析法（霍埃克，1974，等） | 楔形滑面，各滑面均为平面。以各滑面总抗滑力和楔体总下滑力确定稳定系数 |
| | 萨尔玛法（1979） | 非圆弧滑面或楔形滑面等复杂滑面。认为除平面和圆弧面外，滑体必须先破裂成相互错动的块体才能滑动，方法以保证块体处于极限平衡状态为准确定稳定系数 |
| 弹塑性理论计算法 | 塑性极限平衡分析法 | 适于土质斜坡，假定土体为理想刚塑性体，按摩尔—库伦屈服准则确定稳定系数 |
| | 点稳定系数分析法 | 适于岩质斜坡，用弹塑（粘）有限元等数值法，计算斜坡应力分布状况，按摩尔—库伦破坏准则计算出破坏点和塑性区分布状况，据此确定稳定系数 |
| 破坏概率计算法 | 解析法 | 根据抗剪强度参数的概率分布，通过解析分析计算斜坡稳定系数 $K$ 值的理论分布 |
| | 蒙特—卡洛模拟法 | 通过计算抗剪强度参数的均匀分布随机数，获得参数的正态分布抽样，进而模拟 $K$ 值的分布，并计算 $K<1$ 的概率 |
| 变形破坏判据计算法 | 变形起动判据分析法 | 按各类变形机制模式的起动判据，判定斜坡所处变形发展阶段 |
| | 失稳判据分析法 | 按各类变形机制模式可能的破坏方式及其失稳判据进行计算，推定稳定性系数 |

## 四、滑坡推力计算

（1）当滑面为单一平面或圆弧形时，滑坡推力计算可用式（28-1）：

$$H_m=(K_s-K_f)\times\sum(T_i\times\cos\alpha_i) \tag{28-1}$$

式中 $H_m$——推力，kN；

$K_s$——设计的安全系数；

$K_f$——稳定系数；

$T_i$——第 $i$ 条块重量在滑面切线方向的分力，kN；

$\alpha_i$——第 $i$ 条块滑面倾角，(°)。

（2）当滑面为折线形时，滑坡推力按传递系数法计算，见式（28-2）和式（28-3）：

$$F_n=F_{n-1}\times\psi+\gamma_t\times G_{nt}-G_{nn}\tan\varphi_n-c_nL_n \tag{28-2}$$

$$\psi=\cos(\alpha_{n-1}-\alpha_n)-\sin(\alpha_{n-1}-\alpha_n)\tan\varphi_n \tag{28-3}$$

式中 $F_n$——第 $n$ 条块的剩余下滑力，kN/m；

$F_{n-1}$——第 $n$-1 条块的剩余下滑力，kN/m；

$\psi$——传递系数；

$\gamma_t$——滑坡推力安全系数；

$G_{nt}$、$G_{nn}$——第 $n$ 块滑体自重沿滑动面、垂直滑动面的分力，kN；

$\varphi_n$——第 $n$ 块滑体沿滑动面土的内摩擦角标准值，(°)；

$c_n$——第 $n$ 块滑体沿滑动面土的黏聚力标准值，kPa；

$L_n$——第 $n$ 块滑体沿滑动面的长度，m；

$\alpha_n$——第 $n$ 块滑体滑动面与水平面夹角，(°)。

## 五、监测

### （一）监测分类

滑坡监测可分为施工安全监测、防治效果监测和动态长期监测，并应以施工安全监测和防治效果监测为主。

### （二）监测内容

（1）地面变形：包括水平位移、垂直位移、裂隙延伸变化及移动方向。

（2）建（构）筑物变形：包括开裂、破坏、位移及铁塔根开、基础顶面高程变化等。

（3）深部位移：包括地下不同深度的滑坡体位移。

（4）水文地质条件监测：包括孔隙水压力、地下水水位、地表水与地下水水质、水温、地下水流向、钻孔及井、泉流量等，特别是滑带含水层的特征。

### （三）方法与手段

（1）地面变形及深部位移，根据变形实际情况，可采用大地测量三角网、GPS、视准线、地基倾斜仪、现场量测等方法进行地面变形监测；可采用钻孔测斜仪、地下倾斜计、管状应变计、伸缩仪、地下伸长计等进行深部位移监测，监测点宜沿主滑线布置。

（2）可采用浮标式地下水位计、触针式地下水位计及水压式水位计同步进行地下水动态监测，监测点宜沿主滑线布置。

（3）宏观地质调查法，即采用常规的滑坡变形形迹追踪地质调查方法，进行巡视，即时发现滑坡区出现的各种变化，该调查法是在变化明显地段设固定点，定期不定期地采用调查路线穿越法，控制滑坡区。

### （四）监测要求

（1）滑坡勘察阶段应布置监测网点，并展开监测工作。

（2）施工安全监测点应布置在滑坡体稳定性差，或工程扰动大的部位，原则上采用 24h 自动定时监测方式，以使得监测信息能及时反映滑坡体变形破坏特征，供有关方面做决断。如果滑坡稳定性好，且工程扰动小，可采用8～24h监测一次的方式进行。

（3）防治效果监测可结合施工安全和长期监测进行，监测时程不少于1个水文年，外界扰动较大时，如暴雨、地震等，应加密监测次数。

（4）长期监测在防治工程竣工后，对滑坡进行动态跟踪，主要针对中型及以上的滑坡。

（五）监测资料整理

（1）监测说明，应阐明工作概况，包括任务依据、时间、测网布置、监测方法、仪器设备及完成工作量；监测经过，包括布设监测桩、复测、加测情况；监测资料分析、结论及建议。

（2）监测网布置平面图、位移矢量图、位移或降雨量与时间关系曲线图、位移与降雨量相关曲线图、位移与地下水动态相关曲线图、深部位移曲线图等，各图比例尺视需要确定。

（3）监测记录、气象资料、访问记录、照片等原始资料。

## 六、资料要求

滑坡工程地质勘察报告编写内容及格式：

（1）前言。主要包括：任务由来、滑坡的危害程度、勘察目的、任务、勘察工作评述（勘察依据、勘察时间、勘察范围、勘察工作量、勘察质量等）。

（2）自然条件及地质环境条件。主要包括：自然条件（包括勘察区地理位置、行政区划、准确地理坐标、交通状况、气象与水文、区域经济状况等）、地形地貌、区域地质构造及地震、地层岩性及其特性、地质构造、水文地质条件、人类活动及其他。

（3）滑坡特征及稳定性评价。主要包括：滑坡边界、规模、形态特征、滑体特征、滑床特征、滑带特征、滑坡变形破坏发育史、滑坡影响因素及滑坡原因分析、试验成果分析、滑坡推力计算及稳定性评价。

（4）滑坡发展变化趋势及危害性预测。主要包括：发展变化趋势、危害性预测。

（5）滑坡防治方案建议。主要包括：防治目标原则、防治工程设计参数建议、防治工程方案建议等。

（6）结论与建议。

# 第四节　处　理　方　法

## 一、基本思路

（一）以防为主，尽量避让

滑坡的治理往往既费时又费钱（治理工期长，投资较大），且输电线路尤其是山区输电线路工程，其交通及施工条件均较恶劣，故输电线路一般采取绕避的原则，尽量避开滑坡及其影响区域。

（二）对症下药，综合治理

对于确实无法绕避的滑坡，经技术经济比较，确认有必要处理时，则应查明滑坡成因及形成机制，以便在制定治理方案时，对症下药。

各类滑坡，特别是规模较大的滑坡、坍滑体及松动岩体，一般都是在多种因素综合作用下形成的，故在治理时还应按其具体情况，抓住重点采用综合治理的方法，才能达到理想效果。首先采取措施防止或消除控制边坡变形破坏的主要因素，然后再针对各次要因素，修建各种辅助治理工程或采取其他辅助治理措施。

（三）力求根治，以防后患

对输电线路工程具有威胁的滑坡，治理时原则上应做到一次根治，以防后患。否则，待后期再补强处理时，往往会造成很大困难，甚至留下后患。只有对某些性质复杂、短期内确实难以查清尚待进一步勘察的滑坡，才采取分期治理的办法（但第一次处理应采取立即生效的工程措施）。

（四）因地制宜，安全可靠

由于输电线路工程的特殊性，尤其是陡峻山区输电线路工程，受地形条件限制，往往交通运输及施工条件十分恶劣，故在制定滑坡治理方案时，必须充分考虑到这些具体因素，因地制宜，安全可靠，便于施工。

## 二、输电线路中常用对策

（一）路径及塔位选择

（1）下列地段不宜设立塔位：

1）滑坡发育的地段；

2）在滑坡最大影响范围内的地段；

3）松散堆积层较厚，由于外部条件改变可能沿下部基岩面产生滑动的地段；

4）当为凹坡时，塔基及附近坡积物易受坡面水流冲刷的部位；

5）具有较厚松散堆积物，坡度在35°以上的斜坡，其下卧基岩面遇水易软化，或边坡高陡难以支挡防护，特别是基岩面光滑的顺向坡地段；

6）由于人类活动可能影响塔位稳定的地段。

（2）应优先选择在下列有利的地形、地质地段上：

1）浑圆宽厚的山顶、稳定的脊鞍部或较缓的脊梁上；

2）基岩裸露或覆盖层很薄的平缓坡地；

3）塔位附近无滑坡；

4）凸形的坡地，不受地表水冲刷的地段；

5）穿越可能受滑坡影响区域的路径应最短。

（二）基础形式的选择

（1）地形条件差的塔位，尽量采用埋深较大的原状土基础，如掏挖基础和人工挖孔桩基础，将基础底部置于稳固的基岩。

（2）对于陡坡上的塔位，或是距陡坡比较近的塔位，可采用基础连梁将四个基础联为一体，形成一个稳定的框架结构。

（3）铁塔与基础应采用地脚螺栓连接方式，地脚螺栓露出混凝土部分应适当加长，以便于轻微变形后还可调节。

（4）尽量少采用毛石混凝土的护坡、保坎和毛石混凝土回填；宜采用钢筋混凝土保坎。

（5）基础保护帽混凝土的标号应适当提高，可提至与基础混凝土一致。

（6）采用铁塔全方位长短腿和高低基础结合，尽可能做到施工基面零降基。

（7）加强施工管理，尽可能减少施工对环境的破坏，减少次生灾害的发生。

（8）场地狭窄或陡峻塔位采用分体式铁塔，避免对环境造成较大的破坏。

（三）严格施工过程控制

工程实践中，施工不当引发的滑坡问题集中表现在以下几个方面：

（1）陡坡地段塔位下坡侧就近随意弃土，引发下边坡的失稳；

（2）基础施工时，切坡后不做支护或封闭坡面处理，引发上边坡的失稳；

（3）护坡保坎质量差，多为干砌，且其基础埋深不够，雨季坍塌后引发边坡问题；

（4）地层破碎时，施工措施不当，过量爆破、未及时护壁或护壁措施不到位，基坑坍塌，甚至引发边坡问题。

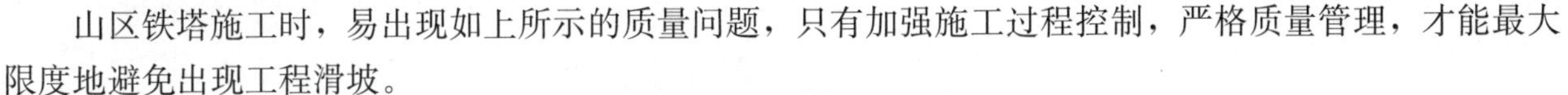

山区铁塔施工时，易出现如上所示的质量问题，只有加强施工过程控制，严格质量管理，才能最大限度地避免出现工程滑坡。

（四）加强监测

对地形较差，易于出现边坡问题的塔位，加强监测是十分必要的，尤其是在地震、久雨或暴雨后，更要加大监测或巡视的频率，以便及时发现问题。

## 三、滑坡常用防治措施

（一）消除或减轻水的作用

滑坡的发生和发展常与水的作用密切相关，而且往往是导致滑坡的主要原因。因此在对滑坡进行整治时，要特别注意采取措施消除或减轻水对边坡的危害作用。

（1）阻排地表水：滑坡体以外的地表水，以拦截旁引为原则；滑体以内地表水，则以防渗，尽快汇集排走为原则。如可采取设置外围截水沟、内部排水沟、整平夯实坡面、植草、铺盖阻水等措施；

（2）阻排地下水：对地下水丰富的滑坡体，一般可在滑坡外围设置截水隧洞，截水盲沟等拦截旁引补给水；在滑体内部设置排水疏干隧洞、仰斜排水孔、砂井、支撑盲沟、渗沟等，排泄地下水；

（3）防止水的冲刷：边坡前缘因流水冲刷移去部分起支撑作用的岩土体，或使顺层的易滑软弱结构面暴露临空，导致滑坡发生。对这类滑坡的治理方法可修筑挡水防护工程，如挡水墙、砌石护坡等；也可采取导水工程，如导水墙、丁坝等，避免流水直接冲刷坡脚。

（二）改善滑坡力学平衡条件

滑坡的基本原因是坡体下滑力大于抗滑力，破坏了边坡的力学平衡条件。故在治理时，可采取措施增大抗滑力，减少下滑力，改善边坡的力学平衡条件。

（1）削坡：削坡前应对滑体结构形态进行分析，削缓主滑部分，对坡下部可能阻滑的部分不可削减，否则可能会加剧滑坡的变形发展。

（2）减重反压：减重就是挖除滑体上部的岩土体，减少上部岩土体重量造成的下滑力，反压则是在滑体的前部抗滑地段，采取加载措施以增大抗滑力；反压填土时，要注意不可堵死原有地下水的出口，先做好引排地下水工程，以绝后患。

（3）抗滑挡墙：抗滑挡墙目前使用较为广泛，借助于挡墙自身重量，支挡滑体的下滑力；常用的种类有抗滑片石垛、抗滑片石竹笼、浆砌石抗滑挡墙、混凝土或钢筋混凝土抗滑挡墙、空心抗滑挡墙（明洞）及沉井式抗滑挡墙等；抗滑挡墙适用于滑床比较坚固，承载力较大，抗滑稳定性较好，不适用于滑床松软且滑面易向下发展的滑坡。

（4）抗滑桩：适用于深层及各类非塑性流滑坡，具有破坏山体少、便于施工、质量可靠等优点，国内外应用广泛。

（5）锚杆挡墙：由锚杆、肋柱和挡板组成，滑坡推力作用于挡板上，由挡板将滑坡推力传于肋柱，再由肋柱传至锚杆上，最后通过锚杆传到滑面以下的稳定地层中，靠锚杆的锚固力来维持整个结构的稳定性；多用于岩质滑坡的治理工程中。

（6）预应力锚索：适用于土质、岩质地层的滑坡，滑坡治理中应用广泛，锚索应注意防锈、防腐处理。

（7）格构锚固：利用浆砌块石、现浇钢筋混凝土或预制混凝土进行坡面防护，并利用锚杆或锚索固定的一种滑坡综合防护措施。

（三）增强滑带土的物理力学性质

通过物理化学的方法，增强软弱夹层等滑带物质的物理力学性质，防止弱面进一步恶化，以提高滑坡的稳定性。

较常用的方法主要有：化学灌浆法、石灰加固法、焙烧法、爆破灌浆法等。

## 第五节 工 程 实 例

### 一、西南某220kV双回线路新建工程

（一）工程概况

线路路径区位于青藏高原东部边缘，是西藏板块、华北板块和扬子江板块的三角形挤压地带，构造形迹复杂，尤其是在朱倭—炉霍—道孚段，基本沿鲜水河断裂带及其影响带走线。沿线部分路径示意图如图28-2所示。

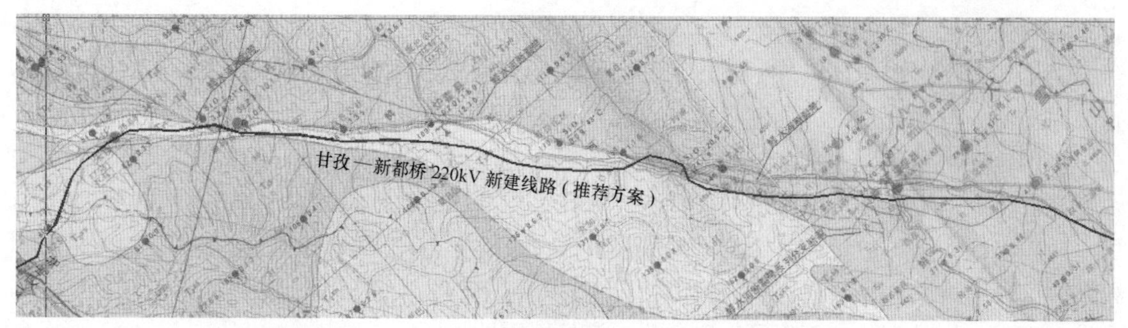


图28-2 沿线部分路径示意图

鲜水河断裂为巴颜喀拉冒地槽褶皱带内的控制性断裂，NW起于甘孜WN，向SE经东谷、侏倭、旦都、炉霍、道孚、乾宁、色拉哈、木格错、康定、磨西、田湾、擦罗，消失于公益海以南，全长约400km，是四川境内最强烈的活动断裂，为历史上著名的地震震中分布区，近期地震仍然频繁，至今仍在断续活动之中。此断裂主要由一组走向北西30°～50°的压性或压扭性断裂组成，上下盘均为三叠系西康群砂、板岩地层。在炉霍以北断裂密集带内，有二叠系大型挤压透镜体出现，断裂擦痕十分清楚，沿断裂带附近常有温泉呈线状分布，大多数断面倾向北东，倾角70°～80°，局部地段，断裂两侧发育有一组北东向的横向断裂，并常切断主断裂。总体而言，该断裂规模大，延伸远，切割深，断裂带宽，宽度达0.5～2.0km，沿断裂带由于各段岩性，构造方面的差异，断层带内物质组成也有较大差异，主要由碎裂岩、碎屑岩、薄片岩及断层泥或土组成。

鲜水河断裂带为全国有名的地震带，地震活动与现今活动构造密切相关，强震多发生在活动构造带内，是我国大陆内部少有的一条至今仍在活动的地震活动带，据史料记载，自1725年以来共发生Ms≥5级以上地震46次，其中6.0～6.9级地震17次，7级以上地震8次，历史主要地震对工程区的影响烈度为Ⅸ～Ⅹ度。距今最近的一次大地震为1973年炉霍7.9级地震，震中位于炉霍城西萨瓦一带，当时造成了大量人员伤亡和财产损失。

在朱倭—炉霍—道孚段，线路沿鲜水河两岸走线，沿岸有公路G317及S303线，车辆均可到达，具备交通条件，故在可行性研究阶段，对沿鲜水河断裂带的线路，重点采取了搜资、工程地质调查、走访等手段，旨在查明沿线分布的不良地质作用，并以此对线路路径进行优化。

（二）不良地质作用

沿河两岸不良地质作用发育以滑坡、泥石流为主，其次为少量崩塌。由于本线路走线较高，对各泥石流沟均一档跨越，对线路路径方案影响不大。故调查主要侧重于滑坡。

鲜水河受NW向发育的深大断裂的控制，两岸滑坡较发育，前缘沿河多发育小规模土滑，后缘见滑坡陡坎；泥曲河段主要受顺河卡娘断层的影响，滑坡沿断层分布，规模大小不等，稳定性较差，其前缘目前仍有活动迹象；道孚下游河段主要受鲜水河断裂分支断层影响，沿断层出露地段分布滑坡与变形体，目前一般都处于不稳定状态，局部段在雨季仍有变形活动迹象，在雨季或不合理切坡后容易发生滑

坡。线路路径区滑坡众多，全线共避让大中型滑坡 28 个，滑坡群 4 个，大中型滑坡多为覆盖层滑坡，顺河长 50～400m 不等，滑坡群顺河长度达 3km。滑坡如图 28-3～图 28-5 所示。

图 28-3　H7 滑坡

图 28-4　H23 滑坡

图 28-5　2 号滑坡群

（三）路径优化

根据沿线的搜资调查结果，沿鲜水河断裂路径段，滑坡发育，对原路径有较明显影响，为此，根据滑坡发育特征及对线路的影响程度，对路径进行了优化调整，避让了初步调查出来的 28 处滑坡，对后期工作提供了较丰富的基础资料。

## 二、西南某 220kV 线路 N35 号塔改建工程

（一）工程概况

西南某 220kV 线路新建工程是松林河上游水电站的电力送出工程，沿线地形地貌主要为深切高中山，相对高差一般 300～800m，植被较差，沿线沟谷切割较深，卸荷带发育，坡体表层土质破碎松散，在地表水的作用下极易发生浅层滑坡、坡面泥石流等不良地质作用，区域稳定性较差。工程完工后于 2007 年初带电运行，当年 9 月初 N35 号塔位下坡侧发生较大面积的滑塌，位于下坡侧的 CD 腿基础裸露。

（二）N35 号塔基本情况

塔位位于条状山脊一侧 35°～40°的斜坡，A、B 腿位于坡上侧，C、D 腿位于下侧，顺线路中心桩左侧 6～8m 为山脊脊梁，脊梁上为水电站的引水压力管道。

0～8m 为碎块石，8m 以下为强风化花岗岩，岩体破碎。四塔腿均为桩基础，设计桩长 10.5～12.6m，并在四个塔腿间加设联梁。

C、D 腿下坡侧约 8m 外为 50°～55°的陡坡，坡面植被发育（最大树径达 50cm），自然坡体稳定。在

施工过程中，塔基下侧由于弃土形成了剥蚀深度达3m的沟槽，原始环境遭受极大破坏，使沟槽被雨水冲刷不断向上发展，至塔建成后第一个雨季已发展至塔中心桩位置，并使CD腿裸露高度达8.5～9.4m。见图28-6～图28-8。

图28-6　N35号塔远景

图28-7　N35号塔中远景

（三）原因分析及处理措施

该塔C、D腿下坡侧坡体大面积滑塌失稳的原因主要是弃土方式不当造成，铁塔基坑开挖的弃土顺坡倾倒，破坏了坡面植被层，在坡面上形成两条由弃土剥蚀出来的沟槽，由于坡面植被层下为碎块石及呈散体状、碎裂状结构的强风化花岗岩，稳定性本身较差，被扰动剥蚀后表层碎石随弃土滚落并逐步扩大且向源发展，在工程完成后的第一个雨季中雨水加速了人为沟槽的进一步发展，致C、D腿裸露高度过大，影响了塔位的稳定。

由于C、D腿下侧地质环境已遭受破坏，无法保证N35号塔的长期稳定，同时由于剥蚀深度较大，坡面陡峻松散，如采取边坡治理措施将对塔基形成新的扰动，危及铁塔安全，同时也无施工作业面，故

图 28-8　N35 号 CD 腿塔近景

最终采取了改线方案。

（四）教训

西部山区的输电线路工程中，基础施工时弃土对线路沿线植被、铁塔所在坡体稳定性的影响日益突出，本例为较为典型的弃土不当引发边坡失稳的案例。对边坡陡峻、地质环境较为脆弱的塔位，尤其要重视弃土问题，严格禁止就地顺坡倾倒，尽量避免扰动破坏原本安全贮备比较低的边坡。

## 三、西南某 220kV 线路新建工程 N20 号塔滑坡治理

（一）工程概况

西南某 220kV 线路于 2004 年设计，2005 年投运，至今已运行近 8 年。2013 年 7～9 月期间石棉地区多地发生强降雨气候，受暴雨影响，该线路 N20 号铁塔下坡侧发生了大面积的滑坡（见图 28-9 和图 28-10），滑坡后缘陡坎距塔位最近仅 5m，且有不断发展的趋势，对输电线路安全运行构成重大威胁（见图 28-11）。受业主委托，进行了该塔位滑坡治理工程的勘测设计工作。

图 28-9　N20 号塔位及滑坡远景

图 28-10　N20 号塔位滑坡

图 28-11　塔位后缘滑坡壁（碎石土）

（二）勘察设计情况

根据 N20 号塔位滑坡的特点，勘察手段主要为钻探、地质调查、槽探、室内试验等。在滑坡范围内及附近共布置了 16 个勘探点，7 条勘探线，完成钻探共 53.5m，探槽共 10.5m，地质点测绘 4 个，地面特征测绘约 1km$^2$，并辅以适量的室内试验等工作，基本查清了滑坡情况，为进一步治理方案设计提供依据。

N20 号塔位滑坡纵向长约 72m，横向宽 25～28m，滑坡面呈楔形条带状，滑坡前缘、后缘高差 50～55m，滑坡体平面投影面积 2356m$^2$，厚度 3～8m 不等，滑坡体总方量约为 11778m$^3$，为小型滑坡，滑坡直接威胁 N20 号塔位场地稳定，进一步发展有可能造成倒塔危险，严重影响水电送出。

该滑坡在公路开挖切割坡脚之后，坡面残坡积松散堆积体由下自上逐渐垮塌，为典型的牵引式浅层滑坡，2013 年暴雨期的大量水流加剧了滑体下滑，致使中下部坡面基本滑塌完全，上部形成圈椅状未完全滑塌区，在塔位至滑坡后缘顶部间形成 10～12m 的高陡边坡。由于未完全滑塌区主要由已蠕动变形土层组成，预计在下一个暴雨期，松散的滑坡堆积体将继续滑移，致使滑坡壁向下深切，滑坡后缘可能继续向上坡侧发展，从而直接威胁塔位场地。

通过稳定性分析计算及滑面搜索、数值模拟，治理方案致力于稳固滑壁后侧边坡，主要方案为：①在滑坡壁后缘采用锚拉抗滑桩措施，以防止边坡深层滑移的可能；②对滑壁后缘上部陡坡采用锚杆格构梁支护，以防治上部陡坡发生浅层滑塌的可能；③在塔位上坡侧修筑环形截水沟，以截断上坡侧地表水继续向滑坡体内冲刷。

主要工程量为：

（1）共设计两道截排水沟：①在滑壁后缘边坡坡顶设置一条，规格为300mm×300mm，呈弧形向滑坡边缘两边延伸6～7m，沟体长度约52m；②在塔位上坡侧距离约5m的地段设置一条，规格500mm×500mm，上坡侧沟壁设置泄水孔，外侧回填碎石滤水层，呈弧形向滑坡边缘两边延伸10～35m，沟体长度约80m。坡顶排水沟水流向两侧坡下排泄，塔位后侧截水沟主要截挡上坡侧水流向西侧山体沟内。

（2）设置3排16列共46根锚杆，锚杆长度6m，倾角15°，全长黏结，锚固土层为稍～中密碎块石层，坡面铺设250mm×250mm格构梁，格构梁交点为锚杆锚固点，格构梁嵌入坡面，中间撒种草籽恢复植被。

（3）在滑壁后缘沿近等高线方向向滑坡两侧边缘共布置抗滑桩7根，由西至东各桩编号分别为Z1、Z2、Z3、Z4、Z5、Z6、Z7，其中Z1号桩长12m，截面尺寸1.5m×1.5m，Z2号桩长16m，截面尺寸1.5m×1.5m，Z3、Z4、Z5、Z6号桩长20m，截面尺寸1.8m×2.0m，Z7号桩长18m，截面尺寸1.8m×2.0m，桩间距4.5m，两侧间距5m，桩顶高程统一为1202.5m，外露地面（按桩外坡侧起算）1～5m。桩体为矩形，采用C30混凝土浇筑，桩间采用厚30cm钢筋混凝土板连接，桩外露地面部分采用0～2束锚索锚固，锚索长度15～20m，倾角15°，自桩顶以下1m布置，间距3m，每束锚索施加预应力400～550kN。

施工完成后情况如图28-12～图28-14所示。

图28-12　抗滑桩及锚杆格构

（三）治理效果

从治理后近三年来的监测数据情况看，未有明显变形的情况发生，基本达到治理效果，铁塔及治理后的边坡处于安全状态。

图 28-13　上部截水沟

图 28-14　公路上侧防护网及挡墙

# 第二十九章　危岩与崩塌

## 第一节　概　　述

### 一、危岩与崩塌定义和分类

（一）定义

危岩体：被多组不连续结构面切割分离，稳定性差，可能以倾倒、坠落或塌滑等形式崩塌的地质体。

崩塌：地质体在重力作用下，从高陡坡突然加速崩落或滚落（跳跃），具有明显的拉断和倾覆现象。

（二）分类

危岩按其控制条件和失稳机理、发育相对高度、失稳原因等分类见表 29-1。

**表 29-1　　危　岩　分　类**

<table>
<tr><th>分类依据</th><th>类　　型</th><th>特　　征</th></tr>
<tr><td rowspan="7">控制条件和失稳机理</td><td>贴坡式</td><td>危岩体通过陡倾裂隙附着于母岩上，在危岩体自重和其他因素影响下，危岩体多沿与母岩分界面发生破坏</td></tr>
<tr><td>悬挂式</td><td>高悬于悬崖顶端和岩腔顶部的危岩体，底部有良好的临空后缘结构面，连通率较低在重力条件下容易产生错断崩塌</td></tr>
<tr><td>孤立式</td><td>危岩体都临空，仅底部与坡面接触，呈孤立状，多为上部失稳后的危石堆积于坡度相对较缓的坡面上，一旦受到扰动，容易失稳</td></tr>
<tr><td>板裂式</td><td>危岩体呈板状，后缘裂隙发育，裂隙多呈“V”形张开，危岩体失稳方式为倾倒</td></tr>
<tr><td>碎裂式</td><td>岩体多组（三组以上）结构面切割后呈碎裂状，块度小</td></tr>
<tr><td>砌块式</td><td>危岩体呈块状堆砌，一组近水平向结构面和两组垂直向结构面发育，垂向结构面多被近水平向结构面（多为原生层面）截断面呈对缝或错缝状，危岩体块度大小受岩层厚度控制，该类危岩体的失稳方式为自下而上层层剥离</td></tr>
<tr><td>软弱基座式</td><td>危岩体底部为相对软弱或易风化的岩层，因差异风化底部多形成凹腔，造成上部危岩体悬空、失稳，或因软弱岩层抗压强度不能支撑上部危岩体荷重而失稳</td></tr>
<tr><td rowspan="4">危岩体发育相对高度 $H$</td><td>低位</td><td>$H<15m$</td></tr>
<tr><td>中位</td><td>$15m\leqslant H<50m$</td></tr>
<tr><td>高位</td><td>$50m\leqslant H<100m$</td></tr>
<tr><td>特高位</td><td>$H\geqslant 100m$</td></tr>
<tr><td rowspan="2">危岩体崩塌动力成因分类</td><td>自然动力型</td><td>降雨型、冲蚀型、风化剥蚀型、地震型、堆积加载型等</td></tr>
<tr><td>人工动力型</td><td>明挖型、洞掘型、爆破型、水库型、渗漏型、人工加载型等</td></tr>
</table>

崩塌可根据其发生地层的物质成分分为黄土崩塌、黏性土崩塌、岩体崩塌。

（1）按表 29-2 划分崩塌规模等级：

**表 29-2　　崩塌规模等级**

| 等级 | 小型 | 中型 | 大型 | 特大型 | 巨型 |
|---|---|---|---|---|---|
| 体积 $V$（$\times 10^4 m^3$） | $<1$ | $1\leqslant V<10$ | $10\leqslant V<100$ | $100\leqslant V<1000$ | $\geqslant 1000$ |

（2）按表 29-3 判断和划分崩塌的机理类型：

**表 29-3　　崩塌形成机理分类及特征**

| 类　型 | 岩　性 | 结构面 | 地　形 | 受力状态 | 起始运动形式 |
|---|---|---|---|---|---|
| 倾倒式崩塌 | 黄土、直立或陡倾坡内的岩层 | 多为垂直节理、陡倾坡内一直立层面 | 峡谷、直立岸坡、悬崖 | 主要受倾覆力矩作用 | 倾倒 |
| 滑移式崩塌 | 多为软硬相间的岩层 | 有倾向临空面的结构面 | 陡坡通常大于 55° | 滑移面主要受剪切力 | 滑移 |
| 鼓胀式崩塌 | 黄土、黏土、坚硬岩层下伏软弱岩层 | 上部垂直节理，下部为近水平的结构面 | 陡坡 | 下部软岩受垂直挤压 | 鼓胀伴有下沉移、倾斜 |
| 拉裂式崩塌 | 多见于软硬相间的岩层 | 多为风化裂隙和重力拉张裂隙 | 上部突出的悬崖 | 拉张 | 拉裂 |
| 错断式崩塌 | 坚硬岩层 | 垂直裂隙发育，通常无倾向临空面的结构面 | 大于 45°的陡坡 | 自重引起的剪切力 | 错落 |

（3）根据崩塌的特征、规模及其危害程度，将其分为三类：

1）Ⅰ类，山高坡陡，岩层软硬相间，风化严重，岩体结构面发育，松弛且组合关系复杂，形成大量破碎带和分离体，山体不稳定，破坏力强，难以处理；

2）Ⅱ类，介于Ⅰ和Ⅲ类之间；

3）Ⅲ类，山体较平缓，岩层单一，风化程度轻微，岩体结构面密闭且不甚发育或组合关系简单，无破碎带和危险切割面，山体稳定，斜坡仅有个别危石，破坏力小，易于处理。

## 二、崩塌的发育条件

### （一）地形、地貌条件

崩塌多发生在岩石峡谷或山区河曲凹岸陡峻的斜坡地段，一般坡度大于 55°、高度大于 30m 以上，坡现多凹凸不平整，上陡下缓。

### （二）岩性条件

（1）由坚硬、性脆的岩石（如厚层石灰岩、花岗岩、石英岩、玄武岩等）构成的较陡斜坡，如其构造、卸荷节理发育，并存在深而陡的、平行于坡面的张裂隙时，有利于崩塌落石的发生；

（2）软硬岩互层（如砂岩与页岩互层、石灰岩与泥灰岩互层等）构成的陡峻斜坡，由于抗风化能力的差异，常形成软岩凹、硬岩凸的斜坡，也易形成崩塌落石；

（3）黄土垂直节理发育，形成的陡坡，极易产生崩塌；

（4）陡坡上部为坚硬岩石，下部为易溶岩或软岩（如煤系地层）时，或受河水冲蚀破坏，或受人为活动影响，硬岩受张应力的作用，裂隙进一步向深部发展，当形成连续贯通的分离面时，便易形成崩塌。

### （三）构造条件

（1）几组构造线的交会处，往往是崩塌的多发处；

（2）当岩层倾向山坡、倾角大于 45°而小于自然坡度时；

（3）当岩层发育有多组节理，且一组节理倾向山坡，倾角为 25°～65°时；

（4）当二组与山坡走向斜交的节理（X 形节理），组成倾向坡脚的楔形体时；

（5）当节理面呈弧形弯曲的光滑面或山坡上方不远有断层破碎带存在时；

（6）当岩浆岩侵入接触带附近的破碎带、或变质岩中片理、片麻构造发育，风化后形成软弱结构面时。

### （四）其他因素

（1）水是引起崩塌极活跃的因素，绝大多数崩塌都发生在雨季或暴雨之后，江河水的波浪淘刷作用，雨水渗入岩土体、增加了重量、加大了静水压力，冲刷、溶解和软化了裂隙充填物形成的软弱结构面，都会引起崩塌的产生；

（2）地震、爆破、反复震动，均可促使诱发崩塌落石的产生；

（3）昼夜的温差、季节的温度变化，促进了岩石的强烈风化；植物根系的楔入、裂隙水的冻胀，冰劈作用，均为崩塌的产生创造了条件；

（4）人类工程活动中边坡开挖过高过陡，破坏了山体平衡，也会促使崩塌的发生。

## 第二节　勘　测　手　段

### 一、勘测内容

（一）勘测目的

调查崩塌产生的条件、规模、类型及影响范围，分析预测其发展趋势对输电线路的影响程度，评价路径通过的可行性，提出绕避或处理措施的建议。

（二）勘测原则

拟建线路路径上或其附近存在对线路塔位安全有影响的崩塌地质灾害，且线路无法绕避时，应通过资料搜集、工程地质调查等手段，识别、分析、评价崩塌对路径的影响，并提出建议措施。

可行性研究阶段和初步设计阶段崩塌与倒石堆区勘察，应通过资料搜集和工程地质调查，对拟建线路经过地区发育的崩塌进行识别，初步调查其分布范围，初步评价对线路的影响，评价线路通过的适宜性；施工图设计阶段崩塌勘察，应调查崩塌的产生条件、规模、类型、影响范围，并评价其发展趋势和对杆塔、导线可能的影响程度并提出处理意见。

崩塌勘察应采用搜集分析资料、工程地质调查、测绘、必要的勘探等多种方法。可行性研究阶段和初步设计阶段，崩塌的岩土工程勘察以搜资、工程地质调查为主，辅以遥感等手段判别；施工图设计阶段，如需在崩塌堆积体上立塔时，除前述手段处，应根据实际情况辅以适宜的勘探工作。

### 二、搜资

地质灾害危险性评估报告、国土部门进行的地质灾害普查成果等资料是搜集地质资料的重要内容，山区输电线路勘察经验表明，走访当地政府和居民是调查的重要手段，对了解和掌握路径方案上是否存在崩塌很有帮助。

此外还应搜集区域地质资料、气象、地震、水文资料、前人崩塌调查及监测资料、地方志、地震史中有关崩塌灾害的记载以及当地防治崩塌的经验等。

### 三、工程地质调查

崩塌调查内容宜分为危岩体及崩塌堆积体调查两类。

（一）危岩体调查

（1）危岩体位置、形态、分布高程、规模；

（2）危岩体及周边的地质构造、地层岩性、地形地貌、岩（土）体结构类型、斜坡结构类型；

（3）危岩体及周边的水文地质条件和地下水赋存特征；

（4）危岩体底界以下地质体的工程地质特征；

（5）危岩体变形发育史。历史上危岩体形成的时间，危岩体发生崩塌的次数、发生时间，崩塌前兆特征、崩塌方向、崩塌运动距离、堆积场所、崩塌规模、诱发因素，变形发育史、崩塌发育史、灾情等；

（6）危岩体形成因素。包括降雨、河流冲刷、地面及地下开挖、采掘等因素的强度、周期以及它们对危岩体变形破坏的作用和影响；

(7) 分析危岩体崩塌的可能性，初步划定危岩体崩塌可能造成的灾害范围，进行灾情的分析与预测；

(8) 危岩体崩塌后可能的运移斜坡，在不同崩塌体积条件下崩塌运动的最大距离；

(9) 危岩体崩塌可能到达并堆积的场地的形态、坡度、分布、高程、地层岩性与产状及该场地的最大堆积容量。

(二) 崩塌堆积体调查

(1) 崩塌源的位置、高程、规模、地层岩性、岩（土）体工程地质特征及崩塌产生的时间；

(2) 崩塌体运移斜坡的形态、地形坡度、粗糙度、岩性、起伏差，崩塌方式、崩塌块体的运动路线和运动距离；

(3) 崩塌堆积体的分布范围、高程、形态、规模、物质组成、分选情况、植被生长情况、块度、结构、架空情况和密实度；

(4) 崩塌堆积床形态、坡度、岩性和物质组成、地层产状；

(5) 崩塌堆积体内地下水的分布和运移条件；

(6) 评价崩塌堆积体自身的稳定性和在上方崩塌体冲击荷载作用下的稳定性，分析在暴雨等条件下向泥石流、碎屑流转化的条件和可能。

### 四、地质测绘

(1) 崩塌平面图测绘比例尺一般采用1∶500～1∶1000，顺可能崩塌方向的横断面图，比例尺一般采用1∶200。崩塌落石区工程地质测绘主要查明下列内容：

1) 地形地貌及崩塌类型、规模、范围、崩塌体大小和崩塌方向；

2) 地质构造、岩体结构类型、结构面的产状、裂隙性质、组合关系、闭合程度、力学属性、延展及贯穿情况；

3) 地层岩性、软岩和硬岩的分布范围、风化程度、风化速度以及风化凹槽和凸出的悬崖；

4) 调查落石的滚落方向、途径、跳跃高度、影响范围等，必要时，可在现场做简易岩块滚落试验；

5) 查明地表水和地下水对崩塌落石的影响，当地表水渗入崩塌体部位时，应查明水的流动途径，补给来源，是否对崩塌体稳定性产生潜在的影响；

6) 调查访问崩塌发生发展的历史、发生崩塌的原因、形成条件、影响因素。

(2) 输电线路通过崩塌形成的倒石堆时，采用地质调查为主的方法，必要时辅以适量的勘探工作，并查明堆积方式、厚度及物质组成，应区别新倒石堆与老倒石堆，并评价其稳定性，判断是否可以立塔。

## 第三节 稳定性评价及要求

### 一、评价原则

崩塌区岩土工程评价应根据山体地质构造格局、变形特征进行崩塌的工程分类，圈出可能崩塌的范围和危险区，对输电工程的杆塔场地适宜性作出评价，并提出防治对策和方案。各类危岩和崩塌的岩土工程评价应符合下列规定：

(1) 规模大，破坏后果很严重，难于治理的，不宜作为工程场地，线路工程应绕避；

(2) 规模较大，破坏后果严重的，应对可能产生崩塌的危岩进行加固处理，线路工程应采取防护措施；

(3) 规模小，破坏后果不严重的，可作为工程场地，但应对不稳定危岩采取治理措施。

## 二、定性评价

（1）定性评价要素。

1）当地危岩崩塌历史：包括破坏形式、大小、数量、产生破坏的原因；

2）斜坡特征：包括斜坡地质条件、斜坡形态；

3）环境：包括降水、地震、爆破等。

（2）定性评价方法。

1）成因历史分析法；

2）赤平投影分析法及块体理论分析法；

3）工程地质类比法，对已有的崩塌或附近崩塌区以及稳定区的山体形态，斜坡坡度构造，结构面分布、产状、闭合及填充情况进行调查对比，分析山体的稳定性，危岩的分布，判断产生崩塌落石的可能性及其破坏力。

## 三、定量评价

根据各种破坏类型，在分析可能崩塌体及落石受力条件的基础上，用“块体平衡理论”计算其稳定性。计算时应考虑当地地震力、风力、爆破力、地面水和地下水冲刷以及冰动力等的影响。

（一）基本假定

（1）在崩塌发展过程中，特别是在突然崩塌运动以前，把崩塌体视为整体；

（2）把崩塌体复杂的空间运动问题，简化成平面问题，即取单位宽度的崩塌体进行检算；

（3）崩塌体两侧与稳定岩体之间，以及各部分崩塌体之间均无摩擦作用。

（二）各类崩塌体的稳定性计算

崩塌体稳定性系数验算公式见表 29-4。

**表 29-4　崩塌体稳定性系数验算公式**

| 崩塌类型 | 抗倾覆稳定性系数 $K$ 计算公式 | 备　注 |
|---|---|---|
| 倾倒式崩塌 | $K=6aW/(10h_0^3+3Fh)$<br>$a$：转点 A 至重力延长线的垂直距离，这里为崩塌体宽的 1/2；$W$：崩塌体重力；$h_0$：水位高，暴雨时等于岩体高；$h$：岩体高；$F$：水平地震力 | |
| 滑移式崩塌 | | 抗滑稳定性检算 |
| 鼓胀式崩塌 | $K=A\times R_{无}/W$<br>$W$：上部岩体质量；$A$：上部岩体底面积；$R_{无}$：下部软岩在天然状态下的（雨季为饱水的）无侧限抗压强度 | 用下部软弱岩层的无侧限抗压强度（雨季用饱水抗压强度）与上部岩体在软岩顶面产生的压应力的比值来计算 |
| 拉裂式崩塌 | $K=h[\sigma_{拉}]/(3l^3\gamma)$<br>$h$：等厚岩体厚度；$l$：岩体宽度；$\gamma$：岩石重度；$[\sigma_{拉}]$：岩石的抗拉强度 | 用拉应力与岩石的抗拉强度的比值进行稳定性检算 |
| 错断式崩塌 | $K=4[\tau]/[\gamma(2h-a)]$<br>$h$：岩体厚度；$a$：岩体宽度；$\gamma$：岩石重度；$[\tau]$：岩石的允许抗剪强度 | 岩石的允许抗剪强度 $[\tau]$ 与铅直方向成 45°角方向上将产生最大剪应力比值 |

（三）落石的运动形式与落石计算

（1）落石运动形式。根据岩块从陡坡上崩落到坡下的运动形式的差异，把落石分为五个类型，见表 29-5。

表 29-5 落石的运动形式

| 类　型 | 运 动 形 式 |
|---|---|
| 直立式 | 直立边坡上的突出危岩失稳呈自由落体向下崩落 |
| 跳跃式 | 岩块从高陡山坡向下崩落，以高速跳跃式前进，可直接落到坡脚地面。触地前最后一次跳跃距坡肩越近，则跳跃的距离越远 |
| 直落跳跃式 | 在直立台阶式边坡上部的岩块向下崩落，先自由坠落，与台阶或突出岩体碰撞后，产生跳跃 |
| 滑落式 | 板状岩块沿山坡向下滑动，过坡肩后落地 |
| 滚落式 | 块石多为各边近似相等状，沿坡滚落于坡下 |

（2）落石计算。对落石采取支挡或拦截措施时，需要调查了解落石的质量、运动速度、运动轨迹、弹跳高度等数据，一般情况下，落石速度、弹跳高度等以现场调查试验为佳，无条件也时可对落石速度、落石弹跳最远距离和落石弹跳最大高度进行理论计算。

## 第四节　处　理　方　法

### 一、一般原则

（1）对于规模大、破坏力强的崩塌，在其影响范围内不宜设立塔位；

（2）对局部发育的小规模崩塌，应在查明崩塌岩体岩性、风化程度、岩体结构面发育特征的基础上，提出处理措施的建议；崩塌的治理应以根治为原则，当不能清除或根治时，对中、小型崩塌可采取下列综合防治措施：

1）当塔位与坡脚有足够距离时，可在坡脚或半坡设置落石平台或挡石墙、拦石网；

2）支撑加固：对小型崩塌，在危石的下部修筑支柱、支墙；亦可将易崩塌体用锚索、锚杆与斜坡稳定部分联固；

3）镶补勾缝：小型崩塌岩体中的空洞、裂缝用片石填补，混凝土灌注；

4）护面：易风化的软弱岩层，可用沥青、砂浆或浆砌片石护面；

5）排水：设排水工程以拦截疏导斜坡地表水和地下水；

6）削坡：在危石突出的山嘴以及岩层表面风化破碎不稳定的山坡地段，可削缓山坡。

### 二、塔位上方陡坡危岩的处理

陡坡上方的危石对杆塔有危害时，可提出如下建议：

（1）先清除，后立塔，对于个体较小危岩，可采用人工清除；对边坡岩屑崩塌，可采用边坡清理或削坡治理；对体积较大者，慎用爆破方法；

（2）不易清除时，可采用加固措施，加固的方法主要有岩石锚栓、锚固、垫托、拦石墙、抗滑桩、混凝土喷射及钢绳网等；

（3）塔位应偏离危石崩落的下方，在危石崩落一侧的适当位置，设置挡石墙、拦石网等防护措施。

### 三、塔位下方崩塌、危岩的处理

当塔位下方存在崩塌、危岩时，塔位应选择在上坡侧的影响范围外，影响范围可根据边坡破裂角按下式估算：$L=H/\tan\theta$，具体参见 GB 50330《建筑边坡工程技术规范》中 3.2.3 节规定。

### 四、倒石堆中塔位的处理

以倒石堆作为杆塔地基时，应分析其稳定性，确定立塔位置，提出处理与防护措施的建议，并对由于杆塔基础施工而影响倒石堆稳定性的程度进行预测。倒石堆中立塔首先调查鉴别倒石堆是新倒石堆还是老倒石堆，再根据倒石堆特点分别提出处理措施。

（1）新倒石堆鉴别特征。

1）堆积体上植被稀少，甚至无植物生长；

2）堆积物结构松散、不稳定、块间充填物少；

3）堆积体前方及两侧坡度较陡，一般可达40°以上，可见高陡堆积体边坡有崩塌滑落痕迹；

4）堆积体上或坡下可见新崩落的块石，堆积体上方陡壁处有新近崩塌过的痕迹，斜坡与倒石堆相连的过渡地带有大量新近崩落、撒落的块石、植被稀少，没有固定或明显的小水沟。

（2）老倒石堆鉴别特征。

1）堆积体上植物茂盛或有较粗大树木；

2）堆积体前方及两侧边坡较平缓，坡度一般不超过30°，边坡稳定；

3）堆积体较密实，空隙多被充填；

4）堆积体上及附近难见新近崩落的块石，陡壁上方未见新近崩落的痕迹及危石，斜坡与堆积体间的过渡带植被良好，少见新近撒落物，堆积体两侧或一侧已有固定小水沟。

（3）对老倒石堆，一般可设塔位，宜选择在下列地段。

1）倒石堆的脊部，其周侧坡缓、稳定，未产生过崩落与下滑；

2）塔基范围内堆积体充填密实，植被茂盛，不受地表水影响；

3）无人类工程活动的影响。

（4）对新倒石堆一般不宜设塔位，当无法避开时，建议采取下列措施。

1）立塔前清除陡壁上方危石；

2）塔位应选在倒石堆脊部，远离陡壁与倒石堆间的过渡地带，并与倒石堆体前方、两侧边坡应有一定安全距离；

3）当塔位附近堆积体及两侧边坡大于40°时，不论稳定与否，均应将其坡度平整到30°左右，平整后的块石堆坡面应处于稳定状态；

4）当堆积层较薄时，宜将基础置于其下原岩、土层上，当堆积层很厚时将塔基周围及基础底面一定深度的大空隙用碎石、块石填塞，将基础与周围岩土原槽浇筑；

5）在上方斜坡与堆积体的过渡地带的适当位置，设置排水沟，使塔基岩土不受水流影响；

6）在塔位的上方的过渡地带较狭窄地段设立防护挡墙或拦网，然后根据具体情况增设防护体。

## 第五节 工 程 实 例

### 一、西南某500kV双回送电线路新建工程

（一）基本情况

危岩体位于康定县姑咱镇康市民族高等师范专科学校A区对面，地理位置：东经102°10′10″北纬30°05′59″，下方为康巴师专，省道211公路从危岩体下方通过，附近人口密度大，分布有大量灌木林地，距离500kV送电线最近塔位水平距离约260m。危岩区所在坡体为陡峻的斜坡地形，岩体完全裸露，岩性主要为花岗岩，风化严重，危岩区发育有多组卸荷裂隙，岩体切割破碎。整个坡体总计约27块危岩区，最主要危岩区位于坡体高程1800～2050m之间，为侵蚀性陡崖，总方量约10万$m^3$，中等规模。单个可见落石最大块度为1 $m^3$。历史上该地已发生多次灾情，对坡体下方康巴师专A校区和由此经过的S211省道造成严重威胁，并且近年来危害趋于频繁。危岩体远景如图29-1所示。

（二）成因分析

（1）地形地貌。陡峻的斜坡地形是危岩形成并造成崩塌、坠落的必要条件。该地区处于四川盆地西

图 29-1　危岩体远景

缘山地和青藏高原的过渡地带，地势由西向东倾斜，呈阶梯状逐渐降低，由高程 5000～4000m 降低至约 1400m，属典型的高山峡谷地貌景观。

危岩区坡体地形较陡，平均坡度约 50°，地形总体为下缓、中陡、上缓，岸坡为峡谷地貌，具有明显的新构造运动特征，主要特征是山坡部分凸出陡峻，非一坡到顶。在坡地上有一定高度的陡坎状地形，这种地貌充分说明了该区上升速度与河流下切和旁蚀的关系，以及调查区崩塌体大部分临空面高差在 200m 以上，这就为危岩体的崩落提供了充分条件。

（2）地质构造与节理。本区地质构造上处于鲜水河、龙门山及安宁河构造带的交汇处，断裂构造十分发育。受鲜水河活动断裂带的影响，本区的新构造运动强烈、地震烈度大，属Ⅸ度。由于本区河谷地区，地势相对较低、气候适宜，且有河谷平坝区。因此，人口密集、经济发达，由于其地形起伏大、坡度陡，受地形地貌、地层岩性、地质构造、大渡河深切割及人类活动影响，坡体岩石破碎。

坡体主要发育有 3 组结构面，即倾向坡内近 NW 向的反倾裂隙，倾向 NE 的缓倾剪节理以及与此斜交的倾向 SW 的缓倾的两组共轭剪节理，其性状特征如图 29-2 和表 29-6 所示。

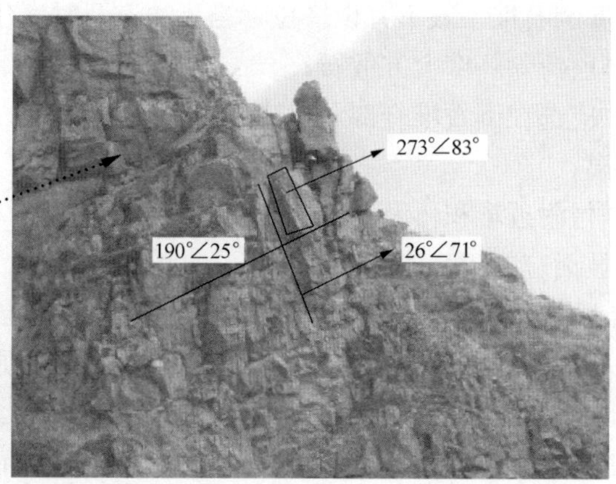


图 29-2　危岩性状特征实物图

**表 29-6**　　**危岩优势结构面特征**

| 局部危岩体远景 | | 危岩体细部 |
|---|---|---|
| 编号 | 优势结构面产状 | 裂隙特征 |
| 1 | 273°∠83° | 延伸较长，平直，较光滑，密集，微张（一般 0～20mm）间距 0.05～1m |
| 2 | 26°∠71° | 延伸一般可见长度 2～10m，节理面平滑，有少量泥质充填 |
| 3 | 190°∠25° | 延伸较远，节理平滑，张开度 2～7mm，少量泥质充填 |

以上统计的三组节理即为切割岩体的主控节理，切割岩体多为具有较规则几何外形的块体。

（3）地层岩性、卸荷与风化：该地区地层岩性为元古界康定杂岩、茂汶群变质岩和第四系松散层，调查区岩体经过多次构造运动破坏，大渡河的快速下切伴随边坡应力的强烈释放，受内外营力作用，风化卸荷作用明显。

危岩体的形成和发育是外因和内因耦合破坏作用的结果，危岩体的发育从卸荷裂隙开始。岩体内的初始应力由于外界作用使之释放，从而产生与临空面大致平行的裂隙，同时卸荷带的岩体由于围压的降低导致强度降低，加上风化、暴雨及地震作用，从而使危岩逐渐发育成形。危岩体所在的地貌部位的卸荷作用发展过程，构建了危岩体的雏形，雏形危岩体主控结构面的断裂、扩张、追踪控制着危岩体的稳定态势，调查统计的三组主控节理由此发育形成危岩体。

（4）植被、水文及人类活动：调查区坡体中下部部分覆盖有灌木等植被，其作用对于危岩体的影响有两方面，其一是生长在岩石裂隙、节理中的植物，由于根部的不断延伸和变粗，使岩石裂缝、节理面不断张开，并使岩体进一步破坏，进而促进崩塌落石的形成；其二是生长在陡坡上的茂密的树木对固定山坡上的松散土石，防止水土流失，同时对其上部的崩落也起到一定的阻挡作用。

大量的调查资料表明，崩落与降雨有下列关系：①崩落有80%以上发生在雨季，特别是雨中或雨后不久；②连续降雨时间越长，暴雨强度越大，崩塌落石次数越多；③长期大雨比连绵细雨时崩塌落石多。

在高程1915m处修建一条宽约30cm，深约40cm的灌溉水渠，2003年发生的坡面泥石流灾害就是由于水渠被落石砸坏而堵塞，大量水体外泄而导致的，因此水文气象条件特别是通过该区的人工水渠对坡体崩落以及泥石流等影响较大，有时甚至成为直接因素。

（三）稳定性分析趋势预测

由前所述地形地貌、地层岩性、地质构造、坡体结构等因素是危岩产生的基础条件，而动力地质作用是危岩产生的直接因素，在特定高地应力环境与岩性条件下，伴随河谷下切过程，坡体应力强烈释放，并叠加坡体横向沟谷切割效应，使浅表坡体受到强烈改造，危岩广布。从危岩存在的现状看，岩性条件和原有顺坡向与坡面走向小角度斜交、倾向坡外的构造结构面是危岩存在的基础，河谷的强烈下切是外动力条件，坡体高地应力条件的释放是根本。处于时效变形阶段的危岩体，渐进性风化与重力作用是失稳的控制性因素。

根据现场初步调查结合室内分析研究，调查区内危岩体失稳模式主要有滑移崩塌、倾倒崩塌、错落几种，其运动通道主要是沿坡表发育的五条冲沟发生，具体情况见图29-3。

图29-3　危岩体运动通道及威胁区划图

Ⅰ、Ⅱ、Ⅲ、Ⅳ、Ⅴ—危岩体分布代号；1、2、3、4、5—危岩体相应威胁范围

（四）灾害点对输电线路的影响

通过以上对该灾害点的剖析，塔位（$J_{65}$）与该危岩体水平距离260m，且塔位位于危岩体北西向，其垂直距离比危岩体高约100m，在危岩体的北西方向通过且与该危岩体崩向相反，故对输电线路影响较小。

## 二、西南某水电站 220kV 送出线路受损修复工程

（一）灾害概况

2014 年 8 月 29 日，受暴雨影响，本线路工程 N5 塔位上方山体崩塌落石，落石击中 N5 塔位，造成 N5 塔位完全损毁，线路断裂停运，见图 29-4。

N5 号铁塔地处九龙河深“V”形山谷左岸斜坡上，山高坡陡，地形较复杂，塔位位于上陡下缓的陡崖下变坡处，陡崖高愈 1000m，上坡侧坡度 60°～70°，塔位下侧斜坡表层为陡崖崩坡积碎块石，下部为花岗岩。塔位处为典型的河谷区峡谷地貌，边坡演化具有明显的垂直分带性，近塔位处 200m 范围内多为表生改造，岩体相对较完整，塔位上侧 250m 到近山顶位时效变形和失稳破坏区域，受外界环境和山体岩石自身风化及结构面的因素影响易形成岩体松弛张裂变形破坏，进一步发展易形成崩塌源或滑落源，该种破坏形式特点是方量小，随机性强。

图 29-4　原 N5 塔位发生崩塌受损

（二）原因分析

N5 塔位上侧山体崩落由于雨季降水特别丰沛，塔位上侧 300m 左右岩体发育一组外倾的顺层结构面，在长期雨水浸润作用下，结构面上侧岩体脱离母体沿结构面滑落，因下侧边坡陡峻，岩体在崩落过程中碎裂解体，撞击坡脚铁塔，造成损坏。

（三）处理措施

（1）经现场查勘，原 N5 塔位基础破坏不大，经修复可作为临时过渡方案使用。永久方案新 N5 塔位位于原塔位前方 160m 左右区域山体斜坡上，斜坡上坡侧亦为陡崖，但上坡山体岩体完整性相对较好，凸出危岩体相对较少，比较适合作为永久塔位。

（2）临时过渡方案和永久方案塔位上方清理危岩及崩塌块石，塔位上坡侧设置两道被动防护网，又塔位下坡侧位省道，下坡侧加设一道被动防护网。

# 第三十章　泥　石　流

## 第一节　概　述

### 一、泥石流的定义和分类

（一）泥石流的定义

泥石流是山区特有的一种自然地质作用。它是由于降水（暴雨、冰川、积雪融化水）在沟谷或山坡上产生的一种夹带大量泥砂、石块和巨砾等固体物质的特殊洪流。其特点是暴发突然，历时短暂，来势凶猛，具有强大的破坏力。

潜在泥石流是指经调查无近期泥石流活动史，但存在可能暴发泥石流部分条件的沟谷。

（二）泥石流的分类

在已有的自然地理泥石流分类的基础上，针对线路工程的特点，为了合理、实用的评价线路杆塔布置的适宜性，选择泥石流堆积区地貌、泥石流流域形态、泥石流的流体性质、泥石流发生的规模、活动频率，以及泥石流的形成原因进行泥石流分类。

（1）按堆积区所在的地貌特征划分见表 30-1。

**表 30-1　　泥石流按堆积区地貌分类**

| 类型特征 | 宽　谷　段 | 峡　谷　段 |
|---|---|---|
| 堆积区地貌特征 | 堆积扇位于河流的宽谷或山前区，距离河流较远，不受或少受河流切割的影响，得以充分发育 | 堆积扇位于河流的峡谷段，谷窄流急，很难保存。一般只在沟口附近有堆积扇的痕迹，形如阶地，而在河流中有堆积扇形成的浅滩 |

（2）泥石流按流域形态特征分类见表 30-2。沟谷型和坡面型泥石流分别见图 30-3 和图 30-2。

**表 30-2　　泥石流按流域形态特征分类**

| 沟　谷　型 | 坡　面　型 |
|---|---|
| （1）以流域为周界，受一定的沟谷制约；<br>（2）泥石流的形成区、流通区和堆积区较明显；<br>（3）物源区松散固体物质分布在沟谷两岸及沟床上；<br>（4）堆积区常呈扇形，堆积物棱角不明显，粗大颗粒多堆积在堆积扇顶部；<br>（5）总量大，重现期短，有后续性，能重复发生；<br>（6）构造作用明显，同一地区多呈带状或片状分布；<br>（7）有一定的可知性，可防范 | （1）无恒定地域与明显沟槽，只有活动周界，仅限于 30°以上坡面；<br>（2）没有明显的流通区，形成区直接与堆积区相连；物源以地表覆盖层为主；<br>（3）堆积区呈锥形，堆积物棱角明显，粗大颗粒多滚落在水体下部；<br>（4）总量小，重现期长，无后续性，无重复性；<br>（5）在同一斜坡面上可以多处发生，呈梳状排列，顶缘距山脊线有一定范围；<br>（6）可知性低，防范难 |

图 30-1　沟谷型

图 30-2　坡面型

(3) 泥石流按流体性质分类见表 30-3。黏性和稀性的泥石流分别见图 30-3 和图 30-4。

表 30-3 泥石流按流体性质分类

| 类别 | 性质 | |
|---|---|---|
| | 黏性(泥流/泥石流) | 稀性(泥流/泥石流/水石流) |
| 密度(g/cm³) | 1.60～2.30 | 1.30～1.60 |
| 物质组成 | 由黏土、粉砂、砾石、块石等组成,黏性大,固体物质约占 40%～60%,最高 80% | 以碎石和砂砾为主,水为主要成分,黏性土含量少,固体物质约占 10%～40% |
| 流动状态 | 固、液两相组成的黏稠浆体,以相同的速度做整体运动,具层流性质。水不是搬运介质而是组成物质,石块呈悬浮状态。有阵流和"龙头"现象。直进性强,转向性弱,弯道爬高明显 | 固、液两相物质不能组成黏稠的浆体,浑水或稀泥浆流速大于粗粒固体物质的运动速度,具紊流性质。水是搬运介质,石块以滚动或跳跃方式向前推进。无阵流现象,也无明显的"龙头" |
| 堆积特征 | 堆积后不扩散,呈舌状或岗状,仍保持运动时的结构形态。堆积物疏水性弱,表面常有"泥球",洪水过后不易干涸,堆积物分选性差 | 堆积后固、液两相立即分离,堆积物呈扇形,洪水过后即可通行。堆积物有一定分选性 |
| 危害作用 | 对于泥流而言,大量泥土冲出沟口或沟外,以淤塞作用为主;对泥石流而言,其来势凶猛,冲击力大,直进性强,在短时间内产生破坏力 | 对于泥流而言,其冲击破坏力较小,产生慢性冲刷破坏;对于泥石流而言,其冲击破坏力较大,有淤有冲,以冲为主,慢性冲刷破坏;对于水石流而言,其以冲刷为主,对线路杆塔慢性冲刷破坏 |

图 30-3 黏性的泥石流

图 30-4 稀性的泥石流

(4) 泥石流按规模分类见表 30-4。

表 30-4 泥石流按规模分类

| 分类指标 \ 类型 | 特大型 | 大型 | 中型 | 小型 |
|---|---|---|---|---|
| 单位松散固体物质储量($10^3m^3/km^2$) | $>100\times10^4$ | $(10\sim100)\times10^4$ | $(5\sim10)\times10^4$ | $<5\times10^4$ |
| 泥石流峰值流量($m^3/s$) | >200 | 100～200 | 50～100 | <50 |
| 固体物质一次冲出量($10^4m^3$) | >100 | 10～100 | 1～10 | <1 |

(5) 泥石流按频率分类见表 30-5。

表 30-5 泥石流按频率分类

| 类别 | 泥石流特征 | 流域特征 |
|---|---|---|
| 高频泥石流沟谷 | 基本上每年都有泥石流发生。固体物质主要来源于沟谷的滑坡、崩塌。暴发雨强小于 2～4mm/10min。除岩性因素外,滑坡、崩塌严重的沟谷多发生黏性泥石流,规模大;反之多发生稀性泥石流,规模小 | 多位于强烈抬升区,岩层破碎,风化强烈,山体稳定性差。泥石流堆积新鲜,无植被或仅有稀疏草丛。黏性泥石流沟中下游沟床坡度大于 4% |

续表

| 类　别 | 泥石流特征 | 流域特征 |
| --- | --- | --- |
| 低频泥石流沟谷 | 暴发周期一般在10年以上。固体物质来源于沟床，泥石流发生时“揭床”现象明显。暴雨时坡面产生的浅层滑坡往往是激发泥石流形成的重要因素。暴发雨强一般大于4mm/10min。规模一般较大，性质有黏有稀 | 山体稳定性相对较好，无大型活动性滑坡、崩塌。沟床和扇形地上巨砾遍布。植被较好，沟床内灌木丛密布，扇形地多已开辟为农田。黏性泥石流沟中下游坡度一般小于4% |

（6）泥石流按水源和物源成因分类见表30-6。

**表30-6　　泥石流按水源和物质成因分类**

<table>
<tr><th colspan="2">水体供给</th><th colspan="3">固体物质供给</th></tr>
<tr><th>泥石流类型</th><th>特　征</th><th colspan="2">泥石流类型</th><th>特　征</th></tr>
<tr><td>暴雨型</td><td>泥石流一般在充分的前期降雨和当场暴雨激发作用下形成，激发雨量和雨强因不同沟谷而异</td><td rowspan="6">混合型泥石流</td><td>坡面侵蚀型</td><td>坡面侵蚀、冲沟侵蚀和浅层坍滑提供泥石流形成的主要固体物质。固体物质主要集中于沟道中，在一定水流条件下转化为泥石流</td></tr>
<tr><td>冰川型</td><td>冰雪融水（包括冰崩、雪崩融水）冲蚀沟床，侵蚀岸坡而引发泥石流。有时也有降雨的共同作用</td><td>崩滑型</td><td>固体物质主要由滑坡、崩塌等重力侵蚀提供，也有滑坡直接转化为泥石流的</td></tr>
<tr><td rowspan="4">溃决型</td><td rowspan="4">由于水流冲刷、地震、堤坝自身不稳定性引起的各种拦水坝溃决和形成堰塞湖的滑坡坝、冰碛堤溃决，造成突发性高强度洪水冲蚀而引发泥石流</td><td>冰碛型</td><td>形成泥石流的固体物质主要由冰碛物组成</td></tr>
<tr><td>火山型</td><td>形成泥石流的固体物质主要由火山碎屑堆积物。我国境内仅长白山分布</td></tr>
<tr><td>地震型</td><td>狭义上的地震泥石流就是地震动发生期间伴随的泥石流运动，即同发型地震泥石流。广义上的地震泥石流不仅包括同发型地震泥石流，而且还包括后发型地震泥石流，以及一切因地震因素所诱发的滑坡、崩塌所导致的泥石流</td></tr>
<tr><td>弃渣型</td><td>形成泥石流的松散固体物质主要由开渠、筑路、矿山及塔基开挖的弃渣提供，是一种典型的人类活动引起的泥石流</td></tr>
</table>

## 二、泥石流的发育条件及沟谷流域分区

### （一）泥石流的发育条件

泥石流的形成与流域地形、地质、水文、气象、植被、土壤、水文地质、地震及人类活动等因素密切相关。

（1）地形条件。

1）山高沟深，地势陡峻，沟床纵横坡度大，流域的形状便于水流的汇集。

2）上游的地形多为三面环山、一面出口的簸箕或漏斗状，地形比较开阔，周围山高陡峻，便于水和碎屑物质的集中。

3）中游的地形多为狭窄、陡深的峡谷，沟床纵坡坡度大，使泥石流得以迅猛直泄。

4）下游的地形多为开阔、平坦的山前平原或河谷阶地，便于碎屑物质的堆积。

（2）地质条件。

1）地质作用：地质构造类型复杂、断裂褶皱发育、新构造运动强烈、地震烈度较高的地区，一般便于泥石流的形成；这类地区往往表层岩土破碎，滑坡、崩塌、错落等不良地质作用发育，为泥石流的形成提供了固体物质来源。

当地震不是泥石流的诱发外动力时，其对泥石流固体物质补给的影响有两个方面：一是地震地裂缝、地震崩滑体增加了泥石流固体物质补给量；二是地震崩滑体堵塞沟道，临时阻滞泥石流体，增大泥

石流汇集量。

2）岩性：结构疏松软弱、易于风化、节理发育的岩层，或软硬相间成层的岩层，以及第四系堆积物，易于遭受破坏，形成丰富的碎屑物质来源。

（3）水文气象条件。泥石流的形成与下列短时间内突然性的大量流水密切相关。

1）强度较大的暴雨；

2）冰川、积雪的强烈消融；

3）冰川湖、高山湖、水库等的突然溃决。

（4）人类活动。

1）水土流失：植被破坏、毁林开荒、陡坡垦殖、过度放牧等造成的水土流失；

2）弃土弃渣：采矿、采石、弃渣堆石和塔位弃土不当等导致碎屑物质的增加。

概括起来，泥石流的形成有三个缺一不可的基本条件：

（1）流域内有丰富的松散固体物质；

（2）地形陡峻，沟床纵坡坡度较大；

（3）短时间内，流域中上游有大量的降雨、急剧消融的冰雪或水库的溃决。

*（二）泥石流沟谷流域分区*

典型泥石流可以根据其形成、运动和堆积特点分为三个区：

（1）形成区。一般形成于上中游地段，地形多为高山环抱的盆地，山坡陡峻，沟槽纵坡坡度大。区内岩层破碎，风化严重，山坡不稳，水土流失严重，常有崩塌、岩堆、滑坡，松散堆积物储量丰富。坡面水流与固体物质主要在这里汇聚［有时汇水区（坡面水流汇集区）与物源区（固体物质汇集区）分开］。区内岩性剥蚀作用的强度与规模，直接影响泥石流的性质、规模和发展过程。

（2）流通区。一般位于流域的中下游地段，多为沟谷地形，沟道较窄，沟床比较顺直，纵坡坡度较上游缓，两侧山坡也比较稳定。冲淤近于平衡，如无基岩控制，则略有下切。

（3）堆积区。位于流域的下游，多在沟谷的出口处，当谷口外地形比较开阔时，就容易形成规模较大的堆积扇。

以上三个分区，常难于明显区分。有的流通区也伴随有堆积；有的形成区就是流通区；有的直接排泄于河流，被河水带走而无明显的堆积扇。泥石流分区如图 30-5 所示。

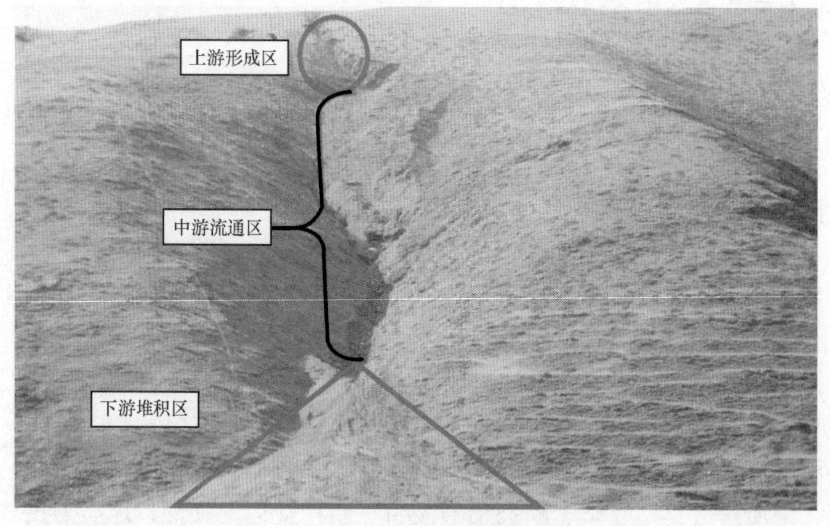


图 30-5　泥石流分区

## 三、泥石流的分布

我国泥石流集中分布在两个带上，即三大台阶的两个过渡带。一是青藏高原与次一级的高原及盆地之间的接触带，包括昆仑山、祁连山、岷山、龙门山、横断山和喜马拉雅山；另一个是上述的高原、盆地与东部的低山丘陵或平原的过渡带，包括大小兴安岭、长白山、燕山、太行山、秦岭、大巴山、巫山、武陵山、南岭、云开大山和十万大山等。

在上述两个带中，受地质、构造因素控制，沿大型构造带和强地震活动带呈条状、片状，成群密集分布。在构造带以外地区，是零星分布。在各大型构造带中，具有高频率的泥石流，又往往集中在板岩、片岩、片麻岩、混合花岗岩、千枚岩等变质岩系，及泥岩、页岩、泥灰岩、煤系等软岩系和第四系堆积物分布区。

在我国，对于泥石流的研究总体上可以分为两大类，一类是以泥石流发育的环境背景条件为基础的评价方法，另一是以泥石流活动情况为基础的评价方法。第一类以谭炳炎的研究为代表，通过对泥石流沟地貌因素、沟谷因素、地质因素包含的共计 15 项因素进行量化分析，判断泥石流危险性大小；第二类以刘希林的研究为代表，以泥石流规模和发生频率等泥石流活动状况为主，结合一些环境因素进行泥石流危险性综合评价，并不断改进评价方法，精简评价因素。这两类评价方法均得到了广泛应用，并能给出较为准确的评价结果。但是，第一类评价方法评价因素众多，较难便捷快速地获取到如此全面的资料，第二类评价方法中的泥石流规模和发生频率均需要大量的野外调查和试验分析才能获取。

全国性专题区划图有 1991 年出版的《中国泥石流分布及其灾害危险度区划图》，广东省完成了较为详细的泥石流灾害易发区区划，四川、重庆曾出版过泥石流分布及危险度区划图，陕西、甘肃、云南等省也曾印刷过类似的非公开出版的泥石流灾害区划图。另外，许多专家对大范围、大面积的区域泥石流进行了防治规划研究，如有云南东川小江泥石流分布区、新疆天山阿拉沟泥石流分布区、南昆线段家河泥石流分布区、西藏林芝地区泥石流易发区分区、北京北山泥石流分区、河北太行山区泥石流危险度分区等。但是，作为一门边缘学科、涉及地质、地貌、水文、气象、河流泥沙、水利工程、农业、林业、植被和水土保持等众多专业，研究难度很大。

### 四、泥石流对输电线路的影响

沟谷型泥石流对线路的危害主要是以淤积、冲刷、冲击、磨蚀等方式对位于流域内的线路杆塔产生直接危害，也可以通过压缩、堵塞河道使水位壅升，以至淹没上游沿河杆塔基础，或者迫使河槽的走向发生变化，冲刷对岸杆塔基础，造成间接危害。

坡面型泥石流对线路的危害主要是以冲击方式对线路杆塔产生直接危害。

## 第二节　勘　测　手　段

### 一、勘测目的

线路路径应绕避致灾严重（或潜在致灾严重）的大规模、低频率泥石流（如大型泥石流沟谷、泥石流群）。对于致灾中等、轻微的泥石流，当其对线路安全有不利影响时，应查明泥石流的自然环境、形成条件、泥石流的基本特征及其危害程度等，对线路杆塔场地做出适宜性评价，提出防治方案的建议。

### 二、工程地质调查

在现场调查之前，应搜集下列资料：

（1）地形图、区域地质资料、遥感图像、地震动峰值加速度与地震频率、地质灾害危险性评价报告等；

（2）既有泥石流调查研究成果、观测资料以及泥石流防治工程资料（泥石流灾害历史数据可以从中科院资源环境科学数据中心数据共享网站下载）。

#### （一）调查范围

以泥石流发育的小流域周界为调查单元。当河流有可能被堵塞时，则应扩大到可能淹没的范围和河流下游可能受溃坝水流波及的范围。

（二）主要调查内容

（1）确认诱发泥石流的外动力。暴雨、地震、冰雪融化、堤坝溃决（包括冰湖、堰塞湖溃决）。其中，暴雨资料包括气象部门或泥石流监测专用雨量站提供该沟谷或紧邻地区的年、日、时和10min最大降雨量和多年平均雨量等。对冰川泥石流地区，应增加日温度（冰川泥石流的形成对日均温的变化敏感，多发生在月均温高、日均温变化大的时段）、冰雪可融化的体积、冰川移动速度、可能溃决水体的最大流量的调查。

（2）沟槽输移特性。实测或在1∶5万或更大比例地形图上量取［遥感图像解译（航片、卫片量取）/遥感与地理信息系统相结合］流域面积、主沟长度、流域相对高差、沟床纵坡坡度、泥砂沿程补给长度比（不稳定沟床比例——遥感解译与现场调查结合获取）、流域切割密度（沟谷密度），现场调查沟谷堵塞程度、两岸残留泥痕，以及各区段运动的巨石最大、平均粒径。

（3）地质环境。查阅区域地质图或现场调查流域内分布的地层及其岩性，按软岩、黄土、硬岩、软硬岩互层、风化节理发育的硬岩等划分，尤其是易形成松散固体物质的第四系地层和软质岩层的分布。

（4）松散物源。调查崩塌、滑坡、水土流失（自然、人为的）等的发育程度，不稳定松散堆积体的数量、体积、所在位置、储量等（也可以初步在地形图或遥感与地理信息系统相结合来量取）。对于冰川泥石流，不稳定松散堆积体还包括沿沟分布的不稳定冰碛物、冰水沉积物（因为冰碛物、冰水沉积物胶结程度低，以钙质胶结为主，遇水极易分解、软化进而发生滑坡）。对于藏北、天山北等地区尤其注意寒冻风化碎屑的调查。

（5）泥石流活动史：调查发生年代及次数（可以转换为频率）、规模（当按一次泥石流冲出的固体物质总量评价时，按堆积扇特征，可初步遥感图像解译）、沟口堆积扇的活动程度及挤压河流程度（可以遥感图像解译），并分析当前所处的发育阶段。

（6）防治措施现状：调查防治建筑物的类型、建设年代、工程效果及损毁情况。

## 三、泥石流沟谷的识别

泥石流沟谷识别，是指在未考虑泥石流的诱发外动力和发生频率的情况下，仅在地形地貌、地质环境、植被覆盖、人类活动等主要影响因素条件下发生泥石流的可能性，是泥石流发生倾向性的综合度量。

（一）已知泥石流沟谷的识别

1. 遥感图像解译识别

泥石流具有较强的可解译性，泥石流发育的流域地质背景分析及其侵蚀、堆积地貌和图像纹理特征是识别及解译的主要信息标志。

对于泥石流解译的直观标准就是将遥感图像放大到一定程度之后，逐段观察河流沿岸河道的变化状况，特别是发现河道局部产生明显变化时，仔细观察是否存在堆积扇的现象，若通过遥感图像判定为堆积扇，则以此堆积扇起点沿岸坡向上追溯，寻找泥石流的流通区、形成区，并将它们圈划出来；其次通过图像观察有明显的泥石流形成区的形态特征，也将其圈划出来。

通过解译出来的泥石流还需要通过现场的验证，或通过现场调查总结出来的经验进一步判别已经圈划出来的沟谷是否确为泥石流沟谷。

2. 现场调查验证识别

已知泥石流发生的沟谷，一般可以从下列几种现象来综合识别：

（1）沟身中游常不对称，参差不齐，往往凹岸淤积、凸岸冲刷，与洪水河道的弯道变形相反；

（2）沟槽经常大段地被大量松散固体物质堵塞，构成跌水；

（3）沟道两侧地形变化处、各种地物上、基岩裂隙中，往往有泥石流残留物、擦痕、泥痕等；

（4）由于多次不同规模泥石流的下切淤积，沟谷中下游常有多级阶地，在较宽阔地带常有陇岗状堆积物；

（5）下游堆积扇的轴部一般较凸起，稠度大的堆积物扇角小，呈丘状；

（6）堆积的石块均具有尖锐的棱角，粒径悬殊，无方向性，无明显的分选层次。

（二）潜在泥石流沟谷的识别

对于潜在泥石流沟谷，结合前述泥石流的形成条件，可以根据沟谷流域崩塌、滑坡、水土流失，泥砂沿程补给长度比，沟口泥石流堆积活动程度，沟床纵坡坡度共 4 个因素的遥感与地理信息系统相结合获取/现场调查结果，按表 30-7 进行数量化综合识别。

**表 30-7　　泥石流沟识别量化评分表**

| 影响因素 | 量级划分 | | | | | | | |
|---|---|---|---|---|---|---|---|---|
| | 严重 | 得分 | 中等 | 得分 | 轻度 | 得分 | 一般 | 得分 |
| 滑坡、崩塌及水土流失（自然和人为活动的）严重程度—松散物源 | 崩塌、滑坡等重力侵蚀严重，多层滑坡和大型崩塌，表土疏松，冲沟十分发育 | 21 | 崩塌、滑坡发育，多层滑坡和中小型崩塌，有零星植被覆盖，冲沟发育 | 16 | 有零星崩塌、滑坡和冲沟存在 | 12 | 无崩塌、滑坡、冲沟或发育轻微 | 1 |
| 泥砂沿程补给长度比 | >60% | 16 | 60%～30% | 12 | 30%～10% | 8 | <10% | 1 |
| 沟口泥石流堆积活动程度 | 河流形状弯曲或堵塞，主流受挤压偏移 | 14 | 河流形状无较大变化，仅主流受迫偏移 | 11 | 河流形状无变化，主流在高水位时偏，低水时不偏 | 7 | 河流形状无变化，主流不偏 | 1 |
| 沟床纵坡坡度 | >12°（21.3%） | 12 | 12°～6°（21.3%～10.5%） | 9 | 6°～3°（10.5%～5.2%） | 6 | <3°（5.2%） | 1 |

当按表 30-7 中 4 个影响因素的得分总和超过 33 分时，即可认为该沟谷属于泥石流沟谷。

## 四、勘探与测试

泥石流勘测以工程地质测绘和调查为主，当工程地质测绘和调查不能满足设计要求或需要对泥石流采取防治措施时，应进行勘探测试。

（一）泥石流体调查

选择代表性沟道，测量沟谷弯曲处泥石流爬高泥痕、狭窄处最高泥痕及稳定沟道处泥痕。据泥痕高度及沟道断面，计算过流断面面积，据上、下断面泥痕点计算泥位纵坡坡度，作为计算泥石流流速、流量的基础数据。

（二）泥石流流体试验

1. 泥石流密度的确定

（1）称重法。取泥石流物质加水调制，请见证人鉴别，选取与当时泥石流状态相近似的混合物测定其密度。

（2）体积比法。通过调查访问，估算当时泥石流体中固体物质和水的体积比，再按式（30-1）计算其密度：

$$\rho_m = (G_s \times f + 1) \times \rho_w / (f + 1) \tag{30-1}$$

式中　$\rho_m$——泥石流体密度，其值参见表 30-8，g/cm$^3$；

$\rho_w$——水的密度，g/cm$^3$；

$G_s$ ——固体颗粒相对密度，一般取 2.40～2.70；

$f$ ——固体颗粒体积和水的体积之比，以小数计。

表 30-8 泥石流体密度经验值

| 泥石流稠度 | 泥石流体密度（g/cm³） | 泥石流稠度 | 泥石流体密度（g/cm³） |
|---|---|---|---|
| 泥砂饱和的液体 | 1.1～1.2 | 黏性粥状 | 1.5～1.6 |
| 流动果汁状 | 1.3～1.4 | 夹石块黏性大的浆糊状 | 1.7～1.8 |

2. 颗粒级配分析

在需要试验的地段，选择有代表性的试验点，清除表层杂质，量取 $1m^2$、深度约 0.5～1.0m 的取样坑，取出其全部土、砂、石，从中挑出粒径大于 200mm 的石块分别称重，其余粒径分筛为 200～150mm、150～100mm、100～50mm、50～20mm、20mm 以下若干等级，每级分组称重，计算分组质量与总质量之别，绘制颗粒级配曲线，求算颗粒级配特征值。

利用颗粒级配曲线特征，可以更加准确地鉴别黏性泥石流/或稀性泥石流。

（三）泥石流评价主要动力参数的选取与计算

泥石流动力特性（流速、冲击力、磨蚀力等）的研究，有利于进行泥石流对线路杆塔潜在破坏性的估算、防护设施的设计、确定和预测泥石流的后期效应。

1. 泥石流流速

按泥石流的性质和所在地域，选择合适的地区性经验按式（30-2）计算。

（1）稀性泥石流流速计算。

1）西北地区经验式（30-2）。

$$V_m = \frac{1.53}{a} R_m^{2/3} I^{3/8} \tag{30-2}$$

式中 $V_m$ ——泥石流断面平均流速，m/s；

$R_m$ ——泥石流流体水力半径，可以近似取其泥位高度 $H_c$，m；

$I$ ——泥石流流面纵坡坡度（以小数计），若不能由泥痕确定，则用沟床纵坡坡度代替；

$a$ ——阻力系数，由式（30-3）计算得出：

$$a = (\phi \times G_s + 1)^{1/2} \tag{30-3}$$

其中 $\phi$ 的计算见式（30-4）：

$$\phi = (\rho_m - \rho_w)/(\rho_s - \rho_m) \tag{30-4}$$

其中 $\rho_s$ 计算见式（30-5）：

$$\rho_s = G_s \times \rho_w \tag{30-5}$$

式中 $\rho_m$、$\rho_s$、$\rho_w$ ——分别为泥石流体密度、泥石流固体物质密度、清水密度，$g/cm^3$；

$\phi$ ——泥石流泥砂修正系数。

2）西南地区经验公式见式（30-6）。

$$V_m = \frac{1}{a}\frac{1}{n} R_m^{2/3} I^{1/2} \tag{30-6}$$

式中 $\frac{1}{n}$ ——清水河槽粗糙率，可按表 30-9 中的 $m_m$ 取值；

其余符号意义同前。

表 30-9　　**泥石流沟槽粗糙系数 $m_m$ 值**

| 沟床特征 | $m_m$ | | 坡度 |
|---|---|---|---|
| | 范围值 | 平均值 | |
| 沟槽中堆积有难以滚动的棱石或稍能滚动的大石块。沟槽被树木严重阻塞，无水生植物。沟底呈阶梯式急剧降落 | 3.9～4.9 | 4.5 | 0.375～0.174 |
| 沟底无急剧突起，沟床内均堆积大小不等的石块，沟槽被树木所阻塞，沟槽内两侧有草本植物。沟床不平整，有洼坑。坑底呈阶梯式降落 | 4.5～7.9 | 5.5 | 0.199～0.067 |
| 沟槽由滚动的砾石和卵石组成，沟槽常因稠密的灌木丛而严重阻塞，沟槽凹凸不平，表面因大石块而突起 | 5.4～7.0 | 6.6 | 0.187～0.116 |
| 山区中下游的沟槽，经过光滑的岩面，有时经过且有大小不一的阶梯跌水的沟床，在开阔沟段有树枝、砂石停积阻塞，无水生植物 | 7.7～10.0 | 8.8 | 0.220～0.112 |
| 山区或近山区的沟槽，经过砾石、卵石沟床，由中小粒径与能完全滚动的物质所组，沟槽阻塞轻微，沟槽两侧有草本及木本植物，沟底降落较均匀 | 9.8～17.5 | 12.9 | 0.090～0.022 |

（2）黏性泥石流流速计算。根据我国西南、西北数以百计的泥石流调查、观测资料和众多的工程应用案例，采用国内应用较多的公式，也较可靠，见式（30-7）。

$$V_m = KR_m^{2/3}I^{1/5} \tag{30-7}$$

式中　$K$——黏性泥石流流速系数，用表 30-10 内数据。

表 30-10　　**黏性泥石流流速参数 K 值**

| $R_m$(m) | <2.5 | 3 | 4 | 5 |
|---|---|---|---|---|
| $K$ | 10 | 9 | 7 | 5 |

（3）泥石流中石块运动计算。为便于以堆积后的泥石流冲出物最大粒径估算石块运动速度的经验公式见式（30-8）。

$$V_s = \beta \times d_{max}^{1/2} \tag{30-8}$$

式中　$V_s$——泥石流中大石块的移动速度，m/s；

$d_{max}$——泥石流堆积物中最大石块的粒径，m；

$\beta$——全面考虑的摩擦系数，其值介于 3.5～4.5 之间，平均 $\beta$=4.0。

2. 泥石流流量

（1）泥石流峰值流量计算。

1）形态调查法。在泥石流沟道中选择 2～3 个测流断面。断面选择在沟道顺直、断面变化不大、无阻塞、无回流、上下沟槽无冲淤变化、具有清晰泥痕的沟段。仔细查找泥石流过境后留下的痕迹，然后确定泥位。最后测量这些断面上的泥石流流面纵坡坡度 $I$（若不能由痕迹确定，则用沟床纵坡坡度代替）、泥位高度 $H_c$（或水力半径 $R_m$）和泥石流过流断面面积等参数。根据泥石流性质、所在地域，选择前述泥石流流速计算公式，求出断面平均流速 $V_m$ 后，即可用下式计算泥石流断面峰值流量 $Q_m$。

$$Q_m = F_m \times V_m \tag{30-9}$$

式中　$Q_m$——泥石流断面峰值流量，$m^3/s$；

$F_m$——泥石流过流断面面积，$m^2$；

$V_m$——泥石流断面平均流速，m/s。

2）雨洪法。对于暴雨型泥石流，假设泥石流与暴雨同频率、且同步发生、计算断面的暴雨洪水设计流量全部转变成泥石流流量。先按水文方法计算出断面不同频率下的小流域暴雨洪峰流量（可以采用所在地区省水利厅印发的水文手册中的计算公式计算不同频率的洪峰流量），然后选用堵塞系数，按式（30-10）计算泥石流峰值流量。在采用经验公式或推理公式计算洪水流量时，一定要注意适用条件，不能无选择地盲目采用。因为经验公式或推理公式，均有地域性限制，不同地域的条件差别很大。

$$Q_m = Q_p \times D_m \times (1 + \phi) \tag{30-10}$$

式中 $Q_m$——设计频率为 $P$ 的泥石流峰值流量，$m^3/s$；

$Q_p$——设计频率为 $P$ 的暴雨洪水设计流量，$m^3/s$；

$\phi$——泥石流泥砂修正系数，同前述泥石流流速计算公式；

$D_m$——泥石流堵塞系数，可按表 30-11 选用。

表 30-11　　泥石流堵塞系数 $D_m$ 值

| 堵塞程度 | 特　征 | 堵塞系数 $D_m$ |
|---|---|---|
| 严重 | 河槽弯曲，河段宽窄不均，卡口、陡坎多。大部分支沟交汇角度大，形成区集中。物质组成黏性大，稠度高，沟槽堵塞严重，阵流间隔时间长 | >2.5 |
| 中等 | 沟槽较顺直，沟段宽窄较均匀，陡坎、卡口不多。主支沟交角多小于 60°，形成区不太集中。河床堵塞情况一般，流体多呈稠浆—稀粥状 | 1.5～2.5 |
| 轻微 | 沟槽顺直均匀，主支沟交汇角小，基本无卡口、陡坎，形成区分散。物质组成黏度小，阵流的间隔时间短而少 | <1.5 |

（2）一次泥石流过程总量计算按式（30-11）。

$$Q = 0.264T \times Q_m = KTQ_m \tag{30-11}$$

式中 $Q$——通过断面的一次泥石流总量，$m^3/s$；

$T$——一次泥石流历时，s；

$Q_m$——泥石流峰值流量，$m^3/s$。

$K$ 一般取 0.264。当流域面积为实测值时，$K$ 取值与流域面积有关，见式（30-12）：

$$\begin{cases} F < 5\text{km}^2,\ K = 0.202 \\ F = 5 \sim 10\text{km}^2,\ K = 0.113 \\ F = 10 \sim 100\text{km}^2,\ K = 0.0378 \\ F > 100\text{km}^2,\ K = 0.0252 \end{cases} \tag{30-12}$$

（3）泥石流固体物质一次冲出总量计算按式（30-13）。

$$Q_s = Q \times \phi = Q \times (\rho_m - \rho_w)/(\rho_s - \rho_m) \tag{30-13}$$

式中 $Q_s$——通过断面的固体物质总量，$m^3$。

（四）泥石流专项勘探

勘探工作主要布置在泥石流堆积区和可能采取防治工程的地段。勘探工作以钻探为主，辅以物探和坑槽探等。受交通、环境条件限制，在泥石流形成区，一般不采用钻探工作；当存在可能成为固体物源的滑坡或潜在不稳定斜坡必须采用时，勘探线及钻孔布置可参照“滑坡勘查”的有关规定执行。

## 第三节　稳定性评价及要求

### 一、泥石流沟谷分类

（一）泥石流的工程分类

为了解决泥石流沟谷作为工程场地的适宜性，首先根据泥石流特征和流域特征，把泥石流分为高频泥石流沟谷和低频泥石流沟谷两类；每类又根据流域面积，堆积区面积，流量、固体物质一次冲出量和严重程度分为三个亚类。具体内容见表 30-12。

**表 30-12　　　　泥石流的工程分类和特征**

| 类别 | 泥石流发生频率 | 泥石流特征 | 流域特征 | 亚类 | 流域面积（$km^2$） | 堆积区面积（$km^2$） | 峰值流量（$m^3/s$） | 固体物质一次冲出量（$\times 10^4 m^3$） | 程度 |
|---|---|---|---|---|---|---|---|---|---|
| 高频泥石流沟谷Ⅰ | 基本上每年都有泥石流发生 | 固体物质主要来源于沟谷的滑坡、崩塌。暴发雨强小于2～4 mm/10min。除岩性因素外，滑坡、崩塌严重的沟谷多发生黏性泥石流，规模大；反之多发生稀性泥石流，规模小 | 多位于强烈抬升区，岩层破碎，风化强烈，山体稳定性差。泥石流堆积新鲜，无植被或仅有稀疏草丛。黏性泥石流沟中下游沟床坡度大于4% | $Ⅰ_1$ | ＞5 | ＞1 | ＞100 | ＞5 | 严重 |
| | | | | $Ⅰ_2$ | 1～5 | ＜1 | 30～100 | 1～5 | 中等 |
| | | | | $Ⅰ_3$ | ＜1 | — | ＜30 | ＜1 | 轻微 |
| 低频泥石流沟谷Ⅱ | 暴发周期一般在10年以上 | 固体物质来源于沟床，泥石流发生时“揭床”现象明显。暴雨时坡面产生的浅层滑坡往往是激发泥石流形成的重要因素。暴发雨强一般大于4mm/10min。规模一般较大，性质有黏有稀 | 山体稳定性相对较好，无大型活动性滑坡、崩塌。沟床和扇形地上巨砾遍布。植被较好，沟床内灌木丛密布，扇形地多已开辟为农田。黏性泥石流沟中下游坡度一般小于4% | $Ⅱ_1$ | ＞10 | ＞1 | ＞100 | ＞5 | 严重 |
| | | | | $Ⅱ_2$ | 1～10 | ＜1 | 30～100 | 1～5 | 中等 |
| | | | | $Ⅱ_3$ | ＜1 | | ＜30 | ＜1 | 轻微 |

注　1. 表中峰值流量对高频率泥石流沟谷指百年一遇峰值流量；对低频泥石流沟谷指历史最大峰值流量。
2. 泥石流的工程分类宜采用野外特征与定量指标相结合的原则，定量指标满足其中一项即可。

### （二）泥石流工程分类中严重程度的评价

泥石流危险性评价讨论的是：在指定地域和时间内，泥石流发生的强度和可能性。评估灾害危险可能性的定量表达即为危险度，所谓泥石流危险度是指研究区泥石流可能导致危害（淤积、冲刷、冲击、磨蚀等）的程度大小，以概率值的方式表达出来，区间范围为［0，1］，其可以有效准确地反映泥石流现在所处的状态以及未来的发展趋势。

1. 评价指标的选择

泥石流机理的复杂性及其过程的可变性，决定了泥石流危险度评价模型必然是多因素的，这就需要考虑主导因素原则。泥石流规模和发生频率是代表泥石流危险度本质的两个特征变量，是主要因素。就目前的研究状况而言，泥石流规模和发生频率是两个较难获取的变量，现有的估算方法多是间接性和经验性的，不确定性较大。从实用性考虑，需要补充其他比较容易获取的指标，以达到较高的准确性，这样就构成了由主要因素和次要因素共同组成的多因素综合定量评价模型，这五个次要因素分别为：沟谷流域面积、主沟长度、流域相对高差、流域切割密度和不稳定沟床比例。

由此得出单沟泥石流危险度评价的七个因素，见表30-13。

**表 30-13　　　　单沟泥石流危险度评价因素选择**

| 类型 | 因素描述 |
|---|---|
| 主要因素 | 泥石流规模（$M$，按一次泥石流固体物质冲出总量评价，$10^4 m^3$） |
| | 泥石流发生频率（$F$，%） |
| 次要因素 | 沟谷流域面积（$s_1$，$km^2$） |
| | 主沟长度（$s_2$，km） |
| | 流域相对高差（$s_3$，km） |
| | 流域切割密度（沟谷密度，$s_6$，$km/km^2$） |
| | 不稳定沟床比例（泥砂沿程补给段长度比，$s_9$，%） |

2. 危险度计算

对七个因素通过转换函数计算赋值，然后根据各因素的关联度排序形成的关联系数确定各因素权重，以各泥石流因素赋值和其权重的乘积之和作为泥石流危险度，其评价模型为式（30-14）：

$$H = 0.29M + 0.29F + 0.14S_1 + 0.09S_2 + 0.06S_3 + 0.11S_6 + 0.03S_9 \tag{30-14}$$

式中 $H$——单沟泥石流危险度（0～1）；

$M$、$F$、$S_1$、$S_2$、$S_3$、$S_6$、$S_9$——分别为 $m$、$f$、$s_1$、$s_2$、$s_3$、$s_6$、$s_9$ 实际值的转换赋值函数，取值见表 30-14。

表 30-14 单沟泥石流危险度评价因子的权重系数及转换函数

| 转换赋值 | 权重 | 权重系数 | 转换函数 |
|---|---|---|---|
| $M$ | 10 | 0.29 | $M=0$，当 $m \leqslant 1$ 时；$M=(\log m)/3$，当 $1<m \leqslant 1000$ 时；$M=1$，当 $m>1000$ 时 |
| $F$ | 10 | 0.29 | $F=0$，当 $f \leqslant 1$ 时；$F=(\log f)/2$，当 $1<f \leqslant 100$ 时；$F=1$，当 $f>100$ 时 |
| $S_1$ | 5 | 0.14 | $S_1=0.2458s_1^{0.3495}$，当 $0 \leqslant s_1 \leqslant 50$ 时；$S_1=1$，当 $s_1>50$ 时 |
| $S_2$ | 3 | 0.09 | $S_2=0.2903s_2^{0.5372}$，当 $0 \leqslant s_2 \leqslant 10$ 时；$S_2=1$，当 $s_2>10$ 时 |
| $S_3$ | 2 | 0.06 | $S_3=2s_3/3$，当 $0 \leqslant s_3 \leqslant 1.5$ 时；$S_3=1$，当 $s_3>1.5$ 时 |
| $S_6$ | 4 | 0.11 | $S_6=0.05s_6$，当 $0 \leqslant s_6 \leqslant 20$ 时；$S_6=1$，当 $s_6>20$ 时 |
| $S_9$ | 1 | 0.03 | $S_9=s_9/60$，当 $0 \leqslant s_9 \leqslant 60$ 时；$S_9=1$，当 $s_9>60$ 时 |

3. 灾害严重程度评价

首先对泥石流沟谷进行泥石流危险度定量评价，确定危险度分级，在危险度分级的基础上将其破坏严重程度分为三个等级。见表 30-15。

表 30-15 单沟泥石流危险度分级

| 泥石流危险度 | 危险性评价 | 泥石流活动特点 | 灾害预测 | 严重程度 |
|---|---|---|---|---|
| 0.8～1.0 | 极高危险 | 各影响因素取值极大，组合极佳，一触即发，能够发生巨大规模高、低频率的泥石流 | 致灾严重，可造成特大灾难和严重危害 | 严重 |
| 0.6～0.8 | 高度危险 | 各影响因素取值较大，个别影响因素取值甚高，组合亦佳，处境严峻，潜在破坏力大，能够发生大规模高、低频率的泥石流 | 致灾较重，可造成重大灾难和严重危害 | |
| 0.4～0.6 | 中等危险 | 个别影响因素取值较大，组合尚可，能够间歇性发生中等规模的泥石流，较易由于工程治理所控制 | 致灾轻微，较少造成重大灾难和严重危害 | 中等 |
| 0.2～0.4 | 低度危险 | 各影响因素取值较小，组合欠佳，能够发生小规模低频率的泥石流或山洪 | 致灾轻微，一般不会造成重大灾难和严重危害 | 轻微 |
| 0～0.2 | 极低危险 | 非泥石流沟谷（即前述表 30-7 中四个影响因素的得分不超过 33 时） | | |

## 二、适宜性评价

泥石流沟谷适宜性评价，一方面应考虑到泥石流的危害性，确保线路工程安全，不能轻率地将线路杆塔布置在有泥石流影响的地段；另一方面也不能认为凡是泥石流沟谷均不能布置线路杆塔，而是应根据泥石流规模、危害程度等区别对待。这里根据泥石流的工程分类，分别考虑线路杆塔布置的适宜性。

(1) 对于$\text{I}_1$、$\text{II}_1$类泥石流沟谷，其规模大、危害程度严重、防治工作困难且不经济，故不应作为杆塔场地，线路宜平面避开（当泥石流沟谷宽度满足线路一档跨越时，可在沟谷两岸山坡或分水岭的稳定地段选择塔位）。

(2) 对于$\text{I}_2$、$\text{II}_2$类泥石流沟谷，一般地说，以避开为好，不宜作为杆塔场地，当必须利用时应采取治理措施；线路应避免直穿堆积扇，可在沟口两岸稳定地段选择塔位，一档跨越通过；也可在流通区选择沟床固定、沟形顺直、沟床纵坡坡度比较一致、冲淤变化小、台地相对发育的地段选择塔位。

(3) 对于$\text{I}_3$、$\text{II}_3$类泥石流沟谷，由于其规模小，危害程度轻微，防治也较容易和经济，故可利用其堆积区作为杆塔场地，但应避开沟口；可在堆积扇（尽量选择在扇缘）选择塔位通过，但是不宜改沟、并沟。

## 第四节 处 理 方 法

### 一、路径的选择

(1) 线路应绕避处于发育旺盛期的特大型泥石流、大型泥石流或泥石流群，以及淤积严重的泥石流沟；

(2) 线路应远离泥石流堵河严重地段的河岸；

(3) 峡谷河段线路应在查明泥石流活动痕迹、判明泥石流规模和发展趋势的基础上确定；

(4) 宽谷河段线路应根据主河床与泥石流沟淤积率、主河摆动趋势确定；

(5) 线路跨越泥石流沟，应符合下列要求：绕避沟床纵坡由陡变缓处和平面上急弯部位，跨越杆塔不宜压缩沟床断面，改沟或沟中也不宜设置塔位，高程应根据淤痕高度、残留层厚度、沟床淤积高度、设计年限内累计淤积厚度和输移大漂石所需高度确定；

(6) 坡面型泥石流流域面积一般较小，危害作用一般为冲击，线路一般可以跨越通过。在坡面泥石流集中发育地段，难以跨越通过时，杆塔位置宜选择在山坡上坡面侵蚀相对较小、沟谷下切相对较弱的稳定地段，并采取相应的防治措施；或者宜选择在远离山脚处。

### 二、塔位选择及处理方法

#### (一) 线路杆塔与泥石流沟谷的位置关系

一般地，线路杆塔与泥石流沟的相对位置可分为四种情况：

(1) 杆塔位于泥石流沟谷两岸山脊或分水岭地段；

(2) 杆塔位于泥石流沟谷流通区内的台地发育地段或两岸山坡地段；

(3) 杆塔位于泥石流堆积扇地段；

(4) 杆塔位于泥石流堆积扇对岸主流的河漫滩或阶地地段。

上述 (2) ～ (4) 种情况下，均应对整个泥石流沟谷进行评价。

#### (二) 对不同位置关系的塔位选择及处理方法

(1) 位于泥石流沟谷两岸山脊或分水岭地段的杆塔。对于$\text{I}_1$、$\text{II}_1$类泥石流沟谷，塔位应避开沟谷两岸已知或预测可能发生滑坡、崩塌的地段：有变形迹象的崩塌、滑坡区域内和滑坡前缘可能到达的地段；对于沟谷两岸崩塌、滑坡后缘裂隙以上 50～100m 范围，宜按崩塌、滑坡稳定性判别结果，结合实际地形、岩性等因素，选择合适的塔位。塔位选择宜依山就势，尽量避免大开挖，防止高切坡。施工时尽量减少植被破坏，基坑开挖的弃土应按规定堆放，同时应做好塔位周边的截排水，基坑开挖后应清除基坑内的残土并及时浇筑，以防止弃土在地表水流作用下诱发新的滑坡、崩塌、坡面型泥石流等不良地质作用，进而影响杆塔稳定。

(2) 杆塔位于泥石流沟谷流通区内的台地发育地段或两岸山坡地段。对于$\mathrm{I}_2$、$\mathrm{II}_2$类泥石流沟谷，当必须利用时，可按以下情况分别处理。

1) 杆塔位于流通区内的台地。塔位应避开沟床纵坡坡度由陡变缓的变坡处和平面上的急弯地段。结合实际泥石流流体特征，根据在流通区内其各自不同的危害作用方式，选择适宜的处理措施。

对于黏性泥流而言，其主要以冲刷（包括下切侵蚀和侧向侵蚀）、冲击（包括直接冲击、冲起高度或爬高和侧向展宽而产生磨蚀）方式对杆塔产生危害。

对于黏性泥石流而言，其主要以冲击（包括直接冲击、大石块冲击、冲起高度或爬高和侧向展宽而产生磨蚀）、冲刷（包括下切侵蚀和侧向侵蚀）方式对杆塔产生危害。

对于稀性泥流而言，其主要以冲刷（包括下切侵蚀和侧向侵蚀）方式对杆塔产生危害。

对于稀性泥石流而言，其主要以冲击（包括直接冲击、大石块冲击、冲起高度或爬高和侧向展宽而产生磨蚀）、冲刷（包括下切侵蚀和侧向侵蚀）方式对杆塔产生危害。

对于稀性水石流而言，其主要以冲刷（包括下切侵蚀和侧向侵蚀）、冲击方式（包括直接冲击、大石块冲击、冲起高度或爬高和侧向展宽而产生磨蚀）对杆塔产生危害。

对于位于该区的杆塔而言，除了根据泥石流对杆塔的危害方式确定杆塔稳定性与强度以外，还宜结合实际情况，确定是否采用拦截滞流（拦石坝等）、稳固沟床（低矮拦挡坝、护底铺砌等）措施。

2) 杆塔位于流通区两岸山坡。塔位应避开沟谷堵塞后壅高水位以下的淹没地段、已经溃坝后可能淹没的地段，在坡体稳定的地段选择塔位。同时确定是否采用坡面处理（削坡、挡土、排水等）、稳固沟床（护坡脚等）措施。

(3) 杆塔位于泥石流堆积扇地段。对于$\mathrm{I}_3$、$\mathrm{II}_3$类泥石流沟谷，可利用其（尽量选择在扇缘）选择塔位通过。结合实际泥石流流体特征，根据在堆积区内其各自不同的危害作用方式，选择适宜的处理措施。

对于黏性泥流而言，大量泥土冲出沟口或沟外，其危害以淤积作用为主。

对于黏性泥石流而言，其危害以冲击为主，以冲刷、淤积为辅。

对于稀性泥流而言，其危害以慢性冲刷为主，以冲击为辅。

对于稀性泥石流而言，其危害以冲击、慢性冲刷为主。

对于稀性水石流而言，其危害以慢性冲刷为主。

对于位于该区的杆塔而言，由于泥石流规模及危害均较小，宜结合实际情况，确定是否采用排导（排洪道、导流堤等）措施。

(4) 杆塔位于泥石流堆积扇对岸主流的河漫滩或阶地地段。当对岸泥石流堆积扇挤压或堵塞河流，对杆塔产生冲刷破坏。

对于位于该区的杆塔，选择合适的位置即可。

## 第五节 工 程 实 例

### 一、工程概况

西南某500kV输电线路工程沿线处于川西高原与四川盆地的过渡带，地貌受构造控制，山川河流与构造线方向几乎一致，多呈南北向展布。地形破碎，河流及冲沟发育，中部地势高，由大雪山分水岭将沿线区域分为东部的大渡河水系及西部的雅砻江水系，海拔 780～4280m。以高山、中山、高原、河间谷地、河谷阶地为主。沿线地层出露齐全，自下元古界至新生界均有发育，岩石主要为沉积岩（碎屑岩、碳酸岩）、变质岩、岩浆岩。沿线年均降水量 900～1200mm，年降水分配不均，主要集中在 5～9 月，占全年降水量的 80%以上，同时，山地降雨多于河谷地带，且多以暴雨或阵雨出现，容易形成降雨型的泥石流和滑坡等地质灾害。

为了准确查明沿线地区工程地质条件，从宏观上解译走廊带的地质构造、地层岩性、地形地貌、土地利用、人类活动等的分布和作用方式，从而避开严重危害线路安全的不良地质作用发育地段，消除矿产资源开采区的影响，协调好与自然保护区的关系，最终确定合理的路径走向及稳定的塔位分布。采用遥感技术和地理信息系统技术对沿线区域的工程地质环境进行遥感解译研究。

## 二、技术路线

（1）收集和分析了工作区范围内的遥感数据、区域地质调查、水文地质调查、工程地质勘查、矿产资源勘查、地质灾害调查与区划和土地利用规划等基础资料，将基础地理信息的矢量化为遥感影像配准图像，合成易于解译工作的区域遥感图像。

（2）初步建立室内解译标志，提取走廊带内的地质构造、地层岩性、不良地质作用、地貌和土地利用等专题信息。

（3）野外检验室内解译成果，尤其是加强对解译标志的验证，及时修正解译信息，对不良地质作用高易发区段作重点调查，对漏判的点（段）及时补填，同时收集社会经济等资料。

（4）修编解译成果，综合基础地理信息资料，实现多源数据融合，在此基础上开展沿线不良地质作用分区和工程地质分区及评价，就影响线路的各个因素进行综合分析。

（5）确定优化后的线路路径及关键杆塔位置。

## 三、泥石流的影像解译

### （一）泥石流的发育特征

泥石流具有较强的可解译性，基于泥石流发育的流域地质背景分析及其侵蚀、堆积地貌和影像纹理特征是泥石流识别及解译的主要信息标志。沿线泥石流多为沟谷型泥石流，呈长条状或带状沿沟谷分布，具有明显的形成区、流通区和堆积区。流域上游的形成区一般具有岩石风化破碎强烈，基岩裸露，崩滑发育等特点，而与重要水系相关的堆积区则从沟口到前端形成扇状的堆积地貌。从泥石流堆积物的色调差异或纹理变化及植被生长发育的状况可以判断泥石流的活动规模和频度。

沿线共解译出泥石流 45 处，其中巨型 8 处，大型 3 处，中型 10 处，小型 24 处，处于形成期和发展期的泥石流 39 处，沿线泥石流主要受不良地质作用、地貌、水文、气象、土壤、植被、人类工程活动等影响。

（1）不良地质作用：沿线大部分的泥石流物源区均分布有崩滑体，且多发生在泥石流的物源区和流通区，为泥石流提供了丰富的物源，部分不良地质体还影响到泥石流的运动方向，造成暂时堵塞引发阵性泥石流爆发，破坏力十分强。冕宁县城对面的泥石流物源区蓄积物质面广量大，持续发生。

（2）地貌：沿线泥石流的物源区、流通区、堆积区十分明显。物源区往往面积较大，多属高中山地貌；流通区长度从 1km 到 5km 不等，地貌从高中山过渡到河谷；堆积区一般位于支流与主流交汇处，如九龙河的石头沟泥石流，雅砻江的曲窝沟泥石流等。地貌及地貌过渡增加了泥石流运动的动能，同时也增加了泥石流运动和演化的复杂性。

（3）水文：沿线大小河流、溪沟分布状如叶脉，支沟冲刷、沟内侧向侵蚀、沟底侵蚀等作用形成了

"V"形流通区；另一方面流水加大泥石流的含水量，增加了泥石流的流速。

(4) 气象：沿线年总降水量在850～1000mm。年降水量随海拔变化，以海拔3000m为基线，海拔增高或降低，降水量均增加。从降水的月份变化来看，5～8月降水量占全年的85%，5～8月的泥石流占总数的90%，由此也见泥石流的爆发与降水同期或稍微滞后。

(5) 植被：沿线植被从常绿阔叶、针叶阔叶混交、亚高山针叶，以至高山灌丛草甸林带，各种类型基本完整，植被覆盖率约40%，靠近线路两侧植被覆盖率约25%，故沿线泥石流广布。

(6) 人类工程活动：由于过去大量林木被砍伐，过度垦殖现象普遍，加之采矿活动、公路修建、水电开发和城市建设等不合理工程活动为泥石流形成提供了充足的物源。

(7) 泥石流影响：沿线泥石流与线路的平距由10m至3km不等，垂直距离由30m至300m，沟口最大跨越距离约1km，泥石流物源区塌滑、流通区冲刷和堆积区淤积堵塞等活动都会对线路造成重大的影响。

### （二）典型泥石流的影像解译

浑水沟泥石流位于冕宁县城厢镇刹叶马村，北邻国家重点水利工程大桥水库的发电厂及观音岩电站的上方取水口，处于安宁河上游的东岸，坐标：E102°11′58″，N28°37′01″，沟谷全长1400m，流域面积0.63km$^2$。

1. 规模与性质

(1) 汇水区。汇水区为"V"形峡谷，两岸形态较为对称，侧沟坡度30°～42°，坡高100～400m，地层岩性白果湾组的灰色砂岩、页岩、粉砂岩为主，少量的二叠系下统玄武岩。由于受到系列北东南西走向的小型断裂的影响，岩体较为破碎，裂隙发育。该区人口密度较大，早期的陡坡耕地开垦，破坏了大量林地，植被覆盖率约30%，主要以灌丛和草丛为主，分布有少量的松林。沟谷呈"V"字形，谷底宽5～18m，纵坡降285‰，跌坎高3～8m。

(2) 形成区。形成区海拔2000m以上，面积约0.225km$^2$，主要为坡面侵蚀，在冲沟的两侧发育有大型的滑坡，影像上的深蓝色，为深蓝色圈椅状，冲沟上游紫白色的物质为浅层滑坡。形成区山体坡度30°左右，坡高150～400m，坡形为凸形，冲沟两侧植被不发育，土地利用类型主要为陡坡耕地。物源区物质主要为碎块石和黏土，储量约50万m$^3$。

(3) 流通区。流通区长1150m，底宽8m左右，上方有大海子，有常年流水，为一较陡的折线型，其纵坡降为200‰。径流区谷坡两岸为页岩和砂岩，碎块石混杂堆积，稳定性差。

(4) 堆积区。泥石流的堆积扇长150m，扇宽200m，扩散角60°，2003年的强烈活动曾导致安宁河主流偏移，堆积扇上见有常年流水。

2. 活动特征及危害

该泥石流为多期次爆发的泥石流，与下游的冷碛沟泥石流一起对安宁河河道造成巨大威胁。初步线路路径从泥石流的流通区斜交跨越，且设有转角。根据本次影像解译工作成果，将路径向上游调整，并在流通区两岸山脊的稳定地段选择跨越塔位。

线路走径与浑水沟泥石流的相对位置关系见图30-6～图30-9。

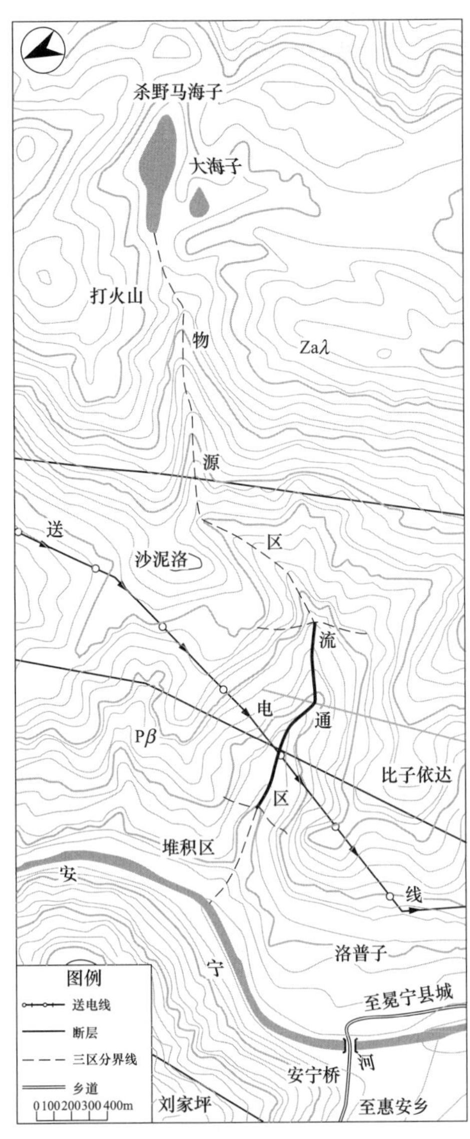


图 30-6　浑水沟泥石流

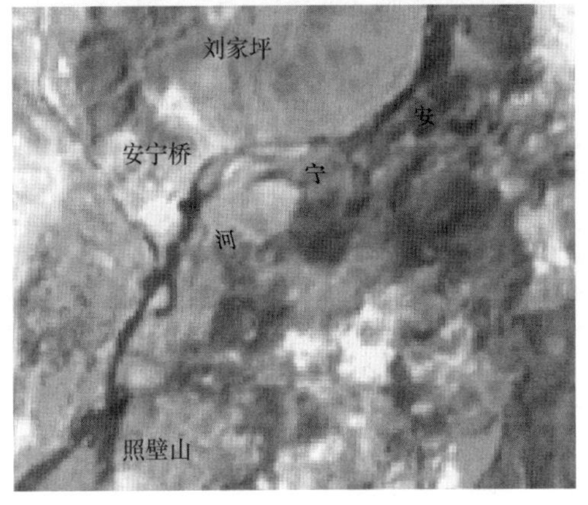


图 30-7　浑水沟泥石流遥感影像

图 30-8　浑水沟泥石流物源区

图 30-9　浑水沟泥石流流通及堆积区

# 第三十一章 地 震 液 化

## 第一节 概 述

### 一、地震效应

（一）地震效应的定义

地震的基本知识详见第一篇第三章第五节。地震时场地与地基可能导致的宏观震害或地震效应应有下列四类：

（1）地面运动导致各类建筑物的震动破坏；

（2）地面运动造成场地、地基的失稳或失效，包括液化、地裂、震陷、滑坡等；

（3）地表断裂活动，包括地表基岩断裂和构造性地裂造成的破坏；

（4）局部地形、地貌、地层结构的变异可能引起的地面异常波动造成的特殊破坏。

输电线路工程场地的地震效应判别主要为饱和砂土（粉土）的地震液化判定，首先判断地基液化的可能性，对于液化地基应提供液化判别、液化等级、液化深度等数据。

（二）地震烈度

地震烈度分为：①基本烈度，是指在今后一定时期内，某一地区在一般场地条件下可能遭遇的最大地震烈度。基本烈度所指的地区，并不是某一具体工程场地，而是指一较大范围，因此基本烈度又常常称为区域烈度；②场地烈度，提供的是场地内可能遭遇的最高烈度，具体场地的地震烈度与地区内的基本烈度常常是有差别的；③设防烈度，是指按国家规定的权限批准作为一个地区抗震设防依据的地震烈度。

输电线路工程液化判别一般采用抗震基本烈度和设计基本地震加速度两项，具体知识详见第一篇第三章第五节。基本地震加速度、特征周期、地震分组等参数可根据工程建设地所属城镇，通过GB 18306《中国地震动参数区划图》和GB 50011《建筑抗震设计规范》查阅得到。

（三）抗震设防的基本原则

1. 抗震设防要求

抗震设防要求指的是建设工程抗御地震破坏的准则和在一定风险水准下抗震设计采用的地震烈度或者地震动参数。

2. 抗震设防的基本思想

抗震设防是以现有的科学水平和经济条件为前提，随着科学水平的提高，对抗震设防的规定会有相应的突破，而且要根据国家的经济条件，适当地考虑抗震设防水平。

3. 抗震设防的三个水准目标

抗震设防的基本原则是“小震不坏，中震可修，大震不倒”。具体体现为抗震设防的三个水准烈度，见表31-1。

**表 31-1　抗震设防的水准烈度**

| 水准烈度 | 名称 | 50年内超越概率 | 与基本烈度相比 | 地震动峰值加速度 | 反应谱特征周期 | 建筑损坏情况 | 抗震设防目标 |
|---|---|---|---|---|---|---|---|
| 第一水准烈度 | 众值烈度（多遇地震） | 约63% | 约低一度半 | 不低于1/3倍 | 可按基本地震动加速度反应谱特征周期取值 | 一般不受损坏或不需修理仍可继续使用 | 一般情况下，建筑处于正常使用状态，从结构抗震分析角度，可以视为弹性体系，采用弹性反应谱进行弹性分析 |

续表

| 水准烈度 | 名称 | 50年内超越概率 | 与基本烈度相比 | 地震动峰值加速度 | 反应谱特征周期 | 建筑损坏情况 | 抗震设防目标 |
|---|---|---|---|---|---|---|---|
| 第二水准烈度 | 基本烈度（设防地震） | 约10% | 相当于现行中国地震动参数区划图规定的地震烈度 | | | 可能损坏，经过一般修理或不需修理仍可继续使用 | 结构进入非弹性工作阶段，但非弹性变形或结构体系的损坏控制在可修复的范围 |
| 第三水准烈度 | 最大预估烈度（罕遇地震） | 2% | 基本烈度6度时为7度强；7度时为8度强；8度时为9度弱；9度时为9度强 | 1.6～2.3倍 | 大于基本地震动加速度反应谱特征周期，增加值宜不低于0.05s | 不致倒塌或发生危及生命的严重破坏 | 结构有较大的非弹性变形，但应控制在规定的范围内，以免倒塌 |
| | 极罕遇地震 | 0.01% | | 2.7～3.2倍 | | | |

**注**　1. 超越概率指的是某场地可能遭遇大于或等于给定的地震烈度（或地震动参数值）的概率。

2. 极罕遇烈度对应的超越概率为年超越概率。

## 二、地震液化

### （一）地震液化的定义

松散的砂土受到震动时有变得更紧密的趋势。但饱和砂土的孔隙全部为水充填，因此这种趋于紧密的作用将导致孔隙水压力的骤然上升，而在地震过程的短暂时间内，骤然上升的孔隙水压力来不及消散，这就使原来由砂粒通过其接触点所传递的压力（有效压力）减小，当有效压力完全消失时，砂层会完全丧失抗剪强度和承载能力，变成像液体一样的状态，即通常所说的砂土液化现象。

### （二）地震液化的影响因素

影响地震液化最主要的因素：土颗粒粒径（以平均粒径 $d_{50}$ 表示）、砂土密度、上覆土层厚度、地面震动强度和地面震动的持续时间及地下水的埋藏深度。

### （三）输电线路勘测规范中的相关规定

根据相关规范，7度及以上地区的大跨越塔及特殊重要的杆塔基础、8度及以上地区的220kV及以上耐张型杆塔的基础，当场地为饱和砂土或饱和粉土（不含黄土）时，均应考虑地基液化的可能性，必要时要采取稳定地基或基础的抗液化措施。

不同电压等级、相应的设计阶段输电线路工程中，对饱和砂土液化的勘测要求是不同的。各电压等级输电线路勘测规范中的相关规定见表31-2。

**表31-2　各电压等级输电线路设计规范对砂土液化的相关规定**

| 电压等级 | 要　求 |
|---|---|
| 220kV及以下 | 当抗震设防烈度≥7度时，对大跨越塔（塔高大于100m）塔基，Ⅷ及Ⅸ度区转角塔，埋深在15m或20m以内的饱和砂土、粉土，应判定液化的可能性 |
| 330～750kV | 对于50年期限超越概率10%的地震动峰值加速度不小于0.10$g$或地震基本烈度大于或等于7度地区的跨越塔、终端塔，或50年期限超越概率10%的地震动峰值加速度不小于0.20$g$或地震基本烈度大于或等于8度地区的转角塔，当塔基下分布有饱和砂土或饱和粉土时，应进行地震液化判别。<br>对存在液化土层的塔基，应根据抗震设防等级、地基的液化等级，结合杆塔具体情况提出处理措施的建议 |
| 800～1000kV | 抗震设防烈度等于大于7度地区的输电线路，当塔基下分布有饱和砂土和粉土（不含黄土）时，应进行液化判别。当地基存在液化土层时，应根据塔位的重要性、地基的液化等级，提出处理措施 |

## 第二节　勘测手段与液化判别

### 一、勘测手段

地震液化判别的勘测手段主要有工程地质调查、标准贯入试验、静力触探试验、剪切波速试验、Seed 简化法等多种方法。

（一）工程地质调查

通过工程地质调查和收资，分析沿线地层分布情况，确定沿线塔位是否有饱和砂土或粉土分布、地震基本烈度是否大于 6 度、是否需要对饱和砂土或粉土进行液化判别、临近场地历史上是否有液化的情况等。该勘测手段主要适用于液化的初步判别。

（二）标准贯入试验

采用标准贯入试验进行液化判别时，判定土层的试验点竖向间距宜为 1.0～1.5m。

根据标准贯入试验击数与标准贯入锤击数临界值进行比较，判别地面下 20m 范围内土的液化；但对可不进行天然地基及基础的抗震承载力验算的各类建筑，可只判别地面下 15m 范围内土的液化。对存在液化砂土层、粉土层的地基，应探明各液化土层的深度和厚度，并计算每个钻孔的液化指数和划分地基的液化等级。

（三）静力触探试验

采用静力触探试验，可对地面下 15m 深度范围内的饱和砂土或饱和粉土进行液化判别。通过静探比贯入阻力和锥尖阻力实测值与临界值的比较，判定是否为液化土。

（四）剪切波速试验

采用剪切波速试验，可对地面下 15m 深度范围内的饱和砂土或饱和粉土进行液化判别。通过剪切波速实测值与临界值的比较，判定是否为液化土。

（五）Seed 简化法

这是最早提出的一个判别水平场地下砂层液化的方法。如果水平地面下砂土单元所受的等价水平剪应力幅值 [$\tau_{xz,eq}$] 大于引起液化所需要的等价水平应力幅值 [$\tau_{xz,eq}$]，则该单元将发生液化。

### 二、液化判别

地震液化的液化判别工作可分为初判和复判两个阶段。初判的主要工作是排除不会发生地震液化的土层。

（一）初步判别方法

饱和的砂土或粉土（不含黄土），当符合下列条件之一时，可初步判别为不液化或可不考虑液化影响：

（1）地质年代为第四纪晚更新世（$Q_3$）及其以前时，7、8 度时可判为不液化。

（2）粉土的黏粒（粒径小于 0.005m 的颗粒）含量百分率，7、8 度和 9 度分别不小于 10、13 和 16 时，可判为不液化土。用于液化判别的黏粒含量系采用六偏磷酸钠作分散剂测定，采用其他方法时应按有关规定换算。

（3）浅埋天然地基的建筑，当上覆非液化土层厚度和地下水位深度符合下列条件之一时，可不考虑液化影响：

$$d_u > d_0 + d_b - 2 \tag{31-1}$$

$$d_w > d_0 + d_b - 3 \tag{31-2}$$

$$d_u + d_w > 1.5d_0 + 2d_b - 4.5 \tag{31-3}$$

式中　$d_w$——地下水位深度，m，宜按设计基准期内年平均最高水位采用，也可按近期内年最高水位采用；

$d_u$——上覆盖非液化土层厚度，m，计算时宜将淤泥和淤泥质土层扣除；

$d_b$——基础埋置深度，m，不超过 2m 时应采用 2m；

$d_0$——液化土特征深度，m，可按表 31-3 采用。

**表 31-3**　　**液化土特征深度**　　(m)

| 饱和土类别 | 7 度 | 8 度 | 9 度 |
|---|---|---|---|
| 粉土 | 6 | 7 | 8 |
| 砂土 | 7 | 8 | 9 |

**注**　当区域的地下水位处于变动状态时，应按不利的情况考虑。

液化初步判别除按现行国家有关抗震规范进行外，尚宜包括下列内容进行综合判别：

(1) 分析场地地形、地貌、地层、地下水等与液化有关的场地条件。

(2) 当场地及其附近存在历史地震液化遗迹时，宜分析液化重复发生的可能性。

(3) 倾斜场地或液化层倾向水面或临空面时，应评价液化引起土体滑移的可能性。

(二) 进一步判别方法

通过标准贯入试验、静力触探试验或剪切波速试验来进一步判别。

1. 标准贯入试验判别

当采用标准贯入试验判别液化时，应按每个试验孔的实测击数进行。

当饱和土标准贯入锤击数（未经杆长修正）小于或等于液化判别标准贯入锤击数临界值时，应判为液化土。

在地面下 20m 深度范围内，液化判别标准贯入锤击数临界值可按式（31-4）计算：

$$N_{cr} = N_0\beta[\ln(0.6d_s + 1.5) - 0.1d_w]\sqrt{3/\rho_c} \tag{31-4}$$

式中　$N_{cr}$——液化判别标准贯入锤击数临界值；

$N_0$——液化判别标准贯入锤击数基准值，可按表 31-4 采用；

$d_s$——饱和土标准贯入点深度，m；

$d_w$——地下水位，m；

$\rho_c$——黏粒含量百分率，当小于 3 或为砂土时，应采用 3；

$\beta$——调整系数，设计地震第一组取 0.80，第二组取 0.95，第三组取 1.05。

**表 31-4**　　**液化判别标准贯入锤击数基准值 $N_0$**

| 设计基本地震加速度 $g$ | 0.10 | 0.15 | 0.20 | 0.30 | 0.40 |
|---|---|---|---|---|---|
| 液化判别标准贯入锤击数基准值 | 7 | 10 | 12 | 16 | 19 |

对存在液化砂土层、粉土层的地基，应探明各液化土层的深度和厚度，按下式计算每个钻孔的液化指数，并按表 31-5 综合划分地基的液化等级：

$$I_{le} = \sum_{i=1}^{n}\left(1 - \frac{N_i}{N_{cri}}\right)d_i W_i \tag{31-5}$$

式中　$I_{le}$——液化指数；

$n$——在判别深度范围内每一个钻孔标准贯入试验点的总数；

$N_i$、$N_{cri}$——分别为 $i$ 点标准贯入锤击数的实测值和临界值，当实测值大于临界值时应取临界值；当只需要判别 15m 范围以内的液化时，15m 以下的实测值可按临界值采用；

$d_i$——$i$ 点所代表的土层厚度，m，可采用与该标准贯入试验点相邻的上、下两标准贯入试验点深度差的一半，但上界不高于地下水位深度，下界不深于液化深度；

$W_i$ ——$i$ 土层单位土层厚度的层位影响权函数值（单位为 $m^{-1}$）。当该层中点深度不大于 5m 时应采用 10，等于 20m 时应采用零值，5～20m 时应按线性内插法取值。

表 31-5　　液化等级与液化指数的对应关系

| 液化等级 | 轻微 | 中等 | 严重 |
|---|---|---|---|
| 液化指数 $I_{le}$ | $0 < I_{le} \leq 6$ | $6 < I_{le} \leq 18$ | $I_{le} > 18$ |

2. 静力触探试验判别

当采用静力触探试验对地面下 15m 深度范围内的饱和砂土或饱和粉土进行液化判别时，可按式（31-6）和式（31-7）计算。当实测值小于临界值时，可判为液化土。

$$p_{scr} = p_{s0} a_w a_u a_p \tag{31-6}$$

$$q_{ccr} = q_{c0} a_w a_u a_p \tag{31-7}$$

$$a_w = 1 - 0.065(d_w - 2) \tag{31-8}$$

$$a_u = 1 - 0.05(d_u - 2) \tag{31-9}$$

式中　$p_{scr}$、$q_{ccr}$ ——分别为饱和土液化静力触探比贯入阻力和锥尖阻力临界值，MPa；

$p_{s0}$、$q_{c0}$ ——分别为时，饱和土液化判别比贯入阻力和液化判别锥尖阻力基准值，MPa，可按表 31-6 取值。

$a_w$ ——地下水位埋深影响系数，地面常年有水且与地下水有水力联系时，取 1.13；

$a_u$ ——上覆非液化土层厚度影响系数，对于深基础 $a_u=1$；

$d_w$ ——地下水位深度，m；

$d_u$ ——上覆非液化土层厚度，m，计算时应将淤泥和淤泥质土层厚度扣除；

$a_p$ ——与静力触探摩阻比有关的土性修改系数，按表 31-7 取值。

表 31-6　　液化判别 $p_{s0}$ 及 $q_{c0}$ 值

| 地震动峰值加速度 | 0.1$g$ | 0.2$g$ | 0.4$g$ |
|---|---|---|---|
| $p_{s0}$（MPa） | 5.0～6.0 | 11.5～13.0 | 18.0～20.0 |
| $q_{c0}$（MPa） | 4.6～5.5 | 10.5～11.8 | 16.4～18.2 |

表 31-7　　土性综合影响系数 $a_p$ 值

| 土类 | 砂土 | 粉土 | |
|---|---|---|---|
| | | $I_p \leq 7$ | $7 < I_p \leq 10$ |
| 静力触探摩阻比 $R_f$ | $R_f \leq 0.4$ | $0.4 < R_f \leq 0.9$ | $R_f > 0.9$ |
| $a_p$ | 1.0 | 0.6 | 0.45 |

3. 剪切波速试验判别

地面下 15m 深度范围内的饱和砂土或饱和粉土，其实测剪切波速值 $v_s$ 大于按式（31-10）计算的土层剪切波速临界值 $v_{scr}$ 时，可判别为不液化。

$$v_{scr} = v_{s0}\,(d_s - 0.0133 d_s^2)^{0.5}\left[1 - 0.185\left(\frac{d_w}{d_s}\right)\right]\sqrt{3/\rho_c} \tag{31-10}$$

式中　$v_{scr}$ ——饱和砂土或饱和粉土液化剪切波速临界值，m/s；

$v_{s0}$ ——与地震烈度、土类有关的经验系数，按表 31-8 取值；

$d_s$ ——剪切波速测点深度，m；

$d_w$ ——地下水位深度，m。

表 31-8　　与地震烈度、土类有关的经验系数 $v_{s0}$

| 土　类 | $v_{s0}$ (m/s) | | |
|---|---|---|---|
| | 7 度 | 8 度 | 9 度 |
| 砂土 | 65 | 95 | 130 |
| 粉土 | 45 | 65 | 90 |

4. Seed 简化判别法

(1) Seed 简化判别法。如果水平地面下砂土单元所受的等价水平剪应力幅值 $\tau_{xz、eq}$ 大于引起液化所需要的等价水平应力幅值 $[\tau_{xz、eq}]$，则该单元将发生液化。

地震运动在土层中引起的等效循环应力比 CSR 可以按式（31-11）求得：

$$\tau_{xz、eq}=0.65r_d\frac{a_{max}}{g}\sum_{i=1}^{n}\gamma_i h_i \tag{31-11}$$

式中　$\tau_{xz、eq}$ ——地震在土层中引起的等价水平剪应力幅值；

$\gamma_i$、$h_i$ ——分别为所考虑的砂土液化单元之上的第 $i$ 层的重度和层厚，地下水之上取天然重度，地下水之下取饱和重度；

$a_{max}$ ——地面震动最大加速度，当设防烈度为 6、7、8、9 度时分别为 $0.04g$、$0.08g$、$0.16g$、$0.32g$；

$g$ ——重力加速度；

$r_d$ ——土层地震剪应力折减系数，上式适用于深度小于 $40f_t$（即 12.19m）。取值见表 31-9。

表 31-9　　应力折减系数

| 深度 $d_s$(m) | 0 | 1.5 | 3.0 | 4.5 | 6.0 | 7.5 | 9.0 | 10.5 | 12.0 |
|---|---|---|---|---|---|---|---|---|---|
| $r_d$ | 1.000 | 0.985 | 0.975 | 0.965 | 0.955 | 0.935 | 0.915 | 0.895 | 0.850 |

使水平地面下砂土单元液化所需的等价水平剪力幅值按式（3-12）确定：

$$[\tau_{xz、eq}]=C_V\frac{D_r}{50}\sigma_z\left[\frac{\sigma_{ad}}{2\sigma_3}\right]_{50} \tag{31-12}$$

式中　$C_V$ ——转换系数，可查表 31-10；

$\sigma_z$ ——砂土单元所受的竖向静正应力；

$\left[\frac{\sigma_{ad}}{2\sigma_3}\right]_{50}$ ——砂的相对密实度 $D_r$，等于 50%时指定的等价作用次数相应的液化应力比，可按表 31-11 确定；如果有条件可由动三轴试验直接测定与实际相对密实度 $D_r$ 和等价作用次数 $N$ 相应的液化应力比 $\left[\frac{\sigma_{ad}}{2\sigma_3}\right]$。这时，使水平地面下砂土液化所需的等价水平剪应力幅值 $[\tau_{xz、eq}]=C_V\sigma_z\left[\frac{\sigma_{ad}}{2\sigma_3}\right]$。

表 31-10　　转换系数 $C_V$

| 相对密度 $D_r$(%) | 30 | 40 | 50 | 60 | 70 | 80 | 85 |
|---|---|---|---|---|---|---|---|
| 转换系数 $C_V$ | 0.55 | 0.55 | 0.58 | 0.61 | 0.65 | 0.68 | 0.70 |

表 31-11　　液化应力比

| 应力循环次数 N | 平均粒径 $d_{50}$(mm) | | | | |
|---|---|---|---|---|---|
| | 0.40 | 0.30 | 0.20 | 0.10 | 0.07 |
| 10 | 0.26 | 0.25 | 0.24 | 0.22 | 0.21 |
| 30 | 0.23 | 0.22 | 0.21 | 0.18 | 0.18 |

（2）美国 NCEER 工作组推荐的液化判别方法。美国 NCEER 工作组推荐的方法是在简化 Seed 法的基础上改进而成的，其实质是将砂土中由振动作用产生的剪应力与产生液化所需的剪应力（即在相应动力作用下砂土的抗剪强度）进行比较。经 H. B. Seed 修正后简化成等效周期应力 CSR 与地基土的周期阻力比 CRR 的比较。在液化安全系数为 1.0 时，如果 CRR＞CSR，则判别为不液化；如果 CRR＜CSR，则判别为液化。

（三）不同判别方法的比较

1. 标准贯入试验法

在 GB 50011《建筑抗震设计规范》中标准贯入试验作为判定地基土层是否可液化的主要方法。该方法的优点在于设备简单，易于操作，土层适用范围广，可同时获取扰动土样进行观察和有关试验，特别是对于不易钻探取样的砂土和粉土的物理力学性质进行判别，是目前应用最多的标准化方法。但是，该方法在实际应用中存在离散性大、不可重复、不能连续测试，在人力、物力和财力上需要较大投入等缺点。同时，该方法测试机理复杂，它受许多因素的影响。砂土液化的发生不仅与地震的烈度有关，还与动力作用的次数（震级）有关，而在该方法中这些因素无法得到体现。

2. 静力触探试验法

静力触探（Cone Penetration Test，CPT）是一种定量测试技术，其优点是连续、快速、准确，可以在现场直接得到各土层的贯入阻力指标，从而能够了解土层在原始状态下的有关物理力学参数。由于 CPT 的贯入机理是个复杂的问题，目前虽然有很多的近似理论对其进行模拟分析，尚没有一种理论能够圆满解释静力触探的机理。目前工程中仍主要采用经验公式将贯入阻力与土的物理力学参数联系起来，或者根据贯入阻力的相对大小做定性分析。

目前我国各种规范当中用到的液化判别方法内在原理一致，但是各有优缺点。只对 15m 深度范围内有效，考虑了地下水位、上覆非液化土层厚度和土性的三种影响因素，比较全面，所用的参数也较少；缺点是土性参数 $a_p$ 的确定要依赖土工试验的塑性指数，不能简单直接地做判定。

当遇到含泥质砂土、砂土夹淤泥质黏土、砂土与淤泥质黏土互层等土层时，作为标准贯入试验方法的一种补充。该方法考虑到了地下水位、试验点深度和黏粒含量的影响，缺点在于黏粒含量仍然需要依托土工试验。

3. 剪切波速试验法

以剪切波速为指标判断液化是当前工程抗震研究中的热点问题之一，它具有物理意义明确、波速值离散性小、可重复、预测可靠性高、经济快速等优点。因此，该方法受到国内外的广泛关注。

4. Seed 简化判别法

该方法将饱和液化土的动三轴强度试验的动剪应力比与等效平均剪应力对比，从而判别液化；该物理模型直观，理论严谨，已成为北美和世界上许多地区判别砂土液化的常用方法。但该法需采取地基土样进行动、静三轴试验，在确定液化应力比后才能进行液化判别，试验繁琐，周期长。

5. 标贯贯入试验法与静力触探试验法（CPT）的关系

江苏省电力设计院在充分搜集江苏地区原位试验资料的料基础上，对江苏地区的原位试验及液化判别进行研究，建立了标准贯入试验的标贯击数 $N$ 值与静力触探试验锥尖阻力 $q_c$ 值之间的关系式，从而可以用静力触探试验进行砂土液化判别，简单有效，节约成本。其主要成果概括如下：

（1）采用零截距线性、非零截距线性、乘幂三种函数对 $N$-$q_c$ 总体关系进行了拟合分析，其关系式

(31-13) 如下：

$$\begin{cases}零截距线性：N=2.21q_c \\ 一般线性：N=1.75q_c+3.90 \\ 乘幂：N=3.67q_c^{0.75}\end{cases} \quad (31\text{-}13)$$

(2) 考虑黏粒含量 $\rho_c$、平均粒径 $D_{50}$ 和土性类别三个因素对液化判别的影响，得到新的 $N—q_c$ 关系，根据所包含参数的多少和公式的复杂程度，本文提出了关系式 (31-14) 如下：

$$\begin{cases}简单公式：粉土：N=2.44q_c；粉砂：N=2.13q_c \\ 复杂公式：N=(0.02\rho_c-3.48D_{50}-0.1a_P+2.53)\times q_c \\ 中间公式：N=f(q_c)=[2.834-0.106\ln(q_c)-0.073(q_c)^{0.54}]\times q_c\end{cases} \quad (31\text{-}14)$$

其中，简单公式可以作为进行静力触探试验后的一个液化判别的初判，复杂公式则在详细土工试验的基础上利用静力触探试验结果对液化进行更为准确的判别，而中间公式可以作为简单和复杂公式中间的一个液化情况判别。

(3) 在 $N—q_c$ 关系式的基础上，提出采用静力触探试验指数锥尖阻力 $q_c$ 值进行液化判别的公式。根据液化指数按式 (31-15) 进行液化等级的判定。

$$I_{le}=\sum_{i=1}^{n}\left[1-\frac{N=f(q_c)}{N_{cri}}\right]d_i w_i \quad (31\text{-}15)$$

6. 不同判别法优缺点对比

上述的不同判别法优缺点对比见表 31-12，由于 Seed 简化判别法需采取地基土样进行动、静三轴试验，在确定液化应力比后才能进行液化判别，由于试验繁琐，周期长，仅在一些大型工业建筑或构筑物的建设中使用；而采用原位测试方法进行液化判别，并利用实践与地震现场液化调查资料建立经验公式，这种方法属于经验判别方式，由于其测试手段单一，试验结果易于控制，计算过程简单，应用广泛。

**表 31-12　　不同判别法优缺点对比**

| 主要判别方法 | 主 要 优 点 | 主 要 缺 点 |
|---|---|---|
| 标准贯入试验法 | 设备简单，易于操作，土层适用范围广，可对不易钻探取样的砂土和粉土的物理力学性质进行判别，目前国内的标准化方法 | 存在离散性大、不可重复、不能连续测试，在人力、物力和财力上需要较大投入等缺点 |
| 静力触探试验法 | 其优点是连续、快速、准确，可以在现场直接得到各土层的贯入阻力指标，从而能够了解土层在原始状态下的有关物理力学参数 | 土性修改系数 $a_p$ 的确定要依赖土工试验的塑性指数，不能简单直接地做判定；黏粒含量仍然需要依托土工试验 |
| 剪切波速试验法 | 具有物理意义明确、波速值离散性小、可重复、预测可靠性高、经济快速等优点 | 判别精度较小，方式单一，对液化的严重程度较难以区分 |
| Seed 简化判别法 | 该物理模型直观，理论严谨，简明实用 | 需采取地基土样进行动、静三轴试验，在确定液化应力比后才能进行液化判别，由于试验繁琐，周期长 |

## 第三节 稳定性评价及要求

1. 稳定性评价

砂土液化主要是在静力或动力作用下，砂土中孔隙水压力上升，抗剪强度或剪切刚度低并趋于消失所引起的。在输电线路工程中，砂土液化造成的危害是十分严重的。喷水冒砂使地下砂层中的孔隙水及砂颗粒被搬到地表，从而使塔基失效，同时地下土层中固态与液态物质缺失，导致不同程度的沉陷。使地面输电线路杆塔倾斜、开裂、倾倒、不均匀下沉；在河流岸边，则表面为岸边塔基滑移等。

液化稳定性评价的主要思路：

（1）通过液化判别，计算液化指数和划分地基液化等级，将预估的液化危害程度定量化以便采取相应的抗液化措施。

（2）液化土层厚度越大，液化危害性越大；液化土层埋深接近地面，液化危害性越大；深度越深，危害性较小。

（3）划分地基液化等级的基本方法为：①逐点判别（液化土层的深度厚度）；②按孔计算（计算液化指数）；③综合判定（划分地基液化等级）。

2. 抗震设防分类及要求

根据 GB 50260《电力设施抗震设计规范》，重要电力设施中输电工程供电建筑物为重点设防类，简称为乙类；一般电力设施中的主要建（构）筑物和有连续生产运行设备的建（构）筑物为标准设防类，简称为丙类；乙类、丙类以外的次要建（构）筑物为适度设防类，简称丁类。

通常情况应避免未加固处理的可液化土层作天然地基的持力层。对于地基抗液化措施应根据线路的重要性、地基的液化等级、结合具体情况，选择适当的抗液化措施。不宜将未经处理的液化土层作为天然地基持力层。当液化土层较平坦且均匀时，宜按表 31-13 选用地基抗液化措施。尚可计入上部结构重力荷载对液化危害的影响，根据液化震陷量的估计适当调整抗液化措施。

**表 31-13　　抗液化措施表**

| 建筑抗震设防类别 | 电压等级 | 地基的液化等级 | | |
|---|---|---|---|---|
| | | 轻微 | 中等 | 严重 |
| 乙类 | ±400kV 及以上输电线路大跨越塔 | 部分消除液化沉陷，或对基础和上部结构处理 | 全部消除液化沉陷，或部分消除液化沉陷且对基础和上部结构处理 | 全部消除液化沉陷 |
| 丙类 | 其他输电线路塔 | 基础和上部结构处理亦可不采取措施 | 基础和上部结构处理，或更高要求的措施 | 全部消除液化沉陷，或部分消除液化沉陷且对基础和上部结构处理 |
| 丁类 | 输电线路一般没有此类 | 可不采取措施 | 可不采取措施 | 基础和上部结构处理，或其他经济的措施 |

## 第四节　处　理　方　法

1. 全部消除地基液化沉陷的措施及要求

（1）采用桩基时，桩端伸入液化深度以下稳定土层中的长度（不包括桩尖部分），应按计算确定，且对碎石土、砾、粗、中砂、坚硬黏性土和密实粉土尚不应小于 0.5m，对其他非岩石不宜小于 1m。

（2）采用深基础时，基础底面应埋入液化深度以下的稳定土层中，其深度不应小于 0.5m。

（3）采用加密法（如振冲、振动加密、挤密碎石桩、强夯等）加固时，应处理至深度下界；振冲或挤密碎石桩加固后，桩间土的标准贯入锤击数不宜小于式（31-4）的液化判别标准贯入锤击数临界值。

（4）采用非液化土层替换全部液化土层。

（5）采用加密法或换土法处理时，在基础边缘以外的处理宽度，应超过基础底面下处理深度的 1/2 且不小于基础宽度的 1/5。

2. 部分消除地基液化沉陷的措施及要求

（1）处理深度应使处理后的地基液化指数减少，当判别深度为 15m 时，其值不宜大于 4；当判别深度为 20m 时，其值不宜大于 5；对独立基础处理深度尚不应小于基础底面下液化土特征深度和基础宽度的较大值。

（2）采用振冲或挤密碎石桩加固后，桩间土的标准贯入锤击数不宜小于式（31-4）（P545）的液化判别标准贯入锤击数临界值。

（3）基础边缘以外的处理宽度，应超过基础底面下处理深度的1/2且不小于基础宽度的1/5。

（4）采取减小液化震陷的其他方法，如增加上覆非液化土层的厚度和改善周边的排水条件等。

3. 减轻液化影响的基础和上部结构处理的措施及要求

（1）选择合适的基础埋置深度。

（2）调整基础底面积，减少基础偏心。

（3）加强基础的整体性和刚度，如采用箱基、阀基或钢筋混凝土交叉条形基础，加设基础圈梁等。

（4）减轻荷载，增强上部结构的整体刚度和均匀对称性，合理设置沉降缝，避免采用对不均匀沉降敏感的结构型式等。

以上为各抗震规范及地基处理规范对砂土液化地基处理的相关规定，但在输电线路工程中，因每个塔基占地面积较小，各个塔位间距离较大，所以在输电线路工程中，主要采用桩基处理方式，桩端伸入液化深度以下稳定土层一定的长度。

4. 桩基础的液化效应

对于桩身周围有液化土层的低承台桩基，当承台底面上下分别有厚度不小于1.5m、1.0m的非液化土或非软弱土层时，可将液化土层极限侧阻力乘以液化折减系数计算单桩极限承载力标准值。土层液化折减系数可按表31-14取值。

**表31-14　　土层液化折减系数$\psi_i$**

| $\lambda_N=\dfrac{N}{N_{cr}}$ | 自地面算起的液化土层深度$d_L$(m) | $\psi_i$ |
|---|---|---|
| $\lambda_N\leqslant 0.6$ | $d_L\leqslant 10$ | 0 |
| | $10<d_L\leqslant 20$ | 1/3 |
| $0.6<\lambda_N\leqslant 0.8$ | $d_L\leqslant 10$ | 1/3 |
| | $10<d_L\leqslant 20$ | 2/3 |
| $0.8<\lambda_N\leqslant 1$ | $d_L\leqslant 10$ | 2/3 |
| | $10<d_L\leqslant 20$ | 1.0 |

注　1. N为饱和土标贯击数实测值；$N_{cr}$为液化判别标贯击数临界值；$\lambda_N$为土层液化指数；

2. 对于挤土桩当桩距不大于$4d$，且桩的排数不少于5排、总桩数不少于25根时，土层液化影响折减系数可按表列值提高一档取值；桩间土标贯击数达到$N_{cr}$时，取$\psi_i=1$。

当承台底面上下非液化土层厚度小于以上规定时，土层液化影响折减系数$\psi_i$取0。

打入式预制桩及其他挤土桩，当平均桩距为2.5～4倍桩径且桩数不少于5×5时，可计入打桩对土的加密作用及桩身对液化土变形限制的有利影响。当打桩后桩间土的标准贯入锤击数值达到不液化的要求时，单桩承载力可不折减，但对桩尖持力层做强度校核时，桩群外侧的应力扩散角应取为零。打桩后桩间土的标准贯入锤击数宜由试验确定，也可按下式计算：

$$N_1=N_P+100\rho(1-e^{-0.3N_P}) \tag{31-16}$$

式中　$N_1$——打桩后的标准贯入锤击数；

$\rho$——打入式预制桩的面积置换率；

$N_P$——打桩前的标准贯入锤击数。

处于液化土中的桩基承台周围，宜用密实干土填筑夯实，若用砂土或粉土则应使土层的标准贯入锤击数不小于规范规定的液化判别标准贯入锤击数临界值。液化土和震陷软土中桩的配筋范围，应自桩顶至液化深度以下符合全部消除液化沉陷所要求的深度，其纵向钢筋应与桩顶部相同，箍筋应加粗和加密。

# 第五节 工 程 实 例

## 一、工程概况

500kV 南京某大跨越工程是西Ⅱ通道 500kV 某送电线路的一个重要过江节点，拟采用“耐张塔—跨越塔—跨越塔—耐张塔”的大跨越方式过江，采用双回路架设，大跨越档距约 1770m，大跨越耐张段长度约 2810m，塔型拟采用钢结构，跨越塔全高约 249.5m，跨越塔（主塔）和耐张塔（锚塔）的根开分别为 49.6m×49.6m 和 16.0m×24.0m。北跨越塔位于仪征市真州镇，东侧长江岸边为仪征化纤的液化气站、码头、仓库和自来水厂取水口，西侧为潘江河（又名潘家河）；南跨越塔位于南京市栖霞区靖安镇，北侧长江岸边为靖安镇自来水厂取水口，南侧为南京富布斯建材有限公司厂房（在建），西侧为西气东输工程过江接收站和地下输气管道。

## 二、设计地震动参数

根据 GB 18306《中国地震动参数区划图》的规定以及《关于南京某大跨越工程场地地震安全性评价工作报告的批复》，北跨越塔和南跨越塔工程场地 50 年超越概率 10%的基岩水平向地震动峰值加速度分别为 0.100g 和 0.099g。

北跨越塔和南跨越塔 50 年超越概率 10%的地表水平向地震动峰值加速度分别为 0.128g 和 0.138g，相对应的地震基本烈度均为Ⅶ度，地震动反应谱特征周期分别为 0.40s 和 0.55s。根据 GB 50011《建筑抗震设计规范》附录 A 的规定，建筑场地位于设计地震分组的第一组。

## 三、岩土工程条件概况

北跨越塔位于小树林中，场地地形基本平坦，地面高程一般为 4.54～4.77m（1985 国家高程基准，以下同），北锚塔位于水稻田中，地形平坦，地面高程一般为 5.25～6.06m；南跨越塔位于小树林中，地形基本平坦，地面高程一般为 4.85～5.12m，南锚塔位于荒地中，地形平坦，地面高程一般为 3.67～3.73m。水系较发育，交通较为便利。就区域地貌而言，地貌单元为长江河漫滩。

北跨越塔及锚塔地段地基岩土主要由上部的第四系全新统、上更新统的冲积、湖积的粉质黏土、淤泥质粉质黏土、粉土和下部的上第三系中新统沉积卵石层及白垩系下白垩统的粉砂岩和泥岩等组成。南跨越塔地段的地基岩土主要由上部的第四系全新统人工堆积的素填土以及冲积、湖积的粉质黏土、淤泥质粉质黏土、粉砂夹粉质黏土和下部的白垩系下白垩统沉积岩组成。

各地基岩土层的埋藏条件见表 31-15 和表 31-16。

表 31-15　　北跨越塔及锚塔地基岩土层埋藏条件一览表

| 层号 | 土层名称 | 层厚（m） | 层底高程（m） |
|---|---|---|---|
| ① | 粉质黏土 | 1.70～3.00 | 1.63～3.56 |
| ② | 粉土 | 1.25～3.20 | −0.13～1.43 |
| ③ | 淤泥质粉质黏土 | 2.30～4.70 | −3.63～−2.22 |
| ④-1 | 粉质黏土 | 1.10～2.90 | −5.62～−0.64 |
| ④-2 | 粉质黏土 | 3.20～11.30 | −11.94～−8.02 |
| ⑤ | 卵石 | 0.80～5.20 | −14.33～−9.41 |
| ⑤-1 | 粉质黏土 | 0.60～2.20 | −13.53～−10.72 |
| ⑥ | 粉质黏土 | 0.80～4.30 | −16.23～−13.21 |
| ⑦ | 卵石 | 3.50～8.50 | −20.17～−17.23 |

续表

| 层号 | 土层名称 | 层厚（m） | 层底高程（m） |
|---|---|---|---|
| ⑧-1 | 粉砂岩 | 0.90～2.70 | −22.46～−20.61 |
| ⑧-2 | 粉砂岩 | 2.20～5.00 | −27.17～−24.41 |
| ⑨-1 | 泥岩 | 0.90～4.90 | −28.42～−22.13 |
| ⑨-2 | 粉砂岩 | 1.80～8.50 | −34.52～−29.91 |
| ⑨-3 | 泥岩 | 大于10.00m | 本次未揭穿 |

**表31-16　　南跨越塔及锚塔地基岩土层埋藏条件一览表**

| 层号 | 土层名称 | 层厚（m） | 层底高程（m） |
|---|---|---|---|
| ①-1 | 素填土 | 0.90～1.50 | 3.44～4.12 |
| ① | 粉质黏土 | 0.90～2.10 | 1.53～2.85 |
| ② | 淤泥质粉质黏土 | 5.40～9.80 | −8.27～−3.20 |
| ③ | 粉砂夹粉质黏土 | 1.30～5.60 | −11.27～−7.76 |
| ④ | 粉质黏土 | 1.00～3.60 | −12.77～−10.26 |
| ⑤ | 粉、细砂 | 4.10～10.60 | −21.93～−15.67 |
| ⑥-1 | 粉、细砂 | 7.50～14.30 | −31.53～−23.35 |
| ⑥-2 | 粉、细砂 | 7.10～13.10 | −39.77～−35.06 |
| ⑦ | 细砂 | 6.80～10.70 | −48.10～−45.58 |
| ⑧ | 中、粗砂 | 5.30～6.90 | −53.06～−51.38 |
| ⑨ | 粗砂 | 一般大于3.00m | 未揭穿 |
| ⑩ | 粉砂岩 | 一般大于5.00m | 未揭穿 |

根据区域水文地质资料、含水层的岩性、地下水的赋存条件等特征，地下水类型：南跨越塔及锚塔主要为松散层类孔隙水；北跨越塔及锚塔主要为基岩类孔隙—裂隙水。

南、北跨越塔及锚塔地基岩土层的主要岩土设计参数值见表31-17和表31-18。

## 四、建筑场地类别

根据《南京某大跨越工程场地地震安全性评价工作报告》中的结论，结合本次现场波速试验结果，北跨越塔地段地面以下20m深度范围内的地基土主要由粉质黏土、粉土、淤泥质粉质黏土和卵石组成，土层剪切波速值（$v_s$）一般为184.4～194.2m/s。场地的覆盖层厚度（$d_{ov}$）一般为25m左右。根据土层剪切波速值（$v_s$）和场地覆盖层的厚度（$d_{ov}$），按照GB 50011《建筑抗震设计规范》中的判定标准，建筑场地类别属于Ⅱ类。

南跨越塔地段地面以下20m深度范围内的地基土主要由素填土、粉质黏土、淤泥质粉质黏土和粉砂组成，地面以下20m深度范围内土层的剪切波速值（$v_s$）一般为132.5～136.5m/s。场地的覆盖层厚度（$d_{ov}$）一般60m左右。根据土层等效剪切波速值（$v_{se}$）和场地覆盖层的厚度（$d_{ov}$），按照《建筑抗震设计规范》中的判定标准，建筑场地类别属于Ⅲ类。

依据对场地内的地质、地形和地貌等条件的分析，按《建筑抗震设计规范》中的规定，建筑场地属对建筑抗震不利地段。

## 五、地基土液化评价与计算

### （一）初步判别

鉴于场地自地表向下20m深度范围内存在饱和的粉土与粉砂，按照《建筑抗震设计规范》及《构筑物抗震设计规范》中的规定，需要进行地震液化判别。根据《建筑抗震设计规范》第4.3.3条的初步判别条件，当上覆非液化土层厚度和地下水位深度符合下列条件之一时，初步判别依据详见本章2.1。

对于本工程而言，北跨越塔取 $d_0=6$m，$d_b=4$m，$d_w=0.0$m，南跨越塔 $d_0=7$m，$d_b=4$m，$d_w=0.5$m，经计算北跨越塔地段的层②粉土、南跨越塔地段的层③粉砂夹粉质黏土和层⑤粉砂具有液化的可能，因此，需要做进一步的液化判别。

**表 31-17　地基土层主要岩土设计参数值表（北跨越塔及锚塔）**

| 层号 | 土层名称 | 物理指标 | | | | | | 固结 | | 标准贯入试验 | 重型动力触探 | 直接剪切 | | 三轴压缩 | | 岩石天然单轴抗压强度 | 地基承载力特征值 |
|---|---|---|---|---|---|---|---|---|---|---|---|---|---|---|---|---|---|
| | | 含水率 | 重力密度 | 孔隙比 | 液限 | 塑性指数 | 液性指数 | 压缩系数 | 压缩模量 | | | 快剪 | | 不固结不排水 | | | |
| | | $W$ (%) | $\gamma$ (kN/m³) | $e$ | $W_L$ (%) | $I_P$ | $I_L$ | $\alpha_{1-2}$ (MPa⁻¹) | $Es_{1-2}$ (MPa) | $N$ (击) | $N_{63.5}$ (击) | $C_q$ (kPa) | $\varphi_q$ (°) | $C_u$ (kPa) | $\Phi_u$ (°) | $R_c$ (MPa) | $f_{ak}$ (kPa) |
| ① | 粉质黏土 | 28.1 | 18.2 | 0.797 | 33.9 | 13.6 | 0.76 | 0.43 | 4.2 | 4 | | 20 | 7.0 | | | | 90 |
| ② | 粉土 | 31.5 | 18.0 | | | 8.5 | | 0.45 | 5.0 | 5 | | 12 | 20.0 | | | | 90 |
| ③ | 淤泥质粉质黏土 | 43.5 | 17.0 | 1.243 | 34.7 | 12.5 | 1.40 | 0.70 | 3.5 | 4 | | 15 | 8.0 | | | | 70 |
| ④-1 | 粉质黏土 | 24.5 | 19.2 | 0.709 | 32.8 | 13.5 | 0.40 | 0.25 | 7.5 | 9 | | 35 | 12.0 | | | | 170 |
| ④-2 | 粉质黏土 | 22.8 | 19.6 | 0.672 | 32.8 | 14.1 | 0.25 | 0.20 | 8.5 | 16 | | 50 | 13.5 | 60 | 3.0 | | 240 |
| ⑤ | 卵石 | 20.0 | 20.0 | | | | | 0.09 | 18.0 | | >50 | 5 | 40.0 | | | | 350 |
| ⑤-1 | 粉质黏土 | 20.4 | 19.5 | 0.601 | 31.9 | 13.7 | 0.20 | 0.20 | 8.5 | 18 | | 55 | 15.0 | | | | 260 |
| ⑥ | 粉质黏土 | 19.4 | 20.0 | 0.596 | 32.7 | 14.2 | 0.06 | 0.15 | 10.5 | 21 | | 60 | 15.0 | 70 | 3.5 | | 290 |
| ⑦ | 卵石 | 24.0 | 21.0 | | | | | 0.08 | 21.0 | | >50 | 3 | 44.0 | | | | 400 |
| ⑧-1 | 粉砂岩 | 24.0 | 19.8 | | | | | | 14.0 | 50 | | | | | | 0.5 | 260 |
| ⑧-2 | 粉砂岩 | 18.0 | 21.0 | | | | | | | | | | | | | 1.5 | 400 |
| ⑨-1 | 泥岩 | 18.0 | 22.0 | | | | | | | | | | | | | 1.3 | 350 |
| ⑨-2 | 粉砂岩 | 15.0 | 23.0 | | | | | | | | | | | | | 3.0 | 600 |
| ⑨-3 | 泥岩 | 12.0 | 22.5 | | | | | | | | | | | | | 2.8 | 550 |

注　1. $N$ 系指未经杆长修正的标准贯入试验锤击数；

2. 表中部分指标为经验值。(以下同)。

**表 31-18　地基土层主要岩土设计参数值表（南跨越塔及锚塔）**

| 层号 | 土层名称 | 物理指标 | | | | | | 固结 | | 标准贯入试验 | 直接剪切 | | 静探试验 | | 地基承载力特征值 |
|---|---|---|---|---|---|---|---|---|---|---|---|---|---|---|---|
| | | 含水率 | 重力密度 | 孔隙比 | 液限 | 塑性指数 | 液性指数 | 压缩系数 | 压缩模量 | | 快剪 | | 锥尖阻力 | 侧壁摩阻力 | |
| | | $W$ (%) | $\gamma$ (kN/m³) | $e$ | $W_L$ (%) | $I_P$ | $I_L$ | $\alpha_{1-2}$ (MPa⁻¹) | $Es_{1-2}$ (MPa) | $N$ (击) | $C_q$ (kPa) | $\varphi_q$ (°) | $q_c$ (MPa) | $f_s$ (MPa) | $f_{ak}$ (kPa) |
| ①-1 | 素填土 | 30.0 | 17.3 | | | | | | | | | | 0.68 | 0.020 | 70 |
| ① | 粉质黏土 | 35.8 | 17.8 | 0.950 | 36.0 | 14.5 | 0.90 | 0.62 | 3.5 | 4 | 20 | 5.0 | 0.41 | 0.030 | 80 |
| ② | 淤泥质粉质黏土 | 36.3 | 17.5 | 1.057 | 34.6 | 13.5 | 1.18 | 0.70 | 3.0 | 4 | 15 | 5.0 | 0.45 | 0.010 | 65 |
| ③ | 粉砂夹粉质黏土 | 31.3 | 18.1 | 0.917 | | | | 0.50 | 3.8 | 8 | 8 | 20.0 | 2.36 | 0.040 | 100 |
| ④ | 粉质黏土 | 33.4 | 17.8 | 0.983 | 33.8 | 12.7 | 0.90 | 0.45 | 4.2 | 12 | 18 | 8.0 | 0.81 | 0.019 | 90 |
| ⑤ | 粉、细砂 | 28.1 | 18.4 | 0.809 | | | | 0.22 | 7.5 | 15 | 8 | 30.0 | 5.12 | 0.072 | 140 |
| ⑥-1 | 粉、细砂 | 26.8 | 18.4 | 0.795 | | | | 0.18 | 10.0 | 24 | 6 | 32.0 | 8.44 | 0.135 | 170 |
| ⑥-2 | 粉、细砂 | 27.0 | 18.6 | 0.779 | | | | 0.15 | 12.0 | 32 | 4 | 34.0 | 10.72 | 0.161 | 230 |
| ⑦ | 细砂 | 24.3 | 18.8 | 0.724 | | | | 0.12 | 14.0 | 40 | 4 | 35.0 | 14.69 | 0.166 | 260 |
| ⑧ | 中、粗砂 | 19.2 | 19.0 | 0.721 | | | | 0.09 | 16.5 | 46 | 3 | 36.0 | | | 300 |
| ⑨ | 粗砂 | 15.0 | 19.2 | 0.550 | | | | 0.08 | 18.5 | 60 | 2 | 38.0 | | | 350 |
| ⑩ | 粉砂岩 | 18.0 | 21.0 | | | | | | | | | | | | 400 |

（二）标贯判别法

根据《建筑抗震设计规范》中的规定，采用标准贯入试验方法进行液化判别，当饱和土标准贯入锤击数（未经杆长修正）小于液化判别标准贯入锤击数临界值（$N_{cr}$）时，应判为液化土。北跨越塔及锚塔液化评价具体结果表见 31-19，南跨越塔及锚塔液化评价具体结果表见 31-20。

**表 31-19　北跨越塔及锚塔地基土液化评价计算表**

最高水位：0.00　　标贯锤击数 基准值：6

| 孔号 | 层号 | 各土层层底深度 $h$ (m) | 标准贯入点深度 $d_s$ (m) | 实测标准贯入锤击数 $N_i$ (击) | 黏粒含量 $P_c$ (%) | 标准贯入锤击数临界值 $N_{cr}$ (击) | 液化判断 | 标准贯入点所代表的土层厚度 $d_i$ (m) | 层位影响权函数 $W_i$ ($m^{-1}$) | 各判别点液化指数 $I_{lei}=\left(1-\frac{N_i}{N_{cri}}\right)d_iW_i$ | 液化等级评定 $I_{le}=\sum_{i=1}^{n}I_{lei}$ | 标贯实测值与临界值的比值 |
|---|---|---|---|---|---|---|---|---|---|---|---|---|
| 1C1-2 | 1 | 2.20 | | | | | | | | | 11.67 | |
| | 2 | 5.30 | 2.85 | 2 | 10.1 | 3.87 | 液化 | 1.40 | 10.00 | 6.77 | 中等液化 | 0.52 |
| | | | 4.35 | 4 | 6.1 | 5.62 | 液化 | 1.70 | 10.00 | 4.89 | | 0.71 |
| 1C2 | 1 | 2.00 | | | | | | | | | | |
| | 2 | 5.00 | 3.10 | 4 | 25.6 | 2.49 | 不液化 | | | | | |
| | | | 4.50 | 6 | 10.1 | 4.41 | 不液化 | | | | | |
| 1C2-1 | 1 | 2.50 | | | | | | | | | | |
| | 2 | 5.60 | 3.80 | 6 | 8.8 | 4.48 | 不液化 | | | | | |
| 1C4 | 1 | 1.80 | | | | | | | | | 2.96 | |
| | 2 | 3.45 | 3.30 | 5 | 4.4 | 6.09 | 液化 | 1.65 | 10.00 | 2.96 | 轻微液化 | 0.82 |
| 1C6 | 1 | 1.90 | | | | | | | | | 2.72 | |
| | 2 | 4.10 | 3.40 | 5 | 5.1 | 5.71 | 液化 | 2.20 | 10.00 | 2.72 | 轻微液化 | 0.88 |
| 1C7 | 1 | 1.70 | | | | | | | | | | |
| | 2 | 4.80 | 3.30 | 6 | 11.2 | 3.82 | 不液化 | | | | | |
| | | | 4.30 | 4 | 16.6 | 3.39 | 不液化 | | | | | |
| 1C8 | 1 | 2.00 | | | | | | | | | | |
| | 2 | 3.70 | 3.40 | 5 | 10.0 | 4.08 | 不液化 | | | | | |
| 1C9 | 1 | 2.00 | | | | | | | | | 2.74 | |
| | 2 | 4.50 | 3.10 | 6 | 6.1 | 5.09 | 不液化 | 1.70 | | | 轻微液化 | |
| | | | 4.35 | 4 | 5.2 | 6.08 | 液化 | 0.80 | 10.00 | 2.74 | | 0.66 |
| 1C11 | 1 | 1.90 | | | | | | | | | 12.40 | |
| | 2 | 3.15 | 3.00 | 3 | 3.2 | 6.97 | 液化 | 1.25 | 10.00 | 7.12 | 中等液化 | 0.43 |

**注**　GB 50011 本表所列公式及参数按《建筑抗震设计规范》第 4.3 节的有关规定执行。

表 31-20　　南跨越塔及锚塔地基土液化评价计算表

最高水位：0.50　　标准贯入锤击数基准值：6

| 孔号 | 层号 | 各土层层底深度 $h$ (m) | 标准贯入点深度 $d_s$ (m) | 实测标准贯入锤击数 $N_i$ (击) | 黏粒含量 $P_c$ (%) | 标准贯入锤击数临界值 $N_{cr}$ (击) | 液化判断 | 标准贯入点所代表的土层厚度 $d_i$ (m) | 层位影响权函数 $W_i$ ($m^{-1}$) | 各判别点液化指数 $I_{lei}=\left(1-\frac{N_i}{N_{cri}}\right)d_iW_i$ | 液化等级评定 $I_{le}=\sum_{i=1}^{n}I_{lei}$ | 标贯实测值与临界值的比值 |
|---|---|---|---|---|---|---|---|---|---|---|---|---|
| 1C12 | 2 | 8.10 | | | | | | | | | 17.10 | |
| | 3 | 13.70 | 9.50 | 5 | 5.0 | 8.37 | 液化 | 2.15 | 7.22 | 6.24 | 中等液化 | 0.60 |
| | | | 11.00 | 5 | 3.0 | 11.70 | 液化 | 1.50 | 6.00 | 5.15 | | 0.43 |
| | | | 12.50 | 5 | 3.0 | 12.60 | 液化 | 1.95 | 4.85 | 5.70 | | 0.40 |
| | 4 | 16.60 | | | | | | | | | | |
| | 5 | 20.00 | 17.00 | 8 | 30.0 | 4.46 | 不液化 | | | | | |
| | | | 18.50 | 13 | 14.2 | 6.48 | 不液化 | | | | | |
| | | | 20.00 | 18 | 3.0 | 14.10 | 不液化 | | | | | |
| | | | | | | | | | | | | |
| 1C14 | 2 | 8.70 | | | | | | | | | 1.42 | |
| | 3 | 14.10 | 10.00 | 11 | 3.0 | 11.10 | 液化 | 2.05 | 6.85 | 0.13 | 轻微液化 | 0.99 |
| | | | 11.50 | 11 | 3.0 | 12.00 | 液化 | 1.50 | 5.67 | 0.71 | | 0.92 |
| | | | 13.00 | 12 | 3.0 | 12.90 | 液化 | 1.85 | 4.55 | 0.59 | | 0.93 |
| | 4 | 16.70 | | | | | | | | | | |
| | 5 | 20.00 | 17.50 | 18 | 3.0 | 14.10 | 不液化 | | | | | |
| | | | 19.00 | 20 | 3.0 | 14.10 | 不液化 | | | | | |
| | | | 20.00 | 18 | 3.0 | 14.10 | 不液化 | | | | | |
| 1C16 | 2 | 8.90 | | | | | | | | | 11.90 | |
| | 3 | 13.10 | 9.00 | 3 | 3.0 | 10.50 | 液化 | 0.85 | 7.12 | 4.32 | 中等液化 | 0.29 |
| | | | 10.50 | 9 | 3.0 | 11.40 | 液化 | 1.40 | 6.37 | 1.88 | | 0.79 |
| | | | 11.80 | 6 | 3.0 | 12.18 | 液化 | 1.00 | 5.57 | 2.82 | | 0.49 |
| | | | 12.50 | 6 | 3.0 | 12.60 | 液化 | 0.95 | 4.92 | 2.45 | | 0.48 |
| | 4 | 16.40 | | | | | | | | | | |
| | 5 | 20.00 | 16.50 | 12 | 3.0 | 14.10 | 液化 | 0.85 | 2.12 | 0.27 | | 0.85 |
| | | | 18.00 | 13 | 3.0 | 14.10 | 液化 | 1.50 | 1.33 | 0.16 | | 0.92 |
| | | | 19.50 | 14 | 3.0 | 14.10 | 液化 | 1.25 | 0.42 | 0.00 | | 0.99 |
| | | | | | | | | | | | | |
| 1C18 | 2 | 12.20 | | | | | | | | | 4.73 | |
| | 3 | 15.60 | 12.50 | 7 | 3.0 | 12.60 | 液化 | 1.20 | 4.80 | 2.56 | 轻微液化 | 0.56 |
| | | | 14.30 | 10 | 3.0 | 13.68 | 液化 | 2.20 | 3.67 | 2.17 | | 0.73 |
| | 4 | 16.60 | | | | | | | | | | |
| | 5 | 20.00 | 18.30 | 18 | 3.0 | 14.10 | 不液化 | | | | | |
| | | | | | | | | | | | | |

续表

| 最高水位：0.50 | | | 标准贯入锤击数基准值：6 | | | | | | | | | |
|---|---|---|---|---|---|---|---|---|---|---|---|---|
| 孔号 | 层号 | 各土层层底深度 $h$ (m) | 标准贯入点深度 $d_s$ (m) | 实测标准贯入锤击数 $N_i$ (击) | 黏粒含量 $P_c$ (%) | 标准贯入锤击数临界值 $N_{cr}$ (击) | 液化判断 | 标准贯入点所代表的土层厚度 $d_i$ (m) | 层位影响权函数 $W_i$ ($m^{-1}$) | 各判别点液化指数 $I_{lei}=\left(1-\frac{N_i}{N_{cri}}\right)d_iW_i$ | 液化等级评定 $I_{le}=\sum_{i=1}^{n}I_{lei}$ | 标贯实测值与临界值的比值 |
| 1C20 | 2 | 8.90 | | | | | | | | | 0.00 | |
| | 3 | 12.70 | 9.50 | 7 | 9.3 | 6.13 | 不液化 | | | | 不液化 | |
| | | | 10.80 | 9 | 27.2 | 3.85 | 不液化 | | | | | |
| | 4 | 15.20 | | | | | | | | | | |
| | 5 | 20.00 | 16.80 | 16 | 3.0 | 14.10 | 不液化 | | | | | |
| | | | 18.50 | 19 | 3.0 | 14.10 | 不液化 | | | | | |
| | | | 19.80 | 22 | 3.0 | 14.10 | 不液化 | | | | | |
| 1C21 | 2 | 10.50 | | | | | | | | | 13.97 | |
| | 3 | 14.00 | 10.80 | 5 | 3.0 | 11.58 | 液化 | 1.25 | 5.92 | 4.20 | 中等液化 | 0.43 |
| | | | 12.70 | 2 | 3.0 | 12.72 | 液化 | 1.50 | 5.00 | 6.32 | | 0.16 |
| | | | 13.80 | 3 | 3.0 | 13.38 | 液化 | 0.75 | 4.25 | 2.47 | | 0.22 |
| | 4 | 15.00 | | | | | | | | | | |
| | 5 | 20.00 | 15.30 | 11 | 3.0 | 14.10 | 液化 | 1.05 | 2.98 | 0.69 | | 0.78 |
| | | | 16.80 | 13 | 3.0 | 14.10 | 液化 | 1.70 | 2.07 | 0.27 | | 0.92 |
| | | | 18.70 | 14 | 3.0 | 14.10 | 液化 | 1.50 | 1.00 | 0.01 | | 0.99 |
| | | | 19.80 | 30 | 3.0 | 14.10 | 不液化 | | | | | |
| | | | | | | | | | | | | |
| 1C22 | 2 | 10.80 | | | | | | | | | 3.21 | |
| | 3 | 15.00 | 13.80 | 5 | 15.1 | 5.96 | 液化 | 4.20 | 4.73 | 3.21 | 轻微液化 | 0.84 |
| | 4 | 16.50 | | | | | | | | | | |
| | 5 | 20.00 | 16.80 | 11 | 19.9 | 5.47 | 不液化 | | | | | |
| | | | 19.80 | 15 | 3.0 | 14.10 | 不液化 | | | | | |

**注**　本表所列公式及参数按 GB 50011《建筑抗震设计规范》第 4.3 节的有关规定执行。

根据标贯法判定北跨越塔地段的层②为可液化土层，单孔液化指数一般为 2.72～12.40，场地液化等级为轻微—中等。南跨越塔地段的层③和层⑤均为可液化土层，单孔液化指数一般为 1.42～17.10，场地液化等级为轻微—中等。

（三）静探判别法

根据《岩土工程勘察规范》条文说明第 5.7.9 条的规定，采用静力触探判别法对南跨越塔及锚塔处层③粉砂夹粉质黏土和层⑤粉砂做进一步液化判别。计算时按设计地震分组为第一组，设计基本地震加速度为 0.10$g$，地下水位深度为 0.50m，液化判别锥尖阻力基准值按 5.1MPa 考虑。南跨越塔及锚塔液化评价具体结果表见 31-21。

**表 31-21　　南塔地基土地震液化判别计算（静探法）**

地下水埋深 $d_w$=0.50；抗震设防烈度：7 度；地下水位影响系数：$a_w=1-0.065(d_w-2)=1.098$；液化判别锥尖阻力基准值：$q_{c0}=5.10$

| 孔号 | 层号 | 层底埋深 $h$ (m) | 土性综合影响系数 $a_p$ — | 非液化土层影响系数 $a_u$ $a_u=1-0.05(d_u-2)$ | 临界静力触探锥尖阻力 $q_c'$ $q_c'=q_{c0}a_wa_ua_p$ | 实测计算静力触探锥尖阻力 $q_{ci}$ (MPa) | 液化判断 | 静力触探点所代表的土层厚度 $d_i$ (m) | 单位土层厚度层位函数 $W_i$ ($m^{-1}$) | 液化指数 $I_{lei}=\left(1-\frac{q_{ci}}{q_{cri}}\right)d_iW_i$ | 液化等级评定 $I_{le}=\sum_{i=1}^{n}I_{lei}$ |
|---|---|---|---|---|---|---|---|---|---|---|---|
| 1C12-1 | 2 | 8.10 | | | | | | | | | 0.00 |
| | 3 | 13.70 | 0.45 | 1.000 | 2.519 | 2.82 | 不液化 | | | | |
| | 4 | 16.60 | | | | | | | | | |
| | 5 | 21.90 | 0.45 | 1.000 | 2.519 | 5.24 | 不液化 | | | | |
| | | | | | | | | | | | |
| 1C13 | 2 | 9.50 | | | | | | | | | 0.00 |
| | 3 | 13.40 | 0.45 | 1.000 | 2.519 | 2.96 | 不液化 | | | | |
| | 4 | 17.00 | | | | | | | | | |
| | 5 | 21.70 | 0.45 | 1.000 | 2.519 | 4.55 | 不液化 | | | | |
| | | | | | | | | | | | |
| 1C14-1 | 2 | 8.70 | | | | | | | | | 0.00 |
| | 3 | 14.10 | 0.45 | 1.000 | 2.519 | 3.00 | 不液化 | | | | |
| | 4 | 16.70 | | | | | | | | | |
| | 5 | 22.10 | 0.45 | 1.000 | 2.519 | 5.47 | 不液化 | | | | |
| | | | | | | | | | | | |
| 1C15 | 2 | 8.80 | | | | | | | | | 9.50 |
| | 3 | 13.00 | 0.45 | 1.000 | 2.519 | 1.58 | 液化 | 4.20 | 6.07 | 9.50 | 中等液化 |
| | 4 | 16.10 | | | | | | | | | |
| | 5 | 21.10 | 0.45 | 1.000 | 2.519 | 5.63 | 不液化 | | | | |
| 1C16-1 | 2 | 8.90 | | | | | | | | | 15.62 |
| | 3 | 13.10 | 1.00 | 1.000 | 5.597 | 2.21 | 液化 | 4.20 | 6.00 | 15.25 | 中等液化 |
| | 4 | 16.40 | | | | | | | | | |
| | 5 | 21.20 | 1.00 | 1.000 | 5.597 | 5.06 | 液化 | 4.80 | 0.80 | 0.37 | |
| | | | | | | | | | | | |
| 1C17 | 2 | 9.30 | | | | | | | | | 5.34 |
| | 3 | 13.50 | 0.45 | 1.000 | 2.519 | 1.96 | 液化 | 4.20 | 5.73 | 5.34 | 轻微液化 |
| | 4 | 16.80 | | | | | | | | | |
| | 5 | 22.00 | 0.45 | 1.000 | 2.519 | 5.15 | 不液化 | | | | |
| | | | | | | | | | | | |
| 1C19 | 2 | 13.20 | | | | | | | | | 1.18 |
| | 3 | 14.50 | 0.45 | 1.000 | 2.519 | 1.96 | 液化 | 1.30 | 4.10 | 1.18 | 轻微液化 |

根据静探法判定南跨越塔地段的层③和层⑤均为可液化土层，单孔液化指数一般为 1.18～15.62，场地液化等级为轻微—中等。

（四）地基土液化综合评价

根据《建筑抗震设计规范》中的规定以及 GB 50021《岩土工程勘察规范》中 5.7.9 相关条文说明，采用以标贯判别法判定为主，辅以静力触探判别法对场地土液化势及液化等级作出评判，综合判定认为：北跨越塔地段的层②为可液化土层，场地液化等级为轻微—中等。南跨越塔地段的层③和层⑤均为

可液化土层，场地液化等级为轻微—中等。

## 六、结论与建议

（1）通过采用标贯判别法和静探判别法进行液化判定，综合分析认为：北跨越塔地段的层②为可液化土层，场地液化等级为轻微—中等。南跨越塔地段的层③和层⑤均为可液化土层，场地液化等级为轻微—中等。

（2）北跨越塔层②虽为可液化土层，但由于其埋深较浅，层底埋深大多在 5.0m 以内，因此在基坑开挖过程中是可以全部挖除的，对地基稳定性影响不大。

（3）南跨越塔地段的层③粉砂夹粉质黏土和层⑤粉细砂，由于其埋深较大，无法采用挖除的方式来消除液化，可采用以下部中密—密实的粉、细砂为持力层的桩基方案来达到消除液化的目的，对于层③还可辅助采用水泥土搅拌桩来消除液化。

# 第三十二章　煤矿采空区

## 第一节　概　　述

### 一、煤矿采空区基本概念

（1）采空区。狭义的煤矿采空区指地下煤炭资源开采空间。本手册也指地下开采空间围岩失稳而产生位移、开裂、破碎跨落，直到上覆岩层整体下沉、弯曲所引起的地表变形和破坏的区域及范围。根据开采规模和采空区面积大小，煤矿采空区分为大面积采空区及小窑采空区；根据煤层开采形式可划分为长壁式开采、短壁式开采、条带式开采、房柱式开采等采空区；根据开采时间和采空区地表变形阶段可分为老采空区、新采空区和未来采区；根据采深及采深采厚比可分为浅层采空区、中深层采空区和深层采空区；根据矿层倾角可分为水平（缓倾斜）采空区、倾斜采空区和急倾斜采空区。

（2）回采率。矿产采出量占工业储量的百分比。

（3）采深采厚比。矿层开采深度与法向开采厚度的比值。

（4）老采空区。已停止开采且地表移动变形衰退期已经结束的采空区。

（5）新采空区。正在开采或虽已停采但地表移动变形仍未结束的采空区。

（6）未来（准）采区。已经规划设计，尚未开采的采区。

（7）小窑采空区。一般指采空范围较窄、开采深度较浅、采用非正规开采方式开采、以巷道采掘并向两边开挖支巷道、分布无规律或呈网格状、单层或多层重叠交错、大多不支撑或临时简单支撑、任其自由垮落的采空区。

### 二、地表变形的机理和特征

地下煤层被采空后，便在地下形成了采空区，采空区上覆及周围岩体失去原有的平衡状态，从而发生移动、变形以至破坏。这种移动、变形和破坏在空间上由采空区逐渐向周围扩展，当采空区范围扩大到一定程度时，岩层移动就波及地表，使地表产生变形和破坏（地表移动），从而出现地表移动盆地、地裂缝和塌陷坑等。

（一）三带划分

地下煤层采出后，煤层上覆岩土体失去支撑，原先平衡状态被破坏，在自身重力及外力作用下发生变形、破裂、位移，最终趋向新的平衡状态。采空区上方岩体按破坏后的力学结构特征划分为三个变形带，分别是冒落带、裂隙带和弯曲变形带，三带基本特征如图 32-1 所示。

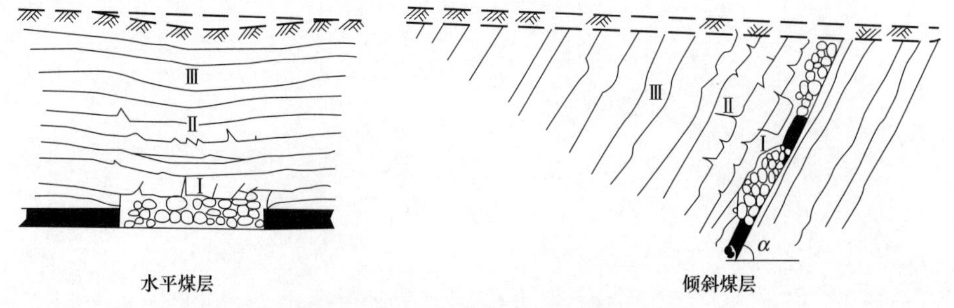


图 32-1　上覆岩层内移分带示意图

Ⅰ—冒落带　Ⅱ—裂隙带　Ⅲ—弯曲带

(1) 冒落带（垮落带）。冒落带又称垮落带，采出空间顶板岩层在自重力作用下断裂、破碎成块垮落，堆积在采空区，形成冒落带。冒落带岩体具以下特点：

1）垮落岩块大小不一，无规则地堆积在采空区。

2）垮落岩块具有显著碎胀性，岩块间空隙较大，连通性好；垮落岩石的总体积大于原岩体积。

3）由于大量空隙的存在，垮落岩石具有可压缩性；根据垮落岩块的破坏和堆积情况，垮落带分为不规则垮落带和规则垮落带。不规则垮落带岩块破碎、扭转、堆积紊乱；规则垮落带内岩块扭转后仍基本保持原有层位关系。

4）垮落带的高度取决于采出厚度和覆岩的碎胀系数，通常为采出厚度的3～5倍，坚硬顶板为采出厚度的5～6倍，软弱顶板为采出厚度的2～4倍，不规则垮落带高度约为采出厚度的0.915～0.975倍。

(2) 裂隙带（断裂带）。裂隙带又称断裂带，位于冒落带之上，是煤层上部岩体由于开采面发生裂隙、离层及断裂，但仍保持其层状结构的那部分岩体。不同于冒落带，裂隙带内岩层开裂的发生、发展及分布是有一定规律的。裂隙一般与岩层垂直或近于垂直。如果是均质岩体的话，由下向上裂隙发育程度减弱，具有明显的分带性。如果岩体为非均质岩体，不厚的坚硬岩层易于被拉断，其裂隙连通性好，呈断块体；软弱岩层多发生剪切破坏和拉剪破坏，整体表现为塑性流动变形，颗粒移动量远大于坚硬岩石，层内裂隙连通性差。

冒落带和裂隙带合称为垮落断裂带（简称“两带”），水下采煤时称导水裂隙带，是采动覆岩裂缝发育区，是覆岩二次移动的主要发源区。

两带高度与岩性有关，软岩两带高度为采高的9～12倍，中硬岩两带高度为采高的12～18倍，坚硬岩两带高度为采高的18～28倍。

(3) 弯曲变形带（整体移动带）。弯曲变形带又称整体移动带，是指裂隙带以上直至地表的那部分只产生弯曲变形而不破裂、保持其连续完整性的岩土体。弯曲变形带位于断裂带之上直至地表。弯曲带各岩层在下沉过程中由于其刚度和强度的差异，在一些上硬下软的岩层界面处会产生离层裂隙；在采区边缘上方或其外侧地表可能产生一些裂隙，这些裂隙表现为上宽下窄，到一定深度自行闭合而消失，但在采深较小和地表土层不厚时，这些裂缝可能和断裂带沟通。

三带的空间轮廓形状与被开采的煤层倾角 $\alpha$ 有关（见图32-2）。

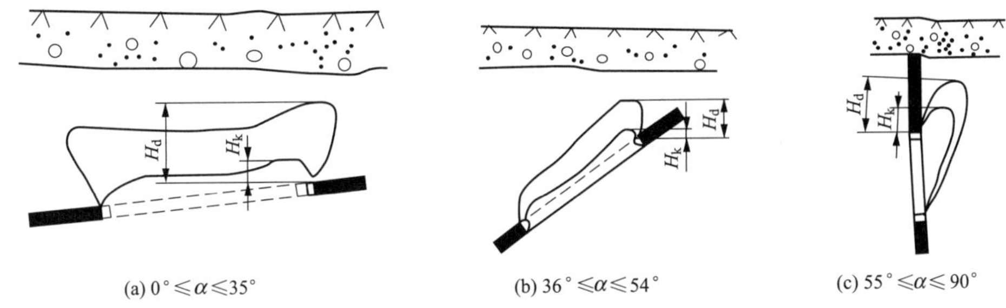


图32-2 冒落带、裂隙带和弯曲变形带的空间轮廓

## (二) 地表移动及变形规律

所谓地表移动，是指采空区面积扩大到一定范围后，岩层移动发展到地表，使地表产生移动和变形。开采引起的地表移动过程，受多种地质采矿因素的影响，随开采深度、开采厚度、采煤方法及煤层产状等因素的不同，地表移动和破坏的形式也不完全相同。在采深采厚比较大时，地表的移动和变形在空间和时间上是连续的、渐变的，具有明显的规律性；当采深采厚比较小（一般小于30）或具有较大的地质构造时，地表的移动和变形在空间和时间上讲是不连续的，地表移动和变形的分布没有严格的规律性，地表可能出现较大的裂缝或塌陷坑。地表移动和破坏的形式，主要有以下几种。

(1) 地表移动盆地。在开采影响波及地表以后，受采动影响的地表从原有标高向下沉降，从而在采空区上方地表形成一个比采空区面积大得多的沉陷区域，称为地表移动盆地或下沉盆地。

描述地表移动盆地内移动和变形的指标一般用下沉、倾斜、曲率、水平移动、水平变形。典型的地表移动盆地的产生需具备下列开采条件及矿床地质条件：

1) 采深采厚比 $H/M>30$；

2) 无大的断裂构造；

3) 采用正规循环的采矿作业；

4) 采空区形态为矩形；

5) 不受邻近工作面影响。

(2) 裂缝及台阶。地表裂缝出现在缓倾—中倾斜矿层采空区边部，裂缝宽度、深度及长度与第四系土层的有无及厚度有关。观测资料表明，塑性大的黏性土在地表拉伸变形值大于 6～10mm 时开始出现裂缝，塑性小的黏性土在地表拉伸变形值 2～3mm 时开始出现裂缝。裂缝长度方向沿平行于工作面方向发展，在工作面前方则出现垂直工作面推进方向的裂缝，但随工作面推进而先张后合。裂缝横剖面形态呈上宽下窄 V 字形，深度与开采方式、土层厚度及采厚有关，厚层表土区深度多小于 5m，综采放顶煤区及无表土层区深度约 30～50m，坚硬覆岩区可贯通至采空区。

当采深采厚比较小时地表裂缝的宽度可达到数百毫米，裂缝两侧地表可能产生落差，形成台阶。

当煤系地层覆盖有含水砂层的松散层或地表下沉值较大时，地表移动盆地的边缘区可能产生一系列类似地堑式的张口裂缝。在急倾斜煤层条件下，地表移动取决于基岩的移动特征，特别是松散层较薄时，地表可能出现裂缝或台阶。

(3) 塌陷坑。塌陷坑多出现在急倾斜煤层开采条件下。但在浅部缓倾斜或倾斜煤层开采，地表有非连续性破坏时，也可能出现漏斗状塌陷坑。塌陷坑多出现下列开采条件及地质条件下：

1) 采深小、采厚大的房柱式开采区；

2) 含水松散层下开采上限过高时；

3) 急倾矿层露头处；

4) 含水松散层重复开采区；

5) 导水断层附近开采。

采空区地表移动变形特征见表 32-1。

**表 32-1　采空区地表移动变形特征**

| 形态 | 特征（判别标志） | 适用范围 |
|---|---|---|
| 地表移动盆地 | (1) 地表塌陷凹陷区，具有破坏地面道路、管道和沟渠的作用；<br>(2) 盆地面积较采空区面积要大得多；<br>(3) 除有垂直塌陷外，还有水平移动分量；<br>(4) 有时常年积水（第四系覆盖层相当厚时）；<br>(5) 随着采矿过程的推进，凹陷区边界不断扩展 | 各种倾角煤层 |
| 地表裂缝 | (1) 出现在移动盆地的外边缘区；<br>(2) 一般平行于采空区边界发展；<br>(3) 裂缝形状呈楔形，上大下小，愈深处裂缝宽度愈小；<br>(4) 裂缝一般在 5～10m 深处尖灭；<br>(5) 较大裂缝两侧地表，往往有一定的落差 | 水平或缓倾斜煤层 |
| 台阶状塌陷盆地 | (1) 盆地范围很大；<br>(2) 盆地中央部分平坦，边缘部分形成多级台阶；<br>(3) 靠煤层底板一边比顶板一边的台阶落差大，边坡较陡，台阶级数少；<br>(4) 除有垂直塌陷外，还有水平移动分量 | 倾斜煤层或垂直煤层，采深与采厚的比值较小时 |

续表

<table>
<tr><th colspan="2">形态</th><th>特征（判别标志）</th><th>适用范围</th></tr>
<tr><td rowspan="2">塌陷坑</td><td>漏斗状塌陷坑（塌陷漏斗）</td><td>（1）出现于所采煤层露头的正上方或稍有偏移；<br>（2）坑口多呈圆形，如漏斗式或井式陷坑，有时可呈口小肚大的坑式陷坑；<br>（3）沿煤层走向分布；<br>（4）垂直塌陷；<br>（5）多分布为煤层采空区范围内；<br>（6）面积很小；<br>（7）总塌陷面积与采空区面积比值很小</td><td>直立或急倾斜煤层</td></tr>
<tr><td>槽型塌陷坑（塌陷槽）</td><td>（1）开采深度不大；<br>（2）出现在厚或特厚煤层露头地表附近；<br>（3）沿煤层走向分布；<br>（4）塌陷坑底部比较平坦，或出现漏斗状塌陷坑；<br>（5）塌陷坑靠煤层底板一边坡度较陡，靠顶板一边坡度较缓</td><td>在特殊地质条件下缓倾斜或水平煤层</td></tr>
</table>

### （三）地表移动盆地及其特征

#### 1. 地表移动盆地变形分区

根据地表变形值的大小和变形特征，自移动盆地中心向边缘在水平上可分为三个区，见图 32-3。

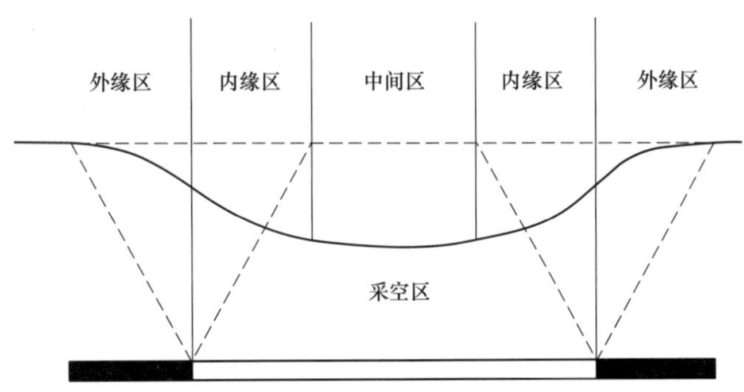


图 32-3 地表移动盆变形分区示意图

（1）均匀下沉区又称中间区，即移动盆地的中心平底部分，区内变形以地面下沉为主，倾斜、曲率、水平移动、水平变形等很小，区内建筑物损坏程度较轻；

（2）移动区又称内边缘区或危险变形区，区内变形不均匀，集中分布了地面下沉、倾斜、曲率、水平移动、水平变形等特征，区内建筑物破坏程度较高；

（3）轻微变形区又称外边缘区，地表变形值较小，一般对建筑物不起损坏作用，以地表下沉值 10mm 为标准，来划分其外围边界。

#### 2. 地表移动盆地形态

移动盆地的范围要比采空区面积大得多，地表移动盆地与采空区的相对位置和形态往往与被开采煤层倾角有很大关系，见图 32-4。

（1）开采水平煤层、缓倾斜（$\alpha<15°$）煤层时，地表移动盆地的特征如图 32-4（a）所示。

1）地表移动盆地位于采空区正上方，其形状基本时对称的。

2）地表最大下沉值位于采空区中央部位，最大下沉点和采空区中心点的连线与水平线成 90°夹角。

3）内外边缘区的拐点位于开采边界的正上方或偏向采空区内侧一定距离。地表移动盆地拐点的特征是：地表下沉值为最大下沉值的一半，地表倾斜值、地表水平移动值最大，地表曲率值、地表水平变形值为零。

（2）开采倾斜煤层（$\alpha=15°\sim55°$）时，地表移动盆地的特征如图 32-4（b）所示。

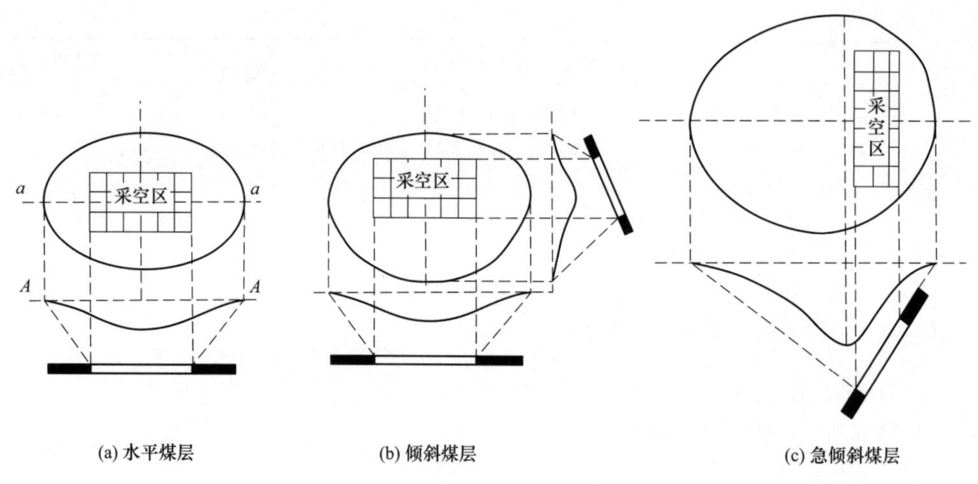


图 32-4　地表移动盆形态示意图

1）地表移动盆地是非对称的，上山边界上方地表移动盆地较陡，开采影响范围小；下山边界上方地表移动盆地较平缓，开采影响范围较大。

2）移动盆地向采空区的下山方向偏移，最大下沉点和采空区中心点的连线与水平线的夹角小于 90°。

3）上山边界上方地表移动盆地拐点偏问采空区的内侧，下山边界上方地表移动盆地拐点偏向采空区外侧。拐点偏离的位置大小与煤层倾角和上覆岩层的性质有关。

（3）开采急倾斜煤层（$\alpha>55°$）时，地表移动盆地的特征如图 32-4（c）所示。

1）地表移动盆地形状的非对称性更为明显，下山边界上方地表的开采影响达到开采范围以外很远；上山边界上方地表的开采影响则达到开采煤层本身底板岩层。

2）移动盆地明显向下山方向偏移，最大下沉点和采空区中心点的连线与水平线的夹角小于 90°；

3）地表的水平移动值往往大于下沉值。

## 三、地表变形的类型及影响因素

采空区的地表变形分为两种移动和三种变形，两种移动是指垂直移动（下沉）和水平移动，三种变形是指倾斜、曲率、水平变形（伸张或压缩）。

影响地表变形的因素如下。

（一）矿层因素

（1）矿层埋深愈大（开采深度愈大），变形扩展到地表的时间愈长，地表变形值愈小，变形一般比较平缓均匀，但地表移动盆地的范围增大；

（2）矿层厚度大，采空的空间大，会促使地表的变形增大；

（3）矿层倾角大时，使水平移动值增大，地表出现裂缝的可能性增大，使盆地和采空区的位置不相对应。

（二）岩性因素

（1）上覆岩层强度高、分层厚度大时，地表变形所需采空面积大，破坏过程所需时间长，有时会因岩石强度和厚度均较大而长期不产生变形；而强度低，分层厚度薄的岩层，常产生较大的地表变形，且速度快，但变形均匀，地表一般不出现裂缝。另外，脆性岩层地表易产生裂缝。

（2）有一定厚度、塑性大的软弱岩层，覆盖于硬脆的岩层之上时，后者产生的破坏会被前者缓冲和掩盖，使地表变形平缓；相反，上述软弱岩层较薄，地表变形会很快，并出现裂缝；岩层软硬相间、且倾角较陡时，接触处常出现层离现象。

（3）地表第四纪堆积物愈厚，地表变形值愈大，但一般变形比较平缓均匀；另外在湿陷性黄土发育的地段，应注意采空破坏与黄土溶陷两种不良地质作用的叠加，经常引发不可挽回的突发性破坏。

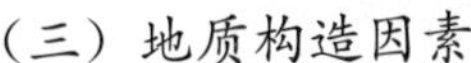

（三）地质构造因素

（1）岩层节理裂隙发育，会促进变形加快，变形范围增大，使地表裂缝区扩大。

（2）断层会破坏地表移动的正常规律，改变移动盆地的大小和位置，断层带上的地表变形更加剧烈。

（四）地下水因素

地下水活动（特别是对抗水性弱的岩层）会加快变形速度，扩大变形范围，增大地表变形值。

（五）开采条件因素

煤层开采方式和顶板的处置方法、采空区的大小、形状、工作面大小及推进速度等，都将影响地表变形值、变形速度和变形的形式。如果以房柱式开采和全部充填法处置顶板，对地表变形影响较小，而壁式开采和综采一次采全厚的方法地表变形较大。另外，重复采动时，采空区会活化，地表移动会比初次采动剧烈，地表下沉值增大，地表移动速度加大，地表移动范围扩大。

## 四、开采方式

采煤方法分类方法很多，一般按下列特征分类。

（一）壁式体系采煤法

一般以长工作面采煤为其主要标志，是我国最主要的采煤方法。

对于薄及中厚煤层，一般是按煤层全厚一次采出，即整层开采；对于厚煤层，一般把它分为若干中等厚度（2～3m）的分层进行开采，即分层开采。无论整层开采或分层开采，按照不同倾角，回采工作面推进方向，又可分为走向长壁采煤法和倾斜长壁采煤法。

1. 薄及中厚煤层单一长壁采煤方法

“单一”指的是整层开采；“垮落”指的是采空区处理采用垮落的方法。

对于倾斜长壁采煤法，回采工作面向上推进称仰斜长壁，向下推进称俯斜长壁。为了顺利开采，煤层倾角不宜超过12°。

当煤层级顶板极为坚硬时，若采用强制放顶垮落法处理采空区有困难时，有时可采用煤柱支撑法（刀柱法），称单一长壁刀柱式采煤法。即每隔一定的距离留下一定宽度的煤柱（即刀柱）支撑顶板。

当开采急倾斜煤层时，为了便于生产及安全，工作面可呈俯伪斜布置，仍沿走向推进，则称为单一俯伪斜走向长壁式采煤法。

2. 厚煤层分层开采的采煤方法

倾斜分层是指将煤层划分成若干个与煤层层面平行的分层，工作面沿走向或倾斜推进。

水平分层是指将煤层划分成若干个与水平面平行的分层，工作面沿走向推进。

斜切分层是指将煤层划分成若干个与水平面成一定角度的分层，工作面沿走向推进。

各分层的回采有下行式和上行式两种顺序。先采上部分层，然后依次回采下部分层的方法称为下行式；先采下部分层，然后依次回采上部分层的方法称为上行式。下行式回采一般用垮落法或充填法来处理采空区，上行式回采一般用充填法。

实际工作中一般可分为倾斜分层下行垮落采煤法、倾斜分层上行充填采煤法和斜切分层下行垮落采煤法三种。

3. 厚煤层整层开采的采煤方法

在缓斜厚煤层（煤厚3.5～5.0m）条件下，随着综采的发展，成功地采用了大采高一次采全厚的单一长壁采煤法。

在缓斜厚煤层（煤厚一般大于5m）条件下，特别是厚度变化较大的特厚煤层，可采用综采放顶煤长壁采煤法。沿煤层底板开采采高3m左右的一个分层，随后放出上部的顶煤。

在急斜煤层条件下，可利用煤层倾角较大的特点，使工作面俯斜布置，依靠重力下放工作面支架，为有效地进行顶板管理创造条件，在煤层赋存较稳定条件下成功采用掩护支架采煤法，实现整层开采。

4. 壁式采煤法的特点

(1) 通常具有较长的回采工作面长度，我国一般为120～180m，但也有较短的如80～120m或更长大于200m；

(2) 在回采工作面两端至少各有一条巷道，用于通风和运输；

(3) 随回采工作面推进，要有计划地处理采空区；

(4) 采下的煤沿平行于回采工作面的方向，运出采场。

(二) 柱式体系采煤法

一般以短工作面为其主要标志。柱式采煤法包括房柱式采煤法、房式采煤法等。

1. 基本概念

房式及房柱式采煤法的实质是在煤层内开掘一系列宽为5～7m左右的煤房，作为短工作面向前推进，煤房间用联络巷相连以构成生产系统，并形成近似于矩形的煤柱，煤柱宽度数米至二十米不等。煤柱可根据条件留下不采，或者在煤房采完后，再将煤柱按要求尽可能采出，前者称为房式采煤法，后者称为房柱式采煤法。

2. 柱式采煤法的特点

(1) 一般工作面长度较短，但数目较多，采房及回收煤柱设备合一；

(2) 矿山压力显现减弱，生产过程中支架及处理采空区工作较简单，有时可不处理采空区；

(3) 采场内的运输方向是垂直于工作面的，采煤配套设备均能自行行走，灵活性强；

(4) 工作面通风条件较壁式采煤法恶劣，回采率也较低。

壁式采煤法较柱式采煤法煤炭损失少，回采连续性强，单产高，采煤系统较简单，对地质条件适应性强，但回采工艺装备较复杂。在我国地质、开采技术条件下，主要适宜采用壁式体系采煤法。

水力采煤法实质也属于柱式采煤法，只是用高压水射流作为动力，水力落煤，水力运输，系统单一。

## 五、采空区对输电线路的影响

(一) 对系统规划的影响

在系统规划中，对于采空区的变电站、线路，应该考虑到当变电站、线路由于采空区塌陷，造成线路破坏，对供电安全的影响。因此在电网规划变电站布点时，应考虑变电站附近区域压煤和煤矿的分布情况。变电站应尽量避免放在煤矿采空区和未来（准）采区中。山西吕梁大土河220kV变电站位于河东煤田大土河煤矿，变电站设计时留设保安煤柱，但对后来的线路规划和运行带来了很大的隐患，进入变电站的线路全部要通过煤矿采空区和未来（准）采区，随着煤矿开采力度的加大，线路杆塔经常出现倾斜断电事故，最后变电站不得不迁址建设。

(二) 对输电线路路径的影响

当送电线路通过大面积采空区时，随着穿越采空区的长度加大，势必对线路的经济性和安全性提出质疑，此时必须对线路穿越采空区进行可行性分析，以决定采取绕开采空区或在采空区内优化路径方案等措施。

(三) 对杆塔稳定性的影响

受采空区地表变形的影响，输电线路杆塔基础可能发生下沉、倾斜、移动、扭曲等破坏，基础外趴、错台，进而使杆塔的根开和各塔退高差发生变化；塔体结构产生较大的附加应力，塔材产生扭曲等变形、塔体倾斜甚至倒塔，并可能导致导线对地距离、电气间歇等产生变化，直接威胁铁塔安全及整个线路的稳定运行。

(四) 对输电线路经济造价的影响

线路通过采空区时，增加了对采空区和杆塔地基基础处理的费用，同时也增加了线路运行成本，直接影响电力线路的经济效益。

## 第二节 勘 测 手 段

### 一、采空区勘测要求

（一）采空区勘测宜查明以下内容：

（1）地形地貌、地层岩性、地质构造和水文地质条件；

（2）矿层的分布、层数、厚度、倾角、埋藏深度、埋藏特征和上覆岩层的岩性、构造等；

（3）矿层开采的范围、深度、厚度、开采方法、开采时间、顶板管理方法，采动影响区的塌落、密实程度、空隙和积水等；

（4）地表变形特征和分布规律，包括地表移动盆地、陷坑、台阶、裂缝位置、形状、大小、深度、延伸方向等，及其与采空区、地质构造、开采边界、工作面推进方向等的关系；

（5）地表移动盆地的特征，划分中间区、内边缘区和外边缘区，确定地表移动和变形的特征值；

（6）采动影响区附近的抽排水情况及对采动影响区稳定性的影响；

（7）地基土的物理力学性质；

（8）建筑物的类型、结构及其对地表变形的适应程度、当地建筑经验、采空区已有电力线路的运行情况等。

（二）小窑采空区勘察应查明以下内容：

（1）矿层的分布范围、开采和停采时间，开采深度、厚度和开采方法，主巷道的位置、大小和塌落、支撑、回填、充水情况等；

（2）地表陷坑、裂缝的位置、形状、大小、深度、延伸方向及其与采空区和地质构造的关系；

（3）采空区附近抽水和排水情况及其对采空区的影响。

### 二、采空区勘测方法

煤矿采空区岩土工程勘察应遵循“资料搜集、工程地质调查和测绘为主，物探与地表变形监测为辅，钻探验证，综合评价”的技术路线。

针对输电线路工程，采空区的勘测手段以搜集资料、调查访问为主，对老采空区和新采空区，当工程地质调查不能查明采空区的特征时，应辅以适量的物探、钻探等工作。

通过对采动影响区调查、收资及必要的勘探手段，查明采动影响区的特征和计算地表移动的基本参数。老采空区一定要了解地面变形的特征，以便在塔位选择避开非连续变形区；另外地区防治经验和措施也非常重要。采空区调查见表 32-2。

**表 32-2　　采空区调查表**

<table>
<tr><td colspan="7">煤矿信息</td></tr>
<tr><td colspan="2">煤矿名称</td><td colspan="5"></td></tr>
<tr><td colspan="2">矿区范围</td><td colspan="5"></td></tr>
<tr><td colspan="2">开采方式</td><td colspan="5"></td></tr>
<tr><td colspan="7">煤层信息</td></tr>
<tr><td>煤层</td><td>埋深</td><td>厚度</td><td>采厚比</td><td>顶板岩性</td><td>开采时间</td><td>开采方式</td></tr>
<tr><td></td><td></td><td></td><td></td><td></td><td></td><td></td></tr>
<tr><td></td><td></td><td></td><td></td><td></td><td></td><td></td></tr>
<tr><td></td><td></td><td></td><td></td><td></td><td></td><td></td></tr>
<tr><td>地表变形草图</td><td colspan="6"></td></tr>
</table>

工程钻探主要是对采动影响区调查和物探成果的验证，描述开采影响的“垮落带”“断裂带”“弯曲带”等三带界面，通过钻探取样评价上覆岩层的稳定性。

物探方法主要有电法勘探、电磁法勘探、地震勘探、重力勘探和放射法勘探。物探应进行典型地段试验，并有相应的验证手段，内容和深度应满足现行 DL/T 5159《电力工程物探技术规程》和 GB 51044《煤矿采空区岩土工程勘察规范》的规定。

常用工程物探方法及应用范围见表 32-3。

**表 32-3　　常用工程物探方法及应用范围**

| 方法名称 | | | 成果形式 | 适用条件 | 有效深度（m） | 干扰及缺陷 |
|---|---|---|---|---|---|---|
| 地面物探 | 电法勘探 | 高密度电阻率法 | 平、剖面 | 任何地层及产状，其上方没有极高阻或极低阻的屏蔽层；地形平缓，覆盖层薄 | ≤200 | 高压电线、地下管线、游散电流、电磁干扰 |
| | | 电剖面法 | 平、剖面 | 被测岩层有足够厚度，岩层倾角小于20°；相邻层电性差异显著，水平方向电性稳定；地形平缓 | ≤500 | |
| | | 充电法 | 平面 | 充电体相对围岩应是良导体，要有一定规模，且埋深不大 | ≤200 | |
| | 电磁法 | 瞬变电磁法 | 平、剖面 | 被测目标相对规模较大，且相对围岩呈低阻；其上方没有极低阻屏蔽层 | 50～600 | |
| | | 可控源音频大地电磁法 | | 被测目标有足够厚度及显著的电性差异，电磁噪声比较平静；地形开阔、起伏平缓 | 500～1000 | |
| | | 探地雷达 | 剖面 | 被测目标与周围介质有一定电性差异，且埋深不大或基岩裸露区 | 地面一般≤30<br>等效钻孔深度 | 极低阻屏蔽层、地下水、较浅的电磁场源 |
| | 地震法 | 折射波法 | 平、剖面 | 折射波法适用于被测目标的波速大于上覆地层波速 | 深部采空区探测 | 黄土覆盖层较厚、古河道砾石、浅水面埋深大的区域 |
| | | 反射波法 | 平、剖面 | 反射波法要求地层具有一定波阻抗差异，采空区面积较大 | 100～1000 | |
| | | 瑞雷波法 | 平、剖面 | 覆盖层较薄，采空区埋深浅，地表平坦、无积水 | ≤40 | |
| | | 地震映像 | 剖面 | 覆盖层较薄，采空区埋深浅 | ≤150 | |
| | 重力法 | 微重力勘探 | 平面 | 地形平坦，无植被，透视条件好 | ≤100 | 地形、地物 |
| | 放射法 | 放射性勘探 | 平、剖面 | 探测对象要具有放射性 | | |
| 井内（间）物探 | 井地 CT 层析成像（弹性波、电阻率、电磁波、声波） | | 平、剖面 | 井况良好、井径合理，激发与接受配合良好 | 2/3 等效钻孔深度 | 游散电流、电磁干扰 |
| | 测井（电、声波、反射性） | | 剖面 | 在无套管、有井液的孔段进行 | 等效钻孔深度 | |
| | 井间 CT 层析成像（弹性波、电阻率、电磁波、声波） | | 剖面 | 井况良好、井径合理，激发与接受配合良好 | | |
| | 孔内电视摄像 | | 视频图像 | 在无套管的干孔和清水钻孔中进行 | | 井液污浊干扰 |
| | 孔内光学成像 | | 柱状 | | | |
| | 孔内超声波成像 | | 柱状 | 在无套管、有井液的孔段进行 | | |

注　1. 工程物探的质量控制应符合现行有关物探规范的相关规定；
2. 有效性和有效深度宜经现场试验确定。

## 第三节　稳定性评价及要求

采动影响区场地稳定性评价，宜根据输电线路重要性等级、结构特征和变形要求、采动影响区的类型考虑停采时间、地表移动变形特征、采空区充填密实状态及充水情况、采深、覆盖土层厚度等，采用定性与定量评价相结合的进行综合评价分析采空区对拟建工程的影响及危害程度，综合评价采空区场地的适宜性。

## 一、利用采深采厚比评价

开采厚度对于上覆岩层及地表移动过程的性质起着重要影响作用。一次开采厚度越大，跨落带高度越大，移动过程表现越剧烈，地表移动变形值也越大。随着采厚的增加，地表移动范围增大，而最大下沉值随开采厚度度增加变化不大。因此，随着采深的增加，地表移动盆地变得平缓，各项变形值减少。所以，在其他条件相同情况下，地表移动及变形值是与采深成反比的。

地表移动与变形既与采厚成正比，又与采深成反比。所以可以采用采深采厚比作为衡量开采条件对地表移动影响的估计指标。显然采厚比越大，地表移动与变形值越小，移动就较缓慢。反之，地表移动与变形则剧烈。在采厚比很小的情况下，地表将出现大裂缝、台阶式断裂，甚至出现塌陷坑。

多年来，电力行业将采厚比作为线路工程中简单易行的判别指标，为线路工程在采空区的应对方面发挥了较好的指导作用。“采深采厚比”一般用来在勘测设计人员进行线路设计时，考虑是否采取基础和上部结构抗不均匀沉降措施，以及采取什么样的处理措施所参考的主要指标或单一指标。

在国家电网企业标准 Q/GDW 1862《架空输电线路采动影响区杆塔及基础设计导则》中 8.2 条规定，采厚比小于 30 的地段，应评价塔位的适宜性，可根据采空区的埋深、范围和上覆岩层的性质等评价地基稳定性，并根据矿区经验提出处理措施及建议，已采空稳定的，塔位宜避开裂缝变形区。采厚比小于 30 的地段地面易产生非连续变形，煤矿开采后，自下而上会产生垮落带、断裂带、弯曲带。地面位于弯曲带可产生连续变形，否则可产生塌陷、塌落、台阶状陷落，对地面建筑物破坏较大。断裂带和垮落带合称为垮落断裂带，在较软岩石条件下，断裂带高度为采高的 9～12 倍；在中硬岩石条件下，断裂带高度为采高的 12～18 倍；在坚硬岩石条件下，断裂带高度为采高的 18～28 倍。因此采厚比大于 30 地段地面变形为连续变形，因此线路路径选择应尽量避开采厚比小于 30 的地段。

在电力行业标准 DL/T 5539《采动影响区架空输电线路设计规范》中利用采厚比结合顶板岩性、停采时间给出了稳定性判别参考依据，见表 32-4。

**表 32-4　不规则采空区稳定性等级评价标准**

| 稳定性等级 | | 稳定 | 欠稳定 | 不稳定 |
|---|---|---|---|---|
| 采厚比 | 硬质岩顶板 | ≥80 | 40～80 | ≤40 |
| | 软质岩顶板 | ≥120 | 80～120 | ≤80 |
| 停采时间 | | ≥5 年 | 3～5 年 | ≤3 年 |

## 二、小窑采空区力学平衡法判别

当建筑物拟建在影响范围之内时，可按下式验算其稳定性：

假设建筑物基底压力为 $P_0$，则作用在采空区顶板上的压力为 $Q$，见式（32-1）和式（32-2）。

$$Q = G + B \times P_0 - 2f$$

$$= r \times H\left[B - H \times \tan\phi \times \tan^2\left(45^\circ - \frac{\phi}{2}\right)\right] + B \times P_0 - 2f \tag{32-1}$$

$$G = r \times B \times H \tag{32-2}$$

式中　$G$——巷道单位长度顶板上岩层所受的总重力，kN/m；

$B$——巷道宽度，m；

$f$——巷道单位长度侧壁摩阻力，kN/m；

$H$——巷道顶板的埋藏深度，m；

$r$ ——岩层的重度，kN/m³；

$\phi$ ——顶板岩层的内摩擦角，(°)。

当 $H$ 增大到某一深度，使顶板岩层恰好保持自然平衡（即 $Q=0$），此时 $H$ 称为临界深度 $H_0$，则：

$$H_0=\frac{\sqrt{B\times r+\left[B^2+r^2+4B\times r\times P_0\times\tan\phi\times\tan^2\left(45°-\frac{\phi}{2}\right)\right]}}{2r\times\tan\phi\times\tan^2\left(45°-\frac{\phi}{2}\right)} \tag{32-3}$$

当 $H<H_0$时，地基不稳定；当 $H_0<H<1.5H_0$时，地基稳定性差；当 $H>H_0$时，地基稳定。

## 三、地表移动和变形的预计

对现采空区和未来采空区，应通过计算预计地表移动和变形的特征值，计算方法可按现行标准《建筑物、水体、铁路及主要井巷煤柱留设与压煤开采规程》和 GB 51044《煤矿采空区岩土工程勘察规范》执行。

现采空区和未来采空区的地表移动与变形计算或预测的主要内容包括地表任意点的下沉和水平移动，水平变形、曲率变形、倾斜变形等。

对于老采区应计算地表残余变形值。地表残余移动变形值可通过预计该开采条件下引起的地表移动变形值扣除已发生的地表移动变形值确定，已经发生的地表移动变形值宜按照现状地形与原始地形的差值确定，也可在地表移动变形过程曲线中扣减下沉系数，或引入时间因子，计算开采时段对应的下沉率及相应的剩余地表移动变形值。

《建筑物、水体、铁路及主要井巷煤柱留设与压煤开采规程》中推荐三种计算方法，即“典型曲线法”“负指数函数法”和“概率积分法”。因概率积分法理论依据清晰，适应性强得到普遍推广，多年来，各大矿区通过现场观测和分析积累了相应的计算参数，使该法的准确性和精度得到提高。该法在《建筑物、水体、铁路及主要井巷煤柱留设与压煤开采规程》规定适用于壁式陷落法开采或经过正规设计的条带式或房柱式开采的地表稳定性评价，在《煤矿采空区岩土工程勘察规范》规定适用于长壁式开采的地表稳定性评价。

概率积分法是以正态分布函数为影响函数，用积分式表示地表移动盆地的方法，其方法可依据《建筑物、水体、铁路及主要井巷煤柱留设与压煤开采规程》。地表移动和变形计算的概念和求取方法如下：

(1) 下沉系数 $q$。充分采动时，地表最大下沉值 $w_{\max}$ 与煤层法线采厚 $M$ 在垂直方向投影长度的比值称下沉系数。见式（32-4）。

$$q=\frac{w_{\max}}{M\times\cos\alpha} \tag{32-4}$$

(2) 水平移动系数 $b$。充分采动时，走向主断面上地表最大水平移动值 $U_{\max}$ 与地表最大下沉值 $w_{\max}$ 的比值称水平移动系数。即 $b=\frac{U_{\max}}{w_{\max}}$。

(3) 开采影响传播角 $\theta$：充分采动时，倾向主断面上地表最大下沉值 $w_{\max}$ 与该点水平移动值 $U_{\max}$ 比值的反正切称开采影响传播角。见式（32-5）。

$$\theta=\arctan\left(\frac{w_{\max}}{U_{\max}}\right) \tag{32-5}$$

(4) 主要影响角正切 $\tan\beta$：走向主断面上走向边界采深 $H$ 与其主要影响半径 $r$ 之比，即 $\tan\beta=\frac{H}{r}$。

(5) 拐点偏移距 $S$。充分采动时，移动盆地主断面上下沉值为 $0.5w_{\max}$、最大倾斜和曲率为 0 的 3 个点的点位 $X$（或 $Y$）的平均值 $X_0$（或 $Y_0$）为拐点坐标。将 $X_0$（或 $Y_0$）向煤层投影（走向断面按 90°、倾向断面按影响传播角投影），其投影点至采空区边界的距离为拐点偏距。拐点偏距分下山边界拐点偏距 $S_1$，上山边界拐点偏距 $S_2$，走向左边界拐点偏距 $S_3$和走向左边界拐点偏距 $S_4$。

各矿区下沉系数 $q$，主要影响角正切 $\tan\beta$，拐点偏移距 $S$ 等见表 32-5。

表 32-5 地表移动覆岩分类

| 覆岩类型 | 参数值 | 矿区（矿） |
|---|---|---|
| 坚硬岩石单向抗压强度大于 60MPa | $q=0.27\sim0.54$<br>$b=0.2\sim0.3$<br>$\tan\beta=1.2\sim1.91$<br>$S=(0.31\sim0.43)H$ | 山西省的大同，辽宁省的北票（局部）、南票，黑龙江省的鹤岗，吉林省的通化、鸡西、双鸭山矿区的局部，四川省的南桐矿区局部，内蒙古包头矿区局部 |
| 中硬岩石单向抗压强度 30～60MPa | $q=0.55\sim0.84$<br>$b=0.2\sim0.3$<br>$\tan\beta=1.92\sim2.40$<br>$S=(0.08\sim0.30)H$ | 山西的阳泉、西山、潞安、晋城、汾西和霍县，河北省的峰峰、开滦，山东的枣庄、新纹，河南省的焦作、平顶山、鹤壁、郑州，吉林的蛟河、辽源、舒兰，辽宁的沈阳、阜新、北票、南票、铁法，黑龙江的双鸭山、鹤岗（北部）、鸡西、七台河，江苏的徐州、大屯，安徽的淮南，四川的南桐、广旺，湖南的涟邵 |
| 软弱岩石单向抗压强度小于 30MPa | $q=0.85\sim1.0$<br>$b=0.2\sim0.3$<br>$\tan\beta=2.41\sim3.54$<br>$S=(0\sim0.07)H$ | 抚顺、淮北、珲春、黄县、大雁矿区，淮南、辽源、开滦、徐州、北票、大屯、焦作等矿区局部以及鹤岗和南桐矿区的个别矿 |

计算地表变形特征值，包括最大沉降、最大倾斜值、最大竖曲率值、最大水平移动值、最大水平变形值等。

最大倾斜值见式（32-6）：

$$i=\frac{w_{\max}}{r} \tag{32-6}$$

式中 $r$——地表主要影响半径，$r=\dfrac{H}{\tan\beta}$。

最大曲率值见式（32-7）：

$$k_{\max}=1.52\frac{w_{\max}}{r^2} \tag{32-7}$$

最大水平移动移动值见式（32-8）：

$$\mu=b\times w_{\max} \tag{32-8}$$

最大水平变形值见式（32-9）：

$$\mu=b\times w_{\max} \tag{32-9}$$

重复采动的影响：

在同样的地质采煤条件下，如果是第二次或第三次或更多次的开采，引起的移动和变形值相对来说比较大。

根据我国矿区分布的统计，重复采动时，地表移动参数的变化如式（32-10）和式（32-11）所示：

$$q_{复1}=(1+a)q \tag{32-10}$$

$$q_{复2}=(1+a)q_{复1} \tag{32-11}$$

按覆岩性质区分的重复采动下沉活化系数 $\alpha$ 取值见表 32-6。

表 32-6 按覆岩性质区分的重复采动下沉活化系数 $\alpha$

| 岩性 | 一次重采 | 二次重采 | 三次重采 | 四次及以上重采 |
|---|---|---|---|---|
| 坚硬 | 0.15 | 0.20 | 0.1 | 0 |
| 中硬 | 0.20 | 0.1 | 0.05 | 0 |

## 四、按终采时间进行评价

一般来说对于正规设计的煤矿，开采后 6～8 个月为沉降活跃阶段，沉降量在第一年可达到沉降总量的

75%，第二年的沉降量为沉降总量的 15%，第三年的沉降量为沉降总量的 5%，第四年的沉降量为沉降总量的 3%，第五年的沉降量为沉降总量的 2%。开采后 3 年时间可完成 95%的沉降量。在国标《煤矿采空区岩土工程勘察规范》中给出，无实测资料时，地表移动的延续时间 $T$ 可按式（32-12）计算：

$$\begin{cases}\text{当 } H_0 \leqslant 400\text{m 时：} T = 2.5H_0 \\ \text{当 } H_0 > 400\text{m 时：} T = 1000\exp\left(1 - \dfrac{400}{H_0}\right)\end{cases} \tag{32-12}$$

式中　$T$——持续时间，d；

$H_0$——工作面平均采深，m。

按终采时间确定采空区场地稳定性等级见表 32-7。

表 32-7　　按终采时间确定采空区场地稳定性等级

| 稳定等级 | 不稳定 | 基本稳定 | 稳　定 |
| --- | --- | --- | --- |
| 采空区终采时间 $t$（d） | $t<0.8T$ 或 $t\leqslant 365$ | $0.8T\leqslant t\leqslant 1.2T$ 且 $t>365$ | $t>1.2T$ 且 $t>730$ |

## 第四节　处　理　方　法

### 一、路径的选择

本阶段主要考虑合理选择路径，应尽量避让大范围矿产分布区。

（1）路径应避让露天开采、开采深度浅的区域；

（2）路径宜选择采深采厚比大于 30 的区域，优先选择沉降稳定的老采动影响区；

（3）路径无法避让采深采厚比小于 30 的区域，应对塔位进行稳定性评价；

（4）宜采用单回路通过采动影响区；

（5）重要线路可分极或分相通过采动影响区；

（6）耐张段长度宜小于 5km。

### 二、塔位的选择

（1）线路经过采空区，塔位宜选择在下列地段：

1）地势较为平坦的地段，避开陡峭地形；

2）已充分采动，且无重复开采可能的地表移动盆地的中心区；

3）地质构造简单，采动影响区顶板岩体厚度较大，且坚硬完整，地表变形小的地段；

4）矿区的无矿带或不具备开采价值的有矿带；

5）有矿柱的地段，或尽量靠近公路、铁路、村庄、重要建（构）筑物等；

6）老采动影响区；

7）矿山禁采区。

（2）线路经过下列采空区时，应评价塔位的适宜性：

1）采深采厚比小于 30 的地段；

2）采深小，上覆岩层极坚硬，并采用非正规开采方法的地段；

3）由于采动引起的地表倾斜大于 10mm/m，地表曲率大于 $0.6\text{mm/m}^2$ 或地表水平变形大于 6mm/m 的地段。

（3）线路经过采空区，塔位不应选择在下列地段：

1）在开采过程中可能出现非连续变形的地段；
2）地表移动活跃的地段；
3）特厚矿层和倾角大于55°的厚矿层露头地段；
4）由于地表移动和变形易引起边坡失稳和山崖崩塌的地段；
5）采空沉陷区的不均匀变形的边缘地带。

## 三、杆塔的设计

（1）杆塔宜选用根开较小的自立式铁塔，不宜选用带拉线杆塔，铁塔应采用平腿设计；
（2）对于荷载较大的耐张塔可考虑使用分体（相）塔；
（3）杆塔宜采用螺栓连接的钢结构；
（4）杆塔设计时应考虑杆塔运行后倾斜所用临时拉线荷载作用，预留安装临时拉线的连接设施；
（5）杆塔的呼称高应根据采动影响区最大下沉预测，留有适当的裕度；
（6）杆塔排位时，尽量避免出现大档距、大高差、杆塔两侧档距悬殊的现象。

## 四、杆塔基础设计

（1）采动影响区基础的选型应满足以下规定：
1）宜采用独立的钢筋混凝土板式基础；
2）可采用可调式基础，见图32-5；
3）不应采用斜插式基础；
4）不宜采用原状土基础。

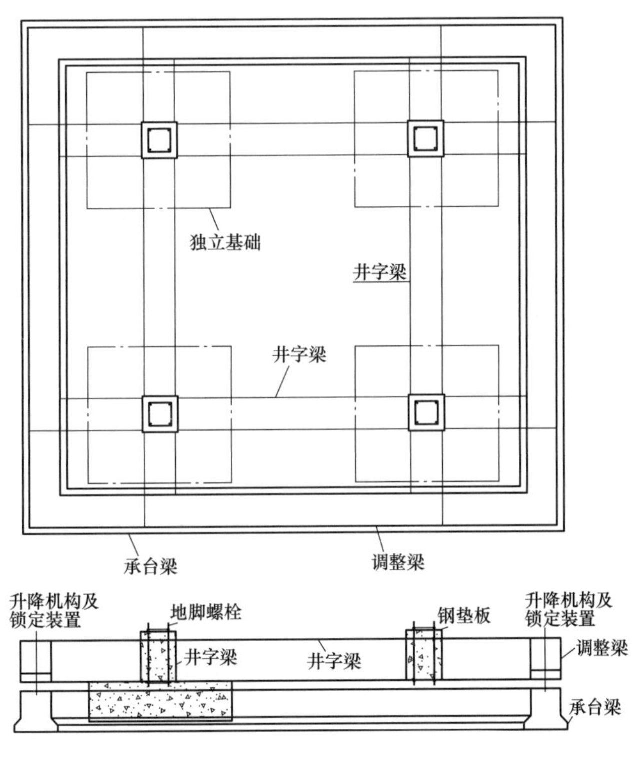


图32-5 可调式基础示意图

（2）线路位于采动影响区时，根据不同的矿层厚度和采深采厚比，基础可按下述分类处理：

1）当采深采厚比在30～100范围内，一般采用钢筋混凝土板式基础、基础底面设置防护大板（见图32-6）和加长地脚螺栓方法。对于基础根开较大的杆塔可采用中空防护大板，见图32-7。

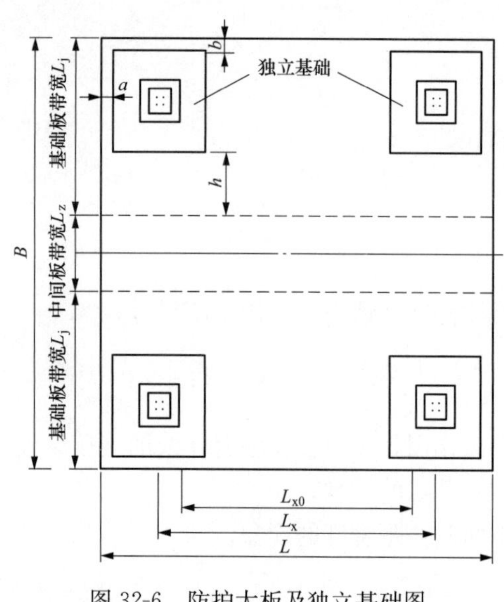


图 32-6　防护大板及独立基础图

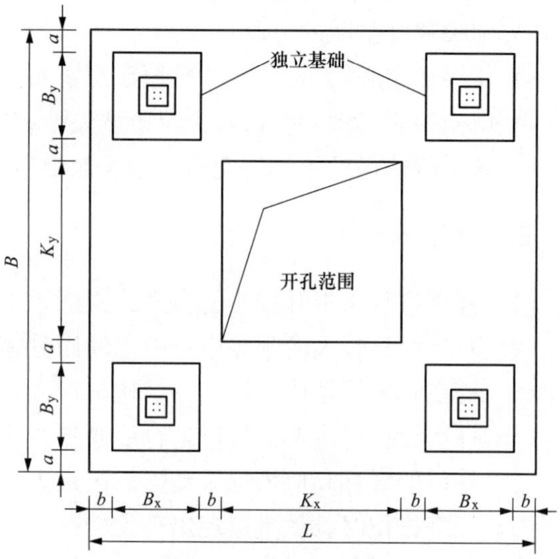

图 32-7　中空大板图

2）当采深采厚比大于 100 时，原则上杆塔和基础不进行特殊处理；但对回采率高、工作面大、松散覆盖层很厚且为湿陷性黄土的地段仍需要考虑采取安全措施。

3）当矿层较薄（2～3m），回采率低于 30%，采深采厚比介于 40～100，顶板岩层无地质构造破坏时，基础采用钢筋混凝土板式基础，并加长地脚螺栓。

4）矿层埋深超过 1000m 时，基础仅加长地脚螺栓。

5）对于矿层顶板岩层松散的特殊地区，应做专门的地质稳定性评价，基础处理措施可参照上述规定做相应的调整。

6）对于埋深较小的采空区，可以考虑使用桩基础穿透煤层。

## 五、采空区地基处理

当线路路径无法避让开采深度浅、采动影响地表变化大的区域时应对地基进行处理，方法主要有非注浆充填法、注浆充填法。

非注浆充填法如下：

（1）干砌石方法，适用于矿层开采后未完全塌落、空间较大易于人工作业的采空区，在采空区部位开挖 2～5m 后，采用干砌石方法回填；

（2）浆砌石方法，适用条件与干砌石相同；

（3）井下回填方法，适用于煤矿井下采空区内尚未塌陷且经简单清理后施工人员能进入的巷道进行治理，可用回填石料或矸石；

（4）开挖回填，适用于浅采空区的治理，开挖至采空区空洞部位采用灰土或灰渣夯实回填；

（5）钻孔干、湿料充填，为节约注浆材料，对于有明显掉钻的注浆孔或帷幕孔通过孔口将石屑、矿渣、砂等骨料投入钻孔内。

注浆充填法是采用钻机及注浆泵将浆液压入钻孔，钻孔及帷幕孔的布置，以及注浆量控制应满足相应规程规范的要求。注浆材料可选用水泥、粉煤灰、黏土及骨料（砂、矿渣、石屑），外加剂选用水玻璃、三乙醇胺等。

## 六、采空区地质灾害治理措施

地面塌陷治理应根据地面塌陷的类型、规模、发展变化趋势、危害大小等特征，因地制宜，综合治理。对未达到稳定状态的区域，宜采取监测、示警及临时措施；对达到稳定状态的，应采取防渗处理、

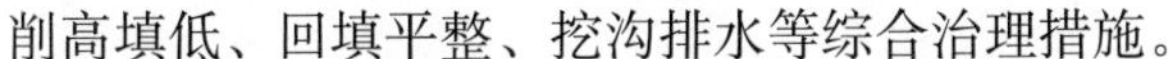

削高填低、回填平整、挖沟排水等综合治理措施。

地裂缝治理应根据其规模和危害程度采取不同的措施。规模和危害程度较小的，可采用土石充填并夯实，防渗等处理措施，规模和危害程度较大的，可采取填充、灌浆等措施。

崩塌、滑坡治理，可采用清理废土石和危岩，或者修筑拦挡工程和排水工程；潜在的崩塌、滑坡灾害，可采用削坡减荷、锚固、抗滑、支挡、排水、截水等工程措施进行治理。

### 七、杆塔监测

（一）杆塔在线监测

（1）尚未稳定的采空区应逐基安装杆塔倾斜在线监测装置；

（2）规划开采区应密切跟踪开采动态，适时安装杆塔倾斜在线监测装置；

（3）通常情况下在一个监测点杆塔上安装 2 台杆塔倾斜监测装置，分别位于杆塔高度 2/3 处和杆塔顶端；

（4）杆塔倾斜在线监测装置应安装在不易触碰、不易受外力破坏的位置；

（5）杆塔倾斜在线监测装置应采用固定安装方式，并采取防卸和防松措施。

（二）杆塔地表变形监测

（1）观测周期宜根据开采深度、覆岩性质、变形速率等综合确定。对于长壁综采的采动影响区，观测周期可按表 32-8 确定。其他采动影响区，其观测周期可根据开采方式和回采率适当延长。

**表 32-8**　　**观测周期取值**

| 开采深度（m） | ≤50 | 50～100 | 100～150 | 150～200 | ≥200 |
|---|---|---|---|---|---|
| 观测周期（d） | 10 | 10～20 | 20～30 | 30～60 | 60 |

（2）基准点应布置在不受采动影响的稳定区域内。

### 八、杆塔纠偏

（1）杆塔倾斜后应设置四个方向的临时拉线，以限制杆塔出现过大的倾斜；

（2）悬垂型杆塔出现倾斜时，应首先释放地线线夹，避免地线拉断；

（3）检查杆塔主、斜材的变形情况，以判断杆塔的整体稳定；

（4）杆塔倾斜不满足安全运行要求时，可采取下列措施对杆塔进行纠偏：

1）利用基础预留的外露加长地脚螺栓，采用在塔脚板下加装垫板的方法对杆塔进行纠偏；

2）当基础沉降差超出地脚螺栓调节范围时，采取更换塔脚板的方法对杆塔进行纠偏。

## 第五节　工　程　实　例

### 一、杆塔稳定性评价计算

（一）34 号杆塔情况

某煤矿 1111 区 3 号煤已采空，地面已经发生严重塌陷，地面塌陷区已汇集大量积水。地面沉降基本为煤层开采厚度的 80%～90%，位于采空区的地面建筑因地面塌陷已经发生严重变形。某线路位于位于 1111 区共有 2 基塔，其中 1 基杆塔位于塌陷区积水坑中。采空区塌陷情况如图 32-8 和图 32-9 所示。

1110 区位于 1111 区南侧，地层情况与煤层情况基本与 1111 区一致。该线路 34 号塔位于切眼内 24.75m 处，处于未来采空区，线路方向与煤田开采方向夹角约 9 度。如图 32-10 所示。

图 32-8　1111 区采空区地面变形

图 32-9　位于塌陷区积水坑中的塔位

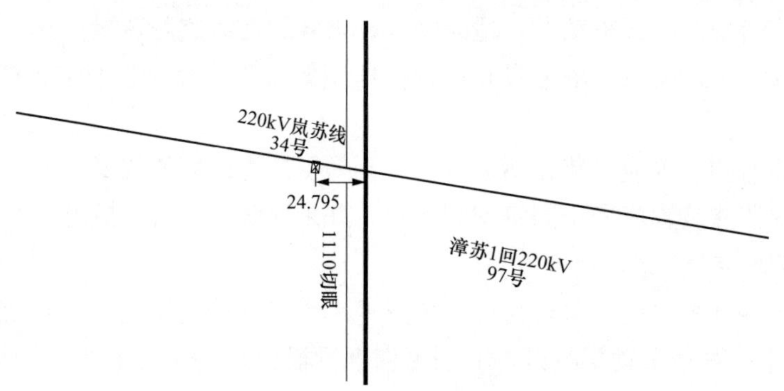


图 32-10　34 号塔位置示意图

（二）1110 工作面地层情况

1110 工作面 3 号煤层底板标高在 701.2～741.4m 之间，对应地面标高在 936.7～938.4m 之间，基岩厚度在 61.2～73m 之间，第四系厚度在 135.4～163.8m 之间。工作面整体成一向斜构造，向斜轴部在距停采线 300m 附近，两边为向斜的单斜面。工作面埋深最浅的位置在切眼最北部，埋深为 196.6m，基岩厚 61.2m，第四系厚 135.4m；切眼南部埋深 217m，基岩厚 69m，第四系厚 148m。

岚苏线 34 号塔基本为切眼南北向中间地带，初步估算岚苏线 34 号塔附近 3 号煤埋深 205m，基岩厚度 65m，第四系松散层厚度 140m。

3 号煤煤层顶板主要为泥岩、砂质泥岩。

（三）34 号塔设计条件

该塔为 2GG-SZ3-42m 直线塔（塔全高为 58.55m，基础根开为 12.293m，塔重 20.1t），相邻大号侧 35 号塔为 2GG-SJ2-24m 耐张塔，按大板基础设计并加长地脚螺栓丝扣 150mm。

34 号塔现场情况：线路方向与煤田开采方向夹角约 9°。(因为 cos9°＝0.99，接近于 1，可不考虑对以下塔位变形分析的影响)。34 号塔距离煤田开采切眼内 24.75m，切眼宽度 9m 不放顶。该塔基础底面宽 3m，大板基础宽为 16.3m，这样铁塔基础边缘距离切眼不放顶处的距离为 24.75－9－16.3/2＝7.6m。

（四）计划开采情况

计划对 3 号煤开采 2.5m，1110 工作面切眼宽度 9m，不放顶。1110 工作面示意图如图 32-11 所示。

（五）34 号塔位附近地面变形预测

1. 地表塌陷的预测方法及模式

根据本井田的煤层赋存条件、井田开拓及井下开采方式等因素，按照《建筑物、水体、铁路及主要井巷煤柱留设与压煤开采规程》中推荐的概率积分法，预测井田范围内地表移动、变形的程度及范围。预测模式如下：

（1）根据煤矿井田煤层赋存条件，对主剖面地表移动变形，充分采动时按式（32-13）～式（32-17）计算。

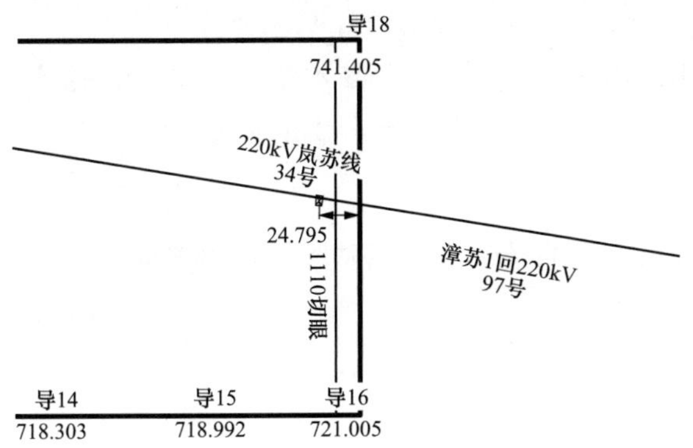


图 32-11 1110 工作面示意图

1）下沉：

$$W(x)=W_{cm}\int_0^{\infty}\frac{1}{r}e^{-\pi\left(\frac{\eta-x}{r}\right)^2}d\eta(mm) \tag{32-13}$$

2）倾斜：

$$i(x)=\frac{W_{cm}}{r}e^{-\pi\left(\frac{x}{r}\right)^2}(mm/m) \tag{32-14}$$

3）曲率：

$$K(x)=2\pi\frac{W_{cm}}{r^2}\left[-\frac{x}{r}e^{-\pi\left(\frac{x}{r}\right)^2}(10^{-3}/m)\right] \tag{32-15}$$

4）水平移动：

$$U(x)=b\cdot w_{cm}\cdot e^{-\pi\left(\frac{x}{r}\right)^2}(mm) \tag{32-16}$$

5）水平变形：

$$\varepsilon(x)=2\pi b\cdot\frac{W_{cm}}{r}\left[-\frac{x}{r}e^{-\pi\left(\frac{x}{r}\right)^2}\right](mm/m) \tag{32-17}$$

（2）计算充分采动时，地表移动变形最大值用式（32-18）和式（32-22）计算。

1）最大下沉值：

$$W_{cm}=mq\cos\alpha \tag{32-18}$$

2）最大倾斜值：

$$i_{cm}=\frac{W_{cm}}{r}(mm/m) \tag{32-19}$$

3）最大曲率值：

$$K_{cm}=\pm1.52\frac{W_{cm}}{r^2}(10^{-3}/m) \tag{32-20}$$

4）最大水平移动值：

$$U=bW_{cm} \tag{32-21}$$

5）最大水平变形值：

$$\varepsilon_{cm}=\pm1.52b\frac{W_{cm}}{r}(mm/m) \tag{32-22}$$

式中 $m$——煤层开采厚度，mm；

$\alpha$——煤层倾角；

$q$——下沉系数；

$b$——水平移动系数；

$r$——主要影响半径。

2. 参数选取

煤矿井田无概率积分法中所需的地表移动变形基本参数，本评价根据上述规程、规范中给出的地表移动参数，结合该矿井地质构造、开采技术条件及各煤层顶板抗压强度，确定其矿井地表移动变形的基本参数，见表 32-9。

**表 32-9　　司马煤矿地表移动变形基本参数表**

| 煤层 | 覆岩类型 | 下沉系数 $q$ | 水平移动系数 $b$ | 主要影响角 $\beta$ |
|---|---|---|---|---|
| 03 号 | 较软岩 | 0.85 | 0.3 | 70 |

3. 地表变形最大结果预测

根据上述各参数计算得到的井田内 3 号煤不同开采厚度情况下，地表下沉、移动与变形值最大值计算，见表 32-10。

**表 32-10　　地表变形最大结果预测**

| 项目 | 采厚（m） | 最大下沉量（mm） | 最大倾斜值（mm/m） | 最大曲率值（$10^{-3}$/m） | 最大水平移动（mm） | 最大水平变形值（mm/m） |
|---|---|---|---|---|---|---|
| 3 号煤 | 1 | 848 | 11 | 0.23 | 254 | 5 |
| | 2 | 1696 | 23 | 0.46 | 509 | 10 |
| | 2.5 | 2120 | 28 | 0.57 | 636 | 13 |
| | 3 | 2544 | 34 | 0.68 | 763 | 15 |
| | 4 | 3392 | 45 | 0.90 | 1018 | 20 |
| | 5 | 4240 | 56 | 1.11 | 1272 | 25 |
| | 6 | 5088 | 66 | 1.32 | 1526 | 30 |

当 3 号煤开采 1.0m 时，塔位附近最大沉降 848mm，最大倾斜值 11mm/m，最大曲率值 0.23mm/m$^2$，最大水平移动 254mm，最大水平变形值 5mm/m；

当 3 号煤开采 2.0m 时，塔位附近最大沉降 1696mm，最大倾斜值 23mm/m，最大曲率值 0.46mm/m$^2$，最大水平移动 509mm，最大水平变形值 10mm/m；

当 3 号煤开采 2.5m 时，塔位附近最大沉降 2120mm，最大倾斜值 28mm/m，最大曲率值 0.57mm/m$^2$，最大水平移动 636mm，最大水平变形值 13mm/m；

当 3 号煤开采 3.0m 时，塔位附近最大沉降 2544mm，最大倾斜值 34mm/m，最大曲率值 0.68mm/m$^2$，最大水平移动 763mm，最大水平变形值 15mm/m；

当 3 号煤开采 4.0m 时，塔位附近最大沉降 3392mm，最大倾斜值 45mm/m，最大曲率值 0.90mm/m$^2$，最大水平移动 1018mm，最大水平变形值 20mm/m；

当 3 号煤开采 5.0m 时，塔位附近最大沉降 4240mm，最大倾斜值 56mm/m，最大曲率值 1.11mm/m$^2$，最大水平移动 1272mm，最大水平变形值 25mm/m；

当 3 号煤开采 6.0m 时，塔位附近最大沉降 5088mm，最大倾斜值 66mm/m，最大曲率值 1.32mm/m$^2$，最大水平移动 1526mm，最大水平变形值 30mm/m。

4. 地表变形对塔位的影响范围

由于塔位距切眼较近，塔位处地面变形倾斜值、曲率值、水平移动、水平变形值基本与最大值一致，地面变形朝向煤矿采空方向。

在采煤影响半径范围内，煤层开采均对 34 号塔有影响。该煤矿的采煤影响半径为 205/tan70°＝74.6m。因此，以 34 号杆塔为圆心，74.6m 为半径的圆形范围内开采均会对 34 号杆塔产生影响。如图 32-12 所示。

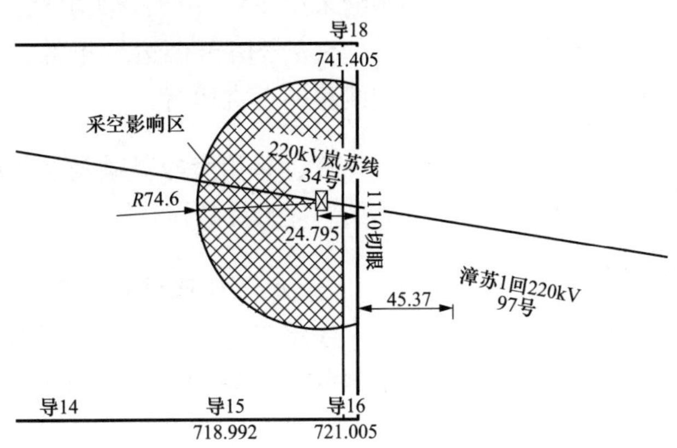


图 32-12　采煤影响范围

5. 煤田开采对杆塔的影响

根据表 32-9，开采 2.5m 后地形倾斜变化值约为 28mm/m，最大水平移动 636mm，塔顶的顺线路方向的倾斜值为 58.55×2.8%＝1.64m。因为杆塔在有倾斜和外力（垂直荷载）的作用下会产生挠度变形，由于铁塔横截面为多材料组合而成，该挠度变形计算复杂，按经验估算取倾斜值的一半，既挠度取 1.64/2＝0.82m。所以塔头在线路方向小号侧的最大水平位移为 0.636＋1.64＋0.82＝3.096m。

依据 GB 50233《110～500kV 架空送电线路施工及验收规范》第 6.1.8 规定：杆塔组立及架线后，直线杆塔结构倾斜限值为 $h$×3‰。按该值计算塔头倾斜距离为 58.55×3‰＝0.176m；而塌陷后该塔塔头倾斜值为 2.46m，远超出了该规范规定的数值。

## 二、采空区杆塔基础修复

（一）塔基破坏情况

阳淮 500kV 三回 S53 号塔位于山西省晋城市泽州县大箕乡南河底村北的山梁上。1999 年 8 月中上旬，发现 S53 号塔个别塔材变形，地基有裂缝。

S53 号为 ZT5（3）－45m 塔，四个塔腿出现了不均匀沉降，以 D 腿标高为准，A 腿较 D 腿低 14mm、B 腿较 D 腿低 141mm、C 腿较 D 腿低 23mm。由于地裂缝从塔中穿过，使基础产生基础滑移，基础根开发生了变化，A、B 腿较原根开增加 97mm，B、C 腿较原根开减少了 28mm，D、C 腿较原根开增加 27mm。

经调查，证实塔基裂缝是由于塔位北侧的沟内南河底煤矿采空区塌陷导致地表变形。一裂缝从塔基根开中斜插穿过，致使该塔基础出现不均匀沉降，基础根开发生变化。塔腿斜材、横隔面水平材及斜材产生变形，杆塔发生倾斜。

（二）塔基修复措施

铁塔修复分以下两步：

（1）1999 年 10 月进行第一次纠偏，为减少铁塔的倾斜和释放由于基础沉降产生的铁塔杆件内应力，利用原设计底脚螺栓丝扣加长的 100mm 进行调整，将 B 腿的塔脚板底部插入钢板，将 B 腿抬高 100mm。

（2）2000 年 3 月进行第二次纠偏，采空区地表趋于稳定时，将 B、C 腿的基础挖开，使用千斤顶移动基础，使根开恢复到原设计根开。由于 B 腿沉降量较大，已超出底脚螺栓的调整范围，更换一个加高的塔脚板，同时调整 A、C、D 腿的底脚螺栓，将塔脚调整到一个水平面上，调整后受弯的斜材全部自动恢复到原状。踏脚板加高示意图如图 32-13 所示。

为防止雨水渗入地裂缝，产生滑动影响塔基稳定，坡度较大的岩石裂缝使用混凝土填充，在平缓的

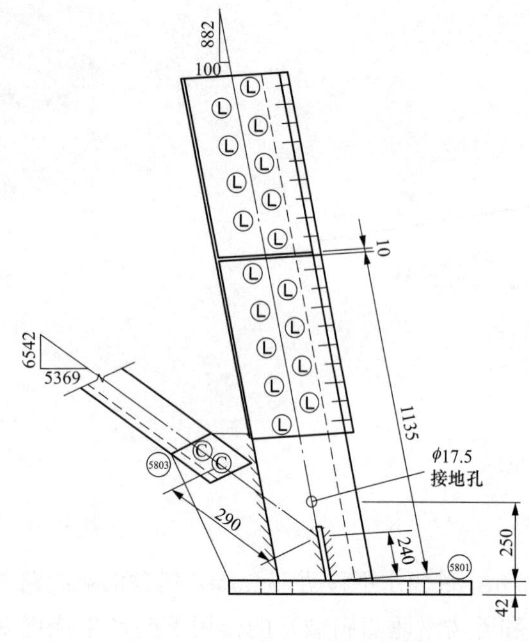

图 32-13　踏脚板加高示意图

裂缝采用 2∶8 灰土夯实填充。

S53 号塔至今运行正常。在整个修复过程中，未影响线路的正常运行。

## 三、采用大板基础及加长底脚螺栓修复措施（见图 32-14）

### （一）设计及运行情况

线路于 2005 年 12 月进行施工图设计，根据当时搜集到的煤矿资料显示 125 号杆塔位于高平市冯村煤矿，该矿主采二叠系山西组（P1S）3 号煤，煤层厚 6.0m 左右，埋深 70～80m，采深采厚比在 12 左右，为壁式分层开采，回采率在 30%左右。125 号杆塔位于冯村煤矿西南角，据当时了解为未来采空区，线路在施工图勘测时，杆塔附近未发现有地表变形等异常现象。考虑到 125 号杆塔位于冯村未来采空区，且煤层厚埋藏很浅，在基础设计时，考虑基础抗不均匀沉降的大板及加长底脚螺栓等措施。

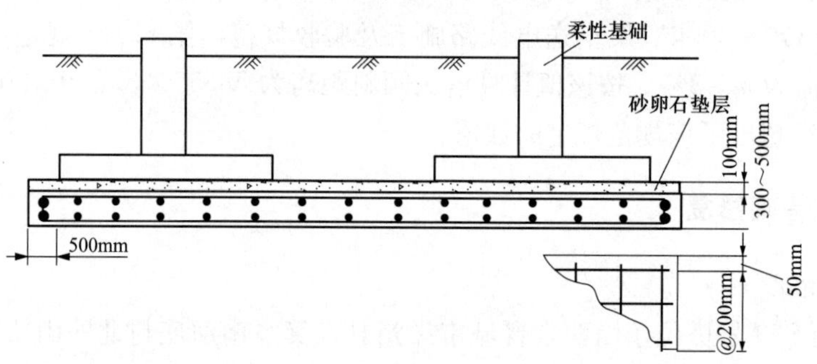

图 32-14　大板基础设计示意图

该工程于 2006 年 10 月 20 日经过质检验收后投产，在运行 8 天后 125 号杆塔发生地表变形，杆塔开始不均匀沉降。现场 125 号杆塔周围裂缝发育，地表变形严重，裂缝水平位移 10～50cm，垂直位移 10～30cm，裂缝延伸长度 50～100m，地表呈带状向东偏南塌陷，且呈环形向外辐射，带状宽度 2～4m，最大 6m 左右，明显看出杆塔东南处地表变形严重，沉降较大，由裂缝发展方向及分布规律，可见杆塔位于采空区塌陷移动盆地的边缘，为不连续变形严重的地段。但由于设计时基础采用了防护大板，经过现场检查，铁塔主材、斜材无弯曲变形现象，由于大板的作用，铁塔整体倾斜。经测量基础根开未发生变化。

### （二）修复措施

杆塔纠偏处理方案：

A、D 腿的修复，A 腿沉降 421mm，D 腿沉降 324mm，由于沉降量超出底脚螺栓的调整尺寸，重新加工塔脚板，进行更换。

B 腿的修复，B 腿沉降 68mm，使用加长底脚螺栓进行调整。

地表裂缝的处理，现场 125 号杆塔周围裂缝发育，为防止秋雨灌入地表裂缝，加剧沉降的发展，需要填埋裂缝，挖开裂缝，深度为 1m，然后使用 3∶7 灰土回填并夯实。

# 第三十三章　沙　漠　戈　壁

## 第一节　概　　述

### 一、荒漠的定义及分类

荒漠是指气候干燥、降雨量稀少、年降雨量小于 250mm 或蒸发量大于降雨量、地球表面生物存在和活动稀少的地区或自然景观。荒漠的地面缺乏植物覆盖、土地贫瘠，主要植物是耐盐碱和富根系的品种。荒漠面积约占全球陆地总面积的 1/3 左右，主要分布于南北纬 15°～35°之间的亚热带和温带的内陆地区。我国荒漠区主要位于贺兰山以西麓—乌鞘岭北麓一线以北，南面起自西昆仑山、阿尔金山、祁连山等青藏高原边缘山地的北麓。

荒漠带的地貌作用营力主要有风化作用、重力作用、流水作用和风力作用四类。地貌的成因类型有岛状山、剥蚀平原、剥蚀台地、干荒盆和干浅盆、洪积扇和洪积平原、龟裂土平原、盐土平原、盐湖、风蚀平原、风积平原等。根据荒漠地貌特征和地表物质组成，荒漠主要类型见表 33-1。

**表 33-1　　荒漠的分类**

| 类型 | 成因与特征 |
|---|---|
| 岩漠 | 在干旱地区，遭受强烈风化和风蚀的裸露的基岩地表，称为石质荒漠或岩漠。岩漠大多分布在干旱区的山麓地带（山地边缘或山前地带）。其主要特点是山麓剥蚀面多分布于山地边缘，其上有一些坚硬岩层构成的残丘-岛山，表现为宽广的石质荒漠平原；岩漠地带分布有各种风蚀地貌，地面被切割得破碎不堪，石骨嶙峋，基岩突露地表 |
| 砾漠 | 主要由砾石组成的平坦地面，地形的最大坡度为 5°～10°。其重要特征是地面无细粒物质，主要是砾石碎石。这是在强烈的风力作用下，吹走了细沙和尘土，留下了粗大砾石覆盖整个地表，形成一片广大的砾石荒漠。又称之为“戈壁滩” |
| 沙漠 | 整个地面覆盖着大量流沙，并发育有时代不同的各种沙丘组合的荒漠 |
| 泥漠 | 主要由细粒黏土、粉沙等泥质沉积物组成的荒漠。泥质荒漠常形成于干旱地区的低洼地带或封闭盆地中部，由流向洼地或湖沼的暂时性洪流所携带的黏土质淤积、湖泊干涸和湖积地面裸露而成，如湖沼洼地、冲积、洪积扇前缘等，由于强烈蒸发而干涸变成泥漠 |
| 盐漠 | 盐分在地表集聚形成的荒漠 |
| 水漠 | 类似死海，水域荒漠化，水生生物无法生存，水域生态环境恶化 |
| 冰漠 | 冰原面，如冰川 |
| 其他 | 在高山上部和高纬度亚极地带，因低温所引起的生理干燥而形成的植被贫乏地区，为荒漠的特殊类型寒漠 |

沙丘是指在风力作用下形成具有一定形状的堆积体，又分为新月形沙丘、沙垅、沙地、岸堤沙丘等形式，按照地貌、植被、沙丘移动速度又可以分为移动沙丘、半移动沙丘、半固定沙丘及固定沙丘四类。

基于在实际工程中遇到的主要荒漠类型及各类型在实际工程中的实用价值，本章节着重讨论荒漠中的沙漠与戈壁两种地貌类型的工程场地，以及具有实际工程意义的沙丘的情况。

### 二、沙漠的主要特征

（一）沙漠的分类及主要特征

沙漠是指地面完全被沙所覆盖、植物非常稀少、雨水稀少、空气干燥、干旱缺水的荒芜地区。沙漠地域大多是沙滩或沙丘，沙下岩石也经常出现，泥土很稀薄，植物也很少，有些沙漠是盐滩，完全没有草木。沙漠一般是风成地貌。

中国的沙漠大部深居中国内陆。中国西北、华北北部及东北西部，有大片沙丘覆盖的沙质荒漠，由砾石、碎石组成的戈壁、砾漠，以及称之为岩漠或石质荒漠的岩石裸露的山地。它们主要位于北纬35°～

50°、东经75°～125°之间，分布在新疆、青海、甘肃、内蒙古、宁夏、陕西、吉林和黑龙江等省区。中国西北干旱区是中国沙漠最为集中的地区，约占全国沙漠总面积的80%。在乌鞘岭、贺兰山以西，沙漠戈壁分布较为集中，占全国沙漠戈壁总面积的90%。我国最著名的沙漠自西向东分别是塔克拉玛干沙漠、古尔班通古特沙漠、库姆塔格沙漠、甘新库姆塔克沙漠、柴达木盆地沙漠与风蚀地、巴丹吉林沙漠、腾格里沙漠、乌兰布和沙漠、库布齐沙漠、毛乌素沙地、浑善达克沙地、科尔沁沙地、呼伦贝尔沙地（见图33-1）。

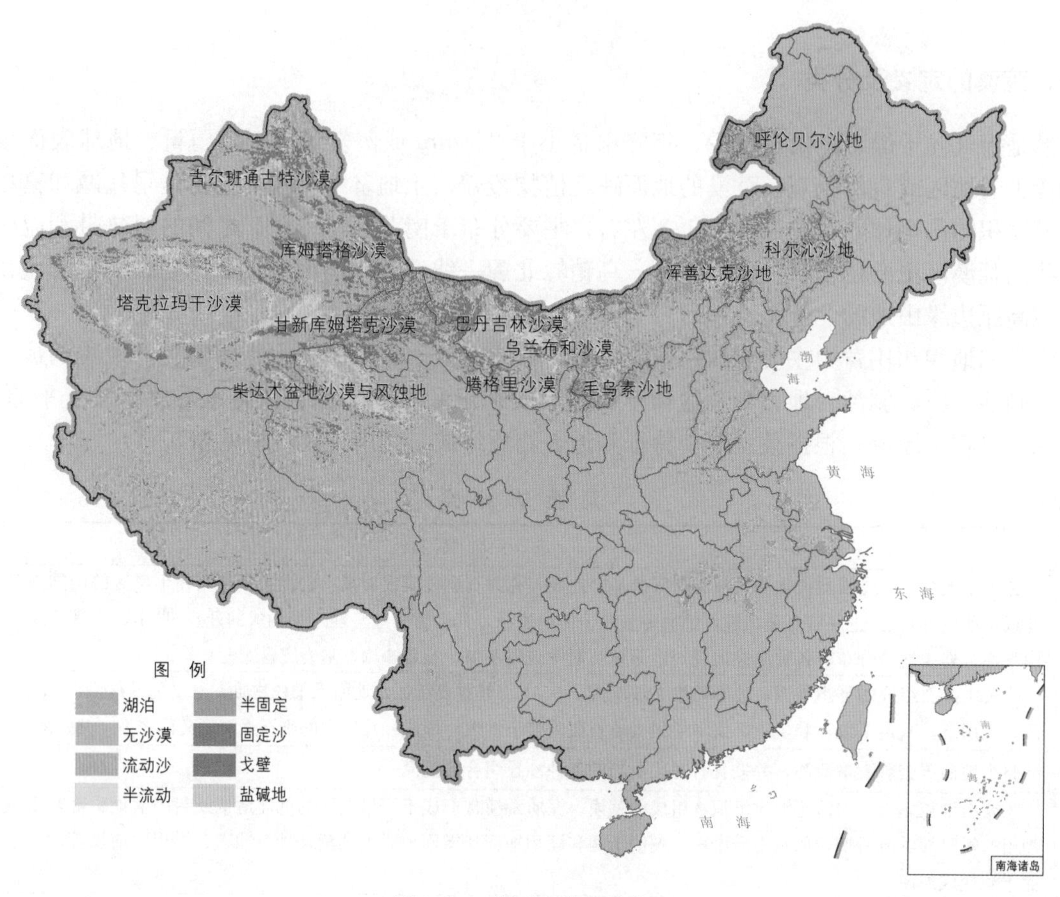


图33-1　中国沙漠的分布

沙漠一般按照每年降雨量天数、降雨量总额、温度、湿度来分类。1953年，Peveril Meigs把地球上的干燥地区分为三类：特干地区是完全没有植物的地带（降水量100mm以下，全年无降雨、降雨无周期性）其面积占全球陆地的4.2%；干燥地区是指季节性的长草但不生长树木的地带（发量比降水量大，年降水量在250mm以下）其面积占全球陆地的14.6%；半干地区有250～500mm雨水，是可生长草和低矮树木的地带。特干和干燥区称为沙漠，半干区命名为干草原。但是只够干燥性标准的地区并非都是沙漠，如美国阿拉斯加州的布鲁克斯岭（Brooks Range）的北山坡一年有250mm以下雨水，通常不算为沙漠。

（1）贸易风沙漠。贸易风（即信风 trade wind）是从副热带高压散发出来向赤道低压区辐合的风，来自陆地的贸易风越吹越热。很干的贸易风吹散云层，使得更多太阳光晒热大地。世界上最大的沙漠撒哈拉大沙漠主要形成原因就是干热的贸易风（当地称为哈马丹风）的作用，白天气温可以达到57°C。

（2）中纬度沙漠。中纬度沙漠（或称温带沙漠），位于纬度30°～50°之间。北美洲西南部的索诺兰沙漠 Sonoran Desert 和中国的腾格里沙漠都是中纬度沙漠。

（3）雨影沙漠。雨影沙漠是在高山边上的沙漠。因为山太高，造成雨影效应，在山的背风坡一侧中形成沙漠，如以色列和巴勒斯坦的 Judean Desert。

（4）沿海沙漠。沿海沙漠一般在北回归线和南回归线附近的大陆西岸，因寒流流经，降温降湿，冬天起很大的雾，遮住太阳。沿海沙漠形成的原因有：陆地影响、海洋影响和天气系统影响。南美的沿海沙漠阿塔卡马沙漠（Tacama Desert）是世上最干的沙漠，经常 5～20 年才会下一次超过 1mm 的雨。非洲的纳米比沙漠（Namib Desert）有很多新月形沙丘，经常刮大风。

（5）古代沙漠。地质考古学家发现地球的气候变化很多，在地质史上有些时段比现在干燥。12500 年前，大约北纬 30°到南纬 30°之间 10%的陆地沙漠广布。18000 年前，这个区域的 50%是沙漠，包括现在的热带雨林。

很多地方已经发现沙漠沉积的化石，最老的达到 5 亿年。在美国的 Nebraska Sand Hills 是西半球最大的古代沙海。它现在已经有 500mm 的年均降水量，沙粒已经被植物稳住，但是还是可以看到高达 120m 的沙丘。

（6）盐碱沙漠。各种盐碱土都是在一定的自然条件下形成的，其形成的实质主要是各种易溶性盐类在地面作水平方向与垂直方向的重新分配，从而使盐分在集盐地区的土壤表层逐渐积聚起来。如阿联酋国等。

（二）沙丘的主要特征

一般自然界的沙丘是由风堆积而成的小丘或小脊，常见于海岸，某些河谷以及旱季时的某些干燥沙地表面。

1. 沙丘的移动方式

沙丘的移动有两种方式如下

（1）通过跳跃的过程，风把沙粒刮起，吹移一短距离后再落下。沙子在刮过多石的表面时，沙粒可能弹起几米高，否则它们在地表面上移动只有几厘米高。

（2）表层蠕动。跳跃的沙粒再一次碰撞地面，并借助冲击力将别的沙粒推向前进，这种运动称作表层蠕动。

形成沙丘最简单的方式是：一个障碍物，如石头、植物，阻止了气流，使沙子在顺风一侧堆积起来。沙丘逐渐增大，对风携带的沙所起的阻挡作用就更大，在下风隐蔽处截住跳跃的沙粒。沙丘增大后，开始顺风缓慢移动，呈不对称的形状。沙丘对气流的干扰越来越大。这时在沙丘向风的一面风速加大，跳跃沙粒被吹动向上，并越过丘峰，下落到下风丘坡的上部，造成比较陡峭的滑面。沙丘沙粒的直径往往小于 1mm，可使沙粒停住的休止角约为 35°。当滑面更为陡峭的上段达到或超过这个角度时，丘坡变得不再稳定。沙子最终滑下滑面，于是沙丘便向前推进。这就是沙丘会移动的原因。由障碍物导致形成沙丘的看法不能解释沙丘如何在平滑、水平的表面上形成，并构成由许多大小形状相等的沙堆组成的沙海。有一种看法是：这种沙丘是由空气和地面的摩擦阻力造成的，而且这种沙丘形成的方式与沙波纹在河床或海滩上形成的方式很相似。新月形沙丘是一种典型的沙漠地形。月牙尖伸向下风方向（在有大量沙子的地区，新月形沙丘可能接合成横向沙丘之“海”，新月形沙埂在这里不十分明显。在植物被损坏，并被风刮出一凹地的地方形成抛物线沙丘。虽然它们在平面图上略似月牙形，但月牙尖向上风面延伸，滑面在新月形沙丘的外侧。它们顺风移动，形成 U 形）。新月形沙丘的高度可超过 27m。长条形沙丘是长长的沙埂。一般来说，它们沿盛行风的方向成一条线。这种沙丘的滑面很可能由旋涡形成。长条形沙丘的沙埂之间的凹处的沙子已被风刮走。沙埂延伸很长的距离，有时达几千米。沙丘主要为新月形和长条形两种。在某些地方有一种星形或角锥沙丘，在平面图上呈多角星形。人们认为这种沙丘并不移动，所以成为沙漠旅行者的路标。

2. 沙丘的分类

前进中的风沙流在遇障碍物（植物、山体、凸起的地面或建筑物）时，就会因受阻而产生涡漩或减速，使其动能降低而发生堆积，形成各种风积地貌。风积地貌的形态与风沙流的结构、运动方向和含沙量有关。根据风沙流的结构等特征，B. A 费道洛维奇（1954）将风积地貌划分为 4 种类型。

（1）信风型风积地貌。它是在单向风或几个方向近似的风的作用下形成的各种风积地貌，主要类型有沙滩、新月形沙丘、纵向沙垄和抛物线沙丘等。

1）沙滩。风沙流在前进中，遇到障碍物（植物等）时，便在其背风面发生沉积，形成各种不规则的沙体，称为沙堆，是不稳定的堆积体。

2）新月形沙丘。新月形沙丘是一种平面形如新月的沙丘。其纵剖面有两个不对称的斜坡：迎风坡微凸而平缓，延伸较长，坡度为5°～20°；背风坡微凹而陡，坡度为28°～34°。这种沙丘的高度不大，一般很少超过15m。新月形沙丘是从盾形沙滩发展起来的。随着盾形沙滩的发展，地形起伏加剧，使地表附近气流压力分布发生变化，在沙堆顶部风速较大，空气压力较小；背风坡风速由上向下变小，空气压力随之增大，到坡脚恢复正常。这种压力导致背风坡近水平轴涡漩的生成，使背风坡开始形成浅小的马蹄形凹地（见图33-2）。如果风速和沙量继续增大，沙堆背风坡的凹地就将进一步扩大，背风坡逐渐变陡，以致大于砂的休止角而发生滑坍塌。同时，沿沙丘两侧绕过的气流又在背风坡形成2个具有垂直轴的涡旋，把背风坡滑落坡脚的沙粒搬运到沙丘两侧前方堆积，形成顺风向前延伸的翼角，随着这种作用的继续，翼角扩大，就形成风沙流中形态较稳定的新月型沙丘，它常成群分布。

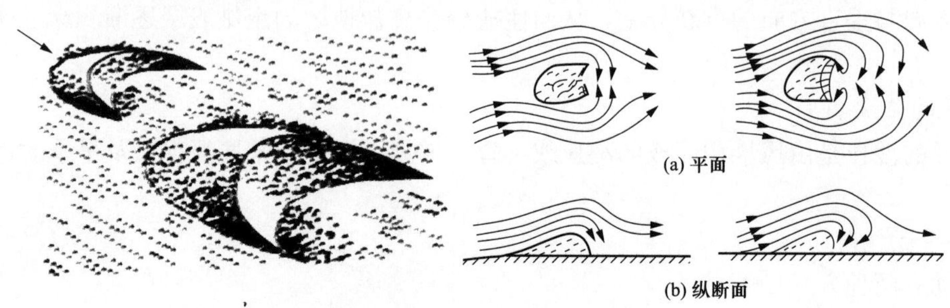


（引自北京大学等，《地貌学》，1978）

图33-2 新月形沙丘（左）及形成示意图

新月形沙丘形成后，沙粒不断从迎风坡向背风坡搬运、堆积，在沙丘背部形成与背风坡一致的斜层理，沙丘也就向前移动。新月形沙丘移动速度，处受风力大小、供砂量、沙子含水性和植被影响外，与沙丘高度成反比，而与丘间距成正比，即沙丘越高，丘间距越小，沙丘移动速度越慢；反之则沙丘移动快。

3）纵向沙垄。指大致顺着主要风向延伸的长垄状沙丘。高度一般为10～30m，也有更低或更高的，长数百米至数十千米。横剖面在不同部位，形态有所不同，总体特征为两坡较对称而平缓，丘顶呈浑圆。其成因有以下几种看法：

①由灌丛沙堆发育而来。在温带荒漠有植物生长的地方，当2个或2个以上的灌丛沙堆同时顺主要风向延伸，最后相互衔接，便形成纵向沙垄，如古尔班通古特沙漠的纵向沙丘。

②由新月形沙丘发展而成。在2个风向呈锐角相交时，新月形沙丘的一翼沿主要风向延伸，另一翼相对萎缩，最终形成纵向沙垄（图33-3）。

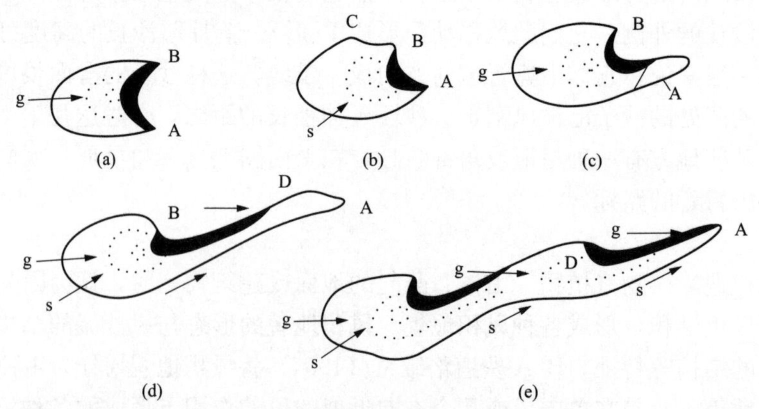


g—主要风向；s—次要风向；A、B—沙丘翼部；C—萎缩翼；D—沙丘脊；(a)→(e)—沙垄形成过程

（引自R. A. Bagnold，1954）

图33-3 新月形沙丘发育为纵向新月形沙垄图

③受地形条件控制而形成。在山口或垭口附近，风力特别强烈，风沙流的含沙量高，可形成顺风向延伸的纵向沙垄，如在塔克拉玛干西部的一些山口附近，形成了长 10～40km 的纵向沙垄。

④由单向风和龙卷风相互作用而成；在沙漠区龙卷风与单向风作用下，则气流被压低沿着地面呈水平螺旋状向前推进，风从低地将沙子吹起堆积在两侧沙堆的顶部，逐渐形成长达数十千米的纵向复合沙垄。

4）抛物线沙丘。抛物线沙丘形态与新月形沙丘相反，沙丘的 2 个翼角指向风源方向，沙丘的凹侧迎风，平面上像一条抛物线，一般高 2～8m。抛物线形沙丘是由横向沙垄演变而来，当前进中的横向沙丘遇到障碍时，局部未受阻部分则继续前进，使沙丘弧形弯曲，随着风的继续作用就形成抛物线沙丘（见图 33-4）。如果风力较强，抛物线沙丘的中部继续向前延伸，凸出部分更长、更细，形如发针，称为发针形沙丘。如果风里继续增大，沙丘继续前进，最后使中部断开，形成平行的低矮的纵向双生沙垄。

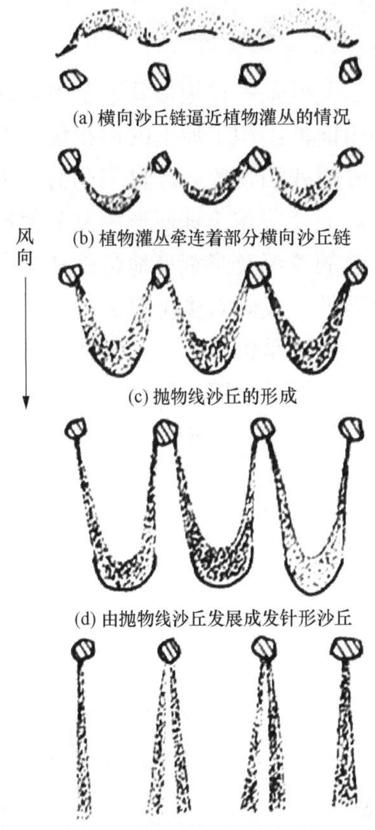

（引自杨景春，《地貌学教程》，1985）

图 33-4　抛物线沙丘形成与发展过程示意图

（2）季风—软风型风积地貌。指在 2 个方向相反的风交替作用时，其中一个风向占优势所形成的沙丘。这类风积地貌的排列延伸方向大都与主风向垂直，沙丘经常是前后往返或移动。季风—风积地貌有：新月形沙丘链、横向沙垄和梁窝状沙地等。

1）新月形沙丘链。在 2 个方向相反的风的交替作用下，新月形沙丘的翼角彼此相连而形成新月形沙丘链，它的高度一般为 10～30m，长几百米至几千米。新月形沙丘之间既有平行连接，也有前后互接。这种地貌在我国季风气候区的沙漠中比较发育。

2）横向沙垄。一种巨型的复合新月形沙丘链，长 10～20km，一般高 50～100m，最高可达 400m。沙垄整体比较平直，两侧不对称，背风陡坡，迎风坡平缓。缓坡上常形成许多次一级的沙丘链或新月形沙丘。

（引自北京大学等，《地貌学》，1978）

图 33-5　梁窝状沙地

3）梁窝状沙地。梁窝状沙地是由隆起的沙脊梁与半月形的沙窝相间组成（见图 33-5）。梁窝状沙地是由横向沙丘链发展而成。当在 2 个风向相反而风力不等的风的交替作用下，形成摆动前进的横向新月形沙丘链，如果在略有植被覆盖的地区，有一部分沙丘链前进受阻，一部分沙丘和另一部分沙丘链相接，就形成梁窝状沙地。

（3）对流型风积地貌。夏季的沙漠中常形成龙卷风，在龙卷风作用下形成的堆积地貌称为对流型风积地貌。蜂窝状沙地就是这类地貌的代表。蜂窝状沙地是由无数圆形或椭圆形沙窝，周围有丘状沙埂环绕而组成。强烈的龙卷风把沙漠地面吹成一个个圆形洼地，被吹蚀的沙粒，堆积在洼地的四周，形成丘状沙埂。这种地貌在温带荒漠中最为发育。

（4）干扰型风积地貌。当主要气流向前运动时，遇到沙地阻挡而产生折射，引起气流干扰形成的各种地貌。其中主要的是金字塔形沙丘。金字塔形沙丘是一种角锥形沙丘，其有三角形面（坡度约 30°左右），一般高 50～100m。每个沙丘有 3～4 个斜面组成，每个斜面代表一个风向。根据对塔克拉玛干沙漠金字塔沙丘的研究得出其发育条件是：①在几个方向风的作用下，而且各个方向的风力都相差不大；②分布在靠近山地迎风坡附近；③下伏地面微有起伏。

### 三、戈壁的主要特征

戈壁是一种地面几乎全被粗砂、砾石所覆盖，难生草木的荒漠地带。荒漠中吹蚀区的各类沉积物，如山前冲洪积平原上的冲积物、洪积物，冰川、冰水平原上的冰碛物和冰水堆积物及基岩经强烈风化后的碎屑残积物等，经过强劲的风力作用，细粒砂与粉尘被吹掉，留下粒径较为粗大的砂粒、砾石或岩屑，成片覆盖于地面形成戈壁地形。这种地势起伏平缓，植物稀少，地面几乎被粗砂、砾石等硬质土层覆盖的荒漠及半荒漠地带就是本章节所要研究的戈壁地貌。其主要特征是：呈灰白色或暗灰黄色，主要由砂类土及碎石类土组成，渗透性好，地表缺水，植被稀少，仅生长一些耐碱耐旱性植物。

戈壁是世界上巨大的荒漠与半荒漠地区之一，绵亘在中亚浩瀚的大地，跨越蒙古和中国广袤的空间。中国的戈壁广泛分布于温都尔庙—百灵庙—鄂托克旗—盐池一线以西北的广大荒漠、半荒漠平地（见图 33-6）。戈壁滩主要分布在我国的新疆、青海、甘肃、内蒙古和西藏的东北部等地。

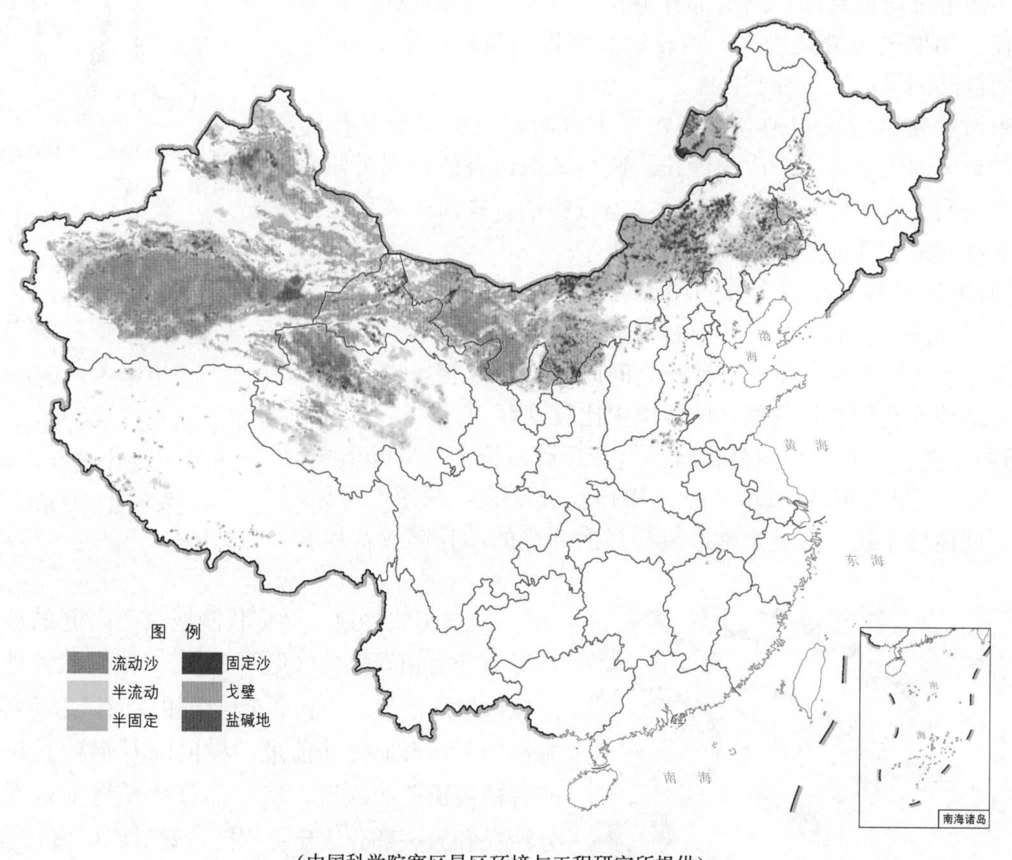


（中国科学院寒区旱区环境与工程研究所提供）

图 33-6　中国沙漠戈壁分布图

## 第二节　勘　测　手　段

### 一、勘测主要内容及要求

戈壁和沙漠地区输电线路岩土工程勘测，应调查区域地质、地貌成因、形态特征和演变条件，并应分析评价塔位地质环境稳定性和地基稳定性。

（一）沙漠区岩土工程勘测

沙漠地区输电线路岩土工程勘测，应包括下列内容：

(1) 沙漠成因，沙丘形态、规模、起伏程度、结构类型、密实度、含盐量，地层岩性沿深度分布及变化情况；

（2）沙漠区主导风向，沙漠活动特点、分布规律，风蚀沙埋特点及移动速率；

（3）植被生态类型、分布和覆盖度，地面设施分布与使用情况，地表形态演化情况，地表水、地下水分布及水质分析指标；

（4）当地防风固沙及地基处理经验。

（二）戈壁区岩土工程勘测

戈壁地区输电线路岩土工程勘测，应包括下列内容：

（1）地形地貌特点，地质成因及沉积方向，风蚀及冲蚀稳定性、地表水流主线摆动行；

（2）戈壁土物质成分、级配、密实度、可溶盐类型与含量，土层的平面与竖向分布情况，季节变化特点、受水稳定性；

（3）坎儿井、沙井、沙巷、暗渠分布，井渠结构及使用情况；

（4）地下水分布与动态变化情况。

## 二、常见勘测手段

常见的勘测手段有遥感地质解译、工程地质调查与测绘、工程物探、钻探、坑探、原位测试、室内试验、原体试验等多种勘测方法，详见本手册第三篇勘测方法的相关章节。

## 三、各勘测方法适用条件

沙漠、戈壁地区勘查技术方法可以资料搜集、地面地质调查、测绘与物探、坑探、静力触探和钻探相结合的方法。

钻探与坑探：在松散砂层中，可采用轻便型钻机，采用回旋钻进，在砂层取样进行室内试验和标准贯入试验；在戈壁砾（碎）石层中，采用冲击钻进、硬质合金钻、牙轮钻钻进，并进行重型或超重型动力触探试验；物探宜采用浅层地震波法测定上覆土层厚度和下伏岩石风化层厚度；对于松散砂层地段可采用静力触探试验。

## 四、各勘测方法技术要求

（一）地质遥感解译

遥感解译工作应根据线路路径所经过地区的具体特点和条件，选择适当遥感数据种类、时相和遥感数据分辨率。

在地质灾害易发地区，遥感数据分辨率不宜低于10m，成图比例尺为1∶25000～1∶50000的影像图；而在地质灾害不易发生的地区，遥感数据分辨率可适当降低，成图比例尺为1∶100000～1∶200000。

根据工程选线确定的推荐路径，提供带状路径影像图。根据解译成果并结合现场地质调查和勘测成果，将推荐线路路径所经过的地段进行比较详细的地形地貌分区，岩土工程条件分区和地质灾害发育现状分区，提出解译图件和解译报告。

对特殊路段，应根据造成特殊路段的原因，判断是否需要进行进一步的遥感解译工作。在需要的情况下，可选择更高的遥感数据分辨率（5、2.5、1m）进行专题遥感解译评价工作，并提出相应解译图像和解译报告。

对初步遥感解译成果中的严重地质问题应进行现场调查验证，并采用与GPS卫星定位相结合的方法，进行野外实地修正。

（二）工程地质调查及测绘

沿线路路径进行工程地质调查工作；对特殊路段、地质灾害发育地段、特殊性岩土、特殊工程地质条件分布地段及重要塔位，应扩大范围进行重点调查与测绘。

调查或测绘应包括下列主要内容：

(1) 路径所在场地的稳定性、不良地质作用及地质灾害的影响；

(2) 路径及其周边范围地表岩土分布及性质；基岩裸露地区，应描述其岩性、产状、结构构造、风化程度，并应对岩体结构进行分类。

(三) 钻探

可根据地层情况及场地条件等因素选择钻机、洛阳铲或麻花钻等各种钻探方式。

钻探的位置、数量、深度等应满足勘测任务书及规范要求。钻孔记录和编录必须满足相关规程的要求，严格控制钻探工作质量，必要时岩土芯样要拍摄照片，并纳入成果报告。

(四) 槽探与井探

槽探、井探是西北地区常见的一种地质勘探的手段，应用比较广泛。在戈壁、沙漠地区以及沙丘的勘探中经常使用。

槽探一般适用于了解构造线、破碎带宽度、不同地层岩性的分界线、岩脉宽度及其延伸方向等。探槽的挖掘深度较浅，一般在覆盖层小于3m时使用，其长度可根据所了解的地质条件和需要决定，宽度和深度则根据覆盖层的性质和厚度决定。当覆盖层较厚，土质较软易塌时，挖掘宽度需要适当加大，甚至侧壁需要挖成斜坡形；当覆盖层较薄时，土质密实时，宽度亦可相应减小至便于工作即可。探槽在西北地区一般用锹、镐挖掘，条件许可情况下可采用挖掘机或小钩机挖掘，当遇到大块碎石、坚硬土层或风化岩时，亦可采用爆破或风钻等。

探井能直接观察地质情况，详细描述岩性和分层，利用探井能取出接近实际的原状结构土样。因此，在地质条件复杂地区、黄土地区、盐渍土地区等经常采用。探井深度不宜超过地下水位。

在探井布置和使用中需要注意以下事项：

(1) 探井应按不同的地质地貌单元布置；

(2) 探井开挖完成，应及时进行地质描述、编录和取样工作，对典型的岩土特征应拍摄照片；

(3) 探井技术工作完成后，应及时夯实回填。

探井的描述和编录工作可参考钻探部分进行。

(五) 原位测试

根据具体情况，戈壁和沙漠区可采用圆锥动力触探试验、标准贯入试验等原位测试方法，部分特殊条件下也采用静力触探试验、十字板剪切试验等原位测试方法。原位测试方法的选择应根据岩土特性和地区经验综合分析确定。

(六) 室内试验

试验项目和试验方法应根据工程要求和地基岩土体的特性确定。主要包括以下内容：

(1) 常规项目。密度、含水率、比重、界限含水率等基本试验指标并提供孔隙比、饱和度等计算指标；给出分类名称。

(2) 土、水的腐蚀性分析。水、土的腐蚀性分析可按照规程规范的相关要求进行。

必要时还可以考虑剪切试验、压缩试验、岩石试验等，详细内容可参见室内试验的相关章节。

(七) 工程物探

视不同地段的情况选择地质雷达、高密度电法、面波探测等工程物探方法。选用物探方法及解释其成果时，应全面考虑被探测对象与周围介质的物性差异、探测场所的赋水状态、地形起伏和其他屏蔽干扰等工作环境条件。

现场探查时应进行重复观测或检查观测，需要时可采用多种物探方法进行探查比较。在每一地质地貌单元，必要时应有井孔勘探成果进行对比校（验）证。

如在戈壁滩地区，尤其在新疆地区有坎儿井、暗渠等，在广泛收集资料的情况下，应充分采用工程物探的方法查清楚其分布范围、走向等。

(八) 原体试验

在有特殊要求的地段可布置必要的原体试验，关于原体试验的相关内容参见本手册相关章节。

### 五、各勘测阶段的要求

（一）可行性研究阶段

可行性研究阶段勘测方法以搜集资料为主，在充分研究已有资料的基础上，针对影响拟选线路路径的工程地质条件进行踏勘调查。在有特殊要求的地段，如盐渍土地段、跨河地段等可根据具体情况布置少量勘探点（如少量探井、钻孔等）；或根据塔位路径的情况适量布置少量勘探点，勘探深度宜结合杆塔设计要求参照相应等级输电线路勘探深度具体确定。可行性研究阶段的目的主要用于代表性地段探查地层岩性、盐渍土情况、水土腐蚀性、代表性地基土物理力学性质等，以便初步判断地基方案及线路路径情况。勘探点深度满足杆塔基础强度、变形和稳定性验算要求。

对于重点地段的特殊性问题，需要开展专题研究。

（二）初步设计阶段

初步设计阶段的勘测方法以搜集资料结合现场踏勘调查为主，对特别复杂的工程地质条件或缺少资料的地段宜布置适量的勘探工作（如钻孔、探井等）。对于重点地段和特殊地段可根据线路路径的位置布置少量勘探点，如盐渍土地段、沙漠地段、跨河地段等。勘探深度宜结合杆塔设计要求参照相应等级输电线路勘探深度具体确定。其目的主要用于进一步了解代表性地段探查地层岩性、盐渍土情况、水土腐蚀性、代表性地基土物理力学性质等，以便于满足初步设计阶段的杆塔地基方案以及线路路径情况。勘探点深度满足杆塔基础强度、变形和稳定性验算要求。

对于重点性问题，尤其是前期的研究专题要确认和落实，将专题研究的相应内容落实到线路路径上，必要时结合线路路径适当的布置工作量进行相互验证，转化科研课题成果。

（三）施工图阶段

施工图阶段应根据前期地质资料，充分搜集区域地质、地震安全性评价、地质灾害评估、压矿评估报告、邻近工程勘测成果等资料，调查了解当地工程建设经验，利用工程地质调查和测绘、遥感等手段，根据地形地貌、地层结构、地下水条件、特殊岩土条件、特殊岩土工程问题等对沿线进行工程地质分区，以各分区为勘测单元，必要时配合适当的钻探、原位测试等方法，完成施工图阶段的勘测内容。

勘探点深度以查明地层结构、满足强度、变形验算及稳定性验算为控制标准。戈壁和沙漠区岩土工程勘测应逐基勘探，并按照地貌单元、地层结构、岩土分布情况等选取代表性岩土样进行试验，复杂地段应加强。戈壁区勘探深度一般不小于 8m，沙漠区勘探深度一般不小于 15m，勘探深度内如遇基岩，则进入强风化岩石不小于 5m 或中等风化不小于 1m；如遇硬质岩石，进入强风化岩石不小于 3m 或中等风化不小于 1m。勘探点深度满足强度、变形和稳定性验算要求。

勘探工作量的布置应结合输电线路的等级、杆塔的具体要求进行相应的调整，在满足规程规范以及定位手册的具体要求的前提下布置。

对于重点性问题，尤其是前期的研究专题要确认和落实，将专题研究的相应内容落实到线路杆塔塔位上，并布置相应的工作，明确其与输电线路杆塔的关系、评价其安全性、稳定性。例如沙丘的性质、发展趋势，对杆塔的影响、处理措施等；坎儿井分布、走向、埋深以及对杆塔的影响，可采用的处理方法、地区政策法规等。

## 第三节　稳定性评价及要求

### 一、沙漠地区杆塔稳定性评价及要求

沙漠地区杆塔稳定性影响主要有风沙危害和沙丘移动两种。

（一）风沙危害评价

1. 风沙危害类型和危害程度评价

对于输电线路工程而言，沿线风沙危害主要集中在塔基附近，表现为风沙堆积和风蚀，而风沙活动

对塔基的掏蚀是各种风沙危害中最大的危害。风沙电只有在极端强沙尘暴事件中才会出现，取决于大区域的天气过程。风沙危害一般划分为轻度、中度和严重三种类型。其中，轻度沙害类型是指线路主要贯穿固定沙丘地等区域，在该区域，风沙危害的主要形式是风沙对塔基的轻度掏蚀和磨蚀，影响轻微，基本不需采取防护措施。中度沙害则指线路穿越半固定、半流动沙地分布区域，在这些区域，风沙危害主要表现为风沙流对塔基的掏蚀、磨蚀和沙丘少量前移而造成的压埋，在塔基周围 35m×35m 范围内采取以方格状沙障为主的简单防沙措施。严重危害主要指线路穿越流动沙丘、沙丘链或沙脊密集分布区域，风沙危害则主要表现为强烈风沙流导的磨蚀、对塔基的掏蚀以及沙丘前移造成的沙埋，需要在塔基周围 50m×50m 范围内采取以方格状沙障为主的防沙措施。

2. 风沙危害评价要求

风沙危害评价的主要内容有：

(1) 沙漠成因，沙丘形态、规模、起伏程度、结构类型、密实度、含盐量，地层岩性沿深度分布及变化情况；

(2) 沙漠区主导风向，沙漠活动特点、分布规律，风蚀沙埋特点及移动速率；

(3) 植被生态类型、分布和覆盖度，地面设施分布与使用情况，地表形态演化情况，地表水、地下水分布及水质分析指标；

(4) 当地防风固沙及地基处理经验；

风沙危害稳定性评价的主要内容有：

(1) 风沙危害种类、分布规律、发展趋势、分布范围、主导风向以及移动速率等；

(2) 各种风沙危害影响程度，如轻度、中度和严重；

(3) 当地有成效的防风固沙方法，推荐适合于输电线路的处理办法及方案。

### (二) 沙丘移动评价

1. 沙丘分类

根据地貌、植被、沙丘移动速度，将沙丘分为移动沙丘、半移动沙丘、半固定沙丘及固定沙丘等四类情况。对于输电线路穿越沙丘区时需要将线路路径范围内的沙丘进行判别。

(1) 移动沙丘。移动沙丘几乎没有植被覆盖，旱季在风力作用下观察到整个沙丘向前移动，由零星分布的高度和大小不一的各种新月形沙丘、沙丘链和纵向沙垄组成。新月形沙丘平面呈“新月形”，高度由几米到十余米，宽度一般 20～100m，纵剖面两坡很不对称，迎风坡与背风坡连接的地方，形成一道明显的弧形沙丘脊。沙丘的两侧向前伸展近似对称的尖角状沙翼。新月形沙丘在风力的持续作用下，可沿风向移动，其移动的速度主要受风力的大小及供沙量控制，并受气候和植被的影响，与沙丘的高度和沙丘间距离也有一定关系。一般沙丘越高，其间距越小，其移动速度越慢；反之，沙丘越矮，间距越大，则其移动速度越快。新月形沙丘链是由许多新月形沙丘连接而成的，一般长度较长。纵向沙垄是一种沿主风向延伸，呈长条形，一般长度在几百米到几千米。

(2) 半移动沙丘。半移动沙丘由于沙丘的两翼较低，水分相对较多，植被容易生长，基本达到固定，而沙丘中部则继续向前移动，在风力作用下常被堆成与新月形相反的马蹄状，通常称为“抛物线形沙丘”。抛物线沙丘也是中部突出，不过中部突出的一面为背坡，比较陡峭；而凹进的一面为迎风坡，较为平缓。抛物线形沙丘中部的宽度与两侧无较大差别，呈弧形沙堆状，高度一般 2～8m。

(3) 半固定沙丘。半固定沙丘与半移动沙丘较为相似，一般呈马蹄形、堆形等。但半固定沙丘一般植被较为发育，基本属丛草沙丘，该沙丘表层尚未完全被植被所覆盖，向风坡仍可出现风蚀坑，暴露地表的沙丘移动性很小。

(4) 固定沙丘。沙丘基本上被植物所覆盖，土壤开始发育，沙土开始变紧，水分也随之增多，基本上已不发生风沙流，为固定沙丘，一般呈现为高低起伏的丘陵。

2. 沙丘稳定性评价要求

沙丘稳定性评价的主要内容有：

（1）收集沙丘地区遥感图像解释、沙丘地区气象资料，收集和调查沙丘地区地貌、沙丘地区岩土工程特征、沙丘地区水文地质条件。

（2）当线路在沙漠、戈壁地区穿行时，宜绕避风沙危害严重地段；当有造林条件、工程措施可靠、经济上合理时，可穿越风沙地区，选择在沙漠中固定或半固定的沙丘和沙地，风蚀洼地、低矮沙丘，下伏古河床和山前平原潜水溢出带；线路走向宜与主风向平行。

（3）对于穿越沙丘地段的输电线路需调查杆塔附近沙丘，并归类（按移动沙丘、半移动沙丘、半固定沙丘及固定沙丘）。

（4）调查其成因、沙丘形态、规模、起伏程度、结构特征、密实度、含盐量，地层岩性深度分布的规律及变化情况。

（5）调查其主导风向、风沙活动特点、分布规律、风蚀沙埋特点及移动速率。

（6）植被生态情况、分布和覆盖程度，地表形态以及地面设施情况。

（7）需要避让移动沙丘的下风侧，风蚀沙埋严重发育地段。

（8）提出适宜的防风固沙措施。

## 二、戈壁地区杆塔稳定性评价及要求

戈壁地区杆塔稳定性评价除关注不良地质作用、矿产、文物等常规要求外，需要重点注意坎儿井（包括沙井、沙巷、暗渠等）、戈壁滩的冲蚀现象（如季节性流水小冲沟等），这两类问题往往在戈壁地区的输电线路出现比较广泛。

（一）坎儿井（包括沙井、沙巷、暗渠等）等问题评价

1. 定义

“坎儿井”是“井穴”的意思，其结构是由竖井、暗渠、明渠、涝坝组成。在高山雪水潜流处，寻其水源，在一定间隔打一深浅不等的竖井，然后再依地势高下在井底修通暗渠，沟通各井，引水下流。地下渠道的出水口与地面渠道相连接，把地下水引至地面灌溉桑田。坎儿井主要分布在新疆的吐鲁番和哈密市。关于坎儿井剖面示意可参见图 33-7。

2. 主要问题

输电线路杆塔主要成点状线性分布，难免会穿过坎儿井区域，现在正运行的坎儿井大部分通过航片可以看清楚，选线时可以避让。在线路定位过程中通过仔细调查和采取相应的勘探工作，避让开坎儿井井渠范围。对于年代久远的人工挖掘的地下暗渠和废弃的坎儿井，不易避让，会影响到输电线路的稳定性。

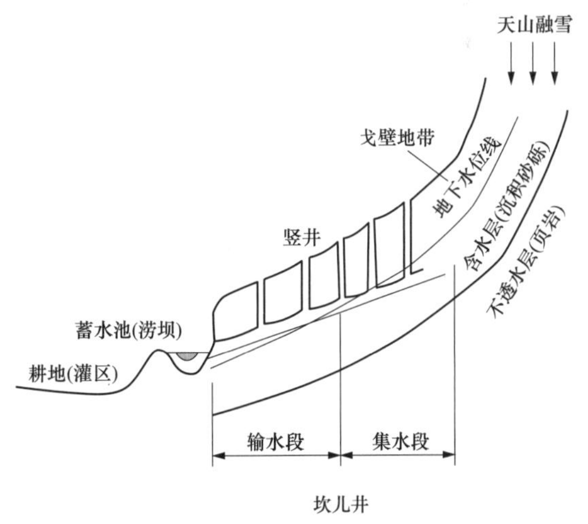

图 33-7 坎儿井剖面示意图

竖井往往在地表多有弃土堆积，一般呈串珠状分布，而暗渠则完全分布于地下，埋藏深度不一。对于大型输电线路基础受力较大，基础埋深较深，当杆塔放置在坎儿井的竖井或暗渠处时容易发生不均匀沉降，塔腿基础有直接坍塌的危险，有时会造成施工安全事故、破坏农业生产等。因此，在坎儿井分布地区，输电线路勘测中要调查清楚坎儿井的分布、埋置深度、竖井和暗渠的位置、井渠结构、使用情况，尤其是一些废弃的井渠。

3. 稳定性评价内容及要求

坎儿井稳定性评价主要内容及要求如下：

（1）输电线路沿线坎儿井分布情况，分布的区域。通过可行性研究和初步设计阶段的调查情况，查明坎儿井分布的区域，将输电线路进行工程地质划段，以便在杆塔选线和定位时进一步落实，并提出避让措施。

（2）对于输电线路穿越区的坎儿井，需要对坎儿井的竖井和暗渠分布位置、竖井和暗渠深度、竖井孔径、暗渠大小、运行情况、地层岩性以及与杆塔基础的相对位置关系等进行勘测，并评价对于杆塔基础稳定性是否造成危害，以及今后运行是否存在危及塔位安全等问题。

（3）对于无法避让的坎儿井的竖井和暗渠，需要进行专门的岩土工程勘测，评价其对于输电线路杆塔的影响，并配合土建结构人员提出可操作的实施方案。

（二）戈壁地区的冲蚀作用评价

1. 定义

冲蚀作用是指地表流水逐渐向低洼沟槽中汇集，水量渐大，携带的泥沙石块也渐多，侵蚀能力加强，使沟槽向更深处下切，同时使沟槽不断变宽的过程。

2. 主要问题

在戈壁地区由于植被覆盖稀少，生态环境非常脆弱，降水多短促集中，容易造成地表水土流失，往往形成严重的冲蚀作用，尤其在某些特殊区域，间断性的流水往往在地表冲刷形成冲沟，如果不采取防范措施，就会对铁塔基础造成严重的危害，严重时甚至危及铁塔安全。

3. 稳定性评价内容及要求

冲蚀作用稳定性评价主要内容及要求有：

（1）在可行性研究和初步设计阶段的调查情况，应提出重点地段和重点区域；

（2）在选线阶段和施工图定位阶段，重点注意冲沟或潜在发育的冲沟，保证杆塔远离冲沟（或潜在冲沟），尤其对于在定位时发现有严重冲蚀作用，且存在进一步发育可能性的冲沟需提出避让；

（3）对于杆塔附近的冲蚀作用，需要评价其发育规律、发展趋势、上游来水方向与杆塔的相对关系、冲沟切割深度、沟边坡体地层岩性及其稳定性等，并评价杆塔基础稳定性；

（4）对于个别无法避让的塔腿，评价冲蚀作用对杆塔基础的影响，并提出相应的整治方案，一般选择冲蚀作用较弱地段、稳定基岩地段、地势较高地段立塔。

## 第四节　处　理　方　法

### 一、沙漠地区

（一）路径及塔位的选择

（1）路径选择宜主动避让移动沙丘，尤其是成片的移动沙丘带；

（2）路径宜选择固定或半固定沙丘地段通过；

（3）塔位宜选择有植被发育地段、固定或半固定沙丘地段立塔，并采取相应的防风固沙措施；

（4）塔位选择要避让沙丘的迎风面，防止风沙掏蚀现象；

（5）塔位选择宜避让沙丘迁移前进方向，防止沙埋塔基情况发生。

（二）地基处理方法

在沙漠地区主要影响输电线路杆塔基础的是沙丘和风蚀作用，对于移动沙丘主要选择避让措施，对于风蚀作用需要采取相应的处理措施。

1. 沙丘

（1）地基处理常用方法。对位于沙漠地区固定沙丘与半固定沙丘上，岩性为中细砂、粉砂、粉土等地区的杆塔，可考虑采用斜柱柔性基础、刚性基础等，特别是斜柱柔性基础，它可以减小铁塔基础承受的横向、纵向力，柱承受的弯矩和底板小地基的承压力，与直立柔性基础相比能减少混凝土的用量，为目前沙漠地区使用的主要基础形式之一。对于沙漠地区表层植被覆盖较少，小型流动沙丘上的杆塔，可考虑加大基础宽度或采用重力式基础等措施。

(2) 常见的环境治理及固沙方案。根据沿线线路的具体情况，克服塔基风蚀、塔基周边环境，治理措施一般有以下几种：改变塔基土性质，即采用大粒径材料或黏性土改变塔基性质等；降低风速，其主要是采取草方格防止风蚀、风积；覆盖塔基，隔绝风沙活动则是使用不易风蚀材料如砾石、草皮等将地基完全覆盖等。具体方案如下：

1) 块（砾）石防护。将块（砾）石平铺在塔基周围，厚度 5～15cm，覆盖面积 35m×35m。砾石坚实耐久，抗风蚀能力强，在无人为破坏的状态下，长期有效。

2) 黏土防护。将黏性土平铺于地基上，厚度为 20～30cm，覆盖面积 35m×35m，分层夯实，使之与地表紧贴。黏性土的塑性指数在 10～20，其中含沙量不得超过 10%。由于线路穿越的一些地区降水较多，因此，可在黏土中加入 20%左右的砾石或者适当短草类纤维，以提高其抗风蚀性能。单黏土防护的抗风蚀性能较砾石差，使用寿命较短。

3) 生物防护。可以利用有些沙漠地区降水较多的有利条件，在塔架工程完工后，在地基上种植植被，以提高地基的抗风蚀性能。此种防护措施防护效果较好，但因为要经常养护，成本较高。

4) 化学固沙防护。在地基表面可以喷洒沥青乳液或盐卤水等材料，喷洒厚度 20～50mm，但遭践踏时非常容易破碎。因此，也需要经常维护，成本较高。

5) 草方格防护。草方格防风蚀方法已经在类似工程中积累了非常成功的经验。对流动和半流动沙地地区，在塔架和布线工程完工之后，可将地基完全采用麦草或芦苇方格固定，其规格为 1m×1m，草头出露高度为 20～30cm。在施工质量较好的情况下，可以取得非常良好的防护作用。但由于降水较多的退化沙漠地区，所布置的麦草或芦苇方格容易腐烂而失去防护作用，一般经过 5～8 年就必须重新设置。

另外在塔腿四周可筑起环形锥体，与地面平连接，上面用石子或黏土覆盖，可起到防止风沙掏蚀对塔基的影响。

2. 风蚀作用

(1) 沙漠地区风蚀作用特征。风蚀作用表现为吹蚀和磨蚀两种方式。吹蚀作用是地表松散堆积物被风力搬运的过程，它与风速及松散堆积物粒径相关，即风速越大，输沙量越大，地表松散物粒径越小越容易被搬运。磨蚀作用是指与风共同作用的风沙流对地表物体进行碰撞和磨损的过程，一般在地面高度 0.5m 以内磨蚀作用最强，随着高度增大而减小，坚硬岩土体经长期的磨蚀作用可形成雅丹地貌。沙埋是风沙流遇各类障碍物的阻挡，风向在局部改变或风速在局部减弱时，风运物堆积的过程，风速越大、运沙量和堆积物越大。

风蚀沙埋主要受气候的极端干旱和常年多大风影响，发生强烈风蚀、风积作用，以地表层局部有丰富的砂质物质为背景条件。风力侵蚀包括风的吹蚀、砂粒运移与风沙堆积。充分考虑风蚀沙埋发育特征、活动特征及人类工程活动等因素，对风蚀沙埋进行定性分析评价。风蚀沙埋为活动性沙丘，主要由全新统风积粉砂、细砂组成，因此极其松软，具有流动性，稳定性较差的特点。

(2) 风蚀作用处理办法。由于风蚀沙埋情况不能躲避，需要在基础施工时，采取防沙和固沙措施。施工时尽量减少破坏现有植被，施工完毕应当恢复植被。塔基周边环境治理措施一般包括：改变塔基周围土性质，即采用大粒径材料或黏性土改变塔基性质等；降低风速，其主要是种树或采取草方格防止风蚀、风积；覆盖塔基，隔绝风沙活动，可使用不易风蚀材料如砾石、草皮、土袋等将地基完全覆盖等。上述主要环境地质问题及防治对策见表 33-2。

表 33-2　　环境地质问题及防治对策一览表

| 环境地质问题分类 | | 产生原因 | 对线路的危害 | 防治对策 |
|---|---|---|---|---|
| 自然环境地质问题 | 风蚀沙埋 | 由于工程改变原始状态，导致风速、风向发生变化，致使风蚀发生 | 风积会抬高地面高程，降低接地距离，掩埋塔基；风蚀会掏蚀基础，使基础外露、杆塔倾斜、影响塔位稳定 | 采用大粒径材料或黏性土改变塔基周围土的性质等；降低风速，其主要是采取草方格防止风蚀、风积；覆盖塔基，隔绝风沙活动，可使用不易风蚀材料如砾石、草皮等将地基完全覆盖等，防治范围不宜小于塔基四周 50.0m |
| 人为环境地质问题 | 人为采挖区以及施工导致塔位处边坡坍塌，上方土体塌滑 | 降基卸载产生新的临空面，原有平衡被打破，基础及铁塔架设导致土压力局部增大，引起重力式塌滑 | | 对降基产生的高边坡应修筑挡土墙和护坡进行防护，或采取削坡卸载等措施；对塔位附近的采挖区禁止继续开采，防止导致塔基失稳 |
| | 植被破坏 | 降基、基坑开挖 | 西部生态比较薄弱，开挖过多，会导致地基土裸露，塔位处水土流失增加 | 尽量减少开挖面，减少塔位处溜滑弃土破坏植被，也可将塔位处植被铲下养护，施工完毕尽量恢复原有植被。根据不同的地形地貌采用合理的基础形式如高低腿等方案来减少降基开挖量 |

## 二、戈壁地区

### （一）路径及塔位的选择

（1）路径应避让不良地质作用发育区域的区域。

（2）路径宜避让盐渍土发育地段中地势低洼的过水廊道区域。

（3）塔位尽量避让坎儿井。

（4）塔位尽量避让地势低洼且易汇水地段，防止汇水冲蚀对塔基稳定性的影响。

（5）塔位尽量选择地势高、基岩埋藏浅、地表盐渍化现象轻的地段。

### （二）地基处理方法

在戈壁地区场地杆塔地基处理往往与特殊岩土有关，如盐渍土，地基处理方法见相关章节内容。戈壁地区重点关注坎儿井和冲蚀作用的处理。

#### 1. 坎儿井常用处理方法

（1）基于保护坎儿井的处理方法。保护坎儿井可参照岩溶、防空洞等处理方法。首先查明坎儿井分布、竖井和暗渠具体位置、直径大小、埋藏深度、地层岩性、地基土工程性能、坎儿井运行情况等，在此基础上评价杆塔基础开挖、施工、运行对于坎儿井的影响。当存在影响时，可采用拱砌圈梁对暗渠进行加固，对竖井进行内砌加固，在验算强度时一定要考虑到杆塔基础后期运行的条件。如果杆塔基础塔腿位于竖井或暗渠上时可考虑采用大板基础，以减少基地受力情况；如果杆塔基础仅靠近暗渠或竖井，可考虑采用挖孔灌注桩，必要时加大桩长，使基础受力传导到暗渠底部以下。

（2）基于回填坎儿井的处理方法。回填坎儿井的处理方法可参照回填溶洞等地基处理方法。对影响深度范围内的坎儿井的暗渠、竖井经行回填夯实处理，必要时可对暗渠的上下游进行封堵，回填以毛石混凝土处理为主。回填后如杆塔在回填影响区时，可采用大板基础。

#### 2. 冲蚀作用常用处理方法

通常采取的措施可归结为“一避、二排、三阻、四保”四点，即：①合理选择塔位，避让不利地段；②保证场地平整，采取相应排水措施；③砌筑挡水墙，阻挡洪水对塔基的直接冲刷；④采取相应的环保措施保护塔基周围的水土。

（1）塔位的选择。在选线定位时应当结合地形图，对冲沟的发育有预判，选择合理的路径及塔位，尽量避开冲沟较多的区域以及冲沟发育较快的地区。将塔位选择在距冲沟较远的地方。

此外，应尽量避开山前冲积扇地区，避免或减小山洪对塔基的直接冲刷。当塔位无法避让山前冲积扇时，应尽量将塔位选于山脚等水流速度较慢的位置，然后通过其他措施进行处理。

（2）塔基排水措施。对塔基局部而言，应做好塔基范围内的场地平整与排水工作，保证塔位周围排水通畅。尤其是对于塔基弃土，要远离塔位并加以平整，避免引起水流改向形成汇水直接冲刷塔基。以往工程曾出现因接地沟的防沉层高出地面，从而对塔位中心形成汇水而造成的冲刷（见图 33-8）。

（3）塔基挡水墙。对于无法避开冲沟的塔位，应尽量避开冲沟的中心地带，并采取必要的防护措施。挡水墙是运用较多的且效果良好的一种塔基保护措施，如图 33-9 所示。

图 33-8　接地沟的防沉层形成汇水造成冲刷

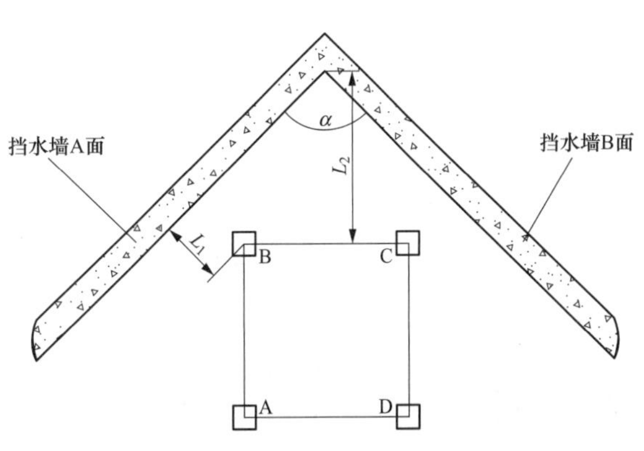


图 33-9　冲沟挡水墙

从受力角度分析，戈壁滩地区塔基挡水墙主要受洪水冲击力作用，该力在挡水墙内部产生剪切作用以及整体的倾覆作用。下面以输电线路工程中常见的塔基挡水墙破坏形式为基础，探讨塔基挡水墙破坏的机理。

1）挡水墙剪切破坏。目前塔基挡水墙主要采用浆砌石进行砌筑，其内部抗剪主要由水泥砂浆的胶结作用提供，整体性差。挡水墙由于洪水的冲击作用而发生剪切破坏的示例如图 33-10 所示。

2）挡水墙表面局部破坏。戈壁滩地区一般气候干旱缺水，施工条件恶劣，养护条件差。使用浆砌石砌筑的挡水墙，整体性差，在洪水的冲击作用下，即使不发生整体的剪切破坏，也会造成迎洪面的局部表面破坏，如图 33-11 所示。

图 33-10　挡水墙剪切破坏示例

图 33-11　挡水墙迎洪面的局部表面破坏

3）水流对挡水墙的掏蚀作用。由于挡水墙的存在，造成水流顺挡水墙流动，形成水流对挡水墙底

图 33-12 水流对挡水墙底部的掏蚀作用

部的掏蚀作用，水流对挡水墙底部的掏蚀作用如图 33-12 所示。

由于浆砌石挡水墙抗剪能力差，且洪水冲击力作用点靠近挡水墙底部，所造成的倾覆作用较小，目前为止并没有发现由于洪水冲击而发生倾覆的现象。

（4）防止水土流失。考虑戈壁地区植被稀少，生态环境非常脆弱，容易造成地表水土流失，尤其在某些特殊区域，间断性的流水往往在地表冲刷形成冲沟，这种水土性流失使得泥水携带着大量的泥沙和碎石，对于输电线路杆塔的破坏极大，因此从水土保持的角度需重点考虑到塔基附近的生态，防止水土流失，采取相应的环保措施保护塔基周围的水土。

## 第五节 工 程 实 例

### 一、项目概况

某线路位于酒泉—张掖的河西走廊戈壁滩上，该段线路主要地层岩性为上覆第四系冲洪积成因的砂土和碎石土，下卧基岩。在临泽一段穿越 3km 带状沙漠，沙漠地貌形态多呈沙山、沙垄、新月形沙丘和新月形沙丘链，沙丘随下伏基岩起伏，相对高度一般小于 10m。沙漠地貌周边由近及远为沙滩、戈壁地貌，沙粒来源比较有限。因西北风影响，沙丘每年向东南移动距离小于 10m。线路等级±800kV。

### 二、勘测工作量布置情况

该段线路外业定位完成 210 基塔，采用逐基勘测的工作原则，方法包括调查、测绘、井探、钻探、物探以及室内外试验相结合的综合勘测手段，完成工作量见表 33-3。

表 33-3 工作量统计表

| 项目 | 名称 | | 单位 | 数量 | 备注 |
|---|---|---|---|---|---|
| 现场工作 | 地质调绘（查） | | $km^2$ | 26.75 | |
| | 重点地段勘测调查 | | 点 | 65 | |
| | 现场照片 | | 张 | 约 1000 | |
| | 现场视频 | | 段 | 3 | 总计 20min |
| | 钻孔 | | 个 | 128 | 总进尺 1934.3m |
| | 电法探测 | | 基 | 77 | 共计完成剖面 77 条，测线长度 11 760m |
| | 大地电导率 | | 点 | 12 | 共计完成 12 条剖面，测线长度 18 000m |
| | 土壤电阻率 | | 基 | 210 | |
| | 取样 | 扰动土试样 | 件 | 134 | |
| | | 水样 | 组 | 1 | |
| | 试验 | 动力触探试验 | 个 | 80 | 折合 24.0m 进尺 |
| | | 标准贯入试验 | 次 | 60 | |
| 室内试验 | 扰动土试样 | | 件 | 134 | |
| | 水样 | | 组 | 1 | |

（1）戈壁地段工作量布置情况。戈壁滩地段地形起伏不大，地层岩性主要为上覆第四系冲积及风积

成因砂土、冲洪积成因碎石土，下伏第三系基岩。杆塔塔基附近未发现地下水出露情况。根据区域水文地质资料发现，该区域仅在个别地势低洼处见有基岩裂隙水分布，主要依靠大气降水补给。

线路沿线采用逐级勘探工作，根据情况分别选取钻探、井探或物探相结合的方式。针对交通条件尚可、地形起伏不大的杆塔采用了以钻探为主的工作方式，结合盐渍土的情况布置适当的探井，原则上一个地貌单元不少于 3 个探井；基岩山区采用了探井为主的勘探方式；对于交通条件极其不好、钻机难以到达地段，多采用物探与探井相结合的勘测方式。

（2）沙漠地段工作量布置情况。地貌单元属于带状沙漠。沙漠地貌形态多呈沙山、沙垄、新月形沙丘和新月形沙丘链，沙丘随下伏基岩起伏，相对高度一般小于 10m。沙漠地层岩性主要为第四系风积形成的粉细砂和冲、洪积成因的碎石土。

线路沿线采用逐基勘探工作，采用钻探、物探、探井相互结合的原则布置，并充分调查了带状区 2km 范围内的沙丘分布情况。

（3）规范要求。勘测手段可采用地面调查、钻探、物探、坑探和取样分析等。戈壁沙漠区应逐腿勘探、逐基钻探，戈壁区勘探深度不宜小于 10m，沙漠区的勘探深度应达到基础底面以下 1.0～1.5 倍的基础宽度并至稳定坚实地层。

## 三、沙漠戈壁区主要工程问题及处理建议

### （一）盐渍土问题

线路沿线的盐渍土问题较为突出，其中盐渍土的盐胀、溶陷问题；盐渍土的腐蚀性问题；盐渍土防腐处理措施表现较为集中。

盐渍土的盐胀、溶陷问题可参照 GB/T 20942《盐渍土地区建筑技术规范》进行分析评价。

盐渍土的腐蚀性问题，可根据盐渍土取样要求进行按地貌单元取样分析、评价，对于线路沿线地表有盐结晶块、盐渍化现象、易过水的地段应进行重点取样，在线路选线阶段对于有盐渍化现象地段进行避让或绕避，对于无法避让的在施工图定位阶段尽量选择地势较高且不易积水处，并针对该段塔基进行逐级取样分析。哈郑线在该段地下水对混凝土具强腐蚀、在干湿交替时对混凝土中的钢筋具强腐蚀。设计时均按强腐蚀性考虑，采用混凝土设计标号均为 C40，均采用 HCPE 进行外防护。通过对该段线路通道在 2011 年与 2015 年航片（见图 33-13 和图 33-14）分析对比发现，2015 年 N1647-N1643 出现比较明显的盐渍化现象，地表发白。根据现场实际情况调查，施工时沿线路并行方向修筑了一条简易施工便道，以至于出现过水时地势低洼聚水，从而逐渐形成盐分聚集情况。

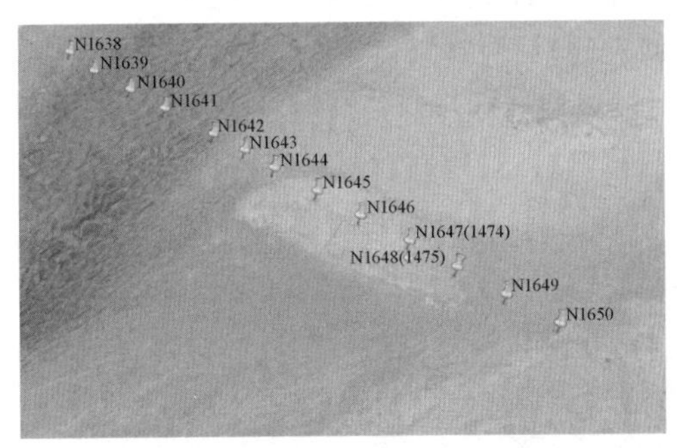


图 33-13　2015 年期间线路航片（线路建成投运）

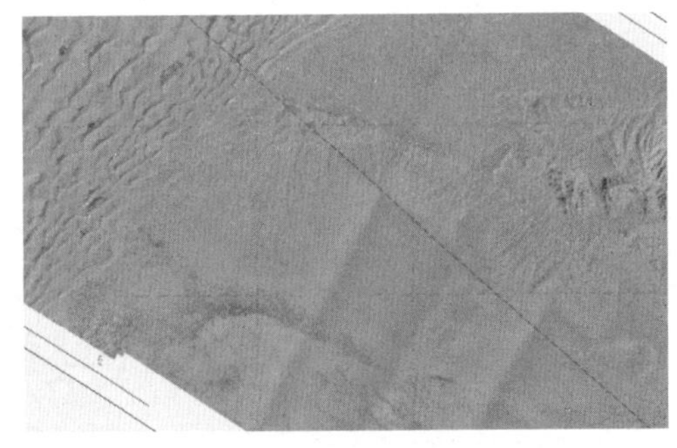

图 33-14　2011 年定位是航片

对该段线路重点查验后发现两个重要因素：①简易施工便道以及杆塔地表未恢复原始地貌导致积水后盐分在低洼地段堆积情况；②塔基基坑排水将所排水在戈壁滩自然蒸发，使得在塔基附件土壤含盐量急剧增加，见图 33-15 和图 33-16；三施工防腐措施采用刷涂料的措施工艺过于复杂，且对于戈壁滩的高温低温极限值因素使得涂料表面出现破损，导致防腐措施失效，见图 33-17 和图 33-18。

图 33-15 塔基地势低洼聚水后盐渍聚集

图 33-16 塔基基坑就地排水自然蒸发后盐分结晶

图 33-17 基础防腐涂料破裂

后期整改措施：该段改为清除一剥落层，并采用修复砂浆进行保护层修复，外侧采用玻璃钢保护层包裹处理；塔基面将表层土外运，回填使塔基面自然散排水。

（二）盐渍土随戈壁地貌盐渍化迁徙问题

戈壁滩中有盐渍化问题往往伴随水的变化而进行迁徙，尤其是在过水廊道和地势低洼地段。如图 33-1 所示，也伴生有盐渍化迁徙的因素，线路在张掖北侧避开盐渍化过水廊道走线见图 33-19。

（三）塔基防风固沙问题

本线路在临泽县一带跨越带状沙漠（见图 33-20），沙漠地貌形态多呈沙山、沙垄、新月形沙丘和新月形沙丘链，沙丘随下伏基岩起伏，相对高度一般小于 10m。沙漠地貌周边由近及远为沙滩、戈壁地貌，沙粒来源比较有限。受西北风影响，沙丘每年向东南移动距离小于 10m。

该段沙漠地层岩性主要为第四系风积形成的粉细砂和冲、洪积成因的碎石土。基础形式采用了大开挖重力基础。

（1）沙漠沙丘地区塔基处理原则及思路。线路杆塔选择在固定沙丘或半固定沙丘处立塔，而且避让开沙丘的下风侧。在穿越固定沙丘、半固定沙丘进行塔位选择时，选择了地势较低、植被较好的原始地面位置；在穿越半流动沙丘，其沙丘厚度较大时，考虑了直接跨越，在沙丘厚度较薄时，考虑适当加大基础埋深。总之，在线路杆塔位置的选择时首先考虑其所处沙丘的稳定性，其次考虑其地形、植被、盐渍土等因素。

图 33-18 基础表面保护层剥落情况

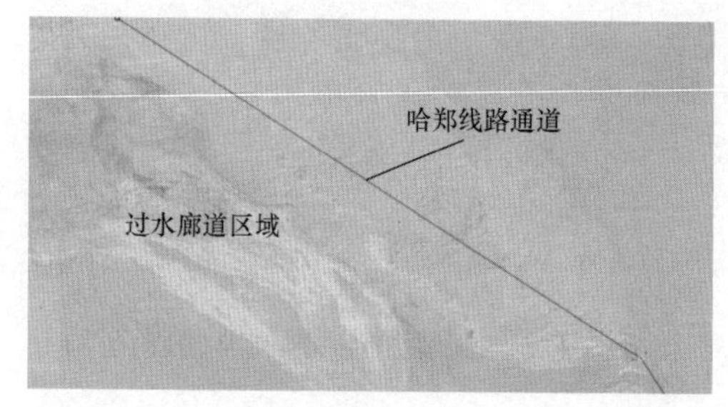


图 33-19 线路避让盐渍土过水廊道区域

对位于沙漠地区固定沙丘与半固定沙丘上，岩性为中细砂、粉砂、粉土等地区的杆塔，考虑采用斜柱柔性基础、刚性基础等，特别是斜柱柔性基础，它可以减小铁塔基础承受的横向、纵向力，柱承受的弯矩和底板小地基的承压力，与直立柔性基础相比能减少混凝土的用量，为目前沙漠地区使用的主要基

图 33-20　带状沙漠区

础形式之一。对于沙漠地区表层植被覆盖较少，小型流动沙丘上的杆塔，考虑加大基础宽度或采用重力式基础等措施。

（2）环境治理及固沙方案。根据沿线线路的具体情况，治理措施一般有以下几种：改变塔基土性质，即采用大粒径材料或黏性土改变塔基性质等；降低风速，其主要是采取草方格防止风蚀、风积；覆盖塔基，隔绝风沙活动则是使用不易风蚀材料如砾石、草皮等将地基完全覆盖等。前期根据沙漠防护的情况具体提出了如下方案：

1）块（砾）石防护；

2）黏土防护；

3）生物防护；

4）化学固沙防护；

5）草方格防护。

本线路多采用块石防护和草方格防护相互结合的处理方式，由于线路穿越段的沙丘固化相对较好，在地势低洼处多见有植物根系和零星植被，因此防护范围多选取了 30m×30m 方案，个别较差的选择了 50m×50m 方案。

（四）冲蚀作用的防护与处理

在戈壁地区往往由于山前冲蚀作用较为严重，戈壁的地层往往以上部为冲洪积成因的砂砾石，其下为基岩，覆盖层往往较浅，植被稀疏、生态脆弱，易造成水土流失。在已有的工程项目中的戈壁地区塔基防护冲蚀均采取了相应的防护处理措施。

在设计时必须考虑冲刷的影响，采取有效防范措施。采取的措施可归结为“一避、二排、三阻、四保”四点，即：①合理选择塔位，避让不利地段；②保证场地平整，采取相应排水措施；③砌筑挡水墙，阻挡洪水对塔基的直接冲刷；④采取相应的环保措施保护塔基周围的水土。

（1）塔位的选择。在选线定位时应当结合地形图，对冲沟的发育有预判，选择合理的路径及塔位，尽量避开冲沟较多的区域以及冲沟发育较快的地区（见图 33-21）。将塔位选择在距冲沟较远的地方。

图 33-21　冲沟河床

此外，尽量避开山前冲积扇地区，避免或减小山洪对塔基的直接冲刷。当塔位无法避让山前冲积扇时，尽量将塔位立于山脚等水流速度较慢的位置，然后通过其他措施进行处理。

（2）塔基排水措施。对塔基局部而言，应做好塔基范围内的场地平整与排水工作，保证塔位周围排水通畅。尤其是对于塔基弃土，要远离塔位并加以平整，避免引起水流改向形成汇水直接冲刷塔基。以往工程曾出现因接地沟的防沉层高出地面，从而对塔位中心形成汇水而造成的冲刷。

（3）塔基挡水墙。无法避让冲沟的塔位，应尽量避开冲沟的中心地带，并采取必要的防护措施。挡水墙是在戈壁地区运用较多的且效果良好的一种塔基保护措施。

戈壁地区塔基挡水墙设计要点如下：

1）采用加强塔基挡水墙承受洪水冲击作用的措施。为加强塔基挡水墙的抗剪作用，可适当加大挡水墙迎洪面坡度。增大迎洪面坡度，既可缓冲洪水的冲击，降低冲击作用，又能加大挡水墙的抗剪作用面，提高挡水墙的抗剪能力，如图 33-22 所示。

为加强塔基挡水墙的抗剪作用，也可采用在挡水墙迎水面及背面堆砌斜面碎石土的措施。挡水墙迎水面堆砌的斜面碎石土可有效缓冲洪水的冲击作用，同时可保护挡水墙迎水面不发生局部表面破坏，堆砌斜面碎石土还能通过由于其自重所产生的摩擦力来分担洪水的冲击作用，如图 33-23 所示。

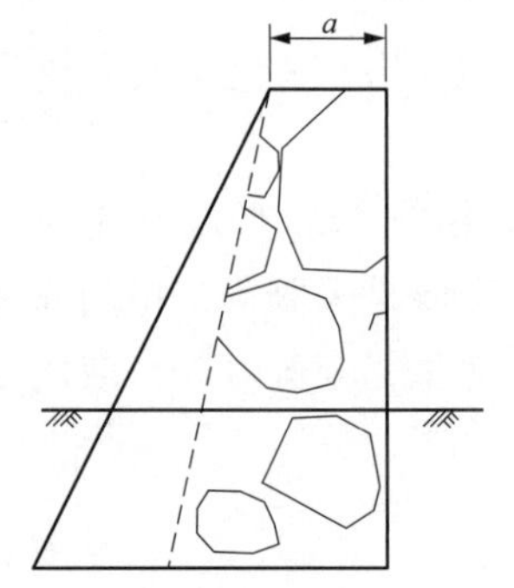


图 33-22　适当加大挡水墙迎洪面的坡度

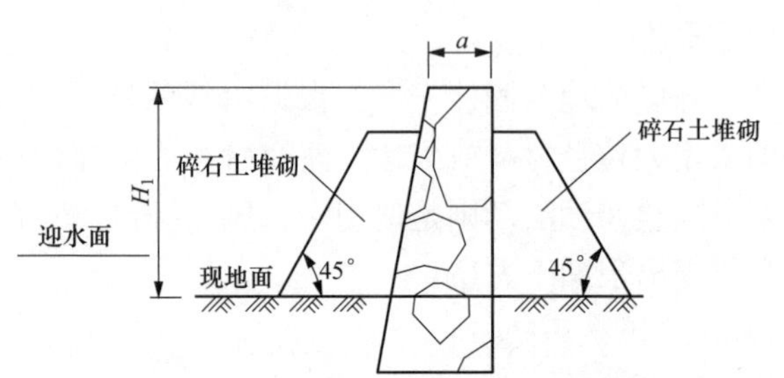


图 33-23　堆砌斜面碎石土加强措施

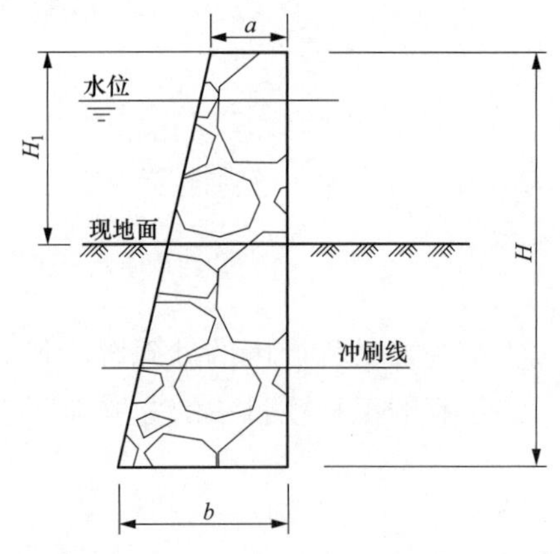


图 33-24　适当加大挡水墙的埋深

为加强挡水墙对表面局部破坏抵抗能力，还可采取在其迎洪面水泥砂浆抹面和铺设水泥预制板的措施。

2）采用加强塔基挡水墙承受水流对其底部的掏蚀作用的措施。为加强塔基挡水墙承受水流对其底部的掏蚀作用的抵抗能力，应适当加大挡水墙的埋深，使其埋深位于水流冲刷线以下，同时可采用水泥砂浆抹面和铺设水泥预制板的措施来加强其对水流冲蚀的抵抗能力，如图 33-24 所示。

戈壁地区塔基挡水墙的设计，应从降低洪水冲击作用、水流掏蚀作用，加强挡水墙抵抗能力两方面着手，上文依据以往工程经验，列举了一些工程措施，实际工程中，可根据当地的洪水来水量，综合选取上述措施。

戈壁地区一般气候干旱缺水，施工条件恶劣，养护条件差。在上述条件下，应加强戈壁地区塔基挡水墙的施工质量管理，确保工程质量。戈壁地区塔基挡水墙施工要点如下：

（1）挡水墙材料必须用 M5 水泥砂浆砌毛石，勾缝，修筑过程中严把质量和施工工艺；

（2）挡水墙内、外应完全采用砂浆砌制，杜绝墙外采用砂浆砌制，墙内直接块石堆放的做法；

（3）挡水墙施工应严格按照《基础施工说明》中的要求进行，满足设计要求的埋深及尺寸。

## 四、总结

本线路作为后期特高压输电线路穿戈壁滩的代表性项目，其中也涉及了一处带状沙漠区，从工作量布置的情况看基本体现了逐基勘探的原则，充分发挥了钻探、物探、井探相互补充的优势。可简单总结为逐基勘探（包括钻探、井探、物探等）、按微地貌单元划段分区取样、重点地段和重点杆塔加强的原则。该段线路中涉及盐渍土问题、微地貌单元与盐渍土迁徙问题、水土腐蚀性问题、沙漠地区杆塔处理措施、冲蚀作用的防护与处理等戈壁地区常见问题的处理。

# 第七篇

## 国外工程勘测篇

# 第三十四章　国外工程管理

随着我国超高压及特高压输电工程技术的日臻成熟，相关技术出口也逐渐增多。近些年，我国已陆续在亚洲、非洲及南美洲等区域承揽并完成了若干超高压输电线路工程，并开始逐步推广特高压技术。国外输电线路工程项目从项目启动策划到项目收尾与服务阶段，基本程序可参照国内同类项目执行程序（具体参见本手册第六章～第八章），但因为国情或地区的差异，许多国家和地区存在与我国不尽相同的要求与方法。本章依据近年来国外的一些输电线路项目勘测设计的实践，概略总结国外输电线路岩土工程勘测应采用的管理方法与注意事项。

## 第一节　前期踏勘考察

近几年国外输电线路项目的承接，多为可行性研究阶段之后的初步设计及施工图设计阶段。可行性研究阶段的勘测设计，多以线路踏勘及搜资为主，岩土专业则主要注重线路路径的可行性与适宜性。受制于一些国家规划限制，现场大多是一次性踏勘并搜资工作。本节侧重点为输电线路初步设计及施工图设计阶段的踏勘。

1. 踏勘前的准备

对于项目的启动，首先需要了解招标文件技术部分要求及技术合同范围，做到项目策划的有的放矢。合同包括总包方与业主、设计方与总包方合同。岩土专业应重点了解招标技术文件中所要求执行的技术标准，工作量布置原则、勘探方法，试验手段等，同时了解合同中所规定的专业执行范围。对于前期未参与的项目，应提前进行现场踏勘，踏勘成果将作为项目执行策划的依据。

现场踏勘前应充分了解目的国家或地区的综合概况、是否与我国存在外交关系，并查询是否已列入我国外交部领事安全提醒。踏勘应与相关专业共同组织，在总承包单位的协助下完成。踏勘前宜根据已掌握的信息编制踏勘大纲，包括踏勘目的、人员组成、踏勘路线安排、搜资内容、目的国的接洽对象，澄清问题列表等。

在踏勘之前或踏勘期间，首先需要了解目的国家签证政策，包括签证要求、签证类别，签证时间、签证有效期等。有些国家对于商务签证规定需要目的国家提供邀请函，因此需提前办理。需要了解当地移民部门对于非本国公民临时工作的政策要求。

2. 现场踏勘

抵达目的国家后，应考察当地宗教、民俗习惯，这对于未来现场生活与工作的顺利展开至关重要。同时需了解当地劳工政策，临时劳务聘用方式，法定工作时间，节假日加班政策，以及劳务聘用中需要注意的问题。

初步了解当地整体安全局势，治安概况及流行性疾病概况等。

在总包方许可的前提下，应尽早与当地业主单位、业主工程师、业主咨询工程师或项目监理取得联系，可通过会议座谈的方式，提交收资提纲，了解项目背景，以及合同范围内的具体技术要求。对所需澄清问题应逐一落实。

在总包方或业主的协助下，到相关部门搜集必备的基础资料及当地强制性标准与规范。对于没有任何资料储备的国家或地区，踏勘搜资尤为重要。

岩土专业主要收集资料一般包括：

（1）区域地质、地貌资料。主要包括 1∶5 万～1∶20 万的地质图、地质构造图，区域地质报告等。

（2）区域地震及地震地质资料。主要包括线路所在附近地区历史地震记录（震中位置、震级、地震烈度等)。厂址所在地区地震烈度、地震设防烈度，地震动峰值加速度，地震动反应谱特征周期，当地对于抗震设计的强制性要求，抗震设防标准等。

(3) 沿线水文地质资料。

(4) 沿线遥感地质资料。

(5) 沿线区域矿床分布及开采情况，采矿塌陷边界影响范围。

(6) 文物和重点化石群的分布及保护等级。

(7) 沿线不良地质作用高发区。

(8) 沿线特殊岩土分布概况。

需要与业主方及监理方确认线路勘测方法、勘测手段的认可方式、成果资料的提交及审核确认程序。

根据招标技术文件及合同要求，初步判断线路勘测需要采用的勘测设备。考察当地设备概况，包括设备型号、设备能力、土工试验室、水分析试验室、工作效率、资质情况、可采用的外包模式、外包价格范围等。同时需要考察目的国家对于设备进出口的政策要求，包括永久出口模式与临时出口模式。无论是采用当地设备还是自行出口设备，都将作为项目策划的决策依据。

线路沿线的现场踏勘应着重考察当地的自然环境与社会环境。自然环境包括沿线气候条件、植被分布概况、地形地貌、河流湖泊分布等。社会环境主要包括沿线城镇分布、住宿条件，社会治安，沿线交通概况、当地物价水平、劳动力状况等。踏勘期间应对未来线路分段进行初步规划，并初步落实分段项目驻点。

3. 踏勘报告

踏勘完成后，宜编制完整的项目踏勘报告。踏勘报告应包含踏勘期间所搜集了解的全部信息，作为项目策划的基础依据之一。

踏勘报告包含以下内容：

(1) 项目概况，包括项目规模，合同范围等。

(2) 项目所在国或地区概况，宗教习惯，安全局势，传染性疾病，劳工政策，法定工作时间，节假日加班政策等。

(3) 线路沿线地区自然环境概况，包括沿线气候概况，地形地貌，植被覆盖率，植被类型等。

(4) 根据线路沿线地区社会环境概况，包括沿线城镇分布、住宿条件，社会治安，交通概况、物资供应，物价水平，劳动力状况等，提出将来终勘外业驻地备选方案。

(5) 当地勘探设备、土工试验室概况。

(6) 当地设备进出口政策。

(7) 搜资成果。

(8) 业主方及监理方确认的勘测方法、勘测手段及成果资料的提交与审核。

(9) 重要问题澄清内容。

(10) 资料提交与审核确认程序。

(11) 对于未来初步设计、施工图阶段外业作业模式的建议。

(12) 附必要的照片和影像资料。

## 第二节　项　目　策　划

在踏勘成果的基础上，进行项目执行策划并编制勘测工作计划。

1. 项目勘测工作计划

根据招标技术文件以及勘测设计合同范围，首先需确定现场勘测阶段划分。一般在没有具体说明或澄清的情况下，可按照国内初步设计及施工图设计阶段划分。而在有些国家，因为规划的约束，可行性研究阶段或前期阶段已确认了线路路径及转角坐标，设计院对路径调整的主动性较低，一般直接进行一次性施工图勘测。

线路勘测阶段划分后，依据踏勘成果及合同工期要求，确定线路拟采用的勘测方法与手段，拟投入的设备类型，并预估实物工作量。以此为基础，首先应对现场作业模式进行公司决策，即现场勘测作业是否采用当地全部或部分外包模式。

作业模式确认后，应根据不同的作业模式对线路进行分段规划，以确认最终现场管理及专业人员组成，设备、仪器的型号类型、最终数量等。对于存在当地外包的模式，应提前组织商务介入。对于自行组织设备仪器赴目的国勘测的模式，应确认仪器设备出口方式，运输途径。需进行设备出口，应提前组织设备的采购、运输、报关、出关等手续。对于随人员携带设备，应准备目的国临时进出口所必备的材料证明。

根据线路分段与执行方式，提前策划项目现场后勤组织方式，初步确认分段驻地、后勤人员。根据踏勘结果，确认是否需要配备专职翻译，明确翻译人数。明确现场是否需要采取安保措施和如何组织安保。对局部偏远难达地段，应提前策划流动性生活保障，安保方式等。

项目策划应考虑当地季节天气对于现场作业的影响。对于存在传染性、流行性疾病地区，应有针对性预防措施。

所有现场参与人员明确后，应根据目的国签证政策分类确认采用护照与签证种类，并统一组织签证或路条的办理。同时应提前确认现场签证延期或取得工作许可方式。

依据所有的项目策划成果，编制线路的勘测工作计划。勘测工作计划应主要包括：

(1) 项目概况简要介绍项目来源，参建各方，路径长度及走向等。

(2) 编制依据主要包括招标文件、勘测设计合同、探勘报告、重要会议记录等。

(3) 勘测范围包括勘测阶段，合同规定范围、特殊技术要求等。

(4) 勘测作业手段包括标准或规范依据、各阶段勘测方法及主要技术手段，最终实物工作量，需投入设备类型及数量，是否当地对外委托，外委方式，进度计划，资料提交内容与方式等。

(5) 项目人员及设备配置包括项目经理在内的各段分专业人员，明确各段现场负责人，需投入设备清单，分批次人员及设备出发、撤退计划等。

(6) 后勤保障包括生活驻地保障、交通保障、生活保障、疾病预防、安全保障计划等。

(7) 签证及工作许可办理包括人员护照及签证信息，签证办理计划，当地工作许可证 (ID) 办理流程及计划等。

(8) 突发事件处理。在政治、治安不稳定国家或地区，遇到紧急突发情况处理方式或撤退计划（必要时，可进行专项安全策划）。

(9) 其他注意事项包括需要再次澄清问题，现场与业主、业主工程师、监理、总包方等作业配合的问题等。

《勘测工作计划》将作为项目执行基本依据。

2. 专项安全策划

对于社会政治、经济、安全局势极不稳定的国家与地区，宜进行专项安全策划。

专项安全策划首先应进行境外安全风险评估，风险评估应包括：

(1) 政治风险是指项目所在国的政局变化、战争、武装冲突、恐怖活动、社会动乱、民族宗教冲突等风险；

(2) 政策风险是指项目所在国政府的财政、货币、外汇、税收、环保、劳工等政策的调整的风险；

(3) 社会治安风险是指项目所在国可能发生的抢劫、人身攻击、勒索、绑架、劫持、海盗、盗窃、诈骗等风险；

(4) 自然风险是指地震、海啸、火山、飓风、洪水、泥石流等自然灾害及重大流行性疾病等风险；

(5) 其他风险：境外可能发生的对我境外项目和人员造成危害或形成潜在威胁的其他各类风险。

境外项目安全策划主要包含以下内容：

（1）建立境外项目安全管理组织机构，确定职责划分；

（2）制定安全管理措施，规划场所、营地、途中及现场的安全管理方案；

（3）制定安全培训计划，分层次、有针对地对职工（包含外包或分包单位的项目管理与现场作业人员）进行安全培训；

（4）建立安全审核与检查制度包含公司层面及境外现场的安全审核与检查、自查制度；

（5）编制境外应急管理措施并编制突发事件处置方案。

## 第三节　人员及资料设备准备

依据《勘测工作计划》，应立即着手准备人员基本资料及设备材料的准备。

项目人员应根据签证办理时间、签证有效期及项目策划的分阶段工期，分批办理目的国签证。有些因转程需要或目的国暂与我国没有外交关系，需选择办理第三国签证。根据目的国签证政策要求，一些国家需提供无犯罪证明。

根据要求不同，一些国家和地区需要办理当地工作许可或临时身份证。出国前应按照项目人员分工，充分准备个人学历证明、对应的上岗资质等中、外文版资料。

勘测设备仪器确认出口方式后，对临时出口与永久出口设备分类准备。

暂入暂出型小型仪器设备可选择随人携带在目的国海关办理设备清关。设备仪器应准备有效发票、装箱清单，设备材料清单等证明。一些国家还要求提供当地业主方或总包方的合法营业证件（复印件）。对于测量、通信等敏感设备还需取得目的国安全部门与通信管理部门的使用许可。

临时性进出口大型仪器设备，可作为对外承包工程出口物资在中国海关办理“对外承包工程出口物资 3422”程序；工程完结，设备仪器回运国内可办理“退运货物 4561”海关程序。设备进出口需准备材料及装箱运输参见第四节“设备的报关出关”。

永久性出口仪器设备执行对外承包出口程序，具体程序及需准备材料参见第 5 节“设备的报关出关”。需要注意的是，作为永久性出口货物，宜为新采购设备，否则多数目的国拒绝清关。一些国家安全监管机构对于现场施工设备要求具备有效的安全合格证明书或安全检验证书，这些材料均需提前准备。

对外承包工程公司在货物报关出口并在财务上做销售处理后，向主管出口退税的税务机关报送《出口货物退免税申报表》和《对外承包工程项目及出口货物退税统计表》，同时提供购进货物的增值税专用发票或普通发票、税收（出口货物专用）缴款书、出口货物报关单（出口退税联）、“对外承包工程项目及出口货物批准书”申报办理退税。对外承包工程下出口货物的退税单证管理，按照一般贸易的有关规定执行。

## 第四节　设备的报关出关

勘测设备出口，原则上是属于经外经贸部批准的，有对外承包工程经营权的公司为承包国外建设工程项目和开展劳务合作等，对外合作项目而出口的设备、物资的出口。

对外承包工程公司在确保工程项目真实性的前提下，向商务厅申报对外承包工程出口货物。除提供对外承包工程合同外，还应提供“对外承包工程项目及出口货物批准书”，列明工程项目下出口货物的名称、数量、出口额等相关情况。审核通过后，商务主管部门签发“对外承包工程项目及出口货物批准书”。

对外承包工程出口货物报关出口时，应向监管海关提供“对外承包工程项目及出口货物批准书”、对外承包工程合同。海关在货物实际出口后签发报关单，并在出口货物的报关单“贸易方式”栏注明“对外承包工程”字样，属边贸企业经营的对外承包工程下出口货物的报关单，在“贸易方式”栏注明“边境小额贸易”，并在“标记唛码及备注”栏中注明对外承包工程项目批文号。同时，按照有关规定做好报关单电子信息的录入和传输工作。

报关涉及的设备及仪器等货物，应由其收发货人或其代理人（需要有一般进出口企业资质的公司），按照货物的贸易性质或物品的类别，填写报关单，并随附有关的法定单证及商业和运输单证报关。如属于保税货物，应按“保税货物”方式进行申报。

清关即结关，习惯上又称通关，进口货物、出口货物和转运货物进入一国海关关境或国境应向当地海关申报，办理海关申报、查验、征税、放行等手续。

进出口商向海关报关时，需提交以下单证：进出口货物报关单、货物发票、陆运单（空运单）和海运进口的提货单及海运出口的装货单、货物装箱单、出口收汇核销单，海关认为必要时，还应交验贸易合同、货物产地证书、商检等单证。

作为电力岩土工程国际项目的勘测，设备仪器的运输是工程实施的关键；设备仪器的运输，必须依法履行海关进出境报关、清关手续。运输方式有海运、空运和陆运，除装箱要求略有不同外，其他程序基本一致。

海洋运输，运量大、运费低，目前是对外承包工程中最主要的运输方式。

## 一、海运出口流程

### （一）集装箱整箱一般程序

（1）选择发运港及卸货港；

（2）发运前，统计货物装箱清单，预配箱；

（3）选择合适船期，出具完整海运托书，向船代订舱；

（4）发货人选择在自己工厂或仓库货物装箱地点装箱；

（5）通过内陆运输，将集装箱货物运至集装箱码头；

（6）集装箱进港后，进行报关，等待海关放行；

（7）集装箱船到港后，装船发运；

（8）船开 3 日左右，签发海运提单；

（9）通过海上运输，将集装箱货物运抵卸货港；

（10）根据堆场计划在堆场内暂存货物，等待收货人前来提货；

（11）目的港清关，等待海关放行；

（12）收货人提货，内陆运输至指定地点，在仓库或目的地掏箱。

### （二）杂件杂货海运一般流程

（1）选择装运港及卸货港，进行运输可行性论证；

（2）发运前，统计货物箱件清单，选择合适船舶；

（3）出具海运托书，订舱；

（4）发货人将货物运至启运港堆存，等待受载船舶；

（5）报关，等待海关放行；

（6）船到后装船发运；

（7）通货海上运输，运至目的港，卸至堆场暂存，等待收货人提货，或车船直取；

（8）报关，等待放行；

（9）通过内陆运输至目的地卸货。

## 二、发运前准备

### （一）包装

海上运输对货物包装有特殊要求，其风险远高于内陆运输。所有出运货物从工厂吊装上车到目的地卸船这个过程中，至少要经历近 10 次的吊装，其包装要求远远高于内陆运输时的要求，因此海运时对货物包装的要求规定都非常高，特别是散杂货船出口。由于成本或者经验原因，部分制造商的货物包装并不能达到海运要求，多次装卸后，外包装不能保护里面的货物。所以需要发货人在发运前要求供货商，根据该货物的运输方式及货物性质，选择足够牢固，同时性价比较高的包装方式。

海运出口主要包装方式有箱式包装、框架包装、捆扎包装、裸装货物、袋式包装、桶装货物等。

1. 箱式包装

箱式包装主要分为木箱包装和铁箱包装。木箱包装要有足够的框架强度，箱体底座、侧面结构、端面结构、顶板之间连接要牢固，所用材料强度符合要求，要形成有效的整体框架。木箱的底座很重要，重量比较大的木箱底座一定要牢固，要有足够的强度（见图 34-1）。

箱体外表要标明吊点、重心及相关的警示标志，如易碎、防潮、不准倒置等标志。木箱包装时还要注意木箱的包角、护棱、吊点的起吊护铁是否齐全，重量比较大的木箱护吊铁很重要，可以保护箱体的整体性。

(a) 箱式整体

(b) 箱式部分

图 34-1 箱式包装

2. 框架包装

框架包装一般适用于体积较大、外形不规则、重量不是很大的设备发运，其重量宜控制在 16t 以内。框架包装整体框架焊接要牢固，所用钢材要有足够强度，整体封闭性要好，框内货物与框架之间连接要牢固（见图 34-2）。吊点位置要明确，吊耳必须要满焊牢固，以防安全事故发生。框架内最好不要放体积较小的物件，如有的话应该增加安全防盗网，预防高空坠落及偷盗。

图 34-2 框架包装

3. 捆扎包装

捆扎包装在货物发运中应用比较多，多用于钢结构、管材、钢材等的包装。在实际工作中因捆扎包装质量不好而产生货物松散时有发生，给集港及交货都带来很大麻烦，所以对采用捆扎方式包装的货物要足够重视。捆扎包装多采用槽钢、工字钢焊接成 U 形框，然后对货物进行捆扎包装，主要是针对各类钢结构及网架杆件等货物。

捆扎包装 U 形架钢材强度要足够，焊接牢固，若有螺母连接要拧紧螺母，最好将螺母与槽钢间焊死，且 U 形架顶面槽钢槽口要向上，与货物间压紧。较长的钢结构打包时，包装的 U 形架宜成对增加，且吊点的设置必须设置在中间的两个U形架上。吊耳的焊接要牢固，防止安全事故的发生（见图34-3）。

图34-3　捆扎包装

4. 裸装货物

裸装货物大多为体积较大、重量较重的大型设备，要求货物的重心及吊点要明确，突出设备表面的部件要做好防护，一些外罩防雨布的设备要将设备附属部件的位置在防雨布外表标明，以防止碰撞。大型设备要配备配套的鞍座，鞍座与设备间的连接要牢固（见图34-4）。对于一些设备要明确起吊位置。

图34-4　裸装货物

5. 桶装及袋装（见图34-5）

图34-5　桶装及袋装货物

（二）唛头

唛头为包装上货物身份重要标识。唛头格式见图34-6。

（三）进出口单据

海外工程经常使用的贸易方式有一般贸易、对外承包出口、暂时进出货物等，基于该几种贸易方

| 收货人:<br>合同号:<br>目的港:<br>发货人:<br>货物名称:<br>设备编号:<br>装箱号:<br>毛重:<br>净重:<br>尺寸(长×宽×高):<br>制造商:<br>中国制造 |
|---|

| CONSIGNEE:<br>CONTRACT NO:<br>DESTINATION PORT:<br>SHIPPER:<br>NAME OF GOODS:<br>ITEM NO:<br>PACKAGE NO.:<br>GROSS WEIGHT:<br>NET WEIGHT:<br>DIMENSION(L×W×H):<br>MANUFACTURER:<br>MADE IN CHINA |
|---|

图 34-6　唛头格式

式，出口所需提供的单据有：

(1) 箱件清单。显示货物名称规格、箱件号、件毛体，用来配箱、配车、配船。运输中，海关和理货用来查验及清点货物。一般情况下，报关清关数据、提单数据是以此份单据为基础，尽量做到单单相符（见表 34-1)。

(2) 运输委托书。用来订舱。须与报关票数对应，显示收货人、发货人、通知人信息，及该票货物合计的件毛体。提单内容基于此文件。

(3) 发票、箱单。用来报关，对外承包出口需提供成本加盖公章（发票格式见表 34-2)。

(4) 报关委托书及报关单。用来报关，报关委托书必须提供正本（见表 34-3 及表 34-4)。部分口岸一般贸易已经不需要提供正本。

(5) 对外承包资格证书。对外承包工程需提供给海关，复印件加盖公章。

(6) 外贸合同。对外承包工程需要提供，一般贸易大多数口岸不需要提供。

(7) 内贸采购合同。货物品名出口需要增税的，需要向海关提供该货物的采购合同，并且出口申报价格必须大于采购价格。

(8) 通关单。法检货物，一般为制造商在货物发运前，向当地商检局办理商检，出具换证凭条，在出口口岸换取通关单。

(9) CIQ 证书。中东、非洲等国家，委托中国商检对出口货物进行装船装箱前检验。一般由制造商在货物发运前，向属地商检局申请下厂检验，需显示该进口国认可的生产及检验标准，商检出具换证凭单，在出口口岸申请装船装箱前检验。

(10) 装船前检验证书。收货人或国外业主可能会有特殊要求，委托第三方检验公司进行检验。该文件为国内出具。

(11) 大使馆认证。进口国清关要求，一般为目的港口岸的报关发票及原产地证明需要进行认证，在国内办理。办理时间较长，容易影响清关效率。

(12) MSDS。化学品危险品出口需要向船东及海关海事局提供。

(13) 提单。一般在船开后 3 天左右签发，用以提货及清关。如果提单放，需发货人向船东提供电放保函；件杂货运输中，如需提供清洁提单，需要发货人提供清洁保函，甲板货保函等；如果需要合并提单，需提供并单保函；如果需要更改提单内容，需向船东提供改单保函。

表 34-1 **装箱样单**

**CENTRAL SOUTHERN CHINA ELECTRIC POWER DESIGN INSTITUTE OFCHINA**

**POWER ENGINEERING CONSULTING GROUP**

**668 MINZHU RD. WUCHANG，WUHAN，HUBEI，P. R. C**

**Packing List**

TO：PT. SANDIN ENGINEERING

JL KWITANG RAYA NO B GEDUNG SENATAMA LT 4 UNIT 403，KWITANG，
SENEN，JAKARTA PUSAT，DKI JAKARTA，10420

INVOICE NO.：
CSEPDI15001
S/C NO.：PT-CSEPDI-1502
DATE：JAN. 12，2016

| NO. | DESCRIPTION OF GOODS | QUANTITY | PACKAGE | GW（KG） | NW（KG） | V（$m^3$） |
|---|---|---|---|---|---|---|
| 1 | 四联等应变直剪仪 Quadruple uniform strain direct shear apparatus | 1 SET | 1 WOODEN CASES | 0.0 | 0.0 | 0.0 |
| 2 | 三联中压固结仪 Triple medium pressure consolidation apparatus | 1 SET | 1 WOODEN CASES | 0.0 | 0.0 | 0.0 |
| 3 | 单联高压固结仪 Single high pressure consolidation apparatus | 1 SET | 1 WOODEN CASES | 0.0 | 0.0 | 0.0 |
| | | | | | | |
| **TOTAL** | | | **0** | **0.00** | **000.00** | **0.00** |

表 34-2 发票样式

**CENTRAL SOUTHERN CHINA ELECTRIC POWER DESIGN INSTITUTE OF CHINA POWER ENGINEERING CONSULTING GROUP**

**668 MINZHU RD. WUCHANG, WUHAN, HUBEI, P. R. CCOMMERCIAL INVOICE**

TO: PT. SANDIN ENGINEERING
JL KWITANG RAYA NO B GEDUNG SENATAMA LT 4 UNIT 403,
KWITANG, SENEN, JAKARTA PUSAT, DKI JA-KARTA, 10420

INVOICE NO.: CSEPDI15001

DATE: JAN. 12, 2016

| ITEM NO. | DESCRIPTION OF GOODS | QUANTITY | UNIT PRICE | AMOUNT |
|---|---|---|---|---|
| | QUADRUPLE UNIFORM STRAIN DIRECT SHEAR APPARATUS TRIPLE MEDIUM PRESSURE CONSOLIDATION APPARATUS SINGLE HIGH PRESSURE CONSOLIDATION APPARATUS | | (USD) | (USD) |
| 1 | 四联等应变直剪仪 Quadruple uniform strain direct shear apparatus | 1 SET | 0.00 | 0.00 |
| 2 | 三联中压固结仪 Triple medium pressure consolidation apparatus | 1 SET | 0.00 | 0.00 |
| 3 | 单联高压固结仪 Single high pressure consolidation apparatus | 1 SET | 0.00 | 0.00 |
| | | | 0, 000.00 | 0, 000.00 |
| **TotalAmountFOBJAKARARTAPORT** | | | | **0.00** |

表 34-3　代理报关委托书格式

## 代理报关委托书

编号：□□□□□□□□□□□□□□□□□

：

我单位现（A逐票、B长期）委托贵公司代理等通关事宜。（A、报关查验　B、垫缴税款　C、办理海关证明联　D、审批手册　E、核销手册　F、申办减免税手续　G、其他）详见《委托报关协议》。

我单位保证遵守《海关法》和国家有关法规，保证所提供的情况真实、完整、单货相符。否则，愿承担相关法律责任。

本委托书有效期自签字之日起至　年　月　日止。

委托方（盖章）：

法定代表人或其授权签署《代理报关委托书》的人（签字）：

年　月　日

## 委托报关协议

为明确委托报关具体事项和各自责任，双方经平等协商签订协议如下：

| 委托方 | |
|---|---|
| 主要货物名称 | |
| HS编码 | □□□□□□□□□□ |
| 进出口日期 | 年　月　日 |
| 提单号 | |
| 贸易方式 | |
| 原产地/货源地 | |
| 传真电话 | |
| 其他要求： | |
| 背面所列通用条款是本协议不可分割的一部分，对本协议的签署构成了对背面通用条款的同意。 | |
| 委托方业务签章：<br><br>经办人签章：<br>联系电话：　　年　月　日 | |

| 被委托方 | | |
|---|---|---|
| *报关单编码 | No. | |
| 收到单证日期 | 年　月　日 | |
| 收到单证情况 | 合同□ | 发票□ |
| | 装箱清单□ | 提（运）单□ |
| | 加工贸易手册□ | 许可证件□ |
| | 其他 | |
| 报关收费 | 人民币：　　元 | |
| 承诺说明： | | |
| 背面所列通用条款是本协议不可分割的一部分，对本协议的签署构成了对背面通用条款的同意。 | | |
| 被委托方业务签章：<br><br>经办报关员签章：<br>联系电话：　　年　月　日 | | |

（白联：海关留存、黄联：被委托方留存、红联：委托方留存）中国报关协会监制

表 34-4 海关出口货物报关单

## 中华人民共和国海关出口货物报关单

预录入编号： 海关编号：

| 出口口岸 | 备案号 | 出口日期 | 申报日期 | |
|---|---|---|---|---|
| 经营单位 | 运输方式 | 运输工具名称 | 提运单号 | |
| 发货单位 | 贸易方式 | 征免性质 | 结汇方式 | |
| 许可证号 | 运抵国（地区） | 指运港 | 境内货源地 | |
| 批准文号 | 成交方式 | 运费 | 保费 | 杂费 |
| 合同协议号 | 件数 | 包装种类 | 毛重（公斤） | 净重（公斤） |
| 集装箱号 | 随附单据 | 生产厂家 | | |
| 标记唛码及备注 | | | | |

| 项号 | 商品编号 | 商品名称、规格型号 | 数量及单位 | 最终目的国（地区） | 单价 | 总价 | 币制 | 征免 |
|---|---|---|---|---|---|---|---|---|
| | | | | | | | | |

| 税费征收情况 | | |
|---|---|---|
| 录入员　录入单位 | 兹声明以上申报无讹并承担法律责任 | 海关审单批注及放行日期（签章）<br>审单　审价 |
| 报关员<br>单位地址 | 申报单位（签章） | 征税　统计 |
| 邮编　电话 | 填制日期 | 查验　放行 |

## 第五节　过程管理与控制

国外输电线路工程项目，执行国内同类项目过程控制程序（参见第 7 章）及本企业内部管理程序是项目质量管理的基本保证，然而国外项目本身又存在国内所不具备的特殊性，这些特殊性贯穿于项目执行的全过程。本节重点讨论国外项目过程管理与控制中需特别注意的问题。

按照项目策划，当具备现场开工条件，并取得业主同意，国外项目方可启动现场勘测。

1. 勘测准备

项目启动前，应根据项目策划，对全体现场生产人员进行勘测项目计划及专项安全策划的培训，所有参建人员应对主要技术方案、现场安全重点了然于心。当地分包及临聘人员的培训可在现场勘测前进行。

项目组应取得总包方配合，必要时应通过总包方与当地国的中国大使馆或领事馆进行人员备案，或者通过直接登录中国领事服务网“出国及海外中国公民自愿登记”系统，填写个人或团组的基本信息及联系方式，中国驻当地使领馆必要时就可以通过电子邮件给大家发送当地安全状况提醒。当突发事件时，外交部领事司和驻外使领馆可以通过当初登记的联系方式与项目人员取得联系，并在必要时提供领事保护与协助。

为避免现场大规模窝工，项目主要管理人员（先遣组）应提前进场，联系业主或监理，确认业主工程师或监理方现场监控方式，落实资料审核方法方式，确认正式开工日期等。

先遣组应落实项目执行所需要提前准备的基本条件，包括住宿，交通、安保的后勤保障条件等。对于已提前进行出口程序的设备仪器，应落实设备清关进度，同时配合清关补充资料。如需要，应通过业主协助取得当地安全部门对于测量作业许可，并通过当地通信管理部门取得无线电通信波段。对于现场已有设备，应落实设备的调遣运输，如有当地分包，应提前与分包队伍取得联系，落实设备人员状况，配合进场时间等。需要临时聘用当地劳务的，应根据当地劳务政策，与临时聘用人员签订有效的劳务协议或劳务合同。

2. 现场勘测管理与控制

国外输电线路岩土勘测，应根据项目策划、岩土勘测大纲、招标技术文件等要求有计划地分次展开。现场组织模式应依据不同国家或地区要求，以及线路勘测设计整体安排进行组织与调整。许多国家在线路定位勘查期间要求有业主或监理工程师全程现场跟踪监控，其人员派遣方案对现场勘测组织有决定性的影响，需要现场勘测组织充分考虑其影响因素。

一般情况下，在初步设计阶段，岩土专业可分为地质调查组、现场勘探组、物探组、与土工试验组。地质调查组随设计专业按照阶段深度，收集相关专业资料，调查路径方案沿线地形地貌、工程地质及水文地质条件、特殊岩土和不良地质作用分布及矿产分布与开发概况，同时决定需要进行实地勘探工作的区域及勘探要求。物探组根据设计任务要求，测量方案路径沿线的大地导电率。现场勘探组则按照岩土专业负责人或地质调查组要求完成现场勘探及原位测试。土工试验组负责岩、土、水样的相关试验并提交成果报告。

施工图阶段，岩土专业根据需要可分为施工图定位组、物探组、现场勘探组及土工试验组。终勘定位组随各专业进行现场杆塔定位，查明塔位地形地貌，塔位稳定性、岩土特性及不良地质作用等条件，确认现场勘查方法。物探组逐基测量杆塔地基岩土电阻率。现场勘探组则依据按照岩土专业负责人及终勘定位组提出要求，完成杆塔地基岩土现场勘探与原位测试。土工试验组负责在规定的时间内完成岩、土、水样的相关试验并提交成果报告。

现场岩土勘测，除执行本公司质量管理体系规定外，同时应满足业主工程师或监理认可并确认的工作方法及试验方法。除常规原始记录以外，宜收集保存现场勘测的声像资料以作为未来基础资料审查依据。

岩土专业勘测资料的整理工作，除应满足相应遵循的规范标准的要求及不同设计专业输入需求，还应满足业主工程师或监理工程师对于资料审查的要求。多数国家少有针对输电线路工程的勘测标准，因此对于现场岩土勘测及资料整理要求存在诸多不确定性，但多数业主工程师及监理比较认可美标或欧标体系中的试验标准，比如土工试验及现场原位测试，而对于标准体系中没有出现的技术方法，一般不太认可，或者是需要提供可信的文献材料加以说明。

3. 后勤与安全管理

国外线路工程勘测执行期间，应按照项目策划及安全策划，进行必要的物资和技术准备。所有物资宜进行统一管理、统一调度。现场资金管理应遵守我国及目的国外汇管理政策，避免项目资金流的违法、违规流转渠道，保证资金安全。

对项目周期长，风险发生概率高的境外项目，可根据需要，进行必要的专项应急预案或现场处置方案的演练。安全风险发生时，应立即执行现场处置方案并启动应急预案。当出现重大安全风险而需要从项目所在国撤离时，在非特殊情况下，应按照总包方撤离计划统一执行，或者直接听从中国驻当地使领馆人员的指挥，统一行动。

## 第六节　项目收尾管理

多数国家的业主方或监理方在现场勘测作业结束后要求勘测资料在现场提交并审查。专业人员根据业主工程师或监理方认可的成果资料格式，分批或一次性提交勘测报告。勘测报告的翻译，宜在专业人员进行专业词汇的校对后提交出版。审查结果可能存在现场局部的补勘或复勘的验证工作。

当全部线路路径及勘测资料通过业主方或监理方审查，则可以组织现场人员及设备的撤离。项目人员可根据实际需要及签证时间分批撤离。设备的撤离宜根据货物出口模式选择当地库存或返运回国。设备撤离应考虑未来可能存在的线路改线或临时验证性勘测的需求。

## 第七节　资料提交与服务

通过本单位勘测成果专业三级校审并通过业主工程师或监理审查的勘测报告，可作为最终勘测成果资料提交设计、施工使用。资料的提交可依据业主备案要求与设计输入习惯要求分别出版，包括外文翻译版及中文版。

施工前根据项目要求，可集中对施工单位进行勘测设计交底。施工期间现场服务岩土专业以现场工代为主。岩土工代应具备较高的专业水平，宜为参与施工图勘测的专业人员，工代负责现场验坑验槽、对岩土报告进行说明解释工作，必要时可零星组织现场的补勘或验证勘测。当线路需要改线或存在较多验证勘测工作时，宜集中组织单独勘测。

在条件许可的情况下，可在项目施工期间组织工程回访，以便对勘测成果出现的问题进行集中处理，并持续改进。

# 第三十五章　国外岩土工程勘测标准及要求

## 第一节　国内与国际常用标准（规范）体系分类简介

随着国内各电力设计院逐渐走出国门，电力勘测设计企业进入了一个激烈竞争的国际性市场环境。在涉外工程勘测设计过程中首先遇到的就是标准问题，各个国家经济发展水平和历史习惯不一，其使用标准的要求和体系也大不相同。要在竞争激烈的国际市场中立于不败之地，勘测设计成品首先必须满足所在国家标准的要求或国际先进标准的要求。而长期以来，国内电力勘测设计企业都习惯使用国内勘测设计标准，对国外勘测设计标准了解不多，对国内外标准的差异了解不多，以致项目前期很难识别投标项目的各种技术风险，在项目执行过程中需要花费大量精力和时间进行沟通和解释，甚至返工，造成不必要的经济损失。本章意在岩土技术人员对国内及国际主流标准体系有所了解，并初步了解国内规范标准与常用国外标准在岩土专业上存在的主要相同与不同点。

### 一、国内标准体系

1978年我国就成为国际标准化组织（ISO）成员，但我国标准（规范）体系基本上自成一体，现行的标准（规范）体系主要分为国家标准、团体标准、行业标准、地方标准及企业标准。行业标准、地方标准及企业标准多以国家标准为依据，结合本行业或地方的特殊情况加以细化编制，部分与国家标准略有不同但不抵触。对于相关岩土专业，我国的规范（标准）体系的特点是除了对监测试验、工艺标准等进行详细的规定以外（即技术标准），往往对工作范围、深度，工作方法等也有一定的规定和约束（即工作标准），勘测设计人员基本是在规范体系约束的框框内作业，其专业自由发挥度相对较小。另一个特点是同一专业在不同行业均有相应的规范（标准）要求，以与岩土相关专业为例，除了相关的国家规范（规范类别编号GB、GB/T、GB/Z，下同）外，所涉及的行业包括（不限于）建筑（JG，JGJ）、地质矿产（DZ）、地震（DB）、电力（DL）、测绘（CH）、气象（QX）、水利（SL，SLJ）、交通（JTG，JTJ）、铁路运输（TB，TBJ）、冶金（YB）、煤炭（MT）、石油天然气（SY，SYJ）、有色金属（YS，YSY），核工业（EJ，HAF），民用航空（MT）等。需要提到的是，近些年，在技术类标准范畴上，我国的标准（规范）多等同采用（IDT）或修改采用（MOD）国际通用先进标准。

2015年3月，《国务院关于印发深化标准化工作改革方案的通知》（国发〔2015〕13号）开启了标准化改革新一轮序幕。2016年《住房城乡建设部关于印发深化工程建设标准化工作改革意见的通知》（建标〔2016〕166号），启动了工程建设领域标准化改革工作。通知（建标〔2016〕166号）主要提出了七个方面的要求：

（1）改革强制性标准。制定全文强制性标准，逐步用全文强制性标准取代现行标准中分散的强制性条文。新制定的标准原则上不再设置强制性条文。

强制性标准具有强制约束力，是保障人民生命财产安全、人身健康、工程安全、生态环境安全、公众权益和公共利益，以及促进能源资源节约利用、满足社会经济管理等方面的控制性底线要求。强制性标准项目名称统称为技术规范。

技术规范分为工程项目类和通用技术类。工程项目类规范，是以工程项目为对象，以总量规模、规划布局，以及项目功能、性能和关键技术措施为主要内容的强制性标准。通用技术类规范，是以技术专业为对象，以规划、勘察、测量、设计、施工等通用技术要求为主要内容的强制性标准。

（2）构建强制性标准体系。强制性标准体系框架，应覆盖各类工程项目和建设环节，实行动态更新维护。体系框架由框架图、项目表和项目说明组成。

（3）优化完善推荐性标准。推荐性国家标准、行业标准、地方标准体系要形成有机整体，合理界定各领域、各层级推荐性标准的制定范围。要清理现行标准，缩减推荐性标准数量和规模，逐步向政府职责范围内的公益类标准过渡。

（4）培育发展团体标准。改变标准由政府单一供给模式，对团体标准制定不设行政审批。鼓励具有社团法人资格和相应能力的协会、学会等社会组织，根据行业发展和市场需求，按照公开、透明、协商一致原则，主动承接政府转移的标准，制定新技术和市场缺失的标准，供市场自愿选用。

团体标准经合同相关方协商选用后，可作为工程建设活动的技术依据。鼓励政府标准引用团体标准。

（5）全面提升标准水平。根据产业发展和市场需求，可制定高于强制性标准要求的推荐性标准，鼓励制定高于国家标准和行业标准的地方标准，以及具有创新性和竞争性的高水平团体标准。

（6）强化标准质量管理和信息公开。加强标准编制管理，避免标准内容重复矛盾。对同一事项做规定的，行业标准要严于国家标准，地方标准要严于行业标准和国家标准。

强化标准制修订信息共享，标准草案网上公开征求意见。强制性标准和推荐性国家标准，必须在政府官方网站全文公开。推荐性行业标准逐步实现网上全文公开。

（7）推进标准国际化。缩小中国标准与国外先进标准技术差距。标准的内容结构、要素指标和相关术语等，要适应国际通行做法，提高与国际标准或发达国家标准的一致性。

鼓励重要标准与制修订同步翻译。积极参与和承担国际标准与区域标准的制定，推动我国优势、特色技术标准成为国际标准。

按照通知要求，新一轮规范编制工作已于2017年全面启动。

## 二、国际上常用的标准（规范）体系

ISO、IEC及ITU是目前世界上三个最主要的国际标准化组织。

国际标准化组织（International Organization for Standardization，ISO），成立于1926年，是目前世界上最大、最有权威性的国际标准化专门机构。其成员由来自世界上一百多个国家和地区的国家标准化团体组成，代表中国参加ISO的国家机构是国家市场监督管理总局。ISO制定的标准内容涉及广泛，从基础的紧固件、轴承各种原材料到半成品和成品，其技术领域涉及信息技术、交通运输、农业、保健和环境等。每个工作机构都有自己的工作计划，该计划列出需要制订的标准项目（试验方法、术语、规格、性能要求等）。

国际电工委员会（International Electrotechnical Commission，IEC），成立于1906年，它是世界上成立最早的国际性电工标准化机构，负责有关电气工程和电子工程领域中的国际标准化工作。总部设在瑞士日内瓦。

国际电信联盟（International Telecommunication Union，ITU），是联合国专门机构之一，主管信息通信技术事务，由无线电通信、电信标准化和电信发展三大核心部门组成，成立于1865年5月17日，总部设在日内瓦。

以上国际标准化组织，既是各国标准化的协调组织者，又是部分通用标准的编制者，世界主要工业国家均是三大组织成员国。我国也是三大组织的成员国之一，与三大组织有着良好的合作关系。由于各国标准体系归类划分均有所不同且量大繁杂，以下我们主要介绍一些与勘测相关的常用标准体系内容。

### （一）美国标准体系

美国标准体系很大程度上依赖于私营性质的标准化组织，美国政府在其中则是使用者及合作伙伴，多数情况下并不参与及督促标准制定的过程。其中美国国家标准学会（American National Standard Institute，ANSI）扮演着相对重要角色。ANSI是非营利性质的民间标准化团体，但它实际上已成为美国国家标准化中心。它成立于1918年，总部设在纽约，1969年10月6日始改为现名。美国各界标准化活动都围绕 ANSI 进行。ANSI 使政府有关系统和民间系统相互配合，起到了政府和民间标准化系统之间的桥梁作用。ANSI 协调并指导美国全国的标准化活动，给标准制定、研究和使用单位以帮助，提供国内外标准化情报。目前，经 ANSI 认可的标准制定机构已超过 200 个，其中部分经 ANSI 批准为国家标准。

美国标准可区别为自愿性标准与强制性标准两种，自愿性标准强调使用的无义务性，强制性标准已越来越少见。强制性标准一般以政府机构制定的导则、法规或者规范等的形式发布，相关部门必须强制执行。

虽然目前经 ANSI 认可的标准制定机构已经超过 200 个，美国 90%的标准主要由其中 20 家制定。主要标准制定组织包括美国试验与材料协会（ASTM International）、美国机械工程师协会（ASME）、美国石油学会（API）、美国保险商实验室（UL）、美国电气电子工程师学会（IEEE）等。其中与勘测相关标准较多的为 ASTM 标准，该类标准也为世界多数国家所接受。

（二）英国标准体系

英国是传统的工业国家，标准化起步较早，英国标准学会（British Standards Institution，BSI）是世界上第一个国家标准化机构，也是英国政府承认并支持的非营利性民间团体。BSI 成立于 1901 年，总部设在伦敦，而英国政府在标准体系中扮演支持与监督的角色。BSI 在世界 100 多个国家设立办事处或办公室，已有 23 万多个组织或个人会员。BSI 已发展为一个以标准相关业务为主的集团组织（BSI Group）。BSI 制定标准的业务领域主要专注于一些传统优势领域，如健康、电工、工程、材料、化学、消费品与服务、信息技术，同时在交通、建筑、风险业、环境可持续发展、电子商务、信息安全、质量管理等领域也有涉及。

BSI 组织机构包括全体会员大会、执行委员会、理事会、标准委员会和技术委员会。执行委员会是 BSI 的最高权力机构，负责制定 BSI 的政策，但需要取得捐款会员的最后认可。执委会由政府部门、私营企业、国有企业、专业学会和劳工组织的代表组成，设主席 1 人，副主席 5 人。下设电工技术、自动化与信息技术、建筑与土木工程、化学与卫生、技术装备、综合技术 6 个理事会，以及若干个委员会。设标准部、测试部、质量保证部、市场部、公共事务部等业务部门。标准部是标准化工作的管理和协调机构。

BS 是英国标准的代号，目前，BSI 已经制定、发布并管理约 27000 多个标准。

（三）法国标准体系

法国标准化体系由法国标准化协会、标准化局、专家和政府组成。政府在法国标准化工作中具有特殊作用。根据法国 1901 年法令，法国标准化协会（AFNOR）是 1926 年成立的公益性非营利，并由政府承认和资助的全国性标准化机构，是欧洲标准化委员会（CEN）的创始成员团体。1941 年 5 月 24 日，法国政府颁布法令，确认法国标准化协会为全国标准化主管机构，并在政府标准化管理机构——标准化专署领导下，按政府指示组织和协调全国标准化工作，代表法国参加国际和区域性标准化机构的活动。总部设在首都巴黎。在法国标准化体系中，法国标准化协会汇集标准化需求，制定标准化策略，协调并指导标准化局工作，使有关各方都参加标准制定工作，组织向公众征求意见并批准为法国标准，标准化局共有 31 个，分布在各行各业各个领域，它们通常隶属于行业机构，由该领域的企业和合伙人资助。标准化局的专家是法国标准化体系的重要基础，他们来自行业和专业组织、制造商、分销商、费者协会、实验室、工会和预防机构、环境保护机构、公共采购方、地方和本国有关团体、各部等。NF 是法国标准的代号，1938 年开始实行，其管理机构是法国标准化协会。法国每 3 年编制一次标准制修订计划，每年进行一次调整。

法国标准化协会指导 17 个大标准化规划组（GPN）的技术工作，指导其与规划委员会（COP）的工作进行协调。每一个规划组有一个战略方针委员会（COS）指导工作，它集中了相关经济领域的决策者，还负责确定优先开展的工作，参与寻找资助，以及预定项目的经费分配。17 个大标准化规划组是：①农业食品②建筑与公共工程③机械制造④水循环⑤电工技术和电子技术⑥环境⑦煤气⑧石油工业⑨管

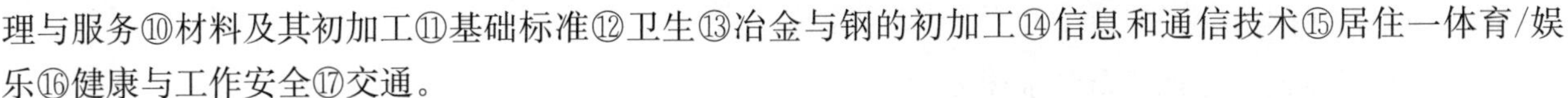

理与服务⑩材料及其初加工⑪基础标准⑫卫生⑬冶金与钢的初加工⑭信息和通信技术⑮居住一体育/娱乐⑯健康与工作安全⑰交通。

在 NF 中，与岩土专业相关较为密切的类别为建筑与公共工程，规范编号 NF P 94。

（四）德国标准体系

德国工业基础雄厚，文化源远流长，严谨务实，经济技术实力都处于世界先进行列，这些为德国扎实的标准化工作创造了优越环境。德国是欧洲标准化委员会（European Committee for Standardixation，CEN）的 18 个成员国之一，德国标准化协会（Deutsches Institut for Normung，DIN）在 CEN 中起着重要的作用，CEN 中有 1/3 的技术委员会秘书国由德国担任。德国将各种标准、技术法规、技术规程、技术条例、技术规格统称为技术规范文件，一般由"技术法规""技术规则""一般基准、标准和规范"三个层次组成。德国将除 DIN 以外的各种专业团体制定的具有标准性质的文献，统称为技术规则，相当于德国的行业标准。一般基准、标准和规范包括 DIN 标准、SEW 标准（钢铁材料标准）、企业标准、操作指南等，是由近 200 个专业团体、工业协会、民间组织和政府机构制定的。在上述一般基准、标准和规范中，DIN 制定的标准占 59%，其他专业团体制定的占 29%，政府机构制定的占 12%。

德国标准分为国家标准和企业标准两级。标准类别分为基础标准、产品标准、检验标准、服务标准和方法标准等。德国国家标准全部为推荐性标准。标准的制修订周期一般为两年半的时间。德国标准又可分为正式标准、暂行标准、双号标准。技术内容尚待实践检验和充实的，以暂行标准发布，不加修改地采用国际标准、欧洲标准以及德国电气工程师协会（VDE）等团体标准为德国标准的，则以双号标准发布。

DIN 是德国唯一的国家权威标准制订机构，国内虽有其他组织制定标准，但一旦有新的 DIN 标准出台，其他组织制定的相关标准一概废除，实现了国家标准的权威性与唯一性管理，体现了标准化体系的严密性与系统性。

DIN 标准的特点是严谨、具体。如 DIN 的钢铁产品标准中一般都包括有牌号、尺寸、外形、重量、技术要求、检验批量、取样、试验方法、复验、交货和包装等。标准中技术指标明确、详尽，因此无论对生产和使用方在验收和接受产品时双方易于沟通，可操作性强。

（五）欧洲标准体系

欧洲标准化体系的构成主要包括欧洲标准化委员会（CEN）、欧洲电工标准化委员会（CENELEC）及欧洲电信标准协会（ETSI）、欧洲各国的国家标准机构以及一些行业和协会标准团体。CEN、CENELEC 和 ETSI 是目前欧洲最主要的标准化组织，也是接受委托制定欧盟协调标准的标准化机构。CEN 由欧洲经济共同体（EEC）、欧洲自由贸易联盟（EFTA）所属的国家标准化机构于组成，其职责是贯彻国际标准，协调各成员的标准化工作，加强相互合作，制定欧洲标准及从事区域性认证，以促进成员之间的贸易和技术交流。CEN 与 CENELEC 长期分工合作后，又建立了一个联合机构，名为"共同的欧洲标准化组织"，简称 CEN/CENELEC。但原来两机构 CEN、CENELEC 仍继续独立存在。1988 年 1 月，CEN/CENELEC 通过了一个"标准化工作共同程序"，接着又把 CEN/CENELEC 编制的标准出版物分为下列三类：

（1）EN（欧洲标准）。按参加国所承担的共同义务，通过此 EN 标准将赋予某成员国的有关国家标准以合法地位，或撤销与之相对立的某一国家的有关标准。也就是说成员国的国家标准必须与 EN 标准保持一致。

（2）HD（协调文件）。这也是 CEN/CENELEC 的一种标准。按参加国所承担的共同义务，各国政府有关部门至少应当公布 HD 标准的编号及名称，与此相对立的国家标准也应撤销。也就是说成员国的国家标准至少应与 HD 标准协调。

（3）ENV（欧洲预备标准）。由 CEN/CENELEC 编制，拟作为今后欧洲正式标准，供临时性应用。在此期间，与之相对立的成员国标准允许保留，两者可平行存在。

实际欧洲标准（EN）多数来源于英、法、德、意几个主要工业国家，随着欧洲统一概念的加强，其标准制定进入了加速期。

（六）独联体国家与俄罗斯标准体系

独联体或俄罗斯联邦的标准，就是经独联体或俄罗斯联邦的标准化机构批准的规范性文件。这些标准有产品标准；也有产品试验方法标准、验收规则、抽样方法标准；也有与产品有关的标志、标签、包装、运输及贮存标准。这包括独联体跨国标准，也有俄罗斯联邦的国家标准；还有独联体采用的国际标准；俄罗斯采用的国际标准等，五花八门、种类繁多。根据俄罗斯国家标委（俄罗斯联邦国家标准化与计量委员会）2003年6月17日第63号决议规定：

现行的全国标准仍保留国家标准原来规定代号 ГОСТР 和跨国标准原来规定代号 ГОСТ。这样，俄罗斯标准就称为俄罗斯全国标准，其中仍然有两部分——跨国标准 ГОСТ；国家标准 ГОСТР。

可以认为，俄罗斯联邦现在执行的标准化规范文件主要有以下几种：

（1）独联体跨国标准 ГОСТ；

（2）独联体跨国建议与跨国规则 РМГ 与 ПМГ；

（3）俄罗斯联邦国家标准 ГОСТР；

（4）俄罗斯联邦的其他标准化规范文件，如部标准 ОСТ；计量规程 МИ；俄联邦分类 ОК；组织性、方法性系列标准（ГОСТР 50 系列标准）；组织标准（即相当于我国的企业标准）等。

1）ГОСТ 标准。苏联解体后，苏联的国家标准 ГОСТ 全部转化为独联体跨国标准 ГОСТ，其标准的名称为“独联体跨国标准”，标准符号采用苏联国家标准符号，就是把苏联标准原封不动的移过来，由独联体跨国标委（全称“独联体跨国标准化、计量与认委员会”）管理这些标准。在俄罗斯联邦的《全国标准目录》中，列出当年有效的全部跨国标准 ГОСТ。

2）РМГ 及 ПМГ。独联体跨国标准化建议 РМГ，独联体跨国标准化规则 ПМГ。这一部分标准化规范文件的发布与出版信息来源是俄罗斯标准出版社的杂志 ИуС（全国标准信息指南），现在，РМГ 及 ПМГ 已经各分别发布出版了五十多件。

3）ГОСТР 标准。苏联解体后，俄罗斯联邦的国家标准符号用 ГОСТР。在 ГОСТ 后加 Р（即 Россия——俄罗斯），以示区别于跨国标准 ГОСТ。这些标准由俄罗斯国家标委（全称“俄罗斯联邦国家标准化与计量委员会”）管理。

（七）其他国家或地区标准

除了以上介绍的一些国际、地区及国家标准体系，还有一些区域性标准组织和一些发达国家规范体系可以参考，如非洲地区标准化组织（ARSO）制定的非洲标准（ARS），阿拉伯标准化与计量组织（ASMO）制定的阿拉伯标准（ASMO），泛美技术标准委员会（COPANT）指定的泛美标准（PAS）等，这些区域标准基本遵从或借鉴相关国际标准和发达国家标准，结合本区域特点重新编制以供本区域共同使用，根据相关经验，在这些地区的国家是基本认可相关的国际标准的，尤其是技术类标准。

另外一些发达国家由于其自身某些技术上的先进性，其国家技术标准也是我们值得借鉴的，如日本工业标准（JIS）。

（八）与地震参数相关的标准

除以上所列标准（规范）以外，与岩土相关的某些方面许多国家均有自己的独立的国家规范，比较特别的就是与地震参数有关的建筑抗震设计规范。欧洲抗震规范集中于欧洲法规8中，美国则相对较为复杂，有不同的地方规范，如西部地区的 UBC 系列、东北部地区的 NBC 系列、中南部地区的 SBC 系列，还有行业或专业指导性规范，如 NEHRP 系列、ASCE 系列、ACI 318 系列等，后迎合标准的统一化，又出了一个国家规范 IBC，IBC 主要以 NEHRP 为蓝本编制。但由于 UBC 作为美国最早的抗震设计类规范，其在国际上接受程度仍然较高。

海外工程开展前，如招标文件中未确定相应地震动参数，则有必要首先了解该国或地区是否有适用于本区的地震动参数区划或建筑抗震规范，如没有，则应明确该国或地区通常所采用或接受的标准。

## 第二节　与岩土专业相关国际技术标准的提取

从第一节介绍可以了解，各国标准体系均是一个庞大的体系，不可能短时间内了解全部国家的相关标准，考虑到目前国内企业所涉及海外项目其投资方，技术合作、技术监理方多为一些发达国家技术人员，因此提取上述所提到的一些国家或地区与岩土专业相关之标准，以滋岩土专业人员参考利用。为便于利用查找，标准名称均采用中文表示。以下标准编号未列版本修订年号。

### 一、美国标准

美国与岩土工程相关的规范多出自 ASTM。提取的相关标准列表如下：

| | |
|---|---|
| ANSI/IEEE Std 81 | 接地系统土壤电阻率、接地阻抗和地面电位测量导则 |
| ASTM G57 | 温纳四级法测量土壤电阻率标准 |
| ASTM D25 | 圆木桩 |
| ASTM D420 | 工程设计与施工场地特征标准导则 |
| ASTM D421 | 土壤常数测定与粒度分析用试样的干式制备规程 |
| ASTM D422 | 土壤粒度分析试验方法 |
| ASTM D425 | 土壤离心湿度当量试验方法 |
| ASTM D427 | 用水银法测量土壤收缩系数的测试方法 |
| ASTM D511 | 水中钙镁离子的测试方法 |
| ASTM D512 | 水中氯离子含量的测试方法 |
| ASTM D513 | 水中二氧化碳溶解量和总量的试验方法 |
| ASTM D516 | 水中硫酸根离子测试方法 |
| ASTM D558 | 土与水泥混合物的湿度与密度（单位重量）关系的试验方法 |
| ASTM D559 | 土与水泥混合物的干、湿压实试验 |
| ASTM D560 | 压实的土与水泥混合物冻融试验方法 |
| ASTM D596 | 水分析结果的报告 |
| ASTM D698 | 12 400ft-lbt/ft（600KN-m/m）作用力土壤击实试验 |
| ASTM D854 | 比重瓶测量土壤比重的试验方法 |
| ASTM D857 | 水中铝含量的测试方法 |
| ASTM D858 | 水中锰含量的试验方法 |
| ASTM D859 | 水中二氧化硅的测试方法 |
| ASTM D887 | 水沉积物取样标准 |
| ASTM D888 | 水中溶解氧的试验方法 |
| ASTM D1067 | 水的酸碱性的测试方法 |
| ASTM D1068 | 水中铁的测试方法 |
| ASTM D1126 | 水硬度的测试方法 |
| ASTM D1140 | 土壤中小于 200 号（75μm）筛孔的颗粒含量测试方法 |
| ASTM D1143 | 静态轴向压力荷载下桩柱的试验方法 |
| ASTM D1194 | 扩展基础土壤承载力静载试验方法 |
| ASTM D1195 | 评价公路路面与机场跑道地基土韧性的往复静态平板荷载测试方法 |
| ASTM D1196 | 评价公路路面与机场跑道地基土韧性的非往复静立平板荷载试验方法 |
| ASTM D1292 | 水的气味的测试方法 |
| ASTM D1293 | 水的 pH 值测试方法 |

ASTM D1429　水和盐水的比重的测试方法
ASTM D1452　螺旋钻勘探与取样
ASTM D1586　标准贯入试验与和对开管取样标准
ASTM D1587　薄壁取土规程
ASTM D1783　水中苯酚类化合物的测试方法
ASTM D2113　现场金刚石钻探与取样
ASTM D2216　土和岩石中水含量（湿度）的实验室质量测定方法
ASTM D2217　土的湿法颗粒分析的样品的制备
ASTM D2434　在常水头压力下颗粒状土壤渗水率的测试方法
ASTM D2435　土壤单向分级加压固结试验
ASTM D2487　工程土壤分类方法（土壤分类统一标准）
ASTM D2488　土壤的描述和鉴别（目视手工操作程序）
ASTM D2573　黏性土的现场十字板剪力试验
ASTM D2580　气、液相色谱法测定水中苯酚的试验方法
ASTM D2664　非孔隙压力不排水岩样的三轴抗压试验方法
ASTM D2688　无热传递条件下水腐蚀性的测试方法（重量损失法）
ASTM D2791　水中钠的线性测定方法
ASTM D2844　压实土的阻抗 R 值和膨胀力的试验方法
ASTM D2845　岩石的脉冲速度和超声波弹性常数的实验室测定方法
ASTM D2850　松散黏性土不排水三轴压缩试验方法
ASTM D2936　完整岩石心样的直接抗拉强度的试验方法
ASTM D2937　推进圆筒法现场土壤密度的试验方法
ASTM D2938　完整岩心无侧限抗压强度的试验方法
ASTM D3017　用核放射法现场测定土壤和岩石中水含量的试验方法
ASTM D3080　固结排水条件下土体直剪试验
ASTM D3223　水中总汞含量的试验方法
ASTM D3282　公路建设用土壤和土壤集料混合物的分类
ASTM D3385　双环渗透仪现场渗透试验方法标准
ASTM D3441　机械式静力触探试验方法
ASTM D3590　水中氮总数的基耶达尔试验方法
ASTM D3689　深基础轴向上拔静载荷试验标准
ASTM D3740　工程设计及施工中岩土检测或检验工作机构的最低要求的标准
ASTM D3867　水中亚硝酸盐，硝酸盐含量的试验方法
ASTM D3877　灰土混合物的单向膨胀、收缩和隆起压力的试验方法
ASTM D3966　桩的水平荷载试验方法
ASTM D3967　完整岩芯样品的张裂抗拉强度的试验方法
ASTM D4015　用共振柱法测定土壤的模量和阻尼因数的试验方法
ASTM D4043　用水井技术测定含水层选择水力特性的试验方法
ASTM D4050　测定含水层水力特性的注水与抽水实验方法
ASTM D4083　冻土的描述（人工目测法）
ASTM D4186　连续加荷黏性土一维固结试验
ASTM D4219　化学灌浆土壤的无侧限压缩强度指数试验方法
ASTM D4220　土样的保存和运输规范

| | |
|---|---|
| ASTM D4221 | 用双倍流体比重计测定黏土的分散特性的试验方法 |
| ASTM D4254 | 土壤最低标准密度和单位重量的试验方法与相对密度的计算 |
| ASTM D4318 | 土壤的液限，塑限和塑性指数试验方法 |
| ASTM D4373 | 土壤中碳酸钙含量的试验方法 |
| ASTM D4380 | 膨润土泥浆的密度测试方法 |
| ASTM D4381 | 用容积法对膨润土泥浆中砂含量的试验方法 |
| ASTM D4394 | 用刚性承压板现场测量岩体变形模量 |
| ASTM D4403 | 岩石用变形计 |
| ASTM D4404 | 用水银注入法测定土壤和岩石孔隙容积与孔隙分布的试验方法 |
| ASTM D4405 | 圆柱形软岩芯样单轴向压缩蠕变试验 |
| ASTM D4406 | 圆柱形岩芯样品三轴向压缩蠕变试验 |
| ASTM D4410 | 河流沉积物术语 |
| ASTM D4411 | 河流沉积物的采样 |
| ASTM D4427 | 通过实验室试验对泥炭样品进行分类 |
| ASTM D4428/D4428M | 孔间地震探测试验方法 |
| ASTM D4429 | 现场测量土壤的加利福尼亚承载比的试验方法 |
| ASTM D4435 | 岩石锚杆抗拔试验 |
| ASTM D4436 | 岩石锚杆长期负载抗拔试验方法 |
| ASTM D4448 | 地下水位监测井采样指南 |
| ASTM D4506 | 径向千斤顶测定现场岩石形模量的方法 |
| ASTM D4525 | 气流法测定岩石渗透性的试验方法 |
| ASTM D4535 | 用膨胀计测量岩石的热膨胀系数的试验方法 |
| ASTM D4542 | 孔隙水抽取与折射计测定土壤中可溶盐含量和的试验方法 |
| ASTM D4543 | 岩芯试样的制备及尺寸公差和形状公差的测定 |
| ASTM D4544 | 泥炭沉积厚度的评估 |
| ASTM D4546 | 黏性土的单维膨胀或沉降潜势的试验方法 |
| ASTM D4553 | 岩石蠕变特性现场测定的试验方法 |
| ASTM D4554 | 岩石间不连续直剪强度的现场测定方法 |
| ASTM D4555 | 用单轴压缩试验测定软岩石的可加工性和强度的试验方法 |
| ASTM D4611 | 岩石和土壤的比热的试验方法 |
| ASTM D4612 | 计算岩石的热扩散系数 |
| ASTM D4630 | 用恒定水头注水试验测定低渗透性岩石的导水与储水系数的试验方法 |
| ASTM D4633 | 动力贯入试验能量测量的标准方法 |
| ASTM D4647 | 用针孔试验作松散黏土的分类和识别方法 |
| ASTM D4648 | 实验室饱和细粒黏性土的小型十字板剪切试验方法 |
| ASTM D4718 | 含有超大颗粒土壤的单位重量和含水量修正办法 |
| ASTM D4750 | 测定钻井或监测井（观察井）中地下水位的试验方法 |
| ASTM D4753 | 检验土壤、岩石及有关建筑材料用天平和天平盘和标准砝码的评定与选择 |
| ASTM D4767 | 黏性土固结不排水三轴压缩试验法 |
| ASTM D4829 | 土壤的膨胀系数的试验方法 |
| ASTM D4879 | 岩体中大型地下洞穴地质绘图导则 |
| ASTM D4914 | 用试坑砂替代法现场测定对土壤和岩石的密度 |

ASTM D4916 机械钻取样规范
ASTM D4943 封蜡法测定土壤收缩系数的试验标准
ASTM D4944 用电石气压仪测定土壤中水分的现场试验方法
ASTM D4945 基桩高应变动态检测试验方法
ASTM D4959 用直接加热法测定土壤中含水量的试验方法
ASTM D4972 土壤的 pH 值的测试方法
ASTM D4992 防侵蚀用岩石的评定
ASTM D5079 岩芯样品的存储和运输
ASTM D5092 地下水位监测井的设计和安装
ASTM D5126 现场比较法测定渗流区导水系数的标准指南
ASTM D5128 低导电水在线 pH 值测量的试验方法
ASTM D5220 用中子测深器测定现场土壤和岩石中含水量的试验方法
ASTM D5911 标识现场地下水基本信息元最低设置的实施规程
ASTM D5311 土负循环荷载三轴试验方法
ASTM D5312 评定在冻结和解冻条件下侵蚀控制用岩石耐久性的试验方法
ASTM D5313 评定在浸湿和干燥条件下侵蚀控制用岩石耐久性的试验方法
ASTM D5333 土壤湿陷潜势试验方法
ASTM D5334 用热针探测法测定土壤和软石导热性的试验方法
ASTM D5335 用接合电阻应变仪测定岩石热线膨胀系数的试验方法
ASTM D5389 用传声速度计系统测试明渠流量的试验方法
ASTM D5407 完整岩样不排水三轴压缩试验测定不含孔隙水压力弹性模量的试验方法
ASTM D5408 描述地下水位置的数据元集标准导则　第 1 部分：附加识别描述符
ASTM D5409 描述地下水位置的数据元集标准导则　第 2 部分：物质描述符
ASTM D5410 描述地下水位的数据单元定位的标准指南　第 3 部分：使用描述符
ASTM D5447 应用于现场特定问题的地下水流动模型标准导则
ASTM D5474 地下水调查数据元选择标准导则
ASTM D5490 地下水流动型模拟与现场信息比较导则
ASTM D5520 单轴压缩法测定冻土样品蠕变性能的试验方法
ASTM D5521 砂性土壤地下水监控井开发指南
ASTM D5609 地下水流动模拟中确定边界条件的标准导则
ASTM D5610 确定地下水流型初始条件的标准导则
ASTM D5611 地下水流样品应用的灵敏度分析标准导则
ASTM D5612 水质测量的质量规划和现场实施标准导则
ASTM D5730 土壤，岩石，渗流区和地下水重点特性的环境要求的标准指南
ASTM D5777 地下勘探用震波折射法的标准导则
ASTM D5778 电测试静力触探及孔压静力触探试验方法
ASTM D5779 现场测定腐蚀控制用岩石和人造材料的表观比重的标准试验方法
ASTM D5780 永冻层中单桩轴向静载荷试验方法
ASTM D5781 地质环境勘探用双壁反转钻的使用和地下水质量检测装置的安装的标准导则
ASTM D5782 地质环境勘探和地下水质量监测设备安装用双壁反转钻的使用导则
ASTM D5783 地质环境勘探和地下水质量监测设备安装用带水直接旋转钻机的使用导则

| | |
|---|---|
| ASTM D5784 | 地质环境勘探和地下水质量监测设备安装用中空螺旋钻的使用导则 |
| ASTM D5785 | 通过顶部回应法（快速定量提水或注水试验）测定非越流性承压水透射率的（分析程序）标准试验方法 |
| ASTM D5786 | 用于测定含水层系统的流动井中恒定水位下降试验现场程序的标准规范 |
| ASTM D5787 | 井保护监控的标准规范 |
| ASTM D5852 | 喷射指示法现场或实验室测定土壤腐蚀性的标准试验方法 |
| ASTM D5872 | 地下水质量监测设备安装和地质环境勘探用超前套管钻探方法的标准指南 |
| ASTM D5873 | 回弹锤法测定岩石硬度试验 |
| ASTM D5874 | 测定土壤冲击值的标准试验方法 |
| ASTM D5875 | 地下水质量监测设备安装和地质环境勘探用钢丝绳冲击钻进及取样标准指南 |
| ASTM D5876 | 地下水质量监测设备安装和地质环境勘探用有线超前套管旋转钻探方法指南 |
| ASTM D5877 | 地表水中主要离子和微量元素化学分析结果表示指南-基于数据分析计算的图表 |
| ASTM D5878 | 工程用岩体分级体系运用指南 |
| ASTM D5882 | 深基础的低应变完整性检测试验方法 |
| ASTM D5903 | 地下水取样计划与准备指南 |
| ASTM D5911 | 标识现场土样基本信息元最低设置的实施规程 |
| ASTM D5922 | 地质现场调查中场地变化分析的标准导则 |
| ASTM D5923 | 地质现场调查中可里格法选择的标准导则 |
| ASTM D5924 | 地质现场调查中模拟近似法选择的标准导则 |
| ASTM D5978 | 地下水探井的维修和修复的标准指南 |
| ASTM D5979 | 地下水系统概念化和特性化的标准指南 |
| ASTM D5980 | 用于场地环境特性和探测的现有井的选择和文件编制的标准指南 |
| ASTM D5981 | 地下水流模式预测校准的标准指南 |
| ASTM D5982 | 新鲜灰土水泥含量的测定用标准试验方法（中和热法） |
| ASTM D6000 | 地下水现场水位信息阐述指南 |
| ASTM D6001 | 地球环境调查直排水采样指南 |
| ASTM D6025 | 开发和评估地下水模型准则指南 |
| ASTM D6026 | 岩土数据中有效数字的使用规程 |
| ASTM D6028 | 改良 hantus 法测定越流性隔水层中包括蓄水层的封闭水力特性的试验方法 |
| ASTM D6029 | Hantash-Jacob 法测定越流性隔水层和封闭含水层水力特性的标准试验方法 |
| ASTM D6030 | 评估地下水或含水层灵敏性和脆弱性方法分类指南 |
| ASTM D6031 | 在水平，倾斜和垂直通道管中用原子核法测定现场土壤和岩石水分含量密度试验方法 |
| ASTM D6032 | 测定岩芯质量 RQD 指标方法 |
| ASTM D6033 | 地下水建模编码功能描述指南 |
| ASTM D6034 | 恒速抽水试验测定封闭含水层生产用水井抽水效率的试验方法 |
| ASTM D6066 | 具液化潜势的砂土评价用常规贯入试验标准 |

| | |
|---|---|
| ASTM D6106 | 地下水含水层术语指南 |
| ASTM D6151 | 地质勘探用空心杆钻机操作与取样技术规程 |
| ASTM D6168 | 确定土壤、岩石和其所含液体信息的现场收集所要求的最小数据元的选择标准指南 |
| ASTM D6169 | 环境勘探中钻探机上用土壤和岩石取样装置选择标准导则 |
| ASTM D6170 | 地下水建模编码选择指南 |
| ASTM D6171 | 编制地下水建模代码文档的标准指南 |
| ASTM D6286 | 不同环境场地特征钻探方法选择指南 |
| ASTM D6429 | 表面地球物理方法选择指南 |
| ASTM D6430 | 地下勘探重力法使用指南 |
| ASTM D6431 | 地下勘探直流电阻率法使用指南 |
| ASTM D6432 | 地下勘探地质雷达使用指南 |
| ASTM D6473 | 侵蚀控制用岩石比重和吸收性的试验方法 |
| ASTM D6639 | 地下勘察用频域电磁法使用指南 |
| ASTM D6640 | 环境勘察用岩心管取样的样品收集和处置的标准实施规程 |
| ASTM D6642 | 确定土壤水（湿度）流量的方法比对指南 |
| ASTM D6726 | 地球物理钻井测量指南-电磁感应 |
| ASTM D6727 | 地球物理学钻井测量指南-中子 |
| ASTM D6760 | 生技处混凝土超神波完整性试验方法 |
| ASTM D6951/D6951M | 浅层土中的动力触探试验 |
| ASTM D7069 | 地下水取样过程中的现场质量保证指南 |
| ASTM D7069 | 2.3 公斤动力触探在浅层压实土中的试验方法 |
| ASTM D7380 | 5-lb（2.3kg）动力圆锥针入度计测定浅层深度土壤密实度用标准试验方法 |
| ASTM E132 | 室温下泊松比的试验方法 |

## 二、欧洲标准

欧洲标准中相关岩土工程的标准或规范多取自英国与德国，即在欧洲标准 EN 编号前加入英国标准编号 BS 或德国标准编号 DIN 即所在国国家标准，以下所列为欧洲通用标准以及英国、德国和法国标准。BS 为英国标准，DIN 为德国标准，NF 为法国标准，标准编号中含 EN 的为欧洲通用标准，ISO 为国际通用标准。

| | |
|---|---|
| ISO/TS 17892-1 | 岩土工程勘察与测试．土工试验 1：含水量测定 |
| ISO/TS 17892-2 | 岩土工程勘察与测试．土工试验 2：细粒土土壤密度测定 |
| ISO/TS 17892-3 | 岩土工程勘察与测试．土工试验 3：颗粒密度的测定，比重瓶法测比重 |
| ISO/TS 17892-4 | 岩土工程勘察与测试．土工试验 4：粒径分布（颗粒分析）试验 |
| ISO/TS 17892-5 | 岩土工程勘察与测试．土工试验 5：增加荷载固结试验 |
| ISO/TS 17892-6 | 岩土工程勘察与测试．土工试验 6：圆锥法塑限测定 |
| ISO/TS 17892-7 | 岩土工程勘察与测试．土工试验 7：土的无侧限压缩试验 |
| ISO/TS 17892-8 | 岩土工程勘察与测试．土工试验 8：固结不排水试验 |
| ISO/TS 17892-9 | 岩土工程勘察与测试．土工试验 9：饱和土固结试验 |
| ISO/TS 17892-10 | 岩土工程勘察与测试．土工试验 10：直剪试验 |
| ISO/TS 17892-11 | 岩土工程勘察与测试．土工试验 11：定水头与不定水头渗透试验 |
| ISO/TS 17892-12 | 岩土工程勘察与测试．土工试验 12：阿特伯格液限测定 |

| | |
|---|---|
| ISO/DIS 22282-1 | 岩土工程勘察与测试．水文地质 1：一般规定 |
| ISO/DIS 22282-2 | 岩土工程勘察与测试．水文地质 2：无隔水钻孔渗透试验 |
| ISO/DIS 22282-3 | 岩土工程勘察与测试．水文地质 3：岩石压水试验 |
| ISO/DIS 22282-4 | 岩土工程勘察与测试．水文地质 4：抽水试验 |
| ISO/DIS 22282-5 | 岩土工程勘察与测试．水文地质 5：渗水试验 |
| ISO/DIS 22282-6 | 岩土工程勘察与测试．水文地质 6：隔水钻孔注水渗透试验 |
| EN ISO 22471-1 | 岩土工程勘察与测试．岩土结构检测 1：桩的静力抗压试验 |
| EN ISO 22471-2 | 岩土工程勘察与测试．岩土结构检测 2：桩的静力抗拔试验 |
| EN ISO 22471-3 | 岩土工程勘察与测试．岩土结构检测 3：桩的静力水平强度试验 |
| EN ISO 22471-4 | 岩土工程勘察与测试．岩土结构检测 4：桩的循环荷载抗压试验 |
| EN ISO 22471-5 | 岩土工程勘察与测试．岩土结构检测 5：锚杆试验 |
| EN ISO 22471-6 | 岩土工程勘察与测试．岩土结构检测 6：土钉试验 |
| EN ISO 22471-7 | 岩土工程勘察与测试．岩土结构检测 7：压实填土试验 |
| EN ISO 22471-8 | 岩土工程勘察与测试．岩土结构检测 8：桩的静动法（Statnamic）试验 |
| EN ISO 22475-1 | 岩土工程勘察与测试．取样与地下水测量 1：操作技术原则 |
| EN ISO 22475-2 | 岩土工程勘察与测试．取样与地下水测量 2：企业与人员的资质许可 |
| EN ISO 22475-3 | 岩土工程勘察与测试．取样与地下水测量 3：企业与个人的第三方评定 |
| EN ISO 22476-1 | 岩土工程勘察与测试．现场试验 1：电子式静力触探试验 |
| EN ISO 22476-2 | 岩土工程勘察与测试．现场试验 2：动力触探试验 |
| EN ISO 22476-3 | 岩土工程勘察与测试．现场试验 3：标准贯入试验 |
| EN ISO 22476-4 | 岩土工程勘察与测试．现场试验 4：梅纳德（Ménard）预钻式试验 |
| EN ISO 22476-5 | 岩土工程勘察与测试．现场试验 5：弹性膨胀试验 |
| EN ISO 22476-6 | 岩土工程勘察与测试．现场试验 6：自钻式旁压试验 |
| EN ISO 22476-7 | 岩土工程勘察与测试．现场试验 7：孔内千斤顶试验 |
| EN ISO 22476-8 | 岩土工程勘察与测试．现场试验 8：排土式旁压试验 |
| EN ISO 22476-9 | 岩土工程勘察与测试．现场试验 9：十字板剪切试验 |
| EN ISO 22476-10 | 岩土工程勘察与测试．现场试验 10：重力声波试验 |
| EN ISO 22476-11 | 岩土工程勘察与测试．现场试验 11：扁铲试验 |
| EN ISO 22476-12 | 岩土工程勘察与测试．现场试验 12：机械式静力触探试验 |
| EN ISO 22476-13 | 岩土工程勘察与测试．现场试验 13：平板载荷 |
| BS 1377-1 | 土木工程用土壤试验方法．第 1 部分：一般要求和样品制备 |
| BS 1377-2 | 土木工程用土壤试验方法．第 2 部分：分类试验 |
| BS 1377-3 | 土木工程用土壤试验方法．第 3 部分：化学和电化学试验 |
| BS 1377-4 | 土木工程用土壤试验方法．第 3 部分：压实试验 |
| BS 1377-5 | 土木工程用土壤试验方法．第 5 部分：可压缩性、渗透性和耐用性试验 |
| BS 1377-6 | 土木工程用土壤试验方法．第 6 部分：带测量孔隙压力的液压压力盒内的固结和渗透率试验 |
| BS 1377-7 | 土木工程用土壤试验方法．第 7 部分：剪切强度试验（总应力） |
| BS 1377-8 | 土木工程用土壤试验方法．第 8 部分：剪切强度试验（有效应力） |
| BS 1377-9 | 土木工程用土壤试验方法．第 9 部分：原位测试 |
| BS 5930 | 厂址调查实施规范 |
| BS 6068-2.2 | 水质．第 2 部分：物理、化学和生物化学方法．第 2 节：用 1.10-菲咯啉光度测定法测定含铁量 |

| | |
|---|---|
| BS 6068-2.8 | 水质．第 2 部分：物理、化学和生物化学方法．第 8 节：钙含量测定：EDTA 滴定法 |
| BS 6068-2.9 | 水质．第 2 部分：物理、化学和生物化学方法．第 9 节：钙和镁的总含量测定：EDTA 滴定法 |
| BS 6068-2.42 | 水质．第 2 部分：物理、化学和生化方法．第 42 节：钠和钾的测定：原子吸收光谱法钠测定 |
| BS 6068-2.43 | 水质．第 2 部分：物理、化学和生化方法．第 43 节：钠和钾的测定：原子吸收光谱法钾测定 |
| BS 6068-2.44 | 水质．第 2 部分：物理、化学和生化方法．第 44 节：钠和钾的测定：火焰发射光谱法钠和钾测定 |
| BS 6068-2.50 | 水质．物理、化学和生物化学法．pH 值测定 |
| BS 6068-6.8 | 水质．第 6 部分：取样．第 8 节：湿沉淀取样指南 |
| BS 6068-6.9 | 水质．第 6 部分：取样．海水取样导则 |
| BS 6068-6.10 | 水质．第 6 部分：取样．第 10 节：废水取样导则 |
| BS 6068-6.11 | 水质．第 6 部分：取样．第 11 节：地下水取样导则 |
| BS 6068-6.12 | 水质．第 6 部分：取样．第 12 节：低洼沉淀物取样导则 |
| BS 6068-6.14 | 水质．第 6 部分：取样．环境水取样和装卸的质量保证指南 |
| BS 6316 | 抽水试验实施规范 |
| BS 7755-1.2 | 土壤质量．术语和分类．与取样有关的术语和定义 |
| BS 7755-3.1 | 土壤质量．化学方法．通过重量法以质量为基础的干物质和水含量的测定 |
| BS 7755-3.2 | 土壤质量．化学方法．pH 值测定 |
| BS 7755-3.4 | 土壤质量．化学方法．导电比的测定 |
| BS 7755-3.5 | 土壤质量．化学方法．物理化学分析取样预处理 |
| BS 7755-3.6 | 土壤质量．化学方法．磷的测定．在碳酸氢钠溶液中可溶磷的光谱测定 |
| BS 7755-3.7 | 土壤质量．化学方法．氮的总含量测定．修正的基尔达斯法 |
| BS 7755-3.8 | 土壤质量．化学方法．干燃烧后（元素分析法）对有机物质和碳含量的测定 |
| BS 7755-3.10 | 土壤质量．化学方法．碳酸盐含量的测定．容量分析法 |
| BS 7755-3.11 | 土壤质量．化学方法．水溶性硫酸盐和酸溶性硫酸盐的测定 |
| BS 7755-5.1 | 土壤质量．物理方法．孔隙水压测定．土壤湿度计法 |
| BS 7755-5.2 | 土壤质量．物理法．不饱和区域水含量的测定．中子深度探头测试法 |
| BS 7755-5.3 | 土壤质量．物理方法．颗粒密度的测定 |
| BS 7755-5.4 | 土壤质量．物理方法．筛分和沉淀法 |
| BS 7755-5.5 | 土壤质量．物理方法．试验室方法 |
| BS 7755-5.6 | 土壤质量．物理方法．干土密度的测定 |
| BS 800 | 挡土结构实用规程 |
| BS 8004 | 地基实用规程 |
| BS 8006 | 加强/增强土壤和其他填充料实施规程 |
| BS 8103-1 | 矮层建筑物结构设计．住宅的稳定性、现场勘测、地基和底层面实施规范 |
| BS EN 1536 | 特殊岩土工程各行施工-钻孔桩 |
| BS EN 1926 | 岩石单轴抗压试验 |

| | |
|---|---|
| BS EN 1997-2 | 欧洲法规 7：土工（岩土）工程设计，总则 |
| BS EN 1997-2 | 欧洲法规 7：土工（岩土）工程设计，场地勘察与测试 |
| BS EN 1998-1 | 欧洲法规 8：抗震结构设计规定．一般规则．建筑物的地震运动和规则 |
| BS EN 1998-2 | 欧洲法规 8：抗震结构设计规定．桥梁 |
| BS EN 1998-3 | 欧洲法规 8：抗震结构设计规定，建筑物的评估和维护 |
| BS EN 1998-4 | 欧洲法规 8：抗震结构设计规定．筒仓、罐和管道 |
| BS EN 1998-5 | 欧洲法规 8：抗震结构设计规定．地基、挡土结构和土工技术问题 |
| BS EN 1998-6 | 欧洲法规 8：抗震结构设计规定．塔状建筑、杆（柱）和烟囱 |
| BS DD ENV 12656 | 地质信息．数据描述．质量 |
| BS DD ENV 12657 | 地质信息．数据描述．元数据 |
| BS DD ENV 12658 | 地质信息．数据描述．传递 |
| BS DD ENV 12661 | 地理信息．参考．地理标识 |
| BS DD ENV 12762 | 地理信息．参考．直接位置 |
| BS DD ENV ISO 13530 | 水质量．水分析用分析质量控制指南 |
| BS EN 14580 | 天然石材试验方法．静态弹性模量试验 |
| BS EN 206-1 | 混凝土．规范、性能、产品及合格 |
| BS EN 459-1 | 建筑用石灰．定义、规范和合格标准 |
| BS EN 459 | 建筑石灰的试验方法 |
| BS EN 1925 | 天然石料检验方法．用毛细管法测定水的吸收率 |
| BS EN 1926 | 天然石料检验方法．抗压强度的测定 |
| BS EN 25667-1 | 水质．取样．取样程序设计导则 |
| BS EN 25667-2 | 水质．取样．取样技术导则 |
| BS EN 413-2 | 圬工用水泥．试验方法 |
| BS EN 61773 | 架空线．建筑基地试验 |
| BS EN ISO 9963-1 | 水质．强碱性的测定．第 1 部分：总强碱性和混合强碱性的测定 |
| BS EN ISO 9963-2 | 水质．强碱性的测定．第 2 部分：碳酸盐的强碱性的测定 |
| DIN EN 27027 | 水质．混浊度的测定 |
| DIN EN 963 | 土工织物及其相关产品．试样的取样和准备 |
| DIN EN 964-1 | 土工织物及其相关产品．规定压力下厚度的测定．第 1 部分：单层 |
| DIN EN 965 | 土工织物及其相关产品．单位面积质量（物质）的测定 |
| DIN EN ISO 11272 | 土壤质量．干散密度的测定 |
| DIN EN ISO 11275 | 土壤质量．非饱和水渗导性和水分保持特性的测定．风蒸发法 |
| DIN EN ISO 11275 | 土壤质量．孔隙水压测定．张力法 |
| DIN ISO 11276 | 土壤质量．矿质土壤物质粒度分布的测定．筛分法和沉积法 |
| DIN ISO 11461 | 土壤质量．使用芯套管作为容积一部分的土壤水含量的测定．重量分析法 |
| DIN ISO 11464 | 土壤质量．物理化学分析用试样预处理 |
| DIN ISO 11465 | 土壤质量．称重法测量土壤干密度与含水量 |
| DIN ISO 11508 | 土壤质量．颗粒密度测定 |
| DIN ISO 9964-3 | 水质．钠和钾含量测定．第 3 部分：火焰发射光谱法测定钠和钾含量 |
| DIN EN ISO 17892-1 | 岩土工程勘察和测试．实验室测试土壤．第 1 部分：含量水的测定 |
| DIN EN ISO 17892-2 | 岩土工程勘察和测试．实验室测试土壤．第 2 部分：密度的测定 |
| DIN EN ISO 17892-3 | 岩土工程勘察和测试．土壤实验室测试．第 3 部分：测定颗粒密度 |

DIN EN ISO 17892-4　岩土工程勘察和测试．土壤实验室测试．第 4 部分：颗粒级配

DIN EN ISO 17892-5　岩土工程勘察和测试．土壤实验室测试．第 5 部分：分级荷载固结试验

DIN EN ISO 17892-6　岩土工程勘察和测试．土壤实验室测试．第 6 部分：液、塑限测定的落锥法

DIN EN ISO 17892-7　岩土工程勘察和测试．土壤实验室测试．第 7 部分：无侧限压缩试验

DIN EN ISO 17892-8　岩土工程勘察和测试．土壤实验室测试．第 8 部分：不固结不排水三轴试验

DIN EN ISO 17892-9　岩土工程勘察和测试．土壤实验室测试．第 9 部分：饱和土固结压缩试验

DIN EN ISO 17892-10　岩土工程勘察和测试．土壤实验室测试．第 10 部分：直剪试验

DIN EN ISO 17892-11　岩土工程勘察和测试．土壤实验室测试．第 11 部分：渗透试验

DIN EN ISO 17892-12　岩土工程勘察和测试．土壤实验室测试．第 12 部分：液限试验

DIN EN ISO 10319　土工织物．宽条拉伸试验

DIN EN ISO 10320　土工织物和相关制品．场地标识

DIN EN ISO 10320　土工织物．用宽条法对接头/接缝处的拉伸试验

DIN EN ISO 11058　土工织物和相关产品．平面无负载正常水渗透性测定

DIN EN ISO 12597-1　土工合成织物．摩擦特性的测定．第 1 部分：直接剪切试验

DIN EN ISO 12597-2　土工合成织物．摩擦特性的测定．第 2 部分：倾斜面试验

DIN EN ISO 13428　土工合成织物．防冲击损坏保护效果的测定

DIN EN ISO 13431　土工织物与土工织物相关产品．拉伸蠕变与蠕变断裂性能测定

DIN EN ISO 13437　土工织物及其相关制品．土壤中试样的安装和提取的方法以及实验室中测量试样的检验方法

DIN EN ISO 13438　土工织物与土工织物相关产品．抗氧化测定用筛选试验方法

DIN EN ISO 14688-1　土工调查和试验．土壤识别和分类．第 1 部分：标识和描述

DIN EN ISO 14688-2　土工调查和试验．土壤识别和分类．第 2 部分：分类总则

DIN EN ISO 14689-1　土工调查和试验．岩石的鉴定和分类．第 1 部分：鉴定和描述

DIN EN ISO 5663-3　水质．采样．第 3 部分：水样保存和处理方法指南

DIN EN ISO 7393-1　水质．游离氯和氯总含量测定．第 1 部分：使用 N，N-二乙基-1，4-苯二胺的滴定法

DIN EN ISO 7393-2　水质．游离氯和氯总含量测定．第 2 部分：为常规控制目的使用 N，N-二乙基-1，4-苯二胺的比色法

DIN EN ISO 7393-3　水质．游离氯和氯总含量测定．第 3 部分：测定氯总含量的碘

（注：EN 及 ISO 标准体系中，较多引用 BS 及 DIN 标准，标准编号与原编号基本保持一致，较多重复不再罗列）

NF P94-010　土壤：研究与测试：岩土分类、定义、符号及标识

NF P94-011　土壤：研究与测试：土壤的鉴别、描述、命名，术语和分类标准

NF P94-040　土壤：研究和测试：识别颗粒材料 0/50mm 部分的实用法

NF P94-041　土壤：研究和测试：颗粒分析—湿法筛选

NF P94-047　土壤：研究和测试：燃烧法确定有机物含量

NF P94-048　土壤：研究和测试：碳酸盐含量的测定．碳酸计法

NF P94-049-1　土壤：研究和测试：质量基础上含水量的测定．第 1 部分：微波炉干燥法

NF P94-049-2　土壤：研究和测试：质量基础上的含水量测定．第 2 部分：热板或辐射

板法

| | |
|---|---|
| NF P94-050 | 土壤：研究和测试：含水量的测定．烘干法 |
| NF P94-051 | 土壤：研究和测试：液塑限的测定．采用卡萨格兰德氏仪器的液限测试—轧制螺纹塑限试验 |
| NF P94-052-1 | 土壤：研究和测试：液塑限的测定．第1部分：液限值—锥体贯入法 |
| NF P94-053 | 土壤：研究和测试：实验室细土密度测定．刃口，模和浸水法 |
| NF P94-054 | 土壤：研究和测试：土壤固态颗粒密度测定．比重计法 |
| NF P94-055 | 土壤：研究和测试：土壤有机物质重量百分率测定．化学方法 |
| NF P94-056 | 土壤：研究和测试：颗粒分析．清洗后的干法筛分 |
| NF P94-057 | 土壤：研究和测试：粒度分析．比重计法 |
| NF P94-058 | 土壤：研究和测试：有机土壤还原状态的测定．Post 试验 |
| NF P94-059 | 土壤：研究和测试：砂性土最大和最小密度测定 |
| NF P94-060-1 | 土壤：研究和测试：收缩试验．第1部分：重塑土收缩性能的测定 |
| NF P94-060-2 | 土壤：研究和测试：收缩试验．第2部分：原状土壤试样的有效收缩性能的测定 |
| NF P94-061-1 | 土壤：研究和测试：填料现场场密度测定．第1部分：针式γ射线密度计 |
| NF P94-061-2 | 土壤：研究和测试：填料现场密度测定．第2部分：膜式密度计法 |
| NF P94-061-3 | 土壤：研究和测试：填料现场密度测定．第3部分：沙法 |
| NF P94-061-4 | 土壤：研究和测试：填料现场密度测定．第4部分：粗料（$D_{max}$＞50mm） |
| NF P94-062 | 土壤：研究和测试：现场密度测量双伽马探测器测井 |
| NF P94-063 | 土壤：研究和测试：压实质量的检验恒定能量动态贯入法．贯入计检定原则和方法．结果的表达．说明 |
| NF P94-064 | 土壤：研究和测试：脱水岩石样品的密度—流体静力称重法 |
| NF P94-066 | 土壤：研究和测试：岩石材料的易碎系数 |
| NF P94-067 | 土壤：研究和测试：岩石材料的降解性系数 |
| NF P94-068 | 土壤：研究和测试：岩石类土壤亚甲基蓝吸收能力测量．着色试验法测定土壤的亚甲基蓝值 |
| NF P94-070 | 土壤：研究和测试：三轴仪器试验法．概述．定义 |
| NF P94-071-1 | 土壤：研究和测试：剪切设备的直接剪切试验．第1部分：直接剪切 |
| NF P94-071-2 | 土壤：研究和测试：剪切设备的直接剪切试验．第2部分：周期试验 |
| NF P94-072 | 土壤：研究和测试：实验室十字板剪切试验 |
| NF P94-074 | 土壤：研究和测试：三轴试验法．仪器．试样制备．不排水不固结试验（UU），带孔隙水压力不固结压缩试验（CU＋u），排水压缩试验（CD） |
| NF P94-077 | 土壤：研究和测试：单轴压缩试验 |
| NF P94-078 | 土壤：研究和测试：浸渍后的 CBR 指数．即时 CBR 指数．即时承载比—CBR 模具压实样品的测量 |
| NF P94-090-1 | 土壤：研究和测试：固结试验．第一部分：细粒土的加载压缩试验 |
| NF P94-091 | 土壤：研究和测试：压缩膨胀试验，用负载几个试验片进行变形测定 |
| NF P94-093 | 土壤：研究和测试：材料压实特性参考物质的测定普通与改良的 Proctor 试验 |
| NF P94-100 | 土壤：研究和测试：灰土，强度试验 |

NF P94-102-1　土壤：研究和测试：灰土，第 1 部分：定义．组分．分类
NF P94-102-2　土壤：研究和测试：灰土，第 2 部分：实验室配方研究方法
NF P94-103　土壤：研究和测试：灰土，干处理后强度评估
NF P94-105　土壤：研究和测试：灰土，动力贯入法测试压实质量
NF P94-110-1　土壤：研究和测试：孟纳特压力计试验．第 1 部分：无载—重载循环试验
NF P94-110-2　土壤：研究和测试：孟纳特压力计试验．第 1 部分：无载—重载循环试验
NF P94-112　土壤：研究和测试：现场螺旋板载荷试验
NF P94-113　土壤：研究和测试：现场试验．静力触探试验
NF P94-114　土壤：研究和测试：A 型动力触探试验
NF P94-115　土壤：研究和测试：B 型动力触探试验
NF P94-116　土壤：研究和测试：标准贯入试验
NF P94-117-1　土壤：研究和测试：岩层承载能力．第 1 部分：平板试验静态形变模量
NF P94-117-2　土壤：研究和测试：岩层承载能力．第 1 部分：平板试验动态形变模量
NF P94-119　土壤：研究和测试：压力锥印试验．CPTU
NF P94-120　土壤：研究和测试：皮米（10～12m）剪切试验
NF P94-123　土壤：研究和测试：测井的中子探测法
NF P94-130　土壤：研究和测试：压水试验
NF P94-131　土壤：研究和测试：注水试验
NF P94-132　土壤：研究和测试：LEFRANC 试验
NF P94-150-1　土壤：研究和测试：轴向压力下单根桩柱的静载试验
NF P94-150-2　土壤：研究和测试：单桩静态试验．第 2 部分：抗拔桩
NF P94-151　土壤：研究和测试：静横向载荷下隔离桩承载试验
NF P94-152　土壤：研究和测试：桩基动载试验
NF P94-153　土壤：研究和测试：受拉杆试验
NF P94-156　土壤：研究和测试：测斜计
NF P94-157-1　土壤：研究和测试：水压测量．第 1 部分：开口管
NF P94-157-2　土壤：研究和测试：水压测量．第 2 部分：孔隙压力计
NF P94-160-1　土壤：研究和测试：物理探测．第 1 部分：声波试验
NF P94-160-2　土壤：研究和测试：物理探测．第 2 部分：反射波法
NF P94-160-3　土壤：研究和测试：物理探测．第 3 部分：平行地震法（MSP）
NF P94-160-4　土壤：研究和测试：物理探测第 4 部分：阻抗试验
NF P94-160-5　土壤：研究和测试：物理探测．第 3 部分：γ 射线法
NF P94-202　土壤：研究和测试：土壤取样．方法学和程序
NF P94-210　复合土加固：概论和术语
NF P94-220-0　土壤加固：半延展土工结构．第 0 部分：设计
NF P94-220-1　土壤加固：半延展土工结构．第 1 部分：设计
NF P94-220-2　土壤加固：半延展土工结构．第 2 部分：用钢筋网金属加固物来加固
NF P94-222　土壤加固：非延展性土工结构．用恒定的移置率进行静态拔拉试验
NF P94-232-1　土壤加固：延展性土工结构．第 1 部分：用增强带材的逐级加载固着力试验
NF P94-240　土壤加固：坡体、土体的土钉加固

| | |
|---|---|
| NF P94-242-1 | 土壤加固：轴向拉力拔除土钉的静态试验．恒速拉拔试验 |
| NF P94-250-1 | 欧洲法规 7．土力学计算．第 1 部分：一般规定 |
| NF P94-310 | 岩土工程施工：钻孔桩 |
| NF P94-311 | 岩土工程施工：置换桩 |
| NF P94-320 | 岩土工程施工：隔墙 |
| NF P94-321 | 岩土工程施工：地锚 |
| NF P94-322 | 岩土工程施工：薄板桩墙 |
| NF P94-325-1 | 岩土工程施工：双重六边形金属网构．第 1 部分：陆上构造 |
| NF P94-325-2 | 岩土工程施工：双重六边形金属网构．第 2 部分：岸边构造 |
| NF P94-330 | 岩土工程施工：灌浆 |
| NF P94-331 | 岩土工程施工：喷射灌浆 |
| NF P94-402 | 岩石：术语．分类、定义、符号及标识 |
| NF P94-410-1 | 岩石：岩石物理特性试验．第 1 部分：岩石含水量测定．烘干法 |
| NF P94-410-2 | 岩石：岩石物理特性试验．第 2 部分：密度测定．切削边饰．水浸法 |
| NF P94-410-3 | 岩石：岩石物理特性试验．第 3 部分：孔隙率测定 |
| NF P94-411 | 岩石：实验室测定超声波速度 |
| NF P94-412 | 岩石：钻孔贯入指数 |
| NF P94-420 | 岩石：单轴压缩强度测定 |
| NF P94-422 | 岩石：拉伸强度的测定．间接法．Brazil 试验 |
| NF P94-423 | 岩石：三轴抗压试验 |
| NF P94-425 | 岩石：杨氏模量和泊松比的测定 |
| NF P94-430-1 | 岩石：岩石磨耗性的测定．第 1 部分：使用指定工具的 schratching 试验 |
| NF P94-430-2 | 岩石：岩石磨耗性的测定．第 2 部分：使用旋转工具的试验 |
| NF P94-443-1 | 岩石：变形回弹试验．第 1 部分：循环荷载 |
| NF P94-443-2 | 岩石：变形回弹试验．第 1 部分：第一次循环后的蠕变 |
| NF P94-500 | 土工工程．分类和规范 |

## 三、独联体国家与俄罗斯标准

| | |
|---|---|
| ГОСТ 12071 | 土壤：样品的采取、包装、运输和贮存 |
| ГОСТ 12248 | 土壤：强度及可塑性试验 |
| ГОСТ 12536 | 土壤：颗粒（粒度）组成的实验室测定法 |
| ГОСТ 19912 | 土壤：动态探测现场试验法 |
| ГОСТ 19123 | 地质钻探装置．钻探泵．基本参数页 |
| ГОСТ 19527 | 地质勘探钻井用金刚石钻头．基本尺寸 |
| ГОСТ 19912 | 土壤野外静力和动力探测试验法 |
| ГОСТ 20069 | 土壤：静力触探试验法 |
| ГОСТ 20276 | 土壤：变形特性的现场测定法 |
| ГОСТ 20522 | 土壤：试验结果的统计处理 |
| ГОСТ 21153.0 | 岩石：取样及物理试验的一般要求和取样 |
| ГОСТ 21153.1 | 岩石：强度系数的普洛托基雅科诺夫测定方法 |
| ГОСТ 21153.2 | 岩石：单轴抗压强度极限测定方法 |
| ГОСТ 21153.3 | 岩石：单轴抗拉强度极限测定方法 |

ГОСТ 21153.4　岩石：循环荷载下极限强度的测定
ГОСТ 21153.5　岩石：抗剪强度极限测定方法
ГОСТ 21153.6　岩石：抗弯强度极限测定方法
ГОСТ 21153.7　岩石：强性纵波和横波传播速度测定方法
ГОСТ 21153.8　岩石：体积挤压强度极限测定法
ГОСТ 21216.0　土壤：分析方法的一般要求
ГОСТ 21216.1　土壤：塑性测定方法
ГОСТ 21216.2　土壤：细扩散粒级测定方法
ГОСТ 21216.3　土壤：游离二氧化硅含量测定方法
ГОСТ 21216.4　土壤：粗粒杂质含量测定方法
ГОСТ 21216.6　土壤：水浸液中钙和镁含量测定方法
ГОСТ 21216.7　土壤：水浸液中氯离子含量测定方法
ГОСТ 21216.8　土壤：水浸液中硫酸盐离子含量测定方法
ГОСТ 21216.9　土壤：黏土烧结性测定方法
ГОСТ 21216.10　土壤：矿物成分测定方法
ГОСТ 21216.11　土壤：易熔黏土耐火性测定方法
ГОСТ 21216.12　土壤：用 No.0063 号筛筛选残渣测定方法
ГОСТ 21719　土壤：旋转剪力现场试验法（十字板）
ГОСТ 22609　钻井：地球物理探测．术语、定义和字母符号
ГОСТ 22733　土壤：最大密度的实验室测定法
ГОСТ 23061　土壤：密度和湿度的放射性同位素测试方法
ГОСТ 23161　土壤：沉陷特性的实验室测定法
ГОСТ 23253　土壤：冻土现场试验法
ГОСТ 23278　土壤：渗透性的现场试验法
ГОСТ 23740　土壤：有机物含量的实验室测定法
ГОСТ 23741　土壤：探坑中土体抗剪强度试验
ГОСТ 24143　土壤：胀缩性的实验室测定法
ГОСТ 24846　土壤：建筑物和构筑物地基变形的测量方法
ГОСТ 24847　土壤：季节性冻结深度的测定方法
ГОСТ 24941　岩石：岩石的点荷载试验
ГОСТ 24992　砌体结构．砌石黏结强度的测定方法
ГОСТ 25100　土壤分类
ГОСТ 25493　岩石：热传导系数和比热测定方法
ГОСТ 25494　岩石：电阻率测定方法
ГОСТ 25499　岩石：热传导系数测定方法
ГОСТ 26262　土壤：季节性解冻融化深度的现场测定法
ГОСТ 26263　土壤：冻土传热性的实验室测定法
ГОСТ 26423　土壤：水浸出液的电导率、pH 值和蒸发残余的测定方法
ГОСТ 26424　土壤：水浸出液中碳酸盐和碳酸氢盐离子的测定方法
ГОСТ 26425　土壤：水浸出液中氯化物离子的测定方法
ГОСТ 26426　土壤：水浸出液中硫酸盐离子的测定方法
ГОСТ 26427　土壤：水浸出液中钠和钾的测定方法
ГОСТ 26428　土壤：水浸出液中钙和镁的测定方法

| | |
|---|---|
| ГОСТ 26447 | 岩石：软质岩石（泥质岩）的单轴抗压试验 |
| ГОСТ 26450.0 | 岩石：试样的选取与制备 |
| ГОСТ 26450.1 | 岩石：现场充水法测定孔隙率试验方法 |
| ГОСТ 26450.2 | 岩石：固定和非固定渗透时绝对透气率测定方法 |
| ГОСТ 28168 | 土壤：取样 |
| ГОСТ 28185 | 地质钻探设备：钻探泵．基本参数 |
| ГОСТ 28985 | 岩石：单轴向压缩下变形特性的测定法 |
| ГОСТ 5180 | 土壤：水的物理特性的实验室测定法 |
| ГОСТ 28514 | 建筑地质工程学．用体积置换法测定土壤密度 |
| ГОСТ 30672 | 土的原位试验．一般要求 |
| ГОСТ 5686 | 土的原位试桩方法 |
| СНиП 3.06.03 | 公路 |
| СНиП 11-02 | 建筑工程勘测．总则 |
| СНиП 1.02.07 | 建筑工程勘测 |
| СНиП 2.01.07 | 荷载和作用力 |
| СНиП 2.01.09 | 开采区及土壤下沉区域中的建筑物及设施 |
| СНиП 2.01.15 | 区域、建构筑物地质灾害预防保护措施 |
| СНиП 2.01.28 | 有毒工业废料处理和掩埋场地设计基本原则 |
| СНиП 2.02.01 | 建筑基础设计规范 |
| СНиП 2.02.02 | 水利工程建筑的地基 |
| СНиП 2.02.03 | 桩基 |
| СНиП 2.02.04 | 永冻土上的地基和基础 |
| СНиП 2.05.02 | 公路 |
| СНиП 2.02.05 | 动载设备基础 |
| СНиП 3.02.01 | 土方工程、地基和基础 |
| СНиП 3.06.07 | 桥涵—勘察与试验规范 |
| СНиП 22-02 | 防止区域、建筑物和设施发生危险地质过程的工程防护总则 |
| СНиП II-94 | 地下矿坑 |
| СниП П-7 * | 俄罗斯地震区的施工建筑设计规范 |
| СНиП 4.02-91 Сборник 27 | 公路 |
| СНиП 2.02.02 Пособие | 水工建筑基础中岩石区地质构造图（模型）的制作方法 |
| СНиП 2.02.02 Пособие | 水利工程建筑基础中岩石区透水性模型的制作方法 |
| СНиП 3.06.03 Пособие | 关于建设公路和飞机场沥青混凝土覆层和地基的参考资料 |
| СП 20.13330.2011/SP 20.13330 | 俄罗斯荷载和作用力规范 |
| СП 26.13330.2012/SP 26.13330 | 俄罗斯动载设备基础规范 |
| СП 34.13330.2012/SP 34.13330 | 俄罗斯公路设计标准 |
| СП 35.13330.2011/SP35.13330 | 俄罗斯桥涵设计规范 |
| СП 45.13330.2012/SP 45.13330 | 俄罗斯土方工程、地基和基础规范 |
| СП 63.13330.2012 /SP63.13330 | 俄罗斯混凝土和钢筋混凝土结构规范 |
| СП 24.13330.2011/SP 24.13330 | 俄罗斯桩基规范 |
| СП 79.13330.2012/ SP 79.13330 | 俄罗斯桥涵勘察与试验规范 |

## 第三节　国内与国外一些具体技术要求对比

国内外输电线路岩土工程勘测，在地下水勘测，岩土分类，载荷试验，圆锥动力触探试验，标准贯入试验，静力触探，液化判定及地震动参数，地基承载力，土壤电阻率测试等方面均存在差异。以下列出了美国、欧洲、英国标准中国标准岩土专业部分的一些异同。

### 一、美国岩土工程勘测标准及要求

（一）地下水勘测

（1）美国标准。所有建设工程都必须要考虑到控制水土流失的问题。地下水压力在稳定性分析、基础设计与施工中是最重要的一方面。一般地，在施工中降低地下水位是必要的，对于其他工况，必须结合临时或长期结构减轻地下水压力。应对初见水位和稳定水位进行量测，地下水位随季节变化对工程非常重要时应对地下水位进行长期观测，对某些特殊工程应使用更加复杂的电子测压计。

需要对地下水进行化学分析。

研究查明地下水补给排泄关系，确定地下水位高程以及地下水位随河流水位，潮汐以及季节影响的变化；对地下水应进行长期的观测以查明施工期和运行期可能发生的水位变化；地下水温度变化会导致降水系统水流量的微小变化，只有当温度变化较大时考虑温度变化的影响。

（2）中国标准。调查含水层的埋藏条件，地下水类型、补给排泄条件，各层地下水位，调查其变化幅度，必要时设置长期观测孔，监测水位变化。要求区域气候资料及其变化和对地下水位的影响，地表水与地下水的补排关系及其对地下水位的影响，勘测时地下水位、历史最高地下水位、水位变化趋势，是否有对地下水和地表水的污染源及其可能的污染程度。查明各建筑地段地下水埋藏条件、水位变化幅度与规律；当需要降水时，应提供地层渗透性指标，并为降水设计提出相应建议。

当地下水可能浸湿基础时，应采取水试样进行腐蚀性评价，判定水、土对建筑材料的腐蚀性。

查明沿线塔位处地下水的类型、埋藏条件，提出地下水位及其变化幅度。要求查明各建筑地段地下水类型、埋深，必要时尚应提供水位变化规律和土层的渗透性。

（二）岩土分类

岩石的分类可以分为地质分类和工程分类，中美标准在岩石学的地质分类上是一致的，均分为三类：沉积岩、变质岩和岩浆岩。在岩石的工程定名上，中国标准直接在岩石名称前加上风化程度表达，如强风化花岗岩、微风化砂岩等；美国标准是直接以岩石学名称，描述包括硬度、风化程度、岩性、矿物成分、结构、粒径等。

岩石的野外描述是岩土工程勘测的一个重要内容。国内外标准对岩石基本均要求描述颜色、风化程度、矿物等，其他描述内容有差异。

中国标准规定岩石的描述应包括地质年代、地质名称、风化程度、颜色、主要矿物、结构、构造和岩石质量指标 RQD。对沉积岩应着重描述沉积物的颗粒大小、形状、胶结物成分和胶结程度；对岩浆岩和变质岩应着重描述矿物结晶大小和结晶程度。

美国标准指出岩石描述主要包括：岩石名称、硬度、风化程度、岩性、矿物、结构和粒径。

中国标准按照饱和单轴抗压强度进行了岩石的坚硬程度的划分；美国标准则仅是依据简易手指、小刀测试进行定性判断，属于测试成果分类法，主要依据是现场简易测试成果。

中美标准对岩石坚硬程度划分基本可归结为 3 个大类别，即软、中等、硬，差别是判据数值标准不同。

中美标准岩石风化程度等级一般都划分为 5 个级别，即新鲜、微风化、中等风化（弱风化）、强风化、全风化（或分解、残积），直观鉴定的主要特征也较为相似。中国标准对于风化认定还考虑矿物蚀变程度、开挖，是自然直观认识、锤击测试和开挖等综合因素判断。美国标准对于岩体风化程度认识主要着眼于自然状态，并辅助于现场简易的测试等直观感受，如手捏，易于体会和感受，印象深刻。

中美标准对土的粒组划分等级基本一致，即漂石、块石、卵石、碎石、砾粒、砂粒、粉粒和黏粒，但不同粒组所采用分级标准数值是有差别的。

中国标准将粒径 $d \leqslant 0.075$mm 的颗粒含量多于或等于 50%的土定名为细粒土；将粒径 $0.075\text{mm} < d \leqslant 60$mm 的颗粒含量多于 50%的土定名为粗粒土；将粒径 $d > 60$mm 的颗粒含量多于 50%的土定名为巨粒土；美国标准将过 No. 200 筛（0.075mm）的颗粒含量多于或等于 50%的土定名为细粒土，否则定名为粗粒土。

砾石含量大于 50%的土为砾石或砾类土，砂含量大于 50% 的土为砂类土，按照细颗粒的百分含量和颗粒级配（颗分曲线的曲率系数 $C_c$ 和不均匀系数 $C_u$）再将这两类土进一步具体分类，这一点中美标准的方法是一致的。中国标准将 $C_u \geqslant 5$ 且 $C_c = 1 \sim 3$ 作为级配良好的条件，美国标准则是将 $C_u \geqslant 4$ 且 $C_c = 1 \sim 3$ 和 $C_u \geqslant 6$ 且 $C_c = 1 \sim 3$ 分别作为砾类土和砂类土的级配良好的条件。

虽然中美标准对细粒土均采用塑性图进行分类，但无论是试验设备还是试验方法都差异比较大。其中试验设备和方法的差异对比见表 35-1，对细粒土进行定名的塑性图分别如图 35-1、图 35-2 所示。

表 35-1 细粒土分类试验设备和方法的差异对比

| 比较项目 | GB/T 50145 | ASTMD 2487 |
|---|---|---|
| 使用的仪器 | 圆锥仪、碟式仪 | 碟式仪 |
| 圆锥仪的规格 | 锥质量 76g，锥角 30°，下沉 17mm | |
| 测量液限使用方法 | 光电式液塑限联合测法、碟式仪法 | 碟式仪法 |
| 决定性方法 | 光电式液塑限联合法 | 碟式仪法 |
| 测量塑限使用方法 | 光电式液塑限联合法、搓条法 | 搓条发 |
| 土分类依据 | 卡萨格兰德图 | |

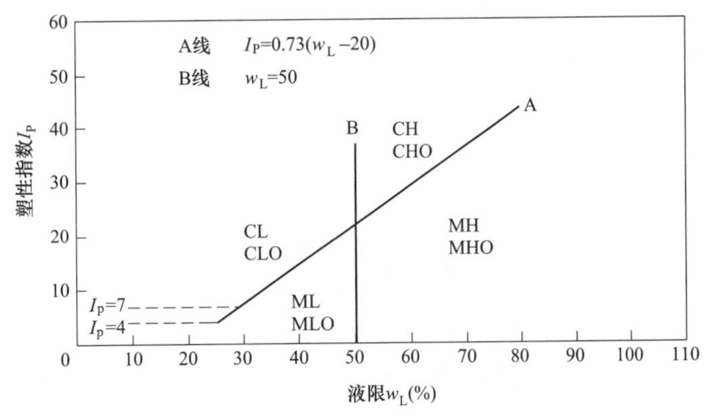


图 35-1 中国标准塑性分类图

CL—低液限黏土；CLO—有机质低液限黏土；CH—高液限黏土；CHO—有机质高液限黏土；ML—低液限粉土；MLO—有机质低液限粉土；MH—高液限粉土；MHO—有机质高液限粉土

（三）浅层平板载荷试验

中国标准中和美国材料与试验协会标准载荷试验标准中关于载荷试验的目的和适用范围是基本一致的。在试验点的选择及数量上，中国标准规定载荷试验应布置在有代表性的地点，每个场地同一土层参加统计的试验点不宜少于 3 个，当场地内岩土体分布不均时，还应适当增加；在美标中相应规定

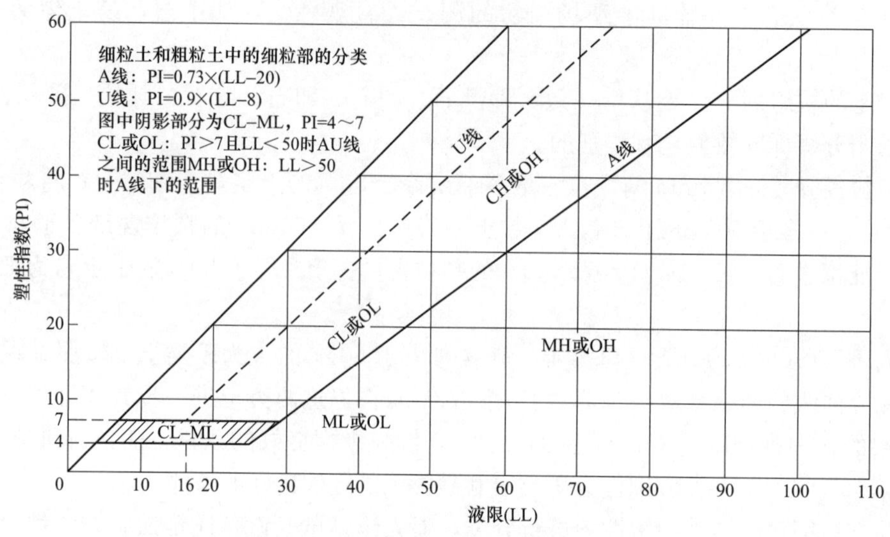


图 35-2 美国标准塑性分类图

试验至少需要三个试验点，同时对相邻试验点的距离做出规定应不小于试验使用的最大承重板直径的 5 倍。

在中国标准中对试坑试井的结构、尺寸进行详细规定，并对承压板尺寸和适用地层进行了介绍，而美国标准中对试坑、试井尺寸没有规定，对承压板尺寸及材质进行了介绍，尤其是对混凝土材质承压板进行了介绍，而对其适用地层没有规定。

在加荷方式上中国标准和美国标准均推荐采用分级维持荷载沉降相对稳定法（常规慢速法）。对于常规慢速法中国标准规定其加荷等级宜取 10～12 级，并不应少于 8 级，最大加载量不应小于设计要求的 2 倍；深层平板载荷试验加荷等级可按预估极限承载力的 1/10～1/15 分级施加。美国规范规定其加荷等级为不大于 95kPa 或 1/10 预估承载力。此外，美国标准还规定了对于等沉降速率法每次荷载加载量对应的沉降量大约等于承压板直径的 0.5%。中国标准在荷载、位移量测精度上相对美标要求更高。

中国标准具体规定了在每级荷载施加后沉降测读的时间间隔，并明确了相对稳定标准；而美标只是大致规定每级加载间隔不小于 15min，每级荷载下沉降量应至少测读 6 次，对相对稳定标准没有明确。

对于终止试验的条件中国对各种可能出现的情况分别给出了具体规定，包括土体的破坏形式、沉降不能稳定情况及总沉降量限值。而美标规定较为粗略，且当以总沉降量为终止标准时，美标要求要达到承压板直径的 0.10，而中国标准要求达到 0.06 即可终止。

中国标准对成果分析方法做出了具体规定，根据分析要求，绘制荷载（$P$）与沉降（$s$）曲线，必要时绘制各级荷载下沉降（$s$）与时间（$t$）或时间对数（$\lg t$）曲线。应用时可根据 $P$—$s$ 曲线特点，必要时结合 $s$—$\lg t$ 曲线特征，确定比例界限压力和极限压力。当 $P$—$s$ 呈缓变曲线时。可取对应于某一相对沉降值（即 $s/d$，$d$ 为承压板直径）的压力评定地基土承载力。此外，中国标准还给出了变形模量、基床系数的计算公式，方便实际工程中应用；而本次对比的美国标中没有相关规定。

（四）圆锥动力触探

美国标准圆锥动力触探试验主要用于测试浅层不扰动土或夯实土，中国标准适用于土层和软质岩石。

美国标准圆锥动力触探所用锤、试验方法及试验目的均与中国标准有较大差异。

（五）标准贯入试验标准

(1) 设备规格方面。中美标准中选用的锤重、落距基本一致。美国标准中管靴刃口单刃厚度大于中国标准（见表 35-2）。对钻杆的选用，美国标准给出了其刚度要求。这些要求主要考虑的是满足试验刚度要求及钻杆对标贯击数的影响。

表 35-2　　中美标准灌入试验设备规格对比

| 比较内容 | | | 中国标准 | 美国标准 |
|---|---|---|---|---|
| 落锤 | | 锤的重量（kg） | 63.5 | 63.5±1 |
| | | 落距（cm） | 76 | 76±2.5 |
| 贯入器 | 对开管 | 长度（mm） | ＞500 | 457～762 |
| | | 外径（mm） | 51 | 50.8±1.3−0 |
| | | 内径（mm） | 35 | 38.1±1.3−0 |
| | 管靴 | 长度（mm） | 50～76 | 25～50 |
| | | 刃口角度（°） | 18～20 | 16～23 |
| | | 刃口单刃厚度（mm） | 1.6 | 2.54±0.25 |
| 钻杆 | | 直径（mm） | 42 | 刚度≥“A”钻杆（外径41.2，内径28.5） |
| | | 重量（kg/m） | | |
| | | 相对弯曲 | ＜1/1000 | |

（2）钻孔要求。美国标准列出了钻孔直径要求，国内标准未列出相关条款。对于地下水位以下的测试点，中美标准均要求钻孔冲洗液的高度高于地下水位。中美标准均要求测试前保证孔底干净、测试部位地层处于不扰动状态。

（3）试验过程。标贯测试时，中美标准都要求先贯入15cm。预贯入15cm后，美国标准以15cm作为标贯间隔，进行2个15cm的标准贯入试验；中国标准以10cm作为标贯间隔，进行3个10cm的标准贯入试验。为保证标贯试验的质量，中国标准、美国标准均提出了锤击速率等方面的要求。

（4）标贯计数。美国标准以2个15cm作为标贯间隔并记录相应的锤击数；中国标准以3个10cm作为标贯间隔并记录相应的锤击数。中美标准均以预贯入后的30cm贯入击数作为标贯击数 $N$。当贯入阻力较大（未完成标准贯入深度而达到试验终止标准）时，中美标准均提出了记录要求，仅中国标准提出了标贯试验锤击数换算公式。

（5）标贯器取样。美国标准明确提出了标贯器取样的相关要求；中国标准未见有相关要求。从近年来国外工程实践来看，标贯器取样并进行相关试验是其岩土勘测报告中常见的手段。

（6）测试报告。对于测试报告，总体而言内容基本相似，细节上略有差别。中国标准未单独列出测试报告要求，其一般作为野外钻孔记录的一部分，这些与国外野外记录要求是一致的。

（7）标贯击数修正。美国标准ASTMD 4633《动力贯入试验能量测量的标准方法》中给出了贯入型试验能量传递测量及计算方法，其他均为给出修正系数。国内相关文献和研究中可以找到一些标贯击数修正方法。

（六）静力触探

中国标准中和美国标准中试验目的和适用范围基本一致，而中国标准根据探头类型分为单桥、双桥或带孔隙水压力量测的单、双桥探头。而美国标准则根据数据采集方式分为机械式静力触探及电测式静力触探。

在探头尺寸上中国标准和美国标准一致，对侧壁摩擦筒面积的规定稍有不同，中国标准总体规定侧壁面积应采用150～300cm$^2$，而美国标准则根据锥底面积的不同分别作出了规定。

在贯入速率上中国标准和美国标准一致，只是表达单位不一样，中国为1.2m/min，美国标准为20mm/s。

在中国标准中仅规定设备需要定期标定，未规定具体时间间隔，而美国标准中对不同使用状态下的设备标定间隔分别做出了详细规定。中国标准读数间隔一般为0.1m，不超过0.2m，而美国标准为不小于0.05m。在量测及标定误差要求方面，中国标准和美国标准各有不同。

在孔斜测量要求方面，中国标准要求当贯入深度超过 30m，或穿过厚层软土后再贯入硬土层时，应采取措施防止孔斜或断杆，也可配置测斜探头，量测触探孔的偏斜角，校正土层界限的深度。而美国标准对孔斜探头的使用没有具体规定，只说明可根据需要使用，同时也可使用导向管防止孔斜。

对于孔压探头的要求，中美标准基本相同，只是中国标准规定试验过程中不得松动探杆，美国标准规定根据测压元件的位置来确定是否可以松动探杆。

中国标准根据探头类型要求绘制 $p_s—z$ 曲线、$q_c—z$ 曲线、$f_s—z$ 曲线、$R_f—z$ 曲线，孔压探头尚应绘制 $u_i—z$ 曲线、$q_t—z$ 曲线、$f_t—z$ 曲线、$B_q—z$ 曲线和孔压消散曲线 $u_t—\lg t$ 曲线；而美国标准仅要求绘制 $q_c—z$ 曲线、$f_s—z$ 曲线、$R_f—z$ 曲线及孔压消散 $u—z$ 曲线。中国标准要求绘制曲线种类较多，且由于单桥探头的应用，需要绘制比贯入阻力 $p_s—z$ 曲线。

在成果应用方面中国标准规定可根据贯入曲线的线型特征，结合相邻钻孔资料和地区经验，划分土层和判定土类；计算各土层静力触探有关试验数据的平均值，或对数据进行统计分析，提供静力触探数据的空间变化规律。同时，还可估算土的塑性状态或密实度、强度、压缩性、地基承载力、单桩承载力、沉桩阻力，进行液化判别等。根据孔压消散曲线可估算土的固结系数和渗透系数。但中国标准中未给出具体计算公式，具体计算可参见《工程地质手册》。而美国标准中仅提到根据静探资料，可判断土的类别，对土的工程性质进行评价，指导设计和施工，同时确定基础类型，预测及土在静载及动载下的变形。

（七）液化判定

从本质上来说，国标和美标两种方法的思想都是根据原位试验指标得到的动强度与发生地震时导致土体液化的动应力之比，来判断场地液化的可能性。我国的规范法是在简化 Seed 法的框架下，采用人工神经网络模型，基于大量的现场液化与未液化实测数据，并结合结构可靠度理论，得到了不同地面加速度、不同地下水位和埋深的液化临界锤击数，在 2010 年新修订的规范中，为了分开反映震级以及地震分组的影响，还引入了调整系数的概念。

具体分析，两者的比较如下。

（1）判别深度。根据以往地震中实际观察到的现象，自地面起 20m 以下的深度范围内几乎不会发生液化，而随着采用桩基础建筑的逐渐增多，以往规范中 15m 的判别深度已不能满足工程要求，因此我国的新规范中要求液化判别一般均为 20m。Seed 法中判别深度的选择与我国类似，为 23m，主要体现在应力折减系数 $r_d$ 中。

（2）细粒含量（*FC*）的影响。由于以往地震中低细粒含量土体的液化实例较多，因此此类土体是液化判别的重要研究基础，Seed 法在 $FC<5\%$时视为纯净砂，在 $FC>35\%$时则按 35%考虑，因此对高细粒含量的土体，其抗液化强度将在一定程度上被低估。我国规范法认为对液化起阻抗作用的细粒主要为黏粒，且主要针对粉性土，而在砂土中则不考虑黏粒的影响，因此高细粒含量的土的抗液化强度也被低估。

（3）原位数据的使用。两种方法都提出采用标准贯入试验数据作为评价抗液化强度的指标，但 Seed 法需对实测标贯数据进行锤形、杆长、上覆有效应力等方面的修正。我国规范法则直接采用未经修正的实测数据作为抗液化强度，有关地下水位、试验点埋深的影响则体现在临界锤击数中。

（4）地震作用的影响。作为液化分析中的重要环节，地震作用的影响在两种方法的分析中有很大不同。Seed 法在计算循环应力比 CSR 时要用到场地设计地震下的最大地面加速度 $a_{max}$，美国的工程实践中，对于重要工程往往采用概率性地震危险性分析法（PSHA）和确定性地震危险性分析法（DSHA）综合确定 $a_{max}$，一般工程则可以通过查询地震危险性区划图获得，此外 Seed 法中的循环抗力比与标贯击数的关系是基于一定震级水平下的，作为直接衡量地震大小的标度，震级能反映震源释放的能量等级，与地面峰值加速度有一定的对应关系。我国的规范法中则是根据不同地区的设计基本地震加速度确定标准贯入锤击数基准值，此外以调整系数 β 来反映设计地震分组。

（5）两国的有关规范都对可能发生液化的地层提出了相应的处理措施，相比较而言，中国规范根据

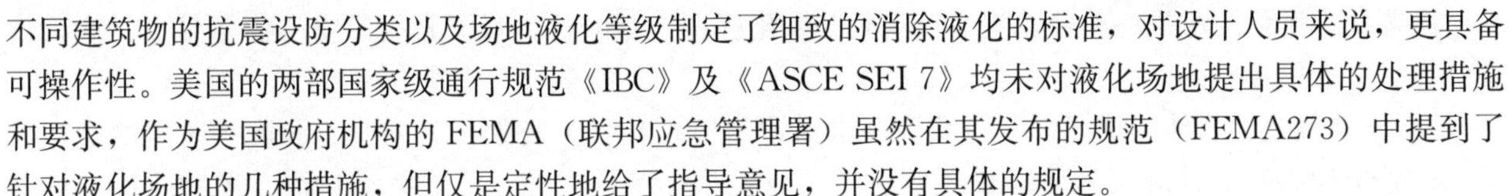

不同建筑物的抗震设防分类以及场地液化等级制定了细致的消除液化的标准，对设计人员来说，更具备可操作性。美国的两部国家级通行规范《IBC》及《ASCE SEI 7》均未对液化场地提出具体的处理措施和要求，作为美国政府机构的FEMA（联邦应急管理署）虽然在其发布的规范（FEMA273）中提到了针对液化场地的几种措施，但仅是定性地给了指导意见，并没有具体的规定。

（八）电阻率测量

测试方法中外规范均为对称四极电测深法，最大的差异点为电测深测量电极距和供电电极距的比值，中国规范为MN不大于AB/3，美国标准正好相反，为MN不得小于AB/3。美国规范认为温纳装置的一个缺点是当电极间距增大到相当大时，内侧两个测量电极的电位差迅速下降，通常用仪器测不出如此低的电位差。工程实践中，电极间距并不需增加到相当大，随着仪器灵敏度的不断提高，较低的电位差也能准确测量，因此温纳四极等距装置可满足要求。

另外，电力行业规范对测试方法和技术细节有比较详细的要求，外国规范均主要对测试方法作了要求，技术细节涉及较少。供电电源国内一般使用的是由干电池相互串联组成的电池箱。国产电子自动补偿（电阻率）仪虽然使用电池箱作为外接电源，但其通过内部电路正反两次改变电源极性，因此能满足国外标准的要求。

需要注意的是，美国材料与试验协会（ASTM）《温纳四极法土壤电阻率测试标准》的测试目的是为土壤腐蚀性评价和阴极保护装置设计提供依据，而不是用于接地系统设计。

对于电力工程场地土壤电阻率的测试深度，中外标准均未作具体要求，导致设计专业下达任务和勘测布置工作量存在随意性，勘测任务书经常出现很大的测试深度要求，这是目前规范使用过程存在的最大的问题。部分任务书要求测试最大供电极距要求为接地网对角线长度的两倍，对于较大尺寸的接地网，对称四极电测深操作难度很大，几乎无法实现。为体现规范的严密性，使测试过程有章可循，以及在涉外工程中推广使用中国规范，后续规范修订中应对测试深度作出具体要求。

## 二、欧洲岩土工程勘测标准及要求

（一）地下水勘测

EN 1997-2第2.1.4条指出应根据工程具体情况确定是否查明（含水）岩石节理分布状态，也要确定是否查明地下水的化学成分和温度，同时指出地下水勘测结果要满足以下有关方面评价的需要：降水工程的范围和特性、对基坑开挖或边坡的可能不利影响、结构保护方法、降水/疏干/蓄水对环境的影响、施工期间地基土吸收注入水流的容量、当地地下水是否可以用于施工。

中国标准要求，调查含水层的埋藏条件，地下水类型、补给排泄条件，各层地下水位，调查其变化幅度，必要时设置长期观测孔，监测水位变化。要求区域气候资料及其变化和对地下水位的影响，地表水与地下水的补排关系及其对地下水位的影响，勘测时地下水位、历史最高地下水位、水位变化趋势，是否有对地下水和地表水的污染源及其可能的污染程度。查明各建筑地段地下水埋藏条件、水位变化幅度与规律；当需要降水时，应提供地层渗透性指标，并为降水设计提出相应建议。

（二）岩土分类

（1）岩石的分类。

1）分类及定名。岩石的分类可以分为地质分类和工程分类，中欧标准在岩石学的地质分类上是一致的，均分为三类：沉积岩、变质岩和岩浆岩。在岩石的工程定名上，中国标准直接在岩石名称前加上风化程度表达，如强风化花岗岩、微风化砂岩等。

2）岩石描述。岩石的野外描述是岩土工程勘测的一个重要内容。中欧标准对岩石基本均要求描述颜色、风化程度、矿物等，其他描述内容有差异。

中国标准规定岩石的描述应包括地质年代、地质名称、风化程度、颜色、主要矿物、结构、构造和岩石质量指标RQD。对沉积岩应着重描述沉积物的颗粒大小、形状、胶结物成分和胶结程度；对岩浆岩和变质岩应着重描述矿物结晶大小和结晶程度。

欧盟标准则认为应描述颜色、粒径、基质、风化程度、碳酸盐含量、岩石矿物的稳定性、无侧限抗压强度。

3）岩体描述。岩体的描述中欧标准均要求描述岩体结构面的特性，如间距、厚度等。但欧盟标准要求内容更加丰富，其规定岩体的描述应包括岩石类型、结构类型、不连续结构面、风化程度、渗透性等。

4）岩石坚硬程度划分。GB 50021《岩土工程勘察规范》（2009 年版）第 3.2.2 条，按照饱和单轴抗压强度进行了岩石的坚硬程度的划分，附录 A.0.1 又给出了岩石坚硬程度等级划分的定性鉴定及代表性岩石。欧盟标准 EN 1997-2 的参考标准岩土勘测和试验—鉴定和分类［BS EN ISO 14689-1（2003）］对岩石坚硬程度的直观鉴定和强度分类亦进行了规定。中欧标准对岩石坚硬程度的分级既有强度指标，又有定性的现场鉴定标准，属于综合分类法，采用现场简易测试和实验成果综合判断。中欧标准中岩石坚硬程度基本可归结为 3 个大类别，即软、中等、硬，差别是判据数值标准不同。

5）层厚划分。层状岩层单层厚度等级基本上划分 4～7 个级别，各个级别术语基本一致，只是个别术语有差别，但各个级别划分数值标准却是不同的，有些级别数值差别较大。中国标准巨厚层划分数值标准为 100cm，欧盟标准相应的数值为 200cm。

6）风化程度。中欧标准中岩石风化程度等级一般都划分为 5 个级别，即新鲜、微风化、中等风化（弱风化）、强风化、全风化（或分解、残积），直观鉴定的主要特征也较为相似。欧盟标准针对不同岩质，风化程度级别划分是不同的，较为详细，中强—强岩石风化程度划分与其他标准没有差异，而中弱—弱岩石的风化程度划分却是明显不同的，虽然同样是 5 个级别，不仅风化程度等级名称不同，其实质内容也是有明显差别的。中国标准对于风化认定还考虑矿物蚀变程度、开挖，是自然直观认识、锤击测试和开挖等综合因素的判断。

（2）土的分类。

1）粒组划分。中欧标准对土的粒组划分等级基本一致，即漂石、块石、卵石、碎石、砾粒、砂粒、粉粒和黏粒，但不同粒组所采用分级标准数值是有差别的，且中国标准的分析筛是圆形孔，欧盟标准是方形孔。

2）塑性指数分类。GB 50021《岩土工程勘察规范》（2009 年版）根据塑性指数 $I_p$ 的大小将细粒土分为粉土、粉质黏土、黏土三类；欧盟标准 BS EN ISO 14688-2＋A1 中建议根据室内试验的液塑限值对细粒土的可塑性进行分类，但该标准中仅指明可划分为无塑性、低塑性、中等塑性、高塑性四个等级，未给出划分标准；法国规范 XP P 94-011 中给出了等级划分标准。

3）黏性土状态分类。中国标准是按照液性指数 $I_L[I_L=(\omega-\omega_P)/(\omega_L-\omega_P)]$ 对黏性土状态进行分类，等级间距相同；欧盟标准则以稠度指数 $I_C[I_C=(\omega_L-\omega)/(\omega_L-\omega_P)]$ 为划分标准。

中欧标准都是将黏性土细分为 5 类。从稠度指数和液性指数的表达式可以看出 $I_C$ 和 $I_L$ 的区别，$I_C$ 越大，$I_L$ 则越小，故欧盟标准“很软”状态对应的 $I_C<0.25$ 与中国规范的“流塑”状态对应的 $I_L>1.0$ 相当。欧盟标准在划分时是以 0.25 递增的，而中国标准可塑状态是 $I_L$ 为 0.25～0.75，间隔了 0.5。

4）黏性土强度分类。欧盟标准根据不排水抗剪强度对黏性土强度进行了分类，中国标准没有类似分类。

5）砂土密实度分类。砂土和砂砾的工程、物理、力学性质和其密实度息息相关。对于砂土密实度的评价一般是采用三种方法：孔隙比 $e$、相对密实度 $D_r$、标贯锤击数等，有时也可采用其他原位试验进行评价，如静力触探。欧盟标准 BS EN ISO 14688-2＋A1 是根据相对密实度 $I_D[I_D=(e_{max}-e)/(e_{max}-e_{min})]$ 来进行砂土密实度划分的，而 GB 50021《岩土工程勘察规范》（2009 年版）规定了根据现场标准贯入试验锤击数 N 确定砂土密实度。

6）有机质土的分类。欧盟标准 BS EN ISO 14688-2＋A1 中仅根据土中有机质含量将有机质土分为三个等级，但并未命名，且对有机质含量大于 20 的土没有再进行细分；而《岩土工程勘察规范》根据有机质含量的不同而命名为不同的土，并对其给出了现场鉴别特征。

（三）载荷试验

中国标准和欧盟标准载荷试验标准中关于载荷试验的目的和适用范围是基本一致的，只是中国标准强调适用于地下水位以上，而欧盟标准则强调了不适用于较软的细粒土。

在试验点的选择及数量，试坑、试井、承压板的结构、尺寸及适用地层等方面，中国标准均做出了较明确的规定，而由于未能收到具有相关内容的欧盟标准，因此无法进行比对。

在加荷方式上中国标准推荐采用分级维持荷载沉降相对稳定法（常规慢速法），同时对加荷等级、每级荷载施加后沉降测读的时间间隔及量测精度、相对稳定标准、试验终止条件做出明确的规定，而欧盟标准常采用分级加荷法及等沉降速率法，其余细节方面未收到相关标准内容，无法比对。

中国标准对成果分析方法做出了具体规定，根据分析要求，绘制荷载（$P$）与沉降（$s$）曲线，必要时绘制各级荷载下沉降（$s$）与时间（$t$）或时间对数（$\lg t$）曲线。应用时可根据 $P$—$s$ 曲线特点，必要时结合 $s$—$\lg t$ 曲线特征，确定比例界限压力和极限压力。当 $P$—$s$ 呈缓变曲线时，可取对应于某一相对沉降值（即 $s/d$，$d$ 为承压板直径）的压力评定地基土承载力。此外，中国标准给出了变形模量、基床系数的计算公式，方便实际工程中应用。欧盟标准中介绍了载荷试验成果的应用方式：可用平板载荷试验的结果对扩展基础沉降进行预测；获取土层用于设计的岩土工程参数；获得土层的不排水剪切强度，进而求得土层的承载力；根据经验可由试验得到的沉降模量计算岩土的弹性杨氏模量；计算基床系数 $K_s$ 等。同时本次对比的欧盟标准中也给出了和中国标准类似的计算公式，但公式中相关参数的取值和中国标准不同。

（四）圆锥动力触探试验

中国标准、欧盟标准均指出其适用于土层和软质岩石。

（1）试验设备。中国标准所用的探头锥角为 60°，英国标准探头锥角为 90°。中国标准轻型动力触探落锤与欧盟标准轻型动力触探落锤重量和落距基本一致。中国标准重型动力触探落锤与欧盟标准超重型 B 动力触探落锤的重量和落距基本一致。

锤的质量为 120kg 的超重型动力触探仅中国标准使用。

（2）测试过程。动力触探中触探杆偏斜度、贯入速率、钻杆在测试过程中的旋转，在中国标准、欧盟标准中均有涉及，且大致一致。欧盟标准中提及了旋转钻杆时的扭矩测量，而中国标准未见相关内容。

（3）动力触探击数。动力触探一般以贯入 10cm 的锤击数作为动力触探击数。对中国标准仅轻型动力触探以贯入 30cm 的锤击数作为动力触探击数。对欧盟标准，仅超重型 A 和超重型 B 动力触探以贯入 10cm 或 20cm 的锤击数作为动力触探击数。

欧盟标准中的 $N_{10}$ 和 $N_{20}$ 与其他标准中的意义不同，其分别为轻型、中型和重型动力触探试验贯入 10cm 的击数和超重型 A、超重型 B 贯入 20cm 的击数。其下标 10 和 20 代表的是贯入深度，而不是中国标准中所述的锤重量。

（4）测试报告。各国标准对于测试报告表述上是有差异的。但在实际操作中大致内容一致。中国标准未单独列出测试报告要求，其一般作为野外钻孔记录的一部分，这些与国外野外记录要求是一致的。相比较而言欧盟标准所列测试报告要求更为全面、详细。

（5）击数修正。中国标准、欧盟标准均在附录中列出了动力触探修正系数。

国内外相关文献和研究中可以找到一些动力触探击数修正方法。

（6）成果运用。考虑到中国标准动力触探试验所用的动探头锥角为 60°而欧盟标准所用的动探头锥角为 90°，其差异较明显，因此单纯地用各国标准测试成果来与其他标准测试结果进行比较是不合适的。

各国标准所获得的测试结果应结合相应的经验公式进行应用，如获得土的强度、变形、承载力等。

（五）标准贯入试验

标准贯入试验应用范围广泛，几乎所有的土层、砂层和软岩都适用。中国标准中应用于各地层的标贯头是一样的；而欧盟标准要求当地层为较硬（为砾石或软岩）时应换成 60°实心探头，改换探头后其标注为 SPT（C），其与中国标准中的重型动力触探相似。

（1）设备规格方面。中欧标准中选用的锤重、落距基本一致。对钻杆的选用，欧盟标准给出了其刚度要求和重量要求。这些要求主要考虑的是满足试验刚度要求及钻杆对标准贯入击数的影响。标贯器规格具体差异见表 35-3。

**表 35-3　　中欧标准标贯试验设备规格表**

| 比较内容 | | | 中国标准 | 欧盟标准 |
|---|---|---|---|---|
| 落锤 | | 锤的重量（kg） | 63.5 | 63.5±0.5 |
| | | 落距（cm） | 76 | 76±1 |
| 贯入器 | 对开管 | 长度（mm） | ＞500 | ≥450 |
| | | 外径（mm） | 51 | 51±1 |
| | | 内径（mm） | 35 | 35±1 |
| | 管靴 | 长度（mm） | 50～76 | 25～75 |
| | | 刃口角度（°） | 18～20 | 19～21 |
| | | 刃口单刃厚度（mm） | 1.6 | 1.6 |
| 钻杆 | | 直径（mm） | 42 | 刚度满足试验要求 |
| | | 重量（kg/m） | | ＜10 |
| | | 相对弯曲 | ＜1/1000 | ＜1/1200 |

（2）钻孔要求。欧盟标准一般列出了钻孔直径要求，其特别提出了对于孔径大于 150mm 的钻孔，测试将产生较大误差，中国标准未列出相关条款。对于地下水位以下的测试点，各国标准均要求钻孔冲洗液的高度高于地下水位。

各国标准均要求测试前保证孔底干净、测试部位地层处于不扰动状态。欧盟标准提出了套管使用时的要求。

（3）试验过程。标准贯入测试时，各国标准都要求先贯入 15cm。预贯入 15cm 后，国外标准一般以 15cm 作为标准贯入间隔，进行 2 个 15cm 的标准贯入试验；中国标准以 10cm 作为标准贯入间隔，进行 3 个 10cm 的标准贯入试验。

（4）标贯计数。欧盟标准以 2 个 15cm 作为标准贯入间隔并记录相应的锤击数；中国标准以 3 个 10cm 作为标准贯入间隔并记录相应的锤击数。各国标准均以预贯入后的 30cm 贯入击数作为标贯击数 $N$。当贯入阻力较大（未完成标准贯入深度而达到试验终止标准）时，各国标准均提出了记录要求，仅中国标准提出了标准贯入试验锤击数换算公式。

（5）测试报告。对于测试报告，总体而言内容基本相似，细节上略有差别。中国标准未单独列出测试报告要求，其一般作为野外钻孔记录的一部分，这些与国外野外记录要求是一致的。相比较而言欧盟标准所列测试报告要求更为全面、详细。

（6）标贯击数修正。欧盟标准在附录中列出了修正系数，相应于中国标准其主要考虑的是能量的传递等因素，而中国标准一般以杆长作为主要的修正因素。

（7）成果应用。标准贯入试验成果应用较广泛。标贯击数用于评价地基土的密实度和一致性是较好的方法。但对于土的强度、变形模量、地基承载力及变形、单桩承载力等方面，由于各国研究深度不同、实践经验不同，目前暂未有统一的意见，特别是对于黏性土地层。

（六）静力触探试验

静力触探试验是由国外引进而来。由中国在相关标准制定时参照了国际先进标准，因此中国标准和国外标准差别并不太大。

由于未能收到关于电测式静力触探试验的欧盟标准，本次中欧静力触探试验标准的比较是主要针对机械式测力静力触探试验展开的；而国内使用的静力触探设备均是电测式，使用该部分内容时应对该点予以注意。

中国标准和欧盟标准中的试验目的和适用范围基本一致，欧盟标准提出了静力触探适用于软岩。中国标准根据探头类型分为单桥、双桥或带孔隙水压力量测的单、双桥探头。而欧盟标准根据数据采集方式分为机械式静力触探及电测式静力触探。

在探头尺寸和侧壁摩擦筒面积的规定上中欧标准稍有不同，中国标准总体规定探头圆锥锥底截面积为 $10cm^2$ 或 $15cm^2$，锥角为 60°，侧壁面积应采用 150～$300cm^2$，而欧盟标准规定探头圆锥锥底截面积一般采用 $10cm^2$，锥角一般为 60°，但 60°～90°都是允许的，探头摩擦筒侧壁面积应采用 $150cm^2$。

在贯入速率上，中国标准和欧盟标准一致，只是表达单位不一样，中国标准为 1.2m/min，欧盟标准为 20mm/s。

中国标准仅规定设备需要定期标定，未规定具体时间间隔，而欧盟标准中对不同使用状态下的设备标定间隔分别做出了详细规定。在量测及标定误差要求方面，中国标准做出了统一规定，而欧盟标准根据静力触探类型及所贯入土层类别有不同要求。

在孔斜测量要求方面，中国标准要求当贯入深度超过 30m，或穿过厚层软土后再贯入硬土层时，应采取措施防止孔斜或断杆，也可配置测斜探头，量测触探孔的偏斜角，校正土层界限的深度。而欧盟标准中使用的机械式测力静力触探探头中不具有孔斜仪，无法进行孔斜测定；电测式静力触探相关规程本次未收到，无法进行比对。

对于孔压探头的要求，由于相关欧盟标准未收到无法进行比对。

中国标准根据探头类型要求绘制 $P_s$—$z$ 曲线、$q_c$—$z$ 曲线、$f_s$—$z$ 曲线、$R_f$—$z$ 曲线，孔压探头尚应绘制 $u_i$—$z$ 曲线、$q_t$—$z$ 曲线、$f_t$—$z$ 曲线、$B_q$—$z$ 曲线和孔压消散曲线：$u_t$—lg$t$ 曲线；而欧盟标准对于机械式静力触探，要求绘制 $q_c$—$l$ 曲线、$f_s$—$l$ 曲线、$Q_t$—$l$ 曲线、$Q_{st}$—$l$ 曲线、$R_f$—$l$ 曲线；孔压探头尚应绘制 $u_i$—$l$ 曲线。

两者最大的区别是，中国标准曲线对应的为贯入深度，而欧盟标准为贯入长度。此外，中国标准孔压探头要求绘制曲线种类较多，且由于单桥探头的应用，需要绘制比贯入阻力 $P_s$—$z$ 曲线。

在成果应用方面中国标准规定可根据贯入曲线的线型特征，结合相邻钻孔资料和地区经验，划分土层和判定土类；计算各土层静力触探有关试验数据的平均值，或对数据进行统计分析，提供静力触探数据的空间变化规律，进而估算土的塑性状态或密实度、强度、压缩性、地基承载力、单桩承载力、沉桩阻力，进行液化判别等。根据孔压消散曲线可估算土的固结系数和渗透系数。但中国标准未给出具体计算公式，具体计算可参见《工程地质手册》。而收集到欧盟标准中仅提到可根据静探资料进行土层划分、确定土层的强度和变形参数；估算扩展基础的地基承载力及沉降量确定其尺寸、杨氏模量、不排水剪切强度、内摩擦角、固结模量、单桩抗压、抗拉承载力及桩长。

## 三、英国及英联邦岩土工程勘测标准及要求

### （一）地下水勘测

（1）长期观测孔。英国标准 BS 5930 不仅指出预设长期观测孔用于勘测阶段，还强调将其用于工程建成以后，以积累当地地下水赋存状态及其变化的长期资料。

（2）水和土腐蚀性分析的适用。英国标准 BS 5930 指出了需要腐蚀性分析的工程环境，还明确了需要进行腐蚀性分析的水、土类型；腐蚀性分析主要针对含硫酸盐的土和水进行，对于置于盐水中的钢筋也需要进行可能的腐蚀性分析，对于酸性土或强碱性土也需要进行腐蚀性分析。

（3）场地环境类型、水和土腐蚀性评价。英国标准 BS 8500-1＋A1，与国内《混凝土结构耐久性设计规范》的规定基本一致（与电力工程勘测有关的地下水和土腐蚀性环境类型属于其中的一部分），而且水和土腐蚀性分析的项目（离子含量）与国内标准基本相同，因此，都可以根据环境类型（包括化学物质/离子含量）分别确定腐蚀等级，进而进行混凝土结构的保护。

（4）水文地质试验渗透系数的确定。国内标准中抽水试验、渗水和注水试验及压水试验关于渗透系

数的计算公式，与国外标准一样，或者引进常用的国外公式进行修正，或者与常用的国外公式进行过验证。随着 BS EN ISO 22282-1～6 的出版，BS 5930 中确定水文地质参数的试验均已被取代。

（二）岩土分类

（1）岩石。

1）岩石分类及定名。岩石的分类可以分为地质分类和工程分类，中英标准在岩石学的地质分类上是一致的，均分为三类：沉积岩、变质岩和岩浆岩。在岩石的工程定名上，中国标准直接在岩石名称前加上风化程度表达，如强风化花岗岩、微风化砂岩等；英国标准则多体现在对其工程性质的详细描述中，如规定变质岩可被描述为“深灰色、中等粒径、有细剥离成层的薄片、新鲜的片麻岩、强度高”，一个典型的关于沉积岩的描述“略带微黄褐色、粗粒径、整体变色、云母状（分层的）砂岩，强度较弱”，一个火成岩可能被描述为“深黄蓝色、中等粒径、部分变色、石英质的辉绿岩，强度极高”。

2）岩石描述。岩石的野外描述是岩土工程勘测的一个重要内容。中英标准对岩石基本均要求描述颜色、风化程度、矿物等，其他描述内容有差异。

中国标准规定岩石的描述应包括地质年代、地质名称、风化程度、颜色、主要矿物、结构、构造和岩石质量指标 RQD。对沉积岩应着重描述沉积物的颗粒大小、形状、胶结物成分和胶结程度；对岩浆岩和变质岩应着重描述矿物结晶大小和结晶程度。

英国标准规定应按颜色、粒径、构造结构、风化状况、岩石名称、强度、其他性质和特性顺序进行。

3）岩体描述。岩体的描述中外标准均要求描述岩体结构面的特性，如间距、厚度等，但英国标准要求内容更加丰富，其要求岩体质量的描述除需要岩石质量描述外，还有额外追加的信息。岩体性质表述首先要有岩石材料的性质，然后紧跟的额外有不连续性等其他工程有价值的信息，应该包括的信息有：①根据主要的地质结构得出的岩体材料类型描述；②不连续体倾角的量值大小和方位、特性、间距、持续性和孔口缺口的宽度；③风化外形的细节部分。

4）岩石坚硬程度划分。GB 50021 第 3.2.2 条，按照饱和单轴抗压强度进行了岩石的坚硬程度的划分，附录 A.0.1 又给出了岩石坚硬程度等级划分的定性鉴定及代表性岩石，具体见表 35-4。

表 35-4 中国标准岩石坚硬程度划分

| 坚硬程度 | 坚硬岩 | 较硬岩 | 较软岩 | 软岩 | 极软岩 |
|---|---|---|---|---|---|
| 饱和单轴抗压强度（MPa） | $f_r>60$ | $60\geqslant f_r>30$ | $30\geqslant f_r>15$ | $15\geqslant f_r>5$ | $f_r\leqslant 5$ |
| 定性鉴定 | 敲击声音清脆、回弹、振手、难击碎、基本无吸水反应 | 敲击声音较清脆、轻微回弹、稍振手、较难击碎、有轻微吸水反应 | 敲击声不清脆、无回弹、较易击碎、浸水后可用指甲划痕 | 敲击声哑、无回弹、有凹槽、易击碎、浸水后可用手掰开 | 敲击声哑、无回弹、有较深凹槽、可用手捏碎、浸水后可捏成团 |
| 代表性岩石 | 未风化-微风化闪长岩、花岗岩、辉绿岩、玄武岩等 | 微风化的坚硬岩；未风化-微风化的板岩、大理岩等 | 中等风化-强风化的较软岩或坚硬岩 | 强风化的坚硬岩或较硬岩等 | 全风化的岩石或半成岩 |

英国标准依据强度指标进行分类，划分了 7 个等级。

中英标准中岩石坚硬程度基本可归结为 3 个大类别，即软、中等、硬，差别是判据数值标准不同。

5）层厚划分。层状岩层单层厚度等级基本上划分为 4～7 个级别，各个级别术语基本一致，只是个别术语有差别，但各个级别划分数值标准却是不同的，有些级别数值差别较大。中国标准巨厚层划分数值标准为 100cm，英国标准相应的数值为 200cm。

6）岩石风化程度划分。对于岩石风化程度的划分，GB 50021 既给出了野外鉴别特征，又给出了风化程度定性判断的具体依据，波速比 $K_v$ 和风化指标 $K_r$ 见表 35-5。

中英标准中岩石风化程度等级一般都划分为 5 个级别，即新鲜、微风化、中等风化（弱风化）、强

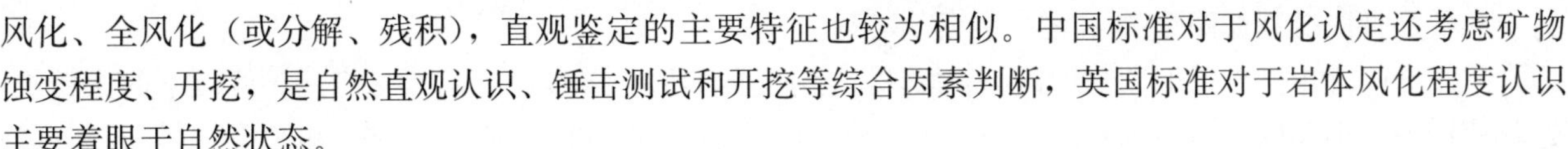

风化、全风化（或分解、残积），直观鉴定的主要特征也较为相似。中国标准对于风化认定还考虑矿物蚀变程度、开挖，是自然直观认识、锤击测试和开挖等综合因素判断，英国标准对于岩体风化程度认识主要着眼于自然状态。

**表 35-5　　中国标准岩石风化等级划分**

| 风化程度 | 野外特征 | 风化程度参数指标 | |
|---|---|---|---|
| | | 波速比 $K_v$ | 风化指标 $K_f$ |
| 未风化 | 岩质新鲜，偶见风化痕迹 | 0.9～1.0 | 0.9～1.0 |
| 微风化 | 结构基本未变，只节理面有渲染或略有变色 | 0.8～0.9 | 0.8～0.9 |
| 中等风化 | 部分结构破坏，节理面有次生矿物，裂隙发育，岩体成岩块，用镐难挖 | 0.6～0.8 | 0.4～0.8 |
| 强风化 | 大部分结构破坏，矿物成分变化显著，裂隙发育强，岩体破碎，用镐可挖 | 0.4～0.6 | <0.4 |
| 全风化 | 结构基本破坏，尚可辨认，有残余结构强度，用镐可挖，可干钻 | 0.2～0.4 | |
| 残积土 | 结构全部破坏，已风化成土，锹镐易挖掘，干钻容易，有可塑性 | <0.2 | |

7）岩石质量指标 RQD 分类。中英标准对 RQD 等级划分标准一致，但中国标准规定可按照岩体完整程度和岩石的质量指标（RQD）定量地划分岩体等级，而英国标准在这方面没有明确的规定。

（2）土。

1）粒组划分。中英标准对土的粒组划分等级基本一致，即漂石、块石、卵石、碎石、砾粒、砂粒、粉粒和黏粒，但不同粒组所采用分级标准数值是有差别的。

颗粒大小对于土的性质是有明显影响的，尤其是粗粒土，其主要受颗粒大小及其含量影响。而各国土的粒组划分不统一，较为混乱，并存在"貌合神离"现象，名称相同，但实质有很大差别的。中国分析筛是圆形孔，英国的则是方形孔。

另外，中国标准对土的分类除了考虑了颗粒尺寸，同时考虑了颗粒级配。

2）土的筛分。中国标准、GB/T 50123 规定，分析筛分为粗筛、细筛，粗筛网眼直径分别为 60、40、20、10、5、2mm，细筛网眼直径分别为 2.0、1.0、0.5、0.25、0.075mm。

英国标准 BS 1377 规定，土的筛分网眼直径依次为 75、63、50、37.5、28、20、14、10、6.3、5、3.35、2、1.18mm，600、425、300、212、150、63μm。

可以看出中国标准有 11 级别，英国有 19 个级别，分级较细。中国标准分级幅度标准大致是减半关系，而英国标准规定的筛分网眼级别则是一个变数，并逐步变小。

此外，也存在共同点，有几个网眼级别是相近的或一致的，中国标准的 60、40、20、10、5、2、0.5mm 与英国标准的 63、37.5、20、10、5、2mm，425μm 可基本一一对应。

3）土壤类别的划分。中国标准 GB/T 50145，将粒径 $d \leqslant 0.075$mm 的颗粒含量多于或等于 50% 的土定名为细粒土；将粒径 $0.075\text{mm} < d \leqslant 60\text{mm}$ 的颗粒含量多于 50% 的土定名为粗粒土；将粒径 $d >$ 60mm 的颗粒含量多于 50% 的土定名为巨粒土。英国标准 BS 5930 提出的供工程使用的土壤分类体系中，将粒径小于 0.06mm 的颗粒含量多于或等于 35% 的土定名为细粒土，反之则为粗粒土。

4）中粗粒土的分类。砾石含量大于 50% 的土为砾石或砾类土，砂含量大于 50% 的土为砂类土，按照细颗粒的百分含量和颗粒级配（颗分曲线的曲率系数 $C_c$ 和不均匀系数 $C_u$）再将这两类土进一步具体分类，这一点中国标准 GB/T 50145 与英国标准 BS 5930 是一致的。需要注意的是：BS 5930 先按照小于 0.06mm 颗粒的含量为 0～5%，5%～20% 和大于 20% 三个范围将砾类土和砂类土依次分为砾石（砂）、轻黏土（或粉土）质砾石（砂）和重黏土（或粉土）质砾石（砂）。

5）细粒土分类比较。虽然中国标准 GB/T 50145 和英国标准 BS 5930 对细粒土均采用塑性图进行分类，但无论是试验设备还是试验方法差异都比较大。其中试验设备和方法的比较见表 35-6，对细粒土进行定名的塑性图分别如图 35-3 和图 35-4 所示。

从图 35-3 和图 35-4 可以看出中英标准细粒土分类的异同：A 线以上的为黏土，A 线以下的为粉土，这是相同的，但英国标准对细粒土划得更细，根据液限小于 35、35～50、50～70 和 70～90 划分为低液限、中液限、高液限、非常液限的黏土和粉土，并且英国卡萨格兰德图形没有过渡区。

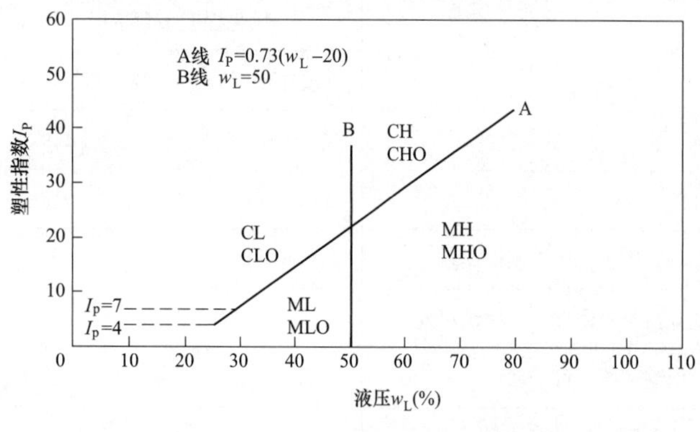


图 35-3 GB/T 50145 塑性分类图

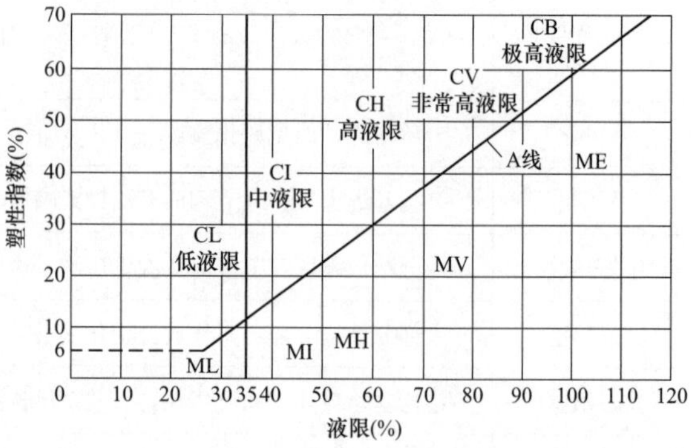

图 35-4 BS 5930 塑性分类图

6）黏性土状态分类。中国标准按照液性指数 $I_L$[$I_L=(\omega-\omega_P)/(\omega_L-\omega_P)$] 对黏性土状态进行分类，等级间距相同。英国标准以液限为等级划分标准对黏性土进行了塑性分类。

7）砂土密实度分类。砂土和砂砾的工程、物理、力学性质和其密实度息息相关。对于砂土密实度的评价一般是采用三种方法：孔隙比 $e$、相对密实度 $D_r$、标贯锤击数等，有时也可采用其他原位试验进行评价，如静力触探。中英标准都规定了根据现场标准贯入试验锤击数 $N$ 确定砂土密实度，划分等级和级数有一定差异。

**表 35-6　　细粒土分类试验设备和试验方法比较**

| 比较项目 | 中国标准 | 英国标准 |
|---|---|---|
| 使用的仪器 | 圆锥仪、碟式仪 | 圆锥仪、碟式仪 |
| 圆锥仪的规格 | 锥质量 76g，锥角 30°，下沉 17mm | 锥质量 80g，锥角 30°，下沉 20mm |
| 测量液限使用方法 | 光电式液塑限联合测法、碟式仪法 | 圆锥仪法、碟式仪法 |
| 决定性方法 | 光电式液塑限联合法 | 圆锥法 |
| 测量塑限使用方法 | 光电式液塑限联合法、搓条法 | 搓条发 |
| 土分类依据 | 卡萨格兰德图 | |

8）有机质土的分类。中国标准根据有机质含量的不同而命名为不同的土，并对其给出了现场鉴别特征；英国标准则根据有机质含量的高低将砂和黏性土分为了 6 类，并给出了典型的颜色特征。

（三）载荷试验

在试验点的选择及数量上，中国标准规定载荷试验应布置在有代表性的地点，每个场地同一土层参加统计的试验点不宜少于 3 个，当场地内岩土体不均时，应适当增加；而在英国标准中未找到相应规定。

在中国标准中对试坑、试井的结构、尺寸进行详细规定，并对承压板尺寸和适用地层进行了介绍；而英国标准中对试坑试井没有具体规定，对承压板要求根据土的结构，同时考虑到加荷方式、最大加载量，其他设备及试坑或钻孔的尺寸要求选用合适的尺寸，并对应用于裂隙黏性土和粗颗粒土的承压板尺寸进行了限制。对承压板下受压土体表面的找平工作，中国标准建议用厚度不超过 20mm 的中、粗砂层找平，而英国标准中建议对黏性土可在受压表面浇灌一层厚度不超过 15～20mm 的快凝灰浆进行找平，对粗粒土可用干砂层找平。

在加荷方式上中国标准推荐采用分级维持荷载沉降相对稳定法（常规慢速法）。对于常规慢速法中国标准规定其加荷等级宜取10～12级，且不应少于8级，最大加载量不应小于设计要求的2倍；深层平板载荷试验加荷等级可按预估极限承载力的1/10～1/15分级施加。英国标准介绍了等沉降速率法及沉降相对稳定法（常规慢速法）两种加荷方法，规定对于沉降相对稳定法，加荷等级应不大于1/15预估承载力。

中国标准在位移量测精度上相对英国标准要求更高。

中国标准具体规定了在每级荷载施加后沉降测读的时间间隔，并明确了相对稳定标准；而英国标准只是定性规定随着位移变化减小，读数间隔应不断增大。而相对稳定标准为主固结完成，可由沉降和时间对数曲线来确定。

对于终止试验的条件，中国对各种可能出现的情况分别给出了具体规定，包括土体的破坏形式、沉降不能稳定情况及总沉降量限值。而英国标准规定较为粗略，对于等速沉降法，土体发生破坏或总沉降量与承压板直径（或宽度）之比超过15%可终止试验（中国标准要求达到0.06即可终止，由此可知由英国标准试验方法获得极限载荷要大于按中国标准试验所获得的）；对于沉降相对稳定法，土体发生破坏时，终止试验。

中国标准对成果分析方法做出了具体规定，根据分析要求，绘制荷载（$P$）与沉降（$s$）曲线，必要时绘制各级荷载下沉降（$s$）与时间（$t$）或时间（$t$）或对数（$\lg t$）曲线。应用时可根据$P$—$s$曲线特点，必要时结合$s$—$\lg t$曲线特征，确定比例界限压力和极限压力。当$P$—$s$呈缓变曲线时，可取对应于某一相对沉降值（即$s/d$，$d$为承压板直径）的压力评定地基土承载力。而英国标准中规定等速沉降法应绘制附加压力和沉降曲线；沉降相对稳定法应绘制各级荷载下的沉降与时间曲线，沉降与时间对数曲线，以及荷载与沉降曲线。

此外，中国标准还给出了变形模量、基床系数的计算公式，方便实际工程中应用。

（四）圆锥动力触探试验

中国标准、英国标准均指出其适用于土层和软质岩石。

（1）试验设备。中国标准所用的探头锥角为60°，英国标准探头锥角为90°。中国标准重型动力触探落锤与英国标准超重型动力触探落锤的重量和落距基本一致。锤的质量为120kg的超重型动力触探仅中国标准使用。

（2）测试过程。动力触探中触探杆偏斜度、贯入速率、钻杆在测试过程中的旋转，在中国标准、英国标准中均有涉及，且大致一致。英国标准中提及了旋转钻杆时的扭矩测量，而中国标准未见相关内容。

（3）测试报告。各国标准对于测试报告表述上是有差异的。但在实际操作中大致内容一致。中国标准未单独列出测试报告要求，其一般作为野外钻孔记录的一部分，这些与国外野外记录要求是一致的。

（4）成果运用。考虑到中国标准动力触探试验所用的动探头锥角为60°而英国标准所用的动探头锥角为90°，其差异较明显，因此单纯地用各国标准测试成果来与其他标准测试结果进行比较是不合适的。中英标准所获得的测试结果应结合相应的经验公式进行应用，如获得土的强度、变形、承载力等。

（五）标准贯入试验

（1）设备规格方面。中英标准中选用的锤重、落距基本一致。对钻杆的选用，英国标准给出了其刚度要求和重量要求。这些要求主要考虑的是满足试验刚度要求及钻杆对标准贯入击数的影响。

（2）钻孔要求。英国标准一般列出了钻孔直径要求，其特别提出了对于孔径大于150mm的钻孔，测试将产生较大误差，中国标准未列出相关条款。对于地下水位以下的测试点，各国标准均要求钻孔冲洗液的高度高于地下水位。均要求测试前保证孔底干净、测试部位地层处于不扰动状态。英国标准提出了套管使用时的要求。中英标准标贯试验设备规格见表35-7。

表 35-7　　中英标准标贯试验设备规格

| 试验设备 | | | 中国标准 | 英国标准 |
|---|---|---|---|---|
| 落锤 | | 锤的重量（kg） | 63.5 | 63.5±0.5 |
| | | 落距（cm） | 76 | 76±2 |
| 贯入器 | 对开管 | 长度（mm） | >500 | >457 |
| | | 外径（mm） | 51 | 51±1 |
| | | 内径（mm） | 35 | 35±0.5 |
| | 管靴 | 长度（mm） | 50～76 | 75±1 |
| | | 刃口角度（°） | 18～20 | 16～21 |
| | | 刃口单刃厚度（mm） | 1.6 | 1.6±0.1 |
| 钻杆 | | 直径（mm） | 42 | 刚度≥“AW”钻杆（外径 43.8） |
| | | 重量（kg/m） | | <10 |
| | | 相对弯曲 | <1/1000 | <1/1000 |

（3）试验过程。标准贯入测试时，各国标准都要求先贯入 15cm。预贯入 15cm 后，国外标准一般以 15cm 作为标准贯入间隔，进行 2 个 15cm 的标准贯入试验；中国标准以 10cm 作为标准贯入间隔，进行 3 个 10cm 的标准贯入试验。为保证标准贯入试验的质量，中国标准、英国标准均提出了锤击速率等方面的要求。

（4）标贯计数。英国标准以 4 个 7.5cm 作为标准贯入间隔并记录相应的锤击数；中国标准以 3 个 10cm 作为标准贯入间隔并记录相应的锤击数。均以预贯入后的 30cm 贯入击数作为标准贯入击数 N。当贯入阻力较大（未完成标准贯入深度而达到试验终止标准）时，各国标准均提出了记录要求，仅中国标准提出了标准贯入试验锤击数换算公式。

（5）标贯器取样。英国标准明确提出了标贯器取样的相关要求；中国标准未见有相关要求。从近年来国外工程实践来看，标贯器取样并进行相关试验是其岩土勘测报告中常见的手段。

（6）测试报告。对于测试报告，总体而言内容基本相似，细节上略有差别。中国标准未单独列出测试报告要求，其一般作为野外钻孔记录的一部分，这些与国外野外记录要求是一致的。

（7）标贯击数修正。英国标准均未列出修正系数。国内相关文献和研究中可以找到一些标贯击数修正方法。

（六）静力触探试验

中国标准和英国标准中试验目的和适用范围基本一致，英国标准中适用范围还包括了白垩系等软岩。中国标准根据探头类型分为单桥、双桥或带孔隙水压力量测的单、双桥探头，而英国标准根据数据采集方式分为机械式静力触探及电测式静力触探。

在探头尺寸上中国标准和英国标准一致，对侧壁摩擦筒面积的规定稍有不同，中国标准总体规定侧壁面积应采用 150～300cm$^2$，而英国标准规定为 150cm$^2$。

在贯入速率上中国标准和英国标准一致，只是表达单位不一样，中国为 1.2m/min，英国标准为 20mm/s。

在中国标准中仅规定设备需要定期标定，未规定具体时间间隔，而英国标准中对设备标定间隔做出了详细规定。在量测及标定误差要求方面，中国标准和英国标准各有不同。

在孔斜测量要求方面，中国标准要求当贯入深度超过 30m，或穿过厚层软土后再贯入硬土层时，应采取措施防止孔斜或断杆，也可配置测斜探头，量测触探孔的偏斜角，校正土层界限的深度。而英国标准中规定当预计地层条件可能引起探头倾斜或贯入深度超过 20m 时，应在探头中安装双向测斜仪来量测其偏斜角；BS EN ISO 22476-1 中当深度超过 15m 时，就推荐安装测斜仪，以量测探头实际深度。

对于孔压探头的要求，中英标准基本相同，英国标准对水压传感器测量误差做出了规定。

中国标准根据探头类型要求绘制 $P_s$—$z$ 曲线、$q_c$—$z$ 曲线、$f_s$—$z$ 曲线、$R_f$—$z$ 曲线，孔压探头尚应绘制 $u_i$—$z$ 曲线、$q_t$—$z$ 曲线、$f_t$—$z$ 曲线、$B_q$—$z$ 曲线和孔压消散曲线：$u_t$—$\lg t$ 曲线；而英国标准

仅要求绘制 $q_c$—$z$ 曲线、$f_s$—$z$ 曲线、$R_f$—$z$ 曲线；孔压探头尚应绘制 $u_i$—$z$ 曲线。可见中国标准要求绘制曲线种类较多，且由于单桥探头的应用，需要绘制比贯入阻力 $P_s$—$z$ 曲线。

在成果应用方面，中国标准规定可根据贯入曲线的线型特征，结合相邻钻孔资料和地区经验，划分土层和判定土类；计算各土层静力触探有关试验数据的平均值，或对数据进行统计分析，提供静力触探数据的空间变化规律；估算土的塑性状态或密实度、强度、压缩性、地基承载力、单桩承载力、沉桩阻力，进行液化判别等。根据孔压消散曲线可估算土的固结系数和渗透系数。未给出具体计算公式，具体计算可参见《工程地质手册》。而英国标准中提到根据静探资料，利用地区经验，可进行土层划分，估算土的强度、比重、弹性模量等。如探头安装有孔压仪，还可根据消散试验估算土的固结系数，具体计算公式需参见英国标准的参考文献。

（七）液化判定

在地震液化判别及处理措施等方面，英国国家附录在欧洲标准的基础上没有特别要求。

（八）电阻率测试

供电电源国内一般使用的是由干电池相互串联组成的电池箱，英国规范使用周期性换向的稳态直流电源。国产电子自动补偿（电阻率）仪虽然使用电池箱作为外接电源，但其通过内部电路正反两次改变电源极性，因此能满足国外标准的要求。

英国标准（BS）《土木工程原位测试土壤视电阻率测试标准》的测试目的是为土壤腐蚀性评价和阴极保护装置设计提供依据，而不是用于接地系统设计。

# 第三十六章　国外工程实例

## 第一节　委内瑞拉 VVV 输变电工程实例

### 一、项目背景

委内瑞拉 VVV 输变电工程启动于 2010 年，是中国政府与委内瑞拉政府之间的合作项目，项目业主单位为委内瑞拉国家电力公司下属 CADAFE 电力公司，总承包单位为中工国际工程股份有限公司（简称中工国际），输变电设计单位为华东电力设计院（简称设计院），项目地址位于委内瑞拉西部梅里达州，为建设一座总装机容量 50 万 kW 的火电站以及配套输变电工程，具体工作范围包括设计、设备供货、安装、调试和土建工程。输变电线路规模为新建 400kV 输电线路 3km、新建 230kV 输电线路约 60km，总工期为 24 个月。

### 二、项目准备

（一）勘测设计原则

2010 年 10 月启动项目的勘测设计工作，设计院组成项目团队，并组成了院副总工（项目分管总工）、设计总工程师、商务经理和主要勘测设计专业组成的勘测设计原则谈判组赴委内瑞拉，与总承包单位、业主单位分别进行洽谈，确定勘测设计原则，勘测准备、安保和各节点的工期要求，形成谈判文件，作为今后勘测设计的输入。

（二）当地勘测市场准则

由于委内瑞拉实行注册工程师制度，所有勘测设计文件均需注册工程师签字确认，业主工程师只审核经注册工程师签署的勘测设计图纸及说明书，因此中资企业、设计院进入委内瑞拉必须确定一家当地的勘测设计咨询公司，所有的勘测设计文件均采用总包单位、设计院与咨询公司三方签署的形式提交业主工程师审查。

（三）现场踏勘

对项目的现场条件与路径进行现场踏勘，为概念设计做准备。本次踏勘参加的人员有业主单位、总包单位、设计院、潜在咨询公司、当地电力公司和环境保护部门的相关人员，时间为一周。对拟建输变电工程的站址、线路路径等进行踏勘，现场踏勘主要任务如下：

（1）业主对拟选线路路径的意见；

（2）线路走廊所经地区的地形地貌；

（3）重要交叉跨越的情况；

（4）线路走廊内障碍物、建筑物的情况；

（5）线路走廊的工程地质条件；

（6）工程场地及附近的不良地质作用和危害程度，当地处理不良地质方面的建筑方面的经验；

（7）线路走廊的水文情况；

（8）400kV 线路开断点周围的实际情况；

（9）变电站附近的地形地貌情况；

（10）对周边已建线路进行观察（绝缘子的材质、形式；是否设置招舞角、防振设施；杆塔样式、防攀爬设施、防坠落设施、三牌的设置情况、保护帽等）；

（11）按照收资大纲进行现场收资工作。

踏勘完成后，设计院编制踏勘报告，提交总包单位，并转交环境保护部门审批路径。

（四）技术与商务谈判准备

根据本项目的规模、设计原则、技术方案和技术标准等初步确定本项目的岩土勘测工程量，列出需向当地勘测咨询公司提问的问题，并初步确定与当地咨询公司的合作准则——由设计院提出勘测大纲，供总承包商向业主方工程师审定后提交当地勘测咨询公司使用，由当地勘测咨询公司组织实施，包括现场作业、室内试验和英文版报告的编制。电子邮件是交换文件的重要形式，所有的交换文件均以英文版为准，最终的勘测报告在形成一致后，提供最终版的英文版和西班牙文版供业主公司审查。

在实施项目勘测过程中，所有的技术标准均以国际通用标准、委内瑞拉标准、委内瑞拉电力公司通用设计标准为主，主要包括美国 ASTM、IBC 和 IEEE 等标准体系，勘测收费以委内瑞拉工业与民用建筑试验与勘测作业收费标准为准据，见图 36-1。中国国内标准仅供参考，且只有在取得业主方同意的情况下方可适用。

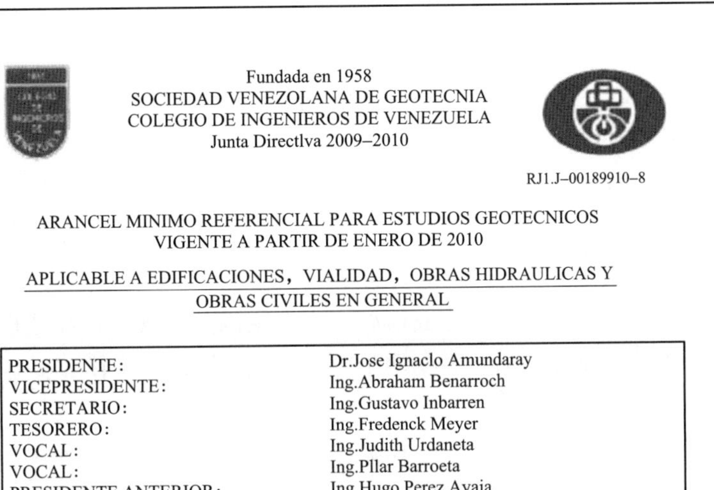

Fundada en 1958
SOCIEDAD VENEZOLANA DE GEOTECNIA
COLEGIO DE INGENIEROS DE VENEZUELA
Junta Directlva 2009–2010

RJ1.J–00189910–8

ARANCEL MINIMO REFERENCIAL PARA ESTUDIOS GEOTECNICOS
VIGENTE A PARTIR DE ENERO DE 2010

APLICABLE A EDIFICACIONES，VIALIDAD，OBRAS HIDRAULICAS Y
OBRAS CIVILES EN GENERAL

| | |
|---|---|
| PRESIDENTE: | Dr.Jose Ignaclo Amundaray |
| VICEPRESIDENTE: | Ing.Abraham Benarroch |
| SECRETARIO: | Ing.Gustavo Inbarren |
| TESORERO: | Ing.Fredenck Meyer |
| VOCAL: | Ing.Judith Urdaneta |
| VOCAL: | Ing.Pllar Barroeta |
| PRESIDENTE ANTERIOR: | Ing.Hugo Perez Ayaia |

图 36-1　委内瑞拉工业与民用建筑试验与勘测作业收费标准（2010 年版）截图

（五）与当地勘测咨询公司谈判

2010 年 11 月初，考察并确定勘测设计咨询单位。委内瑞拉当地勘测咨询公司的确定也是一个熟悉当地勘测标准、勘测作业方式、试验室装备水平、人员工资水平、安保方式、商务报价的过程。

根据本次赴委内瑞拉现场工作前期的准备以及总承包商的推荐，落实了 3 家勘测公司，其中一家为中资公司，分别简称 A、B、C 公司。A 公司为一家测量、岩土兼有的公司，但岩土人员设备均偏少，可能无法满足最终的工期要求；B 公司是一家岩土勘测公司，有 3 台钻机、4 位工程师和常规土工试验室，可以满足工期要求和技术方面的要求；C 公司为一家注册在加拉加斯为铁路项目服务而成立中资勘测公司，设备和技术人员实力较强，完全可以满足本项目的要求。

按准备的文件逐家进行洽谈，每家洽谈时间为 1～2h，参加洽谈的人员主要由设计院岩土专业技术负责人、设计总工程师、总工程师、商务、总包单位项目经理、商务经理和翻译等，谈判由总包单位商务经理主持，过程如下：

（1）总承包单位介绍项目情况；

（2）设计院介绍勘测原则；

（3）咨询公司介绍公司情况；

（4）勘测技术负责人介绍勘测方案；

（5）商务经理介绍双方合作的原则；

（6）向潜在咨询公司提供其需答复的承诺函和商务报价函；

（7）确定所有函的回复时间，时间为一周，回复时需同时提交咨询公司简介、最近三年完成项目的情况和岩土勘测报告简本一份；

（8）最后三方签署会谈纪要。

（六）确定咨询公司

根据三家咨询公司的最终报价、人员设备和以往业绩，三家公司的报价分别为：A：2，580，000Bfs；B：2，064，000Bfs；C：11，169，000Bfs（1美元兑换4.3Bfs），上述报价包含了2个新建230kV的变电站和60km线路的岩土工程勘测，中资公司的报价大大超出当地公司的报价，直接排除，返回国内经院内部讨论后确定确定委内瑞拉B公司为合作方，并确定了付款方式等商务方面的条款，待项目开展后B公司直接组织现场作业人员随终勘定位一起进场。

## 三、项目实施

（一）现场终勘定位工程队的组成

2011年5月，本项目线路部分的路径经环境保护部门的审查通过，设计院在接到总包方进场终勘定位的通知后组队赴委工作，设计院成立了专门的工程项目部，项目部由项目经理、专业技术负责人和现场项目经理组成，在院、电网和勘测公司领导下组织项目实施，对项目的进度、质量和安全、费用控制负责。赴委专业包括线路项目设总、测量、岩土、水文、送电电气、送电结构和商务、翻译等共15人，岩土专业3人（其中1人兼变电主设人），预计总工期为45天。

由于现场时间不长，因此在与总包单位商议后，确定租用其在现场正在建设的基地，这样一方面可以省去后勤保障和安保方面的工作，另一方面便于更有效地开展现场工作和多方之间的沟通。

（二）现场岩土勘测工作

由于现场条件的限制，如所有塔基的确定均需要经过业主与农场主的现场谈判，并经环境部门官员的确认，再加上5～7月正值雨季，在植被茂密的相对分隔的农场内穿梭作业显得极为困难，且所有树木均不能砍伐，现场地形地貌见图36-2，因此，整个项目的工期大大延后，所有220基塔的终勘定位工作延续了80天，全部完成现场钻探作业再延后了3周。

图36-2 现场线路路径地形地貌图

根据项目准备阶段编制的岩土工程勘测大纲和与B公司签订的咨询合同要求，线路勘测采用现场钻探取样、标准贯入试验和室内土工试验等方法。由于委内瑞拉并无相关的输电线路勘测规程，因此工作量的布置参考国内输电线路勘测规程，主要按地貌单元并结合不同耐张段的塔基布置勘探点，转角塔、终端塔和跨越河流段等均采用钻探取土和标贯试验等，获取塔基岩土资料，而直线塔一般采用小螺纹钻和现场地质调查并结合前后转角塔的资料综合确定塔基地质资料。

根据商务谈判时与咨询公司——B公司签订的合同，咨询公司的现场作业队伍在设计院进场后一周进场，共2台钻机、5名钻探工人和2名工程师，设计院岩土工程负责人在第一时间与B公司的工程师进行了技术交底工作，双方达成一致意见，并形成既要。

由于设计院财务付款周期较长，整整花了一个月的时间，致使B公司人员到达现场后未能及时开展工作，直至进场后3周后方才正式开工。这也是对海外项目付款方式等估计不足引起的，导致了工期的拖延。

现场正式开展勘测工作后还是比较顺利，包括设备进点、现场安保、与农场主的合作、现场钻探和资料的确认工作等。由于合作双方的岩土工程师一直在现场察看作业过程并充分交流，因此在经过一开始的5个塔基钻探作业后，已基本达到了双方的共同点，特别是双方讨论了标准贯入试验的现场作业和资料应用等。于委内瑞拉钻机相对国内较落后，标准贯入试验普遍采用手动作业，因此标贯资料的应用需考虑这方面的因素。另外，由于现场未成立土工试验室，因此室内试验的进度相对较慢，土试样需要送至600km以外的试验室进行试验，导致后续对岩土工程勘测报告编制工作有所滞后。

（三）现场作业环境

由于项目现场位于委内瑞拉梅里达州，该州为典型的农牧业区，线路经过地区植被及其茂密，且不同农场主之间的牧区均采用铁丝网割断，对交通带来困难。牧区牧草生长良好，普遍高达1.5m，昆虫、蚊子等滋生，大部分参加定位勘测的人员被叮咬，且伤口不易消退。再加上现场作业期间正值雨季，潮湿和闷热是许多国内过来的同事极为不适，衣服几乎每天被淋湿且不易晒干，因此只带一套厚实的工作服显然是不够的。而这些因素在遥远的委内瑞拉要克服其实是困难的，所有这些环境因素，对现场作业带来了极大的困难，也影响了工期，这些因素也是在前期商务谈判和现场踏勘时均无法全部掌控的。

（四）资料整理和报告编制

本项目工期较紧，岩土工程勘测资料的整理随工程开展同步跟进，岩土工程勘测资料分段进行，主要分阶段性成果、中间报告和正式报告三种形式。土壤电阻率报告以最终报告形式提交。

（1）阶段性成果主要指塔基综合说明书，岩土专业项目负责人对所有塔基现场勘测完成后与B公司工程师一起编制完成塔基综合说明书初稿，待室内土工试验完成后校验并定稿。

（2）中间报告是指根据设计要求，为配合工程进度要求，编制供设计使用的成果报告，报告应包括报告正文、塔基综合说明书等。

（3）正式岩土工程勘测报告是指在取得所有现场资料、土工试验成果报告和设计要求后编制完整的岩土工程勘测报告，报告应包括报告说明书、塔基综合说明书、土工试验报告及图表、综合钻孔柱状图和必要的影像图片等。

（4）土壤电阻率测试报告。

正式报告作为设计的最终岩土专业资料输入，需按英文版、西班牙文版编制，并提交总包单位，交业主审查，通过后作为工程的正式资料性文件留档。

图纸文档格式：AUTODESK公司的AUTOCAD图纸格式、MICROSOFT公司的WORD格式、MICROSOFT公司的EXCEL格式、ADOBE公司的PDF格式的设计成果的电子文件。

（5）本项目岩土工程勘测过程中使用的技术标准清单见表36-1。

表 36-1　　使用的技术标准清单

| |
|---|
| 委内瑞拉电力公司《400kV 和 800kV 输电线路工程设计通用标准》（NL-EAV 1984 年）<br>委内瑞拉玻利瓦尔共和国《委内瑞拉最大地震震级震中分布图（1910～2002 年）》；<br>委内瑞拉玻利瓦尔共和国《委内瑞拉地震动峰值加速度 A0 区划图（1998）》；<br>委内瑞拉玻利瓦尔共和国《COVENIN-MINDUR 标准（1756-2001：1）》；<br>IEEE Power Engineering Society《IEEE Guide for Transmission Structure Foundation Design and Testing（R2007）》（IEEE Std 691-2001）<br>ASTM 标准：<br>Identification of the samples for grouping of strata（ASTM-2488）<br>Moisture content（ASTM-D-2216）<br>Particle size analysis（ASTM-D-422）<br>Atterberg Limits 8ASTM-D-4318）<br>Unit Weight（MOP-E-125） |

（6）输电线路岩土工程勘测报告目录详见表 36-2。

表 36-2　　岩土工程勘测报告目录

| GENERAL CONTENT |
|---|
| 1 INTRODUCTION<br>1. 1 Location and description proposed construction<br>1. 2 Purpose and scope of the investigation<br>1. 2. 1 Description of the work done in the field exploration and laboratory<br>1. 2. 2 Test of samples from perforations<br>1. 3 Topography<br>1. 4 Vegetation<br>2 GEOLOGY REGIONAL AND LOCAL<br>3 CHARACTERISTICS DEPENDING ON UNDER GROUND RESULTS OF DRILLING AND LABORATORY TEST<br>4 ANALYSIS SEISMIC<br>5 GEOTECHNICAL ANALYSIS，SELECTING THE TYPE OF FOUNDATION AND TYPES OF FOUNDATION AND LOAD<br>6 ASSESSMENT OF SPONTANEOUS LIQUEFACTION POTENTIAL<br>7 ANALYSIS AND RECOMMENDATIONS FOR EARTH MOVING<br>8 CONCLUSIONS AND RECOMMENDATIONS<br>ANNEXES<br>Annex 1：Location of drilling<br>Annex 2：Records of boreholes<br>Annex 3：Lithological Profiles<br>Annex 4：Laboratory Test<br>Annex 5：Photographic Register |

（7）塔基综合说明书详见表 36-3。

（五）工代服务

本项目设计、施工过程中，设计院派遣了常驻工代在现场进行塔基基础地基检验，部分塔基移位的补充勘测，塔基基础形式修改后岩土资料的支撑和确认等。在委内瑞拉，由于桩基施工的设备极少，部分原设计时采用灌注桩基础的塔基，因无法落实施工设备，因此在总包单位、设计院、业主单位等多方协调下，更改了塔基基础形式，需要岩土专业的现场服务工作。整个工代服务周期长达 5 个月，其间也穿插一些其他项目的岩土服务工作。

表 36-3　　　　塔基综合说明书一览表

TOWER B1

COORDINATES：N946961.149；E195850.109

The resultsshown ingeotechnicaldrillingB1aheterogeneoussoil profileconsisting of aloamysandtopsoil（Sm）dark brownsilty sand（Sm）dark brown withfew rootspresent，moderatelydenserelative density，that overliesalayerofsiltysand gravel（Sp）light brownmediumdense-relative density，weathered rockhardgroundwith a value ofRQD=<25% siltsandgravel（Sm）brown，medium dense，sandy gravelsilts（ml）ofcompactconsistency，fine gravels（Ml）in a matrix ofcompactconsistencysandy silt，and silty sands（Sm）light brown todark brown.

Geotechnicalconsiderationsdescribed aboveindicate that thetype of foundationsuitable for transmittingthe loads to theground shouldbe-shallow foundationsconsisting ofisolateddirectfoundations（footings）.

Below isthe tablethat relatesNo. 5permissibleundergroundresistance" fo" inKpa，with the embedment depthin metersfor the width" B" shoein meters.

Criterio used：Karl Terzaghi

Formula used：1，2 cNc+γDfNq+0，5γBN$_\gamma$

Safety Factor：3，00

Maximum allowable settlement：1，00 pulgada

Where：

$D_f$（m）：depth of foundation embedment Thickness of soil：the thickness of layer of soil Each

γ：unit weight ton/$m^3$

Soil layer：the description of soil，such as sand，gravel sand，and so on

$f_0$：Allowable Bearing Capacity，which is affected by a safety factor of 3.

B：maximum width of2.00 meters Zapata

C：shear stress of soil

φ：angle of internal friction

Nc′，Nq′ Nγ′：Coefficient of Carrying Capacity factors for rupture byTerzaghi Local Court.

TableXX Design Parameter of shallow foundation

| Embedment depth of the foundation Df（m） | Thickness of soil（m） | soil layer | f0（kPa） | c（kPa） | Φ（°） |
|---|---|---|---|---|---|
| 3，00 | 3，00 | Siltsandgravel（Sm）brown | 443，26 | 39，23 | 33° |

## 四、项目后续情况说明

由于委内瑞拉社会治安、国家制度等方面的复杂性，所有现场的外部联系工作均由总包单位负责，设计院现场只派遣岩土工程方面的技术人员，指导并协助现场勘测工作。主要原因是国内钻探设备运送至委内瑞拉存在一定的瓶颈，对于在该国经营的外国公司进口设备，委内瑞拉每年报关一次，因此一旦合同确定，工期是有一定限制，而此时再考虑将设备送至该国，已错过该国的报关时间，且设计院在委内瑞拉并没有办事处或驻地公司，所以只有依靠当地或在委内瑞拉的中国驻地公司来完成。

本工程岩土工程勘测报告按中、西文形式分别编写，以便到达双方不同的使用目的，中文版可以供国内设计单位使用，西文版用于通过委内瑞拉当地相关部门的审查。在本工程，设计院应增加中西文翻译，并对主要技术人员加强英语、西文口语的培训，以便能与外方顺利交流。

由于业主单位尚未成立项目公司，多次与业主单位 CADAFE 电力公司的交流讨论，勘测设计原则始终在变动之中，因此做好会谈记录和形成会谈纪要是相当重要。当地相关的岩土工程勘测方面的相关规范也不齐全完整，或者说当地就没有统一的全国性勘测规范，需要不断与当地咨询交流并沟通，以达成双方原则意见的一致性。

由于设计院在委内瑞拉工作时间较短，与外部勘测单位交流中均由总包单位予以联系和安排，存在很大的局限性和被动性，也未能对可能的合作单位进一步现场考察，如对勘测设备、试验室和人员状况等，所以造成后续在项目实施过程中再需逐条逐款地来确认，对工期也造成了影响。特别是咨询公司预付款问题，由于前期未能了解清楚整个付款流程和委内瑞拉的外汇实际情况，导致现场窝工严重。

由于现场踏勘时间较短（仅一周），且踏勘时并不处于雨季，导致终勘定位时的雨季气候对工程的开展带来了极大的影响，特别是随身携带的劳保用品严重短缺，对现场的勘测人员带来了一定的健康方面的影响。

由于合同报价并签署时地质资料缺乏，地层预估存在较大的差异，项目现场勘测结束时间拖延较多，实际完成的工程量与合同未进行校对，再加上委内瑞拉货币贬值严重，合同执行时间拖延的时间严重，导致总包方从中多次协调，因此在商务合同签署时的条款应更严谨。

## 第二节　肯尼亚城网改造二期KKK输变电工程实例

### 一、项目背景

肯尼亚城网改造二期项目线路部分包括从肯尼亚Rabai到Malindi，Malindi到Garsen，Garsen到Lamu三段路线。220kV输电线路约213km（从Rabai到Malindi 220kV单回单挂线路；从Malindi到Garsen 220kV单回单挂线路），132kV输电线路约108km（从Garsen到Lamu 132kV单回单挂线路）。本期为施工图阶段勘测。项目总承包商为中工国际工程股份有限公司（简称中工国际或总包单位），华东电力院（简称设计院）是该项目的勘测设计总负责单位，勘测分包单位是南京WG电力技术咨询有限公司（简称南京咨询公司）。

### 二、项目准备

#### （一）勘测设计原则

2010年9月7日～22日，设计院一行11人对肯尼亚KKK输电线路及变电站项目进行踏勘，并对内罗毕环城送电网络改造项目进行可行性调研。

由于项目一期勘测由南京WG咨询公司负责，因此二期项目的现场勘测工作也由其组织实施。勘测单位应在勘测工程启动前，制定勘测计划，编制岩土工程勘测大纲，并通过总负责单位审定。

本项目前期与业主肯尼亚电力公司商谈主要由总包单位负责，勘测设计的原则在设计院介入前已确定，因此设计院只是逐步介入并落实相关的条款。

#### （二）当地勘测市场准则

由于肯尼亚是原英联邦国家，工程建设过程中一般勘测设计文件均需业主指定的勘测设计监理工程师确认即可，因此中资企业进入肯尼亚原则上是没有障碍的，但必须熟悉当地常用的技术标准和勘测规则。而本项目的勘测实施单位（南京WG咨询公司）在肯尼亚具有一定的工程经验，因此设计院的工作以审核其完成的相关文件为主。

肯尼亚使用BSI规范，包括BS 5930及BS 8004等。肯尼亚的勘测队伍对规范的执行很严格，报告格式也相对正规。

肯尼亚主要的勘测方法有钻探、标准贯入试验（SPT）和动力触探试验（DCP）等。DCP相当于国内的轻便触探，锤重为8kg，试验深度一般3～4m，最大深度为6m，其他试验方法基本相同。肯尼亚线路勘测使用DCP较为普遍。

#### （三）现场踏勘

对项目的现场条件与路径进行现场踏勘，肯尼亚输电线路的建设一般由其聘请设计咨询作前期线路路径规划，并确定主要的路径方案，推荐给概念设计和施工图设计公司。本次现场踏勘的参加人员有业主单位、总包单位、设计院、当地电力公司和环境保护部门的相关人员，时间约一周。对拟建输变电工程的站址、线路路径等进行踏勘，现场踏勘主要任务如下：

(1) 业主对拟选线路路径的意见;
(2) 线路走廊所经地区的地形地貌;
(3) 重要交叉跨越的情况;
(4) 线路走廊内障碍物、建筑物的情况;
(5) 线路走廊的工程地质条件;
(6) 线路路径及其附近的不良地质作用和危害程度;
(7) 线路走廊的水文情况和主要河流的情况;
(8) 变电站附近的地形地貌情况;
(9) 按照收资大纲进行现场收资工作。

踏勘完成后,设计院编制踏勘报告,提交总包单位,并转交肯尼亚电力公司主管部门审批最终的路径方案。

(四) 当地勘测公司的确定

由于勘测实施公司(南京 WG 咨询公司)在肯尼亚并没有岩土勘测设备和岩土工程师,因此需要在肯尼亚内罗毕寻找一家具有承担本工程岩土勘测能力的岩土勘测公司。肯尼亚内罗毕具有这样能力的公司其实也是有限,多为原英国或印度等国家的设计咨询公司在承建肯尼亚工程时在当地注册的分公司,但由于项目有限,因此所有这样的公司的规模均有限,一般公司具有 3 台(套)钻机和 4～5 位工程师,实验室极为简陋,只能进行常规的物理力学性质试验,要求高的室内试验一般需要委托大学或研究机构的专门实验室,幸亏输电线路的试验要求相对较低,也不需要作这样的考量。通过 3 天的考察,确定 BPC& Engineering Services Ltd 为现场勘测作业和报告编制公司。

## 三、项目实施

(一) 现场终勘工程队组成

2011 年 7 月,设计院接到总包方进场终勘定位的通知后组队赴肯尼亚工作,设计院成立了专门的工程项目部,项目部由项目经理、专业技术负责人和现场项目经理组成,在院、电网和勘测公司领导下组织项目实施,对项目的进度、质量和安全、费用控制负责。赴肯尼亚的专业包括线路项目设总、测量、岩土、水文、送电电气、送电结构和商务、翻译等共 8 人,岩土专业 1 人(同时兼变电站主设人),预计总工期为 60 天。

根据商务谈判时确定的原则,设计院派遣人员主要为指导南京 WG 咨询公司现场作业,并与 BPC& Engineering Services Ltd 进行技术交流,确定具体塔基的勘测方法和勘测深度等原则。勘探孔(钻孔)、土壤电阻率测试按耐张段或地貌单元布置,直线塔一般采用现场地质调查或采用 DCP 等方法。

(二) 现场岩土勘测工作

由于工程穿越肯尼亚东部,线路路径较长,当地安全环境较为复杂,特别是在靠近索马里附近的线路,需要由当地安全部队全程保卫才能进场定位和岩土勘测作业。

本项目总体地貌条件相对简单,主要是在跨越河流地段(如跨萨巴基河段,会有塔位于高漫滩,塔脚需抬高至一级阶地),由于资料缺乏,因此现场定位时需考虑一定的余量。本工程所有约 600 基塔的终勘定位工作延续了 70 天,全部完成现场钻探作业再延后了 4 周。

现场正式开展勘测工作后还是比较顺利,包括设备进点、安保、当地村民、现场钻探作业等工作。由于南京 WG 咨询公司对肯尼亚的情况比较熟悉,与 BPC& Engineering Services Ltd. 的作业人员交流顺畅。

(三) 现场作业环境

由于项目现场位于肯尼亚东部地区,线路经过地区植被较好、自然环境较好。肯尼亚号称非洲花园国家,环境保护做得非常好,见不到大型工业,公路两边常见家畜与野生动物一同在草原进食,公路上常有猴群及斑马通过。城市道路规划不良，英国人规划的道路在交叉路口以转盘为主，车行缓慢，内罗毕经常大堵车，因旧车及二手车较多，城市尾气较重。当地食物以谷物、蔬菜为主，辅以牛肉、鸡肉，禁止吃驴肉。因农业化肥较少，食物味道很自然。社会治安相对较好，特别是旅游区，但选举期间会有宗族冲突，如本次工作期间见到了出租司机罢工堵路等。交通的瓶颈对项目开展带来了一些困难，但还是可以克服。

（四）资料整理和报告编制

本项目工期较紧，岩土工程勘测资料的整理随工程开展同步跟进，分段进行，主要分中间报告和正式报告两种形式，土壤电阻率报告随正式岩土工程勘测报告一同提交。

（1）中间成果报告是指根据设计要求，为配合工程进度要求，编制供设计使用的成果报告，报告应包括报告正文、塔基综合说明书等。中间成果一般不需要提交设计监理公司 PB 公司审查。

（2）正式报告是指 BPC & Engineering Services Ltd. 在取得所有现场资料、土工试验成果报告和设计要求后编制完整的岩土工程勘测报告，报告应包括报告说明书、塔基综合说明书、土工试验报告及图表、综合钻孔柱状图和照片等。报告经设计院初步审查后，提交设计监理公司 PB 公司审查，通过审查后，提交设计专业使用，完成最终的岩土工程勘测工作。

所有报告均按英文编制，并提交总包单位，通过后作为工程的正式资料性文件留档。

图纸文档格式：AUTODESK 公司的 AUTOCAD 图纸格式、MICROSOFT 公司的 WORD 格式、MICROSOFT 公司的 EXCEL 格式、ADOBE 公司的 PDF 格式的设计成果的电子文件。

本项目线路工程部分路段勘测报告目录详见图 36-3。

Contents



图 36-3 岩土工程勘测报告目录截图

按 SPT 成果计算地基承载力过程（摘自本工程的报告）见图 36-4。

The N–Values were subsequently used to calculate the soil bearing capacity using Meyerhof sequation show here:

Meyerhofs equations:

For footing width, 4feet(1.219m)or less:

$$Qa=(N/4)/K \tag{1.12}$$

For footing width, greater than 4 ft: assume 1.5m×1.5n

$$Qa=(N/6)[(B+1)/B]^2/K \tag{1.13}$$

Where:

Qa: Allowable soil bearing capacity, in kips/ft2.

N: SPT numbers below the footing.

B: Footing width, in feet.

K=1+0.33(D/B)≤1.33.

D: Depth from ground level to the bottom of footing, in feet.

A factor of safety of 2 was used.

Table 1: The following strotums were tested for SPT and recorded the following N–value:

ALLOWABL BEARING PRESSURE FOR LAMU SUB STATION

DATE TESTED: 12/04/2011

| BH | DEPTH (m) | Test Locition A N–Values LDR 1 | LDR 2 | LDR 3 | LDR 4 | Least N–VALUES (No) | H60–VALUES | B BREATH(m) | D DEPTH | D/B | K | MEYERHOFFS Ultmats Bearing Capactin KHM[1] | Depth of roundro m | Allorunble Bearing Pressure KHM[1] | SOIL TYPE | TYPICAL TYPE OF FOUNDATION |
|---|---|---|---|---|---|---|---|---|---|---|---|---|---|---|---|---|
| | 1.5–1.95 | 54 | 50 | 25 | 56 | 25 | 20.00 | 1.5 | 1.5 | 1 | 1.33 | 333.35 | 1.5M | 155.67 | | |
| | 3.0–3.45 | 68 | 54 | 38 | 57 | 38 | 30.40 | 1.5 | 1.5 | 1 | 1.33 | 506.89 | 3.0M | 253.34 | | |
| | 4.5–4.95 | 45 | 40 | 42 | 48 | 40 | 32.00 | 1.5 | 1.5 | 1 | 1.33 | 533.35 | 4.5M | 266.68 | | |
| | 6.5–6.95 | 30 | 37 | 53 | 27 | 27 | 21.00 | 1.5 | 1.5 | 1 | 1.33 | 360.01 | 6.5M | 180.01 | | |
| | 9.5–9.95 | 42 | 30 | 50 | 30 | 30 | 24.00 | 1.5 | 1.5 | 1 | 1.33 | 400.02 | 9.5M | 200.01 | | |
| | | | | | | | | | | | | | | | | |
| | | | | | | | | | | | | | | | | |
| | | | | | | | | | | | | | | | | |

图 36-4　按 SPT 成果计算地基承载力过程报告截图

按 DCP 成果计算地基承载力过程（摘自本工程的报告）详见图 36-5。

（五）工代服务

整个项目线路部分的设计、施工比较顺利，岩土专业并没有全程派遣工代常驻现场，只是在部分跨越河流地段时由变电站的工代处理部分相关塔基移位、基础形式修改等岩土资料验证和确认工作。

## 四、项目后续情况说明

整个肯尼亚城网改造 KKK 输变电工程为设计院中间介入项目，涉及的单位和层次较多，中间沟通与交流就变得极为复杂。虽然本项目本体的难度并不大，但前后因各个环节的文件传递，影响了工作效率，导致项目的工期有所拖延。另外，中资国企设计院在走向海外的过程中，原来的机制和体制的约束是无法避免的，而部分民营企业的体制极为灵活，但其整体的业务水平较低，且人员变动大，稳定性差，往往在一个项目执行过程中会有比较多的人员调整，致使项目的推进多有周折，同样的问题可能需要多次往返说明，从而也影响了整体工程进度。

DCP sounding test pits were excavated to a depth of 1.5 and 3.0m and DCP's driven as excavation progressed at 1.5m and 3.0m depth to a total depth of 6.0m

To assess the strength of the ground dynamic cone penetrometer testing was carried out. The DCP consists of a 20mm diameter, $60^{0}$; steel cone is driven into the ground using an 8kg hammer that falls through a height of 575mm onto a steel anvil. The hammer is raised manually and allowed to fall under self-weight. The penetration of the cone into the ground, in cm, is recorded for a set number of blows: The number of blow that will push the cone through 30cm was recorded and in situations where the soils recorded large penetration, these values were calculated.

It is usual to convert the penetration/mm of the cone into the ground correlations to equivalent Soil bearing capacity. The relationship used is generally that derived by the UK Transport Research Laboratory.
The Equation that was employed to arrive at the In situ bearing capacity is:-

$$Q=E\times M\times N/1000/A/H/(M+P)$$

*Where dead weight of DCP instrument (P)=13.8/15.4/17 kg for a penetration depth of 1/2/3 m respectively*
*Hammer weight (M) = 8 kg.*
*Fixed height of descent for hammer free fall under gravity (H) =0.575 m*
*Area of core tip (A) =0.001 m2*
*Drive rod penetration depth measurement interval (H) =0.3m*
*No. of blows of 0.3m penetration (N) = from the record of observation given above for calculation.*
*The results of these tests in terms of equivalent SBC with depth below ground level are given in Figure 2. One test was carried out at ground level; Second one at 1.5m and a third one in the base of the pit when it was at 3.0M*

Twenty one Dynamic Cone Penetrometer Tests, (DCP) were attempted and yielded the values as shown in the table 1 below:-

图 36-5　按 DCP 成果计算地基承载力过程报告截图

## 第三节　埃肯直流±500kV 线路工程

### 一、工程概况

埃肯直流±500kV 输电项目由非洲开发银行提供融资贷款，是埃塞俄比亚与肯尼亚两国政府间规划的重点项目，线路全长约 1045km。其中埃塞俄比亚境内输电线路长约 433km，建设单位为埃塞俄比亚电力公司，非洲开发银行融资，由中国国家电网全资子公司中国电力技术装备有限公司（中电装备公司）总承包，中南电力设计院有限公司负责承担埃塞俄比亚境内与肯尼亚接壤 293km 输电线路勘测设计。

项目业主咨询单位：德国 Lahmeyer international GmbH、意大利 Centro elettrotenico sperimentale italianno giacino motta、意大利 Elc electroconsult S. P. A 三家公司联合体。

### 二、项目踏勘

由于设计院并未参与项目前期工作，业主方已提供线路转角坐标，通过招投标程序，设计院负责按照国内线路工程阶段划分的初步设计及施工图设计阶段的勘测设计工作。按照总包方要求，勘测设计应在总包合同生效日起立即开展现场勘测设计。设计院生产管理部门接到任务后，即刻组织前期踏勘。现场踏勘队伍由勘测专业与设计方联合组成，共计三人。踏勘前拟定了与业主方沟通问题条目：

（1）请业主提供或者确认本线路路径的最终坐标，明确线路路径是否可以根据现场条件进行适当调整；同时请业主明确线路下方学校、教堂、工厂、大面积房屋等的处理方式，明确杆塔位置处坟墓、地下光缆等的处置方式等。

（2）线路杆塔定位时，业主和咨询公司是否需要现场确认每个杆塔的塔位，或者是直接提供杆塔坐标，断面图、明细表作为报审文件即可，请业主和咨询公司明确杆塔塔位的确认方式。

（3）请业主（业主代表）提供、明确图纸的具体报批流程，EEP（咨询方）业主项目部组织架构以及负责人的联系方式，请总包单位提供本项目部的组织架构和负责人联系方式，确保沟通顺畅。

（4）请业主（业主代表）派人全程参与本线路工程初步设计、施工图阶段选线定位工作，以及协助对外关系，同时请业主提供埃塞境内现场定位工作的介绍信等证明文件，确保外业工作安全、顺利推进。

（5）其他专业性技术问题。踏勘组于2015年9月中旬抵达埃塞，并与装备公司埃肯直流项目部进行了积极沟通。后会同装备公司埃肯直流项目部与埃塞电力公司埃肯直流项目经理进行了接洽。业主方同意委派两名业主工程师陪同我方进行踏勘，并协调安保等外部事宜。

通过与总包方与业主方的接洽，亦了解到以下信息：

（1）埃塞信息部对GPS管理非常严格，GPS进关需取得埃塞信息部的批文，因此未来设备清关需专人实施。

（2）所有相关设计文件均需上传至DMS项目管理接口系统，由意大利公司进行图纸审批和设计把关，意大利公司从DMS项目管理接口系统查阅设计文件进行审查。

（3）埃塞电力公司可为我方每一段施工图阶段勘测队伍委派一名业主工程师，负责转角塔位确认及外部协调事宜，但不负责任何专业技术问题。

（4）现场勘测设计需KICK-OFF会议后方可进场实施，在此之前因无法获取DMS项目管理接口系统账号，无法与意大利公司面谈，故对于设计院方提出的相关勘测设计工法、技术澄清问题，不确保有回复。

现场踏勘耗时一周，初步了解了沿线气候条件、地貌概况、植被覆盖、交通条件、治安状况等信息，并提前考察了未来现场勘测设计可选择的住宿地点，提出了对于施工图勘测分段的基本意见。同时了解了埃塞签证的基本政策，提出人员出入建议。

踏勘组提供了详细的踏勘报告，为公司决策提供了有力的保障。

## 三、项目策划

根据现场踏勘报告结合商务信息，勘测公司召集各专业对项目执行进行策划并编制《埃肯±500kV线路工程终勘工作计划》。经与设计方协商，我院负责勘测设计部分现场分为三个终勘段。项目人员与设备按照分段配置进行准备。

工作计划包含以下14部分内容：

（1）工程概况。

（2）编制依据。

（3）终勘范围。

（4）拍摄卫星影像。

（5）GPS设备清关。

（6）选线阶段工作模式。

（7）定位阶段工作模式。

（8）直线塔位岩土工程勘测。

（9）业主审批勘测设计成果资料。

（10）勘测质量技术要求。

（11）技术问题澄清。

（12）终勘后勤保障。

（13）终勘风险管理。

（14）项目组织结构。

《工作计划》报设计方并总包方批准。

## 四、项目执行

依据《埃肯±500kV线路工程终勘工作计划》，终勘项目部组成，并开始国内人员材料、签证以及设备的准备，同时委托沿线卫星影像的飞测工作。

2015 年 10 月中旬，公司首先派遣一组人员赴亚的斯亚贝巴负责 GPS、背包钻、物探等设备清关事宜。在业主的协助下，分别取得了安全局与通讯局许可证明，并在移民局办理临时身份证（ID，有效期一年）。第一批设备清关耗时半月，于 10 月下旬完成。

11 月中旬，公司另派一组人员赴埃塞俄比亚，参加 19 日召开的本工程启动会议（KICK-OFF METTING），并再次提交技术澄清文件，以取得业主咨询工程师确认与澄清。业主方与咨询工程师共同确定了终勘技术手段与方法。针对岩土专业，技术澄清结果大致如下：

（1）整条线路路径是经过矿产部门流转审批的，可不考虑压覆矿产问题。

（2）地灾评估工作埃塞方前期并未专门研究。设计院应按照给定路径执行，原则上不允许有大的调整。

（3）岩土勘探查明的地层特性只决定基础形式，不影响塔位位置。

（4）岩土勘探设备（洛阳铲＋轻型动探、摇表、背包钻、大地导电率测试仪）均已同意使用，岩土勘探设备可按照《埃肯直流±500kV 线路工程终勘工作计划》准备。

（5）勘探工作量要求逐基进行轻型动探，每个转角塔都需要进行 SPT 及土工试验及详细分析。勘探点间距原则上不能超过 20km。

（6）选线阶段岩土勘测报告可与定位阶段岩土勘测报告合并成一份详勘报告，但需满足标书相关技术要求。

按照《埃肯±500kV 线路工程终勘工作计划》，除大钻委托当地公司完成，其他现场勘探均由设计院自行组织完成。线路外业于 2015 年 12 月启动，分三个终勘段 6 个作业组，为保证未来资料审核的通畅性，选取其中约 41km 作为示范段提前执行外业，提前进入批图程序。岩土专业在选线阶段即开始安排转角塔位的大钻。

线路全面勘测起始于 12 月中下旬，除转角大钻外，塔位岩土勘测滞后于线路定位，基本按照项目策划程序推进。截至 2016 年元月下旬，全线除边境 27km 线路因安全局势趋紧，现场无法保证作业人员安全，决定待局势稳定后再择时进场勘测外，其他均已完成现场终勘。由于批图程序的滞后，公司决定各专业留少量人员现场配合批图审查，其他人员全部返回国内。

剩余 27km 线路，于 2016 年 3 月下旬重新组队赴现场完成。至此项目终勘全部完成。

## 五、后期服务

业主咨询工程师批图全程，公司始终坚持现场必须有专业人员配合，由于前期沟通，批图程序较为顺畅，其间出现小范围改线，均在现场及时解决。

2016 年 6 月，应业主要求，我司专程派员赴埃塞俄比亚为业主并施工单位现场交桩，随后派岩土专业工代赴现场进行施工服务。

## 六、总结

从项目执行效果来看，本项目顺利执行的重点在于项目前期策划。从项目管理到专业技术均达到了项目策划预期效果。

# 索　引

**E**



**F**

G



H



J

**K**



**L**



**M**

N



O



P



Q



R



S

**T**



**W**

X



Y



Z

# 参 考 文 献

[1] 葛春辉．钢筋混凝土沉井结构设计施工手册［M］．北京：中国建筑工业出版社，2004.

[2] 张凤祥，朱合华，傅德明．盾构隧道［M］．北京：人民交通出版社，2004.

[3] 葛金科，沈水龙，许烨霜．现代顶管施工技术及工程实例［M］．北京：中国建筑工业出版社，2009.

[4] 王毅才．隧道工程．第2版［M］．北京：人民交通出版社，2006.

[5]《工程地质手册》编委会．工程地质手册．第5版［M］．北京：中国建筑工业出版社，2018.

[6] 铁道部第一勘测设计院．铁路工程地质手册．第2版［M］．北京：中国铁道出版社，1999.

[7] 刘厚健，陈亚明，隋国秀，等．综合遥感思想在电力工程规划选址中的应用［C］．2014全国工程勘察学术大会论文集，2014.

[8] 赵顺阳，刘厚健，陈亚明．高分辨率卫星数据在某发电厂周边环境分析中的应用［J］．电力勘测设计，2008（1）：27-30.

[9] 张雅莉，马金珠，张鹏，等．快鸟影像在典型古滑坡识别应用中的研究［J］．长江科学院院报，2015，32（11）：130-135.

[10] 谭光杰．三级遥感地质在线路工程勘测中的应用［J］．电力勘测设计，2016（1）：16-20.

[11] 西北电力设计院．750kV天水—宝鸡送电线路工程不良地质综合遥感专题研究报告［R］．2011.

[12] 四川电力设计咨询有限责任公司．丹巴—康定（大杠）500千伏双回线路新建工程遥感选线技术的应用［R］．2010.

[13] 孙建中．黄土地质学［M］．香港：香港考古学会出版，2005.

[14] 钱鸿缙．湿陷性黄土地基［M］．北京：中国建筑工业出版社，1985.

[15] 黄河水利委员会勘测规划设计院．中国黄土高原地貌图集［M］．北京：水利电力出版社，1987.

[16] 王国尚，俞祁浩，郭磊，等．多年冻土区输电线路冻融灾害防控研究［J］．冰川冻土，2014，36（1）：137-143.

[17] 廖世文．膨胀土与铁路工程［M］．北京：中国铁道出版社，1984.

[18] 高斌峰，张立德，王诚浩，等．某场地混合土类素填土地基处理强夯法适用性研究［C］．全国土力学及岩土工程学术会议，2011.

[19] 湖北省三峡库区地质灾害防治工作领导小组办公室．湖北省三峡库区滑坡防治地质勘察与治理工程技术规定［M］．湖北：中国地质大学出版社，2003.

[20] 王恭先，徐峻龄，等．滑坡学与滑坡防治技术［M］．北京：中国铁道出版社，2007.

[21] 张倬元，王士天，等．工程地质分析原理．北京：地质出版社，1994.

[22] 林宗元．简明岩土工程勘察设计手册［M］．北京：中国建筑工业出版社，2003.

[23] 谭炳炎．泥石流沟严重程度的数量化综合评判［J］．水土保持通报，1986，3（1）：51-57.

[24] 刘希林，唐川．泥石流危险性评价［M］．北京：科学出版社，1995.

[25] 刘希林．区域泥石流危险度评价研究进展［J］．中国地质灾害与防治学报，2002，13（4）：1-9.

[26] 江苏省电力设计院．地基土液化判别原位测试方法研究［R］．2012.

[27] NCEER. Technical Report NO. NCEER-97-0022. National Center for Earthquake Engineering Research［M］. University of Buffalo，Buffalo，New York，1997.